葡萄酒
技术全书

李记明　编著

Handbook of Grapes & Wine:
from Concepts to Techniques

中国轻工业出版社

图书在版编目（CIP）数据

葡萄酒技术全书 / 李记明编著. —北京：中国轻工业出版社，
2022.8

ISBN 978-7-5184-3345-2

Ⅰ.①葡… Ⅱ.①李… Ⅲ.①葡萄酒—酿造 Ⅳ.①TS262.61

中国版本图书馆 CIP 数据核字（2020）第 258993 号

责任编辑：江 娟 秦 功　 责任终审：唐是雯　 整体设计：锋尚设计
策划编辑：江 娟　 责任校对：宋绿叶　 责任监印：张 可

出版发行：中国轻工业出版社（北京东长安街6号，邮编：100740）
印　　刷：艺堂印刷（天津）有限公司
经　　销：各地新华书店
版　　次：2022年8月第1版第2次印刷
开　　本：787×1092　1/16　印张：42.25
字　　数：1030千字
书　　号：ISBN 978-7-5184-3345-2　定价：268.00元
邮购电话：010-65241695
发行电话：010-85119835　传真：85113293
网　　址：http://www.chlip.com.cn
Email：club@chlip.com.cn
如发现图书残缺请与我社邮购联系调换
220874K1C102ZBW

传承匠人精神

谱就伟业华章

潘蓓蕾

潘蓓蕾

中国轻工业联合会名誉会长。原轻工业部副部长，兼任中轻食品工业管理中心主任、中国酿酒工业协会名誉会长、中国食品科技学会理事长等职。

历任中国人民政治协商会议第八届、九届、十届、十一届全国委员会常务委员。

内容提要

　　这是一部全面展示葡萄、葡萄酒酿造、质量评价、品鉴饮用、中外葡萄酒产区等完整内容的技术全书。具体内容包括：葡萄酒类别、中外葡萄酒发展简史、葡萄酒与健康等方面的阐述；75种广泛种植及区域性优良特色品种的栽培特性、酿酒特点、风味特色、种植区域的全面展示；葡萄园风土和葡萄果实质量性状的全新介绍；主要葡萄酒、白兰地酿造关键技术及操作要点；葡萄酒质量评价、代表性品种酒的典型风味解读；葡萄酒、白兰地品鉴、饮用与侍酒文化；全球32个国家的90多个产区的风土、主栽品种、产品特点及质量等级制度的深入介绍。系统、全面、深入、细致是本书的最大特点。

序（一）

中国有着悠久的葡萄酒历史文化。远至中美科学家对距今9000～7000年的河南舞阳贾湖遗址的考古发现，后有汉代张骞出使西域，从大宛引进欧亚种酿酒葡萄和酿酒技艺，葡萄酒遂得以发展，然而跌宕起伏，终未形成产业。直到近代，华侨张弼士在烟台创办张裕酿酒公司，才开辟了中国工业化葡萄酒生产的历史。

中华人民共和国成立之后，尤其是改革开放40年来，我国葡萄酒行业变化巨大，世人瞩目。我国不但成了葡萄酒生产与消费大国，更具有葡萄酒消费的巨大潜在市场。但是，我们也应该清醒地认识到，我国离世界葡萄酒强国差距仍然很大，我们在产品质量与特色、种类的丰富性、品鉴与饮用、葡萄酒文化推广、消费者认知等方面在世界葡萄酒市场格局中还缺乏足够的竞争力。因此，以提升产品质量、挖掘产品特色为基础，以品牌建设为统领，以消费者培育为突破口是葡萄酒行业应该强化的工作。

我和作者李记明博士相识10余年，他是一个敬业勤奋的人，也是一个待人诚恳的人。他作为中国自主培养的第一代葡萄酒博士，既有近10年大学教师的科研教学经历，又有20余年的企业技术研发与质量管理经验。作为张裕酿酒师的领军人物，他充分利用自己的理论知识和实践经验，在烟台张裕集团有限公司产品结构调整、质量提升与技术创新、企业国际化的进程中，付出了艰辛的努力。他所带领的张裕酿酒师团队酿造出了丰富多彩、广受消费者喜爱的"中国特色"葡萄酒、白兰地产品，为企业的发展壮大做出了应有的贡献。

葡萄酒技术链涉及面比较广，从葡萄品种，到产区风土，再到葡萄酒酿造、葡萄酒质量评价、产品品鉴与饮用，全球产区分布与质量法规、等级制度等，作者从专业的角度、国际化的视野对上述内容进行了全面阐述和系统解读。这是一部信息量大、内容丰富、理论与实践结合得较好的葡萄酒行业工具书。相信本书的出版，对于研究人员拓宽工作思路，技术人员提升酿造水平，葡萄酒爱好者欣赏葡萄酒都将提供重要的参考和借鉴。对我国葡萄酒产业的健康发展，也将产生积极的推动作用。

厚积而薄发。在李记明博士《葡萄酒技术全书》新作问世之际，很高兴能应邀为之作序。希望此书能成为广大读者精神餐桌上的一道美味佳肴。同时也希望通过以李记明为代表的广大酿酒技术人员及烟台张裕集团有限公司等骨干企业的共同努力，我国葡萄酒产业一定能够得到更大的发展，取得更加辉煌的成绩！

孙宝国

中国工程院院士、北京工商大学校长

序（二）

中国拥有悠久的葡萄种植和葡萄酒酿造历史。早在汉元帝建元年间，张骞出使西域，从大宛带来酿酒葡萄（即全世界广为栽培的欧亚种葡萄）和酿酒技艺，葡萄酒遂得以发展。朝代更迭，世事变迁，葡萄酒业起起伏伏，直到1892年，爱国华侨张弼士在烟台创办张裕酿酒公司，开辟了中国葡萄酒产业的新纪元。改革开放40年来，我国葡萄酒产业有了长足的发展，已迅速成长为葡萄酒生产和消费的大国。时至今日，葡萄酒正逐渐走上普通老百姓的餐桌，成了一种健康、精致的生活方式，为日常生活平添了几许优雅和浪漫。

烟台市作为中国乃至亚洲唯一的"国际葡萄·葡萄酒城"，近代以来一直引领着中国葡萄酒产业的发展。作为中国自主培养的第一代葡萄酒博士——李记明，也一直在这片沃土上书写着中国葡萄酒的传奇。1999年初，他离开工作生活了33年的西北，踏上烟台这块热土，从大学老师转变为张裕公司技术中心主任、总工程师、总酿酒师和张裕第七代酿酒师的领军人物。他进入张裕公司的20多年，也是张裕企业规模扩大、产品结构调整、质量提升与技术创新成果丰硕的时期，更是张裕全面走向国际舞台、蓬勃发展的重要时期。他矢志不渝地紧抓技术创新与人才培养，带领着张裕酿酒师团队酿造具有"中国特色"的葡萄酒、白兰地，并取得了显著成绩。为消费者提供丰富多彩、质量优异的产品，让"中国风味"的葡萄酒走进万千寻常百姓家！

李记明博士是一个非常敬业、专注和勤奋的人，30年来，把自己的时间、精力和智慧都凝聚到他所钟爱的葡萄酒事业上。尽管在社会和业界取得了一系列令人瞩目的成就与荣誉称号，他仍然坚守企业的生产、技术、质量一线，执着追求、默默奉献。他利用不多的空暇时间笔耕近10年，把自己从业30余年的研究所得、技术感悟、实战经验毫无保留地奉献出来，编撰成这部信息量大、内容全面丰富的葡萄酒行业工具书——《葡萄酒技术全书》。这是一部全面展示葡萄（75个优良/特色品种及特点）、葡萄园风土、葡萄酒酿造（不同类型葡萄酒、白兰地酿造工艺与操作要点）、质量评价（感官、风味特点）、品鉴饮用（葡萄酒、白兰地品鉴、饮用与侍酒文化）、中外葡萄酒产区（国内11个产区、国外31个国家的产区风土、主栽品种、产品特点及质量等级制度介绍）等完整内容的技术全书。系统、全面、深入是本书的最大特点。相信本书的出版，将使广大读者更加深入了解葡萄酒和欣赏葡萄酒，使专业人员提升酿造技术水平，对推动我国葡萄酒产业的健康发展，必将产生重要的影响。

在李记明博士新作——《葡萄酒技术全书》一书问世之际，很高兴能先睹为快，应邀为之作序。相信此书能够为葡萄酒研究者、生产者和爱好者提供参考和借鉴，也相信通过我国葡萄与葡萄酒领域全体从业人员的共同努力，中国葡萄酒产业一定会拥有更加光辉灿烂的明天。

王延才
原中国酒业协会理事长，现为名誉理事长
于北京

序（三）

　　葡萄酒是大自然赐予人类的礼物，是人类文明的璀璨结晶，是人类历史和文化的载体，更是国际交流的"第二语言"。学习鉴赏葡萄酒的艺术，也是学习热爱生活的艺术。

　　细读此书，一幅幅葡萄种植、葡萄酒酿造、质量评价、品鉴饮用、中外各葡萄酒产区的画卷徐徐展开，精彩纷呈。

　　"好葡萄酒是种出来的！"书中全面介绍了75个广泛栽培及区域性特色酿酒葡萄品种的栽培、酿造、风味特征；深入介绍了葡萄园的风土和葡萄果实的质量性状，对确定酿酒目标和制定精准化的酿造工艺具有重要的指导作用。

　　"葡萄酒是比伊甸园还要古老的艺术，又是比明天还要新的科学！"本书既从中外葡萄酒的发展简史、葡萄酒的类别、葡萄酒品鉴饮用与侍酒文化等角度诠释葡萄酒的健康、浪漫、精雕细琢；又从葡萄酒、白兰地酿造的关键技术层面展现了其科学、严谨、日新月异，高度契合了"葡萄酒是艺术和科学的完美载体"。理论与实践结合，重点突出与细节雕琢是其最大特点。

　　"好酒悦人！"在当前中国葡萄酒消费的环境下，从专业和消费两个不同的维度理解和评价葡萄酒质量、解读代表性品种葡萄酒的典型风味尤其重要；书中阐述的不仅是对葡萄酒质量的理性认知，更是一种精神理念，一种"以人为本"的价值观。

　　葡萄酒的世界也是丰富多彩的！书中对全球32个国家的90余个产区的风土、主栽品种、产品特点及质量等级制度的深入介绍，让读者充分领略到葡萄酒的国际化、多样化和个性化，仿佛徜徉在葡萄酒世界的海洋里，流连忘返……以国际视野来全面了解葡萄酒的博大精深与深刻内涵。

　　这是一部全面展示葡萄与葡萄酒的种、酿、品、饮、评、产区、分级、历史、文化等完整内容的全书，观点系统、内容全面、研究深入、阐述细致，见解独到，充分展现出作者深耕行业30余年的深厚底蕴与全球视野，实为一部葡萄酒从业人员和葡萄酒爱好者学习、鉴赏葡萄酒的优秀作品。

李华

西北农林科技大学原副校长、

葡萄酒学院终身名誉院长、教授

序（四）

葡萄酒作为一种国际化的酒，既是人们社会交往和文化情感交流的纽带，也是一些国家和地方的区域性特色名片。随着社会经济的发展和人们生活水平的提升，葡萄酒不断普及进入更多的大众家庭，为人们享受美好生活增添舒适愉悦的激情和文化艺术品位。

中国葡萄酒产业的快速发展得益于科技进步与创新，广大科技人员为此付出了辛勤汗水，通过科技研究、产品开发、专业书籍出版等各种形式推动了科技应用，促进了行业发展。但在涉及葡萄酒生产技术全链条方面的著作相对较少，近期烟台张裕集团有限公司总酿酒师李记明博士编著的《葡萄酒技术全书》正好填补了这方面的空白。

我与李记明博士先后师从国内著名葡萄学家贺普超先生，我们曾共同承担"中国野生葡萄及其杂交后代的酿酒品质研究"的科研项目，也曾同处一个教研室，带学生赴新疆、山西葡萄酒产区开展生产实习。他是一个严谨认真、勤奋求实的专业科技人才。这么多年来，我一直在高校从事教学科研工作，而他则到了烟台张裕集团有限公司从事技术研发、质量管理工作。从业30多年来，他以严谨的治学态度和科研精神，始终坚守在国内葡萄和葡萄酒行业的生产技术前沿，带领张裕酿酒师团队在践行"不忘初心、牢记使命"的过程中付出了艰辛努力，为张裕公司的快速发展做出了突出贡献。这部《葡萄酒技术全书》正是他"酿造中国风味"理念的诠释，也是多年来科技研发成果与生产实践经验的系统梳理和全面总结。

这是一部系统、全面、深入、细致地展示葡萄品种与产区风土、葡萄酒酿造关键技术、产品开发及质量控制、品鉴评价与饮用以及中外葡萄酒典型代表产区等完整内容的技术全书。从酿酒师角度全面细致地解读优良品种特性、葡萄园风土、葡萄果实质量评价等原料生产内容，令人耳目一新；葡萄酒酿造技术及主要操作、橡木桶陈酿管理、葡萄酒的感官质量缺陷及预防、产品开发与质量控制更是深入结合了当前我国葡萄酒行业的实际状况，在注重理论与实践相结合的同时，更突出了生产过程中的关键控制点及实际操作性；而白兰地酿造技术更是弥补了我国在白兰地生产方面的理论缺失；葡萄酒感官评价和品鉴饮用从不同的层面告诉人们如何享受葡萄酒带来的美好体验；系统全面的中外葡萄酒产区介绍，以国际化的视野探究隐藏在葡萄酒背后的奥秘，使读者足不出户，了解全球情况。

全书对理论解释简明扼要，通俗易懂，实践环节更是细致翔实，具有极强的实操性，不但适用于葡萄酒行业的从业者，更有助于葡萄酒入门者迅速从理论转入实践，还能够使读者系统全面地了解和掌握葡萄酒酿造的关键工艺和主要技术；对葡萄酒爱好者也不失为一部难得的工具书。

《葡萄酒技术全书》凝聚了作者多年来的思想理念、研究成果和实践经验，作为同门师兄和葡萄酒行业的从业者，由衷地为他感到欣喜和自豪，更愿意与广大读者一起分享，也衷心地祝愿这部著作的出版能为中国葡萄酒产业的持续健康发展提供强有力的技术支撑，让世界都爱上中国葡萄酒。

段长青
国家葡萄产业体系首席科学家，
中国农业大学葡萄酒研究中心主任、教授

前　言

葡萄酒是以葡萄为原料的发酵饮料。葡萄酒的技术链涵盖了产区、葡萄原料、微生物、酿造、质量评价、饮用文化等。

葡萄原料是葡萄酒质量的基础。优良葡萄品种只有种植在适宜的风土条件下才能表现其优良特性。全世界有5000多种葡萄品种，只有少部分是广泛栽培的品种，一部分是区域性栽培品种。选择品种时，应该深入了解其栽培特征、酿酒特性、风味特点、主要种植区域等。

一方风土酿一类酒，葡萄酒是风土凝练的精华。风土是决定品种选择、品种特性表现的外部因素。构成风土的要素有：气候、土壤、地形地貌、纬度、坡向和坡度等，这些因素共同作用，形成了各产区千差万别的风土。葡萄园风土通过对品种的作用，当然还有栽培技术，而影响葡萄的成熟质量，包括果粒大小、颜色、糖度、酸度、香气种类、多酚成熟度等，并最终表现在酒的特征上。所以对葡萄果实质量性状的认识、精准地把握葡萄的采收成熟度，对于酿造优质葡萄酒至关重要。

酿造工艺是葡萄酒质量的关键。葡萄酒的酿造过程最重要的是浸渍控制和微生物发酵（包括酵母菌、乳酸菌）。前者决定了白、桃红及红葡萄酒的不同类型，后者则决定了香气的转化和发酵副产物的形成。对红葡萄酒而言，浸渍就是通过促进固相与液相之间的物质交换，充分利用葡萄原料的芳香潜力与多酚潜力，而芳香物质比多酚物质更易被浸出。因此，浸渍管理的关键是要把握好二者的平衡度，及选择浸出花色素和优质单宁，而避免或减少带有苦味和生青味的劣质单宁。白葡萄酒酿造的关键是柔和取汁，适度澄清的汁在低温下发酵，减少过强的机械处理和氧化带来的不良影响，最大限度地保留香气。

特种葡萄酒是对原料进行了特殊处理或采用了特殊的工艺，获得有别于一般葡萄酒的感官质量，满足了部分人群对另类葡萄酒的需求。因此，典型性是特种葡萄酒的重要质量指标。

葡萄酒酿造中的各项操作目的是为了最大限度地保留葡萄酒中的优良成分。在满足产品稳定性的情况下，减少对酒的处理，尽可能多地保持品种香气、发酵风味，增加酒的浓郁度、复杂性和醇厚度。

橡木桶陈酿是促进葡萄酒成熟，丰富葡萄酒风味的重要环节。橡木来源、纹理、烘烤强度，木桶容量的选择，及陈酿时间应以葡萄原酒质量为基础，以产品的最终质量目标为导向，以适度使用为原则。陈酿过程中要注意对挥发酸的控制，定期品尝，合理添桶，及时添加二氧化硫。

葡萄酒的酒精、酸性环境使其对大多数微生物具有一定的抗性。葡萄酒酿造过程除了保证葡萄优良潜在特性得以表现，并形成一些新的成分，使其质量向着良好的方向发展，还有一项重要的任务就是防止酒中出现异香、异味、污染等不良症状。最主要的措施是保持生产场所及器具的干净卫生，全程防止氧化，避免使用不良辅料及酿造材料。

建立完善的质量控制体系是保证葡萄酒质量的必要措施。质量安全指标控制，生产场所、设施设备的合规性，产品全程可追溯是《食品安全法》对包含酒类的食品企业落实主体责任的要求。对葡萄原料、辅料及添加剂、发酵原酒、半成品、成品等关键环节的安全性指标加强控制，以确保葡萄酒的食品安全底线。

白兰地的酿造包括发酵、蒸馏、陈酿、调配等环节。中性品种、高酸、适宜的糖含量是对原料的基本要求。发酵过程中要控制甲醇、杂醇油、挥发酸的含量，纯汁、低温发酵是主要措施。壶式蒸馏可以对馏分进行精确分离和选择性收集，能获得更多的挥发性物质，但原酒受高温处理时间长，蒸馏出的酒精度低；塔式蒸馏获得的酒精度高，蒸馏效率高，但不能很好地对馏分进行选择性的收集，可根据酿酒目标对两种蒸馏方式予以选择。对白兰地而言，橡木桶陈酿是获得最终产品质量的重要工艺措施。通过陈酿，酒精与水分子缔合，低分子杂味成分挥发，并从橡木中获得许多对感官质量起重要作用的微量成分。因此，陈酿时间（酒龄）与橡木桶决定了白兰地产品的质量特性。

葡萄酒、白兰地的质量是通过外观、香气、口味、典型性进行评价的。一款优质美酒应该是复杂、优雅、平衡、余味悠长的复合体，它能给品尝者带来无限的愉悦。平衡性是产品质量的基本要求，典型性则是对其的更高要求。对香气的浓度与类型、纯净度、愉悦度，口感的协调性，酒体的结构感、平衡性、持久性等质量要素精准把握需要不断对比品尝，持续训练积累。

葡萄酒是有生命的，也是比较娇贵的。良好的储存条件就是要保证酒在最佳状态下发展其质量并被消费掉。酒的饮用温度、醒酒时间、酒杯的选用、饮酒顺序、餐酒搭配等是为了完美展现酒的个性，使饮酒者在满足感官享受的同时，获得更多的精神愉悦、情感的共鸣。葡萄酒鉴赏，不仅仅是用视觉、嗅觉、味觉进行审美体验，更重要的是体察隐藏在每瓶酒背后的地理和人文。

产区是葡萄酒的来源，产区风土通过产品的个性得以表现。"每一瓶葡萄酒都蕴涵着比书籍更多的哲理"（巴斯德语）。全球葡萄酒产区经过数百年乃至上千年的发展，形成了特定的产区、各自适宜的品种、种植与酿造传统、多样化的质量风格、产品质量分级体系及地理标志保护制度，这些都是葡萄酒文化的组成部分，是人类共同的精神财富。透过每一瓶葡萄酒及其背后的产区，可以看到一个更广阔的世界。挖掘产区特色，酿造特定风格的葡萄酒，是酿酒师的永恒追求。

本书围绕葡萄酒生产技术链，从酿酒师、葡萄酒研究者、葡萄酒爱好者三个层面的需求进行理论阐述和实操介绍。第一章比较系统地介绍了葡萄酒的类别、中外葡萄酒发展简史、葡萄酒与健康等。第二章、第三章、第四章以全新的视角介绍了优良与特色葡萄品种、葡萄果实质量、风土及其对酒的影响；第五章、第六章、第七章、第八章、第十一章、第十二章结合当前葡萄酒企业的实际，在注重理论与实践相结合的同时，力求全面、系统、深入地介绍生产过程中的关键技术、关键控制点及实际操作。第九章、第十章从专业层面及消费层面阐述如何评价及饮用葡萄酒，什么是好葡萄酒，优良代表品种及酒种的典型风味特点等；第十三章、第十四章全面系统地介绍了中外32个主要葡萄酒生产国的90余个产区的风土、代表品种及酒种的质量特点、产品质量分级等，这些都是通往葡萄酒世界最方便的桥梁。对了解、学习、探究隐藏在每一瓶葡萄酒背后的秘密不无裨益。

本书在编写过程中，姜文广在资料搜集、整理、修改中做了许多工作，付出了心血。阮仕立、沈志毅、李兰晓、李超、裴广仁、赵荣华、王磊、王根杰、郑斯元、赵虎、林春柞、司合芸、姜忠军、温春光、吴训仑、樊玺、张卫强、尹雷、孔凡耿等给予了协助，宋文章提供了部分品种照片，赵冬梅、吴晓霞、都慧霞提供了部分产品照片。法国圣哥安公司姚翠微女士、Andrei Prida博士提供了相关资料，李金宸博士提供了部分英文翻译。北京工商大学孙宝国院士、中国酒业协会王延才理事长、西北农林科技大学李华教授、中国农业大学段长青教授百忙之中为此书拨冗赐序。特别感谢潘蓓蕾副部长的精心题词，感谢唐是雯编审的辛勤工作。谨向上述各位专家、同事、朋友表示衷心感谢！

葡萄酒世界浩如烟海，本书以技术为主线，力图全面、系统、深入、细致地展示从葡萄到葡萄酒全链条的关键及细节，以此作为作者从业30年、笔耕8年心血的结晶，也算作送给葡萄酒人的一份礼物。

由于作者水平所限，难免有以偏概全、管中窥豹之嫌，错误遗漏之处希望读者不吝赐教。

李记明

目 录

第六章

葡萄酒
酿造中的
主要操作

第一章

葡萄酒
概述

第一节 葡萄酒的起源与发展

一、葡萄酒的起源

葡萄酒是自然发酵的产物，葡萄果粒成熟后落到地上，果皮破裂，渗出的果汁与空气中的酵母菌接触后发酵，最早的葡萄酒就产生了。我们的远祖尝到这一自然的产物，便去模仿大自然的酿酒过程，这就是最早的"猿酒"。从现代科学的观点来看，酒的起源经历了一个从自然酒到人工酿酒的过程。葡萄与葡萄酒的历史，几乎与人类的文明同步。

在1万年前的新石器时代，濒临黑海的外高加索地区，即现在的安那托利亚（Aratolia）（古称小亚细亚）、格鲁吉亚和亚美尼亚，都发现了积存的大量的葡萄种子。植物学家和考古学家发现，欧洲葡萄起源于印欧外高加索地区（现在的阿塞拜疆、格鲁吉亚、亚美尼亚等）。

地质学和植物学的证据表明，葡萄栽培最迟始于公元前9000年前，葡萄的起源比人类的起源要早得多。古老葡萄进化产生了可酿酒用的葡萄，后者在漫长的进化过程中又产生了很多品种。8000多年前，外高加索及邻近两河（底格里斯河和幼发拉底河）流域的美索不达米亚，发现了最古老的葡萄栽培遗迹，当时就有了葡萄的栽培，也可能已经生产葡萄酒了。

中美科学家在距今9000—7000年的河南舞阳贾湖村新石器时代前期的遗址中发现陶器内壁上沉积了稻米、蜂蜜、山楂、葡萄等成分，C^{14}同位素测定其年代在公元前7000年至公元前5800年，说明贾湖先民已开始酿造和饮用经过发酵的酒精饮料。不仅说明人类至少在9000年前就开始酿造葡萄酒了，而且也说明中国是最早酿造葡萄酒的国家。照此推断，中国用陶罐酿酒的历史很可能比"公认"陶罐酒"鼻祖"的格鲁吉亚都要早。这也比世界公认的"最早葡萄酒"出现在公元前5400—5000年伊朗扎格罗斯山脉还要早1000多年。而且也在当时的葡萄酒中发现有松树脂的痕迹，但不知道松树脂是人为加到葡萄酒中（如同后来的埃及人、希腊人、罗马人的做法那样，用来防止酒挥发和变酸），还是由于葡萄树与松树生长在一起，前者攀爬在后者上，或是葡萄含有很高的松树脂。公元前6000至前5000年前的美索不达米亚葡萄酒也已经含有松油的成分，那时的人们已经知道在较冷的地方储存葡萄酒的重要性了，并且要用陶塞将酒坛密封。在现在的伊朗和伊拉克的诸多发现告诉我们，古老的苏美尔和美索不达米亚地区至少在公元前3500年已经有了活跃的葡萄酒贸易，这远早于希腊甚至埃及的葡萄酒生产。随后酿酒技术由腓尼基人传播到遥远的地中海国家（包括法国南部、西班牙和突尼斯）。

多少世纪以来的传统、礼仪、神话和文字记载都赋予了葡萄酒特殊的作用。《圣经》中有一个关于诺亚种植葡萄的故事，他在人间天堂发现了葡萄树，在吃了禁果以后，亚当摘了一些葡萄叶子来遮盖其裸体，诺亚因喝了自酿的葡萄酒而醉倒。书中还讲述了摩斯人和他们的追随者是如何在前往希望之乡——迦南的途中偶然遇到了很多葡萄园，及有关迦南婚宴的场景：客人们发现杯中葡萄酒突然消失了！然而，最后的晚餐上，当耶稣同他的弟子讲话并用葡萄酒象征基督血液时，葡萄酒才被奉为神圣之物。

外高加索人是最早种植葡萄的人，古埃及人是最早描述葡萄栽培和酿酒技术的人，而希腊人则将酿酒和饮酒技术提高到艺术的层次。但在古埃及人中葡萄酒并不是很流行，日常生活中他们更喜欢喝啤酒。葡萄栽培的保护神奥西里斯（Osiris）是希腊神话中酒神狄俄尼索斯（Dionysos）和罗马神话中酒神巴克斯（Bacchus）灵感的来源。希腊时期的酒神具有疯狂的象征意义，暗示着其为文明和理性的威胁，同时也表示享乐及人类本性中属于动物性的一面。罗马酒神所代表的象征意义比较狭隘，只直接和葡萄酒联系起来。

远古时期，由于没有高度发达的技术，海上运输需要很长的时间，那时的葡萄酒几乎不需要特殊处理，经过自然发酵后，储藏到双耳罐或水壶中，然后迅速消费掉。另一方面，用来交易的葡萄酒需要以某种方式进行处理，例如，在葡萄酒酿造过程中，经常在葡萄酒中添加蜂蜜和葡萄干以增加酒精含量。有时也用加热来浓缩葡萄酒，甚至用烟熏以促进陈酿。通过这种方法获得的葡萄酒像糖浆一样非常浓缩，酒精含量也很高，必须加1～2份水稀释后才能饮用。许多葡萄酒中也添加了其他成分赋予其特殊的风味，曾作为添加物的有：药草、香料、胡椒粉、树脂、花瓣、根茎、叶子、树皮和果汁等。

二、葡萄酒在世界的传播

在美锡人（Mycenaens）时期（公元前1600—前1100年），希腊的葡萄种植已经很兴盛了，葡萄酒的贸易范围到达埃及、叙利亚、黑海地区、西西里和意大利南部地区。在埃及新王国、亚述帝国和美索不达米亚等地区均发现在这一时期使用的葡萄酒运输工具，如土罐和山羊皮等。此外，在古希腊皮洛斯牌匾上记载着关于葡萄藤和葡萄酒的诸多信息。葡萄酒及其相关的事物为希腊历史学家、哲学家、画家、雕塑家和诗人提供了丰富的灵感源泉。

公元前6世纪，希腊人把葡萄酒通过马赛港传入高卢（现在的法国），并将葡萄栽培和葡萄酒的酿造技术传给了高卢人。罗马人从希腊人那里学到的技术在意大利半岛全面推广，并传播到全欧洲。葡萄酒是罗马文化中不可分割的一部分，曾为罗马帝国的经济做出过巨大的贡献。在罗马时代，葡萄酒也成了社会名流的一种特别饮品，宴会上自由流淌着最昂贵、最稀有的名酒，而平民和士兵只能喝掺了水、带醋味的葡萄酒。公元77年，古罗马百科全书式作家老普林尼（Pliny the Elder）在其著作《自然史》（Naturalis Historia）一书中，写下了"酒后吐箴言（Vino Veritas）"和"葡萄酒中自有真理（In wine there is truth）"等名句。

随着罗马帝国势力的逐步扩张，葡萄与葡萄酒又迅速传遍法国东部、西班牙、英国南部、德国莱茵河流域和多瑙河东部等地区。但随着罗马帝国农业的逐渐没落，葡萄园也逐渐衰败。古罗马人喜欢葡萄园，有历史学家将古罗马帝国的衰亡归咎于古罗马人饮酒过度所致。

公元1世纪，葡萄遍布整个罗讷河谷（Rhone Valley）。2世纪，葡萄遍布整个勃艮第（Burgundy）和波尔多（Bordeaux）；3世纪，葡萄抵达卢瓦尔河谷（Loire Valley）；4世纪时，葡萄出现在香槟区（Champagne）和摩塞尔河谷（Moselle Valley），原本非常喜爱大麦啤酒（Cervoise）和蜂蜜酒（Hydromel）的高卢人很快就爱上了葡萄酒并且成为杰出的葡萄果农。由于他们所生产的葡萄酒在罗马大受欢迎，使得罗马皇帝杜密逊（Domitian）下令拔除高卢一半的葡萄以保护罗马本地的葡萄果农。这一时期，一般采用由黏土制成的两耳细颈酒罐来储存和运输葡萄酒。

4世纪初，罗马皇帝君士坦丁（Constantine）正式公开承认基督教，在弥撒典礼中需要用到葡萄酒，因为在最后的晚餐中，葡萄酒被认为是基督的血液，天主教堂从灭绝的边缘挽救了欧洲葡萄栽培。牧师和传教士在整个欧洲种植葡萄，葡萄酒随传教士的足迹传遍世界，葡萄酒在中世纪的发展得益于基督教会。

公元768—814年，统治西罗马帝国（法兰克王国）加洛林王朝的"神圣罗马帝国"皇帝——查理曼（Charlemagne），其权势也影响了此后的葡萄酒的发展。

公元10世纪，法国古拉尼酒庄（Chateau de Goulaine）建成，这极有可能是目前尚在运营的最古老的一家酒庄。

公元11世纪，在法国勃艮第地区创建的天主教西多会，对于积累和发展葡萄酒技术起到了极其重要的作用。今天，许多声名显赫的名庄都曾是西多会创建并发展延续下来的，在法国人心目中，只有勃艮第的葡萄酒才是他们的精神源泉，是法国传统葡萄酒的典范。"饮少些，饮好些"（Drink less but better）是葡萄酒流传不朽的谚语。

葡萄酒贸易产生于塞纳河和莱茵河畔，不久转移到拉罗谢尔、贝杰拉克和波尔多，在佛兰德人（Flemish）和英国人的帮助下，贸易开始繁荣起来。13世纪，波尔多周围的葡萄酒酿造业迅猛发展，葡萄酒需求量迅速膨胀，葡萄园沿加龙河、多尔多涅河迅速增长，现存的葡萄酒产区例如圣埃美隆、贝杰拉克、卡奥尔和加亚克（Gaillac）也得到了极大的扩展，这种态势一直延续到13世纪末到14世纪初的英法战争。

15—16世纪，欧洲最好的葡萄酒被认为出产在修道院中，勃艮第地区出产的红酒，则被认为是世界上最上等的佳酿。历史上，葡萄酒在宗教中具有举足轻重的地位，耶稣在最后的晚餐中曾举起葡萄酒对门徒们说"喝吧，这是我的血。"葡萄酒也就成为教会中用于祭祀的重要祭品，对于潜心侍奉上帝的修士们，酿造葡萄酒便成为他们的神圣职责。

16世纪哥伦布发现新大陆，西班牙和葡萄牙的殖民者、传教士将欧洲的葡萄品种带到了南美洲，在墨西哥、加利福尼亚半岛和亚利山那等地栽种。后来，英国人试图将葡萄栽种技术传入美洲大西洋沿岸，可惜的是，美洲东岸的气候不适合栽种欧洲葡萄，尽管做了多次努力，但由于根瘤蚜、霜霉病和白粉病的侵袭以及不利的气候条件，使这里的葡萄引种栽培失败了。

这一时期，葡萄酒酿造技术也得以不断发展。16世纪末期，为了不让葡萄酒在长途运输过程中变质，人们一般都会通过添加酒精（加强法）来延长其寿命。此后的著名加强酒如波特（Port）、雪莉（Sherry）、马德拉（Madeira）和马沙拉（Marsala）等都是采用这种方法酿造而成的。

17世纪，为了更好地保存波特，葡萄牙人受史料记载的两耳细颈酒罐启发，成了首个普及玻璃瓶装葡萄酒的国家。但当时的玻璃瓶只能竖直放置，因此木塞极易因干燥而裂开，进而失去密封效果。

在1650年前后，有"葡萄品种之王"之称的赤霞珠诞生，其是由品丽珠和长相思自然杂交而成。

1737年，匈牙利托卡伊（Tokaj）成为世界上第一个清楚划分边界的葡萄酒产区。因为当时托卡伊奥苏（Tokaji Aszu）是一种已酿造上千年的顶级甜酒，这一举措是为了保护当地的传统酿造法。

1740年，葡萄酒瓶经重新设计后可以直接卧放，因此葡萄酒也得以长年保存。

1854年，法国细菌学家、微生物学之父路易·巴斯德（Louis Pasteur）发现葡萄酒酿造的原理是酵母菌将葡萄汁里的糖转化成了酒精。1862年，他发现氧气对葡萄酒有不良影响，开展了葡萄酒成分与葡萄酒老化的研究，使得葡萄酒酿造技术得以较大提升。此后，整个葡萄酒行业开始推广使用葡萄酒瓶。

19世纪中期，从新大陆传到欧洲的各种葡萄病虫害，如根瘤蚜、霜霉病、白粉病等对欧洲葡萄造成了极大的伤害，其中以根瘤蚜最为严重，几乎完全摧毁了所有的欧洲葡萄。直到19世纪80年代，人们用美洲原生葡萄作为砧木嫁接欧洲种葡萄，防止了根瘤蚜，葡萄酒的生产才逐渐恢复发展起来。现在，南北美洲均有葡萄酒生产。

1964年，世界上第一个盒中袋葡萄酒（Bag-in-a-Box Wines）诞生。

20世纪，葡萄酒酿造技术有了长足的进步，酿造过程精准控制，酿造方法不断出现。但是，所有技术的改进都不能取代葡萄园自然环境的重要性。要酿造出有特色和风格的葡萄酒，还是需要葡萄园优异的自然环境。法国从1936年开始建立AOC（Appellation d'Origine Controlee）法定产区管制制度，不仅管制葡萄酒的品质，同时也规定各地葡萄酒的特色和传统，通过葡萄园的划分、生产条件的规定以及品尝管制，让许多产区的葡萄酒得以维护当地特色。这样的理念和制度也传播到意大利、西班牙等欧洲国家，且被广泛借鉴和应用。

中世纪前后，葡萄酒被视为快乐的泉源、幸福的象征，并在文艺复兴时代，造就了许多名作。17、18世纪前后，法国便开始雄霸了整个葡萄酒王国，波尔多和勃艮第两大产区的葡萄酒始终是两大支柱，代表了两个主要不同类型的高级葡萄酒：波尔多的厚实和勃艮第的优雅成为酿造葡萄酒的基本标准。然而这两大产区，产量有限，并不能满足全世界所需。于是，20世纪60—70年代开始，一些酒厂和酿酒师便开始在全世界寻找适合的土壤、相似的气候来种植优良葡萄品种，研发及改进酿造技术，使整个世界葡萄酒事业兴旺起来。尤其美国、澳大利亚等采用现代科技及市场开发技巧，开创了今天多姿多彩的葡萄酒世界。

三、葡萄酒在中国的发展

综观上下5000年的华夏历史，无论政治、经济、军事、文化还是外交，皆弥漫着浓浓的酒香。从亭台楼榭到塞外边关，从小桥流水到大漠风沙，从茅屋矮篱到深院高墙，一页页浪漫迷离的历史，随着时代的变迁，以不同的姿态再现着曾经的生活。

据考证，葡萄之称可能来源于波斯语"budawa"。我国最早的葡萄文字记载见于《诗经》。《诗经·豳风·七月》："六月食郁及薁，七月亨葵及菽。八月剥枣，十月获稻，为此春酒，以介眉寿。""南有樛木、葛藟累之；乐只君子，福履绥之。"反映了殷商时代（公元前17世纪初到公元前11世纪）就已经知道采集并食用各种野葡萄了，并认为葡萄是延年益寿的珍品。这里的"薁"即为现在的"蘡薁"，和"葛藟"都是中国的野生种葡萄。曹植的《种葛藟》中的"种葛南山下，葛藟自称阴。与君初婚时，结发恩义深。"反映了魏晋南北朝时期，在种植张骞引进的欧亚种葡萄的同时，也种植了我国原生的野生葡萄。

葡萄，我国古代曾称"蒲陶"（《史记》）、"蒲桃"（《汉书》）、"蒲萄"（《后汉书》）等，后逐渐演变成今天的"葡萄"。葡萄酒也相应称为"蒲陶酒"。此外，在古汉语中，"葡萄"也可以指"葡萄酒"。

我国原生的野葡萄有40多种，分布范围很广，人工栽培的家葡萄亦是自古有之。《周礼·地官篇》中，把葡萄列为珍果之属。在古代，我国的西域盛产葡萄和葡萄酒。据《史记》和《汉书》记载，"大宛左右以葡萄为酒，富人藏酒至万余石，久者数十岁不败"。可见当时葡萄酒酿造的规模和酿造技术水平。

中国的葡萄酒，可以从青铜器时代开始说起，那时，中国已经有了比较先进的文明，酒自然是其中非常重要的一部分。另外，与西方宗教仪式不同的是，中国人往往在佛教上不用酒，而是一些道观才使用（常常是拜祭一些仙家，如玉皇大帝、王母娘娘等），当然也可以称它是一种宗教仪式，而人们在祭祖的时候，也会用到酒，直到今天，这样的宗教活动仍被保留着。

汉朝——我国葡萄酒的开始。史书中关于葡萄酒的最早记载是《史记·大宛列传》。公元前138年，汉武帝派遣张骞出使西域，将西域的葡萄及酿酒技术引进长安。"取葡萄（蒲桃）果实，于是离宫别馆旁尽种之。"可见，中国内地的葡萄栽培已有2100年以上的历史，而且首先是从陕西关中开始的。公元1世纪初，随着汉王朝政治中心的东迁，葡萄可能由陕西关中传至中原大地并酿造葡萄酒了，如汉魏的曹丕曾把葡萄称为"珍果"，并认为"葡萄酿以为酒，甘于麹蘖，善醉而易醒。"葡萄酒成为当时皇亲国戚、达官贵人享用的珍品。相传在汉代，陕西扶风一个姓孟名佗字伯良的富人，拿一斛葡萄酒（约20L）贿赂宦官张让，当即官升三级，被任命为凉州刺史。后来苏轼对这件事感慨地说："将军百战竟不侯，伯良一斛得凉州。"可见当时葡萄酒诱人的魅力。

唐朝——"李白斗酒诗百篇"，灿烂的葡萄酒文化。唐朝是我国葡萄酒酿造史上辉煌的时期，葡萄酒的酿造已经从宫廷走向民间，葡萄酒在内地有较大的影响力，以致在唐代的许多诗句中，葡萄酒的"芳名"屡屡出现。"葡萄美酒夜光杯，欲饮琵琶马上催。"（王翰《凉州词》）"自言我晋人，种此如种玉，酿之成美酒，令人饮不足。"（刘禹锡《葡萄歌》），这说明当时山西早已种植葡萄，并酿造葡萄酒。"蒲萄酒，金叵罗，吴姬十五细马驮……"（李白《对酒》），这首诗既说明了葡萄酒已普及到民间，又说明了葡萄酒的珍贵，它像金叵罗一样，可以作为少女出嫁的陪嫁。当时的胡人在长安还开设酒店，销售西域的葡萄酒。从唐朝诗人韦蟾的"贺兰山下果园成，塞北江南旧有名"，以及贯休"赤落葡桃叶，香微甘草花"的诗句可以看出隋唐时期的葡萄栽培技术。

元朝——葡萄酒鼎盛时期。元朝的《农桑辑要》中，详细记载了地方官员和百姓发展普通生产，当时的葡萄栽培已经达到了相当高的水平。元代已经有大量的葡萄酒产品在市场销售。《马可·波罗游记》记载："在山西太原府，那里有许多好葡萄园，酿造很多的葡萄酒，贩运到各地去销售。"元朝统治者对葡萄酒非常喜爱，规定祭祀太庙必须用葡萄酒，"潼乳葡萄酒，以国礼割奠，皆列室用之。"并在山西的太原、江苏的南京开辟葡萄园。元朝至元28年（1291年）在宫城中建葡萄酒室（《故宫遗迹》），更加促进了葡萄酒业的发展，可以说元朝奠定了中国古代葡萄种植和酿造的基本格局。

明朝——葡萄酒低速发展。李时珍在《本草纲目》中，多处提到葡萄酒的酿造方法及葡萄酒的药用价值。总结出了葡萄酒的三种酿造工艺：纯汁发酵、加酒曲发酵、葡萄烧酒；认识到葡萄品种的重要性，"葡萄皮薄者味美，皮厚着味芳"；认识到产地属性，"（葡萄）酒有数等，出哈喇火者最烈，西番者次之，平阳、太原者又次之。"另外，认识到冷冻可提高质量，"八风谷冻成之酒，终年不坏。"久藏的葡萄酒，"中有一块，虽极寒，其余皆冰，独此不冰，乃酒之精液也。"认识到葡萄酒的保健与医疗作用，"葡萄酒……驻颜色，耐寒。"就是说葡萄酒能增进健康，美容养颜。

明代徐光启的《农政全书》卷30中曾记载了我国栽培的葡萄品种有："水晶葡萄，晕色带白，如着粉形大而长，味甘；紫葡萄，黑色，有大小两种，酸甜两味；绿葡萄，出蜀中，熟时色绿，至若西番之绿葡萄，名兔睛，味胜甜蜜，无核则异品也；琐琐葡萄，出西番，实小如胡椒……云南者，大如枣，味尤长。"

可见，我国古代的葡萄酒发展起起伏伏，时断时续，未形成持续稳定的产业格局。

清末民初——开启葡萄酒工业化。清朝后期，由于海禁的开放，葡萄酒的品种明显增多，除国产葡萄酒外，还有多种进口酒。据《清稗类钞》："葡萄酒为葡萄汁所制，外国输入者甚多，有数种。"

1892年，爱国华侨张弼士在烟台创办了张裕酿酒公司，先后引进了125个酿酒品种，聘用欧洲酿酒师，购买橡木桶，修建地下大酒窖，开启了中国工业化生产葡萄酒、白兰地的序幕。

1910年，在北京阜外马尾沟，由法国修士沈蕴璞为各地主教奉行弥撒祭礼用酒而建设葡萄酒厂——北京葡萄酒厂的前身。

1911年，天主教徒华国文（山西人）在陕西丹凤龙驹寨与人合办美利酿造公司（后改为协记美利酿造公司），从意大利传教士安西曼处学习酿造葡萄酒技术，生产"共和牌"葡萄酒，即为后来的陕西丹凤葡萄酒厂。

1914年，德国人在青岛建立了一家葡萄酒酿造作坊，后发展为美口酒厂，即青岛葡萄酒厂的前身。

1915年，张裕生产的红葡萄酒、雷司令白葡萄酒、味美思、可雅白兰地在巴拿马太平洋万国博览会上获得金质奖章。标志着中国葡萄酒、白兰地开始走向国际，并被国际所认可。

1921年，山西人张治平创建益华酿酒公司，即后来的山西清徐露酒厂。

1936年，日本人饭岛庆三在吉林蛟河县新站镇创办老爷岭葡萄酒厂，后发展成为吉林长白山葡萄酒厂。

1937年，日本人木下溪司创建了吉林通化葡萄酒厂。

1931年，张裕创立了第一个干红葡萄酒品牌——解百纳，并于1937年在中华民国实业部注册。1939年，《酿造杂志》对张裕解百纳干红、雷司令干白、正甜红、樱甜红等5种产品与几种进口酒进行了质量对比分析。20世纪30—40年代，张裕生产的解百纳干红、雷司令干白、樱甜红、正甜红、味美思、金星高月白兰地即在上海、山东、天津等地有销售。

我国近代葡萄酒工业始于张裕公司，但由于受战乱影响，列强争夺，直到中华人民共和国成立时，仍未得到较大的发展。至中华人民共和国成立前，中国尚存8家葡萄酒厂，葡萄酒年产量仅百余吨。

四、中国现代葡萄酒工业的发展

按照中国历史学划分，现代史即始于1949年中华人民共和国成立。

中华人民共和国成立后，随着国民经济的发展，特别是改革开放以来，葡萄酒业得以逐步发展。中华人民共和国成立70余年中国葡萄酒产业的发展，可以简单概括为四个阶段。

1. 1949年中华人民共和国成立到1978年十一届三中全会，葡萄酒产业形成阶段

这个阶段我国葡萄酒产业在几经波折的发展过程中，产业主体不断成长壮大，行业秩序初步建立，中国葡萄酒产业雏形基本形成，葡萄酒行业开始走向健康发展的轨道。这一阶段主要是以扩大生产和培育行业主体为主。

1955—1956年，张裕公司技术人员进行了《张裕葡萄品种发酵试验》，系统地研究分析了当时种植的27个葡萄品种（包括16种红葡萄、11种白葡萄）的性状特点，并通过发酵试验，确定了5种红葡萄、3种白葡萄适合酿造干型葡萄酒，3种适合酿造调色酒。

1958年，轻工业部委托张裕公司创办张裕酿酒大学，并系统开设"干红葡萄酒生产工艺"和"干白葡萄酒生产工艺"课程，为全国葡萄酒行业培养了50余名酿酒人才，这些人后来成为许多新建酒厂的技术骨干。

1959年，香港大公报社编辑发行的《香港经济年鉴》第三编《内地生意参考》提到，张裕公司的出口产品包括"干葡萄酒，也就是不含糖葡萄酒，如解百纳红干葡萄酒，雷司令白干葡萄酒"。烟台市档案馆保管的1963年《烟台张裕酿酒公司名牌产品资料调查》记载："我公司有五种名酒，是金奖白兰地、红玫瑰葡萄酒、味美思葡萄酒、白玫瑰葡萄酒、金星白兰地。此外还有雷司令白葡萄干酒、解百纳红葡萄干酒两种，国内不习惯，外国经常指名来要。"1976年《食品与发酵工业》杂志第一期刊登的《发酵工业进展概况》记载："根据1975年广州春交会（春季广交会）的情势，烟台葡萄酿酒公司（1982年恢复原名'张裕葡萄酿酒公司'）的干、甜、白、红葡萄酒深受外商欢迎，能出口多少就销售多少。"该文同时写道："目前国际市场上消费量最大的是干红、干白葡萄酒。"这一时期，张裕公司生产的干白葡萄酒和干红葡萄酒，已经有了一定的出口量。

1974年12月，"全国葡萄酒和酿酒葡萄品种研究技术协作会"在烟台召开，根据会议纪要记载，会议组织参观了烟台葡萄酿酒公司（张裕公司名称于1966年变更为"烟台葡萄酿酒公司"）及其原料基地，品尝了各地优良酿酒葡萄品种酒样56种，包括"灰品诺、雷司令、白翼制成的干白、甜白葡萄酒"。会议商定形成的《葡萄酒暂行管理办法（初稿）》，对"干葡萄酒""半干葡萄酒""半甜葡萄酒""甜葡萄酒"的理化指标做出了明确规定。

20世纪60年代，张裕成立中心实验室，研究酵母选育、解百纳干红稳定性、白兰地的陈酿老熟工艺等。1975年，张裕从意大利引进每小时5000瓶的葡萄酒白兰地联合包装机组。通过人才培养、产品开发、工艺技术研究等为行业技术进步与产品质量提升做了大量的工作。

葡萄品种及原料质量的重要性受到重视，张裕公司从1895—1907年，三次从美国、欧洲引进了124个酿酒葡萄品种，并对其进行了中文命名，这些名称至今仍被沿用。其中，仍有20多种葡萄品种在生产中广泛使用。20世纪50年代，我国开始了中华人民共和国成立后的第一次葡萄品种引进，陆续从苏联、东欧引进了数十个酿酒葡萄品种，主要有白羽、白玉霓、小粒麝香、晚红蜜等。

1950—1980年，为了改造沙荒地，发展经济，"让人民多喝一点葡萄酒"，我国陆续在黄河故道区域建成了安徽萧县葡萄酒厂、河南民权葡萄酒厂、江苏宿迁葡萄酒厂，在华北区域建成了山西清徐露酒厂、沙城酒厂、昌黎果酒厂、天津果酒厂、北京东郊葡萄酒厂，东北的沈阳果酒厂、一面坡葡萄酒厂，南方的湖北枣阳酒厂、广西永福葡萄酒厂等，并开始在不同产区进行葡萄品种适应性试验、酒种开发与生产等工作。

1974年、1980年分别在烟台、大连召开两次全国葡萄与葡萄酒科研、生产、基地、商贸协作会议，对推动葡萄酒行业的发展起到了重要的作用。1979年，我国葡萄酒产量达到55000余吨，葡萄酒企业40家。

2. 1980—1999年，我国葡萄酒快速发展的关键期

一大批新型葡萄酒厂建立，葡萄酒产量快速增长，干型葡萄酒逐渐成为市场主流，葡萄酒产品标准出台，行业秩序逐步建立，葡萄酒科研教学单位设立，国际交往进一步扩大。因而，成为我国葡萄酒产业发展的重要时期。

1980年开始，我国相继建成了中法合营王朝葡萄酒公司（1980）、新疆鄯善葡萄酒厂（1980）、河北沙城长城葡萄酒公司（1983）、甘肃武威葡萄酒厂（1983，今甘肃莫高）、宁夏玉泉葡萄酒厂（1984，今宁夏西夏王）、河北昌黎葡萄酒厂（1986，后为华夏葡萄酒公司）、北京龙徽葡萄酒公司（1987）、山东威龙葡萄酒公司（1992）。葡萄酒类型从原来的甜型葡萄酒为主，发展为半干、干型，白、红，起泡等多种类型。从20世纪80年代中期干白、半干白开始，到20世纪90年代中期干红风行，干型葡萄酒渐渐被人们认识和接受。葡萄酒产区也从东部向中西部发展。其间，青岛华东（1985）、山西怡园（1997）、河北朗格斯（1999）等酒企则开始探索中国葡萄酒的小规模、精品化生产之路。20世纪末建成的新疆新天葡萄酒公司、宁夏银广夏葡萄酒公司是西部产区具有代表性的大型葡萄酒公司。至20世纪末，全国葡萄酒产量达到20.19万t。

20世纪80—90年代，我国先后两次集中地从西欧、美国引进了优良葡萄品种和新品系，除了传统的赤霞珠、品丽珠、美乐、霞多丽、雷司令外，还有西拉、歌海娜、马瑟兰、黑品诺、白诗南、白玉霓等；同时，我国科研人员也陆续选育出了适合中国风土及市场需要的葡萄品种，如烟-73、烟-74、北醇、双优、北冰红等，也得以推广和应用。应该说，从1892年张弼士创办张裕，引进欧洲品种，到中华人民共和国成立后引进苏联、东欧品种，到80年代开始引进世界广泛栽培的优良酿酒品种，到90年代及21世纪的近20年，引进优良新品系及特色品种，每一次品种的引进及适应性试验的成功，都推动了我国葡萄酒质量的一次提升。

20世纪70年代末至80年代初，全国食品发酵研究所联合长城酒厂、昌黎酒厂分别实施轻工业部的"干白葡萄酒新工艺研究"和"葡萄酒生产新技术试验"技术项目，开展了品种适应性试验、酿造新工艺、稳定性技术研究等，分别研制出了龙眼干白葡萄酒、赤霞珠干红葡

萄酒。1987年，轻工业部发酵所主持的"干白葡萄酒新工艺研究"，荣获1987年国家科技进步二等奖，为新产品开发、葡萄酒质量提升、行业技术进步起到了重要的作用。

20世纪80年代开始，我国陆续从欧洲、美洲引进先进的酿造设备。1985年，陕西丹凤葡萄酒厂从法国、阿根廷引进全自动发酵设备。1985年，张裕公司从法国引进四台壶式蒸馏锅，用于提高白兰地的质量。1997年，张裕从欧洲引进了一条时速12000瓶的全自动灌装线，1999年建成了3万吨的原酒发酵厂，并引进了国外先进的前处理设备、过滤设备等。这些代表性项目的建成，进一步提升了我国葡萄酒产业的现代化水平。1995年，干红葡萄酒有利于健康的宣传，为"干红热"起到了推波助澜的作用，从南到北，干红葡萄酒市场需求大增，导致国内出现红葡萄原料短缺的现象。国外酒商不断进入中国，大量国外葡萄酒进入国内。葡萄酒消费的快速启动，引来了又一轮中国葡萄酒投资的热潮，蓬莱、昌黎等葡萄酒产区就是在这一时期初步形成的。至1999年，全国葡萄酒产量达到25万吨。

1984年，轻工业部颁发了第一个葡萄酒产品标准《葡萄酒及其试验方法》（QB 921—1984），填补了中国葡萄酒产品标准空白，结束了我国葡萄酒长期缺乏标准的历史。随着产业的发展，1994年，我国第一个全汁葡萄酒国家标准GB/T 15037出台，取消了含汁量50%以下葡萄酒的生产，促进了葡萄酒从甜型酒、半汁酒向干型酒、全汁酒的转化。1985年，西北农业大学设立葡萄栽培与酿酒专业，1994年发展成为葡萄酒学院，并引入法国先进的教学及实践体系，成为中国第一个涵盖葡萄、葡萄酒、工程学、管理学四个主干课程群的、专门培养葡萄与葡萄酒技术人才的学院。之后，分别有中国农业大学、山东农业大学等高校设立葡萄与葡萄酒专业，为葡萄酒行业培养了大批专业人才。逐步建立了葡萄酒标准体系及工艺技术体系，产品质量不断改进提升。

1987年，因为张裕公司，烟台被国际葡萄与葡萄酒组织（OIV）授予"国际葡萄与葡萄酒城"称号，成为首个、目前仍是亚洲唯一的国际葡萄酒城。1999年，国家葡萄酒质量监督检验中心在烟台挂牌成立，标志着葡萄酒的质量管理纳入标准化、规范化、法制化管理的轨道。1999年，国家质量技术监督局颁布了《原产地域产品保护规定》（2005年更名为地理标志保护产品），标志着有中国特色的原产地域保护产品制度正式确立，迈出了国内葡萄酒接轨国际惯例的重要一步。

3. 从21世纪开始到2012年，西部葡萄酒产区崛起，酒庄建设风起云涌，葡萄酒产品结构调整提速，中国葡萄酒进入全面发展的快车道

2002年，张裕公司和法国卡斯特公司合作建立了张裕–卡斯特酒庄，首次将"酒庄"（Chateau）概念引入中国，成为中国第一个完整意义上的专业化酒庄，开启了中国葡萄酒生产的新模式，并创立了"葡萄园＋葡萄酒＋旅游"三产融合的新形式，并在全国市场大力推广酒庄酒。以此带动中国葡萄酒结构调整和产业升级。进入21世纪，酒庄建设步伐加快，尤以山东蓬莱、宁夏、新疆、河北为突出，出现了若干个酒庄集群。酒庄模式的创立，通过"旅游带动，三产融合"，使消费者对葡萄酒的认识更直观，更具体，也使葡萄酒产业升级、产品升级、质量升级速度明显加快。

2002年，张裕公司在陕西泾阳建设葡萄酒厂，开启了大型葡萄酒企业西进之路。西部产区的重要性日益被大家所认识。2006年，张裕在宁夏农垦投资近亿元建设了近万亩酿酒葡萄基地，2009年，张裕通过资金扶持、技术指导等形式在宁夏青铜峡建成了5万亩葡萄基地。同年，张裕公司在新疆石河子控股收购天珠，在原有基地基础上，进一步发展酿酒葡萄基地至12万亩。并采用了"浅沟深栽、倾斜式龙干整形、控水控肥控产"等技术措施，及"以糖计价"到"优质优价"的收购政策，葡萄园分等级管理（A、B、C级、白兰地专用原料）、葡萄收购自动验糖系统等综合措施引导葡萄质量提升，带动了宁夏、新疆产区规模化葡萄基地优质、快速、持续发展。同时，整个行业对葡萄基地及原料重要性的认识日益提高，许多企业开始自建葡萄园。2009年，张裕公司在新疆石河子收购天珠，发酵能力达3万吨。同年，张裕公司在宁夏建立2万吨原酒发酵工厂。葡萄酒产业的快速增长，引来了新一轮投资潮，且主要集中在宁夏、新疆、甘肃等原料优势区域。上述一系列举动，带动了西部葡萄酒产业的快速发展。2012年，张裕公司在烟台按照"规模化、标准化、机械化、有机化、水肥一体化"模式建设了1万余亩自营型葡萄基地，带动了中国葡萄基地管理进一步向机械化迈进。

值得一提的是，2006年，张裕公司在辽宁桓仁对冰酒产区的发现和挖掘，首开我国冰葡萄酒生产的先河，创新了冰葡萄冷冻、酿造新技术，改写了世界上只有少数几个国家能够生产冰酒的历史，拓宽了全球冰葡萄酒生产的版图。目前，辽宁桓仁已经成为有影响力的冰葡萄酒产区，生产的冰葡萄酒赢得了国内外市场的广泛赞誉。经过70年，尤其是近30年发展，中国已经形成了风土多样、各具特色的11个葡萄酒产区。另外，在大产区日渐成熟的同时，一些小产区也崭露头角。

2002年，国家经济贸易委员会发布《中国葡萄酒酿酒技术规范》，这是一部参照国际酿酒法规，并结合我国葡萄酒生产实际制定的行业规范文件，对原料、辅料、工艺条件都做了明确的规定。2004年年底，国家正式取消半汁葡萄酒生产，2006年，与国际接轨的葡萄酒产品标准（GB/T 15037—2006）、分析方法标准（GB/T 15038—2006）颁布，并于2008年1月1日正式实施。后又陆续制定了10余个地理标志保护产品标准，我国葡萄酒标准体系进一步完善。2004年，包括葡萄酒在内的全部28大类食品被纳入我国食品质量安全准入制度（QS，后为SC）。

2002年，张裕公司技术中心被国家五部委批准为国家级企业技术中心，成为葡萄酒行业第一个国家级中心。2003年，张裕公司被国家人事部批准设立博士后科研工作站，标志着以企业为主体的技术创新体系开始建立。至今，该站已联合培养博士后7名，承担国家项目10余项，获省部级以上奖励10项，为企业培养技术骨干30余名。

2001年，王朝公司的"王朝高档干红葡萄酿造技术与原料设备保障体系的研制与开发"项目荣获国家科技进步二等奖；2005年，"长城庄园模式的创建及庄园葡萄酒关键技术的研究与应用"科研项目获得国家科技进步二等奖。2016年，由西北农林科技大学、中国农业大学、张裕公司等合作完成的"中国葡萄酒产业链关键技术创新与应用"荣获国家科学技术进步二等奖，为行业的技术进步做出了重要贡献。

这一时期，酿酒葡萄原料基地得到高度重视，葡萄酒企业及产品结构日趋合理，葡萄酒行业进一步向品牌化集中，形成了张裕、长城、王朝、威龙等骨干龙头企业。我国葡萄酒产量以年均两位数以上的速度增长，已经成长为世界第七大葡萄酒生产国、第五大葡萄酒消费国。2012年，全国葡萄酒产量达138.16万t，消费量达165.44万t。

4．2013年至今，中国葡萄酒产业进入深度调整期

进口酒大量涌入，市场竞争日趋激烈，提升国产葡萄酒的产品质量，加强市场推广是这一时期的主旋律。酿造技术与设备设施不断完善，并逐步与世界接轨。同时，用于保证酒庄酒及高档葡萄酒生产的橡木桶被大量引进，激光粒选机、葡萄自动验糖系统、发酵自动控温系统、全程防氧化系统、错流过滤机、膜过滤等设备和技术的应用，使葡萄酒质量显著提升。2016年，张裕公司在烟台开发区建成了年产15万吨葡萄酒、白兰地生产厂（总体设计能力40万吨），布局了10条生产线，成为全球最大的单体酒厂之一。全程采用管道化、自动化、信息化技术，保证了产品的稳定性与质量安全，生产快速高效；智能化立体仓库、二维码标识、客户订单生产、产品质量追溯系统，拉近了生产与市场的距离，保证了产品的质量。目前，我国酿酒技术和设备完全达到欧洲国家的先进水平。

2019年，张裕公司建成了中国第一个专业化的白兰地酒庄——可雅白兰地酒庄。

中国葡萄酒不断亮相国际舞台。从1915年张裕公司的雷司令、红葡萄酒、味美思、可雅白兰地在巴拿马万国博览会上一举获得四枚甲等金奖，到中华人民共和国成立后连续三届入选全国八大、十八大国家名酒，到1987年张裕解百纳干红、干白葡萄酒获布鲁塞尔大赛金奖，1988年张裕XO白兰地在希腊获26届世界评酒会金奖，到21世纪近20年，中国葡萄酒、白兰地不断在布鲁塞尔、德国柏林、品醇客、世界葡萄酒烈酒大赛上获奖，中国葡萄酒不断被国际认可和接受。同时，中国葡萄酒也开始走进欧洲一些主流消费场所，例如，张裕解百纳进入欧洲多家连锁超市，张裕宁夏摩塞尔酒庄酒、张裕冰酒也进入西方一些高档餐饮场所。中国葡萄酒在做大的同时，也逐渐向做强的方向迈进。

进口酒全面进入中国市场，几乎所有的国外葡萄酒，不是在中国，就是在去往中国的路上。进口酒几乎占据了国内葡萄酒市场一半的份额。各种类型的葡萄酒市场推广风起云涌，产品品鉴会、酒庄体验之旅成为葡萄酒文化推广的主要形式。2019年中国葡萄酒产量降至45.15万吨（规模以上企业），进口瓶装酒47.44万吨。这一下降的背后，除了统计口径改变、实际消费下降而外，也有产品结构调整、产品升级引起的变化。

这一时期，国产葡萄酒产量持续下降，后期整个中国葡萄酒市场消费量下降，这一方面是由于经济下行，但更多的则是由于大多数消费者对葡萄酒不了解，产品多样化，良莠不齐，选择茫然所致。所以说，从任何一个方面来讲，中国葡萄酒产业发展仍任重道远。

综观现代葡萄酒工业的发展，可以说，从中华人民共和国建立到1978年，是我们葡萄酒产业体系、产区布局初步成型时期；从1980年初到20世纪末期，是产业发展提速、多酒种开发、产量快速增加的时期，从20世纪末到21世纪前12年，是中国葡萄酒结构调整加速，产业快速发展的时期；从2013年开始，是中国葡萄酒与进口酒全面竞争，产业处于深度调整的时期。每一阶段的发展均有特点，但中国葡萄酒螺旋式上升的趋势没有停顿，质量提高的脚步从未停止。有强大的市场需求预期，有多样化的风土条件，有数十年的技术人才积累，假以时日，中国葡萄酒一定会迎来辉煌的明天。

第二节　葡萄酒的类别

葡萄酒是以鲜葡萄或葡萄汁为原料，经全部或部分酒精发酵酿制而成的，含有一定酒精度的发酵酒。

该定义同时规定：原料的潜在酒精度不应低于7.0%vol；发酵过程中允许添加浓缩葡萄汁或白砂糖作为外加糖源以提高酒精度。外加糖源的最大添加量不应超过产生2.0%vol酒精；以增加甜度为目的的添加物质仅限于浓缩葡萄汁和白砂糖，白砂糖的添加量不应超过产品总质量的10%。

一、根据产品特点分类

1. 按色泽分类

白葡萄酒：近似无色、微黄带绿、浅黄、禾秆黄、金黄色。

桃红葡萄酒：桃红、淡玫瑰红、浅红色。

红葡萄酒：紫红、深红、宝石红、红微带棕色、棕红色。

除了上述通行的颜色分类外，还有一些特殊颜色的葡萄酒，名字也带有颜色。当然，其风味也很有特点。

绿酒（Vinho Verde）：是指葡萄牙北部的绿酒产区（Vinho Verde DOC）生产的一种轻盈的、低酒精度的、以清新爽口为特点的白葡萄酒，现在一些绿酒往往常常含有一定量的二氧化碳，使其更加清爽怡口而受到广大消费者的喜爱。

黄酒（Vin Jaune）：特指法国东部汝拉的黄酒（Vin Jaune de Jura），是在该地区采用萨瓦涅（Savagnin）葡萄酿造而成的一种特殊葡萄酒。葡萄完全成熟后采摘，放入228L的老勃艮第橡木桶（Piece）中进行发酵，培养并存储6年以上，期间酒液被缓慢氧化，同时表面会生成一层酵母菌膜层（类似于雪莉酒的Flor），保护葡萄酒不被过度氧化。最终酒中带有浓郁的蜂蜡、坚果、面包香气，口感醇厚，回味悠长。

橘酒（Orange Wine）：将白葡萄压榨，经长时间的带皮发酵，让酒获得皮中的一些颜色，并经氧化后得到的一种葡萄酒。因其颜色呈现橘黄色，故而被称为橘酒（有时也可以是金色、淡粉色或琥珀色）。目前，在意大利、格鲁吉亚、斯洛文尼亚、法国、美国、澳大利亚、南非等地都有橘酒酿造。随着有机法、自然动力法和自然酒的逐渐流行，橘酒（通常酿造橘酒的方式就是采用自然酿造方法）越来越多地进入了消费者的视野中。

黑酒（Vin Noir）：是指在法国西南的卡奥地区（Cahors），用马尔贝克（Malbec）所酿造的红葡萄酒。由于其颜色深邃，黑如墨汁，故而得名黑酒。

蓝酒：2015年几名年轻人创造出的一款蓝色葡萄酒吉科（Gik Wine），此款葡萄酒是通过向葡萄酒中加入花青素与靛蓝色素，而使葡萄酒的颜色变蓝。此酒一经推出，就获得了极大的关注，为葡萄酒的世界又增添了新的色彩。

上述除了蓝酒外，还是应该归于红、白葡萄酒的大的颜色分类中。

2. 按含糖量分类

干葡萄酒：含糖（以葡萄糖计）小于或等于4.0g/L。或者当总糖与总酸（以酒石酸计）的差值小于或等于2.0g/L时，含糖最高为9.0g/L的葡萄酒。

半干葡萄酒：含糖大于干葡萄酒，最高为12.0g/L。或者当总糖与总酸（以酒石酸计）的差值小于或等于10.0g/L时，含糖最高为18.0g/L的葡萄酒。

半甜葡萄酒：含糖大于半干葡萄酒，最高为45.0g/L的葡萄酒。

甜葡萄酒：含糖大于45.0g/L的葡萄酒。

3. 按二氧化碳（CO_2）含量分类

平静葡萄酒：在20℃时，二氧化碳压力小于0.05MPa的葡萄酒。

低泡葡萄酒：在20℃时，二氧化碳（全部自然发酵产生）压力在0.05~0.34MPa的起泡葡萄酒。

高泡葡萄酒：在20℃时，二氧化碳（全部自然发酵产生）压力≥0.35MPa（对于容量小于250mL的瓶子二氧化碳压力等于或大于0.3MPa）的起泡葡萄酒。

二、根据原料及工艺分类

用鲜葡萄或葡萄汁在采摘或酿造工艺中使用特定方法酿造而成的葡萄酒称为特种葡萄酒，包括利口葡萄酒、葡萄汽酒、冰葡萄酒、加香葡萄酒等。

1. 利口葡萄酒

这类酒是指在由葡萄生成总酒精度为12%vol以上的葡萄酒中，加入白兰地、葡萄蒸馏酒或食用酒精及葡萄汁、浓缩葡萄汁、含焦糖葡萄汁、白砂糖等，使其终产品酒精度为15.0%~22.0%vol的葡萄酒。加入的上述物质的总量不应超过产品总质量（或总体积）的25%。

2. 葡萄汽酒

这类葡萄酒中所含二氧化碳是部分或全部由人工添加的，具有同起泡葡萄酒类似的物理特性。

3. 冰葡萄酒

这类酒是将葡萄推迟采收，当气温低于-7℃使葡萄在树枝上保持一定时间，结冰，采收，在结冰状态下压榨、发酵、酿造而成的葡萄酒（在生产过程中不允许外加糖源）。

4. 贵腐葡萄酒

这类酒是在葡萄的成熟后期，葡萄果实感染了灰绿葡萄孢，使果实的成分发生了明显的变化，用这种葡萄酿造而成的葡萄酒。

5. 产膜葡萄酒

这类酒是葡萄汁经过全部酒精发酵，在酒的自由表面产生一层典型的酵母膜后，加入白兰地、葡萄蒸馏酒或食用酒精，所含酒精度等于或大于15.0%vol的葡萄酒。

6. 加香葡萄酒

这类酒是以葡萄酒为酒基，经浸泡芳香植物或加入芳香植物的提取物（或馏出液），制成具有浸泡植物或植物提取物特征的葡萄酒。

芳香植物是指根据相关规定可在食品加工中使用的具有芳香特征的植物；加入的芳香植物提取物不应超过产品总质量（或总体积）的25%。按颜色分为红、白，按含糖量分为干型（半干型）、甜型。

7. 低醇葡萄酒

这类酒是采用鲜葡萄或葡萄汁经全部或部分发酵，采用特种工艺加工而成，酒精度为1.0%～7.0%vol。

8. 脱醇葡萄酒

这类酒是指采用葡萄或葡萄汁经全部或部分发酵，采用特种工艺降低酒精度，最终酒精度为0.5%～1.0%vol的葡萄酒。

关于低醇葡萄酒的酒精度标准，各国规定不尽相同。美国规定：低醇葡萄酒的酒精含量7.0%～8.0%vol，而另一些则规定0.5%～6.5%vol。

9. 原生葡萄酒

（中国原生葡萄种葡萄酒）采用中国原生葡萄种葡萄（包括野生或人工种植的山葡萄、毛葡萄、刺葡萄、秋葡萄等中国起源的种及其杂交品种）鲜果或果汁经过全部或部分酒精发酵酿造而成的葡萄酒。具体名称为山葡萄酒（*V. amurensis* wines）、毛葡萄酒（*V. heyneana* wines）、刺葡萄酒（*V. davidii* wines）、秋葡萄酒（*V. romaneti* wines）等。

三、根据自然因素分类

由于自然因素在决定葡萄酒质量与风格中的重要性，按照自然因素将葡萄酒按产地、品种、年份等进行分类。

1. 年份葡萄酒

这类酒所标注的年份是指葡萄采摘酿造该酒的年份，其中年份葡萄酒所占比例不低于酒含量的80%（体积分数）。年份对波尔多这样的传统产区是选择葡萄酒的重要参考。

2. 品种葡萄酒

这类酒用所标注的葡萄品种酿造的酒所占比例不低于酒含量的75%（体积分数）。

3. 产地葡萄酒

这类酒用所标注的产地葡萄酿造的酒所占比例不低于酒含量的80%（体积分数）。

从这个意义上讲，葡萄酒是讲来源和身份的。

四、根据酒体轻重的不同分类

1. 酒体轻盈型

这种类型的红葡萄酒一般颜色较淡，单宁较少，典型代表有黑品诺和佳美；白葡萄酒有清爽的酸度，清新易饮。灰品诺、阿尔巴利诺和慕斯卡德都属于这一类。

2. 酒体中等型

相比于前者，这类酒往往颜色更深，在舌头上的质感较重，红葡萄酒中的典型代表有美乐、丹魄和桑娇维赛；白葡萄酒有长相思、白诗南和内比奥罗等。

　　3. 酒体饱满型

　　红葡萄酒颜色深浓，单宁充沛，常见代表有赤霞珠、西拉和马尔贝克；白葡萄酒大多经过橡木桶陈酿，口感更显厚重，霞多丽、维欧尼和赛美蓉是代表性酒种。

五、按原料采收方式分类

　　1. 普通葡萄酒

　　这类酒是指葡萄自然成熟后采收，以新鲜葡萄或葡萄汁为原料，经全部或部分发酵酿造而成的含有一定酒精度的发酵酒，是最普遍的类别，包括所有的干型酒。

　　2. 其他葡萄酒

　　这类酒包括晚采酒、贵腐酒、冰葡萄酒、干化葡萄酒等。

六、按饮用场合分类

　　1. 餐前酒

　　餐前酒又称开胃酒，常在餐前饮用或与开胃菜一同饮用，主要为起泡酒和白葡萄酒。

　　2. 佐餐酒

　　佐餐酒通常在正餐时饮用，多为干型葡萄酒，如干红或干白等。

　　3. 餐后酒

　　餐后酒是在餐后与甜点搭配饮用的酒，常呈甜型。主要有贵腐、冰酒和加香酒等。

七、按葡萄酒生产的历史分类

　　根据酿酒历史的不同分为"新世界"和"旧世界"。当然，随着生产历史的不同，也带来其他许多差异。

　　1. 产区分布

　　"旧世界"主要以欧洲国家为主，包括法国、意大利、西班牙、葡萄牙等有着数百年乃至上千年历史的传统葡萄酒酿造国家。而"新世界"主要是包括美国、澳大利亚、智利、阿根廷等新兴的葡萄酒酿造国家。

　　2. 历史文化

　　旧世界葡萄酒历史悠久，有些酒庄甚至可以达到几百上千年的历史，最早可追溯到罗马帝国时期；尊重传统、恪守祖训。而新世界葡萄酒历史比较短，最长也就二三百年，善于创新、改进技术。

　　3. 种植方式不同

　　旧世界注重精耕细作，对产区的品种、栽培模式、产量、灌溉都有严格的限制，追求风土、崇尚自然；而新世界更强调人的因素，规模化程度高，亩产限量较为宽松。

4. 酿造技术不同

旧世界注重规则，讲究传统工艺，强调年份，年份间葡萄酒质量差异较大；新世界以工业化生产为主，通过酿酒技术减少年份间产品质量的差异，尤其注重新技术的应用。

5. 法规不同

旧世界的法规注重限制、规范种植、酿造工艺、葡萄品种、产量、成熟度、葡萄酒风格等技术细节。新世界的法规对技术细节的规定相对宽松。

旧世界的法规把产区分为三六九等，为严格的金字塔结构。新世界的法规虽然对产区也有区分，但更强调产品的最终质量，对产地、技术、产品分级等要求与限制比较宽泛。

6. 包装与标识不同

旧世界沿袭传统，一般很少有华丽或怪异的包装，瓶型多标准化，注重标示产地，风格较为典雅与传统；而新世界包装多样，注重标示葡萄品种，色彩鲜明活跃，多用螺旋盖封口。

旧世界的酒标信息复杂，包含多项元素，可以通过酒标大致推测一款酒的质量和等级，但因各国酒标语言的多样性使得辨认起来相当困难；新世界酒标信息简单，且多以英文标注，较易辨识，不易从酒标信息中了解酒的优劣。

7. 生产规模不同

旧世界的生产单元通常较小，多以传统家族经营模式为主，规模相对较小，有的甚至每年只有几百箱的产量；而新世界多以公司的形式，葡萄种植与酒生产规模都比较大，有的可能达到几十万千升。

8. 产品风格特点不同

旧世界因受风土条件的影响，其葡萄酒一般高酸、低酒精含量，且风格内敛，多带有明显的矿物质风味和泥土气息，但总体风味平衡，较难辨别，葡萄酒消费新手大都难以接受。

新世界则一般呈现低酸、高酒精度、重酒体等特征，热情奔放的风格，加上浓郁的果香，颇受新兴市场消费者的喜爱。

八、按农业生产及酿造方式分类

1. 有机葡萄酒（Organic Wine）

（1）**按照中国认证机构规定（RB/T 167—2018）** 以新鲜的经过有机认证的葡萄或葡萄汁为原料，经发酵酿造而成的含有一定酒精度并获得有机产品认证的葡萄酒。

用于酿造有机葡萄酒的葡萄（汁）必须是经过认证的有机葡萄（汁），且在终产品中所占的比例不得少于95%。

有机葡萄是按照有机农业遵照特定的农业生产原则，在生产中不采用基因工程获得的生物及其产物，不使用化学合成的农药、化肥、生长调节剂、饲料添加剂等物质，遵循自然规律和生态学原理，协调种植业和养殖业的平衡，采用一系列可持续的农业技术以维持持续稳定的农业生产体系的一种农业生产方式。多年生植物的转换期至少为收获前的36个月。转换期内葡萄应按照GB/T 19630的要求进行管理，并通过有机认证、符合相关标准。

其他应符合RB/T 167—2018规定的要求。

有机葡萄/葡萄汁在加工过程中应该与非有机的葡萄/葡萄汁有效隔离。

发酵过程中使用的酵母、酶制剂不得来源于基因工程。

加工过程中二氧化硫的最大允许使用量：红葡萄酒100mg/L，白葡萄酒150mg/L。

禁止使用下列工艺：通过冷却进行局部浓缩；通过物理方去除二氧化硫；通过电渗析的方法来确保葡萄酒中酒石酸的稳定；对葡萄酒进行局部脱醇处理；采用阳离子交换剂处理方法来确保葡萄酒中酒石酸的稳定。

（2）**欧盟的有机葡萄酒**　是指获得"有机葡萄酿造"认证商标的葡萄酒。其特别强调酿酒原料的有机性，即纯天然性。葡萄来自有机葡萄园，或采取有机种植法，一概不用化学肥料和农药。有机葡萄园连续3年采用天然物质作肥料（如海藻、牲口粪便和植物混合肥料），并以人工采收。在酿造过程中，特别注意天然酵母的使用、过滤和澄清方法，不能使用化学澄清剂，二氧化硫的使用量尽可能低，要采用绿色包装等。

（3）**美国的有机葡萄酒**　按照美国农业部规定，有机葡萄酒必须满足以下条件：所采用的葡萄和农业原料必须获得有机认证，非农业配料不能超过总产品的5%，且不添加亚硫酸盐作为防腐剂。美国有机认证是指葡萄种植过程中不使用任何化学药品、杀虫剂和化学肥料。

经美国农业部认证的有机原材料来自那些至少在3年内对除草剂、杀虫剂和转基因种子进行限制使用的农场和葡萄园。

美国农业部有机标准实施不同的消费产品环保分级。

100%有机葡萄酒是由100%经认证的有机原料酿成，在酿造过程中不使用合成的促生物质，不添加亚硫酸盐。这些葡萄酒里自然生成的硫酸盐水平在10~20mg/L。这种酒标上会加盖美国农业部有机认证印章，内容是"100%有机"。

有机葡萄酒的原料中有95%是经过有机认证的葡萄，不添加亚硫酸盐。酒商必须证明在剩余的5%原料中不含经认证的有机葡萄。这种酒标盖有美国农业部有机认证的印章。

有机葡萄酿造/有机原材料酿造：这种葡萄酒原材料里含有70%经认证的有机葡萄，可以添加的亚硫酸盐的上限是100mg/L。这种酒标不会加盖美国农业部有机认证印章。

双重认证：印有美国农业部认证的"100%有机"和生物动力法认证的葡萄酒含有很低的亚硫酸盐，所用的葡萄是按照最大范围的可持续标准进行种植的。

亚硫酸盐是防腐剂，用以防止氧化和细菌感染。几个世纪以来一直用于葡萄酒酿造中；同时，亚硫酸盐在葡萄酒中可以自然生成，它们是否应该存在于有机葡萄酒中也是争论的焦点。尽管在美国经过认证的有机葡萄酒中不能含有亚硫酸盐，但是法国、意大利的有机认证体系却允许它们的存在，而且很多美国酒商也主张葡萄酒里应该含有亚硫酸盐。

与其他国家不同的是，美国的有机标志没有"过渡"阶段（In Conversion / Transition Category），进入有机市场的门槛相对较高。

许多非有机葡萄酒也有可能是环保的。一些酿酒商没有进行认证，这是因为他们在应对害虫和天气所带来的各种挑战时，想有更多可以选择的方式。葡萄园内采取了有机种植，酿酒厂在处理葡萄时并不一定采取有机的方式；另外，有机葡萄酒满足了相关规定的要求，但是感官质量不一定是最好的，因此，消费者应该仔细查看酒标，并根据情况合理选择。

有机葡萄酒的基本原则是不使用化学合成物和转基因产品。目的是通过有机种植和酿造，从而减少环境污染、保护生态平衡，并酿造出自然健康的葡萄酒。因此，有机酒并未禁止在酒液中添加或去除任何物质，只要添加物原料原本就存在于自然中、获得有机认证或添加含量控制在合理范围内，都可以称为有机葡萄酒。

目前，每个国家对于有机资格认证的标准并不统一。比如，欧盟的有机葡萄酒生产商，可以在其酿造的有机葡萄酒中添加不超过0.01%的二氧化硫，但之前在美国的有机法规中则完全禁止。有些有机认证机构允许使用接种酵母代替天然酵母，还可以使用以天然原料制作的生物澄清剂。

2. 生物动力法葡萄酒（Biodynamic Wine）

生物动力法的发明者是20世纪奥地利哲学家Rudolf Steiner；生物动力耕作法是一种农业整合法，它将农场和葡萄园视作自行维持的生态系统，把土壤上的葡萄当成是有生命的有机体。生物动力耕作法强调的是土壤、植物、动物和占星术等元素之间的关系。例如，按照月球的运转周期来进行农作物的种植、修剪和收割。尽管怀疑者们可能会对根据宇宙周期进行耕作的有效性产生怀疑，但美国的生物动力农场必须通过美国农业部国家有机产品所要求的转为有机农场的三年过渡期，在此期间不能使用合成杀虫剂或化肥。此外，它们还必须实施其他可持续发展的耕作举措，包括节能和节水技术。经认证的生物动力法葡萄酒可含有的最高的亚硫酸盐含量为100mg/L。酒标上的Demeter USA标志确保葡萄酒是以生物动力法酿造出来的。

生物动力法的核心就是一个能量管理体系。一个完整的生物动力葡萄园，其土壤、葡萄树，包括里面的所有动植物，都是组成这个体系的有机体。实行生物动力法的酒庄不使用杀虫剂，具有一个可持续的葡萄园系统。园内土壤得到精心呵护，有些酒庄还会自己培养天然酵母。这使得生物动力法葡萄酒具有独特的风味和质量。

生物动力法复杂的过程可能会吸引到那些对深层次葡萄酒酿造哲学有兴趣的人，但是其认证极其严格，大多数葡萄园是难以实现的。

生物动力法的基本原则是尊重风土、尊重生物和自然规律，以求人与自然和谐发展。这种方法更加原始，与我们古人根据农历节气耕作类似，生物动力法需要通过占星，根据月亮的运动来安排农事。不仅如此，他们还自制肥料和喷洒用制剂，这些制剂主要以牛粪、牛角、牛小肠、动物膀胱以及各种植物制成，颇有一些中草药的既视感。这种完全回归大自然的方法，在许多现代人看来颇有几分"玄学"和"巫术"的感觉。

目前，世界上主要有2个生物动力认证机构：Demeter和Biodyvin。

3. 自然酒

自然酒还没有官方的定义，任何生产商都可以在自家的酒标上标记为"自然酒"，按照新版《牛津葡萄酒指南》的定义：

（1）葡萄通常由小规模的独立生产商种植。

（2）葡萄会在可持续发展、有机或进行生物动力法管理的葡萄园中由人工采摘。

（3）葡萄酒在发酵时不添加商业酵母（即采用天然酵母）。

（4）发酵时不使用添加剂（如酵母营养剂等）。

（5）加入微量或不加入二氧化硫。

许多国家，例如法国、意大利、西班牙都建立起了独立的民间自然酒协会，每家对于自然酒的定义都略有不同，但所有解释都围绕着可持续、有机或生物动力法等概念。大部分都强调在酿酒过程中尽量避免人工干预，不会给酒液添加或去除任何成分。酿酒师的目标就是酿造出尽可能接近自然发酵过程的葡萄酒，但那些坚定拥护自然酒的酿酒师，则不断追求极致。他们通常还是会坚持避免在自己的葡萄园中使用化学产品，用天然酵母发酵，避免添加大量二氧化硫并且选择在装瓶前不去除任何杂质。同时，还要思考如何才能突出酿酒葡萄品种以及种植风土的特性。世界上几乎每个葡萄酒产区都有酿造自然酒的酒庄，例如法国波尔多列级庄——宝玛酒庄（Château Palmer）；法国的卢瓦尔河谷（Loire Valley）自20世纪70年代就致力于生产最少人工干预的葡萄酒，因此成为法国自然酒的中心。博若莱（Beaujolais）、汝拉（Jura）、萨瓦（Savoie）也是法国重要的自然酒产区。

　　4. LIVE认证葡萄酒（LIVE Certified Wines）

　　LIVE是指低投入的葡萄种植及葡萄酒酿造法。该认证起源于美国俄勒冈州，现在已获得广泛认可。此项认证通过减少葡萄种植和葡萄酒酿造过程中原料（杀虫剂、水、燃料等）的使用，以达到节约资源的目的。

　　LIVE认证允许葡萄园使用经过批准且对环境影响较小的杀虫剂和除草剂。这种做法与有机种植相差较大，但非常注重葡萄园中的益虫、碳减排、节能和废水利用等方面。这项认证和可持续性种植及酿造法性质很接近，但是在要求上略有不同。

　　5. 可持续发展葡萄酒（Sustainable Wine）

　　美国国会将"可持续发展农业"定义为一种因地制宜的动植物综合生产系统。在一个相当长的时期内能满足人类对食品和纤维的需要；提高和保护农业经济赖以维持的自然资源和环境质量；最充分地利用非再生资源和农场劳动力，在适当的情况下综合利用自然生态周期和控制手段；保护农业生产的经济活力；提高农民和全社会的生活质量。坚持可持续发展的酿酒商通常会采取不同方式，但均涉及了环境、水源和土地保护。

　　"可持续（Sustainable）"常常是和其他认证结合在一起的，如果酒瓶上标仅有"可持续（Sustainable）"的字样，就应该再找到更多具体的标签。因为没有哪项认证仅仅标注"可持续"一个词，任何酒商都可以宣称他们的酒是"可持续"的。

　　以上各项认证中，生物动力法认证是最难获得通过的。对消费者而言，当一瓶葡萄酒上贴有"可持续（Sustainable）"的标签时表明酿酒商在葡萄栽培及葡萄酒酿造过程中注意到了环境保护这一部分。有机葡萄酒价格较高，因为这种葡萄酒是天然的，极少含有添加剂，追求绿色环保的消费者大可放心饮用。而生物动力法葡萄酒的价格更高，因为生物动力法十分注重环境保护，且葡萄种植过程十分复杂。如果热衷于保护资源，同时想支持葡萄种植者，那么，就可以试试经过LIVE认证的葡萄酒。

　　6. 地理标志保护产品

　　世界贸易组织（WTO）对地理标志的定义为：原产于某一成员国领土或该领土某个区域或某一地点的鉴别标志，标志产品的质量、声誉或其他确定的特性应主要由其原产地决定。简单地讲，地理标志就是商品的产地，它是区别商品产地、风格、特征的专用标志。地理标志不仅从属于人、从属于人的创造力和人的工作，更重要的是还从属于地域、气候、土壤等自然条件。

对于所有的自然产品而言，构成它们的质量因素有两类：一是原产地，即特殊的自然因素，二是与产地的特殊性相结合的技术，即人为因素。原产地通过小气候或环境条件和历史或社会氛围（拥有原料、消费习惯等）的影响，从而在该原产地产生可以获得相应特产的特殊工艺。葡萄酒是人和自然关系的产物，是人在一定的气候、土壤等风土条件下，采用相应的栽培技术，种植某些品种，并通过相应的工艺进行酿造的结果。所以，原产地的风土条件、葡萄品种以及当地人们所采用的栽培、采收、酿造方式等，必然决定了葡萄酒的质量和风格，这就是葡萄酒地理标志的基础。

关于原产地命名，国际葡萄与葡萄酒组织（OIV）的定义为：只有其原产地长期作为商品名称使用并具有确定声誉的葡萄酒，才符合原产地名称的要求。这一声誉是由下列因素决定的；起着决定作用的自然因素：气候，土壤、品种和坡向等；起着一定作用的人为因素：栽培和酿造方法。原产地命名产品的特征和质量决定于其生产地理区域内的自然和人为因素，它不仅满足原产地标志的要求，而且也满足决定其特征并使之获得声誉的生产条件。原产地命名是狭义的原产地标志。

按照国际葡萄与葡萄酒组织1984年的决定，每一原产地命名的葡萄酒，必须包括以下方面：生产区域；葡萄品种构成；葡萄原料的最低含糖量；最低自然（潜在）酒精度；最高酒精度；每公顷产量；种植方式（特别是最小种植密度，整形和修剪方式）；酿造方式；分析和感官检验；标签标准；质量标准。

1999年7月30日，国家质量技术监督局通过《原产地域产品保护规定》，1999年12月7日正式以中华人民共和国国家标准（GB 17924—1999）形式发布《原产地域产品通用要求》，于2000年3月1日开始实施。其对原产地域产品的定义为：本规定所称原产地域产品，是指利用产自特定区域的原材料，按照传统工艺在特定地域内所生产的，质量、特色或者声誉在本质上取决于其原产地域地理特征并按照本规定经审核批准以原产地域进行命名的产品。2005年6月，国家质量监督检验检疫总局制定发布了《地理标志产品保护规定》，2005年7月15日起实施。该规定对地理标志的定义、范围、申请受理、审核批准、地理标志专用标志注册登记和监督管理工作都做了规定，并规定各地质检机构依法对地理标志保护产品实施保护。

从2002年开始，我国已先后有烟台葡萄酒、昌黎葡萄酒、沙城葡萄酒、贺兰山东麓葡萄酒、通化山葡萄酒、河西走廊葡萄酒、吐鲁番葡萄酒、天山北麓葡萄酒、和硕葡萄酒、房山葡萄酒、盐井葡萄酒、桓仁冰葡萄酒获得地理标志保护产品审核批准。

但由于各方面的原因，葡萄酒的地理标志保护产品标识大多未在产品标签上使用，市场和消费者也了解不多。因此，还有大量的工作需要做。

九、按生产模式分类

1. 酒庄与酒庄酒

酒庄译自法语Chateau，原意是指一个地块单位，通常归土地占有者所有，葡萄的种植、葡萄酒的酿造和贮存、灌装过程都在酒庄内进行。应该有葡萄园、主体建筑、生产车间、酒窖等生产设施。

酒庄源于法国波尔多，是传统的生产葡萄酒的一种模式。张裕公司首次将"Chateau"
概念（首次翻译成"酒庄"）及其生产模式引入中国，于2002年在山东烟台建立了中国第一
个专业化的葡萄酒庄——张裕卡斯特酒庄，并拓展了酒庄的外延，即由单一的生产功能发展
为葡萄与葡萄酒生产、旅游餐饮、休闲度假体验、文化推广等多种功能。并以此开启了葡萄
酒生产的新模式，带动了中国葡萄酒的转型升级。此后，山东、河北、宁夏、新疆等地陆续
建成了风格多样的葡萄酒庄。目前，酒庄已经成为中国葡萄酒生产的重要方式。

酒庄酒即在酒庄内生产的葡萄酒，通常，酒庄名即为产品的品牌名称。由于葡萄园与酒
的生产一体化，规模小，精细化操作，现代酒庄酒在重视产品质量的同时，更多的是挖掘葡
萄园风土的差异，并将其最大限度地表现在产品的风格特点上。

2. 品牌葡萄酒

品牌葡萄酒是以品牌形式生产的葡萄酒，可以是不同品种、不同产地之间葡萄酒的调
配。品牌葡萄酒在满足产品质量标准，具有一定特点的基础上，更多地注重产品的稳定性、
一致性、适饮性等。可以是果香型，新鲜型，也可以微陈酿，大多数产品适合短期消费掉。

在全球范围内，大多数葡萄酒是按照这种方式生产的。

十、关于酒精度的几个概念

酒精度：100mL葡萄酒中含有乙醇的毫升数（20℃）。

潜在酒精度：100mL发酵液或葡萄酒中所含的可发酵糖经完全酒精发酵能获得的纯乙醇
的毫升数（20℃）。

总酒精度：潜在酒精度与酒精度之和。

第三节　葡萄酒与健康

研究表明，葡萄酒是一种有着积极社会期望的酒精饮料，因此，它被看作是一种快乐、
满足和浪漫的象征。与其他酒精饮料相比，葡萄酒与良好的社会期望之间的关系更为密切。
另外，适量饮用葡萄酒也很少与酒精中毒以及其他酒精引起的相关问题产生联系。很显然，
葡萄酒已成为消费者心目中理想的佐餐饮品。

葡萄酒中除了富含人体所需的8种必需氨基酸外，还含有较多的抗氧化剂，如多酚化合
物、鞣酸、黄酮类物质，微量元素硒、锌、锰等，能消除或对抗氧自由基，有助于抗衰老和
预防各类疾病。

一、营养作用

葡萄酒中含有糖、氨基酸、维生素、矿物质。这些都是人体必不可少的营养素。它可以不经过预先消化，直接被人体吸收。特别是对体弱者，经常饮用适量葡萄酒，对恢复健康有利。

葡萄酒的主要营养价值来自乙醇可以被快速代谢的热量。葡萄酒还含有少量的维生素，主要是B族，例如维生素B_1（硫胺素）、B_2（核黄素）和B_{12}（钴胺素）等，葡萄酒中含有多种易于吸收的矿物质，主要是钾和以亚铁离子状态存在的铁。葡萄酒有减轻体重的作用，每升干葡萄酒中含2.198kJ热量，这些热量只相当人体每天平均需要热量的1/15。饮酒后，葡萄酒能直接被人体吸收、消化，在4h内全部消耗掉而不会使体重增加。所以经常饮用干葡萄酒的人，不仅能补充人体需要的水分和多种营养素，而且有助于减肥。

另外，葡萄酒中低钠高钾含量的特点，使其成为人体尿液中钾的最有效来源之一。一些白葡萄酒中，酒石酸钾、硫酸钾、氧化钾含量较高，具利尿作用，可防止水肿和维持体内酸碱平衡。

二、助消化、增进食欲

葡萄酒能刺激胃酸分泌胃液，每60～100g葡萄酒能使胃液分泌增加120mL。另外，葡萄酒鲜艳的颜色，清澈透明的酒体，使人赏心悦目；倒入杯中，香气扑鼻；品尝时酒中微酸微涩，能促进食欲。所有这些使人体处于舒适、愉悦的状态中，有利于身心健康。

葡萄酒对食物消化具有一些直接和间接的作用。葡萄酒中的酚类物质和酒精能够激活唾液的分泌，此外，葡萄酒可以促进胃泌激素和胃液的释放。葡萄酒也能显著地延迟胃排空，在空腹或就餐时饮用，就会起到这种作用，后者可以通过延长酸水解促进消化；另外，就餐时饮用葡萄酒可以减慢酒精进入血液中的速率。

葡萄酒中的单宁物质，可增加肠道肌肉系统中平滑肌肉纤维的收缩，调整结肠的功能，对结肠炎有一定疗效。甜白葡萄酒含有山梨醇，有助消化，防止便秘。

三、抗菌作用

很早以前，人们就认识到葡萄酒的杀菌作用。传统的方法是喝一杯热葡萄酒，或将一杯红葡萄酒加热后，打入一个鸡蛋，搅拌一下，稍凉后饮用。研究表明：葡萄酒的杀菌作用是因为它含有抑菌、杀菌物质。

葡萄酒的抗菌作用主要来源于酚类物质，低pH和多种有机酸的存在似乎可以强化葡萄酒中酚类物质和乙醇的抗菌作用。

四、预防心脑血管疾病

适度饮用葡萄酒，可降低30%～35%的由心脑血管疾病导致的死亡率。红葡萄酒中多酚物质——白藜芦醇能使血液中的高密度脂蛋白（HDL）升高，能有效地降低血胆固醇含量。红葡萄酒还可以有效地抑制收缩血管、增厚血管的内膜、抑制能引发动脉硬化的有害物质内皮素（ET-1）的积累和生长，防治动脉粥样硬化。大量存在于葡萄皮中的多酚物质，例如，白藜芦醇、儿茶素、表儿茶素和槲皮素，通过酒精的溶解作用，可以加倍吸收，抑制血小板的凝集（饮用18个小时后仍能持续抑制血小板凝集），防止血栓形成。葡萄酒中的白藜芦醇比膳食抗氧化剂，例如维生素E和抗坏血酸具有更强的抗氧化作用。葡萄酒中还有的强力抗氧化剂是黄酮醇，例如槲皮素和类黄酮单宁亚基。除了上述较多的抗氧化剂，加上微量元素硒、锌、锰等，能消除或对抗氧自由基，所以具有抗老防病的作用。

五、预防癌症

一些酚类物质尤其是白藜芦醇和原花青素，具有抗氧化作用，可以杀死自由基，能够通过多种不同的作用抑制或防止癌症的形成。葡萄皮中含有的白藜芦醇，可以防止正常细胞癌变。因为白藜芦醇可使癌细胞丧失活动能力，故对抑制癌细胞扩散有一定作用。在各种葡萄酒中，红葡萄酒中白藜芦醇的含量最高，所以红葡萄酒是预防癌症的佳品。黄烷醇和黄烷酮能够抑制常见膳食致癌物——杂环胺的作用。类黄酮酚类物质的抗过敏和抗炎性质可能会对这些类黄酮物质的抗癌性有一定的贡献。

最近的研究表明，适量饮用葡萄酒，有助于预防某些癌症，包括胰腺癌、乳腺癌、卵巢癌、皮肤癌、食道癌、胃癌、结肠癌和前列腺癌。

六、其他

自古以来，红葡萄酒作为美容养颜的佳品，备受人们喜爱。另外，将红葡萄酒外搽于面部及体表，其中的低浓度果酸有抗皱洁肤的作用。

红葡萄酒中大量的白藜芦醇等多酚物质，能起到抗氧化作用，保护脑血管，抑制脑神经细胞的老化和损伤，有助于预防阿尔茨海默症的发生。

葡萄酒中的单宁类物质，可增加肠道肌肉系统中平滑肌肉纤维的收缩，调整结肠的功能，对结肠炎有一定疗效。

葡萄酒的其他健康益处还包括：防止与年龄有关的骨质流失（体内平衡）；改善肾功能、纤维化和防止不必要的药物毒性；预防退化性眼疾；降低血糖水平，有助于治疗或预防糖尿病；通过消除有害细菌和代谢有益于健康的多酚来改善肠道健康；通过延长卵巢寿命和精子生成来延长女性和男性的生育能力；抗炎和抗氧化作用有助于血液系统的功能；保护皮肤免受紫外线辐射和防止形成黑色素瘤；改善肺部健康，预防纤维化、功能障碍、哮喘的影响；少量或适量饮酒与较低的抑郁症发病率之间存在关联。

需要注意的是，任何超过"适度"饮酒的人似乎都会增加患病风险。

第四节　葡萄酒与社会文化

葡萄酒具有促进整体健康的社会心理益处。

一、葡萄酒是一种快乐体验

研究发现，酒精会释放多巴胺，多巴胺是一种主要负责体验快乐的神经递质。更重要的是，羟醇（一种酚类化合物和抗氧化剂）存在于葡萄酒和橄榄油中，辅助乙醇释放多巴胺。

二、葡萄酒是一种社交礼仪

社会礼仪，无论是正式的还是非正式的，在健康和幸福中扮演着重要的角色。

受伊壁鸠鲁派哲学的启发，内科医生希波克拉底提倡一种全面的健康方法，其中友谊、快乐和葡萄酒都是必要的。

好酒带来的愉悦和陪伴也能让我们从疯狂的世界中解脱出来，能让我们恢复理智。

葡萄酒的仪式过程帮助我们慢下来，变得更加理智和现实。这对健康和幸福很重要。

从事恢复性的活动对我们的健康很有好处。这些活动也可以使我们更有生产力和创造力。

葡萄酒也是一种分享文化，亲朋相聚，小酌几杯，喜怒哀乐一吐为快。

三、葡萄酒是自然之美的体现

葡萄酒产区和葡萄园不仅美丽，而且可以成为"治疗性景观"。人类学和文化地理学将这些定义为康复空间，特别是自然环境和社会环境重叠的地方。

尽管游览葡萄园与葡萄酒空间可以起到治疗作用，但神经科学表明，即使是想象或期待游览这些地方，也可以释放几乎与实际游览时相同水平的多巴胺。

所以，如果你不能进行一次真正的旅行，那就打开世界葡萄酒地图，倒一杯酒，让你的想象力漫游。

四、探索葡萄酒中的故事

葡萄酒有着丰富的历史，它将我们与古代文明、社会传统、土地、气候和社会联系在一起。对葡萄酒的兴趣很容易发展成一种热情，促使我们进行有意义的探索，以加深对葡萄酒的理解和欣赏。

丹麦的一项研究表明：在丹麦，饮酒是"最佳社交、认知和个性发展"的一般指标。

据统计，喝葡萄酒的人受教育程度更高，收入更高，整体健康状况也较佳。

正如社会学家马克斯·韦伯（Max Weber）说的那样，葡萄酒和积极的生活结果之间似乎存在一种"选择性亲和力"。

第五节　合理饮用葡萄酒

尽管葡萄酒对健康有着重要的作用，但需要适量饮用和正确饮用。

首先，对于经常饮用葡萄酒的人，每天应喝水1~1.5L。

其次，葡萄酒是佐餐的佳品，最好在进餐时饮用。与大多数食物不同的是，葡萄酒不经过预先消化就可以被人体吸收，特别是空腹饮用时，在饮用后30~60min内，人体中游离的酒精含量就达到最大值，葡萄酒的抗氧化能力也在很短的时间内表现出来。而在进餐时饮用，葡萄酒则与其他食物一起进入消化阶段。这时，葡萄酒的吸收速度较慢，需1~3h，有利于葡萄酒清除活性氧功能的充分发挥。这样饮用葡萄酒，不仅能增进食欲、帮助消化，还可减少对酒精的吸收，血液中酒精浓度可比空腹饮用时减少一半左右。

最后，葡萄酒的饮用量，与人的体重、劳动强度、对酒精的耐受性有关。1L 12%vol的葡萄酒的热量为2.93kJ。葡萄酒的酒精度一般在10%~12%vol。科学计算葡萄酒饮用量的原则是，以酒精形式带给人体的热量不能大于人体所需热量的20%。一般人每天饮用0.2~0.5L为宜（每次饮用100~300mL）。

第二章

酿酒葡萄
品种

第一节　葡萄的重要性

英国著名的葡萄酒作家杰西斯·罗宾逊夫人（Jancis Robinson）在其所著的《葡萄藤、葡萄与葡萄酒》（*Vines Grapes and Wines*）一书中指出："葡萄酒的风味及特性百分之九十是由葡萄决定的（The grape alone determines perhaps 90 percent of the flavour of a wine, and shapes by charactered by.......）。"由此可见，葡萄对葡萄酒至关重要。

目前，世界上有超过5000种可以酿酒的葡萄品种，杰西斯·罗宾逊夫人所著的《酿酒葡萄》（*Wines grapes*）一书中，共收录了1368个酿酒葡萄品种。其中，全世界广泛种植的优良酿酒品种有50种左右，栽培面积排在前十的酿酒葡萄品种依次是：赤霞珠（Cabernet Sauvignon）、美乐（Merlot）、艾伦（Airen）、丹魄（Tempranillo）、霞多丽（Chardonnay）、西拉（Syrah）、红歌海娜（Garnacha tinta）、长相思（Sauvignon Blanc）、白玉霓（Ugni Blanc）、黑品诺（Pinot noir）。另外，品丽珠（Cabernet Franc）、蛇龙珠（Cabernet Gernischt）、佳美（Gamay）、佳丽酿（Carignan）、马尔贝克（Malbec）、增芳德（Zinfandel）、桑娇维赛（Sangiovese）、莫纳斯特雷尔（Monastrell）、雷司令（Riesling）、贵人香（Italian Riesling）、赛美蓉（Semillon）、白诗南（Chenin Blanc）、维欧尼（Viognier）、琼瑶浆（Gewürztraminer）、玫瑰香（Muscat）等品种的栽培面积也较大。

全球著名的葡萄酒产区都在南、北纬35°~53°的温带地区，葡萄总产量的80%~90%用于酿造葡萄酒，酿酒葡萄品种无论在数量和栽培面积上都占有绝对优势。据专家统计，栽培面积超过2万hm^2的葡萄品种有59种，其中酿酒葡萄品种50种。栽培面积在0.5万~2万hm^2的141个品种绝大部分是酿酒葡萄。

不管是红葡萄品种还是白葡萄品种，它们的生长特性及种植所必需的自然条件，比如气候、土壤等决定了每个产区对葡萄品种的选择，当然，一些传统和市场因素有时也会影响。例如干燥炎热且常刮强风的法国罗讷河谷（Rhone Valley）南部是耐干热及强风的歌海娜品种的主要产地，而炎热的地中海气候则不适合种植早熟且喜严寒气候的黑品诺。相反，常有霜害的夏布利（Chablis）产区选择了发芽早、较易受春霜威胁的霞多丽品种。如果说葡萄品种是葡萄酒的灵魂的话，那么果香绝对是其灵魂的支撑。葡萄的浆果香气是葡萄酒果香的来源。不同的葡萄品种，含有不同的芳香成分，因此酿成的葡萄酒风味也各不相同。

白葡萄和红葡萄品种的浆果香气各有特点，从而酿出了风格各异的白、红葡萄酒。其中，红葡萄品种多以黑色水果或红色水果为主，浆果香比较浓，因此酿造出的红葡萄酒香气也相当浓郁。以赤霞珠为例，该品种含有黑醋栗、青椒、雪松、黑樱桃、黑莓的香气，用此品种酿造的红葡萄酒常常带有黑醋栗、青椒和雪松的香气，且相当浓郁，具有极佳的陈年能力。在新世界，温暖气候条件下成熟的赤霞珠还会使酒带有更多甜蜜的黑樱桃、黑莓香气，口感柔和圆润。

而白葡萄品种，多以花香，青苹果，柠檬、香蕉，菠萝等热带水果香气为主，果香比较清淡，酿造出的白葡萄酒香气较淡雅，没有红葡萄酒浓郁。长相思含有怡人的植物性香气，常带雨后的青草、芦荟和黑醋栗芽苞的果香，所酿造的葡萄酒香气清爽，较清淡。

不同的葡萄品种或者同一品种在不同的产区，酿造出的葡萄酒风格各异。在欧洲传统产区，主要以该产区葡萄酒的独特风味为导向吸引消费者，即采用100%的单一葡萄品种来酿酒，如勃艮第（Burgundy）产区等；也有许多产区为了使酒达到平衡，或使香气变得更加丰富，经常使用多个品种混合调配，如教皇新堡（Chateauneuf-du-Pape）常混合十几个品种以求达到最佳的均衡，更多地体现产区的风土特点。相反地，各新兴葡萄酒产区由于葡萄种植历史较短，对市场反应也较敏感，所以葡萄品种常被视为最重要的产品质量诉求，多以生产单一品种葡萄酒为主。

　　从20世纪中叶开始，葡萄品种在葡萄酒世界扮演着越来越重要的角色，未来也必将继续扮演着这一重要角色。

　　20世纪90年代，品种命名变得越来越流行，一些最传统的欧洲葡萄酒产区波尔多和勃艮第的生产商，向法国管理部申请在产品标签上标注葡萄品种，以使产品易于辨认并且和新世界流行的品种酒一起进行销售。最终在一些稍便宜的勃艮第葡萄酒上标注霞多丽和黑品诺被允许，目前一些波尔多（Bordeaux）葡萄酒也可标注"美乐–赤霞珠"进行销售。

　　品种标注大大增加生产者和消费者对葡萄品种的兴趣，导致了特意栽培品种数量的快速增长。葡萄酒生产者和消费者同时也对特色品种、本土品种产生了强烈兴趣，这在葡萄酒历史上是前所未有的。仅在意大利，我们推算目前在市面上流通的葡萄酒品种有380种左右。早些时候在瑞士开展的类似活动实际上拯救了像帕伊红（Rouge du Pays）、小胭脂红（Petit Rouge）、希贝恰（Himbertscha）等当地品种。在中国，本土的龙眼（Long Yan）、北醇（Beichun）、水晶（Niagara）、北冰红（Beibinghong）、双优（ShuangYou）、烟-73（Yan-73）等也开始受到重视。未来在葡萄酒市场领域，可提供的品种范围都要比15年甚至10年前广泛得多。

第二节　酿酒葡萄品种类别及特点

　　酿酒葡萄品种从颜色上分为白色和红色两大类。白葡萄颜色有：青绿色、白色、黄色等，主要用于酿造起泡酒及白葡萄酒。红葡萄颜色有：黑、蓝、紫红、深红色，果肉有的呈深色，有的与白葡萄一样呈无色，因此白肉的红葡萄去皮榨汁之后可用于酿造白葡萄酒，例如黑品诺虽为红葡萄品种，但也可用于酿造香槟及白葡萄酒。张裕宁夏酒庄就用赤霞珠酿造出了全球首款赤霞珠干白葡萄酒。

　　从成熟期上酿酒葡萄可分为早、中、晚三大类：欧洲国家以莎斯拉（Chasselas）作为早熟品种的标准，每隔2周为1期，分为早熟、中熟、中晚、晚熟品种。中国则按萌芽到充分成熟需要的天数分为极早熟、早熟、中熟、晚熟、极晚熟（1986，贺普超）。

　　常见酿酒品种的成熟期如下所述。

　　早熟品种：红葡萄品种有皮诺莫尼耶（Pinot Meuier）、国产多瑞加（Touriga Nacional）、黑品诺、佳美、丹魄等；白葡萄品种：莎斯拉、霞多丽、长相思、赛美蓉等。

中晚熟品种：红葡萄品种有西拉、马尔贝克、法国蓝（Blue French）、品丽珠、烟-73（Yan-73）等；白葡萄品种有贵人香、白品诺（Pinot Blanc）、西万尼、玫瑰香、雷司令等。

晚熟品种：红葡萄品种有赤霞珠、美乐、佳丽酿、慕合怀特（Mourvedre）、桑娇维赛、歌海娜、小味尔多（Petit Verdot）等；白葡萄品种有白诗南、威代尔（Vidal）、小芒森（Petit Manseng）等。

从酿酒类型上分为：红、桃红、白、起泡、甜酒和白兰地用品种。实际上，许多品种可酿造多种类型的葡萄酒，但根据品种特性一般都有一个主要的酿造目标。如赤霞珠、美乐适于酿造干红，雷司令适合酿造干白，白玉霓适合酿造白兰地，而霞多丽既可酿造干白，又可酿造起泡酒。

第三节　葡萄种、种群、品种、品系的概念

1. 种（Species）

种是植物学名词，它是具有一定形态和生理特征，以及具有一定的自然分布区域的生物种群，常以种群形式存在。种是植物分类的基本单位。葡萄的种间常常能够生物杂交。

2. 种群（Population）

把起源和分布地一致的不同种称为种群。如真葡萄亚属形成了3个种群，其中，北美种群共有28个种，它们共同原产于北美大西洋沿岸的墨西哥至加拿大东部；而东亚种群包括40余种，它们共同起源于东亚地带（包括中国、朝鲜、日本、苏联远东等地）。

3. 品种（Cultivar）

品种是栽培学名词，是人们为了满足自己的需要而创造出来的在形态上和经济生物学性状上相似的葡萄植物。品种是一种生产资料，且具有一定的经济效益（有一定的栽培面积、较高的产量、优良的质量）。目前世界上的葡萄品种高达5000多种。

4. 品系（Strain）

品系主要有两种含义：一是指品种内的不同类型，如赤霞珠（CS-169），另一种是指育种过程中表现较好，但还没有成为品种之前的变异类型（也称为优系、单株）。葡萄等果树植物，通常是通过营养繁殖（如嫁接、扦插等）或一个芽变繁殖后形成群体，也称为无性系品种。

第四节　主要酿酒葡萄品种介绍

酿酒葡萄品种浩如烟海，这里所介绍的酿酒葡萄品种，一是世界上广泛栽培的葡萄品种，如赤霞珠，美乐、霞多丽、长相思等，二是某些产区具代表性的典型品种，例如意大利的桑娇维赛，西班牙的丹魄，南非的比诺塔吉（Pinotage）等，再就是中国本土选育的一些表现较好的品种。内容主要包括栽培特性、酿酒特性、栽培区域、主要风味特性等。

了解这些概念，对于我们了解品种来源及特性，选择适宜的品种具有重要指导作用。

一、白葡萄品种

1. 艾伦（Airen，图2-1）

栽培特性：起源于西班牙，占西班牙葡萄种植面积的30%，是世界上酿造白葡萄酒种植面积最大的品种。发芽和成熟都较晚，基芽成枝能力强，在修剪较重的情况下仍然可以获得较高的产量。非常适合西班牙拉曼洽（La Mancha）的干燥气候和石灰质土壤。抗旱性和抗虫性较强。同时，也是西班牙白兰地的重要原料。在某种程度上，西班牙的艾伦类似于法国的白玉霓。

酿酒特性：果穗较大，呈圆柱形或圆锥形，果粒着生中等紧密，果粒较大，呈球形，黄绿色。酿酒品质一般，陈年潜力弱，多用于酿造普通餐酒。大量用于和其他品种混合酿酒和用于蒸馏白兰地，雪莉酒生产中所添加的原白兰地都来源于该品种。在气候相对凉爽的地区能够生产出酸度清爽、偏中性、适合早饮的干白葡萄酒。一般酒精度在13%～14%vol，在比较好的年份可以达到

图2-1　艾伦葡萄果穗
（来自网络）

15%vol，艾伦酿造的葡萄酒颜色较淡，带有成熟水果味，但酸度较低，用它酿造的葡萄酒常常风味比较清淡，优雅度不够，适合年轻时饮用。在西班牙中部，传统上用艾伦与深色品种丹魄混酿，以酿造酒体较轻盈的红葡萄酒。

风味特性：清新花香，带香蕉、梨、柠檬、西柚，些许火药和新鲜玫瑰的芳香。

栽培区域：西班牙拉曼恰、马德里（Madrid）和安达路西亚（Andalucia），美国。

2. 阿里高（戈）特（Aligote，图2-2）

栽培特性：原产法国勃艮第。属品诺家族，据记载，该品种在18世纪末就出现在了勃艮第地区。作为该产区的一种白葡萄品种，常被霞多丽的光环所掩盖，但在优异年份，其也能超越霞多丽。该品种的生命力旺盛，比较耐寒，容易种植。当种植在地理位置优越及土壤贫瘠的斜坡上时，在较温暖的年份，能酿造出优质的干白，口感比霞多丽更紧实。如今，该品种大多种植在地理位置最高或最低的葡萄园里。

中晚熟品种，植株生长势强。要求排水良好，含丰富有机质的沙壤土，适合在干燥少雨、生长后期温度较高的地区种植。抗炭疽病和黑痘病力稍强，不抗白腐病，易感霜霉病和穗腐病，产量受葡萄园位置变化大。

酿酒特性：生长迅速，成熟较早，产量中等，成熟时果粒呈椭圆柱形，黄白色，较霞多丽果粒小，但酸度更高，酒体轻盈且早熟，果香充沛，清新爽口，适合年轻时饮用，不宜陈年。可以与霞多丽混酿，以提高其整体的酸度和结构感。大部分用于酿造普通餐酒，也有用于酿造起泡酒和调制鸡尾酒。

风味特性：苹果、柠檬、菠萝和矿物质味。

栽培区域：法国、保加利亚、罗马尼亚、俄罗斯、美国、加拿大、澳大利亚。

图2-2 阿里高（戈）特葡萄果穗
（来自网络）

3. 霞多丽（Chardonnay，图2-3）

栽培特性：欧亚种，原产法国勃艮第，是世界上酿酒风格多样化、种植范围广泛的白色酿酒葡萄。早熟，植株生长势强，极易栽培，抗寒，适宜在较肥沃的丘陵山地和沿海沙壤土上栽培。产量低，易早期丰产。开花早，易受霜冻危害，果穗常会出现大小粒。此外，霞多丽果皮较薄，果穗抗病性差，若收获季节遇雨，易感白腐病、炭疽病，果穗极易腐烂。同时，在成熟晚期，酸度降低很快，因此，采摘时间对霞多丽尤为重要。风土适应性较强，从凉爽的山区到温暖的平原，乃至较干热的地带，几乎都有种植。富含钙的石灰质土壤最有利于葡萄品质的提高。在中国不埋土防寒区，例如山东烟台、云南香格里拉等地和欧洲葡萄产区一样，普遍采用单干双臂或单干单臂树形，冬季修剪每米架面留结果母枝

图2-3 霞多丽葡萄果穗
（来自法国葡萄品种网站）

10~12个，夏季修剪每米架面定梢10~12个。在风土条件较好、采用机械化管理的葡萄园，优质葡萄的产量可达850~1220kg/亩（1亩=666.7m²）。目前，法国选育出了18种霞多丽新品系，其中产量低的有548，产量中等的有76、95、121等。

酿酒特性：果穗小，圆锥形或圆柱形。果粒圆形，果粒中小，着生紧密。成熟时呈黄色，有时带琥珀色，果皮薄，极易破碎。霞多丽是一个不寻常的品种，无论在寒带还是在热带都能酿造出诱人的、风格多样的葡萄酒，从酒体丰满浓郁的葡萄酒，到酒体轻盈剔透的白中白香槟。

霞多丽本身没有什么香气，它会根据生长环境和酿造工艺的不同而变化自己的风格，并且都有十分出色的表现。随产区环境的改变，霞多丽的特性也随之变化。在凉爽产区，例如夏布利产区，葡萄酒呈现出绿色水果（苹果、梨）、柑橘和植物的香气，酒的酸度高，酒清

淡，表现为轻质、辛香及果味特征。在温暖产区，例如勃艮第和一些新世界优质产区，葡萄酒则呈现白色核果（桃子）和柑橘香气，并带有一些香瓜香气，酒体丰满、复杂，具有较强的陈酿潜力。在温暖产区，例如大部分新世界地区，葡萄酒则表现出热带水果的香气（香蕉、菠萝、芒果等）。热带气候下的霞多丽更趋向于重酒体和奶油的质感。

霞多丽是白葡萄酒中最适合橡木桶陈酿的品种，其带酒脚并经橡木桶陈酿，口感会变得圆润、醇厚，风味上类似在桃和柑橘类水果香气中混入奶油、香草、烘焙及坚果香气，是一类香型复杂、酒体丰满多层次的葡萄酒。但不是所有的优质霞多丽都需要橡木的香气，在凉爽气候下生长的霞多丽，香气十分细腻，橡木很容易掩盖它的香气。夏布利的霞多丽有很纯的果香，只用一点橡木或者不用橡木皆可。用优质葡萄在橡木桶中发酵或成熟，可以让果香和橡木的香气得到平衡。

风味特性：热带水果（西柚、菠萝、柠檬）、青苹果、柑橘类等香气。

栽培区域：法国勃艮第、夏布利和伯恩丘（Côte de Beuane），美国索诺玛（Sonoma County），意大利，西班牙，澳大利亚，智利，南非，新西兰，中国的宁夏、河北、山东等产区都有较大面积的种植。

4. 沙斯拉（Chasselas，图2-4）

栽培特性：最新研究显示，该品种很可能起源于Lac Leman周围（日内瓦湖Lake Geneva），是人类最早种植的葡萄品种之一。在欧洲多数用于鲜食，少数用于酿酒。在瑞士，其占葡萄产量的60%，它的特色和潜质得到了充分发挥。萌芽中，早熟，生长势中等到强，高产，由于易受落果和成熟不均的影响，产量易波动，也比较耐寒，不耐旱，耐盐碱和抗炭疽病能力较强。易缺镁，适合在土层深厚，有机质丰富的土壤上栽培。在原产地表现出了非常好的典型性，但易受气候和土壤的影响，因此在不同产区风味变化很大。

图2-4　沙斯拉葡萄果穗
（来自法国葡萄品种网站）

酿酒特性：果穗中等，圆锥形或圆柱形，中等紧密，果粒近圆形，中等大小，果皮薄，果肉细致，籽少。易受天气影响而造成葡萄树自然疏果现象，果实易采前皱缩。可以酿造饱满干爽、柔和、富有果香的干白葡萄酒，适合早饮。也可以与长相思及其他品种混合。也可酿造禾秆酒（一种金色的甜葡萄酒）及甜白葡萄酒。

风味特性：花香、蜂蜜、柠檬、薄荷、坚果、椴梓香气。

栽培区域：瑞士，德国，法国阿尔萨斯（Alsace）和卢瓦尔河谷（Loire Valley），美国，葡萄牙，匈牙利，智利，新西兰。

5. 白诗南（Chenin Blanc，图2-5）

栽培特性：是法国卢瓦尔河谷一种相当古老的品种，早在公元845年，在当地修道院的记录中有提及。所酿造的葡萄酒风格极易受到气候和土壤的影响。1652年被引入南非，目前，南非是该品种种植面积最大的国家（南非称为Steen）。中晚熟，对种植条件要求比较严格，发芽早，易受霜冻影响。植株生长势较强，常出现主蔓粗壮、光秃和结果部位上移。产量高，易丰产，较抗寒，抗病力中等或较强，不裂果、无日烧，易感白腐病。在凉爽地区种植往往难以成熟，适合温和的海洋性气候和石灰质土壤。目前，已有6种白诗南品系成为法国法定的葡萄品种。

图2-5　白诗南葡萄果穗
（来自法国葡萄品种网站）

酿酒特性：果穗中等大，长圆锥形或圆柱形，带歧肩，副穗，极紧密，果粒中等大，圆形-卵圆形。黄绿色，充分成熟时金黄色，果皮薄，柔软多汁。适合酿造甜白、干白、起泡和雪莉酒，所酿造的酒，色浅黄，具有爽适的酸度，怡人的花香和蜂蜜香，入口清爽圆润、酒体细腻完整。其最大的缺点是葡萄成熟不均匀，如果在采摘时未进行分选，容易出现植物和树叶的气味。口感明快，酸度活泼，而且充满果味——该酒的典型特色。

白诗南可能是世界上最"多才多艺"的葡萄品种，它既可用于酿造一些品质优、酒龄长的甜白葡萄酒，也常用来酿造一些入门级的餐酒。此外，它还可以用来酿造量产的起泡酒。用白诗南酿造出的酒具有非常高的酸度，并且带有一些不寻常的水果香气。干酒中也许会出现植物香、青苹果香和柑橘香。晚采甜型酒会有强烈的菠萝味，高糖会被高酸平衡。最好的白诗南陈年潜力极高，会展现出蜂蜜和烤面包的味道。

在新世界，白诗南通常十分高产，因而常常缺少其特有的风味——蜂蜜及湿稻草的味道。在卢瓦尔地区一些成熟不好的年份，该品种的酸度会偏高。

但在气候炎热的地区，其稍偏高的酸度则会恰到好处。酸味十足的白诗南是酿造各种起泡酒的重要原料，且常与莫札克（Mauzac）及霞多丽搭配酿造利慕（Limoux）起泡酒，其与霞多丽（通常不超过20%的比例）的搭配也越来越常见。旧世界的酒体偏轻，酸度较高，而新世界的酸度相对平衡。目前，法国选育出了8种白诗南新品系，其中产量中等的有220、278、880等。

图2-6　克莱雷葡萄果穗
（来自vins-rhone.com）

风味特性：蜂蜜、白花、桃子、杏仁等香气。

栽培区域：法国（卢瓦尔河），南非，美国，澳大利亚，新西兰，阿根廷，澳大利亚。我国新疆、山东、河北有少量种植。

6. 克莱雷（Clairette，图2-6）

栽培特性：原产法国，是法国南部一些白葡萄品种的常用名，被用来指那些优质的布布兰克（Bourboulenc）葡萄，如朗德克莱雷（Clairette Ronde）是白玉霓在朗格多克的别名，葡萄皮呈粉色的粉红克莱雷（Clairette Rose）。

该品种十分适合种植在贫瘠而干燥的土壤上。为了避免出现开花后停止生长的情况，在种植时，需选择长势较弱的枝条。此外，该品种还易感染霉病和生虫。该品种还常与白玉霓、特蕾（Terret）（二者均是朗格多克地区餐酒的主要原料）及口感更加肥厚的白歌海娜（Grenache Blanc）混酿，也与酸味更足的匹格普勒（Picpoul）搭配，构成皮卡丹（Picardan）葡萄酒的基本原料。

酿酒特性： 粒小，皮厚，成熟较晚，但在后期成熟得极快。白克莱雷（Clairette Blanche）酿造的酒酒精度高，很容易发生马德拉化（口感与马德拉葡萄酒相似）。在南罗讷，该品种采摘时间较早，多与其他品种混酿，为葡萄酒带来芬芳和酸味。

风味特性： 桃、杏等香气。

栽培区域： 法国，黎巴嫩。

7. 爱格丽（Ecolly，图2-7）

栽培特性： 爱格丽是由西北农林科技大学葡萄酒学院以霞多丽、雷司令、白诗南及中间杂种Bx-82-129和Bx-84-17为亲本，采用欧亚种内轮回选择法选育而成。其果实品质优良，含糖量高，含酸量适中，对霜霉病、黑痘病的抗性极强，对白粉病抗性强，抗寒性强。

酿酒特性： 可用于酿造优质干白葡萄酒，适宜半干白、甜型葡萄酒及葡萄汁的生产。所酿造的干白葡萄酒与雷司令、赛美蓉比较，总酸适度，总酚含量低，香气浓郁而突出。

风味特点： 具浓郁的玫瑰香味及优雅的花香和热带水果（甜瓜、芒果）香气及干果香气，香气纯正、优雅，酒质优。

栽培区域： 陕西、西北地区有少部分试种。

（1）　　　　　　　　　　　　　　（2）

图2-7　爱格丽葡萄果穗

8. 福明特（Furmint，图2-8）

栽培特性： 起源于匈牙利东北部托卡伊（Tokaj），这里是阿苏（Aszu）甜葡萄酒的故乡，是酿造托卡伊的重要品种，在匈牙利广泛种植。萌芽早，晚熟，产量中等，适于中长梢修剪。对土壤要求不严，抗旱性强。易感穗腐病、霜霉病、白粉病，易受霜冻危害。

酿酒特性： 果穗中等大小，疏松，果皮厚，能够酿造世界级的、浓烈、芳香、高酸、具完整酒体、长期贮藏的干酒及甜型酒和托卡伊型酒。

风味特性： 杏仁香气。

栽培区域： 匈牙利，斯诺文尼亚，摩尔多瓦，南非等。

9. 鸽笼白（Colombard，图2-9）

栽培特性： 原产法国。是法国夏朗德（Charentais）地区的一种白葡萄品种，它可能是白高维斯（Gouais Blanc）及白诗南的后代。生长势旺，易结实，丰产，枝条硬，修剪难，可进行长梢或短稍修剪，叶易感霜霉、白粉病，成熟果易感穗腐病。起初，该品种是和白玉霓（又称"Trebbiano"）及白福儿（Folle Blanche）搭配酿造干邑（白兰地）。在波尔多北部的葡萄园里也有小面积的种植。在加利福尼亚州（California）的种植面积快速上升。用它酿造的葡萄酒产量高，个性不够突出，但口感十分爽口，多用作商业化甜白混酿酒的基酒。在南非，该品种曾在当地白兰地产业中占有重要地位，如今，它仍是酿造廉价甜白葡萄酒的流行品种。在澳大利亚，该品种常与白诗南及霞多丽混酿，为葡萄酒带来爽脆的口感。目前，法国选育出了12种新品系，其中产量中等的有551、552、606等。

酿酒特性： 中熟，糖度高，酸度低，品种香气淡，是一种极为有名的混酿品种。在酿造干白葡萄酒时，能为酒增添柑橘、桃子等水果香气。

该品种酒呈金黄色，酒体较轻，但优质酒的果味芳香浓郁，口感清爽，均衡，余味悠长。对于夏朗德地区的蒸馏酒商来说，它的高酒精度及低酸度是明显的缺点，但对用该品种酿造葡萄酒的产区，上述特点却备受葡萄酒消费者青睐。

风味特性： 青柠檬、西柚和桃子等香气。

栽培区域： 法国，澳大利亚，南非，美国。

10. 琼瑶浆（Gewürztraminer，图2-10）

栽培特性： 原产于意大利，目前几乎世界各地都有种植，以法国阿尔萨斯产区最为重要，在部分地区又称为塔明娜（Traminer）。纯正的塔明娜葡萄与琼瑶浆有很多相似的地方，但塔明娜的颜色呈淡绿色，气味更淡，是琼瑶浆原始母本。奥地利的DNA检测证实，比诺和塔明娜存在亲子关系，即酿造汝拉黄酒（Vin Jaune of the Jura）的重要葡萄品种——萨瓦涅（Savagnin）与塔明娜有

图2-8 福明特葡萄果穗
（来自法国葡萄品种网站）

图2-9 鸽笼白葡萄果穗
（来自法国葡萄品种网站）

众多共性，两者均因成熟度高，风味浓郁醇厚，陈年潜力大而备受赞誉。

图2-10 琼瑶浆葡萄果穗
（来自法国葡萄品种网站）

和其亲本比诺一样，塔明娜很容易发生基因突变。19世纪末，塔明娜的一种呈深粉红色的突变品种（特别芳香，如麝香葡萄般）取名为琼瑶浆。其外文名称中的"Gewurz"意为"芳香的"。生产上有黄色和粉红色两个变种，但以粉红色居多。

琼瑶浆的葡萄串较小，生长势弱，产量较低，该品种发芽较早，所以极易遭受晚霜的危害。对栽培条件要求较高，喜好冷凉、干燥气候，而在较温暖地区成熟较快，品种特性得不到很好发挥。适于向阳坡地，偏好中性偏酸性土壤，不耐石灰质土壤，抗寒性、抗病性较好，对果实病害不敏感，但易感白粉病和果实虫害，容易染上病毒病。

酿酒特性：属早熟品种。果穗圆柱形或圆锥形，小到中等大。果粒近圆形，中等大，果粉多，皮较厚，果皮呈粉红色，所酿葡萄酒带金黄或微红，香味浓郁且独特，具玫瑰、热带水果（荔枝）、香料和麝香等风味。酒精含量高（超过14%vol），酸度较低。主要用来生产干酒，也可酿造半干、半甜、迟采酒或贵腐酒。该酒唯一的缺点是风味过于强烈，容易使人生厌。酿造时要采取措施防止氧化。

在稍次的年份里或过于炎热的气候下，琼瑶浆则可能提早采摘，酿造出的酒表现平平或过分油腻、松软，尝起来带有明显的苦味。在上莱茵省（Haut-Rhin）较肥沃的黏土上，琼瑶浆的表现尤为出色，在阳光较充足的年份里，琼瑶浆能够酿造出优质的迟摘葡萄酒。琼瑶浆的酒体比雷司令更丰满，两者的风味都很丰富。但琼瑶浆迟采酒总体陈年潜力不如雷司令迟采酒。在阿尔萨斯，采收较早的琼瑶浆尤为芳香且干涩紧实，但一些品质较差的琼瑶浆很难与麝香葡萄酒区别开来。

风味特性：西柚、菠萝、荔枝、蜂蜜、玫瑰香气。

栽培区域：法国（阿尔萨斯），德国（上莱茵省），美国（加利福尼亚州），意大利，奥地利，新西兰，智利，西班牙。在我国的甘肃、青岛等有小面积栽培。

11. 格雷拉（Glera，图2-11）

栽培特性：原产于意大利北部，是酿造意大利著名的普西哥（Prosecco）起泡酒的原料，出于商业保护而命名为Glera。晚熟而高产，易感霜霉及白粉病，对夏季干旱比较敏感。

酿酒特性：口味偏中性，可通过加糖来掩盖其一些缺陷。适合酿造起泡酒。

风味特性：清新花香、柠檬香气。

图2-11 格雷拉葡萄果穗
（来自网络）

栽培区域：意大利威尼托（Veneto）。

12. 绿维特利纳（Gruver Veltliner，图2-12）

图2-12 绿维特利纳果穗
（来自网络）

栽培特性：欧亚种，是奥地利广泛种植的葡萄品种。在奥地利的种植面积超过了葡萄种植总面积的三分之一。中熟，但在北欧成熟却很晚。易感白腐病、霜霉病和葡萄虫蛾。

酿酒特性：果穗圆锥形或圆柱形，果穗小。果粒圆形，中等大，着生紧密或极紧密，黄绿色，充分成熟时阳面浅褐色，果面有黑色斑点，果脐明显，果皮薄。能酿造出风格多样的葡萄酒，入门级的酒通常呈干型。酒的香气复杂浓郁，为其增添了一丝神秘的魅力。年轻的绿维特利纳葡萄酒散发出绿色的葡萄、苹果、桃子和柑橘的香气。高品质的单一园的葡萄能够酿造出风味高度集中且具有高酸度的葡萄酒。经过橡木桶陈年，除了自身带的水果香气和矿物质味，还会发展出白胡椒、香料味烟草的香气，甚至产生诱人的药草香。这些味道为葡萄酒增添了复杂性。在特殊的年份，该品种还可以用来酿造甜白葡萄酒，包括贵腐酒和冰酒。

绿维特利纳是迄今为止奥地利最受欢迎的葡萄品种，在奥地利的种植面积超过了总面积的三分之一。

风味特性：苹果、橙类、桃子、矿物质味等香气。

栽培区域：奥地利［最主要的产区是下奥地利（Niederosterreich）］、捷克、斯洛伐克、美国等。

13. 贵人香（Italian Riesling，图2-13）

栽培特性：欧亚种，原产克罗地亚。1892年张裕公司首次引入我国，树势中等偏弱，产量较高，极易早期丰产。结果枝多，有3穗果，喜肥水，在肥水条件较好的葡萄园，可达较高产量。幼叶黄绿色，一年生成熟枝条淡土黄色，细，节间短，这些特征极易与其他葡萄品种区分。中晚熟，适应性强，耐盐碱，较抗寒，抗病力中等，易感白粉病，幼叶、嫩梢对黑痘病抗性弱，湿度较大时极易感炭疽病，发病极快，极具毁灭性，在生产上应给予高度关注。在缺钾、缺硼的沙地葡萄园极易出现营养不良和大小粒现象。

酿酒特性：果穗圆柱形或圆锥形，带副穗，小或中等大。果粒中等大，着生中等紧密，圆形或近圆形，绿黄色，阳面黄褐色，果面有多而明显的黑褐色斑点，果脐明显。果皮薄、柔软多汁，酿造的葡萄酒色较浅，从浅绿色到明亮的金黄色，具有清爽的果味和柑橘的芳香，口感丰润，但当产量高时，香气弱，口感粗糙。

图2-13 贵人香葡萄果穗
（杨亚超供图）

风味特性：青苹果，白梨，橘子，酸橙、蜂蜜、金银花等的香味。

栽培区域：意大利，奥地利，东欧（克罗地亚、斯洛文尼亚、捷克、斯洛伐克、匈牙利、罗马尼亚等）；我国山东、甘肃、宁夏、新疆等产区栽培面积较大，是我国主栽的白色酿酒葡萄品种。

14. 龙眼（Long Yan，图2-14）

栽培特性：欧亚种（*Vitis Vinifera*），原产中国。通常认为"龙眼"葡萄在中国种植历史超过800多年，是一个被消费者熟悉的鲜食和酿酒兼用品种。生长势强，丰产性好，晚熟，萌芽晚，副芽萌发能力好，结实力强，易管理，果实成熟期一致。适应性强，耐干旱，耐瘠薄。抗晚霜危害能力也较强，适合在凉爽、干燥、积温高、昼夜温差大、有灌溉条件的地区栽培。

图2-14　龙眼葡萄果穗
（来自网络）

酿酒特性：果穗大、紧凑、圆锥形，带歧肩，多呈五角形，果实中到大（为赤霞珠果粒的5倍），果粒着生较紧，微椭圆形，粉红色，皮较厚，果粉厚、灰白色，果肉柔软多汁，味酸甜，作为鲜食葡萄具有较好的糖酸比。果刷结实，贮存时果穗不容易掉粒，极耐储藏。果实成熟时，果皮为红色，似琼瑶浆，适宜酿造干白葡萄酒及白兰地。所酿造的葡萄酒香气弱，似青梅、白梨，入口柔和，中等酒体，口感活泼而爽净，具有一定的长度。

风味特性：梨、青梅及白色水果香气。

栽培区域：河北（张家口、昌黎）、宁夏、山西、山东（胶东半岛）、陕西（榆林）等地。

15. 玛珊（Marsanne，图2-15）

栽培特性：原产于法国罗讷河谷北部。在法国南部广泛种植。萌芽早，晚熟，易受霜害，生长强壮，易结实，丰产，抗旱性强，易感穗腐病、霜霉病、白粉病。适合在温暖、干燥和多石的环境下生长，适合于贫瘠、砾石土壤。新品系有N570、980。

酿酒特性：果穗中等大而长，较松，多为锥形，果粒小，皮厚，易裂果，果肉柔软，多汁。在气候太凉的产区，葡萄不能完全成熟，酿出的酒酒体簿，平淡；气候太热则会失去平衡的口感，酿造的酒有稻草、泥土、金银花以及蜜瓜的香气。

图2-15　玛珊葡萄果穗
（来自法国葡萄品种网站）

玛珊成熟度较高，酒体丰满，由于酸度低，容易氧化和褐变，为了保持高酸，通常需要提前采收。在法国酿造的酒酒体较轻，在澳大利亚酿造的酒酒体丰富，有着坚果、梨和辛辣的味道。也有在橡木桶中陈酿以提高其骨架。随着酒的陈酿，香气更加复杂，有更集中的丝滑和蜂蜜的口味，有时坚果的香气也会散发出来。在生长条件适宜时，能酿出具有杏仁或柑橘且带香水味道的酒。玛珊常常能弥补清淡风格白葡萄酒和橡木桶陈酿过度而带来的粗糙感的酒的不足，低酸的玛珊酒适合新鲜时饮用。常和瑚珊（Roussanne）、维欧尼一起酿造罗讷风格的调配酒，也可与维欧尼、歌海娜混酿。比较常见的是酿造干型葡萄酒，但最优质的却是用其酿造的甜酒。

风味特性：蜜瓜、金银花、白桃、梨、蜂蜜、柑橘、烤苹果香气。

栽培区域：法国（北罗讷河谷），美国，澳大利亚，瑞士。

16. 米勒-图高（Muller-Thurgau，图2-16）

栽培特性：该品种原产于瑞士，是用雷司令和皇家玛德琳（Madeleine Royale）杂交的后代。早熟，高产，是德国种植最广泛的葡萄品种之一。对气候和土壤的适应性强，适种范围广，多种植在不适合其他葡萄品种的较平坦的地面上。对光照要求低，在寒冷多水的环境下生长得更好。

酿酒特性：葡萄果粒小，黄白色，多汁，酸低，适合酿造颜色浅黄、口感柔顺平和、易饮的葡萄酒，有特别的花香和橘子、麝香葡萄的味道，香甜的水果风味，适合在年轻时饮用，以带少许甜味的酒最受欢迎。由于高产，酿造的酒很难体现典型特征，通常酒体比较单薄，结构弱，缺乏特色，不适合陈酿。

图2-16　米勒-图高葡萄果穗

风味特性：西柚、麝香等香气。

栽培区域：德国，意大利，瑞士，美国，新西兰。在我国河北沙城曾引种试栽，并获得成功。

17. 密斯卡岱（Muscadelle，图2-17）

栽培特性：原产法国波尔多，是波尔多及贝尔热拉克（Bergerac）产区除赛美蓉、长相思以外的第三大酿造甜白葡萄酒的品种。生长势强，早中熟，产量中等，适合种植在具良好光照的区域。在气候干燥、气温高的地区，玫瑰香味浓郁。较易感白腐病、白粉病、穗腐病。新品系有N610。

酿酒特性：该品种非麝香家族成员，但稍带麝香味。果穗中等或较大，果粒着生较稀或中紧，果粒中等大，圆形，淡绿色或黄白色，过熟时有粉红色晕斑，阳面有褐色晕斑，皮薄且脆，肉质柔软多汁，味甜。该品种生叶较晚，成熟较早，产量较高，酿造出的葡萄酒缺少精致感。大多（几乎全部）用于混酿，为甜白葡萄酒增加充满活力的果味，也可用于酿造具有浓烈口感的单品种

图2-17　密斯卡岱葡萄果穗
（来自红酒世界）

酒。积累糖分能力强，适合酿造高质量的甜酒、波特酒、利口酒。

该品种最成功的酿造是在澳大利亚，用以酿造品质优良的利口酒（Liqueur Tokay），这种经橡木成熟的葡萄酒颜色深浓，口感黏稠，适合餐后饮用。在河地（Riverland）及其他地方，它被用来酿造品质稍次的佐餐酒。

风味特性：玫瑰、荔枝香气。

栽培区域：法国，澳大利亚，南非。

18. 麝香葡萄（Muscat，图2-18）

栽培特性：麝香葡萄是一类具有麝香味的葡萄品种的统称，它的家族遍布全世界。它是不多的几种既可用于酿酒又可用于鲜食的葡萄品种，它的家族庞大，品种超过200种。麝香葡萄至少包括4个主要品种，这些品种色泽不一。在各种不同的麝香品种中，汉堡麝香（Muscat Hamburg）（又称玫瑰香）和亚历山大麝香（Muscat of Alexandri）既可用于酿酒，也可用作鲜食。其中，汉堡麝香更适合作鲜食葡萄。小粒白麝香（Muscat Blanc a Petits Grains）是最古老和最细腻的麝香葡萄品种，用它酿造出的葡萄酒具有极高的浓郁度。相比之下，奥托麝香（Muscat Ottonel）的颜色和口感等都比较清淡。

（1）玫瑰香葡萄果穗（来自网络）

麝香葡萄或许是人类最早发现的葡萄品种，它在地中海周围的种植历史已经长达数个世纪。由于麝香葡萄中富含大量的单萜烯（Monoterpenes），因此它的香气尤为浓郁，常能吸引来许多蜜蜂，也因为如此，有人称该品种为"蜜蜂葡萄"。还有人认为麝香葡萄的外文单词来自"Musca"，该词在拉丁文中是"苍蝇"之意，这些苍蝇也常被这种芳香四溢的葡萄所吸引。大多数麝香葡萄需生长在较炎热的气候下，因此，地中海周围均生产有大量著名的麝香葡萄酒。

汉堡麝香（常称为玫瑰香）葡萄属于中晚熟品种，植株生长势中等，多次结果力强，幼树开始结果早，产量高，喜肥水，负载量过大或肥水不足时落花落果严重，易产生大小粒和转色病。适应性强。对白腐病、黑痘病抗性中等，抗寒力中等。浆果耐贮运。

（2）小白玫瑰葡萄果穗（来自网络）

图2-18　麝香葡萄果穗

小白玫瑰（小粒白麝香）成熟期长，萌芽早，成熟晚，抗病能力中等，易感白腐病、卷叶病、灰霉病，适应性强，喜肥水和少雨气候，宜在干旱半干旱地区种植。以中短梢修剪为主。新品系有154、156、452、453等。

酿酒特性：玫瑰香葡萄果穗中等大，圆锥形，果粒中等大，椭圆形着生疏松或中等紧密，呈紫红或黑紫色，柔软多汁，具浓郁的麝香味，果皮略涩。小白玫瑰果穗中等大小，呈细长的圆柱形，紧凑，有时有歧肩。浆果中等大小，呈球形，皮薄，早熟且容易干透，果肉甜、紧实，有独特的麝香味。

麝香葡萄通常用来酿造起泡酒、加强型葡萄酒、皮斯科（Pisco）、雪莉酒等，但是都有一个共同点：甜的花香味、麝香味，赋予酒复杂、浓郁的香气，新酒常带有葡萄、桃子、玫瑰和柑橘的香气，但香气易消失，不宜久放，易带后苦味。其酒陈放后，容易出现烤地瓜味。

小白玫瑰可与其他品种混合酿造具有麝香味的起泡酒，也可单独酿造干白、甜白葡萄酒，是酿造优质麝香葡萄酒最佳的品种。所酿造的酒酒体圆润，有麝香和杏仁的味道，甜酒中带有蜂蜜的香气。

风味特性： 麝香葡萄、蜜桃、玫瑰花和蜂蜜等香气。

栽培区域： 法国，意大利，西班牙，葡萄牙，奥地利，希腊，澳大利亚，南非，美国等。在我国各葡萄产区都有种植，主要用于鲜食，少部分用作酿酒。

19．帕洛米诺（Palomino，图2-19）

栽培特性： 原产于西班牙安达路西亚（Andalucia），是最适合酿造雪莉酒的葡萄品种，是与西班牙赫雷斯（Jerez）雪莉酒联系最密切的葡萄品种。萌芽中，中到晚熟，适合种植在温暖干燥、阳光充足的环境下。产量相对较高也较稳定。比较容易感染霜霉病和炭疽病。在其他国家，该品种常用来酿造普通餐酒和蒸馏酒。

酿酒特性： 该品种果实较大，果穗较大，较松散，果皮较薄，也可作鲜食葡萄。其深受雪莉酒生产者的青睐，酿造雪莉酒时，通常是在糖度达到19°Bx时采摘，成熟时，酸度快速降低。由于葡萄的糖度较低、酸度低，也用于酿造一些普通餐酒，或者对其进行酸化处理以使口感更活泼，结构更有力。

风味特性： 柠檬、西柚、苹果、槟桲等香气。

栽培区域： 西班牙，澳大利亚，美国，南非。

图2-19　帕洛米诺葡萄果穗
（来自网络）

20．小芒森（Petit Manseng，图2-20）

栽培特性： 原产于法国西南部，是芒森（Manseng）家族的一员，因其果粒小而皮厚、产量低，而命名为小芒森，是一种顶级白葡萄品种。果皮很厚，极抗真菌病害和灰霉病，保鲜性很强，耐贮运。产量中等，成熟期极晚，但晚采小芒森需要仔细的田间管理，需要通过松散果穗和严格的架势管理来提高葡萄质量。由于生长期长，早春的霜冻是选择该品种种植区域的关键因素。

目前，该品种在法国朗格多克（Languedoc）地区以及美国加利福尼亚州均有种植，像维欧尼一样很受欢迎。美国主要种植在较为温暖的加利福尼亚州和弗吉尼亚州，后者潮湿的气候也有利于该品种的生长。我国2001年中法庄园最早引种，之后在山东蓬莱种植。该品种个性非常突出，它高糖、高酸、高抗病和较抗寒的特性，在国内外葡萄品种中是独一无二的。新品系有440、573。

酿酒特性：果粒小，皮厚，汁少。通常，挂果时间可保留至深秋甚至12月份，该品种经自然干缩（Passerillage）后，糖分浓缩，是一种高糖、高酸的酿酒葡萄品种。在山东蓬莱糖度可达290～312g/L，酸度7g/L左右。

推迟采收可以使小芒森得到充分成熟，香气丰富、精致、优雅，同时保留良好的酸度。所酿成的酒呈淡绿色，具有非常明显的花香，充分成熟的小芒森带有丰富的甜桃和金银花、蜂蜜、柠檬、桂皮的香气，余味微辣。更适合酿造甜葡萄酒。由于高酸，丰富的香气、较高的糖度反而给人干爽、余味纯净的感觉。也可与霞多丽、维欧尼混合酿造以弥补这两种葡萄酸味的不足。

风味特性：蜂蜜、柠檬、桂皮、金银花、肉桂、桃子、菠萝等香气。

图2-20　小芒森果穗
（来自法国葡萄品种网站）

栽培区域：法国，意大利，澳大利亚，美国，阿根廷。目前这个品种在我国新疆、宁夏、山东等葡萄产区受到极大关注，栽培规模随之扩大。

21. 白品诺（Pinot Blanc，图2-21）

栽培特性：原产法国，是品诺家族中的一员，是从灰品诺（Pinot Gris）的无性系中选育出来的。而灰品诺又是黑品诺颜色较浅的变种，19世纪末，该品种首次在勃艮第被发现，其中绝大部分分布在阿尔萨斯。白品诺较黑品诺容易栽培，植株生长势中等，叶幕较小，产量中等，中熟，抗病力中等。

多年以来，由于白品诺的叶片结构、果穗、浆果和霞多丽十分相似，因此它们常被误认为是同一品种。同时，许多白品诺葡萄酒的酒体较丰满，使得二者更加相似。白品诺可用于酿造标贴为"Bourgogne Blanc"的葡萄酒和一些马贡（Macon）葡萄酒。

酿酒特性：果穗中等大，圆锥形或圆柱形，果粒着生紧或极紧，近圆形，绿黄色，果皮有极高的单宁含量，使得酒容易褐变。在阿尔萨斯，白品诺远没有雷司令、西万尼（Sylvaner）或欧塞瓦（Auxerrois）重要。在这三种葡萄品种中，白品诺常和欧塞瓦混酿，酿造的葡萄酒以"Pinot Blanc"的名义售卖。白品诺适合酿造起泡酒、干型或甜型葡萄酒，酒液呈淡金黄色，果香怡人。有的带有淡淡的草药香气，有的带有香辛的香气，还有

图2-21　白品诺葡萄果穗
（来自法国葡萄品种网站）

的带有柑橘香气。白品诺在不锈钢发酵桶里发酵后产出的葡萄酒也非常不错。与霞多丽相比，颜色更浅、更优雅。酒体更清淡，果味更突出。

风味特性： 青苹果、桃、梨、柑橘、杏仁、香料香气，轻微的矿物质味。

栽培区域： 法国（勃艮第、阿尔萨斯），意大利，德国，美国，加拿大。

22. 灰品诺（Pinot Gris，图2-22）

栽培特性： 原产于法国勃艮第，是黑品诺的芽变品种，是一种分布广泛且日益流行的葡萄品种。目前，登记在册的品诺家族变种大约为1000种，其中最为常见的有三种（黑品诺、灰品诺、白品诺）。中晚熟，长势中等，适应性较强。产量中等，以中短梢修剪为主。但成熟后酸度下降较快。在阿尔萨斯，灰品诺、雷司令及琼瑶浆是该地的三大葡萄品种。就种植面积而言，灰品诺比后两者要小，但它正在不断普及，并且扮演着独一无二的角色。它是品诺家族中"左右逢源的大姐大"。

图2-22　灰品诺葡萄果穗
（来自法国葡萄品种网站）

灰品诺的颜色介于紫蓝色（黑品诺）和青黄色（白品诺）之间。在葡萄园里，灰品诺与黑品诺极易被混淆，因为两种葡萄的叶子十分相似，尤其是在成熟晚期，果实也极为相似。如今，在勃艮第一些盛产红葡萄酒的著名葡萄园里，也常种有灰品诺。

酿酒特性： 果穗的颜色从略带粉红的灰色到浅蓝色，再到略带粉红的棕色，甚至在同一棵树上生长的葡萄穗也可能有不同的颜色。用其酿造的中度葡萄酒具有平衡的口感。在阿尔萨斯这样的冷凉气候条件下，成熟期长，酸度较高，香气浓郁，用于酿造具有悠长花香、醇厚浓郁、结构丰富、酒体厚重的干型葡萄酒，也可以酿造半干葡萄酒或晚采型甜酒。和大多数白葡萄酒相比，该品种酿造的酒口感极为丰富，颜色更深。曾经，在勃艮第的许多葡萄园里，灰品诺常与黑品诺混种，用于酿造柔顺而酸爽的红葡萄酒。

灰品诺是葡萄酒界公认的受地理位置影响最大的葡萄品种，因此，不同地区的灰品诺酒风格各异，从白葡萄酒到桃红葡萄酒、起泡葡萄酒，从清淡干型到浓郁甜型酒，都有不错的表现。

风味特性： 香料、甜瓜、梨、柑橘、热带水果香气，伴有蜂蜜和烟熏味。

栽培区域： 法国（阿尔萨斯），意大利（北部），德国，美国，新西兰，澳大利亚。

23. 雷司令（Riesling，图2-23）

栽培特性： 欧亚种，原产德国莱茵河（Rhine River）流域，是莱茵河和摩泽尔河（Mosel）主要的栽培品种。晚熟，植株生长势中等，结果早，产量偏低，抗病性弱，极易发生白腐病、炭疽病、灰霉病。抗寒性较强，适合在冷凉地区生长，多种植于向阳斜坡及砂质黏土上，在温暖地区因成熟过快而使香味减少。适合在冷凉地区种植。在干燥的秋季，如果有充足的光照，则会酿造出优质白葡萄酒。

酿酒特性： 果穗圆锥形或圆柱形，果穗小。果粒圆形，中等大，着生紧密或极紧密，黄绿色，充分成熟时阳面浅褐色，果面有黑色斑点，果脐明显，果皮薄。

图2-23　雷司令葡萄果穗
（来自法国葡萄品种网站）

　　雷司令属于芳香型葡萄品种，香气十分明显，与长相思一样，水果香和花香远多于植物的味道，其酒中主要的风味包括油桃、杏子、苹果和梨子等。经过数年的窖藏后会出现类似于汽油的化学气味和蜂蜜的香气。可以酿造多种风格的酒：从干、半干，到贵腐酒、冰酒等。酿造过程中通过轻柔处理，尽可能少的干预，使葡萄汁和葡萄酒尽可能保持其细腻、清新、质朴的特征。雷司令酸度高，酒体清脆、香气清新，陈年时间长。既可在年轻时饮用，也可陈酿存放。

　　在凉爽气候下种植的雷司令，酒中会出现绿色水果的味道（青苹果、葡萄）以及花香，有时还会有一些柑橘类水果的味道（柠檬与青柠檬）。在温暖气候下，柑橘与核果的香气成为主导，有些酒可以明显闻到新鲜青柠檬或白桃的味道。

风味特性：苹果、青柠、橙类、菠萝、桃子、矿物质味等。

栽培区域：德国，法国阿尔萨斯，澳大利亚伊顿谷（Eden Valley）和克莱尔谷（Clare Valley），美国，加拿大，新西兰，意大利。

　　我国多次从德国引种，因气候条件不适、病害严重、产量极低等原因，基本没有大面积推广，目前在甘肃、新疆、宁夏等冷凉地区有小面积栽培。

　　24. 白羽（Rkatsiteli，图2-24）

栽培特性：原产于苏联格鲁吉亚。现在希腊、摩尔多瓦已产生了不同的品系：黑色、粉红、白色。晚熟，萌芽晚，树势中等，副梢结实力强，枝条直立易于管理，适合中长梢修剪。葡萄在达到高糖时，酸度仍较高。喜肥水，产量较高，易出现大小年，耐盐碱，耐低温。对黑痘病抗性强，抗根瘤蚜，易感霜霉病和白粉病。

酿酒特性：果穗中等大，圆柱形或长圆锥形，中等紧密，有歧肩或副穗、果粒小，椭圆形，黄绿色，果皮薄，果肉多汁。可酿造干型佐餐酒、加强型酒及白兰地等。

图2-24　白羽葡萄果穗
（来自网络）

　　其中，深色品系果粒小，产量低，更芳香，比其他品系早两周成熟。生产上多是不同品系混合而成，具有更完整的酒体，带甜瓜和苹果香气，酸橙的新鲜感和合适的酸度，不适合陈酿。而粉红品系生长旺、高产，尤其是在肥沃土壤上，所酿葡萄酒呈中性，口味淡薄。

风味特性：香料、苹果、甜瓜等香气。

栽培区域：摩尔多瓦、希腊等。1956年引入山东烟台，宁夏、甘肃、山东烟台、黄河故道地区曾经大面积种植，目前该品种仅在部分品种园中有保留。

25. 瑚珊（Roussanne，图2-25）

栽培特性：原产法国，是法国罗讷河谷流行的白葡萄品种。它的外文名源于其赤褐色的葡萄皮。在该产区，瑚珊和玛珊是两种法定白葡萄品种。此外，它们还是酿造圣佩雷（St-Peray）白葡萄酒（通常是起泡型）的法定葡萄品种。在这些产区，尽管玛珊所酿造的葡萄酒不如瑚珊优质，但由于玛珊生命力更旺盛且更高产，因此，它的种植面积更加广泛。相比之下，瑚珊产量较为不稳定，更容易染上白粉病，且更易腐烂，抗旱能力较差，抗风能力也差。这些特点使得瑚珊几乎在北罗讷产区绝迹，但更优质的克隆品系的出现挽救了瑚珊。另外，它也能和所产酒酒体更丰满的霞多丽很好地搭配。新品系有467、468、469等。

图2-25　瑚珊葡萄果穗
（来自法国葡萄品种网站）

酿酒特性：采用不同酿造方法，可以酿造风格迥异复杂的葡萄酒。它的主要特性是芳香萦绕，久久不散，它的香气与清新的草药茶有几分相似，同时带有酸橙和柑橘的香气。口感像梨和蜂蜜，酸味十足，比玛珊更具陈年潜力，能为葡萄酒提供酒体。为了充分展现其优雅特性，需要达到完全成熟才能采收酿酒。在澳大利亚，该品种与表现更为成功的西拉搭档。

风味特性：杏仁、山楂花、刺槐花、蜂蜜和新鲜奶油等香气。

栽培区域：法国，美国，澳大利亚，南非，智利。

26. 长相思（Sauvignon Blanc，图2-26）

栽培特性：原产于法国卢瓦尔河谷。树势强，需要使用低生长势的砧木，及种植在不太肥沃的土壤上，否则叶幕难以控制。产量中等，抗病性弱。早中熟、较耐低温。对土壤、气候的适应能力较强，但更喜欢石灰石、黏土-石灰质或贫瘠的沙砾土壤，比较喜欢冷凉气候，可以延长葡萄的成熟时间，使其糖酸达到平衡。低产品系有530；中产品系有108、159、240等。

酿酒特性：果穗圆柱形，果穗小。果粒近圆形，着生紧密、中等大，绿黄色，果粉少，皮薄，汁多，有青草味。研究显示，甲氧基吡嗪（Methoxy Pyrazine）具有青椒味，在长相思的香味中扮演着十分重要的角色。气候、光照和采收时间对长相思的青草味有重要影响。果实在即将成熟时香气最好，完全成熟时，香气会迅速减弱。

图2-26　长相思葡萄果穗
（来自网络）

长相思属于芳香型葡萄品种，酿出的酒经常显示出有力的绿色水果和植物香气（黑醋栗芽苞、接骨木花、绿甜椒、芦笋），酸度高，口味清爽。如果种植在寒冷地区的贫瘠土壤上，会出现典型的植物和草本、青椒、青草、西番莲（即百香果）等香气。在温暖地区，香气就不会如此显著，会有一丝桃子的香气，而缺乏浓郁、复杂辛辣的植物性香气。有一些温带地区的长相思会在橡木桶中成熟，给酒增添一些烘烤和辛香（香草、甘草）的香气，增强酒体，通常需要经过1～2年的时间才能呈现其最佳的品质。但大多数长相思并不会随着陈年而提高品质，反而会失去自身的新鲜度，变得陈旧无味。最新研究显示，酒精发酵后，酵母和酒泥中存在的硫形成挥发性硫醇，有助于形成长相思葡萄酒中的西番莲、西柚、猫尿、燧石及烟熏等风味。

　　法国卢瓦尔河谷和新西兰酿造的长相思品质最佳。前者富有西番莲，及很明显的烟熏青草及香草味；后者的果香似香水，十分芬芳，酒体较旧世界的更肥硕。波尔多的长相思有柠檬、西柚甚至菠萝的味道；长相思在寒冷地区有更好的表现。所产葡萄酒酸味强，辛辣口味重，酒香浓郁且风味独特，非常容易辨认。长相思常与赛美蓉搭配，提供其芳香和高酸。长相思的高酸度，也同样适合酿造甜酒，尤其是在苏玳（Sauternes）地区。长相思在目前世界上酒龄最长的一种葡萄酒中（但不是主要的葡萄品种）扮演着重要的角色。

香味特性： 新鲜青草、芦笋、酸橙、西番莲、西柚、猫尿等香气。

栽培区域： 法国（卢瓦尔河谷、波尔多），新西兰（马尔堡），美国，智利，南非，澳大利亚，意大利。我国多次引种，但没有大面积栽培的成功案例。

27. 施埃博（Scheurbe，图2-27）

栽培特性： 由雷司令和某一不知名的葡萄杂交而成。被认为是20世纪德国最伟大的酿酒葡萄杂交品种。不如雷司令抗寒，在德国几乎所有地方都有种植。晚熟，易感霜霉病。

酿造特性： 完全成熟时，能够获得清新、新鲜的酸度，富有浓郁的黑醋栗、西柚风味，表明其具有良好的陈酿潜力。可以酿造干型酒，也可以感染贵腐菌酿造甜型酒。

风味特性： 黑醋栗、西柚、柠檬和金银花香气。

栽培区域： 德国，奥地利。

图2-27　施埃博葡萄果穗
（来自网络）

28. 赛美蓉（Semillon，图2-28）

栽培特性： 欧亚种，原产自法国波尔多。早熟品种，开花稍晚，长势旺，易丰产，应严格控制产量。抗病性中等，但因其果皮较薄，在生长季节中果实容易感染白腐病、灰霉病、黑腐病及红蜘蛛危害。在适宜的条件下，赛美蓉会染上贵腐菌（Noble Rot）而不是具有破坏性的灰腐霉（Grey Rot），可以酿造甜美浓郁的贵腐甜酒。适宜于温和型气候，可以生长在不同的土质上，但比较适合石灰质黏土和石灰岩质土壤。中等产量的品系有173、315、908等。

酿酒特性： 果穗中等大，圆锥形，果粒中等大，着生较紧密，圆形，黄绿色，果皮中等厚，柔软多汁。葡萄含糖量高，容易氧化。在大部分地区，由于酸度低，所酿造的葡萄酒过于油腻丰腴，品种特性不明显，酒香淡，口感厚实，酸度经常不足，尝起来相当单调。所以经常混合长相思（香气浓、酸度高、酒体淡）以补其不足，适合年轻时饮用。部分产区经橡木桶发酵陈酿可丰富其酒香且较耐久存，如法国贝沙克-雷奥良（Pessac Lognan）、澳大利亚猎人谷（Hunter Valley）等。

图2-28　赛美蓉葡萄果穗
（来自法国葡萄品种网站）

除酿造干白外，赛美蓉以生产贵腐酒出名，葡萄果实适合葡萄孢灰霉菌（*Botrytis cinerea*）的生长，此霉菌不仅可以吸收葡萄中的水分，增加赛美蓉的糖分含量，而且由于在葡萄皮上发生了化学变化，提高了葡萄的酸度，并产生如蜂蜜及糖渍水果等丰富的香味。其酒可经数十年的陈年，口感非常丰富，酒体醇厚、圆润、丰满，酸味持久而柔和，甜而不腻。

在波尔多，赛美蓉主要用来与长相思调配，利用其丰富的口感平衡长相思的酸味。赛美蓉和霞多丽混合也有上佳表现，可以带来更为厚重和丰满的口感，而且不会影响霞多丽的美妙香味。现在，在美国和澳大利亚广为流行用赛美蓉单品种酿造，所酿造的白葡萄酒口感柔和，经常会带有令人愉悦的麝香气息。在澳大利亚猎人谷种植的赛美蓉更有青草特性，它也是用来酿造上佳甜白葡萄酒的原料之一。

风味特性：柑橘（柠檬）、蜂蜜、无花果、雪茄等香气。

栽培区域：法国（波尔多），澳大利亚，智利，南非，新西兰，美国（加利福尼亚州）。

29．西万尼（Sylvaner，图2-29）

栽培特性：原产于奥地利。"Sylvaner"是法国的名字，在德国被称为"Silvaner"。在法国，它主要种植在阿尔萨斯。在阿尔萨斯地势较低、地形更平坦、土壤更肥沃的下莱茵（Bas-Rhin）产区，该品种一直是当地种植面积最广泛的葡萄品种，20世纪90年代被雷司令超过。在德国，西万尼是一种历史悠久且尤为重要的葡萄品种。

该植株生长势强，芽眼萌发率高，结实力强，产量较高，发芽晚，成熟早，能抵抗晚霜的危害。中熟，适应性较强，抗寒抗旱，喜沙质肥沃土壤，适合在北方冷凉地区种植，抗病性较弱，易染灰霉病、白粉病、白腐病。中短梢修剪为主。

图2-29　西万尼葡萄果穗
（来自法国葡萄品种网站）

酿酒特性：果穗中等，圆锥形，果粒着生紧密，果粒较小，圆形，黄绿色，果粉薄，果皮较厚，果肉软，果汁呈浆状，不易澄清，有雷司令品种独特的芳香。虽然酿造出的葡萄酒酒体丰满，酸味十足，但比雷司令酒酸度低，口感更加平和。酒的颜色通常很浅，香气淡雅而具有土壤的香气。

风味特性：柑橘、白色花朵、青草、蕨类植物、蜂蜜等味道。

栽培区域：德国，奥地利，法国（阿尔萨斯），澳大利亚，美国等。

30. 特浓情（Torrontes，图2-30）

栽培特性：原产于阿根廷，是对种植在阿根廷并为其所独有的一些白葡萄品种的总称。在阿根廷，有三种葡萄品种被称为"Torrontes"，它们分别是"Torrontes Riojano""Torrontes Sanjuanino"和"Torrontes Mendocino"，是阿根廷最具潜力的白葡萄品种，同时也是西班牙西北部加里西亚（Galicia）一种风味独特的葡萄品种的名称，该品种常用于酿造河岸地区（Ribeiro）的白葡萄酒。特浓情特别适合种植在阿根廷干旱区域，尤其是卡法亚特（Cafayate）产区地势较高且沙石遍布的葡萄园里（这里的海拔超过1600m）。在阿根廷卡法亚特，特浓情以出产的葡萄酒天然酸度高、风味典型而尤为著名。相比"Torrontes Riojano"，"Torrontes Sanjuanino"的香气更淡，果实更大，葡萄串更紧凑；而"Torrontes Mendocino"缺少麝香葡萄的香气，在阿根廷南部的黑河省（Rio Negro）分布最广。生长势强，高产，萌芽中，早熟。易感霜霉病和穗腐病。

酿酒特性：果穗中大，果粒相对较大，皮厚。能够酿造新鲜、芳香浓郁的葡萄酒，尤其是花香和类似麝香葡萄的香气。但该品种酿造的葡萄酒酒精度可能会过高，并且常带苦味。但如果能精心栽培和酿造，就能够避免这种情况。此外，许多特浓情也被用于酿造混酿酒。

风味特性：玫瑰花、麝香葡萄、肥皂、辛辣的香料等香气。

栽培区域：阿根廷，西班牙。

图2-30　特浓情葡萄果穗
（来自网络）

31. 白玉霓（Ugni Blanc，图2-31）

栽培特性：原产于意大利，14世纪被引进法国。该品种极高的产量和十足的酸味使得它很快在法国南部发展起来，如今，已成为法国科涅克（Cognac，又译作干邑）地区酿造白兰地的优良品种。到目前为止，白玉霓是法国种植面积最广的白葡萄品种。在根瘤蚜虫病暴发之前，具有较好抗白粉病及灰霉病能力的白福儿是法国白兰地的主要酿酒原料，但后来白玉霓取代了白福儿的地位。

晚熟，树势强，丰产，对肥水条件要求高，适合在

图2-31　白玉霓葡萄果穗
（来自法国葡萄品种网站）

各种土壤上种植，适应性强。萌发结果枝力强，应避免植株负载过重。抗寒、抗病性较强。但易感霜霉病及毛毡病。选育的新品系有384、478、479等。

酿酒特性：果穗大，长圆锥形，有副穗，紧密。果粒中等大。果皮中厚，柔软多汁。酿造的酒酒精度低、酸度高，富有新鲜感，有水果香气但不持久，其天然的高酸使得酒体更为丰富但显单薄。在法国，大多数的白玉霓酒都用来酿造白兰地；也可以用来生产白葡萄酒，包括干、甜型酒，果味清新，酸度活泼，但余味略短，很适合佐餐。也有按一定比例（20%）加到红葡萄酒中，以增加酒的结构、成熟性和保持葡萄酒的品质。

风味特性：花香、桂皮和丁香等。

栽培区域：法国，意大利，澳大利亚，美国，阿根廷，巴西，希腊，中国（山东烟台、河北、新疆）。

32. 弗德乔（Verdejo，图2-32）

栽培特性：是产自西班牙的一种白葡萄，因浆果的颜色是绿色而命名。很多西班牙顶级葡萄酒都是用该品种酿造而成的。中早萌芽，成熟中，生长势弱，产量低，抗旱中等，适宜瘠薄黏土，适宜于长梢修剪，易感霜霉病。

酿造特性：果穗紧凑，中等大小，果皮薄，典型的蓝绿色。酿造的葡萄酒具芳香，带月桂味，中高酸度，酒体完整，后味显苦杏仁味，随着陈酿，其更具坚果味，适于橡木桶发酵和陈酿。非常适合酿造雪莉酒等加强型葡萄酒。也可以酿造干型葡萄酒、起泡酒等类型。

风味特性：浆果、月桂、坚果、苦杏仁等香气。

栽培区域：西班牙，法国（南部）。

图2-32　弗德乔葡萄果穗
（来自法国葡萄品种网站）

33. 威代尔（Vidal，图2-33）

栽培特性：原产于法国，是白玉霓与白赛比尔（Seyval Blanc）杂交而成的白葡萄品种。在加拿大广泛种植。在美国东部，尤其是纽约，该品种也有少量种植。晚熟，抗寒能力明显强

（1）　　　　　　　　　　（2）

图2-33　威代尔葡萄果穗

于一般欧亚品种，霜冻后在葡萄穗轴及果梗干枯、果粒干缩的情况下果粒不易脱落，可长时间留存在树上，是酿造冰葡萄酒理想的原料。易感霜霉病、穗腐病，对白粉病有一定的抗性。

酿酒特性：果穗多为长圆锥形，较大，果穗紧实，果粒较大，果实颜色为黄绿色，果皮厚，果粉薄。成熟缓慢且稳定，含糖量较高，酸度较高，果汁丰富，但香气不够丰富细腻，酒味略平淡，口味柔滑。和白赛比尔葡萄酒相比，该品种酒没有明显的狐臭味。相反，它带有迷人的醋栗叶味。非常适合酿造迟采型甜酒和冰葡萄酒。经过推迟采收和自然结冰后，形成独特的芒果、热带水果、蜂蜜的浓郁风味，高糖高酸支撑的酒体、协调平衡、浑然一体。

风味特性：菠萝、芒果、杏、桃和蜂蜜等香气。

栽培区域：加拿大，美国，瑞士，法国，中国等。

34. 维欧尼（Viognier，图2-34）

栽培特性：原产于法国，20世纪90年代成为世界上最流行的白葡萄品种之一，常与风格现代的罗讷葡萄酒联系在一起。

该品种需要生长在较温和的气候条件下，有较好的抗旱能力。该品种比较"娇贵"，栽培起来有一定的困难，一是葡萄树长势较弱，在浅层的含有花岗岩的土壤上或是深厚土壤上表现良好，不宜栽培在浅而干旱的土壤上；二是比其他品种更易染病，尤其是白粉病，常常导致产量低；其三在于其特殊的物候期，它开花和成熟都比较早，对早霜比较敏感。但它对干旱有一定的抵抗能力，能够在非常干旱的地区生长。

在法国，它常种植在北罗讷河谷产区较贫瘠的梯田上。但由于维欧尼的产量较低（通常是由坐果率低造成的），其种植面积越来越小。

图2-34　维欧尼葡萄果穗
（来自法国葡萄品种网站）

在法国及其以外的地方，维欧尼都是一个可塑性极强的混酿搭档，它不仅能与罗讷地区的其他葡萄品种混酿，如瑚珊、玛珊、白歌海娜及侯尔（Rolle），也常和霞多丽搭配。在意大利，维欧尼和霞多丽混酿常有较出色的表现，但种植面积极为有限。在澳大利亚，维欧尼既可用来酿造单品酒，也可与西拉混酿，混酿比例可达5%～10%。新品系有642。

酿酒特性：果穗长，圆柱形，紧密，果粒小，呈卵圆形，成熟时呈黄色或琥珀色。该品种酿造出来的葡萄酒具有鲜明特性和复杂性：完全成熟时，具浓烈的香味，混合了金银花、柑橘花、荔枝、白瓜等香气，类似于琼瑶浆。酒精度高，酸度低，和谐、圆润，口味比霞多丽更加丰富且富有黏性，余味也很清新。常被误认为是法国阿尔萨斯的灰品诺葡萄酒。维欧尼的酒精度较高，因此它的水蜜桃、雪梨风味，特别容易被察觉，还有幽香的茉莉花香，十分吸引人。在酸味消退之前，维欧尼特有的芳香尤为浓郁。

维欧尼通常用于酿造干白葡萄酒。即使和其他品种混合，也很难掩盖住该品种的香气；可以选择在老的中性橡木桶中发酵，以使其香味较早地表现。在一些地区，发酵西拉时添加一些维欧尼，可以辅助着色，使葡萄酒的色泽更加稳定，而且使西拉酒显得柔和，香气更浓、更高雅。另外，由于酒精度高，有时会保留一些残糖，以减轻酒精度过高带来的灼热感。由于其清新和芳香，适合年轻时饮用，也可用来酿造甜酒。

这个品种很难酿成好酒，如果葡萄未完全成熟，酿出的葡萄酒会又苦又涩，酒味淡，不均衡；而过熟的话酒的味道又会变得松弛，失去该品种特有的杏、桃子、金银花的风味。只有在达到完全成熟的状态下，才能散发出特有的浓郁香气。

21世纪初，维欧尼已经成为一种常见的混酿品种，常与各种红葡萄同时发酵，尤其是西拉。美国和澳大利亚能用这种葡萄生产出优质的葡萄酒，风格倾向于成熟的蜜桃香气。维欧尼常与西拉共同发酵或进行调配，可以为红葡萄酒增加柑橘和鲜花的香气。

风味特性：鲜花（刺槐花）、柑橘皮、杏、桃子、白瓜、梨、荔枝、芒果等热带水果风味。

栽培区域：法国（罗讷河谷），美国（加利福尼亚州），澳大利亚，南非，智利，新西兰，阿根廷等。我国甘肃、河北、新疆等有引种试栽。

35. 维奥娜（拉）（Viura，图2-35）

栽培特点：起源于中东，广泛种植于西班牙里奥哈（Rioja）、巴塞罗那南部的卡瓦（Cava），法国朗格多克-鲁西荣产区（Languedoc-Roussillon），在法国称为马家婆（Macabeo）。萌芽晚，成熟晚，丰产，枝条易被风吹折，适合温暖、炎热干燥的气候。易感穗腐病、葡萄细菌黑斑病，不易感霜霉病。该品种适宜于低产管理和适当提早采收。

图2-35 维奥娜（拉）葡萄果穗
（来自younggunofwine.com）

酿酒特性：果穗中等大，紧凑，皮厚，适于酿造酸度温和、年轻易饮的葡萄酒，也是卡瓦起泡葡萄酒的主要品种之一，在法国，通常采用橡木桶陈酿，与白歌海娜、白佳丽酿进行勾兑。也是里奥哈酒勾兑的主体。单一品种酿造的、未经橡木桶贮藏的新酒，有花香和芳香，但是酸度比较低，香气很容易失去，并产生苦杏仁特征风味。在西班牙，也用其酿造葡萄蒸馏酒。

风味特性：新鲜花香、芳香、苦杏仁等风味。

栽培区域：西班牙，法国（南部）。

二、红葡萄品种

1. 阿里亚尼克（Aglianico，图2-36）

栽培特性：来源于意大利南部。萌芽早，极晚熟品种（有时会到11月份），生长强壮，需要控产。能够在冷凉条件下生长，但在海拔200~600m、阳光充足的山地也生长良好。抗白粉病，易感穗腐病。

图2-36 阿里亚尼克葡萄果穗
（来自红酒世界）

酿酒特性：深红色，高酸、高单宁，生产的葡萄酒酒体饱满、单宁紧实细致，酸度高且有陈酿潜力。随着陈酿，酒质会得到显著提升。

风味特性：成熟的李子、巧克力、咖啡香气。

栽培区域：意大利坎帕尼亚（Campania）。

2. 巴贝拉（Barbera，图2-37）

栽培特性：原产于意大利皮埃蒙特（Piemonte）大区中部山脉，在意大利广泛种植。适应性较强，在温暖到炎热的地区都能够很好地生长，喜欢温暖气候，成熟较晚。产量较高，抗真菌能力强。

酿酒特性：皮薄肉多，酸度较高，即使在炎热的气候条件下也能保持较高的酸度，花青素含量高，单宁含量较低。非常适合酿造酸高、单宁少的佐餐葡萄酒。

图2-37 巴贝拉葡萄果穗
（来自法国葡萄品种网站）

所酿造的葡萄酒颜色深、酸度高、酒体带有迷人的红色和黑色水果香气，丰富的果香，相对柔和的单宁，与清爽、持续的酸度保持平衡。年轻时，酒的颜色深，呈暗紫色，随着酒龄的增长，逐渐变浅且有轻微的棕色。通过橡木桶贮藏可帮助其稳定色泽。香味淡、颜色深及酸度高使得该品种可与其他品种混合酿酒，赋予葡萄酒更强的质感。其风味受产量的影响变化较大。产自意大利北部小皮埃蒙特区的巴贝拉果味浓郁，更有李子及樱桃风味。

风味特性：成熟的红色水果，如樱桃、李子、醋栗或黑莓的香气。

栽培区域：意大利，阿根廷，美国（加利福尼亚州），澳大利亚，巴西，南非。

3. 北冰红（Beibinghong，图2-38）

栽培特性：山欧杂种，亲本左优红×84-26-53（山欧F2代品系），中国农业科学院特产所育成。生长势强，产量较高，抗寒性极强，生长期短，适宜在年无霜期大于125d、10℃以上活动积温2800℃以上、最低气温不低于-37℃的山区或半山区栽培，抗病性强，宜超短梢修剪。抗病，抗虫害。

酿酒特性：成熟期短，果穗长，圆锥形，穗中等到大；果粒圆形，较小，蓝黑色，果皮较厚，果肉绿色，含糖量较高，含酸量高（可达14.3g/L）。适宜酿造冰葡萄酒，所酿的酒深宝石红色，具有浓郁的蜂蜜和杏仁复合香气，酒体丰满，具有冰酒的独特风格。

风味特性：杏仁、蜂蜜、蜜饯、糖浆等香气。

栽培区域：吉林、辽宁、新疆等。

4. 北醇（Beichun，图2-39）

栽培特性：欧山杂种，为中国科学院北京植物园于1954年用玫瑰香作母本、山葡萄为父本

图2-38 北冰红葡萄果穗
（来自网络）

杂交而成。树势强，结实力强，早果性好，产量高，丰产。应注意定梢、控产。宜中短梢修剪。晚熟，进入结果期早，对肥水要求不严。抗寒力强，抗病力强，高抗白腐病、霜霉病与炭疽病，在多雨湿润地区每年喷一两次药即可保证丰收。在北方葡萄产区种植不用埋土。

酿酒特性：果穗中等大，圆锥形，果粒圆形，中等大，着生较紧，紫黑色，果皮中等厚，果肉软。可酿造一般质量的红葡萄酒。

风味特性：浆果香、植物味、带山葡萄味。

栽培区域：北京、河北、黄河故道、吉林、山东等地曾广泛种植，20世纪末，栽培面积大幅减少。

图2-39　北醇葡萄果穗
（中国科学院植物研究所匡阳甫摄）

5. 北红（Beihong，图2-40）

栽培特性：欧山杂种，亲本为山葡萄×玫瑰香，中国科学院植物研究所育成。抗寒性极强，枝条成熟好，在华北地区不用埋土防寒。抗病性强，易栽培，早果性好，但产量与出汁率低。果实过熟时，穗尖有萎缩现象，宜及时采收，短梢修剪。

酿酒特性：果穗中等大，圆锥形，大小整齐。果粒圆形，中等大，着生较紧，蓝黑色，果粉厚。果皮较厚、韧，无涩味。果肉柔软，有肉囊，果汁较少，无香味，成熟一致。含糖量高，含酸量高。酿成的酒质量优于北醇所酿，有蓝莓、李子的香气。酒体中等。

风味特性：黑色浆果香，植物味，带山葡萄味。

栽培区域：北京、辽宁、山东有少量栽培。

图2-40　北红葡萄果穗
（中国科学院植物研究所范培格摄）

6. 北玫（Beimei，图2-41）

栽培特性：欧山杂种，亲本为山葡萄×玫瑰香，中国科学院植物研究所育成。抗寒性较强，个别年份萌芽率低。抗白腐病、炭疽病能力较强，易感霜霉病。易栽培。宜中短梢修剪，控肥控水防旺长。作为辅助品种与北醇配合栽培，并混合酿酒，可提高酒质。

酿酒特性：果穗中等大，圆柱形或圆锥形，大小整齐。果粒较大，着生中等紧密，紫黑色，果粉中等厚。果皮厚，果实柔软，有肉囊，果汁红褐色，有玫瑰香味。含糖量、含酸量均较高。酿成的酒有玫瑰香味，入口柔和，酒体中等。

风味特性：玫瑰香、浆果香气。

栽培区域：北京、辽宁有少量栽培。

图2-41　北玫葡萄果穗
（中国科学院植物研究所匡阳甫摄）

7. 法国蓝（Blue French，图2-42）

栽培特性： 原产于奥地利的古老品种。生长势中等。生长旺，萌芽早，晚熟，产量较高。对土壤要求不严，在贫瘠的沙壤土上生长和结果良好，需要相对温暖的气候，宜在气候干燥、昼夜温差大的地区栽培。抗病、抗寒性较强。易感霜霉、白粉病。

酿酒特性： 果穗中等大小，多歧肩，圆锥形，果粒圆，中等大，着生紧密，蓝黑色。果粉果皮厚。果皮与果肉较难分离，果肉多汁。酿造的葡萄酒有黑樱桃和成熟浆果的香味，味辣，单宁中等。年轻时具浓郁的水果香气，随着成熟口感变得如天鹅绒般柔软和复杂。

风味特性： 成熟浆果，黑樱桃香气。

栽培区域： 东欧，包括奥地利、捷克、德国、斯洛伐克、匈牙利、美国华盛顿（Washington），1892年张裕公司从法国引进，山东烟台曾有大面积种植。

图2-42　法国蓝葡萄果穗
（来自宋文章）

8. 品丽珠（Cabernet Franc，图2-43）

栽培特性： 来源于法国波尔多，是法国波尔多的法定品种之一。生长势比赤霞珠更加旺盛，结果力强，产量较高，每果枝平均着生果穗数为1.6~1.8个。正常结果时产量可达15000~22500kg/hm²。果穗歧肩，短圆锥形或圆柱形，带大副穗，中等大或大，穗重200~450g，果粒着生紧密，近圆形，紫黑色，平均粒重1.4g，果粉厚，果皮厚，果肉多汁，具类似赤霞珠的香型或欧洲树莓（Raspberry）的独特香味。在山东青岛和烟台地区，9月下旬浆果成熟，属中晚熟品种（比赤霞珠早1周左右）。抗逆性较强，耐盐碱，耐瘠薄。较抗白腐病、炭疽病。以短梢修剪为主，更适合种植在富含钙质的黏土上。低产品系有214、326、327；中产品系有215、312、409等。

酿造特性： 和赤霞珠相比，其所酿造的葡萄酒无论是在

图2-43　品丽珠葡萄果穗

色泽、香气浓郁度还是口感饱满度上都比较细弱。在冷凉地区或者成熟度偏低时，会有明显的植物、青椒气息，陈酿后具有明显的动物、石墨气息，有时也会绽放出麝香、松露和微微的烟熏味。

　　酿造的葡萄酒充满活力，单宁比赤霞珠少，细腻，结构较弱，柔顺易饮，口感平衡，具有细致、优雅而又不过于浓烈的风格。有突出的果香，如草莓、覆盆子以及紫堇花的香气，有时还带有一丝恰到好处的青椒香气。

　　适宜于酿造果香型葡萄酒、桃红葡萄酒，也可用来调配以提高酒的果香和色泽，通常与赤霞珠及美乐调配，和美乐调配时，它带来单宁和好的陈酿潜力，它丰富的果香可以使其酿

造的酒更加浓郁，更有层次感；和赤霞珠调配时，则贡献了它的圆润和果香，使之结构适中，而又耐陈酿。

风味特性： 具覆盆子、樱桃、甘草的香味，或黑醋栗、紫罗兰、蔬菜、青草、红莓及明显的铅笔芯气味。法国的品丽珠酒通常有灯笼椒和黑胡椒味，而美国的品丽珠酒更多的带有樱桃、草本、烟草味，特别是加利福尼亚州的品丽珠酒则有浓厚的果酱味。

栽培区域： 法国〔波尔多波美侯（Pomerol）、圣埃美隆（Saint-Emilion）、卢瓦尔河谷〕，意大利威尼托和东北部弗留利（Friuli），匈牙利维拉尼（Villany），美国〔纳帕（Napa）、索诺玛〕，阿根廷，西班牙，澳大利亚，新西兰，巴西，智利，巴尔干半岛（Balkan Peninsula）等地区均有种植。

1892年，由山东烟台张裕葡萄酿酒公司首次引入我国。20世纪80年代后，河北昌黎、山东青岛再次从法国引进。现在中国各葡萄产区均有栽培。

9. 蛇龙珠（Cabernet Gernischt，图2-44）

栽培特性： 19世纪张裕公司从欧洲引进的葡萄品种，现在原产地已经难觅其踪迹。植株生长势极强，结实率较低，早果性差，浆果中晚熟，晚于赤霞珠。适应性较差，耐瘠薄。结果期晚，要求技术水平高，黏重的肥沃土壤会导致树体生长势过强，花芽形成少，定植7～8年后才能正常结果，因此，建园时选择土壤要非常谨慎，宜选择沙壤土，并结合中长梢混合修剪，少施氮肥，注意缓和树势"弓形"绑蔓，晚抹芽。适合于暖温带积温较高区域种植。抗病性较强，抗旱、抗炭疽病和黑痘病，对白腐病、霜霉病抗性中等。张裕公司选育出了3株酿酒性能更优的品系。

图2-44 蛇龙珠葡萄果穗

酿酒特性： 果穗歧肩，圆柱形或圆锥形，中等大或大，果粒着生紧密，果粒圆形，紫黑色，果皮厚，果肉多汁，果香浓，有浓郁的青草香气，单宁柔和细腻，酒体圆润。单宁和酸度均低于赤霞珠，适宜于酿造口味柔和、中等酒体的葡萄酒。在温暖地区，表现出成熟黑莓、梅子、红椒、蘑菇、果酱等香气；在冷凉地区，则表现出红色浆果、青椒、青草等香气。香气与赤霞珠有一定的相似性。但口味更加柔和，类似于美乐。

风味特性： 红色浆果、梅子、黑莓、茉莉香、青椒、香料味等。

栽培区域： 山东烟台、青岛，河北怀来，新疆，宁夏均有栽培。

10. 赤霞珠（Cabernet Sauvignon，图2-45）

栽培特性： 赤霞珠原产于法国波尔多，600多年前由品丽珠与长相思自然杂交而成。赤霞珠是当之无愧的"红葡萄品种之王"。该品种适应性超强，酿酒性状优良，在全球广泛种植，受到各地葡萄酒爱好者的青睐。

赤霞珠生长势中等，叶片厚而紧实，抗病性强，结实力强，极易早期丰产。晚熟，尤其是萌芽晚，能够躲避春天晚霜的侵袭。喜欢温暖的气候，在寒冷气候下它无法成熟，由于它

（1）　　　　　　　　　　　（2）

图2-45　赤霞珠葡萄果穗

的抗寒性比较差，不耐风寒，在中国北方产区有些年份枝条易抽干甚至冻死。

在中国不埋土防寒区，例如山东烟台，云南香格里拉等地和欧洲产区一样，普遍采用单干双臂或者单干单臂树形。而在我国大部分埋土防寒葡萄产区，经过漫长的栽培实践，总结出一套有中国特色的葡萄优质栽培模式——水平独龙干式单臂篱架、深沟栽培法，葡萄沟深20cm，宽1m，篱架，架丝3道，第一道架丝距沟底80cm，第二、三道架丝分别距沟底130cm、180cm。行距多为3.5m，株距1.0～1.2m，结果部位离地面80～110cm。树体标准为主蔓长（独龙干）1.6～1.8m，水平绑缚时主蔓距地面80cm，主蔓基部与地面间夹角30°，倾斜方向一致。冬季修剪以短梢修剪为主，每个结果枝留1～3芽，每米架面上均匀分布9～10个结果母枝。

这种栽培模式特别适合大规模葡萄园的规范化、简约化、机械化管理。低产品系有169、191、337，中产品系有170、338、341、685等。

酿造特性：赤霞珠果实较小，皮厚色深，富含单宁，酿造的葡萄酒香气浓郁复杂，甚至难以用语言去描述，骨架结实，厚实凝重，具有极强的陈酿能力，这也是它成功的原因。

赤霞珠是一款风格如此强劲的品种，可以用来单独酿造葡萄酒。即使是对其极端迷恋的酿酒师，也至少得用10%的其他葡萄品种来调和赤霞珠的王者霸气。用相当成熟的赤霞珠酿酒，则风味浓郁，通常有很明显的黑莓味道。炎热气候下种植的赤霞珠，可以赋予葡萄酒较重的酒体，柔软的单宁以及更浓郁的黑色水果香气。

年轻的赤霞珠葡萄酒富有果香，如黑醋栗、覆盆子香气，在日照充分的年份，有时还伴有蓝莓的香气。如果赤霞珠收获时还不够成熟则会带有青椒的气味，这种气味不同于普通的青草气味，来自葡萄酒中的甲氧基-2-异丁基-3-吡嗪，非常容易被察觉。随着年龄的增长，葡萄酒则会呈现出黑莓、果酱的香气，并常伴有胡椒，以及陈年黑醋栗、奶油和红辣椒的气味，时而会出现细微的松露香气，这种典型气味多出现在赤霞珠与其最佳搭档美乐混合的葡萄酒中。赤霞珠通常混合美乐、品丽珠等品种以求葡萄酒的和谐及丰富性。

赤霞珠和橡木桶的搭配可谓天作之合，葡萄酒在木桶内熟化的过程中，会变得更加柔顺，同时被赋予了橡木、烟熏、烘烤、桂皮和巧克力的味道，这些香气在老熟后的赤霞珠酒中非常突出。

风味特性：黑色水果（黑醋栗）是赤霞珠的典型香气。同时具有青椒、柏木、薄荷、巧克力、烟草等香气；新酒带有黑醋栗的香气，陈年后有雪茄和雪松的气味。

栽培区域：几乎世界各地都有赤霞珠的种植，这得益于它非常强大的适应性，特别是适宜于各种土壤、气候。最为著名的有法国波尔多，尤其是梅多克（Medoc）和格拉夫（Graves）地区，意大利托斯卡纳（Tuscany），美国纳帕，澳大利亚库纳瓦拉（Coonawarra）。

1892年，赤霞珠首次引入我国山东烟台，20世纪90年代以后更是大量引进赤霞珠新品系。如今赤霞珠在我国宁夏、新疆、山东、云南、山西和河北等多地都有分布，是我国种植面积最大的酿酒红葡萄品种。

11. 佳丽酿（Carignane，图2-46）

图2-46　佳丽酿葡萄果穗

栽培特性：欧亚种。原产于西班牙北部，12世纪传入法国，在地中海区域，种植较多，表现良好。晚熟品种，葡萄树体生长势强，可进行无架栽培，果穗大、圆锥形、紧密，有时有副穗，穗梗较短难采摘。适应性较强，较抗病，但易感染霜霉病和白粉病等叶片病害。适宜在干燥气候、土壤贫瘠的砾石土壤上生长，葡萄品质较好。

酿造特性：该品种是世界古老的酿造红葡萄酒的品种之一，果粒中等大，着生紧密，近圆形，紫黑色，果皮厚，果实硬而多汁，所酿之酒呈宝石红色，味醇正，香气好，宜与其他品种调配，是混合佐餐酒的重要品种。酒的颜色为紫罗兰色，较浅，有较高的酸度，强的单宁结构，并有很高的酒精度，个性不足，缺少特色，较常与歌海娜、神索、西拉等混合成佐餐酒，以增强酒的颜色与骨架。用二氧化碳浸渍一定程度上可提高其品质。去皮可酿成白葡萄酒，短时浸渍可酿造果香新鲜、口味清爽柔和的桃红葡萄酒。也可以用来酿造白兰地。低产品系有9、65、274，中产品系有6、7、8、63等。

风味特性：具红色水果香气，如草莓、樱桃、覆盆子，有时有紫罗兰、玫瑰花香及少许肉味。

栽培区域：在西班牙栽培历史悠久，在法国（罗讷河谷），美国（华盛顿、加利福尼亚州），澳大利亚，意大利，智利等也有栽培。我国1892年从法国引进，20世纪在我国山东广泛种植，极其丰产，在烟台曾经有平均亩产4000kg的高产典型。主要种植区域分布在山东、河北、河南等地区。

12. 佳美娜（Carmenere，图2-47）

图2-47　佳美娜葡萄果穗

栽培特性：欧洲最古老的葡萄品种之一（品丽珠与Gros Cabernet杂交而成），起源于法国波尔多的梅多克产区，是波尔多六大红葡萄品种之一。现在法国很难找到它的踪迹，世界上种植最广泛的产地为智利，是智利的标志性品种。19世纪中期由于葡萄根瘤蚜的危害，在法国几乎绝迹，而智利的气候恰好适合它的生长。在智利曾一度被认为是美乐，但1991年进行的DNA检测证明它是佳美娜品种，于是智利宣称这是智利的本土品种，在其他国家罕有栽种。

佳美娜是一个难管理的品种，树势不好控制，容易旺长，但产量不高。基芽萌发率低，需要中长梢修剪。相对耐寒，适合种植在沙壤土上，抗炭疽病。在智利，比美乐晚熟4~5周。需要较长的成熟过程，如果成熟不好，会出现青椒、青草及蔬菜味。而当成熟充分时，会出现黑色浆果、红椒及香料的味道，单宁有力但很细腻，有时在口中有咖啡的感觉，偶尔像熏肉、芹菜、酱油，且具有良好的结构感。佳美娜非常适宜于地中海气候；不能栽培在太热的地区，否则，容易导致糖分积累过快、过高，而酚类物质却没有成熟；也不能种植在太冷的地区，太冷常常导致热量不够，葡萄本身无法达到合适的糖度；只有在温暖的高海拔地区，有较长生长季，才能产出果味丰富、单宁成熟顺滑、有复杂风味、优良酸度与平衡酒体的葡萄酒。

酿酒特性：果穗中小，颜色深蓝，花青素含量高，糖度略低，酸度低，pH较高，葡萄充分成熟时，酿造的葡萄酒呈明亮深红色，有红色水果、香料香气，单宁比赤霞珠细致柔和，酒体中等，口感柔顺，常有天鹅绒般柔软的质地。佳美娜具有酿造优质葡萄酒的潜力，可以酿造单品种酒，也可以和其他品种混合酿酒，例如赤霞珠。

风味特性：红色水果、蓝莓、黑莓、草莓、香料、红椒、青椒、泥土等气息。

栽培区域：智利，法国等。

13. 神索（Cinsaut，图2-48）

栽培特性：起源于法国南部，是法国最古老的酿酒葡萄品种之一。酿酒和鲜食两用品种，非常受种植者的欢迎。抗旱、耐盐碱，对环境要求不高，适于生长在排水良好的山坡向阳面。萌芽晚，中熟。果柄易从枝条上分离，易于机械化采收。长势不强，结实力强，产量颇高。葡萄果皮薄、果粒紧密容易腐烂，种植过程中要注意对环境湿度的控制。在钙质土壤上易患褪绿病。

酿酒特性：大果穗，大果粒，紧实，糖高，多汁，果皮颜色较浅，可以用来酿造桃红葡萄酒，或与歌海娜、佳丽酿混合酿造以增加酒的香气和柔和度。所酿酒颜色呈桃红色或浅宝石红色，新鲜、芳香，口感也比较清淡、柔和。

图2-48 神索葡萄果穗
（来自法国葡萄品种网站）

风味特性：坚果、棉花糖、红色浆果、杏仁香气（新鲜酒有湿毛巾味）。

栽培区域：法国（罗讷河谷、朗格多克等），南非，美国，澳大利亚，意大利，中东等地。

14. 多姿托（Dolcetto，图2-49）

栽培特性：主要种植在意大利北部皮埃蒙特。名字意为"微甜"，早熟［比内比奥罗（Nebbiolo）早4周］，适于冷凉高海拔地区，易感真菌病害，采前易掉穗，应选择最佳采收时间采收。

酿造特性：是一款深红色的葡萄品种，葡萄低酸、高单宁的特点需要进行柔和浸渍和短时间发酵。所酿葡萄酒色深，柔和、圆润，酸度低，富有果味。也可酿造具良好结构的葡萄酒，但最好在2~3年内饮用。

风味特性：浆果、柏树、甘草、杏仁、黑樱桃风味。

栽培区域：意大利（皮埃蒙特），法国。

图2-49　多姿托葡萄果穗
（来自法国葡萄品种网站）

15. 佳美（Gamay，图2-50）

栽培特性：欧亚种。法国勃艮第的古老品种。生长势中等，较丰产。萌芽早，早熟。果穗圆锥形或圆柱形，果穗小或中等，果粒小，蓝黑色，果粉厚，果皮厚而韧，着生紧密，近圆形。果肉多汁，无香味。风土适应性差，喜温暖气候和肥沃富含钙质的土壤，在肥沃的土壤上应该限产，宜短梢修剪。抗病性弱，易感穗腐病，易受日灼，在山东青岛、烟台葡萄成熟期恰逢雨季，葡萄腐烂严重，适宜种植在冷凉干燥的甘肃产区。低产品系有358、509、565等，中产品系有222、282、489等。

酿酒特性：果实呈浅紫红色，适合酿造新鲜葡萄酒。法国博若莱新酒（Beaujolais Nouveau）是采用百分之百的佳美葡萄，采用二氧化碳浸渍法酿造，该方法的特点是将整串葡萄完整放入桶中，而不经过压榨，这样能够最大限度地展现浓郁的果香，略高的酸度，酿造出来的葡萄酒十分新鲜，呈浅紫红色或宝石红色，常带有新鲜的红色水果、西洋梨、香蕉和泡泡糖的香味，单宁含量低，口感新鲜、清爽、柔顺，不适合久存。博若莱新酒

图2-50　佳美葡萄果穗
（来自网络）

是法国博若莱地区成功的典范。每年11月初，法国葡萄酒爱好者都将聚会品尝用佳美葡萄酿造的博若莱。少数用传统方法酿造的酒带有咖啡、黑枣风味。

风味特性：大多数新酒带有少许樱桃味，伴有类似香蕉、草莓、覆盆子、桑葚气味；而特级村庄酿造的酒陈酿潜力强，充满覆盆子味，还带有葡萄幼茎的苦味。

栽培区域：法国的博若莱、卢瓦尔河谷和图尔（Touraine），德国，英国，瑞士等。

我国于1957年从保加利亚引进栽培，曾在新疆有大量种植，因色浅、糖低、味淡等而被淘汰。目前在甘肃武威、河北沙城、山东青岛等地有少量试种，栽培难度很大。

16. 公酿一号（Gongniang No.1，图2-51）

栽培特性：欧山杂种，为吉林农业科学院果树研究所于1951年用玫瑰香作母本、山葡萄为父本杂交而成。树势强，副梢萌发力强，叶片大，生长旺。早果性好，产量中等，降霜前成熟良好，抗寒力强，枝条成熟好，中短梢修剪为主，在东北稍加覆土即可安全越冬。抗逆性和抗病力强。

酿酒特性：果穗中等大，圆锥形，果粒着生中等紧密，果粒小，近圆形，紫黑色，果肉软，汁较多，汁淡红色，糖低，酸高，味醇厚。酿造的葡萄酒色深，酸高，单宁较涩重。

风味特性：山参、植物、野味。

栽培区域：吉林通化、吉安，黑龙江齐齐哈尔，山东高密、日照等地有栽培。

17. 格拉西亚诺（Graciano，图2-52）

栽培特性：主要种植在西班牙里奥哈及纳瓦拉地区，中晚萌芽，晚熟，生长势旺，抗旱，结实性和产量低，短梢修剪。适于黏土和石灰质土壤，喜欢温暖干燥的气候，在较冷区和地中海周边广泛栽培。对霜霉病及腐烂病敏感。

酿酒特性：酸度充足，芳香。所产酒色深、香气浓郁，伴有香料味，有良好的陈酿能力，一般与丹魄和歌海娜一起混酿里奥哈红葡萄酒，以增加新鲜度和酒的芳香。

风味特性：黑色水果、甘草、香辛料的香气。

栽培区域：西班牙，法国，意大利。

18. 歌海娜（Grenache Noir，图2-53）

栽培特性：起源于西班牙北部的阿拉贡省（Aragon）[被称为加尔纳恰红葡萄（Garnache Tinta）]，是全世界种植最广泛的红葡萄品种之一。绝大部分集中在西班牙。歌海娜喜好干旱、炎热、多风的地中海气候。枝条较为坚硬，生长势旺盛，直立生长，适合在排水良好的沙石、酸性砾石土壤中生长。相对萌芽早，非常晚熟，产量高，易出现大小年现象。产量高时，颜色浅。种植在较为温暖的地区，可以酿造风格粗犷的葡萄酒，而在相对冷凉地区，则可以酿造出相对优雅的葡萄酒。耐旱，易缺镁，易感白粉病、穗腐病等。低产品系有136、362、435等；中产品系有135、137、139等。

酿酒特性：果穗呈圆锥形，紧凑，果皮颜色浅，一般为深红或深橘红色，含糖量高，酸度、单宁含量低，影响酒的结构层次感，易于氧化，不耐陈酿。但香气浓郁，以红色水果香气（如黑樱桃、黑醋栗、果酱香气等）为主，常伴有百里香、茴香的气息。酿造的酒具有非常清爽柔顺的口感，且圆润丰厚，酒精度高，酸度低，单宁较低，讨人喜欢。其带有红色水果香气（如草莓、覆盆

图2-51　公酿一号葡萄果穗
（来自宋文章）

图2-52　格拉西亚诺葡萄果穗
（来自法国葡萄品种网站）

图2-53　歌海娜葡萄果穗

子）及少许白胡椒和草药的香气，陈酿后会出现皮革、焦油和太妃糖的香气。通常与其他品种混合，例如西拉、佳丽酿、神索、蛇龙珠等，以增强其结构、香味和平衡性。在西班牙的大部分地区，歌海娜主要与丹魄混合酿酒。在罗讷河谷南部，歌海娜与西拉、慕合怀特、神索等十余种葡萄相混，如教皇新堡。也有酿造甜红葡萄酒、桃红酒。在澳大利亚相对冷凉的克莱尔谷也有不错的表现。

风味特性： 黑樱桃、黑醋栗、果酱、黑胡椒、甘草味，并伴有甘蔗汁和甘蔗皮的香味。

栽培区域： 西班牙，法国（罗讷河谷），澳大利亚，美国。该品种在云南曾经引种，因为不适应当地的红壤和气候条件，栽培面积逐渐减少。目前在山东蓬莱有少量栽培，酿酒特性表现一般，缺乏品种的典型性。

19. 马尔贝克（Malbec，图2-54）

栽培特性： 原产于法国西南部，在法国一些地方也被称为Cot。它是波尔多6种法定的红葡萄品种之一。现为阿根廷最主要的葡萄品种之一，也逐渐在全世界范围内种植。

　　树干健壮，直立向上，结果早，中熟品种。对早春的霜冻较为敏感，潮湿的气候易导致果实灰霉病和腐烂。果实较大，松散，有副穗，成熟时易落果。适宜在干燥、温暖、日照充足、昼夜温差大的区域种植。阿根廷独特的地理环境和气候条件特别适合它的生长，因而造就了独具特色的马尔贝克葡萄酒。

酿造特性： 浆果果皮呈蓝黑色，圆形，中等大小，果皮薄，有粗犷的单宁，酿造的葡萄酒颜色深，单宁重，质地稠密且结构均匀，年轻时散发黑色水果的香气，

图2-54　智利马尔贝克葡萄果穗
（来自www.thespruceeats.com）

透出成熟李子的芬芳，适合陈酿。在法国常用于调配颜色和增加酒的结构感。法国卡奥（Cahors）地区的马尔贝克葡萄酒颜色深重，辛香，常常伴有泥土味，口味圆润饱满，具有典型性。阿根廷的马尔贝克葡萄酒颜色幽深，单宁高却细腻，酒体结构丰富，强劲醇厚，有天鹅绒般的感觉。年轻时有紫罗兰的花香和李子香气，成熟后带有李子、覆盆子、桑葚、黑莓等红色浆果香以及茴香等香料气息。

风味特性： 李子、香料、蓝莓、紫罗兰等风味。

栽培区域： 阿根廷，法国卡奥，美国，澳大利亚，智利，新西兰，意大利，南非等。

20. 马瑟兰（Marselan，图2-55）

栽培特性： 起源于法国地中海沿岸小镇马塞岩（Marseillan）。由赤霞珠和歌海娜杂交而成。穗大粒大，皮薄。植株生长势中等，中晚熟品种，易丰产。适应性强：从温暖地区到炎热地区均可种植。较抗灰霉病，抗白粉病、螨虫、灰霉病和落果病。

酿酒特性： 果穗较大，呈圆锥形，略松散，果粒较小，出汁率偏低。所酿的酒既有歌海娜坚实有力的结构，也有赤霞珠优雅细致的品质，颜色深，果香浓郁，酒体轻盈，单宁细致，口感柔和，中等酒体。有一定的陈酿潜力。有时候会和美乐葡萄一起混酿。

风味特性: 具薄荷、荔枝、覆盆子、青椒香气，隐约有黑巧克力和中药气息。

栽培区域: 法国（朗格多克地区、罗讷河谷），美国（加利福尼亚州），阿根廷，巴西等。2001年被引入中国，目前已在山东、河北、新疆、宁夏、甘肃等产区推广。在我国西部产区很有发展潜力。

图2-55 马瑟兰葡萄果穗
（来自法国葡萄品种网站）

21. 媚丽（Meili，图2-56）

栽培特性: 媚丽是由西北农林科技大学葡萄酒学院以美乐（Merlot）、雷司令（Riesling）和玫瑰香（Muscat Hamburg）及中间杂种Bx-81-97和Bx-84-105为亲本，采用欧亚种内轮回杂交法选育而成。

媚丽葡萄抗病能力强，尤其抗霜霉病，同时兼具抗寒、抗旱特点。成龄树以短、中梢修剪为主。

酿酒特性: 媚丽可用于酿造红葡萄酒和桃红葡萄酒，也可用于鲜食。

风味特性: 果香、酒香馥郁，醇和协调。

栽培区域: 适宜在中国华北、西北地区及南方适宜地区栽培，如燕山-太行山区、吕梁山区、六盘山区、四川、云南藏区等。

（1） （2）

图2-56 媚丽葡萄果穗

22. 美乐（Merlot，图2-57）

栽培特性: 原产法国波尔多，欧亚种。植株生长势强，抗寒性强，结实力高，产量高，每果枝平均着生果穗数为1.67个。结果早，极易早期丰产。中晚熟，比赤霞珠早熟2～3周。果穗有明显的特征，可以和其他品种识别，果穗歧肩，圆锥形，带副穗，中等大，穗梗长。果粒着生中等紧密或疏松，果粒短卵圆形或近圆形，紫黑色，小，平均粒重1.8g。适合篱架栽培，宜中、短梢修剪。果皮较薄，对周围环境更加敏感，在中国东部产区葡萄园，美乐的抗病性较差，易感白腐病、炭疽病。因抗病性较弱，可重点在新疆、宁夏、山西、甘肃等西北地区推广。美乐根系较浅，垂直生长能力弱，应选择肥沃的壤土建园，或者使用嫁接苗建园。低产品系有181、3423、347；中产品系有182、314、342等。

酿酒特性：果皮较薄，酿造的酒颜色较赤霞珠酒浅，柔顺，饱满，陈酿时间短。和赤霞珠相比，美乐酿造的酒香气显得简单和清淡，单宁和酸度也低一些。但是，通常具有更重的酒体和更高的酒精度。当种植在较热气候下，采用过熟葡萄酿造的葡萄酒，具有典型的黑色水果风味（黑莓、黑李子、黑樱桃），重酒体，中等或低酸度，高酒精度以及中等单宁。用相当成熟的美乐葡萄酿造的葡萄酒则富有黑醋栗、黑莓、蓝莓、巧克力及些许香料味道。

图2-57 美乐葡萄果穗

在温暖产区，美乐果味更浓郁，单宁含量一般。当种植在温暖或较寒冷的气候条件下，其呈现更加优雅的风格，带有红色水果的风味（草莓、红莓、李子）及一些植物香气（雪松），单宁和酸度会稍微高一点。和赤霞珠一样，最好的美乐也经常会在橡木桶中陈酿和成熟，以获得更多的辛香和橡木风味（香草、咖啡）。在凉爽区域，美乐结构感更好，带有诸如烟草、焦油之类的泥土气息。

用单品种酿造的新鲜型葡萄酒，果香浓郁，带有樱桃、李子和浆果的气味，柔顺、早熟易饮，尤其符合现代人的口味。因为它对光线非常敏感，所以，用美乐为基酒酿造的酒，酒缘微带橘色，是盲品中最易识别的品种，这是区别于赤霞珠的最好证据。

风味特性：樱桃、草莓、黑莓、李子、桑葚、玫瑰、青椒及黑醋栗、烟草等风味。

栽培区域：法国（波美侯、圣埃美隆、朗格多克-鲁西荣），意大利托斯卡纳（Toscana）和卡帕尼亚（Campania），美国（纳帕、华盛顿），澳大利亚，智利，阿根廷。

我国于1892年从西欧引入山东烟台后，1980年前后再次从西欧引入。主要分布在甘肃、宁夏、山东、新疆等地区。

23. 蒙特普恰诺（Montepulciano，图2-58）

栽培特性：意大利阿布鲁佐（Abruzzo）一种地方性品种，高产，晚熟，对穗腐病和霜霉病有良好的抗性。

酿酒特性：该品种酿成的酒颜色深，中等酸度，单宁较高，可以和一些柔软的葡萄酒勾兑。现在多用于酿造口感柔和、适合年轻时饮用的产品。

风味特性：草莓、洋梨、皮革气味。

栽培区域：意大利。

24. 慕合怀特（Mourvedre，图2-59）

栽培特性：原产于西班牙，是经典混酿GSM（歌海娜、神索、慕合怀特）中的M。发芽较晚，成熟早，生长直立健壮，低产。喜好多日照而温暖的气候，要求秋季有足够的热量（尤其是成熟后期），成熟期需要较高的

图2-58 蒙特普恰诺葡萄果穗
（来自网络）

镁、钾供应。果穗较紧，需要有良好的通风透光条件，以防腐烂，对栽培管理要求不严。适于短梢修剪，对干旱敏感，适应深层石灰性、钙质且能提供有限而规则的水分供应的土壤。对穗腐病有一定的抗性。低产品系有249、369；中产品系有233、234、242等。

图2-59　慕合怀特葡萄果穗

酿酒特性：果穗小到中，果粒较小，紧实，果皮呈深蓝色，皮厚。酿造出的葡萄酒色重，单宁含量高，酸度高，有陈酿潜力。较高的酸度和单宁含量使该品种可以起到提供骨架、调节结构、增强陈酿潜力的作用，可以与轻快、松软的歌海娜、神索搭配。陈酿足够时间后会变得更加丰满和复杂。

风味特性：胡椒、皮革、野味、块菌、巧克力和黑色水果风味。

栽培区域：西班牙西南部，法国罗讷河谷、普罗旺斯（Provence）和朗格多克，美国，澳大利亚巴罗萨（Barossa）和新南威尔士（New South Wales）等地。

25. 内比奥罗（Nebbiolo，图2-60）

栽培特性：意大利传统产区皮埃蒙特的标志，被当地人称为"雾葡萄"。它的名字源于意大利语"nebbia"，是雾的意思。比较适宜在山区种植，在深秋浓雾的缭绕下成熟，对环境极其挑剔。晚熟品种，果皮薄却较硬，成熟时果面覆盖一层灰白色的果粉，有较好的抗病性与抗霜性，产量较低，但单宁很高，可以说是世界上最富单宁的葡萄。喜欢夏季光照充足、昼夜温差较大而秋季冷凉的环境条件，当充分成熟，可获得好的香气以平衡其酸度和高单宁，与沙土相比，石灰质土壤里栽培的葡萄表现更为出色。

图2-60　内比奥罗葡萄果穗
（来自法国葡萄品种网站）

酿酒特性：非常出色的葡萄品种之一，用它酿造巴罗洛（Barolo）、巴巴罗斯（Barbaresco）葡萄酒。与大多数品种相比，它的酒色更深，酒体更厚，酸度更高，单宁更重，一般年份的单宁含量都能超过2g/L，甚至苦涩味也更浓，有"三高"葡萄之称：高色素、高单宁、高酸度。该酒具有极其出色的陈年能力，经过陈酿后，其单宁和其他成分达到平衡，但随之颜色较淡。顶级的内比奥罗葡萄酒甚至需要10年的陈酿才能展现其最佳的风味。

风味特性：樱桃、紫罗兰、甘草和松露的香味。巴罗洛与巴巴罗斯产区所产的顶级内比奥罗葡萄酒还常带有焦油、玫瑰、薄荷、巧克力、甘草和松露的香味。

栽培区域：意大利（皮埃蒙特），澳大利亚，美国（加利福尼亚州），新西兰，阿根廷，智利，南非等。

26. 黑达沃拉（Nero d'Avola，图2-61）

栽培特性： 意大利西西里岛（Sicilia）广泛种植的葡萄品种。在西西里，已经有数千年的历史。生长强壮、中熟，喜热。易感白粉病。

酿酒特性： 酿成的酒颜色深，单宁比较高，中等酸度和饱满的酒体，有良好的陈酿潜力。

风味特性： 野梅、巧克力、糖果等风味。

栽培区域： 意大利（西西里岛）。

图2-61 黑达沃拉葡萄果穗

27. 小味尔多（Petit Verdot，图2-62）

栽培特性： 来源于法国西南的纪龙河（Gironde），在法国波尔多梅多克十分流行，是一个比赤霞珠还早的葡萄品种，波尔多红色法定品种之一。生长在沙砾土壤厚实、气候相对温暖的左岸地区。小味尔多生长较旺盛，修剪量较大，萌芽早，成熟过晚，导致一些年份无法成熟（通常比赤霞珠晚2周左右），易受初秋霜冻的影响而很难达到成熟。易结果丰产，适于沙砾土壤，对干旱敏感。冷凉气候下易产无籽绿果，且产量少，对穗腐病敏感。在山东烟台表现突出，单宁含量一般年份能超过2g/L（2018年甚至达到2.7g/L），是勾兑高档葡萄酒必不可少的"调味品"之一。近年来，我国很重视这个品种的推广，但是由于普遍使用自根苗，生长势偏弱，抗病性差，在雨水多的年份，白腐病、炭疽病、溃疡病都会发生，甚至造成大量减产。新品系有N400。

图2-62 小味尔多葡萄果穗
（来自法国葡萄品种网站）

酿酒特性： 它属于个性比较张扬的品种，单宁高，酒精度高，酸度高，香气馥郁。成熟果实呈现深黑色，厚皮，酿成的酒颜色较西拉深，香气浓郁，具有青草和香料的香气，单宁丰富，口感也如西拉一样地辛辣，凭借着它显著的单宁、深的颜色、较强的结构和香气成了其他一些葡萄酒不可或缺的伴侣。法国酒多带有泥土味，而美国和澳大利亚的酒则果味更浓郁，紫罗兰和蓝莓味浓厚。

风味特性： 红色水果（山楂、李子、蓝莓）、紫苏、香芹、香料、青草等风味。

栽培区域： 法国（波尔多），意大利，西班牙，美国（加利福尼亚州），澳大利亚，智利，阿根廷。中国的山东、陕西、宁夏、新疆有栽培。

28. 比诺塔吉（Pinotage，图2-63）

栽培特性： 南非独特的酿酒葡萄品种，由黑品诺与神索杂交而成，它兼具黑品诺的细腻和神索的易栽培及高产、高抗病的特点，容易感染白粉病、霜霉病和穗腐病。它的藤蔓更健壮，长势强，萌芽早，早中熟，从萌芽到采摘需要160～180d，果实成熟期短。种植较困难，比较适宜有较好持水能力的山地栽培。

酿酒特性：果穗中等大。含糖量高，果皮颜色深，用它来酿酒不容易，由于这一葡萄品种天生具有烧焦的橡胶味，所以很多酿酒师都会费尽心思，控制这种不愉快味道的出现。黑品诺轻柔优雅，单宁细致，较难栽培，而神索单宁相对较粗，香气厚重。这种葡萄颜色较深，富含单宁、花色素苷和花青素，用它酿造的葡萄酒主要带有黑莓、烟草、摩卡和李子的香气，其甜美的余味中还带有一丝烟熏气息。随着陈酿时间和橡木桶使用的需要，还能够品出培根、甘草和酸甜酱的味道。可以说，虽然该品种葡萄酒没有继承黑品诺葡萄酒轻盈、低单宁的特性，但仍不失为一个成功的新品种。当然，它也有自己的不足。首先，它是一种非常不稳定的葡萄，如果过度萃取或与葡萄皮接触时间过长，品质就会明显下降，再加上其高单宁含量，会使酒闻起来有一股洗脚水的气味，喝起来当然就更糟糕了。

图2-63　比诺塔吉葡萄果穗
（来自法国葡萄品种网站）

风味特性：李子、樱桃、黑莓、黑松露、咖啡风味。

栽培区域：南非。

29. 皮诺莫尼耶（Pinot Meuier，图2-64）

栽培特性：原产于法国，是一种褐色葡萄品种，是酿造香槟的三个品种之一，但不如黑品诺和霞多丽有名。喜冷凉气候，用于酿造顶级起泡酒，比黑品诺萌芽晚、成熟早，易丰产，喜欢黏性土，但更适合含钙质的土壤，易感葡萄蛾及葡萄穗腐病。

酿酒特性：酸度较高，糖度适宜，具更明显的果味，但陈酿期较短。适于和黑品诺与霞多丽勾兑，以提供其新鲜的果味。

图2-64　皮诺莫尼耶葡萄果穗
（来自法国葡萄品种网站）

风味特性：红色水果、李子、樱桃风味。

栽培区域：法国香槟产区（Champagne），德国，美国。

30. 黑品诺（Pinot Noir，图2-65）

栽培特性：西欧品种群，很可能来源于法国北部的勃艮第地区，栽培历史悠久，最早的记载为公元1世纪，当时称之为**Pinor Vermei**。早中熟品种。它是一种较脆弱、容易受气候影响的葡萄品种，其对土壤的类型、酸碱度、排水性和气温的变化及空气湿度都很敏感。生长势中等，结果力强，结果早，产量较低。适宜在较凉爽气候和排水良好的山地及含白垩质土壤和黏土上栽培。抗病性较弱，浆果成熟期易落粒，极易感染白腐病、灰霉病、卷叶病毒和皮尔斯病毒。温度过高，果实会因成熟过快而缺乏风味物质；雨水过多，果实易染病腐烂，所以，在我国东部产区种植黑品诺葡萄风险很大，而在甘肃等冷凉干旱区则有极佳表现。

黑品诺是一个极难种植的葡萄品种，也是世界公认的可以酿造最好葡萄酒的葡萄品种之一。低产品系有777、828；中产品系有111、113、114等。

酿酒特性：果皮薄，酿造的酒颜色相对较浅，单宁含量较赤霞珠低，酒体中等，单宁细腻平滑。如果气候太冷，葡萄不能成熟，会有过多的植物性气味（卷心菜、潮湿树叶），如果太热，则会失去细腻的香气，酒更像甜腻的果酱。世界上只有少数地区适合黑品诺的生长，这些地方的酒会出现红色水果和植物、动物的香气。大部分的黑品诺都适合在年轻时饮用，比如勃艮第的黑品诺酒。某些黑品诺会随着时间推移变得非常复杂，如顶级的勃艮第酒：芬芳、雅致、细腻、柔顺。由于黑品诺对土壤环境的要求比较高，比较脆弱。黑品诺素有"红葡萄皇后"的美称，它成就了勃艮第"葡萄酒天堂"的美誉。

图2-65 黑品诺葡萄果穗
（来自网络）

大多数黑品诺葡萄酒有迷人的红色水果香气，单宁较低，酸度中到高，酒体低到中，轻盈、细腻、香气多变。酿造一瓶优质黑品诺葡萄酒是需要有相当高的酿酒技艺和经验的。

风味特性：年轻时主要以樱桃、草莓、覆盆子等三大标准的红色水果香气为主，中年时，有着干草和煮熟甜菜头的风味，陈酿若干年后，带有动物的野味、松露及甘草等香辛料的香味。

栽培区域：法国勃艮第，意大利，德国（Grauburgunder），新西兰，美国俄勒冈州和加利福尼亚州，另外，在澳大利亚及智利也有不错的表现。

我国20世纪80年代开始引进，主要种植在甘肃、宁夏、新疆、云南等地。

31. 宝石（Ruby Cabernet，图2-66）

栽培特性：欧亚种，由美国加利福尼亚大学奥尔姆（H. P. Olmo）用佳丽酿与赤霞珠杂交，于1948年育成，并大面积推广。该品种萌芽晚，中晚熟，植株生长势较强，结实力强，产量高，应控产。适于篱架，中、短梢修剪。喜肥沃、排水良好的沙壤土，适合气候温暖地区栽培。种植在含石灰石沙土或黏土上易旺长。抗寒性强，较抗病，抗穗腐病，但易患灰霉病、白粉病。

酿酒特性：果穗圆柱形或圆锥形，果粒着生极紧，中等到大果粒，近圆形，蓝黑色。具有典型的赤霞珠风味。可与赤霞珠、品丽珠等酒勾兑。

风味特性：青草、青椒、黑浆果香气。

栽培区域：美国，澳大利亚，中国（河北沙城、新疆鄯善）等。

图2-66 宝石葡萄果穗
（来自网络）

32. 桑娇维赛（Sangiovese，图2-67）

栽培特性：欧亚种。原产于意大利，是意大利种植面积最大的红葡萄品种之一。在意大利语中有"丘比特之血"的意思。它是酿造许多意大利红葡萄酒的主要原料，在意大利，几乎也是托斯卡纳红葡萄酒的代名词，也是最能反映托斯卡纳风土特征的红葡萄品种。适应性强，对土壤要求不严。抗病力强。棚、篱架栽培均可，以中、短梢修剪为主。晚熟品种，植株生长势较强。结实力较强，产量较高，对一般疾病有很好的抵抗性。果皮较薄，容易在潮湿的天气里腐烂。适合较温暖干燥的气候，需要充足的阳光。在排水良好的朝南或西南的坡地上种植表现佳。是华北地区很有发展前途的品种。

酿酒特性：果穗较大，穗重可达628g，较为松散，带副穗；浆果中等大，平均粒重2.9g，圆形或椭圆形，紫黑色。通常在适宜环境下，酿造的酒颜色不是很深，丰富浓郁，酒香中透着红色水果的清香并散发出一点辛辣的香气，高单宁、高酸、酒体中等，结构紧密，可陈酿和久贮。

此葡萄品种风味多样化，幼年时富有樱桃、李子的果香，最为人熟悉的是它的烧橡胶气味，因而很多酿酒师都尽量避免烧橡胶这种气味的出现，而充分表现其李子、樱桃、黑莓以至香蕉的味道。成熟的葡萄酒更有野味、皮革及动物的气味。近年来澳大利亚也有种植，但略带甜味，与意大利的酒差异较大。

风味特性：樱桃、李子干、草莓、肉桂和草本的气息，有时还稍带类似牲畜棚的气味，这种气味以后会逐渐转化成柔和的皮革味。

栽培区域：意大利，美国加利福尼亚州，阿根廷，智利，澳大利亚，罗马尼亚，法国科西嘉等。1981年，经轻工业部食品发酵工业科学研究所由意大利引入我国。1984年，中国农业科学院郑州果树研究所又从意大利佛罗伦萨大学引入此品种及其品系桑娇维赛。烟台蓬莱曾有大面积种植，现在河北廊坊有小面积栽培。

33. 晚红蜜（Saperavi，图2-68）

栽培特性：欧亚种，原产于苏联格鲁吉亚（意为染料）。萌芽中，晚熟品种。树势强，芽眼萌发率高，结实力强。果穗着生于结果枝的第5、6节，产量较高。适

（1）

（2）

图2-67 桑娇维赛葡萄果穗

图2-68 晚红蜜葡萄果穗
（来自网络）

应性较强，比较抗寒、抗旱、抗涝，抗病力强。在冷凉地区及高海拔地区，葡萄不能完全成熟，酸度会更高、多汁。在温暖及炎热地区有较好的表现。

酿酒特性： 果穗圆锥形、中等大，果粒中等大，着生中紧，蓝黑色，果粉厚，皮厚，果肉多汁，汁粉红色。高酸、高单宁，可酿造红葡萄酒或用于葡萄酒的增色、增酸。所酿造的酒具浓郁的黑色水果及香料味，酒体完整，需在瓶内陈酿；也可用于酿造半甜及波特型加强酒。

风味特性： 黑色水果、香料味。

栽培区域： 格鲁吉亚，阿塞拜疆，乌兹别克斯坦，中国新疆等地有少量栽培。

34. 双优（Shuangyou，图2-69）

栽培特性： 欧山杂种，为吉林农业大学和中国农业科学院特产所选育而成，亲本为通化1号和双庆，1986年定名。浆果早熟，植株生长势强。抗旱性极强，抗高温及耐盐碱能力中等，抗涝性弱，抗寒性极强。不抗霜霉病，对其他病害抗性强。喜土层深厚的土壤，地势低洼、排水不畅、土层较薄的地方不宜种植。

酿酒特性： 穗大而紧，果穗单岐肩，圆锥形，果粒小，圆形，黑色，果粉厚，果皮薄而韧，果肉软、有肉囊、汁多、紫红色，出汁率高，糖低（含量为120～140g/L），酸高（含量可达15～22g/L），有山葡萄果香，所酿之酒颜色深，果香浓郁，可用于红葡萄酒的增色。

风味特性： 黑色浆果、野生植物、山葡萄风味。

栽培区域： 吉林（集安、长白）、黑龙江（友谊、宝清、牡丹江）等地栽培。

图2-69 双优葡萄果穗
（来自网络）

35. 西拉（Syrah，图2-70）

栽培特性： 原产于法国北罗讷河地区（在法国称为Syrah，在澳大利亚称为Shiraz）。中晚熟品种，果穗中等，果穗大而紧密，果粒较小，皮薄而韧，柔软多汁。喜欢温暖、干燥的气候，生长期积温要求较高，宜在热量高的地区栽培。喜富含砾石、通透性好的土壤。在气候相对温暖、花岗岩和火成岩土壤上生长表现会更好，在寒冷气候带条件下不容易成熟。如种植过密，它所特有的桑葚果香和黑胡椒味就会变淡，应注意控制产量。在中国东部产区葡萄易感白腐病，真菌病害防治有难度。

酿酒特性： 果实小，颜色深，皮厚。酿出的葡萄酒颜色深，有较高的单宁和酸度，通常酒体较重，带有黑色水果和巧克力的香气。经常与歌海娜、慕合怀特混酿。如果产自温带，酒会出现草本植物（薄荷、桉树叶）和黑胡椒的香气，口感结实带点辛香。在较冷凉的气候［法国罗讷河谷北部或澳大利亚的维多利亚州（Victoria）及西澳部分地区］下，酒具有薄荷及香料味，在较暖的气候下则富有红莓以及黑莓的味道，产自热带的酒会有更多的甜香料香气（甘草、丁香）。年轻时以花香（尤其是紫罗兰）及浆果香味为主，成熟后会有胡椒、丁香、皮革、动物香气。陈年后的西拉会展现出动物和植物的香气（皮革、土壤、湿树叶）。

（1）　　　　　　　　　　　　　　　　（2）

图2-70　西拉葡萄果穗

西拉酿造的葡萄酒单宁突出，结构紧实，抗氧化能力强，适宜于陈酿，陈酿能力不亚于赤霞珠。经橡木桶陈酿后具有橡木、熏烤气息，以及烤果仁的香味；优雅、细腻的单宁赋予酒体良好的结构感，入口饱满、圆润、余味悠长，口感则更多呈现出皮毛、坚果的味道。

澳大利亚现代酿酒工艺为避免氧化，不让葡萄汁、酒和更多氧气接触，发酵温度低于24℃，以保护果味，并采取防氧化措施；法国也常有西拉与赤霞珠混酿，发酵温度31~32℃，多采用传统开放式发酵，所酿之酒氧化感会强一些。

风味特性：覆盆子、黑莓、皮革、胡椒味（法国酒带有黑橄榄味，澳大利亚的酒充满黑莓味）。

栽培区域：在世界各地均有种植，其最具代表性的地区是法国罗讷河谷，澳大利亚巴罗萨和克莱尔谷（Clare Valley）。另外，在美国加利福尼亚州，智利和南非的种植也很成功。我国在20世纪80年代引进试栽，现在新疆、宁夏、山东等地种植。

36. 丹魄（Tempranillo，图2-71）

栽培特性：是西班牙最具代表性的标志性品种，早熟，"temprano"是西班牙语"早"的意思。最初生长于西班牙北部，现今在西班牙北部、中部都有广泛种植，是栽培面积最广的品种。生命力极强，一般生长在纬度相对较高的地区，喜冷凉，不喜风，不喜炎热、干燥的气候，可忍受昼夜温度的较大变化。根据栽培地方的不同，产量中到大，高产容易导致颜色、果味强度及酸度的降低。易受病虫害威胁，尤其是白粉病，对穗腐病有一定的抗性，以致我国引种多年都没有出色的表现。中产品系有770、771、775等。

酿酒特性：果穗圆锥形或圆柱形，果粒紧密，果皮厚，颜色深重，在酒中表现出草莓等红色水果的香气，酸度较低，颜色深，单宁高，酒体结实，和其他品种调配时也有出色的表现。单独酿造时，酒精含量和酸度都较低，一般与歌海娜、佳丽酿、美乐和赤霞珠进行勾兑。在西班牙的里奥哈地区，它通常和红歌海娜葡萄混合，或加入少许马士罗（Mazuelo）和格拉

（1）　　　　　　　　　　　（2）

图2-71　丹魄葡萄果穗
（来自网络）

西亚诺（Graciana）葡萄来酿造葡萄酒。丹魄酒具有新鲜的草莓果香，经橡木桶贮藏后富含香草、甘草及烟叶、香料味道，陈年后还会略带皮革的味道。在传统的西班牙酒或葡萄牙酒中都有丹魄的成分。

风味特性： 草莓、香料、甘草、烟叶等风味，陈酒中略带皮革味。

栽培区域： 西班牙，葡萄牙，南美，美国，阿根廷，智利，澳大利亚，新西兰等。

37. 丹娜（Tannat，图2-72）

栽培特性： 起源于法国巴斯克（Basque）地区。比较容易种植，晚熟，耐寒，结实率不是很高，抗白粉病和霜霉病能力较强。低产品系有398、717、794；中产品系有472、473、474等。

酿酒特性： 果梗较粗，果穗较难与之分离。果穗中等大小，中等紧凑，果粒较硬，果皮较厚，果粒较小，颜色很深。深黑的颜色和高含量的单宁使它酿造出的葡萄酒味道强劲，收敛性超强，酒精度较高，具有非常浓郁的水果、烟草和皮革混合气味，并且具有较好的陈酿潜力。随着陈酿时间的延长，产生香料、咖啡、可可和香草的味道，也常与其他品种混合，增强酒的颜色、香气

图2-72　丹娜葡萄果穗
（来自法国葡萄品种网站）

和陈酿潜质。如和赤霞珠、品丽珠等搭配使用，以柔和单宁。在法国该品种酒单宁重，结构坚实，酒精度高，陈酿潜力强，而在乌拉圭的酒风格简单，单宁柔和，适合现代消费者。

风味特性： 覆盆子、蓝莓、桑葚、李子、香辛料风味，陈酿后有雪松和皮革的香气。

栽培区域： 法国［马第宏（Madiran）AOC产区、巴斯克等］，阿根廷，乌拉圭。中国的山

东、新疆等地有小面积栽培。

38. 醉诗仙（Teroldego或Teroldigo，图2-73）

栽培特性：欧亚种，是意大利东北部古老的品种。中晚熟，易高产，适于GUYOT（居约式）整形，微感霜霉病和白粉病。适应性强，一般葡萄产区均可栽培。

酿酒特性：果穗中等大。果粒着生中等紧密，果粒小，近圆形，紫黑色，果肉柔软多汁。酿造的红葡萄酒颜色深，果味有活力，有时易于还原。当控制产量时，葡萄能够完全成熟，葡萄酒具有浓郁的黑色浆果香，并有成熟的单宁支撑，活泼的酸度，适合于搭配橡木桶并进行陈酿。也可酿造桃红葡萄酒。

风味特性：黑色浆果等风味。

栽培区域：美国，澳大利亚，巴西等。中国曾在19世纪由张裕公司引进中国，现在几乎难觅其踪迹。

图2-73 醉诗仙葡萄果穗
（来自网络）

39. 烟-73（Yan73，图2-74）

栽培特性：欧亚种，是由张裕公司农艺师在1966年用紫北塞（Alicante Bouschet）与玫瑰香杂交，1980年选育出并命名的品种。中熟品种，植株生长势中等，果穗着生于结果枝的第5、6节，产量较高。嫩梢红色，绒毛稀，幼叶浅紫红色，枝条红褐色，带紫红色斑点，秋天叶片发红。抗旱，抗寒性较差，抗病力强，较抗白腐病，成熟期会感染炭疽病。宜选择排水良好的沙壤土栽培。

酿酒特性：果穗圆锥形，中等大，果粒中等大，椭圆形或卵圆形，着生较紧密，深紫黑色，果粉厚，果皮厚而韧，果肉较软，深紫红色，果汁深宝石红色，微带香味。果实成熟后期易皱缩，含糖量较低，含酸量中等，

图2-74 烟-73葡萄果穗
（来自宋文章）

单宁粗重。可酿造红葡萄酒或用于葡萄酒的增色。在中国东部栽培糖度可达140～160g/L，在新疆可达180～200g/L，酿成的新酒色度可达30～40度。

风味特性：黑色浆果，黑莓、玫瑰香葡萄等香气。

栽培区域：山东烟台、河北和新疆等。

40. 增芳德（Zinfandel，图2-75）

栽培特性：源于克罗地亚，19世纪由奥地利引入美国，已经成为美国加利福尼亚州著名的葡萄品种。该品种晚熟，树势较为强壮，根系发达，芽眼萌发率中，结实力较强，非常丰产。在昼夜温差大、成熟期干燥的产区，尤其是地中海气候环境下生长最佳，较喜花岗岩质土壤。抗病性中至弱。对酸腐病、白腐病较为敏感。

酿酒特性：果穗中，圆锥形或圆柱形，果粒着生极紧，粒中，近圆形，紫黑色。果皮薄，糖度高，成熟不一致。可酿造出不同风格的酒，从晚采的甜酒、桃红酒、带清新果香的新鲜酒

到中等酒体的红酒、波特酒等。酿造的红葡萄酒酒体丰厚，带有成熟梅子和香料气息。可酿造被称为"白增芳德"的桃红葡萄酒，色泽似康乃馨，是清爽型葡萄酒，富有黑莓、红莓、香料及樱桃的味道，但在贮存过程中易氧化。总体上是一种果香极为馥郁的葡萄酒。

风味特性：樱桃、草莓、果酱、香料、黑莓等风味。

栽培区域：美国，意大利，澳大利亚，南非，新西兰等。我国于1980年后从美国、澳大利亚先后引入，目前河北沙城、昌黎以及其他科研单位有少量栽培。适应在我国新疆气候干燥、热量高的产区种植。

图2-75　增芳德葡萄果穗
（来自网络）

第三章

葡萄园风土

第一节　风土的概念

"风土"法语为"Terroir"，它来自拉丁语中的"Terre"。《牛津葡萄酒指南》(*The Oxford Companion to Wine*) 将风土解释为"葡萄种植地所有自然环境的总和"。具体指影响葡萄酒风味的特定产区的特定气候、特定土壤以及特定地形等因素，包括土壤类型、地形、地理位置及决定葡萄园中气候和微气候的大气候间的相互作用。不管范围大小，它都具有不可复制性。所有这些因素的良好结合给予某一个地区独特的风土，它表现在年份葡萄酒间的稳定一致性，而不管葡萄栽培方法和酿酒技术的差异。

在风土中，气候对葡萄酒风味的影响占90%以上，剩下10%就是土壤赋予的了，后者比例虽小，但足以影响葡萄酒的品质与结构。

一个葡萄园的风土特色，特别是旧世界的葡萄园，可以通过葡萄酒的香气和风味真实地反映出来。不管是大到产区，还是小到单个葡萄园，它们的风土特色往往是诸多"风土"的集合体。

葡萄园的风土，概括起来包含：气候、土壤、地理位置和传统。

第二节　风土的构成因素

一、气候

气候对葡萄种植和生长影响巨大，包括大气候和微气候。如大陆性气候、地中海气候和海洋性气候等，这些气候被称为"大气候"（Macroclimate）；而葡萄园的走向、坡度、是否靠近水源等则构成葡萄园的中气候（Mesoclimate）；微气候（Microclimate）影响的范围则更小，可以具体到葡萄园一小块区域里的某株葡萄树。

气候对于葡萄成熟期的长短、含糖量的高低都会产生重要的影响，并最终决定葡萄酒的酒精含量。例如，通常温暖地区所产的葡萄酒要比寒冷地区的酒精含量高，因为较高的温度会促进葡萄成熟，增加葡萄果实的糖分，有利于葡萄中风味物质的形成。

二、土壤

土壤影响葡萄浆果的成熟方式和质量，并最终对葡萄酒的感官产生影响。

土壤主要指土壤成分和结构，土壤成分包括土壤类型、有机质、矿物质的类型和含量、排水性能等，而结构则指土壤从表层到深层垂直方向上由上至下的土壤构成、土壤的变化、各种土壤的土层厚度等。土壤是葡萄树生长的基础，是葡萄树所有养分与能量的来源。不同葡萄品种需要的土壤类型存在很大差异,例如,波尔多上梅多克的土壤是砾石为主的沙壤土,决定了其普遍种植的是赤霞珠,而圣埃美隆的土壤是石灰岩、砾石和黏土的组合,其普遍种植的则是美乐。

不同土壤的类型有不同的矿物质组成、透气性、含水量以及肥沃程度等,对气温也有不同的调节作用。那些生长状况良好的葡萄往往产于保温且拥有适当保水能力的土壤。理想的土壤一般都包括钙、铁、镁、氮、磷酸盐和钾盐等矿物质。适合葡萄生长的四种典型土壤类型是石灰质土壤、冲积岩土壤、黏土土壤和火山岩土壤。

三、地理位置

地理位置主要是指地形、地貌,也是造成葡萄园气候和土壤差异的重要因素,不同的地理位置可以调节葡萄园的温度、光照条件和排水性能。

葡萄园的朝向、海拔和高度都会影响葡萄的生长,最终都反映在葡萄酒的风格上。例如,阿根廷和中国迪庆的许多葡萄园都位于海拔2000~3000m的地方,使用这里的葡萄酿造的葡萄酒往往具有较清新的酸度和浓厚的颜色。

由于山脊或山坡的斜度有利于葡萄对阳光的吸收,因此,相较于平原地区,更有利于葡萄的生长。此外,斜坡有利于排水,保证了土壤一定的干燥度。

四、传统

传统属于人类活动的范畴,是基于气候、土壤而建立起来的适宜的葡萄栽培技术和葡萄酒酿造技艺。风土其实是酿酒师和葡萄之间的合作关系。当然,一个酿酒师对葡萄酒风格的掌控、酿酒工艺的使用及葡萄成熟度的判断都会加强或减弱风土对葡萄酒的影响。

另外,传统的酿酒工艺也是决定葡萄酒风土特点的因素之一。古老的酿造工艺都建立在对当地气候、土壤、地形地貌认知的基础上,其对葡萄酒的影响是不言而喻的。如,在马德拉岛(Madeira),人们习惯在葡萄发酵早期就终止发酵过程,通过添加白兰地进行强化,并将其放置在户外的橡木桶中陈酿,这就赋予了马德拉酒典型的烘烤味和坚果气息。

气候、土壤和地理位置共同影响着葡萄园风土的形成(图3-1)。这三个因素相互联系,相互影响,缺一不可。从风土的三大因素可以看出,风土决定了葡萄酒的风格,从根本上决定了某种类型的风土适合种植什么样的葡萄品种,而更加细微的风土差异则让同一葡萄品种表现出更加精妙而细致的风味变化,从而构成了葡萄酒世

图3-1 葡萄园风土影响因素
(来自frontiersin.org)

界里不同品种葡萄酒之间的差异，也构成了同一品种葡萄酒之间的差异，最终构建出一个丰富多彩的葡萄酒世界。

第三节　气候对葡萄质量的影响

一、气候的几个概念

1. 大气候（Macroclimate）

大气候，也称区域性气候，通常是指数十到数百公里范围的气候，更接近于日常所说的气候。通常来源于某一区域气象站长期的历史记录数据，这一区域可以是城市或乡镇。大气候数据用于葡萄产区评价时，要考虑海拔、纬度、坡度、方位（地貌）等中气候，甚至土壤类型对葡萄园的影响。

2. 中气候（Mescroclimate）

中气候介于区域气候或大气候和微气候之间，它包含了更为具体的术语"地形气候"和"地方气候"，通常中气候所指的范围为几十到几百米，所以在讲到特定葡萄园或有潜力成为葡萄园的区域时，是可以使用中气候一词来描述的。因此，独立区域的中气候可以通过地形学特点，包括坡度、坡向甚至土壤特点来估计。对葡萄种植区划来讲，这种气象学意义上的中气候通常可以理解为葡萄园小气候。

3. 微气候（Microclimate）

葡萄的微气候就是指葡萄枝蔓、新梢、果实、叶片，甚至包括叶片气孔这样微小环境内的气候状况，葡萄叶幕微气候在很大程度上受自然界中大气候和小气候的影响。微气候通常是数毫米到最多几米，对酿酒葡萄与葡萄酒的质量影响很大。通过整形修剪形成不同的叶幕结构，改变叶幕微小环境的气候，从而对葡萄的生长和结果产生影响。

二、气候类型

气候是指一个地区大气的多年平均状况，通过气温、降水、光照等要素来体现。一个地区气候类型的形成受到包括纬度、海陆位置、大气环流、地形、下垫面状况、洋流以及人类活动等多方面因素的影响，最终划分出具有相似气候特征的区域，总结归纳为某一种气候类型。

目前世界上主要的气候类型包括热带雨林气候、热带草原气候、热带季风气候、热带沙漠气候、亚热带季风气候、地中海气候、温带季风气候、温带大陆性气候、温带海洋性气候、极地气候（包括苔原和冰原气候）以及高山高寒气候等12种。

从上述气候类型名称中，我们会发现绝大多数气候类型名称的构成是由热量带名称［包括热带、亚热带、温带、极地（代表寒带）等]，加上当地的气候特征（包括雨林、草原、季风、沙漠、大陆性、海洋性等）来组成。高山高寒气候，也反映了由于海拔很高而导致高寒的气候特征，从而命名的。

1. 大陆性气候

大陆性气候是地球上一种最基本的气候类型，通常指处于中纬度大陆腹地的气候，一般是指温带大陆性气候。其总的特点是受大陆影响大，受海洋影响小。内陆沙漠是典型的大陆性气候地区。大陆性季风气候有三个主要特征：其一，气温年较差和日较差较大，冬夏极端气温较差更大。其二，降水分布很不均匀，主要表现在年降水量自东南向西北逐渐减少，二者相差可达40倍。在季节分配上，冬季降水少，夏季降水多，且年际变化很大。其三，冬夏风向更替十分明显，冬季，冷空气来自高纬度大陆区。

大陆性气候主要分布在南、北纬40°～60°的亚欧大陆和北美大陆内陆地区和南美南部。由于远离海洋，湿润气候难以到达，因而干燥少雨，气候呈极端大陆性，气温年、月较差为各气候类型之最。

2. 海洋性气候

海洋性气候是地球上最基本的气候型。总的特点是受大陆影响小，受海洋影响大。在海洋性气候条件下，气温的年、日变化都比较缓和，年较差和日较差都比大陆性气候小。春季气温低于秋季气温。全年最高、最低气温出现时间比大陆性气候出现的时间晚；最热月在8月，最冷月在2月。气候终年潮湿，年平均降水量比大陆性气候多；降水量比较稳定，年与年之间变化不大，而且季节分配比较均匀。四季湿度都很大，多云雾，少见阳光。

海洋性气候主要分布在南北纬40°～60°的大陆西岸，除亚洲、非洲和南极洲没有外，其余各大洲都有，其中以欧洲大陆西部及不列颠群岛最为典型。温带海洋性气候往往仅分布在狭长地带或岛屿上，属于这一气候的有西北欧、加拿大太平洋沿岸、智利南部、南非及澳大利亚的东南一小部分。

3. 地中海气候

地中海气候是出现在纬度30°～40°的大陆西岸的一种海洋性气候，是世界上分布最为广泛的气候类型，以地中海沿岸最为明显，其他地区如北美洲的加利福尼亚沿海、南美洲的智利中部、非洲南端的好望角地区，都有类似的气候。

地中海气候的特点是高温时期少雨，低温时期多雨；夏季，在副热带高压控制下，气流下沉，炎热干燥，干旱少雨，像热带沙漠气候的特征，夏半年降水量只占全年降水量的20%～40%；冬季主要受到来自海洋的西风带控制，降水量丰富，降水量最多月份是最少月份的3倍以上，气候温和湿润，类似温带海洋性气候的特征，总体呈现"夏季炎热干燥、冬季温和湿润"，是一种雨热不同期的独特气候类型，所以地中海气候又称为"亚热带夏干气候"，这种不协调的配合，对植物十分不利，但对葡萄的品质形成比较有利。

世界上有5个地区具有这种气候：①地中海沿岸，包括欧洲南部地区的西班牙、法国、意大利、希腊等国，亚洲的土耳其、以色列、约旦、叙利亚等国；②北美加利福尼亚州沿岸；③北非的埃及、利比亚、阿尔及利亚、突尼斯、摩洛哥等国家，南非阿扎尼亚、开普敦一带；④南美智利中部；⑤澳大利亚西南和东南沿海。

三、气候的作用

1. 温度

温度主要包括平均温度、最高温度、最低温度、昼夜温差、有效积温等，温度对葡萄园的分布及葡萄的生长起着至关重要的作用。温度影响着葡萄生长的每一个环节。

欧亚种葡萄经3个月以上充分成熟，葡萄冬芽的抗旱能力增强，可耐-20～-18℃的低温，但持续低温会引起冻害。欧亚种根系在-5～-3℃时即遭受冻害，欧美杂种可抗-7～-4℃，东亚种山葡萄可抗-16～-14℃低温。实践证明，在绝对最低温度达到-17～-15℃的地区，欧亚种葡萄必须采取埋土防寒措施。

平均温度影响葡萄栽培的界限及品种分布。

有效积温决定葡萄栽培的界限、品种分布及葡萄成熟潜力。

昼夜温差影响葡萄的含糖量、含酸量及风味成分。

生长期温度影响葡萄各阶段生长速度和质量。

不同成熟期的葡萄品种对≥10℃的活动积温要求有所差异，虽然有效积温比较接近各品种需要温度总量，但在实践中多用活动积温。不同成熟期的品种从萌芽到果实成熟所需活动积温为2100～3700℃（表3-1）。早熟品种偏低，晚熟品种偏高。生长季≥10℃的活动积温在3000～3500℃的区域是生产优质酿酒葡萄的适宜区。生长季≥10℃的有效积温在1100～1800℃是生产优质佐餐葡萄酒的适宜区。

表3-1　不同成熟期的葡萄品种对活动积温的需要量

类别	≥10℃的活动积温/℃	生长日数	代表品种
极早熟	2100～2300	<120	米勒、琼瑶浆、黑品诺、沙巴珍珠
早熟	2300～2700	120～130	黑品诺、长相思、赛美蓉、黑柯林斯、霞多丽、阿里哥特、白品诺
中熟	2700～3200	130～150	玫瑰香、贵人香、西拉、歌海娜、白福儿、雷司令、赤霞珠、维欧尼、桑娇维赛
晚熟	3200～3500	150～180	白玫瑰香、大可满、白羽、晚红蜜、佳丽酿
极晚熟	>3500	>180	龙眼、增芳德、内比奥罗

注：参考文献为：贺普超和罗国光，1994。

气候成熟组群是建立在物候要求和生长季节平均温度关系基础之上，适用于许多世界常见的栽培品种。常见品种生长所需要的温度条件及气候区域见表3-2。

葡萄属于喜温植物，在不同生长时期对温度要求不同，春季当气温稳定升至10℃以上保持1个星期时，葡萄开始萌芽，逐渐进入生长期。生长季最适宜的温度是20～25℃，开花期最适宜温度为25～30℃，酿酒葡萄成熟期要求的最适温度是20～25℃，低于15℃时，果实成熟缓慢，高于35℃时，呼吸强度大，营养消耗过多，浆果的生化过程受阻，质量下降。

温度对花期和坐果率有显著影响，在平均温度达到20℃（寒冷地区为18℃）时葡萄才

表3-2 常见品种生长所需要的温度条件及气候区域

寒冷	冷凉	温暖	炎热
生长季节平均温度（4月1日到10月31日）			
13~15℃	15~17℃	17~19℃	19~21℃
米勒			
灰品诺			
琼瑶浆			
雷司令			
	黑品诺		
	霞多丽		
	长相思		
	赛美蓉		
	品丽珠		
	丹魄		
	多姿托		
	美乐		
	马尔贝克		
	维欧尼		
	西拉		
		鲜食葡萄*	
	赤霞珠		
		桑娇维赛	
	歌海娜		
		佳丽酿	
		增芳德	
		内比奥罗	
		葡萄干	

会开花。白天高温（20~25℃）、夜间低温（10~15℃）对授粉期间或授粉后不久的高温对结实和果实发育具有消极的影响。果实发育早期的热胁迫会不可逆地限制果实的增大，导致更小果实的产生，同时延缓果实的成熟。

每一种葡萄树在生长期所需要获得的热量也不尽相同。比如，雷司令葡萄可以在凉爽的地方生长成熟，而歌海娜葡萄则只能在较炎热的地方成熟。光照长和昼夜温差大对糖的积累有利，高温和光照有利于酸的降解。

夏季炎热的地区有效积温高，有利于葡萄果实糖的积累，但酸含量低，色泽和香气质量差，酿出的酒粗糙，酒精度、酸和单宁之间不协调；夏季凉爽，有效积温适中，果实的含糖量适中，含酸量稍高，酿出的酒香气优雅、细腻、柔和。

温度显著影响花色苷的合成，及随后的葡萄酒的颜色稳定性。对一些品种而言，白天高温（20～25℃）和夜间低温（10～15℃）对合成有利，高于35℃的温度常常会抑制花色苷的合成，其他酚类化合物的合成可能在高温下加强。但白色品种如雷司令，可能不需要这种变化，高温可能会使葡萄酒带有比预想更多的苦味。高温（在曝光条件下可能更高）能使某些品种的果实失去颜色，这对果实发育早期花色苷合成即停止的品种更重要。

葡萄着色期，最适宜温度为：白天20～25℃，晚上10～15℃，昼夜温差10℃以上，有助于花青素的合成，促进着色；温度高于30℃，将会抑制花青素的合成，浆果着色困难，只增糖不着色，会引起葡萄花色苷减少；温度高于35℃，将严重影响光合作用，造成营养积累不够，影响后期的果粒膨大和着色；高温也会抑制花青素的合成，直接造成着色困难；还会造成晚熟品种果粒偏小。

温暖能增加处于发育期果实中的氨基酸含量，主要为脯氨酸、精氨酸等的积累；钾的积累一般随着温度的升高而增加，并等量提高pH，尤其是在夜间高温条件下。

凉爽条件（在温暖的气候条件下）会促进风味的产生，这可能是由于生长减缓和呼吸作用变慢引起的；反过来，它可以使养分转向次生代谢途径，这样就产生了大量的芳香化合物。例如，生长在较长凉爽季节的黑品诺比生长在短的炎热生长季的黑品诺产生的芳香化合物更多。但是，如果太过寒冷或温暖季太短暂，则会产生过强的不愉快的蔬菜味，例如赤霞珠。一般来说，生长季昼夜温差较大有利于植株白天合成营养物质。

高温一般会使含糖量提高，降低苹果酸的含量。由于葡萄酒的风味、颜色、稳定性和陈酿潜力均受含糖量和含酸量的影响，所以整个生长季的温度条件对采收时果实品质具有显著影响。

在成熟期，凉爽的夜晚可以减缓葡萄风味物质的损失；温暖的夜晚会使葡萄加速呼吸作用，增强糖分的损失。昼夜温差较大的区域所出产的葡萄酒口感清新，果味浓郁；而昼夜温差较小的区域，则可以酿造出酒体饱满的葡萄酒。

2. 降水

降水的多寡和季节分配，强烈地影响葡萄的生长和发育，影响着葡萄的产量和品质。葡萄是需水量较多的植物，在生长期内，从萌芽到开花对水分的需要量最大，开花期减少，坐果后至果实成熟前要求均衡供水，成熟期对水分的需求又减少。

在葡萄生长期，如土壤过分干旱，根系难以从土壤中吸收水分，葡萄叶片光合作用速率低，制造养分少，也常导致植株生长量不足，易出现老叶黄化，甚至植株凋萎死亡。因此，在早春葡萄萌芽、新梢生长、幼果膨大期要求有充足的水分供应，使土壤含水量达70%左右为宜。在葡萄开花期，如果天气连续阴雨低温，就会阻碍正常开花授粉，引起幼果脱落。果实成熟期雨水过多，会引起葡萄果实糖分降低，出现裂果，严重影响果实品质。

通常认为，转色期后轻度的水分亏缺对葡萄质量是有利的，原因是进一步的营养生长受到抑制，使叶面积/果实更加平衡，也能增加花色苷的合成和更小浆果果粒的形成。相反，生长季早期的水分亏缺会导致坐果率降低并限制果实膨大，因此，转色期之前的水分亏缺应当避免，必要时进行灌溉。但是，过度灌溉会使果实产量增加，浆果体积膨大，果实成熟期延迟，对果实产生不利影响。红色品种着色不佳的最根本原因之一是转色期后通常进行了不合理的灌溉。

有利于葡萄果实品质的气候特征是中度到较少的降雨量。干燥的条件可提高葡萄树体对一些病原菌的固有抗性。冬季充足的水分有利于葡萄春季的生长，春季和夏季，直至果实开始成熟（转色期），避免水分胁迫是很重要的，随后，限制水分的获取有利于改善果实品质，使果实成熟提前。随着后期营养生长受到限制，更多的养分直接用于果实成熟。由于葡萄植株根系有向土壤深处伸展的趋势，所以，在干旱的情况下，深层土壤也可以避免严重的水分胁迫。

降水量季节性的变化因不同的气候类型而表现出显著的差异。地中海气候的降水量季节分配特点是：夏秋干旱，冬春多雨，十分有利于欧洲葡萄品质形成。而我国北方大部分葡萄酒产区属大陆性季风气候，年降水量200～800mm，年内降水分布很不均匀，常出现夏秋高温多雨，冬春干旱。因此，许多区域夏秋需要控水，春天需要灌溉，冬季为保证安全越冬，还需要灌封冻水；西北地区年绝对降雨量很少，夏秋降雨亦少，主要靠灌溉。纵观世界主要葡萄酒产区，在热量充足的情况下，年降雨量多在400～1000mm，成熟期降雨量（7、8、9月）不超过150mm，采收前1月降雨量不超过（9月）50mm，均能酿造或具有酿造优质葡萄酒的潜力，而年降雨量过低的区域（不到200mm），可以通过灌溉获得优良的品质。

3. 光照

光照通常用光照强度和日照时数表示。光照强度是指单位面积上所接受的光照量，用勒克斯（lux）表示，可用照度计测量。

日照时数是太阳照射时间的总和，一般以小时为单位。在葡萄上常用大于某温度的光照时间来计算，如大于0℃的日照时数为1837.2h，大于10℃的日照时数为1333.9h。一年中日照时数以6～8月份最多，其次是2月份和9月份。

葡萄是喜光树种，光是葡萄生命活动的主要能源。光照强度主要影响叶片的光合作用，在5～9月份晴天的6～18时，每平方米葡萄叶面积可日产光合产物5～10g干物质。葡萄正常生长发育，需要有60%以上的光照，30%以下的光照会影响同化作用。光照是影响果实发育的一个最重要的气候因子。因为日光中包含可见光和红外光，而且大量被吸收的光辐射是以热量的形式释放，所以，光照和温度的影响是密切相关的。

葡萄是长日照植物，当日照长时，新梢才会正常生长；日照缩短，则生长缓慢，成熟速度加快。日照时数的长短，对浆果品质有明显的影响，尤其是7～9月份的日照时数。日照时数长的地区，浆果含糖量高，风味好。

光的质量和成分对葡萄的生长结果有一定的影响，蓝紫光丰富的地区，特别是紫外光的存在能使枝蔓生长健壮，促进花芽分化，增进果实着色。因此，高原、高山及大水面附近的光照条件对葡萄枝叶生长和果实发育均有良好影响。

增强光照（和温度）有利于冷凉气候条件下花色苷和酚类物质的合成，但在炎热条件下不利于它们的合成（或降解增强）。曝光比遮阴能使果实的滴定酸度更低。赛美蓉和长相思中的单萜含量会由于光照而增加，有助于掩盖由甲氧基吡嗪产生的植物气味，使青草味和草本气味降低。光照也可通过相关热效应间接影响成熟。

葡萄对光非常敏感，葡萄光照不足时，光合产物少，根系就会"饿死"，导致树体死亡。

在浆果生长期，若光合产物供应不足，导致果粒变小，外观品质差。

在浆果成熟期，若光照不足，则果实成熟慢，着色差，果实的色、香、味均降低，果实品质差。

全年生长季节，如果阴雨天多，光照不足，则不仅影响当年的葡萄产量和品质，还会影响下一年的产量与质量。

但地中海地区过强的光照和高温会对酒质产生不良影响，主要是葡萄酸度不足，香气如麝香和草莓香非常浓郁，有利于酿造甜型酒，而不适于酿造干型酒。

四、无霜期

无霜期是指春天的最后一次0℃出现到秋天第一次0℃出现的间隔时间。无霜期长短常常是栽培晚熟和极晚熟品种的重要限制因子。无霜期小于160d的地区，酿酒葡萄经济栽培所需的热量条件不足；无霜期在160~180d的地区，其热量基本适合酿酒葡萄的生长，但有些地区有霜冻；无霜期在180~200d的地区，热量条件非常适宜酿酒葡萄的生长；无霜期大于220d的地区，其热量条件完全符合酿酒葡萄的生长所需，但由于夏季过于炎热，会使酿酒葡萄品质受到影响。

五、气候与葡萄酒品质

气候条件影响着葡萄酒的品质，普林斯顿大学计量经济学教授奥利·阿什菲尔特（Orley Ashenfelter）通过研究1952—1980年波尔多地区的气象资料，对照拍卖行的波尔多葡萄酒价格曲线，利用计量经济学上的回归分析法，推导出一种葡萄酒品质公式，此公式表明，在地中海气候条件下，冬季的降水和生长期的平均气温高有利于品质的形成，而采收期的降水量则会降低葡萄酒质量。

葡萄酒品质 = 12.145 + 0.00117 × 冬季降水量 + 0.0614 × 生长期平均气温 − 0.00386 × 采收期降水量

第四节　土壤对葡萄质量的影响

葡萄可以生长在各种各样的土壤上，如沙荒、河滩、盐碱地、山石坡地等，但是不同的土壤条件对葡萄的生长和结果有不同的影响。

土壤的影响主要是通过土壤的保温性、持水力、养分状况等特性间接影响葡萄的生长和果实质量。例如，土壤的颜色和结构影响土壤对热量的吸收，从而影响果实成熟和防止霜冻。而土壤的各种物理化学特性，如质地、团粒结构、养分有效性、有机质含量、有效深度、pH、排水性和水分有效性、土壤的一致性等均对葡萄有重要影响。土壤的异质性是引起果粒发育不同步和葡萄质量低的主要原因。

最适宜葡萄生长的是土质疏松、肥力适中、通气良好的沙壤土和砾质壤土，这类土壤通气、排水及保水保肥性良好，有利于葡萄根系的生长。葡萄对土壤酸碱度的范围较大，一般在pH6.0～7.5时葡萄生长最好。南方丘陵山地红壤土pH低于5时，对葡萄生长发育有影响。海滨盐碱地pH高于8时，植株易产生黄化病（缺铁等）。

总的来说，欧亚种葡萄（*Vitis vinifera*）适合种植在结构松散、排水性好、相对贫瘠的土壤上，比如石灰岩、砾石和花岗岩土壤等。

一、土壤的构成

土壤分布在底层基岩以上，包括深度为几厘米至几米的部分，由大大小小的岩石碎片、植物营养素及腐殖质组成。

1. 成土母岩

土壤成土母质的地质成因很少直接影响葡萄果实质量，生长在所有三类基岩［火成岩（来源于熔化的岩浆，如花岗岩）、沉积岩（来源于固结沉积物，如页岩、白垩和石灰岩）、变质岩（来源于转化的沉积岩，如板岩、石英岩和片岩）］分化的土壤上的葡萄果实，均能生产优质葡萄酒。土壤颗粒、石头及岩石，这一部分物质来自岩石或者顶部岩石的沉降，它们的组成部分往往构成土壤的名称，例如石灰土壤或板岩土壤等。

在石灰岩生成的土壤或心土富含石灰质的土壤上，葡萄根系发育强大，糖分积累和芳香物质发育较多，土壤的钙质对葡萄酒的品质有良好的影响。许多世界上著名的酿酒产区就具有这种土壤，如香槟地区和夏朗德-科涅克地区等。但土层较薄且其下常有成片的砾石层，容易造成漏水漏肥。

2. 土壤结构

土壤结构通常是指土壤微粒结合而成的复杂聚合体。土壤结构影响通气，以及矿物质和水分的有效性，但这种特性可以通过葡萄园田间管理加以改善。

土壤质地是指土壤矿物质组成的大小和比例。国际公认的土壤大小的四个标准类型为：粗沙、细沙、粉沙和黏粒。在葡萄园的分类中，也包括沙砾、小卵石和中砾等，对特殊葡萄园更有意义。大部分农田根据其沙、粉沙和黏粒的相对含量进行分类。黏重土壤具有高比例的黏粒，而轻质土壤具有高比例的沙。

土壤颗粒大小十分重要。沙石的颗粒最大，比较贫瘠，且储水能力较差。黏土的颗粒最小，储水能力好，土壤肥沃。颗粒的大小并不是由基岩决定的，所以会有沙石或者黏土土壤。最好的土壤应该是由不同大小的颗粒混合而成。

由于土壤的通气性、水分和养分可利用性等重要特性受土壤质地影响显著，所以，土壤质地会显著影响葡萄植株的生长和果实成熟。例如沙质土壤很少有根瘤蚜。石灰土壤中葡萄果实中酚类物质较高。石质土壤可以吸收大部分的热量并保留在其结构组分中，夜晚又散发出来，可显著降低霜冻的发生，并促进果实在秋季成熟。土壤紧实也可以缓和葡萄行内温度，在冷凉的夜晚减轻霜寒。

土壤结构影响土壤的水、气、热、肥状况，沙质土壤的通透性强，夏季辐射强，土壤温差大，葡萄的含糖量高，风味好，但土壤缺乏有机质，保水保肥力差。黏土的通透性差，易板结，葡萄根系浅，长势弱，结实性差，一般应避免在重黏土上种植葡萄。在砾石土壤上可以种植优质葡萄，如新疆焉耆、宁夏贺兰山、山东胶东半岛的一些山坡地，砾石含量高，经过改良后，葡萄生长很好。土壤的成分与深层结构与排水性有直接关联。如黏土，排水性较差，但若含有砾石，可以提高它的排水性能。虽然黏土有较高矿物质且存水性能高，但葡萄树长期在过湿或太干旱的环境下会对根造成伤害，直接影响葡萄果实的生长。

3. 土层厚度、水分、温度

土壤深度也会影响水分的有效性。浅的硬土层降低了有效土壤深度，增加了在暴雨时使土壤发生积水以及干旱条件下含水量降到永久萎蔫点以下的趋势。例如，钾和有效磷主要分布于表层土壤，尤其在黏土中，而镁和钙则更多地分布于深层土壤中。实践中通过土壤深翻来打破硬土层，在地下水位高和盐碱情况下将表土堆到行内（起垄）。

地球上有千万种不同的土壤组合结构，土壤表面也有不同的颜色，如深色土有较高的吸热能力，白色卵石除了有吸热及存热能力外，也可将阳光反射到葡萄树上，法国罗讷河谷是著名大卵石产酒区，所产葡萄酒具典型特性。葡萄园的土层厚度一般以80cm以上为宜。

当土壤温度升高到8~10℃，根系就恢复生理活动，开始吸收水分和养分。土层深厚的土壤，葡萄根系可以深入地下数米，限制因素是土壤深处稀薄的空气会影响根系的生长。土壤温度和土壤含水量对根系呼吸的作用是相互的，土壤温度为10℃时，土壤干燥很少影响根系的呼吸。而当土壤温度升到20℃和30℃，呼吸随着土壤湿度的降低快速下降。土壤水分影响葡萄园的气温和相对湿度，影响病虫的消长。控制土壤水分，消除旱涝灾害，是葡萄稳产优质的重要措施。

土壤结构和土壤质地都会影响水分的渗透，进一步影响到水分的有效性。

4. 土壤化学成分

土壤化学成分对葡萄植株营养有很大影响。

（1）土壤pH 土壤pH影响矿物质的溶解度，进而影响其可利用性。一般在pH为6~6.5的微酸性环境中，葡萄的生长结果较好。在酸性过大（pH接近4）的土壤中，生长显著不良，在比较强的碱性土壤（pH为8.3~8.7）上，开始出现黄化病。因此酸度过大或过小的土壤需要改良后才能种植葡萄。此外，葡萄是较抗盐的果树类型，在苹果、梨等果树不能生长的地方，葡萄能生长得很好。

酸性土壤容易发生钙、镁、钼、磷元素的缺乏，铝、铁、锰、锌、铜较多，当pH<5.5时需要施石灰以改良土壤。而高pH的盐碱地，氯离子、硫酸根离子或碳酸根离子较多，葡萄最容易发生盐害和缺铁缺镁。碱性土壤富钙，生产的葡萄酒酸度高。

（2）土壤养分 土壤最重要的养分是氮、磷、钾，包括溶解在土壤水分中的氮、磷、钾。它们一部分是来源于粪便或者腐烂的植物，其他的还包括溶解在土壤中的无机盐。葡萄藤生长最理想的土壤，只需要少部分的营养，但排水性要好，可以储存足够的水分来维持其正常生长的需要。

如果养分含量过高，尤其是氮含量过高的话，葡萄藤的生长就会过于茂盛，叶片也会过于浓密，遮挡住果实，使其不能获得充足的阳光。

土壤中养分的有效性受许多相关因素的影响。包括成土母岩、微粒大小、腐殖质含量、pH、含水量、通气性、温度、根表面积和菌根发育。一般认为，某个葡萄园的位置可能影响其土壤基质的养分状况。例如，在波尔多，著名葡萄园比低等级葡萄园具有较高含量的腐殖质和有效养分。

腐殖质是由植物或动物组织分解形成的，含有丰富的植物营养素，储水能力好。

土壤中含有的有机质改善了保水性和渗透性，也利于土壤形成微团聚体结构，提高土壤养分。土壤的有机质含量只是间接影响葡萄树体的生长和潜在的葡萄酒质量。

在富含有机质的土壤上生长的红色葡萄品种着色深，单宁含量高，生长旺盛，成熟晚，果实品质较好。

养分缺乏，最常见的状况就是黄化（Chlorosis）。叶片由于缺乏叶绿素而变黄，光合作用减少，葡萄的质量和产量也因此受到影响。黄化最常见的原因是葡萄藤不能从土壤中吸收到充足的铁，这种状况常会出现在土壤中石灰石含量过高的地方，如香槟、勃艮第、里奥哈和巴罗洛产区。最好的解决方案是使用适应石灰土壤的砧木。

（3）矿物质 葡萄是喜钾和钙的植物，同时对镁的需求量也较大，葡萄对钾的需求与浆果的生长发育关系最为密切，钾肥的临界期和最大效率期出现在葡萄浆果的转色期。钾约占葡萄植株干物质的3%，钾对碳水化合物的合成、转运、转化有直接作用，对浆果含糖量、成熟度、风味、贮运性能和根系、枝条的增粗及木质化等均具有积极的作用。葡萄从开花到转色期是集中需钾时期。对钾和钙的需求大于对其他各元素的吸收。钙和镁在葡萄正常生长发育中与氮、磷、钾具有同样重要的作用。

矿物质除了能帮助葡萄树生长外，在葡萄酒的结构上也担当重要角色，构成丰富及复杂的酒体。常见的矿物质钙，可中和土壤的酸度，让酒体达到平衡。镁是叶绿素组成的重要元素之一。钾是葡萄树健康的重要元素，让葡萄浆果充分成熟。氮帮助葡萄细胞中蛋白质、核酸、叶绿素的形成。磷是葡萄树的能量元素，帮助葡萄树根生长，让葡萄达到成熟。铁帮助叶绿素的形成，增强光合作用，帮助葡萄树呼吸。

良好的葡萄园土壤标准：有机质含量＞3%；土壤空气氧含量≥10%；土壤pH6.5～7.5。

土壤透气，有助于根系呼吸、生长，利于养分的吸收，促进着色，因此，沙地葡萄着色好，黏地葡萄着色差；土壤板结，透气性不好；夏季雨水过大，土壤透气性降低，造成根系受涝，都会影响葡萄着色。对于着色不好的品种以及黏土地，推荐树下起垄＋行间覆膜＋膜下滴灌的栽培模式，有利于防涝排水，增加土壤透气，利于着色。

5. 地下水位、水分的有效性和排水量

土壤质地和土壤结构都会影响水分的渗透，两者的特性也会影响水分的有效性。

地下水位高低对土壤湿度有影响，地下水位很低的土壤蓄水能力较差，地下水位高、离地面很近的土壤不适合种植葡萄。比较适合的地下水位应在1.5～2m及以下。在排水良好的情况下，在地下水位离地面0.7～1m的土壤上，葡萄也能良好生长和结果。

葡萄的品质会受到土壤保水能力的影响。最好的葡萄园土壤需要在葡萄藤早期生长时提供充足的水分，以促进其健康生长；到转色期后，则要减少水分的供应，以便让葡萄藤有轻微的水分胁迫，促进葡萄的成熟，葡萄采收期则不需要水分。没有哪一种土壤可以满足葡萄藤所有的需求。例如，梅多克（Medoc）最好的葡萄园是砾石土壤，这种土壤与其他多黏土成分的土壤相比，储水能力较差，但它却可以从土壤深度上得到补偿，因为葡萄藤的根系会为了获得充足的水分而一直向下延伸。

在波尔多，列级酒庄往往与位于较高海拔、接近小溪或排水沟、深厚而结构粗糙的土壤相关。这些特征可促进土壤快速排水，且允许根系向深处延伸。较高的土壤含水量会加重果皮的破裂，使葡萄易感灰霉病。

优良葡萄园应该具备以下水分渗透或持水特点：

①日渗透速率＞500mm；

②根域总有效水＞150mm；

③根域速效水＞75mm；

④空气填充的空隙度＞15%；

⑤在田间持水量下的渗透阻力＜1MPa；

⑥在每个灌溉循环或者降雨发生的土壤饱和时间＜1d。

6. 土壤颜色

土壤颜色受含水量、矿物质组成和有机质含量的影响。例如，土壤钙含量高时颜色趋向白色，铁含量高时为浅红色，而腐殖质含量高时呈暗褐色至黑色。在湿润条件下，土壤仅需约5%的有机质就可呈现黑色。土壤颜色也是其年龄以及气候因素中的温度和湿度的反映。因此，在冷凉地区，由于腐殖质的积累，表层土壤趋向于浅灰色至黑色；在温暖潮湿地区，土壤颜色更趋向于黄棕色至红色。雨后由于光吸收的增加，水分暂时使土壤颜色变暗，而且，水分也会长期影响土壤颜色。颜色也会影响春季土壤的升温速度和秋季土壤的降温速度，无论水分含量高低，深色土壤比浅色土壤吸收的热量多；沙质和粗质土的表面比同样颜色的黏土变热或变冷的速度更快。有时，红色品种选择种植在深色土壤中，而白色品种种植在浅色土壤中，在稍冷凉的气候条件下，这能够提供更多的热量来满足红色品种果实着色的需要。

二、土壤的类型及作用

1. 黏土（Clay）

黏土是最小也是最重的土壤颗粒。

黏土肥沃，具有良好的储水能力和营养转移能力，倾向于保持凉爽和水分。其对葡萄园的调温效果更为明显。土壤温度相对低，能延缓生长季节的开始，葡萄成熟比较缓慢。出产的葡萄酒颜色深、单宁和酸度高、酒体强劲。以生产结构宏大的葡萄酒而闻名。

黏土适合美乐和霞多丽的生长。可帮助美乐葡萄提早成熟，并且让其酿成的酒结构和酒质更充实。

淤泥的颗粒比黏土的颗粒要大，结构紧实，保温性和含水性较好，葡萄树难以扎根到很深处。淤泥土壤出产的葡萄酒口感圆润顺滑、酸度稍低。

代表产区及葡萄酒：西班牙里奥哈（Rioja，图3-2）和杜埃罗河岸（Ribera del Duero）出产高品质丹魄，勃艮第沃恩-罗曼尼（Vosne-Romanee）出产世界闻名的黑品诺，意大利基安帝（Chianti）的Albarese桑娇维赛葡萄酒酒体强劲，美国纳帕谷（Napa）一些山坡上的葡萄园以及澳大利亚巴罗萨（Barossa）的西拉葡萄园大多是黏土-石灰质土壤。

图3-2　西班牙里奥哈葡萄园
（来源网络）

2. 沙土（Sand）

沙土是颗粒最大、结构最松散的土壤，储水能力差，吸热能力比较好，可以反射更多太阳射线，具良好的保温性和排水性。

沙土出产的葡萄酒颜色较浅、香气馥郁、单宁低、结构优雅。

在气候温暖的产区，沙土赋予葡萄酒浅色、柔和的酸度和低单宁的特征，风格更为优雅。比如南非黑地产区（Swartland）的很多葡萄酒，拥有非常浅的颜色，这就是当地土壤赋予的特点。

在气候凉爽的产区，沙土能使葡萄酒拥有更丰富的果香。在寒冷地区，沙质土壤生产的葡萄酒分外诱人。

此外，沙土也是虫害的天敌，如葡萄根瘤蚜虫等就不容易在这类土壤中生存。沙土可以抵抗害虫而有利于有机葡萄酒的生产。

代表产区及葡萄酒：

（1）意大利巴罗洛顶级葡萄园卡努比（Cannubi）就是因其沙质-黏土土壤而赋予其葡萄酒果香馥郁、单宁低、颜色浅的特点。

（2）法国格拉夫产区（Graves，图3-3）以及梅多克北面靠近大西洋的地区也以沙质土壤为主，因此这里的赤霞珠酒体更轻盈，果香更浓郁。

（3）美国加利福尼亚州洛迪产区（Lodi）之所以仍幸存着19世纪90年代种植的增芳德葡萄园，也正是因为这里的沙质土壤令葡萄根瘤蚜无法侵袭。

（4）德国-奥地利有一种称为"黄土"的土壤是沙土的一类，那里能产出非常不错的白葡萄酒。

图3-3 法国格拉夫产区葡萄园

3. 壤土（Loam）

壤土是沙土和黏土的混合型土壤。

壤土肥沃，富含有机物和营养物质，具良好的储水能力。

这类土壤上的葡萄藤生长旺盛，葡萄质量会降低，出产的葡萄酒往往风味淡、颜色轻，适合生产低成本的调配葡萄酒。如果加强树体管理，也能出产不错的葡萄酒。

美国纳帕和索诺玛产区的大多数山谷都是沙质–黏土土壤。可通过沙土和壤土的调整保证高质量葡萄酒的生产。

纳帕山谷葡萄园见图3-4。

图3-4 纳帕山谷葡萄园

4. 砾石（Gravel）

砾石由石英组成，呈松散的颗粒状，通风、排水性佳；白天吸收太阳的热量，晚上释放，具极好的储热能力，如图3-5所示。

这种土壤能促进葡萄树向更深的土层摄取养分，也可通过吸收水分给葡萄植株提供少量的有机物；另外，覆盖于石灰岩上的砾石所种植出的葡萄酸度明显高。所以，此种土壤非常

图3-5　典型砾石土壤

适合栽培赤霞珠等晚熟品种。波尔多左岸（梅多克和格拉芙）的河滩就以其深厚的砾石而闻名。尤其对葡萄根瘤蚜有较强的抗性。

5. 石灰土（Calcareous）

石灰土是含有大块石灰岩的土壤，由大量海洋生物沉积而成，含丰富的钙、镁等矿物质。属冷土类别，既能存水又有排水功能，在干燥气候下能保证土壤的湿润，而在凉爽气候保证土壤的干燥。

这种土壤碱性强，会阻止葡萄藤根系发展，能够出产酸度足够的葡萄酒；富含钙质，可以赋予葡萄酒足够的结构，产出糖分更高的葡萄。特别适合霞多丽葡萄的生长（在凉爽地区有时比较明显），如勃艮第。但会使葡萄树出现缺铁症，因此需要补充肥料。

代表产区及葡萄酒：香槟区的奥布省、勃艮第的夏布利（Chablis，图3-6）以及卢瓦尔河谷普伊-富美（Pouilly-Fume）和桑塞尔（Sancerre）的白垩土壤就属于这类土壤，出产的白葡萄酒口感饱满、清爽。而南罗讷河谷的石灰质土壤则为经典罗讷河谷红葡萄酒——GSM（歌海娜、西拉和慕合怀特）提供优质保证。

图3-6　夏布利产区土壤

6. 白垩土（Chalk）

白垩土是石灰岩的一种特殊类型，是由多种海洋生物沉积而成，含较多钙离子，排水又保湿，储热能力不佳；土壤比较贫瘠，所以呈碱性，出产的葡萄酸度也较高。葡萄藤生长活力比较低。质地足够柔和，可以让葡萄根系渗透；此外，白垩土有助于葡萄成熟。纯净的白垩土是非常罕见的，多出现在香槟和科涅克产区。另外，西班牙南部地区赫雷斯的土壤中白垩土含量较高。

典型的白垩土壤见图3-7。

图3-7　典型的白垩土壤

7. 其他

花岗岩（Granite）由火山的岩浆形成，硬结晶岩，含有多种矿物质；花岗岩土壤质地疏松，较为贫瘠，但排水性较好；石质密度及硬度均高，升温迅速，保温良好。

其适宜栽培佳美和西拉葡萄，种植出来的葡萄所酿制成的葡萄酒带有水果、花朵和矿物质的馨香，能获得花香浓郁的果味葡萄酒。

火山岩（Volcanic）由火山岩浆、浮石、凝灰岩组成。火山岩土壤是玄武岩和其他岩石混合而成的土壤。通常含有较高的矿物质成分，但几乎无法保持葡萄树生长需要的水分。因此，葡萄树长势不算旺盛，但适合栽培酿造浓郁葡萄酒的葡萄。

砾石、片岩和板岩中的石子会影响土壤的温度，也会影响土壤的排水性能。例如，波尔多黏性土壤中的砾石会增强土壤的排水性。德国摩泽尔谷（Mosel Valley，图3-8）蓝色板岩可以吸热，对于气候寒冷的产区来说是极为有利的。已分解的火山灰土也有利于储水，这对于干旱的产区来说也是极好的。

冲积土（Alluvial Soil，图3-9）通常在河道附近冲积而成，含有泥土、泥沙、沙子、砾石及淤泥成分，属肥沃土壤，酿成的葡萄酒果味较清新，酒体较简单，不耐久存，适合年轻时饮用。常见于法国波尔多梅多克及新西兰Marlborough产区。

图3-8　德国摩泽尔谷葡萄园

图3-9　冲击土

第五节　其他

主要包括：纬度、海拔、坡向和坡度、水面、霜冻、风向、葡萄树龄等。

一、纬度

纬度和海拔是影响温度和热量的重要因素。

为了满足葡萄生长所需要的温度，并且保证葡萄树有一定的休眠期，全世界的葡萄园大多集中在南纬20°~40°和北纬20°~50°。不过，其他因素的改变也可以使这些区域以外的一些地方变得适合种植葡萄。一般来说，纬度越高，温度越低。虽然在同一个地方，其他因素的影响会更为显著。

葡萄种植区域的纬度对于葡萄质量的影响，是通过该地区的气候条件实现的。这些气候条件主要包括：积温、降水、光照、无霜期等。处在同一纬度带的地球表面，有很多的气候类型。比如与波尔多处于相近纬度带的葡萄酒产区有：北隆河谷（远离海洋，地中海气候几乎影响不到这里，是西拉、维奥娜的原产地，出产的葡萄酒香气丰富，往往具有香料的辛辣以及矿物质感）、彼尔蒙（远离海洋，属于大陆气候，出产的葡萄酒酸度高，单宁强）、华盛顿州南部（可能是在同一纬度葡萄酒产区，在气候方面最接近波尔多产区，但是又有不同，尤其是华盛顿州东部的地区极其干燥）、纽约州（长岛地区属于海洋性气候，而凤歌湖却又是严寒地区，甚至出产冰酒）以及安大略的部分地区（这里气候寒冷，但是由于大湖的保护又不至于过于严寒，冰酒可以年年生产），以及中国天山北麓（典型的大陆性季风气候，雨热同季，与波尔多的地中海性气候有天壤之别）、东北的通化（夏季凉爽，冬季严寒，葡萄生长季短暂）。可见这些地区气候类型相去甚远，所出产的葡萄酒风格各异。因此，由于葡萄酒产区的纬度相同而试图说明酒质相同或者相似，是不科学或不严谨的。

葡萄一般栽培在北纬20°~51°。欧洲葡萄品种的栽培北限是德国的莱茵河流域及同纬度的其他区域，栽培的南界伸展到了印度。在南半球，葡萄主要栽培于南纬20°～40°。欧洲葡萄的种植范围朝赤道方向扩展的限制因素是高温、病害和达不到足够的低温诱发葡萄的休眠。欧洲葡萄向两极方向扩展的主要限制因素是生长季节短，不足以保证果实和枝蔓成熟以及难以抵御冬季低温。

二、海拔

海拔每增加100m，温度就会下降0.5～0.6℃。因此，海拔会显著影响葡萄果实成熟和生长期的长短。一般来说，在高纬度选择低海拔地块，而在低纬度选择高海拔地块则更为合理。光强，特别是紫外线辐射强度随海拔的升高而升高。

海拔越高，平均气温越低，日间温度降低，使得葡萄糖分积累变慢，而夜晚的低温，最大限度降低了葡萄藤夜间的能量消耗，高产低消耗，支撑后续的香气和风味生成；夜间的低温，也有利于酸度的保持，因此相比低海拔葡萄园的葡萄，苹果酸含量提高；生长周期延长，有更多时间积累香气和风味物质；这意味着葡萄酒的酒精度可能更低，酸度更高。冷凉山风也会增强葡萄的新鲜风味。

海拔升高，使得葡萄园周围空气变稀薄，距离上也稍稍近了太阳一点，使得日照强度提高，光合作用加强；而更显著的是紫外线水平也显著提高，高海拔葡萄园的葡萄生长在强烈的阳光下，尤其是中波紫外线（UV-B），葡萄会生成更多抗氧化剂，葡萄皮更厚，总的花色素含量提高，颜色更深，更明亮、更鲜艳；单宁总水平提高，而苦涩的单体单宁水平下降；单宁和口感也会更紧致，同时，白藜芦醇的含量也增加；陈年能力增强。

高海拔葡萄园的土壤以贫瘠的砾石、板岩、石灰岩等为主，很多葡萄园都是地壳板块碰撞引发的造山运动的产物，因此，土壤中富含海底贝壳等化石风化而成的钙质土壤。这些土壤排水性能优异，同时迫使葡萄藤扎根深入。高海拔山脉通常斜坡较多且富含石质土，能为葡萄酒带来矿物质味。

随着全球气候变暖，传统葡萄酒产区面临着温度升高带给葡萄高糖和低酸的威胁，将葡萄种植在海拔更高处可带来更长的生长周期和更多的酸度积累。

高海拔葡萄园经常伴随着斜坡出现，梯田也广泛运用其中，这样的葡萄园与地面之间的夹角能最大化日光照射。

有研究以阿根廷的马尔贝克为例，选取了3个位于不同海拔的葡萄园以比较其相应的葡萄酒感官特征：

① 900m以下：糖分积累很快，但果味表现不足，同时风味的发展也受到限制，有明显的皮革味和煮过的水果味，结构平淡。

② 1000～1100m：在糖分积累和风味物质形成上达到了完美的平衡，这里出产的葡萄酒有典型的李子、黑胡椒、紫罗兰的香气，口感呈奶油般丝滑，单宁圆润。

③ 1000～1100m，更南向：出产的酒有惊人的浓郁度，强烈的紫罗兰香气，而且很清晰，是非常结实有力的马尔贝克酒。

高海拔的葡萄园确实有利于酿造高品质的葡萄酒。但也有学者指出，高海拔葡萄园的葡萄果实单宁水平的提高也不总是有利于和谐酒体的构建，有时反而出产单宁过高的葡萄酒，而改变葡萄酒平衡的状态。

如果不在同一纬度，海拔的比较毫无意义。越靠近赤道，均温越高，永久雪线也越高。欧洲和南美的高海拔葡萄园划分是有区别的。在欧洲，海拔500m以上的葡萄园就被认为是高海拔葡萄园了，而且多以坡地葡萄园为主，这样的葡萄园大多聚集在瑞士、葡萄牙和意大利北部及西西里岛，总体面积占所有葡萄面积的5%；欧洲经典葡萄酒产区是北纬45°附近，常年覆雪的山脉在2800m以上，很少有葡萄园会种植在海拔1000m以上。但南美洲数千个葡萄园在海拔1000m以上，而且这里的高海拔葡萄园都比较平坦，例如智利利马里谷（Limarí）和阿根廷萨尔塔（Salta）等南美洲北部的葡萄酒产区位于南纬25°～30°。更靠近赤道的产区，这里的永久雪线在4500m以上，海拔1500m以上的葡萄园才被称为高海拔葡萄园。世界海拔最高的葡萄园——阿根廷Bodega Colomé葡萄园位于海拔3000m及以上。

但是海拔上升引起的温度下降也不总是能确保葡萄获得理想的成熟度。德国盖森海姆大学教授Hans Schulz提出，某一地区高海拔葡萄园的上限取决于其4～10月葡萄生长季节的平均温度：假设威尼托地区的生长季节平均温度为18℃。为了达到大部分品种的成熟度，需要至少12℃的生长季节平均温度。海拔每上升100m，气温约下降0.6℃。

按此测算，意大利威尼托的葡萄园海拔上限 =（18-12）/ 0.6 × 100 = 1000（m），图3-10所示为威尼托高海拔葡萄园。

图3-10　意大利威尼托高海拔葡萄园

在威尼托，高海拔葡萄园的上限就是1000m了。当然，这取决于葡萄园朝向、土壤类型等因素，加减200m都属于正常。

但是随着海拔升高，葡萄种植的困难也随之加大。高海拔葡萄园的劣势表现在以下几点。

（1）更高的种植成本　高海拔葡萄园也意味着偏远，除了在陡峭山坡上种植葡萄的物理限制，所有葡萄园设施的架设成本都会上升，大部分以坡地梯田为主的葡萄园也不允许规模化的机械作业。

（2）海拔升高带来的降温效应是把双刃剑，使得葡萄藤更易受到倒春寒等极端气候的影响以及过凉气候导致葡萄无法完全成熟等。

（3）山高风大，对生长季节的葡萄藤和冬季休眠的葡萄园都是巨大考验，还有霜冻的危害，以及阳光过强带来的葡萄疾病等。

（4）大部分高海拔地区有限的水资源也困扰着许多气候干燥的产区，在坡度较大的地区，土壤流失和土壤的不一致性也困扰着葡萄农。

另外，还面临着更多野生动物的侵扰；另外种植师经验有限，选取何种砧木、品种的适应性都是他们面临的严峻挑战。

中国的葡萄种植区多在北纬30°~43°，海拔的变化较大，200~1500m，河北怀来葡萄园分布高度达1100m，山西清徐达1200m，西藏山南地区达1500m以上。香格里拉酒业的葡萄园位于海拔2200~2400m。四川小金的葡萄也种植在海拔2300~2600m的山腰上。在中国的酿酒葡萄栽培区，在满足热量需求的情况下，应尽量选择海拔高一些的地方种植葡萄。

世界上代表性的高海拔葡萄园见表3-3。

表3-3　世界上代表性的高海拔葡萄园

国家	产区	酒庄	海拔/m
阿根廷	萨尔塔卡尔查基山谷	佳乐美酒庄	3100
智利	埃尔基谷	翡冷翠酒庄	2500
中国	云南	香格里拉酒庄	1800~2800
美国	科罗拉多州西鹿法定产区	恐怖溪酒庄	1950
黎巴嫩	—	依克希尔酒庄	1700
西班牙	特内里费岛阿博纳产区	Bodega Frontos	1650
墨西哥	科阿韦拉州帕拉斯山谷	Casa Madero	1500~1700
巴西	圣卡塔琳娜州	Vinicola Hiragami	1427
澳大利亚	新南威尔士州新英格兰	Flower's Black Mountain	1300
意大利	瓦莱达奥斯塔产区	—	1250
塞浦路斯	利马索尔	Kyperounda	1100~1400
希腊	麦索福	嘉·艾洛夫酒庄	1000~1300
中国	宁夏	张裕摩塞尔十五世酒庄	1000~1100

三、坡向和坡度

在大致地形条件相似的情况下，不同坡向的小气候有明显差异。通常以南向（包括正南向、西北向和东南向）的坡地受光热较多，平均气温较高。坡地的增温效应与其坡度密切相关。一般坡地向南每倾斜1°，相当于推进1纬度。受热最多的坡地角度为20°~35°（在北纬40°~50°）。

斜坡面对的方向称为朝向。朝向赤道方向的葡萄园会获得更多的热量，有利于光合作用，提高了热辐射，土壤升温早，降低了霜冻的危害程度，改善了排水状况，提高了果实的光合作用潜力，使果实成熟提前，改善果实着色和糖酸平衡。也就是说在北半球应选择朝南坡向，在南半球应朝北选择坡向。在凉爽的地区，这种现象尤其重要，多获得的热量可以使葡萄成熟度更好。坡度较大的斜坡，葡萄受益也较多。

斜坡的朝向和倾斜度，也会影响到葡萄接收的光照强度。面向赤道的葡萄园，自然可以获得更多的光照；而距离赤道较远的葡萄园，获得的光照强度就会越弱。所以，越是靠近南北极的地区，葡萄园的朝向就越显得至关重要。

但坡地在小气候上也有缺点，例如：土壤侵蚀、养分流失、水分胁迫和积雪提早融化；另外，随着坡度增加，葡萄园田间管理活动的实施越来越困难，最终无法实施机械化。

四、水面、霜冻和风向

海洋、湖泊、江河、水库等大的水域，由于吸收的太阳辐射能量多，热容量较大，白天和夏季的温度比陆地低，而夜间和冬季的温度比内陆高。因此，邻近水域沿岸的气候比较温和，无霜期较长。临近大水面的葡萄园由于深水反射出大量的蓝紫光和紫外线，浆果着色和品质好，所以选择葡萄园时尽量靠近大的湖泊、河流与海洋。

在与湖泊和河流相连的坡地葡萄园，水能进一步调节葡萄园的小气候，水既可以作为热量的"源"，也能作为热量"库"来缓冲大的温度波动。大的湖泊和海洋产生的气候调节作用更加明显。但靠近海洋或湖泊的葡萄园，由于湿度较大，一般都会多云雾，多阴天。

在冷凉的气候条件下，向阳坡地的一个重要优势就是无霜期延长。这种小气候的改善部分源于热量积累和增加。同时，流动的冷空气远离树体、来自土壤和葡萄植株的热辐射等也很重要。冷空气移动至低洼区，能使坡地的无霜期延长几天到数周，通常是在坡地的中部区域防护作用最大。

在高纬度地区，为了便于耕作，葡萄行一般顺着陡坡方向定植。在坡地上修建梯田可使行向与主导风向一致，但梯田削弱了陡坡地的许多优点，也加剧了水土流失。

在湿润的气候条件下，将葡萄行向与主导风向呈90°，通过增加风的湍流而加快植株表面干燥，以减缓病害。如果葡萄园朝向太阳，增强的太阳辐射会进一步加快风的干燥作用。在干燥环境条件下，如果行向与主导风向平行，可能会降低叶片对风的阻力和蒸腾量，而垂直排列可能会由于白天气孔长期保持开放导致水分胁迫加剧。因此，最合理的行向取决于气象上的限制因素，目的是为了减缓其影响。天然或人工防护林的存在，改变了风速、风湍流和风向，最终会进一步影响最佳行向和坡向。

五、葡萄树龄

葡萄树是有生命周期的，葡萄树体生命周期大致要经历：胚胎期、幼树期、生长结果期、衰老死亡期，不同阶段生长特点不同，必然会对葡萄果实的产量和质量产生影响。

通常来说，葡萄树的平均寿命为60年，葡萄树的生命周期依照品种、风土及管理而有所差异。通常葡萄栽种后第三年开始结果，前十年为幼年期，树根还不是很深，所酿造出来的葡萄酒通常具新鲜的果香和花香，清新、清淡的口感；此种葡萄酒最佳饮用期在装瓶后1～2年，以便充分享受其清新与新鲜的风味。接下来的30年则是成年期，葡萄树逐渐进入稳产期和质量稳定期，根部渐渐深入地下也为葡萄带来丰富的矿物质，此时所酿造出的葡萄酒便开始展现出该品种特有风格与芳香。

第40年之后，葡萄树便开始进入衰老期，树的活力开始逐渐衰退，产量减少，所生产的葡萄不论在色泽或口感上都更加浓郁。葡萄的须根会深入土层数米到十余米，强大的须根系因此更能充分地吸取矿物质，这样就可获得该产地特有的葡萄酒风味。

葡萄树的主要部分包括根系和树干。树干除了有支撑树体的作用外，其作用主要是输导和贮存营养。随着树龄的增加，树干增粗，贮存养分及输导组织的功能增强，这有利于当年或者次年葡萄树体的生长。与地上部分相反，葡萄树体地下部分即根系，随着树龄的变化在不同年之间生命周期变化最大。

根系的生长发育大致可以分为三个阶段：

（1）**生长阶段** 从植株定植开始，根系不断在土壤中横向和纵向生长、扩展，并受到土壤结构、土壤肥力以及栽培技术的影响。这一阶段可以持续7～15年。

（2）**成熟阶段** 根系在土壤中扩展速度放缓甚至停止，形成了根系的主体骨架结构，每年根系的骨架上生出新根，其变化在年生长周期间相对平缓，该阶段葡萄树体生长平稳，因而葡萄质量稳定。

（3）**衰老阶段** 随着树龄增加，根系进入老化阶段，新根发生能力下降甚至丧失，树势衰退，产量下降。

葡萄根系这种生长发育总趋势，能够影响其贮存和吸收功能，进而影响到地上部分的生长发育，甚至果实的产量和质量。

葡萄树树龄决定根的深度，根扎得越深，越能吸收更多的矿物质，所以葡萄酒的树龄会对酒体的厚度、风味的复杂度等起很大影响。一般10～30年树龄的葡萄树产出的葡萄酿造的葡萄酒最为优质。

葡萄藤是有经济寿命期的，通常在20～40年。当葡萄藤过了20岁后，其产量开始降低。为了保持产量的稳定和葡萄酒的质量，一些法国葡萄园每隔20年或30年会拔除老的葡萄藤，然后种上新的葡萄藤。所以，虽然葡萄酒界对老藤的年龄界定尚无定论，但大多数酒农都认为，老藤至少应该从30～40岁算起。

葡萄酒大师杰西斯·罗宾逊在其《牛津葡萄酒词典》中介绍："Old Vine"是经常出现在酒标上的一个词，它表示的是一款采用老藤葡萄酿造的葡萄酒。普遍认为，采用精心维护的老藤葡萄所酿的酒一般品质较高。其中，法国在酒标上用"Vieilles Vignes"表示老藤，而德国用"Alte Reben"，葡萄牙用"Vinha Velha"表示。

在很多葡萄酒产区，"老藤"并没有一个官方或是法定的标准，但是在澳大利亚，根据巴罗萨谷葡萄与葡萄酒协会（Barossa Grape & Wine Association）的规定，35年树龄以上的葡萄树可以称为老藤（Old Vine）；70年树龄以上可以称为幸存老藤（Survivor Vine）；100

年树龄以上则可以称为百年老藤（Centurion Vine）；125年树龄以上的可以称为始祖老藤（Ancestor Vine）。

人们普遍认为，树龄较小的葡萄树出产的葡萄酿造的葡萄酒颜色明亮、果香浓郁，但酸度略高，缺乏复杂性和层次感；相反，树龄较老的葡萄树出产的葡萄酿造出的葡萄酒会有更丰富和复杂的风味，且更有深度，黏稠度也更高。百年老藤发达的根系能深入地下长达30多米，汲取许多的水分和养料，同时自身积累的风味也更丰富，因此能酿出风味非常集中和复杂的佳酿。另外，老藤葡萄酒还有非常结实的单宁结构，陈年潜力巨大。百年老藤葡萄酒的这些特质使其显得更加珍贵，成为一种极度稀缺的产品资源，成为收藏投资者关注的对象。尤其在法国，很多产区的酿酒师都更偏向于采用树龄较老的葡萄树结出的果实来酿酒。

但是，老藤并不是优质的代名词，它与产区风土、品种适应性、管理水平密切相关，天、地、人的协调统一才是生产优质葡萄酒的关键。

风土是葡萄酒质量和特点形成的基础。选择与评价风土，在气候层面，首先要看大气候，其次是中气候，再就是葡萄园所在位置由于地形、地势、朝向、坡度等的影响而形成的小气候以及栽培技术产生的葡萄植株周围的微气候。四者是互相联系的，不看大气候、中气候，过分强调小气候，就会出现本末倒置。而土壤，更多地要看成土母质、土壤结构、土壤类型、土壤成分构成、土层厚度、地下水位等。在上述自然因素基础上，由于人的作用，还会形成适宜的品种、配套的栽培技术、酿造工艺、产品类型与特点等传统与规范。所以，风土是天、地、人共同构成的一个系统。风土需要挖掘，需要研究，需要固化；也需要与时俱进，不断创新、丰富与完善。

第四章

葡萄果实
质量分析

葡萄酒是以葡萄浆果为原料生产的，葡萄浆果的成熟质量，决定了葡萄酒的质量和种类，是影响葡萄酒质量的主要因素之一。了解葡萄的成熟进程，使葡萄在最佳成熟时采收，是酿酒师的首要任务，是酿造优质葡萄酒的关键。

第一节　葡萄果实的结构

葡萄对葡萄酒有重要的影响。对于酿酒师和饮酒者来说，了解果实的构成，对于了解葡萄果实特点，确定酿造工艺、产品类型及风味特点具有重要意义。

从商业目的考虑培育出来的葡萄要么以鲜食葡萄或葡萄干售卖，要么经发酵或处理，以葡萄酒、葡萄汁、葡萄浓缩汁或精馏葡萄汁（Rectified Grape Must）的形式售卖。然而，酿酒是葡萄最重要的用途，全世界80%以上的葡萄都是用于酿酒的。酿酒的葡萄一般果粒都比较小。葡萄汁被提取后，剩下的固体成分——葡萄梗、葡萄皮、葡萄籽和果肉，统称为葡萄果渣（Pomace）。

各个葡萄品种的形状和外观各不相同。从球形、椭圆形到长形和手指形不一；颜色也从绿色到黄色、粉红、深红、深蓝和黑色等不同；大小从如豌豆般小到如鸡蛋般大（每颗重达15g）不等。而大部分的酿酒葡萄介于球形和短椭圆形之间，每颗葡萄的重量在1~2g，呈黄色（或白色）或深紫色（黑色或红色）。

葡萄的果实长在花梗（Pedicel）末端，而花梗则附着在果柄上。与花梗位置相对的另一末端（见图4-1中残存花柱部分），是花柱（Style）和柱头（Stigma）的残存部分。在一些品种（如雷司令）的表面，还分布着一些木栓化的皮孔。将葡萄切开后（图4-1），可以看见两个心皮（Carpels）并列分布，这两个心皮各自包着一个小室（Locule），而葡萄籽就分布在这小室之中。伴随着葡萄果实的渐渐长大，果肉会向小室慢慢扩张，这使得小室的空间越来越小。而一颗葡萄果实最为重要的部分则是果肉、果皮和种子。

一、果肉

果肉是葡萄果实中最重要的部分。果肉中的葡萄汁存在于果皮细胞的液泡中。观察果肉部分的横切面可以发现从葡萄皮正下方到每个单细胞膜之间，分布着40个较大的薄壁细胞（Parenchyma Cell）。而维管束（Vascular Strands）的核心部分则与叶脉（Veins）相连接，叶脉像一个六角形网眼铁丝网笼子一样包围着果肉的外缘部分，并通过维管束与葡萄树的其他部位连接起来。叶脉包含木质部和韧皮部，其中木质部的作用是从根部运输水分和矿物质，而韧皮部则是葡萄从叶子中运输糖分的首要通道。在果肉中，还有一个质地完全不同的部位，即果刷（Brush），它颜色较浅，位于果肉与花梗相连接的地方。图4-1为葡萄果实的结构剖切图。

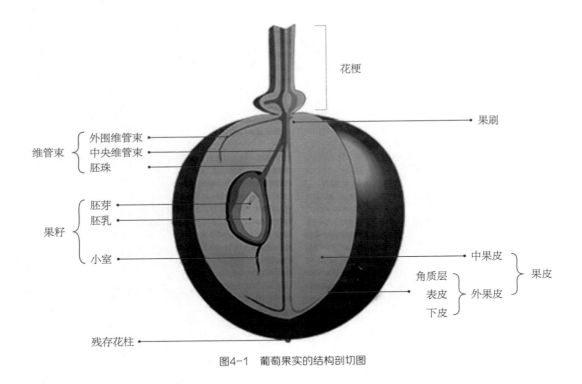

图4-1 葡萄果实的结构剖切图

从酿酒的角度来看，果肉和葡萄汁是葡萄中最重要的部分，它们包含了成品葡萄酒的主要成分。由于绝大多数葡萄的汁液均呈浅灰色，所以白葡萄酒可用白品种和浅红的葡萄品种酿造，但要确保在用深色葡萄品种酿造时，葡萄汁不与葡萄皮接触；红葡萄酒只能用深色葡萄酿造；而桃红葡萄酒既可将深色葡萄通过短时间浸皮来酿造，也可通过控制粉红色或红色葡萄的浸皮时间来酿造。

二、果皮

果皮是葡萄表面的一层质地较硬的包膜层。葡萄皮外层通常都包裹着一层果霜（Bloom），而果霜又包括蜡质层和角质层两种结构。这两种结构都能防止果实的水分流失，并能阻止真菌孢子及其他生物侵入果实内部。事实上，"果霜"就是蜡质层使得葡萄皮表面所呈现出的那层白色物质。果霜中含有的脂肪酸和固醇类物质能在发酵过程中为酵母生长提供重要的养分。

在蜡质层和角质层以下，分布着组成葡萄皮的细胞层。首先是真表皮层，接着是下皮层（由7层细胞构成）。其中下皮层集中着大部分的色素（Pigments）、黄色的类胡萝卜素（Carotenoids）、叶黄素（Xanthophylls）及对酿造红葡萄酒十分重要的红色和蓝色花青素（Anthocyanins）。此外，葡萄皮中还含有一些单宁和大量的风味成分。色素、单宁和风味成分等酚类物质（Phenolics）的具体分布位置可能存在差别，但在酿酒时，离果肉最近的物质会首先被萃取。

从重量上看，一颗成熟的葡萄中葡萄皮所占的比例为5%~12%（品种不同而有所差异）。葡萄皮的厚度通常在3~8μm。此外，果皮与果肉在化学构成上还存在其他差别：除酚类物质含量丰富外，果皮还含有丰富的钾。

三、种子

各葡萄品种种子的大小和形状不一，例如，小粒白麝香（Muscat Blanc a Petits Grains）的果籽直径为5mm，而鲜食葡萄沃尔瑟姆克罗斯（Waltham Cross）的果粒直径则接近10mm。此外，每粒葡萄的种子数量也根据葡萄品种的不同而有所不同。不过由于每个心皮中包含2个胚珠，因此一般每粒葡萄会有4颗种子，不过也有例外，像瑞必尔（Ribier），每粒有4个心皮，所以种子的数量为8颗。也会有一些发育不完全的葡萄籽，这种现象称为种子败育（Stenospermocarpy）。相反，那些发育完全的葡萄籽数量越多，葡萄果实就会越大。为了应对葡萄种子过度发育，常会使用赤霉素（Gibberellin）进行处理，这主要用在鲜食葡萄上。

尽管种子在被压榨时，也会释放出较苦的单宁，但实际上种子在酿酒过程中的作用微乎其微。与较容易和果实分开的果梗不同，在酿酒过程中，种子总是和果汁及果皮相伴。在酿造白葡萄酒时，果汁及种子的接触时间较短，从种子中吸收的单宁含量也较少。在酿造红葡萄酒的过程中，由于果汁与种子接触时间的延长及葡萄醪的酒精度不断增加，种子中的单宁会溶解在葡萄醪中。此外，葡萄种子还是食用油或工业用油的来源之一。

第二节　酿酒葡萄的质量标准

相对于鲜食葡萄，酿酒葡萄具有果粒小、果汁多、果肉少，果皮较厚、高糖高酸、产量较低等特点，这些特点决定了它能给葡萄酒提供鲜艳的颜色、合适的酒精度、成熟丰富的香气、足够的单宁及饱满的口感。

酿酒葡萄总体上要求：果粒小而紧凑，出汁率高，糖度较高，酸度适宜，具有典型的香气和口味。其质量标准包括：

（1）含糖量与含酸量　优良酿酒品种首先需要足够的含糖量和适宜的含酸量。

（2）色素物质　酿造白葡萄酒，要求果汁无色，而酿造红葡萄酒则要求果皮有足够的色素，以使葡萄酒具有悦人的颜色。

（3）酚类物质　主要存在于葡萄果皮、种子中，提供给葡萄酒的单宁类物质，不但要求具有一定的含量，更重要的是单宁的质感，即主要为"优质单宁"：紧致、细腻，而不是粗糙、苦涩。

（4）香气物质　红葡萄品种，多以黑色水果或者红色水果为主，浆果香比较浓郁，酿造出的红葡萄酒香气也相当浓郁。白葡萄品种，多以花香、青苹果及柠檬、香蕉、菠萝等热带水果味为主。果香比较清淡，酿造出的白葡萄酒则香气较清淡。葡萄果实中的香气多以萜烯类物质形式存在，有游离态和糖苷结合态，需要利用酶促进其分解释放，也有一些小分子酯类存在赋予酒的香气。

另外，酿酒葡萄的质量指标包括外观指标、理化指标、风味成分和感官质量。

一、外观指标

（1）**果实性状**　果粒平均大小，新鲜程度，可变形性。

（2）**果粒颜色**　包括果皮、果肉、果汁的颜色。

（3）**重量**　果皮、果肉、种子的平均重量及重量百分比。

二、理化指标

（1）**果实**　葡萄汁可溶性固形物总量（波美度或白利度）、含糖量、pH、可滴定酸度、香气及其强度（浆果、葡萄汁或果皮提取物）。

（2）**葡萄的不同部分**，影响葡萄酒风味的主要成分有：

果皮——糖、酸、芳香化合物和酚类化合物。

果肉——糖、酸和芳香化合物。

种子——包括儿茶酚类和单宁等酚类化合物。

三、风味成分指标

风味成分指标包括酚类、萜烯浓度、酵母可吸收氮、颜色等。

四、感官质量指标

感官质量指标主要包括果实风味、果肉口感、果皮厚度、质感、收敛性，种子颜色、硬度、香气、收敛性。

葡萄成分与葡萄酒风味的关系见表4-1。

表4-1　葡萄成分和葡萄酒风味的关系

葡萄成分	葡萄酒的滋味
糖	葡萄糖和果糖主要在果肉中。果皮中的含糖量约占果粒含糖量的10%。糖转化为乙醇，有利于葡萄酒酒体的圆润度和饱满度。未发酵的残糖，使葡萄酒带有甜味
酸	酒石酸和苹果酸主要在果肉中。果皮中的含酸量约占果粒含酸量的20%。酸为葡萄酒提供新鲜、爽口的口感和结构感
芳香化合物	主要在果皮和果肉中，且果皮中的含量高，能为葡萄酒提供香气

葡萄成分	葡萄酒的滋味
酚类	大多数酚类在果皮和种子中。花色苷在红葡萄的果皮中，发酵过程中，使红葡萄酒呈现颜色。一些酚类有苦味，其他酚类，如单宁，对口感起作用，如收敛性
含氮化合物	例如氨基酸类化合物是酵母生长的营养物，并在发酵过程参与芳香化合物的合成
其他化合物	影响葡萄酒的口味

第三节　酿酒葡萄的成熟

一、葡萄成熟过程中的变化

葡萄浆果成熟过程中，其物理性质、化学成分和感官特性均发生变化。一般地，果实成熟过程中的变化如下：

（1）果粒重量增加，达到最大，然后在成熟的后期下降。

（2）葡萄汁的糖度和甜味增加。

（3）葡萄汁可滴定酸度和酸味下降。

（4）葡萄汁pH增加。

（5）果皮颜色加深，果皮单宁结构发生改变，品尝口感从较粗糙变为更柔和。

（6）种子颜色从黄色变为棕色；种子中单体物（如儿茶酚）和聚合物（如单宁）浓度降低；品尝时，苦味和收敛感降低。

（7）果肉和果皮中挥发性香味化合物浓度增加，在不同阶段，不同类型的化合物变化不同；但香气强度的总体水平增加。通常，存在一个由"生青"到"成熟"的特征变化。

成熟即果粒成熟过程中的一个阶段，在这一阶段采摘的果粒具有的特性，与能酿造最高品质的特定风格葡萄酒的果粒特性的标准完全一致。不同类型的葡萄酒完全成熟的标准不一样。葡萄浆果仅在某些理想的年份才能达到完全成熟，此时，化学组分的改变和合成已达到一定的程度。当浆果酿成酒时，其在葡萄酒中的浓度（不一定是最大值或最小值）将处于期望的浓度，并且在品尝时，相互间完美平衡。

因为葡萄浆果并不以相同的速率成熟，葡萄采摘时是将不成熟、成熟和过熟的果实混合。浆果成熟度，是通过评价采摘时葡萄浆果的特性，与确定为完全成熟的标准的接近程度，再通过酿酒试验，即根据酒的感官性质来判断的。分析、评价葡萄的物理性质、化学组成和感官特性可以判断葡萄的成熟度。

二、葡萄的成熟度

从生理上讲，葡萄浆果的不同部分是逐步达到成熟的。种子在转色之前最先达到生理成熟度（具有发芽能力），数周后，果肉和果皮持续变化直到成熟。

而从酿酒学来讲，果肉的成熟度对应着最适的糖/酸比，果皮成熟对应酚类物质和芳香物质达到最大浓度时的成熟度。

不同品种和酒种要求的成熟度不同。例如，干白葡萄酒的生产需要芳香物质达到最大浓度，而酸度仍然充足。因此，应该在完全成熟前采收。而对优质红葡萄酒，除了糖、酸达到适宜浓度，还应该获得最佳的酚类化合物。

总之，葡萄成熟来源于许多没有必然相互联系的生化转化。简单的成熟度跟踪，就是监测其糖度的增加和酸度的降低，白葡萄香气和红葡萄酚类物质的积累，优质葡萄产区能够使葡萄达到适宜的成熟度。这就需要对各种转化的协调程度进行控制以保证采收时达到最佳的成熟度。

在冷凉的气候条件下，成熟度常常难以让人满意。但在很热的条件下，糖度的增加可以作为主要的成熟采收指标，即使葡萄的其他成分并没有达到完全的成熟。当然，环境条件（气候、土壤）与这些现象有关。

三、成熟状态的评价

对葡萄成熟度进行评价：一是确定采收日期，二是合理安排多地块、多品种的采收。

1. 糖度

$$糖度（g/L）=（D-1）\times 2000+16$$

D为相对表观密度，白利度（°Bx）是指葡萄醪中糖的重量百分比，表示为g/100g葡萄醪。实际上，它是葡萄醪中干物质的百分数，用它来表示含糖量只有在成熟度（15°Bx）以上才有效。这种成熟水平之前，有机酸、氨基酸和某些葡萄糖苷的前体物质对糖有相似的折光指数而干扰测定。

欧共体（EEC）确定，16.83g/L糖转化成1%（体积分数）酒精。这一数值对澄清的白葡萄汁更精确，对腐烂的葡萄误差相对大一些。

2. 成熟指数

成熟指数是指成熟过程中的糖/酸，这种糖/酸比指标可用于同一区域、不同年份间的比较，并不适用于不同品种间的比较，因为它们糖和酸的含量不同。在葡萄成熟过程中，浆果中的各种成分发生着复杂的变化，糖度的增加、酸度的降低以及相互之间的比例平衡关系对成熟葡萄的风味起着重要的作用，进而与葡萄酒质量密切相关。

3. 多酚指数

将浆果捣碎，捣碎的葡萄采用一种差异化的酚类化合物提取，即在pH3.2（易于提取的化合物）或pH1缓冲液（总潜在酚类化合物）中提取得到溶液，在280nm处测定吸光值以得到总酚化合物的浓度和它们的浸渍率。

有研究认为，葡萄成熟过程中，单宁和总酚含量持续下降；也有认为，成熟过程中果皮和种子中单宁的含量是先升高到某一最高值后再逐渐下降。Harbertson等研究发现，在赤霞珠和西拉的种子中，单宁含量刚过转色期有一个峰，然后持续下降直到采收，而果皮中单宁含量从始熟期到采收期除有些小的波动外，基本保持稳定。在浆果花色苷形成之前，其他酚类化合物就已经大量形成，在成熟过程中不再增加。

目前，尚无测定葡萄芳香物质成熟度的简单方法。

4. 颜色

葡萄成熟过程中，颜色的变化非常明显，红色葡萄品种颜色逐渐加深，花色苷大量形成；从葡萄浆果着色开始一直持续到成熟时基本稳定在较高的含量水平。

5. 风味

任何优良品种只有在果实充分成熟的前提下，才能表现其各种优良的特性。采收期的确定与葡萄及葡萄酒质量关系密切；不同时期采收的葡萄成熟质量不同，这将直接影响葡萄酒的质量特点。

通常的研究认为，糖度不再增加、酸度不再降低时葡萄达到完全成熟，适宜采摘。

第四节　葡萄果实的取样

一、确定取样点的数量

具有代表性的葡萄果穗或葡萄浆果的数量（样品大小），取决于葡萄园果粒成分的变化情况。因此，在整个采摘范围内，应尽可能多地从葡萄树上取样。另外需要重视的是，葡萄浆果各个成分测定值的变化程度不同，例如，葡萄汁波美度变化小于可滴定酸度变化，两者均小于果粒色泽变化。因此，取样点的数量要依据取样的目的，即测量什么组分而变化。另外，还应尽可能一次取样把测定的指标都考虑到。

二、果穗取样

采摘范围内，随机选择40株葡萄树进行果穗取样，每株各取1串；或者随机选择20株葡萄树，每株各取2串。对于果穗紧密的品种，果穗取样一般能提供更具代表性的样品。方法如下：

（1）确定40株葡萄树或取样点。

（2）从每一个取样点，随机摘1串葡萄。将果穗收集到一个贴有标签的塑料袋或其他合适的容器里。收集时要小心，以使对果穗的损害最小。

要从树冠的各个位置采摘葡萄穗，确保葡萄是从树冠的两边以及内、外采摘。

（3）应将采收果穗置于一个冷凉的环境中（最好在5～10℃）。

三、果粒取样

从所有随机选择的取样点，采集果粒样品。方法如下：

（1）选择并确定40棵葡萄或40个取样点。

（2）从每一个取样点，随机选择一串葡萄，从这串葡萄的上部摘下2粒，中部摘下2粒，下部摘1粒。或者，分别从每5串葡萄中各随机选1粒。将果粒收集到一个贴有标签的塑料袋或其他合适的容器里。对所有选择的取样点进行取样。

（3）把果粒都置于一个冷凉的环境中（最好在5～10℃）。

当从紧密果穗上摘取果粒时，主要对外层果粒取样，但常常会导致误差，如，使葡萄汁可溶性固形物总量的测定值偏高。

调查研究中通常使用果粒取样，尤其是试验地规模小，而果穗取样可能会导致稀释效应，但果粒取样更费时。

如果选择了一份果穗样品，并将其带至处理点（如酿酒实验室或感官品评室），通过从果穗的顶部、中部和下部进行摘粒，获得随机的果粒样品。要对所有的果穗都进行取样，并从果穗的前中后部摘粒，每次都改变取样的位置。

果穗、葡萄浆果样品运送至实验室后，应尽快对其进行处理和分析。如果不能马上分析，样品应放置于冷凉的环境中（如5～10℃），通常不应过夜。如果果穗或果粒样品已在冷凉环境中放置过，在进行分析处理前，使其回温至20℃。

使用果粒计数板对果粒进行计数，可以用塑料板或木板，钻50或100个孔制成。

四、样品的处理与保藏

（1）从新鲜葡萄获得葡萄汁样品　使用隔热容器装运，如便携式冷藏盒（具有冰的小盒）或汽车冰箱，来保存果粒或果穗。如果要进行化学分析，处理前果穗不能冷冻。由冷冻葡萄获得的葡萄汁，因为含有更高比例的葡萄皮成分，分析结果不能代表葡萄的原始成分。

需要的葡萄汁体积，根据将要进行的分析检测数量来确定。

（2）使用手工破碎或小型破碎机获取葡萄汁。

（3）将葡萄汁充分混合。向葡萄汁样品添加果胶酶（生产商推荐用量的两倍），可促进沉降。如果样品是用于检测香气成分及其强度，葡萄汁需用亚硫酸、抗坏血酸处理。

（4）将部分葡萄汁倒入量筒中，使其静置，直至有足够澄清的葡萄汁；或者，将部分葡萄汁以转速3500r/min离心5～10min。

（5）尽快对样品进行分析、评价。

分析前，如果要进行葡萄汁样品储存，不能放置在低温下（低于5℃），因为在低温条件下，酒石酸氢钾很可能会结晶并从葡萄汁析出。这将导致pH、可滴定酸度以及酒石酸氢钾浓度产生分析误差。

葡萄浆果及葡萄汁样品分析指标及处理见表4-2。

表4-2 分析葡萄浆果或葡萄汁样品的相关条件与标准

评价项目	处理或保存条件	适宜的用量参照标准
果实外观	对新鲜的果粒进行测定。处理后可对葡萄汁、匀浆和果粒提取物进行冷冻	几粒至200粒或更多
漆酶活性	检测新鲜的葡萄浆果或葡萄汁	10mL葡萄汁（酒）（红白品种）。如果检测漆酶对葡萄酒的影响，则需要进行发酵试验
可溶性固形物总量	室温保存（20～25℃），或经澄清处理并低温保存的葡萄汁，分析前调整葡萄汁温度约为20℃	分光光度法需10mL，比重法需200mL
pH	室温保存（20～25℃），或经澄清处理并以不低于5℃的低温保存的葡萄汁，分析前使样品温度和标准缓冲液的温度一致	20～50mL葡萄汁
可滴定酸度	室温保存（20～25℃），或经澄清处理并以不低于5℃的低温保存的葡萄汁，稀释，分析前使葡萄汁温度大约为20℃	20～50mL葡萄汁
葡萄色度（红葡萄）	检测新鲜或冷冻的葡萄	50粒或更多粒
果实的葡萄糖	检测新鲜或冷冻的葡萄、葡萄汁	50粒或10mL葡萄汁
酒石酸和酒石酸钾	室温保存（20～25℃）或经澄清处理并以不低于5℃低温保存的葡萄汁。分析前使葡萄汁温度大约为20℃。稀释后样品可冷藏用于随后分析，冷冻稀释样品进行融化时，确保酒石酸氢钾全部重新溶解，检测前将融化的溶液充分混合均匀	酒石酸：10mL葡萄汁 酒石酸钾：2mL葡萄汁
钠/苹果酸/葡萄糖/果糖	室温保存（20～25℃）或经澄清处理并以不低于5℃的低温保存的葡萄汁，分析前使葡萄汁温度大约为20℃	钠：2mL葡萄汁 苹果酸：2mL葡萄汁 葡萄糖、果糖：2mL葡萄汁
萜烯类	室温保存（20～25℃）或经澄清处理并以不低于5℃低温保存的葡萄汁，分析前使葡萄汁温度大约为25℃。样品也可以冷冻用于以后分析	50mL葡萄汁

五、对大批葡萄的取样

1. 采用机械取样法

生产上收购葡萄时，面对的是大批量快速的测定任务。可用取样装置从装货箱或卡车上取葡萄浆果样品，例如，机械臂取样器或小型手动装置。

建议每车取样两次，结果取平均值。如果结果有差异，需另取一份样品。对于翻斗车运送的大批葡萄，建议至少取样3次，结果取平均值。

机械臂取样器可用于自动测定由大批葡萄获得的样品的波美度或白利度、pH和可滴定酸度。

2. 对大批量葡萄的评价

浆果的分析与评价可帮助决定葡萄的采收期，比较不同园葡萄的特性。但还需要设置其他一些规范要求，确保用于加工的葡萄在运输过程保持干净、新鲜和低温。

（1）**葡萄杂质** 即非葡萄物质（MOG），例如树叶、树枝、石块、部分葡萄藤等，它们不仅能够污染葡萄容器，而且会对酒厂的设备造成严重破坏。因此，要对一批葡萄中非葡萄物质设置最低标准，比如不超过0.5%、1.0%等。

（2）**葡萄残留污染** 大量葡萄也可能遭受农业化学品、重金属、液压油污染和一些害虫例如毛虫、蜗牛、蜥蜴等侵害。农业化学品残留和重金属残留的水平要低于国内和国际（如果葡萄酒将用于出口）最高残留限量（MAR）标准。

葡萄浆果或者葡萄汁应没有病害、昆虫和鸟的伤害、微生物污染以及氧化，因为这些都会降低葡萄酒的质量。

（3）**葡萄应在低温下采收** 高温能够导致对不期望的酚类物质的浸提（白色葡萄品种），加速氧化作用和（在一些极端情况下）促进发酵。这些均会降低葡萄酒的质量。一般地，每车葡萄的温度应低于20℃，在夜间进行机械采摘并缩短收获和压榨的间隔时间，有助于保持葡萄低温。30℃以上的温度，可能会引起葡萄浆果的质量下降。

（4）**葡萄杂质的测量** 可定性或定量（外观）评价葡萄杂质的水平。

①随机选取整个葡萄园具有代表性的样品，例如选择每10箱、每20箱、每50箱，或每100箱，选取的箱数，应是箱总数的5%~10%。

②把各个箱子中的葡萄倒出来，并小心地将其中的葡萄分为两个部分：葡萄和葡萄杂质。

③把葡萄杂质混合，称量其重量，称为"葡萄杂质的重量"。

④计算葡萄杂质的百分比（以重量计），即用葡萄杂质的重量除以总重，然后乘以100%。对机械采摘的葡萄，随机选择多个货斗，用桶从每个箱中取出约10kg的葡萄和葡萄醪的混合物。货斗的数量，以能代表其总数5%~10%为宜。用上法测定其他杂质的百分比。

⑤仔细观察整车葡萄，然后对葡萄杂质百分比进行打分评价。

3. 对一批葡萄的状况评价

（1）测定葡萄温度

①把温度传感器放置在大批葡萄中并记录温度。

②变换温度传感器在容器中的位置和深度，重复上述过程。

③计算出平均读数。

（2）**监测病害发生率** 可在评价非葡萄物质的同时，通过目视观察病害情况。扫视整车葡萄状况，进行病害发生率的量化评价，记录病害的发病率。采收前，在田间进行评价。在评价灰霉病、白粉病、霜霉病以及其他霉类病害的同时，也应注意日灼、干缩和鸟害等。

（3）**监测发酵活动** 对于机械采摘的批量葡萄，要观察是否有发酵的迹象，例如，表面有明显的泡沫或者穿过液体表面的上升气泡。这些现象往往同批量葡萄的高温相关。

（4）**检测农用化学品残留** 在采摘前测定其残留水平。

（5）**设定规范的评价指标及参照标准** 对于特定的葡萄品种和葡萄酒风格，酿酒师应制定适合自身条件的指标及规范。批量葡萄的精选质量指标及参照标准见表4-3。

表4-3 批量葡萄的精选质量指标及参照标准

质量指标	内容	备注
葡萄杂质	最好低于2%	
灰霉病	对于红色品种，较好低于5%，最好为零；通常，高于8%难以接受 对于白色品种，较好是低于5%，最好为零。但是，可接受的水平取决于葡萄酒的风格，通常，高于10%难以接受	应在葡萄园进行
霜霉病和白粉病	较好是低于3%，通常，高于10%难以接受	应与病害的发生率一起评价
鸟害和虫害	较好是低于5%，通常，高于10%难以接受	
发酵活动	没有明显的发酵活动	
农药残留	最好为零，或者低于国内或出口规定的法定水平	

现在国内一些大企业，例如张裕，均采用自动验糖系统，即在葡萄除梗破碎后的果浆传送过程中，自动取样，通过自动传感器动态测定流动醪液的含糖量。整车葡萄处理完后，即给出该车葡萄含糖量的加权平均值。

第五节　葡萄果实指标的分析

一、葡萄浆果指标

1. 化学指标

可溶性固形物、pH、可滴定酸度等。

2. 浆果特征指标

果粒大小和质量、干枯程度，种子、果皮和果肉质量，果粒可变形性，果粒颜色，果肉结构感、糖酸平衡和种子颜色，果皮厚度，结构感和收敛性以及种子颜色，种子硬度，芳香和收敛性等。

3. 评价顺序

从所有的果穗或果粒样品中，随机选择样品，进行如下评价。

（1）视觉评价　葡萄浆果干枯程度；葡萄浆果颜色；种子颜色（在评价果皮收敛性之后和种子硬度之前进行颜色评价）。

（2）物理评价　葡萄浆果可变形性。

（3）品尝评价　果肉结构感；糖/酸平衡；果肉/果皮香气；果皮厚度、结构感、收敛性；种子硬度、收敛性；浆果颜色、风味质量。

（4）**测量**　浆果可变形性；平均大小；种子平均质量，种子质量百分比（%）；果皮平均质量，果皮质量百分比（%）；果肉平均质量，果肉质量百分比（%）。

二、果粒大小和质量/干枯程度

1. 果粒平均大小

随机选择10粒葡萄，沿一条直线放置，测量由葡萄粒组成的直线的长度，将长度值除以10，计算葡萄大小的平均值（mm）。

如果果粒大小的变化很大，可多次重复测定，并计算这些测定值的均值。

2. 果粒平均质量

从所有果穗中，随机选择50粒果实，对50粒果实称重，计算果粒质量的平均值。

$$果粒平均质量（g）= \frac{50粒葡萄的质量}{50}$$

如果每一个果粒单独称重，可计算出粒重的平均值，标准差（SD）和相对变异系数（CV%）。

3. 果粒干枯程度

果粒干枯程度以果皮表面皱缩和果粒变小为标志；观察多个果穗上的果粒，计算发生干枯的果粒的百分比。

对至少20粒果实的样品发生干枯的果粒进行计数；计算干枯果粒的百分比，将这一百分比记为果粒干枯程度。

对果粒取样时，如果果穗紧密，在进行果粒取样前，可将果穗分为几部分，以便获得具有代表性的果粒样品。如果果粒小，需要数100或更多粒葡萄并称重。

使用计数板对果粒进行计数。

评价果粒干枯程度时，要注意干枯果粒在果穗上的位置，如在果穗的肩部或底部。

三、种子、果皮和果肉质量、果粒可变形性

1. 种子

随机选择至少20粒果实，将种子取出，去除黏附在种子上的果肉；然后对种子进行称重。

$$种子平均质量（mg）= \frac{种子的总质量}{种子的数量}$$

$$种子质量百分比（%）= \frac{种子均重}{果粒均重} \times 100\%$$

2. 果皮

随机选择至少20粒果实（可以是计算种子质量的相同样品），尽快去掉果皮，避免果皮水分的损失；然后立即对果皮称重。

$$果皮平均质量（mg）= \frac{果皮质量}{果皮数量}$$

$$果皮质量分数（\%）= \frac{果皮均重}{果粒均重} \times 100\%$$

3. 果肉

将果实均重减去种子均重和果皮均重，计算果肉均重。

$$果肉质量分数（\%）= \frac{果肉均重}{果粒均重} \times 100\%$$

4. 果粒变形能力

随机选取至少20粒葡萄，放于指缝间，轻轻压榨每个果粒，通过以下几项来评价变形能力。

葡萄浆果可变形性分类见表4-4。

表4-4　葡萄浆果可变形性分类

种类	描述语
很软	很小的压力下，果粒就轻易变形
软	施加一定压力，果粒才变形
硬	施加一定压力后果粒变形，但很快恢复至原状
很硬	在一定压力下，果粒不变形

统计每一类果粒的数量，计算每类果粒百分比。果粒百分比最高的一类，即代表该果粒的可变形性。

果粒可变形性记录实例见表4-5。

表4-5　果粒可变形性记录实例

类别	很软	软	硬	很硬
每类果粒的数量	1	4	14	1
每类果粒的百分比/%	5	20	70	5

本例中，果粒可变形性描述为"硬"。

也可使用带刻度的弹力收缩尺定量测定果粒的可变形性。

四、果粒颜色

1. 果粒颜色（红葡萄）

可通过观察果穗上的果粒或者摘取的果粒样品，对果粒的颜色进行评价。

观察果穗或果粒，全部为黑色、紫色果粒的百分比，即为果粒颜色测定值。将完全着色果粒的百分比记为着色度。

用手指挤压果粒，观察释放到手指上的红色的强度。红色的强度可分为：低、中和高。但最好使用化学分析来评价果粒的颜色。

2. 果粒颜色（白葡萄）

观察果穗上的果粒或压榨果粒以评价果粒的颜色。

观察果穗和果粒大于75%的表面所代表的颜色种类。颜色种类包括：绿色、浅绿色、禾秆黄和金黄。

观察果粒75%表面颜色的种类，记为果粒颜色种类。

并不是葡萄树上所有果粒（果穗）都具同样的颜色。应将不同的颜色予以记录，并在评价表中注明，葡萄果粒的颜色变化程度很大。

五、果肉结构感、糖/酸平衡性和香气强度

在嘴里放大约5个果粒（取决于果粒大小）进行下面的评价，并重复这一过程2~3次。

1. 果肉的结构感

咬碎果粒，轻微地咀嚼大约6次，根据下表评价果肉的结构感。将与咀嚼果粒时的感受最相符的类别，记为果肉结构感的描述语。

果肉结构感分类的描述语见表4-6。

表4-6 果肉结构感分类的描述语

类别	描述语
水分太多的	果粒易碎，嘴中有充满水的感觉，结构感与西瓜相似
多汁的	果粒易碎，嘴中有葡萄汁的感觉，结构感类似橘子
硬的	要稍微用力咬碎果粒，结构感类似软梨
很硬	咬碎果粒比"硬的"需要更大的压力，结构感类似硬梨或桃子
葡萄干	需相当大的压力咬碎果粒，果粒主要包括种子，果皮的结构感很坚韧

2. 香气种类及强度

品尝评价果肉结构感所使用的样品。

对各个品种，准备可能用到的香气描述语清单（通过经验或试验），这些描述语与特定地区的葡萄/葡萄酒相联系，而且随年份而改变。应选择3~6个描述语。

评价各种香气描述语是否存在及其强度。

记录各描述语强度：

（1）记为：低、中、高。

（2）记为：不可察觉的、微弱的、中等强烈、强烈或非常强烈。

（3）记为：1～5，5代表非常强烈。

表4-7列举了来自干燥温暖气候下的西拉葡萄的香气描述，在各类香气对应的强度下打钩。

表4-7　香气描述语及其强度

描述语	强度				
	难以察觉	微弱	中等强烈	强烈	非常强烈
青草味					
覆盆子味					
李子味					
巧克力味					
葡萄干味					
其他					

注：咀嚼前及咀嚼时，吮吸果皮有助于评价香气。

3. 糖/酸平衡

与品尝评价果肉结构感和香气时所使用的样品相同。

（1）糖/酸　酸、平衡或者甜。

（2）新鲜（即不单调、不乏味以及未受氧化或不愉快的特征影响）。

六、果皮厚度、结构感和收敛性

把种子放在手中或容器内；另取5粒葡萄样品，将果肉及种子挤出，把果皮留在嘴中。

1. 果皮厚度

将果皮放在舌头与上颚之间，评价果皮厚度（薄、中等厚度和厚），也可通过在指间揉搓果皮来评价。

2. 果皮结构感

对果皮进行约15次咀嚼，评价果皮的结构感（易撕碎、硬且柔软、硬且坚韧）。

3. 果皮收敛性

咀嚼果皮样品并在口中转动，使其与舌表面接触并在牙和上颚间停留5s，吐掉果皮混合物，评价果皮的强度（低、中等强度和高）、涩味的持续性（弱、稍强、强烈和非常强烈）。

七、种子颜色、硬度、芳香和收敛性

1. 种子颜色

果粒成熟过程中，种子颜色从绿、黄到不同程度的棕色（某些情况下，变为深棕或黑色）。最终的颜色取决于品种和成熟条件。种子颜色的变化称为种子木质化。

通常，种子背面（凹）颜色比正面（平）颜色更深。即使背面已全部变为棕色，正面也经常有黄色或橄榄绿色的界面或条纹。因此，在评价种子颜色前，应将全部种子按正反面各半进行摆放。

取至少20粒种子，使半数种子背面朝上，半数种子正面朝上。棕色或更深颜色占可视表面积的百分比，记录为种子颜色的描述语。此时需确定深棕和黑色的标准。

也可将每粒种子的颜色与标准色进行比较计算其总的颜色情况，对种子的颜色进行量化。

2．种子硬度

如果种子的颜色主要是黄色，它们可能具有很强的收敛性，则不宜品尝这些种子，以避免在品尝下一样品之前残留的影响。

（1）将大约8粒种子放入口中。把1粒或2粒种子放在牙间，施加压力，评价其硬度（弱、硬或很硬）。对其他种子重复这一过程。

种子硬度分类描述语见表4-8。

表4-8　种子硬度分类描述语

选项	描述
易碎	种子很容易压扁并嚼成糊状
硬	需要一些压力使种子破裂
很硬	需相当大的压力使种子破裂，种子碎而不是呈糊状

（2）将最适合的描述项记为种子的硬度。

3．种子香气

对上述评价硬度的种子进行品尝。

（1）咀嚼种子大约12次，使种子混合物分布于口中，在牙间和上颚保留大约7s。

（2）对种子混合物进行香气类型、强度和持续性评价：刺激性的、青草味、饼干味、坚果味和烤面包味。

（3）根据表4-8评价香气的方法，对各项描述语的强度和持续性进行评价。

4．种子收敛性

对上述评价硬度和香气的同一样品进行品尝。

（1）将种子混合物分布于口中，在牙间和上颚保留大约7s，并与舌表面和上颚接触。

（2）从嘴中吐出种子混合物。

（3）评价种子的涩味强度（低、中、高）和涩味的持续性（弱、稍强、强烈和非常强烈）。

5．风味质量

是对果粒品尝结果的综合评价：强度、平衡性、复杂性、长度和口中的持续性。评价风味质量，需要理解葡萄酒目标风格的特性以及果粒的相对特性。

方法一：对果粒不同部分感官特征评价后，再对风味质量进行评价：①低、中或高；

②1～5级，5代表可以生产最高质量的特定风格葡萄酒的果粒风味质量。

方法二：在口中放大约5粒葡萄，不咬碎种子，进行咀嚼，吐掉种子，吮吸并咀嚼果皮，吐掉果皮，然后把种子放入嘴中进行咀嚼，从口中吐掉混合物。根据标准进行风味质量评价。

在咀嚼之前和咀嚼时，吮吸果皮有助于评价风味浓度。风味浓的葡萄果皮，可以给人以愉快的强烈的风味感觉。而且，这种感觉经常是丰富、新鲜和愉快的结构感的综合体验。

八、果实评价实例

来自两个不同地块的赤霞珠葡萄样品（赤霞珠1：CS1和赤霞珠2：CS2，代表两个不同地块）通过评价，可以跟踪果粒成熟过程中的变化，确定果实采收时间；也可以比较不同葡萄园或地块的葡萄特征。

果实不同性状的评价见表4-9。

表4-9　果实不同性状的评价

样品/数据	CS1	CS2
果粒大小/mm	9	9
果粒干枯程度/%		
可变形性		
很软		
软		√
硬	√	
很硬		
果粒颜色/%/强度	100/高	100/高
果肉结构感		
水分太多		
多汁的		√
硬	√	
很硬		
葡萄干		
糖/酸平衡		
酸		√
平衡	√	
甜		
新鲜度		
是	√	√
否		
香气描述语/强度（1～5级）		
青草味	2	4
薄荷味	3	3
浆果味/黑醋栗味	3	2

续表

样品/数据	CS1	CS2
葡萄皮厚度		
薄		
中等		
厚	√	√
葡萄皮完整性		
易撕碎		
结实且柔软	√	√
结实且坚韧		
葡萄皮收敛性（1~5级）		
干涩的	3	2
干的	3	3
种子颜色/%	80	80
种子硬度		
易碎		
硬	√	√
很硬		
种子香气（1~5级）		
刺激性气味	2	3
青草味	3	3
饼干味		
坚果味和烤面包味		
种子收敛性（1~5级）		
干涩的	4	4
干的	3	4
葡萄浆果风味质量（1~5级）	4	3
备注：		生青特征

九、品尝葡萄浆果、葡萄汁、匀浆和提取物

1. 取样方法

（1）果粒或果粒的一部分。

（2）葡萄汁样品。

（3）果皮和果肉的匀浆。

（4）果粒提取物。

从全部果穗上取样，果粒数量可以是50、200、500个或更多，取决于需要的葡萄汁、匀浆或提取物的体积。

2. 品尝葡萄汁

（1）**葡萄汁糖、酸（白、红品种）**

①破碎或压榨足够的果粒，获取大约200mL的葡萄汁。

②静置或离心，获得澄清葡萄汁。

③品尝葡萄汁，评价糖酸平衡状况：酸、平衡或甜。如果感觉为新鲜的（不单调、不枯

燥、未受氧化或不愉快特征的影响），也记录下来。

（2）葡萄汁的香气　依据Jordan和Croser（1983年）描述的方法品尝和评价。

①破碎或压榨足够的果粒获取大约200mL的葡萄汁。破碎后立即加大约80mg/L SO₂和80mg/L抗坏血酸。

②离心，获得澄清葡萄汁；或加果胶酶溶液（两倍于厂家的推荐使用量），加速沉降，混合均匀。将处理的样品，全部装入合适的容器中，封口，放入冰箱过夜。

③把澄清葡萄汁小心地倒入葡萄酒杯中。

④对葡萄汁进行闻香和品尝，并对所检测的或特定的挥发性香气成分的强度和持续性进行评价（包括每类香气）：低、中、高；难以察觉的、微弱、中等强烈、强烈和非常强烈；分1~5级，5是非常强烈。

3. 品尝

品尝由果肉和果皮制备的匀浆物，并对其香气和收敛性（红葡萄）进行评价。

如果用整粒葡萄制备匀浆，因为种子中单宁成分很高，所以需除去种子。

（1）冷冻50或更多粒的葡萄样品。

（2）使用时取出果粒，让果粒适当融化，然后将其切为两半。用镊子除去种子。如果果粒仍部分冷冻，果肉应保持完整。

（3）把葡萄浆果样品（果肉和果皮）放入合适的容器中，制成果肉和果皮的匀浆，即为糊状。

（4）取部分匀浆品尝，如1~2g。将口中的样品分布于牙与上颚之间，评价香气，用公认的或指定的香气描述语来描述各种香气的强度以及干涩的持续性。吐出样品，评价酸涩的强度和持续性，并评价风味及其质量。

（5）根据先前描述的香气、收敛性和风味质量的评价方法，记录结果。

4. 品尝葡萄浆果提取物

用于评价（红葡萄）葡萄浆果提取物的香气和收敛性。

（1）破碎或压榨足够的果粒以获得大约200mL葡萄汁。量取葡萄汁的体积，用于品尝或化学分析。

（2）对果皮、果肉和种子的混合物进行称重，放入可用微波炉加热的合适容器中（如烧杯）。

（3）把上述容器放入微波炉中，加热大约45s，达到40~45℃。加热后的溶液称为提取物。

（4）向盛果肉、果皮和种子混合物的容器中，加入与量取的葡萄汁等体积的提取液（配制方法见后页）。

（5）将提取物转移至可封口的容器中，使提取物冷却至室温（大约25℃）。

（6）加入两倍推荐用量的果胶酶溶液，充分混合均匀。

（7）封口，使混合物在室温条件，静置大约12h或过夜。

（8）充分混匀，并将混合物过滤，分离出溶液。

（9）将溶液转移至量筒中或相似容器中，使所有的固体成分沉降，倒出澄清的提取物。

（10）对提取物进行闻香，评价所检测或特定的挥发性香气成分的强度和持续性。

（11）把部分提取物放入口中，并使其分布在牙间和上颚，停留5~10s，评价香气、干涩及其他口感的强度和持续性。吐出提取物，并评价干涩程度及其他的口感。

（12）记录香气的类型、持续性及口感。

①低、中、高。

②难以察觉的、微弱、中等强烈、强烈和非常强烈。

③1~5级，5是非常强烈。

这一过程并不能对果皮和种子的成分进行完全提取。果皮成分可能会优先提取。但是，如果处理的条件是标准化的，可以比较果粒的相对特征。

注：试剂配制方法

①提取液（7g/L酒石酸溶液和100mg/L SO₂溶液）：称取7g酒石酸，溶于100mL蒸馏水中。定量转移至1L容量瓶中。加入1mL 10%的SO_2溶液，定容至1L，充分混匀。

②SO_2溶液（10%）：称取20g偏重亚硫酸钾溶于100mL蒸馏水中，混合均匀。

③酶溶液：酶应具有果胶酶和浸渍酶活性。如果酶制剂是固体，需先配制成浓缩的存储液，以控制加入的量，避免稀释效应。

十、化学成分的分析

1. 葡萄汁可溶性固形物总量（波美度或白利度）

根据葡萄酒的潜在酒精度、所使用的酵母和酿酒方法确定葡萄汁波美度或白利度的指标范围。

2. 葡萄汁pH和可滴定酸度

确定葡萄汁pH和可滴定酸度变化范围，在酿酒过程是否需要调整酸度、pH。

3. 萜烯浓度

对于某些品种，如雷司令、玫瑰香和琼瑶浆，可通过色谱法分析葡萄汁萜烯浓度。浆果成熟过程中，葡萄汁中的萜烯水平会增加，达到峰值，然后下降。在成熟后期，对葡萄汁萜烯浓度进行粗略分析，有助于了解不同葡萄园葡萄的成熟模式，也有助于确定不同葡萄园葡萄汁的目标糖度和萜烯峰值水平。

4. 酵母可吸收氮

葡萄汁中存在不同类型的含氮化合物，包括铵离子、氨基酸、多肽、硝酸根离子、胺以及痕量含氮风味化合物，如甲氧基吡嗪。其中，酵母仅能利用铵离子和特定的氨基酸，因此，这两类化合物统称为葡萄汁的酵母可吸收氮（YAN）。

葡萄汁中每种含氮化合物的浓度，根据品种、种植区域和栽培水平而变化。葡萄汁中可吸收氮含量低，会影响酒精发酵速率，可能导致发酵迟缓或停滞，而且，与含硫化合物如H_2S的产生有关。低水平的氮限制了发酵过程中由酵母细胞合成的含硫氨基酸，如甲硫氨酸和半胱氨酸前体物质的合成。因此，由硫酸盐和亚硫酸盐产生的与这些前体物质结合的硫化物，聚集后从细胞壁扩散至发酵的果浆中。

研究表明，完成发酵需要330~480mg/L可吸收氮。葡萄汁、果浆的可吸收氮含量低于大约150mg/L时，需要补充（NH_4）$_2HPO_3$，以防止在发酵过程中形成H_2S。发酵过程中的添加量取决于酵母性质、葡萄汁含氮量和发酵条件。

5. 果粒颜色（红葡萄）

红色品种果皮中花色苷的浓度可通过对葡萄浆果样品进行均质，并采用近红外（NIR）技术测定。或者以1mol/L HCl酸化的50%乙醇溶液提取匀浆的花色苷，通过分光光度法测定红色强度。

通常，黑品诺和其他生产轻度至中等红色葡萄酒的品种，葡萄花色苷值变化范围在0.4~1.4mg/g。

西拉、赤霞珠和其他生产中等至深色葡萄酒的品种，葡萄花色苷的变化范围在0.5~2.4mg/g。生产深色葡萄酒要求葡萄花色苷值大约在1.7mg/g以上。

研究葡萄颜色值和葡萄酒成分、风格和质量之间的关系发现，花色苷值从低到中等（如每克葡萄浆果0.3~1.4mg），比花色苷值从中到高（如每克葡萄浆果1.6~2.2mg），葡萄浆果颜色和葡萄酒风格质量之间的关系更密切，当葡萄浆果颜色值足够用于生产深色葡萄酒时，特定的芳香和口感特性变得与果粒颜色一样或更重要了。

第六节　果实分析指标的利用

一、全面了解葡萄的质量状况

（1）可以评价产区、品种表现及其特性。

（2）确定酿造酒的类型及制定酿酒工艺。

（3）比较不同葡萄园管理措施的效果　对葡萄园特征的评价，可包括产量、葡萄根系长度、生长状况以及果穗的曝光情况等，如，不同灌溉水平下果粒重量的变化，或摘除果穗周围的叶片引起的果粒颜色以及感官性质的变化。可用统计方法来分析处理措施对葡萄质量是否有显著的影响。

（4）评价葡萄分值与葡萄酒特性之间的相关性　可采用相关分析、回归分析、多元回归分析等方法分析葡萄指标与葡萄酒特性的相互关系，例如，葡萄颜色和葡萄酒的评分，葡萄汁波美度、果粒颜色和葡萄重量的组合与葡萄酒的评分等之间的关系。

二、确定葡萄的采收期

1. 确定采收期的原则

首先是理化指标的客观标准，其次是根据果实外观、质地和香味表现，从主观上判断成熟度。例如，中等成熟的葡萄果实比充分成熟的葡萄果实酿造的葡萄酒具更多的果香，但结构感差。除了果皮，不管成熟与否，大多数品种的果汁（除了麝香品种）是没有气味的。此外，某些品种的品种特征香气（来源于前体物质）只有在发酵或陈酿过程中才能表现出来，甚至在充分成熟的果实中也很难检测到。

糖、酸含量已经成为判断果实成熟度和采收期的标准指标，对于红葡萄品种而言，还有色度指标。在温带气候区，糖/酸一般被优先用作果实成熟的指标，因为，这两个指标向有利方面的变化是同时发生的，因此，它们是指示品质的一个很好指标。在冷凉气候区，含糖量不足是首先需要关注的问题，因此，达到要求的水平被作为首要的采收指标；在炎热地区，充足的含糖量是该区葡萄果实的典型特征，但要避免pH升高是至关重要的。因此，对酿造白葡萄酒而言，采收期确定为pH不超过3.3，对酿造红葡萄酒而言，采收期确定为pH不超过3.5。

糖除了对于发酵很重要外，葡萄可溶性固形物含量与品种香气的产生和发展也有相关性。但并不是说，葡萄含糖量越高，葡萄酒香气越浓。

由于花色苷和单宁对红葡萄酒质量的重要性，故其常常作为评价葡萄品质的一个指标。此外，浆果的平均大小也常常被作为葡萄酒颜色和风味潜力的一个指标，这是由于浆果体积与浆果面积之间的负相关关系，而花色苷主要存在于果皮。葡萄果实中酚类物质的含量与其酿造的葡萄酒的质量相关性很小，大概是由于快速、准确测定少量葡萄果实样品中的多酚有困难，特别是预测酿酒工艺对多酚的吸收、保留以及在葡萄酒中的理化状态的影响更困难。

对某些品种来说，当糖酸含量达到合适的水平后，葡萄果实中的挥发性单萜含量会持续增加数周。对某些桃红葡萄酒，水果香气与3-巯基-1-己醇、3-巯基-己基乙酸酯及乙酸苯乙酯有关。前两者源于葡萄浆果中的一种前体物质，后者是一种发酵产物。因此，前体物质的浓度可作为一个重要指标来指导葡萄的采收。但是对大多数品种而言，没有简单测定葡萄果实品种香气的方法，这一特性只有在发酵过程或发酵结束后才能表现出来。

在香气发展与最佳的糖/酸平衡不一致的时候，需要比较特殊香气成分对感官影响的重要性，糖的可接受性以及酸的改良方法。例如，在酒精度是评价葡萄酒质量的一个重要法定指标，并且加糖不合法的地方，在葡萄达到适宜糖度时采收，比葡萄果实的香气成分更重要。如果香气是首要的质量指标，当香气含量达到最佳时采收，而在破碎后调节糖和酸的含量也许更合适。

另一个确定采收时间的潜在指标是糖基葡萄糖（G—G），因为，很多葡萄果实的香味成分与葡萄糖分子弱结合，评估G—G含量可以得到浆果香气潜力的测定值，因此，G—G含量比挥发性萜烯类含量更重要。

葡萄果实品质依赖于其化学指标的均一性，而成熟度的广泛变异会否定由不恰当的取样所得到的成熟度指标。将成熟葡萄的异质性最小化是葡萄种植者的主要任务之一。如果葡萄园内差异性非常大，则需要调整随机取样的方法，例如，生长势强的和生长势弱的葡萄植株分别占葡萄园面积的25%和15%，那么25%的葡萄样品就应该从生长势强的区域随机采摘，而10%的样品在生长势弱的区域随机采集，其余果实从长势中等位置采摘。通过调整采样方法，能更准确地反映葡萄采收时的产量和质量。对于葡萄园的不同区域，这也是选择采收时间的依据。

2. 如何判定葡萄的成熟度

从理论上来说，当葡萄达到了期望的成熟质量时后，就应开始采收。但实际操作时，需要考虑在葡萄成熟度与健康状况、酿酒类型、气候和酒庄的后勤保障等因素均合适时开始采收。但葡萄成熟度的检测是整个采收计划的基础。确定最佳采收日期是基于两种成熟，一是葡萄生理上的成熟，也就是酒精度和酸度的平衡；二是酚类物质的成熟，它决定了单宁和花色苷的质量。然而，这两种成熟期总是存在差异，酿酒师可以根据口感来判定两者的最佳结合点。具体来说，酿酒师首先通过糖度仪来测葡萄的潜在酒精度，然后，在实验室中对200颗葡萄颗粒进行更精确的检测。最后，通过对葡萄进行专业的品尝后来判断其酚类物质的成熟度。

成熟葡萄是成功酿造葡萄酒的必要条件。好的成熟度表现为：葡萄皮颜色深沉，成熟的黑色浆果香气，例如品诺（Pinot）散发甘草和香料香，口感应该饱满无刺激感，这样酿出的葡萄酒才会结构感强，酒体平衡。其中高质量的单宁会更集中、纯美、丝滑、和谐。过度成熟的葡萄有时会酿出沉重、无活力、老化加快的葡萄酒。而如果采收过早或是产量太大，会使葡萄不够成熟，酿出的酒呈现青涩、草本的气息，在口中的质感和单宁显得干硬、涩口，在葡萄未充分成熟的情况下酿出的酒也很难真实表现风土的特性。

通常，通过与历史数据和经验比较，评价果粒重量、葡萄汁浓度（波美度或白利度、pH和可滴定酸度）、果粒颜色和果粒大小。

当比较葡萄园或部分葡萄园时，不能期望所有果粒特征在评价表中的得分都不同。通常，诸如果肉结构感、完整性、果皮厚度和种子颜色及收敛性等特征的得分都相似，因此，不能单独作描述指标。但是，当作为一系列指标使用时，它们仍然很重要。更常见的是，在果粒大小、重量方面观察到差异，并在芳香和风味质量方面品尝出差异。

当选择酿造酒体平衡的霞多丽以及水果特征的霞多丽时，应关注一系列期望的特征，如坚硬的果肉结构感，酸的新鲜感和存在榅桲、橙子和梨的香气，因为这些葡萄特性对葡萄酒目标风格很重要。

对于某些品种，应关注所谓的“生青”特征的存在——如果肉、果皮和种子中存在西瓜味，品尝种子和果皮时的粗糙味觉。当确定采摘时间时，经常会等这些特征的强度减少或消失，以及更理想的特性增强。

例如，对种植不同砧木的两块赤霞珠地块的评价是：

地块1：果粒小，结构坚硬，轻微的青草味，强烈的浆果特征，酸味柔顺，中等收敛性。

地块2：果粒大，结构坚硬，更多的青草味，比地块1葡萄的浆果特性少，酸味柔顺，中等收敛性，全面展现某种生青特性。

同时进行化学分析：地块2较地块1的葡萄汁的波美度略低。综合评价结果，决定分别对两地块进行采摘。采摘时（两块地均在第一次评价大约两周后），地块2的葡萄汁糖度较地块1的依然略低。尽管依然可察觉生青的特征，但已减轻，浆果的特征加强了。采摘时，尽管认为地块2仍比地块1有更多生青特征，但评价之间的差异较少。

对果皮提取物的香气和收敛性的评价，按与描述的果粒评价相似的模式。但这种情况下，更易于判断收敛性的强度以及提取物在口中的重量：地块2的提取物表现出一些生青的特征，持续时间短，涩感少。

世界上没有十全十美的产区或年份，例如，在新疆天山北麓产区，常常会出现糖高、酸低、酚类物质不完全成熟、香气减弱的情况，宁夏也会出现糖度过高及酚类不够成熟的情况。此时，就应该根据葡萄的状况，确定合理的酿酒类型，兼顾糖、酸、酚类成熟度及香气，使其达到适宜而平衡的水平。

3．常用感官判定法

一般先品尝果肉，再品尝果皮和种子。在口中咀嚼的次数（10～15次）所获得的感觉都应保持一致。步骤包括：

（1）外观及触觉　果皮颜色、硬度，果粒是否脱落等。

（2）果肉口感　糖、酸、粘连度，香味等。其变化过程依次为：生青味重，有果香到果香中等，再到果酱味浓到很浓；葡萄充分成熟后，果肉香气浓郁，且具有品种典型性，例如赤霞珠未成熟时会带有浓重的青椒味，成熟的赤霞珠则带有桑葚、覆盆子的甜香，品尝时，香甜浓郁，果肉不粘连，无生青味。

（3）果皮口感　硬度、酸度、单宁、涩味、香气等；了解香气、单宁质量及有无生青味等。其变化为：开始果皮色浅，果皮硬，生青气味重，味酸，发干，单宁感弱、粗糙；到咀嚼果皮化渣，着色均匀，琥珀黄或黑色，果酱味浓到很浓，用拇指和食指压迫果粒，果汁色重；再到无酸味和干感，单宁细致。葡萄充分成熟后，果皮变软，与果肉易分离，红葡萄果皮颜色呈深紫红色或黑色，着色均匀一致，带有浓厚的果粉；白葡萄果皮由绿色变为金黄色或琥珀黄色，呈透明状，咀嚼时果皮化渣；果梗充分木质化，呈褐色，易与果实分离。

（4）种子　颜色、硬度、单宁，主要是其味感。其变化从开始的种子绿色或黄绿色，到深褐色。咀嚼时无明显的苦涩感，能闻到榛子等干果的香气，与果肉易分离，炒香味浓。

第五章

葡萄酒
酿造技术

第一节　葡萄酒酿造基本工艺

葡萄酒酿造就是将葡萄除梗破碎，经过或不经过果汁与果皮的浸渍，完成酒精发酵的过程。所以，浸渍就成了白葡萄酒、桃红葡萄酒、红葡萄酒区别的主要工艺。

对于白葡萄酒，很少进行浸渍或将浸渍控制在几小时范围内，从破碎的葡萄中自行流出的果汁通常会与压榨释放的果汁结合使用。通常自流汁和第一道压榨汁混合并在一起发酵，第二道及重压汁分开发酵。

对于红葡萄酒，通常进行果皮与果汁的浸渍，而且这种浸渍与酒精发酵同时进行。酵母作用产生的酒精会增强花色苷的浸提并促进种子和果皮（渣）中单宁的提取。浸提的酚类化合物为红葡萄酒提供了外观、风味和骨架的基本属性。此外，乙醇也会加大果肉和果皮中香气组分的释放。在酒精发酵部分或完全结束后，自流汁在重力的作用下自行流出，与不同压力下获得的压榨汁混合，二者混合的比例取决于所要酿造的葡萄酒类型。

桃红葡萄酒是由红葡萄在发酵前经过短暂的浸渍酿造而成。将破碎的葡萄皮与汁在低温下短暂地接触，直至浸提出足够的颜色（通常12~24h）。随后，自流汁被抽提出，像白葡萄酒那样进行发酵，或者将葡萄进行整果压榨（限制颜色浸提的缓慢压榨）。当葡萄颜色比较浅时，可将葡萄汁与果皮一同发酵，直至浸提到足够的色素，自流汁随后的发酵不再与果皮进行接触。

随后的酒精发酵是在自然或人工接种酵母的条件下进行的。酵母一方面产生酒精，另一方面也会产生酒香和葡萄酒典型的风味特点。

酒精发酵结束后，对大多数红葡萄酒和少量的白葡萄酒，可以从苹果酸-乳酸发酵中受益。但对大多数白葡萄酒，为了保留果香及增加其清爽感的酸度，不宜进行苹果酸-乳酸发酵。对于温和及炎热产区的葡萄酒，通常也不需要并且不希望进行苹果酸-乳酸发酵。通过添加二氧化硫、早期澄清和低温储藏等，可以抑制苹果酸-乳酸发酵的进行。

储存过程中，会发生过量二氧化碳的散失、酵母味的消失及悬浮物质的沉淀。

根据葡萄酒的类型进行不同的后期处理，进入木桶陈酿或不锈钢罐中储藏。在这一过程中，要对葡萄酒进行分离，以将葡萄酒与沉淀物分开。对于达到装瓶质量的葡萄酒，要进行冷冻、澄清、过滤等处理，并使其达到稳定，感官质量达到或接近适饮标准。

作为主要的葡萄酒类型：干白、桃红、干红葡萄酒，它们之间主要工艺差别如图5-1所示，每种酒酿造的基本工艺分别见图5-2、图5-3、图5-4。

酿酒工艺的确定，首先要充分了解原料的特性，其次是要明确酿造酒的目标；并围绕这一目标，从葡萄成熟度检测开始全过程控制。

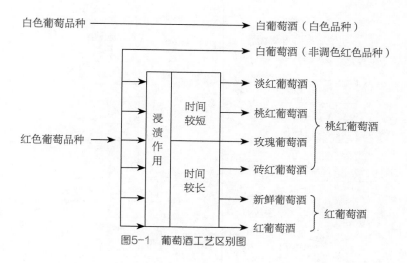

图5-1 葡萄酒工艺区别图

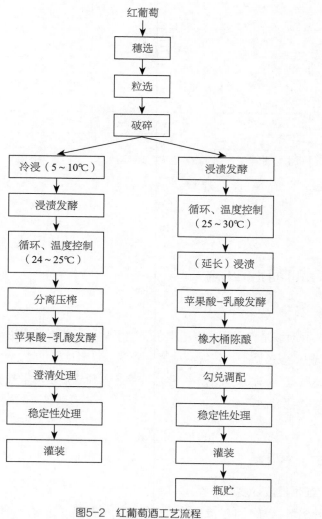

图5-2 红葡萄酒工艺流程

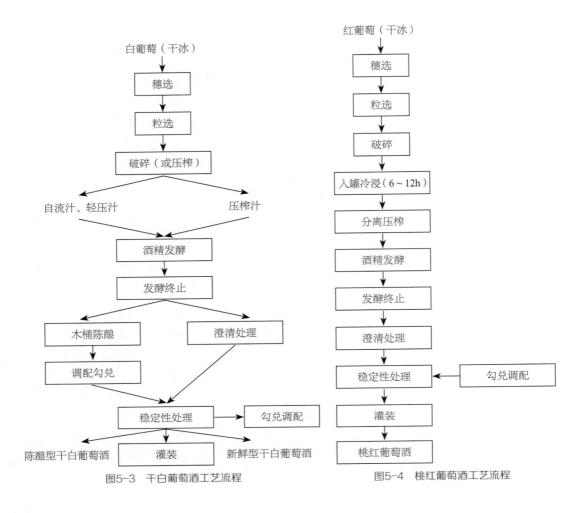

图5-3　干白葡萄酒工艺流程

图5-4　桃红葡萄酒工艺流程

第二节　红葡萄酒酿造

优质红葡萄酒应该是在保证一定的颜色强度下，尽可能多地浸提出葡萄皮中的"优质单宁"，并在良好的贮藏条件下，获得酒精度、酸度、单宁及花色苷之间的平衡。

要达到上述质量要求，其工艺条件包括：控制葡萄成熟度及采收质量，合理的浸渍与酒精发酵，苹果酸-乳酸发酵，橡木桶贮藏等。

一、葡萄质量

1. 葡萄应在最佳成熟度时采收

不同的成熟度对应着不同的成熟状态：果肉的成熟度对应着最适的糖酸比；种子在转色

之后很快达到其生理成熟度；果皮的成熟度是酚类物质与香味物质达到最大浓度时的状态；干红葡萄酒要求有最易于浸渍的单宁，而这些单宁只有在含糖量达到足够高时方能获得。

2. 葡萄的糖、酸含量

葡萄的含糖量以自然产生酒精度12%vol为标准，最高加糖量产生的酒精度不超过2%vol。所以，在多雨地区，其含糖量应该分别达到210g/L和180g/L；而在炎热地区，葡萄的潜在酒精度往往能达到14%~15%vol。

葡萄的最适含酸量为6~7g/L，pH3.2~3.5。酿造新鲜葡萄酒时，为了获得良好的果香，含糖量可适当降低，而酸度要适当高；陈酿型葡萄酒为了获得优质而成熟的单宁，通常含糖量要高一些，含酸量低。

3. 葡萄多酚

与浸渍相关的核心指标是葡萄中多酚类物质的含量及其成熟状态。而多酚与葡萄品种、葡萄成熟度、风土以及是否有病害密切相关。其中，适宜的葡萄成熟度对多酚物质的积累至关重要。气候对酚类物质的积累起着重要的作用，尤其是光热条件。另外，种植技术也会影响到成熟度，比如产量、树龄等。对于幼龄葡萄树来说，酚类物质的积累会受到限制，因此，高档葡萄酒的酿造还是需要相对老龄的葡萄树。

不同的风土条件下，获得最佳质量对应的产量是不同的，通常最佳的质量都是在较低的产量下获得的。在很多情况下，亩产量与质量不一定总是成反比。在有年份概念（即年份间气候差异大）气候温和的产区，葡萄最好的质量有时也会出现在产量较高的年份。相反地，低产年份不一定必然生产高质量葡萄。另外，在讨论亩产量时，必须要考虑种植密度。当每株葡萄树的产量超过一定值时，葡萄的糖度就会降低。所以，对于贫瘠的土地，传统上成功的种植密度会达到667株/亩，这样可以通过控制株产，即保证质量的前提下同时获得满意的亩产量。在新世界国家，例如智利、澳大利亚，光热资源非常充足，低密度高株产种植的葡萄也会正常成熟，同时还能保证亩产量。而在国内宁夏、新疆等地，葡萄需要埋土，一般行距3.5m，株距0.8m，这样一亩地大约能种植240株，这样的种植密度，要想获得理想的产量，只能增加株产量。但由于生长期并不长，成熟条件并不理想，所以，往往需要通过控产及延迟采摘来获得可以接受的成熟度。一些葡萄品种相比其他品种由于产量增高而导致的香气变化会更加明显，如品丽珠会比赤霞珠表现出更多的植物气息。

在生产实践中，增强葡萄生长势的操作（比如施肥、选用砧木、修剪等）会延迟成熟。秋天的葡萄园，若放眼望去满园鲜绿，葡萄的成熟度往往不好。特别旺的生长势和过多的降雨会导致果粒膨大、产量过高。当每株葡萄树产量过高时，酿造出的酒就像被水稀释了一样，颜色会很浅。因此，可以采用很多技术措施来纠正产量过高带来的缺陷，比如疏串。但疏串的时机也很重要，如果在葡萄坐果与转色之间疏串，保留下来的果粒会膨胀，从而抵消疏串的效果。有实验表明，疏掉30%的果穗，总产量只能降低15%。

多酚类物质除了浓度，其特性也会在浸渍阶段起关键作用。多酚物质的成熟度往往与果粒中多酚物质的最大积累量正相关。葡萄皮中花色苷的潜在溶解度也与成熟度有很大关系，成熟度越高，花色苷越容易浸出。单宁的口感质量与葡萄的成熟度直接相关，完美的多酚物质成熟度不仅能提供最大的单宁浓度，也能提供柔软的、不过于强烈的、没有苦味的单宁

（即优质单宁）。

风土条件及品种是决定多酚物质成熟度的最重要因素，以赤霞珠为例，在偏冷凉的气候条件下，不成熟的单宁会带来典型的植物气息。但在过热的气候条件下，赤霞珠也会出现生青感，原因是过热的气候会使糖快速积累，即使糖度高达260g/L，单宁尚未达到最理想的成熟状态，此时的葡萄酿成的酒中单宁却不够细腻。

成熟度的判定可以在葡萄成熟前几周开始监测果实的糖、酸含量，通过与经验值对比来判断是否成熟。后期去葡萄园品尝葡萄，尤其是品尝酚香的变化，若品尝起来酚香不足，就应该推迟采收时间，推迟采收时间必然导致糖的升高和酸的降低，所以说，在实际中，当糖、酸、酚类指标发生矛盾时，应以糖、酚类为标准，酸度可以通过调整来解决。

4. 葡萄采收时应该避免的异常状况

（1）没有达到工艺成熟度或成熟度不一致；颜色浅，酚类物质未成熟，种子未完全成熟等，带给葡萄酒青草、青梗、青椒等不良香气及口味寡淡。

（2）浆果腐烂，腐烂果穗固体部分比例高。

（3）波尔多液、含磷、含氯农药等残留。

（4）铜、钙、硫等稳定性隐患。

（5）酒香酵母、乳酸菌等污染。

（6）其他异味。

优质葡萄除了成熟良好外，果粒应健康、完整、新鲜、均一、无腐烂、无异物等。由于除梗机不能去除未成熟的（生青的）、氧化的（褐变的）、干化的或其他类型不符合标准的浆果，所以这一状况可通过采用自动分选设备而改变，该设备可以辨别果实的颜色/大小，并对不良物质进行分类和去除。

二、浸渍方式

浸渍对于红葡萄酒至关重要。及早饮用的果香型酒，浸渍3～5d就可以获得足够的颜色，避免过多单宁，但也浸提到了充足的果皮单宁来促进颜色的稳定。而对陈酿型干红，浸渍不但包括酒精发酵后的浸渍，还包括酒精发酵前的冷浸渍。

葡萄酒的颜色强度通常在浸渍的第6天达到最大，而酚类化合物在整个浸渍过程中均持续上升，大约15d会达到其溶解的暂时高峰，15d后会达到其萃取的第二个阶段，更长的浸渍时间与大分子质量的单宁浓度升高有关，也可能会增加不良风味物质的萃取，例如甲氧基吡嗪。对于成熟度比较好的葡萄，当含糖量降至4g/L时延长浸渍3～7d；用于长时间陈酿的葡萄酒通常会与皮和籽一起浸渍长达三周。延长浸渍会导致游离花色苷含量的下降，但是通过促进其与原花色素的早期聚合，可以增强其颜色稳定性。长期浸渍会增强赤霞珠葡萄酒的浆果风味，减少其不理想的青豆/芦笋特点。改进颜色的另一项技术是在发酵过程中向果汁中添加额外的果皮/籽和果实，能够增强葡萄酒的品种香气、风味及颜色稳定性，添加量不超过原果汁中皮渣量的1/3。

在后期浸渍过程中应保证发酵罐满罐状态，防止醋酸菌等杂菌繁殖而导致挥发酸的上升。

用浸提指数和籽成熟指数可以帮助判定浸渍时机，前者是测定pH3.6和pH1.0的花色苷，而后者反映了颜色的稳定性，可以通过SAINT-CRIQ提出的Glories指数方法测定。

1. 冷浸渍

冷浸渍是为了获得较好的果香，往往采用5～10℃浸渍3d。冷浸渍虽然缓慢，但能够更多地促进多酚类物质，特别是花色苷的浸提。浸渍的第二天，就会出现悦人的颜色，而且越来越深。同时，果香越来越复杂，越来越浓郁，例如黑品诺，当采用较低的冷浸渍温度时，能够加强甜润的黑色浆果的特点。而较高的冷浸渍温度，往往会出现苦的、黑胡椒等特点。这一技术会增强颜色，风味物质会变得更加复杂与强劲。

但是，冷浸渍会促进野生酵母的发展，特别是酒香酵母。这种酵母在冷浸渍的温度下，依然能够适应，当冷浸渍结束后葡萄醪温度升高，它能够迅速繁殖，引起野生酵母的发酵。可以先添加一半的活化酵母，在冷浸渍前就加入葡萄醪中，让人工驯化的酵母占主导，不给野生酵母占优势繁殖的机会。

2. 撤汁法

撤汁法是提高单宁浓度的有效方法，通过抽掉10%～20%的果汁，增大了皮渣对汁的比率，同时也会增加颜色强度，但该方法应谨慎使用，因为过浓的汁会产生过于强壮的单宁。汁子抽取的比例要考虑葡萄皮的质量，比如成熟度、是否生青、是否健康等，抽取的汁可用来做桃红葡萄酒，以避免浪费。

3. 热浸渍

热浸渍工艺可以解决颜色不足的问题，通过加热表皮细胞，能够促使更多的色素浸提出来，而且还能够去除生青味。另外，在雨热同季的产区，对葡萄园管理不善会带来霉变，此时，采用热浸渍能够很好地去除霉味，并除掉漆酶带来的色调很快变棕的问题。

热浸渍适于花色苷含量较低的品种、成熟度差及灰霉病比较重的原料。一种方法是将完整的葡萄或除梗破碎的葡萄加热到50～80℃。也有将葡萄整果暴露于蒸汽或开水（闪蒸），处理1min。此时，仅仅将含有色素的果实外层组织加热到80℃，后降温至45℃下保持6～10h。通常是将果皮与皮渣快速加热到55～70℃，保持30～60min，温度越高，持续时间可越短，如果想保持果香，温度最低可至50℃。加热过程中，可以搅拌也可以不搅拌；对于一些特别优雅的品种，例如黑品诺，通常在32℃下加热12h，加热后葡萄醪立即压榨果汁，随后将果汁冷却，将分离出的葡萄汁按白葡萄酒工艺发酵，低温发酵更有利于果香的产生和酵母活力的保持，使发酵罐容被充分利用，节省劳动力，能够大幅度提升酒厂的产能。

但对于感染霉菌的葡萄，一定要快速加热到60℃以上，低于这个温度，不但灭不了酶活，还会加快它的反应速度。

热浸渍能够产生很深的红色，特别是对于有些产生蓝色调的杂交品种葡萄，能够去除蓝色调。它对于酒精发酵及随后的苹果酸-乳酸发酵都有促进作用，能够大大减少收敛性，降低生青感，也能减少法美杂交品种的植物香和青草香，更好、更多地表现出葡萄本身的果香。但热浸渍并不能够像促进颜色浸提一样来促进单宁的萃取，这种酒刚装瓶时颜色亮丽，果香四溢，但在瓶中一年后，颜色衰减很快，果香也变得很弱了，所以，主要用于生产新鲜型早消费的葡萄酒。可以将用传统方法酿造的红葡萄酒与热浸渍工艺酿造的红葡萄酒勾兑，这样增加了单宁的含量，很好地固定了颜色，也大大增加了口感的厚实感，延长了货架期。

热浸渍也会产生不良的蓝色和蒸煮味，应严格隔绝氧气以及尽可能缩短加热持续时间。同时，热浸渍也遇到澄清与过滤困难，需要在汁中添加果胶酶以利于后期的澄清与过滤。

热浸渍与传统酿造法的结合更适合规模大的酒厂，不但能大幅提高质量，也能大大提高工作效率。

4. 二氧化碳浸渍法

二氧化碳浸渍工艺是将整粒完好的葡萄浆果保持在充满CO_2气体的密闭容器中，使葡萄细胞进行厌氧代谢，即在葡萄浆果酶系统作用下的"细胞内发酵"以及其他物质的转化，并进行单宁、色素的浸提。

将整粒葡萄放入充满二氧化碳的罐中，经过浸渍、"细胞内发酵"、酒精发酵，葡萄酒可以获得独特的风味：樱桃味、李子味，口味柔和、圆润。

整粒葡萄不除梗，或只除梗不破碎，让其完好无损地进入密封好的罐中；尽量降低浆果的破损率是保证CO_2浸渍质量的首要条件。

装罐之前，先加入占罐容量10%正在发酵的葡萄汁，以对原料进行酵母菌接种，并且通过酵母菌的活动，保证不断地在罐内产生CO_2气体。在装满原料以后，从罐下部通入罐容积3～4倍的CO_2。

装罐时也可将破碎原料和整粒原料一层一层地相间加入，效果较好。但要使葡萄酒具有明显的"CO_2浸渍"特点，破碎原料的比例应低于15%。

为了抑制细菌的活动，装罐时要对原料进行30～60mg/L的SO_2处理，有时也可达80mg/L，处理时，应一边装罐一边加亚硫酸。

在葡萄酸度较低的地区，在开始进行CO_2浸渍时，应对原料进行加酸处理。因为在CO_2浸渍过程中，由于苹果酸的分解，导致总酸下降和pH上升，加酸处理不仅可保持一定的总酸量，而且可降低pH，提高葡萄酒对细菌的抗性。加酸处理可用酒石酸，用量为500～1500mg/L。

浸渍的最佳温度30～35℃，浸渍时间根据温度情况，可为6～15d。浸渍温度为20℃时，浸渍时间较长，需15d左右，有时甚至可达18～21d。如果温度为30℃，则时间较短，需8d左右。如果在装罐结束以后，浸渍罐基部葡萄汁的温度低于20～22℃，就必须迅速地进行升温。延长浸渍时间，也可获得与升温同样的效果。

在CO_2浸渍过程中，除每天应测定浸渍温度和罐基部的发酵汁的密度外，还应测定总酸、苹果酸含量的变化，以及观察颜色、香气和口味的变化，以便及时进行控制，并决定出罐时间。

当基部葡萄汁相对密度降到1.000～1.010或1.020时出罐，分离葡萄汁，使其在18～20℃下完成发酵。

由整粒葡萄经压榨获得的压榨汁要优于自流汁。因此，在二氧化碳浸渍过程中，应尽量提高整粒葡萄的比例。

5. 闪蒸技术

闪蒸技术是利用高温液体突然进入真空状态，体积迅速膨胀并汽化，同时，将温度迅速降低并收集凝聚的液体，即在最短时间内，将经除梗的红葡萄原料提高到70～90℃，然后在低压下瞬间降低到适合的发酵温度（低于30℃）进行发酵。

闪蒸设备见图5-5。

图5-5　闪蒸设备

通过该技术的处理，葡萄醪液得以迅速冷却并急速蒸发，从而使葡萄皮组织完全解体，使得色素、单宁、酚类等重要物质充分释放。与传统技术相比，该技术加强了色素和酚类物质的浸提，提高了干浸出物的含量。酿造的红葡萄酒不易发生氧化、破败。

"闪蒸技术"用于红葡萄酒的酿造。首先，对葡萄醪液快速热处理，一般不超过4min，而葡萄醪液温度将高于80℃，然后进入气压约-0.9Pa的真空罐内瞬间爆破汽化，与此同时，醪液的温度降低至35～40℃。

经过加热的葡萄醪液不间断地被送往真空罐，在真空罐内的负压环境下几乎瞬间冷却，并迅速产生葡萄汁蒸汽，随后，葡萄汁蒸汽中的香气又被冷却并重新回流到葡萄皮渣中，以此恢复葡萄原料原有的果实香气。

在该技术中，葡萄果实中酚类化合物提取率的高低，完全取决于热处理的程度、真空汽化的综合强度以及发酵时间的长短。

高质量的葡萄原料，经闪蒸技术处理后，待发酵的葡萄汁液中富含更多的香气、色素、单宁。酿出的葡萄酒更适合长期陈酿。对于一般质量的葡萄原料，闪蒸技术处理后，提高了原料品质，增加了红葡萄酒的色泽，而且色素稳定性强，更多的成熟单宁使口感更丰富。

需要注意的是，闪蒸技术对葡萄固体部分浸提不是选择性的，即在浸渍"优质单宁"的同时，也提取了"劣质单宁"。因此，对于质量差的原料，该技术只会强化葡萄酒质量缺陷，降低葡萄酒质量。

6. 自喷浸渍酿造法（Auto-sprinkle Maceration）

红葡萄酒的传统发酵，是利用循环、喷淋、倒罐等方式，实现罐下部（或底部）的汁液对上部果皮（皮渣）的喷淋，达到对果皮物质的浸提。

自喷浸渍酿造法是酿造红葡萄酒的一种方法。它是采用特殊的酿造设备［嘉尼米德发酵罐（Ganimede），图5-6］，利用发酵过程中产生的高达40～50L CO_2/L葡萄汁的动力作用对皮盖进行持续柔和的搅动和定时剧烈的冲击搅拌，保证在不损伤果皮和种子的前提下，更加有效地提取葡萄中的有益物质，实现对皮渣内酚类物质的充分、可控浸提，从而提高葡萄酒的质量。

其原理是：红葡萄醪在发酵过程中，被夹套冷却的发酵液沿罐壁下沉，遇到锥形隔膜，沿着隔膜朝罐中心处聚集。由于隔膜旁通阀关闭，隔膜下腔集满发酵产生的CO_2气体，并且在隔膜中心的脖颈处形成大气泡向上升起。在此处积聚的部分冷却的发酵液也随着气泡上浮。在隔膜中心的其余冷却发酵液继续下沉，通过隔膜脖颈，与隔膜下部中心部位的发酵液混合，隔膜下部的冷却夹套冷却罐壁处的发酵液，通过对流热交换作用也有助于下部温度的均衡，获得全面均衡的热量分布和温度控制。通过控制上下部CO_2气体的交换，有利于均衡上下温度，实现对浸提过程和温度的有效控制。

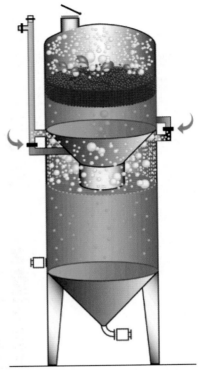

图5-6　嘉尼米德发酵罐示意图

利用该项技术，一是可对葡萄或果浆预浸渍，以增加果香和浸出物的溶出，同时可避免因发酵启动迟缓而导致果浆氧化产生挥发酸；二是可为发酵醪增氧，以保持酵母的持续活力，使发酵完整和彻底，而且发酵期间可随时排放掉葡萄籽以防止收敛性较强的单宁溶入酒液使酒口感苦涩；三是设备结构简单，操作方便灵活，节省能源。

使用这种发酵罐时，发酵初期，由于产生的CO_2比较少，难以实现皮渣的上下循环，可以充入N_2或CO_2加强循环；另外，在气温比较冷凉的情况下，该发酵罐的作用难以发挥。

7. 葡萄醪保护与添加酶

在入罐前，发酵前或后期延长浸渍阶段，需要使用干冰、N_2和CO_2对葡萄醪进行保护。

发酵前倒罐以混匀之前加入原料中的SO_2，并降低葡萄醪中的SO_2，以利于酵母在葡萄醪中快速繁殖，尽快启动酒精发酵，另外，也能混匀正在增殖的酵母，使之均匀地分布于发酵基质中。

葡萄酒在发酵时添加果胶酶能够促进果皮中颜色、多酚类物质（花青素、优质缩合单宁）、香气物质和多糖物质的浸提，提高出汁率，提高澄清度。不同果胶酶中功能酶种类不同：果胶裂解酶分解果胶，释放甲醇；葡聚糖酶会促进果汁或葡萄汁的澄清，也可用于促进酵母更早自溶，释放甘露糖蛋白和其他细胞成分；有些果胶酶制剂也具备β-葡萄糖苷酶活性，可释放糖苷结合态香气成分。所以，选择果胶酶时要根据使用目的及酶制剂的特性进行选择，以最大限度地发挥作用。

温度对果胶酶活性的影响很大，通常果胶酶活性的理想温度为45℃，但对葡萄酒酿造而言，此温度是不适宜的。通常葡萄酒酿造的理想温度为14～32℃，而白葡萄酒的发酵温度更低（14～20℃），这对果胶酶的活性影响很大。通常在低温条件下会产生两个结果：一是葡萄汁的黏度增加会降低固体物质的沉降速度；二是果胶酶活性下降。

对大部分果胶酶而言，最理想的pH为4.5左右，而这个pH在葡萄汁中基本不可能出现。通常，果胶酶作用于葡萄汁或酒的pH为2.9～3.5。不同的pH对果胶酶活性的影响很大。如果pH过低（pH＜3.2），果胶酶的活性会下降，应通过增加果胶酶用量来达到最佳处理效果。特别提示，针对pH高于3.7的葡萄酒，果胶酶的活性显著增强，但在实践中却会由于静电现象而导致沉降困难。

三、浸渍管理

浸渍过程中，浸渍温度、循环频次与浸渍时间是最主要的控制参数。

酒精发酵后的浸皮是关键中的关键，葡萄良好及一致性的成熟度、良好的卫生状况使得进罐葡萄的单宁成熟度较好，因而浸皮可获得优质、细腻的单宁。

依据葡萄耐浸渍的潜力，确定所要酿造葡萄酒的类型：果香型或陈酿型，根据不同类型来采取不同的浸皮工艺。

循环可以采取少时（30min/次）多次（6～8次/d）或少次（3次/d）多时（1～2h/次）的方式。其主要取决于品种特性和所要酿造的葡萄酒类型。发酵开始前，每天循环总汁量的2倍汁；发酵中期，每天循环总汁量的汁；发酵后期，每天循环总汁量的1/2汁，分三次进行。在延长浸渍阶段，每天做一次淋帽，时间不用很长，根据罐容和泵的流量，3～5min即可，要保证能淋到酒帽表面；每次淋完帽后要充CO_2，隔绝帽与空气的接触，抑制好氧微生物的繁殖。

对于酿造果香型酒，温度可控制在24～25℃，7～15d；陈酿型可采用27～29℃，14～30d。对于成熟度高、卫生状况较好的原料，温度可控制在30～32℃。

现代发酵工艺倾向于长时间轻柔的循环与浸渍，控制开放式循环，只在酵母繁殖最旺盛时做一次开放式循环。

酒精发酵后的浸渍阶段，最好保持葡萄原酒的温度在28℃，每天用少量的原酒喷淋皮帽表面，在罐顶的空间补充一些CO_2。大部分多酚类物质在大约5d时在原酒中会出现暂时的萃取高峰，在15d后开始出现第二个萃取增长阶段。更长时间的浸渍能够增加大分子质量的单宁。需要长时间桶贮的葡萄酒往往需要带果皮和种子浸渍3周，延长浸渍会使游离的花色苷含量降低，但能通过促进与原花青素较早地聚合增加颜色的稳定性。

最优浸渍时间受很多因素影响，取决于想酿造哪种酒、偏向哪种特点的酒以及葡萄的特点和酿造条件等。

根据酿酒风格决定浸渍时间长短，一般有以下3种方式。

（1）**酒精发酵3～4d后分离**　相对密度在1.010～1.020。适合在气候偏热的产区，酒比较柔软、轻盈，多果味、口感细腻，质量中等，宜早饮。

（2）**酒精发酵刚结束时分离**　一般浸皮8d左右。这时颜色往往最深，中等单宁，香气和果味未被过量的多酚掩盖，酒能较快地进入市场，不会过硬也不过于收敛，适合年轻时饮用。当果实充分成熟，且单宁很紧致时，也可以生产高档酒。

（3）**酒精发酵结束后2～3周分离**　延长浸皮时间能够增加单宁浓度，但是从实践上看，发酵后第三周的浸皮并不能显著增加单宁浓度，而是对单宁有"成熟作用"，这种成熟作用能够软化单宁，提高葡萄酒的感官质量。这种方法生产的高档酒，在陈酿几年后，游离的花色苷会逐渐消失，葡萄酒的颜色基本上来源于花色苷和单宁结合而产生的颜色。在浸渍的后期，一定要仔细控制单宁，使单宁浓度能够保证陈年的同时，酒还要保持相对柔软和果味。

每天注意采用蒸汽对不锈钢循环管进行杀菌，充 N_2、CO_2 等。

赤霞珠干红葡萄酒浸渍工艺实例（中等强度，口感柔和型）如下。

8年树龄葡萄，成熟度良好，良好分选，正确添加辅料，良好卫生及现场管理。

3d冷浸渍，温度5～10℃，每天一次罐内汁总量的循环。

第4天，加温至20℃，早晚各一次汁总量的封闭式泵循环。

第5天，控温22℃，早、晚各一次汁总量的泵循环，早为开放式，晚为封闭式。

第6天，控温25℃，一天三次，每次汁总量1/3的泵循环，封闭式。

第7天，控温25℃，早晚各一次，每次汁总量1/4的泵循环，封闭式。

相对密度低于1.020，温度控制在25℃，每天一次汁总量1/4的泵循环，封闭式。

相对密度低于1.000，温度控制在22℃，每天简单淋帽即可，直到浸皮结束。

四、发酵

这里的发酵包括酒精发酵和苹果酸−乳酸发酵。

1. 酒精发酵

根据品种特点和酒种类型选择适宜的酵母类型。例如：RC212、D254、GSM、BDX等，可以采用酿酒酵母与非酿酒酵母搭配使用，应注意酵母添加的及时性、混匀，需要时添加营养剂。

对红葡萄酒而言，发酵与浸渍是同时进行的。所以，温度的控制要考虑两个方面的需要：即温度不能过高，以免影响酵母菌的活动，导致发酵终止，引起细菌性病害和挥发酸含量的升高；另一方面，温度又不能太低，以保证良好的浸渍效果。满足上述要求的温度范围为25～30℃，25～26℃有利于酿造果香味浓、单宁含量相对较低的新鲜葡萄酒；28～30℃适宜酿造单宁含量高、需较长时间陈酿的葡萄酒。

温度和酒精含量是影响从葡萄籽和皮中萃取色素和单宁的主要因素。比诺塔吉（Pinotage）葡萄在15℃发酵的葡萄酒质量最佳。而在较高温度下更多的甘油合成可以为红葡萄酒带来更圆润的口感。

在大容器中发酵，皮渣帽与液体的最大温差可以达到10℃，压帽只能让两者之间的温度短暂平衡，循环也可以调节温度。目前，发酵罐的冷却系统可以做到对温度的精准控制，只要及时监控温度变化、及时制冷即可。

在发酵启动缓慢时，或温度过低、过高造成发酵中止、停滞时，可添加适量的Fermaid E、酵母营养盐（Fermaid K）、NH_4^+、维生素B_1等发酵助剂，也可使用（NH_4）$_3PO_4$补充氮元素。在发酵时添加坚木单宁VVR，可以改善酒质，通常在添加酵母1d后或酒精发酵结束、苹果酸-乳酸发酵前加入。

酒精发酵过程中主要的工艺操作是控制发酵温度及循环喷淋方式。在我国大部分地区，尤其是西部地区，葡萄采收后期常常会面临发酵温度低的情况，不利于发酵的启动及对果实颜色和酚类物质的浸提。因此，发酵初期需要将温度提高到20℃以上，发酵过程中将温度控制在25～28℃。

葡萄含糖量过高、酸度过低，或发酵太快，常常引起发酵停滞。此时，可以将葡萄醪分离，接种特殊酵母（具高乙醇耐受性及利用果糖的能力），添加营养物质、酵母皮，给葡萄醪通气，调整发酵温度等措施重新启动发酵。

对于某些单宁含量高、口感粗硬的品种或产区，可尝试在浸渍发酵的中后期分出部分皮渣和种子，以减少过重的单宁。

2. 苹果酸-乳酸发酵

对于大多数红葡萄酒而言，苹果酸-乳酸发酵是必需的工艺环节。如果温度、酸度合适，酒精发酵结束，苹果酸-乳酸发酵基本就会结束，少则需要3d，多则需要7d。在我国东部产区，苹果酸-乳酸发酵启动比较容易。而在西部产区，酒精发酵结束，由于环境温度已经很低，此时，苹果酸-乳酸发酵启动比较困难，常常需要添加乳酸菌，或待次年温度回升后再进行发酵。对大多数的葡萄酒，均可以自然完成苹果酸-乳酸发酵。酒精发酵后的环境条件：温度低、酸度高、含酒精、无氧、营养物质匮乏以及含有毒性的脂肪酸等对任何细菌来说都是很苛刻的。在难以进行的情况下，可接种触发。所以要选择优良的耐受性乳酸菌。

在气候炎热地区，葡萄酸度低，pH高，苹果酸-乳酸发酵会使葡萄酒的味道平淡，且微生物不稳定。在这种情况下，就要综合评价苹果酸-乳酸发酵的利弊。对于pH略高的葡萄酒，在诱导苹果酸-乳酸发酵前，要添加酒石酸。对于调色酒，为了保持颜色，可以不进行苹果酸-乳酸发酵。

pH是苹果酸-乳酸发酵能否启动的关键。理想的pH应大于3.2，更高的pH也会直接减少野生乳酸菌的数量。同时也会去除乳酸菌的营养物质，或者限制对酵母自溶产生的营养物质的吸收。

苹果酸-乳酸发酵的理想温度是20～22℃，有些产区冬天太冷，苹果酸-乳酸发酵未启动的话，往往会在来年春天车间或酒窖回暖时才启动。如果后期温度低，可以采用一些简易的加温方法：有加热整个车间空间的，也有用电热丝加热罐的外壁的，还有将热水不断通入热交换带的，目的是使温度保持在20℃以上。

许多工艺操作会影响苹果酸-乳酸发酵是否发生，以及什么时间发生。浸皮通常会增加苹果酸-乳酸发酵发生的可能性和速率，苹果酸-乳酸发酵在红葡萄酒中比在白葡萄酒中更易发生，苹果酸-乳酸发酵若在橡木桶中进行，颜色和稳定性都会增加，由于花色苷-单宁更多地结合，橡木与果味会融合得更平衡、更协调，红葡萄的收敛性也会明显减少，使其更顺滑、更丰富。而且，这些感官特性即使在装瓶后3年依然保持如初。

苹果酸-乳酸发酵结束后，及时进行降温、添加SO_2、离心等处理。

五、分离

将正在进行酒精发酵或者发酵结束后的红酒从皮渣中分出来，称之为分离。分离就是结束浸皮，而调整浸皮时间是最简单的调节浸渍效果的方法。

分离后的酒，一是进入木桶，再就是分离到不锈钢罐中。分离到不锈钢罐中的酒：一是澄清速度慢；二是CO_2保留时间长，容易感觉到酒"发干"，且不同于单宁的"干"；三是酒泥中会产生还原味。

对优质酒要立即分离，需要注意：一是要品尝出各罐酒的等级和风格，A级酒入橡木桶，并考虑对新桶、一次桶做合适的搭配；果香极好、酒体轻盈的酒不妨尝试新桶，这样的酒作为出桶后的酒基会相当好；质量优秀的压榨汁可考虑勾兑少量入桶。入桶前，要对酒进行适当澄清，早入桶，会促进单宁-花色苷聚合，否则，酒易发干。二是要做好酒窖的控温，最好使酒温保持在20～22℃。三是要做好监测，在苹果酸-乳酸发酵结束后及时调硫。

对于一些质量略差或者香气略显不纯正的酒可以在A级酒分离后，转至A级优质酒的皮渣罐中，加温至30℃浸皮3d再分离，这样会大幅度提升此类酒的质量。

在酒精发酵末期感染了野生酵母，出现了肉汤的味道（感染初期较难分辨，若不处理，后期往往会出现马厩味），这时就要终止泡皮，尽快分离，若还有些许残糖，可加少量氮源加速残糖转化，还可以加入少许桃红的酒泥去吸附，在原酒中要及时调硫到30mg/L。要小心控制SO_2的量，既要让随后的苹果酸-乳酸顺利启动，又要抑制住野生酵母的活动。

发酵若停滞也应尽早分离，这时酵母没有活性，发酵醪又含糖，乳酸菌会大量繁殖，容易导致挥发酸增长。分离汁液可以除掉皮渣中绝大部分的细菌，并少量调硫，以使酒精发酵重启，同时阻止细菌活动。

葡萄病虫害也会影响到分离的时间，如在葡萄成熟季节，降雨多，灰霉会使酒中出现一些不良风味，如蘑菇味、碘味、霉味等，应尽早分离以减轻这些异味。

灰霉带来的漆酶含有高氧化活性，即使酒短暂地暴露在空气中，也会很大程度地影响色调。此时可以进行相应的氧化试验，若显示阳性，就不能够继续浸皮，否则会强化缺陷。这时可以调硫至50mg/L，酶活会立即被抑制，游离二氧化硫20～30mg/L时，破坏所有酶活需要几天时间。

杀菌剂会对发酵有一些直接或间接的影响，最常见的是延迟发酵；再就是影响感官质量，例如硫元素会增加一些酵母菌株中硫化氢的合成，例如波尔多液、灭菌丹等。有些杀菌剂会与葡萄酒的香气成分反应，减弱香气浓度，例如，波尔多液中的铜会降低长相思品种酒特征风味成分，再就是对葡萄醪中的固有酵母产生选择作用等。

在浸渍过程中，应每天测定挥发酸，如果挥发酸出现异常上升，应及时分离原酒。由于大多数干红葡萄酒都需要苹果酸-乳酸发酵，因此，在分离时不能添加SO_2。

在我国西北的一些产区，由于葡萄转色期高温持续时间长，带来葡萄原料中的单宁含量高，涩味重。因此，可尝试在葡萄醪相对密度降至1.020～1.050时，除去葡萄籽，仅保留葡萄皮发酵，并减少压榨时的压力，以获得适宜的单宁含量和质量。

六、压榨

将红葡萄原酒从发酵罐中分离出来以后，进行皮渣排放和压榨。由于发酵后的果皮比新鲜葡萄更容易受到机械作用的撕裂和研磨，所以除渣容易导致一系列不良后果，如压榨汁悬浮固形物含量增多、浑浊、味苦、颜色浅等。同时，由于皮渣极易氧化，所以分离后应立即进行压榨。

1. 压榨方式

现代发酵罐多带有自排渣的锥形底，且在发酵罐底部配置有长的绞龙，能够方便快捷地将皮渣输送到压榨机中，但很容易破坏皮渣的完整性，且接触空气时间长，存在很大的氧化风险。

国内常见的压榨机有三种：螺旋压榨机、气囊压榨机和篮式压榨机。螺旋压榨机效率很高，可连续进料，但由于强烈机械作用导致压榨汁质量过低，越来越多的酒厂开始放弃这种方式。

气囊压榨机的压榨作用是柔性的，通过程序设定的压力缓和而有规律地压榨。通常设计一个最高压力，即0.1MPa，只取低于这个压力的压榨汁。但需注意：要从侧门进料，避免轴向进料，压榨汁质量就会很高。实际中，常见的是人工将皮渣铲至一个敞口的皮渣泵中再泵至气囊压榨机进行压榨，但往往因为皮渣太干，必须要将皮渣与部分原酒或压榨汁混合，而这会增加压榨汁的数量，并带来生青和草本的口感，而且这种方式由于是压榨机轴向进料，挤压作用会导致压榨汁质量显著降低。另外，管道过长和弯道过多都会使得压力过大，也会大大降低压榨汁的质量。

篮式压榨机是个古老的设计，因其压榨出来的汁质量极高，也被用于高档白葡萄的整串压榨和冰葡萄的压榨，由于红皮渣更容易压榨，所以较小容量的机器就足够了。可将其推至罐前，直接将皮渣铲至篮中，不仅方便卫生，而且省却中间再次倒料环节。在皮渣的中间放置隔层，形成压榨汁的出汁通道，在不增加压力的情况下能显著增加出汁率，但其装料和卸料很费人工，可选用两个篮子轮流作业。

使用篮式压榨机时，将篮筐移至罐前操作是比较好的选择。对于大发酵罐，不妨将一个可移动的小型传送带或者小绞龙伸到人孔中，人工将皮渣铲至上面传送到罐外，外面用一大塑料筐接收，再用叉车运到压榨机处。由于受到较少的剧烈机械作用，这种方法能够保证压榨出来的酒质量较高。

2. 压榨汁的利用

压榨汁通常占到出酒总量的10%～15%，可将压榨汁分段取汁，前2/3酒在良好压榨条件下质量很高；后1/3酒质量较低，这是因为发酵使得皮渣组织脆弱，易于被破坏，释放出苦的和有草本气息的物质以及能够加重收敛感的单宁。

若葡萄只除梗未破碎，其压榨汁中会含有较多的未发酵糖。由于皮渣中存在更多细菌，其挥发酸含量通常高于自流汁，并且其感染风险也较高。虽然压榨汁中总酸含量较高，但更高的金属离子含量使得其pH偏高。多酚物质含量高是和干浸出物含量高相对应的，而多糖和其他胶体含量高会增强压榨汁的酒体和风味。与自流汁相比，压榨汁除了由于挥发等原因导致的酒精度降低之外，其他指标都浓缩了。

葡萄质量会从根本上影响压榨汁的质量。非名贵品种的葡萄往往自身单宁粗糙，其压榨汁一般也含有较多粗重生青的单宁。在气候炎热的产区，特别是无霜期短的产区也会存在这样的现象。同时，排渣和压榨方法不当也会导致这种情况。

压榨酒的质量还依赖于酿造工艺。如打循环力度加大，酒精发酵后浸皮温度增高以及其他增加浸渍的工艺都会降低皮渣中多酚物质的质量，这些情况下获得的压榨酒往往缺乏酒体和颜色，被收敛性强的、生青的口味主导，无法与自流酒混合来提升酒的结构感和质量。

压榨酒与自流酒混合，不仅取决于自流酒和压榨酒的质量，也取决于我们想得到什么样的酒。一般来说，做新鲜酒时不需要添加压榨酒，除非压榨酒非常轻盈。压榨酒也不应该加入普通的品种中去，它们往往承受不起压榨酒之"重"。非常凝缩的葡萄做成的高档酒，单宁会非常强劲，即使添加压榨酒也不会提升总体质量。

酿造高档酒往往需要添加压榨酒。由于压榨酒的黏质结构感，按很小比例添加就会获得丰满协调的成品酒。但是即使没有缺陷的压榨酒也会拥有过重的味道，会掩盖新酒的果味。加入压榨酒后立即品尝，往往会觉得香气不够精致、缺少果味，但随着陈年，这种缺陷会逐渐消失，酒会变得更丰满、更平衡、更和谐，经得起长时间陈年的考验。

若较晚添加压榨酒，尤其是待其澄清后添加对成品酒的质量有利。在压榨酒简单分离后、苹果酸-乳酸发酵前，可添加50mg/L的果胶酶做澄清处理。最理想的勾兑时机是待苹果酸-乳酸发酵完成后，根据需要的陈酿时间来决定添加多少比例的压榨酒，通常为5%～10%。具体添加量需要实验室做小样。压榨酒也可以在发酵后几个月内逐步添加以弥补酒体变弱的缺陷（这往往会在红葡萄酒成熟时间的第一阶段出现），这有利于葡萄酒一直保持极高的质量。

七、重力酿造法

"重力酿造法"又称为"自然重力酿酒法"，是指在整个酿酒过程完全利用重力的作用，让葡萄、葡萄醪（汁）、葡萄酒等从上一个酿酒环节的容器里自然地流到下一环节的容器中。这就需要把酿酒设备布局在不同的水平面上，从上至下依次是破碎、发酵/压榨、陈年和装瓶四层结构。

具体地讲，葡萄经分选、去梗和破碎后，自然流入发酵罐，发酵罐到澄清罐，再到橡木桶之间，酒液的传输均用软管连接。在木桶内成熟完毕，继续用软管将酒液接入下一层的澄清处理罐，澄清后再流入瓶内。

由于整个过程中只利用了自然重力的作用来完成液体的转移，不使用酒泵等机械动力，操作更为柔和，有效地减少了剧烈的机械处理对葡萄果实、葡萄汁和葡萄酒液的摩擦与搅拌，避免可能因此发生的酒液成分和酒体结构的异常变化，最大限度地保留了酒的自然风味，使得酿造出的葡萄酒复杂、醇厚，展现风土特点。

重力酿造法的实现需要得天独厚的地理条件，山坡是天然的阶梯，但往往是可遇不可求。有些酒庄挖掘地下层，将酒窖建在地底下，获得高度差的同时可以利用地下环境控制酒窖温度。有些酒庄在高处安放酿酒设备，用电梯或者铲车将新鲜葡萄运到顶层，这样，建设和运转就需要一笔不小的投资。实践中，常常利用地势，再结合铲车等设备将酒液提升到更高的位置来使酒液自然流动到下一个环节。

第三节　白葡萄酒酿造

白葡萄酒是葡萄汁发酵的酒，其质量构成因素包括：酒精度、酸度、香气成分及其平衡关系。葡萄香气主要是指品种香气的细腻、优雅、纯净和浓郁程度，而口感是指酸度、清爽感、平衡感及持久性。

葡萄酒的酿造不仅仅是完成酒精发酵，更重要的是萃取出葡萄果实中最精华的部分，同时还要防止那些会给酒带来香气和口感缺陷的物质溶解出来。优质白葡萄酒酿造应尽量减少对葡萄皮中固体物质的浸提（部分特殊酒进行短时浸渍），并尽可能保持良好的果香，生成优雅的酒香及一定的酸度。所以，适宜的成熟度，健康新鲜的葡萄，较低的发酵温度及防止氧化是关键的工艺条件。

在大部分高品质的白葡萄品种中，香气物质以及香气前体物质存在于葡萄皮或者皮下细胞层中，而这部分区域恰好也是青草味和苦味物质的富集区，特别是葡萄未完全成熟或霉变时尤为明显。

白葡萄酒的成分主要决定于浆果的成分、前处理工艺。酿造干白葡萄酒的艺术在于掌握压榨葡萄的方法以及澄清果汁的"度"。对于某些品种（如长相思、麝香葡萄等）来说，压榨前进行有控制的皮汁接触（发酵前浸皮）会促进品种香气以及前体物质扩散到汁中。这些因素包括浸皮、压榨时间及程度、分离取汁、自流汁和压榨汁的混合、葡萄汁的分别存放以及葡萄汁的澄清程度等。

一、葡萄质量

酿造高品质干白葡萄酒时，葡萄的健康状况和成熟度是最基本的采收标准，而采收时间和方法（人工采摘或机械采摘）会影响到这两个因素。

成熟白葡萄的最佳酸度与葡萄园的地理位置和品种相关。在一些成熟的葡萄酒产区，可以为一些主要葡萄品种设定一个最低采收糖度。例如，在波尔多产区，长相思和赛美蓉必须达到的最低糖度分别为190g/L和176g/L，低于这个限值，酿造的酒通常会有植物气息且缺少细腻感，自然也难以表达出产区的风土特点。而葡萄收获时的最佳酸度为长相思：7.5～9g/L；赛美蓉：6～7.5g/L。这些数据都是波尔多酿酒师根据多年实践经验所得，且经过了酒质量的多年验证。

在我国，宁夏产区，大多数年份糖度最低190g/L，酸度6～7.5g/L；甘肃产区，大多数年份糖度最低190～200g/L，酸度7～8g/L；新疆产区，大多数年份糖度最低210g/L，酸度5～6.5g/L；东部产区，大多数年份糖度最低180g/L，酸度5.5～7g/L。

最低糖度只是葡萄收获的必要条件，同时，也必须同时满足其他条件：一是品尝时葡萄的草本植物香气消失且果香和品种特征显现；二是从转色中期开始计算需要40d（上下浮动不超过4d）；三是酸度在最佳范围内。在葡萄成熟过程中，酸度降低速度越慢，采收时间就可以推迟得越久，且不用担心品种香气丧失。那些能够酿造经得起陈年的芳香型干白的产区由于拥有缓慢而充分的成熟条件而成为优质产区，其葡萄在成熟的最后阶段依然能够保留足够的果香和酸度。相反地，过于炎热的气候、提前采收以及夏季过于干旱带来的水分胁迫等条件都不利于白葡萄的香气积累，具有这些条件的产区也不可能成为生产优质干白葡萄酒的优质产区。

土壤也影响到白葡萄的成熟。以长相思为例，沙土-粗沙砾土壤易渗水且保水性差，水的供给受到限制，使得葡萄更倾向于早熟；而沙土-黏土土壤因为受水的限制较小，其上生长的葡萄会比沙土土壤上生长的葡萄晚采2周左右，pH也相应地更低一些。经多年观察，沙土-黏土下层是紧实的石灰岩，沙土-黏土土壤上生长的葡萄会比前者成熟更晚，沙土-粗沙砾土壤的葡萄在成熟过程中会保持更多果味，所以其收获日期可以设定在最大糖度时。沙土-粗沙砾土壤上生长的长相思的典型香气几乎能在一周的成熟过程中全部消失，所以这种土壤上生长的葡萄必须提早采收。

综上，对于特定产区、特定地块的品种，参照往年的采收日期，再通过对糖度和酸度的分析以及临近成熟时去葡萄园品尝等就可以确定当年的采收日期。酿造完成后根据酒的质量状况进一步推断出采收日期是否合理，并为今后该地块的葡萄采收时间的确定积累数据。

若白葡萄成熟度不够或不均一，或者感染了霉菌病害，就要尽可能减少对果实固体部分的浸渍，并快速压榨和取汁，否则固体部分扩散到汁中会导致葡萄酒的各种缺陷：果实不成熟带来的生青味，种子、果皮和葡萄梗中的酚类物质带来的收敛感和苦味，霉变果实带来的霉味、泥土味和真菌味等。但是，有些葡萄品种，若风土造就了其完美的成熟度和健康状态，浸皮则能够将果皮中的组分更好地提取出来，这些组分会参与提升酒的香气、酒体以及陈年潜力。

田间分选也是确保果实质量的重要措施，目的是去除腐烂果穗、果粒、农药残留等不健康、不成熟的果实。

对白葡萄，低温采收或采收后放置在5～10℃冷库中4～10h，使葡萄的品温保持一致，然后再进行除梗、破碎。另外，对采收后的葡萄喷撒干冰也是保持果香、防止氧化的重要措施。

二、压榨取汁

1. 低温提香

葡萄破碎之后的浸渍涉及皮渣（籽、果皮和果肉）中成分的释放。将浸渍程度最小化或不浸渍的同时也会减少果皮中品种风味物质的提取，例如，长相思葡萄中的5-半胱氨酸。对依靠从葡萄中浸提香气的葡萄酒，采取柔和压榨就显得尤为重要，例如气动或整果压榨。为了弥补这一缺点，需要更多地使用第一次和第二次的压榨汁。酿酒师需要了解的是，相比于酚类物质浸提的难易程度，来自葡萄的风味物质的重要性。这些性质在很大程度上是依据其葡萄品种而定的，但也受到葡萄园和年份的影响。在白葡萄酒中，大部分单宁在发酵过程中都沉淀了，限制了它们对葡萄酒感官方面的潜在影响。

葡萄品种在破碎过程中释放的或浸渍过程中（果皮接触）浸提出的酚类物质的量差异很大。例如，长相思和帕洛米诺葡萄果汁中类黄酮积累极少，雷司令、赛美蓉、霞多丽葡萄果汁中会有中等含量的类黄酮，而鸽笼白、戈杜麝香葡萄等浸提中得到的类黄酮量极大。增加酚类物质的浸提会促进随后瓶内酒的褐变，通过果汁的超氧化可以部分抵消这一特性。

影响从果皮和果肉中浸提物质的主要物理因素是温度和持续时间，浸提通常与这两个因素呈线性相关。例如，较低的浸提温度和较短的持续时间会最小化类黄酮的浸提，并因此限制了其潜在的苦味和收敛性。和酚类物质一样，风味物质和营养物质的浓度也会受到浸渍的极大影响。例如，果皮接触会增加单萜的提取，氨基酸、脂肪酸和高级醇的含量也会增加，而总酸则趋于降低。延长果皮浸渍也会增加（超过两倍）酒精发酵过程中细胞外甘露糖蛋白的产生。在低温下将浸渍程度最小化经常用来生产新鲜的、清爽的、果味的葡萄酒；在较长时间且较为温暖的条件下的浸渍通常会使生产的葡萄酒颜色较深并且风味更丰满，后者会更快成熟，具更复杂的特点。因此，品种特征、果实品质、设备可用性以及市场需求都会对酿酒师决定如何浸渍及浸渍时间产生重要影响。

白葡萄浸皮就是在人为控制的条件下让果皮和果汁有一定的接触。浸皮对于酒的最终质量的影响具有两面性。若葡萄质量较差，经过12h的浸皮，会获得多酚含量高、粗糙的酒。而对优质葡萄浸皮，能显著提升干白的香气质量和结构感，且不会增加苦味和收敛感。

一般而言，浸渍通常在低温下进行，这样做不仅可以在发酵开始前抑制腐败微生物的潜在生长，还可以在随后的发酵过程中影响酵母风味物质的合成。将除梗并轻微破碎的葡萄降温到5℃左右浸渍5h，然后分离出自流汁，对果汁进行澄清处理，添加酵母进行酒精发酵，此方法适宜于具有特殊风味的白葡萄，例如长相思、霞多丽等。

浸皮罐的选用一定要合理，锥底罐比较合适。

2. 取汁

取汁过程应保证获得适度澄清的果汁，若悬浮物量大则说明机械处理过重，会导致更大量的生青味物质进入汁中，不但不会产出高质量的干白葡萄酒，甚至会产生严重的质量损害。通常，发酵前的清汁浊度为100～200NTU，当然具体数值与葡萄品种和产品类型有关。

压榨过程中产生的自流汁和压榨汁有不同的物理化学性质。自流汁较为澄清，含有较低水平的悬浮固形物、酚类物质和主要来自果皮的风味物质，而压榨汁含有更多的悬浮固形物、花色苷、单宁和果胶风味物质。压榨汁更容易氧化（含更多的多酚氧化酶），具有更低的酸度（更高的钾含量），并含有浓度更高的多糖、树胶和可溶性蛋白质。大多数葡萄酒是由自流汁和第一道压榨汁合理调配而成的，依据酿酒师的意图以及葡萄特性，部分第二道压榨汁甚至也可用于调配葡萄酒。

不同的取汁设备能获得不同质量的果汁。

果汁分离机的优势是处理速度快，但它产生的汁浊度太高（1000～10000NTU），自然澄清后浑浊汁会占到30%～50%。连续果汁分离机的高速运转会限制香气物质从果皮扩散到汁中。即使澄清后与分次压榨获得的汁浊度相当，但由于快速分离萃取出的供酵母生长所需的物质要少很多，发酵也会困难一些。

使用垂直篮式压榨对酿造小批量高质量干白无疑是很好的选择。整串葡萄压榨汁流过皮渣的路径长，皮渣起到了很好的过滤作用，且葡萄装载后不再翻动，所以汁的浊度很低。压榨时间长使得汁与果皮长时间接触，从而较多的香气物质会从果皮萃取到汁中。另外，葡萄梗也起到了重要的作用，它形成了汁通道，有利于汁的压出。但其自身的结构决定了不可能建造得过大，并且压榨时间长，压榨的出汁率低，进行此种操作时要注意使用干冰等防氧化措施。

气囊压榨机是较好的压榨设备，传统办法是一边轴向进料一边排出大量的自流汁，虽然能显著增加一次压榨处理的葡萄量，但也大大降低了汁的质量，一是浊度太高，二是香味物质萃取得不够多。宜改进：将排料口用螺旋盖拧死，从侧人孔进料，达到进料数量后关闭人孔，拧开螺旋盖，开始程序压榨。整串压榨是一个很好的选择，对果胶含量很高的麝香葡萄，一边除梗破碎，用果浆泵泵至气囊压榨机侧人孔，一边将果梗也传送至人孔中，从而形成汁的导管，提高出汁率。带梗压榨可以减少皂土的用量，而且对葡萄酒质量的提升也大有益处。最近的趋势是利用负压（真空）而不是正压来榨取果汁。

对于白葡萄，缓慢的压榨能够从果皮中萃取出香气成分；同时也具有一定程度的浸皮效果。当压榨汁的含糖量越高，香气浓度越大，pH越低时，将一定比例的压榨汁混入自流汁中会提升酒的质量。但是有三种情况要避免进行汁的混合：一是葡萄树太年轻；二是葡萄的成熟度不够；三是葡萄树的单产太高。

三、澄清

压榨获得葡萄汁，澄清几小时后，汁被分成两层，上层是清亮或偏浊的汁，为绿色至淡灰色，下层为厚度不一的沉淀层，为绿棕色，上部的沉淀含有能使葡萄酒细腻顺滑的组分。通常在酿造霞多丽酒时，会将其先分离出，用果胶酶再处理后返至清汁浸渍，浸渍后再分离一次，这是酿造优质陈酿霞多丽白葡萄酒的关键点。

白葡萄酒在发酵前进行澄清以促进水果特点的保留。固形物中的大颗粒易于诱导杂醇的合成，杂醇过多及果汁中含有高水平的悬浮物会掩盖水果风味。此外，多酚氧化酶的活性与颗粒物质有极大的相关性，而且，高含量的悬浮固形物可以增加硫化氢的产生。

通常情况下，随着葡萄的成熟，果汁的浊度降低。葡萄成熟末期，果浆中的可溶性酸性多糖（即果胶）浓度大致会与葡萄汁的浊度成正比，这就为澄清提供了一个很好的潜在指标。当葡萄汁中的果胶浓度在成熟过程中不断降低时，葡萄汁通常就会容易澄清。相反，澄清则会变得困难且需使用外源果胶酶。在干旱的气候条件下，葡萄会保持果肉状，不容易取汁和澄清，正是因为果胶酶缺乏活力，澄清后的沉淀物质，主要是不可溶的多糖（纤维素、半纤维素、果胶物质）、相对少量的含氮化合物（基本上是酵母不可利用的不可溶蛋白质），还包括矿物质盐类和一定数量的脂类。

若是使用染病的葡萄，特别是灰霉产生的D-葡聚糖，也会导致葡萄汁浑浊，每升几毫克的葡聚糖就足以带来严重的澄清障碍。因为作为保护性胶体，它们会限制或阻碍颗粒的凝聚以及沉淀，还会堵塞过滤表面。若收获的葡萄腐烂过多，会增加葡萄汁的浑浊度，导致澄清困难。但若腐烂比例不高（少于5%），反而有利于葡萄汁的澄清，这是因为被感染的葡萄中果胶酶的活性是健康葡萄的100倍之多。

用悬浮固形物含量高的葡萄汁酿出的酒往往会滞重，有生青味和苦感，颜色更深，多酚化合物含量更高，而且颜色对氧更不稳定，在发酵末期经常含有还原味且难以通过见氧和通风来去除。当汁的浊度超过250NTU时，具有令人不愉悦的煮白菜异味的甲硫醇，难以通过倒罐和通风除去。

白葡萄汁的恰当澄清会使白葡萄酒的质量显著提升。用清汁来酿酒，葡萄品种的果味特征会更显著，并且更稳定持久。在发酵前减少沉淀物有助于干白葡萄酒降低生青味。葡萄成熟度不够或压榨处理过于剧烈，澄清对酒的质量影响会越发明显。

在浊度相同的情况下，添加硫会影响酵母产生挥发性含硫化合物的量。所以健康葡萄中SO_2的添加量不要超过50mg/L，而且要在接收汁时一次性加入。在酒精发酵前或者澄清中、澄清后都不应该调整游离SO_2的量，因为这样会使酵母产生更多的含硫化合物。

澄清不足和澄清过度（少于50NTU）都会降低干白葡萄酒的果香，而后者会带来挥发酸的升高。过度澄清的葡萄汁酿出的酒的品种香气会被一些类似香蕉、肥皂的香气所掩盖，这与大量酯类的产生有关。澄清过度可能导致的一个结果是酒精发酵缓慢甚至停滞。

在过度澄清的葡萄汁中添加硅藻土、皂土和纤维素等各种"支撑物"都会提高发酵速率。将几种相同浊度的葡萄汁相比较，还是含有自身悬浮颗粒的葡萄汁发酵得更好些。另外，悬浮颗粒会给酵母提供营养元素，同时会吸收一些代谢产生的抑制因子，从而给酵母提供了良好的生存环境。

澄清的方法多种多样，有自然、离心、过滤（错流过滤）、CO_2或N_2浮选等方法，其中，以自然澄清获得的果汁质量高。离心可以加速澄清，且是所有机械澄清方法中对果汁的影响最小的。为了帮助澄清，可使用商品化果胶酶，其用量根据推荐量。使用澄清剂可提高澄清效果，如添加PVPP（聚乙烯吡咯烷酮）可以去除葡萄汁中的多酚类物质，可用于脱除苦涩味及颜色。自流汁和轻压汁一起澄清，单独发酵。过滤好的清汁可以与经过一次分离的清汁混合。最好不要将不同批次的沉淀混在一起，因为它们易于发酵。

葡萄汁理想的浊度为100~200NTU，其对应颗粒比例为0.3%~0.5%。可使用浊度计测量，从罐的中间部位取样，测定汁的浊度。

四、发酵

实际中，若要将不同罐的澄清汁混合在一起发酵，需要注意两点：一是在合并前，分离后的清汁下部往往会形成新的沉淀物，而这些沉淀物质量较好，一定要混到汁中。二是不能将未启动发酵的汁混到正在发酵的汁中去，因为未发酵的汁中含有游离的SO_2，转入正在发酵的汁后会被酵母还原成H_2S。

酵母的重要作用就是将葡萄的香气前体物质转化成葡萄酒的游离香气。事实上，表现出的香气特征会随着年份和风土的不同而变化，用来发酵干白葡萄酒的酵母菌株应该能够将含糖量220g/L、浊度为100~200NTU的汁发酵彻底，不产生过量的挥发酸，优良酵母还能够表达出葡萄香气特征的细腻度和复杂性，可以选择几种酵母发酵，以使干白葡萄酒香气多样化。

发酵要迅速启动，接入活化酵母时应将其与汁充分混匀，这样发酵时，颗粒物也会均匀分布。若采用橡木桶发酵，应先在一个罐中接种，混匀过夜，然后分到各个桶中，并给桶留出总容量10%的空间，以防发酵旺盛时泡沫溢桶。

在发酵的起始阶段，非酿酒酵母会产生一系列化合物，例如，乙酸、甘油和多种不同的酯，这足以改变葡萄酒的香气，所以，可以利用一些特殊的非酿酒酵母参与发酵。

通常，冷凉气候下生产的白葡萄汁的可吸收氮源足以供应酵母的增殖。若氮肥供应不足或者夏季过热，可能造成汁中氮不足，而缺氮的白葡萄汁通常只能酿出滞重的酒，缺乏果味和陈酿潜力。

在发酵启动缓慢时，或温度过低、过高造成发酵中止、停滞时，可添加适量的Fermaid E、Fermaid K、NH_4^+、维生素B_1等发酵助剂。也可使用（NH_4）$_3PO_4$补充氮素营养。

白葡萄酒的品种香气会在压榨和取汁时因氧化而受到影响，但在酒精发酵的前半段，即相对密度在1.050之前，通风并不会对果香产生影响。因为，此时酵母一定的还原力会非常有效地保护香气免受氧化。有时候通风会减少发酵香气并不是因为氧化带来的，而是由于刺激了酵母的酒精发酵。严格厌氧条件可能带来的发酵缓慢或停滞的风险要比发酵香气少量的损失严重得多。

白葡萄酒的发酵温度超过20℃，酵母产生的酯类会减少，同时高级醇会增加。

白葡萄酒的缓慢发酵或者发酵停滞往往是操作不慎造成的，这会大大影响产品质量。正常糖度的白葡萄酒发酵不要超过12d，每天测量相对密度以监控进度，当相对密度降至0.993左右时应测还原糖，低于2g/L时可判定为发酵结束，这时应该用质量相近的酒将其满罐。若不进行苹果酸-乳酸发酵，就应该降温至12℃左右，每天搅拌或用泵循环搅起酒泥沉淀，同时应避免氧气的溶入。这样可以利用酵母酒泥的还原力来保护葡萄酒免于氧化，而且也会避免酒泥中形成还原味。1~2周后，调整游离SO_2至30~40mg/L。

对一些优质的干白葡萄酒要进行苹果酸-乳酸发酵，以获得浓郁复杂、具有典型品种特征的葡萄酒。例如，苹果酸-乳酸发酵不会减少霞多丽的品种香气，相反，它会发展和稳定某些香气和质感，使得酒的质量更加完整。勃艮第的霞多丽进行苹果酸-乳酸发酵，更多地是为了提升香气而不是降酸和提高生物稳定性。为了能进行苹果酸-乳酸发酵，甚至要给葡萄汁增酸，这样就酿成了一种特殊类型的酒。

当需要进行苹果酸-乳酸发酵时，要做到满罐，防止酒的氧化或不良微生物的污染，保留酒泥，并且每周都要搅拌，不调硫，温度保持在16～18℃。苹果酸-乳酸可以自发启动，但往往比较缓慢，特别是在中等程度调硫后，用时更长，需要使用商业活性乳酸菌种来诱发。一些传统酒庄会保存一些没有调硫的苹果酸-乳酸发酵完成的酒，从前一年低温保存到第二年，用作苹果酸-乳酸起酵剂的引子。在每年都进行苹果酸-乳酸发酵的产区，苹果酸-乳酸发酵的启动不存在什么问题，这是因为所有的容器（特别是橡木桶）都含有足够多的菌株，以至于想避免苹果酸-乳酸发酵都难。在等待苹果酸-乳酸发酵启动时，若干白葡萄酒开始氧化了，这时应考虑少量调硫（20mg/L）。在这个浓度下，苹果酸-乳酸发酵可以进行，并且葡萄酒的特征香气能很好地保留。苹果酸一旦降解完毕，就应立即调整游离SO_2至30～40mg/L。然后可以继续在酒泥上陈酿，直至装瓶。

五、防止氧化

氧气是白葡萄酒的敌人，所以，应该采取各种防氧措施来保护年轻白葡萄酒的果香并避免其颜色褐化。同时，氧气也会促进高档葡萄酒在瓶贮阶段还原酒香的发展。在白葡萄酒的酿造过程中，氧化随时都有可能发生。葡萄汁中的氧化反应快于葡萄酒的速度，当汁与空气接触，氧气的消耗速度超过2mg/（L·min），但到葡萄酒阶段，氧气消耗速度只是1～2mg/（L·d）。所以，防止白葡萄汁的氧化更重要。

有观点认为：若葡萄汁防氧太好，将来酿成的酒则会对氧气很敏感。另有实验表明，在氮气保护下用气囊压榨机压出的汁酿的酒比按传统压榨法酿的酒，接触空气后会更快褐化，而且这样的酒更难用SO_2来稳定。也有酿酒师认为在酒精发酵前无须硫化汁，而要在澄清前往葡萄汁中通纯氧，这会显著提升白葡萄酒的颜色稳定性而不会产生氧化缺陷，这种工艺称为超氧化，原理是汁中的多酚类物质被氧化，在澄清过程中沉淀掉，也会在酒精发酵过程中大大减少。

防止葡萄汁氧化的技术中，加硫是首选的方法。为了破坏酪氨酸酶，必须添加50mg/L的SO_2。若是颜色深的压榨汁，其中含有大量的酚类物质，有必要提高SO_2的添加量。加硫要一次性加足量，并且要均匀地分布于汁中。应该避免小于50mg/L的调硫量，因为这只会推迟氧化现象和汁的褐化。

硫化葡萄浆会提升皮中多酚类物质的萃取，若采用维生素C（100mg/L）来保护，就必须加强对葡萄浆的隔氧。给葡萄浆和葡萄汁降温对减缓汁的氧化相当有效，在30℃时氧气的消耗速度比在12℃时快3倍。当浸皮罐或气囊压榨机入料时，必须预先填充干冰，既能降温，还能起到很好的隔氧作用。另外，压榨时，果汁若未被SO_2保护，就不应该在接汁盘中与大量空气接触，因为这只会增加葡萄汁的表面积而加速氧化。

在后续的各个环节中，及时添加适量的SO_2，充N_2或CO_2，是防止白葡萄酒氧化的主要措施。

六、橡木桶酿造

能经得起陈年的高档干白葡萄酒通常都在小橡木桶内发酵和陈酿，这也是勃艮第干白的传统工艺。从20世纪80年代起，橡木桶发酵和陈酿干白开始流行，几乎影响了全世界所有的葡萄酒产区。不同于红葡萄酒在发酵后在橡木桶内陈酿，白葡萄汁是直接在橡木桶内发酵，并且在同一橡木桶内的全酒泥上陈酿几个月，不倒桶。在陈酿过程中，酵母、酒、橡木之间的反应至关重要。

对霞多丽葡萄酒，通常在酒精发酵开始后，将醪液注入橡木桶中，葡萄汁在橡木桶中完成酒精发酵及后续的陈酿。这种方法酿造的酒，葡萄酒的香气与橡木香气融合得比较好。也有在发酵结束之后，将葡萄原酒移到橡木桶中进行陈酿，这种方法能使装瓶后的酒获得更多的醇香。

酵母细胞壁的大分子组分，特别是甘露糖蛋白会在酒精发酵期间，尤其是在酒泥陈酿阶段部分释放到酒中。接触时间、温度和搅拌都会促进这些物质的释放。对比发现，葡萄酒在橡木桶内发酵并在全酒泥上陈酿并搅拌几周与在不锈钢罐内发酵并在精细酒泥上陈酿相同时间，两者葡聚糖的含量差别相当大。甘露糖蛋白的释放其实是酒泥中某些酶自溶的结果，β-葡萄糖苷酶存在于酵母细胞壁中，在细胞死掉几个月后依然能保持残留的活性，它们能使侧壁的甘露糖蛋白水解释放到酒中。在带酒泥陈酿过程中，糖蛋白的释放会增加白葡萄酒的酒石和蛋白质稳定性。

在橡木桶带酒泥陈酿过程中，多糖能够与多酚类物质结合，总多酚指数和黄色会稳定地降低。酒泥还能够限制从橡木中萃取鞣酸单宁，因为这些单宁会被酵母细胞壁和多糖结合。由橡木释放的单宁固定在酵母细胞壁上，贮藏在酒泥上的葡萄酒有较低的总单宁和更低比例的游离单宁，在橡木桶全酒泥上陈酿要比在不锈钢罐细酒泥上陈酿的颜色浅很多。另外，带酒泥陈酿会降低白葡萄酒对氧化褐变的敏感性。

在不锈钢罐全酒泥上保存调过硫的白葡萄酒易出现恼人的硫还原味，需要倒罐或铜处理。若汁澄清和调硫得当，在橡木桶中全酒泥上陈酿长时间就不用担心还原硫味的出现。相反地，若干白葡萄酒从它的酒泥上分离并且贮存在新的小橡木桶中，它会或多或少地失去其果味特征并发展出氧化味，这些树脂味、蜡味和樟脑味等会在瓶贮过程中加强。所以，干白葡萄酒在橡木桶内的良好发展离不开酒泥的参与，它们扮演了还原剂的角色，类似于单宁对于红葡萄酒陈酿的作用。

在橡木桶中的白葡萄酒要比在不锈钢罐中的氧化-还原电位高得多。在橡木桶内部，从酒表面至酒泥电位在降低。随着橡木桶使用时间的延长，它们会失去一些氧化性质，这是因为有氧化力的橡木鞣酸单宁会随着橡木桶陈酿释放越来越少的量。所以在旧木桶中会比在新木桶中更容易发生还原。搅拌能够使葡萄酒的氧化-还原电位均匀，从而阻止酒泥的还原作用，同时也阻止葡萄酒表面的氧化。在新橡木桶和在旧橡木桶中带酒泥陈酿都离不开搅拌，但是原因不同。在新橡木桶中搅拌是为了防止氧化，而在旧橡木桶中是为了防止还原。

七、"中性"白葡萄酒的酿造

"中性"白葡萄酒不含特殊的品种香气，只有新鲜的发酵香气，主要来源于酵母代谢产生的脂肪酸乙酯和高级醇乙酯，通常是用澄清汁低温（14~18℃）发酵获得。这些发酵香气组分存在于所有的"中性"白葡萄酒中，它们不足以给酒带来特别的香气且不稳定，但是因为其含量相对较高，所以以对白葡萄酒香气质量的贡献被放大了。

中性品种，或种植在不适宜产区的优良品种，或产量过多的品种酿造的白葡萄酒往往在酒精发酵结束几个月就装瓶，其酒精度不高，口味新鲜，香气易消失，适合在一年内喝掉，如常用来酿造白兰地的白玉霓、艾伦，甚至高产的龙眼、佳丽酿等。而一些名贵的葡萄品种也会酿出"中性"白葡萄酒。比如赛美蓉在亩产超过1000kg时，或者长相思在过热的产区，若不控制产量，也会酿成"中性"葡萄酒。"中性"白葡萄酒有其被欣赏的一面：其口味很清新，而且由于装瓶时含有CO_2（0.6~1.0g/L），会更加强化新鲜、爽口的感觉，所以适合解渴、畅饮。

第四节　桃红葡萄酒酿造

桃红葡萄酒是含有少量红色素略带红色色调的葡萄酒，颜色介于白色和粉红色之间（图5-7），其花色苷含量通常为10~50mg/L，很少有超过80mg/L的。

桃红葡萄酒颜色上微带红色，但其风味更接近白葡萄酒。优质桃红葡萄酒应该具有新鲜水果香气，清爽的酸度，柔和的口感，有自己独特的风格和个性。

要达到上述质量要求，其主要工艺包括：控制葡萄成熟度及采收质量、浸渍与酒精发酵等。

图5-7　不同颜色桃红葡萄酒

一、葡萄质量

从理论上讲，所有红葡萄品种都可以用来酿造桃红葡萄酒，但实际上，花色苷含量丰富、单宁含量低的红品种是酿造桃红葡萄酒的首选。常用的葡萄品种有：歌海娜、神索、品丽珠、西拉、马尔贝克、佳丽酿、增芳德、赤霞珠、美乐等。

酿造桃红葡萄酒也要非常重视葡萄的成熟度，葡萄应在最佳成熟度前采收。想酿造细腻、清爽的桃红葡萄酒，葡萄不能过熟，潜在酒精度要控制在12%vol以下，酸度也要适当高一些。要想酿造口感更饱满、更柔软的桃红葡萄酒，就需要更高一点的潜在酒精度和更低一些的酸度，含糖量应该在190~210g/L，酸度在6~7g/L。

和收获白葡萄一样，最好在凉爽的环境下采摘葡萄，以保留更好的果味。葡萄采收温度最好在12～14℃，需要考虑夜间采摘或用干冰降温。夜间采摘效果更好，但对人员的组织要求很高。使用干冰只能少量降低葡萄温度，成本很高。

葡萄果粒健康、完整、新鲜、无腐烂、无农药残留，尽可能保证运输途中果实的完整，避免无控制的浸渍和果汁氧化现象发生。

二、浸渍与分离

鉴于市场需求的复杂性和酿造工艺的多样性，很难给桃红葡萄酒建立通用的技术规范。现在的欧洲市场倾向于浅浅的桃红酒，而国内市场桃红酒刚刚兴起，趋向于略深一些的颜色。用未浸渍的红葡萄酿造白葡萄酒，虽然颜色上呈现淡黄色，但它包含一定量的花色苷，会由于SO_2的脱色作用而不显色。向这种酒中加入几滴浓盐酸，酒会显现粉红色。而有些时候我们酿造浅色桃红，若调硫过高也会看不到红色调，这时可用上述方法来区分"白中白"。

酿造桃红酒有三种常见工艺，最常见的是直接压榨红葡萄，这种桃红酒能占到总数的一半左右。第二种工艺是短时间浸皮然后再压榨，其间可利用CO_2浸渍法，可获得有趣的、香气复杂且口感饱满的桃红葡萄酒。第三种方法是"放血法"的副产品，其主要目的是生产更浓缩的红葡萄酒，这种方法占比应该低于10%，目前国内酿造的桃红酒大部分都是这种类型。

1. 直接压榨

压榨方法对桃红酒的质量有很重要的影响。增加压力自然会增加总多酚物质的萃取量，而每次压榨饼被打碎，单宁会比花色苷萃取得更快一些。压榨时分段取汁，用来与自流汁做不同的混合，是一种很明智的做法。最后阶段的压榨汁应该弃作他用，因为除了生青味，它还会提供比花色苷更多的单宁。

对于色素含量高的红葡萄品种或需要颜色浅的桃红葡萄酒，可以直接压榨，并且破碎后立即加入SO_2，以防止氧化。直接压榨酿得的桃红酒，花色苷浓度一般为7～50mg/L。

2. 短时浸渍分离法

将葡萄除梗破碎后，入罐浸渍4～12h，然后分离出葡萄汁或15%～30%的葡萄汁，再用白葡萄的酿造方法发酵，浸渍温度应控制在20℃以下。分汁后剩余的葡萄醪则用于酿造红葡萄酒，这种方法得到的红葡萄酒经过了浓缩，会更浓郁、结构更强。需要明确的是，这种"放血法"酿造的目标首先是红葡萄酒。桃红葡萄酒只是排在第二位的目标。若是短暂浸渍后放血酿得的桃红酒，花色苷含量甚至会达到100mg/L。

在用放血法酿造桃红葡萄酒时，接触时间、温度和调硫是影响多酚化合物和桃红酒颜色的重要因素。SO_2具有一定的溶解能力，它在红酒酿造中的作用并不显著，这是因为其他因素会占更主导的作用，比如浸渍周期、温度和循环强度。当这些浸渍因素受到限制时，SO_2的溶解作用就明显了。调硫会促进花色苷的溶解和颜色的提升，而这一因素又不可控，往往难以获得我们需要的颜色和多酚物质。

3. 低温短期浸渍分离

首先将葡萄降温至5~10℃，将葡萄醪保持此温入罐，浸渍8~20h，然后压榨、分离出葡萄汁，按白葡萄酒发酵法进行发酵。

不同方法酿造的桃红葡萄酒单宁/花色苷的比率相差很大，浸渍时间长，比率会降低，所以，直接压榨时单宁/花色苷的比率会更高一些。

对压榨机进行排氧处理，可以结合设备内预先通CO_2或1.5~2.5kg干冰/t葡萄（2kg干冰＝$1m^3$ CO_2），也可采用有氮气保护的气囊压榨机。压榨时加入果胶酶，以使其在低压下快速释放芳香物质，增加自流汁的量，减少浸渍时间。在葡萄进入压榨机时逐渐加入50mg/L SO_2。

也有将红葡萄与白葡萄混合酿造桃红葡萄酒，但这是不可接受的，因为除了颜色相近外，这种酒失去了桃红酒本身应该具有的特色。

三、发酵

压榨所得的葡萄汁进入澄清罐，澄清罐内要预充CO_2，在此过程中，间断地向表面撒一些干冰。理论上，酿造桃红酒比酿造干白对澄清的要求会低一些。汁可以用皂土和果胶酶来处理，虽然皂土会结合一部分花色苷而带来轻微的颜色损失，但这样处理的汁颜色会明亮得多，对氧化也没那么敏感了。果汁浊度控制在100~150NTU，有利于发酵芳香物质的产生，若浊度达到200~250NTU，就要考虑使用能产生品种芳香的酵母了。

像酿造白葡萄酒一样，细腻沉淀物的培养也很重要，澄清罐中清汁分离后，将沉淀细腻物的上半部分分离至一个小开口容器中，表面撒干冰，用保鲜膜密封，每隔12h搅拌一次，48h后可将小容器中的清汁和小部分的细腻沉淀物合并至原来的汁中。

发酵前期添加含有谷胱甘肽、植物蛋白、PVPP、钙基膨润土、活性炭等辅料，能够控制葡萄酒的颜色强度，提升芳香的持久性，减少苯酚酸，改善桃红酒的圆润感。

将澄清后的葡萄汁温度调整到12℃以上，接种酵母菌，进行酒精发酵，发酵温度控制在16~18℃。酵母的选择要考虑到不同风格的酒，有些酵母用于硫醇类香气突出的酒，有些用于发酵香气突出的酒。

若需要调酸，可考虑使用1/3的苹果酸和2/3的酒石酸或完全用酒石酸。

酒精发酵结束的桃红葡萄酒应该保存在相对低的温度下，这样可以更好地保持果香。桃红酒一般是年轻时就饮用，所以避免颜色损失就显得很重要，在阻止苹果酸-乳酸发酵时，调硫一定要注意，切不可过量，否则就需要很长时间来恢复颜色。酒精发酵结束后，在澄清倒罐的过程中使用50mg/L的SO_2。

大多桃红葡萄酒不进行苹果酸-乳酸发酵，如今也开始尝试这一发酵，因为它会使得桃红酒丰满很多。若采用浸渍法或放血法酿造桃红酒，浸渍越多，越有必要开展苹果酸-乳酸发酵，因为低酸会软化单宁的味感。若进行苹果酸-乳酸发酵，给汁调硫时不要过高。

目前，大多数的桃红葡萄酒均可以进行自然的苹果酸-乳酸发酵。

勾兑后对酒进行蛋白质稳定处理，可以使用羧甲基纤维素（CMC）来保证酒石稳定性。

要想春节前装瓶，可以将酒用皂土处理后，−4℃保温20多天后就会很稳定。

上述过程中游离SO_2要达到20～30mg/L，后期的处理同白葡萄酒。

第五节　冰葡萄酒酿造

冰葡萄酒（简称冰酒），在英文中称为"Icewine"，属于高档甜酒类，被誉为葡萄酒中的极品。冰酒呈金黄色或深琥珀色，含糖量高，具有蜂蜜、芒果、杏仁、桃和其他甜水果的风味，也带有干果的气息。

最早生产冰酒是在1794年德国弗兰肯（Franken）地区。在一个深秋时节，酒庄主人外出，没能及时返回，挂在枝头成熟的葡萄错过了通常的采收时间，并被一场突如其来的大雪袭击。庄园主人不得已，尝试用已被冻成冰的葡萄酿酒，却发现酿出的酒风味独特，芬芳异常，此后冰酒的酿造传承至今。而最早的加拿大冰葡萄酒是由Walter Hainle在1973年利用雷司令酿造而成的，此冰酒直到1978年，才真正投入市场。

2000年，辽宁桓仁县从加拿大引进了威代尔葡萄试种取得了成功。2006年9月，张裕在辽宁桓仁与加拿大奥罗丝公司合资成立辽宁张裕黄金冰谷冰酒酒庄，一跃成为世界最大的冰酒生产企业，年产量可达到500t左右。经过10多年的发展，桓仁地区已成为世界最大的冰葡萄产区，集中了10多家冰酒酒庄，冰葡萄基地近万亩。近年来，在我国的云南、甘肃、吉林产区，也依靠当地丰富的葡萄资源，建起了各具特色的冰酒生产企业。

由于冰酒对地理、气候、葡萄品种等方面的条件要求极高，对生产工艺的要求十分严格，目前世界上只有加拿大、德国、中国等几个国家的少数地区可以生产，而且产量很小。

一、葡萄品种

酿造冰葡萄酒的品种需要满足：葡萄耐寒、含糖量高、含酸量高、皮厚、果实与果梗结合紧密等条件以能经受住漫长结冰过程的考验。

德国通常使用的葡萄品种是雷司令和琼瑶浆，加拿大的代表品种是威代尔葡萄。在奥地利，许多本土的葡萄品种均可以用来生产冰酒。我国桓仁产区使用威代尔品种，吉林、黑龙江产区以北冰红、山葡萄为主。

另外，白诗南、灰品诺、佳美、美乐、品丽珠、霞多丽和赛美蓉等品种也可以用来酿造冰葡萄酒。

威代尔是酿造冰葡萄酒的优质原料品种之一，属于白色葡萄品种类，是白玉霓（Ugni Blanc）和白谢瓦尔（Seyval Blanc）的杂交后代，在法国称为Vidal Blanc或Vidal 256。主要特点为：耐寒，产量高，抗病性强，含糖量较高，含酸量高，成熟后果穗不落粒、果粒不易脱水、可长时间留存在树上等。

二、葡萄的冷冻

冰葡萄的冷冻工艺主要涉及葡萄的结冰方式、采收与压榨温度等。

在加拿大冰酒产区，生产冰酒的葡萄在10月份已经完全成熟，然后被罩上一层保护网，留在葡萄树上，直到12月和次年1月-10℃以下的低温把葡萄冻成固体。在这期间，葡萄被自然脱水，使葡萄汁中的糖度、酸度、风味和香气得到浓缩。浓缩后葡萄汁的产量也只有正常产量的1/5，因为大多数葡萄中的水分在压榨过程中都以冰晶的形式析出。寒冷的冬季和温暖的夏季使安大略成为世界上少有的能够常年生产冰酒的产区（德国平均每3~4年才有一个冰酒年份）。加拿大、德国、奥地利等国家，冬天的葡萄可以正常越冬而不需要埋土防寒。但葡萄采收时，-7℃以下的气温比较罕见。因此，这些区域并不能保证每年都能生产冰葡萄酒。

在我国北方的大多数葡萄产区，尤其是西北和东北，冬天的低温是极容易获得的。但是，在这些地区，冬天需要对葡萄进行埋土防寒，埋土时间通常在每年的11月20日之前。多数情况下，此时的葡萄果实尚未达到冰酒所要求的-7℃结冰条件。因此，要解决葡萄果实结冰与葡萄藤埋土防寒的矛盾。

实际上，对葡萄而言，当平均气温降低到0℃以下，葡萄即停止生长，树体之间（根系与土壤之间，树体各器官之间，枝条和果穗之间等）不再进行物质交换。此时，葡萄果实早已达到生理成熟期，含糖量不再增加，含酸量不再降低，种子变褐。

达到生理成熟后留在枝蔓上的葡萄果实将发生下列变化：

（1）**物理变化**　水分蒸发，果实体积缩小，果实含糖量、含酸量增加。

（2）**化学变化或生化变化**　柠檬酸、葡萄糖酸含量升高，酒石酸含量下降，苹果酸含量升高；多元醇，特别是甘油、丁醇、阿拉伯糖醇和甘露醇含量升高，灰霉菌分泌大量具有胶体性质的葡聚糖及多糖，使葡萄汁的黏度增加，从而影响葡萄汁和葡萄酒的澄清。

（3）**产生蜜味及芒果、柠檬等热带水果味等特殊风味。**

因此，在我国北方的冰葡萄栽培区，当气温降到0℃以下，对带有果穗的枝条进行修剪，将葡萄主干埋土，使其仍留在葡萄架面上，让保留在枝蔓上的果实等待冬季自然低温的来临。这样做，一方面可以解决葡萄果实结冰与埋土防寒的矛盾，保证葡萄果实在-7℃以下，甚至更低的自然低温下结冰；同时，解决了葡萄加工时长与自然结冰之间的矛盾。这种方式被称为挂枝自然冷冻。

这种冷冻方式的核心有两点：一是要尽可能推迟修剪与葡萄藤埋土的时间；二是尽量使葡萄果穗保留足够长的枝蔓，以减少可能的物质损失。

根据多年的试验研究：这种挂枝自然冷冻方式和传统冷冻方式所获得的冰葡萄所酿造的冰酒质量几乎完全相同。采用此方法所酿造的冰酒得到了国内外专家及消费者的广泛好评。

采用葡萄果穗挂枝冷冻方式，不但达到了葡萄自然结冰的目的，保证了冰葡萄的质量，突出了冰葡萄典型风格，而且解决了冰葡萄树体的冬季埋土防寒问题，保证了冰葡萄酒生产的连续性。

大量研究表明，冰葡萄汁的含糖量与冷冻温度密切相关。一方面，葡萄的含糖量越高，葡萄的冰点越低，葡萄结冰所需要的温度就越低；另一方面，冷冻温度越低，获得的冰葡萄汁的含糖量就越高。从表5-1可以看出压榨后冰葡萄汁的含糖量与冷冻温度的关系。冰葡萄汁如果要获得32%以上的糖度,冰葡萄的冷冻温度必须在-7℃以下。

表5-1　冷冻温度和葡萄汁糖度的关系

温度/℃	-6	-7	-8	-9	-10	-11	-12	-13	-14
含糖量/%	29	33	36	39	43	46	49	52	56

三、冰葡萄采收

冰葡萄的采摘受气候条件影响很大,适宜的采摘温度和采摘时间对冰葡萄酒品质至关重要。

通常,冰葡萄理想的采摘温度为-13～-7℃。当在气温降到-7℃以下,并持续稳定24h后,可人工采收葡萄,在-7℃以下及时运输到工厂,压榨取汁。压榨取汁前应手工剔除病果、霉烂果以及其他杂质。近年来,除梗和粒选工艺也逐步应用到冰酒的生产中。

四、冰葡萄压榨

葡萄采收时的糖度越高,冷冻温度越低,压榨的冰葡萄汁的糖度越高。

冰葡萄取汁一般采用筐式气动螺旋压榨机,压榨次数主要依据压榨温度与冰葡萄汁的含糖量,而冰葡萄汁的含糖量则取决于葡萄果实成熟时的含糖量和结冰温度。结冰温度越低,压榨汁的含糖量越高,葡萄出汁率就越低。压榨的室内温度不高于3℃,每次压榨结束,将葡萄醪渣取出,停留一定时间,稍微回温后,开始下次压榨。

通常冰葡萄压榨一般分2～3次进行,第一次压榨获得的冰葡萄汁的含糖量为450g/L左右,出汁率在5%;第二次压榨汁的含糖量在350g/L左右,出汁率在10%;而第三次压榨汁的含糖量在300g/L左右,为了获得符合条件的冰葡萄汁,出汁率应严格控制在15%(主要取决于压榨汁的含糖量)。压榨压力0.04～0.16MPa,分别保压20min,破碎过程中应避免压碎葡萄籽,压榨机下部集汁槽内的葡萄汁应尽快泵入发酵罐。发酵罐提前充满CO_2,加入干冰以降温及隔绝空气,发酵罐汁量控制在罐容的90%左右。

根据我国国家标准《冰葡萄酒》(GB/T 25504—2010),冰酒酒精度不低于9%、含糖量不低于125g/L的要求,结合感官质量要求,并参考OIV标准(葡萄的潜在酒精度不低于15%,即含糖量不低于253g/L),我们认为:冰葡萄单次压榨汁含的糖量应不低于28%(280g/L),但各次压榨所得的冰葡萄汁的平均含糖量不应低于30%(300g/L)。

对于压榨后的皮渣,经过一定时间的解冻,葡萄醪仍含有一定的糖,这些汁也可用来发酵普通葡萄酒或白兰地原酒。

压汁过程中,要添加60mg/L SO_2防止葡萄汁的氧化,压榨好的葡萄汁要根据要求分类贮存,不同阶段的压榨汁要分开处理,冰葡萄汁尽快进行0℃左右保存,并进行品质分析、指标检测等。

五、澄清与成分调整

向压榨后的冰葡萄汁中加入20mg/L果胶酶，使葡萄汁中的果肉等物质沉降，也可使用300mg/L皂土下胶，分离上层的清汁，倒罐，准备发酵。不能及时发酵的冰葡萄汁，保持温度0~5℃，加入60mg/L SO_2，空罐与罐顶均充入N_2及CO_2。

冰葡萄汁入罐后检测总糖、总酸和pH。对果汁进行调配，理想的含糖量应该控制在350g/L左右，一般果汁总糖不要超过400g/L，发酵结束后的酒精度会在10%~12%vol，残糖150~160g/L；保证葡萄醪pH3.4~3.5，总酸9.0g/L左右，若pH高于3.5，使用酒石酸调整。可以在发酵前和发酵结束后分别进行，也可多次进行。若酸度过高，可采用酒石酸氢钾或碳酸钙降酸。每次降酸幅度（采用化学降酸）尽量不超过2g/L。在发酵过程中，自然降酸的平均值为2.1g/L。

六、发酵

压榨得到的冰葡萄汁温度通常在-5℃以下，因此，必须把葡萄汁的温度逐步升高到10℃以上。并对汁进行轻微搅拌，确保罐内上下汁温一致。

由于冰葡萄汁的含糖量高，黏度大，高糖引起的高渗透胁迫会产生一定量的乙酸，从而使酒中的挥发酸含量高于一般的葡萄酒。发酵过程的重点是保持果香，形成优雅的酒香和醇和的口感，控制挥发酸的含量，而关键是选择适宜的酵母菌和控制发酵温度。

酵母菌种类对乙酸和甘油的形成、发酵速度和酒的感官特性有显著的影响，目前主要采用耐高糖酸、耐低温的R2、ST.N96和EC1118酿造冰酒。从待发酵的罐中取出1/6~1/5的葡萄汁加到小罐，升高温度到10~12℃，用35~40℃的热水对酵母进行活化（酵母的添加量一般为200mg/L）30min后加入小罐；培养酵母48h左右，待温度升高到25℃左右，观察小罐中酵母的发酵情况，当发酵液翻滚、泡沫丰富时将小罐培养液加入待发酵的大罐，循环均匀，添加的酵母液与冰葡萄汁的温差不能大于10℃。

发酵温度过低，发酵周期长，发酵的冰酒挥发酸含量高，同时，也会影响到冰酒的安全性。而过高的发酵温度会影响到冰酒的果香及香气的细腻、优雅性，酒的口感粗糙，醇厚感降低。综合考虑，发酵温度宜控制在12~18℃。

发酵前期，温度不宜过高，要尽量经历一段低温期（低于10℃），而且要缓慢升温。发酵中期，一般控制在15℃左右，这样利于酵母的发酵而且也能保证挥发酸处于一个较理想的水平。在发酵后期，发酵比较困难，可以少许提高温度，以刺激酵母，短时间控制温度在18℃左右（不能高于20℃，否则挥发酸也会显著上升）。

在发酵过程中，要进行温度控制，尤其是在发酵困难时期，要适时地稍微提高温度2~3℃（最高不要超过18℃），以刺激酵母的发酵；要适时地倒罐（有条件可以轻微搅拌），防止酵母长时间地沉积在罐底；对于同等质量的果汁，可以采用串罐的方式，把发酵旺盛的果汁添加到发酵困难的果汁之中；当发酵温度、搅拌处理效果不理想，而且酒精度远远未达到理想状态，可以再次添加酵母，并稍微提高温度。

为了确保酵母的活力和发酵的彻底进行，在添加酵母前2d或添加酵母的同时（或相对密度下降0.30左右时）加入酵母营养剂（SUPERVIT）。添加量为60～70mg/L，用冷水溶解。每次添加辅料之后要进行一次封闭式循环，以保证辅料混合均匀。

发酵时间为30d到几个月。当酒精度达到10%～12%vol时，及时终止发酵，获得不同口感和风味的冰葡萄酒。终止发酵的方法很多，包括低温、添加SO_2和除菌过滤等方式，由于低温和除菌过滤不会更多地影响冰酒的风味，总体效果要优于添加SO_2的方法。

将冰葡萄酒温度降低到−5～5℃，并添加120～150mg/L SO_2，沉淀几天后，分离酒脚。满罐、密封，充氮气保护，保持温度0～5℃。

七、贮藏、调配、处理

冰酒贮藏过程中，保持温度0～5℃，游离SO_2 30～50mg/L，使用氮气及惰性气体保护。

经过罐储后，根据感官、糖度、酸度等指标将冰酒调配成相应级别。

调配好的冰酒，检查其蛋白质稳定性，若不稳定，可采用100～500mg/L皂土下胶。

冰酒冷冻处理过程中，其溶解氧有所增加，强化了氧化作用，加速了新酒的陈酿，使酒的生青、酸涩感减少，口味改善。也加速了酒中酒石酸盐类及胶体物质的沉淀，提高了冰葡萄酒的稳定性。

对冰葡萄酒进行冷处理应快速降温。冷处理方式有直接冷冻、间接冷冻及快速冷冻。如薄板式交换器、管式交换器和套管式冷冻器，都是目前较先进的冷冻设备。冷处理一般都在装瓶以前，澄清、过滤后进行。冷处理的理论温度应稍高于酒冰点0.5～0.1℃，但冰酒的冰点与酒精度、浸出物有关，可用计算方式或根据经验数据查表找出相应冰点。

在冷冻温度下保持15d左右，冷稳定检验合格后过滤，然后除菌过滤、灌装。

灌装前，要将游离SO_2调整到50mg/L，总SO_2不要超过250mg/L。

第六节　起泡葡萄酒酿造

1670年，法国香槟地区奥维利尔修道院的院长唐·皮埃尔·培里侬（Dom Pierre Pérignon）无意中发现，未发酵完全的葡萄酒装瓶后在瓶中能继续发酵产生气泡，并且气泡会密封在瓶中，历史上第一瓶香槟酒就此诞生了。以后逐渐出现了不同的酿造方式，用来生产含汽的起泡酒。

一、原料要求

酿造起泡酒的主要品种有：霞多丽，它可使起泡酒具有优雅的果香和陈酿香气，同时具有适宜的酸度，给酒带来清爽感；黑品诺：它使葡萄酒醇厚，具有骨架，并可加强起泡酒的成熟和耐贮性。另外，其他品诺系品种、雷司令、玫瑰香等也可用于生产起泡酒。尤其为罐式起泡酒，但最好的起泡酒是用不同的品种勾兑而成的。

起泡酒原料的最佳成熟度：含糖量不宜过高，为160～190g/L，即自然酒精度9.5%～11%vol，含酸量7～9g/L，以保持葡萄酒的清爽感和稳定性。其中入罐时的葡萄酸度6.5～7.5g/L。

二、压榨

压榨要点为：将葡萄原料降温至5～10℃；利用整粒葡萄直接压榨或先破碎后压榨；出汁率不超过66%；分次压榨，分次取汁，每次只用自流汁和一次压榨汁酿造原酒；通过添加干冰、充N_2、加快处理等措施预防原料及葡萄汁氧化；当用红葡萄品种为原料时，需用PVPP、活性炭进行脱色处理。

三、葡萄汁处理

压榨取汁的同时，及时加入SO_2 50～60mg/L。

在5～10℃下自然澄清12～18h；加入果胶酶；离心或过滤澄清；如果采收季节气温较低，葡萄汁中的悬浮物含量较少，采用静置澄清即可取得较好的效果；相反，如果采收季节温度较高，葡萄汁中固形物较高，则应进行低温和过滤处理。

如果葡萄原料含糖量过低，也可对葡萄汁的含糖量进行调整，以使原酒达到10%～11%vol的酒精度。

四、原酒发酵

按照白葡萄酒酿造法，采用EC1118等专用酵母，发酵温度14～18℃，发酵时间15～30d。也可在发酵过程中添加皂土0.25～0.5g/L，以利于后期的沉淀去除。为了使后续的二次发酵顺利，通常使原酒中的游离SO_2保持在15mg/L，在10～15℃条件下，充N_2或CO_2储藏。对于一部分酸度高的酒基（总酸9g/L），可以进行苹果酸-乳酸发酵，降低部分酸度，该发酵同时也会给酒带来复杂的风味。

五、气泡产生

1. 瓶式发酵

发酵前对原酒进行倒罐、过滤或离心，去除酒泥，得到澄清的酒液。为了获得最好的产品，在加糖浆进行二次发酵前，都要进行不同品种、不同年份的葡萄酒间的勾兑调配。调配的标准主要通过品尝确定，但pH和总酸可作为参考指标。

将添加糖和酵母的葡萄基酒装入瓶中，用金属盖密封好后开始二次发酵，低温发酵会增加酒中气泡和酒香的细腻感，通常维持在10℃左右为宜。发酵结束之后，死掉的酵母会沉淀在瓶底，然后进行数个月或数年的瓶中陈酿，储存期至少在15个月左右，有的甚至长达10年以上。

酵母选择标准主要是：进行再发酵的能力；低温发酵的能力（10℃以下）；发酵彻底；对摇瓶的适应性；不产生H_2S等。

糖浆是将精制葡萄糖溶解于葡萄酒中而获得的，其含糖量为500～625g/L，一般情况下，4g/L的糖经发酵可产生0.1MPa的气压，因此，一般装瓶时要加入24g/L的糖，以使起泡葡萄酒在去塞前达到0.6MPa的气压，这一加糖量适合基酒酒精度低于10%vol的酒。

助剂包括有利于发酵和完成的物质，主要有铵态氮（碳酸氢铵等，用量一般15mg/L），维生素B_1等；有利于葡萄酒澄清和去塞的物质，主要是膨润土（0.1～0.5g/L）及藻朊酸盐。将助剂加入装瓶前的基酒中。

为了触发酒精发酵，先将装瓶后的葡萄酒置于18～20℃的温度下，待发酵启动后再转于10～15℃，发酵结束后，再贮藏1年以上。转瓶，去渣，添加调味糖浆（蔗糖、葡萄汁、发酵葡萄汁、浓缩葡萄汁、葡萄酒、葡萄蒸馏酒等组成），打塞，混匀，包装。

2. 罐式发酵

即将添加糖和酵母的葡萄基酒装入耐压力的密闭发酵罐中进行二次发酵，发酵温度12～15℃，时间为1个月，结束后通过搅拌使葡萄酒与酵母接触一段时间，促进酵母自溶，用皂土进行澄清处理，皂土加入10d后即每天取样观察其澄清度，待达到要求后即可过滤。在等气压条件下，进行离心和无菌过滤操作，加入调味糖浆，并在等压条件下过滤。

过滤首先采用澄清板粗滤，然后用0.2～0.4μm的除菌板精滤，每次过滤都应采用压力差的方法进行，并将需补充的二氧化硫预先添加到承接罐中。过滤后的酒须降温至-1～0℃。

3. 充气式

将葡萄酒冷冻至近冰点，-5～-4℃，进行充气，然后将充气的葡萄酒储藏一段时间，使葡萄酒与CO_2气体达到平衡后，在低温和加压条件下进行过滤、装瓶。

二次发酵罐（或用以充气的罐）为不锈钢材质，容量多为3～20kL不等，耐压要求达到0.9MPa。罐体有保温层，配有冷凝层，发酵罐还配有温度计。

第七节　特种葡萄酒酿造

一、利口酒

利口酒的主要工艺条件是浸渍发酵与终止发酵。

浸渍是在发酵过程中或发酵结束后进行的，发酵后的浸渍可以增强浸渍效果，从而提高色素、多酚、矿物质以及芳香物质的含量，其持续时间通常可达8～15d，对于一些需花时间的优质陈酿酒可持续浸渍1个月。对于不浸渍的酒，发酵温度通常控制在20℃左右，对于需要浸渍的酒，发酵温度控制在26～28℃。

当发酵接近"中止点"时（即发酵达到要求的酒精度时），对发酵葡萄醪进行分离、冷冻、离心，然后加入相应量的葡萄蒸馏酒终止发酵（也可不加入酒精）。发酵终止后，加入100～120mg/L SO_2处理，以防止氧化及再发酵。

利口酒的酒精度通常为15%～22%vol，糖度为70～125g/L，需要保持游离SO_2在40～50mg/L，贮藏温度应不超过10℃，满罐密封贮藏。

二、山葡萄酒

山葡萄果枝结实，穗小、形散、籽小、粒大，果实糖度低、酸度高、含汁量少、单宁高、色素丰富，所以酿造的关键是对原料的改良、控制过多的单宁及陈酿管理。

生产上使用的主要品种：公酿一号、双优、双红、左山一、北冰红等。

除梗时尽量避免过多的果梗、青果进入果浆中，破碎时应避免辊间距过小挤破葡萄籽，造成劣质单宁溶出，产生不良的生青味及苦涩味。

1. 葡萄改良

根据山葡萄的特点，为达到酿酒要求，需要加糖以提高酒精度，同时采用化学法（$CaCO_3$）进行分次降酸，每次降2g/L左右。由于加糖量太高，可分2～3次加入白砂糖，每次加入总量的1/3～1/2。

2. 发酵

由于山葡萄皮中色素及单宁含量较高，所以需要缩短皮渣与醪液的接触时间：将果浆加适量果胶酶（0.1%～0.2%），温度保持在30～35℃，经12h，分离压榨取汁，向葡萄汁中添加SO_2，用$CaCO_3$调整酸度。添加山葡萄专用酵母（即适应高酸20g/L、低糖100g/L、单宁含量高的特点）。分期补加砂糖，使最终酒的酒精含量达12%～13%vol，当残糖小于4g/L，终止发酵。也可采用带皮发酵1～3d，分离发酵的葡萄汁，分次加糖发酵，发酵温度控制在18～22℃。

山葡萄皮渣多，单宁含量高，一般每日喷淋2～3次，喷淋量约为总汁量，也可在发酵中，将葡萄汁分离至另一容器中，结合加糖，再循环入原葡萄醪中，以保证皮渣与汁的充分结合。

3. 陈酿

满罐贮藏，保持游离SO_2 20mg/L，换桶、添桶，并通过延长陈酿期、添加PVPP等方法减少单宁的苦涩味。

三、加香葡萄酒

1. 加香葡萄酒的类型

古希腊王公贵族为滋补健身，长生不老，用各种芳香植物调配开胃酒，饮后食欲大振。到了欧洲文艺复兴时期，意大利的都灵等地渐渐形成以"苦艾"为主要原料的加香葡萄酒，称为"苦艾酒"，即"Vermouth"（味美思）。如今世界各国所生产的加香葡萄酒都是以"苦艾"为主要原料的。现在普遍认为，加香葡萄酒起源于意大利，且以意大利生产的味美思最负盛名。

世界上，加香葡萄酒有三种类型，即意大利型、法国型和中国型。"意大利型"是以苦艾为主要原料，具有苦艾的特有芳香，香气浓，稍带苦味，如马蒂尼（Martini）、仙山露（Cinzano）。"法国型"的苦味突出，更具有刺激性，如皮尔（Byrrh）、杜波纳（Dubonnet）。"中国型"以张裕生产的味美思最早且最为有名，中文"味美思"为张裕公司的注册商标。张裕的味美思是在国际流行的调香原料的基础上，配入中国特有的名贵中药，色、香、味典型，风格突出。加香葡萄酒除可以单独作为餐后酒直接饮用外，在国外还常用其调制鸡尾酒。

2. 主要芳香植物

加香葡萄酒所采用的芳香及药用植物有：苦艾、肉桂、丁香、鸢尾、菖蒲、龙胆根、豆蔻、菊花、橙皮、香菜籽、金鸡纳树皮（通用配方）等。

（1）**意大利型**　一般酒精度15%～18%vol，含糖量180～200g/L，总酸5～5.5g/L；用75%左右的干白葡萄酒作为酒基，主要香料：苦艾450g、勿忘草450g、龙胆根40g、肉桂300g、白芷200g、豆蔻50g、紫蔻450g、橙皮50g、葛蒲根450g、矢车菊450g。

（2）**法国型**　一般酒精度11%vol以上，含糖量40g/L，总酸5～5.5g/L；用80%左右的干白葡萄酒作为酒基，主要香料：香菜籽1500g、苦橙皮900g、矢车菊450g、石蚕450g、鸢尾根900g、肉桂300g、那纳皮（音译）600g、丁香200g、苦艾450g。

（3）**中国型**　一般酒精度15%～18%vol，含糖量60～140g/L，总酸6～7g/L；用100%的干白葡萄酒作为酒基，主要香料：藏红花、苦艾、菊花、白豆蔻、肉豆蔻、肉桂、丁香、白芷、广皮、龙胆根、香菜籽、大茴香、小茴香、枸杞子、鸢尾根、酒花等。20t成品用药料6kg，药汁350L左右。

3. 芳香植物的提取

（1）**直接浸泡法**　将称好的芳香植物及中药材粉碎后分别（或混合）装在白纱布袋中，浸泡于葡萄原酒中，密封，浸泡时间1个月左右，其间，每隔5～6d将布袋挤压一次，以促使芳香物质的溶出，同时，品尝药液，如药味过重，则应加入葡萄酒。反之，则延长浸泡时间，一直达到适宜的口味为止。

举例：肉豆蔻9g、大茴香0.7g、小茴香0.17g、肉桂8g、大黄8g、广皮15g、苦艾15g、龙胆根7g、白芷7g、酒花6g、香草2.15g、菊花1g、丁香7g、紫蔻6g、红花1g。

将前5种药材分别研细，后9种药材剪成碎块，只保留最后一种红花为原状，除红花放在50%左右的白兰地中、酒花浸泡在沸水中，5h后过滤备用，其他分别装入脱臭酒精的容器中，以能没过药材为宜。浸泡1个月后，分别过滤，并用蒸馏水冲洗药渣，使其全部药料的浸出液混合达到1.5L，每1L白葡萄酒可使用此香料混合液15mL，酒精度和糖度可以根据消费者习惯确定（相当于每百升葡萄酒使用上述香料量）。

（2）发酵提取法　将上述配方中的药料分别粉碎后，放入发酵容器中，将欲发酵的葡萄汁注入进行发酵。注意：需要选择酒精效率高的酵母（能发酵至16%vol以上），分次加糖以利于发酵，发酵温度控制在16～18℃，发酵完成后的酒液至少贮藏半年以上。

加香葡萄酒的生产工艺，要比一般的红、白葡萄酒复杂。优质、高档的加香葡萄酒，要选用酒体醇厚、口味浓郁的陈年干白葡萄酒。然后选取芳香植物放入干白葡萄酒中浸泡，或者把这些芳香植物的浸液调配到干白葡萄酒中，调配好的味美思要经过至少1年的贮存陈酿，冷热处理，过滤装瓶。

四、低（无）醇葡萄酒

无醇葡萄酒，是采用特种工艺脱醇加工而成的、酒精度不超过0.5%vol的葡萄酒。

无醇葡萄酒的酿造，采用葡萄发酵、脱醇工艺，是具有完全意义的葡萄酒类产品。它依旧保有葡萄酒的色泽、香气、单宁等物质，同样能带来独特健康的饮用体验。市场上的无醇葡萄酒酒精度≤0.5%vol，总糖20～100g/L，总酸4.0～7.5g/L，以红葡萄酒为主，多为果香型。

无醇葡萄酒的生产原理一是减少葡萄或葡萄汁中可发酵糖含量，二是从葡萄酒中脱除酒精。

1. 膜分离法

葡萄酒膜是一种致密的渗透汽化膜，与常规的孔径筛分膜不同，它是根据酒膜材料的相似相溶性来实现分离的。首先，葡萄酒中的香味物质在酒膜表面溶解，有机香味成分与酒膜材料溶解度参数越接近，溶解度越高；然后，在负压作用下，香气组分在膜上下游形成分压差，并向酒膜的下游侧扩散；最后，香气成分和乙醇以分子形式透过膜，并在膜下游侧脱附并冷凝成液态。可见，渗透汽化膜分离过程主要是利用料液中各组分和膜之间化学物理作用的不同来实现分离的。

（1）组件

①真空单元：透过膜组件的组分通过液环真空泵抽出，气态组分进入泵前冷凝器进行冷凝，未冷凝的气体进入泵后的冷凝单元，分离的液体一部分作为液环真空泵的工作液，一部分进入渗透液罐。

②冷凝单元：透过膜的气态组分依次经过泵前冷凝器、泵后冷凝器冷凝成液态。

③膜分离单元：来自原料罐的葡萄酒进入一级膜组件，利用下游侧真空泵形成的真空作为驱动力，透过膜进入下游侧（渗透侧），因膜的选择透过性而使渗透侧有机物浓度得到提高，未透过膜的葡萄酒（渗余侧）浓度降低，渗余侧葡萄酒重新返回原料罐，渗透侧气体经过冷凝器冷凝后进入渗透液罐。当原料罐中葡萄酒液体的酒精含量达到目标浓度时，利用渗余液泵将脱醇酒液体排出罐体。渗透过来的酒进入二级膜组件，原理同一级一致。

④加热单元：恒温水槽通过加热器使水温达到40～45℃，经板式换热器给膜上游侧的

葡萄酒加热。

（2）膜分离工艺流程（葡萄酒两级组合分离）葡萄酒渗透汽化膜分离设备工艺流程如图5-8所示。

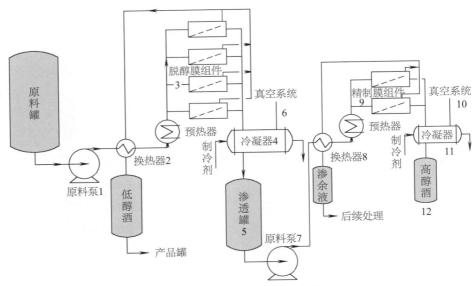

图5-8 葡萄酒膜分离工艺流程图

①一级膜的上游侧葡萄酒经原料泵1、换热器2、脱醇膜组件3，返回原料罐，经一段时间循环，当原料中酒精浓度降低到目标浓度后，作为脱醇酒产品。

②渗透侧采用带闭环系统的液环真空泵6产生真空，使有机物组分透过膜进入冷凝器4，冷凝形成渗透液进入一级渗透罐5。

③二级原料采用的是一级渗透低度酒经原料泵7、换热器8、精制膜组件9，返回原料罐，经一段时间循环，当原料中酒精浓度降低到目标浓度后，作为无醇水产品。

④渗透侧采用带闭环系统的液环真空泵10产生真空，使有机物组分透过膜进入冷凝器11，冷凝形成渗透液进入二级渗透罐12，得到高度葡萄酒精产品。

⑤制冷系统采用成套机组，配套足量的载冷剂、制冷机和载冷剂循环泵，为液环真空泵和冷凝器提供冷冻液，根据载冷剂的温度，可维持制冷压缩机足够的开启和停止间隔时间，维持压缩机长期稳定运行。

经过上述处理，葡萄原酒（酒精度12.5%vol）经过渗透汽化处理，可产生约占原料重量60%的脱醇酒（酒精度约0.5%vol）、20%的脱醇液（无色，酒精度约0.5%vol）和20%的蒸馏酒（酒精度约50%vol）。

某公司的葡萄酒渗透汽化膜分离设备参数见表5-2。

表5-2　某公司的葡萄酒渗透汽化膜分离设备参数

处理量	1440 t/年	运行时间7200 h/年	技术要求
膜面积	190m²	一级12支，二级3支	葡萄酒经一级过膜处理后渗透侧酒精度≥28%vol，将一级渗透经二级膜处理渗透侧酒精度≥50%vol，占比15.0%；一级渗余产出低醇/无醇酒，占比67.5%；二级渗余产出无醇水，占比15.0%
性能	0.5%vol≤渗余≤1%vol	二级≥50%vol	

葡萄酒渗透汽化膜分离设备见图5-9。

图5-9　葡萄酒渗透汽化膜分离设备

南京九思高科技有限公司是专业从事高性能膜材料研产销的高新技术企业，能够提供无醇/低醇葡萄酒膜法生产设备、蒸馏酒品质提升膜法生产设备等，标准设备有200kg/h、500kg/h、1000kg/h三种型号。

2. 真空蒸馏法

采用蒸发器或蒸馏柱，在真空状态下，将葡萄酒加热到25～50℃，对葡萄酒进行蒸馏。加热温度不要超过50℃，以防止不良风味的产生。这种方法会使葡萄酒中的中等芳香物质损失，一些香气成分流失，但酸度、单宁等没有损失。同时，由于是热处理过程，能耗高。

3. 反渗透法

反渗透法，也称为超过滤法，其利用只允许溶剂透过、不允许溶质透过的半透膜，把葡萄酒中的芳香化合物和酚类物质与酒精和水分开，最后将脱醇的酒液与香气重新混合。这种方法被证明是最有效的调节酒精含量和重新整合最易挥发的芳香物质的方法。由于是密闭循环，不损失香气，不接触空气，不氧化。

利用反渗透技术分离出酒精，操作温度低（5～10℃），对酒的风味影响小，但需要补加水，有些国家是不允许的。复原用水采用蒸馏水或软化水，一定要待原酒冷却到常温时再加入。此法采用的是冷处理工艺，无芳香物质损失，但会造成酸度损失，且需定期更换膜。

反渗透法脱醇工艺流程如图5-10所示。

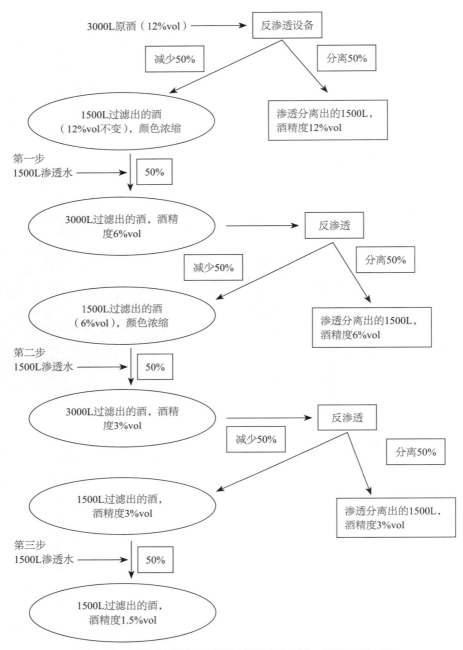

图5-10 反渗透法脱醇工艺流程（酒精度从12%vol降至1.5%vol）

4. 冷冻浓缩

将葡萄酒冷冻至形成冰晶，然后分离出冰晶，这样可以将酒中的水通过冷冻移走，残余酒精可以通过真空蒸馏移走。低醇葡萄酒的酒精度可以用分离出的酒精进行部分调整。

5. 使用未成熟的葡萄

用该种原料酿造的低醇葡萄酒，其成品酒香气不足，甚至带有生青味，酸度较高，酒的品质较差。

6. 添加葡萄汁

通过添加葡萄汁或部分未发酵的葡萄汁来降低酒精度，但只能生产含糖（半甜、半干）葡萄酒。

7. 部分酶化

利用葡萄糖氧化酶（或其他酶）将葡萄汁中的糖氧化成葡萄糖酸，以减少可发酵性糖含量，利用此法可以使酒精的产量减少一半。

无（低）醇葡萄酒生产过程中，由于脱去了酒精，酒体平衡被打破，需要一定的糖来支撑和平衡酒体，故无醇酒的糖度多在20～100g/L。另外，无醇葡萄酒的灌装比普通葡萄酒要求更高，脱醇设备的选择必须和灌装工艺结合起来，如果选择热灌装，灌装机应适应高温需要，但高温会影响到葡萄酒的风味。选择冷灌装可以保持酒的风味，可采用通用灌装线，但需要添加防腐剂。

低醇葡萄酒的生产过程中，一是要防氧化；二是经过脱醇，酒的香气及口味都有所变化，需要添加葡萄汁调整风味；三是为了保持生物稳定性，脱醇后的酒要进行巴氏杀菌。

五、波特酒（Port）

波特酒来源于葡萄牙，是葡萄牙北部杜罗河谷（Douro Valley）上游地区生产的主要红葡萄酒，是葡萄牙的国酒。

波特酒是通过向发酵的葡萄醪中添加葡萄蒸馏酒终止发酵酿造而成的一种加强型葡萄酒，颜色有红有白，其味道甜美，酒精度较高，通常为17%～22%vol。

1. 波特酒的类别

波特酒从颜色上，可以分为四大类：宝石红波特（Ruby Port）、茶色波特（Tawny Port）、白波特和桃红波特。而根据产品类型和风格的不同又分为五种类型，除了前面的3种外，还有年份波特（Vitage Port）和迟装瓶年份波特（Late Bottled Vintage，LBV）。白波特和桃红波特比较罕见，而宝石红和茶色波特则是波特酒家族的主力军。波特酒，既有美妙甜蜜又不失刚烈之风，特别适合餐后饮用。有人说波特酒就像一名英勇帅气的骑士，在你喝下去的那一瞬间，就会无法自拔地爱上它。

（1）宝石红波特 是波特酒中酒龄最短的一种，酒色如宝石般。成熟的时间短，大多数在4年内，而且贮存在大型木桶中，保存了较多的果味，以黑色水果香气为主，带些许肉桂等香料香气，口感柔和顺口，也比较简单。通常混合不同年份的酒调配而成。有时用品质极佳的2～3个年份的葡萄酒混合在一起酿成Crusting Port，这是一种浓度高、常有沉淀、类似年份波特的顶级宝石红波特。

（2）陈年波特（又称茶色波特） 是将酒在大桶中（通常是500L）陈酿更长的时间，酒在桶中的氧化程度高，颜色较淡，且呈淡棕红色，一般都是混合不同年份的调配而成。普通等级的陈年波特大多经过8年的木桶陈酿，也有非常廉价的陈年波特是经过颜色浅的宝石红波特与白波特调配而成的，经过4年就会变成红棕色，而经过10年以上陈酿的陈年波特会有较高的品质，香气的变化也更丰富，有许多干果的香气，口感更加柔和精致，颜色也更淡，接近淡棕色，甚至琥珀色。一般会以10年为单位，推出10年、20年、30年甚至40年产品。通常20年的陈年波特有较好的均衡感，30年以上通常较为浓重。为了保持同一品牌酒不同年份产品间品质的一致性，酿酒师会将不同年份产品和产地的原酒进行调配，所以大多数的波特酒都是非年份波特。

（3）年份波特 如果某一年份的原酒质量非常好，酿酒师就会在其木桶陈酿的第二到第三年将其灌装，这就是这所谓的"年份波特"。通常每10年才会有两三个年份生产这种味道最浓，也最珍贵的波特酒。这种酒在酒龄短的时候颜色浓黑、甜美丰厚，但也有非常多的单宁支撑，并且有非常浓郁的香气。年份波特非常耐久存，可经得起数十年以上的储存，最佳的成熟适饮期也需要10多年。特优年份的酒甚至需要更久。年份波特酒会随着在瓶中陈年时间的不同而发展出不同的风格。经过长时间的瓶储之后，年份波特会形成独特的、精细的复杂香气，譬如在瓶中陈酿5年的年份波特酒，最突出的特点是它还保留着深邃的红宝石色，散发着浓郁的红色水果和野浆果的芳香，以及一种黑巧克力的味道；而瓶中陈年10年的年份波特酒，除了会有轻微沉淀外（没有轻微沉淀，就不能证明陈年足够），香气也变得更加成熟，色调也由年轻的宝石红色渐渐变成一种成熟的石榴红色；如果瓶中陈年的时间继续延长，那么酒液的颜色将逐渐向茶色靠拢，发展出更多的氧化香气。成熟之后有如带着温润甜味的顶级陈年干红，有非常丰富多变的香气和更均衡多变的口感。由于装瓶前经常不经过过滤处理，酒的口感非常厚实，但沉淀也多。特别是老年份的年份波特，饮用前需要经过换瓶。

（4）迟装年份波特 是指年份波特在木桶中陈酿时间更长，达到5年以上。比特优年份波特装瓶时间晚，但是成熟速度比较快。虽然不及年份波特浓郁，但却能较快达到成熟期。无须等太长时间就可饮用，而且价格便宜得多。

（5）白波特 产量很少，酿造方法类似红波特，只是浸皮时间短或不经过浸皮过程。通常也经过橡木桶陈酿。除了一般甜味的白波特外，标示Dry White Port的白波特大多含有一点甜味，酒精度也稍低一点。

2. 波特酒所用的葡萄品种

在葡萄牙，酿造波特酒所用的红葡萄品种主要有：颜色深黑、单宁浓重、有着黑莓和黑樱桃香气的国产多瑞加（Touriga Nacional），多单宁的罗丽红（Tinta Roriza），甜熟丰满的巴罗卡红（Tina Barroca），优雅多酸的法蓝多瑞加（Touriga Francesa），品质稳定的卡奥红（Tinta Cao）和均衡的弗朗西斯科红（Tinta Francisco），这些品种酿造的原酒具有稳定的颜色和较好的果香，糖度也非常适合酿造高品质的波特酒。白葡萄品种主要有：科得佳（Codega）、马尔维萨（Malvasia）和拉比加多（Rabigato）。在澳大利亚，主要采用西拉、歌海娜和佳丽酿，南非主要采用神索（Heritage）。美国加利福尼亚州采用佳丽酿、小西拉和增芳德，美国东部和加拿大通常采用康可。

3. 波特酒酿造要点

波特酒的酿造中，原酒采用红葡萄的发酵工艺，其中，关键是如何对正在发酵的葡萄醪在酒精强化时浸提出足够的花色苷，从而使酒具有充足的颜色，也就是分离皮渣和加蒸馏酒强化的时间。通常，葡萄醪在浸渍发酵的5、6d颜色提取达到最多，而单宁则随着浸渍时间的延长不断增加。如果要获得颜色较深、单宁适宜的原酒，则浸渍时间3～4d即可，如果要获得单宁含量较高的原酒，则可以适当延长浸渍时间。另外，添加蒸馏酒的时机，由于酒精添加后，可能还有微量的残糖被发酵，所以，在发酵接近达到保留的残糖含量时添加。葡萄牙传统的工艺是对葡萄采用脚踏的方式进行破碎，柔和喷淋循环，浸渍3d左右，葡萄醪发酵至酒精度6%vol时加入酒精强化。

酒精添加量的计算方法：例如，若葡萄的含糖量244g/L，最终的波特酒想保留100g/L含糖量，酒精度为20%vol，则需要增加酒精度12%vol（即20-144/18）。蒸馏酒的比例为目标酒精度（即20%vol）减去发酵醪酒精度（例如8%vol），而发酵醪的比例则为蒸馏酒的酒精度（即78%vol）减去目标酒精度（即20%vol）。由此计算出12（即20-8）体积的蒸馏酒添加到58（即78-20）体积的葡萄醪中。发酵的温度控制在24～25℃，以保留果香为目标。酒精添加后，稳定1～2周，分离，为了防止果香损失及氧化，可以添加少量的SO_2。大多数的压榨酒都用于和自流酒勾兑，也可以单独陈酿，后期根据情况进行勾兑。

原酒稳定1月左右，大概在当年的11～12月份，分离入橡木桶中。贮酒用的橡木桶可以是225L标准桶，也可以是5000L或者更大的桶。在大桶中酒成熟得更为缓慢，有利于强化酒精和葡萄酒中的各种成分更好地融合，同时获得更适宜的橡木风味。陈酿时间和方式取决于酒的最终风格。换桶时间一般为一年2次，每次倒酒后还会加入少量的蒸馏酒以弥补陈酿过程中酒精的损失，以使最终的酒精度达到目标酒精度（例如20%vol）。宝石红波特和陈年波特在橡木桶陈酿过程中通常会在木桶内留一定的空间使酒适度氧化以形成独特的氧化风格，而年份波特则需要防止与氧接触，这类酒的独特香气主要是在长时间的瓶内还原环境下形成的。

由于不同年份、不同酒龄的原酒之间的差异，常常需要调配来保持同品牌产品的质量稳定性。首先，对同一年份的不同原酒进行调配，之后对不同酒龄的原酒进行调配，这样得到的调配酒的一部分又会用于下一年的调配，而另外的部分则用于最终成品酒的调配，这样最终的成品酒可能会包含几个年份的调配酒。最后用少量的干酒或更甜的酒调整酒的指标使其达到终产品要求的标准，增加甜度的方法是加入葡萄浓缩汁或用发酵启动后马上采用酒精强化的酒，颜色的调整可以采用调色酒。调配好的酒再经过橡木桶贮藏半年以上。一瓶优质的陈年波特可能意味着其最短平均酒龄达到10年、20年以上。

调配好的酒经过稳定性处理，包括下胶、过滤、冷冻（-10℃ 2周左右），然后装瓶。年份波特在装瓶前不需要进行过滤，产生的沉淀有助于酒的品质形成和陈酿潜力的提升。

波特酒的风味来源于多种香气共同的作用。发酵终止保留的高残糖和源于葡萄蒸馏酒的大量高级醇赋予波特酒独特的风味特点。葡萄蒸馏酒也贡献了酯类物质（如己酸乙酯、辛酸乙酯和癸酸乙酯等）和萜烯类物质（如α-萜品醇、里那醇），这些物质使酒产生水果香和香料香。此外，蒸馏酒中还富含醛类物质，如乙醛、丙醛、异戊醛、异丁醛和苯甲醛。这些物质不但影响酒的香气，还可以通过参与烷基连接的花色苷/单宁聚合物的形成而对新酒颜色的形成有积极的贡献。木桶陈酿使得酒中的琥珀酸二乙酯及其他琥珀酸酯含量增加，并检测到一些含氧的杂环化合物（包括呋喃衍生物），它们主要呈现香甜的氧化香气。橡木桶陈酿的波特酒中重要的香气物质还是葫芦巴内酯。2-苯乙醇的酯可能形成了波特酒的某些果香以及香甜气味。

六、雪莉酒（Sherry）

雪莉酒是于19世纪早期诞生于西班牙南部的一种特种葡萄酒。只有位于西班牙南部安达卢西亚的赫雷斯-德拉弗龙特拉（Jerez de la Frontera）及其附近酿造的这种类型的葡萄酒才称为雪莉酒，雪莉酒就是以此产区命名的，而英文Sherry则是来源于此城市的阿拉伯名Sherish。而西班牙其他地区和欧洲区酿造的类似葡萄酒均不能冠以雪莉酒的名称。现在酿造的雪莉酒中，只有白雪莉。

雪莉酒的产区位于大西洋岸附近，有凉爽的海风调节，常比内陆的温度低10℃，能让葡萄获得均衡的酸度。赫雷斯-德拉弗龙特拉附近的沿海平原区里，散落着一些和缓的丘陵，坡顶分布着白色石灰质土壤，非常适合酿造雪莉酒的主要品种帕洛米诺（Palomino）的生长。大约有95%以上的雪莉酒来源于此品种，另外，也有少量来源于玫瑰香和专门酿造甜酒的Pedro Ximenez。

1. 雪莉酒的类型

雪莉酒的种类很多，但主要有两种类型：菲诺雪莉（Fino）和欧洛罗索雪莉（Oloroso）。

菲诺雪莉在西班牙语里是"细致"的意思，这种酒的酒精度比较低，风格比较细致。通常采用较冷凉葡萄园或较冷凉年份的原料，对原料进行比较柔和的压榨，压榨汁占比较少。原酒在陈酿过程中，会在酒液的表面形成一层白色产膜酵母菌膜，这种菌膜的存在一方面可以保护酒液免受氧化，维持淡黄明亮的酒色，还可以让酒液产生特殊的青苹果和新鲜杏仁香气，同时也能分解酒中的甘油，让酒口感发干，显得很清瘦，酒体轻盈。酒精度通常在15%vol左右。

欧洛罗索雪莉在西班牙语中是"香味芬芳"的意思，可见这是一种香味特别浓郁的酒，酒精度在18%～20%vol。

在全球范围内，虽然酿造雪莉酒的工艺很多，但均采用一种最著名的酿造工艺，即索雷拉系统（Solera）。索雷拉系统是发明于安达卢西亚的雪莉酒的调配工艺。酒厂为了让每年生产的产品质量一致、风味类似，将不同年份的酒按一定比例混合。具体来讲，在堆放了数层的橡木桶中，每年从最底层称作Solera的桶中抽取至少1/3的陈酒装瓶，然后再从上层抽入1/3补入Solera桶中，接着再自上上一层抽出1/3补入下一层的桶中，依次类推，最后在最顶端的桶中补入新酒。这样的混合法不仅让酒的风味保持一致，而且因为混合了许多不同的年份酒，使得酒的香味更丰富，口感更协调。一些百年老厂的Solera甚至有上百年的历史。雪莉酒生产过程中不同年份酒间转移调配的频率和比例是由成品酒的最终风格决定的。不同陈酿状态的酒（Criaderas）直观表现为木桶堆放的层数，每层桶表示一种陈酿状态，越上层的酒越新，越往底层所含老酒的比例越高。Criaderas在陈酿系统中非常重要，因为它影响着陈酿过程中酒的变化。例如，菲诺雪莉需要较多的Criaderas以增加对原酒的转移频率，而欧洛罗索雪莉需要较少的Criaderas来降低其在陈酿过程中的转移频率。

2. 基酒的酿造

如果葡萄园含较高比例的白垩土，采用较冷凉的葡萄园或较冷凉的年份的原料有利于酿造菲诺雪莉，对葡萄轻柔压榨有利于其特点的形成。而葡萄园土壤中白垩土的比例较低，采用较暖热气候条件下成熟的原料，在较大的压力下压榨的，混合了较高比例的压榨汁，则有利于酿造欧洛罗索雪莉酒。

雪莉酒发酵过程基本同白葡萄酒，葡萄破碎后快速压榨，以减少单宁的浸出，葡萄汁自然澄清数小时，以减少悬浮物的比例。在雪莉酒产区，由于葡萄汁pH较高，通常加入酒石酸以提高酸度。在传统工艺中，也向葡萄汁中加入硫酸钙，一方面会降低pH，同时也为酒提供硫酸盐。发酵多采用自然酵母发酵，温度控制在20～27℃。

3. 雪莉酒风格的形成

（1）菲诺雪莉　发酵完的原酒静置澄清后，倒罐。用葡萄蒸馏酒（95%vol），中性和陈酿雪莉按1∶1的比例混合，用混合物强化葡萄原酒至15%～15.5%vol。将此酒放置约3d使其澄清。在这样的酒精度下，产膜酵母可以正常生长，同时也可以限制醋酸菌的生长。之后，把酒放入旧的美国橡木桶中存放，木桶容量490L，以浸提出尽量少的橡木成分，避免对雪莉酒自身香气成分的掩盖。橡木桶表面留10%～20%的空间，为产膜酵母的生长提供足够的空间。在酒膜形成的最初几个月，产膜酵母对乙醇的代谢非常活跃，需要定期补充酒精度，使其酒精度保持在15%～15.5%vol。在陈酿过程中，每个桶约有1/4的酒（100L）被取出添到下一层的桶中，这种转移过程的频率是由酒品质发展的程度决定的，判断依据主要通过感官分析。通常情况下，一年中会有两次这样的添酒转移过程，有时可能会更频繁。

在灌装前，需要将酒龄最老的桶用酒龄次老的桶添桶，酒龄次老的桶中空出的部分再用上一层酒龄较短的酒填补，以此类推，直到酒龄最短的酒。从最新的Criaderas层取出的部分则用陈酿初始阶段的新酒来填补。

产膜酵母的主要菌株为酿酒酵母、贝酵母、德尔布有孢圆酵母或鲁氏接合酵母，比发酵型酵母菌株能够耐受更高的渗透压。产膜酵母对菲诺雪莉的酿造至关重要，而频繁的基酒转移对酒膜的形成和保持非常重要，通过这一过程为酵母提供更多的碳源和能源，接触足够的氧气以满足呼吸作用的进行。由于缺乏可发酵性糖，酵母的生长转为依赖于呼吸代谢。由于酒膜覆盖了整个酒液的表面，能够融入葡萄酒内部的氧气就很有限了。因此，看起来葡萄酒暴露在空气中，但其氧化还原电位却是增加的。此外，酵母对酚类物质的氧化具有一定的抑制作用，这可以解释为什么酒暴露在氧化的环境下，而雪莉酒的颜色确并不深。

产膜酵母可以部分利用乙醇、甘油、乙酸和其他有机酸，生成乙醛和各种香气代谢副产物。乙醛的积累（在酵母代谢期间没有呼吸作用）赋予雪莉酒独特的氧化香气，乙醛随后与乙醇、甘油及其他一些多元醇反应生成缩醛。产膜酵母还会合成少量萜烯类物质，另外，雪莉中鉴定出的一些内酯类物质是形成酒风味特征的重要物质，葫芦巴内酯是一种非常重要的香气物质，它是雪莉酒中类似核桃的特征香气。不过，雪莉酒的典型香气是由多种香气成分共同作用形成的，这些物质包括内酯、缩醛、萜烯和醛类等。雪莉酒的氧化特征和白葡萄酒处理和贮藏不当引起的氧化是不同的。

当经过1～2年（也有达到4年）的陈酿后，通常会将来自不同索雷拉系统间的酒进行混合调配。随后，再将酒精度调整到16.5%vol或者需要的酒精度。苹果酸在酒的陈酿过程中会逐渐降低，此时可以向酒中加入少量酒石酸，再对酒进行过滤澄清及冷稳定处理，装瓶。

（2）欧洛罗索雪莉　将基酒酒精度强化至18%vol，这样可以抑制酵母和细菌的生长，也不会像其他雪莉酒一样受到温度波动的影响。橡木桶的装量为95%，加之特殊的密封方式可以限制氧化的速率和程度。另一方面，乙醛转变成了乙酸，及随后与乙醇发生酯化反应生成乙酸乙酯。所以，整个陈酿过程中，乙醛含量增加幅度较小，而乙酸和乙酸乙酯却逐渐增加。同时，由于长期陈酿，甚至会达到10年，欧洛罗索雪莉中的酚类物质含量要比菲诺雪莉中的高，糖和酒精的含量在陈酿过程中也明显在增加。

通常情况下，酿造欧洛罗索雪莉需要Criaderas数较小，添桶转移的速率缓慢，一般每年仅15%，由于调配的比例降低了，因此，不同酒桶间酒的品质差异会更明显。酿酒师会根据后续的调配维持产品的稳定性。

在国际市场上，干型欧洛罗索雪莉很少见，其酒精度通常会达到21%vol，并且还会与甜型和有色葡萄酒进行调配。经过澄清稳定处理后就可以装瓶。

上述生产雪莉酒的方法按比例调配操作和较长时间的陈酿需要投入大量的成本。同时，每年用于陈酿的新酒量将是当年生产成品量的10倍以上。

不同类型雪莉酒的生产流程图见图5-11。

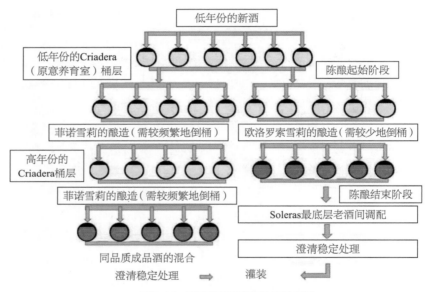

图5-11 不同类型雪莉酒生产流程图

4. 调色和增甜

在西班牙，雪莉酒的增甜通常是通过添加两种特殊甜型葡萄酒实现的。一种是用品种"Pedro Ximenez"通过光照干化浆果压榨取汁，再通过加入酒精强化而来的，其酒精度约为9%vol，含糖量约为40%，这种酒需要采用特殊的索雷拉系统进行陈酿。另一种称为Mistela的方法则是采用"帕洛米诺"品种，将自流汁和一次压榨汁强化至酒精度15%vol，含糖量为16%左右，静置沉淀后，在桶里或罐里进行陈酿，这种酒不需要经过索雷拉系统进行调配。也可以将帕洛米诺葡萄通过煮沸浓缩至原来体积的1/5，得到糖度达70%、黏稠、色深、高度焦糖化的浓缩汁。逐步加入发酵的葡萄醪中，最后得到的产品酒精度8%vol、含糖量22%，再将酒精度强化到15%vol，并进行索雷拉陈酿。这样在调糖的同时，也增加了雪莉酒的颜色。

5. 其他的雪莉型酒

在西班牙以外的其他地方，酿造雪莉酒的方法也各有不同。例如，南非采用白诗南和帕洛米诺品种酿造欧洛罗索雪莉时，将酒精度强化到17%vol，之后再将酒装入桶中陈酿10年，期间无须进行比例调配。在澳大利亚，菲诺雪莉在酿造过程中也很少采用比例调配工艺，在进行酒精度强化后会向酒中接入产膜酵母，然后将酒装入木桶（275L）或水泥罐（1000L）中至少陈酿2年。当酒膜特征达到预期后，将酒精度强化到18%～19%vol，再在橡木桶中继续陈酿1～3年。

澳大利亚等地也采用一种深层培养技术，产膜酵母的呼吸生长是在对整个酒液搅拌和通气的状态下进行的。先将基酒酒精度强化到15%vol以上，然后人工接种适应良好的产膜酵母，产膜酵母最佳的生长条件是pH3.2左右，温度15℃，SO_2含量接近100mg/L。将过滤后的空气或氧气以气泡的形式通入酒中以提供氧气，在快速机械搅拌的作用下，酵母一直处于悬浮状态下生长。这样可以使酵母很快地产生大量的乙醛，通过调整酵母作用持续时间，可以使酒中乙醛含量控制在200～1000mg/L。产膜酵母发酵完成后，用相对中性的蒸馏酒强化至17%～19%vol。由于产膜酵母没有在还原环境下生长过，加之酵母自溶产生一些物质，使得这种工艺酿造的雪莉酒没有采用索雷拉系统酿造的酒细腻和复杂，常常用于和传统方法生产的烘烤型雪莉酒调配。

由于全球加强型酒的市场正逐渐萎缩，加上口味对年轻消费者的吸引力低，其生产量受到影响。

不管采用何种工艺，陈酿时间长的雪莉酒都有着更加温润协调的口感以及极其豪华和丰富的陈年香气，非常精彩迷人。酒龄超过20年以上的雪莉酒才能标示VOS（Very Old Sherry），而VORS（Very Old Rare Sherry）等级的雪莉酒则至少需要酒龄超过30年以上。

菲诺雪莉：呈麦秆黄色，干型，新鲜的，带有坚果味（杏仁、胡桃）、木味和花香等特征风味，口味辛辣。酒精含量14%～17.5%vol，最佳饮用温度10℃。

欧洛罗索雪莉：氧化型，红褐色，芳香浓郁天鹅绒般柔滑，干型和稍甜。酒精含量：新酒16%～18%vol，老酒22%vol。最佳饮用温度：新酒12～14℃，老酒14～16℃。

七、马德拉酒（Maderia）

马德拉酒起源于距北非摩洛哥海岸640km大西洋之间与之同名的马德拉岛，该岛隶属于葡萄牙，具炎热潮湿的亚热带气候，但由于大西洋海风的调节加上高海拔的地形，相当适合葡萄的生长。岛上生产的葡萄酒以Maderia命名，属加强型酒。酿成的酒会放在一个称为Estufa的加热酒槽中贮存一段时间，以30～50℃的高温成熟，酿成的酒具苹果、焦糖、肉桂和核桃等独特的氧化香气，酒香浓重，余味绵长。产品类型多样，有干（Seco）、半干（Meio Seco）、半甜（Meio Doce）、甜型（Doce）；有有年份和无年份之分：无年份者根据成熟时间可标示3、5、2、10、15年。标示年份的马德拉酒属于高品质的马德拉酒，陈酿熟化温度比较低，时间也比较长，有时会在橡木桶或大型玻璃瓶中进行，香味比一般的马德拉酒丰富细致，口感也比较均衡和谐。

1. 葡萄品种

普通马德拉酒通常是以黑莫乐（Tinta Negra Mole）为主酿造而成；而高品质的年份马德拉只用品质最佳的4个传统品种酿造，分别酿成不同风格的顶级马德拉。其中，马尔瓦西（Malmsey）酿成的是口味最甜的一种，非常甜润多香；布尔（Bual）也多酿成甜型，但较清爽，常带烟熏味；华帝露（Verdelho）是岛上种植最广泛的白葡萄，主要酿成半干和半甜型马德拉，除一般的酒香外还常有烟熏和蜂蜜香气；谢瑞尔（Serical）多种植在海拔比较高的地方，多用来生产酸度高、带点涩味的干型顶级马德拉。

2. 基酒的酿造

葡萄经除梗、破碎后，加入20~30kL的大水泥发酵罐中，采用自然酵母发酵，很多酒厂会采用低温发酵，酒完全发干需要4周左右时间。发酵周期的长短根据酒的风格决定。极甜的马尔瓦西酒需要在发酵早期进行强化处理，以保留较高的糖度；布尔酒需要糖度消耗到一半时进行强化处理。华帝露和谢瑞尔则需要发酵至干时进行强化。

强化的酒精是通过加入香气中性的葡萄蒸馏酒（95%vol）来实现的，强化后的酒精度达到14%~18%vol。强化后进行澄清处理，此时的原酒称作Vinho Claro，之后就可以对其进行热处理了。

3. 热处理及陈酿

如果数量充足的话，不同品种的原酒会分别贮存在大的水泥罐中，而较小的量则会贮存在木桶中进行热处理。热处理车间的温度大约会在2周内缓慢上升到45~50℃（或者每天大约上升5℃），之后将酒在这一温度下至少存放3个月。热处理结束后，酒被缓慢冷却到室温。有时候，为了加速降温过程，也会向加热盘管中通入冷水。此外，也可以将酒装入小桶后堆积在没有空调的车间进行自然热处理。根据摆放位置的不同，原酒将在这种不同的冷热环境下存放8年甚至更长时间，这一古老工艺称为Canterio系统。

陈酿主要在橡木桶中进行，但也会用到其他种类的木材，例如栗木、椴木和红木。为了弥补热处理过程中酒精的损失，会在后期陈酿过程中加入葡萄蒸馏酒，从而使酒精度达到18%~20%vol。

少量来自较好年份的酒会在木桶中陈酿20年以上，再经过2年瓶储后，这种酒就可以称为年份马德拉（Vintage Maderia），质量一般的马德拉酒通常陈酿13个月就可以上市了，优质马德拉在热处理后至少需要陈酿5年以上。

4. 调配

如果需要增甜，需要选择含糖量高的葡萄，将其启动发酵后，加入酒精进行强化以保留高糖度，这种高糖度的酒部分进行类似马德拉的热处理，部分不进行热处理，再根据不同的目的进行调配。用于染色的调配酒通常采用加热浓缩的方法制备，浓缩后的体积是原来的1/3，并具有较深的颜色和独特的焦糖风味。

不同年份和品种的原酒在橡木桶中分别存放2年左右，然后根据目标进行调配。

烘烤使马德拉酒由于氧化产生了大量的醛类物质特别是乙醛和缩醛。糖降解产生了糠醛类物质，由5-羟甲基-2-糠醛和糠醛转变而来的5-乙氧基甲基-2-糠醛对马德拉酒的香甜香气有很重要的贡献，另外，还鉴定出了很多芳香族化合物。而杂环的缩醛类物质和葫芦巴内酯的合成主要与酒龄有关。

葡萄酒类型多样，可供采用的工艺技术也很多。首先，应该充分了解产区特点、葡萄品种特点、葡萄果实的成熟质量；其次要了解消费人群需求，对产品类型、质量特点进行定位；在此基础上选择适宜的酿造工艺：红葡萄酒酿造工艺的核心就是对酚类物质浸渍的把握，使最终葡萄酒中的酚类物质、酸、酒精度之间实现良好的平衡，白葡萄酒酿造的核心是控制果香与酸度的平衡，酵母的选择、发酵温度控制与防氧化是关键；再就是陈酿过程中，能够促进各种物质转化，即多酚和芳香物质的氧化还原反应的操作能精准实施和控制。

酿酒师只要掌握了这些原理和技术，就可以以不变应万变，根据产区的差异、品种的不同、年份的变化，制定适宜的酿造工艺，酿造出各具特色的优质葡萄酒。

第八节　自动化、信息化技术的应用

一、葡萄粒选设备

粒选是优质葡萄酒生产的重要工艺，近年来国内一些酒庄酒陆续采用此技术。通过粒选去除葡萄中的干缩果、霉烂果、生青粒及小果梗，选择颜色、大小、成熟度等稳定均一的果实，以保证纯净、成熟的果粒进入发酵罐，从而使发酵后的葡萄酒更纯净、更浓郁。

1. 光学粒选机（Delta R2 Vistalys）

光学粒选机是利用光学快速成像技术（每秒拍摄600张照片），对葡萄果粒进行拍照，并与标准果粒的大小、色泽和完整性图像进行对比，与标准果粒不一致的葡萄果粒通过高压气嘴吹出，从而起到分选的作用。

葡萄粒选设备见图5-12。

通过手动方式检验各高压气嘴是否畅通，气压是否达到标准压力，激光灯管有无问题。

人工选择部分成熟好、色泽均匀、大小符合葡萄品种应有的大小、完整的葡萄果粒，通过光学粒选机后设定为标准果粒。

然后进行分选，光学粒选机会自动对进入的果粒按照设定的标准果粒进行自动分选，利用高压气嘴吹出与标准果粒大

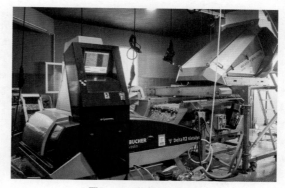

图5-12　葡萄粒选设备

小、色泽和完整度不一致的葡萄果粒及枝叶等杂质。

通过光学粒选机分选后，葡萄果粒大小均匀，色泽一致，果粒完好，成熟度一致。

进口设备生产商主要有法国BUSHER等公司。

葡萄粒选过程见图5-13。

图5-13　葡萄粒选过程

2. 振动式除梗粒选一体机

振动式除梗粒选一体机是河南新乡领先机械公司引进法国技术研制的一种新型设备，集除梗、振动粒选、辊轮精选为一体，能够实现脱梗、果梗分离及细小碎梗、生青果及霉烂果的挑选。以成熟度较好的赤霞珠为例，果内带梗率最佳为0.1%～0.3%。具有结构紧凑、除梗率高、易清洗、功能全、占地面积小、耗电低等优点，是目前世界上较为先进的粒选除梗设备。

其工作过程：整穗葡萄由进料口进入，落入进料口下方的脱梗装置内，脱梗装置内的摆臂左右抖动葡萄，三组拨轮高速旋转穿过葡萄穗，仿手指状将葡萄拨离葡萄梗，柔性的脱梗性能使得脱梗的葡萄果粒减少破损，混杂着果梗落叶等杂物的果粒通过脱梗装置下部出料口落在振动筛选装置上；振动筛选装置持续振动，带动着葡萄果粒和杂物顺着斜度向既定方向移动，在通过筛选算子时颗粒较小的干果、烂果和细小的果梗杂物则通过缝隙落至碎梗出料口排出；筛选合格的葡萄果粒和大束果梗则继续被移动至可根据葡萄果粒大小随时调整间隙的可调节滚轮装置上，交错分布、匀速转动的滚轮将大束葡萄梗移送至输梗带上将果梗收集，而葡萄果粒则通过滚轮交错的间隙由滚轮装置下部的果粒出料口处落出，从而使得葡萄果粒和果梗彻底脱离。

在果粒出料口下方配套安装各种收集设备，如破碎、螺杆泵等，收集果粒或将其破碎后输送至发酵罐或直接输送至发酵罐。

该机生产能力3～5t/h，设备功率2.66kW，外形尺寸：2280mm×1600mm×2510mm。适合于年产300～500t的精品酒庄，目前在宁夏、新疆、山东、云南等地的酒庄均有使用。

葡萄除梗分选设备原理图见图5-14。振动式除梗粒选机见图5-15。人工粒选见图5-16。

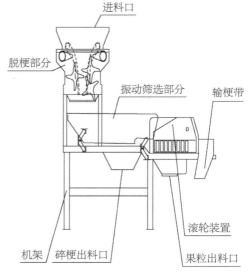

图5-14　葡萄除梗分选设备原理图

图5-15　振动式除梗粒选机

图5-16　人工粒选

二、葡萄收购与处理系统

在葡萄收购、加工、后处理等关键工序，一些先进的企业已实现了自动化、信息化控制。这里以张裕公司3万t原酒发酵中心为例介绍：在原料处理方面，与葡萄种植管理部门对接，建立了完善的葡萄收购信息化系统，结合自动验糖系统、称重系统，自动将每车原料详细信息完整录入系统，可以快速进行查询及统计分析。

1. 葡萄原料称重

葡萄原料入厂称重实现信息数字化传输，果农手持IC卡，通过"张裕葡萄在线收购系统"，实现了葡萄毛重、糖度、质量、皮重等葡萄收购关键数据信息的在线存储并上传，管理人员可通过"葡萄基地管理信息化系统"实现葡萄加工各类信息的便捷统计查询。

张裕葡萄在线收购系统见图5-17。

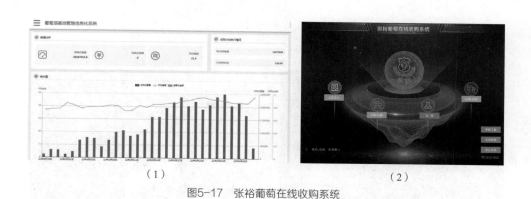

（1）　　　　　　　　　　　　　　　（2）

图5-17　张裕葡萄在线收购系统

2. 自动验糖装置

自动验糖是张裕公司为了推行"以质论价，优质有价"政策而开发的在线测糖系统（图5-18）。目前已从2000年的1.0版升级到4.0版本。该设备根据光的反射原理，光照射在被测液体表面，糖度越高，反射回来的光的能量越多，再通过放大器和葡萄糖液转换曲线换算成糖度值。

检测时，通过与果浆传输管道相连的小管不断采集入料管路葡萄果浆的糖度过程数据，平均每分钟连续检测15～20次，每车葡萄根据数量的多少可检测100～400个数据，该车葡萄加工完后，自动计算出糖度的平均值作为该车葡萄的最终糖度，整个过程数据即时显示在现场大屏幕上，大大提高了验糖工作的透明度和公正性。

该仪器检测的糖度范围在13%～28%，如果超过此范围，系统将不显示数据，同时也不会被计入平均值中；全程电脑自动检测、计算和保存；整个工作过程人为无法干预与更改。

（1）   （2）

图5-18　葡萄在线测糖系统

3. 辅料自动添加

葡萄处理过程中，亚硫酸、果胶酶等辅料采用自动添加方式，即采用耐腐蚀低流量隔膜泵与葡萄输浆螺杆泵进行联动，结合工艺要求、螺杆泵流量等信息，设定亚硫酸、果胶酶自动添加泵运行参数，最终实现亚硫酸、果胶酶的精准添加。辅料自动添加系统见图5-19。

4. 气囊压榨

通过设定压榨时间、压榨压力等参数信息，可实现葡萄的自动压榨、出汁、排渣等功能。气囊压榨系统见图5-20。

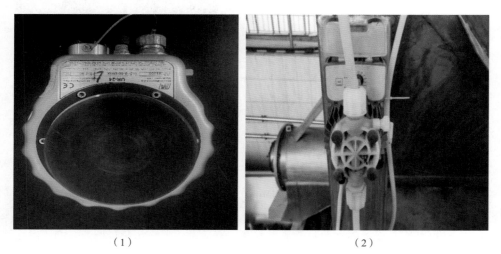

（1）   （2）

图5-19　辅料自动添加系统

图5-20　气囊压榨系统

三、发酵自动控制系统

该系统主要包括对生产设备工作状态进行监控，对发酵中的工艺参数进行控制，实现了葡萄入料与发酵过程关键工序的自动化控制。全自动固定输浆系统对每个发酵罐自动入料，并能根据葡萄分类加工需要随时自由切换。辅料自动添加系统与输浆系统联动，保证辅料添加准确、均匀。根据工艺需求设定温度、喷淋循环等参数，对喷淋系统、冷冻系统发出指令，实现操作自动化。发酵结束，自流酒通过自控泵输入指定容器，皮渣通过自动输渣系统进入压榨机进行压榨。

1. 设备工作状态监控

中央控制室可以显示各主要生产设备的工作状态，如葡萄除梗破碎机、气囊压榨机、吸梗机、冷水机组、空压机等，技术人员可根据各类设备的运行状态，准确及时地进行相关自动控制操作（图5-21）。

2. 入料管路的选择与控制

多台葡萄破碎机对应多条入料主管道、多条入料分支管道、多个发酵罐，自动控制系统依靠电脑程序可以做到入料线路的自动优化选择，操作人员只需在电脑界面上指出入料的始端与末端，系统即能够在二者之间自动选择最优线路，同时自动将该线路上有关阀门打开或关闭，在线路选择上实现真正的自动化。

3. 发酵温度自动控制

葡萄发酵过程中，通过在自动控制系统中输入温度控制参数，当通过温度传感器采集的温度信号达到设定值时，可触发冷媒阀门进行开关动作，从而实现发酵温度的自动控制，满足葡萄发酵温度要求。

葡萄发酵状态显示见图5-22。

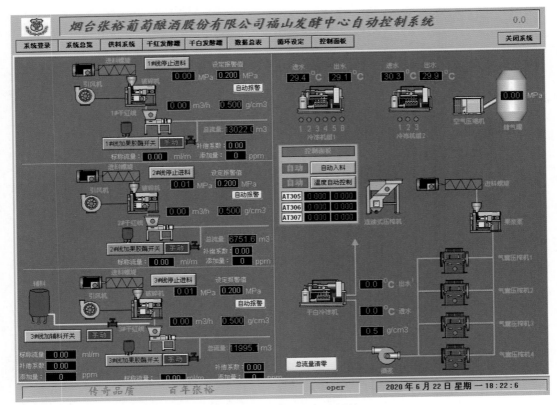

图5-21 发酵中心自动控制系统

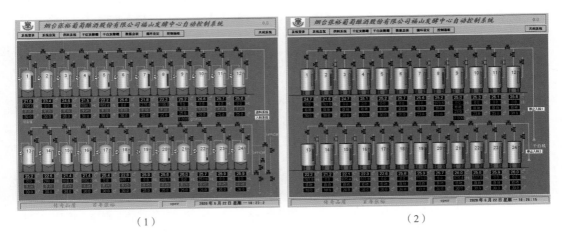

（1）　　　　　　　　　　　　　　　　（2）

图5-22 葡萄发酵状态显示

4. 发酵罐液位显示

发酵罐均安装有压力传感器，通过参数转换，可在中央控制室控制界面显示每个发酵罐的液位信息（图5-23），便于对发酵罐容量信息的监控管理。

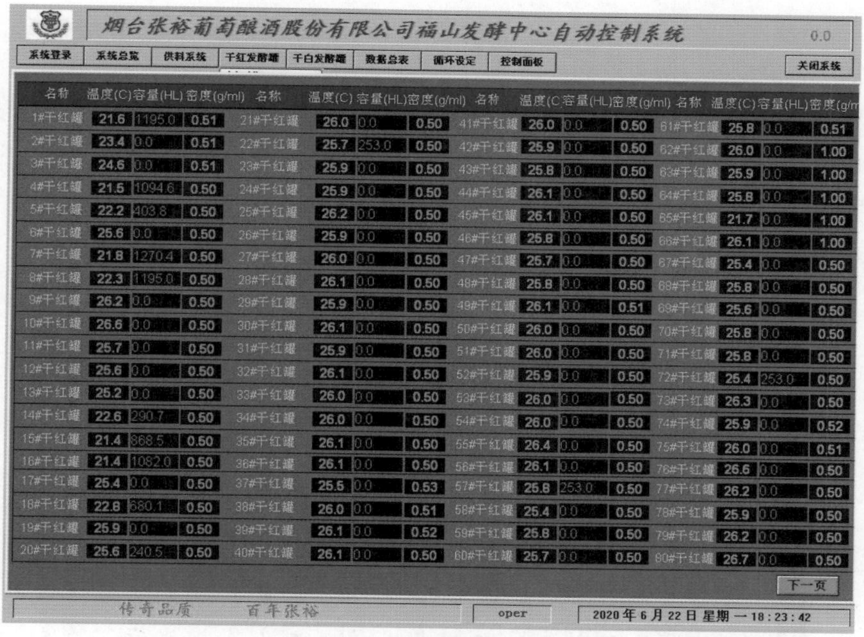

图5-23 葡萄发酵液位显示

5. 发酵罐循环和喷淋控制

葡萄发酵过程中，通过在自动控制系统中输入循环喷淋工艺参数，发酵罐上的循环泵可以自动执行设置启停时间及启动时长等操作，实现循环喷淋的自动控制。

发酵容器喷淋与循环状态显示见图5-24。

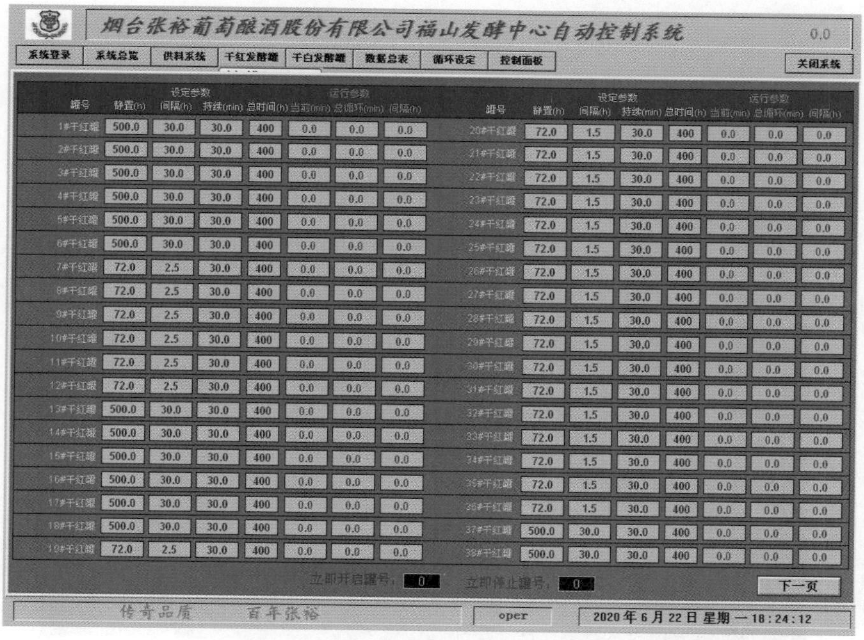

图5-24 发酵容器喷淋与循环状态显示

6. 模拟屏展示功能

葡萄加工关键设备、所有发酵罐都可以在中央控制系统模拟屏进行状态展示（图5-25），包括设备开关状态、管路使用状态、发酵罐温度、液位、循环泵状态等，具有极佳的展示效果。

7. 葡萄皮渣机械化输送

使用螺旋输送机（图5-26），将发酵罐底卸出的葡萄皮渣进行机械化、无压力地输送到气囊压榨机中，避免使用大量反冲汁，使压榨汁提质减量。

图5-25　发酵厂发酵状态显示

图5-26　葡萄皮渣螺旋输送机

四、橡木桶信息化管理系统

利用手持电脑、二维码以及后台数据库对橡木桶（采购入窖、日常使用、存放位置、维修、报废等信息）及其贮酒的各个操作环节（清洗、入桶、理化分析、感官品尝、日常巡检、出桶投产等）进行信息化管理（图5-27），实时查询掌握酒窖内木桶及原酒的所有信息，并对其进行管理和追溯。

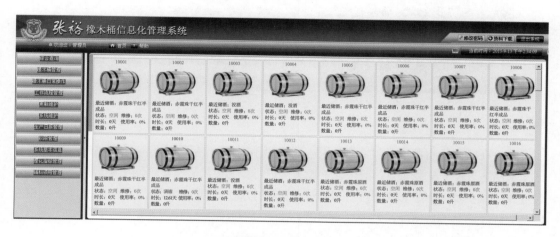

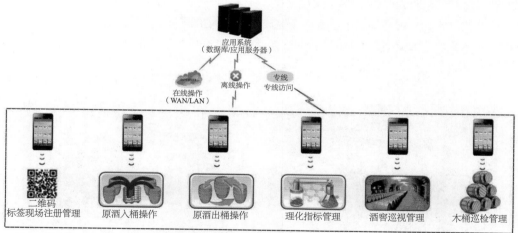

图5-27　橡木桶信息化管理系统

五、调配、过滤、冷冻、灌装自动控制系统

2016，张裕在烟台建成了年产15万t的现代化生产厂，实现了从原酒接收、调配、处理、灌装全过程的自动化、信息化。下面做简单介绍。

1. 混合调配

混合调配高精度计量，精确至1/1000；单批次可达1000t，能有效地保证产品批次一致性、风味稳定性。

混合调配罐系统见图5-28。大型混合调配罐见图5-29。

图5-28　混合调配罐系统

图5-29　大型混合调配罐

张裕在国内葡萄酒生产领域率先引入了进口不锈钢防混双座阀阵（图5-30）。单个双座阀结构精巧，便于安装布置，模块化的设计保证了控制模块、气缸等均可实现互换，同时拆装简单，维护成本低；双座阀上下两个泄漏腔的设计，能够保障阀门两侧的液体不会相互污染，确保产品质量安全；多个双座阀组合在一起形成阀阵，可以实现罐区内进酒、出酒、CIP清洗操作同时进行，实现了全自动化生产，提高了生产效率。

该系统可实现从配方工艺下达到混合完成完全无人工干预，自动完成，在精确计量、完全均质、质量安全的同时，全自动CIP清洗系统也提供全方位卫生保证。

错流过滤见图5-31。

图5-30　防混双座阀阵

图5-31　错流过滤

2．冷冻控温

采用板式换热器配合米勒板形式替代原有罐内盘管的方式，具有防止局部过冷结冰、易清洗、质量安全性较高等优点。

该系统依托先进的自动化控制技术，将葡萄酒在入罐过程中降至指定工艺温度，并将温度控制在±0.2℃以内。保温过程中可实现自动控温、定时循环以及自动CIP清洗等功能。

冷冻控温系统见图5-32。

保温过程采用气动隔膜泵循环的方式，可减少机械剪切力对葡萄酒的伤害。酒温自动控制，循环一键启动，不需人工操作，提高葡萄酒冷稳效果。

自控系统采用了目前国际上最先进的工业以太网技术和编程组态软件系统，生产区域内实现无线网络全面覆盖，操作者可通过一台平板终端实现葡萄酒冷稳过程中进出酒、CIP清洗、制冷换热、连续过滤等一系列操作的全自动化控制。全自动的设计减少了人工操作，节省了人力成本，同时降低了人为操作失误的风险。

图5-32　冷冻控温系统

3. 控氧充氮保护技术

生产过程中使用溶氧仪对各环节产品的氧含量数据进行测量，监控产品的质量状态。通过氮氧置换装置精确控制关键环节氧含量。

全过程采用氮气封桶自动控制系统，隔绝外界空气接触。

由无油空压机、制氮机和冷干机组成制氮系统，为全工厂提供充足的氮气供给（图5-33）。

4. 灌装自动质量检测技术

在全自动高速灌装线上配备了先进的检测设备，能够实现空瓶、瓶盖、酒线、标纸和喷码等包装质量的高精度检测，所有检测设备均为自动运行，检测设备运行速度与整线运行速度自动匹配，正常生产中不需要人工进行操作，检测设备的可靠性高。并实现了产品辅码和全程追溯。

图5-33　制氮系统

自动化灌装现场见图5-34。产品灌装赋码追溯流程见图5-35。

图5-34 自动化灌装现场

一瓶一码，全程追溯
真正实现从葡萄园到餐桌全程质量追溯

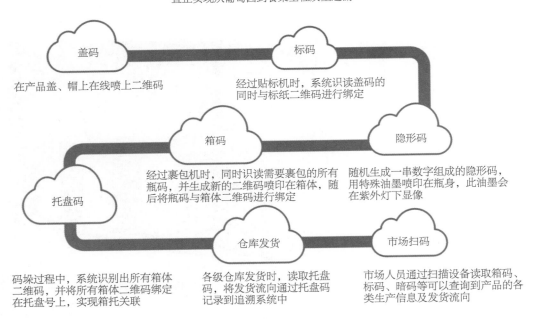

盖码
在产品盖、帽上在线喷上二维码

标码
经过贴标机时，系统识读盖码的同时与标纸二维码进行绑定

箱码
经过裹包机时，同时识读需要裹包的所有瓶子，并生成新的二维码喷印在箱体，随后将瓶码与箱体二维码进行绑定

隐形码
随机生成一串数字组成的隐形码，用特殊油墨喷印在瓶身，此油墨会在紫外灯下显像

托盘码
码垛过程中，系统识别出所有箱体二维码，并将所有箱体二维码绑定在托盘号上，实现箱托关联

仓库发货
各级仓库发货时，读取托盘码，将发货流向通过托盘码记录到追溯系统中

市场扫码
市场人员通过扫描设备读取箱码、标码、暗码等可以查询到产品的各类生产信息及发货流向

图5-35 产品灌装赋码追溯流程图

第六章

葡萄酒酿造中的主要操作

第一节　酒精发酵的监控

在酒精发酵过程中，酵母细胞繁殖，生成了酒精、CO_2及其他一系列副产物，并产生热量。

葡萄汁中最主要的糖是葡萄糖和果糖，当然还有少量其他的糖，包括一些结构与葡萄糖和果糖类似的单糖以及多糖。

在葡萄酒酿造中，常用"还原糖"和"可发酵性糖"来描述糖的不同性质。还原糖是指在化学分析过程中，具有能够将碱性溶液中Cu^{2+}还原的功能基团的糖。可发酵性糖是指能够被酵母利用，进行酒精发酵的糖。葡萄糖和果糖既是还原糖也是可发酵性糖。在发酵完成后，酵母未利用的糖，仍然保留在葡萄酒中。还原糖的测定采用斐林试剂法。可发酵性糖（葡萄糖和果糖）的测定，最好采用酶法和高效液相色谱法。

一、酵母添加

1. 酵母菌种的选择

选择最适酵母菌种及接种到葡萄汁中的操作是保证酵母发挥最佳发酵能力的关键。

目前普遍采用在葡萄汁中接种活性干酵母，这是一种简便的方法。这里只对活性干酵母的制备进行描述。

酒精发酵效率和酵母的表现影响着葡萄酒的质量和典型性，它们主要取决于接种和发酵过程中活性酵母细胞的数量和酵母培养液的活力。

（1）**酵母繁殖力**　指在培养引物或发酵液中活酵母细胞所占的比例，有别于显微计数法记录的总酵母（活酵母和死酵母）数量。

（2）**酵母活力**　与酵母细胞的生理活性有关。尽管酵母制剂（浆状和粉状）的活性可以测定，但在动态变化的发酵过程中很难测量。也可能出现发酵醪中活酵母菌数量很高，但活性很低而不能完成发酵的情况。

（3）**酵母菌筛选标准**

①适合生产葡萄酒的类型和风格。

②能够适应葡萄汁的理化条件（如糖度、pH、营养成分）。

③潜在的酒精耐受性：能够耐受发酵最终产生的酒精度（如酒精度达到16%vol）。

④发酵速率与设定的酿造参数相适应（如发酵温度及其控制、营养成分、酵母抑制因子活性和发酵活力以及发酵预计持续时间）。

⑤酵母独特的发酵特征，能够增强葡萄的潜在质量和酿造方法，对葡萄酒的结构和质量有贡献（如糖苷酶活性和酵母多糖）。

2. 葡萄汁中化学成分的分析有助于确定潜在的发酵问题

（1）可溶性固形物如果含量低，容易导致发酵速度缓慢或停滞；如高于24ºBx，应选择耐糖和耐酒精的酵母。

（2）**酵母可吸收氮（YAN）** 氨态氮是酵母生长所需的营养物质。可吸收氮含量低于150mg/L时，可能造成酵母总量不足而使发酵不完全；而且，酵母活性可能达不到要求，导致发酵速度缓慢或停滞。在发酵过程中，氮源不足也可导致H_2S的生成，这种情况下应考虑使用磷酸氢二氨。

（3）pH如果很低（如pH<3.01），应考虑选择合适的酵母菌。

（4）以游离态存在的SO_2浓度如大于30mg/L，会暂时抑制发酵活性，而更高含量则会抑制酵母生长。在接入酵母前，需要考虑酵母菌对SO_2的敏感性和必要的补救措施。

（5）在一些葡萄酒汁中如缺少某些营养成分或矿物质，可能会限制酵母的生长或导致酵母对乙醇等的耐受力差。这种情况下，应适量补充特定营养物质或矿物质。

（6）在被加热处理的、添加了高浓度SO_2以及被微生物严重污染的葡萄汁中，可能需要添加维生素以促进酵母生长。

3. 活性干酵母的制备及接种

干酵母的使用应遵循生产商推荐说明。

（1）估算需接种的葡萄汁体积。

（2）通常酵母推荐接种量为250mg/L，葡萄汁初始酵母总数应达到$5×10^6$CFU/mL，这一接种量可以保证发酵最终的酵母总数接近$1×10^8$CFU/mL和酒精发酵完全。

（3）量取酵母质量10倍体积的软化水，加入合适的容器中。如果采用自来水应先煮沸去除氯，然后冷却到40℃使用。

（4）加热水至38～40℃，将酵母缓慢撒到水面，缓慢搅动水面来浸湿酵母，防止形成干酵母团。静置水/酵母悬浊液15～20min，让酵母有时间充分活化，然后轻轻地搅匀水/酵母悬浊液。

（5）将酵母悬浊液冷却至接近欲接种的葡萄醪温度。逐渐添加少量葡萄汁（每次不超过10%体积），使酵母慢慢适应葡萄汁的温度，防止酵母淬冷。实际操作中，温差最好是3～5℃，最大不超过10℃。正常情况下，接种葡萄汁温度不应低于15℃。

（6）制备好的酵母发酵醪应该立刻均匀加入待发酵葡萄汁中。对于红葡萄醪，最好先将酵母发酵醪加入发酵罐的底部，然后加入葡萄醪。

活性干酵母应放置在恒温、凉爽、干燥的地方（参照生产商推荐）。对于已开封酵母需短期存放的，应该先将空气排除，然后密封存放。

二、发酵速率

发酵速率为单位时间内可发酵性糖浓度的变化。发酵速率取决于许多因素，包括：葡萄汁成分，酵母种类、数量、活性，发酵温度以及发酵容器类型等。可以通过以下几个参数计算发酵速率。

（1）发酵液密度的变化。

（2）释放CO_2的体积。

（3）释放的热量。

（4）**发酵液重量的变化。**

监测发酵速率的方法就是跟踪发酵液相对密度的变化。乙醇溶液的相对密度低于糖溶液的相对密度。在发酵过程中，伴随着糖度的降低和乙醇浓度的升高，发酵醪液的相对密度降低。因此，发酵速率监控可以通过相对密度随时间变化曲线的斜率来进行。

通常，取样测定发酵醪液相对密度时，应记录发酵液的温度。将温度测量值相对于时间的变化标注在与相对密度测量相同的图上，如图6-1所示。

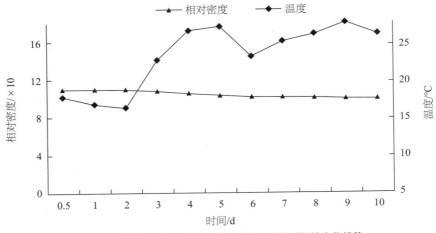

图6-1　葡萄发酵醪的相对密度和发酵温度随时间的变化趋势

（5）**不同发酵阶段可接受的发酵速率**　受制于葡萄酒酿造环境、酵母细胞的活性和繁殖能力，下列数据仅作为参考：

①从发酵开始到醪液浓度降到相对密度约1.020（糖度50g/L左右）：红葡萄酒每天糖度大约降28g/L；白葡萄酒每天糖度大约降24g/L。

②从相对密度约1.020到相对密度约1.000期间，对于红、白葡萄酒来说，每天糖度会降14g/L左右。

如果发酵速率低于上述值，需要密切观察，同时根据情况采取一些补救措施。

三、确定发酵终点

由于酒精对比重计浮力的影响，随着发酵临近终点，比重计读数将会介于0.990～1.000。

白利度（ºBx）和波美比重计（ºBé）的密度读数在负数范围，且当SG值小于1.000时，表明发酵临近结束，接近于干酒。

快速检测结果表明，还原糖浓度低于或接近10g/L时，需要进行更准确的糖浓度分析，例如滴定法和酶法。由于总会存在一小部分未发酵的还原糖，在发酵终点，"干"葡萄酒中还原糖的浓度始终不会是0，在不同葡萄酒之间会各不相同。

如果连续两次以上的取样分析，还原糖的浓度大约为2g/L或更低，可以认为发酵结束。

发酵过程中，相对于果糖，酵母优先发酵葡萄糖。随着发酵的结束，果糖水平可能会高于葡萄糖。在这一过程中宜采用酶法或者HPLC法测定葡萄糖和果糖的实际浓度。这种分析可给出残留的可发酵性糖的准确值，包括葡萄糖和果糖的浓度。

发酵结束，以酶法或者HPLC法测定的葡萄糖和果糖的浓度通常应小于2g/L。

如果发酵结束前，终止发酵进程（例如生产甜、半甜或者半干类型的葡萄酒时），一些可发酵的还原糖（例如葡萄糖和果糖）将会保留下来。

不同发酵时期监测糖浓度的适宜分析方法见表6-1。

表6-1　不同发酵时期监测糖浓度的适宜分析方法

发酵时期	分析方法
发酵开始、中期和发酵完成90%	密度测量法
发酵超过90%时	斐林试剂法以及酶法
还原糖低于15g/L	酶法、斐林试剂法
还原糖低于6g/L	酶法或HPLC法

四、发酵异常

由于各种物理、化学或者生物因素，在可发酵性糖完全利用前，酵母发酵糖的速度可能降低甚至停止，这类问题经常出现在发酵的后四分之一阶段。

利用经过筛选的性能一致的酵母菌株（如糖和酒精耐受力），提供适宜的发酵条件，发酵能够维持每天至少0.50°Bx的发酵速率。发酵速率低于这一数值，即认为是存在问题的，应立即采取补救措施。

对发酵异常，要分析其产生的原因。

（1）面对发酵过程中发生的理化环境变化（例如，糖度、温度和酒精耐受力），酵母菌株选择不当。

（2）活化、接种或发酵管理中，对酵母的错误处理（例如，未经充分的温度调整或控制而引起的酵母细胞损伤等）。

（3）酵母接种前，没有充分考虑源于葡萄或由葡萄酿造工艺引起的营养缺乏（例如，氮和维生素的浓度）。

（4）未对选定菌株的特殊营养需求进行充分评估。

（5）存在酵母抑制因子（发酵醪内源或外源）。

通过评价，选择一种或几种补救措施，恢复发酵活力或者采用重新接种，确保发酵的顺利完成。但应尽可能采取措施避免发酵异常，而不是在发生发酵异常后进行补救。

酶法分析便于测定葡萄糖和果糖浓度的微小变化，因此，它是较合适的分析方法。

五、监测发酵常用的方法

（1）定期采集具有代表性的发酵样品（例如每天1～4次）。取样的频率取决于发酵启动所需时间、发酵速率以及酿酒要求。如在红葡萄酒酿造过程中的皮渣浸渍阶段，采集具有代表性样品的最佳时间是在喷淋酒帽之后。

（2）通过一个内置的温度探头连续监控温度。也可利用温度计，在取样的第一时间马上测量温度。

（3）CO_2会影响密度的测定。如果要求更高的准确度，在测量密度前，必须对酒样品进行脱气处理。同时测量样品温度，并根据温度校正表修正密度的读数。

（4）将发酵温度与密度测量值（校正后的）对发酵时间作图，给出对发酵进程的直观描述。

（5）当发酵接近结束时，应该对还原糖或可发酵性糖进行分析，以准确评估发酵是否结束。

（6）几种特殊情况

①红葡萄酒发酵中，测定起始相对密度：红葡萄酿造过程中，在除梗破碎之后，果皮浸渍和发酵启动之前，葡萄汁相对密度的测量值通常低于实际值，这是因为，所有潜在的可溶性固形物（主要是糖）还没有释放到"自流汁"中。应在酵母接种24h内，发酵旺盛开始时，对相对密度进行第二次测量。

②葡萄酒的酒精度能否由葡萄汁的相对密度预测：葡萄酒的最终酒精度不能直接由葡萄汁的相对密度确定。葡萄中的糖转化为酒精的比率受制于葡萄来源、种植条件、酵母以及发酵工艺条件等因素。

实际生产中，酵母将糖转化为酒精的效率不同。产生1%vol酒精，需要16.5～18.0g/L糖，这取决于葡萄汁的成分、酵母和发酵条件，以及葡萄汁中的矿物质成分、酵母活力、发酵温度和发酵罐的设计等。例如，高温下开放式的发酵容器比相对封闭的发酵容器，酒精的蒸发损失更大。红葡萄酒发酵过程中，最初测定的相对密度经常低于实际值，因为在带皮发酵期间，一些"额外"的糖会从皮和干化的葡萄中释放出来，所以最好的方法是利用不断积累的经验和专业知识进行综合判断。

第二节　苹果酸-乳酸发酵的监控

一、乳酸菌株的筛选

苹果酸-乳酸菌株的理化指标限值与期望的葡萄酒特性密切相关。葡萄酒中可用的营养物质浓度、乙醇浓度、pH、游离和总二氧化硫及苹果酸-乳酸发酵过程中葡萄酒的温度均是非常重要的因素，例如，筛选的菌株酒精耐受力为13.5%vol，当预处理葡萄酒的酒精度为15.0%vol时，该菌株是不能使用的。

其次，葡萄酒各参数间存在多种相互关系，它们对菌株活性的影响是发酵成功的关键。

在筛选特定菌株时，不应忽视多种限制条件对添加剂的抑制作用（如低温结合高酒精度和高二氧化硫）。

另外，还应考虑酵母（用于酒精发酵）和筛选的乳酸菌株间的兼容性。

1. 葡萄汁和葡萄酒成分的影响

苹果酸–乳酸发酵最佳温度是18～20ºC。

在接入乳酸菌前，总二氧化硫浓度应低于30mg/L。乳酸菌耐总二氧化硫浓度的最大值为40mg/L。只有少量乳酸菌可以在总二氧化硫浓度高于40mg/L进行苹果酸–乳酸发酵。

最佳pH范围在3.1～3.5。

当筛选的菌株酒精耐受性最高可达16%vol时，葡萄酒的酒精度最好不超过14%vol。

实际上，在葡萄酒中常会有一个或多个成分不在给定的范围内，由于这些参数的相互影响，苹果酸–乳酸发酵的起始时间和完成时间会延迟。

2. 乳酸菌制剂的类型

乳酸菌制剂包括实验室新鲜培养物、干浓缩和冷冻浓缩商业制剂。

实验室菌株和浓缩干菌株制剂在使用前需进行扩培处理。

实验室新鲜的菌株要求保存在4ºC；商业制剂（干浓缩和冷冻浓缩）一般要求保存在4ºC或者更低（参见产品使用说明）。

3. 乳酸菌引物的制备

（1）利用实验室新鲜菌株和干浓缩乳酸菌制剂制备乳酸菌接种液 为了得到适于葡萄酒条件的高浓度乳酸菌总数的接种液，这些菌株引物的群体数量和适应程度主要取决于采取的繁殖过程。通常，这一过程要求使用含有L-苹果酸的葡萄汁/葡萄酒作为中介物，并按照最初的菌株接种量进行连续繁殖，利用需要进行苹果酸–乳酸发酵的葡萄酒，使培养量逐步增加，活化乳酸菌的菌群总数应达到10^6 CFU/mL。该方法虽然费力，但提供的接种液适合需进行接种的葡萄酒。

（2）利用冷冻浓缩乳酸菌制剂制备乳酸菌接种液 商业化的乳酸菌制剂经活化后，可直接接种到葡萄酒中（操作可参照生产商提供的说明）。

①确定需接种的葡萄酒体积。

②根据使用说明，计算出该葡萄酒量需要的冷冻浓缩乳酸菌的数量。

③量取乳酸菌质量约20倍体积的干净、不含氯的水，加入合适的容器中，将水加热到20～30ºC。

④将称好的乳酸菌制剂加入水中，放置15min。

⑤接种前将葡萄酒温度调整到18～22ºC，不能低于15ºC。立即将活化乳酸菌悬浊液添加到葡萄酒中，搅拌混合或泵循环（轻缓）以保证无氧气进入葡萄酒中。

商品化制剂（干浓缩和冷冻浓缩）外包装除了标注重量，更重要的是菌体活性（CFU/g）。因此，应关注每一包装规格能够接种的最大葡萄酒量。

二、苹果酸-乳酸发酵监控

发酵过程中，可以利用层析法来测定苹果酸、乳酸的存在，但不能给出精确浓度。通过测定pH、挥发酸、苹果酸、乳酸等，可以监控发酵进程。酶法、高效液相色谱法或其他定量技术可以提供定量结果，能够对苹果酸-乳酸发酵过程中苹果酸的微小改变进行监控，并确定发酵是否完成。

通常，L-苹果酸浓度<0.1g/L表示苹果酸-乳酸发酵完成，实际中，也有控制到<0.5g/L。

苹果酸-乳酸发酵结束后，应立即分离出葡萄酒，同时加入SO_2 50mg/L，满罐密封，10~14d后再次倒罐分离、贮藏。

第三节　葡萄酒的移动

一、葡萄原酒贮藏中的变化

发酵完的原酒，即开始进入贮藏陈酿阶段。在这一阶段，葡萄酒会发生各种各样的变化，包括物理、化学变化，酿酒师会根据这种变化，采取一系列措施，使葡萄酒的风味得以"减少、增加、延续和扩大"，最终使葡萄酒达到完美的质量状态。

"减少"异味和生涩味，包括还原味、发酵味和过多的CO_2。

"增加"更多的风味，包括从橡木中浸出风味物质，氧化产生香味和颜色以及产生瓶储香气。但这种增加应该适度，是补充而不是遮掩酒的原有风味。陈酿还可以增强某些风味，例如糖苷的酸水解可以增强麝香类葡萄的挥发性萜烯成分。

"延续"是尽可能地保持和延长诱人的果香，特别是品种香气和风味。同样也应尽可能地保留发酵的酒香。

"扩大"即增加酒的厚度和复杂性。恰当的熟化和陈酿能增加酒的厚度、广度和复杂性，提高酒的"身价"，而不失酒的基本特点。

葡萄酒的陈酿有两个不同的阶段：在大罐（桶）中陈酿形成了它们特有的风味，并获得了澄清与稳定；在瓶中陈酿产生醇香并使酒达到最后的成熟度。

在桶（罐）中陈酿的过程中，葡萄酒要不同程度地与空气接触，这可以在葡萄酒的移动中实现。

二、移动的类型

倒罐、转罐、混合、添罐、调配是葡萄酒的5种主要移动类型，目标是无污染和无氧化地进行移动或操作。

倒罐：把澄清酒液或者葡萄汁（容器的上部）从含酒泥或沉淀（容器的底部）的罐中分离。

转罐：把葡萄酒或葡萄汁从一个罐转运到另外一个罐。

混合：在容器内搅拌葡萄酒，使葡萄酒中的成分均匀分布。

添罐：添酒以确保容器满罐或只留用最小的空间。

调配：把两种或更多的酒混合，得到均匀的混合酒。

这里主要讨论一下倒罐、转罐和其他移动操作，这些过程往往伴随着添加和取样操作。

1. 倒罐

倒罐是葡萄酒酿造过程中最常见的操作。倒罐最直接的目的是澄清，但也会产生一些其他结果，比如会增加2.5～5.0mg/L的溶解氧，而氧气的溶入能够减少令人不愉快的还原味。在发酵末期，少量的通风会加速残糖的发酵，这对于有发酵停滞迹象的葡萄酒来说是一项很重要的处理方法。通氧会加深颜色，这是由于花色苷复合体的形成所致。对于一些新红酒来说，少量的氧气能够显著提升其感官品质。此外，倒罐还会使CO_2逸出，使葡萄酒均质，提供调硫的机会。在泵的吸管处加一个小三通，边泵送边均匀吸入亚硫酸溶液。

传统的酒精发酵和苹果酸–乳酸发酵后的倒罐会除掉很多成分，例如死酵母和细菌、酒泥、酒石等，当然还会去除部分CO_2。在冬末春初，气温大幅度回升之前，CO_2还未逸出，酒泥尚在罐底，此时应再进行一个次倒罐。在夏天到来之前，往往还需再倒一次，目的是去除罐底细酒泥中可能存活的微生物，同时调硫，使葡萄酒能够安全度夏。

除此之外，通过感官品尝及理化分析也可判断倒罐的需求。例如，在不锈钢罐泡橡木板的过程中，有时会发现有的罐橡木香气与果香融合得很好，香气的浓郁度也很好，而有些罐往往会出现香气不纯正且单调的现象，这通常是由于出现了还原味，这时应进行一次开放式倒罐。根据还原味的轻重，开放倒罐酒液的比例也要相应增减，可能需要从1/3至全部，原则上就少不就多，以减少过多的溶氧。待一段时间后，若品尝还有还原味，应再进行一次开放式倒罐。

白葡萄酒倒罐和红葡萄酒差别很大，特别对于新鲜的、轻酒体的、芳香的干白应尽量减少倒罐。

对于要下胶的酒，在下胶前要先倒一次罐，将酒泥分离出去。在下胶后，沉降一段时间后再倒罐一次，若酒泥偏多，还应考虑过一段时间再倒罐一次。

在倒罐时，要确保吸酒口在酒泥或固态物之上；从周转罐中除去酒泥和沉淀，冲洗和清洁容器。

2. 转罐

转罐具有澄清、通气、均质、添加SO_2等作用。

转罐的第一个作用是将葡萄酒与酒脚分开，从而避免腐败味、还原味以及H_2S味；可除去酵母菌和细菌，避免由它们重新活动引起的微生物病害；除去沉淀（酒石、色素、蛋白质等）以防止它们在以后温度升高等条件下又重新溶解于酒中。

转罐可使葡萄酒与空气接触，溶解部分氧（2～3mL/L）。这样的通气对于葡萄酒的成熟和稳定起着重要作用。幼龄红葡萄酒在第一次转罐操作时必须敞口进行。

转罐有利于CO_2和其他一些挥发性物质的释出。

转罐（换桶）能使罐或桶中的酒质更加一致。在长期（特别是大容器中）贮存过程中出现的沉淀和顶空的气体会使酒液中形成不同的质量层次，转罐具有混合作用。

转罐时可调整酒中的游离SO_2含量；还可以利用转罐（换桶）的机会，对贮酒罐（池）进行去酒石、清洗以及对橡木桶进行检修、清洗等工作。

转罐（换桶）的时间和次数没有严格的规定，规模化生产及酒庄酒生产转罐的时间和次数是不同的，但目的一致。正常情况下，对于酿造陈酿型葡萄酒：第一年，第一次转罐在苹果酸-乳酸发酵结束之后，即11—12月进行，将酒转移到木桶中。对于甜或半甜白葡萄酒，第一次转罐是在发酵停止的2～3周之后进行。第二次转罐是在冬季末，寒冷的3月份进行，除去冬季沉淀下来的酒石酸盐，调整游离SO_2，保护葡萄酒在春季免受污染。第三次转罐在6月份进行，并调整游离SO_2，保证葡萄酒安全度夏。此时，对于原来为了进行添桶操作，桶口一直朝上的酒桶现在需要塞紧口，转动90°，使桶口朝侧面，以后不需要再添桶。第二年可进行1～2次转罐。

葡萄醪、葡萄汁、葡萄酒转罐操作的一般方法如下。

（1）确定将要转罐的液体容量。

（2）选择适宜大小的接收罐，与欲转罐的酒液（泥）的体积相符。

（3）布置适宜的管线、管道和酒泵，将倒罐容器与接收容器连接。要从接收容器最低点接入。所有的管线、管道和酒泵都应该是干净卫生的。

（4）移开周转罐的罐盖，在空间里充满惰性气体。

（5）打开预先充满惰性气体的接收罐的罐盖，连接周转罐与接收罐。

（6）在将软管连接到周转罐之前，将惰性气体输入管线、管道和酒泵中。

（7）打开罐盖及相关阀门，开启酒泵，开始倒酒。

（8）倒酒结束后，关闭酒泵，关上各个容器的阀门。

（9）使用惰性气体充满接收容器的罐顶，关闭顶盖。

（10）使用清水清洁管道和酒泵。

（11）将设备重新归位，放好。

3. 混合和添罐

由于温度的降低或酒中CO_2气体的释放以及液体的蒸发，贮酒容器内葡萄酒液面下降，形成空隙，使酒接触空气，葡萄酒容易被氧化、败坏，因此，必须随时将罐添满。

一般地，要用同品种、同酒龄的酒进行添罐，在某些情况下可以用比较陈的葡萄酒。但是在任何情况下都不可用新酒添老酒，因为这样会使酒中增加那些在贮存中已经析出的物质（主要是蛋白质），使酒变新了，在贮存时取得的效果消失了；另外，新酒常常含有一些微生物（酵母菌和乳酸菌等），用其添罐以后，会给被添的酒引入许多微生物。

在缺乏同品种葡萄酒时，也可用其他品种添加，但其香味应该是中性的（香气不大，滋味柔和，浓淡适中的酒），不会给被添加的酒带来另外的特征。

在任何情况下，添罐所用的葡萄酒必须是健康无病的。添罐用酒本身平时应该贮存在添满酒的罐中，或贮存在氮气中。

每次添罐间隔时间的长短决定于空隙形成的速度，而后者又决定于温度、容器（材料、大小及密封性）等因素。一般情况下，橡木桶贮藏的葡萄酒每周添两次，金属罐、水泥池贮藏则每周一次。

向酒中加添加剂或调配时，要确保完全混匀。

（1）将惰性气体的出口管插入罐的酒液中，使其低于液面，利用惰性气体搅动。

（2）使用预先装在罐底的螺旋搅拌器。

（3）将液体从罐的底部连续泵至较高的位置（即泵送），可从底阀到分离阀或从底阀通过罐顶的开口进入，确保出口在液面之下而且有足够的惰性气体覆盖。

（4）使用文丘里管（Venturi）混匀器或者潜式酒泵。

（5）发酵时，添加辅料后混合搅拌。

（6）使用电动搅拌器，用于橡木桶中酒的搅拌。

（7）使用带链条的圆棒搅拌木桶中的酒，使酒泥和酒混合。

添罐时注意事项如下：

①惰性气体会逐渐减少，而且液态物质也会蒸发。因此，如果罐和橡木桶没有满罐，应对罐顶空间进行常规检查。如果可能，罐应该添满，为由于温度变化引起的液面变化预留足够的空间。如有必要，也应及时添加惰性气体。应制订一个添加惰性气体的常规计划，例如每个星期一、星期三、星期五等。

②为了把氧化程度降低到最小，必须确保在混合操作时罐颈部位有惰性气体。

③在启动泵之前，必须保证在倒酒前被倒酒罐的盖子是打开的，否则会引起罐内吸瘪。

④在倒罐或倒酒操作中，可以通过在线添加泵实现辅料添加，或者通过文丘里管式的添加装置或通过泵进口侧的"T"形管实现。

⑤进酒口的管道应尽可能短，距离酒泵要近。

⑥接收罐充入惰性气体时，要使整个气体充满容器。

⑦用水或者惰性气体挤出或赶出管道中最后残留的葡萄醪、葡萄酒或葡萄汁。在管内放置光玻璃管或者使用半透明的管子，或使用手电筒检查罐内液体分离的情况，或在进罐口使用一个"T"形装置检查分离情况。当水出现以后，立即停止操作。

⑧将抽吸管和传送带插入罐内，要确保上部有足够的惰性气体，而且吸管口要浸没到惰性气体以下。另外，出酒口在罐底时，要尽量避免酒液飞溅。这样可以尽可能降低葡萄汁或葡萄酒的氧化。

⑨倒酒的速度不能过快，以避免引起不期望的液体湍流或汽化。

⑩如果在转罐的过程中添加辅料，在倒酒结束后，要对接收罐进行搅拌。

⑪进行辅料添加或调配酒时，要对混合样品进行指标分析、感官评价和稳定性检验，以确定是否达到处理的效果。

⑫如果采用重力自流而不使用酒泵，可以参考前述的倒罐或转罐操作。

4. 保持"满罐"

在生产中，有些葡萄酒贮藏容器常常不能完全添满。在这种情况下，有的酒厂使用浮盖装置防止空气进入葡萄酒中。浮盖可以随液面升降而浮落，始终漂浮在葡萄酒的液面，并与容器内壁相嵌合。但是最好的方法是通入N_2贮藏。因为N_2是不溶性的惰性气体，可以填补空隙，隔绝空气。但普通水泥罐和橡木桶不能用充氮贮藏。

由于CO_2具有较强的溶解性，如果葡萄酒中CO_2的含量接近0.7g/L，就会影响其感官质量。所以，CO_2不能用于充气贮藏。但是，有时为了避免CO_2的耗损，也可用CO_2与N_2的混合气体（85% N_2 + 15% CO_2）进行充气贮藏。

5. 贮酒要求

（1）原酒贮存期间游离SO_2含量保持在20~50mg/L，至少每两个月取样监测挥发酸和SO_2含量，如果游离SO_2含量过低，及时调整其含量到规定范围。

（2）原酒保持满罐贮存，同品种、同质量的原酒可以相互添罐。满罐后在罐顶用焦亚硫酸钾漂浮盘封顶，确实无法保持满罐的，在罐的上方充N_2保护。

（3）原酒倒罐过程中使用除氧仪进行除氧，控制氧含量≤1.0mg/L，定期检测。

（4）定期检查原酒液面，气温降低，液面下降时，及时补加原酒；气温升高，液面上升时，及时放出一些原酒，以免溢出。

三、葡萄酒发酵容器

1. 容器类型

葡萄酒的发酵容器往往可以在发酵后用作贮酒容器，红葡萄酒的发酵容器要比白葡萄酒的发酵容器结构复杂一些。常见的发酵容器有四种：橡木桶、水泥罐、不锈钢罐和陶器。其中陶器更多地用作贮酒，因为它能更好地表达风土，这在意大利和法国的一些产区越来越风行。中国制陶的经验极其丰富，成本也可以压得很低，通过控制烧结温度、厚度等因素，可以获得不同的透氧率，从而获得不同的成熟速率。陶器与优质橡木板的结合或许会获得接近橡木桶陈酿的效果。

（1）**橡木桶** 橡木桶是一些经典产区常用的发酵容器。用立式大橡木桶作为发酵容器在使用的前几年能赋予葡萄酒一些烘烤香气，之后便几乎消失殆尽。当酒精发酵结束后，它能将温和的温度保留更长时间，从而有利于充分浸皮。但它有一些不易被接受的缺点，如维护不易、易受腐败微生物污染、空桶放置时间长会开裂、导热不良、发酵控温需引入冷插板等降温设施等。

（2）**水泥罐** 在一些传统国家或注重效率的新世界国家（智利、澳大利亚等），已大量使用水泥罐来发酵，甚至连法国的一些顶级名庄也在回归使用水泥罐。水泥罐往往被建成方形并且连在一起，这样能够很好地利用空间，贮酒时受环境温度的影响小。葡萄酒中的有机酸会腐蚀水泥，所以入酒前几天，需要用10%的酒石酸水溶液来刷洗水泥表面，从而形成一层酒石酸钙。水泥罐比木桶导热性更好，但也要在罐内安装冷插板，它的导热效率更高，但维护烦琐，不易清洗，更重要的是需要使用环氧树脂，且经常需要做渗漏检修。

（3）**不锈钢罐** 通常使用304的钢板就够了，但对于盛放含硫高的半罐白葡萄酒来说，建议使用316的钢板，因为白葡萄酒的硫含量往往较高，且易挥发，容易在上部空间聚集，冷凝在罐壁后对其有腐蚀作用。不锈钢的导热性好，控温清洗方便。但在酒精发酵结束后，酒温也会很快降到外界环境温度，对于冷凉产区，如宁夏、甘肃、新疆等，温度对浸皮和苹果酸-乳酸发酵很不利，特别是对为节省投资而建的露天发酵罐尤其不利。此时可考虑为发酵罐配两套控温带，下部是加热的，上部是制冷的。不锈钢发酵罐的体积最好控制在 $5 \sim 35 m^3$，高于 $35 m^3$，很多操作的效果得不到保证。另外径高比也是关注的焦点，良好的比例是高略大于直径。径高比小，空间利用率更高，但是"皮渣帽"太厚，浸渍、控温效果都不好；径高比偏大，再浇帽时，喷淋不到边缘，且会带入更多的氧气。径高比以1:（1.1~1.2）为宜。

2. 容器体积计算

（1）利用注水（浸液）图表和高度计算体积　容器的体积是罐内液体高度的函数，可以通过流量表向容器中注水，记录体积读数对各种高度变化的响应。然后将结果制成"注水图表"，通过简单测量罐中液位以获得罐中葡萄汁或葡萄酒体积。

液体的高度可以通过直接测量罐底到液体表面的距离来获得，例如通过插入木棍测量，这类测定方法称为"湿浸法"。或者，可通过间接测量从液面到罐顶的距离来获得液面的高度，例如通过插入木棍或卷尺，这类测定方法称为"干浸法"。"湿浸法"通常适用于较小的罐，而"干浸法"则更适用于较大的罐。

带有液位管的罐，可以在不打开罐口的情况下观察到液位，但由于难以清洁，这种带有液位管的罐并不常见。

利用"注水图表"不仅可以推断出罐中葡萄酒的体积，也可以提供准确输入或输出葡萄酒的方法。

（2）利用几何学计算体积　当缺少注水图表或流量计来计算罐容时，可用一些基本的几何学原理来计算罐中葡萄酒的体积。一个典型的圆柱状罐体基本上由以下的空间系列部件组成：

①一个圆柱状的罐脖。

②一个圆锥状的顶部或者称为"圆锥体"（更准确的应称为截头锥体，这是因为它圆形的横截面，而不是仅为一点的圆锥体）。

③圆柱罐体（主要部分）。

④罐底，倾斜的部分。

如果上述各部分的主要尺寸已知，那么就可以直接将上述数据输入电子表格或计算机程序中进行计算（图6-2）。然后通过累加各部分的体积以获得罐容，具体如下：

罐脖：高度为 h_1（圆柱），体积为 V_1（罐脖）的罐脖内，任意高度 h，其体积可以下列公式计算：

$$V_1 = \pi \times r_1^2 \times h$$

圆锥体：高度为 h_2，体积为 V_2 的圆锥体，其上截面的半径为罐脖半径 r_1，底面半径是圆柱罐体半径 r_3，任意高度 h，其体积可以利用下列公式进行计算：

$$V_2 = \frac{\pi h}{3} \times (r_3^2 + r_h^2 + r_3 \times r_h)$$

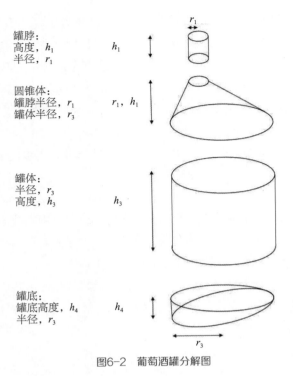

罐脖:
高度, h_1
半径, r_1

圆锥体:
罐脖半径, r_1
罐体半径, r_3

罐体:
半径, r_3
高度, h_3

罐底:
罐底高度, h_4
半径, r_3

图6-2　葡萄酒罐分解图

高度为h的圆锥截面的半径r_h为圆锥与罐脖和圆柱主体部分相接的过渡,是高度h的函数,通过下式计算:

$$r_h = r_3 + \frac{h \times (r_1 - r_3)}{h_2}$$

这两种表示方法,把V_2圆锥和r_h联系起来并简化为:

$$V_2 = \frac{\pi h}{3} \times [3 \times r_3{}^2 + \frac{3h \times r_3 \times (r_2 - r_3)}{h_2} + \frac{h^2 \times r_3{}^2 + r_2{}^2 - 2 (r_3 \times r_2)}{h_2{}^2}]$$

注意:上述公式对同心和偏心的圆锥体均适用。

罐体:主要圆柱部分的罐体体积V_3,半径r_3,高度为h_3,任意高度h,其体积按下式计算:

$$V_3 = \pi \times r_3{}^2 \times h$$

罐底:罐底斜面部分的体积V_4,其半径等于罐体部分的半径r_3,垂直高度h_4,在任意高度的计算公式如下:

$$V_4 = \frac{4}{3} \times \frac{h^2 \times r_3{}^2}{h_4}$$

罐的总高度计算如下：

$$h_{总高度} = h_1 + h_2 + h_3 + h_4（分别对应罐脖、圆锥体、圆柱体和底面高度）$$

$h_{液面高度}$ 可以利用下面公式间接得到：

$$h_{液面高度} = h_{总高度} - h_{空罐高度}$$

罐的总体积可以计算如下：

$$V_{总体积} = V_1 + V_2 + V_3 + V_4$$

注意：利用这种方法计算罐中液体的体积，未计算在阀门、管道、液位管或运输途中的液体，因此，有必要在输送前就进行测量。

第四节　葡萄酒的主要添加物

一、添加物及使用要求

1. 添加剂

添加剂就是人为向葡萄醪、葡萄汁以及葡萄酒中添加某种物质以改进葡萄汁或葡萄酒的成分，增加酒的抗氧化性或微生物防腐性，或者是提高它的感官特性。添加的这些物质可能会有少许残余，也可能全部溶解于葡萄酒中。

按照GB 2760—2014《食品安全国家标准　食品添加剂使用标准》，食品添加剂定义是为改善食品品质和色、香、味，以及为防腐、保鲜和加工工艺的需要而加入食品中的人工合成或者天然物质。营养强化剂、食品用香料、胶基糖果中基础剂物质、食品工业用加工助剂也包括在内。

常用的添加剂包括SO_2、抗坏血酸（维生素C）、单宁、磷酸氢二铵、酒石酸、苹果酸和柠檬酸、酵母和乳酸菌等。

2. 下胶材料

下胶材料是指用于改善葡萄酒的物理或化学性能的物质，这些物质通常可经过滤、离心等方法除去，主要包括：蛋白质类物质，例如凝胶、蛋清粉、酪蛋白；非蛋白质类物质，例如皂土和PVPP等。

3. 加工助剂

加工助剂包括惰性气体（例如二氧化碳和氮气等）、纤维素和硅藻土等材料。

在葡萄酒处理过程中，这些物质与葡萄汁和葡萄酒进行了充分接触，因此，它们会影响葡萄酒的风格和质量。在使用前要进行试验，以评估其感官特性。

4. 添加物的使用

（1）对添加剂的组分、浓度以及感官特征进行检查或分析。

（2）明确其使用或前处理方法。

（3）确定需处理的葡萄酒或葡萄汁的量，计算所需的添加物数量（重量或体积），并由第二人复核。

（4）准备添加所需要的设备与装置，包括安全装置和操作程序。

（5）按正确步骤添加，并使添加物完全混合到葡萄酒/汁中，使用惰性气体进行封桶。

（6）检测是否达到预期结果，包括对处理后的样品进行分析和感官评价，并通过分析或感官评价监测葡萄酒中相关成分的变化。

（7）记录所进行的操作，例如添加物类型、添加量、葡萄酒描述/代码、罐号、日期和操作者姓名等。

（8）关于安全和法律问题，必须考虑生产葡萄酒国家的规定，以及可能出口国家的规定，使用获得认定的添加物和处理材料。

（9）在处理以及配制某些物质的过程中，必须获得正确的安全预防措施。例如，在准备、制作和添加SO_2时，必须佩戴口罩。

以溶液形式添加，使其易于分散和混匀到葡萄汁或葡萄酒中。添加前，将添加物混合或溶解到部分葡萄汁或葡萄酒中，而不是水中，避免对葡萄汁或葡萄酒稀释。

对于经常使用的添加物，建议制作一个表格，以便直接确定添加物的数量。如表6-2给出向不同体积葡萄汁或葡萄酒中添加SO_2配制溶液的数量，达到设定浓度的例子。

表6-2　确定添加量的例表

添加到的葡萄汁或葡萄酒的体积/L	达到设定浓度，需添加50g/L SO_2配制溶液的体积/L			
	25mg/L	50mg/L	75mg/L	100mg/L
500	0.25	0.5	0.75	1.0
1000	0.5	1.0	1.5	2.0
2500	1.25	2.5	3.75	5.0
5000	2.50	5.0	7.5	10.0
10000	5.00	10.00	15.0	20.0
20000	10.0	20.0	30.0	40.0

向醪液中添加SO_2时，计算所要加入的液体体积要低于醪液总体积，因为，醪液中仅有大约75%（体积分数）是葡萄汁（酒）。添加时，当不能确定液体的准确值时，开始的添加量最好略低于计算量，然后，当液体的体积确定后，进行二次添加（如果必要）。

如果在发酵期间添加，需仔细、缓慢地进行，因为在进行添加或混匀时，由于发酵，葡萄酒会产生泡沫。

如果需要添加两种或两种以上的添加剂，应按正确的添加顺序，以确保其作用最有效。例如，SO_2添加前，先降低pH，而且宜尽早进行。但最好是先将其调整至预期的范围内，然后进行微调。

当然，最好是通过获得最优的葡萄质量以及采用正确的酿酒措施，以减少添加剂、下胶材料和加工助剂的使用。

二、添加SO₂

1. SO₂的作用

（1）添加SO₂主要是为了防止氧化及微生物腐败。

（2）葡萄醪、葡萄汁或葡萄酒中添加的SO₂，会以游离态或结合态形式存在。

游离态SO₂是由分子态SO₂（防止微生物的有效组分），亚硫酸氢根（HSO₃⁻）和亚硫酸根（SO₃²⁻）组成，pH决定它们之间的平衡。

$$H_2O + SO_2（分子态）\longleftrightarrow H^+ + HSO_3^-（亚硫酸氢根离子）\longleftrightarrow 2H^+ + SO_3^{2-}（亚硫酸根离子）$$

游离态SO₂中活性分子态SO₂的百分比，取决于葡萄汁或葡萄酒的pH，因此，在添加SO₂之前，应测量葡萄汁或葡萄酒的pH。如在添加SO₂前，需降低葡萄汁或葡萄酒的pH，则应考虑降低pH，以增加SO₂的使用效果。SO₂与葡萄汁或葡萄酒中的醛、丙酮酸以及糖结合，形成结合态的SO₂。总SO₂是游离态SO₂和结合态SO₂之和。

由于难以预测添加的SO₂中结合态和游离态的比例，因此，在添加后，有必要测定存在于葡萄汁或葡萄酒中游离态和结合态SO₂的实际浓度。通常，在添加SO₂ 2h后进行测定，使游离态和结合态SO₂达到平衡。如果需要，SO₂添加后可立即进行总SO₂的测定，以确保总SO₂浓度处于目标范围内。但通常有一个经验比例，即所加入的SO₂中，2/3以游离态形式存在，1/3以结合态形式存在。

2. SO₂的使用形式

（1）液态SO₂ 气体SO₂在加压（30MPa，常温）或冷冻（−15℃，常压）后，以液态形式存在，以气体计加入葡萄酒中（以g计），添加的大致重量可以通过下列公式获得。

一定体积葡萄汁或葡萄酒中，添加的液态SO₂重量（g）= SO₂的目标添加浓度×葡萄汁或葡萄酒的体积（L）/1000。

当使用SO₂气体或SO₂溶液时，需穿戴适当的防护装备例如面具、防护服装、手套以及眼镜，并在通风良好的环境中进行操作。

二氧化硫计量器见图6-3。

（2）气态SO₂ 将SO₂气体溶入低温（约5℃）的蒸馏水中。

图6-3 二氧化硫计量器

将一个20L的塑料桶进行改造，使其具有能够计量二氧化硫的入口管和三通出口，向容器中装入大约15L蒸馏水，放在冰箱或寒冷的室外过夜（添加SO₂前降低水温，以增加SO₂气体的溶解度）。

准备配制溶液时，取回容器，将二氧化硫计量器的管子接在容器入口上（在通风良好的区域工作）并使其位于液面之下；将塑料出口管与另一个装满水的容器相连，通过竖直放置的计量器，将大约800g的SO₂气体缓慢地溶入水中（大约2h）。

操作完成后，取走管线，密封容器并将溶液混合均匀。溶液中SO₂浓度大约为50g/L，配制溶液的SO₂实际浓度，可以用比重计测定相对密度，然后将SO₂溶液的相对密度通过表6-3转换为SO₂的实际浓度。如果需要精确的50g/L SO₂水溶液，可通过加水或加SO₂获得。

SO₂水溶液在配制后应当尽快使用。

表6-3　不同温度下的SO₂溶液浓度校正表

相对密度（15℃）	相对密度（20℃）	相对密度（30℃）	SO₂浓度/（g/L）
1.020	1.018	1.014	40
1.021	1.019	1.015	42
1.022	1.020	1.016	44
1.023	1.021	1.017	46
1.024	1.022	1.018	48
1.025	1.023	1.019	50
1.026	1.024	1.020	52
1.027	1.025	1.021	54
1.028	1.026	1.022	56
1.029	1.027	1.023	58
1.030	1.028	1.024	60

注：节选自Amerine and Joslyn（1970）。

（3）利用固体偏重亚硫酸钾（PMS）配制SO₂存储液　理论上，偏重亚硫酸钾溶于溶液时，只有总量的57%转化为SO₂，另外，由于在贮存过程中SO₂的损失，这个数值还可能会低于57%，因此，在实际中常按50%计算。因此要获得一个期望浓度的SO₂，往往需要两倍甚至更多的PMS。例如，要获得50g/L的SO₂溶液就需要将10g偏重亚硫酸钾溶解到100mL蒸馏水中。

注意，选用偏重亚硫酸钾要优于偏重亚硫酸钠（SMS），因为钠盐会向葡萄酒中释放钠离子。

如果SO₂不经常使用，每次称取的偏重亚硫酸钾质量是所需SO₂质量的2倍。现用现配，添加到葡萄汁或葡萄酒中，这样避免了配制大量的存储液。

有时，破碎前将其撒到葡萄上，也可撒到罐内的葡萄汁或葡萄酒中并混合均匀。

由于其他离子干扰测量值，偏重亚硫酸钾配制的SO₂溶液浓度，不能利用比重计来检测。如果需要SO₂溶液的精确浓度，需要利用蒸馏水将样品准确稀释并利用标准碘液（例如0.01mol/L）滴定，才能获得准确的浓度值。

固体偏重亚硫酸钾需要保存在密封良好的容器中，并置于冷凉环境中。

3. 如何添加SO₂

（1）基本原则　SO₂的添加需要考虑多个因素，包括：果实状况、酒厂卫生状况、固形物或酒泥的含量、葡萄汁或葡萄酒的pH、含糖量和酒精度、葡萄汁或葡萄酒贮存温度等。

需要根据氧化和腐败的风险来评价各种情况。

在葡萄酒酿造过程中，添加SO_2需要考虑SO_2的限量标准，还应定期检查游离和总SO_2含量。

（2）采摘时添加SO_2 当葡萄园进行机械采摘时，SO_2可添加到装葡萄的箱中。预先称取一定量偏重亚硫酸钾，在田间用水溶解，将其倒在箱里的葡萄上。

最好是将SO_2溶液少量多次逐渐地添加，分别在箱底、半箱、满箱的葡萄表面喷洒。

（3）葡萄酒酿造过程中添加SO_2 利用在线添加系统，或者在醪液或葡萄汁泵送至接收罐时，以一定的时间间隔，向破碎或压榨后的醪液中添加SO_2存储液。在添加完成后，必须充分混匀。

向葡萄酒中添加SO_2存储液，应逐渐进行添加，添加后混合均匀。

向橡木桶的葡萄酒中添加SO_2，应在装桶前添加，可以使入桶的葡萄酒具有较高的SO_2浓度，避免氧化，这种方法也可以使SO_2更好地混合到葡萄酒中。

在酒窖操作时（如倒桶时），由于蒸发和氧化反应会导致SO_2浓度降低，所以在每次操作前后进行游离SO_2和总SO_2的检测，如果需要，进行调整。

①白葡萄酒酿造过程中添加SO_2：发酵前的白葡萄汁或醪液，SO_2的添加量通常为$60 \sim 100mg/L$。如果果实健康，且葡萄汁成分适宜，那么添加量将趋低，而对于具有较高pH的醪液、葡萄汁，病害和微生物感染发生率高，那么添加量则高些。

如果需要，应定期检查游离和总SO_2的含量，必要时则进行调整。

发酵完成后，游离SO_2的含量很低，难以防止葡萄酒氧化或抑制杂菌活动。这个时期添加的SO_2取决于是否要进行苹果酸-乳酸发酵。考虑到SO_2和pH、温度、酒精度的相互作用，某些乳酸菌可以耐受总SO_2超过$40mg/L$，但是总SO_2超过$60mg/L$，对绝大多数的乳酸菌都不适宜。

对于准备进行苹果酸-乳酸发酵或者接种进行苹果酸-乳酸发酵的白葡萄酒，在主发酵结束前，通常不添加SO_2。苹果酸-乳酸发酵启动前总SO_2浓度最好低于$30mg/L$。为了防止氧化，应当满罐并用惰性气体进行保护直到苹果酸-乳酸发酵启动。

主发酵或苹果酸-乳酸发酵后的白葡萄酒中，在确定适当的游离SO_2浓度时，必须测定pH，因为pH会影响活性游离SO_2的比例。Beech（1979）测得，为防止微生物败坏，分子态SO_2浓度大约为$0.825mg/L$。在不同的pH，达到这一分子态SO_2浓度所需的游离SO_2浓度见表6-4。

表6-4 白葡萄酒中pH和游离SO_2浓度的关系

pH	游离SO_2含量/（mg/L）
3.0	13
3.1	16
3.2	21
3.3	26
3.4	32

SO$_2$添加的总体目标，是在尽可能低的总SO$_2$条件下，达到期望的游离SO$_2$水平。

②红葡萄酒中添加SO$_2$：发酵前，根据葡萄成分和状况，向醪液添加SO$_2$的量为0～60mg/L。

对于准备进行苹果酸-乳酸发酵的红葡萄酒来说，主发酵结束后不添加SO$_2$。同时，应当满罐并用惰性气体进行保护直至苹果酸-乳酸发酵启动。如果苹果酸-乳酸发酵启动困难或pH高于启动时的理想值，需要添加适量的SO$_2$，使游离SO$_2$≤10mg/L，总SO$_2$≤30mg/L。以在苹果酸-乳酸发酵开始前，有效防止微生物的败坏。

苹果酸-乳酸发酵结束后贮存期内游离SO$_2$应当调整至15～20mg/L。pH（＞3.5）较高的葡萄酒，游离SO$_2$水平应适当调至更高或稍高。

三、酸度调整

1. 增酸

（1）加酸原因　在葡萄汁或葡萄酒等溶液中，酸度用pH或可滴定酸度（TA）表示。葡萄汁中存在的主要酸是酒石酸和苹果酸及其盐类，而在葡萄酒中，除此之外，还有乙酸、琥珀酸和乳酸，它们可以通过酵母和（或）乳酸菌等代谢产生。在葡萄酒酿造过程中，可以添加酒石酸和柠檬酸。通常，葡萄汁或葡萄酒中的pH在2.8～4.2的，较低的pH意味着溶液中的氢离子浓度较高，反之亦然。各种酸的解离程度不同，例如，酒石酸比苹果酸更易解离，在溶液中，与同浓度苹果酸相比，酒石酸会产生更多的游离氢离子以及更低的pH。

可滴定酸度（TA）测定的是葡萄酒/葡萄汁中所有酸及其酸式盐所有的游离氢离子浓度，采用强碱滴定至pH8.2终点时，观察酚酞指示试剂颜色变化所测得。其包括溶液中的游离氢离子（H$^+$）、同阴离子［例如酒石酸（H$_2$T）和苹果酸（H$_2$M）］以及酒石酸氢盐（HT$^-$）和苹果酸盐阴离子（HM$^-$）结合的氢离子。

滴定酸往往以酒石酸来表示［g/L的酒石酸（H$_2$T）］。

在某些国家，例如法国，TA以硫酸计，而不是酒石酸计。1g/L的硫酸等于1.56g/L的酒石酸。此外，采用的滴定平衡终点是pH7.0，而不是pH8.2。考虑到这些差异，以硫酸计的TA值要低于以酒石酸计的TA值，如以硫酸计1.0g/L可滴定酸度等于以酒石酸计1.7g/L。

向醪液、葡萄汁或葡萄酒加酸，会引起pH的降低和可滴定酸度的升高。降低pH可以增强SO$_2$的效果；抑制与氧化和微生物相关的反应；增加红葡萄酒的色度和色调；增加酶的作用和皂土的作用效果；提高陈酿潜力。而可滴定酸度的增加，主要影响葡萄酒品尝时的酸味。

由于酸的解离程度不同，在相同添加量的条件下，其pH变化是不同的。同样，若添加了1g/L非酒石酸，以酒石酸计时，可滴定酸度的增加值也不会是1g/L。这是因为这些酸具有不同的摩尔质量，计算中应考虑到这一点。表6-5给出了一些相关值。

表6-5 与酒石酸相比，添加苹果酸和柠檬酸引起的pH和TA的变化

1g/L的添加量	添加等量酒石酸，对pH的影响	增加的TA值（以酒石酸计）
苹果酸	pH降低不如苹果酸大	1.12
柠檬酸	pH降低不如柠檬酸大	1.17

对上述原理的理解，有助于理解在发酵和贮存过程中，酸的代谢对可滴定酸度的测定和表达的影响。例如：

①如果在发酵或贮存过程中形成0.5g/L的乙酸，可滴定酸度增加0.625g/L（以酒石酸计）。

②如果在发酵或贮存过程中形成0.5g/L的琥珀酸，可滴定酸度增加0.645g/L（以酒石酸计）。

通常某种酸转化为可滴定酸度（以酒石酸计）的公式为：

可滴定酸度（g/L）（以酒石酸计）＝其他酸的浓度（g/L）×酒石酸分子质量/其他酸的分子质量

（2）种类、添加量和添加时间 添加酸会引起pH变化，但pH变化与酸的添加量并不直接相关。因为，不同的葡萄酒具有不同的缓冲能力，因此很难预测添加酸引起的pH变化。添加酸也能引起一些酒石酸氢钾（HT）的沉淀，将改变pH和可滴定酸度（TA）。

①试验确定所需加酸量

a. 准备5个（或所需要数量的）葡萄酒杯，每个杯子中添加100mL葡萄汁或葡萄酒。

b. 第一杯为空白，其他四个杯分别添加1、2、3、4mL 100g/L的酸溶液，这就等同于分别添加了1、2、3、4g/L的酸。

c. 将葡萄酒（汁）与酸混合均匀，测定每个样品的pH和总酸TA，并与空白进行对照品尝。

d. 根据pH、TA的变化、品尝时酸度的平衡情况，确定适合的添加比例。评价时主要依据以往的记录和对目标葡萄酒的经验。

e. 如必要，可进行更小添加范围的重复试验。用滴定来确定酸的添加量。

将pH调整至目标值需要添加多少酸量的测定方法：用100g/L的酸溶液添加至100mL的葡萄汁或葡萄酒，如图6-4所示划出滴定曲线；从图中确定适合的添加比例。

注意，当pH较低，曲线变平，改变单位pH，需要更多的酸。由于溶液缓冲能力不同，不同的葡萄汁或葡萄酒，会有略微不同的响应曲线，因此，每一个样品需要分别进行分析。

②添加何种酸：在酿造和贮藏过程中，通常会根据对特定风格葡萄酒的品尝结果，适当调整pH和滴定酸。

发酵前，最常添加的酸是L（＋）-酒石酸，不应使用DL-酒石酸，因为后者会产生难以预测的DL-酒石酸钙沉淀。作为一种酸化剂，酒石酸具有明显的优势，包括其鲜爽的口感、高微生物稳定性和解离常数（K_a）。但其耗时长，尤其是添加到含钾盐的酒中。添加酒石酸后，可能会产生酒石酸氢钾（KHT）沉淀，导致pH和可滴定酸度更大的变化。沉淀可能会在加酸时或加酸后的某一时间发生；因此，应定期检查pH和可滴定酸度。在葡萄酒中酒石酸只能在冷稳定前添加，因为，在这一阶段之后添加酒石酸，可能会导致装瓶的葡萄酒中出

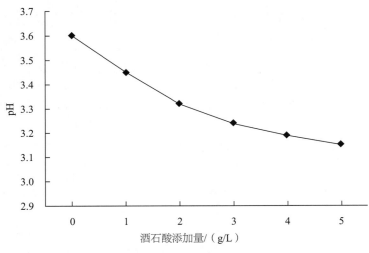

图6-4　葡萄汁pH的变化与酒石酸添加量之间的关系

现酒石沉淀。

有时，酿酒师更喜欢苹果酸赋予葡萄酒的味感，会利用苹果酸调整酸度。天然苹果酸是L-苹果酸，在苹果酸–乳酸发酵中可被细菌代谢。市售的是DL-苹果酸。当向葡萄汁或葡萄酒中添加DL-苹果酸，经过MLF过程后仅有一半（L部分）被代谢。因此，在苹果酸–乳酸发酵结束对苹果酸测定结果进行判断时，需要考虑。

不宜在酒精发酵结束前的葡萄汁或苹果酸–乳酸发酵前的葡萄酒中添加柠檬酸，因为其代谢可产生挥发酸。在冷稳定期处理之后，有时在装瓶前，采用柠檬酸对白葡萄酒进行微小的调整。

③用量：酸度调整的程度取决于许多因素，包括葡萄种类和葡萄酒风格等。通常，在发酵前，将白葡萄汁pH调整至<3.3，并使调整后的滴定酸，不超过8.0～8.5g/L（以酒石酸计），这样品尝起来不是太酸。

红葡萄汁调整至pH<3.5，并使调整后的滴定酸不超过7.5g/L（以酒石酸计）。

如果对果皮的浸渍作用使pH升高，则需要进行酸度调整。

压榨过程中，会提取大量的果皮成分，包括影响pH平衡的钾盐。通常能观察到葡萄汁、葡萄酒pH的升高。因此，压榨汁需要定期监测，必要的话，进行调整，因为其pH比期望的更高。

在苹果酸–乳酸发酵前，红葡萄酒和白葡萄酒的pH均应小于3.5。

如果葡萄酒中有残留的苹果酸，装瓶前需要进行无菌过滤以阻止随后的苹果酸–乳酸发酵。

葡萄汁在低温静置前，pH应低于3.56，而葡萄酒在冷稳定前，pH应当低于3.65，因为酒石酸盐的任何沉淀都将导致pH和可滴定酸度的降低。

在葡萄酒酿造过程中，调整pH和可滴定酸度要与感官品评结合起来。

可以分阶段进行酸度调整，但宜尽早添加大部分所需要的酸（例如发酵前/破碎时），然后在葡萄酒陈酿期和装瓶前再添加少量。发酵期和冷稳定期间发生的可滴定酸度的变化，取决于葡萄汁/葡萄酒的成分，可滴定酸度变化范围为0.5~1.0g/L。

通常，添加1g/L的酒石酸降低约0.1pH单位，同时可滴定酸度升高约1g/L。但仅为粗略值，只有进行试验才能获得加酸后pH和TA的准确变化值。试验包括添加不同数量的酸，然后测定pH和TA，并进行品尝以评价酸平衡。这些测量值结合感官评价，有助于确定适合的添加比例。葡萄酒中的钾、钙等矿物质元素对加酸效果和pH的变化有一定影响，调整酸度时应测定其含量。

④添加时间

a. 收获、破碎或压榨时加酸：从添加酸的准确性和经济适用角度考虑，酸的最适宜添加时期是破碎后，白葡萄酒取汁时或之后，红葡萄破碎后。此时，葡萄已进行称重，葡萄汁/醪液在管道中或已入罐。因此，能够更准确地确定需要加酸的葡萄汁体积。

ⅰ）酸应当是干燥、无结晶的，称量计算添加量。

ⅱ）在合适的容器中添加少量蒸馏水（最好是热水），体积应是酸重量的两倍。

ⅲ）将酸逐渐添加到水中，缓慢地搅拌，以确保酸充分溶解。

向大批葡萄加酸的简便方法是，预先称好计算的酸量，然后将其用一定体积的水溶解，在装箱时将这些溶液倒在葡萄上。最好，将溶液以少量多次逐步添加。经常在装箱开始时在底部以及箱子装满时，在葡萄顶部添加一部分溶液。计算酸的添加量时，假设1t葡萄产生650L葡萄汁（或者是其他经验值）。

b. 酿酒过程中加酸：白葡萄压榨或取汁后，通过在线计量泵（或相似系统）或在将葡萄汁分离至接收罐时，以少量多次逐渐添加的方式，添加酸溶液。

红葡萄酒带皮发酵过程中，向发酵液中加酸，可添加酸溶液或在皮渣帽上撒上酸（固体），并进行泵循环，使其充分溶解。也可在压榨之后，将葡萄酒分离至接收罐中后，少量多次逐步添加酸溶液或通过在线计量泵添加。对于贮存期的葡萄酒，将混合均匀的酸溶液加入葡萄酒中，或者在倒罐过程中利用在线计量泵完成。

为了避免调酸过度，可先添加到一个预定范围内，然后再根据分析结果和感官分析进行微调。

在西班牙、澳大利亚、中国新疆等产区，都需要对葡萄酒增酸。选择合理的增酸剂和添加量非常重要。选择的标准就是原酒发酵质量及贮藏的安全性、颜色的稳定性和口感的市场适应性。

2. 降酸

（1）降酸的原因 在寒冷和凉爽的葡萄种植区，特别是在较冷的季节，收获时葡萄可能具有较高的酸度，导致葡萄汁中pH较低和可滴定酸度较高。通常酸高是由苹果酸引起的。发酵前提高pH及降低葡萄汁中的可滴定酸度，可促进更有效的发酵，并提高最终葡萄酒中酸的平衡。另一种提高酸平衡的方式是对葡萄酒进行降酸。

对高酸葡萄汁和葡萄酒降酸的方法有很多，添加$CaCO_3$、K_2CO_3或$KHCO_3$会生成酒石酸钙或酒石酸钾沉淀，从而降低酸度。这些方法的缺点是仅除去了葡萄汁或葡萄酒中的酒石酸（以酒石酸盐形式），而且，由于酒石酸钙沉淀缓慢，添加$CaCO_3$会引起酒的不稳定。

使用苹果酸碳酸钙复盐去除酒石酸和苹果酸，更为有效。

利用苹果酸-乳酸发酵也可以降低酸度，但这种方法仅在葡萄酒需要苹果酸-乳酸发酵带来的感官特点时才适合。某些情况下，尤其是pH很低时（例如低于3.0），苹果酸-乳酸发酵很难启动。

理论上，苹果酸-乳酸发酵过程中，每代谢1g/L苹果酸，可滴定酸度降低0.56g/L（以酒石酸计）。另外，其他因素，例如酒石酸氢钾沉淀，可能会影响到酸的变化。

如果葡萄汁的pH低于2.9，可滴定酸度大于10g/L，在酒精发酵前，应进行化学降酸。而最终是否降酸，在很大程度上取决于目标葡萄酒的风格。对一些干白葡萄酒，可滴定酸度大于10g/L，通常不进行降酸。同时，要测定葡萄汁中酒石酸和苹果酸的浓度。

在一些情况下，常将几种方法结合使用。例如：

①葡萄汁进行部分化学降酸后，对葡萄酒进行部分化学降酸。

②葡萄汁进行部分化学降酸后，在葡萄酒酿造过程中进行苹果酸-乳酸发酵。

③部分苹果酸-乳酸发酵后，对葡萄酒进行部分化学降酸。

如果最终葡萄酒中的酸度依然很高，可进一步进行化学降酸。由于不同的葡萄酒具有不同的酒石酸和苹果酸的量和组合，以及不同的pH，因此，应进行试验来确定各种情况下添加的数量。

通常，以$KHCO_3$作为降酸剂，1.3g/L的$KHCO_3$会降低约1.0g/L的可滴定酸度（以酒石酸计）。

通过试验来确定添加的$KHCO_3$量：

①配制50g/L的$KHCO_3$溶液。

②量取1L的葡萄汁或葡萄酒倒入烧杯中，密封并将其置于冰箱或冰浴降温至0～4℃。

③准备6个250mL的烧杯，分别量取100mL的上述葡萄汁或葡萄酒倒入各烧杯中。

④第一个烧杯作为"空白"不添加$KHCO_3$溶液；其他烧杯分别添加1、2、3、4和5mL的50g/L的$KHCO_3$溶液，相当于各个烧杯中分别添加了0.5、1.0、1.5、2.0和2.5g/L的$KHCO_3$。

⑤充分搅拌，并且将其置于冰箱或利用冰浴保温2h，每15min搅拌一次，两小时后取出并使其回温至酒窖的温度如12～15℃。

⑥将烧杯中的溶液过滤，并测量每个滤液的pH和TA。

⑦对所有样品进行感官品尝，将各个处理的葡萄酒与"空白"进行比较。

⑧选择最佳的添加比例。

添加碳酸钙是最常见的脱酸方式。碳酸钾在一些国家是禁止使用的，而酒石酸钾比较昂贵。

虽然广泛使用，但碳酸钙降酸法存在很多缺点：首先是酒石酸钙沉淀的速率缓慢；另外，苹果酸钙的形成会产生咸味。而且，如果去除酒石酸盐过多，会导致pH上升，使葡萄酒比较平淡，且易发生微生物腐败变质。

使用双盐脱酸可以避免添加碳酸钙的一些缺点，其因在酒石酸和苹果酸之间形成不溶性双钙盐而得名。现在看来，几乎没有发现假设的双盐形式。然而，这个过程不仅加速酒石酸钙沉淀，还促进部分的苹果酸钙沉淀（Cole和Boulton，1989）。

单盐脱酸和双盐脱酸的主要区别在于后者添加碳酸钙只能使一小部分酒达到降酸。添加足够多的碳酸钙盐可以使pH提升至5.1以上，这不但保证酒石酸和苹果酸充分地解离（图6-5），也促进了相应盐的快速形成和沉淀。一个专利改进了双盐添加步骤，即添加碳酸钙时加入1%苹果酸-酒石酸钙；这种双盐可能是充当晶种，促进了快速结晶。

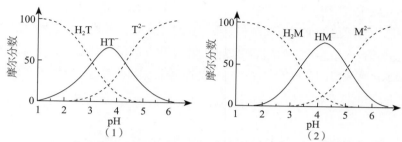

图6-5　酒石酸（1）和苹果酸（2）3种主要形式的相对浓度随着pH的变化（Champagnol，1986）
H_2T和H_2M—全酸（未解离）　HT^-和HM^-—半酸（半解离）　T^{2-}和M^{2-}—全部解离

在双盐操作步骤中，将待处理的酒慢慢地添加到处理后的部分，通过大力搅拌使其混合。随后，结晶体通过离心、过滤或沉淀去除。整个稳定过程需要3个月，这期间其余残盐在装瓶前沉淀。

虽然沉淀法对中高酸度（6~9g/mL）和中低pH（<3.5）的葡萄酒能起到很好的作用。却会导致pH过高（>3.5）和酸度过高（>9g/mL）的葡萄酒pH上升过度。这种情况在冷凉产区尤为常见，酸主要是苹果酸，钾含量也比较高。在这种情况下，一般使用金属交换柱（Bonorden等，1986），或者在双盐降酸法添加碳酸钙前向酒中添加酒石酸（Nagel等，1988）。中和反应后的沉淀与酸盐一起去除了多余的钾，添加的酒石酸把pH降低到可接受的值。

由于保护性胶体能显著影响酸盐的沉淀，所以进行小样本的脱酸试验是非常重要的。这有利于根据所需的脱酸程度确定需要添加的碳酸钙或者苹果酸-酒石酸钙。

（2）酿造中降酸　降酸步骤如下。

①确定需要降酸的葡萄汁或葡萄酒体积。

②在添加前，将葡萄汁或葡萄酒冷却至0~4℃并保温数小时。

③称取上述实验确定的准确数量的$KHCO_3$，添加到足够体积的葡萄汁或葡萄酒中使其溶解。

④向葡萄汁或葡萄酒中缓慢添加$KHCO_3$溶液，并连续搅拌。

⑤持续搅拌至少30min，保持温度在0~4℃。搅拌过程中利用惰性气体进行保护。

⑥将葡萄汁或葡萄酒在0~4℃沉降至少4h，然后尽快过滤或倒桶，将澄清的葡萄汁或葡萄酒与罐底或内壁的结晶分离。如果是葡萄汁，应在发酵开始前进行过滤或倒桶。

⑦将葡萄汁或葡萄酒回温至酒窖温度进行品尝，以确定处理的葡萄汁或葡萄酒样品的pH和可滴定酸度是否达到了理想结果。

比较好的做法是只对部分葡萄汁或葡萄酒进行处理，将处理和未处理部分进行调配。进行处理的葡萄汁或葡萄酒的体积依据试验和经验来确定。

需要注意的是，除了由于降酸处理引起的pH和可滴定酸度的变化外，由于酸的代谢、发酵和存储期间的沉淀，会引起更多变化。因此，应定期监测pH及可滴定酸度。

降酸过程中会产生CO_2，可能会影响葡萄汁或葡萄酒的感官评价中酸感的评价。

（3）离子交换法降酸　离子交换是指葡萄酒通过树脂柱使酒中的离子和柱中的离子进行交换。被替换离子的种类可以通过调整和改变树脂的离子型来实现。

脱酸时，柱内填满阴离子交换树脂，一般酒石酸离子与氢氧根离子（OH^-）交换以去除酒石酸。从树脂上释放出的氢氧根离子与氢离子结合生成水。另外，苹果酸可能被酒石酸离子树脂交换而去除，多余的酒石酸随后可以通过中和和沉淀反应而被去除。离子交换应用的主要限制因素不是法律限制和成本，而是离子交换易于去除酒中的风味物质和颜色而降低酒的品质。

四、降低SO_2的含量

1. 原理

生产中有时会出现葡萄汁或葡萄酒中SO_2含量高于需要量，主要是SO_2添加量计算不准确造成的，因此，有必要安排第二人核对库存SO_2的浓度和添加量。

如果葡萄酒中游离SO_2和总SO_2含量过高，则需谨慎添加H_2O_2以除去多余的含量。H_2O_2可以氧化SO_2为硫酸根离子，以达到降低SO_2含量的目的。反应式为：

$$H_2O_2 + SO_2 \rightarrow 2H^+ + SO_4^{2-}$$

H_2O_2是一种强氧化剂，如果添加量不准确或使用不慎，会造成葡萄汁和葡萄酒被氧化。

葡萄酒中硫酸根离子的最大含量在法规中有要求，OIV规定：当采用H_2O_2除去SO_2后，应对酒样中硫酸根离子含量进行检测。采用H_2O_2除去葡萄酒中SO_2的量应低于游离SO_2浓度。我国食品添加剂使用规范中，未明确此方法的应用。该方法通常只在白葡萄酒中进行。

另外，也可通过搅拌葡萄汁或葡萄酒使其在陈酿过程中自然氧化降低SO_2含量。这种方法取决于葡萄酒中SO_2含量和降低所允许的时间。

2. H_2O_2添加量

测定葡萄汁和葡萄酒中游离SO_2和总SO_2的浓度，计算出降低至理想值需要除去的SO_2的浓度，计算H_2O_2添加量需保守一些，考虑10%的差额，例如SO_2浓度需降至40mg/L时，应以36mg/L计算。

一般商业H_2O_2的浓度为30%～35%（质量分数），这里以H_2O_2的浓度为35%（质量分数）为例，在一定量的葡萄汁和葡萄酒中添加量计算公式如下：

35%（质量分数）H_2O_2需要量（mL）＝0.0014×需去除的SO_2的浓度（mg/L）×

需处理葡萄汁和葡萄酒体积（L）

注：系数0.0014是根据H_2O_2的浓度以及H_2O_2和SO_2在化学反应中的分子质量比值得到的。此公式需根据所用的H_2O_2浓度进行调整。

为确保添加量的准确，需进行预试验。

（1）确定H_2O_2添加量的预实验

①测定葡萄汁和葡萄酒中SO_2的浓度。

②量取500mL葡萄汁/葡萄酒倒入烧杯中。

③因为预实验所需添加量很少，预先把35%（质量分数）的H_2O_2稀释1~10倍，然后在葡萄汁/葡萄酒中逐滴加入准确量的H_2O_2稀释液，同时不断搅拌。

④3~4h后，测定处理样品中游离SO_2和总SO_2的浓度。

⑤判断游离SO_2的浓度是否达到预期值，如果没有，需重新计算H_2O_2的加入量。

（2）添加H_2O_2到生产中的葡萄汁/葡萄酒

①测定葡萄汁和葡萄酒中SO_2的浓度。

②计算35%（质量分数）的H_2O_2的需要量，准确量取后，用蒸馏水稀释10倍，混合均匀。

③应保证罐顶空间有惰性气体，H_2O_2的稀释液应缓慢逐滴添加，并充分搅拌均匀，以防止局部氧化褐变。

④3~4h后，测定处理样品中游离SO_2和总SO_2的浓度。

⑤判断游离SO_2浓度是否达到预期值，如果没有，需重新计算H_2O_2的加入量，重复操作。

五、酶制剂、磷酸氢二铵、抗坏血酸和单宁的添加

1. 酶制剂

果胶酶的主要作用是澄清和提高出汁率，果胶酶一般在破碎后添加。对于需要长时间浸渍或难以压榨的品种，在葡萄收获时可以直接把果胶酶加入机械采收的葡萄中。

商业果胶酶种类很多，它们具有不同的活性，可以赋予产品不同的特性。果胶酶在白葡萄品种破碎后、压榨前添加，使酶的作用得以发挥，提高葡萄汁澄清度；而不添加果胶酶会在最终葡萄酒中存在大量酚类物质，这不适于某些类型葡萄酒，如柔和的、酚类物质含量低的白葡萄酒。

酶制剂也有助于提取颜色和香气成分，降低由贵腐菌污染产生导致过滤和澄清困难的β-糖苷、多糖等的含量。

2. 磷酸氢二铵

磷酸氢二铵（DAP）加入葡萄汁中可增加可溶性氮（YAN）的含量，可以加速酵母生长、增加发酵活性，有助于防止硫化氢的生成。DAP可以在发酵初期加入，当发酵汁中YAN含量低时（例如少于150mg/L），发酵初期DAP的添加量为25~200mg/L。DAP也可以在发酵期间加入，当发酵速率减慢时，发酵中期添加量为100~200mg/L；或当发酵过程中检测出硫化氢时，也应加入少量DAP。DAP不能等到发酵速率变得很慢时加入，此时加入DAP所起作用有限。DAP也不可以大量使用，因为这样会产生大量酵母产物，在发酵结束后使酒中残留胺，导致葡萄酒的生物稳定性降低。DAP易溶于水，使用时可以用水溶解，缓慢加入发酵葡萄汁中，混合均匀。

3. 抗坏血酸

抗坏血酸可以用于白葡萄汁或酒防止氧化，添加量25~100mg/L。抗坏血酸应与SO_2结

合使用，抗坏血酸添加前后酒中应有足量的游离SO_2存在。抗坏血酸易溶于水，使用时可以用水溶解，加入发酵葡萄汁中，混合均匀。

抗坏血酸具有清除氧、补充二氧化硫、减少氧化反应发生的作用。

抗坏血酸只用于白葡萄酒。因为它与氧气反应生成的H_2O_2可以导致葡萄酒氧化。葡萄酒中如果存在游离二氧化硫，二氧化硫与H_2O_2反应生成硫酸根离子，这样可除去葡萄酒中的H_2O_2。一部分H_2O_2也可能与乙醇反应生成乙醛，乙醛可以与二氧化硫不可逆结合。

上述两反应均会导致葡萄酒中游离二氧化硫浓度的降低。因此，在抗坏血酸添加前应保持足够的游离二氧化硫，这样生成的H_2O_2就可以从葡萄酒中除去，防止引发氧化反应。

由于红葡萄酒中游离二氧化硫浓度低，产生的游离H_2O_2不能除去，会导致氧化反应，所以抗坏血酸不能用于红葡萄酒。

研究表明，在雷司令干白和橡木处理的霞多丽干白装瓶前添加抗坏血酸，酒体会更加清新、水果香气更加浓郁、氧化味更少。同时，添加的酒样中游离和总二氧化硫浓度更高，基本没有可见的褐色，但在420nm（A_{420}）下具有较高的吸光值。

澳大利亚葡萄酒研究中心发明了一种不开瓶测定葡萄酒颜色的方法。在该方法中，需要对原有的分光光度计进行改造，以便整瓶葡萄酒都可以放进测定隔间里。通过改造的分光光度计测定出的结果与原有方法的A_{420}对应性极好。

测定整瓶葡萄酒的A_{420}时，光源通过葡萄酒的通路长度恰好就是酒瓶的直径。由于通路长度较长，因此在较宽的光谱区间中进行吸收值读数就变得可操作了。在这些可以"整瓶"检测的实验中，位于500nm的光吸收值（A_{500}）与测定褐变的A_{420}检测值对应性很好。后续研究发现，A_{500}还可以用于检测不同颜色酒瓶盛装的白葡萄酒的吸收光谱值。对于不同的葡萄酒，需要建立不同的校正曲线，以便确立A_{500}与葡萄酒褐变和/或氧化的香气特征之间的联系。

这种新的实验方法，即不开瓶测定葡萄酒氧化程度的实验方法，正被运用于筛选合适的瓶装贮藏方法。即使不使用校正曲线，A_{500}测定值较高的葡萄酒也可以很容易地与A_{500}较低的葡萄酒区分出来。根据这些方法便能很容易筛选出那些加速老化的葡萄酒瓶了。

4. 单宁

单宁用于红葡萄酒中，可以提高颜色稳定性、改善葡萄酒结构和口感。自然界有许多单宁，如存在于葡萄、橡木、栗木、五倍子以及其他树木中。酿造用的单宁主要来源于葡萄果实或植物材料（橡木、五倍子等）。其中，葡萄单宁、美洲坚木单宁属于聚合单宁，五倍子单宁、鞣酸单宁等属于水解单宁。不同来源的单宁可以赋予葡萄酒不同的感官特征：粗糙的、粉状的、粒状的、收敛的和干涩的，一些单宁对葡萄酒香气也有贡献，因此，应通过预实验来判断单宁对香气和口感的潜在贡献。用来描述单宁产生的香气词汇有：木头、橡木、烘烤的橡木、香草、茶叶、咖啡、干草、巧克力、焦糖、奶糖、黄油、羊脂和油脂等。

市场上常见的商品化单宁有：葡萄皮单宁（TRS）、橡木单宁（ONT）、坚木单宁（VVR）、塔拉果（Tara）单宁（VIB）、五倍子单宁（TGA）、栗子单宁（TXE）、橡木单宁（TCH），橡木单宁混合物（SUB）、坚木单宁混合物（VAS）、葡萄皮单宁混合物（PTV）。其中，上海杰兔公司提供的各类单宁效果好，在国内市场被广泛使用。

当葡萄成熟度不够或葡萄品种不能提供足够的酒体结构时，在发酵开始阶段加入单宁，有利于单宁和花青素形成稳定的化合物，促进色素的稳定；并能降低葡萄汁的氧化风险，防止还原味的形成；有利于白葡萄酒中黄酮醇的形成，降低葡萄汁中植物蛋白的含量，使单宁和果胶酶之间的协同作用更加有效。

红葡萄酒发酵时，使用混合型单宁（VAS）100~200mg/L或坚木单宁（VVR）150~200mg/L或葡萄皮单宁（TRS）150~200mg/L。应当在第一次循环或在加入果胶酶至少3h后，向葡萄醪中加入相应的单宁，也可以在酒精发酵结束后或苹果酸-乳酸发酵时向酒中加入酿酒单宁，以获得更好的效果。

在酿造白葡萄酒时，使用单宁（VIB）100~150mg/L可以限制"还原味"的产生，改善葡萄酒的平衡感，特别是对霞多丽，可以增加葡萄酒的浓郁度和圆润的口感。

在酿造桃红葡萄酒时，使用TRS或VVR 50mg/L，能够增加葡萄酒抗氧化能力，保持酒的新鲜感，增加圆润感。

在陈酿红葡萄酒时，使用酿造单宁可以均衡酒体，避免酒体"干燥"或"变瘦"，提高葡萄酒的色素稳定性，增强微生物和胶体的稳定性。在苹果酸-乳酸发酵结束添加适量的酿造单宁，有利于葡萄酒的澄清；在陈酿初期加入，能够促进酒的成熟。

添加单宁的效果主要通过感官品尝来判断。由于添加单宁后会影响葡萄酒的色泽，可以通过分光光度计法测定在280、420、520nm下吸光值来判断。在红葡萄酒中，单宁一般在浸渍和发酵阶段以少量多次的形式加入（10~200mg/L），主要依据感官品尝和经验来确定。采用少量热蒸馏水来溶解单宁，然后缓缓地加入葡萄酒，边加入边搅拌，混合均匀。此外，单宁也可作为复合澄清剂用于白葡萄酒和红葡萄酒的澄清。

六、橡木制品

1. 添加方法

来自橡木的挥发性成分主要对葡萄酒香气的复杂性有贡献。橡木香气可通过将葡萄酒贮存于橡木桶，也可采用把橡木粉、橡木花、橡木片、橡木板等浸泡于葡萄酒中而得到。

通常把橡木片装入无菌网袋中，然后浸入葡萄酒中。橡木板既可松散地放入贮酒罐里也可放在特制的架子上。一般可使用2~3轮，有时，也在橡木桶中放入小橡木板或条以增加橡木桶的使用年限。

浸泡橡木板或橡木片，应经常循环以保证橡木香气成分均匀分布于葡萄酒中，尤其是在大贮酒罐中。同时，在分析橡木板或橡木片对葡萄酒感官质量的影响时，应确保取样前混合均匀。

用橡木片和橡木板处理的葡萄酒，不同于在橡木桶中贮存的酒，除了提取橡木香气成分外，还发生其他化学变化，例如葡萄酒成分被氧化、在贮存过程中由于挥发引起浓度变化等。因此，在确定具体工艺方法前应全面考虑各种橡木处理的效果。

2. 来自橡木成分的香气特征和分析

橡木处理的葡萄酒可通过感官来评价，也可分析来自橡木的几种成分，包括：

（1）顺式-（和反式-）橡木内酯　具有香草和椰子气味。

（2）愈创木酚和4-甲基愈创木酚　具有烟熏气味，是判断橡木加工过程中烘烤程度的主要指标。

（3）香草醛　具有辛辣的、丁香的气味。

（4）4-乙基苯酚和4-乙烯基苯酚　与酒香酵母（Brettanomyces）活性有关，前者具有药味、绷带气味或马厩气味。

这些成分可以在橡木桶处理的葡萄酒中检测到。

从橡木提取的鞣酸单宁水解可生成鞣花酸，具有不稳定性。通常，在橡木浸泡阶段，鞣酸可以从葡萄酒中沉淀出来。如果葡萄酒采用橡木片处理，但在装瓶前鞣酸未沉淀出来，瓶装后则会出现结晶状的鞣酸沉淀物。

因此，橡木片应避免在装瓶前添加使用（Pocock et al. 1984）。

七、气体的使用

1. 气体

在葡萄酒酿造过程中使用的气体包括空气、二氧化碳、氮气、氩气以及不同比例混合的二氧化碳/氮气和氮气/氩气。酒精发酵结束时，酒样被二氧化碳饱和，氧气含量很低。正常情况下，发酵结束后，应采取措施防止葡萄酒与氧气接触（空气），用二氧化碳、氮气、氩气（或它们不同比例的混合物）充气、封罐，可以减少氧化的可能性，防止葡萄汁和葡萄酒表面氧化破败及酵母和细菌的生长。在葡萄汁和葡萄酒转（倒）罐前，利用这些气体去排除贮存容器和管道中的氧气（空气）。因为二氧化碳和氩气密度大于氧气和氮气，它们比氮气更适于封罐操作。然而，二氧化碳的高溶解度可能导致其含量高于葡萄酒及灌装前后的需要值。

通风可促使发酵困难的酒再发酵。然而，通风对葡萄酒的品质具有正反两方面的影响，应谨慎操作。在微氧操作中，少量氧气可以改善红葡萄酒的香气和口感特征。

（1）二氧化碳　由于发酵使葡萄酒中存在大量的二氧化碳。此外，其他工艺条件也可能导致二氧化碳的存在，例如二氧化碳的封罐操作。葡萄酒中二氧化碳的含量与温度、酒精度、残糖的含量有关。在温度恒定的条件下，低酒精度和低残糖的葡萄酒中二氧化碳的含量高于其在高酒精度和高残糖葡萄酒中的含量；温度低的葡萄酒中二氧化碳含量高。在泵酒、过滤和充氮操作中，可以将二氧化碳从葡萄酒中除去。

通常，佐餐葡萄酒中二氧化碳的口感阈值大约为0.7g/L。有时，在静置葡萄酒中需要较多二氧化碳，这样就会产生新鲜、凉爽的"针刺"感。葡萄酒中二氧化碳含量应满足口感的需求，并且不会引起塞子或罐盖的问题。应当注意，随着产品温度的升高，二氧化碳在酒中的溶解量减少，从酒中释放出来聚集在顶部空间，导致瓶或罐顶部压力的增加，可能引起瓶装酒出现塞子弹出，或罐的膨胀现象。

二氧化碳的溶解量影响葡萄酒的口感，不同类型的葡萄酒要求量不同。在成品干白葡萄酒中，二氧化碳的溶解量为0.5~1.5g/L，新鲜芳香型干白葡萄酒中二氧化碳含量越高越好，而复杂饱满酒体的干白葡萄酒其含量越低越好。对成品干红葡萄酒，二氧化碳的溶解量为$0.35 \sim 1.0$g/L，酒体单薄的干红葡萄酒中含量要高一些，而酒体圆润的干红葡萄酒中含量低。如果葡萄酒中二氧化碳的浓度需要在灌装前降低，可充入氮气将二氧化碳的含量调整到需要值。

（2）氧气　在酿造和贮存过程中，有选择性地控制葡萄酒与氧气的接触，甚至可以提高葡萄酒的品质。在灌装过程中，应尽可能降低氧气含量以防止产品过快地衰老。

在葡萄酒中，氧气的溶解度为$6 \sim 9$mg/L，温度越低，溶解量越高。在葡萄酒的所有输送过程中都会有氧气溶入。可以采用充氮等方法以尽可能降低氧气的含量，或在白葡萄酒中添加除氧剂，如抗坏血酸。

在成品葡萄酒中，降低氧气含量是控制氧化的主要方法。在酿造和装瓶过程中用测氧仪监控氧气含量是保证成品葡萄酒中低含氧量的关键。

在贮存、运输以及装瓶前后，可以测定葡萄酒中的溶解氧含量。在贮存和陈酿过程中，葡萄酒中溶解氧含量在$0.4 \sim 0.8$mg/L，含量越低越好；在装瓶的葡萄酒中溶解氧最好低于0.5mg/L。通过葡萄酒装瓶前后的溶解氧含量，以了解装瓶过程中溶入的氧含量，据此设定装瓶前葡萄酒中的含氧量。表6-6中列出葡萄酒酿造主要工艺环节溶解氧控制标准。

表6-6　葡萄酒酿造主要工艺环节溶解氧控制标准

工艺环节	溶解氧含量/（mg/L）
贮存过程	≤0.5
倒罐后	≤1.0
下胶均质后	≤1.0
调配均质后	≤1.0
冷稳定过程	≤2.0
过滤澄清后	≤1.5
灌装前	≤0.5
装瓶后	≤2.0

2. 气体浓度的测定

（1）二氧化碳　葡萄酒中二氧化碳浓度的测定方法很多，包括滴定法、Carbodoseur、压力计法，二氧化碳测定仪测定法（摇晃起泡酒排出压力）。

葡萄酒中最直接、最准确测定二氧化碳含量的方法是采用二氧化碳测定仪。Carbodoseur是测定葡萄酒中二氧化碳浓度的一种简单方法，具体描述如下。

Carbodoseur的使用：将已知体积的葡萄酒加入量筒中，把一个带有玻璃管的塞子塞进量筒，玻璃管应达到葡萄酒深度的一半处。用大拇指封住玻璃管顶部，用力晃动量筒。这时二氧化碳会从酒中逸出，增加量筒顶部的气压，松开大拇指，葡萄酒就会从玻璃管中流出，反复操作，直至无葡萄酒流出。流出的葡萄酒体积和二氧化碳的含量成正比。

当上述操作结束，测量剩下的葡萄酒体积和温度，通过与标准表对照得到葡萄酒中二氧化碳的浓度（mg/L）。

（2）氧气　葡萄酒中氧气含量可以采用溶氧测定仪来测定。

第五节　葡萄酒的主要澄清剂

一、澄清剂的作用

澄清剂主要用于降低葡萄酒中影响感官特性的成分：增加澄清度、光泽度；去除产生苦味的酚类物质；去除硫化氢气味等。

通常，澄清剂的活性是非特定的，既能降低目标化合物的含量，也会影响葡萄酒其他的成分，例如香气物质。

通常，澄清剂的选择和添加比例要根据澄清剂对葡萄酒的感官质量影响（包括定量测定和感官评价）来确定，因此需要预实验，进行客观的（根据定量测定）或主观的（根据感官评价）评价。同时，也要依据平时的一些经验。

与澄清剂作用的物质随时间稳定或沉淀出来，通过倒罐、过滤、离心可得到澄清的葡萄汁或葡萄酒。

也可以使用含有一种、两种或多种化合物的澄清剂。

二、澄清剂试验

1. 在实验室进行，且要有足够的葡萄酒用于评价

制备100mL澄清剂原溶液，将原溶液添加到100mL葡萄汁或葡萄酒中。

对于一些黏性较大的制备液，难以准确加入较小体积，例如加入0.1mL蛋白质类澄清剂，此时需将原溶液在添加前进行稀释，如稀释2倍或5倍，添加体积需要进行相应调整。

注意：

（1）澄清剂应该存放在凉爽、干燥的地方，并封好口防止被其他的挥发性物质污染。

（2）澄清剂或其制备液中如果有异味/味道存在，需通过对处理过的葡萄酒进行感官评价来检查是否带入异味/味道。例如，检查酪蛋白/酪蛋白制剂中存在的腐败气味。

（3）原则上，澄清只有在必须时才进行，而且澄清剂的添加量应按低限值而不是高限值添加。但是，当澄清的主要目的是得到稳定的葡萄酒或去除不想要的感官特征时，需添加足量的澄清剂。

（4）当确定某种澄清剂是处理葡萄酒某种问题的最适制剂时，应该考虑相应的标准并结合感官评价分析数据予以说明。例如，根据澳大利亚和新西兰的葡萄酒法规，任何葡萄酒或

葡萄酒产品使用可能引起过敏的澄清剂，包括明胶、蛋清粉、酪蛋白、脱脂乳等，都需要标注强制性过敏声明。强制声明还包括某些来自非葡萄的单宁，如来自栗木的单宁。

2. 澄清预实验

（1）制备100mL已知浓度的澄清剂母溶液，如10000mg/L。

（2）确定澄清剂适合的添加浓度范围，如0~100mg/L。

（3）确定不同的添加比例，如0、20、40、60、80和100mg/L。

（4）计算出各添加量下需要加入的原溶液体积，在6个100mL容器中分别准确加入100mL葡萄汁/葡萄酒，用标签标记出不同的添加比例。

（5）在每个容器中准确加入相应体积的原溶液，摇动，充分混匀。澄清剂充分作用后，将清液从沉淀中分离出来。

（6）采用感官或化学方法对每个容器中葡萄汁/葡萄酒样品进行评价。

（7）根据上述评价结果，确定澄清剂的添加量。

注意事项如下：

①生产中在使用每种澄清剂前均应进行预实验。

②澄清剂的选择通常根据经验、参考文献或其他酿酒师的建议。

③应留取未添加的样品作为对照，以评价添加后的效果。

④实验室样品处理温度应尽可能与生产实际一致。

⑤在添加前应将原溶液混合均匀，添加时应让移液管中溶液排净（悬浊液或浆会附着在移液管内壁），以保证添加少量体积原溶液的准确性。可以采用宽口径的移液管来添加具有黏性的或浆状的溶液。

⑥通常，根据感官评价来确定最适澄清剂添加比例。也可采用分光光度计测定葡萄汁/葡萄酒在420nm、520nm、280nm下的吸光值，分别得到黄色/褐色、红色和总酚的浓度变化等信息。

初步实验完成后，需要再添加更小范围的试验，如0、10、20、30、40、50mg/L，直到澄清达到理想的效果。

需添加澄清剂原溶液的量：

$$澄清剂原溶液体积（mL）= 需添加的浓度（mg/L）\times \frac{需处理的葡萄汁或酒的体积（mL）}{澄清剂原溶液的浓度（mg/L）}$$

3. 生产中的使用

利用最少量的蒸馏水溶解澄清剂，避免葡萄酒被明显稀释。应保证澄清剂在水中充分溶解分散均匀。

为了达到有效的澄清功能，通过循环等来保证澄清剂与葡萄酒充分混合。添加步骤如下：

（1）测定需添加澄清剂的葡萄汁或葡萄酒的体积。

（2）根据澄清预实验确定的添加比例，计算出需用澄清剂的质量或体积。

（3）准确称量澄清剂并用最少量蒸馏水溶解，混合均匀。

（4）尽快将上述溶液加入葡萄汁或葡萄酒中，充分混合。

（5）澄清剂充分反应后，分离或过滤。

（6）对处理后的葡萄汁或葡萄酒，进行感官评价和/或化学分析，以检查澄清剂的处理效果。

注意事项如下：

①澄清剂作用时间是变化的。在澄清过程中，应定期取样检查葡萄汁/葡萄酒的澄清度、香气和口感，直到澄清过程完成。

②为了避免在添加和混合过程中可能会发生的氧化反应，应使用适合的罐进行操作并保证顶部充满惰性气体。在添加前后应检查二氧化硫含量。

③在某些情况下，在添加澄清剂前需要调节pH，例如，pH越低，皂土作用效果越好。

④一般而言，蛋白质类澄清剂在较低温度下更有效，如10～15℃。蛋白质类澄清剂（除酪蛋白）添加到白葡萄酒中可能影响蛋白质稳定性，所以，在澄清处理后应进行热稳定性检测。

三、蛋白质类澄清剂

1. 明胶（Gelatin）

（1）作用原理　明胶加入白葡萄汁中，尤其是压榨时，可以起到澄清和减少产生苦味、收敛性、褐色的酚类物质含量的作用。加入红葡萄酒中可减少过多苦涩感的酚类物质的存在，但也会除去一些颜色。明胶主要和较大的聚合酚类物质结合。有时它与二氧化硅或单宁结合添加，在白葡萄酒中起到较好的澄清效果。

明胶是最活跃的蛋白质类澄清剂，可导致过度的澄清和颜色去除。因为明胶是一种可溶于葡萄酒的热不稳定蛋白质，如果用量过大，在低单宁含量的葡萄酒（如桃红酒）中可能形成蛋白质浑浊。

（2）试验确定用量　明胶应该无色、中性气味。最常用的是液态形式的明胶，明胶活性（25%～30%）在使用说明中有标注，通过适当的稀释得到1%（体积分数）原溶液。

利用明胶粉末制备1%（体积分数）溶液：将10mL 96%（体积分数）的乙醇（为了保存）加入80mL蒸馏水中，加入1g明胶，加热，缓慢搅拌，温度不超过40℃。

混合均匀后，用蒸馏水定容至100mL容量瓶中，原溶液应每隔几天重新配制。

取1mL 100mg/L的澄清剂原溶液加到100mL葡萄汁/葡萄酒中。

白葡萄汁和葡萄酒：15～120mg/L。

红葡萄酒：30～300mg/L。

添加量主要通过感官评价并结合分光光度计测定澄清度等信息来确定。

如果添加比例很小，原溶液体积需要准确添加，如通过微量移液器。

（3）在生产中添加　葡萄酒的温度应在10℃左右，液态明胶可以直接添加。粉状明胶，准确称量，先用最少量蒸馏水溶解。将该溶液缓慢加入葡萄汁或葡萄酒中，轻轻地搅拌直到充分混匀，放置几天，分离和/或过滤。

2. 鱼胶（Isinglass）

（1）**作用原理** 鱼胶是一种来自鲟鱼的胶原蛋白制剂，主要用于白葡萄酒。鱼胶对葡萄酒的澄清效果很好，与明胶相比，对葡萄酒的酒体影响较小。鱼胶可与单体酚或较小的多酚物质结合除去粗糙的感觉，产生的沉淀轻而蓬松，很容易分离或过滤除去。过量的鱼胶会引起葡萄酒浑浊并带有鱼腥气味。

（2）**试验确定用量** 将1g柠檬酸溶解于80mL蒸馏水中，加入0.5g微细的鱼胶，轻轻搅拌，分散12h，或放置过夜（不加热），然后转入100mL容量瓶中用蒸馏水定容，所制备溶液为冻状。如果需长时间使用或制备液需保存，应加入200mg/L的二氧化硫。

取1mL 50mg/L的原溶液加到100mL葡萄汁/葡萄酒中。添加浓度范围为：

白葡萄汁和葡萄酒：10～100mg/L。

桃红葡萄酒：30～150mg/L。

通过感官评价及澄清度测定来确定合适的添加量。

（3）**在生产中添加** 葡萄酒温度应在10℃左右，准确称量所需的鱼胶，用足量蒸馏水稀释至浓度为5g/L，搅拌以确保分散均匀。将该溶液缓慢地加入葡萄汁/葡萄酒中，轻轻搅拌直到充分混匀，放置几天，然后分离和/或过滤。

3. 蛋清（鸡蛋蛋白）

（1）**作用原理** 蛋清中含有蛋白质。一个中等大小的鸡蛋含有约30g蛋清，其中12g是蛋白质。蛋清溶液可用于去除红葡萄酒中的单宁，使葡萄酒变得更加柔和。通常蛋清用于贮存在橡木桶中或装瓶前的葡萄酒。这种蛋白质可以与葡萄酒中较大的聚合物结合。

（2）**试验确定用量** 打碎鸡蛋，将蛋清从蛋黄中分离出来，装入500mL烧杯中称重。加入10倍质量的蒸馏水［调整pH约7.0，含有0.5%的氯化钠（有助蛋清溶解）］，轻轻搅拌（剧烈搅拌会导致蛋白质变性），避免起泡，直至溶解。例如将2个蛋清（约60g）加入600mL已调整pH且含有3g氯化钠的蒸馏水中制成上述溶液。蛋清必须是新鲜的，当天配当天用，也可用经干燥和冷冻处理的蛋清。

蛋清一般添加量为50～400mg/L，等于将0.05～0.4mL的100g/L溶液添加到100mL的葡萄酒中，通过感官品评确定最适添加量。一般情况下，225L葡萄酒（通常当葡萄酒贮存在橡木桶）中需加入2～8个蛋清。

（3）**在生产中添加** 在合适的烧杯中加入所需量的蛋清，加入10倍质量的蒸馏水（调整pH约7.0，含有0.5%的氯化钠），轻轻搅拌。将该溶液缓慢地加入葡萄酒中，葡萄酒的温度应在10℃左右，轻轻地搅拌直到充分混匀，放置1周后分离或过滤。在葡萄酒的顶部会出现少量泡沫，可以撇去或轻轻搅拌葡萄酒。

4. 脱脂牛奶

（1）**作用原理** 与酪蛋白/酪酸钾除去酚类化合物相似，添加脱脂牛奶（低脂肪）可以除去较小的酚类化合物。

（2）**试验确定用量** 脱脂牛奶（低脂肪）溶液可用粉状或用水稀释新鲜脱脂牛奶制备。粉状脱脂牛奶溶液按照供应商的包装说明制备。液态脱脂牛奶（低脂肪）可利用1∶1蒸馏水稀释制备。

液态脱脂牛奶/蒸馏水（按1∶1制备）溶液按照0.4～2.0mL的用量加入100mL葡萄酒中，通过感官品评确定加入量。粉状制剂的使用参照说明书。

（3）**在生产中添加**　将脱脂牛奶溶液缓慢地加入葡萄汁/葡萄酒中，葡萄酒的温度应在10℃左右，轻轻地搅拌直到充分混匀。放置几天后分离和/或过滤。

5. 酪蛋白或酪酸钾

（1）**作用原理**　酪蛋白类的澄清剂包括酪蛋白和酪酸钾，最常用的是酪酸钾。酪蛋白常用于白葡萄汁或葡萄酒和雪莉酒中，以减少酚类物质含量和苦味/褐变，而澄清作用是有限的。

（2）**试验确定用量**　酪酸钾可溶于水，将1g酪酸钾搅拌溶解于100mL蒸馏水中，加热但不超过40℃，一般需要搅拌几小时达到完全溶解，制备液可在1～2d使用完。如果使用酪蛋白，溶液需要是碱性的（用碳酸钾调整pH约8.0）。

取1mL 100mg/L的澄清剂原溶液加入100mL葡萄汁/葡萄酒中。一般添加量在50～250mg/L。酪蛋白原溶液添加到葡萄酒中会立刻产生絮状沉淀，因此，添加后需立即混合，通过感官评价确定添加量。

（3）**在生产中添加**　将需要量的酪酸钾或酪蛋白，用最少量的蒸馏水溶解，缓慢加入葡萄酒中，立即混合。葡萄酒的温度应在10℃左右，放置一周后，分离或过滤。

四、非蛋白质类澄清剂

1. 聚乙烯聚吡咯烷酮（PVPP）

（1）**作用原理**　PVPP是人工合成的聚合物，用于白葡萄酒尤其是压榨汁中除去褐变和收敛性强的酚类物质，有时也用于桃红葡萄酒。它不溶于葡萄酒，主要吸附小分子质量的酚类物质，尤其是花色素和儿茶酚。PVPP用量过大会导致颜色和风味物质的损失，应谨慎使用。PVPP有时作为辅助澄清剂与碳共同脱色，有时也与酪酸钾和硅作为混合澄清剂使用。它的优点是能够在蛋白质稳定状态下去除酚类物质。

（2）**试验确定用量**　将10mL 96%的乙醇加入80mL蒸馏水中，混合，加入10g PVPP。搅拌完全成浆状后，加入100mL的容量瓶中用蒸馏水定容。充分混匀，使PVPP成为悬浮液。

将1mL 100g/L的澄清剂原溶液加入100mL葡萄汁/葡萄酒中。一般添加量：白葡萄酒10～500mg/L；红葡萄酒10～400mg/L。

通过感官品评和分光光度计测定确定添加量。

（3）**在生产中添加**　准确称取需要量的PVPP，用最少量的蒸馏水溶解制成悬浊液，缓慢加入葡萄酒中，并不断搅拌。放置几天后，分离或过滤。

2. 活性炭

（1）**作用原理**　活性炭是纯净炭经过物理或化学处理产生微裂缝，大大增加了吸附表面积。大的表面积（500～1500m²/g）和带电性使活性炭能有效地吸附各种极性化合物，尤其是酚类及其衍生物。

活性炭可以去除葡萄汁和葡萄酒中的颜色和异味。不同的用途使用不同的活性炭制剂。

脱色活性炭有选择性地去除类黄酮单体和二聚体，更大的聚合物不能深入活性炭的微孔（Singleton，1967）。除臭炭对去除硫醇异味很有效，但同时也可能去除一些理想的风味物质；活性炭还可能增加被处理酒的非典型性气味。此外，活性炭还具有氧化性。虽然活性炭在某些情况下有使用价值，但它是一种效果强、相对非特异性澄清剂，应谨慎使用。因此，进行小样预实验对避免活性炭使用不良或意外结果很关键，一般使用剂量为2.5~50g/mL。

（2）试验确定用量　将10mL 96%的乙醇加入80mL蒸馏水中，然后加入10g活性炭。搅拌完全成浆状后，加入100mL的容量瓶中用蒸馏水定容，充分混合。

取1mL 1000mg/L的澄清剂原溶液加入100mL葡萄汁/葡萄酒中。一般添加量为：去除气味为50~500mg/L；去除颜色为100~2000mg/L。

将一定量的悬浊液添加到葡萄酒中，在1h内搅拌10min，1h后过滤该溶液。

通过感官评价和分光光度计来确定添加量。

（3）在生产中添加　称取需要量的活性碳，可以将粉末状直接加入葡萄酒中，或制备成悬浊液加入，充分混合均匀，放置几天后，分离或过滤。

3. 二氧化硅

二氧化硅制剂可用于明胶澄清剂的絮凝和沉淀，可增加明胶的澄清效果。

一般而言，二氧化硅的添加量为40~200mg/L，明胶为40~300mg/L。通过感官评价来确定最佳添加量。称取需要量的二氧化硅制剂，用最少量蒸馏水溶解。将溶液添加到葡萄酒中，混合均匀，放置几天后，分离或过滤。

4. 单宁（辅助澄清剂）

（1）作用原理　单宁和明胶结合使用以增加澄清效果，主要用于白葡萄汁和葡萄酒。

（2）试验确定用量　将10mL 96%的乙醇加入80mL蒸馏水中，然后加入1g单宁。混合后，加入100mL容量瓶中用蒸馏水定容。溶液应该新鲜制备。

一般而言，当作为辅助澄清剂时，单宁添加量相似于明胶。称取需要量的单宁，用最少量蒸馏水溶解，混合均匀，放置几天后沉淀，分离或过滤。

5. 膨润土

（1）作用原理　膨润土是一种带负电胶体，与带正电荷蛋白质结合从葡萄酒中沉淀出来用于去除不稳定蛋白质。在较低pH时蛋白质的正电荷较强，因此，膨润土的使用效果较好。如果准备调整葡萄酒的pH和可滴定酸度，应在膨润土澄清处理前进行。因为，在不同的pH条件下其稳定性可能不同。低添加量膨润土（0.1~0.2g/L）也可用于去除新红葡萄酒中不稳定的胶状颜色。

（2）试验确定用量　称取5g膨润土加入100mL烧杯中，量取80mL的蒸馏水到250mL的玻璃烧杯或烧瓶中，将水加热到约60℃，然后缓慢将膨润土加入水中，同时搅拌使其充分混匀，放置冷却。在冷却过程中膨润土将膨胀，通常让悬浊液放置过夜。如果膨润土没有充分混匀，悬浊液可能需要再加热一次。将悬浊液加入100mL的容量瓶中用蒸馏水定容，混合均匀。

检查膨润土和制备液是否具有泥土异味，测定金属含量及其他相关的质量检查，例如铁、钙、镁、钠、铝和铅。

悬浮液原溶液浓度为50g/L，如果浓度高于此值，将形成胶状，而不是悬浊液。通常根据经验确定添加量范围，最初添加量范围为0.5～3.0g/L，以0.5g/L增加量递增。

选取一组100mL的容量瓶（或其他合适容器），在每个容器中准确加入100mL的葡萄汁/酒。利用带刻度的广口移液管，按照设计的添加量准确加入50g/L膨润土悬浊液，并设置对照。盖上瓶盖，颠倒数次混合均匀。

放置30min或至溶液澄清，然后利用滤纸过滤到锥形瓶中，每个样品大约收集20mL，或以3500r/min离心5min。利用0.45μm滤膜对澄清液分别过滤，通过光照或浊度计检测浊度。

利用热稳定性检测方法确定每个膜过滤样品的蛋白质稳定性（具体见第六章第六节）。

热稳定性实验后，没有出现浑浊的酒样中的最小添加量，确定为葡萄酒蛋白质稳定所需的膨润土添加量。

在上述已确定添加量范围内进行更小范围添加量的试验。例如，在1.5～2.0g/L时达到稳定，则按1.4、1.6、1.8、2.0g/L膨润土添加量进行试验。

（3）在生产中添加　根据试验确定的添加比例，称取相应量的膨润土，缓慢加入60℃蒸馏水中，放置过夜后，再加热使膨润土在悬浊液中混合均匀，制备成约50g/L溶液；将其加入待处理的葡萄酒中，通过搅拌或倒罐使其混合均匀。

五、硫酸铜的使用

1. 作用原理

硫化氢是一种酵母代谢产物，在葡萄酒发酵过程中产生。但如果含量过高，则被认为是一种缺陷。影响硫化氢过量产生的因素主要包括酵母可溶性氮含量低，较多硫的存在（葡萄园喷洒等）和葡萄汁中悬浮固体含量高。

硫化氢的存在会形成单体或聚合硫醇，使葡萄酒出现较多不愉快的风味，去除硫醇较难。因此，当发现葡萄酒中有硫化氢生成时应立刻处理，一般在发酵过程中添加磷酸氢二铵。发酵结束后，可通过倒罐接触氧气或添加50mg/L的二氧化硫来消除。如果处理后仍然存在，通常添加铜离子试剂处理。

实验室可检测出不同形式的硫化物。镉离子只能与H_2S反应，而铜离子可以与H_2S和单体硫醇反应。因此，如果添加镉可将气味除去，可推断该气味由硫化氢产生；如果添加镉不能去除，而添加铜离子可去除，推测可能是单体硫醇。当存在较高的氧化形式的硫化物，需利用还原剂如抗坏血酸处理，将其还原成铜离子可去除的形式。因此，如果采用镉和铜离子处理后气味仍然存在，但经过抗坏血酸和铜离子处理后可除去，则可能是由聚硫醇产生的。这些检测应通过嗅闻气味来评价，但不能品尝这些样品。镉是有毒的，只能用于鉴别硫化物种类，不能用于酒窖葡萄酒的检验。

2. 测定硫化物的类型

可通过扫描试验确定硫化物的存在形式。在去除硫化物之前进行测试，例如葡萄酒不应被通气氧化直到被确定只含有硫化氢，如果含有单体硫醇的葡萄酒被通气，会氧化成为聚硫醇，导致更严重的问题。

确定H₂S、单体硫醇或聚合硫醇产生的气味。

（1）取4个玻璃杯，分别标注为"空白"（玻璃杯1）、"镉"（玻璃杯2）、"铜"（玻璃杯3）和"铜＋抗坏血酸"（玻璃杯4）。

（2）分别取50mL葡萄酒加入每个玻璃杯中。

（3）用移液管吸取下列试剂（注意不要用嘴移取镉和铅溶液，应用洗耳球）。在标注"镉"的玻璃杯中，加入1mL 10g/L的硫酸镉溶液（10g/L）混合。在标注"铜"的玻璃杯中，加入1mL 10g/L的硫酸铜溶液（10g/L）混合。在标注"铜＋抗坏血酸"的玻璃杯中，加入0.5mL 100g/L的抗坏血酸溶液（10g/L），混合后，等待5～10min，加入1mL的10g/L的硫酸铜溶液（10g/L），混合。

对处理后葡萄酒的气味进行评定，与空白比对，确定存在何种异味和相对强度，不需对酒样进行品尝。

通过与空白样品对比判断每个处理葡萄酒样品的气味，根据表6-7对结果进行解释。

表6-7　硫化物类型的检测结果与注释

玻璃杯2"镉"	玻璃杯3"铜"	玻璃杯4"铜＋抗坏血酸"	结果解释
异味去除	异味去除	异味去除	H₂S存在
异味	异味去除	异味去除	单体硫醇存在
异味	异味	异味去除	聚合硫醇存在

第六节　葡萄酒的稳定性处理

一、稳定性原理

稳定性是指在一系列规定条件下在给定的时间内，葡萄酒仍然保持稳定的状态。一般情况下，葡萄酒从装瓶到被饮用期间，不希望发生任何不想要的物理或感官变化。由于生产者不可能预计到自己产品的消费时间以及预测到产品在整个过程中遇到的所有条件，难以设计绝对的检验。所以，稳定性试验是在正常贮存条件下对葡萄酒稳定性的预测。

在大部分情况下，选择合适的物质进行澄清处理获得产品稳定性，将导致不稳定的成分浓度降低到稳定状态，并在葡萄酒保质期内不会出现浑浊或沉淀。

由于葡萄酒酿造过程中，pH和温度等条件的改变，稳定性试验一般需等到影响稳定的条件不再明显改变时进行装瓶。

通常进行稳定性试验的内容有：

（1）金属稳定性。

（2）蛋白质稳定性。

（3）酒石稳定性。

（4）氧化稳定性。

（5）颜色稳定性。

稳定性处理的主要目的是处理葡萄酒达到稳定状态，但也可能导致葡萄酒感官性质的改变，因此感官评价是稳定性试验的一项重要内容。

如果试验结果显示葡萄酒不稳定，应采取相应的处理。

二、金属稳定性

产生不稳定性的金属包括铝、锡、铅、银、铁和铜。过量的铁和铜会导致浑浊或与葡萄酒中有机成分（蛋白质或单宁）或无机成分（磷酸盐或硫化物）反应生成沉淀，铜浑浊只在白葡萄酒中出现。一般情况下，铁和铜含量分别超过5mg/L和0.2mg/L时可能会导致浑浊或沉淀。

钾和钙离子主要与葡萄酒的酒石稳定有关，可在处理过程中进行监控以确保达到稳定状态。一些出口产品需要检测钠离子含量。

三、蛋白质稳定性

1. 化学原理

葡萄酒中如果有蛋白质沉淀则会导致浑浊或生成沉淀。如果在装瓶后产生，消费者是难以接受的。由于很难预测到葡萄酒运输和储存过程中放置的温度条件，因此，葡萄酒在装瓶前应对不稳定蛋白质的存在进行检查。蛋白质不稳定主要存在于白葡萄酒、桃红葡萄酒中，红葡萄酒中蛋白质与单宁反应，会在成熟过程中沉淀，在成品酒中一般不存在问题。

葡萄酒蛋白质稳定性的检测方法有多种。这些方法均使蛋白质变性，例如加热、加酸和加醇。可以单独检测，或与皂土澄清实验结合。

热稳定性试验是预测葡萄酒中蛋白质稳定性的最常用的方法。葡萄酒放置于较高温度下一段时间，然后冷却到室温，评估其浑浊的形成。单宁和多糖会影响在加热过程中浑浊形成的程度。

2. 热稳定性试验

（1）**样品准备** 在稳定性试验前，经过离心［3000r/min（最高转速）下离心10min］和过滤处理使葡萄酒充分澄清。

（2）**试验步骤** 将20~30mL酒样，用0.45μm的膜过滤器或真空过滤器过滤。如果酒样非常浑浊，则需对其进行预过滤，并弃去刚从滤膜过滤下来的几毫升过滤液。

将过滤后的酒样注入相似尺寸的试管或者浊度计中，使试管上方留有足够的空间，便于酒样加热时空气膨胀。将试管盖上盖子，盖子与试管的结合应非常紧密，以免挥发散失或水汽进入。盖子应该由聚四氟乙烯（PTFE）材料制成，或由硅胶作为内衬材料，还必须有防水的封口。使用浊度计测量浊度。

将试管置于80℃水浴或加热套中加热6h后，马上从水浴或加热套中取出试管，轻轻将试管反复颠倒几次，然后降至室温。降温后，再轻轻将试管反复颠倒几次。

用肉眼观察或者用浊度计测定样品的浑浊程度。

肉眼观察法：用一束强光照射试管，如果在酒样中出现反射，则可能有浑浊出现。

在使用浊度计测定前，可以先用肉眼观测是否有浑浊产生。如有肉眼能够观察到浑浊，就没有必要使用浊度计了。

使用浊度计测定时，在酒样加热前后都需要进行检测。试管外壁必须干燥清洁，放入浊度计后，便可直接读数了。

（3）测定结果说明　如果加热前后葡萄酒浊度增加了2NTU以上，那么该葡萄酒可视为蛋白质不稳定。有时1NTU甚至0.5NTU被作为浊度增加的指标，这些值是根据经验和葡萄酒贮存过程中可接受的形成潜在浑浊风险得到的。

四、酒石稳定性

酒石酸氢钾（EKT）和酒石酸钙（CaT）是葡萄汁中存在的酒石酸盐，通常在葡萄汁中呈饱和态。发酵完成后，由于醇类物质的作用和后续瓶储的低温作用，这些酒石酸盐会逐渐析出，成为导致葡萄酒装瓶后不稳定的主要原因。

1. 化学原理

葡萄酒是一种酒石酸氢钾过饱和溶液（KHT）。当葡萄酒中K^+和HT^-浓度导致酒石酸氢钾过饱和或形成KHT结晶时，会造成不稳定，虽然无害，但在白葡萄酒中出现沉淀时，消费者难以接受。

葡萄酒中酒石酸稳定与否取决于许多因素，包括温度、pH、钾、总酒石酸和醇的相对浓度。低温导致溶解度下降，而pH决定总酒石酸中酒石酸氢根（HT^-）所占的比例，影响酒石酸氢钾沉淀的形成。葡萄酒中其他成分可以抑制结晶的形成，包括蛋白质、多糖和其他大分子成分（如单宁）。测定酒石酸稳定的方法有几种，其中电导率检测是最快的方法，但需要一台高质量的电导仪。最常用的方法是将葡萄酒在-4℃放置72h，判断结晶的形成。

2. 检测方法

（1）在2℃下放置5d

①利用真空过滤系统通过0.45μm膜过滤约200mL葡萄酒。

②将100mL葡萄酒装入瓶中（瓶1），放置于2℃条件下（即立即放入冰箱的冷藏室）。将另外100mL葡萄酒装入另一个瓶中（瓶2），室温放置。

③12h后，在瓶1葡萄酒中加入20mg的酒石酸氢钾晶体，混合后在2℃下放置5d观察结晶的形成。与对照相比（瓶2），处理样品（瓶1）没有任何晶体存在，则说明葡萄酒是冷稳定的。

（2）在-4℃下放置72h

①利用真空过滤系统通过0.45μm膜过滤约250mL葡萄酒。

②将过滤好的葡萄酒分为200mL（试验）和50mL（对照）装入合适大小的玻璃杯中，

分别标注为"试验"和"空白"。

③"试验"瓶中葡萄酒在-4℃下放置72h，而"对照"瓶室温放置。

④72h后"试验"瓶从冷冻槽中取出，将"试验"和"对照"瓶样品反转，上下颠倒数次混匀，在强光下观察瓶中溶液是否存在晶体。

⑤将"试验"瓶中样品加热到室温（室温水浴）。

⑥当"试验"瓶样品到达室温后，将"试验"和"对照"瓶样品反转，上下颠倒数次混匀，在强光下观察瓶中溶液晶体的存在。在红葡萄酒中可能含有酚类物质，通常当"试验"样品回温到室温后，这些成分会再溶解。任何酒石酸氢钾的存在都更容易观察到。

⑦如果与室温放置"对照"相比，-4℃下处理的样品中无任何结晶存在，认为葡萄酒是稳定的。

注意：检测过程中需要准确控温的冷冻槽（盐水槽），以保证检测过程中温度恒定。

（3）电导率检测

①量取100mL葡萄酒倒入250mL烧杯中。

②将烧杯置于控温水槽中，设定温度0℃±1℃，平衡约10min。

③测定烧杯中葡萄酒的电导率和温度。

④加0.4g酒石酸氢钾，不断搅拌。

⑤立刻测定电导率和温度，记录时间。

⑥每分钟测定电导率和温度一次，直到电导率读数恒定，记录时间和电导率值。温度会影响电导率值，在检测过程中应保持恒定温度。

如果检测过程中葡萄酒的电导率下降则显示葡萄酒不稳定。一般情况下，可接受的变动范围在2%~4%，红葡萄酒趋向于低限值而白葡萄酒则趋向于高限值。葡萄酒的电导率变化大于设定值认为是不稳定的。设定值是根据历史记录形成的，每个厂不完全相同。

在本试验中必须用细磨的KHT，能够通过在研钵中用杵碾磨制得。平底药瓶适合于这些冷稳定性试验。

在生产中冷稳定处理通常是将葡萄酒在-4~-2℃下冷却和放置3d。然后，在实验室进行检测。到检测完成时，在生产中葡萄酒已在-4~-2℃下放置6d。

如果实验室检测显示葡萄酒是稳定的，则在冷稳定后过滤葡萄酒。如果实验室检测葡萄酒不稳定，那么生产中葡萄酒应该继续冷冻直到稳定为止。或在葡萄酒中加酒石酸氢钾晶种促进沉淀（使用量为100~200mg/L）。

在冷稳定过程中，加入高浓度的酒石酸氢钾晶种（使用量为2~6g/L）促使其沉淀，具体用量通过试验确定。

在进行冷稳定前，应测定葡萄酒的pH。冷稳定处理中会导致酒石酸氢钾沉淀，酒石酸含量降低。然而，如果初始pH低于HT^-比例最大时的pH，pH将降低；相反，如果初始pH高于HT^-比例最大时的pH，pH将增加。表6-8和表6-9为不同pH和酒精度下佐餐葡萄酒和加强葡萄酒中HT^-的比例。例如酒精度为12.5%vol，HT^-的比例最大为66.4%，出现在pH3.60~3.65。当可能有酒石酸氢钾沉淀时，这一关系可用于整个酿酒过程中。调整葡萄汁/葡萄酒的初始pH低于HT^-比例最大时的pH，确保当酒石酸氢钾沉淀时pH将降低。

表6-8　不同pH和酒精度下佐餐葡萄酒中HT⁻的比例（%HT⁻）

pH	酒精度/%vol											
	8.00	8.50	9.00	9.50	10.00	10.50	11.00	11.50	12.00	12.50	13.00	13.50
2.80	37.6	37.5	37.4	37.3	37.2	36.7	36.4	36.3	36.2	36.1	36.0	35.6
2.85	40.2	40.1	40.0	40.0	39.8	39.3	39.0	38.9	38.8	38.7	38.6	38.2
2.90	42.8	42.7	42.6	42.6	42.4	41.9	41.3	41.5	41.4	41.3	41.1	40.8
2.95	45.1	45.0	44.8	44.9	44.9	44.5	44.2	44.4	44.0	43.9	43.8	43.4
3.00	47.6	47.4	47.1	47.3	47.3	47.1	46.8	46.7	46.6	46.5	46.4	46.0
3.05	50.6	50.3	50.0	50.0	50.0	49.7	49.4	49.3	49.2	49.1	49.0	48.6
3.10	53.4	53.2	53.0	52.7	52.7	52.1	51.8	51.7	51.6	51.6	51.5	51.1
3.15	55.6	55.4	55.2	55.4	55.4	54.4	54.2	54.1	54.0	54.0	53.9	53.6
3.20	57.7	57.5	57.4	57.6	57.6	56.6	56.4	56.3	56.2	56.2	56.1	55.8
3.25	59.6	59.4	59.2	59.1	59.1	58.6	58.4	58.4	58.3	58.3	58.3	58.0
3.30	61.3	61.2	61.1	60.9	60.9	60.5	60.3	60.3	60.2	60.2	60.1	60.0
3.35	62.7	62.5	62.5	62.4	62.4	62.1	62.0	62.0	62.0	61.9	61.9	61.7
3.40	64.0	64.0	63.9	63.8	63.8	63.5	63.4	63.3	63.3	63.3	63.3	63.2
3.45	64.9	64.8	64.7	64.7	64.7	64.6	64.5	64.6	64.6	64.6	64.7	64.6
3.50	65.6	65.6	65.6	65.5	65.5	65.4	65.4	65.4	65.5	65.5	65.6	65.5
3.55	65.9	65.9	65.9	65.9	65.9	65.9	65.9	66.1	66.2	66.3	66.4	66.4
3.60	66.1	66.1	66.2	66.2	66.2	66.1	66.0	66.1	66.3	66.4	66.5	66.6
3.65	65.8	65.8	66.9	65.9	65.9	66.0	66.0	66.1	66.3	66.4	66.5	66.6
3.70	65.4	65.5	65.6	65.6	65.6	65.8	65.9	66.1	66.2	66.3	66.5	66.6
3.75	64.5	64.6	64.7	64.8	64.8	64.9	64.8	65.4	65.9	66.2	66.4	66.6
3.80	63.6	63.7	63.9	64.0	64.0	64.3	64.4	64.8	65.1	65.3	65.6	65.9
3.85	62.2	62.3	62.5	62.6	62.6	63.2	63.5	63.9	64.2	64.5	64.7	65.0

表6-9　不同pH和酒精度下加强葡萄酒中HT⁻的比例（%HT⁻）

酒精度/%vol													
14.0		16.0		17.0		18.0		19.0		20.0		21.0	
pH	%HT⁻	pH	%HT⁻	pH	%HT⁻	pH	%HT⁻	pH	%HT⁻	pH	%HT⁻	pH	%HT⁻
2.87	38.9	2.89	39.5	2.91	39.8	2.92	10.0	2.93	40.3	2.95	40.6	2.96	40.9
2.97	44.1	2.99	44.7	3.01	45.0	3.02	45.3	3.03	45.6	3.05	45.9	3.06	46.2
3.07	49.3	3.09	49.9	3.11	50.3	3.12	50.5	3.13	50.8	3.15	51.1	3.16	51.4
3.17	54.2	3.19	54.8	3.21	55.1	3.22	55.4	3.23	55.7	3.25	56.0	3.26	56.3
3.27	58.6	3.29	59.1	3.31	59.4	3.32	59.7	3.33	60.0	3.35	60.3	3.36	60.6
3.37	62.2	3.39	62.8	3.41	63.1	3.42	63.4	3.43	63.6	3.45	63.9	3.46	64.2

酒精度/%vol													
14.0		16.0		17.0		18.0		19.0		20.0		21.0	
pH	%HT⁻	pH	%HT⁻	pH	%HT⁻	pH	%HT⁻	pH	%HT⁻	pH	%HT⁻	pH	%HT⁻
3.47	65.0	3.49	65.5	3.51	65.8	3.52	66.1	3.53	66.4	3.55	66.6	3.56	66.9
3.57	66.7	3.59	67.2	3.61	67.5	3.62	67.8	3.63	68.0	3.65	68.3	3.66	68.6
3.67	65.0	3.69	67.8	3.71	68.1	3.72	68.3	3.73	68.6	3.75	68.9	3.76	69.1
3.77	66.7	3.79	67.2	3.81	67.5	3.82	67.8	3.83	68.0	3.85	68.3	3.86	68.6
3.87	65.0	3.89	65.5	3.91	65.8	3.92	66.1	3.93	66.4	3.95	66.6	3.96	66.9

注：上表是根据文献（Berg, H.W. and Keefer, R.M., 1958）修改得到的。

3. 冷稳定处理方法

（1）**离子交换法**　离子交换法是指利用阳离子交换树脂对酒液中的钾离子与钠离子进行相互置换，但并不移除酒液中的酒石酸盐。离子交换法具有一定的降酸效果，因为其中的一部分氢离子被置换成了为钠离子（Rankin，2004）。

但离子交换法存在一些缺点：含钠高；某些国家的法律法规不允许在酿酒过程中使用该方法（澳大利亚）；对色素和风味物质的吸附产生影响；排放物的盐碱性高，对环境造成影响。

（2）**阿拉伯树胶**（Arabic Gum）**法**　阿拉伯树胶是一种稳定剂，为天然大分子网状多聚糖结构，可以迅速溶解在酒液中，形成保护性胶体，阻止非稳定性胶体的凝结，可以防止澄清葡萄酒胶体性浑浊和沉淀，增加其胶体稳定性，一般在装瓶过滤前使用。

用适量的待处理酒液溶解阿拉伯树胶，搅拌至完全溶解后，加入整罐待处理酒液中，混合均匀。

它能显著增加葡萄酒的胶体稳定性，防止酒石沉淀，同时使酒体更为顺滑。

适用范围广，可用于所有类型葡萄酒的澄清后稳定处理，无需再添加其他稳定剂。阿拉伯树胶完全提取自金合欢植物（Acacia），未添加任何稳定剂和防腐剂。

（3）**偏酒石酸**（Metatartaric Acid）　偏酒石酸能够强烈抑制酒石的结晶沉淀。由于其吸附作用而布满在酒石酸盐晶体表面，从而包被酒石酸盐晶体，阻止那些微小的盐晶体相互结合变成更大的晶体沉淀。

偏酒石酸会在葡萄酒中缓慢水解，重新形成酒石酸，最终逐渐失去其保护作用，所以，偏酒石酸处理只能用于那些将被很快消费的葡萄酒。

（4）**羧甲基纤维素**（CMC，Carboxylmethylcellulose）　羧甲基纤维素是一种纤维素衍生物，在食品工业中广泛使用。2009年，欧盟正式批准其在白葡萄酒使用限量为100mg/L，与偏酒石酸不同，CMC在酒液中不会缓慢水解，在30℃下暴露2个月依然会保持它的抑制效率。

CMC只适用于白葡萄酒的澄清稳定，可与红葡萄酒中的多酚类物质发生化学反应，使红葡萄酒浑浊，所以不能用于红葡萄酒中。

（5）甘露糖蛋白（Mannoproteins） 甘露糖蛋白（MP）是酵母细胞壁上的糖蛋白。在葡萄酒中带很强的负电荷，会对K^+、Ca^{2+}产生吸附作用，打破酒液的平衡，使酒液中游离的K^+、Ca^{2+}浓度降低，促进分子态酒石酸氢钾和酒石酸钙溶解为离子态，提高葡萄酒对K^+、Ca^{2+}的容量。Gerbaud与Gabas等人在1997年证实甘露糖蛋白会通过与晶核的结合作用，减缓酒石沉淀生成速率。2002年，Moine-Ledoux和Dubourdieu等人证实甘露糖蛋白的酒石稳定效果优于偏酒石酸。

（6）电渗析法（Electrodialysis） 电渗析法利用具有选择透过性的离子半透膜和可控制的电压，有选择性地使阳离子透过阳离子交换膜，阴离子透过阴离子交换膜。半透膜的厚度在100～200μm，半透膜之间是大量平行排布的离子交换相、水相和酒相相间排布。每个离子交换相的厚度为300～700μm。阴阳离子交换相相互隔离。

葡萄酒液中含量最多的阳离子是钾离子和钙离子，含量最多的阴离子是酒石酸氢根离子，所以这些可形成沉淀的离子在电场的作用下率先通过阴阳离子交换膜，直接被流动的水溶液带走，待稳定的酒液循环通过电渗析设备直到离子总浓度降低到理想含量，并达到酒石稳定。通过调节电压的大小可以控制稳定的程度。

4. 常用冷冻处理操作

（1）入冷冻罐处理的酒液位应尽量保持一致，为方便添加辅料入罐不能过满，液位距罐脖下沿15cm左右较为合适。

（2）入罐后开启搅拌应迅速降温，使品温达到-6℃（对12%～13%vol的原酒）。降温必须与搅拌同时进行，为防止冷冻盘管结冰，降温停止半小时后方可停止搅拌。

（3）温度降到控制温度时，添加万分之二左右的酒石酸氢钾，促进结晶；之后再添加蛋清粉处理，添加数量根据实验确定；冷冻期间要经常检查品温，使品温保持-6～-4℃；测定氧含量，控制在≤2.0mg/L。

（4）冷冻7～10d后，取样品做冷稳定试验，趁冷用0.45μm的膜过滤后，取100mL放入锥形瓶中，置于-18～-15℃的冰箱中冷冻4h后取出，室温下观察融化后的沉淀含量，没有沉淀或沉淀量小于1mL即为合格。冷冻时间达到通常保温时间后技术科取样做PDK饱和温度实验、冰箱冷冻测试，确定冷冻效果，达标后趁冷澄清过滤，过滤过程中酒温必须保持在规定的冷冻温度内；实验不达标者则继续冷冻直至合格。通常干白葡萄酒PDK饱和温度≤12℃，干红葡萄酒PDK饱和温度≤18℃。

（5）低温鉴定合格的酒，用错流过滤机趁冷过滤至贮酒罐。

五、氧化稳定性与颜色稳定性

1. 化学原理

葡萄汁或葡萄酒中发生氧化反应的程度取决于很多因素，包括多酚氧化酶活性、微生物活性、pH、温度、底物酚的浓度、催化剂（如Cu^{2+}，Fe^{2+}）以及氧浓度。氧化反应可导致葡萄汁或葡萄酒颜色出现变化，随着氧化反应的进行，棕褐色逐步加深。同时，葡萄酒的风味也会变化。氧化反应可分为两类：酶催化和非酶催化。在葡萄汁中，该氧化反应基本上是由多酚氧化酶等酶类催化的。在葡萄酒中，酶促反应和非酶促反应共同作用导致颜色褐变以及芳香成分和风味的变化。酪氨酸酶在葡萄汁中的活性很强，漆酶在葡萄汁和葡萄酒中均呈现较强的活性。

为防止葡萄汁或葡萄酒颜色变褐，通常将产品保存于低温下，也可加入SO_2、维生素C及惰性气体等抗氧化剂。如果葡萄酒中漆酶活性较高，就需要考虑采用巴氏杀菌。

2. 白葡萄汁（酒）检测（褐变潜力）

本测定步骤适用于成品取样或酿造过程中的某些环节，如破碎和压榨后取样。

将一部分葡萄汁倒入烧瓶中，盖上玻璃罩或培养皿等。在24h内观察果汁的颜色变化。

另一部分果汁加入SO_2，加入或不加维生素C，与未处理的果汁对比，准备方法同上一步骤。

测定褐变反应是否与漆酶酶活相关，测定方法见本节六。

（1）干白葡萄酒氧化稳定性测定

①方法1——氧化性测定：检测干白褐变和风味变化的最简单方法，将酒倒入烧瓶中，盖上一个罩或培养皿于室温下（20~25℃），在24h内观察酒颜色和风味的变化。

测定褐变反应是否与漆酶酶活相关，测定方法见本节六。

②方法2——加速氧化反应测定：用0.45μm的过滤膜过滤干白葡萄酒。

将过滤后的干白葡萄酒注入1cm的小试管中，试管上方留4mm空间。

用石蜡膜封口小试管，然后置于50℃的培养箱或加热装置中。

待葡萄酒达到设定温度后，检测420nm吸光值。

检测结束后，仍将小试管置于50℃的培养箱或加热装置中。每天记录420nm处吸光值，直到吸光值增加了0.15个单位。如果仅在2~3d内就使A_{420}增加了0.15个单位，那么该葡萄酒就不太稳定。该实验需要结合历史记录和经验来比较、判断。

（2）白葡萄酒的氧化反应 白葡萄酒过度褐变表明葡萄酒已经被氧化了。随着颜色的变化，葡萄酒通常被描述成"氧化的""过时的"和"果味呆滞的"。白葡萄酒的褐色变化可通过肉眼判断，也可利用分光光度计测定420nm吸光值的变化。A_{420}在0.16左右说明有褐变的趋势了，A_{420}达到0.2以上则可判断是出现明显褐变了。

对单瓶酒而言，A_{420}的变化能够反映褐变的进程以及随时间变化的氧化程度，但是必须注意的是，葡萄酒酒体颜色与可见光区域的所有吸收值都有关系，而且每种酒都有其特征的吸收光谱。因此，用不同葡萄酒的A_{420}来区分它们的氧化和褐变程度可能会导致结果混淆。要区分不同品种葡萄酒的氧化程度需考虑两个指标，即褐变的程度以及风味的变化。

另一种衡量氧化程度的指标是测定游离SO_2和总SO_2含量。对于利用不同封口技术灌装的同种葡萄酒而言，游离SO_2和总SO_2含量随时间变化迅速降低的，则氧化程度较高。监控游离SO_2和总SO_2含量随时间变化的曲线是控制白葡萄酒生产、贮藏、灌装质量的关键指标之一。

（3）白葡萄酒的颜色测定 不开瓶测定葡萄酒颜色。

对原有的分光光度计进行改造，以便整瓶葡萄酒都可以放进测定隔间里，此方法测定的结果应与原方法的A_{420}测定值相对应。

测定整瓶葡萄酒的A_{420}时，光源通过葡萄酒的通路长度恰好就是酒瓶的直径。由于通路长度较长。在这些可以"整瓶"检测的实验中，位于500nm的吸光值（A_{500}）与测定褐变的A_{420}检测值对应性很好。后续研究发现，A_{500}还可用于检测不同颜色酒瓶盛装的白葡萄酒的吸光值。对于不同的葡萄酒，需要建立不同的校正曲线，以便确立A_{500}与葡萄酒褐变和/或氧化的香气特征之间的联系。

这种新的实验方法，可被应用于筛选合适的瓶装贮藏方法。即便是不使用校正曲线，A_{500}测定值较高的葡萄酒也可以很容易地与A_{500}测定值较低的葡萄酒区分出来。根据这些方法便能很容易筛选出那些加速老化的葡萄酒瓶了。

采用420nm（A_{420}）下的吸光值来判断白葡萄酒氧化和褐变程度：在420nm（A_{420}）下测得的吸光值，与褐色相比，其与黄色相关性更密切。

随着时间的变化，同一葡萄酒在420nm下测得的吸光值增加，通常显示其氧化程度的增加。A_{420}最好用来监控某一葡萄酒随时间变化的趋势，从而获得葡萄酒的变化规律以及贮存条件对变化速率影响等信息。这一方法对跟踪葡萄酒装瓶后的变化尤其有用。

然而，应慎重比较不同葡萄酒测定的A_{420}吸光值。相比A_{420}吸光值较低的葡萄酒，A_{420}吸光值高的葡萄酒并不代表其氧化严重，具有更多的可见褐色。值得注意的是，添加抗坏血酸的酒样酒体更加清新，但是A_{420}吸光值更高一些。

（4）白葡萄酒的粉变　白葡萄酒变成粉色通常来源于在酿造过程中使用了高还原性条件。如果酿造后将白葡萄酒置于空气中，白葡萄酒就会呈现粉色。形成粉色化合物的前体物质可通过添加其他试剂去除，如加入PVPP、酪蛋白，或PVPP、酪氨酸钾和二氧化硅的混合物。

①取两个透明干净的带塞玻璃瓶（100mL），将其中一个标记为"对照"，另一个标记为"待测"。

②将"对照"瓶完全注满葡萄酒。

③将40mL葡萄酒（与"对照"瓶内葡萄酒完全相同）注入"待测"瓶中，加入0.5mL H_2O_2（3g/L），然后混合均匀。

④将"待测"玻璃瓶置于25℃暗室中过夜。

⑤观察"待测"瓶中葡萄酒的粉变程度，并与"对照"瓶进行比较。除了肉眼观察外，还可以借用分光光度法测定520nm处两者的吸光值，以便获得定量比较结果。

⑥如果出现明显粉变，需要细化操作并重复试验。

在利用分光光度法测定吸光值之前，葡萄酒需要用0.45μm的过滤膜进行过滤。加入50mg/L抗坏血酸可能有效防止白葡萄酒的粉变。

（5）葡萄酒脱色　超滤可以使所有的葡萄酒部分或完全脱色，取决于膜的渗透特性，超滤保留了超过特定大小的大分子。使用低临界值（约500u）的滤膜，超滤还可以消除酚类粉红化。使用具有更低临界值的过滤器，可以用红葡萄酒或桃红葡萄酒生产出淡粉色葡萄酒或白葡萄酒。超滤膜广泛使用的最大限制是重要的风味物质可能会随着大分子被去除。

添加PVPP是另一种去除褐变或粉红颜色的方法（Lamuela-Raventos等，2001）。通过将单宁结合在大分子复合物中，PVPP促进了通过过滤或离心将这些物质去除。一些白葡萄酒，如"长相思"，通过几天的氧气接触倾向于变成粉红色（Simpson，1977），特别是那些从破碎开始就严密防止氧化的酒。因此，粉红化需要适当的氧（Singleton等，1979），当黄烷-3,4-二醇（无色花色素）在还原条件下缓慢地脱水生成了黄酮，在与氧气接触后，它们可以迅速地氧化成相应的有色花色烊形式。添加适量的二氧化硫可以防止粉红化的发生（Simpso，1977）。

颜色去除的其他方法包括添加酪蛋白或一些特制的活性炭，使用活性炭，会除去不良气味，但也造成芳香物质损失，这样限制了其使用。目前正在研究添加酵母细胞体去除白葡萄酒褐变色素的形成（Razmkhab等，2002）。

3. 红葡萄酒的颜色及测定

（1）花色素苷和单宁　葡萄带皮发酵时，果皮及种子中萃取出酚类物质。这些酚类物质包括单体类物质、原花青素（由寡聚物构成）和多聚合物（或称其为单宁）。

从果皮和种子中萃取的这些酚类物质在葡萄酒酿造过程中的去向各不相同。部分花青素和儿茶酚仍然以游离态的单体形式，其他的花青素和儿茶酚则和寡聚酚类结合形成多聚物，即为单宁。单宁通常呈现红色或黄褐色。只有那些由一个或多个花青素分子连结而成的大分子单宁才呈现红色。这些呈现红色的单宁有时也被称作红色多聚物色素、红色聚合物或者红色单宁。

在发酵过程中由花色素苷和某些发酵产物结合形成的其他呈现红色的寡聚色素，如与丙酮酸和乙醛反应生成Vitisin型结构，其中Vitisin A是锦葵色素与丙酮酸反应的生成物。Vitisins是吡喃花青素家族中较为重要的一类化合物，相比原花色苷，它们具有较高的稳定性、良好的色泽特征及较强的抗氧化、抗降解和抗SO_2漂白等特性，对陈酿期间红葡萄酒的色泽至关重要。

综上，葡萄酒的红色其实由很多红色色素构成，包括游离态的花色素苷、寡聚物（如Vitisins）以及红色聚合色素（单宁）。

红葡萄酒的颜色表现还与辅色素的作用有关，这就是为什么某些酚类物质存在时能够加深葡萄酒颜色的原因。

在葡萄酒发酵、成熟和陈酿过程中，某些游离态花青素可能被分解，后被酵母残渣吸收，还有一些花青素则和酒中存在的寡聚物或多聚物结合，形成新的红色色素。在新酒中，酒体红色主要由花青素和红色单宁构成。随着葡萄酒贮存时间的延长，花青素含量逐渐降低，但寡聚物和红色单宁对酒体红色的贡献却在逐步加强。

除了上述反应，葡萄酒中也会生成其他一些不含花色素苷的单宁，这些单宁主要由儿茶酸单元构成，呈现黄/褐色。

（2）花青素和单宁含量的测定　测定花色素苷和单宁的方法很多。单个花色素苷、一些单体物质（如儿茶酸）、单宁及总单宁含量可通过高效液相色谱法测定。葡萄酒颜色、总花色素苷和总酚含量可采用分光光度法测定。

测定葡萄酒的颜色参数以及多酚组成有较强的实际意义，即了解每种葡萄酒的组成特征及为区分不同品种葡萄酒设定标准。建立数据库有助于解释这些测定结果，这些指标对于葡萄酒的调配也有指导意义。需要说明的是，这些指标只具有部分参考价值，当需要考量葡萄酒的其他指标如香气和口感时，测定葡萄酒的颜色参数以及多酚组成的重要性就显得比较次要了。

对葡萄汁的氧化评价与酿造过程中从葡萄皮萃取颜色物质的氧化相关性不大。

如果没有高效液相色谱，也可通过测定加入SO_2后520nm处的吸光值（$A_{520}^{SO_2}$）来估算色素物质的含量。聚合色素比游离花色素苷的稳定性更好，该指标的测定还能够提供葡萄酒颜色稳定性的信息。葡萄酒颜色和酚类指标测定适用于比较不同的处理工艺对葡萄酒的影响，如监测贮存过程中的变化、不同瓶塞封口技术等。

（3）氧化稳定性

①氧化性测定：将部分葡萄酒倾倒入玻璃杯中，盖上玻璃罩或培养皿。于室温下（20~25℃），在24h内观察葡萄酒颜色和风味随时间的变化情况。

测定褐变反应与漆酶活性之间的关系，测定方法见本节六。

②加速氧化反应测定

a. 量取30mL葡萄酒装入一个玻璃瓶中，标记为"对照"，然后加入少量SO_2，使SO_2的最大浓度不超过30mg/L，例如加入1mL浓度为1000mg/L的SO_2，然后盖上玻璃罩或培养皿。

b. 将100mL葡萄酒样装入锥形瓶中，剧烈振荡2~3min，使葡萄酒直接接触空气；然后将其中30mL装入一个玻璃瓶中，标记为"测试"，盖上玻璃罩或培养皿。

c. 将"对照"和"测试"样品都置于30℃以下的环境中2~3d。

根据测定结果分析葡萄酒的氧化程度：

如果接触空气的葡萄酒颜色和香气成分变化很小，那么该葡萄酒的稳定性就比较好。

如果接触空气的葡萄酒颜色发生变化、香气变得比较清淡，那么该葡萄酒不太稳定。同时，如果加入SO_2的葡萄酒几乎没有发生变化，那么结合前面的评价说明该葡萄酒可能还是比较稳定的。

如果接触空气的葡萄酒发生了明显褐变或出现浑浊，香气呆滞，有明显的氧化特性出现，说明该葡萄酒的稳定性较差。同时，如果加入SO_2的葡萄酒也发生了明显的变化，那么该葡萄酒可能非常不稳定。

4. 单宁引起的氧化破败与去除

单宁可以直接或间接地参与浑浊的形成。与氧气接触后，单宁氧化聚合成褐色、光衍射晶体，可能导致氧化破败。葡萄破碎后不久，这些反应通常在非酶促下开始缓慢发生。根据氧化时间和程度，单宁氧化可以引起颜色强度的损失，色调的改变，并增强了颜色的长期稳定。添加二氧化硫可以通过它的抗氧化性和抑酶性限制氧化。然而，发霉的果实由于被真菌多酚氧化酶（漆酶）污染，很容易发生氧化破败。因为二氧化硫对漆酶的钝化很差，巴氏杀菌是防止果汁发生氧化破败唯一的简便方法。没有受到真菌侵染的葡萄很少发生氧化破败。由于破败经常发生在装瓶前成熟和沉淀的早期阶段，它不会引起瓶内浑浊。

冷冻葡萄酒以达到酒石酸氢盐稳定，可能诱导一种蛋白-单宁复合物的形成而引起浑浊。在酒升温之前过滤，在它们分解之前去除了这些蛋白-单宁复合物，可以防止它们在装瓶后重新结合。

单宁稳定性通常通过添加下胶材料来实现，如明胶、蛋清或酪蛋白。这些下胶材料都是带正电的蛋白质，与带负电的单宁结合形成大的蛋白质-单宁复合物。复合物的形成是潜在的单宁和蛋白质结合平衡的结果，任何一方过剩都会减弱它们的结合。如果需要提前装瓶，复合物一旦形成就可以通过离心过滤去除。其他情况下，在葡萄酒成熟过程中会发生充分的自发沉降。多余单宁的去除降低了涩味的主要来源，产生了平滑的口感，降低了氧化破败的可能性，并限制了装瓶后的沉淀形成。

对白葡萄酒，添加PVPP是去除单宁亚基和二聚体的一个特别有效的方法。超滤也可被用来去除多余的单宁和其他多酚化合物。但超滤极少用于红葡萄酒，因为过滤器同时会去除重要的风味化合物和花色苷。

此外，不常见的不稳定酚类物质来源包括添加橡木片或橡木屑来快速形成橡木味特征（Pocock等，1984）。在压榨时意外掺入过量的叶片是酚类物质不稳定性的另一个非典型来源（Somers和Ziemelis，1985）。如果装瓶过早，两者都会引起瓶内沉淀。通过在成熟过程中允许充足的时间自发沉淀，可以避免这些问题的产生。橡木片引起的不稳定性主要和鞣酸的过量提取有关。产生的酚类沉淀物包括下胶产生的白色至浅黄褐色的鞣酸晶体沉淀。黄酮醇浑浊，与白葡萄压榨时掺杂过多的叶片有关，是由细腻的黄色的槲皮素晶体形成产生的（Somers和Ziemelis，1985）。氧化硫的过量使用也与红葡萄酒的酚类浑浊有关。

许多高品质的红葡萄酒在长时间的瓶储过程中会形成单宁沉淀，这种浑浊的潜在来源通常认为不是葡萄酒的典型性缺陷，习惯购买陈酿酒的消费者了解沉淀的来源。他们往往认为这是一个优质葡萄酒的指标。

葡萄酒稳定性的一些相互关系如图6-6所示。

蛋白质和酚类物质倾向于沉淀，而酚类和多糖物质会留在溶液中（Charpentier，2000）。

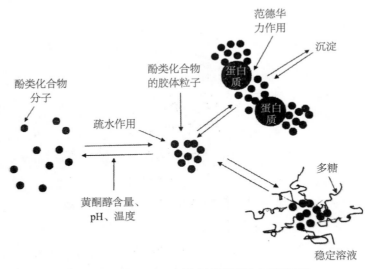

图6-6 酚类、蛋白质、多糖（甘露糖蛋白）的稳定性

六、葡萄、葡萄汁及葡萄酒中漆酶活力的测定

1. 化学原理

漆酶是葡萄孢属灰霉病感染葡萄时产生的一种极强氧化酶。漆酶易溶、易反应，能引起

红、白葡萄汁及葡萄酒迅速变褐。通过对葡萄园漆酶发病率和漆酶在葡萄汁、葡萄醪及葡萄酒中的活性进行评估，可为酿酒师对含有不良漆酶的葡萄采取预防措施提供参考。

葡萄酒发酵结束，才可能真正评估潜在的漆酶问题。漆酶对花色苷有特殊的活力，带有残留漆酶活力的红葡萄酒，发酵完成后暴露在空气中，将迅速变褐。

在实验室，发酵少量具有代表性的样品，如1kg葡萄，可以作为评估漆酶存在潜在危害的一种方法。可在温度30℃，酵母用量0.5g/L下加快发酵试验。大约4d后对混合物进行压榨获得葡萄酒，检测葡萄酒的氧化稳定性、颜色稳定性及漆酶活力。这将为酒窖中完成发酵的葡萄酒发生潜在问题提供指导。

本文中，对漆酶活力的评估是基于该酶氧化丁香醛连氮生成紫色产物的速率。用分光光度计在530nm下测定颜色的改变，酶活力以U/mL单位表示。

也可采用化学试剂盒来测定。

葡萄园中葡萄孢属的感染度也应该进行评估。

2. 分析方法

（1）取代表性强的葡萄汁或葡萄酒样品（最好不含二氧化硫和抗坏血酸）。

（2）向锥形瓶中移入5mL葡萄汁或葡萄酒。

（3）加入0.8g PVPP，混匀。

（4）稳定10min，转入25mL一次性注射管，其底部放置棉纱或玻璃棉作为衬垫用以粗滤，完后柱塞拉回原处添加PVPP为填料。利用压力过滤葡萄汁或酒，用小烧杯收集过滤液。如滤液仍有红色，用更多的PVPP重新进行处理。

（5）将步骤（4）制得的葡萄汁或酒吸入10mL一次性注射管。注射管连接Swinnex支架，其含有25mm的1.2μm膜过滤器。使澄清的葡萄酒通过滤膜，用小烧杯收集滤液。

（6）将分光光度计的波长设置在530nm处，在1cm的比色杯加入蒸馏水调零。

（7）将0.6mL 0.1g/L丁香醛连氮溶液、1.4mL 0.1mol/L的乙酸钠缓冲液和1mL过滤葡萄汁或葡萄酒（必要时稀释）加入另一比色皿中。

（8）反应10~20s，形成紫色，将比色皿放入分光光度计。

（9）立即测定吸光度，记录吸光值（A_1）和开始时间（t_1）。

（10）每分钟记录一次吸光度，记录5~10min。随时间延长，吸光值将变平缓。

（11）绘出吸光值随时间变化图，计算出吸光值达到平衡点时的吸光值（A_2），并记录时间（t_2）。

计算公式：

$$漆酶活力单位（U/mL）= \frac{A_2-A_1}{t_2-t_1} \times \frac{300}{6.5}$$

漆酶的活力范围，从正常果实的0到完全感染灰霉病的140。对于干白和干红佐餐酒来说，其值在5~10，表明其极可能受到漆酶活力的影响。

对于葡萄酒漆酶活力影响的研究应基于经验和漆酶活力对不同葡萄酒类型的影响，制定不同的指导方针来应对特殊的情况。

游离二氧化硫会抑制漆酶活力，导致其颜色变化速率减慢。而抗坏血酸具有清除氧活性的功能，加入抗坏血酸将阻止颜色反应的发生。因此，酒样中二氧化硫或抗坏血酸的存在将减慢反应，使漆酶具更低的表观活力。

七、浑浊和沉淀的鉴定

1. 浑浊和沉淀的类型

浑浊和沉淀可分成以下几类：结晶类沉淀、非结晶类沉淀、微生物类沉淀。

葡萄酒中的结晶类沉淀通常是酒石酸氢钾或酒石酸钙沉淀。

非结晶类沉淀包括不稳定的金属类物质（如铁破败、铜破败），不稳定的蛋白质和色素物质。

微生物类沉淀通常由酵母或细菌的生长引起。

2. 鉴别化学浑浊和沉淀

如果存在浑浊，倒出一些葡萄酒，采用离心或过滤的方法将浑浊浓缩。

如果存在沉淀，小心倒出上清液，以防引起细微的沉淀。必要时，通过离心和过滤将沉淀浓缩。

确定葡萄酒中浑浊和沉淀类型的方法见表6-10。

表6-10　确定葡萄酒中浑浊和沉淀类型的方法

浑浊的可能原因	肉眼或显微镜检查	溶解性实验	其他检测
酒石酸氢钾	晶体	溶解于热水	通过钾离子原子吸收法检测，若存在，应进行冷稳定实验验证
酒石酸钙	晶体	不溶于热水，溶解于微酸性溶液	钙离子原子吸收法检测
色素或单宁	非结晶（颜色深）	在40℃下溶于水；溶于50%乙醇	当葡萄酒沉淀物溶于弱酸性乙醇，形成红色，表明存在红色素
蛋白质	非结晶（细小颗粒）	溶于1mol/L氢氧化钠；加热至80℃即溶解	加热至80℃，30min加入单宁0.5g/L
铁	非结晶	1. 溶于25%盐酸，加热溶解加快 2. 加入2g/L连二亚硫酸钠立即溶解（特殊反应）	通过铁离子原子吸收法检测充氧或强烈通气在0℃下储藏7d
铜	非结晶	1. 溶于25%盐酸，加热溶解加快 2. 在空气中放置24~48h后，重新变清（特殊反应）	通过铜离子原子吸收法检测光照，7d在30℃温箱，3~4周
微生物（细菌或酵母）	能看到浑浊	—	通过微生物检测确认

八、浊度和过滤性

1. 浊度的测定

（1）原理　葡萄酒装瓶前都应进行澄清处理，有助于控制微生物活性，去除对葡萄酒风味有不良影响的化合物。

采用浊度计测定浊度可用于检查不同澄清工艺如稳定、离心或过滤效果；确定微生物含量或物理稳定性；或对浑浊量检测以确定热不稳定性。

浊度仪测定的浊度本质上是样品中悬浮物散射的光束，所测结果用浊度单位（NTU）来表示。NTU值越高，样品越浑浊。

通常，装瓶前大多数白、红葡萄酒的适宜浊度是小于1～2NTU的，而对一些酒体丰满的葡萄酒，5.0NTU则更合适。

葡萄酒在装瓶前要经过膜过滤，浊度超过5.0NTU的葡萄酒可能引起膜阻塞，引起膜阻塞的浊度因葡萄酒中悬浮物的性质而异。因此，可以将浊度和预测葡萄酒过滤性能的其他方法结合使用。

（2）浊度测定方法　打开浊度计使之预热。用蒸馏水（如可能，蒸馏水需经膜过滤）清洗样品瓶，装满水，拧上瓶盖。将样品瓶放入仪器，盖上盖子。读数稳定后，将仪器归零。

用待检测的葡萄汁或葡萄酒样品冲洗样品瓶，注满样品，拧上瓶盖。将样品瓶放入仪器，盖上盖子，待读数稳定后记录。

确保待测葡萄汁或葡萄酒样品的代表性。在贮藏过程中葡萄汁或葡萄酒的固体部分会下沉，意味着从罐底获得样品的浊度高于罐顶。在取样前先将罐中葡萄汁或酒混匀，以获得一个"动态的样品"，或在分析样品数据时注意一下如何获得样品，以及在哪获得的样品。

使用全面清洗、没有划痕的样品瓶。避免接触样品瓶，因为手指会影响测定结果。在获得读数前，如必要，应用无棉绒布擦拭。

选择合适测定范围的浊度仪以确保读数落在仪器范围之内。浊度较高的样品可能包含太多的光散射分子而不能提供有意义的数据。

气泡的出现可能会影响读数的稳定。必要时，应对样品脱气或重新测定样品。

2. 过滤特性的预测试验——过滤指数

（1）原理　葡萄酒在酿造过程中或装瓶前都需要过滤，主要是除去悬浮的固形物和改善澄清度，装瓶前葡萄酒还要经过膜过滤以彻底除去酿酒微生物。葡萄酒过滤的难易程度因悬浮物的数量、大小和理化性质而异。

一些大分子物质和胶体物质的存在会引起过滤困难，尤其是在膜过滤时。多糖，如感染灰霉病的果实产生的葡聚糖，通常会引起膜的快速阻塞。

浊度测定提供了一种葡萄汁或葡萄酒浑浊度的定量测定方法。在某种程度上，又为葡萄酒的过滤提供了一种指导，但是浊度作为测量过滤性能的适用性取决于葡萄酒中固形物的性质和许多其他因素。

（2）过滤性能测定　预测葡萄酒膜过滤性能的有效技术是采用加压装置使葡萄酒在恒定压力下通过实验膜，对葡萄酒流速进行测定。

①实验所需装置：大约2L的一个贮液区，可以实现用气加压，在注液口、排液口和通气口分别配置阀门；可调节的氮气供应；一个25mm的实验过滤小室及相应的过滤膜；电子计时器；量筒。

②测定过滤指数的步骤：

a. 注液前确保装置干净。用待测葡萄汁或酒冲洗联合装置，关闭排液口和进气口阀门，注入样品。关闭进液阀门。

　　b. 向实验小室插入膜。若实验用膜与酒厂实际用膜的孔径和材料相同，实验结果将更有意义。

　　c. 打开进气口阀门，采用200kPa的氮气压力。

　　d. 打开排液阀门，用量筒收集过滤样品，用电子计时器记录时间。

　　e. 每30s记录一次过滤液体积。

　　f. 过滤指数的计算：

$$过滤指数 = \frac{30 \sim 90s的体积}{120 \sim 180s的体积}$$

　　g. 待过滤速度减慢直至停止，记录过滤样品的总体积。

　　h. 过滤指数1.0～1.5说明葡萄汁或葡萄酒有较好的过滤性能；1.5～2.0表明过滤性能一般；超过2.0说明葡萄汁或酒过滤困难，应进行预过滤，比如使用皂土或填塞垫过滤以防止膜过早堵塞。

　　i. 假如总过滤体积小于某一经验值，比如200mL左右，表明过滤性能差。

　　3. 多糖的去除与稳定

　　果胶及其他黏性多糖会造成过滤困难，并诱发产生浑浊。多糖可以作为保护性胶体，与其他的悬浮物结合，延缓或防止它们的沉淀。例如，带负电的果胶结合周围带正电的葡萄颗粒。并且，果胶与水形成多个氢键帮助这些复合物悬浮。

　　通过添加浸渍酶制剂（果胶酶）可以减少果胶的含量。这些酶制剂是酶的复合物，包含果胶裂解酶，它们将果胶聚合物分裂成更简单的非胶体半乳糖醛酸亚基。这个过程中，葡萄胶体带正电的部分暴露出来，可以结合到其他带负电胶体的表面。随着这些复合物质量的增加，它们更易于沉淀并在澄清过程中被去除。

　　其他葡萄来源的多糖，如阿拉伯聚糖和半乳聚糖，对浑浊和过滤的影响都不大。这对于酵母来源的甘露聚糖也是如此。但是，去除它们可以生成更紧密的酒脚，这将减少分离时酒的损失。

　　与此相反，贵腐酒中存在的β-葡聚糖，即使在很低浓度的情况下也会在过滤时引起很多问题。在高酒精含量的葡萄酒中，情况尤其严重，因为，乙醇促进了葡聚糖的聚集。

　　某些果胶酶制剂的存在潜在缺点是会合成过量的乙烯基苯酚（4-乙烯基苯酚和4-乙烯基愈创木酚）。酚类不良气味的生成与某些黑曲霉（*Aspergillus niger*）酶制剂的肉桂酸酯酶（CE）活力有关（Chatonnet，Barbe等，1992）。当浓度足够大，它们会产生酚类异味。另外，葡萄皮中的某些物质与过量的果胶酶接触会生成小颗粒，这些可能会引起澄清问题。

　　大多数商业酶制剂纯度并不高，使用前要进行单独试验来确定它们在特定条件下的用途。

九、微生物稳定性

装瓶时，酒中可能存在相当多活的但处于休眠状态的微生物。在大多数情况下，它们不会引起葡萄酒的稳定或感官问题。

为了保证长期的微生物稳定，对于甜葡萄酒，最普遍使用的是SO_2，一般在发酵结束后添加。0.8~1.5mg/L（分子）浓度的SO_2可以抑制大多数酵母和细菌的生长。腐败酵母菌如路氏类酵母（*Saccharomycodes ludwigii*）、拜氏接合酵母（*Zygosaccharomyces bailii*）和酒香酵母（*Brettanomyces* spp.）要求分子态SO_2浓度大于3mg/L才能抑制（Thomas和Davenport，1985）。标准的SO_2浓度不能抑制葡萄酒中醋酸菌的生长（Romano和Suzzi，1993）；因此，葡萄酒成熟时的低温储藏很重要。添加SO_2 24h后，游离和结合态SO_2达到一个平衡点，此时需测定游离SO_2的含量。分子态SO_2的含量比例可以通过总SO_2含量和酒的pH计算出来。表6-11所示为在葡萄酒pH范围内，使有效SO_2浓度到达0.8mg/L需要的游离SO_2添加量。

表6-11　在不同pH下使分子态SO_2浓度达到0.8mg/L需要的游离SO_2量

pH	游离SO_2含量/（mg/L）
2.8	9.7
2.9	11
3.0	13
3.1	16
3.2	21
3.3	26
3.4	32
3.5	40
3.6	50
3.7	63
3.8	79
3.9	99
4.0	125

山梨酸（200mg/L）和SO_2对一些腐败酵母菌有效。它经常被用于控制甜葡萄酒中的酵母菌污染。由于山梨酸可以结合SO_2，添加它可以降低SO_2的作用。山梨酸对细菌生长的抑制是相对无效的。因此，它的使用仅限于不利细菌生长的低pH条件下的葡萄酒。此外，一些乳酸菌能代谢山梨酸生成反式-2,4-己二烯-1-醇，与乙醇发生酯化反应后，它生成2-乙氧基己-3,4-二烯，当积累到阈值以上，可以产生类似天竺葵的不良气味。

苯甲酸和苯甲酸钠曾被用作酵母抑制剂，但由于它们的相对无效和对口感有影响，已经取消了它们的使用。

如果只在装瓶前使用，焦碳酸二甲酯（DMDC）对葡萄酒有明显的杀菌作用。DMDC

迅速分解为CO_2和甲醇，既无残留物，又不会改变葡萄酒的感官特征（Calisto，1990）。DMDC的作用很少受pH影响，因其溶解度差，具有腐蚀性，限制了它较为广泛的使用。

巴氏杀菌可以通过使胶体蛋白质变性和沉淀来促进蛋白质稳定和铜破败稳定。虽然巴氏杀菌可能增加保护性胶体的量，造成轻微脱色和葡萄酒香气的改变，但这并不影响葡萄酒中酚类物质的陈酿（Somers和Evans，1986）。

葡萄酒的巴氏杀菌比一般产品如牛乳持续时间更短或者温度更低，因为葡萄酒的低pH和乙醇含量显著降低了酵母菌和细菌的抗热性。Barillere等（1983）研究表明，60℃保持3min对于酒精含量11%的葡萄酒来说是充分的。瞬时巴氏杀菌在80℃一般只需要几秒钟。SO_2的减少需要更久的热杀菌。高温明显提高了酒中游离SO_2的比例。虽然巴氏杀菌能杀死大多数微生物，但不能灭活芽孢杆菌的内生芽孢。在极少数情况下，这些细菌可能导致葡萄酒变质。

由于建立葡萄酒巴氏杀菌最适杀菌时间和温度较为复杂，所以大多数情况下，膜过滤逐渐取代了巴氏杀菌。过滤也导致了对于葡萄酒感官特征微小的物理和化学变化。膜过滤孔隙在0.45μm或以下足以保证葡萄酒除菌。

葡萄酒杀菌要求同时采取措施防止再次污染。因此整个灌装线都要进行杀毒，并使用无菌的酒瓶和塞子。在葡萄酒巴氏杀菌和无菌过滤前，通常要添加SO_2来保护葡萄酒防止氧化。

第七节　葡萄酒过滤

过滤涉及物质在纤维或孔质材料上或者内部的物理性截留。依据孔径大小不同，过滤可以清除直径超过100μm的粗粒子或小于10^{-3}μm的分子和离子。然而，截留特性越好，堵塞的可能性就越大。因此，过滤主要是用来阻止粒径大于过滤器最大孔径尺寸的物质通过过滤器（图6-7）。过滤通常是在分离、下胶或者离心等初步澄清之后进行，这在应用膜灭菌或超滤时显得尤其重要。

随着新型过滤器和支持系统的发展，过滤可以分为四类。传统的过滤是用深层纤维过滤器，可滤掉直径小至大约1μm的颗粒物。其他的过滤技术包括裂缝型、通道型或者扎型薄膜。取决于穿孔的大小范围，筛分作用包括微滤、超滤、反渗透或者渗析。微滤和超滤是基于

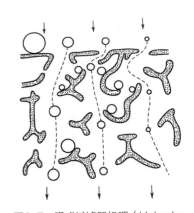

图6-7　膜式过滤器机理（Helmcke，1954；Brock，1983）

注：粒径大于滤孔的颗粒在表面被截留住，而更小的颗粒则能够穿透过滤器基质或附着在过滤器基质上

公称孔径大小来区分的，它们的孔径范围分别是1.0～0.1μm和0.2～0.05μm。微滤最初是用来清除细小颗粒或者灭菌时使用。超滤则应用于清除大分子或者胶体物质。反渗透和渗析一

般用于去除或浓缩低分子质量的分子或离子。渗析和反渗透的原理（扩散）相似，但渗析不使用压力来逆转流体的流动方向。电渗析则是利用跨膜电差来影响带电粒子的流动。

然而，还有一些粒径比过滤器最小孔径还小的物质有可能被过滤器截留，因此涉及其他的理论知识。电子吸引引起的表面吸附与低过滤限时的物理堵塞相比显得更为重要。一般来说，吸附作用对于深度过滤的重要性要高于薄膜过滤。相反，毛细作用可能会加速通过过滤器的速度。对于深度过滤器而言，过滤器上的微生物生长会导致微生物"长穿"滤板。因此，深度过滤器的频繁清洗和消毒或更换显得必不可少。

通常，白葡萄酒的过滤孔径0.45μm；红葡萄酒的过滤孔径0.65μm。但考虑到过滤会造成葡萄酒风味物质的损失，一些高档酒尽可能少过滤或不过滤。虽然很少有客观数据支持这一观点，但是Ribeiro-Correa等（1996）研究显示，过滤会造成部分香气物质的浓度降低。然而，感官评价小组却察觉不到这种变化。另外，过滤后的葡萄酒在橡木桶中陈酿后，总酯的含量比未经过滤的葡萄酒更低（图6-8）。其中，受影响最大的酯类包括乙酸异戊酯、丁酸乙酯和己酸乙酯。但是对于这些物质的变化是否能够通过感官察觉到还不得而知。

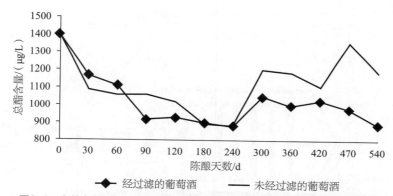

图6-8　存储在美国和法国橡木桶中的过滤和非过滤葡萄酒在陈酿期间的总酯（除乳酸乙酯）含量变化（文献来源：Moreno和Azpilicueta, 2006）

一、深层过滤器

深层过滤器可能是以预制成型的（滤板）形式购买得到的，或是在过滤过程中产生的（滤床），由随机重叠的惰性材料纤维组成的大多数过滤器是纤维素材质的。

滤板有着不同大小的细孔，从而导致不同的流速以及选择性地去除颗粒物质。紧缩性过滤器能够去除粒径更小的颗粒，但截留下来的大多数物质位于过滤器表面。这样导致的结果是，这些截留下来的物质很容易快速地将过滤器堵塞。与之相反，松散型过滤器截留的大多数物质位于滤板的弯曲通道内，这样就不容易将其堵塞，但是这只能去除较大的颗粒。紧缩性过滤器一般常用于葡萄酒装瓶前的最终精过滤。

滤床作为助滤剂悬浮于葡萄酒中，在过滤过程中逐渐地在内部框架上沉淀下来。滤床可能在精过滤灭菌和超过滤之前使用。最常用的助滤剂是硅藻土，它是由无数代的硅藻残留物堆积而成，主要是一些细胞壁由二氧化硅构成的极小单细胞藻类。

取决于过滤的速度以及待去除颗粒的大小不同，可以选择不同配方的硅藻土。硅藻土是当过滤速度在1～1.5g/L时添加到酒中的。松散的纤维素纤维经处理带一个正电荷后，有可能可以加速对胶状物质的吸附作用。珍珠岩是热处理过的火山玻璃压成细粉后的残留物，它有着精细的结构，且有时候被用来代替硅藻土。

带有一块布、塑料或者不锈钢筛板的平板通常用助滤剂预涂层来加以覆盖。然后将它们一起放进压力过滤机的框架中。助滤剂被持续不断地加入正在过滤的葡萄酒并与之一起混合。然后，压力可以使葡萄酒通过滤床（图6-9）。带孔的金属或者塑料薄片可以支撑过滤器并提供过滤后的葡萄酒流出的通道。在过滤期间，滤床的深度会不断增加。因此，持续地添加助滤剂对维持低压下的高流速水平是不可缺少的。如果没有添加助滤剂，那么滤床很可能被堵塞。更高压力的使用则会对过滤材料有压缩作用，从而更容易发生堵塞。因此，选择恰当等级的助滤剂也是至关重要的。颗粒的大小会直接影响到流速和堵塞率，并最终影响过滤效率。在此操作之后，过滤应暂时性地停止，并将积累的助滤剂和截留下来的物质清除。

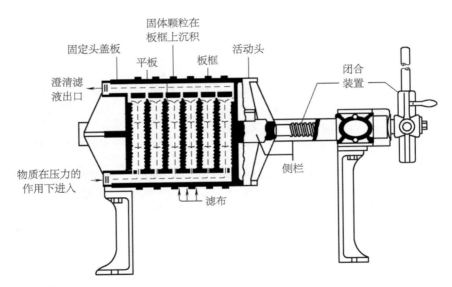

图6-9 压滤机的横截面，描绘了平板、滤布和框架的布置以及物质的流动
（获T.Shriver和Co.授权，改编自Eimco Inc.）

滤床通常与板框式、凹板式或者叶片式结构有关。板框式压滤机是由胶体的预涂板框构成的，它们给滤饼的形成提供了空间。凹板式的结构和原理与板框式相类似，但是它的每个平板能起着板和框的共同作用。然而，滤床的构造却可以大相径庭。转筒式真空过滤机就是最好的例子（图6-10）。它由一个大型穿孔的且被布料覆盖的空心鼓构成，这个鼓以5～10cm的助滤剂（通常是硅藻土）作为预涂层。过滤时，鼓的一部分浸没在酒里。当葡萄酒从滤床进入鼓时，就要添加助滤剂并使其均一地分布开来。鼓转动起来时，会自动地晃动沉积下来的助滤剂和颗粒物质，并使其从鼓上脱离下来。转筒式真空过滤机对于含有大量颗粒物或黏性胶状物的葡萄酒的过滤效果尤其明显。除了昂贵的购买和操作费用外，转筒式真空过滤机的主要缺点是可能造成葡萄酒氧化。通气量很难控制，因为鼓旋转时，一部分是伸出酒体的。然而，用不含氧气的填充气体可以明显地防止氧化的发生。

　　由于助滤剂和滤板有时会成为铁和钙污染的来源，它们在使用前一般都要经酒石酸清洗。此外，第一次过滤的样品酒应先放在一边，至少要等金属污染、土腥味和纸张气味清除之后再进行混合。

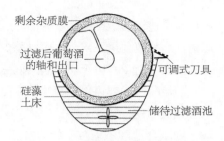

图6-10　转筒式真空过滤机的横截面

二、膜过滤器

　　膜过滤器是由各种各样的合成材料制作而成，这些材料包括醋酸纤维素、硝酸纤维素（硝棉胶）、聚酰胺（尼龙）、聚碳酸酯、聚丙烯、聚四氟乙烯（特氟龙）。除了聚碳酸酯过滤器外，其他的多数膜过滤器都能形成一个复杂、精细的联通孔道。聚碳酸酯（核孔）过滤器上有直径一致的直接穿透整个滤膜的圆柱形细孔。由于它的孔表面积较小，聚碳酸酯过滤器很少用于葡萄酒的过滤。相比之下，其他多数膜过滤器都具有50%～85%的过滤面积，在同样的分界点（额定孔径大小）上的流速得以提高。带有均一毛细孔和更高流速的无机膜过滤器还没开始应用于过滤。最近，烧结不锈钢膜的采用给过滤提供了一种高流速的惰性并极其高效的膜系统。

　　由于孔径很小，膜过滤器的流速相对小于深层过滤器；加之大多数过滤都在表面进行，因此膜过滤器更容易被堵塞。为了避免快速堵塞的现象，滤材支架也许可以用来引导流体平行流过而非直接穿过膜式过滤器（图6-11）。这种平行系统在学术上被称作切向流过滤或错流过滤。习惯上，这种垂直过滤则被称作死端过滤。在切向流过滤时，葡萄酒流体能避免悬浮物质在滤膜上积累而发生堵塞。滤膜上可能会形成一个由各种细胞组分、微生物、多糖和多酚构成的表面层，从而给葡萄酒造成污染。滤膜的极性对多酚的吸附尤其重要（Vernhet和Moutounet，2002）。因此，对其进行定期的反冲洗能够延长滤膜的使用寿命。切向流过滤还能够部分地减少葡萄酒杀菌前的再过滤需求。如果在发酵结束后不久就进行过滤，那么滤出液有可能用来作为额外酒精发酵或者苹果酸-乳酸发酵的接种液。

　　错流过滤的高级形式通常带有圆筒，且内部结构十分复杂。它的外部结构含有向心的依次变小的细孔，且在过滤时暴露在葡萄酒中。中心区域则是恒定孔径的细孔，以保证对那些低于某一粒径或某一分子

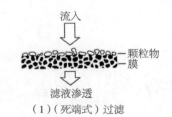

（1）（死端式）过滤

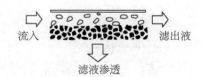

（2）切向流（错流）过滤

图6-11　传统过滤和错流过滤的区别
注：错流过滤膜表面的流体洗刷作用可以防止过滤器堵塞（Brock，1983）。

质量的颗粒物或分子的截留作用。筒式过滤器不仅含有一些深度过滤器的非堵塞特性，还含有传统膜过滤器的粒度截留特征。这种聚丙烯过滤器对大多数化学物质都有抵抗力，因此可以清洗后重复利用，或至少可以减少无菌过滤前的可滤性测试。

微滤被广泛地用于葡萄酒的灭菌，它可以避免巴氏灭菌可能给葡萄酒带来的风味变化。

超滤有时候被用于葡萄酒的蛋白质稳定。尽管它能够有效地除去葡萄酒中的胶状物质，却会损失一些红葡萄酒中的重要色素和单宁（图6-12）。然而，如果将其应用于白葡萄酒过滤，则不会造成不可接受的风味损失（Flores等，1991）。超滤的优点和可靠性还在进一步探究当中。

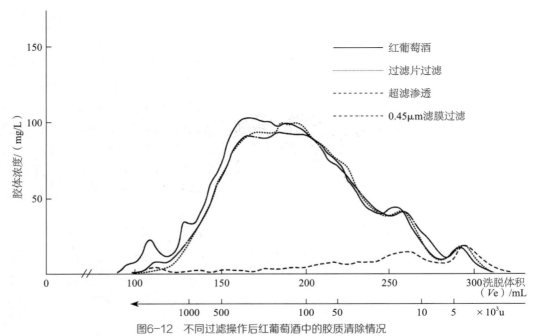

图6-12　不同过滤操作后红葡萄酒中的胶质清除情况

注：以洗脱体积（V_e，mL）和不同胶体的分子质量（u）表示。UF表示超滤（Cattaruzza等，1987）。

第八节　葡萄酒勾兑与调配

"勾兑"对应的专属英文词汇为"Blending"，多指葡萄酒生产中，将发酵完毕的不同基酒（一部分人也称其为"酒基"）之间的混合，以追求更加和谐、平衡的新酒，对新酒风格、香气的复杂度有较高的追求。勾兑是葡萄酒生产的点睛之笔，它使葡萄酒的感官、香气和口感实现高度的和谐统一。

"调配"对应的英文词汇则为"Mix"，是两种或多种不同物质的结合。调配在葡萄酒领域则涵盖的范围非常广，除了勾兑工艺，还包括葡萄酒与不同类型辅料之间的结合，与不同类型橡木制品的搭配以及其他可对酒质产生影响的操作等。

世界上大多数葡萄酒都是经过勾兑与调配产生的，无论是日常餐酒还是高级葡萄酒，通常都是两种或多种葡萄酒勾兑而成的。勾兑是酿造葡萄酒的关键步骤，调配能稀释葡萄酒的缺陷，增加葡萄酒的复杂性。大多数葡萄酒都能从勾兑与调配中获益。

与勾兑相近的词就是混酿，其实二者差异也不大。混酿除了发酵后的勾兑外，还有先混合再发酵（Co-fermentation）。在法国罗讷河谷（Rhone Valley）产区，有一种葡萄酒就是由西拉（Syrah，红葡萄品种）和维欧尼（Viognier，白葡萄品种）共同发酵而成的。

用不同品种勾兑葡萄酒历史悠久。例如，几乎没有单一品种酿造的波尔多红酒，最多允许5个品种勾兑；而教皇新堡允许13个品种勾兑；波尔图酒甚至允许更多的品种勾兑。过去，因为不同葡萄品种在葡萄园随意分布，混合经常在采收时进行。虽然现在这种做法很少了，但它仍存在于一些产区。当多品种发酵（共发酵）时，一般是将破碎后的葡萄汁混合。最常见的是红、白葡萄品种的各自混合，或者是两者的混合。后者的例子是传统的基安帝葡萄酒和一些科特迪瓦葡萄酒。白葡萄汁添加到红葡萄汁是一种柔化酒体的方法，但其价值更多在于加强色泽（Gigliotti等，1985）。如果红葡萄酒中辅色素少，而白色品种却具有丰富的含量，它们的勾兑可提高着色。如果需要着色，但不想果汁被稀释，只添加果皮是一种选择。不过，更常见的是先分别进行单品种发酵，然后再混合。其优点是可以根据不同酒的特点进行选择性调配。将葡萄分批次采收，保留了来源于不同地点或成熟度果实的独特品质。如果需要，可以在后期进行酒的调配。

佐餐酒的生产也在很大程度上依赖于不同葡萄酒的勾兑。葡萄酒特征的一致性通常比年份、品种或产区更重要。调配师的技能是惊人的，因为经过调配的葡萄酒的数量非常巨大，它也能使普通的消费者持续饮用某品牌质量稳定的酒。

勾兑也用于生产一些优良餐酒。这种情况下，葡萄酒都来自同一个产区，通常来自同一个葡萄园或相同年份。调配的最大限制是产区管理规定——产区越著名，相关法规限制越多。

是否进行勾兑很大程度上取决于葡萄酒的类型和风格。在雪莉酒的生产中，在成熟过程中周期性进行数次比例勾兑。对于起泡葡萄酒，调配在采收后的春天进行。红葡萄酒的勾兑经常在春天进行。要考虑每种葡萄酒的比例，还要考虑压榨酒的量。不良年份的葡萄酒比好年份的葡萄酒在添加压榨汁后改善作用更明显。压榨汁比自流汁含有更多的色素和单宁。添加压榨汁可以增加白葡萄酒的酒体和颜色。调配后，酒在装瓶前一般还要经过几周、几个月或几年的陈酿。

优良葡萄酿造的酒一般单独保存和瓶储以保证其特征。知名葡萄园生产的葡萄酒，与其他地方生产的酒勾兑后，无论质量好坏，因大大降低了这块葡萄园的市场价值而被禁止使用这个产地来命名。对于著名品牌，原产地比内在质量对销售更重要。

一、勾兑的目的

勾兑是葡萄酒酿造中的一个重要环节，它可以发生在发酵前，也可以发生在发酵之后装瓶之前。当然调配不只是单纯的混合，更是为了达到更好的感官效果，尤其是达到 $1+1>2$ 的效果。这正是考验酿酒师功底的地方，可以这么说，不懂调配的酿酒师一定不是好的酿酒师。任何一个有经验的酿酒师都应该知道，调配的葡萄酒不应该逊色于未经勾兑的葡萄酒，应该更加出色。目前已经提出使用电脑辅助系统以促进这一重要过程的实现（Datta和Nakai，1992），但它们不可能很快取代调配师。

1. 勾兑可以达到更好的品质

勾兑的基本原理就是要扬长避短，勾兑前的葡萄酒口感可能比较单一，甚至带点瑕疵，而且有的刚出厂的原酒在一定程度上是不宜饮用的，需要酿酒师进行勾兑，这样品质才能得到提升。

2. 勾兑使葡萄酒更复杂

当一款葡萄酒有多个基酒来源时，它一定比只有一个来源的酒更加复杂，无论是口感还是风味。因为调配可以使不同品种、年份、产区、葡萄园、批次甚至不同橡木桶的葡萄酒混合在一起，从而增加复杂度。

3. 勾兑使葡萄酒更加稳定、更和谐平衡

勾兑前不同批次的酒质难免有差异，口感不一定完美，甚至出现不稳定的情况。调配后，同一系列葡萄酒的产品质量可以更加稳定，使葡萄酒更好地展现平衡和谐之美。

4. 勾兑可以使葡萄酒风格多样化

世界上的葡萄品种虽然种类多，但常见的也就几十种。通过不同比例的勾兑，采用相同的原料也就可以酿成不同风格的葡萄酒，从而获得多样化的产品。

5. 勾兑也可以使葡萄酒风格更统一

通过调配，酿酒师可以更好地把控葡萄酒的风味，保证不同批次葡萄酒拥有统一的风格，也可以通过调配去除年份间的差异。另外，调配还可以产生一种新型的葡萄酒或达到更低的价格。

二、勾兑的原则

对于酿酒师来说，勾兑操作受到法规标准、可用原酒、消费者需求、经济因素以及调配人员的技术等限制。即便如此，勾兑仍有很大的自由度，需要一些原则来指导合理的勾兑。

（1）只有健康的葡萄酒才能勾兑，勾兑有缺陷的葡萄酒，只会浪费更多的葡萄酒（轻微的挥发酸除外）。

（2）生长在较热地区的葡萄比较冷地区的葡萄糖度、潜在酒精度、黏度都高，但酸度、颜色、成分、风味却不如较冷地区。将上述这些特性进行勾兑，能达到一种平衡。

（3）有强烈不良风味的葡萄酒与风味中性的葡萄酒勾兑或与不良风味相异的葡萄酒勾兑以改善风味。美洲葡萄、麝香葡萄都有浓郁的风味，一些消费者喜欢这种风味，但是大多数

消费者却接受不了。通过仔细勾兑能减弱这一典型风味，达到消费者的接受程度。

（4）具有典型风味而且消费者能广泛接受的优良葡萄品种，如雷司令、霞多丽、黑品诺、赤霞珠，而有一些品种，典型风味占主导，消费者反应不一的，如麝香葡萄或美洲葡萄。但一些优良葡萄品种之间的勾兑能中和其典型特性达到消费者不可接受的水平。因此，很少有雷司令和霞多丽勾兑的酒或黑品诺与赤霞珠勾兑的酒。这样的勾兑会混淆这些著名品种的优良特性。假如这些品种酒需要勾兑来改善颜色、酸度或其他次要特性，最好选用与其相似的葡萄品种或更多中性风味的葡萄酒来进行勾兑（例如用美乐调配赤霞珠，用长相思调配霞多丽）。

（5）不良风味的葡萄酒，通过勾兑风味不同但强度一样的葡萄酒来中和，用中性风味的葡萄酒调配会减弱其不良风味。

（6）葡萄酒颜色的调配与风味勾兑相似。具果香的红葡萄酒应与其他具果香的红葡萄酒进行勾兑。苦涩的白葡萄酒应与其他苦涩的白葡萄酒调配。这一规则不适于有强烈风味的葡萄酒，具有浓烈风味的红葡萄酒，如康可，和具有浓烈风味的白葡萄酒，如尼亚加拉，通常与风味中性的葡萄酒勾兑。

（7）勾兑前的基酒应该可以有多种来源。

三、勾兑方法

酿酒师通常采用下列勾兑方法：
①将两种及两种以上的葡萄酒勾兑；
②将不同产地的同一品种葡萄酒勾兑；
③将两种以上的年份葡萄酒勾兑；
④将不同工艺酿造的葡萄酒勾兑；
⑤将不同橡木桶来源的葡萄酒勾兑；
⑥非葡萄原酒与葡萄原酒勾兑。
勾兑前的酒液可以称之为基酒，而基酒可以有多种不同来源。常见的有如下几种：

1. 不同品种的勾兑

品种间的互补非常常见，例如经典的波尔多混酿（Bordeaux Blend）。不同品种都有其独特之处，有时候可以达到取长补短甚至锦上添花的效果。此外，在天气多变的产区过于依赖一个品种风险较大，而不同品种的采收期不尽相同，这样可以规避天气因素带来的风险。

2. 不同产区的勾兑

不同产区风土不同，即使是同一品种，在风味上也会有一定的差异，而混合不同产区的基酒可以形成这一大产区特定的风格。例如，法国大区级AOC葡萄酒都是不同子产区的葡萄酒调配而成。

3. 不同年份的勾兑

在不少产区，气候是一个非常不稳定的因素，这导致年份对葡萄酒的影响非常大。为了统一风格，不少酿酒师会选择将不同年份的葡萄酒进行勾兑，以充分利用不同年份的优势，同时也是为了去除年份差异，经典的例子有香槟和雪莉酒。

4．其他

除了上述这些外，有时候同一品种不同采收期的调配也可以达到更好的效果。同样，不同葡萄园、同一葡萄园不同地块、不同批次和不同酿造工艺（是否进行苹果酸-乳酸发酵）的调配也可以带来口感上的创新。此外，经过橡木桶陈酿的葡萄酒也可以适当和未经过橡木桶陈酿的葡萄酒进行勾兑，法国橡木桶可以和美国橡木桶陈酿的葡萄酒进行勾兑，不同材质、不同烘烤程度甚至橡木桶不同的新旧程度都会带来影响。

当然，也不乏不同品质葡萄酒之间的勾兑，例如，一些大品牌为了保证大规模地生产风格一致的葡萄酒，也有不同酒厂间的勾兑，例如法国勃艮第（Bourgogne）产区包括罗曼尼·康帝（Domaine de la Romanee Conti）在内的6大顶级酒庄就决定共同生产2016年蒙哈榭特级园（Montrachet Grand Cru）干白葡萄酒。

四、感官质量的调整

1．颜色

葡萄酒颜色从无色到深红色。当遇到颜色问题时，通常用深色红葡萄酒来调配。歌海娜在欧洲南部、加利福尼亚州、澳大利亚的温暖地区是一个很重要的品种。歌海娜负载适当时，是一个著名的品种，但颜色较浅。歌海娜如果不进行调配的话，几乎只能酿造桃红葡萄酒。法国用歌海娜和佳利酿及其他品种勾兑生产红葡萄酒。西班牙和澳大利亚也用歌海娜勾兑优质葡萄酒。

当向葡萄酒中加入某一品种调色时，会改变葡萄酒的酸度或其他成分。例如，在波尔多，向赤霞珠和美乐葡萄酒中加入品丽珠以调整颜色，但同时改变了酸度，因此，很少发现一种葡萄酒含有超过1/3的品丽珠。

由于葡萄色素的不稳定，调配能延缓颜色的改变。黑品诺是缺乏颜色的一个品种，尤其是在美国栽培的该品种，黑品诺葡萄酒在成熟过程中，其颜色趋向变成棕色，比其他品种酒褪色快。在美国东部，巴柯（Baco Noir）是一个相当流行的法国杂交品种，开始颜色很深，但容易褪色。巴柯陈酿品质很好，但5年后，酒的颜色就不再吸引人了。像这类色素不稳定的葡萄酒，可以通过调配色素更稳定的葡萄酒来延缓葡萄酒外观的变化。

深红色曾在葡萄酒的颜色上占主导地位，但这种现象正在发生改变。浅红色葡萄酒的市场越来越大。对一些红葡萄酒通过调配白葡萄酒来降低颜色，在一些国家，采用这种方法生产浅红和桃红葡萄酒。

使用澄清剂如PVPP、明胶也能降低色度。用低pH的葡萄酒或加入酒石酸等调配能调整高pH葡萄酒的棕红色或年轻酒的紫红色。

2．香味

香味与颜色类似，如同向红葡萄酒中加入浅色葡萄酒来稀释其颜色一样，可以向香味浓烈的葡萄酒中加入香味较淡的葡萄酒来稀释其香味。美国东部常用这种调配方法来控制葡萄酒的香味。

葡萄酒有上千种微量成分，但最终呈现给我们的是综合的香味。当一组特殊成分达到足够量时，能够鉴别出香味，这些香味使我们联想到水果、花、蔬菜、真菌类等气味。最好的葡萄酒似乎是香味分子微妙、有趣的组合。例如，赤霞珠使人联想起浆果、绿胡椒、雪茄烟。

一些著名葡萄品种展现出令人愉快的混合香气，而另一些品种只呈现单一的气味。例如，某些法国杂交种，有强烈的青草味，其他品种则有强烈的浆果味。用这些品种酿造品种酒，通常是令人失望的。好的酿酒师知道怎样将两到多个品种混合起来，生产令人感兴趣的葡萄酒。

增加或消除某一风味成分，如增加或降低苦味或收敛感，或减弱某种成分的风味，该风味不是由成分本身引起的，而是酒不平衡时产生的。

3. 酸度

与香味相比，调配葡萄酒以产生平衡的味觉更容易。一是酿酒师可以利用实验室的分析结果。二是调配勾兑所涉及的原则更简单明了，因为三种基本味觉：甜、酸、苦在大多数葡萄酒中都存在。

葡萄的自然酸度随着品种和生长季节的温度而改变。在较冷的气候或季节，葡萄的酸度较高。而在较热的气候或季节，酸度偏低。在世界上，很少有葡萄栽培在完全理想的气候下，因此，广泛将较热和较冷产区的葡萄酒进行调配。

降低葡萄酒的pH，提高葡萄酒的寿命。河岸葡萄（Vitis Riparia）产生的法国杂交品种有较高的滴定酸，但同时pH也很高。pH≥3.8的葡萄酒应调低pH或迅速喝掉。降低pH又不会大幅度提高酸度的方法是加入强的无机酸，可以使用30%的磷酸。因为磷酸对葡萄酒风味的影响要弱于硫酸和盐酸，另一种方法是用低pH的葡萄酒勾兑。

pH在维持葡萄酒的寿命方面很重要，滴定酸则侧重于味觉感受。优质红葡萄酒的滴定酸范围多在$5.5 \sim 8.5g/L$（以酒石酸计）。从味觉上来考虑，正常人的最佳值在$6 \sim 7g/L$。只要葡萄酒有恰当的酸度，就可以通过调配酒达到酸度的平衡。

4. 甜度

在很大程度上，葡萄的酸度取决于温度，糖度则取决于光照时数和生长期的长短。很少用调配来降低佐餐葡萄酒中的糖度。因为可以在葡萄糖度升高之前采收，或者将糖发酵到一个适宜值。阳光充足、生长期长的葡萄产区，可以生产甜型餐后酒，不必降低葡萄酒的糖度。

在一些较冷的葡萄酒产区，调配用于调整糖度。例如，在德国，较冷的气候赋予葡萄酒高酸，在这些酒中，一定量的糖度能中和高酸，获得良好的风味。许多酿酒师先将大量的葡萄酒发酵至干型，然后与未发酵的葡萄汁或微发酵的葡萄汁调配生产葡萄酒。在法国也采用类似的方法。

5. 单宁

葡萄酒中单宁的含量是酿酒师所关注的。葡萄品种不同单宁含量不同。红葡萄酒是葡萄汁与葡萄皮混合发酵酿造的，单宁可溶于葡萄酒中，单宁是天然的抗氧化剂，能延长葡萄酒的寿命，提高葡萄酒的贮藏性能。但是单宁很苦，过量存在时，会使葡萄酒粗糙。

波尔多红葡萄酒是通过调配调整单宁含量的经典例子。赤霞珠因其良好的香气和风味而广为人知，但用其酿造的葡萄酒单宁含量高，葡萄酒成熟很慢。而用美乐酿造的葡萄酒单宁少、成熟快，但却很平淡。许多优质波尔多葡萄酒是由赤霞珠、美乐精心调配而成的（有时也包括品丽珠和小味尔多）。在加利福尼亚州，过去用纯赤霞珠酿酒，现在已开始转向用赤霞珠调配美乐或用美乐调配赤霞珠。

6. 酒精

发酵能将糖转化为酒精，因此可以通过控制糖度水平来控制酒精度。来源于较冷地区的葡萄酒常有更深的颜色、更浓郁的香味、更高的酸度，而来源于较热、阳光充足气候的葡萄酒常有更高的酒精度。

酒精能增加葡萄酒的酒体，使葡萄酒不易变坏，给葡萄酒带来微甜感，平衡葡萄酒的酸度和粗糙感。所以说，通常更高的酒精度能产生更好的葡萄酒。现代酿酒技术使生产高酒精度葡萄酒成为可能。

向较冷气候产区的高酸低醇葡萄酒中加入较热气候产区的酒精度较高的葡萄酒，提高或降低了葡萄酒的酒精度。尤其是在不好的年份，两种葡萄酒都得到了改善。

7. 酒体

葡萄酒的酒体与酒精度有关，酒精增加了黏度和口腔的饱满度。不同的葡萄品种提供给葡萄酒的酒体是不一样的，一些葡萄酒比另一些葡萄酒酒体更饱满，将其调配，能够使葡萄酒的酒体得以改善。

8. 橡木味

勾兑也用于调整葡萄酒中橡木浸出物的含量。在小橡木桶中成熟的葡萄酒，橡木浸出物的量随着橡木桶桶龄的变化而变化。霞多丽在新橡木桶中储藏一个月，可能带有明显的橡木味，而储藏在旧桶中，即使两年也可能提取不到足够的橡木味。但可以通过将不同橡木桶中的酒调配来获得想要的橡木味。酿酒师也可以使用橡木粒来使葡萄酒具有橡木味。

9. 氧化和成熟

葡萄酒的氧化和成熟，有时通过调配来调整，这是西班牙雪莉酒分级调配的目的。在索雷拉（Solera）系统中，年轻葡萄酒与氧化老熟的葡萄酒进行调配。这种调配不仅保证雪莉酒每年的一致性，而且也提供了更复杂的葡萄酒，其中既含有新鲜的成分，又含有老熟的成分。

法国的香槟常调配不同年份的葡萄酒，像雪莉酒一样，这种调配也能赋予葡萄酒新鲜和成熟两种融合的风味。

五、样品的勾兑

一旦确定勾兑目标，选出基酒和勾兑原酒，就可以开始葡萄酒的勾兑了。勾兑应在最有利于精确评估调配效果的环境下操作。最好在墙壁色调较淡、勾兑人员不易分神的安静室内进行。试验室或品酒室是评价勾兑葡萄酒最合适的地方。

应邀请一到多个品尝人员来评价各种调配的葡萄酒样品，也可以邀请外部的专家。品尝员应具有以下能力：

①具有评价葡萄酒的能力；

②熟悉勾兑葡萄酒的类型；

③能了解消费者的口味偏好。

葡萄酒勾兑首先要熟悉、了解葡萄酒，其次，就是经验水平。

能够进行葡萄酒成分分析，如pH、滴定酸、残糖、单宁水平、酒精度等；检测成品酒综合状况。还要了解酒的相关背景，包括检测品种、土壤的效果。要考虑原酒的最佳勾兑比例，及原酒的可用量。另外，还需要按照相关标准标注品种名称。

勾兑时，首先要品尝每一款可用原酒，记录品尝感受，也记下每一款可用原酒的量。考虑每种葡萄酒的优缺点，考虑什么能改善它们的品质或什么能去掉它们的粗劣成分。任取两种葡萄酒，按75%：25%、50%：50%、25%：75%的比例勾兑。品尝勾兑酒样并记录品尝印象，比较勾兑酒的感受和原酒的区别。

如有专业品尝员在场，可以帮助你确定最终的结果。

评出令人满意的勾兑酒样品后，最好取出少量，储存1～2个月，再重新评价。可检测勾兑酒的稳定性（比如经苹果酸–乳酸发酵和未经苹果酸–乳酸发酵的葡萄酒调配），也可检测随着风味的融合，勾兑酒可能发生的改善。假如这些酒是稳定的，品质有改善，那么就可以进行最后的调配了。

勾兑是一项很精确的操作，所以，要先做勾兑试验。要将所有的酒样取好一字摆开，列好表格，知道各个酒样的基本信息，比如品种、年份、数量、桶贮信息及各项理化指标。也需要知道勾兑产品的要求，比如各级别酒的比例，如A级酒与B级酒的比例为3：7；风格要求，如一款果香类型的、一款强壮型的。对大规模生产来说，需要将前批的酒样拿来做对比，这样才能更好地保持产品的一致性。接下来品尝，要仔细掌握每一组酒样的长处与弱点，以便在最终的勾兑中进行最大限度地利用，对酿酒师来说这是基本的技术与技巧，可要想把它做成艺术，那真得需要多年的积累和天生的敏感度，世界上顶级的酒庄也往往会聘请顶级的酿酒顾问来做勾兑试验。

勾兑也不应该成为掩饰劣质葡萄酒的途径，这样做会污染或稀释优质葡萄酒，得到的勾兑成品质量较低。应该依照调配黄金法则，即勾兑的结果必须优于任何一种单一成分。例如勾兑实验中，有一小罐挥发酸含量高的酒，怎么去勾兑都能感受到勾兑小样中乙酸乙酯带来的强烈刺激感，在这种情况下就应该放弃这一小罐酒，留至发酵期间去重新发酵，这样勾兑出的小样才能达到期望的效果。所以勾兑试验中要做到开放式思维，不要受一些条条框框的限制，另外，勾兑要符合国家及行业等相关标准的要求，例如对年份、产地、品种的要求。还应做好详细记录，不断总结，积累经验。

六、典型勾兑案例

白葡萄酒常见的是单品种酒，而大多数红葡萄酒是由两个及两个以上的品种勾兑的。除勃艮第由单一品种的黑品诺和意大利的内比奥罗（Nebbiolo）外，几乎所有的红葡萄酒都是由两个及两个以上的品种勾兑的。因此，如果想生产优质的红酒，勾兑是非常重要的环节。

1. 波尔多以其调配酒（俗称波尔多混酿）著称

波尔多混酿红葡萄酒主要有赤霞珠、美乐、品丽珠和味尔多等；波尔多混酿白葡萄酒则以长相思和赛美蓉为主。波尔多混酿的典型代表有许多，如拉菲、拉图和玛歌等；此外，许多国家的名庄酒也都是采用这种方法酿造，如意大利西施佳雅（Sassicaia）、美国作品一号（Opus One）和智利活灵魂（Almaviva）等。

法国波尔多的梅多克、格拉夫产区的73个分级产区酒都含有赤霞珠和美乐，有62个含有品丽珠，46个含有小味尔多，10个含有马尔贝克。混合的调配酒中，赤霞珠大约占60%（20%~85%），美乐大约占25%（5%~60%），品丽珠占10%（0~31%），小味尔多占3%（0~15%），马尔贝克不到1%（0~5%）。法国圣埃美隆产区的一级酒中，赤霞珠所占的比例是0~35%（平均13%），品丽珠为22%~60%（平均33%），美乐为33%~80%（平均54%），还有两款酒中包含马尔贝克。12款葡萄酒中，有4种不含赤霞珠。圣埃美隆产区的其他分级酒中也有相似的比例。在波美侯出产最贵红葡萄酒的柏图斯（Chateau Petus）酒庄酒中就不含赤霞珠，而含有95%的美乐和5%的品丽珠。

法国波尔多有六大法定红葡萄品种，在经历这么多年较大的气候变化条件下，波尔多依然能生产出最好的葡萄酒，与这些品种组合的相互补充有很大的关系。一个例子就是少量的美乐能为赤霞珠在口感的中部补充其所欠缺的柔顺。

2. 罗讷河谷（Rhone Valley）以传统的GSM混酿著称

G指歌海娜（Grenache），S指西拉（Syrah），M指慕合怀特（Mourvedre）。GSM混酿已经成了罗讷河谷葡萄酒的典范，一般情况下歌海娜所占的比例最大，它能给葡萄酒带来酒精含量和各种果香风味，而西拉则能带来颜色、单宁、黑色浆果味。当慕合怀特的比例大于西拉，也可以表述为GMS。除了法国，澳大利亚也会用其经典的西拉（Shiraz）来进行此类混酿。

罗讷河南部的红葡萄酒可以使用13个品种进行勾兑。即使在罗讷河北部著名的葡萄酒产区，除使用西拉调配以外，也用其他品种勾兑。

3. 香槟是最典型的勾兑酒之一

它一般采用霞多丽、黑品诺和莫尼耶皮诺（Pinot Meunier）混合酿造。除了品种的勾兑外，香槟还会有各年份之间的调配，这样可以去除年份差异，保持风格的一致性。

4. 加强酒

雪莉（Sherry）、波特（Port）和马德拉（Madeira）等加强酒也是典型勾兑酒的一种，典型的雪莉酒不仅仅是不同酿酒葡萄之间的混酿勾兑，最重要的是其索雷拉陈酿体系（Solera System），即取上层补下层，以新酒补老酒，如此循环以使每年出售的雪莉酒风格一致。波特酒也不例外，经典的茶色波特（Tawny Ports）就是采用颜色浅、萃取时间短的基酒勾兑而成。马德拉也类似，多数马德拉都是由陈年酒液调配而成，如10年马德拉是指最年轻基酒的陈年时间为10年。

5. 西班牙的里奥哈红酒都是用不同品种勾兑的

其使用的调配品种主要有歌海娜、丹魄、格拉西亚诺、马士罗。在西班牙生产优质葡萄酒，勾兑很关键。

加利福尼亚州以赤霞珠葡萄酒而闻名，但最近的趋势表明赤霞珠与美乐的勾兑酒（较少）、赤霞珠与品丽珠的勾兑酒明显增加。另一代表是梅里蒂奇（Meritage）葡萄酒。

在澳大利亚，赤霞珠和西拉组合是经典搭配，两者的调配往往会优于其中的单一品种。在智利，有赤霞珠和佳美娜的经典搭配。

国内那些质量好的葡萄酒或多或少都是勾兑的产物。一种绝对没有勾兑的葡萄酒可能具有展示特定产区、特定葡萄园、特定产品品种风格的意义，但从香气，口感等质量方面来看未必完美，它可能会香气单调、封闭、爆发力不强；也可能口感不够厚实、圆润、柔和、平顺或者单宁会显得很干等。

所以，勾兑永远是优质葡萄酒生产的关键环节。

第九节　葡萄酒灌装质量控制

一、酒瓶

绝大多数葡萄酒瓶属于以下三种瓶型之一：波尔多（Bordeaux）瓶、勃艮第（Burgundy）瓶和笛形瓶（Flute）。

历史上使用某一种瓶型的葡萄酒，如今大多仍在沿用，比如说波尔多葡萄酒使用波尔多瓶，勃艮第葡萄酒使用勃艮第瓶，德国白葡萄酒使用笛形瓶。此外，和这些产区相关的葡萄品种在世界其他产区出品的葡萄酒也会使用同样的瓶型。因此，你会发现来自智利和纳帕谷（Napa Valley）的美乐会使用"高肩"的波尔多瓶，来自俄勒冈州（Oregon）的黑品诺会使用"斜肩"的勃艮第瓶，而来自五指湖（Finger Lakes）地区的雷司令则会使用修长的笛形瓶。这样，我们可以根据瓶型对一个葡萄酒产区/葡萄品种进行初步判断。

不过，因为葡萄酒的种类比常见瓶型要多得多，所以一款葡萄酒使用什么形状的酒瓶很多时候是根据酿酒师和制瓶设备来决定的。在酿酒师有想法、预算允许的前提下，一些酒庄会选择定制酒瓶。虽然定制酒瓶可能不会对葡萄酒产生直接的影响，但在竞争激烈的葡萄酒市场，造型精美独特的定制酒瓶常常是一个令酒庄产品脱颖而出的好方法。很多葡萄酒厂家在生产他们的高端葡萄酒时，会选择使用定制酒瓶。因此，定制酒瓶往往向我们透露了这样的信息：这款酒是一款高端葡萄酒或是来自大型生产商，抑或二者兼有。

1. 酒瓶颜色

葡萄酒瓶通过高温加热石英砂制成。一般常用的葡萄酒瓶的颜色有翠绿、墨绿、蓝色、黄色、棕色或无色等，由于玻璃中含有的氧化铁的种类不同，酒瓶可呈现不同的颜色。例如，FeO可使酒瓶带蓝色，而Fe_2O_3可使酒瓶带黄色。酒瓶的颜色对保护葡萄酒不受光线的作用非常重要。因为根据颜色的种类和深浅的差异，酒瓶可对透过酒瓶的光线种类进行过滤、选择。例如无色酒瓶主要阻止紫外光和紫光，而选择透过几乎所有其他光线；绿色酒瓶则更有效地阻止紫外线和紫光，主要选择透过黄光。

在无色酒瓶中，白葡萄酒的成熟速度比在有色酒瓶中要快。在浅色瓶中，葡萄酒的氧化还原电位不仅下降速度快，而且极限值也较小。因此，对于那些需在瓶内还原条件下形成醇香的白葡萄酒，无色酒瓶是较为理想的。而对于那些特别是用芳香葡萄品种酿造的、需保持其清爽感和果香的白葡萄酒，无色酒瓶显然是不适宜的。无色酒瓶的另一缺点是降低氧化还原电位，还原铜离子，从而造成铜破败病。即使对于透光性弱、对光线的作用不太敏感的红葡萄酒，也是在深色酒瓶中成熟得最好。因此，应根据葡萄酒的种类不同，选择酒瓶的颜色。一般情况下，白葡萄酒可选用无色、绿色、棕绿色或棕色的酒瓶；红葡萄酒多使用深绿色或棕绿色酒瓶。

最经典的颜色是"古董绿"，这也是制造商们最常用的颜色。绿色的酒瓶可以有效保护葡萄酒免受紫外线辐射的伤害，其提供的紫外线保护对红葡萄酒来说已经相当充分，所以说，很多制造商没有选择能够过滤更多的有害射线的棕色酒瓶。

当然，凡事都有例外。德国莱茵高（Rheingau）产区的白葡萄酒一般就采用棕色的笛形瓶。此外，桃红葡萄酒基本都使用无色的透明酒瓶，这样消费者一眼就可以辨认出一款酒是不是桃红葡萄酒。很多时候，透明的酒瓶也在暗示我们，瓶中的酒适合年轻时饮用。

2．酒瓶容量

葡萄酒瓶的容量有125、250、500、750和1000mL等几种，但以750mL的最为常用。中国、法国和美国规定允许使用的容量见表6-12。

表6-12　葡萄酒瓶的容量　　　　　　　　　　　　　单位：mL

国别	容量							
法国	250	375	500	750	1000	1500	2000	5000
美国	100	187	375	750	1000	1500	3000	
中国	187	375	750	1000	1500	5000		

葡萄酒瓶的式样也很多，有长颈瓶、方形瓶、椰子瓶、偏形瓶等。可根据酒种、消费市场选择不同的酒瓶式样。

3．瓶颈形状

标准瓶的瓶颈形状应能满足三方面的要求：外径大小与瓶帽大小相适应，内径大小与灌装机头和木塞大小相适应。通常情况下，瓶颈的"木塞区"的内径为瓶口下3mm、25.4mm、44.5mm的直径，瓶颈的形状近似于圆锥。国内专业的葡萄酒瓶生产厂烟台张裕玻璃制品有限公司常规酒瓶内径控制标准（执行BB/T 0018—2000标准），见表6-13，图6-13。

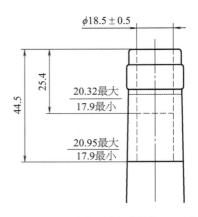

图6-13　瓶口内径示意图（单位：mm）

表6-13 750mL玻璃瓶内径标准

序号	项目	技术标准/mm
1	满口容量（mL）	775±10
2	瓶口内径（口下3mm）	18.5±0.5
3	瓶口内径（口下25.4mm）	17.9~20.32
4	瓶口内径（口下44.5mm）	17.9~20.95

注：括号内为张裕酒庄的酒瓶内径标准。

图6-14为瓶口内径图形。

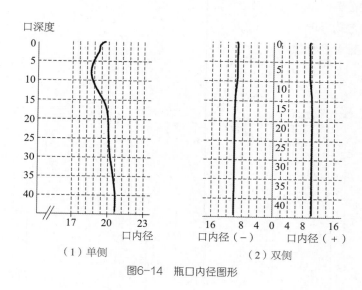

（1）单侧   （2）双侧

图6-14 瓶口内径图形

由图6-14可以看出：口内形状是个倒喇叭，越往下开口越大。目前玻璃瓶的制造水平尚做不到完全的直口，只能是个轻微的倒喇叭，口越深，口内径越大。

4. 酒瓶重量

酒瓶的重量除了取决于材质外，很大程度上由厚度决定。不少时候，厚实的酒瓶壁是非常必要的。因为酒瓶壁越厚，整个酒瓶就越坚固抗摔。对于起泡酒来说，较厚的瓶壁是制衡内部气压的必要条件；而对于大瓶装的葡萄酒来说，瓶内更多的酒液需要更厚的酒瓶承重。对于很多静置葡萄酒来说，酒庄使用更厚实的酒瓶很可能只是为了增加酒款的品质感和奢华感。而因为重量增加的生产和运输成本最终则都会加进葡萄酒的售价里。目前，生产上750mL葡萄酒瓶重量最轻的为400g，最重的为1200g。例如，张裕爱斐堡酒庄特选、珍藏级赤霞珠干红使用的是990g瓶，大师级赤霞珠使用的是1200g瓶。

5. 瓶底凹槽

几乎所有的葡萄酒瓶底部都会有凹槽，但关于瓶底为什么会有凹槽有多种说法。一是凹槽可以帮助在倒酒时更稳地扣住酒瓶底部；二是因为凹槽和瓶壁之间的间隙能沉淀葡萄酒的残渣，方便倒酒时不将残渣倒出，再就是大批量储存或运输葡萄酒时，凹槽能为堆放葡萄酒提供支撑。尽管原因众说纷纭，但有一点是可以肯定的，那就是比起平底酒瓶，制作底部有凹槽的酒瓶需要更多的玻璃原料，成本也更高。相对而言，平底酒瓶是更便宜的选择，这也就是为什么你不会在汽酒瓶底找到凹槽的原因。不过在传统上，包装雷司令和琼瑶浆的纤长笛形酒瓶的底部是不带凹槽的，不论葡萄酒的品质如何、价格高低。

6. 酒瓶分类与质量检验

根据中华人民共和国包装行业标准BB/T 0018—2000《包装容器 葡萄酒瓶》，葡萄酒酒瓶产品分类：

（1）按瓶形分为长颈瓶（莱茵瓶）、波尔多瓶、莎达妮瓶、至樽瓶等。

（2）按颜色分为翠绿色、黄绿色、枯叶色、无色、琥珀色等。

（3）按容量分为750mL、375mL等。

（4）常见瓶形及各部位名称见图6-15。

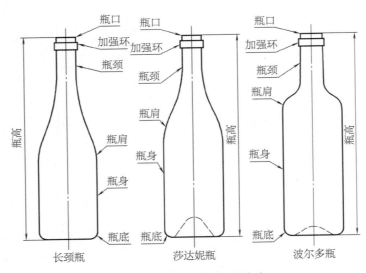

图6-15　常见瓶形及各部位名称

与葡萄酒接触的所有材料都会引起葡萄酒风味特性的改变。酒瓶在使用前应先进行质量检验，测定指标如下。

（1）**理化性能**

①抗热震性：按GB/T 4547规定进行。

②内表面耐水侵蚀性：按GB/T 4548规定进行。

③内应力：按GB/T 4545规定进行。

（2）**规格尺寸**

①容量：用感量为1g的衡器称取空瓶，再灌以室温的水称量，二次质量之差即为容量。

②瓶身外径和圆度：用游标卡尺测量瓶身（需偏离合缝线），以测量最大值为瓶身外径，其最大值与最小值之差为圆度。

③垂直轴偏差：将瓶底加持固定在水平板的旋转盘上，使瓶口与千分表接触，旋转360°读取最大值和最小值，二者之差的1/2即为垂直轴偏差数值，通常要求≤0.25mm。

④瓶高：用高度尺或测高装置测定。

⑤瓶壁、瓶底厚度：用测量仪测定。

⑥同一瓶壁厚薄差：用测厚仪在瓶身同一水平面上测量，测得最厚点与最薄点之比。

⑦同一瓶底厚薄差：用测厚仪在同一瓶底上测得最厚点与最薄点之比。

⑧瓶口、瓶颈：用专用通过式量规或卡尺测定，瓶内颈量规插入深度不少于35mm。瓶口的椭圆度不大于0.5mm。

葡萄酒的酒瓶和瓶塞间的匹配度是非常重要的，在实践生产中应加强对瓶口内3mm、25.4mm、44.5mm处瓶口内径的检测控制。

⑨瓶口倾斜：用高度尺衡量，瓶底至瓶口最高值和最低值之差为瓶口倾斜度，要求不能大于0.7mm。

（3）外观质量　目测，必要时用10×读数放大镜进行测量。

7. 包装要求

选用食品用热收缩膜包装，底部为标准一致的木拖盘，使产品保持牢固清洁；或用纸箱包装，要求结实不破损，保持干净。

严格控制瓶内异物，不允许有玻璃残渣，严格控制飞虫及其他异物，保证瓶内干净。

二、软木塞

一直以来软木塞都被认为是理想的葡萄酒瓶塞。它的密度和硬度要适中，柔韧性和弹性要好，还要有一定的渗透性和黏滞性，有利于瓶中的葡萄酒慢慢发育和成熟，使得葡萄酒口感更加醇香圆润。

软木塞是采用栓皮栎（*Quercus Suber*）的树皮加工而成，主要分布于地中海沿岸的国家，其树皮很厚，再生能力很强。幼树种植后大约20年左右即可采集用作加工的树皮，之后每9年左右又可再次采集。采集的树皮通常可以用来加工地板、隔音板以及制鞋，只有在第三个采集年之后的树皮方可用于加工葡萄酒瓶塞。

1. 软木塞种类

软木塞包括天然塞、填充塞、复合塞（1＋1塞）、聚合塞（胶合塞）、超微塞等。

（1）天然软木塞（天然塞）　由整块栓皮栎树皮冲削而成。每只天然软木塞由近8亿个防水细胞组成，这种细胞中充满了类似于空气的混合气体，在体积被压缩一半时其弹力仍会毫发无损。软木是唯一一种可以压缩一边，而不增加另一边大小的固体材料，它的这种特殊特性可以使软木塞在不损坏其完整性的情况下，适应不同的温度和压力。

天然塞（图6-16）是软木塞中的贵族，是质量最高的软木塞，是由一块或几块天然软木加工而成的瓶

图6-16　天然塞

塞，主要用于不含气的葡萄酒和储藏期较长的葡萄酒的密封。软木细胞堆积层数、致密程度以及缺陷的多少决定了天然塞的密封性。同样体积的天然塞，细胞堆积层数越多越致密，缺陷越少，密封性越好。

天然塞有严格的等级之分，不同等级的天然塞对葡萄酒影响是不同的，顶级天然塞可以保证葡萄酒储存多年。

天然软木的细胞构造决定了它具有弹性和可压缩性，是唯一能给所有类型的葡萄酒提供保护的封装材料。纯天然，可回收，环保，不添加任何黏合剂。灌装初期，短时间内存在与葡萄酒的微氧交换，随着时间推移，瓶内外压力的平衡，透氧率逐渐变为0，货架期长。

但对存储条件有要求，温湿度过高或过低都会影响塞子的水分，从而影响密封性能。TCA（2,4,6-三氯苯甲醚）含量低的天然塞价格较高。价格低的软木塞外观较差。

（2）填充塞　填充塞是质量较低的天然塞。为改善其表面质量，减少软木塞孔洞中杂质对酒的影响，用软木粉末与黏结剂的混合物，在软木塞表面涂布均匀，填充软木塞的缺陷和呼吸孔。其档次比天然塞低，不宜用于高品质葡萄酒的密封。

（3）复合塞（1+1塞）　复合塞（图6-17）是由密度非常高的聚合软木制成，并在其两端各粘连一片软木片形成的木塞。通常有贴片0+1塞、贴片1+1塞、贴片2+2塞等。这种塞体的化学结构非常稳定，在物理上拥有极大的耐受性。接触酒的部分为天然材质，既具有天然塞的特质，又优于聚合塞、超微塞，其档次比聚合塞高，其价格在天然塞和聚合塞之间。1+1塞适用于通常需要在两三年内饮用的葡萄酒。

图6-17　复合塞

但需要注意：贴片是否采用没有孔洞、缺角的天然软木；贴片的厚度是否够；黏合部分是否紧致。

（4）聚合塞（胶合塞）　它是用软木颗粒和黏合剂黏合而成的软木塞。用软木颗粒与黏结剂混合，在一定的温度和压力下，压挤而成板或棒后，经加工而成瓶塞。根据加工工艺的不同又分为板材聚合塞和棒材聚合塞。这两种方法均使用食品级黏合剂黏合软木颗粒。

板材塞和棒材塞虽然价格比天然塞便宜，但其密封质量与天然塞是不能相比的。聚合塞（图6-18）经济高效，价格实惠。因为长期与酒接触，会影响酒质或发生渗漏现象，所以聚合塞适用于12个月内消费完的葡萄酒。

图6-18　聚合塞

聚合塞的缺点是货架期短，塞子内部不能保证完全密封，孔洞不规则，存在漏酒风险，透氧率不好控制。

在美国、澳大利亚、新西兰及部分南美等葡萄酒新世界国家，葡萄酒所使用的聚合塞已淘汰多年。英国零售联盟（BRC）于2005年已禁止销售使用聚合塞的葡萄酒。

还有一种复合塞，用细小的软木颗粒与黏结剂、固化剂等材料混合后，用特殊工艺压铸而成。其软木颗粒的含量大于51%，颗粒的粒度尺寸一般为0.5mm，密度为60kg/m³左右，其性能和用途与聚合塞相似。

对上述四种软木塞而言，无论技术如何高超仍然有可能出现的瓶塞味（2,4,6-三氯苯甲醚）是其一个致命的缺点。

（5）超微塞（去除TCA） 超微塞（图6-19）是新一代软木塞，塞体由特定颗粒大小和TCA含量的软木颗粒模压而成。颗粒通过食用级黏合剂彼此黏合。去除TCA超微塞是一种基于软木材料的技术瓶塞，采用先进的二氧化碳萃取技术将TCA污染控制到无法测量的水平。将软木塞制成粉末，然后萃取其中含有的TCA和其他可能引起缺陷项的成分，再将粉末用微球体的黏着剂重新塑形而成。

这种瓶塞不会有木塞味的问题，同时又具备和传统天然塞相同的透气性、高弹性和密封性，而且在技术上能做到每个瓶塞品种的一致，不会出现同一批次产品因瓶塞的差异而导致酒质在陈年过程中差异化的问题。但是这种瓶塞外表看上去不如天然软木塞光滑、美观。

超微塞采用特殊工艺打造，不会对酒的醇香产生影响。这种塞子的主要特点是结构非常稳定，塞子中间的空隙要比聚合塞要少，回弹性也比聚合塞要好，货架期比聚合塞要长些，低TCA，可避免含水率变化对密封性的影响。

需要关注颗粒是否大小均匀，黏合是否紧致。

DIAM塞（图6-20）：其工艺与超微塞一致，不同的是其软木颗粒为粉末状，并添加一定量的膨胀小球聚合而成，其弹性90%由膨胀小球提供，回弹性较好。因其产品是由碎木聚合成的软木塞，这种产品在历史上曾被认为是天然软木塞的一种"廉价"替代品，近年来，因其在TCA上的优秀表现而被推广。

图6-19　超微塞

图6-20　DIAM塞

缺点是价格比聚合塞、超微塞要高，接近天然塞的价格。相较于天然塞，缺乏与高端葡萄酒匹配的外观，具有持续透氧的特性。

不同软木塞横截面图见图6-21。

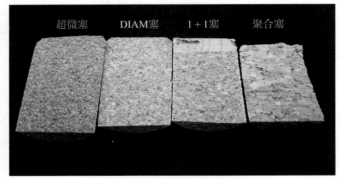

图6-21 不同软木塞横截面图

（6）**起泡酒塞** 不接触酒的部分用4~8mm的软木颗粒聚合加工，接触酒的部分用单片厚度不低于6mm的2片天然软木贴片加工，将二者黏结在一起形成的软木塞。其密封效果好，主要用于起泡酒、半起泡酒和含气葡萄酒的密封。

起泡酒塞（图6-22）是主要用于起泡酒封装的一种软木塞。起泡酒塞的塞体由聚合软木颗粒制成。起泡酒塞的直径大于一般软木塞。较大的直径是在含有气体的葡萄酒瓶中保持高内压的必要条件。

图6-22 起泡酒塞

（7）**加顶塞** 也称丁字塞（图6-23），一种顶大体小的软木塞。天然丁字塞是一端黏有PVC材料制成顶盖的天然软木塞。它的形状可为圆柱形或圆锥形，可用天然软木或聚合软木加工而成。顶的材料与体的材料可以不同，可以用木头、塑料、陶瓷和金属等。

一般用作白兰地酒的密封，也可用于加强酒，在我国还有企业用来密封黄酒（老酒）和白酒。

这种瓶塞易开易盖，对侍酒师和消费者而言都非常实用，尤其适用于封装一次性无法饮完的酒类。

图6-23 加顶塞

对瓶口内径尺寸的要求较为严格，外观等级低的天然丁字塞的掉渣和漏酒风险较大。

2. **软木塞质量要求**

（1）**软木塞的原材料要求、感官要求、尺寸要求、物理特性、氧化剂残留量、微生物指标** 应符合GB/T 23778—2009《酒类及其他食品包装用软木塞》。

（2）**外观质量** 一批软木塞表面色泽应基本一致，无漂洗斑痕。表面光洁，端面平整，色泽柔和。

成品软木塞印刷或火烫商标清晰、对称、完整。

成品软木塞的表面硅蜡均匀。毛细作用上升的高度不超过2mm。

天然软木塞还有外端面皮孔、沟痕圆柱、表面掉渣现象等的要求。

（3）主要物理参数　国际上通用的直径、长度、椭圆直径的数值分别是：

直径：天然塞24mm、25mm，公差为±0.5mm；贴片1+1塞23.5mm，公差为±0.4mm；聚合塞23mm、24mm，公差为±0.4mm。

长度：天然塞38mm、45mm、49mm，公差为±1mm；贴片1+1塞38mm、44mm，公差为±1mm；聚合塞38mm、44mm，公差为±0.5mm。

椭圆直径：天然塞小于0.5mm；贴片1+1塞小于0.4mm；聚合塞小于0.4mm。

密度：天然塞120～220kg/m³；贴片1+1塞250～330kg/m³；聚合塞260～380kg/m³。

软木塞的长度尺寸公差对酒的密封影响不大，但过短易使酒产生氧化，甚至渗漏；直径尺寸过大，易造成打塞和拔塞困难；直径过小，则可能引起渗漏酒现象；椭圆过大易产生渗漏酒现象。密度直接影响到软木塞的密封性能，密度过小易造成渗漏酒现象，过大则影响弹性。

我国的一些企业，为降低成本，采用长度为36mm、30mm、28mm的软木塞，这些软木塞的密封性能较差，不符合国际标准规定。

（4）2,4,6-三氯苯甲醚（TCA）　TCA是葡萄酒软木塞常见污染物之一，在酒中的含量极低（ng/L级别）。轻微带有木塞味的葡萄酒也许只是仅仅闻起来像橡木，但味道重的则闻起来像发霉的湿纸板或旧报纸。在此状况下，果香、陈酿香以及橡木香都会被这种发霉的气味掩盖。软木塞会造成葡萄酒TCA污染的问题，一直是软木塞无法克服的硬伤。

目前葡萄酒用软木塞中TCA含量的测定方法，可参照QB/T 5198—2017。

通常，天然塞中TCA限量标准≤1.0ng/L；复合塞（1+1塞）、聚合塞（胶合塞）中的TCA限量标准≤4.0ng/L。

3. 软木塞使用中应注意的问题

（1）选择适宜的软木塞尺寸　软木塞的直径和长度是影响密封效果的一个重要因素。软木塞尺寸应根据葡萄酒的品质、储存期限和瓶口尺寸等来确定。葡萄酒生产厂应尽量选择国际上通用规格的软木塞。通常使用的天然塞有以下三种规格：

① ϕ24mm × 49mm。

② ϕ24mm × 45mm。

③ ϕ24mm × 38mm。

高品质、长期储存的葡萄酒应选择较长尺寸的天然塞。储存期较短的葡萄酒可以选择尺寸较短的天然塞。

（2）保持良好的储存条件　软木塞应单独存放，保持空气流通，严禁将软木塞存放在潮湿及有污染源的地方。存放地严禁使用含氯的消毒剂、杀菌剂。存放时如果发现密封软木塞的塑料袋漏气或破损，应及时进行处理。

软木塞的储存温度最好在10～20℃。使用前最好在常温下存放24h。如果环境温度低于5℃，使用过程往往造成软木塞弹性不足、易碎。

储存环境应避免有化学污染源、潮湿、发霉或有异味，同时避免阳光直射。

（3）进行风味评价　取具有代表性的软木塞样品，在中性的干白葡萄酒或水中浸泡软木塞，设一个空白作为参照，采用感官评价体系分类定级，在使用前应进行总体的风味评价。同时，要严格避免软木塞表面印刷或涂层带有气味浸入酒中。

烟台麒麟包装有限公司始创于1990年，主要从事软木塞、扭断式铝制瓶盖、PVC热缩帽的生产和销售，各类产品年生产能力可达5亿只。公司技术力量雄厚，生产、检测设备先进，是GB/T 23778—2009《酒类及其他食品包装用软木塞》的主要起草单位，可以提供各种类型和规格的软木塞。

三、高分子塞

高分子塞是由聚乙烯材料经化工处理后形成的用于瓶口封装的一种仿软木塞的柱体。生物系列瓶塞由甘蔗中提取的植物材料生产制造，主要原料为甘蔗提取物经过一系列化学物理过程，生成可降解生物聚乙烯，再根据不同等级产品，配比不同比例的高分子低密度聚乙烯材料，经共挤出发泡工艺制成瓶塞。欧洲软木协会定义软木含量大于75%才能称之为软木塞，所以高分子塞不是一种软木塞。

高分子塞（图6-24）杜绝了TCA污染、瓶塞断裂、瓶储期掉渣、瓶塞含水率变化等问题；双层挤出发泡，具有高度的一致性；封闭性能优良，适应各种存放方式；疏水，不发霉，不产生异味。

但高分子塞对打塞机有特殊要求，不适合的打塞机会使塞子表皮容易被刮破；在压力不均匀的情况下，会压歪塞子，容易漏酒；低等级产品有透氧的特性，保质期短，但高等级的塞子保质期较长。因此，应定时维护检查设备，确保打塞机滑块不能对其造成挤压损伤而漏酒。应建立灌装线质量检查程序，确保生产过程中瓶内压力、酒线高度、打塞效果等符合标准，提高灌装质量，降低氧含量，延长货架期。

图6-24　高分子塞

四、螺旋盖

螺旋盖通常选用铝作为主体材料，盖内会使用一小块圆形的合成材料垫片来保证密封性。凭借其精密性和安全性，螺旋盖已经成为葡萄酒封瓶的首选方式，越来越多的顶级葡萄酒也开始使用螺旋盖封瓶。在澳大利亚本土市场上，99.5%的白葡萄酒和89%的红葡萄酒都使用螺旋盖封瓶。为了适应市场，特别是消费者对橡木塞的情节，也会选择部分橡木塞封瓶。采用螺旋盖封口的葡萄酒见图6-25。

图6-25 采用螺旋盖封口的葡萄酒

1. 螺旋盖封口特点

（1）避免木塞污染 木塞会产生TCA，其进入葡萄酒，会带来发霉和湿纸板的味道。如果在窖藏过程中，木塞在浸泡中发霉变质，会产生更多污染物，极大地影响葡萄酒的质量。使用螺旋盖，则有效地避免了这些额外的化学物质进入葡萄酒。

（2）密封性好，封装更有弹性 螺旋盖密封性良好，几乎隔绝空气，从而能完美地保存葡萄酒的果香和花香等，不会造成葡萄酒氧化等危害。对一些适合尽早饮用的葡萄酒尤其是白葡萄酒而言，使用螺旋盖通常能够更好地保持其果味。

螺旋盖也不会出现像木塞那样因为湿度、温度、摆放方式等的变化而干瘪、漏气的现象，对于像夏布利（Chablis）、博若莱（Beaujolais）和许多新世界葡萄酒这样对新鲜度要求极高的葡萄酒，螺旋盖的密封性更胜一筹。

（3）保持葡萄酒品质一致 螺旋盖除了不会额外改变味道或者添加不必要的化学物质外，还有一个非常重要的特点就是一致性。由于木塞的特性，所以很多人在喝同一款酒（不同瓶）的时候会感觉到口感不太一样呢。这就是因为软木塞，木塞是一种天然产品，不可能完全一样，所以葡萄酒的口感也就略有不同。而用螺旋盖的葡萄酒可以保持品质稳定，与之前使用木塞封瓶的葡萄酒相比，味道就不会有太大变化。

（4）易于开启 螺旋盖的葡萄酒开启方便，不需要使用开瓶器。喝剩下的酒直接拧上盖子，放在储放葡萄酒的地方。可多次重复使用，节约资源，生产成本较低。

但也曾经有一些使用了螺旋盖的酒庄发现因为螺旋盖的密闭环境，使得葡萄酒在开瓶之后有令人不太愉悦的还原性气味。还有人提出合成材料的垫片会给葡萄酒带来塑胶味。但随着近年来螺旋盖技术的逐渐进步，这些都不再成为问题。更合适的合成材料的选用，让我们可以制作出具有一定透气性的垫片，能够让葡萄酒也像天然软木塞一样经历缓慢的氧化过程，同时这种材料的垫片也不会带来恼人的塑胶味。著名酒评家罗伯特·帕克（Robert Parker）在他的《未来葡萄酒的12条预言》中的第5条写道："螺旋式瓶盖将成为大众选择。软木塞将只用于需要较长时间珍藏的佳酿。"

2. 原材料要求

铝制螺旋盖所用的主要原材料铝板、内垫材质及厚度应符合表6-14要求。

表6-14　铝制螺旋盖所用的主要原材料铝板、内垫材质及厚度要求

原材料名称	类型	要求
铝板	常压瓶盖	材质8011—H16；厚度≥0.21mm
	承压瓶盖	材质3105—H16；厚度≥0.22mm
内垫	泡沫垫	直径偏差±0.05；厚度偏差＋0.1～－0.05mm
	锡箔垫	直径偏差±0.05；厚度偏差±0.1mm
	硅胶垫	直径偏差±0.1；厚度偏差±0.1mm

3. 铝盖质量要求

（1）铝盖形状完整、有衬垫，表面碰凹深度不大于0.5mm，面积不大于（3×3）mm^2，碰凹部位不超过3处。

（2）表面光滑、无污渍，涂膜无明显划伤，无脱漆。

（3）印刷色调分明、清晰；印刷图案和文字完整，无明显漏印、划伤；无图案处应无多余的印刷；顶面印刷、凹凸图案中心对瓶盖外径中心的位置偏差不大于0.6mm；印刷图案底边距盖口高度允许偏差为±0.2mm，接头错位不大于0.3mm，接头重叠不大于1.5mm，接头无间隙。

（4）瓶盖口部无明显毛刺。

（5）瓶盖切槽时，接头错位不大于0.2mm。

（6）滚花（滚齿）深度不小于0.2mm，重齿不多于3个，空齿不多于1个，无滚透现象。

（7）铣字应文字图案清晰完整，无铣透或漏铣现象。

（8）铝盖无异物、无异味。

（9）同批颜色应基本一致。

（10）内垫平整，无缺损、气孔、杂质、溢料，无翘曲，无脱落，无漏加或重加现象，径向缺口不大于1.0mm。

（11）内垫印有二维码的，二维码应可识别。

（12）锡箔垫的锡面应朝外。

（13）物理特性包括：瓶盖外表面涂膜硬度不小于3H铅笔的硬度；密封性能瓶盖经密封性能试验［（40±2）℃，保温6h］不发生渗漏、漏气现象；开启力矩在0.5～1.8N/m等。

（14）瓶盖材料及生产过程中所使用的助剂，应符合GB 4806.1、GB 9680、GB 9681、GB 9685、GB 9687等标准的所有规定。

五、酒标

对于葡萄酒标签应标注的内容，虽然各国规定不同，但最基本项目有：酿酒葡萄品种、葡萄采收年份、生产单位名称及产品代码、酒精度、容量、装瓶单位及其地址，此外，有的国家还要求标注葡萄酒等级、产地以及政府鉴定的号码等内容。

根据我国GB 7718—2011《食品安全国家标准　预包装食品标签通则》，葡萄酒的酒标

内容必须标注：酒名称、配料清单、酒精度、原果汁含量、制造者、经销商的名称和地址、日期标示和贮藏说明、净含量、产品标准号、警示语、生产许可证等。单一原料的葡萄酒可以不标注原料和辅料，添加防腐剂的葡萄酒应标注具体名称。

另外我国法律还规定，所有进口食品都要加中文背标，如果没有中文背标，则有可能是走私进口，质量不能保证。对于进口葡萄酒而言，所有葡萄酒的酒标上在标明原产国的同时，也必须标明酒精含量和净含量，进口葡萄酒的净含量是用标准公制标出的，并与认定的规格一致。所有的酒标都必须标明进口商、生产商的名称与地址。

六、装瓶

装瓶前，葡萄酒需进行稳定性处理，保证理化指标和微生物指标等符合质量要求。葡萄酒在装瓶前和装瓶过程中应进行溶解氧和微生物指标检测。

1. 理化指标和微生物分析

每种葡萄酒应列出一个分析单，分析单需考虑产品的销售目的地，不同出口国家的标准和要求不同。检测分析应由具有检测资质的第三方授权的实验室进行。

2. 稳定性处理

通过稳定性试验，以保证葡萄酒的酒石稳定、蛋白质稳定、氧化稳定、颜色和金属稳定等。不稳定的葡萄酒需进行相应的处理。

3. 调配

调配可改变葡萄酒的成分，调配后的葡萄酒需进行微生物分析和稳定性试验。即使调配前葡萄酒的成分已达到稳定，调配也可能造成葡萄酒的不稳定。

如果采用葡萄浓缩汁配制甜酒，会改变葡萄酒的化学成分，在添加前应了解浓缩汁的相关说明。即使初始的两种成分均稳定，添加浓缩汁也可能造成葡萄酒的不稳定。添加浓缩汁后稳定性问题仍需考虑，如冷冻不稳定性或蛋白质不稳定性。

4. 过滤性及过滤操作

葡萄酒需进一步地澄清，以确保澄清、有光泽，这一点尤其适用于白葡萄酒。

葡萄酒除菌过滤应测定其过滤指数，尤其是在疑似含有β-葡聚糖的情况下。

一些国家对葡萄酒的浊度也有严格的限制。

葡萄酒过滤最好在装瓶时进行，如过滤与装瓶间隔时间较长，在罐贮过程中还有可能出现浑浊。

含有糖的葡萄酒应在0.4μm下进行除菌过滤；含有苹果酸的红酒应在0.2μm下除菌过滤。

采用错流过滤时，保持低温过滤。过滤机进口酒温与过滤机出口酒温差值保持在2℃以内。过滤过程中要经常检查过滤机出口的流量，如果流量减至1t/h以下时，应进行停机检查，清洗后再继续过滤，过滤后的葡萄酒的浊度低于5NTU。

采用板框除菌过滤时，过滤前要用蒸汽灭菌45min以上，过滤所用的板框过滤机、连接板框与成品罐的管路以及成品罐全部进行灭菌处理，然后再进行过滤。用板框过滤机过滤成品酒时，成品酒浊度低于1NTU。除菌前测定氧含量，超过要求时，过滤过程中同时进行除氧操作，除菌过滤后控制氧含量≤2mg/L。

采用膜过滤时，过滤结束后，将膜柱内的酒放净，用膜过滤后的水冲洗至水清，再用不低于85℃的热水冲洗灭菌，时间不低于20min。滤芯使用一段时间后，出现堵塞、破损，要及时更新滤芯。

5. 溶解气体

装瓶前和装瓶过程中应降低溶解氧，否则溶解氧将减少装瓶后的SO_2含量。

不同类型的产品应规定其CO_2含量水平，如红葡萄酒中CO_2含量超过0.7g/L会使酒出现针刺感。一旦装瓶，过高的CO_2可能会引起一些问题，如超过1.5g/L可能挤压木塞，影响封口质量。

6. 除菌

灌装线、过滤设备和其他设备在使用前应进行杀菌。膜过滤前应进行试验以确定膜的完整性。除菌过滤的葡萄酒在过滤后要进行微生物检测。

七、灌装环节控制

1. 环境卫生

灌装对空间环境的杀菌非常注重，可在适当部位安装正压无菌操作间；使用紫外线杀菌（2.0~2.5W/m³紫外灯，无人情况下，每次照射2h）、过氧乙酸类消毒剂（按说明使用）。

应及时处理灌装中产生的碎瓶，灌装结束时对密闭灌装间的地面、四壁及灌装设备外壁彻底洗刷。定期对灌装线的密闭灌装间抽测空气清洁度，将空气中落下细菌数作为空气清洁度的标准。

2. 装瓶机关键部位的杀菌

装瓶机影响葡萄酒质量的关键部位主要有贮酒槽、贮酒管头、真空管路等。贮酒槽一般用蒸汽或90℃左右的热水杀菌半小时左右；贮酒管头用70%左右酒精擦洗杀菌；真空管路在进空气的管路上安装过滤装置以滤去微生物。每天停机后，将机器、管路内的酒放净，用水进行清洗，最后用不低于85℃的热水进行灭菌，时间不少于20min。

3. 灌装高度

首先，瓶内葡萄酒的液位必须保证达到葡萄酒的规定容量，灌装酒线要一致，容量控制在规定的公差范围内，不应过高或过低。过高则会给压塞带来困难，并随着温度的变化，可能会引起塞的移动和酒的渗漏；过低则会给酒太多的氧化空间，对酒的口感产生影响，也会给消费者一个容量不够或渗漏的错觉。

灌装高度决定于酒瓶类型和葡萄酒的温度，灌装前必须检查酒瓶的种类；温度低应降低灌装高度，温度高则应提高灌装高度。温度为20℃时，插入软木塞后，液面和软木塞之间至少需要15mm的瓶内空间。

如果葡萄酒在装瓶后的运输中可能升温，需采用能降低内压的灌装方法。

灌装前要测定成品酒的溶氧量，往灌装机打酒时的同时进行除氧操作，装瓶后酒中溶解氧含量≤2.0mg/L，浊度小于0.5NTU。

在压塞前，充入惰性气体，如N_2或CO_2，一方面可以排除空气，另一方面在压塞结束后，随着惰性气体的溶解，可在瓶内形成负压，部分地避免葡萄酒膨胀引起的渗漏现象。灌装开始的酒头要做水酒处理，不得流入下道工序。

4. 压塞

各种压塞装置的基本原理都是将软木塞压缩至直径小于瓶颈直径，之后利用压杆冲力把软木塞压入瓶颈。好的打塞机能够在软木塞全长上提供均一的压力，这样能够将导致渗漏的软木塞表面褶皱、折痕或者折叠等影响因素最小化。标准直径24mm的软木塞在压入瓶口前被压缩至14～15mm。无论软木塞长度多少，都要通过调整压塞杆，来确保软木塞的顶部位于瓶口边缘或边缘以下。

大多数750mL的葡萄酒瓶瓶口内径是（18.5±0.5）mm，至瓶口下方4.5cm处不得大于21mm。大部分起泡酒，瓶口内径是（17.5±0.5）mm。因为大部分葡萄酒软木塞的直径是24mm，在压入后仍然保持被压缩6mm。这个压缩水平足够对玻璃产生1～1.5kg/cm^2（98～147kPa）的压强（Lefebvre,1981）。更高质量的软木塞能够产生3kg/cm^2（294kPa）的压强。甜葡萄酒或者含有1g/L以上CO_2的葡萄酒通常需要将软木塞保持7～8mm的压缩。起泡酒常用30～31mm直径的软木塞，以在压缩后对瓶颈的压缩保持在12mm。

过粗的软木塞和过细的软木塞一样都容易引起渗漏。如果软木塞过粗，在压入时会产生褶皱；如果太细，密封可能会太弱。因为瓶口内径通常会随着瓶口向下增大，理想的软木塞长度部分取决于直径增大的程度。4.5cm深度处的最大直径是21mm，这表明直径24mm、中等长度（44/45mm）和较长的（49/50mm）的软木塞在4.5cm处的压缩不超过4mm。这与瓶口处大约6.5mm的压缩形成对比。4.5cm的更深处，大的内径可能导致长软木塞在葡萄酒附近与玻璃瓶的接触非常弱。因此，对于软木塞的密封效果，直径比长度更重要。长软木塞在葡萄酒长期瓶贮过程中对葡萄酒的益处来自于除了软木塞与玻璃瓶接触以外的其他因素。

与葡萄酒接触时的化学惰性是软木塞的显著特点。然而，长时间的裸露能缓慢降低软木塞的结构完整性。因为软木塞对液体的低渗透性，从接触酒的位置起侵蚀会沿软木塞缓慢向上。另外，吸水会让软木塞变得柔软，使其在酒瓶上的附着减弱。因此在高糖和高酒精度的葡萄酒中，附着力减弱的速率更快，长软木塞在密封这些葡萄酒时有特别的价值。因为侵蚀影响软木塞的质地，高密度软木塞对于准备长期存放的酒来说是更好的选择。据估计，软木塞对玻璃瓶的附着力减弱的速度约1.5mm/年（Guimberteau等，1977）。据报道这一作用减少了软木塞对瓶颈的压力，两年内从最初的100～300kPa减少到80～100kPa，10年后接近50kPa（Lefebvre，1981）。这解释了葡萄酒每25年就要重新打塞密封一次的原因。

腔堂略呈圆锥的形状（瓶颈下方18.5～21mm的区间），瓶颈中瓶口下1.5cm处的凸起或凹痕，以及软木的压缩——这些对限制软木塞在瓶颈的相对移动非常重要。对于暴露在极端温度下的葡萄酒，这一点尤其重要，这会引起体积变化，从而减弱密封效果，并使软木塞冲出瓶口。

瓶颈空间存在的氧气和微生物会降低葡萄酒的口感和稳定性，采用充惰性气体和抽真空的方式可以避免这一隐患。

压塞管将木塞压缩,使其直径小于瓶颈的内径,然后压塞头的垂直活塞将压缩后的木塞突然压入瓶颈。软木塞被压缩时的速度要慢,软木塞进瓶的速度要快。慢速压缩是为了防止软木塞被猛烈地压缩,改变回弹率,降低其弹性;快速进瓶,是为了使瓶中气体尽快排出,避免瓶内出现过高正压。

软木塞进入瓶颈之前,应先将瓶颈内的气体抽出,形成负压,这样既可以减少酒的氧化,又利于防止酒的渗漏。软木塞在压塞管中的受力必须均匀一致,软木塞压入瓶颈内的位置应与瓶口持平,不能高于瓶口端面,允许低于瓶口端面1mm左右。

打塞后的酒瓶需要直立24h以上,使软木塞得到充分的弹性恢复。聚合塞封口的葡萄酒不用倒置,根据储存环境的不同,直立和倒置要循环往复进行,这样既能保持软木塞的湿度,增强密封性,又能避免由于软木塞干燥导致的酒质变化。

5. 线上检查

(1)检查酒线位置是否合适;酒瓶瓶颈内壁应洁净干燥,若有液体残留,会影响软木塞密封效果。

(2)酒瓶中心线与打塞机压缩头中心线应保持一致。

(3)检查打塞机压缩头有无损伤,保证打塞器木塞卡具无缺口和破损;打塞机压缩头压缩直径尺寸应控制在15.5~16.5mm。压缩的直径尺寸小于15.5mm时,会损伤软木塞的结构,造成密封失败;大于16.5mm时,软木塞较难压入瓶口,造成软木塞打不平,严重时会打碎酒瓶瓶口。

(4)检查打塞机送料系统是否正常运转,避免软木塞掉渣和被折断的现象发生。

(5)检查真空泵是否正常运转,抽查软木塞与酒线之间的空间压力是否控制在30kPa(0.3bar)以下。若空间压力过大,应调整真空充氮气或二氧化碳系统。

(6)及时清理打塞机压缩头附近的木屑以及从软木塞上脱落的硅蜡。

(7)每天开机按灌装机头数量抽样进行容量检测,不合格及时进行调整,调整后重新抽样检测至合格为止。灌装过程中上午、下午各进行一次容量抽查,每天总计不少于30瓶。

(8)以产品标签上标注的容量为标准容量,20℃时,以30瓶计,平均容量不得低于标准容量,且单瓶酒容量不得低于表6-15中的最大负偏差。

表6-15 单瓶酒容量允许最大负偏差明细表

净含量Q	最大负偏差	
	Q的百分比/%	体积/mL
5mL~50mL	9	—
50mL~100mL	—	4.5
100mL~200mL	4.5	—
200mL~300mL	—	9
300mL~500mL	3	—
500mL~1L	—	15

净含量Q	最大负偏差	
	Q的百分比/%	体积/mL
1L~10L	1.5	—
10L~15L	—	150
15L~25L	1.0	—

6. 灌装中常见问题

（1）**掉渣** 是指在压塞和酒的储存过程中，硅、蜡或软木渣屑从软木塞上脱落到酒中的现象。其主要原因如下：

①夹杂在皮孔内的杂质就可能脱落到酒瓶中。

②当软木塞的湿度过小时，软木塞就变得干燥，打塞时由于受到压缩，软木塞就可能产生渣屑。

③软木塞在储藏、运输、使用中因碰撞和挤压而掉渣。

④压塞机有关零部件如压缩空气喷嘴、滑道、料斗、压缩头等，都可能积聚灰尘并掉到瓶子里去。

⑤软木塞表面的蜡和硅可能在压塞的过程中形成脱落等。

（2）**断塞** 断塞可能发生在压塞的过程中，也可能发生在拔塞的过程中。

软木塞的质量差，皮孔多且孔径大，断塞的概率就会增多。

压塞机瓶子定位装置失控、星轮装置调整超出公差范围、瓶子定位托盘松动或失效等造成压塞头动作的失调，当软木塞倾斜地压入瓶颈时，软木塞会发生弯曲甚至折断。

当软木塞直径尺寸过大，或蜡层紧密地黏附在瓶壁时，软木塞就可能被拔断。为了防止开瓶时把软木塞拔断或拔碎，应该使用合理的开瓶器并采用正确的开瓶手法。

（3）**转塞、窜塞** 当开瓶器旋入软木塞时，软木塞会发生转动，称之为转塞；窜塞是指软木塞在瓶颈中从正常位置发生向上移动的现象。

发生转塞和窜塞的原因：

①软木塞压缩时小于15.5mm，使弹性恢复变得困难。

②硅、蜡量过高，湿度大。

③瓶口内壁呈"V"形（俗称倒把梢）。

④洗瓶后，瓶颈不干，或装酒时酒液飞溅至瓶颈。

⑤温度过高或因酒变质二次发酵，酒体膨胀，使瓶内产生了过大的压力。

⑥酒线过高，气室狭小，造成压力过大使软木塞上移。

防范的措施有：负压打塞、充填CO_2、防止高温储运等。

（4）**密封失败** 是指软木塞打入酒瓶后，没能达到密封效果，发生渗漏。下面这些情况都可能导致渗漏：

①瓶颈内部尺寸、形状不符合技术要求。

②瓶颈内壁不洁净干燥。

③由于设备原因，造成软木塞表面拉伤或起褶皱。

④压缩时软木塞直径小于15.5mm。过分的压缩会破坏软木塞的内在结构，造成回弹性差。

⑤倾斜压塞容易使软木塞弯曲折裂。

⑥压塞时，软木塞温度过低造成回弹性差。

⑦酒线过高、顶空狭小。

⑧打塞后，直立时间不足24h。

⑨天然塞被虫蚀，存在昆虫生活的通道；弹性差（含树表皮的天然塞）；纹理粗糙，表面有褶皱；软木塞湿度低，过于干燥；软木塞密度过小。

⑩储运过程温度过高，造成顶空压力过大。

（5）压塞引起的渗漏　打塞时类似活塞的作用，会把气体压缩密封在瓶颈处，导致顶空压强增大至原来的2~4倍。只要塞子进入瓶颈，软木塞就开始回弹，这种因软木塞弹性给瓶颈带来的压力要达到最大需要几个小时。因此，如果打塞后瓶子被立刻平放或者倒置，顶空的气压会使少量葡萄酒从瓶塞和瓶颈之间渗出。尽管渗漏并不会引起葡萄酒的氧化（Galaghis等，1997），但是它能产生黏着的残渣，为霉菌在瓶口的生长提供营养物质。

渗漏会降低瓶内葡萄酒的体积和高度，导致产品不符合标准的问题；腐蚀铅-锡瓶套，并使葡萄酒中铅含量升高；瓶塞发霉或生长其他微生物；腐蚀包装物和标签；这种现象会带来消费者投诉和对品牌失去信心。

打塞机都具有可产生三重或四重压力的木塞压缩头，如果打塞时机械作用不均匀，则可使木塞产生纵向褶皱。使用良好的设备，这类事故不易出现，但随着设备的磨损，它会越来越频繁。

能保持不漏瓶的良好的封瓶，其压力为0.08~0.15MPa。如果瓶内压力高于这一数值，则易引起漏瓶。

为了避免渗漏，瓶子在打塞后需要竖立放置数小时。这段时间里，被封闭的气体会缓慢逸出或者溶解到葡萄酒里，使瓶内压强在数小时至数天内下降到接近大气压。顶空气压下降的速度取决于软木塞的类型和顶空气体的组成。当采用复合塞（比天然软木塞更硬）时，则打塞后几个小时将酒瓶直立更有必要，同样，若密封气体是空气的话，直立酒瓶也非常重要。空气中78%的成分是氮气，在葡萄酒中的溶解度极低。如果压强没有得到释放，氮气会在平躺放置后持续给葡萄酒和软木塞施加压力。氧气，另一种空气中的主要气体，可以快速溶解到酒中而停止施加压强。

为了减少渗漏，酒瓶在灌装前会用CO_2冲洗（以除去氧气和氮气），或者在局部真空环境中打塞。局部真空（20~80kPa）会使打塞时的顶空正压最小化（Casey，1993）。在真空或CO_2环境下打塞对葡萄酒的好处不仅仅在于减少了类似渗漏现象的发生，而且能减少"瓶中病"的发展，因为这可以除去困于酒瓶中空气里含有的4~5mg氧气，避免了它们被吸收。通过去除氧气，这两种工艺还能显著减慢SO_2的损失。例如，De Rosa和Moret研究表明，真空和冲洗以及单纯的真空，在12个月后能够将SO_2平均损失由28mg/L分别降低到16mg/L和5mg/L。

瓶子容量的差异可能是渗漏问题的另一个来源。如果瓶子的容量比标准瓶小，那么灌装后的顶空体积就会更小。即使用中等长度的软木塞，打塞后，玻璃瓶可能仅剩1.5mL顶空空间。因为葡萄酒在750mL瓶中温度每上升1℃，体积膨胀0.23mL，因此温度迅速上升会快速导致对软木塞压强的显著增加。大部分标准瓶的顶空体积在6~9mL。在这些情况下，如果温度快速上升20℃，顶空气体对软木塞的压力会是原来的两倍。在内部压力高达200kPa（两倍大气压）时可能就会产生渗漏。此时向外的净压开始等于或超过软木塞对玻璃瓶的压力。如果顶空气体只有氮气，或者葡萄酒是甜型酒或是CO_2过饱和时，这一作用可能被增强（Leveau等，1977）。在这样的情况下，由于氮气无法有效溶解到葡萄酒中来，并且CO_2过饱和的葡萄酒对CO_2的吸收缓慢，压强似乎能得以维持。糖分会通过促进软木塞和玻璃间的毛细管作用而增加渗漏。当葡萄酒因为温度的变化而改变体积时，糖分还能加剧10%的体积变化（Levreau等，1977）。瓶口的内径应为18~19mm，离瓶口45mm处的内径应小于21mm。如果瓶颈内径过大，则木塞附着差。最危险的缺陷则为瓶颈部倒圆锥形，即上大下小，这会使木塞很难承受瓶内压力。

最后，软木塞的含水率也会对渗漏造成影响。当含水率在6%~9%时，软木塞在压缩时有足够的柔软度而不会被压碎。该范围含水率的低限值适用于快速灌装线，而高限值则建议用于中速或慢速灌装线。含水率在这个范围内的软木塞也可以充分缓慢地回弹，以使加压的顶空气体在形成紧密的密封前逸出。在更低的含水率时，收缩和压塞可能引起软木塞的破裂或褶皱。在更高的含水率时，更多的气体可能被困在顶空中（Levreau等，1977）。软木是一种特性很不均一的自然产品，即使在同一栓皮栎上，也存在着各种不同的软木。有的结构可使葡萄酒通过与瓶颈接触的很小的褶皱流出；另外，在压塞后也可能被衣蛾侵染，衣蛾会在木塞上挖出小洞。防止的办法是在压塞后立即套上聚乙烯胶帽，在酒窖中使用杀虫剂，在产卵前将衣蛾杀死。

八、葡萄酒的贮运要求

装瓶后的葡萄酒，或者在陈酿库中陈酿，或者套帽、贴标、装箱、进入成品库。它们各自需要不同的贮藏条件。

1. 陈酿要求

陈酿库的温度应保持在12~15℃，湿度为60%~80%。

陈酿库应具有良好的绝热性能，不受蛾的侵袭，以免它在瓶塞上产卵，产生木塞虫。陈酿库中应禁止使用任何带气味的挥发性物质，以免污染葡萄酒。

瓶储期间光线要求暗，弱光，平时电灯熄灭，只在实施操作时，才打开此处的灯。

2. 成品库要求

陈酿结束后，取出的瓶装葡萄酒应首先进行擦洗并保证套帽前木塞顶端干燥。为了防止因木塞顶端潮湿造成套帽后出现塞顶部空间孳生霉菌，建议使用帽顶部有孔套帽，即在胶帽顶部穿刺几个小孔。需要指出的是，国际标准禁止使用含铅热收缩帽。

成品葡萄酒的标签和纸箱最怕受潮，因此，成品库应该干燥、冷凉。

3. 运输要求

按照葡萄酒国家标准的要求，运输温度宜保持在5~35℃；贮存温度宜保持在5~25℃。

无论是在贮藏过程中，还是在运输过程中，都必须考虑葡萄酒所能达到的最高温度。因为，升温不但会引起漏瓶，也会对品质造成不良影响。

航空运输对葡萄酒的影响不大，因为货运舱密封性良好，由高度引起的低压和低温对葡萄酒的密闭性影响很小。对于公路、铁路和轮船的长途运输，温差的变化可能非常大，而且所经历的时间也相对较长，再加上路途的摇动，都会对葡萄酒产生不利影响。所以，如果采用传统集装箱运输，就很难保证运输质量。在这种情况下，应采用绝热集装箱或自动控温集装箱。

第七章

橡木桶
陈酿

第一节 酒窖的设计与管理

一、酒窖的设计

橡木桶陈酿是改善葡萄酒质量、形成白兰地质量的重要环节。酒窖是放置橡木桶和贮藏瓶装酒的场所。在设计酒窖时，既要考虑美观，又要考虑酒窖的功能及建设成本。

酒窖不应受恶劣气候及剧烈环境变化的影响，要保持适当的温度和湿度。

理论上，225L"运输型"橡木桶占地面积为0.63m²（长0.91m，直径0.60~0.69m），实际上可达1~1.3m²，可以把橡木桶堆放5~6层。另外，至少要留1.2m宽的通道，如果使用叉车，需要的宽度为3.50m。橡木桶存放高度超过3层时，则需要使用人行桥。

传统的做法是将橡木桶在酒窖中逐行排列，在托架上堆放1层或2层，托架的材质为原木或金属。堆放的高度不宜过高，否则不便操作。

也可以采用管状和组合结构的垂直存放法，这种方法适于木桶的存放和搬运，高度可达7层（在第3~4层间需要有人行桥）。木桶交错排列，存放在滚架上，便于单独处理和移动木桶。当搅拌木桶中的酒泥时，不用搬运，只需转动木桶即可，这时，需要采用气密塞孔。

二、酒窖的内部设施

1. 设施与工具

放置橡木桶的酒窖必须配备清洗点和专用工具。

在橡木桶清洗点，应配备热水（>80℃）和冷水高压水枪（400~500kPa）。如果做不到需用旋转水龙头在橡木桶内旋转，使冲洗能够到达整个内表面。

室内应配备排水系统和干燥橡木桶的托架。对橡木桶进行SO_2处理时，必须保证通风良好。SO_2吸收器能够保护操作人员在装桶时不会嗅到从处理过的木桶中散发出来的硫味。

在大多数小型酒窖，清洗均采用手工操作，由酿酒师决定冲洗时间。清洗站应有标准化的清洗程序和适当的"冷水""热水"，自动完成"排放""提升"和"降低"等各种操作，从而使劳动强度、安全性和重复使用性得到改善。

清洗站包括有立体旋转功能的喷头和真空架等设备，能够现场清洗木桶。其他专用工具包括手推添酒车、临时储存葡萄酒的容器（小罐）、排放管、添加罐、惰性气体罐、各种类型的泵。凸轮泵和蠕动泵更适于各类橡木桶，操作过程中损失少，此类泵配备有快速自动停止系统。

2. 温、湿度控制

一些大型酒窖，则配备有橡木桶自动清洗装置，每天清洗数百只橡木桶。

（1）温度 要根据所酿造的葡萄酒类型及其预期变化，有计划地控制酒窖温度。恒温陈酿（例如12~14℃）会减缓葡萄酒的变化。

在陈酿的第1个冬季，将葡萄酒冷却到5~10℃有利于酒石酸盐和不稳定色素的快速沉淀。之后，温度不应超过20℃，否则，花色素会遭到破坏，单宁干化，微生物活动增加。18～19℃的温度有利于化学反应的进行，一旦超过此温度，会使某些化学反应异常，引起"煮熟"味或"氧化"味。

在整个第2年，红葡萄酒的温度变化不宜太大。此时，大部分沉淀已形成，而澄清之后，夏季过高的温度会加快不良酚类物质的变化。理想的温度范围在12～15℃，如果葡萄酒的pH高于3.8，环境温度应控制在16℃以下。

（2）湿度　对酒窖的湿度控制应该保证酒液不会过度蒸发。干燥的环境会促进蒸发，但如果酒窖水分饱和，酒精更容易蒸发损失。

应该将酒窖的相对湿度保持在75%～90%。夏季，空调系统难以产生足够湿的新鲜空气，可以把空调湿度调节在80%～85%。

（3）通风　对于封闭的空间，必须保证足够的通风。最好100%地更换环境空气。当外部温度和湿度适宜时，自动进行通风。

对于陈酿2年或长期陈酿的葡萄酒，应该采用不同类型的酒窖：

第1年，在湿度为80%～85%、温度低于18℃的酒窖陈酿能够取得令人满意的效果；

第2年夏初，将橡木桶转移到第2个酒窖，需要保持90%的湿度和12～16℃的温度。

3. 建筑材料

（1）外层材料　随着葡萄酒产业的快速发展及人们对健康的追求，对葡萄酒卫生的要求更接近于食品工业。内部使用的材料必须便于清洗（表面平滑、可冲洗、无接点）。污水排放系统和供电系统也必须安全，方便清洗，便于操作。

（2）屋顶结构　长期以来，木材一直被认为是与酿酒业密切相关的天然材料。许多屋顶结构均使用木材或胶合板。

用木材建造酒窖或附属物时，应保证不含有机氯。从卫生角度考虑，木材不容易清洗。

钢材是工业厂房屋顶最常用的材料，经济，易于安装，操作方便。

混凝土成本较高，使用不方便，但其防火和绝缘性能优于钢材。对于存放橡木桶的拱形地窖，很适合使用混凝土预制板结构。

对大多数陈酿酒窖，地面覆盖层由混凝土地面或石板地面组成。在此环境中，必须设计斜坡和排放系统，以便于清扫，并根据地面特性决定进行何种处理。

水泥涂层可以采用三种工艺：

①带硬填充料喷洒的、可擦洗的混凝土层（10～15kg/m²）。

②坚固的内置石板，在新混凝土上抹5～10mm厚的砂浆。

③嵌入6～8cm厚的坚固石板。

在任何情况下，最小厚度应达到5mm，最小摩擦系数要达到0.30［根据法国国家安全性研究所（INRS）计算］。

瓷砖地面具有良好的抗磨性、抗腐蚀性和抗热性。

天花板的选择标准相同，首先是隔热性能。

混凝土石板主要用于地下场地或多层建筑物。

瓦屋顶需要考虑内表面有绝缘材料衬里的瓦支架。

对于防水、绝缘的工业厂房屋顶，瓦屋顶的底面由屋顶承重板组成，必须刷上珐琅质光漆。从内表面可以看到的末梢螺钉（丝）能够起到调节防水和绝缘的作用。当场地潮湿时，建议采用暗黏合漆等。在屋顶下面，可以用夹层板作天花板。

设计时，首先要确定各种设备的瞬间需求（流量、耗电量）以及清洗所消耗的水量。瞬间需求总量决定最大生产水平，要从中扣除增加设备的因素。然后确定生产设施的选型（变压器和锅炉房的功率，收集器直径等）。事实上，酒窖的大多数工作都具有时间性，各个系统并不同时使用，因此，没有必要配备过大的能力。例如，对于电力系统而言，系数变化范围在0.5～0.9即可。

同时，尽可能准确地确定系统的运行和工序的连续性，例如，灌装线不可能与发酵期间使用的冷却系统同时进行工作。另外，还要考虑可能增加的活动或技术进步，而且必须执行有关系统质量的规范。

对于各种管网（热/冷水、空气和气体），建议使用不锈钢管，增加费用大约10%，使用寿命长，维修次数少。

工业照明的理想选择是灯罩为聚碳酸酯（无玻璃）的防水荧光灯。开始安装时，必须考虑维修通道。

张裕百年地下大酒窖见图7-1。

图7-1　张裕百年地下大酒窖

张裕-卡斯特酒庄地下大酒窖见图7-2。

图7-2　张裕-卡斯特酒庄地下大酒窖

三、酒窖的卫生控制

1. 确定危险源

陈酿过程中，导致葡萄酒污染的途径主要有：

①板材干燥不够充分，会产生"苦味""木屑味""木板味"或"霉味"。

②橡木桶存放和维护不当会引起醋酸菌的繁殖，产生醋酸和醋酸乙酯。

③对酒窖与橡木处理会产生氯苯甲醚，引起葡萄酒的霉味。

④用密封不好的容器中的酒添桶会对所添桶的酒造成污染。

为了避免在橡木桶中陈酿的酒出现问题，必须严格保证良好的卫生条件，控制温度（低于18℃），定期调整游离SO_2的含量，并要防止葡萄酒中乳酸菌和酒香酵母的繁殖。

另外，一些新技术的使用也会带来一定的风险：微氧作用会促进好氧微生物的繁殖；由于酵母的自溶作用，带酒泥陈酿产生的营养物质，能够为微生物的繁殖提供物质条件。

2. 卫生原则

（1）**鉴定污染类型** 基本的污染源是产品（葡萄、葡萄醪、葡萄酒、酒泥等）在表面的残留物。污染点可能出现干燥、结晶、氧化现象，并成为微生物的生长点。

无定形结构的污染物是酚类、多糖等有机化合物；晶体结构污染物是无机化合物酒石酸盐；无机沉淀可能成为有机污染物的载体；在大多数情况下，微生物会出现或隐藏在结垢的凸出部位。

微生物污染主要包括：

①酒窖中存在的念珠菌属、汉森酵母等具有使残糖再发酵的可能。巴杨酵母属（或德克酵母）会产生与汗臭味有关的特征性酚类。

②当存在微量残糖时，某些乳酸菌株，如有害片球菌（*Damnosus pediococcus*）繁殖产生乳酸病，使葡萄酒变黏，出现酸味（酒石酸转化）或苦味（甘油降解）。

③醋酸菌产生醋酸和/或醋酸乙酯。

如果清洁不彻底，墙壁、天花板和地面上的微生物会出现"霉味""泥土味"或"蘑菇味"等化合物。

与环境有关的其他外部成分也会成为污染源，例如：烟、灰尘、油脂。这些污染源产生于某些设备或生产过程，例如，含有纤维玻璃成分的塑料桶会释放苯乙烯及引起苦杏仁味的环氧树脂，清洁产品和消毒产品的错误使用，清洗不充分，或使用污染的水等也会带来污染。

（2）**水** 通常，用于清洁和/或消毒的产品浓度为1%~5%。清洁/消毒剂所需的水必须是优质水。水的硬度（°T.H.）与水中所含的钙、镁原子总量成比例：1°T.H. = 10mg $CaCO_3$/L。

（3）**表面性质** 光滑的表面，可清除的成分以及适宜的材料（不锈钢、树脂等）能够增强产品的有效性。而洞穴、凹凸或粗糙的表面（粗糙的水泥面、木面）会使清洁过程更加困难，因为，污染物可以附着在任何粗糙面上。

（4）**清洁产品的特点** 保持或分散能力，即保持污染物悬浮的能力，能够在硬水中使用，具有碱性特征和使无机产品溶解的能力，溶剂可以是天然油或其他类型的油。

湿润能力：表面活性剂的存在，可以使疏水污染物（油、脂肪）随细胞壁溶解。

消毒能力：对微生物具有广谱作用。

理想的消毒产品应该具有：广谱的效果、不腐蚀设备、润湿、乳化，具有高分散力（抗再沉淀），易于通过冲洗清除，保证用户安全（表7-1）。

通常需要连续使用两种产品清洁消毒。好的消毒剂也许只对清洁表面具良好的消毒效果。选择清洁产品时，必须考虑：污染物的性质、需要清洗表面的性质（使用的清洁剂必须呈惰性）、水及其硬度、清洗技术（人工清洗）。使用的清洗产品必须无香、无味。

表7-1　污染类型与消毒剂选择

污染物类型	选择使用的产品
新鲜有机污染物	中度碱，含氯碱
干燥、烘烤的或碳化的有机污染物	强碱
有机着色剂	氯化碱，过氧化物
无机油脂	溶剂
无机污染物	酸
微生物污染物	消毒剂

在酒窖中，禁止使用氯化类和溴化类清洗有机材料（例如木材），以防出现有机卤代分子，这些分子会引起"霉味"。

最好使用过氧化氢，它具有广泛的杀菌作用，是高效氧化剂。其作用不可逆转（彻底消除微生物对环境的适应性）。

（5）清洗方法　通常的步骤是：刮表面、润湿、清洁、润湿、消毒、冲洗。

应定期清洗，如果可能，每次使用后进行消毒。另外，装桶时使用的龙头也会传播微生物。在100～200L容器上安装简单的环路（取决于管道尺寸）会起到良好的清洗效果：用苛性碱溶液清除有机污染物；进行良好的冲洗使其回复到中性；使用酸溶液清除酒石；冲洗，排放，晾干。

第二节　橡木桶对葡萄酒质量的影响

一、橡木桶陈酿的作用

橡木桶是葡萄酒生命的摇篮，没有橡木桶的呵护，葡萄酒不会有如此的生命力。橡木桶会给葡萄酒带来如下作用。

1. 促进澄清

葡萄酒在橡木桶中陈酿比在罐中陈酿澄清度更好，在橡木桶中，葡萄酒对外界温度更敏感，其中含有的盐、悬浮粒子和色素物质更容易通过冬天的低温而沉淀。

2. 浸提橡木物质，增强酒的风味复杂性

（1）让葡萄酒的挥发性物质种类增加，香气更加复杂　橡木内有许多酯类、酚类和醛类物质，让葡萄酒的风味更加复杂。橡木中的主要组分及其衍生的风味化合物如表7-2所示。

表7-2　橡木的主要组分及其衍生的风味化合物

橡木主要组分	衍生的风味化合物
半纤维素	5-羟甲基糠醛，糠醛，麦芽酚，5-甲基呋喃醛，环戊烯，醋酸，木糖，葡萄糖，树胶醛糖，鼠李糖，果糖
木质素	香草醛，丁香醛，松柏醛，香草酸，芥子醛，丁香酸
橡木单宁	栎木鞣花素，栗木鞣花素，鞣花酸，五倍子酸
其他酯类	东莨菪内酯，顺式橡木内酯，反式橡木内酯
炭烧物（来源于木质素）	苯酚，愈创木酚，邻甲酚，乙基愈创木酚，对甲酚，丁香酸

表7-3中列出了橡木中的主要成分与香气特点及其来源。

表7-3　橡木的主要成分与香气特点及其来源

化学名称	相关的风味	来源
反式-2-壬醛	新木味	
2-壬醛	腐臭味，树干味	风干缺陷
3-辛酮	湿尿布味	
甲基辛内酯	可可，椰子	
丁香酚	丁香	
香草醛	香子兰	
呋喃醇	焦糖	橡木和加热产生的香气
羟甲基糠醛	烤面包	
二甲基吡嗪	烤杏仁	
三氯苯甲醚（TCA）	霉味	
四氯苯甲醚（TeCA）	霉味（阈值20~35ng/L）	
五氯苯甲醚（PCA）	霉味，但比TCA和TeCA弱	杀虫剂引起的污染缺陷（来自木材、橡木、木板或酒窖）
三氯苯酚（TCP）	无味，由霉菌转换成TeCA	
四氯苯酚（TeCP）		
五氯苯酚（PCP）	含有杂质的TeCP类杀菌剂、杀虫剂。无味，但霉菌的分解产生PCA	

化学名称	相关的风味	来源
土臭素（Geosmin）	混合肥料，灰尘	微生物引起木桶或葡萄酒污染
乙烯基愈创木酚	康乃馨，丁香	
乙基愈创木酚	烟熏，烘烤过的木材	
乙基酚	马味，马厩味，皮革	
硫化氢	由于还原引起臭鸡蛋味。应避免这种橡木桶陈酿带来的无法挽回的缺陷	陈酿缺陷（氧化或还原）
硫醇	洋葱（还原）	
葫芦巴内酯（Sotolon）	胡桃，咖喱（氧化）	
焦谷氨酸乙酯	蜂蜜（白葡萄酒的氧化）	
羟基谷氨酸	巧克力（醇香）	

不同类型的木桶产生的风味不同。一些化合物来自橡木本身，例如，新鲜橡木中的甲基-辛内酯（顺式-橡木内酯、反式-橡木内酯）、鞣酸单宁、丁香酚、香草醛等；而另外一些化合物则与木桶的制作工艺（风干、烘烤等）有关，如呋喃类、酚醛等。

β-甲基-γ-辛内酯有四种对映体，分别是两种几何异构体和两种光学异构体，由复杂的多聚体分解产生。顺式异构体具有泥土味、明显的青草味和一定的可可味，香气是反式异构体的4~5倍，后者不仅仅有可可味，而且有明显的香料味。超过一定浓度后，过量的这种内酯对葡萄酒的香气有副作用，产生强烈的木头味和树脂味。

丁香酚是主要的挥发酚，具有丁香或橡胶的典型香气。

香兰素是橡木桶赋予葡萄酒橡木味和香草味的主要物质。

反式-2-壬醛在不同橡木之间的浓度变化很大，在木桶陈酿过程中，葡萄酒获得的木板味与反式-2-壬醛和1-癸醛有关，这种风味主要来源于未风干的橡木，可以通过对木桶内壁更强烈的烘烤而减弱。

通常，美国橡木的主要风味是椰子和香兰素，一些酿酒师认为其缺乏优雅度；而法国橡木纹理较细，一般具有较高的香味潜力和相当低的可浸渍鞣酸单宁，香气更细腻、平衡，能缓慢释放出化合物，更适合于长期陈酿（12个月以上）。

橡木经过烘烤衍生出一系列的呈香物质，也能增强橡木内一些不明显的香味，如泥土、香草、香料、烟熏、苦杏仁、焦糖等味道。

橡木重度烘烤会产生烤面包味和焦糖味。在加热过程中，具有涩味和橡木（板）典型风味的鞣酸单宁含量降低。所以，结构简单或不太浓郁的葡萄酒更适合采用能尽可能多地分解橡木单宁的重度烘烤。

中度到重度烘烤是最普遍的加热方法，对桶底的加热可以增加短期陈酿橡木桶的橡木香气。

此外，如果在橡木桶内发酵（如苹果酸-乳酸发酵），这些橡木成分经过橡木、细菌的作用还产生皮革、肉类、咖啡、丁香等风味。这些橡木带来的风味，很多都被传递到酒液中，增加了葡萄酒的风味复杂性。

（2）让葡萄酒的酒体更加厚重，口感更加圆润 橡木含有一定的水解单宁，可与来自葡萄酒中的单宁相互凝聚，使得酒体更加醇厚。它们在葡萄酒中对氧化的敏感性和颜色的稳定性方面起到一定作用。某些类型的橡木（利穆森产区橡木）会迅速释放出大量单宁，而另一些类型的橡木则缓慢适度地释放（法国橡木和来自东欧、中国的橡木）单宁。

橡木的特殊组织结构使它具有一定的防渗功能，也有一定的透气功能。葡萄酒装进橡木桶里能让葡萄酒产生适度的氧化作用，从而加速葡萄酒的熟化进程，鞣花单宁让葡萄酒的口感变得圆润顺口。

橡木桶对香气和滋味的贡献可以通过调整橡木桶，尤其是新橡木桶中葡萄酒的比例来实现；其次，是橡木类型、橡木桶的制作方式（烘烤程度）及酒在橡木桶中的陈酿时间。

3. 改善颜色

在红葡萄酒陈酿过程中，会发生影响颜色、澄清度、悬浮物及酚类结构变化（单宁的软化）的稳定化反应，同时，香气也在发育。木桶陈酿有利于这些反应的发生。

葡萄酒在橡木桶内会进行微氧成熟，同时酒中的单宁和色素也会结合成大分子沉淀下来，葡萄酒的颜色随之改变。经橡木桶陈酿的红葡萄酒颜色会变得比之前还要淡，色调偏橘红色；相反地，白葡萄酒经橡木桶陈酿后颜色变深，色调偏金黄色。

由于控制性的氧化作用，游离花色苷的浓度降低，单宁的结构不断变化。与在惰性容器中陈酿的酒相比，橡木桶陈酿10个月后，葡萄酒具有更好的颜色，这种颜色在瓶贮过程中更稳定，香气更加诱人，单宁经软化后更加柔顺。

另外，橡木中的鞣酸单宁在葡萄酒中迅速溶解，三个月后达到最大值，约为100mg/L，在水解和氧化反应后，溶解和分解达到平衡，它的含量降低。这些化合物吸收氧气，因此，可以保护其他酚类物质；它们还能促进花色苷和单宁酸间或香气物质间的结合。

4. 提高葡萄酒的陈年潜力

橡木中含有一定量的单宁酸，在葡萄酒的陈酿过程中，橡木中的单宁也慢慢地渗透到葡萄酒当中，增强了葡萄酒的骨架，使葡萄酒更具结构感。同时能增强葡萄酒的抗氧化能力，从而提高了它的陈酿潜力。

由于橡木单宁过于强烈，浸渍过多，会使酒变得平淡、干涩。富含酚类物质的葡萄酒适于采用橡木桶陈酿，特别是含有优质单宁，且单宁与花色苷之间具良好的平衡。例如，在法国波尔多地区，优质红葡萄酒中理想的单宁含量是2～3g/L，花色苷含量大于500mg/L。

造成橡木桶陈酿葡萄酒中橡木风味差异来源有：

（1）橡木种类（纹路粗糙/细腻，侵填体，化学物质，髓射线）。

（2）地理来源（生长速率，春材和夏材的比例）。

（3）树干沿长方向的位置。

（4）干燥/风干的方式（自然条件干燥，窑干）。

（5）橡木桶的生产类型（蒸，烤）。

（6）烘烤度。

（7）橡木桶使用前的调控状态。

（8）木桶尺寸，陈酿时间，地窖条件。

（9）重复使用（有没有刨木或者重新烘烤）。

二、橡木桶来源对葡萄酒质量的影响

全球橡木品种超过400种，但是用于葡萄酒与烈酒酿造的橡木则只有少数几种，包括白栎、无梗花栎和夏栎等。不同产地、品种的橡木桶之间风味也有所区别。而酿酒师使用什么桶，不仅影响成本，更重要的是会影响葡萄酒的风味。

1. 法国橡木

在法国，橡木主要来源于4个主要区域：利穆森、法国中部、勃艮第和孚日山脉，这些区域分布着2个主要的树种：有柄橡木和无柄橡木。

有柄橡木主要生长在利穆森、勃艮第和法国南部，其中主要来源于利穆森，在石灰黏土和丰富的花岗岩土壤中，生长着标准的矮叶林。它们具有高的可浸提多酚含量和相对低的香味化合物。

无柄橡木主要生长在法国中部和孚日山脉，在贫瘠的黏硅土上生长着高大的橡树，年轮狭长，纹理致密。它们一般具有较高的香味潜力和相当低的可浸提鞣酸单宁。

橡木每年有春季和夏季两次生长期。橡木的生长速度越慢，纹理就越紧密。在气候比较凉爽的欧洲，橡木纹理会相对紧凑。法国橡木的纹理紧密，木质更细腻，因此单宁偏向柔和，对葡萄酒香气的影响含蓄，能带来复杂、有结构的口感，喝起来更加细腻平衡。整体来说，法国橡木桶对葡萄酒的影响比较"轻柔"。

法国橡木桶的制造工艺主要采用自然风干法，让橡木自然地除去其苦涩的酚醛树脂，并达到合适的干燥程度。使用法国橡木桶的葡萄酒有较多的咖啡、香料、烟草及烤吐司香气，风格偏向优雅。地理起源对自然风干橡木成分差异如表7-4所示，如利穆森橡木中总酚和单宁含量等可浸出物含量高；法国中部和孚日山脉橡木中甲基-辛内酯含量较高等。

在法国橡木中，年轮的纹理密度小于1.5mm时才会用来制作陈酿最顶级葡萄酒的橡木

表7-4　地理起源对自然风干的法国橡木成分的影响（Chatonnet，1995）（$n=7$）

成分	地理起源			
	利穆森	法国中部	勃艮第	孚日山脉
总可浸出物/（mg/g）	140	90	78.5	75
总酚（OD_{280}）	30.4	22.4	21.9	21.5
色度（OD_{420}）	0.040	0.024	0.031	0.040
儿茶单宁/（mg/g）	0.59	0.30	0.58	0.30
鞣酸单宁/（mg/g）	15.5	7.8	11.4	10.3
甲基-辛内酯/（μg/g）	17	77	10.5	65.5
愈创木酚/（μg/g）	2	10	1.8	0.6

桶，这种最高品质的桶可以为酒带来细腻的单宁以及优雅的香气，陈酿葡萄酒的时间也会更久。另外，法国橡木的生长期更长，纹理紧密但气孔多，所以在加工的时候必须沿着纹理手工劈开，无法用机器来加工，也使得制作成本增加。最便宜的法国橡木桶价格也需要400欧元/个左右，高品质的桶多在1000欧元/个以上。

2. 美国橡木

美国橡木主要是白橡（*Quercus alba*），广泛分布在美国的18个州，以密苏里州（Missouri）以及宾夕法尼亚州（Pennsylvania）为主。

美国白橡有丰富的半纤维素，经烘焙后会分解成木糖，进而生成焦糖。美国橡木的内酯类物质较丰富，因此热带水果风味相对突出，赋予葡萄酒的香气也更加浓郁。如表7-5所示，它具有低浓度的酚类物质和高浓度的芳香物质，尤其是甲基-辛内酯，能强烈影响所陈酿葡萄酒的风味。

表7-5　不同植物起源橡木成分的变化（Chatonnet，1995）（*n* = 10）

成分	植物起源		
	有柄橡木	无柄橡木	美国白橡木
甲基-辛内酯/（μg/g）	77	16	158
丁香酚/（μg/g）	8	8	4
香兰素/（μg/g）	8	6	11
总可浸出物/（mg/g）	90	140	57
总浸出多酚（OD_{280}）	22	30	17
鞣酸单宁/（mg/g）	8	15	6
儿茶单宁/（μg/g）	300	600	450

注：用稀酒精溶液为介质提取的化合物。

在温暖的美国，橡木纹理则比较宽松，通常橡木桶的年轮纹理>2mm。因此美国橡木桶桶储出味更快，单宁偏厚实，香气要浓郁奔放得多，但把握不好很容易导致橡木味盖过果味。

美国橡木桶主要采用人工的方式烘干，因此相比法国橡木桶，烘烤烟熏风味会更重，例如巧克力、焦糖等强劲香味。使用美国橡木桶陈酿的葡萄酒最大特色就是拥有浓郁的香草、椰子和烤奶油香气，有相当迷人的甜味，还会有奶油的口感。在美洲橡木桶中葡萄酒色素稳定（花色苷多聚体的形成）比在法国中的快。

美国橡木密度高，通气孔少，在加工时可以直接锯开，出材率远高于法国橡木。成本比较低，价格大概在200~400美元/个。

3. 东欧橡木

东欧橡木产地主要是匈牙利、斯洛文尼亚、俄罗斯等地，所采用的橡木也是属于欧洲栎（*Quercus robur*），密度介于法国橡木与美国橡木之间。

东欧橡木和法国橡木有稍许不同，比如具有比较低的单宁。橡树生长速度比较慢，体积更小，创造良好的木纹和极其细微的提取物质。研究表明，它的半纤维素分解更容易，形成了不同系列的烤面包的香味。如匈牙利和斯洛文尼亚橡木的特点是风味较淡，对葡萄酒的影响更加轻柔，口感更柔顺，能突出葡萄酒自身发展出来的香气。

早期法国的葡萄酒基本上都是选用来自匈牙利的橡木桶熟成，直到20世纪因战争及政治原因，法国人才开始在本国发掘优质的橡木自己制作。

东欧橡木购买来自政府控制的森林和私人土地。虽然原木成本比较低，但由于比较低的产量，价格大概为400～600欧元/个，价格要低于法国桶。但因制作成桶后所带来的香气与法国桶较为相似，坚果味会稍微浓郁一些，所以许多酒庄都非常乐意选用产自东欧的橡木桶，甚至许多意大利的产区还一直保留着使用东欧橡木桶的传统。

4. 中国橡木

我国约有51种栎属植物，广泛分布于自辽宁或黑龙江以南至西南、华北各省，主要树种有栓皮栎、麻栎以及槲栎等。这些栎属植物与欧美橡木的结构和成分具有相似性，国内已有多家以国产橡木为原料生产橡木制品的企业。

在中国橡树中，能够制作橡木桶的橡树种类主要是蒙古栎和辽东栎，其结构与欧洲橡树相似。近年来张裕公司研究结果表明（表7-6和表7-7）：蒙古栎中的鞣花单宁、总酚含量、反式橡木内酯和鞣花酸以及没食子酸的含量与美国橡木较为接近，且顺、反橡木内酯之间的比值为6.6±1.5，也与美国橡木近似，而顺式橡木内酯的含量显著低于美国橡木，但与法国橡木接近，蒙古栎与欧美橡木相比具有自己的特点，适合制作橡木桶；而辽东栎中单宁和橡木内酯含量较低，而香草醛、愈创木酚等物质在烘烤后相对较多，可以给葡萄酒带来香草和烟熏风味。

表7-6　不同品种橡木中挥发性成分的含量　　　　　　　　　　　单位：μg/g

化合物名称	法国橡木	美国橡木	蒙古栎	辽东栎
顺式橡木内酯	26.4±5.1[b]	42.1±6.3a	22.6±6.2[b]	14.8±2.1[c]
反式橡木内酯	24.8±4.6[a]	6.5±1.1[b]	4.4±0.5[bc]	2.1±0.3[c]
顺反橡木内酯比值	0.9±0.3[b]	7.0±1.3[a]	6.6±1.5[a]	8.1±1.0[a]
丁香酚	3.5±1.0[ab]	4.7±1.7[ab]	6.2±2.2[a]	2.4±0.5[c]

注：不同字母表示差异显著（$p<0.05$）。

表7-7　不同品种橡木中低分子酚类化合物的含量　　　　　　　　　单位：mg/kg

化合物名称	法国橡木	美国橡木	蒙古栎	辽东栎
鞣花酸	316.0±51.5[a]	156.3±37.2[b]	135.6±16.5[b]	85.2±11.4[c]
没食子酸	66.3±15.2[a]	40.4±8.6[bc]	46.8±11.4[b]	26.5±9.2[c]
香草酸	4.8±1.3[ab]	2.7±1.0[c]	5.4±1.8[a]	3.2±0.7[bc]
丁香酸	6.5±1.8[ab]	4.2±1.4[b]	7.8±2.7[a]	5.1±1.6[b]
阿魏酸	nd	nd	nd	nd
香草醛	5.7±1.7[b]	8.6±2.3[a]	6.9±1.4[ab]	5.4±1.6[b]

续表

化合物名称	法国橡木	美国橡木	蒙古栎	辽东栎
丁香醛	9.5 ± 2.9^{ab}	13.4 ± 1.8^a	11.7 ± 2.1^a	7.6 ± 2.5^b
松柏醛	2.5 ± 1.0^{ab}	1.5 ± 0.6^b	2.8 ± 0.8^a	1.9 ± 0.4^b
芥子醛	4.1 ± 0.8^a	2.6 ± 0.6^b	3.2 ± 0.9^b	3.7 ± 0.5^{ab}
总量	452.0 ± 127.6^a	269.9 ± 46.3^b	246.4 ± 75.4^b	133.6 ± 38.2^c

注：不同字母表示差异显著（$p<0.05$），nd表示未检测到。

目前欧洲人已经将来自于特定区域的橡木与葡萄酒形成了传统的联系。例如，西班牙葡萄酒商习惯性选择美洲橡木桶，然而法国的生产商则倾向于选择来源于本国的橡木，澳大利亚葡萄酒多喜欢选择美国橡木。虽然橡木香气与葡萄酒中存在的香气之间的匹配是较为主观的，但橡木桶中发生的化学变化过程可能促成了酿酒师对橡木桶的选择。相同的酒在原产地、风干、烘烤或者生产工艺不同的橡木桶中陈酿相同时间而产生的感官风味是不同的。

因此，法国橡木桶、美国橡木桶、东欧橡木桶及中国橡木桶并没有优劣之分，使用哪种橡木桶取决于酿造师希望酿造出什么风格的葡萄酒。如果你喜欢风格优雅细腻的，可以选择法国桶陈酿的葡萄酒，喜欢香气浓郁奔放的，可以选择美国桶陈年的葡萄酒。

三、风干条件对葡萄酒质量的影响

风干橡木的湿度应该接近周围空气的湿度水平，在温带区域为14%~18%，以确保橡木的机械强度。因此，橡木在使用之前，必须采取自然风干或人为干燥。

自然风干需要花费几年的时间，通常21mm的桶板需24个月，28mm的桶板需36个月。这样的时间能够得到适于葡萄酒陈酿和质量改善的木板，而且风干应该在露天的水平面上进行。据估测，橡木风干的速度每年约为10mm。

随着木头的风干，橡木浸渍的溶液涩度减少、颜色变淡。提取物的数量，尤其是鞣酸单宁的含量降低，这种降低主要影响水溶性单体和寡聚体，而不溶于水的聚合形式只有在持续风干3年以上才会降低。鞣酸单宁的降低是由于化学和酶的水解作用及其自身的氧化作用。

风干过程中发生的变化主要有：

木质素的氧化，酸解后的残留物（长时间与水、空气和溶解态有机酸接触）导致少量的酚醛和挥发酚释放，其中，丁香酚和香草醛的气味最大，但浓度仍低于加热时的浓度（贡献最终数量的20%~30%），最终出现香草醛和丁香香气。

顺式甲基-辛内酯含量增加，其前体物质的分解（类酯及五倍子或鞣酸等酚酸）产生能自然转成内酯的3-甲基-4-羟基-辛酸。顺式前体物质缺乏稳定性，更可能被水解成有味的顺式辛内酯，产生椰子香气。

具有苦味的糖苷态香豆素（尤其是七叶内酯）转化成有甜味的糖苷配基状态，苦味酚类物质的含量降低。在红葡萄酒中，糖苷态香豆素的检测阈值仅为3μg/L。

鞣酸单宁水解，低聚物滤出，涩味和可提取颜色降低。

综上，自然风干会引起各种芳香化合物浓度的增加：木质素分解产生丁香酚、丁香酸、香草醛及β-甲基-γ-内酯的异构体，其顺式形式有香味，比例更高。

人工干燥包括将裂开的橡木在通风的干燥炉上，在40～60℃条件下干燥1个月，可以显著降低干燥时间，不会改变橡木的物理结构，而且会减少投资。但这种干燥对橡木化合物的发育有一定的影响。与自然干燥的木头相比，烘炉干燥的木头有较高的涩味单宁和苦味香豆素。它含有较少的丁香酚、香兰素及较多无味的反式甲基内酯（表7-8），有时会产生令人不愉快的滋味和香气（树脂味），并且芳香潜力较低。

表7-8　人工干燥对橡木香气物质和酚类化合物的影响（Chatonnet，1995）

成分	干燥方式			
	利穆森		法国中部	
	自然风干	人工干燥	自然风干	人工干燥
总可浸出物/（mg/g）	135	145	90	113
总浸出多酚（OD_{280}）	30.4	31.2	22.4	27.2
颜色（OD_{420}）	0.040	0.038	0.024	0.030
儿茶素/（mg/g）	0.59	0.56	0.30	0.60
鞣酸单宁/（mg/g）	15.5	17.2	7.8	11.9
顺式-甲基辛内酯/（µg/g）	12	0.85	77	25
反式-甲基辛内酯/（µg/g）	4.5	0.22	10	124
愈创木酚/（µg/g）	2	0.3	8	4
香兰素/（µg/g）	11	0.5	15	0.3

注：稀酒精溶液提取的化合物。

四、橡木桶烘烤对葡萄酒质量的影响

烘烤给予橡木桶最终的形状，同时，能够调整橡木的结构和成分。

橡木桶烘烤的主要参数包括：加热的热源类型（木头、汽和电）与强度，木桶顶部是开放的还是封闭的，加热的均匀性和最终的温度、时间（木头烧焦和出现疱状的风险），给木头加湿的频率及其颜色改变的程度。

通过对烘烤橡木浸渍物的分析显示（图7-3）：鞣酸单宁尤其在经过中度烘烤之后分解，与栎木鞣花素（Castalagin）、栗木鞣花素（Vescalagin）（163℃）和没食子酸（250℃）混合物的溶解温度有关。

橡木烘烤会形成多种挥发性化合物，如表7-9和表7-10所示。首先，多糖的热降解产生呋喃糠醛（它主要来源于半纤维素）。最终的产物包括：糠醛、具烘烤坚果香气的5-甲基糠醛和无味的羟甲基糠醛。葡萄酒中的呋喃醛含量低于感官阈值，所以不会使橡木桶陈酿的红葡萄酒产生焦煳味。烘烤也能产生具有焦糖烘烤味的烯醇化合物（环烷、麦芽酚和异麦芽酚），这种焦糖特性来源于以含氮化合物形式存在的己糖，它们的感官作用大于呋喃醛。

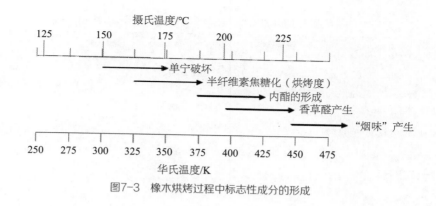

图7-3 橡木烘烤过程中标志性成分的形成

表7-9 烘烤强度对橡木中酚类提取物和呋喃醛形成的影响（Chatonnet，1995）

成分	烘烤强度			
	未烘烤	轻度烘烤（LT）	中度烘烤（MT）	重度烘烤（HT）
总浸出多酚（OD_{280}）	17.5	17.2	15.3	13
鞣酸单宁/（mg/L）	333	267	197	101
没食子酸/（mg/L）	20	103	9.8	2
鞣酸/（mg/L）	21	18	13.8	13.7
糠醛/（mg/L）	0.3	5.2	13.6	12.8
5-甲基糠醛/（mg/L）	0	0.6	1.3	1.5
5-羟甲基糠醛/（mg/L）	0	3.6	6.9	4.8
总呋喃醛/（mg/L）	0.3	9.4	21.8	19.1

注：用稀酒精溶液为介质提取的化合物。

木质素和聚合物的热降解产生挥发酚和酚醛，及单甲基氧化物（愈创木酚G系列）和双甲基氧化衍生物（丁香基S系列）。挥发酚有烟熏味、香料香气。甲氧基酚在烘烤之后是可以浸渍的，它们的组分反映了木质素的结构和加热的温度。丁香衍生物的浓度随烘烤强度的增加而增加。

橡木烘烤之后产生的其他香味化合物包括：苯酸（香兰素和丁香醛）和羟甲基肉桂醛（松柏醛和芥子醛）。中度烘烤时产生的量最大，而苯酸比肉桂醛的含量更大。

随着烘烤强度从轻到重，橡木香气变得越来越复杂。最初，这种香气来源于呋喃和酚醛产生的烘烤味和香兰素味，及由挥发酚产生的烟熏味、香料味和烘烤味。随着烘烤程度的加重，甲基内酯含量的增加增强了可可味，但是，通常它们被整体的香气复杂性所掩盖。达到重度烘烤时，橡木香气强度减弱，表现的主要是烟熏味和灼烧味。

表7-10　烘烤强度对橡木挥发酚、酚醛和内酯的影响（Chatonnet，1995）

成分	烘烤强度			
	未烘烤	轻度烘烤（LT）	中度烘烤（MT）	重度烘烤（HT）
愈创木酚/（μg/L）	1	5.2	27.7	30.3
4-甲基愈创木酚/（μg/L）	2	10	38.7	24.7
丁子香酚/（μg/L）	20	17.7	71.7	44.3
丁香酚/（mg/L）	0	78.3	310.7	313.3
香兰素/（mg/L）	0.1	2.1	4.8	3.1
丁香醛/（mg/L）	0.2	5.6	12.9	12.2
总酚醛/（mg/L）	0.2	12.7	28.8	20
反式-甲基辛内酯/（mg/L）	0.16	0.11	0.11	0.14
顺式-甲基辛内酯/（mg/L）	0.64	0.57	1.38	1.59

注：用稀酒精溶液为介质提取的化合物。

　　三种烘烤程度，即轻度、中度和重度对橡木板的影响是不同的。

　　轻度烘烤（低于12min）使橡木板中间的温度达到115℃。此时，溶解或分解的成分很少，芳香变化不十分明显。鞣酸单宁的含量随加热强度增加而降低。尤其是产生橡木板味的壬醛，存在于未被加热的橡木材中，加热过程中其含量迅速减少。因此，很少使用该等级。

　　中度烘烤（12～15min）使橡木板内部温度达到大约200℃，生成具有丰富"香兰素味"的化合物，这些芳香化合物会很快从橡木桶中释放出来。木材多糖的热降解产生呋喃醛，美拉德反应产生其他化合物，引起苦杏仁味、烤杏仁味、烧烤味。其本身并不特别芳香，但可以引发具"烧烤味"的化合物的出现，这种化合物与酒接触时口味很明显（如具有咖啡味的糠醛、硫醇），香兰素类酚醛的含量达到最高值，然后随着重度烘烤的进行而减少。

　　重度烘烤（多于15min）使橡木板表面温度提高到230℃，最大限度地产生焙烤和香料芳香。该烘烤等级极大地改变酚类化合物（鞣花单宁、木质素）的结构，经常引起板材不同程度的微裂缝。通常，该烘烤等级比中度烘烤的效果更为明显。重度烘烤促使醛和酚酸降解，释放挥发酚，产生"香料"和"烟熏"味。木质素和多元醇的热降解释放挥发酚和带有烟味和香料味（丁香）的酚醛。

　　芳香物在橡木板中度烘烤时达到最大值，之后随着烘烤的加重，"烟熏味"迅速消失。如果烘烤程度太重（大于10℃/min），该危险随之增加，产生过浓的"熏烤木味"和苦涩味。

　　在实际生产中，对于来自利穆森地区的有柄橡木采用从中度到重度烘烤，对于来自法国中部地区的橡木桶采用中度烘烤。

五、橡木桶容量和桶龄对葡萄酒质量的影响

　　橡木桶的许多作用来源于它们相对大的表面积（225L的桶，104cm²/L；500L的桶，

76cm^2/L）。从经济性的角度，大生产倾向于选择大容量的木桶，但对于方便运输和更快成熟方面考虑，却倾向于小体积的木桶，折中的办法是全世界都选择200～250L的木桶。大的橡木桶可以用数十年，而小木桶使用数次（比如3～5年）就需要被替换。因为有分层作用，在大桶中会产生不同程度的氧化还原电位差异，这就要求酿酒师经常分离或取样以确保硫化氢及硫醇不积累到可察觉的水平。

一个新的波尔多橡木桶（225L）可以保持0.3～0.5mg/L的溶解氧。随着橡木桶板上洞孔被堵塞（酒石和色素物质沉积），其渗氧能力逐渐降低，橡木可水解和可氧化单宁含量减少，使用三年以上的橡木桶，单宁含量降低到0.2mg/L。氧气会改善葡萄酒的颜色和稳定性，并改善单宁的口味。应该让这种变化出现在陈酿的最初5个月内。之后，要注意防止葡萄酒的氧化，以保持其果味特性。

二手橡木桶（陈酿过1次或2次葡萄酒），尤其是美国橡木桶，比法国橡木桶的使用寿命要短得多，其氧化作用更低，单宁和芳香含量将受到限制。

由于葡萄酒的风味不足以浓郁到能够掩盖过量的橡木味，所以，大多数葡萄酒不能在100%的新橡木桶中陈酿，装瓶前的勾兑可以调整其最终的含量。新橡木桶产生强烈的橡木味，而二手橡木桶相对较弱，因此，新桶应与旧桶搭配来使用。

对旧橡木桶应仔细进行维护保养，以防止微生物的污染。尤其需要注意，装过红葡萄酒的木桶，不能用来装白葡萄酒。

以霞多丽葡萄酒为例，经过新橡木桶陈酿的加利福尼亚州霞多丽葡萄酒酒体饱满圆润，具有奶油、坚果、柠檬凝乳、太妃糖、焦糖布丁、烤苹果、成熟菠萝和亚洲梨的味道，入口能感觉到那种柔滑和厚重的质地。而经过旧橡木桶陈酿的夏布利（Chablis）霞多丽葡萄酒偏轻盈，酸度更明显、更刺口，缺少奶油的质感和太妃糖、香草等明显的橡木风味，更多的是矿物燧石和绿色水果风味，明显的风味包括杨桃、黄苹果、柠檬皮、未成熟菠萝、刚切开的梨以及粉笔灰的味道。

所以，用新橡木桶陈酿的葡萄酒酒体更加饱满圆润，拥有更多橡木风味，果味没那么明显；用旧橡木桶陈酿的葡萄酒，酒体更轻，酸度更明显，拥有更多花香、果香等品种香气，橡木风味没那么明显。

总之，要选择与葡萄酒相适应的橡木类型和风干方式。再根据葡萄酒的储存量和定期品尝，以了解陈酿过程中橡木风味的变化及葡萄酒质量的相关信息。

第三节　葡萄酒和橡木桶的搭配

用橡木桶陈酿葡萄酒是为了使酒获得平衡、完美的感官质量。如果橡木和葡萄酒搭配不合理，则会使葡萄酒获得过强的橡木特点，并使酒很快老化。

与橡木桶有关的参数包括：橡木来源、风干、烘烤程度和制桶师的专业水平，再就是橡木桶龄和橡木桶装酒前的准备方式。通过调整这些参数，在一定程度上能够调节橡木桶的陈酿特点和橡木对葡萄酒的作用效果。

氧化作用广泛存在于新橡木桶中，在旧橡木桶中较少。而且，随着陈酿的进行，橡木桶内表面被阻塞，从橡木桶中浸提出的化合物越来越少。旧桶的主要危险是产生异味和不愉快的气味，它们来源于桶孔和板间的霉菌。橡木桶陈酿葡萄酒时间的长短取决于木桶在使用过程中被保养的水平。

新橡木桶可以用冷水、热水或蒸汽清洗。这种操作会影响橡木桶桶壁的孔性。使用蒸汽和用热水长时间清洗会导致氧化作用的增加和酚类浸提物的降低，比用冷水润洗的橡木桶陈酿的酒颜色更浓，但是降低了花色素苷的浓度，并使单宁软化，高温清洗影响橡木桶壁内表面的纤维。

选配葡萄酒与橡木桶时，应遵循下列原则。

①自然风干的橡木比人工干燥的橡木对葡萄酒陈酿效果更好。

②细纹理橡木比粗纹理橡木释放的多酚少，这种缓慢有规律的释放可以持续数年。

③烘烤减少了"生青味""木头味"，产生愉快的香兰素和香料香气。重度烘烤产生明显的灼烧、烘烤特点，使香气出现差异，但没有明显的缺陷。

④如果葡萄酒有丰富的单宁结构，但缺乏酒体与圆润性，使用低密度的橡木（如孚日山脉和利穆森）会增强葡萄酒的涩感，重度烘烤会部分减轻这种效果。高密度橡木〔如埃里也（Allier）〕由于释放的多酚量少，能够较好地适应这类葡萄酒。中度和重度烘烤橡木产生的香气质量能够抵消青草味，但强化了苦味。

⑤如果葡萄酒质量优良，具有浓郁的果香，良好的平衡感、结构感和酒体，则橡木桶陈酿的效果有限。这类葡萄酒能控制从橡木中浸渍的多酚，但是必须小心避免苦味和"木头味"，及很可能使葡萄酒产生强烈的、更粗糙的烟熏和烘烤味。在这种情况下，应避免太强的烘烤，尤其是桶顶密封时。这类葡萄酒适合采用细纹理橡木中度烘烤。

⑥具有轻型单宁结构和带有青草香气、发育不是很好的葡萄酒需要橡木桶来增强结构，但不能过强。宜采用中等纹理的橡木类型及重度烘烤，但橡木的复杂香气不会掩盖果味。

⑦橡木类型的选择一定要进行试验以确定需要的橡木类型及其比例。只有经过长期的实践，才能找到适合原酒特点、满足产品要求的橡木桶类型及其使用比例。

⑧高质量的葡萄酒适宜在全新的橡木桶中陈酿，葡萄酒有足够强的结构来平衡所产生的过多的橡木特点。对一般的葡萄酒，可以分别在新桶、旧桶和罐中贮藏，装瓶前进行勾兑和调配。通常，葡萄酒在每种容器中的陈酿时间，至少需要6个月，这一时间对于葡萄酒和橡木之间的平衡是必需的，尤其是在新橡木桶中，很可能在最初的几周给予葡萄酒一定的涩味。最好的解决办法是按照不同的比例使用3种类型的橡木桶。

⑨新桶能够提供经典的、强烈的橡木特征。橡木香气通常在5~6个月达到最强。用过1次的橡木桶会提供一种比较微弱的、老酒的香气，比橡木桶开始陈酿时新木头产生的质量更好。使用2轮的橡木桶提供的橡木特点更柔和。使用几轮的木桶中，香气萃取物，如糠

醛、橡木内酯及酚醛等会被逐渐消耗殆尽，而对几种具有不愉快气味的酚类物质的提取会增加。老橡木桶应尽量避免污染，包括酒香酵母、挥发酸高等。

　　需要强调的是，不要希望只通过橡木桶陈酿就能产生高质量的葡萄酒，橡木能够提高葡萄酒的潜在质量，掩盖某些缺陷，但是过分地使用旧桶陈酿会产生灾难性的后果。

　　橡木桶使用过程中单宁的变化见图7-4。

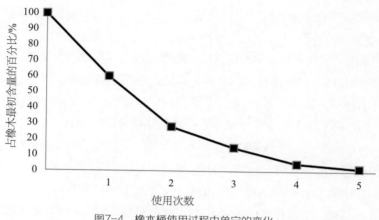

图7-4　橡木桶使用过程中单宁的变化

木桶使用过程中芳香物质的变化见图7-5。

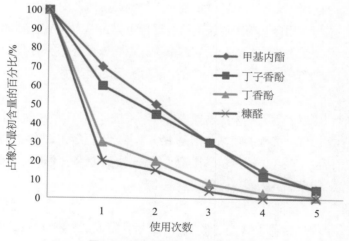

图7-5　橡木桶使用过程中芳香物质的变化

第四节　橡木桶的使用

一、橡木桶前处理

1. 新桶的处理

新橡木桶在使用前应使用无氯水检查是否存在渗漏，不需要进行消毒处理，避免使用硫，防止异味进入酒中。

具体方法如下：用10～15L 90℃的热水对新橡木桶进行润洗，封闭桶孔，分别正放和倒放15～30min，使其膨胀。如果有排出蒸汽的声音，表明有渗漏点，应进行修补。然后，将水排空，用冷水润洗，最多不超过1周，装酒之前排出冲洗水。用热水润洗会使过多的橡木化合物溶解，并限制木板物质的快速释放，可能会过度损耗橡木桶。

使用蒸汽处理会使橡木桶迅速膨胀，而不会除去太多的化合物，提取的木板化合物取决于处理时间和处理强度。这种处理常常会限制木板芳香物质的释放，同时，快速强烈的提取，存在渗漏的危险，再就是3min的蒸汽处理不足以使橡木桶膨胀。

使用冷水浸泡时，提取程度比较柔和，能使木板更好地膨胀，但处理过程较长，适用于短期陈酿的酒。方法是添加10～15L冷水，保持8～24h（或正放和倒放各3～12h），最长为48h。

如果橡木桶在装酒过程中有稍微渗漏，而且渗漏在24h后仍不停止，应停止使用该橡木桶，联系制造商维修。同时不要使用高压水冲洗，以免损坏橡木桶内表面。

如果桶底进行了烘烤，用冷水简单清洗即可，这样可以去除木桶中存在的木屑或锯末。如果桶底没有加热，必须采用热洗，尤其是底部清洗，以除去可能出现的木板味。

新桶应避免使用添加剂（SO_2、钾盐、硫黄粉等）进行处理。因为，木材微生物菌落在酿造条件下无法存活。

陈酿红葡萄酒时，可以使用酒泥来擦洗橡木桶外部污渍，用SO_2清洗桶孔会使其漂白。

如果橡木桶的渗漏出现在桶板的顶端，则是由纹理和导管引起，由于液体渗漏通常在漏痕的最高处，可以用带尖工具在渗漏点凿一个洞，用锤子把木橛砸进洞中，木橛被嵌入硬木中，但不要胀破木板。如果洞孔太多，则需要更换木板。

2. 旧桶的处理

如果准备在橡木桶中发酵葡萄酒（白葡萄汁的酒精发酵或红、白葡萄酒的苹果酸-乳酸发酵），使用前，需要用冷水对橡木桶进行48h的浸泡处理，以最大限度地除去SO_2。

另外，在旧桶使用之前，必须使用适量的稀亚硫酸（1～3g/L）或10%的可溶性醋酸钠（钾），进行2～3d的浸泡处理，让橡木桶膨胀，以消除细菌产生的醋酸或硫处理形成的硫酸及其他异味。

润洗可以清除最后的处理残留物，此项操作可采用高压水枪。也可以用0.4MPa的蒸汽处理30min，以提高内表面的温度，清除橡木桶中残留的部分发酵物。

沥干木桶后（需要12h），必须对橡木桶进行熏硫处理（使用10g硫黄粉可以释放其重量2倍的SO_2），以对桶板表层孳生的细菌进行消毒。

二、葡萄酒入桶

对于红葡萄酒，应该在苹果酸-乳酸发酵结束后，尽早入桶，即当葡萄酒仍呈雾状/浑浊时进行。这样有利于酒的快速澄清和二氧化碳的散失，同时也可以给葡萄酒充气。

（1）**发酵前入桶** 可以利用发酵时的高温，延长葡萄酒在木桶中的时间；能使酒泥中含有较多肥硕和肉质物质；增强颜色，降低涩味；使酒出现更复杂、更浓郁的"咖啡"味、烧烤味和烘焙味。

缺点是橡木桶容易变脏，易于产生醋酸菌腐败，对温度变化更敏感，发酵过程难以控制。由于硫对发酵过程有害，应尽量使用不含硫的新橡木桶。

（2）**苹果酸-乳酸发酵结束后立即入桶** 优质酒泥的存在有助于适度提取橡木味，产生肥硕、肉质的物质，可以适度溶解橡木桶化合物，橡木桶损伤轻微，可以重复使用。

（3）**苹果酸-乳酸发酵结束后入桶** 此时，温度迅速降低（12月至次年1月份），使氧气充分溶解，稳定颜色，软化单宁。缺点是存在微生物和风味方面的风险，酒脚少，木质成分溶解过快。

（4）**澄清后入桶（发酵结束后8个月）** 陈酿过程简单，葡萄酒迅速出现浓郁的橡木味。但是酒的颜色不够浓，橡木味太明显。

应尽早入桶以提取更多的橡木化合物，增强葡萄酒与酒泥之间的交换，在葡萄酒的芳香平衡中体现橡木特性。小容量和温度下降还可以加速澄清过程，出现不同程度的色素物质、可溶解盐和各种悬浮物质的沉淀。这些化合物黏附在橡木桶的内表面，并逐渐减缓橡木桶与葡萄酒之间的交换。

法国勃艮第地区的传统做法是，在酒精发酵结束后，立即把葡萄酒装入木桶。而在波尔多地区，需要等待一段时间，在苹果酸-乳酸发酵结束，进行了1~2次分离后，才将葡萄酒装入橡木桶。后一种方法更适合于大批量产品。

如果在橡木桶中进行苹果酸-乳酸发酵，需要留10~20L空间以补充可能出现的容量变化。

对短期陈酿的酒，澄清后入桶可以将陈酿时间缩短至6个月。对这种酒，贮藏过程中，用桶塞封住顶孔，无须分离。

对于白葡萄酒，由于其在木桶中停留的时间短（6~12个月），应该在葡萄压榨之后装入橡木桶。在橡木桶中进行酒精发酵以提供芳香，发酵温度的升高会增强提取效果。

甜白葡萄酒，最好在橡木桶中进行酒精发酵，尤其是在使用新桶时。这样，除了获得和干白葡萄酒一样的效果，还可以提高橡木桶与葡萄酒之间的交换效率。

需要注意的是装桶后要监测橡木桶的状况，是否有微孔或渗漏，一旦发现，要迅速处理。

三、红葡萄酒的陈酿管理

橡木桶陈酿红葡萄酒时，需要考虑下列因素。

1. 桶孔位置

在陈酿的最初几个月内，橡木桶的位置为"桶孔在顶部"。桶孔塞最好是玻璃塞，这样有利于葡萄酒中气体的快速散失和氧化作用。

此后直到装瓶前，用木塞或硅胶塞等气密塞替代玻璃塞，这样，氧气只能通过木板间的缝隙进入。

早充气有助于优质葡萄酒的变化，充气应在陈酿的6个月内进行，此时应使"桶孔在顶部"。然后，进行12个月"桶孔在侧面"的缓慢氧化，适合复杂的葡萄酒。

应该根据葡萄酒的质量变化确定陈酿时间（15月、18月、24月等），并通过不断品尝来检测酒的感官变化，而不应固守确定的时间表。

要精确掌握葡萄酒"转桶"的时机，这需要经过多个酿造季节的实践和经验积累，同时，通过分析颜色指数、pH、挥发酸，酚类或乙酸乙酯的浓度变化，来丰富品尝结论，为后续的操作提供依据。

最新的研究表明：红葡萄酒带酒泥陈酿，酒泥的抗氧化作用会影响葡萄酒的稳定性，保护果香。与白葡萄酒一样，来自酵母的甘露糖蛋白使葡萄酒更加圆润，但同时会增加产生还原味的风险，因此，应尽快将酒从木桶中分离。

2. 添桶

添桶是陈酿过程中的一项重要操作。由于葡萄酒的蒸发和木桶的吸收，需要及时补充橡木桶顶部的空隙，防止微生物引起的变化。

添桶所用葡萄酒的质量至少要与橡木桶中葡萄酒的质量相同。特别是该葡萄酒应具备微生物稳定性，以避免任何形式的污染。酒的贮藏温度为 $12 \sim 15 \degree C$，游离 SO_2 $30 \sim 35mg/L$，挥发酸低于0.5g/L。

添桶后的最初几周内，由于蒸发会出现葡萄酒的明显损失，用于添酒的橡木桶应保持开孔，如果 $2 \sim 3d$ 内才能用完，需要用惰性气体加以保护。

另外，也可以使用装备良好的小容量不锈钢容器来贮藏添桶用酒，装酒的容器要保存在充氮或隔绝空气的环境中。

如果橡木桶的"桶孔在顶部"，添桶必须有规律，根据葡萄酒的损失率、橡木桶的桶龄和酒窖的环境条件，每周添桶 $1 \sim 3$ 次。

添桶可以与搅拌酒泥结合进行，以使橡木桶不同部位的氧化还原电位均匀一致。

3. 葡萄酒的氧化控制

陈酿过程中，氧化还原电位与下列现象密切相关：

（1）控制花色素与单宁之间的化学键，使颜色稳定。

（2）富集新鲜的果香（尤其是白葡萄酒的"硫"味）。

（3）产生新的"氧化"型芳香，如胡桃味、梅干味等。

（4）使微生物繁殖。

添桶（每年0.2～1mg/L）和倒桶（每年2.5～7.5mg/L）操作会带入一定量的氧气，其进入量取决于温度、操作方式和次数。

如表7-11所示，装桶、过滤、装瓶等工艺操作使氧气的进入量达10～30mg/L年。

表7-11　陈酿过程中各种工艺处理溶解氧的比例

操作	溶解氧/（mg/L）	氧化还原电位的变化/mV
喷淋	1～2	—
转罐	4～6	—
密闭式倒桶	2～5	+50
开放式倒桶	4～8	+100
每年添桶	0.2～1	+20
桶孔	0.5	+20～+30
在新桶中陈酿	0.4	—
在旧桶中陈酿	0.2	—

当每年进入葡萄酒中的氧气量超过100mg/L时即属于强氧化，低于50mg/L是弱氧化。氧气的进入应该柔和、循序渐进，避免出现对质量有害的氧化还原电位的峰值。温度越低，氧气的溶解越容易，效果越显著。

4. 分离

分离可以澄清葡萄酒，除去二氧化碳，带入部分氧气，促进酒的发育。在陈酿的第1年，每3个月分离1次，之后间隔期可以稍长些，第2年每4个月分离1次。

用由压缩气体（或空气）控制的分离杆，把葡萄酒从一个木桶转到另一个木桶，如图7-6所示。

5. 下胶

通常，陈酿结束时葡萄酒已经比较澄清，此时，对葡萄酒下胶，有助于酒的澄清和稳定。下胶可以在木桶或罐中进行，直接在橡木桶中下胶可以保证良好的混合，使酒泥完整地沉淀在木桶的表面。

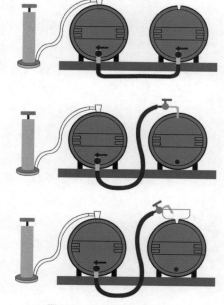

图7-6　分离方式与氧的进入
注：上：密闭分离，中：轻微充氧分离，
下：充氧分离。

红葡萄酒的澄清宜采用蛋清（每桶3～6只鸡蛋清，轻轻搅匀）和明胶（50～200mg/L）。混合之后，对葡萄酒强烈搅拌，使胶体迅速分布均匀。

下胶后，使橡木桶的"桶孔在侧面"保持45d，然后进行分离。通常，陈酿第2年的冬季下胶有利于沉淀。

澄清之后，葡萄酒对氧化非常敏感，应该尽可能限制其与氧气接触，保持足够的游离

SO_2（根据pH的不同，含量25~35mg/L），温度不超过17℃。

6. 陈酿时间

在陈酿的前6个月，橡木桶会释放出大部分可提取化合物，颜色变深并且稳定。第6~9个月，葡萄酒变得更肥硕和圆润。此时，应该密切关注，一旦出现下列情况即进行装瓶：

①出现琥珀色和砖红色；

②口味变干（12~18月）。

陈酿时间取决于所酿造葡萄酒的特点。对于短期陈酿的酒，最少需要6个月的橡木桶陈酿，可以使葡萄酒具有明显的橡木香气和典型的单宁味。

根据酒窖温、湿度的不同，在橡木桶中陈酿2年的酒将损失0.8%~2%vol的酒精度（TAV）。

四、白葡萄酒的陈酿管理

用橡木桶陈酿白葡萄酒，已经越来越引起人们的关注。

将压榨获得的葡萄汁澄清后，装入橡木桶中发酵（浊度最大为100~250NTU），发酵结束后，让葡萄酒在同一橡木桶中保留全部酒泥陈酿。

由于酵母的自溶作用，细胞壁中的某些成分（尤其是甘露糖蛋白）会释放到葡萄酒中。在橡木桶中搅拌酒泥，让酒泥重新悬浮以加速上述交换作用。而且，甘露糖蛋白会结合、固定酚类化合物，使橡木桶中贮藏酒的黄色比罐中陈酿的酒更浅。

通过上述作用，橡木释放出的多酚1/3被固定到酒泥上，超过1/3的多酚与葡萄酒胶体结合，从而限制了涩味的表现。橡木特点变弱，更有利于产品感官质量的改善。

同时，橡木桶也会释放出许多橡木香气，最终形成复杂的醇香。然而，由于酵母把香草醛转变成了无芳香的香草醇，所以，在橡木桶中发酵，不带酒泥陈酿的葡萄酒比发酵后进入橡木桶陈酿的葡萄酒橡木味要轻。在木桶中发酵能提高葡萄汁的芳香潜力。

酒泥可以促进酒石和蛋白质的沉淀，提高葡萄酒的稳定性，使澄清更简单容易。例如，与前期使用1000mg/L的皂土澄清相比，陈酿1年后400mg/L的皂土便足够了。

对酒泥搅拌的次数影响甘露糖蛋白的浓度，进而影响葡萄酒稳定的速度。

酒窖温度必须低于18℃。当葡萄酒不需要分离时，让橡木桶处于"桶孔在顶部"的位置。只要有发酵，橡木桶就不能完全封闭，发酵结束后的数月里，橡木桶则需要密封。

在夏季来临之前，需要对葡萄酒进行分离，此时，由于已经获得带酒泥陈酿的优点，没有必要再延长陈酿时间。白葡萄酒要获得橡木质量特性至少需要6个月的陈酿时间。

对于在橡木桶发酵的干白葡萄酒，与新鲜的干白葡萄酒还有所区别，它与氧气接触的机会要多一些。特别对于在橡木桶中带酒泥陈酿的白葡萄酒，一定要经常去品尝监控，若是出现还原味要尽早倒罐。若是控制得良好的话，酒泥陈酿甚至会持续到年末，这对于提升口感有极大的帮助。

五、贵腐葡萄酒的陈酿管理

对贵腐葡萄压榨时要尽可能轻，将压榨澄清后的葡萄汁入桶。

在橡木桶中进行酒精发酵，当残糖为120g/L时停止发酵，将葡萄酒带酒泥冷冻（-4℃）保持3~4d，分离，添加SO_2，以使葡萄酒稳定。

在橡木桶中陈酿可以长达三年半，完全按"桶孔向上"的方式进行。橡木味与贵腐葡萄酒的典型芳香结合在一起，更会受到消费者的喜爱。

对贵腐葡萄酒而言，对橡木桶类型和烘烤方式的选择与红葡萄酒大体相同。这种葡萄酒对氧化不太敏感。整个陈酿过程中，分离方法与红葡萄酒一样。

通常，每3个月分离1次，过滤，收集酒泥。对过滤酒泥后的葡萄酒分别陈酿，然后根据其质量等级，勾兑或分别使用。

采用明胶、鱼胶或两者结合对贵腐葡萄酒进行澄清。有时，也可以在发酵进行一半时加入澄清剂。澄清1.5月后分离出澄清剂，这样，有利于改善葡萄酒的澄清度和芳香特性。

在初冬或冬季进行澄清，有利于沉淀聚集和酒的澄清。

六、橡木桶倒桶

橡木桶倒桶有很多细节需要关注。若是橡木桶倾斜60度存放，那么在倒桶前，要将桶孔转向最上端，静置一周，让所有的沉淀沉到最底部再倒桶。现在的出桶器往往在不锈钢吸管的底部有一调节高度的螺栓结构，应预估酒泥的高度，从而调整吸酒孔的高度，尽量避免酒泥的吸入，也要减少酒的剩余。要控制倒桶的流速，一般225L的桶要用5~6min抽完，若是用泵来抽，一定要选流量低且缓和的泵，管道的直径也要选小的，最好选38mm或25mm的。推荐更好的方法是使用氮气将桶内的酒缓缓压出，这是因为不仅桶底有酒泥，桶板上或者桶的端板上都有酒泥附着，在抽走酒的过程中，这些酒泥往往会滑下，低流量能减少随液面下滑到酒中酒泥的量。

传统的橡木桶往往有两个出入桶口，一个在桶的顶部，一个在侧板的下部，从一个木桶的下部出口倒桶至另外一个桶的上部入口或者下部入口，能控制不同的溶氧。现在的225L木桶往往只有一个上桶孔，所以倒桶往往先倒入不锈钢罐中。为了溶氧更可控，不锈钢罐中往往需预充CO_2，这是因为出一次桶再入一次桶要见两次氧，在短短的几天内这么多的氧起到的作用更多的是氧化作用。将酒抽到不锈钢罐中，有机会停留再沉淀一下，这样能够使得再入桶时酒液更加澄清。每个橡木桶都有它自己的特点，哪怕是一批同时采购的橡木桶，入同样的酒基，最后的感官结果也仍会有些许差别。将这些橡木桶的酒抽到一起，能起到很好的均质作用。在倒桶前，要逐桶去品尝，碰到有缺陷的酒要剔除，控制不好的话，往往会出现酒香酵母污染的桶，会出现挥发酚的气味，还有可能出现乙酸乙酯高的桶，这样的桶也要剔除在外。

将橡木桶中的酒倒入中转罐中，除了有很好的均质作用外，SO_2也容易均匀分布，在重新入桶前往往需要调硫，调硫时要考虑橡木桶熏硫时带入的SO_2量，往往熏硫要使用5~10g的硫黄，对于熏硫后空桶存放时间较长的情况，要选择硫黄量的上限。熏硫后，要将桶塞塞紧，停留10min，让桶内所有的空间都消毒完全。

每次分离后，需要用热水将桶彻底冲洗2～3min。如果有酒石，应使用高温、高压水来冲洗。必要时用蒸汽杀菌，装酒前用氮气排空。

七、橡木桶贮酒的微生物风险

通常，在橡木桶陈酿过程中，葡萄酒的挥发酸含量会增加0.1～0.2g/L（醋酸计），有时甚至更高。这主要是由于桶孔周围产生的好氧菌会分解一些残留的微量苹果酸，它们的代谢足以在分离过程中形成每升数毫克的醋酸及乙酸乙酯，带来很不愉快的气味。从晚春到早秋，酒窖温度升高，蒸发速度加快，加大了微生物污染的危险。因此，应特别注意加强对橡木桶的防护。

除了醋酸菌，还能检测到有害的氧化和酸化酵母。

在烘烤过程中，木头中的半纤维素乙酰基会形成醋酸，因此，新橡木桶的使用会增加0.1g/L的挥发酸。

除细菌外，酒厂环境中还存在酒香酵母（*Brettanomyces*）和德氏酵母（*Dekkera*）污染，通常是夏天出现在新、旧橡木桶中，而不管是否有空气。它代谢产生不愉快的乙基酚，并一直会持续到瓶内。

通常将硫黄片或粉剂灼烧产生气体SO_2，添加到葡萄酒中，防止木桶内部产生微生物污染（每桶至少燃烧7g硫黄），直接向葡萄酒中添加亚硫酸溶液并不能提供完全有效的保护（图7-7）。

图7-7　木桶熏硫

八、陈酿过程中的质量控制

在葡萄酒的陈酿过程中，需要进行挥发酸、游离SO_2等项目的分析和感官品尝等。

1. SO_2含量

游离SO_2取决于pH和总SO_2的含量，其含量应保持在20～35mg/L。

一般在装桶时，将游离SO_2调整到25～40mg/L，3个月后它会降低到16mg/L。酿造早期不及时分离会出现一些问题，陈酿6个月而不倒桶的酒，装桶时SO_2应保持在40mg/L，以后不需要再进行调整。

如果使用硫黄粉，通常的用量为5g，也可用7.5～10g的校正量，粉剂适合于橡木桶等小型容器。

另外，必须保持总SO_2含量在标准规定的范围内。GB 2760—2014《食品安全国家标

准 食品添加剂使用标准》规定：葡萄酒总SO_2含量≤250mg/L，国际葡萄酿酒技术法规规定：干白和桃红葡萄酒≤200mg/L，特制甜白葡萄酒≤400mg/L。贵腐葡萄酒、冰酒等甜型葡萄酒，由于其含糖量高，游离SO_2应达到35~40mg/L。

2．挥发酸

陈酿过程中，应严格控制挥发酸的含量，长期陈酿（18~24个月）的葡萄酒，挥发酸通常会达到0.6~0.8g/L（乙酸）。

事实上，新橡木桶会释放0.1~0.2g/L的挥发酸，加上发酵期间产生的0.3~0.4g/L的量，挥发酸含量会达到0.4~0.6g/L，如果超过上限则可能有醋酸菌活动。保持适当的氧气渗入，贮藏温度低于17℃，严格控制卫生条件，合理调整游离SO_2含量是防止醋酸菌繁殖的必要措施。这样，贮藏12个月后，挥发酸最多能增加0.1g/L。

3．品尝

每次倒桶时（每3个月），都应对葡萄酒进行品尝。

品尝还可以跟踪葡萄酒的陈酿变化，确定装瓶日期，检查酒是否存在污染。只要葡萄酒的颜色、醇香、结构及稳定性等变化良好，就可以将其保持在木桶内。如果陈酿时间太长，则需要注意沉淀、香气损失及葡萄酒的干化。

4．其他试验

测量pH是既经济又简单的方法，它可以反映SO_2活性可能出现的下降。测量总酸可以反映酸的变化值，揭示固定酸（酒石酸）的变化。

利用气相色谱法测量乙基酚和乙基愈创木酚可以较早地了解酒香酵母属的变化。在特殊培养基中培养（6d或7d）后可以观察该酵母的存在状况，该试验可以与细胞计数同时进行。

第五节 橡木桶的存放

存放橡木桶的基本要求，一要避免橡木桶干燥和失去防水性能，二要防止微生物在橡木桶中繁殖。

一、常用方法

对于需要长期存放的橡木桶，对它的处理通常不要用化学品。视觉检查是否存在酒石，嗅觉检查细菌或有害酵母的存在，并根据需要调整清洗程序。

一般情况下，对正常橡木桶采用下列处理程序：

①用经过过滤的冷水或热水润洗。

②用10L 8%的亚硫酸浸泡。

③排空内部的液体，用压缩空气干燥。

④干燥后进行熏硫处理（5g粉剂）以保护木桶的内表面。

⑤打开桶孔塞，使其至少干燥5d。

⑥木桶干燥后，封闭桶孔，存放在条件适宜的酒窖里。

二、其他情况处理方法

桶板上的酒石和色素沉淀见图7-8。

1．酒石的清除

将酒泥排出，用水润洗，再用2%～3%的柠檬酸溶液（10～20L水中加200～300g柠檬酸），浸泡大约1h，用力摇动橡木桶，使用50℃/70℃的热水可以提高其效果；然后用清洁水冲洗；最后用pH试纸（或酚酞）检查是否到中性。

2．醋酸的消除

先添加冷水使橡木桶润湿，保持24～48h；再换上10L含有10g可溶性钾盐的热溶液；然后排出溶液，用冷水冲洗，通过使用冷水反复冲洗掉。检查pH是否达中性以确定冲洗是否充分。最后，用蒸汽对木桶进行消毒。85～88℃的热水处理20min对于醋酸菌是有效的。

3．杀菌消毒

在大多数情况下，使用氧化剂（过氧化物）来中和过多的酸。添加10～20L浓度为1%或2%的溶液，作用1～2h，定时摇动橡木桶。然后，再用冷水冲洗，并检查橡木桶是否已呈中性。排出液体，待橡木桶彻底干燥后，进行熏硫处理，然后密封。每个桶使用7g的二氧化硫消毒或保持20～25mg/L的游离SO_2可以避免酒香酵母的污染。

对发霉的橡木桶，必须进行拆卸，用10% NaOH溶液和热水刷洗木桶内表面，然后用蒸汽处理，以减少微生物菌落。

红葡萄酒酒桶的处理见图7-9。

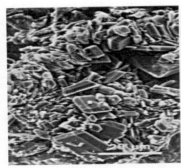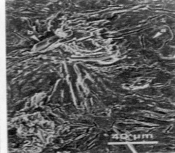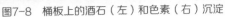

图7-8　桶板上的酒石（左）和色素（右）沉淀

图7-9　红葡萄酒酒桶的处理
注：清洗（压力加热）（左）、
浸泡（无压，冷处理）（右）。

三、橡木桶的存放管理

清洗和熏硫后，旧桶和空桶必须用塞密封，存放在通风条件良好的地方，但如果通风太强会使橡木桶干燥。温度应稳定、凉爽，以避免橡木桶膨胀。另外，橡木桶必须放在垫板上，不能与地面接触。

湿度太大会引起霉菌和细菌繁殖，而环境太干燥则会导致木板脱水，使木板开裂，外部空气进入会使内部环境改变，降低SO_2含量。理想的湿度是85%，绝不能超过90%。

清洗之后，进行熏硫处理（5g硫）。在最初几个月，每周进行熏硫处理可以保证橡木桶适当干燥，此后维持每月5g用量。如果考虑湿度条件和储存温度，熏硫处理间隔时间最长为3个月。此时，使用10g硫进行处理更为安全。

定期跟踪检查存放情况，确保不出现腐败或干燥现象（视觉和嗅觉检查）。

理想的存放方式是保持橡木桶充满葡萄酒，并加强酒窖和陈酿过程的管理，及时对葡萄酒进行分离、倒桶。

在波尔多有个传统的做法，就是在夏季来临前，将橡木桶的塞子塞紧后再旋转至两点钟方向，这样酒挥发会使得液面与桶顶之间形成部分真空，从而避免了桶孔在最上端时因为挥发而导致的添桶操作，也避免了带入氧而使得好氧的腐败微生物繁殖。

第六节　橡木制品与微氧技术应用

一、橡木制品的作用

橡木制品作为橡木桶的替代品，是以橡木为原料，制成的粉状、片状、块状、木板等。它们既可以是制作橡木桶的下脚料，也可以直接利用橡木制成。

从酒精发酵过程或在瓶装前使用的使葡萄酒快速橡木化的粉末，倒罐时使用的橡木片，到陈酿期间使用的橡木板等，尽管形式不同，各有特点，但都会赋予葡萄酒一定的橡木风味。另外，橡木的使用时期不同，产生的效果也不同。

在欧洲，对橡木替代物的使用有严格的规定。国际葡萄与葡萄酒组织（OIV）规定：不允许在原产地控制命名的葡萄酒中使用橡木制品。在法国，只限于在地区葡萄酒（VDP）中使用。《中国葡萄酿酒技术法规》允许在葡萄酒中使用橡木制品。在美国、澳大利亚等新世界国家，普遍采用橡木制品来陈化葡萄酒。橡木制品的生产要遵守严格的规范，尤其是涉及有机氯（三氯苯甲醚）和苯并芘的含量。

橡木制品对葡萄酒的作用主要表现在以下几方面。

1. 改变颜色

添加橡木制品可以增加葡萄酒的颜色，满足陈酿型红葡萄酒的质量要求。添加时间越早，效果越明显。由于单宁能与花色素及辅色素发生反应，所以，能够增强褐色调。

2. 改善酒的结构和甜度

使用橡木制品能改善酒的口感，原因是其改变了酒的结构和甜度。使用未经烘烤的橡木会带来甜度。发酵会限制橡木制品对葡萄酒结构的影响，发酵后使用含有单宁的橡木制品会增强葡萄酒的结构。

3. 调节芳香和复杂性

使用橡木陈酿的葡萄酒，香料味、香兰素味和烘烤味构成了葡萄酒的芳香。这些物质直接来自橡木制品，或橡木加热过程中化合物的降解。

橡木味越浓，其复杂程度越高，反之亦然。要控制复杂性和强度之间的平衡，通常是先用大剂量和不同烘烤程度的橡木组合获得复杂性，再用少量橡木片精确调节芳香水平。

4. 对水果/植物味的影响

橡木可以改善某些葡萄酒的植物特性。一方面，可以增强水果味，例如，橡木内酯（3-methyl-1,4-octalactone）可以带来柑橘味，甚至高浓度的椰子味，中等浓度时，水果味似乎更强。另一方面，烤/烘芳香可以掩盖植物特性，因此，经过加热的木板能够产生较好的掩蔽效应。

虽然，橡木制品能赋予葡萄酒一定的香味，但和橡木桶陈酿相比，葡萄酒的质量还存在一定的差距，主要表现在香气的细腻程度、酒的融合性、持续时间等方面。如果处理过强，橡木的缺陷会更明显。

烘烤橡木片除了能提供丁香酚和异丁香酚外，缺乏几乎所有的挥发性化合物。其他的橡木制品，例如，烘烤的橡木块、橡木粒和橡木片会释放糠醛、甲基糠醛和羟甲基糠醛到葡萄酒中。来源于未烘烤的欧洲橡木中的其他化合物是辛醛，具有柑橘味，己醛和反式-2-辛醛带有不愉快的纸味和"树干味"，它们的存在会产生负面作用，鞣酸单宁的浸出量取决于橡木类型。当鞣酸单宁含量过高时，可能伴随苦的香豆素糖苷的产生。

二、橡木制品的使用

橡木制品体积越小，提取越快、越强烈，但其容易产生不受欢迎的"木味"特性，而且更不稳定。常用的橡木制品有如下几种。

橡木粉（Oak Powders）可在发酵时和发酵后加入，用量3～8g/L。使用时，将橡木粉直接加入需要处理的酒中，每天循环或用惰性气体搅动酒，时间7～30d，根据品尝结果确定分离时间，达到要求后，将橡木粉分离，过滤。

橡木片（Oak Chips）常用规格15mm×3mm，橡木片的用量通常为2～6g/L。使用过程中，3～6周的浸渍，可在白葡萄酒的发酵或贮藏过程及红葡萄酒的陈酿过程中使用。如果需要葡萄酒有明显的橡木特点但不会掩盖酒的香气，推荐用量：3～4g/L。对红葡萄酒而言，在苹果酸-乳酸发酵过程或贮藏过程中添加，浸渍时间通常为2周至12月，每2～4周品尝1次。但早添加会促进提取的单宁和酚类的早期沉淀。

橡木块（Oak Cubes）常用规格12mm×12mm。一般用量10g/L，如果成熟后期使用，用

大橡木片　小橡木片　橡木粉

图7-10　橡木片和橡木粉

量可达20g/L，如果在苹果酸-乳酸发酵过程中或白葡萄酒的贮藏过程中添加，成熟时间3天至6周。

橡木板（Oak Staves）常用规格7mm×470/650/950/1100mm。使用剂量：每升葡萄酒用0.00324787~0.00344193m²的橡木板测算。

对于旧橡木桶（225L标准桶），可以采用700mm×60mm×12mm的容器嵌板，用不锈钢将嵌板固定在桶顶和桶底上。1个橡木桶需要使用表面积0.10224m²的更新板，即每桶14块板或大桶17块板（相当于桶内表面积的70%）；成熟时间为12~18个月，在发酵后的贮藏过程中添加，根据品尝结果确定浸渍时间。

橡木链（Oak Sticks）规格为：每套14根（1根=330mm×18mm×25mm）或15根（350mm×25mm×25mm），木链用尼龙绳固定在一起。通常225L橡木桶需要使用1~2套（相当于木桶内表面积的30%），处理时间12~18个月，近似于橡木桶贮酒的时间。

三、微氧陈酿

微氧陈酿的作用在于改善葡萄酒的结构和香气：增强香气的浓郁度，提高复杂性；降低生青味；使单宁软化，酒体增强，口感更加圆润、丰富；能够促进色素的早期聚合，增强颜色稳定性；同时，还可以克服产生硫化物的趋向，减少由此产生的还原味。

传统红葡萄酒的陈酿需要橡木桶，而微氧技术的应用可以突破这一限制，在一定程度上使大的惰性贮藏容器具有选择渗透性，且不受材质及容积限制，从而改变传统的葡萄酒贮存方式，使葡萄酒的贮藏容器更具选择多样性。另一方面，在一些地区，使用橡木桶会受到经济条件的限制，而微氧技术可提供更有效、成本更低的橡木桶替代品。当然，微氧技术并不排斥橡木桶陈酿。

微氧技术最初用于单宁含量高的葡萄品种，例如赤霞珠品种，也用于单宁含量高而花色素含量相对较低的葡萄酒，如桑娇维赛。然后，通过橡木桶陈酿产生丰满、醇厚，并且相对柔和的红葡萄酒。微氧技术特别适于短-中期消费的红葡萄酒，尤其适用于单宁含量高或还原电位高的品种。应用时要注意葡萄酒中单宁/花色苷的比例，以4:1较为理想。

对于酒体完整的葡萄酒，处理剂量应该在2~6mg/（L·月）；对于果味、有结构感的葡萄酒，剂量在1.5~5mg/（L·月）；对于轻型红葡萄酒，剂量应该低于2.5mg/（L·月）；对于白葡萄酒，处理剂量小于1mg/（L·月）。

在微氧处理过程中，应该做好详细的记录：处理时期、温度、转罐等。应该保存一部分未经微氧处理的酒样作对照，以评价处理效果。

微氧主要针对陈酿的红葡萄酒。酒精发酵结束后，一部分酒进入橡木桶进行苹果酸-乳酸发酵和陈酿，其余的酒则在不锈钢罐中进行苹果酸-乳酸发酵和微氧陈酿。

陈酿时，利用微氧技术，通过给橡木桶中加氧而取代倒罐，这对用橡木片或橡木条在不锈钢罐中陈酿的红葡萄酒更为有利。研究发现一般在木桶中陈酿所吸收的平均氧量为2.5mg/（L·月）。Rowe&Kingsbury（1999年）建议发酵后微氧用量为0.75~3mg/（L·月）。

微氧处理至少在装瓶前两个月结束。如果酒的香气和滋味沉闷，可以快速添加1mL/L氧或轻微倒罐来开放和稳定葡萄酒。

如果陈酿时间比较短，则以比较小的氧量进行处理。如果陈酿时间长，可以以很小的处理量结束。

另外，还需要测量溶解氧，以保证加氧量低于消耗的氧量。如果存在生青味，而且温度合适，则可以将充氧量维持在较高水平。如果生青味消失，充氧量可以降低，同时，要考虑其他一些变化，如还原味或氧化味。

在微氧处理过程中要定期品尝葡萄酒，以保证充氧量适当。氧含量太高会出现乙醛味，太低又会出现甚至增强还原味。如有可能，应控制溶解氧的水平，检测酒的颜色及浊度。

微氧对细菌的影响尚不确定。Vivas&Glories（1995年）发现当将葡萄酒暴露于空气后，某些葡萄酒的细菌数和挥发酸升高。另外，还要特别关注酒香酵母（*Brettanomyces*）的影响。

第八章

葡萄酒的
感官缺陷及预防

葡萄酒酿造的目标：一是酿造风味良好的葡萄酒，二是有典型特点的优质葡萄酒，三是避免质量缺陷的发生。

酿造过程中的感官缺陷，主要包括化学的（氧化、还原和与某些材料有关）、微生物污染、木塞污染、硫衍生物及不良橡木等产生的异味。

另外，葡萄、葡萄酒从环境中吸收一些异味，并在葡萄酒中表现出来。这些气味，最主要的是"霉味"，它们都是霉变葡萄原料或葡萄酒厂环境、贮藏容器、酿酒设备上的各种霉类的气味。

Peynaud（1986）将葡萄酒中的霉味分为下列五大类：

①霉味（Mould），腐烂味（Addle），真菌味（Fungus）。

②酚味（Phenol），碘味（Iodine），药味（Pharmaceutical）。

以上两类气味都是由霉变葡萄原料带来的气味。

③烂木味（Woody），木塞味（Corky），源于不良的木桶和软木塞。

④哈喇霉味（Rancid Mould），这是最让人难受的气味。

⑤类似蒿类的、具植物特征的持续不散的霉味（Tenacious Mould）。

所以，葡萄酒在整个酿造过程中，都需要精心的照料和不断的呵护。不管是氧化的、还原的，还是其他的不良气味，往往都是由于管理不当及酒厂卫生状况较差造成的。

第一节　氧化缺陷

葡萄酒具有惊人的抗性，在良好的管理条件下，它可长期贮藏并缓慢地成熟。但葡萄酒同时又非常脆弱，它对空气、高温以及不适宜的处理都非常敏感，稍有不慎，就会失去它本身需要较长时间才能获得的感官质量。可以说葡萄酒从酿好那一刻，就面临着氧化的风险。

过量的氧对葡萄酒是有害的。葡萄酒氧化包括两个阶段：第一阶段是氧的溶解，它伴随着所有对葡萄酒的处理或将葡萄酒暴露在空气中；第二阶段是溶解氧与葡萄酒的一些成分缓慢地结合，产生了一系列氧化反应时，其芳香特性就会受到影响。

对大多数葡萄酒，氧化是难以接受的。过量的氧进入葡萄酒中，就会使葡萄酒的外观、香气、滋味受到影响，白葡萄酒由原来的浅黄色变成茶色或棕黄色，失去清爽感和果香，口味变得平淡，出现腐臭的蜂蜡味、陈旧的蜜味；红葡萄酒则变成棕红色或棕色，出现不同程度的氧化特征：香气变淡，出现乙醛味、青草、植物味、削苹果味、糖酱味、糖渍水果味、不愉快的蜜味、煮味（含酸低的葡萄酒）、焦味（含酸高的葡萄酒），严重者会出现哈喇味、马德拉味，口味变得干涩、贫乏，无活力。

氧化出现在葡萄从采收开始到酿造的全过程，氧控制不力，则一些香气成分被氧化，香气变淡，乙醇、酚类物质被氧化生成乙醛、醌等物质。

发生霉变的葡萄原料，由于含有酪氨酸酶和漆酶，对空气非常敏感，用它们酿造的酒很容易出现破败、浑浊。在酶作用下酚类物质发生氧化，不仅使葡萄酒变浑，而且使它具有醛类的气味。如葡萄酒被氧化时间过长，由氧化引起的危害不能完全逆转。防止氧化的主要措施包括：酿造全过程控制氧的含量；合理使用SO_2；严禁使用腐烂及霉变葡萄酿酒等。

第二节　还原味及硫异味

葡萄醪和葡萄酒中硫衍生物的存在一直是酿酒师所关注的，一些含硫化合物（尤其是具有硫醇键的）对某些葡萄品种香气有贡献，例如，长相思香气中的4-甲基-巯基戊酮。但是，大多数硫衍生物具有不愉快的气味，检测阈值低至1μg/L。

硫衍生物对红葡萄酒有影响，但对白葡萄酒的影响更大。葡萄酒的还原味与硫化合物之间密切相关。

还原味又称为臭鸡蛋味，有时还包括酒脚味和大蒜味，主要是由于硫或二氧化硫被还原成硫化氢，后者又与醇类结合形成硫醇引起的，这类化合物气味阈值很浓，例如，人对硫化氢的感觉阈值为0.12～0.37mg/L。此外，新酒与酒泥（酒脚）长期接触，也会产生这种气味。

形容还原气味的词也很多，如硫味（Sulfur）、硫化氢味（H_2S）、孵化蛋味、臭鸡蛋味和硫醇味（Mercaptan）等。我们也可将这些气味统称为酒脚味（Odor of Lees）。多数情况下，这些气味可通过分离或轻微的通气使之消失。

还原味最为严重的状态有大蒜（Garlic）、恶臭（Effluvium）、腐臭（Addle）等气味。这样的葡萄酒是无法饮用的。

如果装瓶过早，或还原程度过强，也会产生一系列不良气味，甚至是臭味。这样的葡萄酒就具有还原味（Reduced），也称之为"光味（Light Flavor）"，因为光会加强这些不良气味。还原味主要是由硫化物引起的。在瓶内成熟的葡萄酒中，硫化氢的衍生物平均含量为0.7mg/L，如果低于0.5mg/L，其感官质量良好，而高于0.7mg/L，则往往具有还原味。

酒精发酵过程中还原味缺陷的产生主要是由于酵母产生少量有臭味的含硫化合物。其中，最重要的是硫化氢、甲硫醇、乙硫醇，这些化合物的浓度在陈酿过程中保持稳定或者升高，产生持久的还原味缺陷。

含氮量低的葡萄醪在发酵过程中会产生高浓度的硫化氢，葡萄醪的氨基酸也影响酵母形成硫化氢，例如半胱氨酸、天冬氨酸、谷氨酸、组氨酸等。正常的酒精发酵产生不超过3～4μg/L的硫化氢及1μg/L以下的甲硫醇。

喷施含硫农药、高温装瓶后、暴露在阳光下都会引起硫化氢增加。

儿茶素和抗坏血酸是防止"光味"的化学方法。

上述不良风味，可通过在出罐或转罐过程中，进行足够强的通气或尽快将新葡萄酒与酒脚分离的方式防止。但通气不能使蒜味（硫醇味）消除，这种情况下，可进行硫酸铜处理，其用量最多不能超过20mg/L，处理后的葡萄酒中铜的含量也不能超过1mg/L。去除还原硫化物的方法还包括减少SO_2添加量（≤50mg/L）、降低可溶性固形物水平、发酵结束分离时微量氧化（也可采取吹氦气法）等。

第三节　软木塞污染

软木塞污染包括"软木塞污染"和"霉菌异味"。"软木塞污染"比较少，它使葡萄酒产生很不愉快的、令人作呕的腐烂味道。据估计，在所有瓶装葡萄酒中，大概有2%～6%受软木塞污染的影响。"霉菌异味"是由于许多霉菌在树上开始污染，并在软木塞制造及在酒窖陈酿瓶装葡萄酒中持续。

软木塞污染不仅与苯甲醚（Chloroanisole）污染有关，而且也与葡萄酒中的霉菌味和杀菌剂及橡木保藏剂中氯酚（Chlorophenol）的使用有关。软木塞污染和"霉菌味"具有相似气味，但来源不同。污染葡萄酒的成分主要有下列几种：

TCP：2,4,6-三氯苯酚（2,4,6-trichlorophenol）；

TCA：2,4,6-三氯苯甲醚（2,4,6-trichloroanisole）；

TeCP：2,3,4,6-四氯苯酚（2,3,4,6-tetrachlorophenol）；

TeCA：2,3,4,6-四氯苯甲醚（2,3,4,6-tetravchloroanisole）；

PCP：2,3,4,5,6-五氯苯酚（2,3,4,5,6-pentachlorophenol）；

PCA：2,3,4,5,6-五氯苯甲醚（2,3,4,5,6-pentochloroanisole）。

只有TCA和TeCA有强烈的不愉快的气味，它们在水中的感官阈值分别是0.03和4ng/L。PCA的感官阈值较高为4μg/L。在葡萄酒中TCA达到10ng/L和TeCA达到150ng/L时，香气会显著改变。TCA占木塞污染的80%以上，被它污染的葡萄酒具有典型的霉味、蘑菇味、腐朽味和湿麻袋味，其他20%的木塞污染通常具有泥土味、药味、罐头味和蘑菇味。它们除了直接产生不良风味外，还会掩盖或减弱葡萄酒的香气。

氯苯酚（Chlorophenol）是氯苯甲醚（Chloroanisoles）的前体物质，这些分子并不自然存在于葡萄酒中，而是由于软木塞生产过程中使用了含氯物质及其他原因所致。与软木塞有关的其他化合物还有2,4,6-三溴苯甲醚（TBA）、2-甲氧基-3,5-二甲基吡嗪。

完好的软木塞不会贡献任何气味，软木可能释放几种挥发性化合物和少量的呈褐色的色素类物质，但这些物质并不会有什么"橡木味"。TCA主要位于受污染软木塞的外表面，是经过次氯酸盐处理后产生的。如果软木塞在漂白剂中浸泡过长，氯离子会通过皮孔和裂纹扩散进入软木塞，并与酚类物质反应，生成氯酚，最后被软木塞中的微生物甲基化可以生成TCA。TCA的其他来源有：对软木塞的处理、橡木桶制作或其他含五氯苯酚（PCP）的酿酒厂建筑。五氯苯酚（PCP）常常被用于控制昆虫和木质的腐烂，几种常见的霉菌（例如青霉和木霉）可以将PCP代谢（脱毒）为TCA。PCP也可直接污染软木塞，并扩散进入葡萄酒中。

微生物污染也是软木塞异味的主要来源。软木塞表面生长链霉菌会污染瓶塞，产生霉味、烟味或者泥土味，这也许和它们合成愈创木酚、1-辛基-3-醇、2,5-二甲氧基吡嗪、TCA及倍半萜烯类等化合物有关。霉味可能由生长在软木塞上的细菌、霉菌产生，偶尔也会由酵母产生。如果污染存在，它最可能是在树皮风干或者将成品的酒塞放在塑料容器中形成的。打塞以后真菌的生长一般不会造成污染。酒瓶中的酸性、低营养物质和厌氧环境，能限制大部分微生物代谢。

用氯苯酚（Chlorophenol）处理的木头是主要的污染源，在高湿和有限的通风条件下，酒窖和周围环境的附属物很快被污染。当污染分子是气态时，它们很容易在输送过程中溶解到葡萄酒中。软木塞尤其对氯苯酚和苯甲醚（Chloroanisoles）敏感。贮藏在污染环境的健康的软木塞很可能以后会污染装瓶的葡萄酒。预防的方法包括将软木塞湿度控制在8%以下，向贮存袋中添加SO_2以控制微生物，γ射线辐射灭菌防微生物污染等。

添加高吸附性的酵母菌皮到葡萄酒中可以减少酒中的TCA含量和其他霉味，也可以让酒通过活性炭过滤系统以除去TCA和相关成分。另外，要去除、限制或防止这些异味进入葡萄酒还可以使用高压灭菌、加压蒸汽、臭氧、二氧化碳超临界萃取、微波以及用硅树脂或者特殊薄膜涂层。

保持附属物清洁和控制湿度，确保充足的通风和冷凉的气温以限制霉菌污染；减少污染源，改善空气循环，在制作软木塞橡木的种植中避免使用含氯杀虫剂等以防止或减少软木塞中的TCA。

第四节　微生物产生的异味

一、挥发酸升高

葡萄酒中的挥发酸主要是由乙酸及其乙酯构成。一般的红葡萄酒中小于0.6g/L，白葡萄酒中小于0.5g/L，橡木桶酒低于0.8g/L，即为正常的葡萄酒。否则，应关注贮存过程中是否有微生物的活动。

1. 乙酸的生成

乙酸的生成途径有三种。

（1）**酒精发酵**　乙酸是酒精发酵的副产物，因此所有葡萄酒中都含有乙酸，但其含量不高。即使葡萄汁完全发酵，乙酸生成量也只不过0.15～0.30g/L。它不仅取决于酵母菌的类型，还取决于葡萄汁的组成（酸度、碳源、氮源）以及发酵条件（温度、通风）。

（2）**苹果酸-乳酸发酵**　苹果酸-乳酸发酵总伴随着少量的挥发酸，其量为0.10～0.20g/L。实际上，柠檬酸和戊糖发酵是造成新葡萄酒中挥发酸含量高达0.40g/L的主要原因。葡萄酒中挥发酸达到这一水平，并不意味着葡萄酒就变坏了。

（3）细菌引起的酸败　当葡萄酒中乙酸含量高于0.40g/L时，则有可能是细菌引起的酸败。醋酸菌与空气接触使酒精氧化生成醋酸，从而使乙酸量增加。若保持葡萄酒不与空气接触，此时，乳酸菌将葡萄汁与葡萄酒中的某些成分转化为挥发酸，这是葡萄酒中挥发酸高的另一个原因。

只要葡萄酒的挥发酸含量不超过0.60g/L，则认为该酒是正常的。若挥发酸的含量再低一些，则酒的风味会更好。挥发酸超过国家标准的葡萄酒会有较明显的刺激感。乙酸高的葡萄酒则表现出：不愉快的气味，带刺激感，口味变硬，粗糙发苦。另外，橡木桶陈酿期会导致挥发酸升高，橡木桶陈酿一年会升高0.1～0.2g/L。乙酸及乙酸乙酯的感官阈值分别为750mg/L和150mg/L。

2. 控制方法

控制挥发酸的方法主要如下。

（1）葡萄原料新鲜、健康、卫生。

（2）葡萄酿造期间合理使用SO_2。

（3）保持合理的发酵及贮藏温度。

（4）葡萄酒酿造所用的容器、管路和设备以及空间环境必须严格清洗和杀菌，确保清洁卫生，以降低细菌侵染葡萄酒的可能性。

（5）葡萄酒必须满罐密闭贮存，容器顶部充入CO_2以隔绝空气，降低细菌和空气接触的可能性。

（6）葡萄酒转罐等操作必须隔氧，尤其是白葡萄酒，特殊情况下除外。

（7）葡萄酒陈酿期间，一般需要保持游离SO_2含量为30～45mg/L，以达到抑菌、抗氧的目的。

二、酒花病

1. 症状

酒花病是一种酵母病害。在不满桶（罐）的葡萄酒表面会逐渐形成一层灰白色的膜，并慢慢加厚，出现皱纹，这种症状称为酒花病。在显微镜下观察，会发现这层膜是由很多像椭圆酵母的细胞构成的。

酒花病是由葡萄酒假丝酵母（*Candida vini*）引起的，这种酵母菌为侵染性酵母，出芽繁殖很快，大量存在于葡萄酒厂的地面、墙壁、罐壁和管道中。此外，毕赤酵母、汉逊酵母和酒花酵母等都可在葡萄酒表面生长，形成膜。

2. 发生条件

葡萄酒假丝酵母，主要引起葡萄酒中乙醇和有机酸的氧化。例如：

$CH_3CH_2OH + 3O_2 \rightarrow 2CO_2 + 3H_2O$

$CH_3CH_2OH + 1/2O_2 \rightarrow CH_3CHO + H_2O$

所以，酒花病会引起酒精度和总酸的降低，染病的葡萄酒一方面味淡，像掺水葡萄酒，另一方面由于乙醛含量的升高而具有过氧化味。

其发病条件包括：葡萄酒与空气接触；葡萄酒酒精度较低（6%～9% vol）。

3. 防治

酒花病并不危险，而且很好预防，只需做好添桶（罐），防止葡萄酒与空气接触即可。

干葡萄酒和甜型葡萄酒中的残糖也可由酵母菌发酵。引起再发酵的酵母菌主要有几种：

（1）**酿酒酵母**　正常发酵酵母，其抗二氧化硫能力强，在葡萄酒贮藏过程中存活下来，是引起再发酵的主要酵母菌种。

（2）**拜耳酵母**　抗二氧化硫能力强，主要引起酒精度低于15%vol葡萄酒的再发酵。

（3）**路氏类酵母**　引起SO_2处理后的白葡萄酒再发酵的酵母。它在葡萄酒中形成白色絮状菌落。菌落表面的细胞，可通过形成乙醛而结合游离SO_2，这就更有利于其活动和菌落的繁殖。

（4）**毕赤酵母**　可在葡萄酒表面形成膜，并发酵葡萄糖和果糖，导致葡萄酒挥发酸的升高。

（5）**酒香酵母**　也可引起葡萄酒的再发酵，并形成具典型"鼠尿味"的乙酰胺和具烟熏味、辛辣味、苯酚味和医药味的乙基苯酚。这类酵母不管在好氧还是在厌氧条件下都很容易繁殖，且不需维生素。若葡萄酒的输送管道和橡木桶在使用后未充分清洗和消毒，则酒香酵母能够生存、繁殖并污染葡萄酒。最有效的措施是保持环境卫生，及时清洗，表面消毒。

三、变酸病

1. 症状

变酸病是一种醋酸菌病害。在葡萄酒表面形成很轻的、不如酒花病明显的灰色薄膜，然后薄膜加厚，并带玫瑰红色。这时薄膜还可沉入酒中，形成黏稠的物体，俗称"醋母"。该病是由很小的细菌——醋酸菌引起的。

2. 发生条件

醋酸菌的活动将酒精氧化成乙酸和乙醛，然后形成乙酸乙酯：

$$CH_3CH_2OH + O_2 \rightarrow CH_3COOH + H_2O$$

$$CH_3CH_2OH + 1/2O_2 \rightarrow CH_3CHO + H_2O$$

$$CH_3CH_2OH + CH_3COOH \rightarrow CH_3COOCH_2CH_3 + H_2O$$

这就降低了葡萄酒的酒精度和色度，提高了挥发酸的含量。

其发病条件包括：葡萄酒与空气接触；葡萄酒设备、容器清洗不良；葡萄酒酒精度较低；葡萄酒固定酸含量较低（pH＞3.1），挥发酸含量较高。

3. 防治

这是一种很严重的病害，预防措施很重要且有效，包括：保持良好的卫生条件；在发酵过程采取措施，使葡萄酒的固定酸含量足够高，尽量降低挥发酸含量；正确使用SO_2，以最大限度地除去醋酸菌；严格避免葡萄酒与空气接触。

通常白葡萄酒中挥发酸含量高于1.0g/L，红葡萄酒中挥发酸含量高于1.2g/L（以乙酸计），就不再以葡萄酒销售，只能用于做醋或蒸馏酒精。

如果挥发酸含量低于以上指标，可采取添加SO_2处理（30～50mg/L）后进行下胶、过滤或进行巴氏消毒等措施，来避免病害的加重。

四、酒石酸发酵病

酒石酸发酵病是一种乳酸菌病害。乳酸菌可以分解葡萄酒的不同成分，如糖、酒石酸、甘油等。乳酸菌一方面可进行苹果酸−乳酸发酵，而有益于某些葡萄酒，另一方面则可引起厌气性病害而有害于葡萄酒。如果某些细菌分解糖和分解酸的pH临界值不同，则在某一pH条件下，它只能分解一种物质，这种细菌为纯发酵细菌。相反，如果pH临界值相近，则细菌在给定pH条件下可分解多种物质，这种细菌为异发酵细菌。葡萄酒病害常由异发酵乳酸杆菌引起。

1. 症状

产生大量CO_2气体。葡萄酒变浑，平淡无味，失去光泽，变得昏暗。如果摇动生病的酒，可见移动缓慢的光亮的丝状沉淀。

2. 发生条件

酒石酸发酵病引起的主要化学变化，是将酒石酸分解为乙酸、丙酸和乳酸以及CO_2。例如：

$$3（COOHCHOHCHOHCOOH）\rightarrow 2CH_3COOH + CH_3CH_2COOH + 5CO_2 + 2H_2O$$

因此，酒石酸发酵病一方面降低固定酸的含量，提高pH，另一方面提高挥发酸的含量，从而使葡萄酒的抗性越来越弱。

其发病条件包括：高温；含酸量低，pH＞3.4；含有残糖；由原料变质引起的含氮量高。

3. 防治

预防酒石酸发酵病的一切措施都是为了提高葡萄酒对细菌的抗性，包括：在发酵过程中防止温度过高；发酵彻底；贮藏温度足够低。

如果发病不是很重，葡萄酒挥发酸含量低于1.1g/L（以乙酸计），则可采取以下治疗措施：

（1）SO_2处理50～70mg/L，添加24h后，下胶、过滤以除去杀死的细菌。

（2）加入300～500mg/L柠檬酸和150～250mg/L单宁，提高葡萄酒的抗性。

五、苦味病

苦味病是一种乳酸菌病害，主要发生于瓶内陈酿的红葡萄酒。发病葡萄酒具有明显的苦味，并伴随着CO_2的释放和颜色的改变及色素沉淀。

苦味病是乳酸菌将甘油分解为乳酸、乙酸、丙烯酸和其他脂肪酸的结果，丙烯醛与多酚物质作用而产生苦味，所以苦味病主要发生在多酚含量高的红葡萄酒中。

其预防措施与其他细菌性病害的预防措施相同。

六、甘露糖醇病

甘露糖醇病是一种乳酸菌病害，感病葡萄酒变浑，既酸又甜，像烂水果味道。

这种病主要发生在较热的地区。如果发酵温度过高，pH较高的话，酒精发酵停止后它可在发酵罐内发生；再就是葡萄酒含有残糖。

甘露糖醇病主要是由于乳酸菌发酵糖的结果，而且根据发酵基质不同，发酵产物也不相同：

果糖发酵　　$C_6H_{12}O_6 + 6H_2O \rightarrow 6CO_2 + 12H_2$　　$2C_6H_{12}O_6 + 12H_2 \rightarrow 12C_6H_{14}O_6$

葡萄糖发酵　　$C_6H_{12}O_6 \rightarrow 3CH_3COOH$ 或 $2CH_3CHOHCOOH$

乳酸菌发酵果糖主要生成甘露糖醇，而发酵葡萄糖则主要生成乙酸或乳酸，因此，又将该病称为乳酸病。感病葡萄酒一方面具乳酸和醋酸味，另一方面具甘露糖醇的甜味，而且固定酸和挥发酸含量增高。

对甘露糖醇病只能预防，即在发酵过程中尽量防止温度过高而导致的发酵停止，并且正确进行SO_2处理。

七、油脂病

油脂病是一种乳酸菌病害。葡萄酒变浑，失去流动性，变黏，像油一样，在酒杯中摇动时最为明显，口感平淡无味。

这是多种细菌引起的病害。引起苹果酸–乳酸发酵的明串珠菌表面包被多糖苷并互相连接，使葡萄酒呈油状。除此之外，还有的细菌分解酒石酸和甘油。

在发酵过程中正确控制发酵条件和使用SO_2。对生病葡萄酒先进行搅拌以去除其黏滞性，然后与酒石酸发酵病同样处理。

第五节　马厩味

葡萄酒中的马厩味具有不同的形式。它是由酒香酵母（*Brettanomyces bruxellensis*）和德氏酵母（*Dekkera bruxulensis*）所产生的一系列成分结合的结果。其中已知的最重要的气味活性成分是：4-乙基苯酚（4-ethyl phenol），具有创可贴、防腐剂和马厩的气味；4-乙基愈创木酚（4-ethyl guaiacol），具有怡人的熏肉、香料或丁香香气；异戊酸（Isovaleric Acid），具有令人讨厌的动物汗味、奶酪和腐臭味。其他与马厩味相关的包括湿狗味、杂醇油、烧焦的豆子、腐烂的蔬菜、塑料（不仅仅是由酒香酵母菌引起的）、老鼠窝和醋的气味等，它破坏葡萄酒的果香，使酒具有防腐剂气味。

在葡萄酒厂，酒香酵母菌最易繁殖的地方是橡木桶，因为橡木桶可提供有利于其生长的最佳条件。在酿酒过程中，如果游离SO_2含量低，酒的pH高，橡木桶陈酿温度也较高（20℃是该酵母的理想温度），葡萄酒中就可能出现马厩味。如果使用的是旧橡木桶，且葡萄酒中含有较多的溶解氧，就更加容易出现了。另外，如果葡萄酒含有可发酵的残糖，即使在装瓶之后，酒香酵母依然可以繁殖，特别是葡萄酒未经严格过滤的情况下，更容易发生。

在装瓶前对葡萄酒的过滤可以减少葡萄酒中酒香酵母菌的数量，从而降低其在瓶中发生的概率。然而，健康的葡萄酒装瓶后，一段时间后如果感染了酒香酵母，则可能是因为瓶中的葡萄酒含有残糖并且储存在温暖的环境中的缘故。

绝大部分马厩味是在橡木桶陈酿阶段发生的，特别是使用的是旧橡木桶时。酒香酵母在葡萄酒装桶时可以污染橡木桶，在添新酒后繁殖。添桶的葡萄酒如果有酒香酵母，也会导致橡木桶贮藏的葡萄酒产生马厩味。对使用过的橡木桶的内壁进行刨削或重新烘烤可以极大地降低酒香酵母菌生长的概率。

酒香酵母菌是生长缓慢的酵母，难以与其他微生物进行竞争。在酒精发酵期间，葡萄酒中CO_2是饱和的，不利于酒香酵母的生长。橡木桶陈酿是一种传统的酿酒工艺，通常葡萄酒的SO_2一般会低些，温度会高些（当然不包括发酵期间），容易使酒香酵母生长，并导致葡萄酒的感官特点发生变化。最后，由于倒桶分离酒泥和日常的添桶总会使葡萄酒中的溶解氧达到一定的水平。基于这些原因，在酒精发酵结束后和苹果酸-乳酸发酵开始的阶段是酒香酵母最可能繁殖的时期，延迟分汁会提高污染率，酒香酵母是酒脚菌群的重要成员，它对SO_2、酒精和低糖的耐受力使其极易引起葡萄酒变质，并使葡萄酒产生马厩味。若葡萄酒的输酒管道和橡木桶在使用后未充分清洗和消毒，则酒香酵母能够生存、繁殖并污染葡萄酒。另外，果蝇也可以高效传播这种酵母。

马厩味几乎全部发生在红葡萄酒中，尤其是颜色深的酒，如西拉、赤霞珠。因为红葡萄酒比白葡萄酒含有更多的单宁，如香豆酸和阿魏酸。酿酒酵母（*Saccharomyces*）和一些乳酸菌［如乳酸杆菌（*Lactobacillis*）］含有酶，可以降解这些酸使之变成4-乙烯基苯酚和4-乙烯基愈创木酚（图8-1步骤1）。这些成分经过酒香酵母数月的酶解就变成有强烈气味的4-乙基苯酚和4-乙基愈创木酚（图8-1步骤2）。酒香酵母是葡萄酒中唯一的能将4-乙烯基苯酚变成4-乙基苯酚的微生物。所以，4-乙基苯酚被当作是葡萄酒中酒香酵母菌气味的标志。4-乙基苯酚必然伴随酒香酵母，反之亦然。而黑品诺和歌海娜则要少些。

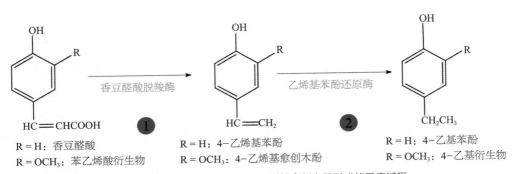

图8-1　葡萄酒中4-乙基苯酚和4-乙烯基愈创木酚形成的反应过程

马厩味的表现取决于4-乙基苯酚和令人愉悦的4-乙基愈创木酚之间的比例，（3～40）∶1都有。前者使葡萄酒闻起来具创可贴的味道，而后者则闻起来更有香料和佳肴的香气。

控制措施包括及时清洗和表面杀菌。每桶使用7g硫黄熏桶杀菌，保持酒中游离SO_2 30～35mg/L，桶塞侧向放置，每3个月调$SO_2$1次，使残糖水平尽可能低。无菌过滤是抑制酒香酵母在灌装后活性的有效方法。

第六节　鼠臭味

这种感官缺陷发生在贮藏条件较差尤其是加硫不足的葡萄酒中，而且与氧化还原缺陷相联系。发病酒后味有强烈的臭味感。

因为产生鼠臭味的化合物不具有挥发性，所以，单凭鼻子闻，感觉不到葡萄酒的鼠臭味，但在葡萄酒吞咽或吐出之后，会多少感觉到此异味。此外，鼠臭味经常夹杂着其他不良味道，如氧化、挥发酸味等，使得鼠臭味更难以辨别。另外，鼠臭味还与个人口腔中的pH有关，pH越高，越能刺激这种化合物产生更强烈的味道。

由于鼠臭味令人难以忍受，同时也很难捕捉。可以用下列几种方法来检测这种味道：

（1）取几滴葡萄酒放在手心，合掌使两手心接触用力摩擦几下，然后闻一闻是否有鼠臭味。

（2）用高pH试纸蘸取葡萄酒，闻一下试纸是否有鼠臭味。

（3）让葡萄酒暴露于空气中，然后用鼻子闻。

鼠臭味的产生与三种化合物有关：4-乙基羟基吡啶（ETHP）、4-乙酰羟基吡啶（ATHP）和乙酰基吡咯啉（APY），这三种纯化学物质都有一种腐烂的难闻气味。一般的，有鼠臭味的葡萄酒都含有一种或多种上述化合物。

葡萄酒中4-乙基羟基吡啶（ETHP）的嗅觉阈值为150mg/L，某种乳酸菌株很容易产生过量的ETHP。2,4-乙酰羟基吡啶（ATHP）与ETHP结构相似，但性质远不如后者稳定，其在水中的嗅觉阈值比ETHP低100倍，为1.6mg/L。同样含量时，ATHP更容易产生鼠臭味。ATHP经常以两种互变异构体形式存在，一种是氨基（当葡萄酒呈酸性时存在），一种是亚氨基（在碱性条件下存在）。事实上，只有当ATHP以亚氨基形式存在时才会散发出鼠臭味。

研究认为，当葡萄酒与唾液接触，ATHP的两种异构体形式互相转变，形成更多的亚氨基。这也解释了为什么葡萄酒中的鼠臭味只能尝到，却不能闻到。利用手掌摩擦葡萄酒检验鼠臭味就非常有效，因为皮肤的酸性要低于葡萄酒，这时酒中的ATHP向亚氨基转化，就散发出鼠臭味。

ATHP存在于很多食品中，如新鲜的烤面包、薄脆饼干、薯片、爆米花、年糕等。

乙酰基吡咯啉（APY）在水中的嗅觉阈值极低，不足0.1mg/L。APY主要存在于面包和大米两种食物中。很多其他食品也含有APY，如年糕、罐头食品、冷冻及新鲜的玉米、烤牛肉、龙虾、绿茶等。

德克酵母/酒香酵母和某种乳酸菌可能与鼠臭味有关。两种酵母有三种来源，一是来自葡萄本身；二是来自昆虫，主要是果蝇；三是制桶场所。而橡木桶制造工厂是主要的来源，橡木上的毛孔为酵母菌提供了舒适的生存环境。此外，烧焦的橡木上带有纤维二糖，这种物质为酵母菌提供了碳源。而且新制桶场所含纤维二糖高于旧制桶场所，因此更易受污染。

明串珠菌与片球菌属也会产生鼠臭味。某些乳球菌也能在葡萄汁中产生鼠臭味，通常是在厌氧条件下代谢葡萄糖、果糖产生的。醋酸菌有时也能产生鼠臭味，最重要的是破损的葡萄感染了醋酸菌或其他真菌，刺激葡萄酒中乳酸菌繁殖，最终产生鼠臭味。在通风条件下，氧气会刺激葡萄酒中德克/酒香酵母的繁殖，进而影响鼠臭味的产生。

赖氨酸与鸟氨酸是形成鼠臭味的基本物质。如果把赖氨酸与鸟氨酸加入有鼠臭味的葡萄酒中，ATHP与APY的浓度会显著上升。

乙醛有利于鼠臭味的产生。将乙醛加入散发鼠臭味的葡萄酒中，会刺激更多的ETHP、ATHP、APY化合物的形成。

将酒中的铁离子、镁离子、锰离子及钙离子去除，可以大大减少酒中ATHP与ETHP的含量。尤其是将铁离子去除后，效果最明显。

防止鼠臭味的主要措施有：保持环境清洁卫生，防止产生酒香酵母，减少通风等。

第七节　苦杏仁味

典型的苦杏仁味是由苯甲醛引起的，它在水中的感官阈值为3mg/L。正常的酒精发酵产生的苯甲醛不会超过0.5mg/L。在二氧化碳浸渍的葡萄酒中其含量更高一些，在香槟酒的陈酿中它的浓度会显著增加。"苦杏仁味"对应的苯甲醛含量高达20mg/L。

正常的酿酒工艺产生的量不会造成葡萄酒感官缺陷，此味和贮藏罐壁的成分有关，如果罐的内层涂料使用不当，来自于树脂中的苯甲醛在聚合之后迁移和渗入葡萄酒中，被氧化形成有感官缺陷的苯甲醛。其他的污染情况则是与某些材料接触，尤其是过滤的材料。主要的预防措施是选择质量优良的树脂涂层。

第八节　老鹳草味

山梨酸与SO$_2$协同能防止酵母发酵，但山梨酸对细菌没有作用，而且它可以被乳酸菌分解，产生很不愉快的类似老鹳草叶的滋味。山梨酸只用于甜型葡萄酒中，与足够高的二氧化硫一起防止某些细菌的活动。

山梨酸被乳酸菌分解产生2,4-己二烯-1-醇，在乙醇存在时产生3,5-己二烯二-2-醇。2,4-己二烯-1-醇具老鹳草味，只要0.009mg/L就可感受到。

作为SO_2的辅助物，山梨酸也具有杀菌效果，但其杀菌效果只限于酵母菌，而对细菌无明显作用。因此，山梨酸必须与SO_2结合使用才能产生良好的效果。如果单独使用，只能促进细菌性病害的发生。

在使用山梨酸时，应注意以下几点：

（1）山梨酸稍溶于水，应使用山梨酸钾。

（2）山梨酸只能用于甜型葡萄酒，而对干型葡萄酒无效。

（3）山梨酸并不能使酒精发酵停止，因此不能用来终止发酵，只能在储藏过程中，经转桶（罐）或最好经过过滤等工序除去多数酵母后才能使用。

第九节　橡木带来的不良风味

橡木桶贮藏可以增加葡萄酒的风味复杂性。但是如果橡木处理不当，或橡木桶处理不及时或被污染，则会给葡萄酒带来一些不良风味。

一、生青味

生青味（Green Wood）类似于己醛和反式-2-壬烯醛（Hexanal and trans-2-nonenal）的气味。这两种化合物难溶于水，可溶于乙醇。己醛具有相当的渗透性，具有脂肪、蛤油（Rancio）似的青果味。它来源于类脂的氧化破败，大量存在于许多植物产品中，在橡木板中含量很少。它赋予葡萄酒不良的香蕉、白面包等缺陷气味。反式-2-壬烯醛具动物脂味（Tallow），同时有典型的黄瓜（Cucumber）气味，由类脂（Lipids）氧化产生。

这两种化合物的结合表现出了相当的生青木特点。当存在于葡萄酒中时，是一种缺陷，产生于干燥不充分的桶板，或来源于树干中心的靠近边材（Sapwood）部分，或来源于很年轻的树。

二、新皮革味

新皮革味（New Leather）类似于酚和4-乙基酚（Phenol and 4-ethyiphenol）气味。焦油中（Tar）的酚来源于木头蒸馏物，形成于木板烘烤，易溶于水，易与醇和油混合。由于其优良的去污特性，酚是常用的防腐剂，具有医药气味。

4-乙基酚是类似于酚的抗氧化剂，它形成于桶板烘烤过程中。同时，也是细菌活动的结果。大量存在时，闻起来有马味、马厩味（Stables）和鞍皮味（Saddles）。

上述两种化合物稍微稀释后混合会使人联想到新皮革味。

这两种分子产生于桶板加热过程中，并且能被木板吸附。在橡木桶成熟过程中被葡萄酒浸提。如果橡木桶烘烤得太重，从木板浸提的酚水平会增加。

葡萄酒中的多酚应该与橡木桶的多酚协调一致。如果太多，它们将赋予葡萄酒动物味，掩盖葡萄酒的细腻度，控制醇香，使其芳香特性变得令人不愉快。

三、医药味

医药味（Pharmacutical Notes）类似于愈创木酚（Guaiacol）的气味。这种分子来源于橡木干燥过程中的木油（Wood Tar），它是木桶塑型的结果。愈创木酚易与乙醇结合，当在新橡木桶中成熟时，很容易从木板传递到葡萄酒中。它具有一种刺鼻的、"类似医药"的碘味，它给味蕾带来一种微热的柔软感。这种分子具有显著的抗氧化特性，类似于咖啡、香兰素、威士忌、烟草或朗姆酒的味道。但是如果太多，愈创木酚味将占主导并抑制葡萄酒的果味。当其过分持久时，表明橡木桶被重度烘烤。

四、其他

糠醛主要来源于半纤维素，产生于戊糖（Pentosannes）的分解。这种化合物易溶于乙醇，主要存在于重度烘烤的橡木桶中。糠醛产生烟熏味，易上头，具焦糖、苦杏仁味。

"烟熏味"是指某些树木和树脂燃烧时释放的气味。这些化合物由许多多酚构成，它们在气味感觉中起重要作用。烟熏味常常出现在赤霞珠酒中，它是赤霞珠酒在新橡木桶中成熟时所具有的典型香气。烟熏味太强时是一种缺陷，适量存在时，才是一种典型的香气。

风干不完全的橡木桶向葡萄酒提供的香豆素非常少（每升仅为1μg），但该含量足以在酒中产生苦味。对于风干后的木板来说，如果垛得太密，通风不畅，也可能引起同样的问题。

挥发酚会污染木板，产生霉味主要原因是杀虫剂附着在橡树杈上，风干期间环境污染（旧的平板架、建筑物的梁等）。因此，木桶厂必须制定控制板材和环境的计划防止木板与木桶长霉。

第十节　如何预防与消除感官缺陷

一、防治微生物病害的措施

为了防治微生物病害的发生，必须去除发病条件，并在酒精发酵（酵母菌）和苹果酸-乳酸（细菌）结束后，杀死或去除各种有害微生物，保持葡萄酒厂良好的清洁状态；控制发酵，使之正常进行，并保证发酵完全。

1. 微生物计数

在装瓶以前，最好在显微镜下或通过培养，对酵母菌和细菌进行计数，以确定并检查无菌过滤或离心效果。需指出的是，离心处理只能除去酵母菌，而去除细菌的效果较差。

2. 醋酸菌试验

将葡萄酒在小瓶中装一半，敞口置于25℃恒温箱中，如果葡萄酒在48h内表面生膜，则其抗病能力差；如果保持5~6d不生病，则可以贮藏。

3. 其他病害的防治

其他病害包括所有的厌气性病害和苹果酸-乳酸发酵。将葡萄酒在瓶中装满，密封，置于25℃温箱中。3~4周后测定其挥发酸和总酸含量并与对照比较。这一试验可在初冬时进行，以预测葡萄酒在春季升温后的贮藏性。

4. 液面保护

酒与空气接触，可以采用氮气或者其他惰性气体进行密封；采用浮顶盖进行液面封存，防止葡萄酒与空气接触。

5. 巴氏杀菌

采用巴氏杀菌的葡萄酒必须稳定，而且杀菌时应注意防止氧化。

二、正确使用SO_2

在葡萄酒的储藏过程中，应保持一定的游离SO_2浓度，并经常进行检验、调整。

三、正确进行添桶（罐）、转桶（罐）

在发酵结束后，应经常进行添桶（罐），防止葡萄酒与空气接触。此外，正确进行转桶（罐），必要时进行过滤、下胶或离心等处理，以除去微生物。

四、保持贮酒环境干净、卫生

应保持酒窖干净、卫生及合适的温、湿度；橡木桶应及时清洗，做蒸汽杀菌、熏硫等处理。

五、活性炭处理

活性炭可以减弱不愉快的气味或者除去白葡萄酒的黄色或马德拉颜色。欧洲法规允许用量为1g/L用于处理白葡萄酒，0.10~0.5g/L足以处理白葡萄酒的颜色，而有效的脱味需要1g/L。每次处理之前进行综合实验，但这种方法处理的葡萄酒会失去果香和新鲜度，也有氧化的危险。除此之外，新鲜酵母酒泥也可用于降低许多感官缺陷，固定某些硫醇，例如甲硫醇。这种措施也用于吸收发霉葡萄酒中的三氯苯甲醚。

另外，矿物油与干酪素用于澄清，脱脂牛奶也有脱味作用。

第九章

葡萄酒的
感官质量鉴评

第一节　葡萄酒的质量

一、质量构成要素

葡萄酒的质量，是其令消费者满意的特性的总体。葡萄酒的质量是一个很主观的概念，它决定于每一个消费者的感觉能力、心理因素、饮食习惯、环境条件和文化修养等。这说明葡萄酒的质量无论在时间上还是在空间上都是多维的和变化的。葡萄酒的质量只有通过消费者才能表现出来，而且受消费者口味和喜好性的影响。

葡萄酒质量的第一个要素是平衡，一种在颜色、香气、口感之间的协调。消费者都不会喜欢某一种感觉（酸、苦、涩）过头。所以，平衡是消费者对所有葡萄酒的最低质量要求。葡萄酒质量的第二个要素是风格，即一种葡萄酒区别于其他葡萄酒所独有的个性。这一层次是那些追求个性的消费者所要求的，也是最佳的质量。因此，真正的优质葡萄酒首先必须平衡，再就是应具有其独特而优雅的风格。

评价葡萄酒的质量，包括采用客观标准检测的量化指标，即各类理化指标、卫生指标、安全性指标等；再就是主观评价指标，即依靠消费者的满意程度来确定，这就是感官特性：外观、香气、口感、综合感觉。品尝是鉴定它们的唯一方法。

二、葡萄酒的风味

葡萄酒风味是多种成分综合作用的结果。目前已鉴定出葡萄酒中1000多种物质：包括利用气相色谱及质谱鉴定出多种芳香物质；利用液相色谱及质谱鉴定出多种酚类物质；利用碳14可以鉴定葡萄酒的年份；利用核磁共振可以检验出是否加糖发酵等。

实际上，葡萄酒的平衡决定于葡萄酒中多种能刺激我们的视觉、嗅觉和味觉物质的含量及其平衡和某种比例关系。所有葡萄和葡萄酒的构成成分都直接或间接地影响葡萄酒的质量，但其重要性却各不相同。我们可以简单地将其分为一般成分和特有成分两大类。

一般成分包括糖、酸、含氮物质、盐（特别是钾盐）、发酵产物等，它们虽然影响葡萄酒的质量，但并不是葡萄酒的特有成分（酒石酸除外），它们存在于所有发酵饮料产品中。很多作为发酵微生物的营养物质和生长素的物质、发酵底物、酶等，也参与构成葡萄酒的颜色和风味。

葡萄特有成分与一般成分一起，构成了葡萄酒的最低质量，即平衡。由于它们的性质和相互之间的关系，可使葡萄酒具有其风格和个性。这些物质主要是酚类物质（花色素和单宁）及芳香物质（包括游离态和结合态）。这两类物质是葡萄酒个性的基本构成成分。

香气是给予消费者满足感不可缺少的因素。由于构成葡萄酒香气的物质种类极多，使香气在葡萄酒中具有特殊的重要性。

香气使葡萄酒具有个性，使每种葡萄酒都具有区别于其他葡萄酒的独特风格。它主要决定于葡萄品种、产地，也决定于酿造技术（如二氧化碳浸渍发酵）。

多酚物质包括单宁和色素，是构成葡萄酒个性的另一类重要成分。它们主要参与形成葡萄酒的颜色、口味、骨架和结构。

虽然颜色不一定与葡萄酒的口感质量存在着相关性，但它对品尝员判断葡萄酒的质量有很大的影响：如果他喜欢某一葡萄酒的颜色，其对该葡萄酒的总体评价就好。红葡萄酒和桃红葡萄酒的颜色可从瓦红到宝石红、粉红，这决定于黄色素（黄酮）和红色素（花色素苷及其复合物）之间的平衡。

另一方面，多酚物质也会间接地影响葡萄酒的香气，它们可加强或掩盖某些香气。单宁可降低葡萄酒的果香，所以红葡萄酒的多酚物质含量越低，口感越柔和，其果香就越浓郁、越舒适。根据酿造工艺不同，红葡萄酒可以是果香浓郁，也可以单宁感强。同样，白葡萄酒的多酚物质含量越低，其香气就越好。

构成葡萄酒干浸出物的非挥发性物质（香气的支撑体）与香气（挥发性物质）之间的互相作用也具有重要的实践意义：对于香气浓郁、典型的葡萄品种，就需要利用能加强其支撑体以平衡其过浓的香气的酿造和贮藏技术。例如，当用赤霞珠酿酒时，就需通过加强浸渍和在橡木桶中贮藏来加强其单宁支撑，在橡木桶中的贮藏还会形成橡木风味而使葡萄酒的香气更为馥郁。同样，对麝香味浓的玫瑰香系列品种，应通过提高葡萄酒的酒精度和糖度来平衡其过浓的品种香气，所以应用其酿造含糖的葡萄酒或利口酒。

那么，如何利用好质量的构成因素，无论它是一般成分（糖、酒精、酸）还是特有成分（色素、单宁、芳香物质）；如何掌握它们之间的平衡以获得葡萄酒质量所需要的外观—香气—口感之间的感官平衡，这就是酿酒师所要努力探索的目标。

三、葡萄酒的特性

葡萄酒是由酵母和乳酸菌发酵而成的，因而葡萄酒是一种生物产品，它是从葡萄的成熟，到酵母菌及细菌的转化和葡萄酒在桶内及瓶内成熟的一系列有序而复杂的生物化学转化的结果。葡萄酒的这一生物学特征使它具有有别于其他饮料酒的突出特性：自然性、多样性、复杂性、不稳定性。

1. 自然性

葡萄酒是葡萄的发酵产品，葡萄酒的质量先天在于葡萄，后天在于工艺。而葡萄品种的选择、种植技术的采用、葡萄的成熟状况、葡萄的风味特点等又强烈依赖于种植区的自然环境和风土条件。优质葡萄酒的重要质量标准就是能充分反映产区的风土特点。从这个意义上讲，葡萄酒是一种自然的产品。

2. 多样性

葡萄酒与一些标准化的产品不同，例如工业品，甚至食品饮料，每一个葡萄酒产区都有其风格独特的葡萄酒。葡萄酒的风格决定于葡萄品种、气候和土壤条件。由于众多的葡萄品种，各种气候、土壤等生态类型，各具特色的酿造方法，使所生产出的葡萄酒之间存在着很大的差异，产生了多种类型的葡萄酒。每一类葡萄酒都具有其特有的颜色、香气和口感。葡萄酒的多样性，对于消费者来说，是一种福音，我们应该尽量保持葡萄酒的这一特性。

3. 复杂性

作为多年生植物，一旦在某一地点定植，葡萄就必然要受当地每年的外界因素的影响。这些外界因素包括每年的气候条件（降水量、日照、葡萄生长季节的活动积温）和每年的栽培条件（修剪、施肥等）。它们决定了每年葡萄浆果的成分，从而决定了每年葡萄酒的质量，这就是葡萄酒的"年份"概念。由于这些因素的变化与差异带来了葡萄酒质量的复杂性。

目前，在葡萄酒中已鉴定出的上千种物质中，有500多种已被定量。葡萄酒成分的复杂性，使制假者无法制造出真正的葡萄酒，也说明葡萄酒并不是一种简单的酒精水溶液。

4. 不稳定性

葡萄酒中成分非常多，包括有机物、无机成分、矿物质、酶、维生素等。所有这些成分就成为葡萄酒化学、物理化学和微生物学不稳定性的因素。所以，葡萄酒是一种随时间而不停变化的产品，这些变化包括葡萄酒的颜色、澄清度、香气、口感等。葡萄酒的这一变化就构成了葡萄酒的"生命曲线"。不同的葡萄酒都有自己特有的生命曲线，有的葡萄酒可保持其优良的质量达数十年，也有些葡萄酒需在其酿造后的六个月内消费掉。酿酒师的技艺就在于掌握并控制葡萄酒的这一变化，使其向好的方向发展，同时尽量将葡萄酒稳定在其质量曲线的高水平上。这种不稳定性还表现在葡萄酒也是很脆弱的，也会失色、失光、变味、浑浊、沉淀等，防止生病、变质、过早衰败也是酿酒师的基本任务之一。葡萄酒最基本的贮存条件是平放、避光、低的温度变化（在10~15℃）。

葡萄酒的上述特性一方面给消费者的选择带来了难度，使他们常常陷于茫然、无所适从的境地。但适口性仍然是大多数消费者的共性要求，这也给酿酒师的工作选择带来了挑战：酿酒师应该努力克服上述的不利特性，把每一种优良特性发挥到极致。

第二节　葡萄酒的感官分析

葡萄酒的感官评价就是利用我们的感觉器官，对葡萄酒的感官特性（外观、香气、口感和整体感觉）和质量进行分析。

一、感官分析概述

品尝中，品尝者是用他的眼、鼻、舌、口腔等感觉器官作为"仪器"，来测定酒的感官特性的。

1. 视觉

参与品酒的第一个感觉是视觉，首先要看酒的颜色、透明度、澄清度、流动性、毛细管特性等现象。从酒的颜色可以判断它所含的成分多寡、酒龄长短、是否氧化；从透明度可以判断它的澄清工艺和过滤工艺是否完好，保藏条件是否卫生，是否变质；流动性可以看出它的干浸物质含量和各种成分的协调性，保藏年限长短；毛细管现象可看出液体内压大小，推测酒精度高低等。

2. 嗅觉

嗅觉千倍敏感于味觉。嗅觉处在鼻腔的上部区域。

鼻，测定的是嗅觉特性，要测出并区分出三类香气：果香、酒香、醇香。从嗅觉特性可以判断酒的类型，是新鲜型还是陈酿型，判断葡萄的品种及产地，判断其发酵工艺和老熟工艺是否完善，判定酒的香气质量等。

3. 味觉

口腔，测定的是味觉和触觉特性。舌头的乳头状突起中，有四种基本的味觉：甜、酸、咸和苦，其余是触觉。这些不同的味觉在舌头上出现的时间是不同的。甜觉是特别敏感的，处于舌尖部位，其次是咸味，在舌两侧的前方，舌两侧的后方对酸味敏感。苦味仅仅出现在舌的后部，只有当人们咽食物时才能达到这一带。这样在甜味和苦味的感受之间存在着几秒钟的差异。这四种基本味觉中，只有一种是真正愉快的，就是甜觉，其他感觉在纯物质的情况下是令人不愉快的，只有当它们和甜味组合成一体的时候才是能被接受的。

在口中被感知的感觉不仅是味觉，还有通过后鼻腔很宽广的一部分嗅觉，这是一种"味觉香气"或称为"口香"，即进入口腔中的部分香味物质从后鼻腔到达嗅觉黏膜区，同样被嗅觉敏感细胞记录下来传导给神经系统。

用舌头测定酒的甜、酸、咸、苦；唾液与酒的作用可感觉涩、苛性、起泡性；整个口腔可感觉酒的液态感、厚度、油滑性、温度等。味觉和触觉特性是一种酒质量的最重要部分，它们可综合体现酒的柔顺度，各种成分的平衡协调性，酒的典型风味和它的质量档次。

4. 触觉

触觉部分是很重要的，它综合温度、稠度、黏度、脂滑感、丰满感等多种印象，因此某些味觉其实都有触觉作用参与。特别是一些黏液性的反应，像酒精的热和它的苛性，是源于它的脂溶性和脱水性的影响。单宁的收敛性是由于鞣革黏膜和唾液的凝结，而唾液通常起着润滑口腔的作用。

酒的品尝，是对同时或连续出现的感觉综合的记录。分析品尝和一般的喝酒是有区别的，前者是有目的、有秩序地进行，测量酒的感官特性，并使最终的主要感觉印象和表达描述相一致。在品尝中，引起感觉刺激有多种类型：视觉、嗅觉、味觉、触觉（接触口腔后引起的热、凉、麻、辣、涩等感觉）。嗅觉比味觉更敏感，即使在口腔中品味的时候，也要注意嗅觉印象，由于酒在口腔中被加热、移动、吸入少量空气搅动及下咽产生的微压作用，一些原来不挥发的成分挥发了，并由后鼻腔进入嗅觉感应区，又能捕捉到一些芳香或酒香，要十分注意这种余香的印象，一定要把它记录和表达出来，否则，感官特性描述就是不完整的。

现代科学技术的进步，给葡萄酒的分析提供了许多精密准确的方法。然而一切化学分析只能辅助感官分析而不能代替感官分析。其原因，一方面是因为葡萄酒的成分极为复杂，到现在还没有完全弄清楚。另一方面，酒是一种消费品，它的好与坏是人们感觉器官的反映，是各种成分作用于人的感觉器官的综合表现，这种生理效应是一般常规分析所不能替代的。

二、感官分析在酿造中的应用

感官分析也就是人们通常说的品尝，品尝并不仅仅是指品味和尝味，而是通过视觉、嗅觉、味觉和触觉来评价酒的质量，测定其感官特性。品尝者不仅要有灵敏的感觉，而且要善于把他感觉到的印象十分清楚地描述出来。

品尝首先是用感觉器官（眼、舌、口、鼻）作为仪器来测定产品，其次是把感觉到的印象用一些专门术语翻译表达出来，再次是确定它的地区、品种、工艺、质量状况等。品尝的难度在于如何能正确地判断某一类酒的不同级别。

由于感官评价的主观性，在评价过程中要花费时间，认真仔细。

在整个的酿酒过程中，通过感官分析评估不同酿酒工艺或试验结果，描述葡萄及葡萄酒感官特性。

1. 用于酒厂中的日常监控

（1）对发酵、成熟和贮藏过程的葡萄酒进行评价。

（2）对每个品尝过的葡萄酒做好记录，便于回顾。

（3）详细的评价，取样到专业品酒室进行，采用同一类型的酒杯。品尝室应有足够的光线，无气味。

（4）从罐顶端取澄清的样品，使其具有代表性，也能观察到葡萄酒表面微生物的生长情况。从罐顶取样后，应向顶空充二氧化碳等惰性气体，以避免酒氧化和微生物生长。若从取样阀取样，应确保取样阀门清洁，将开始取出的葡萄酒倒掉，然后取样品尝，取完样后，用水冲洗取样阀。

2. 用于葡萄酒调配

调配是酿造中常用的工艺，如赤霞珠和美乐进行调配。假如是为了保持不同年份葡萄酒的一致性，则应品尝前些年份的葡萄酒以便找出它的类型特点，虽然有差异，但应记住果味–酸–单宁结构。

另外，最终的调配应符合品种、年份和产区的最小或最大比例等相关规定。

确定调配比例的一般方法：

（1）准备调配酒（调配酒1），包含以前使用的品种的百分比，如60%赤霞珠和40%的美乐。

（2）提高和降低各酒的百分含量（大约10%），如：

调配酒2：66%赤霞珠，34%美乐。

调配酒3：54%赤霞珠，46%美乐。

（3）采用比对品尝和二三品尝法来检验不同勾兑酒间的差异。

（4）不断比较调配，直至获得满意的调配酒。

3. 用于葡萄酒的产品评价

评分是将葡萄酒质量转化为数字以进行大量的葡萄酒比较。例如葡萄酒的总分设为20分，其中颜色和澄清度占3分，香气占7分，口感占10分。

外观评价——葡萄酒的澄清度和颜色。

嗅闻评价（鼻子）——感觉香气。

（1）假如葡萄酒是澄清的，是否存在不愉快的瑕疵？

（2）香气的类型、强度和平衡性。

品尝评价（口感/味觉）——口味

（1）香气的类型、强度和平衡（口感）。

（2）主要味感的平衡：是太甜还是太酸？

（3）口感：单宁的感觉。

（4）风味的收敛性、变化、强度、持久性、后味。

（5）风味成分的平衡——葡萄酒结构。

总体评价——感官经验与该葡萄酒类型的感官标准匹配程度如何？

风味是用来描述总体口感的术语。它体现了香气、酸、单宁、酒精度和其他葡萄酒成分的影响和作用。

葡萄酒质量的评价标准根据葡萄酒类型而不同。

通常采用分析方法和总体方法进行葡萄酒评分。分析方法包括在确定总分前先给每一属性一定的分数。因缺陷而扣分，扣分程度因缺陷的类型和强度而异。表9-1中列出的为采用分析方法进行葡萄酒评分的得分。

表9-1　采用分析方法进行葡萄酒评分的得分

葡萄酒属性		最高分	酒样1	酒样2	酒样3	酒样4	酒样5	酒样6
外观（3）（强度、颜色、澄清度）		3	3	3	3	3	3	3
香气（7）	缺陷气味	3	3	3	3	3	1.5	—
	强度/复杂性	4	3.5	3	2.5	2	2	—
口味（8）	缺陷口味	3	3	3	3	3	1.5	—
	强度/复杂性	4	3.5	3	2.5	2	2	—
	酸平衡	1	1	1	1	1	1	
总体感觉（2）		2	2	1.5	1.5	1	1	
总分（20）		20	19	17.5	16.5	15	12	<12

注：无缺陷得最高分。

第三节　葡萄酒的外观分析

葡萄酒外观主要包括颜色（深浅、色调）、透明度、挂杯性、起泡状况、流动性等。

一、颜色

颜色类型及颜色深度、色调。

白葡萄酒：浅黄绿、稻草黄、黄金色、金色、黄棕色等（图9-1）。

红葡萄酒：紫红（新酒）、宝石红、砖红（陈酒）、红棕（瓶内陈酒）（图9-1）。

桃红酒：黄玫瑰红、橙玫瑰红、玫瑰红、橙红、洋葱皮红、紫玫瑰红等。

识别葡萄酒的颜色是品酒时不可或缺的重要一步，目前葡萄酒颜色类别达53种，它随着酒的类型或陈酿年份的不同而有显著的区别。

一般来说，葡萄酒颜色深浅与其酒体、风格相对应。颜色深的葡萄酒一般酒体较厚重，风格也较强劲，当然单宁含量也更高。对于红葡萄酒而言，葡萄酒颜色的深浅还与其酿造过程中的浸皮时间有关，浸皮时间越长，其颜色越深。对于白葡萄酒，通过观察葡萄酒颜色的深度，还可以获知其是否经过橡木桶陈酿。比如，浅黄色霞多丽葡萄酒就是未经橡木桶陈酿的，而金黄色的霞多丽葡萄酒则大多经过了橡木桶陈酿。

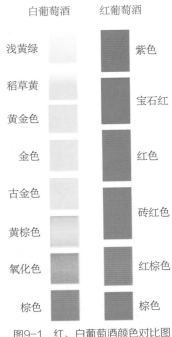

图9-1 红、白葡萄酒颜色对比图

色调主要指中心色调、边缘色调和边缘色带。

通常所说的葡萄酒颜色主要是指酒杯中葡萄酒中心位置的色调。观察葡萄酒的中心色调，可以帮助我们预判其酒龄。普通葡萄酒的中心色调一般在2~4年内就会迅速变淡，而那些能够陈酿10年以上的优质酒，其颜色变化则很慢。

边缘色调指的是酒杯中葡萄酒边缘的颜色，是中心色调以外的颜色。白葡萄酒一般的边缘色是绿色或是禾秆黄色，而红葡萄酒的边缘色多为橘黄、棕色、砖红色或紫红色。

边缘色带指的是边缘色调的宽度。陈酿越久的葡萄酒其边缘色带越宽，而边缘色带越窄也就说明该酒的酒龄较短。另外，对于红葡萄酒而言，其边缘淡淡的蓝色表明该葡萄酒的酸度较高。

二、透明度

观察葡萄酒的透明度，可以帮助我们判断葡萄酒的类型、酒龄、酒的健康状况。通常色深的红葡萄酒是不透明或半透明的。当然，葡萄酒透明度低或浑浊也可能是葡萄酒装瓶前未过滤造成的。比如，一些有机酒或生物动力法酒就往往不过滤，以期维持葡萄酒丰富的质感和多变的风味。葡萄酒液面呈圆盘状、洁净、光亮、完整，不应有尘状物；葡萄酒体包括颜色深浅、色调、透明度、有无悬浮物或沉淀物；优良葡萄酒必须澄清、透明（色深的葡萄酒除外）、光亮。

三、挂杯性

摇动后静置，酒杯壁上出现的无色酒柱就是挂杯现象，是由水与酒精的表面张力及葡萄酒的黏稠性形成的。

四、起泡状况

主要指起泡大小、数量、持久性和更新速度。

五、如何进行葡萄酒的外观分析

一般来说，观察葡萄酒颜色的理想环境包括明亮的光源、白色的室内布景、适宜的温湿度及洁净的酒杯等。

将酒杯置于腰带的高度，低头垂直观察葡萄酒的液面，液面呈圆盘状，必须洁净、光亮、透明。通过圆盘状的液面，可以观察到呈珍珠状的杯体与杯柱的连接处，表明葡萄酒有良好的透明性。

将酒杯举至双眼的高度，观察酒体。酒体的观察包括颜色、透明度和有无悬浮及沉淀物。

将酒杯倾斜或摇动酒杯，将葡萄酒均匀分布在酒杯内壁上，静置后就可观察到在酒杯内壁上形成的无色酒柱。通过观察酒柱，大体上可以对葡萄酒的酒精度、甘油、还原糖、干浸出物等做出判断。

而好的起泡酒应该是泡沫很少，气泡很小，洁白、细腻，品尝起泡葡萄酒时，应该等到酒杯与酒的温度相同时（约需30s），才能观察其起泡状况。观察起泡酒，应选择那些能使气泡持久的杯子，比如又高又细的郁金香杯，气泡对清洁剂尤为敏感，使用前应认真冲洗酒杯。

第四节　葡萄酒香气评价

一、香气的类型

1. 根据香气特征，葡萄酒的香气可分为11种类型

树木型；花卉型；水果型；香料型（胡椒、桂皮、生姜）；植物型（干草、烟草、马鞭草、茶叶）；动物型（皮革、皮毛、生肉、麝香）；香脂型（树脂、松脂）；焦味型（烤面包、焚香、焦糖……）；醚香型（绿香蕉、青苹果、酸味糖果）；乳香型（酸奶、鲜奶油、黄油）；矿物型（燧石、白垩、石油）。

2. 葡萄酒香气轮盘

葡萄酒香气轮盘是1990年美国加利福尼亚大学-戴维斯学院的Ann C. Noble创立的（图9-2）。目的是为了方便葡萄酒爱好者的品尝交流，而提供的一整套葡萄酒气味的标准术语。轮盘中包括的术语都是确切的，是分析性的用语，而不是描述感受或者综合性的评价语。例如，"花香"是一个概括性但是具有分析性的形容术语，然而"芳香""优雅"或者"平衡"都是不确切的、模糊的或者是感觉描述性的词语。特别注意：香气轮盘只收录了最常见的香气种类，而不是全部。

图9-2 葡萄酒香气轮盘（Ann C. Noble，1990年）

3. 葡萄酒的三类香气

一类香气（源于葡萄浆果的香气），二类香气（源于发酵过程），三类香气（陈酿过程中形成，包括氧化型、还原型），并非所有的葡萄酒都同时拥有三类香气。

其实这并不是确定的分类方式，因为一种香气可能有多种来源。比如说"玫瑰香气"就是由两个来源的分子共同构成：主要来自第一类香气分子（β-香茅醇），其余来自和发酵过程有关的第二类香气分子（苯乙醇）。

（1）一类香气　也称为品种香气，主要有如下几种香型。

花香型：洋槐花，山楂花，康乃馨，金银花，风信子，茉莉花，鸢尾花，橘树花，玫瑰花，丁香花，金雀花，椴树花等。

水果香型：黑醋栗，草莓，覆盆子，黑莓，苹果，桃子，梨子，杏，柑橘，柠檬，木瓜，菠萝，芒果，荔枝等。

植物香型：百里香，月桂，灌木，青椒，黑醋栗芽，割草，青草，蕨类，杨树，汤药，常春藤，茶树，茴香，薄荷，八角等。

矿物质香型：磨刀石，磷灰石，碘酒，燧石，煤油，焦油等。

香料香型：胡椒，桂皮，丁香，肉豆蔻等。

这些香气与葡萄品种有关。由麝香葡萄（玫瑰香、小粒白麝香）酿造的葡萄酒散发的香味，让人觉得像一口咬碎了新鲜的葡萄果实。但不是所有的一类香气都能立刻被觉察的，某些潜在的香气在酵母的作用下才能释放出来。

一些典型果香：柠檬、葡萄柚、橙子、麝香葡萄香气常见于白葡萄酒中。覆盆子、红醋栗、黑醋栗、黑莓、越橘香气常见于红葡萄酒中。

一些典型花香：山楂花、洋槐花、椴花、玫瑰、紫堇花，洋槐花和椴花常见于武弗雷产区（Vouvray）白葡萄酒和苏玳产区（Sauternes）白葡萄酒，玫瑰香气出现于琼瑶浆酒中。

一些典型植物香气：青椒、松树、百里香、胡椒常见于红葡萄酒中。青椒常出现在赤霞珠、品丽珠和蛇龙珠品种酒中。

一类香气在年轻的葡萄酒中最鲜明，但随着陈酿时间的加长而逐渐弱化。这类香气以沁人心脾的果香和芬芳四溢的花香为主，有些品种还会带来独特的生青味。

黑色水果（图9-3）的香气常见于赤霞珠和西拉等葡萄酒中，香甜中多了一分深邃，在最成熟的葡萄酒中又会发展为果酱的香气。

红色水果（图9-4）是甜美感的代名词，樱桃、覆盆子和草莓等香气令人愉悦，与红葡萄酒和桃红葡萄酒的色泽相辅相成。

在白葡萄酒中，果香又是另一番表现。产区从凉爽到温和，香气特点也从柑橘类水果（图9-5）变化为桃和杏的香气。

黑醋栗　李子　蓝莓　黑莓

图9-3　黑色水果

蔓越莓　覆盆子　樱桃　草莓　果酱

图9-4　红色水果

在气候炎热的产区，葡萄酒展现出它热情奔放的一面，热带水果（图9-6）的香气扑面而来。

橘子　佛手柑　青柠　菠萝　香蕉　椰枣

柠檬　红柑　西柚　荔枝　芒果　木瓜

图9-5　柑橘类水果　　　　　　　　图9-6　热带水果

除了果香，一些葡萄酒还散发出花朵（图9-7）的芬芳。红葡萄酒通常表现为紫罗兰和玫瑰的幽香，白葡萄酒则表现为白色花朵的清香。

人们对于葡萄酒的生青味（图9-8）褒贬不一，有时它是葡萄成熟度不够的表现，有时它又是葡萄品种的特色。比如，赤霞珠标志性的青椒味和长相思清新的青草和芦笋香气深受一些消费者的喜爱。

葡萄酒呈生青味的种类见图9-8。

对于白葡萄酒，酒泥接触是常见的酿酒工艺。在发酵结束后，葡萄酒与含酵母的酒泥接触一段时间，酵母自溶分解的产物会赋予葡萄酒醇香，这些醇香常让人联想到发酵类的面食。

酵母自溶的香气种类见图9-9。

（2）三类香气（或称为陈酿香气）　三类香气是在陈酿或老熟过程中形成的香气，主要有如下几种香型。

花香型：干花，鲜花。

果香型：干果，榛子，胡桃，杏仁，杏，李子干，李子，黑樱桃。

糖果香型：杏仁糖，蜂蜜，杏仁饼，蛋糕等。

木香与香脂型：橡木，新木，松木，雪松，香草，熏木，桉树，烤榛子等。

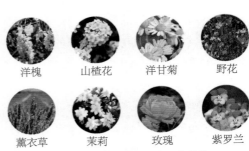

洋槐　山楂花　洋甘菊　野花

薰衣草　茉莉　玫瑰　紫罗兰

图9-7　葡萄酒散发花朵香的种类

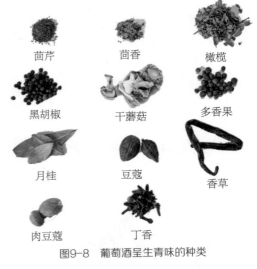

茴芹　茴香　橄榄

黑胡椒　干蘑菇　多香果

月桂　豆蔻　香草

肉豆蔻　丁香

图9-8　葡萄酒呈生青味的种类

面包　酵母　饼干　生面团

图9-9　酵母自溶的香气种类

香料香型：香草，桂皮，花椒，丁香，甘草，藏红花，柏油等。

动物香型：肉汁，皮革，皮毛，野味，肥肉等。

焦油香型：可可，烤面包，香料面包，咖啡，烟草，焦糖，烟熏等。

植物香型：松露，蘑菇，灌木等。

化学香型：清漆，溶剂。

发酵结束后，葡萄酒被贮存于橡木桶中，但是香气的转化还在进行，香气变得更细致和复杂，开始脱离果香而向酒香和醇香转变。在这一阶段，有一个酯类重新构建的过程，出现更复杂的分子，复杂的陈年酒着实使人迷醉。

单宁在香气产生过程中也起着举足轻重的作用。多酚可以决定某些香气，当它们分解的时候，会突显出多种化合物的气味，有烟熏味，偶尔有丁香和香草的气味。

在老熟过程中，白葡萄酒会带有干果、杏子和黑醋栗的香气，红葡萄酒则会具备李子干和无花果的主香。例如陈年波美侯（Pomerol）酒所具有的强烈块菌香气，陈年博纳丘（Côtes de Beaune）酒具有强烈的野味、麝香和麝香猫香气。在西班牙一些地区，"哈喇味"被用来描述一些经过长年储存的葡萄酒（特别是甜型酒）的典型特征。

在瓶中老熟的时候，香气产生于各种化合物的氧化过程，或者来自于直接氧化，产生高浓度的乙醛（如雪莉酒和汝拉黄酒）。用橡木桶老熟将带来些许橡木香和香草香气，这是由于木质成分的氧化所造成的。葡萄酒在新橡木桶中沉睡的漫长岁月里，获得了恬静优雅的香气。随着橡木桶烘烤程度的加深，香气由活泼的香草和烤面包变幻为深沉的咖啡和烟熏，而美国橡木桶则能带来独特的椰子香气，只有骨架结实的葡萄酒才经受得住新橡木桶的强烈风味。

橡木的香气种类见图9-10。

葡萄酒区别于其他饮品的一大特点是可以陈年，即使装入瓶中，它仍在发展变化。陈年后发展出的复杂香气更值得回味，陈年的红葡萄酒散发出皮革和肉类等动物香气，植物性气息也由年轻时的草本植物味发展为菌类和木材的香气。

红葡萄酒的陈年香气种类见图9-11。

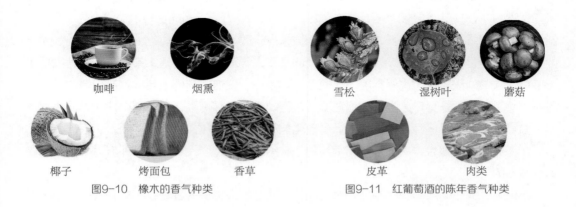

咖啡　　　　烟熏　　　　　　　　雪松　　　　湿树叶　　　　蘑菇

椰子　　　　烤面包　　　　香草　　　　　　皮革　　　　　肉类

图9-10　橡木的香气种类　　　　　图9-11　红葡萄酒的陈年香气种类

白葡萄酒的陈年香气甜蜜浓厚，常表现为蜂蜜、坚果和焦糖的气息。汽油味是陈年雷司令的特点，听似怪异，闻起来却别有一番风味。

白葡萄酒的陈年香气种类见图9-12。

蜂蜜   焦糖   坚果   汽油

图9-12　白葡萄酒的陈年香气种类

二、葡萄酒的香气分析

香气分析按照如下步骤进行。

第一次闻香：在酒杯中倒入1/3容积的葡萄酒，在静止状态下分析葡萄酒的香气。在闻香时，应慢慢地吸进酒杯中的空气，或者将酒杯放在品尝桌上，弯下腰，将鼻孔置于杯口部闻香，或者将酒杯端起，但不能摇动，稍稍弯腰，将鼻孔接近液面而闻香。前一种方法，可以迅速地比较并排的不同酒杯中葡萄酒的香气，第一次闻香闻到的气味很淡，因为只闻到了扩散性最强的那一部分香气。因此，第一次闻香的结果不能作为评价葡萄酒香气的主要依据。

第二次闻香：在第一次闻香后，摇动酒杯，使葡萄酒呈圆周运动，促使挥发性弱的物质的释放，进行第二次闻香。

第二次闻香又包括两个阶段。

第一阶段是在液面静止的"圆盘"被破坏后立即闻香，这一摇动可以提高葡萄酒与空气的接触面，从而促进香味物质的释放。

第二阶段是摇动结束后闻香，葡萄酒的圆周运动使葡萄酒杯内壁湿润，并使其上部充满了挥发性物质，使其香气最浓郁，最为优雅。

第二次闻香可以重复进行，每次闻香的结果应一致。

第三次闻香：如果说第二次闻香所闻到的是使人舒适的香气的话，第三次闻香则主要用于鉴别香气中的缺陷。这次闻香前，先使劲摇动酒杯，使葡萄酒剧烈转动。最极端的类型是用左手手掌盖住酒杯杯口，上下猛烈摇动后进行闻香。这样可强化葡萄酒中使人不愉快的气味，如醋酸乙酯、氧化、霉味、苯乙烯、硫化氢等气味的释放。

在完成上述步骤后，应记录所感觉到的气味的种类、持续性和浓度，并努力去区分、鉴别所闻到的气味。

在记录、描述葡萄酒香气的种类时，应注意区分不同类型的香气：一类香气、二类香气和三类香气。

三、葡萄酒中主要香气及代表产品

1. 柠檬

柠檬香气是白葡萄酒的代表性香味，是白葡萄酒新鲜和活跃的标志。柠檬香气在新西兰的长相思品种和德国的摩泽尔的雷司令品种中表现尤为显著。

2. 西柚

西柚香气主要来自长相思，无论是哪个产区。它通常表现在出色的干白葡萄酒中，但也存在于甜白葡萄酒中，特别是波尔多的苏玳（Sauternes）产区的酒，德国和奥地利的晚采干缩甜白葡萄酒中。

3. 柑橘

柑橘香气主要出现在优质圆润的白葡萄酒和甜白葡萄酒中，是一种陈酿多年后表现出来的香气。波尔多的苏玳甜白葡萄酒要经过十多年的存放后才会释放出馥郁的柑橘香味。

4. 菠萝（凤梨）

优质白葡萄酒的二类香气。菠萝（凤梨）香气通常表现在年份较短的白葡萄酒和年份出色并达到最佳成熟状态的陈酿白葡萄酒中。带一点糖渍果脯味道的菠萝（凤梨）香气是甜白葡萄酒的典型特征。

5. 香蕉

成熟的香蕉味（类似酸味糖果）主要表现在早期的新鲜白葡萄酒和红葡萄酒中。香蕉香气容易从低温发酵和二氧化碳浸渍发酵酒中得到。由佳美品种酿造的新鲜葡萄酒中通常带有香蕉的香气，但很快就被红色水果香气所掩盖。

6. 荔枝

荔枝的香气主要出现在琼瑶浆品种酒中，但其总是伴随着一点玫瑰花的清香。

7. 甜瓜（哈密瓜）

通常会在澳大利亚的霞多丽品种酒中感受到甜瓜的清香。在奥地利的雷司令冰酒、布维尔（Bouvier）葡萄酒和霞多丽甜白葡萄酒中，甜瓜的香气也很显著。

8. 麝香葡萄（Muscat）

麝香葡萄的香气是一种精致纯美的果香。它在鼻及口中一样，能让你体会到葡萄果粒的清新与舒爽。里那醇（Linalool）是它的主要成分，因此香气中也泛着一丝香菜籽、玫瑰花木和小苍兰木的气息。

9. 苹果

苹果的香气是大多数白葡萄酒的典型香味，尤其是在新鲜的酒早期。苹果香气经常和柠檬香气和谐地融合在一起，使人对酒液有更深刻的体验，这两种香气是白葡萄酒香的构成基础。

10. 梨

这一柔和的香气沁人心脾，但在酒香中的表达相对比较含蓄，通常出现在优质霞多丽葡萄酒中。

11. 榅桲

许多干白、半甜和甜白葡萄酒都含有榅桲的香气，主要来自白诗南品种酒。有两种表现形式：干白葡萄酒中新鲜榅桲水果的清香和优质甜白葡萄酒中榅桲果酱的甜香。

12. 草莓

草莓的香气表现为两种形式：一种是新鲜水果的清香，通常存在于桃红葡萄酒和年份较短的红葡萄酒中；另一种是在过熟水果中，带一点果酱的甜香，通常出现在黑品诺品种酒中。

13. 覆盆子

精致优雅的覆盆子香气通常并不来源于某个单一的葡萄品种，它是著名产区优越风土条件的表现，如玛歌酒庄、罗曼尼康帝等酒中。

14. 红醋栗

红醋栗香气是品质出色的红葡萄酒中含有的、略带酸味的香气，与其他红色水果的香气融合在一起，并带有一丝原野青草的气息。

15. 黑醋栗

黑醋栗果香浓郁深沉，沁人心脾，体现在赤霞珠品种酒中和著名产区的黑品诺酒中。它和覆盆子的香气是结构层次丰富的红葡萄酒的代表性香气。

16. 蓝莓

蓝莓的香气从来都不是葡萄酒的主导香气，根据产地和品种的不同，经常和桑葚及醋栗的香气巧妙地融合到一起。它在气候偏暖的葡萄酒产区表现比较显著。

17. 桑葚

初闻便能感到强烈的桑葚香气是幼龄葡萄园出产的丰富浓郁的红葡萄酒的特色。它在法国罗讷河谷产区和澳大利亚的西拉品种酒中表现显著。桑葚的香气与香料的辛辣气息和谐地融合到一起会给酒液带来无比美妙的感觉。

18. 樱桃

樱桃果香在勃艮第产区的黑品诺品种和葡萄牙的年份波特酒中有着极尽完美的表达。它同时还表现在教皇新堡产区的某些香气馥郁的歌海娜品种酒及某些波尔多产区美乐品种含量丰富的葡萄酒中。

19. 杏子（杏桃）

杏子香气是品质出色的白葡萄酒的标志。它经常出现在法国孔得里约（Condrieu）产区的维欧尼（Viognier）葡萄酒中。同时它也是受贵腐菌侵染酿造而成的甜白葡萄酒的代表性香气。

20. 桃子（水蜜桃）

这一优美香气是葡萄达到最佳成熟期采收的结果。它给干白葡萄酒带来优雅的果香，如波尔多佩萨克-雷奥良（Pessac-Leognan）产区的干白葡萄酒，或者罗讷河谷产区的玛珊品种干白葡萄酒。它在大部分受到贵腐菌侵袭酿造的甜白葡萄酒中都有所表现。

21. 杏仁

大部分红葡萄酒都含有杏仁的香气，只是很难感觉到。但是它在白葡萄酒中表现明显，如法国的夏布利（Chablis）产区、博纳丘（Côtes de Beaune）产区以及澳大利亚和阿根廷的霞多丽品种酒中。

22. 李子干（李子蜜饯）

李子干的香气通常表现在气候相对炎热的年份或者多年陈酿的葡萄酒中，它是酒精含量丰富和单宁成熟的标志。它经常存在于久负盛名的多年陈酿葡萄酒中。

23. 核桃

这是一种穿透力很强的香气。汝拉（Jura）地区出产的黄葡萄酒有这种香气的明显痕迹。产生这种香气的关键工艺是在橡木桶中带酵母陈酿。

24. 山楂花

只有精心酿造的霞多丽品种葡萄酒才会释放出这一轻柔美妙的香气，经常和杏仁、黄梨的香气巧妙地融合在一起，有时甚至会泛起一点蜂蜜的甜香。

25. 刺槐花

刺槐花的香气在勃艮第产区的霞多丽品种酒中，在普里尼–蒙哈榭（Puligny-Montrachet）产区的葡萄酒中和蜂蜜的香气巧妙地融合在一起，也出现在澳大利亚出的优质霞多丽品种酒中，有时也会出现在卢瓦尔河谷产区的武弗雷（Vouvray）白葡萄酒和波尔多产区的苏玳（Sauternes）甜白葡萄酒中。

26. 椴花

精致而含蓄的椴花香气通常出现在白诗南品种酒中，不论是干白、半甜或者是甜白葡萄酒。它在长相思品种为主导的酒中也有轻柔的痕迹，并与阿尔萨斯产区的雷司令品种酒中原野的气息形成美妙的搭配。当然它也出现在新西兰的霞多丽品种和著名的匈牙利哈勒斯莱维露（Harslevelu）品种葡萄酒中。

27. 蜂蜜

蜂蜜的香气是白葡萄酒经典、优雅的标志，它只在优质年份的葡萄酒中体现。它极尽完美地体现了勃艮第产区霞多丽品种酒的精致和优雅。它也是延迟采摘和受贵腐菌侵染酿造而成的甜白葡萄酒的主导香气。

28. 玫瑰

玫瑰花香通常在白葡萄酒中释放，它在琼瑶浆品种酒中十分明显，能够很容易体会到。对于红葡萄酒，需要在久远年份的名贵精品中才能感受到玫瑰花的清香。

29. 紫罗兰

紫罗兰的香气是世界上最出色红葡萄酒的标志。这种酒香存在于罗曼尼康帝、拉菲、木桐、克瑞克钻石（Diamond Creek）、慕思尼（Musigny）、木丽娜（La Mouline）等世界珍藏级葡萄酒中。

30. 青椒

人们的嗅觉对青椒的香气很敏感。过多的青椒气味说明葡萄果实缺乏足够的成熟度。淡淡的青椒香气经常是幼龄赤霞珠品种葡萄酒香味结构匀称的表现，它也是大多数蛇龙珠品种酒的特征香气。

31. 蘑菇

在开启一瓶老年份的红葡萄酒或白葡萄酒时会闻到一股林间小蘑菇的清新气味，但它不同于霉菌的异味。腐烂的霉菌味是酿酒葡萄果实受到真菌感染或灰霉病侵袭的结果，是葡萄酒一种严重的缺陷。

32. 松露

像紫罗兰香气一样，松露的香气是一种不常见的香气。在一些古老年份的红葡萄酒中才能捕捉到它，通常出现于波尔多产区酿自美乐品种的葡萄酒中，在柏图斯（Petrus）酒庄和卓龙（Trotanoy）酒庄古老年份的酒中比较容易找到这种香气。

33. 酒泥

酒泥的味道是用来稳固整个酒香结构的组成。霞多丽品种酒中常常散发出一种淡淡的怡人的酒泥味。

34. 雪松（香柏）

雪松的香气总是出现在优质的赤霞珠品种葡萄酒中。它经常被红色水果的香气所掩盖，仔细品鉴才能体会到它的精致和优美。

35. 松树

优雅细致的松树香气存在于许多产区的赤霞珠品种葡萄酒中，例如波尔多的佩萨克-雷奥良（Pessac-Leognan），法国东南沿海地区的普罗旺斯丘（Cotes de Provence）、邦多勒（Bandol）、科西嘉（Corse）；意大利托斯卡纳（Toscane）等。

36. 甘草

甘草香气是世界上最优质红葡萄酒的标志性香气之一，如勃艮第产区的黑品诺［尤其是热夫雷-香贝丹（Gevrey-Chambertin）产地］、赤霞珠品种酒。在波尔多的波美侯（Pomerol）产区，甘草香气是老塞丹（Vieux-Chateau-Certan）酒庄和柏图斯（Petrus）酒庄葡萄酒的特征之一。

37. 黑醋栗芽苞（或黄杨木）

黑醋栗芽苞（或黄杨木）香气来自长相思品种。在优质长相思品种中，这种略带绿色植物气息的清香经常伴随着西柚和柠檬的果香。

38. 干牧草

这种细微巧妙的怡人香气通常来自优质品丽珠或美乐品种中，装瓶后经过几年的陈酿，这种香气会更成熟和优美。

39. 百里香

百里香的香气不是葡萄酒的主导香气，它是地中海沿岸富有特色的葡萄酒中复杂的香味组成成分之一。

40. 香草

香草的香气来自在全新橡木桶陈酿的葡萄酒中。它十分含蓄，是整个酒香的背景香气，但能鲜明地感受到它。

41. 桂皮（肉桂）

这一轻柔的香料香气尤其表现在用成熟充分的美乐品种酿造的葡萄酒中，并且在装瓶成熟多年之后才能感受到。它还存在于酒龄较长的苏玳（Sauternes）甜白葡萄酒中及精选琼瑶浆和受贵腐菌侵染酿造的灰品诺葡萄酒中。

42. 丁香花蕾

这种舒适的香料味经常出现在优质的赤霞珠品种酒中，伴随着浓郁的果香。它也是在全新橡木桶内陈酿的葡萄酒代表性香气。它还存在于苏玳（Sauternes）产区的老年份白葡萄酒、阿尔萨斯（Alsace）的琼瑶浆（受贵腐菌侵染的果实酿造）等以及圣朱利安（Saint-Julien）、圣埃美隆（Saint-Emilion）等产区红葡萄酒中。

43. 胡椒

这一种辛辣的香味相对强烈，通常存在于浓烈的葡萄酒中，酿自多种葡萄品种，如教皇新堡以西拉（Syrah）品种为主导的葡萄酒。

44. 藏红花（番红花）

经常会在波尔多苏玳产区和匈牙利出产的甜白葡萄酒中发现这种香气，它还会出现在阿尔萨斯产区受贵腐菌侵染的果实酿造的葡萄酒中。

45. 皮革

皮革的香气总是出现在单宁含量丰富的葡萄品种酒中，如法国卡奥尔（Cahors）产区的马尔贝克（Malbec）、南部邦多勒（Bandol）产区的慕合怀特（Mourvedre）、马迪朗（Madiran）产区的丹娜（Tannat）以及赤霞珠。味道清淡时给酒带来优雅的香气，过重的皮革味道是葡萄酒的一种缺陷，是酚类物质带来的令人不愉快的味道。

46. 麝香

麝香的香气来自于沃恩–罗曼尼（Vosne-Romanee）产区传统方式酿造的优质黑品诺葡萄酒和经过20年陈酿的优质红葡萄酒中。

47. 奶油（黄油）

奶油香气是霞多丽品种葡萄酒中常见的香气。它出现在年份短而黏稠厚实的葡萄酒中，在陈酿成熟过程中被保留，且随着时间而演变成榛子、杏仁和烤面包片的香味。它是勃艮第产区优质白葡萄酒的标志性香气。

48. 烤面包

烤面包的香气非常浓郁。在法国勃艮第产区、美国和澳大利亚出产的霞多丽品种葡萄酒中，烤面包的香气经常和奶油的香气巧妙地融合在一起。

49. 烤杏仁

烤杏仁的香气出现在葡萄果粒达到理想成熟度，在全新的橡木桶中培育的霞多丽品种葡萄酒中。

50. 烤榛子

优美的烤榛子香气是优质葡萄园出产的霞多丽品种酒中的代表性香气，比如法国勃艮第的默尔索（Meursault）产地葡萄酒就是典型代表。

51. 焦糖

在全新橡木桶中培育的葡萄酒才有可能具有这种柔和精致的甜香，更好的表现是它和一丝美味奶油气息融合到一起。

52. 咖啡

精致浓郁的咖啡香气经常与优质名酒联系在一起，尤其是酒香丰富并在全新橡木桶中陈酿的葡萄酒。

53. 黑巧克力

黑巧克力香气出现在酒窖陈放多年达到成熟状态的老年份葡萄酒中，富含黑巧克力香气的葡萄酒通常酒精度高而单宁含量丰富。这一香气经常出现在阳光充足的葡萄园上种植的歌海娜品种酒中。

54. 烟熏味

葡萄园风土条件、葡萄品种和木质素的种类和组成对烟熏味的表现有重要的影响，这种香气在全新橡木桶或者制造过程中烘烤比较重的橡木桶中陈酿的葡萄酒中十分显著。

第五节　葡萄酒口感分析

一、葡萄酒口味物质

1. 甜味物质

葡萄酒中的甜味物质，是构成柔和、肥硕和圆润等感官特征的要素。一类是糖，包括葡萄糖、果糖、蔗糖、阿拉伯糖和木糖；另一类是醇，包括乙醇、甘油、丁二醇、肌醇、山梨醇等。

2. 酸味物质

酸味是舌黏膜受到氢离子刺激而引起的。葡萄酒的酸味是由一系列有机酸引起的，主要有六种：酒石酸、苹果酸、柠檬酸、乳酸、琥珀酸、醋酸等。在浓度相同的情况下，按酸味强弱排序依次为：苹果酸＞酒石酸＞柠檬酸＞乳酸；在pH相同的情况下，按酸味强弱排序依次为：苹果酸＞乳酸＞柠檬酸＞酒石酸。因此，从味感上讲，苹果酸是葡萄酒中最酸的酸。

3. 咸味物质

咸味是中性盐所显示的味。咸味与盐离解出来的阳离子有关，而阴离子则影响咸味的强弱，并产生副味。产生咸味的物质主要有钾、钠、镁、钙、铁、铝，及硫酸盐、氯化物、亚硫酸盐、酒石酸盐、苹果酸盐等。

4. 苦味物质

在葡萄酒中，苦味和涩味常常混合在一起。苦味在酸度较低的情况下，更容易被感知。酚类物质会产生苦味，主要是一些酚酸，特别是缩合单宁，它们的苦味和收敛性与其聚合度有关。但作为红色素的花色苷，在游离状态下没有特殊的味感。

5. 其他物质

收敛性是能引起一种干燥和粗糙的感觉，收敛物引起的唾液中蛋白质的絮凝反应。葡萄酒中收敛物主要是一些相对分子质量适中的单宁。还有酸、碱或金属盐与口腔接触而引起的苛性、灼烧、腐蚀等感觉，气泡引起的针刺感。

二、葡萄酒的味感平衡

1. 葡萄酒味感平衡的原则

葡萄酒中的各种味道之间，实际上是可以相互作用、相互影响的，从而改变我们对于葡萄酒口感的印象，其基本原则如下。

（1）甜味和酸味、苦味、咸味等味道可以互相掩盖，但不能相互抵消。

（2）苦味和涩味可以让人对酸的感受更强。

（3）咸味可以突出酸味、苦味和涩味。

（4）酒精口感浓烈，但又具有甜味。

（5）酸可以突出果香。

（6）涩味主要来自单宁，单宁会减弱果香。

2. 白葡萄酒的味感平衡

葡萄酒的口味是酒中口味物质平衡的结果。对白葡萄酒而言，因为它不含或含有很少量的单宁，它的不挥发物主要是甜味和酸味物质。

干白葡萄酒中的甜味物质是醇类，甜白葡萄酒中的甜味物质除醇类外还有还原糖，即葡萄糖和果糖。它们虽然是甜味物质的代表，但结构单一，在白葡萄酒中与酸平衡时，若量不是足够大，很容易被酸中和，在复杂的红葡萄酒中，它们的感觉更容易被掩盖。

干白葡萄酒常有残糖，但在与酸的平衡中起不了多大作用，所以我们可以简单地把干白葡萄酒的味感平衡描述为乙醇的甜味与酸味物质的平衡。但这并不是量化关系，它们的数值函数关系是非线性的，味感的表现受其他因素的影响。

乙醇与酸的味感平衡，不像化学中和作用，它给出的口味是复杂的，既醇烈又微甜，两种对立的口味在酒精度高时，其苛性的灼热感掩盖了甜感。另外，酸性物质的酸味与氢离子的离解浓度pH及酸的自然性质有关，酒石酸、苹果酸和乳酸的酸感是不一样的，前二者较尖酸，后者酸性较轻雅，容易被接受。一个进行了苹果酸-乳酸发酵的酒，要比含有同样苹果酸而未进行这种发酵的酒，酸味改善了许多。

酸味平衡的问题，不同的饮用人群反应不一。酸味的平衡不能用一个标准定量，要根据市场情况而定，对一个11%～12%vol干白葡萄酒而言，一般含5～6g/L总酸是比较适中的，但这也与年份、成熟度、品种等因素相关。

白葡萄酒的味感平衡，我们可以简单而形象地用图9-13表示。

四个象限代表了四种不同平衡程度的干白葡萄酒。

$AC^+ \leftrightarrow AL^+$：粗硬的，酒烈性和酸刺激均明显。

$AC^+ \leftrightarrow AL^-$：单薄的，瘦弱的，生青的。

$AC^- \leftrightarrow AL^+$：醇厚的，柔顺的，和谐的。

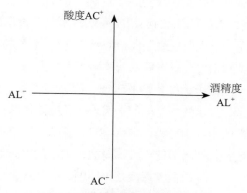

图9-13 酒精度和酸度的四个象限

AC⁻↔AL⁻：平庸的，干瘦的，水质的。

平衡程度不同的甜白葡萄酒、桃红葡萄酒和利口酒是复杂的，甜、酸、醇三种因素相互作用，它们的交叉点应是平衡点，然而此点也并不一定是最好的点，因为还有一个与香气平衡的问题。

3. 红葡萄酒的味感平衡

红葡萄酒的味感平衡就更加复杂了，有醇、酸、甜、苦、涩五个因素。为了说明红葡萄酒的味感平衡，可以做一个实验：把一定体积的、经品尝十分柔顺的干红葡萄酒，倒入烧瓶中在水浴上加热蒸馏，将蒸汽导入冷凝器收集于另一容器中，经冷凝回收的液体就是酒中的酒精、挥发性芳香物质和水，而留在烧瓶中的残留物就是酒中的固定酸、单宁和其他不挥发性物质。将这两种液体分别用纯净水恢复到初始体积，那么各种成分的浓度与初始酒样一致，并且比例也相当。然后，我们分别品尝这两种液体，就会惊奇地发现与原来的酒有非常大的差别。其中蒸馏物给出微甜、醇热、平淡的感觉，而残留物则相反，给出尖酸、苦涩、粗硬和让人不可接受的感觉。可见原本很柔顺的干红葡萄酒，是由简单的两部分物质组成的。

干红葡萄酒中主要的甜味物质是醇类，如果酒精度不够高，在品尝时就会或多或少有残留物的感觉；相反若固定酸和单宁含量不足，就会有蒸馏物的感觉。经过大量的实验，总结出能代表干红葡萄酒口感的柔顺指数公式如下：

$$柔顺指数 = 酒精度 - （总酸 + 单宁）$$

总酸和单宁单位以g/L表示，总酸以硫酸计，单宁以没食子酸计。

例如：一款干红葡萄酒的酒精度为12%vol，总酸（H_2SO_4）3.6g/L，单宁（没食子酸）1.8g/L，则该酒的柔顺指数为：

$$12 - （3.6 + 1.8） = 6.6$$

另一款酒的酒精度为10.5%vol，总酸（H_2SO_4）4.2g/L，单宁（没食子酸）2.4g/L，该酒的柔顺指数为：

$$10.5 - （4.2 + 2.4） = 3.9$$

第一种酒是醇和柔顺的，而且有脂滑感，第二种酒是粗硬平庸的，有骨瘦如柴的感觉。实验表明，柔顺指数在5及以上的干红葡萄酒，是协调和谐的；在5以下的酒是不平衡的，口感难以接受。可见，干红葡萄酒的酒精度不能太低，若低于10%vol以下难以有好的平衡效果。这里所说的酒精度高低，不完全指乙醇含量数值的大小，而是指酒精度所起的平衡作用，它同时也表明葡萄原料本身很丰富很成熟，在收获期它的各种成分都达到了最佳状态。柔顺指数公式对新酒或酒龄不太长的酒及中等质量的酒而言，可较好地反映出质量状况。

对于干红葡萄酒来说，因为多了单宁这一重要的成分，其平衡要比干白葡萄酒更加复杂，除了酸甜之间的平衡外，还应该注意到单宁会减弱果香，如果要酿造果香突出、清爽自然的干红葡萄酒，那么单宁含量则不应该过高，而且要注意保证足够的酸度，而如果要酿造适合长期陈酿的干红葡萄酒，则应该提高单宁含量，因为单宁是红葡萄酒陈酿的保障，没有单宁，葡萄酒贮藏就是个问题，另外，需要稍稍降低酸度，保证味感之间的平衡，适度的单宁和酸度对于陈酿干红葡萄酒非常重要。

当然，酒的平衡质量还与其他因素有关，挥发酸、挥发酯、其他的芳香成分、固定酸和单宁的结构、陈酿过程中多酚类化合物的变化等，都会影响酒的味感平衡。

葡萄酒良好的陈年能力来源于成熟的单宁、良好而平衡的酸度和果味饱满的结构感，三者不可或缺。单纯追求单宁和酸度都是不可取的，生涩的单宁和尖锐的酸度即使经过陈年，也不会变得柔和、可口。国产葡萄酒中酸度和单宁都足够了，但缺乏足够的果味来支持结构。这需要在种植环节根据年份差异进行恰当的田间管理、产量控制以保证果香的浓郁。

三、口味的品尝

在闻过酒的香气后，缓慢地拿起酒杯，向嘴唇边倾斜，头微微后仰，张开嘴，嘴唇前伸，杯口紧压唇内，慢慢地吸吮酒液，使酒液在口腔内运动，触及全部感觉区，从而形成味觉和触觉印象。酒液的吸入量一般为9~11mL，根据品尝的目的不同，葡萄酒在口里保留的时间2~5s，或者延长至10~15s，如果要全面深入地分析葡萄酒的口感，应将葡萄酒保留在口中12~15s。当你对酒液足够了解后，可以将其咽下，或者若入口量较大，可将其吐出。

在职业品尝中，品尝者往往在一次品酒会上要尝10~30个酒样，甚至更多，可以将酒吐掉。在大量样品品尝之间，可以适当用纯净水漱口，或吃一些无味面包或无糖饼干。

四、口味感觉描述

1. 单宁

单宁是构成红葡萄酒的主要物质。品尝时，可以通过覆盖口腔的那种干、涩的味道来感知它的存在。要想感受单宁的味道，喝上一口浓浓的凉茶就知道了。另外，胡桃外面那层薄皮也是单宁感觉的直接例子。当品尝到明显单宁的时候，口腔内部和牙龈好像使用很不舒服的方式皱起来似的，它们确实是像皮革被鞣制的那种感觉。在品尝那些年轻但陈年能力很强的优质红葡萄酒时，会觉得是件不容易的事。

葡萄酒中的单宁不是为了让你现在尝起来感到好喝，而是希望它们将来有美妙的味道。那些能够存放很久的白葡萄酒在年轻时需要很高的酸度。同样道理，对一瓶伟大的红葡萄酒而言，单宁承担着能够延长它健康寿命的保护剂作用。葡萄酒在年轻时能包含各种各样微小的香气元素，但它需要时间才能把这些香气都融合在一起，从而变成复杂而成熟的葡萄酒。单宁能够自我分解，并和其他元素结合起来，最终能帮助完成这个理想目标。酿酒师的技巧之一就是在酿酒的初期，能够判断出葡萄酒在陈年过程中需要多少单宁来平衡其他香气元素。大多数单宁都来自于葡萄本身。波尔多红葡萄酒和其他以赤霞珠为主的高档葡萄酒都是最合适的实例。在许多出色的年份，这些葡萄酒有能力在"高龄"的时候变得非常庄重和高雅，如果它们在年轻的时候含有很多单宁的话，也许它们还能变得更加神圣。

品尝3年以下的优质波尔多红葡萄酒，可以说是件难度很高的事，因为它们的单宁含量非常高，会让你的口腔立刻有"皱"起来的感觉，因此也削弱了你的感官品味其他果味的能力。"硬"常常用来形容单宁过多的葡萄酒。

目前红葡萄酒酿造的一个主要目标是酿造出含有丝绸般酒质的年轻葡萄酒。这种酒尝起来"具成熟的单宁"，而"青涩的单宁"则相反——口味干涩且刺激。

现代酿酒师追求红葡萄酒含有更柔顺、更成熟和更容易被人接受的单宁，一方面推迟葡萄的采收时间，一方面通过更柔和地处理新生的葡萄酒。

随着葡萄酒的成熟，单宁会变得越来越不明显，同时口感也会变得越来越柔顺。以水果味为主的香气最终会演变成微妙且复杂的形式，最理想的情况是，当葡萄酒的香气达到它成熟的顶峰时，单宁将逐渐变得不再重要。但是，由于葡萄酒的不可预测性，某年份最初看上去也许会非常出色，于是酿酒师很乐意让酒中含有更多的单宁，从而可以使它们能够更长久地陈酿，最终可以变成完美的佳酿。然而，这个年份也可能达不到期望值，于是，果味在单宁变淡之前就早已消失了。

一些红葡萄酒品种本身只含有少量的单宁，但有些葡萄酒则会因为含有单宁太少而不那么完美。虽然喝这些葡萄酒不会像喝单宁过多的葡萄酒那样让人不舒服，但它们也浪费了自己的潜力。一瓶葡萄酒可以在新酒时有很多活泼浓郁的水果味，给人一种直接且温柔的吸引力。但是如果有更多的单宁帮助它们储存到中年或老年的话，这些美味也许有能力随着陈年而变得更加华丽。

在葡萄酒中所感受到的单宁量是表明该酒成熟程度的指标。年轻的红葡萄酒所含有的单宁比成熟后的红葡萄酒更多。葡萄酒陈酿后单宁得以软化，从而使酒尝起来更柔和、甘美。

连续品尝多种富含单宁的红葡萄酒不是件容易的事，单宁会在口腔中积累起来并使品尝变得越来越困难。在每次品酒之间要用清水漱口，或者嚼上一块无味的饼干。

单宁是各种不同的单宁酸和多酚的通称，它们来源于葡萄种子、葡萄皮和葡萄果梗，也来源于贮藏葡萄酒的橡木中。单宁是许多红葡萄酒中最明显的成分之一。有时甚至能让你有疼痛的感觉。

大多数单宁过多的葡萄酒都更加昂贵，因为虽然它们很年轻，但是它们都有长期陈酿的潜力，并且在将来能够产生具较高利润的"优质葡萄酒"。这些葡萄酒还会表现出当单宁一旦变弱，而让果味和橡木味结合，产生更多美妙的风味。

不同产地葡萄酒单宁的感受是不一样的。澳大利亚和美国葡萄酒尝起来更加柔顺，同时也好像更甜，而法国葡萄酒尝起来单宁更加强劲。对博若莱和典型的里奥哈葡萄酒来说，单宁不是一个重要的成分。大多数杜埃罗河岸产区的葡萄酒中单宁则很明显。意大利东北部的葡萄酒，包括赤霞珠、美乐也都很柔顺。大多数来自新世界的黑品诺葡萄酒单宁的含量也很少。赤霞珠尝起来总比美乐有更强的单宁。

不同的红葡萄品种会酿造出单宁含量不同的葡萄酒。种子越多，果皮越厚，果汁中的单宁含量就越高。赤霞珠、西拉、内比奥罗葡萄是单宁含量很高的品种。同时，缺雨年份也会酿造出单宁较多的葡萄酒，由于果肉无法生长，葡萄皮和种子就占了较高的比例，这样，你可以品尝到"干旱"的味道。

葡萄酒也会从橡木中吸取单宁，橡木桶越新，内壁烘烤部分含有的单宁也就越多。所以，真正卓越的、有能力陈酿50年的葡萄酒通常都在新橡木桶中存储一段时间。葡萄酒在橡木桶中贮藏的时间越长，它的天然果味就会消散得越多，以至于酒中的单宁强度超过了酒中所有的其他香气成分。

一些白葡萄酒尝起来感觉比较涩，就像单宁含量高的红葡萄酒一样。因为，在酿造它们的过程中，葡萄被压榨得非常厉害，因此葡萄汁中会包含不少来自葡萄皮和种子的单宁。

2. 酒体

酒体是指口腔对于酒的浓度和饱满度的印象。根据酒中酒精含量的多少，葡萄酒有可能被感觉到更厚重些——酒精含量越高，口腔就会感知越饱满。现在的趋势是红葡萄酒更饱满，随之而来的是酒精度提高。

和人一样，葡萄酒也有重量。葡萄酒的重量是对它有多少干浸出物和酒精含量的衡量。一瓶酒体丰满的葡萄酒至少含有13.5%vol的酒精度，一些酒体轻的葡萄酒酒精度可能低于10%vol。并且尝上去更加柔弱。

当你喝下一大口葡萄酒时，你是强烈感受到酒的力度，还是很薄的液体？当你咽下或者吐出酒精度很高的葡萄酒的时候，它会在你的口腔里留下一种发烫和灼烧的感觉。

加强葡萄酒的酒体都是非常饱满的，因为它们含有外加的酒精。除此之外，大部分酒体重的都是红葡萄酒，再就是一些优秀的白葡萄酒、苏玳等。事实上，很高的酒精含量会使葡萄酒尝起来感觉有点甜，好像本身含有更多的残糖。

大部分德国葡萄酒酒体都比较轻薄，其中一些的酒精含量也只有8%vol。葡萄牙的绿酒，不管是白葡萄酒还是很少出口的红葡萄酒，酒体也都非常轻。博若莱和一些法国餐酒酒体也相对较轻。

3. 余味

一般葡萄酒的味道在咽下后会消失得很快，但优质葡萄酒的味道却会在口中回味一段时间，通常会持续一分钟。这种饮后留下的味道被称为葡萄酒的"余味"。如果葡萄酒很年轻，或者质量不太好，那么味道在口中不会持续很久，然而好品质的葡萄酒或已成熟的酒会在口中留存较长时间。好的葡萄酒经常会用"很持久""非常持久"来描述，相反，则会用到"短暂"的评价。

常常会用不同的味道来区分葡萄酒，主要的类别包括：水果、土壤、矿物质、香料及木材等。这是一些总的描绘词，它们涵盖了非常广泛的味道群，它们也是品酒中用到的非常有用的启发词，这些词既可以用在红葡萄酒中，也可以用在白葡萄酒中。

4. 平衡

平衡是指葡萄酒中被称为酒的"骨架"的那部分——单宁和酸性物质要通过果味和糖来平衡。全是果味和糖的葡萄酒口感会太弱；而全是单宁和酸的葡萄酒则口味太"强"或"太刺激"。

葡萄酒的口感是奶油般的、顺滑的、柔和的，还是涩而干的呢？酒在舌头上的感觉如何？当你咽下或吐出酒后稍等片刻，记下酒的味道能持续多久。

5. 味道常用的描述词汇及其含义

干涩的：微酸的，口感较硬，缺乏水果味，有可能是因为酒太年轻。

结实的：酒体丰满，重量感强，坚实，仅用于描述红葡萄酒。

粗糙的：缺乏精细感。

复杂的：多种味道。

有深度的：有多层次的香气。

高雅的：指酒均衡、口感美妙。

肥厚的：通常指甜味葡萄酒，表明入口后丰满带点油腻的感受。

精美的：非常美妙。

强有力的：较好的酸度或单宁结构。

早熟的：指酒完全成熟了。

硬的：过高的单宁或酸度。

重的：含有大量酒精，有可能新鲜度或酸度不足。

草木味的：青草、绿叶的味道。

果酱味的：具有水果酱的味道，缺乏新鲜度。

冰凉清爽的：舌头接触到酒中的二氧化碳会感觉到的轻微刺激感。通常在年轻、口感轻盈的白葡萄酒中感受到清爽的感觉，也常用来表明酒的优点突出。

梗味：一种清淡、带些绿色的味道，通常来自于果梗。仅在红葡萄酒中有。

浓烈的：烹饪的味道，可以比较一下煮苹果和新鲜苹果的味道。

钢铁般的：高酸度、生硬的。用于描述白葡萄酒，通常指那些年轻的，通过窖藏能够提高质量的酒。

结构：酒中的基本元素——果味、酸度、甜度和单宁的平衡体系。葡萄酒或者具有好的、结实的结构，或者具有差的、弱的结构。

柔顺的：丝绸般，顺滑，没有令人不适的酸涩感。

稀薄的：缺乏圆润感。

蔬菜味的：类似卷心菜的口味。成熟的勃艮第红、白葡萄酒都具有可口的蔬菜味道；而对于其他的葡萄酒，出现此味则表明酒有缺陷。

刺激味的：新鲜的、有活力的。

品尝葡萄酒时，可以回忆对水果、草本植物及蔬菜味道的印象。

如果品酒顺序没有约定，通常是白葡萄酒、桃红葡萄酒、红葡萄酒，年轻的酒到成熟的酒，清淡的酒到厚重的酒。

品尝多种酒时，在每次尝酒后应将酒吐出，如果把酒都喝了，感觉可能会有偏差。

每次品酒之间要清洁口腔，可以在口中嚼一块无味饼干，或者用清水彻底漱口。

五、葡萄酒的三个重要质量指标

甜味、酸度、单宁和酒体赋予葡萄酒的口感，而香气则是葡萄酒品质必不可少的感受特性。那么选择一款优质葡萄酒最主要应该关注下列三方面。

1. 干净

如果一瓶葡萄酒没有缺陷，它就会被形容为"干净的"，嗅闻是最好的鉴别方式。如果在闻过一下后，还有继续闻下去的渴望，那么这瓶葡萄酒就应该是干净的。随着酿酒技术的进步及设备设施的现代化，国际市场上只有不超过1%的葡萄酒会表现出某些酿造过程中的失误。而木塞污染是最常见的失误，它与酿造水平没有任何关系，只是因为使用了被污染的木塞的偶然结果。以下是葡萄酒中最常见的一些令人讨厌的缺陷气味。

（1）TCA　是木塞被污染造成的。含有TCA的酒闻上去有种发霉的、腐臭的气味。这样的木塞本身不一定很难闻，但它会将让人恶心的气味渗透到葡萄酒中。当一瓶葡萄酒被打开后，和坏木塞味有关的发霉的气味会在酒中扩展，不同的品酒者对酒的敏感程度不同。污染后的葡萄酒常会缺乏果味和应有的魅力。

（2）SO_2　在酿酒过程的某个阶段，如果葡萄酒用很多硫处理过，那么就会产生一种像刚点燃的火柴或者使用煤炭燃烧火炉的气味，它们会出现在你的鼻尖或者喉咙的后部。SO_2是常用的一种防腐剂，在几乎所有的葡萄酒中或多或少都有一些。那些有相当多残糖的甜或半甜葡萄酒，为了避免再次发酵，都会使用较大量的SO_2进行处理。因此，这种气味在便宜的甜白葡萄酒和一些德国葡萄酒中是很常见的。它通常会随时间而消失，可以通过延长储藏时间来减少，或者采用转动酒杯，将酒在杯中打旋的方法减弱或消除。患哮喘的病患者会对硫有严重反应。

（3）还原味　主要表现为臭鸡蛋味（一种放在外面一两天的煮鸡蛋的气味）、橡胶味或污水管气味。一瓶葡萄酒在极度缺乏氧气的情况下，就会出现还原现象，用螺旋盖封口的葡萄酒非常容易出现这种情况。如果含量比较低，可将酒在杯中猛烈地旋转，让它和空气充分接触，另一个办法就是放一枚铜币在酒中。

（4）酒香酵母　这是一种类似鼠臭或马厩的气味，在口腔中这种气味甚至更加明显。它是由一些在陈旧的木质酒窖或不是很干净的酒窖中存在的酵母引起的。一些美国酒庄甚至鼓励在葡萄酒中有一点"酒香酵母"的气味，因为他们相信这可以给高档红葡萄酒加入一些"欧洲式"的复杂性。

（5）氧化　氧化在大多数葡萄酒中都是失误，它使葡萄酒闻和尝起来都很单调，有种不新鲜的感觉。有时只用眼睛就可以发现被氧化的酒，因为它会变成棕褐色，就像一片在空气中暴露很久的苹果。"马德拉化"（Maderized）几乎是氧化的同义词，但主要用于白葡萄酒。将一瓶非常廉价的葡萄酒放在酒杯中两天，葡萄酒会逐渐失去其新鲜的水果味，并且开始变味，变得很单调，会明显地让你提不起胃口，这就是被氧化的葡萄酒，最终酒会变成醋。一般来说，葡萄酒酒体越重，它能够保持新鲜的时间就越久，一些非常浓烈、坚实的年轻葡萄酒在开瓶一两天后似乎更吸引人了，例如，年轻的澳大利亚和加利福尼亚州葡萄酒。另外，黑品诺葡萄酒比赤霞珠葡萄酒衰退得更快，以歌海娜为主的葡萄酒衰退速度通常也比较快。

（6）醋酸的/有醋味的　这是被氧化更严重的葡萄酒，都已经开始变成醋了，并且闻上去和醋一样。在某些葡萄酒中会找到一种高调的、刺鼻的、几乎像指甲油一般的气味，这在一些波特酒中比较常见，这是挥发性强的酸造成的。一些酒精含量极其高的澳大利亚西拉，还有那些来自气候十分炎热产区的乡土味很重的红葡萄酒中，也会有这种气味。这些酒中有许多挥发性强的酸，但对这些酒本身来说并不算是太大的失误。

（7）其他　如果一瓶酒看上去有浑浊感且闻上去有一种草绿感，它有可能在进行二次发酵。不过，有不少葡萄酒在装瓶时都会加入一点二氧化碳，使它们尝上去更清爽提神，尤其是那些来自炎热产区的年轻白葡萄酒和桃红葡萄酒。

还有一种闻似天竺葵味是葡萄酒经过山梨酸不当处理造成的。

品酒时，应该尽量去感受葡萄酒中良好的、愉悦的香气类型，享受品尝带来的乐趣。如果一瓶葡萄酒确实有缺陷，那么它的气味就会告诉你一切。

2. 平衡

葡萄酒的平衡，主要指的是葡萄酒的各种香气之间、口味之间、香气和口味之间的平衡协调，也包括葡萄酒的酸度、甜度、单宁含量、酒精含量之间的平衡。

对于葡萄酒的平衡的理解，可以用一个人的高矮肥瘦形象地比喻一种酒的平衡。大致来讲，酒体就相当于一个人的体格，是苗条还是健硕，酸和单宁就相当于人体的骨骼，风味就相当于人体的血肉，结构就相当于骨骼同血肉的搭配比例。平衡性极佳的葡萄酒也就相当于一个具有完美身材的人，肥瘦、高矮、五官恰到好处。

如果一瓶葡萄酒所有的成分都能良好地融合在一起，没有哪一种更突出的话，那么这瓶酒就是一种"平衡"酒。如果一瓶酒酸度太高，或者太甜，或者单宁过于明显，或者酒精盖过了香气，那么它可能就是一瓶"不平衡的"葡萄酒了。所有的好酒在它们能够被享用的最佳时期都应该是平衡的，但一瓶看上去有良好潜力的葡萄酒在它年轻时尝起来很有可能是不平衡的，因为，在这一阶段它的单宁含量实在是太高了。"和谐"是另一个用来形容葡萄酒的所有成分都构成了一个令人满意的整体的品酒词。平衡与价格或者名气没有任何关系，甚至有些非常普通的葡萄酒也可以有完美的平衡，而许多名贵的葡萄酒在它们年轻时很明显都是不和谐的，因为那个阶段的单宁还是太显著了。

顶级葡萄酒与普通葡萄酒的最大区别就在于，前者各种要素之间达到了近乎完美的融合与平衡，用中国的话说就是符合"中庸之道"，而普通葡萄酒的平衡性可能远远不足。

3. 持久性

另一个衡量葡萄酒质量的重要标准就是被品酒者所称的葡萄酒持久性，或者称为葡萄酒的"余味"。如果在喝下或者吐出葡萄酒后，你觉得它的香气还在你的口腔或鼻子中徘徊的话，当然是以一种令人满意的感觉，那么这瓶酒的酿造一定是很成功的。品尝美妙佳酿的时候，即使已经将酒咽下去了，香气还是能够在你口腔中继续逗留很久，甚至长达几个小时。这就是为什么从能够给品酒者带来多少享受的角度来说，质量差的、便宜的葡萄酒在喝下去以后香气和味道马上就消失了，而美酒在每喝下一口后总会回味无穷！

六、品酒笔记实例

作为一名酿酒师，每次品酒完毕，应该及时写品酒笔记。这样做一方面可提高观察和回忆技能，提升品酒能力；同时，通过对品酒结果的对比，及时了解技术工艺的应用效果及产品质量提升情况。研究表明，经常写品酒笔记的酿酒师，其大脑活动在记忆和认知功能方面表现出增强的趋势。

一份好的品酒笔记应该包括4部分内容：

看：在品酒杯中观察葡萄酒的外观。

闻：辨认出葡萄酒中5种以上独特的香气。

尝：量化酸度、单宁、酒精度、甜度和酒体特征。

想：综合以上3点，提出自己对这款酒的评价。

1．看

红色、白色、粉色、橙色……这样简单的词汇能够概括所有葡萄酒的种类。然而，酒体颜色其实也包含着许多秘密。

纯白背景对于观察酒的颜色很重要。

（1）**色调**　如果是红葡萄酒，它是紫色还是红色？这种简单的颜色观察通常是判断葡萄酒产区气候的一个重要线索。

红葡萄酒常见的色调是：紫色、红宝石色、石榴红和棕色。

白葡萄酒常见的色调是：柠檬绿、柠檬色、金色、琥珀色和棕色。

桃红葡萄酒常见的色调是：粉红色、三文鱼色和铜色。

葡萄酒的代表颜色如图9-14所示。

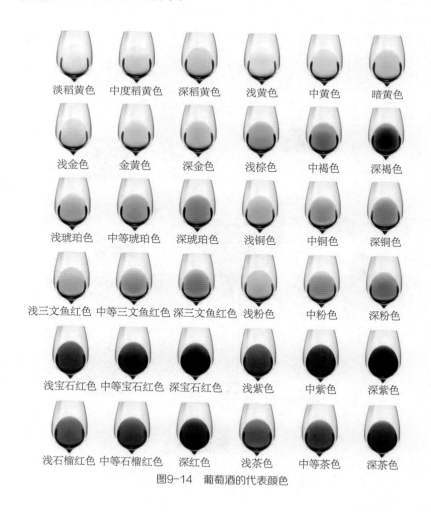

图9-14　葡萄酒的代表颜色

（2）**深浅**　白葡萄酒可将酒杯倾斜45°观察边缘水白的宽窄，而红葡萄酒可以直接从杯口向下看它的不透明状态，这就是颜色强度，如图9-15所示。

（3）**黏度**　旋转酒杯，看看酒液是否在杯壁形成挂杯（也称为酒泪或酒腿），如图9-16所示。如果有，它们是厚重、缓慢落下呢，还是快速滑落？如果是厚重的，那么葡萄酒要么有高酒精度，要么有高甜度，或二者兼有。

（4）**澄清度**　看酒杯是否有沉淀，酒液中是否有悬浮物质。年轻葡萄酒的清澈度表明了该葡萄酒酿造过程中使用的一些酿酒技术，包括澄清和过滤。老年份葡萄酒一般会有酒石酸沉淀，但不影响品尝。

2. 闻

闻是最重要的一个步骤，这使我们的大脑在品尝之前先为这款酒建立一个"香气档案"。葡萄酒香气有数百种，如图9-17所示。这些香气能帮助我们了解这款葡萄酒所用的酿酒品种、产区以及酿酒技术等。

图9-15　葡萄酒颜色

挂杯现象 —

图9-16　葡萄酒挂杯性

图9-17　葡萄酒的香味（来自sives-technicalreviews.eu）

闻香时，主要是寻找以下这些物质：

一类香气：水果、花、草本味，这是葡萄品种本身的香气。

二类香气：烘烤香料、香草、巧克力、雪松等橡木带来的香气以及饼干、面团、黄油等酵母以及酿酒技术带来的香气。

三类香气：泥土、蘑菇、干果、炖水果等陈年带来的香气。

做笔记时要尽量按顺序将气味从最明显的到最不明显的都写出来。

3．尝

当我们品尝葡萄酒时，我们在舌头上感受到葡萄酒的酒体、酸、甜和单宁强度。当品尝一款酒时，应更加注重酒的质地以及风味在口腔中的变化。在这之后再开始思考都品尝到了哪些风味。

品尝时，应该将葡萄酒的这些特征按从1（低）到5（高）来进行评级。

甜度：许多干型葡萄酒仍会有少量残糖，在口腔中会形成一种滑润的感觉。

酸度：通常我们需要在这时判断它的pH和酸的强度。

酒精度：这酒喝下后是否有灼热感？理论上讲，14%vol以上的酒精度就算高的了。

酒体：感觉口腔丰盈且被充满，还是几乎和喝白开水一样？

口香及余味：酒在口腔中感受到的香气及酒咽下后在口腔中留下的感觉。

4．想

在品酒笔记中写下对这款酒的总体感受。在这一步需要考虑以下方面：

品尝时的口感味道如何？是否平衡愉悦？有没有哪一种（比如酸味）特别突兀？

余味如何？是否悠长？

香气和口感是复杂还是简单？

总的来说，这是一款"差"酒、"勉强能接受"的酒还是"好"酒、甚至"非常好"的酒？

大部分葡萄酒饮用者可以分为3类，如图9-18所示。左侧人群喜欢酸酸甜甜、果味充沛的葡萄酒，他们更喜欢白葡萄酒、起泡酒等；中间部分人群喜欢酒体饱满雄壮、口感丰富、酸度温和、余味绵长的葡萄酒，通常为红葡萄酒；而右侧的人群偏好中性的葡萄酒，这类葡萄酒通常表现出微妙的矿物质和泥土等香气，这种酒较为特别。

这是个人偏好，无所谓对错，但这种偏好会影响我们对葡萄酒的各个要素的评定等级。比如喜欢酸味的人可能会给酸度高的酒评出过高的等级，而不喜欢甜的人可能会给高甜度的酒一个较差的评价。不过只要多品多试，慢慢就会了解自己的口味偏好，并写出更为公正的酒评。

张裕大师级解百纳干红葡萄酒（2016年份）品尝评价（2019年6月灌装）如表9-2所示。

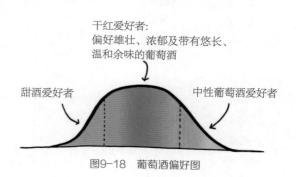

干红爱好者：
偏好雄壮、浓郁及带有悠长、温和余味的葡萄酒

甜酒爱好者

中性葡萄酒爱好者

图9-18　葡萄酒偏好图

表9-2 张裕大师级解百纳干红葡萄酒（2016年份）品评描述

项目	评价
颜色	深宝石红色，边缘带黄色调
香味	带有浓郁的黑樱桃、李子、黑莓等黑色水果香气，与橡木桶陈年后带来的巧克力、烟熏、雪松等香气完美结合
滋味	酒体饱满，单宁紧致而柔顺，回味悠长
总体质量评价	非常好

第六节 葡萄果实和葡萄酒的感官描述

一、葡萄浆果、葡萄汁和各类葡萄酒香气描述

这些描述主要在描述浆果、果汁和葡萄酒特性时参考。

初级成分和代谢成分分别采用不同的描述词，但是之间仍有重叠。葡萄及葡萄汁主要列举其浆果的初级成分，而葡萄酒则列举其浆果的初级成分和代谢成分。

各类葡萄酒的风味特征描述如下。

1. 白葡萄（酒）、起泡酒、半甜（甜白）酒

白葡萄（酒）、起泡酒、半甜（甜白）酒的初级和代谢的水果风味特征描述见表9-3。

表9-3 白葡萄（酒）、起泡酒、半甜（甜白）酒的初级和代谢的水果风味特征描述

初级的果味特征			代谢的果味特性		
苹果	醋栗	橙花	杏仁	糖浆	炒坚果
苹果花	葡萄柚	橘皮	杏	榛子	意大利腊肠
苹果皮	青草	西番莲	饼干	蜂蜜	辣的
杏	绿苹果	桃子	蓝纹奶酪	蜂巢	烟熏
芳香的	绿扁豆	梨	面包皮	金银花	酱油
芦笋	番石榴	豌豆	奶油糕点	煤油	香料
香蕉	干草	菠萝	奶油吐司	羊毛脂	稻草
浴盐	香草	榅桲	奶油糖果	果子酱	吐司
辣椒	草本的	哈密瓜	焦糖	酵母调味品	太妃糖
肉桂	蜂蜜	玫瑰花瓣	腰果	软糖	糖浆
柑橘	蜜瓜	香薄荷	雪松	肉	块菌
柑橘皮	金银花	核果	奶酪	蘑菇	香子兰
凉茶	马缨丹	草莓	碎小麦	牛轧糖	蔬菜调味品
山楂酱	薰衣草	豌豆	生面团	坚果	胡桃

续表

初级的果味特征			代谢的果味特性		
黄瓜	柠檬	香料	水果干	燕麦片	小麦制品
金橘	香茅草	稻草	无花果	牡蛎	酵母
杏干	酸橙	云母	烤肉		
水果干	枇杷	烟草			
酯香	荔枝	番茄枝			
无花果	橘子	热带水果			
坚硬的	芒果	蔬菜			
花香的	柠檬	白梨			
芳香的	矿物质的				
新鲜割草味	麝香				
水果沙拉	油桃				
水果味	荨麻				
姜	坚果				

2. 红葡萄（酒）

红葡萄和红葡萄酒的初级和代谢的水果风味特征描述见表9-4。

表9-4　红葡萄和红葡萄酒的初级和代谢的水果风味特征描述

初级的果味特征			代谢的果味特性		
茴芹	水果蛋糕	李子	熏肉	牛圈味	蘑菇
红樱桃	水果	葡萄干布丁	熏肉脂肪	泥土	马桶
紫樱桃	草本的	西梅干	畜棚	农舍	西梅干
甜菜根	草药的	南瓜	雪松	野生的	意大利腊肠
浆果	墨水的	树莓	巧克力	林地	咸辣的
黑醋栗	果酱	大黄	烟盒	野味	烟熏
（欧洲黑醋栗）	樱桃酒味	汁液味	肉桂	腐殖质	甜水果
黑莓	树叶味	荷兰薄荷	咖啡	羽毛	烟草
棒棒糖	欧亚甘草	熟洋李	肉桂	肉味	菌块
辣椒	薄荷醇	草莓	摩卡（咖啡）		
巧克力	薄荷味	香料			
肉桂	桑葚	烟草			
丁香	橄榄	番茄叶			
糖果糕点	（绿色）	植物的			
灰尘的	胡椒粉	紫罗兰			
桉树	（白/黑）				
芳香的	香味的				

3. 阿蒙蒂亚雪莉

阿蒙蒂亚雪莉（Amontillado）风味的描述词有：乙醛、杏仁蛋白软糖、杏仁、坚果的、芳香的、橘皮、面包、葡萄干、黄油、陈酿的（Rancio）、焦糖、海盐、无花果、海水、水果味、胡桃、青苹果、果酱等。

其中陈酿的是用来描述橡木桶陈酿加强酒的香气和口感的愉悦感的混合风味。描述词包括：坚果味，杏仁，香料味，胡桃，太妃糖，焦糖，柔软的，黏性的，温暖的和干燥的等。

4. 陈年葡萄酒和茶色波特

陈年葡萄酒和茶色波特风味的描述词有：黑莓、干无花果、李子、黑樱桃、水果干、西梅干、黑醋栗、水果蛋糕、陈酿的、黑橄榄、蜂巢、树莓、焦糖、（欧亚）甘草、香料咖啡、杏仁蛋白软糖、太妃糖、黑巧克力、坚果、胡桃等。

5. 麝香葡萄酒和芳香葡萄酒

麝香葡萄酒和芳香葡萄酒风味的描述词有：奶油糖果、水果蛋糕、陈酿的、焦糖、坚果、柑橘、凉茶、橘皮、太妃糖、水果干、西梅干、糖浆、鱼油、葡萄干、胡桃等。

二、主要品种葡萄酒的香气描述

建立各品种香气谱库对于鉴别、评价酒的质量有重要意义。列举描述词时，按照葡萄浆果风味在成熟过程中形成的顺序，这有助于理解浆果的成熟模式和在特定气候条件下葡萄园管理模式对成熟模式的影响。

但是，同一品种在不同的气候区域或年份，成熟模式会有变化。如西拉在某一个地区/年份表现为树莓或桑葚味，而在另一地区/年份则表现为李子、（欧亚）甘草和巧克力味，葡萄干可能表现樱桃、树莓和/或李子和/或西梅干的风味特点，而这则取决于浆果干缩和葡萄干特性形成时产生什么样的特性。尽管在凉爽气候下甜椒特性列在较前位置，但在某些季节，会在成熟较晚期出现，尤其是当温度条件降低时。其他一些浆果特性，尤其是在较热气候下，有蒸煮味/烤味和日灼味，有时还可能包括咸味、多酚味、水样的、肥皂味。

1. 西拉

西拉葡萄的主要描述词为草药味、叶子、茎、棒棒糖、甜品、樱桃、香料、甜椒、肉桂、覆盆子、桑葚、黑莓、李子、黑醋栗、欧亚甘草、巧克力、熟李子、泥土味、果酱味、西梅干、葡萄干和马桶味等。不同气候条件下西拉葡萄可用的描述词见表9-5。

表9-5 不同气候条件下西拉葡萄可用的描述词

凉爽气候	温暖气候	炎热气候
草药	草药	草药
甜椒	肉桂	樱桃
树莓	黑莓	树莓
桑葚	李子	李子

续表

凉爽气候	温暖气候	炎热气候
黑醋栗	泥土味	葡萄干
马桶味	葡萄干	

2. 赤霞珠

赤霞珠葡萄的可用描述词为辣椒、番茄枝、草本、西芹、荷兰薄荷、薄荷糖、樱桃、紫罗兰、李子、黑醋栗、欧亚甘草、动物味、南瓜、皮革、马桶等。不同气候条件下赤霞珠葡萄可用的描述词见表9-6。

表9-6 不同气候条件下赤霞珠葡萄可用的描述词

凉爽气候	温暖气候	较热气候
辣椒	草本	草本
薄荷	薄荷	樱桃
紫罗兰	李子	树莓
黑醋栗	黑醋栗	李子
欧亚甘草	泥土	黑醋栗
动物		葡萄干

需要说明的是，对于所有品种，尽管一两个描述词可能占主导地位，但品种的总体香气是一系列不同香气的混合。

3. 霞多丽

霞多丽葡萄的可用描述词为：草本植物、豌豆、葡萄柚、青苹果、梨、柠檬、酸橙、柑橘、花香、椴桲味、甜瓜、桃子、油桃、西番莲、水果沙拉、热带水果味、芒果、蜂蜜和无花果等。不同气候条件下霞多丽葡萄可用的描述词见表9-7。

表9-7 不同气候条件下霞多丽葡萄可用的描述词

凉爽气候	温暖气候	较热气候
草本的	草本的	草本的
花香	酸橙	苹果
酸橙	椴桲	柑橘
蜜瓜	桃子	桃子
梨	热带水果	热带水果
苹果	无花果	无花果
桃子		

4. 雷司令

雷司令葡萄的描述词为：花香、芳香、玫瑰花、浴盐、青苹果、梨、柠檬、葡萄柚、酸橙、柑橘、桃子、杏、菠萝、西番莲和热带水果等。不同气候条件下雷司令葡萄可用的描述词见表9-8。

表9-8　不同气候条件下雷司令葡萄可用的描述词

凉爽气候	温暖气候
花香	花香
浴盐	苹果
葡萄柚	柑橘
苹果	桃子
酸橙	热带水果
柑橘	

三、葡萄酒酿造过程中相关风味描述

葡萄酒苹果酸-乳酸发酵过程相关描述主要有：奶油糖果、奶酪、酸奶、黄油、奶油、焦糖、牛奶。

葡萄酒橡木桶发酵、带酵母酒泥及橡木桶贮藏过程的相关描述主要有：熏猪肉、柑橘、坚果、烘烤、丁香、橄榄、椰果、削铅笔、面包、咖啡、葡萄干、奶油、松香、奶油糖果、尘土、烧烤、黄油、榛子、锯末、焦糖、蜂蜜、烟熏、腰果、冰淇淋蛋卷、辛辣的、雪松、酵母皮、烤面包、烧焦、柠檬、太妃糖、干酪、麦芽糖、香草、巧克力糖、酵母调味品、蔬菜、雪茄盒、酵母、肉桂、肉豆蔻等。

葡萄酒酒体缺陷或污染相关的风味描述主要有：

醛：雪莉酒味、削苹果味。

酒香酵母污染：绷带味、难闻的畜牧场或马厩味。

软木塞的：霉味、腐味、湿麻袋味、泥土味、蘑菇味、湿报纸味、阴湿酒窖味。

硫化物和硫醇化合物：煮鸡蛋味、卷心菜味、脏袜子味、大蒜味、洋葱味、烂鸡蛋味、橡胶味、污水味。

鼠臭味：老鼠笼味、通常在鼻腔后侧感觉到。

氧化：醛味、苦味、烂苹果味、无光泽、缺乏水果味、挥发的、无味的。

挥发性：胶水味、乙酸味、乙酸乙酯、指甲膏清洗剂、醋酸味。

四、葡萄酒的口味描述

葡萄酒入口后会感受到许多感觉，包括主要的味觉和口感。

1．主要味觉

（1）甜味　用来描述甜味的词有甜、柔软、甜得发腻、油滑的。

（2）酸味　酸味是一种基本味觉，正常含量的酸赋予葡萄酒清爽的、难忘的口感。用来描述酸的词包括新鲜、清新可口、鲜活、尖锐的、矿物质的、干燥的、诱人的、坚硬的、单调的、寡淡的。

（3）苦味　用于描述苦感的词汇包括苦味、涩味、坚硬、油膏感。

（4）咸味　在酒中偶尔品尝到咸味。

（5）鲜味　鲜味通常与一些饮料和食物美味相联系，在一些葡萄酒中也能偶尔察觉出来。

2．口感

葡萄酒口感是指当酒在口中或已经吐出或者吞咽下去之后的不同感觉（Gawel et al. 2000）。口感包括热、辣、润滑、柔软、圆润、黏性、奶油味和收敛感。

口感是一种触觉，品酒的时候，这种触觉会将一种"感觉"作用于口腔、舌头和嘴唇。当品尝葡萄浆果时也会察觉到其中一些感觉。

红酒中单宁口感不仅与单宁浓度和组成成分有关，也受到其他成分的影响。

口腔表面的感觉：指葡萄酒在口腔表面流动的感觉，有似水、丝绸、毛皮和砂纸的感觉。口腔表面的感觉可描述为柔软、圆润，或者粗硬、粗糙。

微粒感：这是某些形式的微粒在口腔中流动时的感觉。例如，葡萄酒具有泥土、面粉、云母、尘土、谷物、粉笔、锯末和灰分样感觉。

收敛性：可表述为起皱和发干。起皱感就像口腔的表面被收紧。相应地，我们通过口腔活动产生更多的唾液又可以润滑口腔。润滑感的缺失也可表述为口腔发干（缺乏湿度）。起皱和发干的总体作用因单宁的含量而异。

葡萄酒含在口中或咽下后，也反映出一些质量，包括刺激感、新鲜度、平衡性、丰富度、紧实度、细腻感、优雅度、复杂性、厚度、结构感和后味。上述特性在葡萄酒质量评分和分级过程中占据很大的比重。

第七节　葡萄酒中常用感官描述词汇解读

品尝员除了具有一个训练有素的感觉器官，还必须具有相当数量严谨的品尝词汇来准确表达自己的感觉。一般人能说这个酒是好或是不好，而品尝员应该解释这个酒质量为什么好或为什么不好。通过使用品尝词汇，在用词和感觉之间建立起一种大家共知的关系，相同的感觉必须用相同的词语表达，这样沟通起来非常方便。品尝词汇必须丰富，以便能表达各种复杂的感觉。

常用的词汇有一百多个，应该能够熟练使用。这里介绍一些最常用的词汇。

一、香气的描述

酒的香气比滋味更难以把握和描述，须尽力区别香气的种类、强度和含量，仔细检测连续出现的香气，唤醒对花香、果香、草香、木香、酸香、辛香、醛香、醇香等的记忆。

品尝时应该区分香气里面的芳香（Arome）和醇香（Bouquet），芳香通常是年龄短的酒表现出的，而醇香是通过陈酿而生成的香气。一般来说新酒是不会有醇香的，而陈年老酒也不会有水果类芳香的。

芳香也有两种：一种是来源于葡萄果实的香味，这是葡萄品种特性的表现，如麝香、品诺、长相思等；另一种是由发酵过程产生的香气。酵母将葡萄汁中的糖转化为乙醇的同时，也会产生大量的香味物质。

醇香是由于酒长时间在橡木桶中贮藏和在瓶中老熟过程中逐渐形成的，长时间的陈酿会失去新鲜感，在鉴别酒的香味时可选择如下词汇：弱的、平淡的、无味的、贫乏的、芳香的、香的、醇香的等。

一种酒的醇香质量首先是它精美的果香和花香，一些新的白葡萄酒确实能感觉到它的葡萄花香或茶花香，相反有一些酒其香味是低级的、粗俗的、植物味、草味、树叶味等。一些富含单宁的酒，它有单宁特有的香味，并在老熟之后形成木香、树皮香。

在丰富复杂的芳香世界里，要寻找酒中的香味物质，确实需要足够的想象力。

正常酒的香味描述：健康的、纯净的、干净的、味正的、合格的；变质酒的香气：含糊的、变质的、病的、辣的、变酸的、醋味、有酸味的、丁酸味、酵母味等。被细菌感染的酒，后味会有乙酰胺的气味，被称为"笑味"。加入防腐剂山梨酸就有"老鹳草味"或"天竺葵味"。

按照氧化程度有：疲劳的、走味的、扁平的、撕碎的、氧化味、马德拉味、陈旧的、灼烧的。一种太老的红葡萄酒是蜕化的、衰退的、衰老的、老化的、枯萎的等。

葡萄酒中的果味无关乎酒体的轻重，也无关乎口感是甜还是干，但它却是葡萄酒不可或缺的重要组成部分。一般来讲，葡萄酒的果味分为两大类：果味型（Fruit Forward）和草本植物味型（Savory）。

果味型常见术语：果味丰富的、甜美的、果酱味的、果味凝练的、单宁甜美的、美味多汁的、成熟的以及新世界风格的等。这些品酒词汇常常用来描述那类甜蜜水果味占主导地位的葡萄酒，但并不表示这些酒都是甜型的，而仅仅表明这些酒的果香甜美。

描述果味型红葡萄酒常见的术语：覆盆子、黑樱桃、黑莓、蓝莓、果酱、李子、蜜饯、葡萄干、烤香料、太妃糖、香草和烟草等。

描述果味型白葡萄酒常见的术语：甜柠檬、烤苹果、蜜橘、桃子、芒果、菠萝、梨、哈密瓜、焦糖和香草等。

描述草本植物味型常见的术语：草本味、泥土味、质朴的、极干的、优雅的、内敛的、葡萄梗味、植物味、矿物质味、适合配餐的以及旧世界风格等。

草本植物味型是相对于果味型而言，包括植物味、泥土味或药草味等，尽管这些词不能完全概括酒的所有风味，但它们将酒的主要风味描述出来了。此外，使用这些词的酒并不代表就没有果味，而是表明其果味虽有，但不突出，而且大多以酸味果味（青果类）为主。

描述草本植物味型红葡萄酒常见的术语：蔓越橘、黑醋栗、青椒、绿胡椒、橄榄、野草莓、酸樱桃、桑葚、野生蓝莓、干草药、鼠尾草、野味、皮革、烟草、木炭、焦油、加里格味（Garrigue）、烘焙、矿物质味等。

描述草本植物味型白葡萄酒常见的术语：酸橙、柠檬、柑橘、苦杏仁、青苹果、醋栗、青椒、西柚、青木瓜、百里香、山萝卜、青草、燧石和矿物质等。

二、滋味的描述

1. 酸高的描述

对酸度略高但不刺口的酒，可以形容为：失衡的、瘦弱的、单薄的、贫乏的、平庸的、瘦削的、味短的、生硬的等。

若口感更干涩，就用干瘦的、粗的、侵蚀性的等。酸度给予的酸涩感情况不同，可能是挥发酸高，也可能是单宁量过大。过量的酸度给予口腔的感觉是僵硬的、尖刻的、酸的、生青、青绿等。

乙酸属挥发酸，它不仅仅提高了酸感，味道还辛辣，很不愉快，挥发酸高的酒是干瘦的、刺鼻的，品尝末了缺陷更明显。

2. 甜味的描述

甜味成分占一定优势的红葡萄酒，可用圆润、甘油感来描述，并不是说该酒一定含有过高的还原糖，而是指它产生一种糖的甜感。

酸略低、单宁平衡的酒，会失去新鲜感、立体感，可以用沉重的、糊状的来描述，说明该酒平庸。

对pH高、酸度低的酒，它会有咸的、碱性的、洗涤液的感觉。在利口酒中，过多的糖产生甜腻的、淡而无味的、蜜甜的、香脂等感觉。

残糖与葡萄酒的甜度相关，指经过发酵后并未完全转化成酒精的多糖。对于静止葡萄酒而言，糖含量的变化带来口感的差异也是非常显著的。

绝干型葡萄酒（≤2g/L）的残糖几乎为零，并往往伴有明显的苦涩感。这种苦涩感在红葡萄酒中由单宁或生青味引起，而在白葡萄酒中是由一些酚类物质导致的，在酿酒师们口中，它们就是葡萄柚味或果梗味。

尽管在口感上可能有所不同，但绝大多数静止葡萄酒都属于干型葡萄酒。干型葡萄酒的残糖为0~4g/L，而大多数顶级红葡萄酒的残糖都在3g/L左右。

半干型葡萄酒的残糖为4~12g/L，且大多数都是白葡萄酒，仅有某些意大利高级红葡萄酒是半干型的。在残糖相同的情况下，与低酸型葡萄酒如维欧尼相比，高酸型葡萄酒如雷司令在口感上会更干。

甜型葡萄酒的残糖在45g/L以上，如加拿大、德国和中国桓仁的冰酒（Ice Wine）、茶色波特酒（Tawny Port）、托卡伊（Tokaji）和路斯格兰麝香（Rutheglen Muscat）等都是世界知名的甜酒，其残糖各有不同。

3. 酚类化合物的描述

如果酒中的单宁有些过量，就会出现硬和收敛感。单宁的含量过高，酒的颜色就太浓重，酒就有粗糙感。特别是品尝末了感觉很明显。可用涩口的、粗糙的来形容。酒发苦，是多酚类化合物引起唾液收敛的感觉。

4. 酒精度的描述

酒精度低的酒，感觉是轻、弱、淡、寡，如果它很协调，也可能感觉是愉快的，但酒精度低很难找到一个好的平衡感，这种酒通常是贫乏的。若酸度略高些，会有新鲜感，否则就平淡无味，并表现出酒精味、水质味。

三、酒体的描述

葡萄酒可感知的"重量"，来自葡萄酒的密度和黏度，在味蕾上有饱满的感觉。酒体的轻厚如同脱脂牛奶和全脂牛奶的口感差别一样。影响酒体的因素众多，既有酒精含量，又有单宁，还有酸度等。因此，不能简单地看待葡萄酒的酒体。

丰满（Richesse）：即有容量（Volume）、有厚度的一类酒，品尝这类酒，会有丰富的感觉，而且越来越强烈。对酒体轻柔但非常平衡、匀称、协调、悦人的红葡萄酒，可描述为轻雅、细腻、可口、柔和、精美、融化、天鹅绒、丝一般的。

柔顺（Souplesse）：用于高质量的红葡萄酒，柔顺的酒是指不撞击口腔，单宁和酸度都不高而且协调，柔顺也不仅仅指酒失去硬度，而是指它的各种成分很和谐，柔顺的酒是有个性的，是优雅、卓越、精美的。在这类酒中，如果成分更丰富且很协调，可用圆润、丰满、肥硕、油质、熟透等词描述它。

另外，对一些成分浓烈的酒，可以用醇厚、浑厚、结构、坚实、强力等形容。通过这些词的使用，可以把酒的品质更精确地表达出来。

根据酒体可将葡萄酒分为三类，如图9-19所示。

图9-19　葡萄酒酒体

1. 酒体轻盈型

此类葡萄酒给人的感觉往往如含着一口不加糖的冰镇绿茶或柠檬水，余味可能悠长微妙。一般而言，大多数酒体轻盈的葡萄酒都含有较低的酒精含量和单宁，但酸度较高。

描述此类红葡萄酒的术语有：微妙的、精致的、优雅的、爽脆的、清瘦的、精细的、明快的以及带花香味的等。

描述此类白葡萄酒的术语有：轻盈的、清爽的、清淡的、活泼的、爽脆的、坚涩的以及余味悠长的等。

2. 酒体中等型

一般来说，中等酒体大多用来形容红葡萄酒，指那种单宁含量不高不低的红葡萄酒。此类红葡萄酒往往被认为最适合搭配食物。

描述此类红葡萄酒的术语有：易配餐的、酒体适中的、优雅的、多汁的、辛辣的、多肉的、尖酸的、圆滑的、柔和的等。

3. 酒体饱满型

此类葡萄酒往往以质感和浓郁度见长。一般来说，酒体饱满型红葡萄酒都含有高单宁和14%vol以上的酒精含量，而单宁和酒精含量正是葡萄酒质感的体现。相较于容易搭配食物的酒体中等的葡萄酒来说，酒体饱满型葡萄酒更适合单饮，即便用于配餐，也应当选择一些脂肪含量丰富的料理如牛排等来搭配。在新橡木桶中陈年时间越久，葡萄酒的酒体也往往越饱满。

描述此类红葡萄酒的术语有：浓郁的、丰满的、丰腴的、坚硬的、紧致的、醇厚的、凝练的、高酒精度、高单宁、结实的、有结构的、强劲的等。

描述此类白葡萄酒的术语有：浓郁的、丰满的、油滑的、黄油味的等。

四、余味

余味是判断葡萄酒品质的重要因素之一。葡萄酒余味的类型如图9-20所示。

辛辣型　　酸爽型

甜美型

苦涩型

图9-20　葡萄酒余味的类型

1. 果味型余味

常见术语：顺畅的、圆润的、天鹅绒般的、柔顺的、丰腴的、奶油般的、黄油般的、丰满的、柔顺的、丝绸般的、肥硕的等。

果味型余味是常见的一种余味类型，可大致分为3种。

余味酸爽：高酸型葡萄酒往往余味酸爽，余味中透着酸果的味道，偶尔还伴有一丝苦味。这类葡萄酒大多产自气候凉爽的产区或出自凉爽的年份。对于一款顶级的酒体轻盈型白葡萄酒来说，酸爽的余味是其伟大品质的体现，而且这种余味一般都能持续15~20s之久。

余味中单宁甜美或余味中烟熏味迷人：这种风格的余味往往出现在经过橡木桶陈酿的红葡萄酒中。

余味中透着干果气息：此类余味多出现在陈年老酒或酒体较轻的红葡萄酒中。

2. 香料味型余味

常见术语：多汁的、坚涩的、紧涩的、胡椒味的、清瘦的、活泼的等。

当一款酒香料味十足时，其余味往往会香料味丰富，这种余味犹如食用过芥末般刺激，因此有人会误以为是高酒精度导致的结果，其实并非如此。一些葡萄酒天生就会带有这种余味，比如赤霞珠和巴贝拉等，其余味中往往伴有青椒或胡椒气息。不过，余味中香料味过重往往是葡萄酒结构不平衡的体现。

3. 干涩型余味

红葡萄酒的苦涩来自单宁，而白葡萄酒的苦涩则来自酚类物质。苦涩感是一种收敛感，是唾液与水溶性单宁发生反应的结果。余味中伴有苦涩感并不是一种受人欢迎的感觉，但却非常适合与脂肪含量丰富的食物搭配。

描述余味苦涩的红葡萄酒术语：耐嚼的、结实的、有层次的、内敛的、干草味、苦巧克力味、坚涩的、生硬的等。

描述余味苦涩的白葡萄酒术语：坚涩的、柑橘味的、苦杏仁味、青芒果味、矿物质味的等。

五、其他描述

1. 对CO₂作用的描述

当白葡萄酒中含有少许CO_2气体时，会给味觉带来清凉感，若含量过高酒就会有刺激感。CO_2的味感与温度有很大关系，新鲜的白葡萄酒和圆润的红葡萄酒若含有过高的CO_2，口味是不愉快的。完全除去CO_2的酒往往也是无味的，无骨架的。汽酒是含汽的，表面有泡沫，起泡的。

2. 异味的描述

含有酵母泥的新酒没有澄清，往往会产生硫醇味、臭鸡蛋味。许多不愉快味也来源于腐烂的葡萄果实，包括发霉的、碘味、酚味、药味、苦涩的。

最常见的异味是贮酒容器及环境污染带来的，坏木桶、烂木塞是坏木头味的来源，也是真菌味、哈喇味、植物味等异味的主要源泉。如果葡萄园被污染，酒中会出现轻微的树脂、石油、胶皮、溶剂、沥青、纸味、烟味、泥土、粉尘、水泥、织布味，这是由于葡萄成熟过程中会吸收这些异味并带到酒中，或者酿造过程中酒液与外界接触也会吸收这些气味。

六、葡萄酒中的一些典型风味

核桃味：通常出现在马德拉酒中。

香蕉味：博若莱新酒酿造时，通常会采取"二氧化碳浸渍法"，这时葡萄酒中就会出现香蕉味。

泡泡糖味：经常出现在意大利北部产区、酒体轻盈的葡萄酒中。另外，博若莱新酒中也会出现这种风味。

雪茄盒味：是种愉悦的味道，出现在酒体丰满并经过橡木桶陈酿的红葡萄酒中，以巴罗萨谷、托斯卡纳、纳帕谷和波尔多葡萄酒中最为常见。

可乐味：通常出现在加利福尼亚州黑品诺葡萄酒的余味中。

莳萝味：经过美国橡木桶陈酿的葡萄酒，通常会出现这种味。

鲜果味：通常出现在卢瓦尔河谷的白葡萄酒中。

青豆味：是种不愉快的味道，通常出现在品种不好的长相思和其他绿葡萄酒中，如绿非特林纳（Gruner Veltliner）和弗德乔（Verdejo）葡萄酒中。

青椒味：是种绿色草本味，会出现在长相思葡萄酒中，也会出现在冷凉气候下的品丽珠、赤霞珠和蛇龙珠葡萄酒中。

薄荷：这种愉快的香气，会出现在品质优良的加利福尼亚州和波尔多混酿葡萄酒中。

洗甲水味：这是一种不愉快的香气，通常是葡萄酒中的挥发酸引起的。

老马鞍味：会出现在很多红葡萄酒中。在意大利，尤其是受酒香酵母污染的葡萄酒中通常会出现这种风味。

石油味：是种愉悦的香气，出现在德国摩泽尔雷司令葡萄酒中，或者意大利和澳大利亚的年轻葡萄酒中。

爆米花味：与奶油味相似，通常出现在经橡木桶陈酿的白葡萄酒中。

意大利蒜肠味：这是一种非常香醇的香气，通常出现在意大利中部产区的葡萄酒中，如艾格尼克科（Aglianico）。

焦油味：一种类似乡村泥土的风味，如托斯卡纳、波尔多、西班牙拉曼恰（La Mancha）等酒中。

湿狗味：这种不愉快的香气通常是软木塞污染造成的。

纸尿裤味：一种恶臭的氧化味，有时会出现在经过橡木桶陈酿的勃艮第霞多丽葡萄酒中。

饼干味：一种令人愉悦的味道，通常会出现在陈年香槟和经过橡木桶陈酿的霞多丽葡萄酒中。

猫尿味：一种不愉悦的香气，出现在白葡萄酒中，尤其是卢瓦尔河谷的长相思白葡萄酒中。

巧克力盒味：一种令人喜欢的香气，常常出现在澳大利亚南部、阿根廷门多萨和加利福尼亚州中央海岸等温暖气候产区的葡萄酒中。

棉花糖味：一种奇特的香气，通常会出现在意大利皮埃蒙特、伦巴第、特伦迪诺-阿迪杰（Trentino-Alto Adige）产区的红葡萄酒中。

桉树味：是种愉悦的香气，通常出现在澳大利亚南部和巴罗萨谷的红葡萄酒中。

天竺葵味：这是酿酒技术出现失误而产生的不愉快味道，通常出现在白葡萄酒中，但有时也会出现在红葡萄酒中。

干草味：白葡萄酒中经常出现的味道，包括里奥哈白葡萄酒、德国西万尼葡萄酒和葡萄牙白葡萄酒。

甘草味：通常出现在意大利芭芭拉（Barbera）和内比奥罗（Nebbiolo）干红葡萄酒中。

麝香味：一种动物的味道，闻起来像有刺激的汗味。这种气味会出现在旧世界葡萄酒中，特别是教皇新堡（Chateauneuf du Pape）葡萄酒中。

新塑料味：很多高酸葡萄酒中会出现这种味道，如雷司令和夏布利葡萄酒中。

铅笔芯味：一种微妙的香气，讨人喜欢，波尔多红葡萄酒和里奥哈的葡萄酒会出现这种香气。

汽油味：澳大利亚雷司令葡萄酒中通常会出现这种气味。

玫瑰花味：许多芬芳的白葡萄酒，例如琼瑶浆、莫斯卡托（Moscato）或者黑品诺葡萄酒等。

臭袜子味：通常来源于氧化的葡萄酒或者酒香酵母污染，很多红葡萄酒中都会出现这种味道。

紫罗兰味：通常出现在品质优异的红葡萄酒中，特别是纳帕谷的赤霞珠、小味尔多，波尔多和葡萄牙的国产多瑞加（Touriga Nacional）葡萄酒中比较常见。

七、葡萄酒的主要风格及代表品种

1. 酒体饱满型红葡萄酒

品种包括：西拉、赤霞珠、丹魄、慕合怀特、马尔贝克、蒙特布查诺（Montechpulcino）、艾格尼克科（Aglianico）、多姿桃（Dolcetto）、小西拉（Petite Sirah）、内比奥罗（Nebbiolo）、黑珍珠（Dero d'Avola）、萨格兰帝诺（Sagrantino）、丹娜（Tannat）。

特点：黑色水果为主，高单宁、高酒精度。

2. 酒体中等的红葡萄酒

品种包括：桑娇维赛、增芳德、歌海娜、美乐、黑曼罗（Negroamaro）、巴贝拉（Barbera）、品丽珠、瓦坡里切拉（Valpolicella）葡萄酒如阿玛尼罗（Amarone）等、罗讷河谷丘葡萄酒如GSM等、超级托斯卡纳葡萄酒（Super Tuscan）。

特点：单宁中等，柔顺，易于搭配美食。

3. 酒体轻盈型红葡萄酒

品种包括：黑品诺、神索、佳美、绮丽叶骄罗（Cillegiolo）、弗雷伊萨（Freisa）、司棋亚娃（Schlava）、布拉凯多（Brachetto）。

特点：红色果味为主，低单宁、高酸、低酒精度、风味细腻。

4. 桃红葡萄酒

品种包括：歌海娜桃红、罗讷河谷丘桃红、普罗旺斯桃红、桑娇维赛桃红、慕合怀特、黑品诺桃红等。

特点：果味浓，酸爽，适合冰镇后饮用，盛行于环地中海国家。

5. 酒体醇厚型白葡萄酒

品种包括：霞多丽（经过橡木桶）、赛美蓉、维欧尼（Viognier）、玛珊（Marsanne）。

特点：经过苹果酸–乳酸发酵和橡木桶贮藏，伴有香草和可可味，适合陈酿。

6. 酒体轻盈型白葡萄酒

品种包括：阿尔巴利诺（Albarino）、霞多丽（未经木桶陈酿）、绿菲特林纳、灰品诺、长相思。

特点：果味新鲜、高酸，不宜陈酿。

7. 甜白葡萄酒

品种包括：白诗南、琼瑶浆、莫斯卡托、米勒、雷司令、威代尔、特浓情（Torrotes），以及迟采酒、贵腐酒、冰葡萄酒等酒种。

特点：香气浓郁，高酸、高残糖。

8. 加强型甜酒

品种包括：波特酒、雪莉酒、马德拉酒。

特点：高酒精度（15%～20%vol），常用作餐后酒。

9. 起泡酒

品种包括：香槟、卡瓦、普洛赛克（Prosecco）、蓝布鲁斯科（Lambrusco）、香槟法酿造的起泡酒。

特点：果味新鲜、高酸，不宜陈酿。

第八节　葡萄酒评分体系

一、常用的葡萄酒评分表

品尝记录表是品尝过程中重要的辅助工具，便于品尝员描述所获得的感觉，也是组织者进行统计及分析的依据。品尝记录表主要有下列几类。

①只对所观察到的感官特性进行描述，最终打出分数。

②给每个主要感官特征（色、香、味、风格）分别打分，分数的总和为这款酒的得分。

③分别独立地对总体与各主要感官特性进行打分。

下面分别列举了国际葡萄与葡萄酒组织（OIV）评分表、法国波尔多葡萄酒学院评分表、美国戴维斯（DAVIS）评分表、中国葡萄酒评分表，以供在实际工作中参考。

（1）国际葡萄与葡萄酒组织（OIV）采用的评分表（百分制）见表9-9和9-10。

表9-9　静止葡萄酒

项目			优	很好	好	一般	较差	差	很差
外观	澄清度		6	5	4	3	2	1	0
	颜色	色调	6	5	4	3	2	1	0
		色度	6	5	4	3	2	1	0
香气	纯正度		6	5	4	3	2	1	0
	浓郁度		8	7	6	5	4	3	0
	优雅度		8	7	6	5	4	3	0
	协调度		8	7	6	5	4	3	0
口感	纯正度		6	5	4	3	2	1	0
	浓郁度		8	7	6	5	4	3	0
	结构		8	7	6	5	4	3	0
	协调度		8	7	6	5	4	3	0
	香气持续性		8	7	6	5	4	3	0
	余味		6	5	4	3	2	1	0
总体评价			8	7	6	5	4	3	0

表9-10　起泡葡萄酒

项目			优	很好	好	一般	较差	差	很差
外观	澄清度		6	5	4	3	2	1	0
	泡沫	气泡大小	6	5	4	3	2	1	0
		持续性	6	5	4	3	2	1	0
	颜色	色调	6	5	4	3	2	1	0
		色度	6	5	4	3	2	1	0
香气	纯正度		7	6	5	4	3	2	0
	浓郁度		7	6	5	4	3	2	0
	优雅度		7	6	5	4	3	2	0
	协调度		7	6	5	4	3	2	0
口感	纯正度		7	6	5	4	3	2	0
	浓郁度		7	6	5	4	3	2	0
	结构		7	6	5	4	3	2	0
	协调度		7	6	5	4	3	2	0
	香气持续性		7	6	5	4	3	2	0
	余味		7	6	5	4	3	2	0
总体评价			7	6	5	4	3	2	0

（2）国际葡萄与葡萄酒组织（OIV）采用的评分表（扣分制），见表9-11和9-12。

表9-11　静止葡萄酒

项目		优0	很好1	好2	一般4	淘汰∞	系数	结果
外观							1	
香气	浓度						1	
	质量						2	
口感	浓度						2	
	质量						3	
协调度							3	
总分								

表9-12　起泡葡萄酒

项目		优0	很好1	好2	一般4	淘汰∞	系数	结果
外观	特征						1	
	起泡						2	
香气	浓度						1	
	质量						2	
口感	浓度						2	
	质量						3	
协调度							3	
总分								

（3）法国波尔多葡萄酒学院采用的评分表见表9-13。

表9-13　品尝描述记录表

品酒员姓名

葡萄酒说明

外观	澄清度	
	颜色（深度、色调）	
	其他	
香气	纯正度	
	浓郁度	
	描述	
	质量	
	缺陷	

续表

口感	描述	入口	
		变化	
		尾味	
	协调度和结构		
	口味（浓郁度和质量）		
	芳香持续性		
	其他		
评分	结论		
	给分		
	满分5-10-20*		

*：划掉不必要的满分数。

（4）美国加利福尼亚州大学戴维斯分校采用的评分表见表9-14。

表9-14　品尝评分表

葡萄酒说明

品酒员姓名

时间：　　　　　　　　　　　　　地点：

项目	酒样号							
	1	2	3	4	5	6	7	8
外观2								
颜色2								
香气6								
总酸2								
柔和度1								
酒体1								
口香2								
苦味1								
涩味1								
总体质量2								
总分								

注：评分标准：优17～20；良好13～16；好9～12；差1～8。

（5）中国葡萄酒评分表（百分制）见表9-15。

表9-15 葡萄酒品尝评分表

品尝地点　　　　　　　　　　　　　　　　　　　　　　　　　　　年　月　日
品尝单位　　　　　　　　　　　　　　　　　　　　　　　品尝员

编号	酒样	外观		香气		滋味	典型性	总分	评语
		色泽	澄清	果香	酒香				
		10	10	15	15	40	10	100	

（6）中国酒业协会、中国食品工业协会采用葡萄酒评分表（百分制）（2018）见表9-16。

表9-16 葡萄酒评分表

组别/Team Num.:　　　　　　轮次/Round:　　　　姓名/Name:　　　　红/白/桃红 Red / White / Rose
　　　　　　　　　　　　　　　　　　　　　　　　　　　　　　　　　日期/Date:

打分项目 Rating Criteria	满分 Total	酒样编号 Wine No.	1	2	3	4	5
		葡萄品种 Variety					
		年份 Vintage					
外观 Appearance（10%）	10	澄清度和颜色 Clarity&Colour					
香气 Aroma（30%）	10	浓郁度 Intensity					
	10	优雅细腻度 Elegance&Delicacy					
	10	复杂性与变化 Complexity&Development					
口感 Taste（50%）	10	结构协调性 Balance of Structure					
	10	酒体醇厚感 Body					
	10	单宁质感及强度（红） Texture of Tannins（Red）					
		爽净度（白、桃红） Refreshing&Purity（White, Rose）					
	10	层次变化 Complexity					
	10	回味 Finish					
整体 Overall（10%）	10	风格和典型性 Quality&Characteristics					

续表

总分Total	100					
评语Comment						

通过对以上品尝表的对比分析，可以看出，无论是给分制还是扣分制，对葡萄酒的综合评价是建立在对其各个方面单独评价的基础之上的，如表9-17所示。这些不同方面对葡萄酒总体质量的影响程度也不相同。所以，相应的数值都要乘以一个系数，来表示该方面在总体评价中的重要性。但是，我们很难确定葡萄酒的任一质量因素在总体质量中所处的实际地位或分量，而且不同国家和国际组织及学者之间的看法也有所不同。

表9-17 不同组织葡萄酒感官品评标准

机构或组织	外观	香气	滋味	总体质量（典型性）	总分
中国	20	30	40	10	100
国际葡萄与葡萄酒组织（OIV）	18	30	44	8	100
法国波尔多葡萄酒学院					20
美国加利福尼亚大学戴维斯分校	4	6	8	2	20
美国葡萄酒协会	3	6	9	2	20
意大利葡萄酒协会	16	24	30	36	100

（7）葡萄酒感官品评雷达图　雷达图能更直观地反映葡萄酒感官质量的各种属性，便于对各类葡萄酒进行质量对比，查找质量属性的短板。

葡萄酒中国鉴评体系于2018年发布，2020年重新细化了各感官属性。该体系的目标是帮助消费者更好地认识葡萄酒，同时帮助生产商和进口商更好地了解中国消费者和中国市场。该评价体系将评分点集中在香气是否优雅、入口舒适度等方面，并不纠结于蓝莓香气还是草莓香气。葡萄酒感官雷达图如图9-21所示。

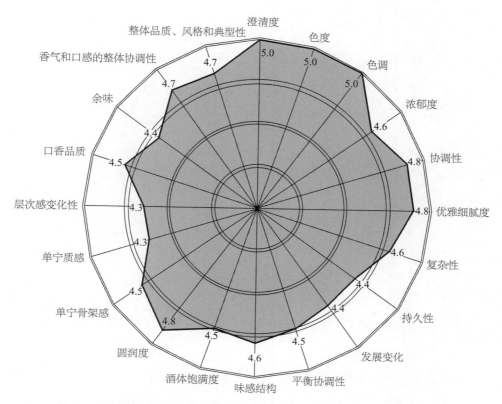

图9-21　葡萄酒感官雷达图（中国品鉴体系，张裕蛇龙珠干红2017年，92.6分）

德国国际葡萄酒大赛（MUNDUS VINI）获金奖的两款产品感官雷达图如图9-22和图9-23所示。

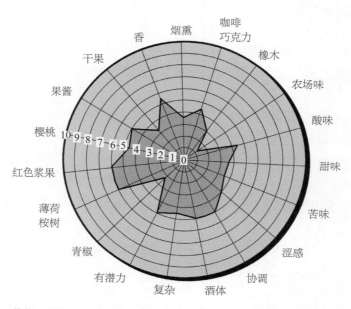

图9-22　葡萄酒感官雷达图（德国国际葡萄酒大赛品鉴体系，张裕瑞那西拉干红2016年）

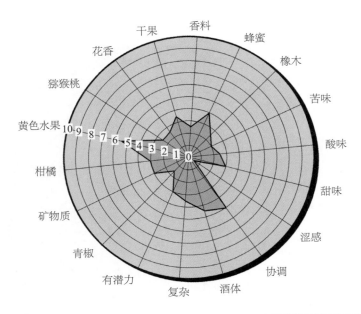

图9-23　葡萄酒感官雷达图（德国国际葡萄酒大赛品鉴体系，张裕爱斐堡多丽干白2017年）

二、国际上几种主要的评分体系

葡萄酒评分是给葡萄酒感官质量打分，给葡萄酒评分一方面对葡萄酒质量进行评价，便于对质量进行比较；另一方面有助于对葡萄酒进行市场推广。葡萄酒的分数会让一些葡萄酒的投资者进入葡萄酒市场，同时也增强了购买者的选择信心，避免受销售人员的误导。与葡萄酒的品尝笔记（Tasting Notes）最大的区别是这种评价葡萄酒的分数简单明了，一般人也可以根据分数判断葡萄酒的好坏。评分可以让优秀的新葡萄酒生产商快速地建立知名度。当然，评分也有缺点，对于消费者来说分数高的葡萄酒价格常常比较昂贵。

一些知名的葡萄酒作家或葡萄酒专家为葡萄酒打分，很多葡萄酒商会在葡萄酒单上标明专家对葡萄酒的评分，酒厂和酒庄利用评分推动葡萄酒的销售。市场上常见的葡萄酒评分体系有以下几种。

1. 罗伯特·帕克评分

最开始为葡萄酒打分的是美国著名的葡萄酒评论家罗伯特·帕克，他是世界上最有影响力的葡萄酒评论家，帕克推崇的是葡萄酒100分制评分体系。他每两个月出版一期的《葡萄酒分析》，自1978年首次发行以来，对全世界优质葡萄酒的价格和需求产生了非常大的影响。他主办的《葡萄酒倡导家》（*The Wine Advocate*）杂志和网站上采用的是他首创的100分制评分法。

帕克的100分制给葡萄酒的打分范围是50~100，基于以下四个因素：外观、香气、风味、总体质量或潜力。每种葡萄酒最低都能得到50分。

在该评分体系中，所有葡萄酒都有50分的基础分，其余50分为：颜色与外观5分，香气15分，风味和余味20分，综合评价和陈年潜力10分。

96～100分：顶级佳酿（Extraordinary）；90～95分：杰出（Outstanding）；80～89分：优良（Above Average）；70～79分：普通（Average）；60～69分：低于平均水平，次品（Below Average）；50～59分：劣品，不可接受（Unacceptable）。

他坚持认为品尝记录和评分一起才能对葡萄酒有更精准的评价。"品尝葡萄酒最重要的是自己的味蕾，没有什么比自己品尝更好的培训"。

2.《葡萄酒爱好者》（Wine Enthusiat，WE）评分

该杂志创办于1988年，主编Adam Strum，是一本涉猎极其广泛的葡萄酒专业杂志，除了葡萄酒外，还涉及美食、烈酒、旅游等方面。采用100分制评分法：

98～100分：经典顶级佳酿（Classic）；94～97分：杰作（Superb）；90～93分：出众（Excellent）；87～89分：很好（Very Good）；83～86分：好（Good）；80～82分：可接受（Acceptable）。

该评分所覆盖的地区非常广，来自全世界各地区的不同酒款，他们都会纳入品评名单，通过专业品鉴团队的盲品对酒款进行打分分级，综合参考性非常不错，对于不是特别挑产区的爱好者来说是个非常不错的参考。

3.《葡萄酒观察家》（Wine Spectator，WS）评分

美国《葡萄酒观察家》杂志，创立于1976年，总部位于纽约，是一本在全球范围内知名度极高的葡萄酒专业杂志，风格更偏向生活时尚杂志，更多涉及的是葡萄酒的新闻、快讯、简介，并且每期杂志还会刊登数量不少的葡萄酒评论，以供读者甄选参考。

该杂志一直是100分制葡萄酒评分标准的提倡者。它的评分体系认为："葡萄酒通常是盲品，酒瓶被包起来并编号，品尝人员只知道葡萄酒的大致风格和年份。价格对评分不产生影响。"

95～100分：经典（Classic）；90～94分：杰出（Outstanding）；85～89分：优秀（Very Good）；80～84分：好（Good）；75～79分：平庸（Mediocre）；50～74分：不推荐（Not Recommended）。

同为百分制，WS的区间为50～100分，低于74分的酒款给出的评价是"不推荐"，看起来比WE更加严厉一些，也就是说，酒款如果不好，可能也会出现评分，而且是不推荐，相比于不会计入榜单的方式，显得不留情面。

WE与WS的评分方式比较类似，都属于在全球范围内进行盲品的海选，只针对酒本身，不考虑酒庄和品牌影响力，所以都是非常具有综合性参考意义的评分体系。

4.《品醇客》（Decanter）评分

英国的《品醇客》是世界著名的葡萄酒杂志，采用"五星级评分体系"。该评级方式首先是Michael Broadbent在他的《葡萄酒年份全书》中采用。《品醇客》杂志的品尝也采用盲品，而且每次的品尝专家都是不同的。

5. 简西斯·罗宾逊（Jancis Robinson，JR体系）评分

简西斯·罗宾逊（Jancis Robinson），是誉满全球的英国葡萄酒作家，被誉为"葡萄酒世界第一夫人"，她所撰写的《牛津葡萄酒辞典》（The Oxford Companion to Wine）一书被公认为最全面的葡萄酒辞典。JR评分机制采用传统的欧洲20分制。

20：无与伦比，异常优秀（Truly exceptional）；19：极其出色（A humdinger）；18：非常卓越（A cut above superior）；17：卓越（Superior）；16：优秀（Distinguished）；15：中等的（解释：没有犯错的完美酒款，但是并不让人兴奋）（Average, a perfectly nice drink with no faults but not much excitement）；14：无趣的（Deadly dull）；13：接近有瑕疵、不平衡（Borderline faulty or unbalanced）；12：有瑕疵，不平衡（Faulty or unbalanced）。

Jancis Robinson用的是20分的评分体系，大多数葡萄酒得到的分数都在15～18.5分。她说："我不是很赞成用数字来表示葡萄酒的品质，因为用分数来代表葡萄酒的品质，降低了葡萄酒给人带来的感官刺激和愉悦的感受。"

还有些葡萄酒评价人甚至用三个档次来给葡萄酒分级，意大利有个杂志用1～3个酒杯来标识葡萄酒的档次，标一个酒杯的葡萄酒是"高于平均水平、出色的"，两个酒杯表示"非常出色"，三个酒杯表示"品质绝佳"。

所有这些评分都代表了不同专家对葡萄酒的看法，对初次品饮葡萄酒的人有一定的参考价值。但是葡萄酒毕竟是一种消费品，消费者自己的感受才是最主要的，自己喜欢的就是最好的。

表9-18显示了不同语言描述的葡萄酒品尝分析项目常用词汇。

表9-18　葡萄酒品尝分析项目常用词汇

汉语	法语 Francais	英语 Anglais	意大利语 Italien	西班牙语 Espagnol	德语 Allemand
外观分析	Vue	Aspect	Vista	Vista	Aussehen
澄清度	Limpidité	Brillanee	Limpidessa	Limpidez	Klarhcit
外观	Aspect	Aspect	—	Aspccto	Eindeutigkeit
色调	Nuanco	Shade	—	Maliz	Nuancc
起泡	Effcrvsccnce	Sparkling		Efervescencia	Perlung
优美	Finesse	Graceful	—	Fineza	Fcinhcil/Fincssc
颜色	Couleur	Colour	Colore	Color	Farbe
香气分析	Odorat	Bouquet	Olfato	Olfato	Geruch
纯正度	Franchise	Purity	Franchessa	Franqucza	Rcinheit
浓度	Intensité	Intensity	Intensita	Intensidad	Intensitat
质量 优雅/和谐	Qualité Finesse/ Harmonic	Quality	Qualita	Calidad	Harmonie
口感分析	Gout/Flaveur	Palate	Gusto/ Gusto olfatto	Gusto/Sabor	Geschmack Geruch
纯正度	Franchise	Purity	Franchessa	Franqueza	Rcinheit
浓度	Intensité	Intensity	Intensita	Intensidad	Intcnsitat

汉语	法语 Francais	英语 Anglais	意大利语 Italien	西班牙语 Espagnol	德语 Allemand
持续性	Persistence	Persistence	Persisitansia	Persistencia	Abgang/ Nachhaltigkcit
总体评价	Jugement global	Overall valuation	Evaluation global	Evaluacion global	Gesamt Bewertung
完美	Excellent	Excellent	Eccelente	Exelente	Ausgczeichnet
很好	Trés bon	Very good	Ottimo	Optimo	Sehr gut
好	Bon	Good	Buono	Bueno	Gut
一般	Satisfaisant	Passable	Sufficiente	Suficiente	Ausreichent
差	Insuffisant	Unsatisfactory	Insufficiente	Insuficientc	Unbefriedigend
竞赛	Evénement	Event	—	Evento	Anlass
委员会	Commission	Commission		Comision	Kommission
样品	Echantillon	Sample		Muesta	Muster
年份	Milltésime	Vintage		Anada/ Cosecha	Jahrgang
种类	Catégorie	Category	—	—	Katcorie
日期	Date	Date	—	—	Datum

第九节　品尝结果的分析

一、品尝的类型

1. 差异性分析

差异性分析的目的是鉴别两个产品之间有无感官差异，参加品尝的人员既可以是经过训练的专家，也可以是一般人员。参加人数30人左右。可以比较不同工艺、不同原料、不同设备等可能造成的感官差异。其中，对比品尝是常用的品尝方法。在这种品尝中，每次只品尝两个酒样。A—B—A，先品A，再品B，进行比较并得出某些差异后，再品A，从而确定是否有差异。

2. 偏好性分析

偏好性分析的目的是确定某一类人群对产品的满意程度。在进行此类品尝时，所选择的消费者应该是随机的，并且要有代表性，其群体数量一般应为150～300人，同时，应为匿名品尝。但这种品尝因受时间、地点、人群的限制，具有一定的局限性。

3. 描述性分析

描述性分析就是采用一些描述词汇确定某一产品的特点。所以需要用准确的词汇来描述被品尝样品，并测定相应的浓度。选用的品尝员（10～15名）必须具有敏锐的感觉、良好的描述能力和记忆力。描述性词汇应恰当（即能恰当地反映产品的特性）、准确（具有确定的意义、不能模糊不清）、具差异性（确能区分不同的产品）、特指（不能是泛指的）、详尽（能覆盖分析产品的全部特性）。

4. 分级品尝

分级品尝是对同一类型的不同酒样进行对比品尝并根据品尝结果将这些样品按质量高低进行分级。通常每轮10个样品，可按先后顺序排队，再打分。同时，在品尝之前，要选一个标准样，并确定标准样的分数。

二、品尝结果的统计学分析

统计学分析是对数据的潜在有效性进行评估。

当涉及很多因素且很难进行直接比较时这是很有价值的。例如，主成分分析有助于确定多个因素导致的差异；显著性分析则会对差异的有效性进行科学评估。

大多数情况下，简单的统计分析就能充分确定葡萄酒间是否存在区别。

1. 差异分析（Alnalysis of Variance）

其目的是确定两个产品间有无感官上的明显差异。其中对比品尝、二三品尝等都是二选一，随机选择的概率是50%，而且两个酒样间的差异分析是单翼测验，而喜好分析则为双翼测验。这样，我们可以用X^2分布来进行差异或喜好分析。X^2的计算公式如下：

$$X^2 = (|X_1 - X_2| - 1)^2/N$$

式中：N为总判断数（或品酒员总数）。在差异分析中，X_1为正确判断数，X_2为错位判断数；而在喜好分析中，X_1、X_2分别代表喜欢样品A或喜欢样品B的判断数。如果计算的X^2高于相应显著水平的X^2（表9-19），A≠B或A＞B或B＞A成立。

而在三角品尝中，随机回答的概率为1/3，其X^2的计算公式如下：

$$X^2 = (|4X_1 - 2X_2| - 3)^2/8N$$

式中：N为总判断数（或品酒员总数）；X_1为正确判断数，X_2为错位判断数；如果计算的X^2高于相应显著水平的X^2（表9-19），则表示两个酒样之间存在着显著差异。

表9-19 不同显著水平上的X^2

显著水平	5%	1%	0.1%
差异分析	2.71	5.41	9.55
喜好分析	3.84	6.64	10.83
三角品尝	3.85	6.76	11.09

为了保证统计结果的准确性和X^2的灵敏度，在以上方法中，必须保证回答总数（或品尝员总数）至少在20个或以上。

2. Friedman分析

在葡萄酒的感官评价中，往往由于品酒员间存在着评价尺度、评价位置和评价方向等方面的差异，导致不同品酒员对同一酒样的评价的差异很大，从而掩盖了不同酒样间的差异。这样，对于品尝的原始资料，如果只注重量的概念，则毫无意义，我们只能将注意力集中到"方向"上来 因此，最适宜的分析方法为非数量分析，这种分析方法只注重结果的相对分布，即只注重它们的大小顺序。因此利用这种分析方法时，数列75—48—50与数列70—15—21完全相同，因为它们排列顺序或"行"都为3、1、2。所以，消除了品尝者之间评价的所有误差，只强调了它们的一致性。几乎对于所有的数量分析方法都存在着相应的非因子分析方法。因此，我们建议在对葡萄酒分级品尝结果进行分析时，应采用非因子分析。

下面我们以Friedman分析为例，介绍非因子分析的利用。表9-20是4个品酒员对5个葡萄酒样品的分析结果，表中的数据为各样品按其质量的排列顺序，即行数。如果某一品酒员对几个酒样的给分相同，则它们的行数为其所处行数的平均值。例如，设最后三种样品的得分相同，则它们的共同行数为：

$$（3+4+5）/3=4。$$

表9-20　葡萄酒分级品尝结果

品酒员J ＼ 酒样P	A	B	C	D	E
1	1	2	3	4	5
2	1	2	3	4	5
3	2	1	4	3	5
4	3	1	4	2	5
R_i	7	6	14	13	20

F值的计算方法如下式：

$$F=\frac{12}{JP(P+1)}[R_1^2+R_2^2+\cdots\cdots+R_P^2]-3J(P+1)$$

根据上式有：

$$F=\frac{12}{4\times5\times（5+1）}[7^2+6^2+14^2+13^2+20^2]-3\times4\times（5+1）=13$$

$$自由度=P-1=5-1=4$$

F值在这里呈X^2分布。$F=13$在自由度为4的条件下，其显著性在$0.025\sim0.010$。因此，这些葡萄酒样之间存在显著差异。

为了进一步分析这些差异，可以用最小显著差数（LSD）来确定两种样品之间有差别，并进行多重比较，对样品进行分组。

LSD的计算公式如下所示:

$$LSD(\alpha = 0.05) = 1.96 \times \sqrt{\frac{JP(P+1)}{6}}$$

$$LSD(\alpha = 0.01) = 2.58 \times \sqrt{\frac{JP(P+1)}{6}}$$

在本例中:

$$LSD(\alpha = 0.05) = 8.765$$
$$LSD(\alpha = 0.01) = 11.538$$

利用表9-20中的R_t值对各酒样进行显著性差异比较。比较结果为，B和A两个酒样的质量明显高于E，而其他葡萄酒样之间无显著性差异。

第十节　部分优质葡萄酒评语示例

一、干白葡萄酒

1. 张裕雷司令干白葡萄酒（图9-24）

品种：雷司令。

产区：山东烟台。

年份：2018。

外观：禾秆黄色。

香气：带有花朵、蜂蜜、青苹果、甘菊的甜美香气。

口味：口感多汁，酸度活泼，回味中还有一丝柑橘味，优雅、清新、爽口。

综合质量：佳。

荣誉：2018年CMB布鲁塞尔国际葡萄酒大赛银奖、2020年柏林世界葡萄酒大赛金奖、2021年英国IWSC国际葡萄酒与烈酒挑战赛银奖。

图9-24　张裕雷司令干白葡萄酒

2. 摩塞尔赤霞珠干白葡萄酒（图9-25）

品种：赤霞珠。

产区：宁夏贺兰山东麓。

年份：2018。

外观：禾秆黄色。

香气：果香丰富，有红色水果和奶油般的内敛香气，并散发着栀子花、蜜桃、雪梨的芬芳气息。

口味：口感厚实，但酸度充沛，清爽怡人。酒体较圆润、饱满，活泼的酸度使得酒体保持了很好的平衡和清新感。

综合质量：极佳。

荣誉：2019年Decanter世界葡萄酒大赛金奖、2019年CMB布鲁塞尔国际葡萄酒大赛金奖、2021年英国IWSC国际葡萄酒与烈酒挑战赛银奖。

3. 张裕卡斯特霞多丽干白葡萄酒（图9-26）

品种：霞多丽。

产区：山东烟台。

年份：2016。

外观：禾秆黄色，清亮透明。

香气：细腻、优雅，具怡人的青苹果、柠檬、桃子等果香及和谐的奶油、烤面包香气。

口味：滋味醇厚、圆润，酸爽适口，回味长而持久，典型性强。

综合质量：佳。

荣誉：2019年CMB布鲁塞尔国际葡萄酒大赛金奖、2021年英国IWSC国际葡萄酒与烈酒挑战赛银奖。

4. 歌浓酒庄（Kilikanoon Estate）雷司令干白葡萄酒（图9-27）

品种：雷司令。

年份：2017。

产区：澳大利亚克莱尔谷。

外观：浅禾秆黄色，澄清透亮。

香气：散发出鲜明的蜂蜜、无花果和柑橘的香气，夹杂着烘烤的气息。

口味：结构平衡，口感丰富，酸度自然脆爽。

综合质量：极佳。

荣誉：2018年Decanter世界葡萄酒大赛金奖。

二、干红葡萄酒

1. 张裕醉诗仙干红葡萄酒（图9-28）

品种：赤霞珠。

产区：山东、新疆。

图9-25　摩塞尔赤霞珠干白葡萄酒
（图片来源于网络）

图9-26　张裕卡斯特霞多丽干白葡萄酒

图9-27　歌浓酒庄雷司令干白葡萄酒
（图片来源于网络）

年份：2016。

外观：宝石红色。

香气：带有黑醋栗等黑色水果香气。

口味：酸度适中、单宁协调、柔顺、余味悠长。

综合质量：优。

2. 张裕解百纳干红葡萄酒（特选级）（图9-29）

品种：蛇龙珠。

产区：山东烟台。

年份：2018。

橡木桶陈酿时间：9个月。

外观：宝石红色。

香气：果香浓郁，带有黑醋栗、樱桃、黑莓、紫罗兰等香气，并伴有肉桂及橡木辛香。

口味：单宁柔顺，口味圆润，结构完整，具有典型的品种特性。

综合质量：佳。

荣誉：2019年英国IWSC国际葡萄酒与烈酒挑战赛银奖、2019年国际葡萄酒（中国）大赛金奖。

3. 张裕解百纳干红葡萄酒（珍藏级）（图9-30）

品种：蛇龙珠。

产区：山东烟台。

年份：2018。

橡木桶陈酿时间：10个月。

外观：深宝石红色。

香气：陈酿香较突出，酒香与浓郁的巧克力、烟熏、雪茄、烘烤等香气完美融合。

口味：酒体饱满、单宁紧凑、回味甘甜，具有典型的品种陈年特性。

综合质量：佳。

4. 张裕解百纳干红葡萄酒（大师级）（图9-31）

品种：蛇龙珠。

产区：山东烟台。

年份：2018。

橡木桶陈酿时间：12个月。

外观：石榴红色。

香气：伴有浓郁的黑樱桃、李子、黑莓等黑色水果香气，果香与橡木桶陈年所带来的巧克力、烟熏、雪

图9-28　张裕醉诗仙干红葡萄酒

图9-29　第九代特选解百纳干红葡萄酒
（特选级）

图9-30　张裕解百纳干红葡萄酒
（珍藏级）

松、烟草等香气完美结合。

口味：单宁紧致且柔和，酒体醇厚平衡，口感结实，具有典型的品种陈年特性。

综合质量：极佳。

荣誉：2019年国际葡萄酒（中国）大赛大金奖。

5. 张裕卡斯特酒庄蛇龙珠干红葡萄酒（特选级）（图9-32）

品种：蛇龙珠。

产区：山东烟台。

年份：2016。

橡木桶陈酿时间：12个月。

外观：深宝石红色，澄清有光泽。

香气：优雅悦人，具典型的樱桃等红浆果香气，伴有黑醋栗、覆盆子、胡椒、蘑菇等香气及和谐的醇香与橡木香。

口味：滋味柔顺圆润，单宁精致细腻，酒体平衡，风格典型。

综合质量：佳。

荣誉：2019年国际葡萄酒（中国）大赛金奖、2020年CMB布鲁塞尔国际葡萄酒大赛金奖、2021年柏林世界葡萄酒大赛金奖。

6. 张裕卡斯特酒庄蛇龙珠干红葡萄酒（G2）（图9-33）

品种：蛇龙珠。

产区：山东烟台。

年份：2018。

橡木桶陈酿时间：15个月。

香气：纯净怡人的黑莓、桑葚、蓝莓等黑色浆果香气与木桶陈酿后的香草、摩卡咖啡香气交融为一体，细腻而优雅。

口味：酒体圆润柔和，单宁细致顺口，完美并平衡的酸度保证了出色的结构，饮用后回味浓郁而持久。

综合质量：极佳。

荣誉：2020年亚洲葡萄酒质量大赛大金奖。

7. 张裕爱斐堡酒庄干红葡萄酒（珍藏级）（图9-34）

品种：赤霞珠。

图9-31　张裕解百纳干红葡萄酒（大师级）

图9-32　张裕卡斯特酒庄蛇龙珠干红葡萄酒（特选级）

图9-33　张裕卡斯特酒庄蛇龙珠干红葡萄酒（G2）

产区：北京密云。

年份：2013。

橡木桶陈酿时间：15个月。

外观：呈深宝石红色，澄清、透亮。

香气：成熟的黑李子、黑莓等水果香气与巧克力、香草、咖啡等陈酿香气融为一体，馥郁。

口味：饱满圆润，单宁细腻紧致，酒体平衡，余味悠长。

综合质量：佳。

荣誉：2019年国际葡萄酒（中国）大赛金奖、2021年柏林世界葡萄酒大赛金奖。

图9-34　张裕爱斐堡酒庄干红葡萄酒（珍藏级）（图片来源于网络）

8. 宁夏张裕摩塞尔十五世酒庄赤霞珠干红葡萄酒（图9-35）

品种：赤霞珠。

产区：宁夏贺兰山东麓。

年份：2016。

橡木桶陈酿时间：18个月。

外观：宝石红色。

香气：果香诱人，有森林浆果如野李子、蔓越莓、红色水果、果脯和干草的香气。

口味：口感活泼平衡，有极好的单宁结构，细致而优雅，表现力强，还有悦人和新鲜的后味，典型性强。

综合质量：极佳。

荣誉：2019年德国MUNDUS VINI世界葡萄酒大赛大金奖（2015年份酒）、2019年国际葡萄酒（中国）大赛金奖、2020年CMB布鲁塞尔国际葡萄酒大赛金奖、2021年柏林世界葡萄酒大赛金奖。

图9-35　宁夏张裕摩塞尔十五世酒庄赤霞珠干红葡萄酒（图片来源于网络）

9. 巴保男爵酒庄干红葡萄酒（9-36）

品种：美乐55%、赤霞珠45%。

产区：新疆石河子。

年份：2013。

橡木桶陈酿时间：15个月。

外观：宝石红色。

香气：丰富的李子、泥土和皮革芬芳。

口味：尝起来多了些摩卡的味道，以及丝滑的红色水果风味。酒体厚重、平衡，回味持久。

综合质量：佳。

图9-36　巴保男爵酒庄干红葡萄酒（图片来源于网络）

荣誉：2015年CMB布鲁塞尔国际葡萄酒大赛银奖、2019年国际葡萄酒（中国）大赛金奖、2021年柏林世界葡萄酒大赛金奖。

10. 巴保家族美乐干红葡萄酒（图9-37）

品种：美乐。

产区：新疆石河子。

年份：2017。

橡木桶陈酿时间：12个月。

外观：宝石红色。

香气：有成熟的水果香气，美妙的蓝莓、红樱桃、西梅、奶油和香草香气。

口味：单宁紧致，结构感强，余味清爽。酒体平衡、饱满。

综合质量：佳。

荣誉：2019年Decanter世界葡萄酒大赛银奖。

图9-37 巴保家族美乐干红葡萄酒
（图片来源于网络）

11. 瑞那城堡西拉干红葡萄酒（R2新款）（图9-38）

品种：西拉。

产区：陕西渭北旱塬。

年份：2018。

橡木桶陈酿时间：15个月。

外观：深宝石红色，澄清有光泽。

香气：浓郁复杂，具有典型的黑莓、黑樱桃等黑色浆果以及胡椒等香气，与橡木桶带来的甘草、烘焙、焦糖等陈酿香相融合。

口味：丰富的层次感，单宁紧致有力，平衡协调，酒体圆润饱满，余味愉悦悠长。

综合质量：极佳。

荣誉：2020和2021年柏林葡萄酒大赛金奖、2020年CMB布鲁塞尔国际葡萄酒大赛金奖、2020年德国MUNDUS VINI世界葡萄酒大赛金奖。

图9-38 瑞那城堡西拉干红葡萄酒
（R2新款）（图片来源于网络）

12. 瑞那城堡赤霞珠干红葡萄酒（R2新款）（图9-39）

品种：赤霞珠。

产区：陕西渭北旱塬。

年份：2015。

橡木桶陈酿时间：12个月。

图9-39 瑞那城堡赤霞珠干红葡萄酒
（R2新款）（图片来源于网络）

外观：宝石红色。

香气：带有黑色水果和咸鲜的香气，并伴有清新的薄荷醇香。甜美的黑醋栗果味带着隐隐的雪松和烘烤的辛香。

口味：单宁很有颗粒感，入口醇厚，结构精巧，典型性强。

综合质量：佳。

荣誉：2019年Decanter世界葡萄酒大赛银奖。

13. 歌浓酒庄设拉子干红葡萄酒9K酿酒师珍藏（图9-40）

品种：设拉子。

产区：澳大利亚克莱尔谷。

年份：2013。

外观：深宝石红色。

香气：浓郁而优雅的香气，些许焦油、沥青、茴香、巧克力香气。

图9-40 歌浓酒庄设拉子干红葡萄酒9K酿酒师珍藏（图片来源于网络）

口味：结构均衡紧致，恢弘而回味悠长，愉悦怡人。优质的单宁和活跃的酸度保证了结构，悠长余味中带着烤肉香，陈年潜力巨大。

综合质量：极佳。

荣誉：2019年Decanter世界葡萄酒大赛最高奖赛事最优白金奖（BEST IN SHOW）、2020和2021年德国MUNDUS VINI世界葡萄酒大赛金奖。

14. 歌浓酒庄设拉子干红葡萄酒8K特别珍藏（图9-41）

品种：设拉子。

产区：澳大利亚克莱尔谷。

年份：2014。

外观：宝石红色。

香气：浓郁的樱桃、甜香料、薄荷、巧克力、烤面包、蓝莓干和灌木丛的香气。

口味：入口有丰富的深色浆果果味，并带有摩卡咖啡的味道。非常精致柔和，单宁结构感强，美妙的回味。

综合质量：极佳。

荣誉：2018年Decanter世界葡萄酒大赛类别最优白金奖（Platinum Medal）、2018年IWSC世界葡萄酒与烈酒大赛金奖、2020年德国MUNDUS VINI世界葡萄酒大赛大金奖。

图9-41 歌浓酒庄设拉子干红葡萄酒8K特别珍藏（图片来源于网络）

15. 拉颂酒庄（Chateau Liversan）干红葡萄酒
（图9-42）

品种：赤霞珠、美乐。

产区：法国波尔多。

年份：2013。

酒精度：13.0%vol。

外观：宝石红色。

香气：具有覆盆子、黑醋栗和莓果香味，夹杂少许
白胡椒，香气丰富。

口味：酒体平衡并略带雪松的味道，高雅丰满，热
情奔放。

综合质量：极佳。

荣誉：2015年Decanter世界葡萄酒大赛银奖。

图9-42　拉颂酒庄干红葡萄酒
（图片来源于网络）

16. 蜜合花酒庄（Chateau Mirefleurs）干红葡
萄酒（图9-43）

品种：赤霞珠、美乐。

产区：法国波尔多。

年份：2011。

外观：宝石红色。

香气：有黑莓、蓝莓和玫瑰的香气，巧克力香气
夹杂少许水果芳香，衬以些许桂皮香，橡木风味融合
完美。

口味：入口柔顺，酒体圆润，平衡，富有活力，余
味悠长丝滑，且活力不减。

综合质量：佳。

荣誉：2019年CMB布鲁塞尔国际葡萄酒大赛金奖。

图9-43　蜜合花酒庄干红葡萄酒
（图片来源于网络）

17. 爱欧公爵（Marques del Atrio）单一葡萄园
干红葡萄酒（图9-44）

品种：丹魄、歌海娜。

产区：西班牙里奥哈。

年份：2014。

外观：干净明亮的石榴红色，伴有紫罗兰色调。

香气：突出的橡木桶陈年香气同时保持水果香气，
伴有草本和黑色水果的香气。

口味：单宁紧实而细腻，口感柔顺强劲，结构饱
满，余味悠长持久。

综合质量：佳。

图9-44　爱欧公爵单一葡萄园干红
葡萄酒（图片来源于网络）

18. 爱欧公爵佳酿干红葡萄酒（图9-45）

品种：丹魄。

产区：西班牙里奥哈。

年份：2014。

外观：深樱桃红色。

香气：具有洋李干、甘草等成熟黑色水果和香辛料的香气，并伴有矿物质香气、熏烤香气。

口味：单宁成熟圆润，悠长协调，酒体平衡。

综合质量：佳。

荣誉：2018年德国MUNDUS VINI世界葡萄酒大赛金奖、2020年日本樱花女子葡萄酒大赛双勋金奖。

图9-45 爱欧公爵佳酿干红葡萄酒
（图片来源于网络）

19. 魔狮酒庄（Vina Indomita）扎多姿赤霞珠干红葡萄酒（庄主珍藏）（图9-46）

品种：赤霞珠。

产区：智利迈坡山谷。

年份：2011。

外观：美丽而明亮的砖红色。

香气：带有紫罗兰、红色水果、薄荷、榛子的香气，伴有一丝精致的橡木香气。

口味：柔和、干净、层次丰富，余味具有黑醋栗和干果的香味。

综合质量：极佳。

荣誉：2016年CMB布鲁塞尔国际葡萄酒大赛金奖、2020年日本女子樱花葡萄酒大赛金奖。

图9-46 魔狮酒庄扎多姿赤霞珠干红葡萄酒（庄主珍藏）（图片来源于网络）

20. 魔狮酒庄赤霞珠干红葡萄酒（珍藏）（图9-47）

品种：赤霞珠。

产区：智利迈坡山谷。

年份：2014。

外观：迷人的深石榴石色。

香气：充满成熟红色水果、炖水果、香料和烟熏的香气。

口味：酒体饱满紧致，单宁活泼，口感上有烟草和绿色香料的味道，回味悠长。

综合质量：极佳。

荣誉：2015年Decanter世界葡萄酒大赛金奖、2021年德国MUNDUS VINI世界葡萄酒大赛金奖。

图9-47 魔狮酒庄赤霞珠干红葡萄酒（珍藏）（图片来源于网络）

三、冰葡萄酒

1. 张裕黄金冰谷酒庄冰酒（金钻级）（图9-48）

品种：威代尔。

产区：辽宁桓仁。

年份：2015。

外观：深金色中带有一抹明亮的橙色。

香气：浓郁的橙子果酱、杏干、榅桲、苹果、奶糖和坚果的香气，笼罩着一层柠檬皮的清新气息。

口味：酸度活泼，口感平衡，味道丰富，质地油润，回味悠长。

综合质量：极佳。

荣誉：2017年IWSC国际葡萄酒暨烈酒大赛特金奖、2019和2021年德国MUNDUS VINI世界葡萄酒大赛金奖、2020年和2021年柏林世界葡萄酒大赛金奖。

图9-48　张裕黄金冰谷酒庄冰酒
（金钻级）（图片来源于网络）

2. 张裕黄金冰谷酒庄冰酒（蓝钻级）（图9-49）

品种：威代尔。

产区：辽宁桓仁。

年份：2015。

外观：色泽金黄、澄清晶亮。

香气：香气咸鲜可口，花朵、酸橙的芬芳，浓郁迷人。

口味：糖渍果皮般的口味，混合着一点儿茶叶香，以及丰富的橘子果酱味道。

综合质量：极佳。

荣誉：2018年Decanter世界葡萄酒大赛金奖、2020年德国MUNDUS VINI世界葡萄酒大赛金奖。

3. 张裕黄金冰谷酒庄冰酒（黑钻级）（图9-50）

品种：威代尔。

产区：辽宁桓仁。

年份：2016。

外观：成熟内敛的金黄色。

香气：果香层次丰富，具有成熟的蜜香，丰富的芒果、菠萝等水果香气，以及成熟的太妃糖、杏仁香气。

口味：口感醇厚，酸度精致，酒体浓郁，百转千回富有变化，回味悠长。

综合质量：极佳。

荣誉：2020年Decanter世界葡萄酒大赛金奖、2020年CMB布鲁塞尔国际葡萄酒大赛金

图9-49　张裕黄金冰谷酒庄冰酒
（蓝钻级）（图片来源于网络）

奖、2021年德国MUNDUS VINI世界葡萄酒大赛金奖、2020年和2021年柏林世界葡萄酒大赛金奖。

图9-50 张裕黄金冰谷酒庄冰酒
（黑钻级）（图片来源于网络）

四、味美思

1. 张裕味美思（红加香）（图9-51）

产区：山东烟台。

年份：2018年。

外观：色泽呈红棕色，清亮透明。

香气：带有焦糖、豆蔻、苦艾、胡桃木等香气。

口味：口感醇厚，复杂，酸度适中，苦甜参半，回味悠长。

综合质量：极佳。

荣誉：2020年国际葡萄酒（中国）大赛金奖、2021年英国IWC国际萄酒挑战赛金奖。

2. 张裕味美思（白加香）（图9-52）

产区：山东烟台。

年份：2018年。

外观：色泽呈淡黄色，清亮透明。

香气：百里香、鼠尾草、莳萝、茴香和龙蒿等草本香气丰富。

口味：入口略带乳酪粉、胡椒粉、太妃糖和姜的香味，甜美而富有特色。

综合质量：极佳。

荣誉：2020年国际葡萄酒（中国）大赛金奖、2021年英国IWC国际葡萄酒挑战赛银奖。

图9-51 张裕味美思（红加香）

图9-52 张裕味美思（白加香）

第十章

葡萄酒
储存与饮用

第一节　葡萄酒的适饮期

一、葡萄酒的生命周期

　　装瓶后的葡萄酒，仍然在发生一系列的物理、化学变化，在适当储藏条件下，葡萄酒的饮用质量发生如下变化：开始，随着储藏时间的延长，葡萄酒饮用质量不断提高，一直达到其最佳饮用质量，这就是葡萄酒的成熟过程。此后，葡萄酒的饮用质量则随着储藏时间的延长而逐渐下降，这就是葡萄酒的衰老过程。因此，葡萄酒是有其生命的，有其成熟与衰老过程，如图10-1所示。

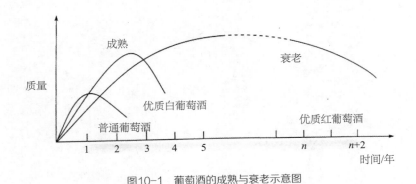

图10-1　葡萄酒的成熟与衰老示意图

　　葡萄酒的饮用宁早勿晚，但是酒成熟到什么时候口感才能变得让你为之陶醉？这完全取决于个人口味。比如，对于波尔多红葡萄酒，典型的法国人通常要比传统的英国葡萄酒爱好者更早饮用。

　　只有酒质足够复杂的葡萄酒才能在瓶储过程中得以改善，有些葡萄酒是应该在装瓶后不久即新鲜饮用的。充分成熟的葡萄酒在酒质上完全平衡并具备了复杂的风味，同时，还能够保持较长久的回味。但是，每个人的口感千差万别，有些人喜欢葡萄酒的口感丰富多样，另一些人则希望酒的口感变淡或柔和一些。而且，并不是所有人都喜欢葡萄酒瓶储后产生的变化。

二、如何判断葡萄酒的成熟

1. 外观

　　白葡萄酒失去淡绿色质地而变成深黄色、金色甚至琥珀色，即为成熟。但要注意：棕色表明酒被氧化。红葡萄酒的颜色变化更为显著。酒瓶玻璃边沿的颜色首先由紫变红，再变成深红色，最后变成棕色。红葡萄酒中的颜色强度会随着瓶储时间的增加而逐渐淡化，最终酒瓶里酒的核心部分会变成深红色和棕色，像酒瓶玻璃边缘的颜色。瓶储时间较久的红葡萄酒会出现沉淀物，这些沉淀物大多是色素和酒石，最终会留在酒瓶里。

2. 香气

新鲜葡萄酒所散发的气味，通常采用芳香度来衡量，主要是果味，而且通常与某种葡萄品种相联系。当葡萄酒被储存后，二、三类香气会产生，有时也称酒香和醇香，这类香味取决于葡萄酒的酿造工艺。例如，在橡木桶中成熟的红葡萄酒会有香料味，成熟后的优质葡萄酒的香味会变得非常复杂，以至于很难用嗅觉来表达。每一次闻到这种酒，不同的香料味就会出现，葡萄酒香味变得更加丰富和有层次。

3. 口感

用于窖藏的优质葡萄酒在其出厂后不久就品尝，会有种不爽快或不平衡的感觉。酒里的各种成分包括糖分、酸性物质、单宁、酒精及香味好像是被分隔开的。当葡萄酒在成熟过程中，酒中的这些成分就会相互融合。在这个过程中，酒的香味有时候会消失一段时间，酒品起来就像"哑的"或"封闭着的"。再过一段时间，所有的成分又重新融合到了一起，品尝起来酒的口感完全和谐和平衡，而且结构完美、香味醇厚。

4. 余味

这是判断葡萄酒是否窖藏成熟的最好方法。好葡萄酒的余味，即当酒咽下或从口中吐出后酒仍能保持几分钟的回味，表明酒已经很好地成熟，可以因此判断该酒具有很好的结构和果味。随着葡萄酒瓶储时间的增加，这种余味会变得越来越短，而且香味也将会消失。

三、葡萄酒的年份与酒龄

葡萄酒的质量先天在原料，后天在工艺。由于年份不同，各产区每年差别会非常大，特别是欧洲等旧世界国家的葡萄酒产区。假如一年天气条件良好，适合葡萄生长，葡萄本身的质量佳，可以说是为好酒的酿造打下了坚实的基础。可见，年份对葡萄酒品质有着相当重要的影响。

1. 静止葡萄酒

年份对不同类型的葡萄酒影响不一。

大多数葡萄酒都会在酒标上直接标年份，该年份指的是此酒酿酒葡萄的采摘年份，比如1982年拉菲（Chateau Lafite Rothschild）中的"1982"就是指酿酒葡萄采自1982年。

一般普通餐酒价格较低，比如法国的VDF，通常大批量生产，简单易饮，不适合陈年，不论好年份还是一般年份，都对其品质没有太大的影响。而大多数新世界产区气候较温暖干燥，相对稳定，在酿造方面允许更多的人工参与，年份对酒质影响不大。除非是选购一些顶级的昂贵酒款，不然购酒时无须太多考虑年份。中国大多产区年份间差异比较大，选择葡萄酒时应该关注年份。

名庄酒的葡萄种植和酿造技术都十分稳定，所以年份好坏就变得至关重要。车库酒、膜拜酒属于高端小众酒，种植和酿造难度颇大，受年份影响更大。

通常，世界上70%以上的葡萄酒适合在装瓶后两年内饮用，90%以上的葡萄酒适合在装瓶后五年内饮用。只有不到10%的酒适合储藏5年以上。

2. 起泡酒

大部分起泡酒为无年份混酿，不标注年份。其中，香槟是世界上最知名的起泡酒，大多为无年份香槟，但也有品质卓越的年份香槟。

无年份香槟指多个年份、多个葡萄园的无特定年份的香槟，至少成熟15个月。年份香槟的酿酒葡萄来自某一特定年份，酒标上会有该年份。年份香槟只有最佳年份才出产，至少要经过3年成熟，产量少，价格偏高。

香槟产区位置偏北，光照不多，气候偏冷，葡萄常常难以成熟，有时可能遭遇大风暴，整体气候变化大。果农和酿酒师为了保持香槟风格一致稳定，多将其酿成无年份香槟，代表了酒庄的整体风格，和年份关系不大。当然，遇到特别好的年份则会生产年份香槟，风格受年份影响大，体现该年份和产区风土的独特性。

3. 加强酒

波特（Port）和马德拉（Maderia）是世界著名的加强酒，既有无年份的调配酒，也有单一年份酒。这两种酒的分类也很复杂，其中与年份有关的典型类别如下。

（1）波特

陈年茶色波特（Aged Tawny Port）：葡萄酒要在橡木桶中成熟6年以上。在10年/20年/30年/40年茶色波特中，其年数是指酿造陈年茶色波特所有基酒的平均年龄。

年份茶色波特（Colheita Port）：酿酒葡萄来自单一年份的茶色波特，葡萄酒在橡木桶中陈年至少7年，大多数会陈年更长时间，这种波特会在酒标上标上该单一年份。

年份波特（Vintage Port）：酿酒葡萄来自顶级葡萄园，只在好年份才生产。装瓶前会在橡木桶中陈酿2～3年，陈酿潜力强。这是波特中最贵的一种，产量不到波特总产量的1%。若要成为年份波特，需经过IVDP（波特管理组织）的批准。平均来看，每10年可能只有3个年份可以发布年份波特，每瓶年份波特上都会标上该年份。近30年卓越的波特年份主要有：1994、1997、2000、2007、2009和2011年。

单一葡萄园年份波特（Single Quinta Vintage Port）：属于年份波特酒，酿酒葡萄必须来自单一葡萄园，葡萄酒在橡木桶陈酿2～3年，比如飞鸟园国家年份波特酒的酿酒葡萄全部来自国家园。

（2）马德拉

①3年珍藏马德拉：基酒在橡木桶中陈酿3年以上。

②5年珍藏马德拉：基酒在橡木桶中陈酿5年以上。

③10年特别珍藏马德拉：基酒在橡木桶中陈酿10年以上。

④单一年份马德拉酒：酿酒葡萄来自单一年份，会在酒标上标出，葡萄酒在木桶中陈酿5年以上才能装瓶。

⑤年份马德拉：马德拉中的最高级别，葡萄酒在木桶中陈酿20年以上，装瓶后在瓶中继续陈酿。因为完全氧化和酒精度高的原因，酒不容易变质，能保存很长时间。

需要注意的是：3年/5年/10年表示酿造马德拉基酒至少陈酿3年/5年/10年，也就是基酒中最小的年龄。

葡萄酒标注强调葡萄采摘年份，而加强酒突出的是橡木桶陈酿时间。葡萄酒往往有着很多种香气风味，这在很大程度上取决于酿酒葡萄本身风味的丰富性，其次来自发酵过程，而陈酿则会完成葡萄酒质量的变化，并赋予其橡木风味。而加强酒风味更突出陈酿过程的变化，它的质量特点更多地是从陈酿中获得的，所以以橡木桶陈酿时间对其更为重要。

所以说，影响葡萄酒和加强酒风格的主体不一样。葡萄酒强调风土，葡萄是灵魂，它的生长状况是否良好直接影响葡萄酒品质，年份好坏就变得尤为重要。而对加强酒而言，酿造、陈酿、调配工艺是关键，所以才会强调橡木桶陈酿时间。

四、如何判断一款酒的陈年潜力

判断一款酒陈年潜力最简单的办法是看价格。大批量生产的平价酒款一般都以果味为主，适宜早饮；而高端优质葡萄酒才有可能在瓶储中得益，发展出微妙的三层香气。然而，有时候葡萄酒的价格和陈年潜力并不成正比，一款适合陈年的酒需要具备以下几个特点。

1. 高酸

随着时间推移，葡萄酒的酸度会下降，所以年轻时酸度本就不高的葡萄酒，瓶储后会显得结构松弛，只有酸度够高才能保证瓶储后的葡萄酒依然充满活力。

2. 高单宁

丰富的单宁同样是葡萄酒在陈酿过程中的保障。单宁能给口腔带来收敛感，就像嚼茶叶一般。如果一款酒入口后让口腔明显发干，甚至有些许苦味，那这就应该是一款高单宁的葡萄酒。

3. 多果味

在瓶储过程中，葡萄酒中新鲜的果味会逐渐消散，衍生出些许果干和煮水果的味道。陈酿潜力强的酒一般都拥有充足的果味，以平衡酒中的高酸和高单宁，而且这些充足的果味在瓶储中不至于过快消散，与发展出来的三层香气一起形成复杂的陈年老酒风味。

4. 高残糖

葡萄酒中的糖分能够起到保护酒液的作用，同时还能在陈酿过程中演化出新的风味，延长酒的寿命。

了解以上保障陈酿的要素，我们就可以根据各类葡萄酒的风格，快速判断一款酒适不适合陈酿了。举例来说，白葡萄酒中的优质雷司令、苏玳甜白和白诗南都有不错的陈年潜力；红葡萄酒如赤霞珠、内比奥罗也都适合陈年。

五、葡萄酒存放时间

由于产区、生产工艺不同，葡萄酒的陈酿能力也不同，有的葡萄酒的生产工艺就是以陈酿为目的，而有的适合在年轻时饮用。

当然最好的方式是通过酒庄或者代理商的介绍。不过对于大部分葡萄酒，还是有一些通用的标准：赤霞珠、美乐混酿2～8年、赤霞珠3～10年、赤霞珠、西拉混酿3～10年、霞多丽0～5年、美乐2～5年、黑品诺2～5年、雷司令0～8年、西拉2～5年、NV起泡葡萄酒0～2年、香槟年份起泡葡萄酒5～8年。

六、什么样的酒是好酒?

葡萄酒世界琳琅满目,种类浩如烟海,宛如繁星。然而,到底什么样的葡萄酒才可以称之为好酒?

在普通消费者眼里,关于好酒的标准可谓是众说纷纭,包括:老藤葡萄酒,有橡木味的酒,酒体丰满的酒,余味悠长的酒,挂杯多的酒,酒瓶凹槽深的酒,软木塞封口的酒,贵的酒,获奖的葡,个人喜欢的酒……不一而足。这些说法都过于绝对,那么好酒的标准到底是什么呢?

葡萄酒品鉴需要"观、闻、尝",人们对于同一款葡萄酒的看法会有所不同。尽管我们可以轻松地根据自己的喜好来评价对某款酒的"喜欢"或"不喜欢"。但是对于葡萄酒爱好者及专业人士而言,在判断葡萄酒的品质上,更应该从香气浓度、复杂度、平衡性、回味长度、典型性等方面做出综合评价。

1. 干净

干净是指这款酒无论是闻、尝都给人自然、纯净的感觉,没有异香、异味和不愉快的感觉。对白葡萄酒而言,尤其如此。

2. 浓郁度和复杂度

任何一款好酒都应在香气和口感上保持足够的浓郁度和复杂性,同时又不会过于厚重,而是能保持适中的香气和口味。同时口感不能过于简单,而应当拥有多重风味特征,这使得仅凭一口很难知道这种葡萄酒所有的好,需要品酒者一遍一遍细细品味。而在每次品味的过程中,还会发现葡萄酒不同的魅力。

3. 平衡和谐

不难喝只是对葡萄酒最基本的要求,一款酒要好喝,前提条件还要平衡。换句话说就是各种香气、口感风味之间要彼此和谐,没有哪个成分过于突兀才行。我们常说的平衡是指单宁、酸度、甜度、酒精度、香气和余味这些要素之间的平衡。当然,所谓平衡无非是一种稳定的状态,历经陈年后,这些要素之间会相互融合,最终达到更深层次的和谐一体化,这才算真正的平衡。

平衡性是一款好酒必备的基本特征,但一款仅以平衡性示人的酒,也称不上好。若有平衡性,又有香气浓度,这便是一款简单的"好酒"。此时,若在平衡和香气浓郁的基础上再加入些许回味,则是为"好酒"锦上添花。例如某款优质的白葡萄酒,散发着浓郁的柠檬和荔枝香气伴有阵阵花香,并展现出清爽的酸度,余味纯净,果香四溢,还有一点淡淡的咸味,回味延绵。

既有平衡性,又有浓郁香气和悠长回味,同时又拥有不同层次的复杂性,便是一款非常好的葡萄酒。

4. 既能让人充满兴趣,又能让人回味无穷

一款葡萄酒单闻其香气,应当就能给人以继续喝下去的欲望。而且真正的好酒当酒香层次逐渐展现开来,往往越喝到后面越有亮点,喝完后还能让人有种意犹未尽的感觉,这已经不单单是一款余味悠长的葡萄酒所能做到的了。

5．既能满足味觉的需求，又能使心情愉悦，获得精神享受

一款好葡萄酒除了满足上述物质层面标准外，还有隐藏在酒后面的风土、历史、酿酒技艺、品牌故事等，这些无疑会增加消费者精神上的愉悦感。对于高档葡萄酒而言，这些特性会占有更大的比重。我们追求的并不只是非常好的葡萄酒，我们应该追求能够体现出伟大风土的极致好酒，更应该追求酒的品牌、文化、历史等。

6．具有一定的性价比

从消费者角度上讲，性价比也是评价葡萄酒质量时考虑的重要因素，也是葡萄酒作为商品必须考虑的内容。试想，如果一款酒质量很好，卖200元，而同样这款酒，卖到1000元，那么消费者会觉得它不值，甚至会改变对它的评价。

当然，选择、评价葡萄酒也是一件比较复杂的事情，为什么有人觉得1000元的葡萄酒不如100元的好喝？

首先，我们要弄明白好酒和贵酒不是同一个概念，贵酒即是好酒的道理并不总是成立，毕竟一款葡萄酒的价格可能受诸多因素影响。即使这款1000元的葡萄酒是公认的好酒，它也有可能不符合个别人的口味。

另外，有时候没达到适饮期，未进行合理的醒酒，没采用标准的杯具或者没在适饮温度下饮用都有可能影响葡萄酒的口感；此外，配餐甚至心情的不同也有可能影响人的判断。

再者，我们还要弄明白的是，好酒和好喝也不是同一个道理。毕竟对于有的人来说，好酒不一定好喝，当然好喝的也不一定是好酒。就像人们会觉得100元的葡萄酒比1000元的更好喝，是因为这款100元的葡萄酒可能属于简单宜饮型风格。它们没有什么特色，也没什么复杂度，只是单纯好喝而已。不过对于普通消费者来说，好喝就是真理，因此这类葡萄酒自然也是受欢迎的。

总之，对于普通消费者来说，喜欢的葡萄酒就是好酒，好喝不贵的就是好酒；但对于有一定追求的资深爱好者来说，除了考虑价格和好不好喝外，更多地要考虑产品背后的故事：品牌、产区风土、酿酒师等文化和精神层面的内容了。

第二节　葡萄酒瓶储

一、葡萄酒保存的最佳条件

葡萄酒储藏是使葡萄酒能够在最佳状态下得以保存，葡萄酒的最佳储存场所是酒窖及专业酒柜。因此，在建造酒窖之前，必须了解葡萄酒的最佳储藏条件和保存要点。

1．恒定的温度

瓶储葡萄酒应该减少或避免温度的剧烈变化，随着季节小幅度的温度变化是可以接受的。白葡萄酒以10~12℃为宜，红葡萄酒则以15~16℃为好。

温度低可以使酒的成熟和老化速度慢，但酒质可获得全面的发展，容易得到细致的香气和舒适协调的口感，并具有较强的生命力；但温度太低则会使葡萄酒停止变化，失去陈酿效果，容易导致酒石和色素析出。温度太高会使葡萄酒成熟太快，衰老速度也快，甚至会导致葡萄酒的变质。另外，白葡萄酒比红葡萄酒更容易受到温度的影响。

温度的波动也会加速葡萄酒的老化，因此，葡萄酒的存放环境最好维持一个恒定的温度。温度波动还会影响葡萄酒的胶帽和软木塞的热胀冷缩，使空气进入葡萄酒瓶内，导致葡萄酒的氧化。即使葡萄酒存放在20℃的恒温环境中，也比每天的温度都在10～18℃波动的环境好。

2. 适宜的湿度

葡萄酒储藏的理想湿度是70%，但是60%～80%也是可以接受的。湿度太低，葡萄酒的软木塞容易干缩，失去弹性，造成密封不严，导致空气进入瓶内；而湿度太大，容易孳生霉菌和细菌，影响葡萄酒的质量。同时，湿度太高还会使酒标腐烂掉落，也会影响酒窖中的木质酒架。因此，葡萄酒的陈放一般都是卧放，使酒液和软木塞接触，从而保持软木塞适宜的湿润状态。

3. 避光

光线，尤其是紫外线会加速葡萄酒的老化。光线会影响葡萄酒中成分的变化，尤其是葡萄酒中的单宁。白葡萄酒较长时间地被光线照射后色泽变深，红葡萄酒则易发生浑浊。暴露在强烈日光下6个月就会导致葡萄酒变质。起泡葡萄酒对光线更加敏感，因此更需要注意避光。

因此，酒窖中最好不要有任何强烈的光线，特别是日光灯和霓虹灯易让酒加速氧化，发出浓重难闻的味道。瓶储的场所要求不透光，平时电灯熄灭，只在取酒时才开灯。

4. 安静的环境

震动会影响葡萄酒的寿命，因此，葡萄酒陈放中尽量减少移动。把葡萄酒放在经常受到震动的环境就像每天将葡萄酒拿起来摇动一次，这对葡萄酒的成熟是非常不利的。

酒窖设计时要保证有足够的空间，这样在不移动其他酒瓶的情况下就可以拿到你需要的葡萄酒。葡萄酒摆放时，酒标朝上，这样不移动酒瓶就能看到酒标的信息。

5. 清洁无异味

葡萄酒最好存放在清洁无异味的环境中，因为化学或者食品的味道可以透过软木塞，影响葡萄酒的风味。如果无法保证贮酒的环境是清洁无异味的，那至少要将葡萄酒放在一个通风、透气的环境中。另外，还应保证周围环境的干净。

6. 摆放方式

传统摆放酒的方式习惯将酒平放，这样使葡萄酒和软木塞接触保持其湿润。因为软木塞干燥后收缩变形无法紧闭瓶口，容易使酒氧化。

7. 储存时间

酒的类型不同，其组成成分有差别，所需要的瓶储时间也不相同。即使同类型葡萄酒，如果酒精度、干浸出物含量、糖的含量等不同，也应有不同的储酒时间。一般红葡萄酒的瓶储时间要比白葡萄酒瓶储时间长；酒精度高、浸出物含量高、糖含量高的葡萄酒需要较长的储存期，例如甜酒和加强型酒。此外，不同品质和不同风味的葡萄酒，对瓶储的时间要求也不同。为了获得极为细致的高级葡萄酒，储存条件和储存时间都需要严格地选择，需要低而稳定的温度和较长的时间；但如果只是为了使酒的品质改善，即达到果香与酒香的和谐，则在室温下储存半年即可。

总之，葡萄酒供应消费者时，基本上已达到最高品质或最佳状态。这时，如果储藏条件适宜，仍然可以保持较长时间的适饮期。

二、家庭酒窖

1. 选址

酒窖一般分为两种：一种是需要制冷系统来进行温度、湿度的控制；还有一种是不需要制冷系统，这种酒窖通常建在地下。

原则上，酒窖可以建在任何地方，但是酒窖地点的选择会影响到将来的维护费用。一般来说，酒窖应选择室内最凉爽、湿度最适宜的地方。越接近储存葡萄酒的最佳条件，需要的制冷装置功效就越小，整体造价就越低。

理想的酒窖是在地面以下的地下室，越深越好。最不宜建酒窖的地方是直接在屋顶下面的空间里，夏天太热、冬天太冷。室内酒窖最好在西北方向，不易受阳光的直射。楼下建酒窖会好于楼上。

2. 酒窖内部设施

选择好地址后，下一步的工作就是进行内墙、天花板以及门、窗和地板的建造。

内墙和天花板除了起到保温、防水的功能外，还起到装饰作用。因此，可以根据风格采用不同的材料进行装饰，杉木或红木，石头或花岗岩都可以使用。

冷却系统装好后，酒窖的门窗必须要有很好的密封性，无论是木头、金属、玻璃，还是其他材料，都最好采用向外开的门，这种门可以很好地保持屋内的低温。如果使用玻璃，最好选用两层或者三层的玻璃。窗的材料选用和门一样，窗的框架密封性也要好。

酒窖的地板可以采用石板、瓷砖、大理石或软木材料，但不要使用地毯。

3. 酒窖照明

照明最好选用冷光源。由于白炽灯会产生热能，荧光灯产生大量的不可见紫外线，紫外线会严重破坏葡萄酒的酒体结构，所以，都不能作为酒窖的照明光源。

4. 制冷系统的选择

酒窖中制冷系统的选择必须要考虑到酒窖的空间大小，以保证完全地控制酒窖内的温度。酒窖空调的选用还需要考虑稳定安静，最好有加湿和恒湿功能，当酒窖内部湿度过大时能够抽湿。酒窖空调安装时应注意内部设计的风口位置。

每个厂家空调的原理和系统都有较大的差异，因此售后服务和保质期是购买时要考虑的重要因素。

5. 酒窖酒架选择

根据存放葡萄酒的数量、酒瓶规格，可以选用不同的材质，定做满足预期风格和预算的酒架。酒架的材质非常多，木制、钢制或砖砌，规模和风格应与酒窖整体风格一致。在选用木材时，首先要考虑材质的耐潮性及稳定性。

现在比较常用的风格是木制酒架，最常见的材料是黄松和高级红木，它们的主要区别为：红木的材质非常适合制作木质酒架或者酒柜，其木材纹理能够抵抗湿度和霉菌；松树的纹理非常漂亮。如果要求酒窖的功能只是储藏葡萄酒，也可以采用钢制酒架，价格便宜而且非常结实。

在选用酒架或者设计酒架时，还须考虑到储藏葡萄酒的酒瓶大小，大部分酒瓶都是750mL的标准装，但也有少部分是大瓶装，对于这种特色酒瓶的葡萄酒储藏也应该考虑在内，并留有一些特定空间。

三、家用电子酒柜

家用电子酒柜分为压缩机酒柜和半导体酒柜。前者是模仿葡萄酒储存条件而设计的，也可以说是一种小型的仿生酒窖。

首先，看葡萄酒的价位、质量。如果价位较高、质量较好、生命周期长的葡萄酒，建议选用压缩机酒柜，其性能可保持及提升葡萄酒的质量，有助于葡萄酒的升值。反之，则可选用半导体电子酒柜。

其次，看葡萄酒的种类。如果是白葡萄酒或香槟等要求较低温保存的葡萄酒，建议选用压缩机酒柜；如果是红葡萄酒为主，兼有白葡萄酒，建议用压缩机酒柜中的双温区酒柜来存放不同的葡萄酒，而一般半导体酒柜都是单温区的；如果全部是红葡萄酒，那么两种酒柜都可以考虑。

最后，视葡萄酒的数量而定。根据需要存储的酒的数量选择不同容量体积的酒柜；酒数量较少，建议选用半导体酒柜，单位成本会低些。

如果是葡萄酒专业收藏者或葡萄酒酒商，则建议使用压缩机酒柜，以压缩机机械制冷为制冷系统的电子酒柜。其特点是制冷速度快、重新制冷时间更短，压缩机制冷时间为半导体酒柜制冷时间的20%～30%；制冷效果好，低温能到5℃，温控范围大，一般为5～22℃；受环境温度影响小，即使是高温环境，酒柜内温度依然能达到葡萄酒理想的储藏温度，而半导体酒柜只能比环境温度低6～8℃；性能稳定，采用压缩机制冷技术，技术成熟，不容易出现故障，使用寿命长。特别适合葡萄酒的专业储藏。

如果是普通葡萄酒爱好者或是初接触葡萄酒者，建议买台半导体酒柜即可。半导体酒柜就是通过半导体制冷器接上直流电，通过吸收电热而制冷，几分钟就可以小范围结上一层冰霜。其特点如下。

（1）**无振动**　因为采用电子芯片制冷系统，无压缩机运行，所以基本无振动。

（2）**无噪声**　无压缩机运行，噪音很小，可保持在30dB以下。

（3）**无污染**　无压缩机，无制冷机，无二次污染。

（4）**质量轻**　由于没有压缩机及复杂的制冷系统，质量大为减轻。

（5）**价格低，相对便宜**　半导体酒柜具有制冷效率低、控温范围有限（很难达到10～12℃）、对使用环境温度要求高、使用寿命短等缺点。

四、葡萄酒的摆放

在摆放葡萄酒时，可以根据葡萄酒的种类、品种或地区进行分区存放，以便于后期的查找。比如说可以按颜色，红葡萄酒、桃红葡萄酒和白葡萄酒；或者按照国家，法国、意大利、西班牙、中国；或者按年份等。如果葡萄酒的数量比较多，还可以制作标签标记，这样在不移动葡萄酒的情况下方便查找。

葡萄酒应该水平放置，酒标朝上，这样一方面可以在不移动酒瓶的情况下看到酒标上的相关信息；同时还可以看到葡萄酒是否产生沉淀，以决定在饮用这瓶葡萄酒时是否需要滗酒；同时还能更好地保护酒标，这对用于投资的葡萄酒是非常重要的。

起泡葡萄酒可直立放置，酒瓶中的二氧化碳能将葡萄酒和空气隔绝，同时由于二氧化碳比空气重，如果有空气进入，空气也只会位于二氧化碳气体上方。

1. 平放

葡萄酒的软木塞带有一定的弹性、韧性、密闭性，但是这些特质是要一定的湿度来支撑的。

如果软木塞湿度太低（即太过干燥），其弹性、韧性、密封性就会变差，软木塞容易断裂，空气也很容易进入酒瓶；如果软木塞湿度过高，就容易发霉，软木塞同样会变得脆弱，不好开瓶，也容易影响酒质。

酒瓶平放，让酒液与软木塞接触，有利于保持软木塞的湿润和弹性，开瓶时软木塞不易断裂。

酒瓶平放，也能让软木塞保持湿润和良好的密封性。这样软木塞的微小气孔能让微量氧气渗入，让葡萄酒保持缓慢的"呼吸"，发展出动物皮毛、泥土、皮革、蘑菇等陈年香气，增加葡萄酒香气复杂性。如果软木塞湿度变差，软木塞内的气孔以及软木塞与酒瓶之间的缝隙无疑会变大，大量氧气渗入，葡萄酒便会很容易变质。

酒瓶平放，酒液与软木塞完全接触，能赋予葡萄酒一些单宁和香气。因为软木塞是用橡木的皮做成的，具有一些橡木的功能。

用软木塞封瓶的葡萄酒如果未平放，一般会出现氧化和漏液的现象。

如果酒瓶未平放，软木塞变得干燥、干裂，大量氧气进入瓶内，葡萄酒就会很容易出现过度氧化的危害。过度氧化后，酒体会变得寡淡薄弱，香气若有若无，或出现烂蔬菜、烂水果等令人不悦的气息。更严重时，葡萄酒会变为"醋"。

酒瓶未平放，软木塞变得干裂，塞子和瓶壁的缝隙也会变大。在搬动、运输或突然水平放置时，酒液就很容易渗出，污染酒标、酒瓶。同时漏液过程中往往会伴随着过度氧化及酒的变质。

螺旋盖的功能不会受湿度影响，所以没必要平放；用橡胶塞封瓶的葡萄酒大多在年轻时就饮用了，而且有观点认为橡胶长期接触酒液会对葡萄酒风味产生影响，所以一般不平放；玻璃塞跟螺旋盖一样，不受湿度影响，而且以它封瓶的酒一般要在年轻时饮用完毕，所以不需平放。

马德拉酒是一种"不死之酒"，无惧高温和氧气，有空气进入对它也没多大影响。而且，马德拉酒的酒精度高，腐蚀软木塞的速度也更快，竖直放置酒瓶能减少木塞污染。

除此之外，葡萄酒专卖店里很多葡萄酒都是直立放置的，这些多是价格亲民的中低档酒。这些酒一般流转快，同时为了节省空间，便于消费者拿取，所以多采用直立姿势，较高端的酒一般放在酒柜里。

有些酒窖里的葡萄酒是倒着放的，这样可以让酒液跟软木塞接触，保持软木塞的湿润。但是长此以往，所有的重量、压力都放在小小的软木塞上了，容易有爆塞的风险，所以不推荐葡萄酒长期倒放。

2. 建立档案

用一个专门的记事本或者日记来记录酒窖中葡萄酒的购买和饮用情况，这有助于掌握酒窖中葡萄酒的数量和葡萄酒的采购计划。对于葡萄酒商或者有条件的消费者，可以使用葡萄酒酒窖管理软件来进行记录。

经常检查葡萄酒的状况，由于每一款葡萄酒储藏的酒窖条件不同，因此饮用的最佳时间也不同，也可能和专家推荐的时间有差距，一款喜欢的葡萄酒可以购买多瓶，最好定期打开一瓶进行品尝以了解葡萄酒的发展状况。

酒窖中的温度、湿度也应该时时关注，以保证葡萄酒处在恒定适宜的保存条件下。

及时记录葡萄酒的产地或名称、年份、特殊生产商或销售商的名称、购买地点和日期、每次检查或品尝记录、剩余数量等。这些记录不但可以保证对酒窖的良好管理，而且可保证所品尝的葡萄酒始终处于最佳状态。

五、瓶储技巧

当葡萄酒存放数年后才发现酒已过了最佳饮用期是一件非常沮丧的事。为了避免这种情况发生，购买至少2箱（12瓶/箱）准备储藏的葡萄酒。在购买后即开启一瓶，品尝一下酒的口感，记录下品尝感受。为了掌握该酒的成熟程度，根据推荐的葡萄酒饮用时间表，可以大约每半年开启一瓶。这样你完全不必喝完12瓶这样的葡萄酒就能够充分享受剩下12瓶充分成熟的葡萄酒。

有些成熟的葡萄酒会出现沉淀物或固体沉积，在饮用前至少应该留出一天时间将酒从酒架上取出，并将酒瓶竖直放置以使酒中沉淀物沉降到瓶底。请小心处理沉淀物。

小瓶装的酒比标准瓶装的酒成熟要快一些，而采用大容积酒瓶装的酒相对而言成熟会缓慢一些。

第三节　葡萄酒侍酒服务

在商务宴请或庆典酒席中，越来越流行选用葡萄酒佐餐，这不但避免了把酒言欢时过量饮用高度白酒对身体健康带来的危害，适量饮用葡萄酒还有预防心血管疾病的保健功效，更重要的是还能彰显主人不凡的品位和见识。在这样的社交宴会场合下，掌握一些实用的葡萄酒礼仪，不仅能让你表现得风度翩翩，得体大方，同时也可以保证在宴会上给宾客们留下良好的印象，这对商务或政务人士来说显得尤为重要。

大多数葡萄酒都是佐餐时饮用的。环境不同，葡萄酒的质量就会有不同的表现。因此，葡萄酒的鉴赏需要相应的条件、环境和服务规范。鉴赏葡萄酒的环境应该安静，没有异味。此外，下列因素也是非常重要的。

一、酒杯

酒杯（图10-2）应为玻璃杯或水晶杯，无色、透明、无雕花，以便鉴赏葡萄酒的外观。酒杯的性状应为郁金香形或圆形缩口高脚杯，以便能摇动葡萄酒，并使葡萄酒的香气能在杯口浓缩；酒杯应足够大，倒酒时应将酒倒至酒杯容量的1/3，倒得太少，葡萄酒香气太弱，倒得太多，就不能摇动葡萄酒。

图10-2　酒杯

注：图中从左至右依次为勃艮第红葡萄酒杯、波尔多红葡萄酒杯、白葡萄酒杯、起泡葡萄酒杯、白兰地杯。

每种葡萄酒需要特别的酒杯才能表现与众不同的香气。杯子向顶端适当变细，以便浓缩香气。一般杯脚须够长以防手碰到杯体，影响酒的温度乃至酒的香气。

红葡萄酒杯：有多种造型，根据不同种类红葡萄酒的特性，发展出各自不同的杯型。持杯饮用时，手不要碰到杯身，以避免手的体温影响到酒的温度。

白葡萄酒杯：比红葡萄酒杯略小，适合较低温饮用。为了保持低温，从冷藏的酒瓶中倒入酒杯时，每次倒酒要少，斟酒次数可多些。

起泡葡萄酒杯（香槟杯）：高脚且杯身细长，略微缩口，目的是让酒中金黄的美丽气泡上升过程更长，线条更美。

白兰地杯：狭口大肚酒杯，可置于两手间搓动，再用手暖杯以促进白兰地香气挥发。

二、开瓶

最完美的开瓶过程是这样的：先将酒让客人观看，并说出酒的产地和年份，展示面应使客人直观地看到酒的标签。用开瓶器开瓶，根据不同的封口形式选用不同的开瓶方式。开瓶之后，用餐巾擦拭瓶口，倒少量酒于杯中闻一闻，如果有异味，应谨慎地品尝确定后更换之。

如图10-3所示，开瓶器的种类和功能多样，其中最常用的当数海马刀（常称为侍者之友）。这款开瓶器主要分为三部分：用来割开金属盖箔的带锯齿小刀、5圈螺旋螺丝钻和辅助开瓶的支点。海马刀容易使用，且轻便易携，是品酒必备的工具之一。

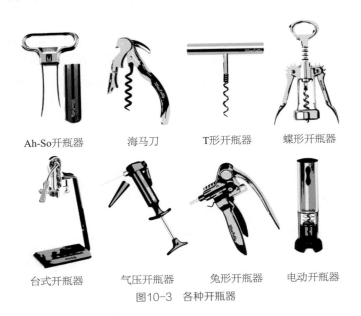

Ah-So开瓶器　　海马刀　　T形开瓶器　　蝶形开瓶器

台式开瓶器　　气压开瓶器　　兔形开瓶器　　电动开瓶器

图10-3　各种开瓶器

1. 软木塞

大多数成品葡萄酒的软木塞都使用的是纯天然软木塞，或复合软木塞，抑或是合成软木塞。至于瓶封，有的瓶封是使用金属的，有的是使用塑料的。对于软木塞，开瓶步骤如下。

（1）先将酒瓶擦干净，再用开瓶器上的小刀沿防漏圈（瓶口凸出的圆圈状部位）下方轻轻地划一圈，切除瓶封。

（2）用干布或纸巾将瓶口擦拭干净，再将开瓶器的螺丝钻尖端垂直插入软木塞的中心位置（如果插歪了，软木塞很容易被拔断），然后再按着顺时针方向缓缓地用手将开瓶器旋转钻入软木塞中。

（3）以一端的支架顶住瓶口，然后拉起开瓶器的另一端，将软木塞稳妥而温和地向上拔。

（4）感觉到软木塞快要被拔出时就停住，改用手握住木塞，然后轻轻晃动或转动，轻轻地拔出软木塞。

观察了解软木塞的质量等级及状况：软木塞是否干了，是否烂了，是否漏气而使葡萄酒被氧化了。此外，通过品尝葡萄酒也是甄别葡萄酒是否变质的最好方法。

2. 螺旋盖和保鲜盖

现在使用螺旋盖已成为一种新趋势，因为这样可以有效地减少软木塞污染。开螺旋盖的时候，要用一只手固定瓶子，另一只手去扭开瓶盖，直至瓶盖被打开。另外一种是葡萄酒保鲜盖，它的开瓶没有太特殊的方式，只需要将其撕开即可。

3. 起泡酒木塞

香槟和起泡酒使用的是不同类型的软木塞，不需要另外的开瓶器，只需要在开酒的时候注意安全，因为酒瓶里含有一定的气压，如果开瓶时不小心，软木塞很容易"飞"出去。同时，将起泡酒带回家后，不要马上打开，先将其冷冻后再饮用，这样就可以防止泡沫飞溅影响饮用效果。起泡酒的开瓶方式如下：

（1）左手握住瓶颈下方，将瓶口向外倾斜15度，右手揭去瓶口的铅封，并将铁丝网套锁口处的铁丝缓缓扭开。

（2）为了避免软木塞因气压而弹飞出去，一定要用手将其紧紧地压住，也可以在上面盖一层餐巾纸。然后用另一只手撑住瓶底，慢慢地转动瓶身。酒瓶可以稍微拿低一点，这样会比较稳当。

（3）若感觉到软木塞已经快要被推挤至瓶口时，就稍微斜推一下软木塞，腾出一条缝隙，使酒瓶中的二氧化碳气体一点一点释放到瓶外，然后静静地将软木塞拔起，响声不要太大。

4. 特殊情况的处理

当开瓶时不小心将软木塞弄烂了，你可以使用"侍者型"开瓶器（大多数侍酒师常用的工具），先将葡萄酒瓶倾斜45度，再使用"侍者型"开瓶器慢慢地将烂掉的软木塞从中拔出。

当遇到那些酒瓶比正常规格大的大瓶葡萄酒时，使用我们平时的开瓶器很难将其打开，再加上由于这些葡萄酒瓶身过大，它们在储藏的时候也没有倾斜放置，所以其软木塞很容易干燥，也很容易烂掉。这时，我们就要使用一些长的开瓶器缓慢地将其拔出，若是软木塞烂了，就将葡萄酒瓶倾斜45度，重新插入直到把它拔出。

对于脆弱的软木塞，不能够将开瓶器直接插入其中心位置，而要使用那种Ah-So开瓶器（它是由把手和两支铁片组成，操作时，只要将两支铁片插入软木塞和酒瓶边缘的缝隙中，然后再慢慢自右向左旋转并向上拔出软木塞即可）。使用Ah-So开瓶器不用担心软木塞会被拔断或碎掉而卡在酒瓶中。

三、醒酒

1. 为什么要醒酒？

醒酒通常是为了将葡萄酒与其因陈年在瓶底所形成的沉淀物分离开来，俗称"换瓶"。同时，醒酒还可以让葡萄酒与空气接触，葡萄酒"呼吸"后，单宁充分氧化，表面的杂味和异味挥发散去，葡萄酒本身的花香、果香逐渐散发出来，口感变得更加复杂、醇厚和柔顺。

对于一些酒体比较饱满的红葡萄酒或者陈年老酒，可以使用醒酒器。醒酒器能够扩大葡萄酒与氧气接触的面积，从而加速单宁软化，释放其闭塞的香气，还能过滤葡萄酒中的沉淀物，让葡萄酒达到适合饮用的状态。醒酒器也有不同的款式，可以根据自己的需要挑选适合的款式。

2．哪些葡萄酒需要醒酒？

年轻、紧致、酒体丰满以及单宁厚重的葡萄酒需要醒酒。这些葡萄酒价格更高，因为它们具有厚重的结构和陈年潜力。除此之外，经过五年以上成熟的葡萄酒，因可能生成沉淀物，也需要醒酒。而那些酒体较轻的葡萄酒则不需要醒酒，如大部分白葡萄酒可以开瓶即饮。同时，桃红葡萄酒、香槟及其他起泡酒也不需要醒酒。

3．怎样醒酒？

（1）在确定要饮用哪一瓶葡萄酒之前，应该保持其酒瓶处于直立状态。年轻一点的酒直立的时间为1天，10年以上的葡萄酒至少应该保持直立状态一周。

（2）醒酒前需准备好醒酒器、漏斗、滤布和一个光源。

（3）开瓶时，不要摇晃或者转动酒瓶，切开瓶封后先用湿布擦拭瓶口，再用餐巾纸擦干，拉出瓶塞，之后要透过光源观察瓶底，确定沉淀物并未污染上方的酒液。

（4）倾倒葡萄酒前，目光要与酒瓶成90度，开始换瓶时要慢慢倾斜酒瓶，缓缓地将葡萄酒注入醒酒器中。

（5）注意将瓶中最后有沉淀的酒液留在瓶肩，不能倒入醒酒器中，确保醒酒器中无沉淀。

4．醒酒时间

一般而言，甜白葡萄酒和贵腐酒不需要倒入醒酒器中，开瓶静放1h左右即可饮用；较老的酒换瓶去渣后，半小时以内就可以饮用；处于陈年期的酒需在醒酒器中醒酒1h左右；较年轻的红酒倒入醒酒器中醒酒2h左右；有些年轻强劲的酒款，比如意大利巴罗洛葡萄酒，醒酒的时间甚至更长。总的来说，醒酒时间的标准是：比起酒龄较长、酒体较轻的葡萄酒，年轻、多单宁、高酒精度的葡萄酒可以经得起更长时间的醒酒。

四、侍酒温度

如果葡萄酒尝起来有灼烈感，应降低葡萄酒的温度；如果葡萄酒没有什么风味，请加热葡萄酒。侍酒温度对葡萄酒的香气和风味影响很大。此外，个人的偏好也不同。

质量越低的葡萄酒，侍酒温度越低越好，因为温度越低，葡萄酒中的香气就越难以散发出来。起泡酒当然是冷凉些好喝，而昂贵的、高品质的起泡酒除外。

各类葡萄酒的最佳饮用温度如下。

陈年干红葡萄酒：16～18℃。

一般干红葡萄酒：12～16℃。

桃红葡萄酒：10～12℃。

半干、半甜、甜型葡萄酒：10～12℃。

干白及起泡葡萄酒：8～10℃。

五、斟酒

1. 把握细节

上好的酒，最好用餐巾裹着酒瓶，以免手温使酒升温。

给客人倒酒前，要先试酒，主人要先喝一小口，感觉不错，才接着为客人斟酒。

在餐桌上，酒杯总是放在客人的右边，所以倒酒也应站在客人右侧，在他面前为他斟酒。

在倒葡萄酒时，酒瓶口要距离酒杯约5cm高，避免与杯沿的接触，倒酒到葡萄杯身约1/3处杯径最宽的位置即可，这样倒好酒后可以轻轻摇动酒杯，使酒香散发出来，不至于因为倒得太满而在摇杯时酒出。

等客人的酒杯差不多空了再为其倒酒，这样能让客人享受到一瓶葡萄酒打开后因为在空气中慢慢氧化而像花朵一样绽放出其香味的过程，而不会跟杯中已经氧化得相对比较充分的残酒混在一起而影响欣赏。

2. 顺序

（1）**起泡酒优先**　在嘉宾入座之前，先给他们倒上一杯起泡酒。一满杯起泡酒为150~180mL，倒酒时半杯多一点即可。一则不会给宾客造成负担，二是如果你给每个人的酒杯都斟满，估计在给第六位客人倒酒时，你又得重新开一瓶。

（2）**随后是白葡萄酒，尔后为红葡萄酒，最后为甜葡萄酒**　起泡酒过后依次是酒体轻盈的白葡萄酒、丰满浓郁的白葡萄酒、桃红葡萄酒、酒体轻盈的红葡萄酒，然后就是高单宁的红葡萄酒，最后才是甜葡萄酒。尽管每次斟酒都不会超过90mL，但是整场晚宴下来，你可以轻易地消费掉一整瓶酒。

（3）**年长者优先**　在为嘉宾斟酒时，请按顺时针方向转动，年长者优先。

（4）**再添杯时征询客人意见**　如果看到旁边客人的酒杯空了，不要马上起身斟酒，而应该礼貌地询问客人是否还需要。如果看到你对面的客人兴奋起来了，你可以再为他斟酒。

（5）**最后一杯准则**　如果最后只剩下一杯酒，而你又很想喝，可以大声地问道："谁愿意与我分享最后一杯酒呢？"一些懂得社交礼仪的客人都会让你独自享用的。此时，你不仅可以享用美酒，也不失绅士之态。

六、持杯

喝葡萄酒通常选用无色透明的高脚玻璃杯，因为葡萄酒风味的表现对温度非常敏感，尤其是通常要用冰桶保温的白葡萄酒，为了防止手掌的温度影响葡萄酒的风味，持杯时，应手持高脚杯杯柄或杯托。不过因为牢牢握住杯柄对于非葡萄酒专业人士而言并不太容易，所以即使在高端社交场合，握住杯身的情况也非常常见，如果做不到紧握杯柄，就尽量避免掌心握杯就可以了。

七、敬酒

敬酒时应该将杯子举起到略低于视线，并注视对方，表示敬意。

葡萄酒是五官都可以享受的美好饮品，眼睛可以欣赏它的迷人色泽，鼻子可以闻到它的芬芳，嘴巴可以享受它的醇美味道，碰杯时可以听到高脚杯悦耳的声音。

如果对方是长辈或者贵客，可以按中国的礼仪稍稍压低杯沿，既表示了敬意，又避免了杯口相互接触的卫生问题。

用葡萄酒干杯时，不应该像中国白酒那样豪爽地一饮而尽，而应该讲究文雅和舒缓，但是至少要喝一口酒以示敬意。

第四节　葡萄酒与菜肴搭配

一、餐酒搭配的基本原则

葡萄酒种类繁多，每种葡萄酒都有其特有的外观、香气、口味和风格。而菜肴及饮食也是多种多样，尤其是中国饮食。由于大多数葡萄酒是在佐餐时饮用的，因此，葡萄酒与菜肴搭配得当，就能够使各自的质量和特点得以充分表现。

用于佐餐的葡萄酒，主要是指白、桃红、红葡萄酒及干、半干、半甜、甜及利口葡萄酒。而饮食的种类就更多了，除了食材不同，还有作料和烹调方式的巨大差异。

1. 从颜色的搭配看

通常有"白酒配白肉，红酒配红肉"之说。但它已不是餐酒搭配的唯一原则了。即使单是"红酒配红肉"，也有一定的讲究。如果你用两瓶不同的红葡萄酒，佐两道不同的红肉，应该以酒体比较醇和的红葡萄酒佐食味比较淡的肉，比如，吃"焖"和"炖"的肉。吃味浓汁稠的肉，宜选酒体浓郁的红葡萄酒。

2. 从香气的搭配看

鲜嫩的菜肴，应该用清香、爽口、柔和的葡萄酒搭配，口味越浓的菜肴，应该搭配香气浓郁、结构感强的葡萄酒。

3. 从口味的搭配看

口味比较强烈的食物，如鸭肉或者醋拌沙拉，就需要与相似酸度的红葡萄酒搭配。低酸度酒会被这类食物所掩盖，尝不出酒的味道，可以选择一款酸度偏高的葡萄酒搭配口感顺滑的食物。

（1）风味互补　风味互补即葡萄酒的结构能与食物的结构互相搭配。

滑腻的葡萄酒搭配滑腻的食物：霞多丽和维欧尼葡萄酒口感滑腻，可以与口感同样滑腻的家禽肉、清汤面或者奶酪搭配。

高酸的葡萄酒搭配高酸的食物：酸爽的长相思与带有柠檬汁的鱼肉搭配是十分理想的。标准的做法是，如果食物中含有柠檬或者酸橙，最好选择高酸的葡萄酒来搭配。高酸的葡萄酒包括长相思、灰品诺、阿尔巴利诺、白诗南和雷司令等葡萄酒。

甜葡萄酒搭配甜食：味甜的食物需要搭配味甜的葡萄酒。浓郁且甜美的巧克力蛋糕与波特或者其他甜型葡萄酒搭配最为合适。柠檬奶油蛋羹甜里带酸，因此一款莫斯卡托或者麝香甜葡萄酒会使得柠檬奶油蛋羹口感不会变得那么沉重。

（2）风味抵消　也就是说葡萄酒和食物的某种风味相互抵消。这种搭配因时而异。

辛辣的食物配甜型葡萄酒：除了单宁厚重的葡萄酒和辛辣的中国菜相配外，一盘辛辣的菜还可以与半干雷司令或者琼瑶浆葡萄酒相搭配。葡萄酒的甜味将会抵消食物中的辛辣味，此时，除了尝到葡萄酒的甜味外，你还可以品尝到葡萄酒中的果香。

滑腻的食物搭配酸爽的葡萄酒，比如，用滑腻的奶酪搭配起泡酒或者长相思葡萄酒可以降低奶酪的滑腻感，同时更能彰显出食物和葡萄酒的风味。

不要用高单宁的葡萄酒搭配甜食：味甜的食物只会让一款高单宁的红葡萄酒的果味尽失，并使得口腔中只剩下单宁之感了。

不要用高单宁的葡萄酒搭配酸度高的食物：如果你用一款高单宁的红葡萄酒搭配带有柠檬汁的意大利面或者鱼肉，你的口腔中将会出现金属味，这是令人很不愉悦的。

（3）地区搭配　不确定如何用葡萄酒配餐？如果你有一盘当地菜，如烟台白灼虾，你可以选择当地的白葡萄酒搭配，在宁夏吃手抓羊肉，可选一款中等酒体的红葡萄酒。通常，来源于同区域的食物和葡萄酒可以很好地搭配。

二、主要食物与葡萄酒的搭配

葡萄酒配餐是一件既简单又复杂的事情。说它复杂，是因为葡萄酒和食物各自都有多种多样的风格特点，没有绝对的标准可以遵循；说它简单，是因为你可以根据自己的爱好进行搭配，无须顾虑过多的规则。

1. 搭配依据

为了了解如何用葡萄酒进行配餐，按照葡萄酒的四个最主要因素：酒精度、糖分、酸度和单宁，及食物的六个最主要因素：脂肪、咸味、酸味、辣味、苦味和甜味的相互关系设计出一个表格以指导餐酒搭配。从表10-1中可以一目了然地看出不同风格的葡萄酒搭配各种菜肴时可以取得什么样的效果，搭配效果分为三种：差、良好、非常好。表10-1中还列出了某种搭配之所以可以取得良好效果的理论依据。此外，表10-1的最后一栏列出了具有某种风格的葡萄酒的代表性品种。

表10-1　餐酒搭配指南

搭配效果		食物						葡萄酒推荐
		红肉&高脂肪	咸	酸	辣	苦	甜	
葡萄酒	酸度 低	脂肪含量高的食物搭配酸度较高的酒，酸可降低油腻感	较咸的食物搭配酸度较高的酒，酸可降低咸味	当食物酸度高于葡萄酒的酸度时，酒会显得淡然无味			甜味食物适合搭配酸度较高的葡萄酒	琼瑶浆、温暖地区出产的红/白葡萄酒
	酸度 中	如奶油沙司配霞多丽葡萄酒						大多数红/白葡萄酒
	酸度 高	如奶油沙司配桑塞尔（Sancerre）葡萄酒	如意大利熏火腿配黑品诺葡萄酒	食物酸度与葡萄酒酸味相得益彰	适合搭配半干或甜型葡萄酒			雷司令和其他冷凉产区的白葡萄酒；产自冷凉产区的黑品诺或桑娇维赛红葡萄酒
	单宁 低	如鸭肉配黑品诺葡萄酒				食品不要太苦		白葡萄酒和桃红葡萄酒都行；产自冷凉产区的黑品诺葡萄酒
	单宁 中	如羊肉配波尔多红葡萄酒			搭配果香浓郁的葡萄酒最好			除赤霞珠、西拉、巴罗洛（Barolo）之外的大多数红葡萄酒
	单宁 高	如牛排配赤霞珠葡萄酒	咸味可降低单宁的苦味		单宁会加重辣味	如烧烤配西拉/赤霞珠葡萄酒	葡萄酒需要跟食物一样甜或更甜	赤霞珠、西拉、巴罗洛等红葡萄酒
	酒精度 低 <11%vol			葡萄酒的酸度需要达到中等或以上				产自冷凉产区的葡萄酒，或者糖分较高的葡萄酒
	酒精度 中 11%~14%vol		搭配果香浓郁的葡萄酒最好	葡萄酒的酸度需要达到中等或以上				大多数红/白葡萄酒
	酒精度 高 >14%vol				酒精会加重辣味			产自温暖地区的葡萄酒，尤其是霞多丽/仙粉黛葡萄酒

搭配效果		食 物						葡萄酒推荐
		红肉&高脂肪	咸	酸	辣	苦	甜	
葡萄酒	糖分 干			搭配果香浓郁的葡萄酒最好	葡萄酒的酸度需要达到中等或以上	搭配果香浓郁的葡萄酒最好	搭配单宁低的葡萄酒最好		干型白/红/桃红葡萄酒
	半干~半甜		如中国菜配半干雷司令葡萄酒	搭配酸度中等或以上的葡萄酒最好	如印度辣菜&半干雷司令		葡萄酒需要跟食物一样甜或更甜	半干或半甜白/红/桃红葡萄酒
	甜	如山羊乳酪/鹅肝酱配苏玳甜白葡萄酒	如山羊奶酪/鹅肝酱配苏玳甜白葡萄酒	葡萄酒的酸度需要达到中等或以上	葡萄酒的酸度需要达到中等或以上		如甜点配甜葡萄酒	甜型的白/红/桃红葡萄酒，如苏玳甜白、莫斯卡托和托卡伊
	起泡酒		如鱼子酱配香槟				酒需要跟食物一样甜或更甜	干型白/桃红起泡酒；红起泡酒/甜起泡酒按照单宁/糖分含量进行配餐
	加强型甜葡萄酒				酒精加重辣味；辣味降低甜味		如黑巧克力配宝石红波特	波特、马德拉

注：绿色框表示非常好；蓝色框表示良好；黄色框表示差。

从表10-1可以看出，在食物搭配方面，最"多能"的葡萄酒就是那些酸度中-高，单宁中-低，以及酒精度适中的葡萄酒。

也可以看出，表格中大多数格子都是蓝色的，用不同标识显示出；你也可以看到一些搭配效果比较差或者非常好的极端例子，不过大多数搭配效果都是令人满意的。这说明，其实在大多数情况下葡萄酒和食物都是一对比较"友好"的伙伴。因此，在日常生活中，我们可以自由地进行多种餐酒搭配尝试，从实践中总结出最让自己满意的搭配方式。

开胃小菜：如果开胃菜是口味多样且口感丰富的，那么只需要为客人提供一款葡萄酒，如酒体饱满的白葡萄酒、起泡酒等；鹅肝酱搭配贵腐甜酒。

鱼类：天然搭配是白葡萄酒。但是烹饪方法也是选酒的重要依据，炸鱼选择稍强劲的葡萄酒，如博若莱酒。海鱼宜选择橡木桶陈酿的霞多丽等。

肉类：牛肉，无论是原味的大块牛排或者特色砂锅炖肉，您都需要选择口味丰富的、强劲的红葡萄酒，它能够带出牛排细腻的肉质和特别的味道；前者可以选择新疆、宁夏等产区的红葡萄酒，后者可以选择烟台等产区较为清淡、温和的红葡萄酒；小牛肉适合搭配味道更淡一些的红葡萄酒。猪肉，可以根据烹饪方式，选择口味浓郁、丰满的或口味柔和的红葡萄酒。羔羊肉，肉质更细腻，宜选歌海娜与西拉混合的葡萄酒；肉质偏老的羊肉选择口味丰富但单宁和酸度偏低的红葡萄酒。香肠：要根据肉的种类和香肠中混合的食材来选择葡萄酒，通常适合搭配酒体非常丰满的红葡萄酒，如西拉，偏辣重口味的香肠可能很难与葡萄酒搭配。

家禽：鸡肉根据烤、烘、水煮等方法不同，口味完全不同，可以选择雷司令、霞多丽等干白及年轻的红葡萄酒；鹅肉脂肪含量丰富，吃起来可能会有油腻感，适合果味浓郁及酸度较高的红葡萄酒，如澳大利亚西拉。鸭肉是一种口味丰富多汁的肉，味道独特。适合搭配具丰富果香的陈年红葡萄酒。

素食：面食本身在口味上比较中性，但采用不同的卤、酱汁会改变味道，可以搭配相应口味的葡萄酒，从新鲜霞多丽到味道强劲的红葡萄酒。米饭如果是加入各种佐料做成的炒、烩米饭，可以搭配清爽、清淡及酸度略高的白葡萄酒。

鸡蛋：白葡萄酒是比较好的选择，如霞多丽、灰品诺、长相思干白葡萄酒。

蔬菜：适宜选择一款微酸的葡萄酒，如干白、桃红等。以坚果为主要原料的沙拉，可以选择一款清淡且味道丰富的葡萄酒。

大部分口味重的菜最好选择口感脆、口味强劲的葡萄酒，如长相思、雷司令、琼瑶浆、歌海娜等。

2. 搭配实例

生蚝等各类生猛海鲜是干白葡萄酒最佳搭档。

鱼子酱可选择干白葡萄酒或起泡葡萄酒。

熏鱼是干白葡萄酒的最佳搭档。

腊肠的最佳选择是桃红葡萄酒。

油腻的汤类可选择半甜或甜白葡萄酒。

米饭、比萨饼和面条，根据配料不同，配干白葡萄酒或桃红葡萄酒。

煮鸡蛋的最佳搭档是干白葡萄酒。

鱼的最佳搭配是白葡萄酒，根据作料及烹饪方法的不同可选择果味浓郁的干白、半干白、桃红及新鲜的红葡萄酒。

对于烤羊排、牛排、羊羔肉，结构感强的干红葡萄酒是最佳选择。小牛肉、猪肉、鸡肉、火鸡根据烹饪方式和颜色可选择干白、干红葡萄酒与之搭配。

各类砂锅、火锅、涮羊肉、羊杂汤及各种煲类适合结构感良好的桃红和柔顺的干红葡萄酒与之搭配。

一般情况下，干红葡萄酒是奶酪的最佳搭配，但对于一些奶味浓的奶酪，则可选择甜红或利口酒。

甜点可搭配甜型酒和起泡酒。

三、葡萄酒与中餐搭配的探索

中国人吃饭，讲究冷热搭配、荤素搭配，种类多、菜品全。

应该怎么样用葡萄酒搭配中餐？

第一个重要的是，不应该在乎用什么原料。原料在西餐可能是重要的，因为西餐没有这么多烹饪方式。但是中国的烹饪方式是多样的，有的烹饪方式体现的风味特别明显。

怎么考虑菜系的风味来选择酒？一般来说，中餐有好多种风味：咸、鲜、甜、辣、麻、酸。如果是有点偏咸偏酸的菜系，这两个风味有个特点：在口腔里都能提高一款酒的饱满度，让酒的口感更顺口、柔和。因此可以说，最适合搭配葡萄酒的菜系就是山西菜，因为里面有点酸有点咸，没那么多辣和甜，所以山西菜最好搭配葡萄酒了。

还需要考虑鲜和甜，这些味道是葡萄酒的"仇人"。因为鲜味、甜味不能很好地改善葡萄酒的风味，但是有的酒适合这样的鲜味和甜味，大部分时候有甜味、鲜味的食物应该避免单宁重、口感涩的葡萄酒，即浓郁的干红葡萄酒。还有这两个不同的风味必须得选择一些比较轻的葡萄酒，而不是过甜的、过浓缩的，比如半干的雷司令，或者比较爽口的长相思，或者来自卢瓦尔河谷的品丽珠，或者黑品诺，因为它有点酸，没有那么涩。

无锡菜有明显的甜鲜味，最适合的是稍微甜的、爽口的干白葡萄酒，也可以用干红葡萄酒来搭配甜的或鲜的菜系。

辣的风味不能绝对说是葡萄酒的"仇人"还是"朋友"，可选择一些葡萄酒减轻一些麻的味道。稍微有点甜的白葡萄酒，或者桃红葡萄酒，能够帮助降低麻的口感，如果想避免麻的口感，推荐酒精度偏低的葡萄酒。

第二个要考虑的因素是，每一个菜系的味道。总体上讲，粤菜有点鲜，有点淡，风味比较纯净；东北菜以咸为主，几乎没有什么辣味，风味有点香浓；川菜的特色是有复杂性、多层次的感觉。所以我们应该考虑的是菜系的风味，每个地方的菜系都有自己的特色，用一个菜系的主味特色来搭配葡萄酒。比如说川菜，川菜大部分麻辣，有些有点甜，有些有点酸，但是没有特别甜的味道，所以你选择葡萄酒的时候，需要选择能够搭配麻辣、比较香、比较复杂的味道。

还应该考虑个人口味。中度口味的人几乎什么都能接受。如果你的口味偏淡的话，你应该选一个帮你减少辣的、能把这些风味强度降低的葡萄酒，你可以选择酒体轻的，带着甜味的、甜美果味的，比如张裕贵腐酒，或者德国的甜或半甜雷司令。这些味道可以减少辣的风味，提高舒服的口感。

如果你的口味重的话，要提高麻辣度，就要多一点酒精度来提高这些风味强度，推荐比较酸、比较涩、风味强的葡萄酒，比如说新疆的赤霞珠，或者酒精度偏高的干红葡萄酒，比如巴罗萨的西拉，这样浓缩的葡萄酒能给口味重的朋友提供强的口味。

考虑菜系的特色和个人的口味来搭配不同的中餐：因为每个人平衡的感觉是不一样的，所以最好要选择适合个人口味的，或者选择最安全的中等口味。

将你最喜欢喝的酒和最喜欢吃的菜巧妙地搭配起来才是最关键的。

第五节　常见情况的处理

一、换塞

1. 为什么要换塞?

软木塞和葡萄酒一样,都是有生命的。在葡萄酒瓶储过程中,软木塞长期受到酒液的浸泡,慢慢会变得潮湿松弛、腐朽,导致软木塞与瓶壁之间的缝隙越来越大,逐渐丧失密封能力,从而出现漏酒现象,并加速葡萄酒的氧化,进而损害葡萄酒的品质。因此,软木塞也需要进行换塞处理。

20世纪80年代中期,拉菲酒庄首次公开使用"换塞处理"这一技术。但关于"换塞"依然有很大的争议,很多酿酒师认为:换塞过程中会造成氧化,从而影响葡萄酒的品质和生命,尤其是一些稀世老酒。而也有酿酒师认为:"换塞所带来的危害要远远低于软木塞老化。"

据全球最大名酒拍卖行Acker Merrall & Condit统计认为:酒龄达到20年是软木塞的风险临界点。需换塞酒酒龄必须是15年以上:年轻时如果保存条件得当,不会造成软木塞老化等现象,从而也就没有换塞的必要。

2. 如何进行换塞?

(1)目测鉴定真伪和检查品质,确认葡萄酒的真假、状态、年份以及液面的高度。通过液面的高度来判断老酒的保存状态。

(2)仔细地取出脆弱的软木塞,抽取15mL酒液留作品尝评估,然后给瓶内打入惰性气体防止氧化。

(3)进行品尝评估,未通过评估的不进行填瓶(补充酒液),只更换无酒庄信息的新软木塞。

(4)填瓶使液面高度恢复至颈中位置。对出现缺量的葡萄酒进行填瓶时,通常会选用同一年份的同一酒款添加补充,如果没有同一年份的,就用相近年份的同一酒款添加补充。

(5)再度充入惰性气体,封上新的木塞。其中,木塞上所标示的新年份指的是换塞当年的年份,并非葡萄酒生产年份及装瓶年份。

(6)封上箔帽,同时在背标加注换塞的专家签名和换塞日期证明。在拍卖市场,酒庄出具的换塞记录是最有价值的出处证明文件。

二、软木塞破损的处理

无论是多么谨慎的开瓶,软木塞经常会卡住拔不出来或者在开瓶酒中碎掉,原因可能是软木塞制作会有瑕疵,或者是制作工艺不够精细,或者随着保存时间延长它已经变质。若软木塞被卡住,会让人很沮丧,因为卡住的塞子很容易碎,而且碎的渣滓还会掉进酒里,漂在上面。即使软木塞的渣滓掉进酒里通常不会污染葡萄酒或者影响酒的味道,但是最好还是应避免这种情况发生。

有时软木塞是在欲将其拔出的时候断裂的，而一半软木塞仍然在酒瓶里。如果留在酒瓶里的软木塞足够大，还可以再用开瓶器拔出它，可将开瓶的位置（最好用酒刀）倾斜45度，用通常的方法将其取出。在很多情况下这是非常有效的方法，而且残留在瓶中的软木塞可能完整无缺。而如果是较小的碎块，就可能很难再次钻入螺旋丝锥，那么也可将软木塞推进酒瓶里，然后把葡萄酒倒进醒酒器或壶中，并应确保在葡萄酒倒入醒酒器时一定要没有软木塞碎块被倒入。

也可使用软木塞取回器将掉入瓶内的断裂软木塞取出。

三、瓶塞出现霉斑

一瓶存放很久的酒瓶塞上如果出现霉斑，这并不一定说明酒有问题，有可能表明窖藏在潮湿的环境里。在这种情况下，密封完好的酒一般不会出问题。

四、酒渍处理

在聚会或就餐时，不可避免的是葡萄酒偶尔会洒出，如果不及时处理，饰品、衣服、地毯等就会被彻底损坏，所以，一定要快速处理。

如果干白葡萄酒洒落在衣服、饰物上，用纸巾把酒液迅速擦干净，污点就会消失，若用布蘸肥皂液擦，还可去除酒味，擦洗后再清洗。

如果是红葡萄酒则取决于面料的种类和红葡萄酒的色泽，色泽越深，单宁越多的红葡萄酒，越容易去除污点。

干白葡萄酒是解决红葡萄酒印迹的最有效方法，在污染处轻轻地抹上干白葡萄酒，再用一块布仔细擦洗；或者将弄脏的衣服浸入干白葡萄酒（大约倒一碗的量）中，然后在冷水中彻底清洗至干净。

如果被污染的面料是不褪色的，而且可以清洗，则使用去污剂来清洗。

使用酒精与柠檬酸配成的溶液来清洗，10%酒精＋0.5%的柠檬酸溶液浸泡数小时，然后用清水漂洗。

红葡萄酒如果洒落到地毯上，可以撒一些盐来吸出地毯中的一些酒液。使用防漏器、酒领、锡箔盘等斟酒器来防止酒液外洒。

醒酒器使用之后，尽快用温水清洗，可以用潮湿的亚麻布卷成长条状塞进狭窄的瓶颈中转动清洗，也可以放入一些洁牙粉来解决问题。

五、如何保存已开瓶的葡萄酒

葡萄酒和氧气是亲密的敌人，相爱又伤害。葡萄酒需要少量的氧气才能充分呼吸，挥发出层次复杂的香气，这就是为什么要醒酒的原因。但如果氧气接触过多，香味就会变化，甚至变得酸腐。

葡萄酒开瓶后，如果喝不完，继续用软木塞或专用橡胶塞把瓶口盖上，减少与氧气的接触，但放久了，它依然会变坏。

1. 红葡萄酒

酒体越饱满厚重的红葡萄酒，其保存期限也越长。开瓶后，酒体饱满的红葡萄酒可以保存7d，而酒体轻盈的只能保存5d。红葡萄酒的单宁含量比较高，而单宁可以预防葡萄酒发生氧化，所以红葡萄酒一般可以保存得比白葡萄酒久一些。

2. 白葡萄酒

开瓶后，白葡萄酒一般能保存3d。酒体饱满的白葡萄酒比酒体轻盈的可以保存得更久。比如，酒体饱满的霞多丽葡萄酒就比酒体轻盈的长相思葡萄酒具有更长的保质期限。

经过橡木桶贮存的酒比未经过的酒放置更久，经过橡木桶发酵或成熟的白葡萄酒的酒体一般比较饱满，往往带有层次复杂的橡木香气，比没有经过橡木桶的酒更持久。

起泡酒需用专业的瓶塞，否则应该在开瓶后的四五个小时之内喝掉；如果实在喝不完，那最多再保存一天。

3. 加强型葡萄酒（如波特酒、马德拉酒等）

可以存放很长时间，这是因为加强型葡萄酒在酿造的过程中早已经过氧化，甚至酿造马德拉酒时会将葡萄酒加热到60℃，并刻意将其暴露在空气中加速氧化，从而产生特别的风味。

4. 保存方法

（1）酒精度比较高的红/白葡萄酒一般比酒精度低的保存得更久。

（2）瓶内剩余的葡萄酒越多，里面的氧气就越少，就可以保存得更久一些。

（3）越老的葡萄酒，开瓶后就越需要尽快喝掉。

（4）开瓶后的酒未喝完，一是倒入375mL等小瓶存放；二是用真空泵抽出酒瓶中的空气；三是直接塞上塞子，但需用塞子的另一头塞入。密封后，直接放入冰箱中冷藏（0～5℃）。但饮用前要将其恢复至各酒种的最佳饮用温度。

六、避免宿醉

所谓宿醉，通常是指这些症状，比如头疼、恶心、头晕、呕吐等，主要是因为脱水引起，所以要有节制地饮酒，同时多喝水。

在饮酒前或饮酒中适当吃些食物，避免油腻食物加重胃的负担；每喝一杯酒就喝一杯水；选择或自己调制汽酒或冷饮料。

次日清晨，多喝水以预防身体脱水；吃早餐可以提高血糖含量，且以吃鸡蛋为佳，因为鸡蛋中含有半胱氨酸，可以为身体有效解毒。

英国健康机构推荐每天饮酒量：男人为200～300mL，女人100～200mL。

第六节　主要国家葡萄酒酒标解读

酒标是一瓶葡萄酒的身份证，了解酒标所传递的信息是选择葡萄酒的关键。葡萄酒的标签主要是要向消费者提供信息，是葡萄酒整体质量的一部分。按标签在瓶子上的部位分为：顶标、颈标、肩标、前（身）标和后（背）标，还有挂在瓶颈上的飞标。

葡萄酒的标签标准是为了方便国内外交流并确保消费者获得公正的信息，它与各国葡萄酒法规密切相关。不同国家标识虽不尽相同，但最基本的项目有：葡萄品种、葡萄采收年份、酒精度、净含量、生产单位及其地址等。此外，有的国家还要求标注葡萄酒质量等级、产地以及政府检定的号码等内容。

下面介绍几个主要国家葡萄酒的酒标标注内容。

一、中国

目前，我国葡萄酒的标签执行两个标准GB 7718—2011《食品安全国家标准　预包装食品标签通则》和GB/T 15037—2006《葡萄酒》。规定葡萄酒的酒标内容必须有：酒名称、原料表、净含量和规格、生产者和（或）经销者的名称、地址和联系方式、生产日期和保质期（如酒精度低于10%vol）、贮存条件、食品生产许可证编号、产品标准代号、按含糖量分的产品类型（或含糖量）等。同时酒标上标注或宣传内容必须符合《中华人民共和国广告法》规定。

根据《中华人民共和国食品安全法》的规定，进口葡萄酒必须有中文背标。葡萄酒标包括正标和背标，正标的文字可以是原产国的官方语言，或者国际通用语言；中文背标是进口商或者是原产国酒厂/酒庄按进口商和中国政府的规定附上的中文酒标签。

中文背标须包括：净含量、酒精度、原料、灌装时间、葡萄酒名称、进口商名称、进口经销商地址、原产国、产区和贮存条件等信息。此外，有些进口商还会将酿酒的品种、葡萄采收年份、保质期、生产商名字、葡萄酒类型（干/半干/甜/半甜）等信息印在中文背标上。

在此，以北京张裕爱斐堡酒庄产品为例进行说明。

1. 正（身）标

正（身）标包括品牌、葡萄品种、年份、酒精度、质量等级、产区、生产商等。

（1）**产品品牌**　张裕爱斐堡国际酒庄中英文。

（2）**葡萄品种**　赤霞珠中英文。标准未强制标示。但若要标示，则用所标注葡萄品种酿造的酒所占比例不低于酒含量的75%（体积分数）。

（3）**年份**　指葡萄采收的年份。标准未强制标示葡萄采摘年份。但若要标示，则必须遵循规定：用所标注年份的酒所占比例不低于酒含量的80%（体积分数）。

（4）**酒精度**　标准强制标示内容（%vol）。

（5）**质量等级**　暂无明确要求。

（6）**生产商名称**　标准强制标示生产者和（或）经销者的名称、地址和联系方式。因内容较多，正（身）标多只为消费者提供生产商名称，详细信息标示在后（背）标。

张裕爱斐堡酒庄赤霞珠干红葡萄酒正（身）标见图10-4。

2. 后（背）标包括内容

（1）产品质量等级划分标准　让消费者清晰了解这款产品的质量等级。

（2）产品名称　标准强制标示。

（3）产品特点　标准未强制要求标示。

（4）产地及葡萄园信息　标准未强制要求标示。但若要标示：用所标注产地葡萄酿造的酒所占比例不低于酒含量的80%（体积分数）。

（5）收获年份。

（6）贮藏条件　标准强制标示。

（7）原料　葡萄和焦亚硫酸钾，标准强制标示。

（8）产品类型　按含糖量标准产品类型（干/半干/半甜/甜），标准强制标示。

（9）保质期　标准规定酒精度大于等于10%的饮料酒可免以标示保质期。但目前市售葡萄酒产品保质期标示多为8年或10年。

（10）产品标准代号　标准强制标示。

（11）食品生产许可证编号　标准强制标示。

（12）生产日期及批号　前者为标准强制标示；而后者属于推荐标示内容。

（13）净含量　标准强制标示，一般葡萄酒多为750mL。

（14）生产者的名称、地址和联系方式　标准强制标示。

（15）产品物料编号　是企业对产品生产所用物料统一编制的识别代码，便于操作人员对物料的检索管理。

（16）"过量饮酒有害健康"温馨提示　属于国家标准强制标示内容。

除了上述内容外，适饮温度、致敏物质标示属于国家标准推荐标示内容。

张裕爱斐堡酒庄赤霞珠干红葡萄酒后（背）标见图10-5。

图10-4　张裕爱斐堡酒庄赤霞珠干红葡萄酒正（身）标

图10-5　张裕爱斐堡酒庄赤霞珠干红葡萄酒后（背）标

二、法国

法国是世界上著名的葡萄酒生产国，其生产葡萄酒的历史悠久，更是旧世界葡萄酒的代表性国家。法国葡萄酒的酒标内容提供了相当完整的信息，法国法律规定酒标上必须要标注八大事项。

1. 葡萄酒的质量标志

法国法定产区葡萄酒制度在1936年制定，即AOC制度，AOC是Appellation d'Origine Controllee的缩写，中文为"原产地控制命名"。酒标标示为"Appellation + 产区名 + Controllee"。2009年8月，为了配合欧洲葡萄酒的级别标注形式，法国葡萄酒的级别进行了改革，新的等级制度从2011年1月1日起在瓶装产品上使用。新的等级制度如下：AOC葡萄酒（法定产区葡萄酒）变成AOP葡萄酒（Appellation d'Origine Protégée）；VDP葡萄酒（地区餐酒）变成IGP葡萄酒（Indication Géographique Protégée），瓶装酒标示为：Indication + 产区 + Protégée；VDT葡萄酒（日常餐酒）变成VDF葡萄酒（VIN DE FRANCE），属于无 IG 的葡萄酒，意思是酒标上没有产区标示的葡萄酒（vin sans Indication Géographique）。无论AOP或者IGP，在酒标上通常是小字显示。

2. 酒精含量

通常是"数字 + %vol"。

3. 健康信息

在酒精含量的旁边必须要有"孕妇不宜饮酒"标志。

4. 葡萄酒来源

法国葡萄酒：Vin de France或者Produit de France。

5. 净含量

一般是75cl（750mL）。

6. 生产批号

通常是以L开头，同样生产条件的一批葡萄酒拥有同一个批号。有时候，批号会直接写在酒瓶上。

7. 葡萄酒装瓶商名称

有可能是一个人名或者一个公司的名字，名字后面还要加上地址，名字前面通常是Embouteilleur 或者Mis en bouteille par等。Mis en bouteille par一般是品质普通的葡萄酒，以餐酒居多。但如果这款葡萄酒在同一酒庄酿造并装瓶，那么酒标上可以直接写Mis en bouteille au château；如果这款葡萄酒是在一个特定的酒商或生产公司那里装瓶的，那么酒标上可以写Mis en bouteille à la propriété。有些酒庄的设备不齐全或因股份原因，会选择跟酒商或公司合作，所以酒标上显示的是公司而不是酒庄，这样的葡萄酒也是可靠有保障的。

8. 含亚硫酸盐或二氧化硫

所有的酒标上都要标注：Contient des sulfites，或者Contient de l'anhydride sulfureux，或者Contains sulphits。

9. 其他

以上是法律规定必须要在酒标上显示的内容，当然酒标上还有一些非必须的内容，如品牌名称、葡萄园名称、葡萄品种、酒庄名称、葡萄酒类型、年份、陈酿方式和酿造工艺等信息。其中年份会经常在酒标上看到，消费者也比较关注。还有葡萄酒类型，如Sec干型葡萄酒等。

另外，经常在法国葡萄酒酒标上看到一个熟悉的词：cru。说明这瓶酒一定是AOP，有cru的AOP一定是比没有cru的AOP要高级一些。最高等级的葡萄酒在酒标上写着grand cru，依次是Premier（Grand）Cru、Deuxième（Grand）Cru、Troisième（Grand）Cru等。

此外，酒标上还会有一些内容，诸如Grand Vin de France、Cuvee Prestige以及Resreve Speclale等信息都是合法的，但是不具有任何法律保障意义。酒标上标有老葡萄树（vieilles vingnes）信息，则表示这瓶酒的酒质特别丰富醇厚，至于是多大树龄的葡萄才有此资格称为老葡萄树，则没有明文规定。最后，酒标上若标有eleve en futs de chene，表示这瓶酒是经过橡木桶陈酿的，但是无从得知橡木桶的年龄。

在此，以法国拉颂（LIVERSAN）酒庄葡萄酒的正标（图10-6）为例进行说明。

（1）装瓶地点（Mis en Bouteille au Chateau） 是指葡萄酒装瓶的地点为生产酒庄，并不是所有的酒庄都有能力进行独自装瓶。

（2）酒庄图标（拉颂酒庄城堡图像） 要么是酒庄的商标，要么是酒庄城堡的图像。

（3）酒庄名称（Chateau Liversan） 这既表示葡萄酒的生产商——拉颂酒庄，也可以认为它是葡萄酒的品牌。

（4）年份（2017） 葡萄原料的收获年份。

（5）法定产区名称（AOC）/子产区（Appellation Haut-Medoc Controlee） 必须遵循此AOC的相关要求。

（6）列级庄信息 中级庄（Crus Bourgeois），被列级的酒庄就必须把自己的级别表示出来。

图10-6 法国拉颂酒庄葡萄酒正（身）标

三、西班牙

西班牙是世界上最重要的产酒国之一，其酒标一般会包含以下信息。

1. 葡萄酒名称（酒庄名/品牌名）

酒标上最显眼的一般是酒庄名或者品牌的名字。

Bodega和Vina/Vinedo是酒标上常见的单词，分别代表"酒庄"和"葡萄园"，通常会作为品牌名称的一部分出现在酒标上。

2. 年份

葡萄采收年份。

3. 葡萄酒来源

在酒标上有一行小字：Productos de Espana（西班牙生产）。

4. 等级和产区

西班牙于1932年创立了原产地命名制度（Denominación de Origen，DO），2003年建立了更加全面的分级体系，等级从低到高依次是：Vino de Mesa，Vino de la Tierra，Vinos de

Calidad con Indicación Geográfica（VC）, Denominación de Origen（DO）和Denominación de Origen Calificada（DOCa）。其中：DOCa是西班牙葡萄酒的最高等级。

DO等级与法国AOC制度相当，严格管制产区和葡萄酒质量，但全国已经有62%葡萄园有DO资格，使得无法借着DO辨别品质高低。

2003年，西班牙还出现了一个分级：Vinos de Pago［俗称"酒庄酒"（VP）］，是专门为了管理那些不在DO级别之内，但却拥有卓越品质以及悠久历史和良好声誉的酒庄。有点类似意大利"超级托斯卡纳"或者德国的"VDP（顶级酒庄联盟）"。这些酒庄要么处于DO产区地域之外，要么生产不符合DO法规，比如不使用法定品种等。而在以前，这些葡萄酒只能标示为普通餐酒。

不同于对产区的分级，VP是针对单一酒庄的葡萄酒，酿造这款酒的葡萄园要归酒庄所有，葡萄酒的生产过程直至装瓶都必须在酒庄完成。即使某个酒庄拥有Vino de Pago，但并不代表这个酒庄所有的酒都是VP，目前共有14个酒庄获得了VP称谓。

5. 陈酿时间

根据在橡木桶中成熟的时间分为4个档次，即新酒（Joven）、陈酿（Crianza）、珍藏（Reserva）和特级珍藏（Gran Reserva），尤其以里奥哈产区最为常见，杜埃罗河岸和纳瓦拉（Navarra）等产区也较常使用。各产区不同的级别对于葡萄酒在橡木桶中的陈酿时间和总的陈酿时间也都有不同的标准。

陈酿等级通常和酒质密切相关，例如来自同一酒庄的产品，通常Reaerva of Crianza的品质会更高一些。

6. 葡萄品种

选择性标注。

7. 装瓶商名称

酿酒厂自行装瓶的酒会标示原酒庄装瓶"Estate Bottled"。

8. 酒精含量

通常是"数字＋%vol."，在酒标背面。

9. 净含量

一般为750mL，也有185mL、250mL、375mL、1500mL、3000mL、6000mL容量的。

在此，以西班牙爱欧公爵酒庄（Marques del Atrio）旗下华迪亚珍藏（Valtier Reserva）红葡萄酒的酒标（图10-7）为例进行说明。

（1）产品品牌名称 华迪亚（Valtier）。

（2）产区 乌迭尔-雷格纳（Utiel-Requena），是瓦伦西亚自治区最靠近内陆的法定葡萄酒原产地。

（3）等级 DO（Denomination de Origin），与法国AOC制度相当。

（4）年份（2010年） 葡萄原料的收获年份。

图10-7 西班牙华迪亚珍藏
红葡萄酒正（身）标

（5）陈酿等级　珍藏（Reserva），陈酿等级通常和酒质密切相关，该等级红葡萄酒在酒庄至少陈酿三年，其中至少一年在橡木桶中陈酿。

（6）产区图标　乌迭尔-雷格纳（Utiel-Requena）产区图标。

（7）装瓶厂商名称及地址。

（8）生产国　西班牙出品"PRODUCT OF SPAIN"。

（9）产品类型　红葡萄酒（Red Wine）。

（10）酒精度　13% vol。

（11）净含量　375mL。

四、意大利

1. 葡萄酒类型

（1）品种命名法　如果酒标上出现了葡萄品种，那么后面通常带有产区名。如Barbera d'Alba，巴贝拉（Barbera）是葡萄品种，阿尔巴（Alba）是葡萄酒产区。类似的还有Montepulciano d'Abruzzo（阿布鲁佐产区的蒙特布查诺葡萄酒）等。一般而言，在酒标上看到xx di/d'xx，前面是葡萄品种，后面是产区。

（2）产区命名法　如果酒标上标注了产区，一般在产区的后面写的是葡萄酒的等级。比如，一款酒的酒标上标注Chianti（基安帝）字样，那在其正下方一般都会标注出Denominazione di Origine Controllata e Garantita字样，表明该款酒是DOCG级葡萄酒。同时也告诉消费者这款酒的主要酿酒葡萄是桑娇维赛，因为官方规定基安帝葡萄酒的酿酒葡萄至少包含80%的桑娇维赛。

（3）自有名　大多数自行命名的葡萄酒都属于IGT葡萄酒，这也意味着这些葡萄酒由意大利本土品种和非意大利品种混酿而成，如西施佳雅（Sassicaia）等。另外，一些自命名的葡萄酒也会加注产区名在其酒标上，这主要是为了迎合当地的生产要求。当然，这些酒往往采用该产区最流行的葡萄品种酿造。

2. 产区

通常标注该分级的产区名或该产区下的子产区名。Superiore（超级的），通常与产区名连在一起，表明该葡萄酒品质优秀，且其酒精含量要略高于法定的最低酒精度。Classico（经典的），指一个特殊产区的最古老子产区，这仅仅表明该酒产自该产区最古老的葡萄酒产区，而并不意味着该酒的品质会更好。

3. 等级

由高到低分别为DOCG（Denominazione di Origine Controllata e Garantita）、DOC（Denominazione di Origine Controllata）、IGT（Indicazione Geografica Tipica）及VDT（Vino de Tavola）。

4. 酒名

一般与葡萄酒等级无关，通常表明了酿造该酒所选用的葡萄品种，超级托斯卡纳（Super Tuscan）就是典型代表。

5. 生产商名

通常使用Tenuta、Azienda、Catello或Cascina等字样来表示酒庄、酒窖或葡萄园。

6. 装瓶商名

装瓶商不一定和酿酒厂相同。酿酒厂自行装瓶的酒会标示原庄装瓶"Estate Bottled"，一般来说会比酒商装瓶的酒珍贵。Imbottigliato dal viticultore或是Imbottigliato all' origine：此标示为酒农自行于酒庄内装瓶；Imbottigliato dalla cantina sociale：此标示为大型葡萄酒厂酿造；Imbottigliato dai produttori Riuniti：此标示为葡萄酒农合作社共同酿造装瓶；Nel' Origine：在酒庄内完成装瓶。

7. 酒精含量

通常在酒标背面标示。

8. 净含量

一般容量为750mL。

图10-8是意大利莫罗莫里诺酒庄（MAURO MOLINO）巴罗洛葡萄酒的酒标解读示例。

（1）生产商　莫罗莫里诺酒庄。

（2）原产国　意大利出品，标示为"Product of Italy"。

（3）含硫标识　Contiene Solfiti。

（4）酒名　以巴罗洛葡萄品种命名。

（5）等级　DOCG最高质量等级。

（6）年份　2003年。

（7）装瓶商　酒庄自行装瓶。

（8）葡萄园　皮埃蒙特产区（Piedmont）的洛曼拉村（La Morra）Annunziata。

（9）净含量　750mL。

（10）酒精含量　14.5% BYVOL。

图10-8　意大利莫罗莫里诺酒庄巴罗洛葡萄酒前（身）标

五、德国

不同于许多尽量将酒标简洁化的产酒国，德国的葡萄酒酒标内容繁多，设计复杂。通常来说，每个德国酒标都必须要含有以下信息：产品等级、风格与类型、酒精含量和净含量。对于优质葡萄酒和高级优质葡萄酒还必须标明官方检测号码（AP号）。地区餐酒、优质葡萄酒\高级优质葡萄酒和一定产区生产的起泡酒还需要给出产区及其名称，装瓶的酒庄（或酒厂）的名字也要标出。2006年后，葡萄酒中的亚硫酸盐含量也要注明。

1. 葡萄酒分级制度

德国存在两种不同的葡萄酒分级制度，第一种分级制度是由德国官方发布的，适用于德国境内生产的所有葡萄酒。第二种是德国名庄联盟（Verband Deutscher Qualitats-und Pradikatsweinguter，简称VDP）分级制度，这是一些葡萄酒生产商于2012年自发成立了VDP。

VDP雄鹰标志（图10-9），即一只雄鹰加一串葡萄是VDP的徽标，如今已成为德国优质葡萄酒的标志性记号。

图10-9　VDP雄鹰标志

2. 葡萄品种

若标示品种，该酒必须是由85%以上在酒标上标有的单一葡萄品种酿造。若有两个或三个品种被标明，则葡萄酒必须是由这三种葡萄酿造，并且酿造比例按照酒标上的先后顺序依次降低。

3. 葡萄采收年份

若标记年份，葡萄酒中至少85%的葡萄来自该酒标上标注的年份。此外，冰酒的采摘若在来年1月采摘，酒标上显示的年份仍然是葡萄成熟的年份。

4. 关于"奖项"

如果有获奖的情况，可以标注所参加的葡萄酒竞赛名称和所获得奖项。

5. 其他酒标术语

还有一些术语会出现在酒标上，例如：

经典酒（Classic）：由一个区域中传统葡萄品种酿造的中等价位、口感和谐的干型葡萄酒。

精选酒（Selection）：一种和谐的高质量干型葡萄酒，用产区中传统葡萄酿造而成。

图10-10是德国伊慕酒庄（Weingut Egon Muller-Scharzhof）雷司令葡萄酒的酒标解读示例。

（1）产区　以前摩泽尔产区常被称作摩泽尔-萨尔-乌沃（Mosel-Saar-Ruwer）。

（2）葡萄品种　雷司令。

（3）德国出品。

图10-10　德国伊慕酒庄雷司令葡萄酒前（身）标

（4）年份　2005年。

（5）产品获奖　巴黎大奖赛（Grand Prix Paris 1900）和圣路易斯大奖（Grand Prize St. Louis 1904）。

（6）产品风格类型　最高等级TBA标识，来自沙兹堡（Scharzhofberg），甜度最高的葡萄酒，极为稀有。

（7）酒庄名　Erzeugerabfullung的意思是酒庄装瓶，包括葡萄种植到酿造装瓶都由同一生产商完成。

（8）生产商地址等信息　54459是维尔廷根（Wiltingen）的邮政编码。

（9）德国名庄联盟VDP雄鹰标志。

（10）质量等级　QmP高级优质葡萄酒。

（11）酒精度。

（12）AP-Nr　AP检验号码，每批葡萄酒都必须经过官方的正式检验以取得检查号码，其中第一码"3"代表产区摩泽尔，最后两码代表检验的年份，这款2005年的葡萄酒检验年份是2006年。

（13）含硫标识。

六、美国

美国的葡萄酒标签有着严格的法律规定，包括了必须标注和不能标注的内容。美国酒标的审核，由管理美国酒标法律的TTB负责（TTB全称为酒精和烟草税贸易局）。美国酒标签上必须标有以下8项内容：品牌名称、葡萄酒类型、生产者名称和地址、酒精含量、净含量、二氧化硫警告、年份（如果有）、饮酒警告及产区。

1. 品牌名称

每个酒标上都会印上品牌名，通常以酒庄或生产商的名称进行标注。也有用人物名称作品牌名。美国一些大型的葡萄酒公司产量较大且旗下品牌较多，在酒标上往往标示一个特定的品牌，而总公司的信息一般会在背标上有所体现。例如，嘉露酒庄（E. & J. Gallo Winery）的阿普斯克红葡萄酒（Apothic Red）正标上就没有注明生产商，这也是为了凸显不同品牌。

2. 葡萄酒类型

葡萄酒类型信息包括葡萄酒的风格（起泡酒、桃红酒等）、酿造用的品种和产区。标葡萄品种时，该葡萄所占的比例需至少达到75%。

葡萄品种标注可分为以下几种情况。

（1）未标注品种　品种信息并非美国酒标上必不可少的信息，所以酒厂可以选择不在酒标上注明品种。

（2）标注单一品种　如果酒标上只注明了一个葡萄品种，那么该品种在这款酒中所占的比例不得少于75%。不过采用美洲葡萄（*Vitis labrusca*）酿造的酒例外，对于这类葡萄酒而言，只要某一品种的比例达到51%，便可将其标注在酒标上，而且如果它的比例低于75%，还需要在正标、背标或单独的条形标上注明"含量不少于51%（品种名）"的信息。

（3）标注了两个或两个以上的品种　如果酒标上标注了两个或两个以上的品种，那就说明这款酒所用的酿酒葡萄均为酒标上显示的品种，而且这些品种的混酿比例也会在酒标上进行说明。

3. 生产者名称和地址

法律规定，酒标上必须标注出葡萄酒的装瓶者及其地址。

另外，酒标上也还包括一些其他信息，比如常见的酒庄装瓶（Estate Bottled）指的是由酒庄辖区范围内的葡萄园种植的葡萄酿造的葡萄酒，而且压榨、发酵、陈酿、装瓶等都在酒庄内完成。除此之外，酒庄和葡萄园都必须位于同一葡萄种植区。

4. 酒精度

对于酒精度高于14%vol的葡萄酒，必须标明酒精含量；酒精度为14%vol及以下的，如果酒标上出现了"Table（餐酒）"或"Light（低度葡萄酒）"的字样，则无须标明酒精含量。

酒精度一般用酒精体积分数（ABV）标注。不过美国也有用酒精纯度（proof）来表示酒精含量，通常2个酒精纯度等于1个酒精体积分数。也就是说，如果一瓶葡萄酒的酒精度为15%，那么其酒精纯度则为30 proof。

5. 净含量

净含量是必不可少的信息之一，通常为50mL、100mL、187mL、375mL、500mL、750mL、1L、1.5L和3L等。

6. 二氧化硫警告

如果酒中二氧化硫或硫化物的含量达到10mg/L或以上，必须在正标、背标、条形标或颈部标签上标注"Contains Sulfites（含有亚硫酸盐）"等字样。

7. 饮酒警告

通常标注在背标上。

8. 年份

不强制注明。如酒有年份标示，要求AVA产区葡萄酒所用的葡萄至少有95%采自酒标上注明的年份，而其他产区的葡萄酒则至少为85%。

9. 产区

美国葡萄酒酒标上标示的是主要酿酒葡萄的产地，以国家、州、2～3个相邻的州、县、同一州的2～3个县或AVA产区的名称进行标注。

如果酒标上标注的是美国、州级或县级产区，则表明酿酒葡萄有75%以上来自该产区；若标注的是AVA产区，则表明酿酒葡萄有85%以上来自该产区；对于标注了2～3个州名或县名的葡萄酒，其所用的酿酒葡萄需全部来自这2～3个州或县，且各州各县提供的原料比例也需在酒标上注明。

加利福尼亚州政府规定，如果酒瓶上标出"California"字样，则代表葡萄100%全部产自加利福尼亚州。

另外在酒标中的"特选"（Special Selection）和"珍藏"（Reserve）不具有任何意义。

图10-11是美国作品一号（OPUS ONE）葡萄酒的酒标解读示例。

（1）**年份** 2012年。

（2）**品牌名称** 作品一号（OPUS ONE）。

（3）**产区** 纳帕谷。

图10-11 美国作品一号葡萄酒前（身）标

（4）产品类型　红葡萄酒。

（5）生产、装瓶厂商名称及地址。

（6）净含量　750mL。

（7）酒精含量　14.5% alc. /vol.。

七、澳大利亚

澳大利亚是新世界葡萄酒代表国之一。

在澳大利亚葡萄酒酒标上，通常可以看到以下信息。

1. 酒庄、生产商名称及地址

2. 年份

法规并没有强制标示。但若标示年份，至少85%的葡萄采自该年份。

3. 葡萄品种或酒风格（混酿）

未限制酿酒用的品种，也未强制标示葡萄品种。但若要标示则必须遵循规定：

（1）标示单一葡萄品种，至少85%的葡萄是采用该品种。

（2）如为blend，至多标示5个品种，标示的品种要超过整体95%，单一品种至少5%。

（3）或至多标示3个品种，总标示品种要超过85%，单一品种至少20%。

范例A：90%的Cabernet和5%的Merlot。

符合规则（1）和（2），则可选择标示Cabernet或Cabernet Merlot皆可。

范例B：70%的Shiraz、16%的Cabernet和14%的Merlot。

符合规则（2），则可标示Shiraz Cabernet Merlot。

范例C：60%的Cabernet和25%的Merlot。

符合规则（3），则可标示Cabernet Merlot。

4. 葡萄产区

1993年，澳大利亚引入了地理标示（GI）系统，用于保护其葡萄酒产区。该系统对于葡萄栽培和葡萄酒酿造没有限制。

澳大利亚葡萄酒产区分为三级，从Zone（大区），到Regions（产区），再到Sub-regions（子产区的分级）。

Zone是没有特别限定的大区，可以是一个州的一部分（比如Limestone Coast），一个州本身（如南澳大利亚），或者包括几个州。

Region产区面积大小不一，比大区域小。产区葡萄酒必须有一贯的品质，而且与相邻的其他产区不同。

Sub-regions子产区是产区内特色鲜明的产区，具有独特品质。一个子产区一定属于某一个产区，但一个产区可能属于几个大区域。

（1）标示单一葡萄产区。至少85%的葡萄是来源于酒标上注明的GI产区。

（2）如果为混合产区，至多标示3个葡萄产区，标示的产区超过整体的95%，其中单一产区至少含5%。

举例来说，75% Clare 15% Barossa 5% McLaren Vale，则可标示South Australia、South Eastern Australia或Clare Barossa McLaren Vale。

5. 容量（Volume）

强制标示于酒瓶正面，字体高度至少要3.3mm。

6. 原产国（Country of Origin）

强制标示"Produce of Australia"或"Wine of Australia"。

7. 酒精浓度（Alcohol Content）

强制标示。

8. 过敏原声明（Allergens Declaration）

强制标示过敏原声明，如使用二氧化硫、牛奶、鸡蛋，则必须声明，通常见于背标。

9. 标准杯（Standard Drinks）

在澳大利亚国内销售葡萄酒产品，酒标上的酒杯图案（图10-12）表示标准杯，图案中必须声明标准杯酒的数量，"1标准杯"是指一杯含有12.7mL（10g）酒精的饮料。例如一瓶750mL葡萄酒的标准杯的值约为8.5，而澳大利亚安全驾车的饮酒范围是不超过1个标准杯（根据个人体质不同会略有出入）。也就是说，一瓶酒的酒精含量是标准杯的8.5倍，背标上这个小酒杯中的数字，就是在提醒你一次安全饮用量只能是1/8.5瓶，如果超出这个范围那可就属于酒驾了。

图10-12　酒标上的标准杯图标

10. 关于"奖项"

如果有获奖的情况，可以标注所参加的葡萄酒竞赛名称和所获得奖项，比如：IWSC。

11. 关于"其他常见酒标词汇"

"Old Vins"老藤。酒标上的"老藤"并不是品质的代表，老藤葡萄树往往拥有更复杂浓郁的香气，同时产量也极低，这一点也很容易牵动人的情感因素。

图10-13是澳大利亚歌浓（Kilikanoon）10K庄主珍藏设拉子干红葡萄酒前（身）标，其酒标解读示例如下。

（1）酒庄名称　产自歌浓（Kilikanoon）酒庄。

（2）产区　克莱尔谷（Clare Vally）。

（3）年份　2010年。

（4）品种　设拉子（Shiraz），设拉子为西拉葡萄（Syrah）在澳大利亚的称呼。

（5）产品等级　庄主珍藏10K。

（6）酒庄获得荣誉　葡萄酒酿造奖年度最佳酒庄。

八、智利

和旧世界的酒标相比，智利酒标都必须标明以下几点：葡萄酒名称、原产国、质量等级、产区、葡萄品种、年份、含糖量、酒精度、净含量、质量标准等。

1. 葡萄酒名称（酒庄）

最大的那一行字，一定是酒庄或者酒款的名字。

2. 原产国

Product of Chile或者Chile。

图10-13　澳大利亚歌浓10K庄主珍藏设拉子干红葡萄酒前（身）标

3. 质量等级

根据葡萄酒是否适用橡木桶陈酿将葡萄酒分成五个等级，分别是：

VARIETAL：品种级。

RESERVA：珍藏级。

GRAN RESERVA：极品珍藏。

RESERVA DE FAMILIA：家族珍藏。

PREMIUM：至尊珍藏。

4. 产区

1995年，智利对葡萄酒产区进行划分，也就是原产地命名制度（D.O.s）。相关法律规定，酿酒的葡萄必须至少75%来自某一产区，才能在酒标上标注相应产区的名称。如果使用的葡萄来自同一大区中的不同子产区，那酒标上标注的产区酒必须标注大区名称。

在智利的酒标上，产地的标识分为三种：

第一种是标注DO（Denominacion de Origen），使用超过75%的某一产区的葡萄酿造而成，当地酒商一般都以85%为标准。

第二种是没有原产地标识的酒，这类酒可以选用智利任何地方的葡萄酿造，酒标上标注品种和年份，以及产自智利即可。

第三种是餐酒，在酒标上会显示"Vino de Mesa"（简称VDM）。

5. 葡萄品种

只要酿酒葡萄中75%是一个品种，就可以将该品种标注在酒标上；若是三种或三种以上葡萄品种混酿，那它们必须按照比例递减的方式排列，且每一葡萄品种所占比例不少于

15%。为了获得欧盟的认可及符合出口的行规，一般用于出口且标注了单一葡萄品种的酒款中，该品种所占比例必须达到85%。

6. 年份

规格与品种类似，即一瓶酒中要含有当年75%以上的葡萄，才可以标注当年年份，不过酒商也一般是使用超过85%的当年葡萄，才标识当年年份。

选购智利葡萄酒时，要注意智利葡萄酒的适饮期比较早，尽量不要选择年份太久的智利葡萄酒。

7. 含糖量

标示"Seco"为干型葡萄酒，"Dulce"为甜型葡萄酒。

图10-14是智利魔狮酒庄（Indomita）扎多姿（Zardoz）赤霞珠红葡萄酒的酒标解读示例。

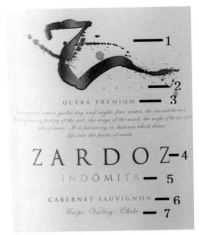

图10-14　智利魔狮酒庄扎多姿赤霞珠红葡萄酒前（身）标

（1）品牌图标　扎多姿（Zardoz）品牌图标。

（2）年份（2016年）　葡萄原料的收获年份。

（3）质量等级　"超级优质"（Ultra-premium）。

（4）品牌名称　扎多姿（Zardoz），酒标上最大的一行字。

（5）酒庄名称　魔狮酒庄（Indomita）。

（6）葡萄品种　赤霞珠（Cabernet Sauvignon）。

（7）产区及原产国　智利的迈坡谷（Maipo Valley）。

第十一章

白兰地酿造技术

第一节　白兰地的分类

一、白兰地的定义

白兰地是英文"brandy"的音译，该词来自于荷兰语"brandewijn"，意为"烧过的酒"；也有人认为它源自拉丁语"aguavitae（意为生命之水）"。

白兰地是一种蒸馏酒，以水果为原料，经过发酵、蒸馏、贮藏、陈酿而成。以葡萄为原料的蒸馏酒称为葡萄白兰地，按国际惯例，白兰地就是葡萄白兰地。如果是用其他水果如苹果、樱桃等酿造的白兰地则需冠之于水果的名称，例如苹果白兰地、樱桃白兰地，但它们的名气远不如（葡萄）白兰地。

英国著名史学家李约瑟博士认为，世界上最早发明白兰地的应当是中国人。明朝李时珍在《本草纲目》中记载：葡萄酒有两种，即葡萄酿成的酒和葡萄烧酒。所谓葡萄烧酒，就是最早的白兰地。《本草纲目》中还写道：葡萄烧酒就是将葡萄发酵后，用甑蒸之，以器盛其滴露。这种方法始于高昌，唐朝破高昌后，传到中原大地。高昌即现在的吐鲁番，这说明我国在一千多年前的唐朝就用葡萄发酵蒸馏原白兰地了。后来这种蒸馏技术传到法国，法国人改进了蒸馏设备，并意外地发现了橡木桶贮藏白兰地的神奇效果，完善了酿造白兰地的工艺流程，酿造出质量优良的白兰地。可见，白兰地的蒸馏技术起源于中国，但将其发扬光大的是法国。

18世纪初，法国的夏朗德河（Charente）码头因交通方便，成为酒类出口的商埠。由于当时整箱葡萄酒运输占船的空间很大，于是法国人便想出了双蒸的办法，去掉葡萄酒的水分，提高葡萄酒的浓度，减少占用空间而便于运输，这就是早期的白兰地，实际上这就是葡萄蒸馏酒。1701年，法国卷入西班牙战争，这种酒销路大减，酒被积存在橡木桶内。战争结束以后，人们发觉贮藏在橡木桶内的白兰地酒，酒质更醇，风味更浓，且呈现晶莹的琥珀色，这样，世界名酒白兰地便诞生了。至此，产生了白兰地的基本生产工艺为发酵、蒸馏、陈酿，也为白兰地的发展奠定了基础。

白兰地酒精度在38%～43%vol，虽属烈性酒，但由于经过长时间的陈酿，期间还要经过多次勾兑，最后呈现出的白兰地具有金黄透明的颜色，具有愉快的芳香和绵柔协调的口味，饮用后给人以高雅、舒畅的享受。正如欧洲谚语所说，"没有白兰地的宴会，就像没有太阳的春天"，足见白兰地卓越不凡的产品品质。

二、白兰地的类型

我国规定（GB 11856—2008《白兰地》）：白兰地是以葡萄为原料，经发酵、蒸馏、橡木桶陈酿、调配而成的蒸馏酒。

葡萄白兰地按原料来源的不同分为3种类型：即葡萄原汁白兰地、葡萄皮渣（酒泥）白兰地和调配白兰地。葡萄原汁白兰地是指用葡萄的自流汁或压榨汁，发酵成葡萄原酒，然后蒸馏成白兰地；用发酵后的葡萄皮渣蒸馏成的白兰地，称为葡萄皮渣白兰地；用葡萄酒泥蒸馏成的白兰地称为葡萄酒泥白兰地；在葡萄酒精中调入一定量的食用酒精，再经过陈酿而成的白兰地称为调配型白兰地。

在法国，通常称白兰地为"葡萄酒生命之水"（Eau-de-vie de vin）。广义的法国白兰地包括干邑、雅文邑、法国白兰地。在法国夏朗德省（Charente）和夏朗德滨海省（Chaente-Maritime）生产的白兰地称为科涅克白兰地（又称干邑）。干邑白兰地的原料选用的是白玉霓、鸽笼白、白福儿三种白葡萄品种，用夏朗德壶式蒸馏器，经两次蒸馏，再盛入新橡木桶内贮存。依照1909年5月1日法国政府颁布的法令：只有在干邑地区（包括夏朗德省及附近的6个区）生产的白兰地才能称为干邑。这六个产区及其质量和产量占比大约分别如下。

（1）大香槟区（Grande ChaMpagne）（一级，占14.65%）。

（2）小香槟区（Petite ChaMpagne）（二级，占15.98%）。

（3）边林区（Borderies）（三级，占4.53%）。

（4）优质林区（Fins Bois）（四级，占37.82%）。

（5）良质林区（Bons Bois）（五级，占22.19%）。

（6）普通林区（Bois Ordinaires）（六级，占4.38%）。

2018年11月14日关于"干邑"或"干邑的葡萄烈酒"或"夏朗德的葡萄烈酒"的原产地名称的第2015-10号法令：补充地理名称"优质大香槟区""大香槟区""优质小香槟区""小香槟区""优质香槟区""边缘区""细致林区""好林区""普通林区"和"风土林区"。

另一种以产区命名的白兰地是雅文邑（Armagnac），是法国最古老的白兰地，最早生产记录可追溯至1310年。雅文邑位于干邑南部，是法国第二大知名的白兰地产区，主要包括热尔省（Gers）的大部分地区和朗德省（Landes）及洛特-加龙省（Lot-Garrone）的部分地区。其采用的主要品种巴柯A（Baco/Baco 22A），及白玉霓、鸽笼白和白福儿（Folle Blanche），采用塔式蒸馏。其酒体呈琥珀色，香气突出，口味浓烈，口感也十分纯净。

西班牙白兰地有两个重要的产区，分别是赫雷斯（Jerez）和佩内德斯（Penedes），其中原酒一般来自拉曼恰（La Mancha）产区。在赫雷斯，白兰地的陈酿一般会在和雪莉类似的索雷拉（Solera）系统中进行。赫雷斯珍藏（Reserva）白兰地至少陈酿一年，特级珍藏（Gran Reserva）白兰地至少陈酿3年。这些白兰地常常带有深沉的颜色，口感柔和甜美，风格和品质迥异。

美国白兰地（American brandy）大部分产自于加利福尼亚州。它是以加利福尼亚州产的葡萄为原料，发酵蒸馏至85%（Proof），贮存在白色橡木桶中至少2年而成，如果没有在橡木桶中陈酿2年以上，则需要在酒标上表示"immature"字样。

日本白兰地可以由纯葡萄酒精陈酿而成，也可以由纯葡萄酒精与其他酒精勾兑而成，但其中葡萄酒精含量不得少于17%~27%vol，产品酒精度40%~43%vol。

智利和秘鲁生产一种称为皮斯科（Pisco）的白兰地，它一般由麝香（Muscat）等芳香型品种制成，且大多不经过橡木桶陈年，因而果香浓郁；而在南非和墨西哥，生产商常利用一些市场上年产过剩的葡萄来生产白兰地。

果渣白兰地（Pomace Brandy）是一种特殊的葡萄白兰地，通常采用葡萄压榨后留下的果皮、果籽和果肉残渣发酵蒸馏而成。其中最有名的就是意大利的Grappa。而在法国，这类白兰地一般被称作"eaux de vie de marc（马克生命之水）"。

在印度、菲律宾、巴西等国家，白兰地原材料可以是甘蔗或糖蜜酒精，可以进行陈酿或不陈酿。在东欧国家可以采用不锈钢加入橡木和氧气进行陈酿。

水果白兰地以苹果、覆盆子、梨子、李子和樱桃等水果为原料酿造而成。需要在"白兰地"三个字前加上对应的原料名称以免混淆，如苹果白兰地或樱桃白兰地等。其中，苹果白兰地在法国北部和英美地区均有生产，在美国常被称作"applejack"。

本书中介绍的主要是葡萄白兰地。

三、白兰地的等级

白兰地属于蒸馏酒，通常是用陈酿时间作为质量分级的主要依据。

1. 中国

二级，VS（Very Special，质量甚佳），表示在最终白兰地产品组成中，最短年限的白兰地酒龄不少于2年。

一级，VO（Very Old，甚陈），表示白兰地产品组成中，最短年限的白兰地酒龄不少于3年。

优级，VSOP（Very Superior Old Pale，超级陈酿），表示最终白兰地产品组成中，白兰地最少酒龄是4年。

特级，XO（Extra Old，极陈），表示最终白兰地产品组成中，白兰地的最少酒龄是6年。

2. 法国干邑

（1）VS（Very Special）指的是最终产品中，干邑最年轻的基酒在橡木桶中至少存放了2年。

（2）Superior（或Quality Superior）指的是最终产品中，干邑最年轻的基酒在橡木桶中至少存放了3年。

（3）VSOP（Very Superior Old Pale）指最终产品中，最年轻的基酒在橡木桶中至少存放了4年。

（4）Reserve Rare或Reserve Royal指最终产品中，最年轻的基酒在橡木桶中至少存放了5年。

（5）拿破仑（Excellence or Supreme，Napoleon）指最终产品中，最年轻的基酒在橡木桶中至少存放了6年。

（6）XO（Extra Old）指最终产品中，最年轻的基酒在橡木桶中至少存放了10年。

（7）XXO指最终产品中，最年轻的基酒在橡木桶中至少存放了14年。

可以说，很少有Extra干邑在橡木桶陈年时间低于18年的，通常许多Extra干邑的橡木桶陈年时间远超18年。例如人头马Extra（Remy Martin Extra）级别干邑的橡木桶陈年时间就可以达到30年，远超XO干邑；而罗兰Extra（Roland Bru Extra）干邑的基酒平均陈年时间更是高达50年，最老的为70年。

（8）Hors d'Age这一术语一般被生产商用来指代一款超过法定陈年时间的优质干邑，它可以是20、30、40年甚至100年。因此这类干邑可以说是最古老的一类，不过产量一般相对有限。

其他相关术语：

Fine：一般存在于产区名中，如Fine Champagne、Grande Fine Champagne或Petite Fine Champagne等。Fine Champagne这个术语一般表示至少有50%的酿酒葡萄来自大香槟区，其余则可以来自小香槟区。

Vintage Cognacs采用单一年份的生命之水调配而成的干邑可以称之为年份干邑，同时需在酒标上标上对应的年份。

Tres Vieux指"非常老"的意思，通常这种酒都是生产商能够生产的年份最古老的干邑，一般可以达到50年甚至更久。

干邑陈酿示意图见图11-1。

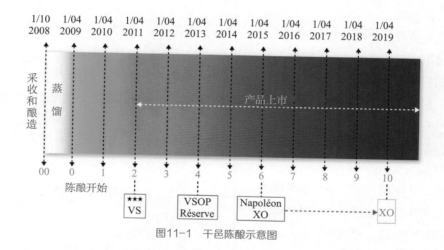

图11-1　干邑陈酿示意图

3. 法国雅文邑

雅文邑（Armagnac，又译作阿尔玛涅克）也是法国著名的白兰地之一，其历史比干邑（Cognac）还要早200多年。根据陈年时间的不同，雅文邑从低到高可分为：

（1）Blanche　最年轻基酒未经橡木桶陈酿。

（2）VS　最年轻基酒在橡木桶中陈年至少1年。

（3）VSOP　最年轻基酒在橡木桶中陈年至少4年。

（4）Napoleon　最年轻基酒在橡木桶中陈年至少6年。

（5）XO，Hors d'age　最年轻基酒在橡木桶中陈年至少10年。

（6）Age Indicated　酒标上标示了最年轻基酒的陈年时间，有8、12、20年等。

（7）Vintages　单一年份雅文邑，所有的酒液都来自酒标所标示的年份。酒液至少在橡木桶中陈年10年，只在葡萄成熟情况特别好的年份酿造，更能反映特定年份和产区的风土特点，比非年份雅文邑更加珍贵。

四、欧盟白兰地标准主要条款

1. 欧盟标准（法规110/2008）

（1）**定义**　白兰地是具有以下特征的酒精饮料：

①由不高于86%vol酒精度的葡萄蒸馏酒，即"生命之水"组成，添加或不添加≤94.8%vol的葡萄高度蒸馏酒，但是葡萄高度蒸馏酒的成分不能超过最终产品酒精度的50%。

②在大橡木桶里的陈酿时间不少于1年，在小于1000L容量的橡木桶里的陈酿时间不少于6个月。

③白兰地不添加稀释或不稀释的其他酒精；不应该添加香料，但不排除传统的生产工艺；只能加焦糖作为着色剂。

（2）**原料**

①葡萄酒或者蒸馏用强化葡萄酒。

②如果有添加高酒精度蒸馏酒，高酒精度蒸馏酒必须以葡萄酒为原料。

③葡萄皮和葡萄渣的蒸馏酒是不允许用在白兰地的工艺里的。

④农作物来源的乙醇和/或者其他农作物来源的高度蒸馏酒是不允许用在白兰地的工艺里的。

⑤在葡萄品种上没有要求。

（3）**蒸馏**

①葡萄蒸馏酒不高于86%vol酒精度。

②葡萄高度蒸馏酒不高于94.8%vol酒精度。

③在欧洲蒸馏，在蒸馏设备上没有要求。

（4）**陈酿**　唯一要求：在橡木桶里陈酿一年或在小于1000L的小的橡木桶里陈酿6个月；在调配时，最终产品的陈酿时间以陈酿最年轻的原料组分酒的陈酿时间为准。

（5）**年份等级（VS，VSOP，XO……）**　没有明确规范也没有监控机制；在欧洲没有统一标准，每个成员国有自己特殊的标准规范。

（6）**理化指标要求**

①酒精度：≥36%vol。

②甲醇：≤2.00g/L（以100%vol纯酒精计）。

③非酒精挥发物总量：≥1.25g/L（以100%vol纯酒精计）。

非酒精挥发物总量指的是唯一由蒸馏而得到的饮料酒中，除甲醇和乙醇之外的挥发物的数量，只能通过特定葡萄原酒的蒸馏和再蒸馏获得，而不能通过添加外源物得到。

2. 法国白兰地标准

（1）**在法国生产的白兰地（只作参考）**

①定义：同欧盟法规110/2008白兰地的定义一样，但是陈酿和调配环节在法国完成。

②原料：同欧盟法规110/2008白兰地的定义。

③蒸馏：葡萄蒸馏酒不高于86%vol酒精度。葡萄高度蒸馏酒不高于94.8%vol酒精度。在蒸馏设备上没有要求。

④陈酿：同欧盟法规110/2008白兰地的定义。在法国陈酿由法国海关严格监督统计到5年，而且每个月都申报细节。

⑤年份等级（VS，VSOP，XO……）：有关年份等级的使用方法规范正在筹备中。正在要求权威部门来监督监管。

VS：在小于1000L的小橡木桶中陈酿6个月或者在大橡木桶中陈酿1年。

VSOP：2年陈酿。

XO：3年陈酿。

⑥理化指标要求：同欧盟法规110/2008理化指标要求。

（2）法国白兰地（French Brandy或Brandy de France）

①定义

a. 由不高于82%vol酒精度的葡萄蒸馏酒或强化葡萄蒸馏酒组成。无论是否添加葡萄高度蒸馏酒，葡萄高度蒸馏酒的成分不能超过最终产品酒精度的30%，最终产品酒精度的至少50%必须来源于法国葡萄酒。

b. 在法国陈酿：小于600L的小橡木桶里连续陈酿时间不少于6个月，大橡木桶里连续陈酿时间不少于1年，酒窖里不加温也不安装空调。

c. 没有任何酒精的添加，包括稀释的或不稀释的；不允许添加香料；允许加入调色用的焦糖、蔗糖和加入橡木片的水煎剂（传统的调整多酚含量的方法），以完善产品风味。但是上述三者总和不能使浊度超过4%。

②原料：同欧盟法规110/2008白兰地的定义一样。

在法国蒸馏陈酿的葡萄酒或者强化葡萄酒不能低于最终产品酒精度的50%。

③蒸馏：葡萄蒸馏酒不高于82%vol酒精度。葡萄高酒精度蒸馏酒不高于94.8%vol酒精度。在法国蒸馏，在蒸馏设备上没有要求。

④陈酿：在小于600L的小橡木桶里连续陈酿时间不少于6个月，在大橡木桶里连续陈酿时间不少于1年，陈酿地点必须在法国，酒窖里不加温也不安装空调。

⑤年份等级（VSOP，XO……）

VSOP：至少2年或者在小于600L的小橡木桶里陈酿不少于12个月。

XO：3年陈酿。

⑥理化指标要求

a. 酒精度：≥36%vol。

b. 甲醇：≤1.25g/L（以100%纯酒精计）。

c. 非酒精挥发物总量：≥1.50g/L（以100%纯酒精计），定义同上。

（3）干邑

①定义：根据干邑法规定义（法国法令2015～10号，2015年1月7日版）。

作为该地理标识，干邑是具有以下特征的葡萄酒蒸馏陈酿后的烈酒。

a. 在特定的干邑生产区域范围内（对可用的葡萄品种、葡萄种植操作、收益率、采摘运输工具、压榨搅拌工具和发酵等方面都有明确规范）。

b. 在不连续蒸馏的设备里蒸馏，一年中有特定的允许时间段。

c. 在干邑生产区域内陈酿。

干邑中允许加入调色用的焦糖、蔗糖和加入橡木片的水煎剂（传统的调整多酚含量的方法），以完善产品风味，但是上述三者总和不能使浊度超过4%。

②原料：同欧盟法规110/2008附录Ⅱ（4）葡萄酒蒸馏酒的定义一样。不允许添加葡萄高酒精度蒸馏酒。所能用的葡萄品种是有限的：鸽笼白B型，白福儿B型，蒙蒂勒B型（Montils B），赛美蓉B型，白玉霓B型，福丽酿B型（Folignan B）。

③蒸馏：不连续蒸馏，要求：

a. 在干邑区内。

b. 夏朗德式铜壶二次蒸馏（在干邑的定义中有明确规定形状、建造材料、容量和受热方式）。

c. 在采摘后，不能超过每年的3月31号。

二次蒸馏后酒精度≤72.4%vol。

④陈酿：仅允许：

a. 在橡木桶里陈酿。

b. 在干邑区内。

c. 至少两年，从采摘后的四月一日开始算起。

⑤年份等级（VS，VSOP，XO……）：陈酿年份从采收后的4月1日开始算起。

VS：2年陈酿。

VSOP：4年陈酿。

XO：6年陈酿，2018年4月1号之前。

NAPOLEON：6年陈酿。

XO：10年陈酿，从2018年4月1号之后。

⑥理化指标要求

酒精度：≥40%vol。

甲醇：≤2.00g/L（100%）（纯酒精计）。

2017年6月17日有要求修改的记录备案：≤1.00g/L（100%）（纯酒精计）。

非酒精挥发物总量：≥1.25g/L（100%）（纯酒精计）。

2017年6月17日有要求修改的记录备案：≥2.00g/L（100%）（纯酒精计）。

（4）雅文邑

①定义：根据雅文邑法规定义（法国法令2014～1642号，2014年12月26日版）。

作为该地理标识，雅文邑是具有以下特征的葡萄酒蒸馏陈酿后的烈酒。

a. 在特定的雅文邑生产区域范围内（对可用的葡萄品种、葡萄种植操作、收益率和发酵等方面都有明确规范）。

b. 在连续或不连续蒸馏的设备中蒸馏，一年中有特定的允许时间段。

c. 在雅文邑生产区域内陈酿。

雅文邑中允许加入调色用的焦糖、蔗糖和加入橡木片的水煎剂（传统的调整多酚含量的方法），以完善产品风味，但是上述三者总和不能使浊度超过4%。

②原料：同欧盟法规110/2008附录Ⅱ（4）葡萄蒸馏原酒的定义一样：葡萄高酒精度蒸馏酒的添加不允许；所能用的葡萄品种是有限的：白巴柯B型（Baco Blanc B），鸽笼白B型（Blanc Dame B），白福儿B型（Folle Blanche B），格莱丝B型（Graisse B），朱朗松B型（Jurançon B），莫扎克B型（Mauzac B），粉红莫扎克B型（Mauzac Rose B），美丽圣法兰西B型（Meslier Saint-françois B），白玉霓B型。

③蒸馏：在雅文邑区内，在采摘后，不超过3月31日。

连续蒸馏：在铜塔式连续蒸馏器中（明确规定形状、建造材料、容量和受热方式等）。蒸馏后酒精度在52%～72.4%vol。

不连续蒸馏：在铜壶蒸馏器中二次蒸馏（明确规定形状、建造材料、容量和受热方式），二次蒸馏后酒精度在65%～72.4%vol。

④陈酿：唯一允许：在橡木桶里陈酿［无柄橡木（Sessile）品种、Pédonculé 品种或它们的杂交］；只能在陈酿雅文邑的酒窖里，不与其他品种混放；在雅文邑区内，至少一年，从采摘后的四月一日开始算起。

⑤年份等级（VS，VSOP，XO……）：陈酿年份从采收后的四月一号开始算起：

VS：1年陈酿；

VSOP：4年陈酿；

XO：10年陈酿。

⑥理化指标要求：见表11-1。

表11-1　干邑的主要理化指标

指标	要求
酒精度	≥40%vol
甲醇	≤2.00g/L（100%vol纯酒精计）
非酒精挥发物总量	≥1.25g/L（100%vol纯酒精计）

五、其他

在欧盟以外的其他国家，白兰地的生产具有多样性：原料不一定是葡萄酒精，可以是甘蔗或糖蜜酒精，可以进行陈酿或不陈酿，例如东欧国家可以采用不锈钢加入橡木和氧气进行陈酿。酒精度也有差别，例如菲律宾的白兰地酒精度最低可以到32.5%vol，而其他的白兰地酒精度多为36%vol。

2017年，世界主要国家（企业）白兰地产量为：菲律宾（Emperador公司）2710万箱（9L）、巴西（Dreher公司）340万箱、印度（Old Amiral 公司）310万箱、美国（Paul Masson）200万箱、印度（Mc Dowell's公司）170万箱、西班牙（Torres 公司）140万箱。

2017年，法国白兰地产量10.8万kL（产品实际度数），干邑产量13.95万kL（产品实际度数）。2018年干邑产量9.8624万kL（纯酒精），销售2.042亿瓶。2019年干邑产量8.45万kL（纯酒精），销售2.19亿瓶，其中，在中国内地销售2550万瓶，中国香港销售360万瓶（注2017年为成品酒量；2018、2019年为蒸馏的葡萄酒精量）。

2018年，中国白兰地进口数量41081.357kL，2019年，进口数量46793.4kL。近几年，中国国产白兰地产量稳定在40000kL左右，其中95%以上由张裕公司生产。

第二节 原酒发酵

白兰地的酿造工艺流程如下所示：

葡萄采收→破碎→压榨取汁→发酵→蒸馏→木桶陈酿→勾兑调配→回贮→冷冻→过滤→检验→封装

所有葡萄酒都能蒸馏白兰地，但并不一定都能生产出质量优良的白兰地。蒸馏白兰地的葡萄酒的质量要求与直接饮用的葡萄酒的质量要求有很大的差异。

一、葡萄品种

酿造白兰地的葡萄，要选用抗病性强、成熟期长、酸度较高、香气弱或中性的葡萄品种，通常是一些不具有独特个性的品种，中性风味的品种可以避免品种香气的浓缩，而高酸度则会抑制微生物的生长。在法国干邑，白玉霓是酿造优质白兰地最主要的葡萄品种，也有用白福儿和鸽笼白，白玉霓虽然成熟较晚，但是可以有效抵抗灰腐病，而且产出的酒精度也比较理想：酸度高，酒精度低，具有优雅的品种香气。美国采用白诗南、白福儿、法国鸽笼白、帕洛米诺和汤普森无核，也有用一些非常规品种酿造白兰地，从而使其酿造的白兰地具有独特的产区特性，如用琼瑶浆（玫瑰花香和茶香）、霞多丽和雷司令（明显的花香）和麝香葡萄（独特的麝香等酿造白兰地）。通常情况下，仅有白色品种用于白兰地酿造。在中国，除了白玉霓外，白羽、佳丽酿、龙眼、公酿一号、木纳格也是不错的选择。

白兰地产区的气候条件应较为温和，日照充分，生长期长，便于葡萄缓慢成熟，获得丰富细腻的香气；同时，土壤为沙壤土质，富含钙质，疏松透气，不太肥沃。

二、葡萄成熟度

葡萄适宜的成熟度：含糖量160～180g/L，含酸量7～9g/L，pH为3.0～3.4。糖度太低或太高，均不能获得比较好的白兰地原酒。糖度太低，葡萄成熟差，香气淡，酒体单薄；糖度太高，酸度低，香气欠优雅。同时，葡萄酒需要具有较高的酸度以确保化学反应更好地进行，而酒精度较低，经蒸馏后，白兰地中芳香化合物的集中度就越高。

葡萄产量适合控制在1000～1500kg/亩（1亩 ≈ 666.7m²）。同时，葡萄应新鲜、健康、完好无损。严格防止葡萄破损、霉变。干邑规定：葡萄产量控制1kL/hm²（纯酒精量），最高不超过1.6kL/hm²（纯酒精量）。

三、发酵

要尽可能在葡萄达到适宜的成熟度再进行采收，以便使白兰地的香味更浓郁。

采摘下来的葡萄，应及时运到加工现场，经除梗破碎（或用气囊压榨机不除梗破碎），压榨，获得纯葡萄汁，尽量避免浸渍作用，防止葡萄皮中的果胶浸出，而释放出甲醇。尽量使用气囊压榨机，避免使用连续压榨机。静置沉淀，去除果肉、种子，减少"青蔬味"的摄入量，也可采用下胶冷冻澄清。皮渣过度浸渍，会失去品种的典型性。

按白葡萄酒的发酵方法完成原酒发酵，用纯汁发酵可以显著降低原酒及最终蒸馏酒中的甲醇和杂醇油的含量，避免"上头""宿醉"现象。整个过程不能添加SO_2，因为SO_2会和乙醛结合成为复合物，在蒸馏阶段会重新分解成为两种单体，并形成硫醇味，对白兰地的口感有不良影响。

与澄清后的葡萄汁发酵、蒸馏获得的葡萄蒸馏酒相比，浑浊葡萄汁发酵、蒸馏获得的蒸馏酒香气更浓郁、更复杂，但略显粗糙，而前者却显单薄，但更优雅。

原酒的发酵，可以采用自然发酵或添加人工酵母进行发酵（EC212、D254、F9等），自然酵母发酵有时会对酒带来不良风味，而优良酵母则能够产生较多的有益风味物质，如2-苯乙醇，并产生很少的硫化物。发酵过程中禁止加糖、浓缩汁等，发酵温度控制在18～24℃，最高不宜超25℃。当密度小于1.000g/mL，满罐、密封贮藏。

发酵结束后可进行一次分离，以除去较粗大的酒泥酒脚，保留少量轻质的酒脚，满罐贮藏。

发酵前和发酵后，可以采用加干冰、除氧充氮的方式保护原酒防止氧化。

由于葡萄原酒的酒精度较低，可用葡萄蒸馏酒封顶来防止原料酒变质。

理想的原酒指标如下：

理化指标：酒精度8.5%～10%vol，总酸6～9g/L，pH3.0～3.3，挥发酸0.4～0.7g/L（优质白兰地不宜超过0.7g/L，其他最高不超过1.2g/L），残糖≤4g/L。

感官指标：乳白色或淡黄色，微量CO_2气泡，酒脚白色；含新酒气味、酵母味、CO_2味，香气清淡、纯净；口味清爽、酸度高，回味良好。

酒脚：酒泥细腻，微带酵母味，无不良气味。

在干邑地区，葡萄原酒的酒精度为7%～12%vol，总酸不低于6g/L（酒石酸）。挥发酸最高0.73g/L（以醋酸计）。

还需要注意以下几点：

使用鲜食葡萄或富含果胶的葡萄，会使蒸馏酒中含有高的甲醇。

原酒氧化，影响蒸馏酒中乙醇的产生；而还原则会产生硫化物。

特殊香气的品种酒（例如麝香型……）损失了蒸馏的香气的典型性。

皮渣过度浸渍酒，会损失典型性。

将白葡萄或者红葡萄酒长期浸渍，会带来草本的味道和植物气味残留（药用气味）。

总酸最低6g/L，影响原酒保存。

总SO_2超过15mg/L，蒸馏时损坏设备，形成异味。

四、原酒贮藏

发酵完的酒通常不会马上倒罐去除酒泥，而是带酒泥贮藏一段时间后，对原酒进行分离、转罐，以除去粗酒泥或粗酒脚，并消除可能存在的还原味。

分离的原酒低温、密闭贮藏，罐顶可充入氮气或二氧化碳。静置15～30d后，尽快开始蒸馏。

原酒保存温度：低温保存的原酒蒸馏所得葡萄蒸馏酒酯类、醇类物质含量高，花香更为显著。理想的保存温度为不高于10～15℃。

第三节　蒸馏

蒸馏是对酒精和挥发性物质提取浓缩的过程，在白兰地生产过程中起着承前启后的重要作用，它可以将生产白兰地的葡萄品种固有的香气以及发酵所产生的香气成分以一种最优的比例保留下来，并给以后的贮存提供芳香物质前体。经发酵结束后的葡萄原酒，应该尽早蒸馏。

蒸馏时常常会保留或外加一些酒泥。酒泥是脂肪酸酯的重要来源，脂肪酸酯具有较大的分子质量，它们与酵母细胞膜紧密结合，对白兰地的果香有积极的贡献。脂肪酸酯还有固定剂的作用，可以保留其他香气化合物。此外，酒泥还可以提升香气，增加氨基酸降解物的含量。

一、蒸馏时间

一般在发酵完成后，静置澄清15～30d后即可开始蒸馏。尽可能早地完成蒸馏，以防止气温升高带来酒的挥发酸升高等。在法国干邑，考虑到当地的气候条件、葡萄原酒数量、蒸馏能力、蒸馏所需时间等，规定必须在发酵次年的3月31日前完成蒸馏。

蒸馏开始时间：蒸馏开始越早，果香清新、细腻，而中期蒸馏的酒，果香最强，后期整馏的酒，果香减弱。

目前，白兰地的葡萄原酒蒸馏，普遍采用的蒸馏设备是夏朗德式蒸馏锅（又称为壶式蒸馏锅）和塔式蒸馏锅。

二、壶式蒸馏

采用夏朗德壶式蒸馏锅（图11-2）进行两次蒸馏，第一次蒸馏是将白兰地原料酒经8～10h的蒸馏，得到酒精度为24%～32%vol的粗馏原白兰地，然后将粗馏原白兰地进行第二次蒸

图11-2 壶式蒸馏锅（夏朗德蒸馏器）

馏。二次蒸馏速率更慢，需12～14h，蒸馏过程中要掐去1%～2%vol的酒头和部分酒尾，只保留中馏分，即为原白兰地，得到的原白兰地酒精度在70%vol左右（68%～72%vol）。

1. 蒸馏器组成

蒸馏器由蒸馏锅、鹅颈管、预热器、蛇形冷凝器等组成。

蒸馏锅必须由紫铜板制成，容积通常为1000～2500L。锅底应光滑、均匀，便于清洗；容积大于1500L的，锅底厚度不能低于12mm，锅底直径不能小于1.5m。蛇形管的结构对冷凝效果及出酒率影响很大。蒸锅容积为1500L的，蛇形管长度应为：40～45m，蛇形管高度1.65m，进口直径60mm，出口直径35mm。

2. 第一次蒸馏

对葡萄原酒（或95%的原酒＋5%酒头或酒尾）进行蒸馏，蒸馏时间8～10h，获得粗馏原白兰地。

将原酒装入蒸馏锅，装量为大锅容量的2/3（直接明火加热的新酒，为可装容量的65%，蒸汽加热的新酒，为可装容量的70%），点火并至最大，若为煤气加热，压力为110MPa，持续1h，以便葡萄原酒全面沸腾。要用明火加热，这样会使葡萄酒与蒸馏锅底部接触时产生更多的香味（汽化现象）。然后将火减弱，即煤气压力调至50MPa，持续15min后再减弱火力（至5MPa），这时，馏出物开始馏出。

取前15min的馏出物10L，其酒精度为58.36%vol，酒头的颜色为棕绿色。后为酒身，酒身的馏出持续时间7～9h，有600～900L，酒身的酒精度逐渐降低，当酒精度降至1%～8%vol时，停止取酒身。停止取酒身的时间取决于酒身所要求的酒精度和葡萄原酒的酒精度。一般，第一次蒸馏的馏出物酒精度在27%～29%vol，白兰地原料酒酒精度越高，停止切取酒尾的酒精度越低，而酒精度越低的原料葡萄酒，则停止切取酒尾的酒精度越高。例如，酒精度为8%、8.5%、9%、9.5%、10%vol的原酒，若想获得蒸馏酒的酒精度为28%vol的酒液，则停止取酒身的酒精度分别为5.2%、4.3%、3.5%、2.9%、2.3%vol。

第一次蒸馏是对葡萄原酒或94%的葡萄原酒与6%的头、尾（包括酒头、酒尾）的混合物进行蒸馏，蒸馏的馏出物可分为酒头、酒身、酒尾。酒头成分为最先蒸出的部分，主要含有如脂肪酸铜盐、乙酸乙酯和醛类等不良风味物质，酒身为馏出物的中间部分，酒尾为最后的馏出物，主要含有高级醇、乙酸等，当馏出物的酒精度降至1%vol时，停止蒸馏，第一次蒸馏一般持续10h左右，从酒精含量8%~11%vol的葡萄原酒中得到26%~32%vol的粗馏白兰地，粗馏白兰地的体积占葡萄原酒体积的30%~35%。

3. 第二次蒸馏

用第一次蒸馏的酒身（或与次头尾的混合物）进行蒸馏，以获得原白兰地。这次蒸馏的时间约为12h。将酒装入蒸馏锅，点火并调至最大（若为煤气加热，压力为100MPa），持续1~1.5h，然后将火逐渐减小至5MPa，这一过程中，开始约30min蒸出的25L，酒精度为75%vol，为截出的酒头，占总容量的0.5%~1%，若以纯酒精计算截取酒头的，截取纯酒精的0.5%~1.5%vol。然后，逐渐将火力调大，至14MPa并保持这一火力以馏出酒身。再将火减弱，即煤气压力调至5MPa，以减缓馏出速度，馏出物的温度不超过18℃。理想的原白兰地酒精度，应该在70%vol左右，在这一过程中，通常把中间段的馏出物作为原白兰地，而把酒精含量58%~60%vol及以下的尾馏分，作为低一级的白兰地原酒使用或与第一次蒸馏的馏出物混合再蒸馏，最低至57%vol时截分。在停止取酒身后，将火力加大至50MPa，并逐渐升高至60MPa，以馏出次尾，次尾的酒精度为30.9%vol，当馏出物酒精度降至2%vol时停止取次尾，这时馏出物为酒尾，直至馏出物的酒精度降至1%vol时停止蒸馏。所获得的酒精度为1.5%vol的酒尾与葡萄原酒混合进行一次蒸馏。

酒头中含有大量乙醛和乙酸乙酯，粗蒸馏酒的前段主要有己酸乙酯、癸酸乙酯和乙酸异戊酯，之后收集到的则含有较多的高沸点组分，如甲醇和一些高级醇（如1-丙醇、异丁醇、甲基-2-丁醇和甲基-3-丁醇）。在蒸馏过程的中后期，低挥发性的物质将被蒸出，主要包括乳酸乙酯、丁二酸二乙酯、乙酸和2-苯乙醇。萜烯类物质主要在粗蒸馏的末期和酒尾中出现，但香叶醇和芳樟醇等一些物质则可能在酒头中就已蒸出。

第二次蒸馏是用第一次蒸馏的酒身或它与次头、次尾的混合物进行蒸馏，以获得原白兰地，和第一次蒸馏相比，只是温度稍低。当馏出物的酒精度降至2%vol时，停止取次尾，这时的馏出物为酒尾，直至馏出物的酒精度降至1%vol时停止蒸馏。二次蒸馏的时间为12h左右。二次蒸馏后获得原白兰地的酒精度通常为68%~72%vol。

蒸馏室底部温度可达800℃，酒液将在高温下发生美拉德反应，产生呋喃、吡啶、吡嗪等杂环物质及降解产生的醛和缩醛等物质，此外，高温还会促使非挥发性萜烯的糖苷态或多元醇水解为游离态萜烯、酮（如α-与β-紫罗兰酮）及降异戊二烯（如Vitispirane和TDN）。

壶式蒸馏器通常都是用铜制作成的，铜导热性能好和可塑性强，铜还可以通过生成不溶性物质的形式去除酒中的异味脂肪酸，如辛酸、己酸和月桂酸，从而减弱蒸馏酒中的干酪味和肥皂味。铜还可以去除新酒中常见的硫化氢。

蒸馏时常常会保留或外加一些酒泥。酒泥是脂肪酸酯的重要来源，脂肪酸酯具有较大的分子质量，它们与酵母细胞膜紧密结合，对白兰地的果香有积极的贡献。脂肪酸酯还有固定剂的作用，可以保留其他香气化合物。此外，酒泥还可以提升香气，尤其是酒的水果香味，增加氨基酸降解物的含量（表11-2）。

表11-2　壶式蒸馏过程中酒泥对原白兰地中酯类物质含量的影响　　　单位：mg/L（70%vol）

酚类物质	蒸馏方式	
	不带酒泥蒸馏	带酒泥蒸馏
己酸乙酯	6.76	8.30
辛酸乙酯	8.95	23.60
癸酸乙酯	13.80	63.00
月桂酸乙酯	12.45	36.20
豆蔻酸乙酯	5.40	9.80
棕榈酸乙酯	9.77	13.20
棕榈油酸乙酯	1.44	1.80
硬脂酸乙酯	0.59	0.61
油酸乙酯	1.19	1.22
亚油酸乙酯	7.69	9.52
亚麻酸乙酯	1.86	2.58
辛酸异戊酯	0.42	2.48
癸酸异戊酯	1.67	5.76
月桂酸异戊酯	0.78	1.83
辛酸苯乙酯	痕量	1.20
癸酸苯乙酯	0.25	1.55
酯类总量	73.02	182.65（±150%）

注：资料来源：Cantagrel和Vidal，1993。

通过两次蒸馏，1kg含糖量为170g/L的葡萄约可以获得0.067kg（0.084L）的葡萄蒸馏酒（100%纯酒精）。

通过两次蒸馏，可以获得葡萄原酒数量10%左右的原白兰地（葡萄蒸馏酒）。表11-3列举了代表性干邑产品两次蒸馏的主要参数。

表11-3　代表性干邑产品两次蒸馏的主要参数

	轩尼诗	人头马	马爹利
葡萄酒	丢弃沉重的酒糟 将二次蒸馏的二级酒或次酒尾（Secondes）和第一次蒸馏的粗馏酒（Brouillis）混合 酒头、酒尾和葡萄酒混合	带酒泥蒸馏 将二次蒸馏的二级酒或次酒尾（Secondes）和第一次蒸馏的粗馏酒（Brouillis）混合 酒头、酒尾和葡萄酒混合	丢弃沉重的酒泥 二级酒或次酒尾（Secondes）与葡萄酒混合 酒头、酒尾和葡萄酒混合
第一次蒸馏量：2500L			
酒头	10L	10L	1~2L
粗馏酒	750L	700L	900L
酒尾	100L	100L	—
酒糟	1640L	1690L	1600L

	轩尼诗	人头马	马爹利
第二次蒸馏量: 2500L			
酒头	25L	25L	37~50L
酒心（生命之水）	680L	700L	720L
二级酒或次酒尾	650L	650L	600L
酒尾	100L	130L	—

注: 资料来源: Cantagrel, 1990。

三、塔式蒸馏

塔式蒸馏（图11-3）经一次蒸馏就可得到原白兰地，产出量较壶式蒸馏要大，可以实现生产的连续化。一般采用单塔蒸馏，塔内分成两段，下段为粗馏塔，上段为精馏塔。选用塔板时要考虑处理能力大、效率高、压降低、费用小、满足工艺要求、抗腐蚀、不容易堵塔等特性。但塔式蒸馏得到的原白兰地，酒精度较低，一般在68%~72%vol，酒体里保留了更多的芳香物质，口感则更粗犷，要比壶式蒸馏的白兰地需要更长的陈年时间才能得到口感圆润的效果。

塔式蒸馏器主要包括: 蒸馏锅、蒸馏塔、预热器和冷凝器。容积通常为1500~3500L。隔板为12层，每次蒸馏持续2周左右。蒸馏顺序: 先用水充满蒸馏锅和蒸馏塔，预热器和冷凝器中充满葡萄酒，然后点火。当水沸腾时，打开葡萄酒阀，当达到需要的酒精度60%vol时，则开始接收白兰地。可以通过提高葡萄酒的流量或降低加热强度，以降低蒸馏塔上部的温度来提高馏出液的酒精度。这种方式所获得的白兰地成熟得更快。

蒸馏持续2周左右后，必须关闭蒸馏器进行清洗，因为积在隔板上的酒脚和沉淀的残留物会影响铜固定挥发性脂肪酸和硫化物的能力。如果清洗不干净，不仅会带来异味，还会带来哈喇味和"烧焦的肉油"气味。

图11-3　塔式蒸馏器

实践证明，馏出液温度宜控制在16～18℃。离开分流盘的水温为65～70℃。白兰地成分的控制主要靠调整葡萄酒流量和加热过程进行。对蒸馏器的调整，在白兰地成分控制中起着决定性的作用。例如，可以通过提高葡萄酒的流量或者降低加热强度，以降低蒸馏塔上部的温度来提高馏出液的酒精度，这样高级醇和酯类物质的含量就随酒精度的升高而提高。

壶式蒸馏能够实现在蒸馏过程中对馏分更为精确地分离和选择性收集，但蒸馏时间长，葡萄原酒受高温作用时间长，耗能较高，而且在两次蒸馏过程中需要清洗，蒸馏出的酒精度比较低，需要人工多，追求原料的特性和酒的陈酿潜力，一般含有更多的易挥发物质，适于小批量精品酒精的蒸馏。而塔式蒸馏效率高，葡萄酒受高温的作用时间很短，具有高的酒精纯化度，节约能源和水，存在消除某些成分，例甲醇、戊酯、二氧化硫等的可能性，适应于大批量生产。其最大缺点是不能很好地对馏分进行选择性地收集，往往导致最后的馏出物中含有更多的葡萄酒风味物质和杂醇油，新型的双塔蒸馏较好地解决了蒸馏的纯度问题，能够分离出甲醇、SO$_2$和某些酯。

四、原白兰地质量指标

新蒸馏的白兰地应该是无色透明的，没有杂物异味，具纯正的品种香气和协调的酒香，口味纯净，回味良好。酒精度68%～72%vol，甲醇≤2g/L（以乙醇计），非酒精挥发物≥2.5g/L。

白兰地中，除了乙醇，还含有许多其他成分，如醇、醛、酮、酯、含氧杂环化合物等。

高级醇如丙醇、异丁醇、丁醇等，是酒精发酵过程中形成的，它们的酯类可使白兰地具有特殊的香气，如异丁醇与癸酸形成的酯具香蕉味。

乙酯在白兰地陈酿过程中占有重要地位，它们可以通过水解和氧化参与陈酿酯香的形成。而乙酸乙酯和乙醛则由于具有过氧化味和青铜味而影响白兰地的质量，它们在酒头中含量较多。因此，可以通过除去酒头将富含的这些物质除去。

在整个蒸馏过程中，馏出物中糠醛的含量很低，它具有与苯乙醛相似的苦杏仁味。

β-苯乙醇和乳酸乙酯主要在蒸馏的后期被馏出，β-苯乙醇在低浓度时具有玫瑰味，乳酸乙酯一方面可以提高芳香物质的香气，另一方面可减弱不良风味。

白兰地中的挥发物主要由3类物质构成：

形成白兰地质量的物质，如己酸乙酯、辛酸乙酯、月桂酸乙酯等；

在低浓度时会提高质量而浓度过高会降低质量的物质，如丁二酮、乙酸乙酯等；

由变质原料形成的物质，会给白兰地质量带来缺陷，如2-丁醇、烯丙醇、丙烯醛等。

五、原白兰地常见的感官缺陷

新蒸馏出的原白兰地，常常会产生一些不良的风味。

1. 蒸煮味

蒸馏锅清洗不充分；白兰地原料酒含有过多的酒泥；蒸馏锅底铜板太薄，或锅底下凹，卸锅时排水不彻底；炉灶内火道太高等。

2. 烟熏味

原料酒中含过多酒泥；锅清洗不彻底，附着酒泥清洗不干净；炉膛内的火力太强。

3. 硫化氢味

葡萄原料酒中存在硫（来源于葡萄或加工过程中使用的二氧化硫等）。可以在粗馏原白兰地中加入铜粉，或对含有臭鸡蛋味的原料酒进行强通风以除去此味。

4. 青铜味

蒸锅所用的铜质量不好；冷却蛇管没有冲洗干净，在蛇管内部结成的铜绿随馏出液进入原白兰地中；酒头截取不够，没有把残留在蛇管里的酒尾排除彻底；蒸馏设备清洗不彻底。

当蒸馏得到的原白兰地本身没有异味，但口味平淡，缺乏香味，可以进行复蒸。方法是用蒸馏水将酒液稀释到26%~29%，然后照前法蒸馏，可以得到质量明显改善的原白兰地。

为了减少缺陷，可以将一些质量很差的酒放在提纯能力很强的塔式蒸馏器里蒸馏。但这种蒸馏在消除酒感官缺陷的同时，将酒的优良成分也除掉了。

5. 不良成分

（1）乙醛和缩醛 主要表现为氧化感，刺喉感，是由于葡萄汁与葡萄酒氧化，二氧化硫的使用，酒头去除量不够。正常情况下，葡萄酒中含量为<10mg/L，葡萄蒸馏酒中的含量<50mg/L（70%酒精），但当葡萄蒸馏酒含量为50~100mg/L时，质量下降，>100mg/L时，即为质量缺陷。

（2）乙酸乙酯 醋味和刺激味，源于酒头去除量不够或在旧橡木桶里陈酿。正常情况下，葡萄酒中含量为<50mg/L，葡萄蒸馏酒中的含量<350mg/L（70%酒精），350~500mg/L时，质量下降，>500mg/L时，即为质量缺陷。

（3）1-丁醇、2-丁醇、丁酸乙酯 老黄油味，白酒味，源于某些微生物或酒头去除量不够。葡萄酒中的含量很少，葡萄蒸馏酒中的含量<10mg/L（70%酒精），15~25mg/L时，质量下降，>20mg/L时，即为质量缺陷。

（4）己醇、3-顺式己醇 草本、蔬菜味是由葡萄浸渍过度引起。葡萄酒中的含量<3mg/L，葡萄蒸馏酒中的含量<15mg/L（70%酒精），葡萄蒸馏酒中的含量为15~20mg/L时，质量下降，>20mg/L时，即为质量缺陷。

（5）TDN 煤油味，主要是由于葡萄浸渍造成的。

第四节　陈酿

经过发酵、蒸馏而得到的原白兰地，无色透明，香气浓烈，口味辛辣，必须经过橡木桶的长期贮藏，调配勾兑，才能成为真正的白兰地。白兰地经过在橡木桶里多年的陈酿，产品的色、香、味会显著改变，橡木桶中的多糖、香气、单宁、色素等物质溶入酒中，使本来没有颜色的酒，变成琥珀色，并增添了特有的陈酿香气，从这个意义上说，白兰地是有生命的。白兰地酒质的好坏以及酒品的等级与其在橡木桶中的陈酿时间有着紧密的关系，因此，陈酿对于白兰地来说至关重要，其中陈酿时间的长短更是衡量白兰地酒质优劣的重要标准，可以说陈酿贡献了白兰地最终质量的60%以上，越是高档的白兰地越是如此。陈酿在改善质量的同时也以牺牲数量为代价，因为一部分白兰地会随着时间的推移慢慢地蒸发掉，导致白兰地酒精含量降低，体积减少。据研究，仅在法国干邑地区，一年蒸发掉的酒约有2000万瓶，占总量的3%～5%，有人笑称这些蒸发掉的酒是被天使偷喝掉了，故称其为"天使的分享（Share of Angle）"。

一、成熟与陈酿

葡萄原酒经过蒸馏，得到原白兰地，原白兰地就可以进入陈酿阶段。如果将原白兰地一直存放在玻璃瓶里，因为没有发生萃取作用，其中的非酒精成分保持平衡，酒液的颜色为无色的。所以，这样的过程只是成熟而不是陈酿。

原白兰地的陈酿是从它和橡木发生作用开始的，干邑和雅文邑的陈酿酒龄都是从每年的4月1日进入橡木桶开始算起的。

在原白兰地的陈酿过程中，总酒精度（TAV %vol）及非酒精成分发生变化。酒精度为50%vol和70%vol的原白兰地与橡木的交换作用是不同的，50%vol的原白兰地对香兰素的萃取作用比70%vol的更弱。

非酒精挥发物是由一些高级醇类、乙醛、酸、缩醛和酯等挥发性物质组成的。这些成分对陈酿后的质量有重要的影响，非酒精挥发物含量很低的白兰地原酒在陈酿过程中获得优良质量的可能性很小，相反，经过两次蒸馏的白兰地原酒，其非酒精挥发物提高，在良好的贮藏条件下，能陈酿50年以上（表11-4）。

表11-4　原白兰地类型与陈酿的关系（40%vol）

	A	B	C	D
非酒精挥发物含量/（g/L）	1.0～1.5	1.2～1.7	1.5～2.0	2.0～3.0
陈酿潜力	5年	10年	20年	50年

原白兰地的陈酿一般在250～450L的橡木桶中进行，法国干邑用350L橡木桶。橡树需要120年以上树龄，5m³原木可以做10个350L橡木桶。历史上，因为对白兰地原产地的控制，一般用利穆森（Limousins）地区的橡木做成的橡木桶来陈酿干邑，用加斯科涅（Gascogne）森林的橡木陈酿雅文邑。

橡木原产地、风干和橡木桶的制作方式对白兰地质量的影响比对葡萄酒质量的影响更大。因为，白兰地和橡木桶接触的时间要比葡萄酒长，一些甚至长达50年以上。

干邑地区是世界上生产橡木桶最多的地区，以干邑城市为中心25km范围内有3000000余只用来储存白兰地的橡木桶。

产区气候和酒窖条件是影响白兰地陈酿质量的另一个重要的因素。通过酿酒师的选择，控制白兰地使其每年均匀地挥发，并努力通过勾兑使每一年生产的产品质量稳定一致。

二、陈酿过程中的变化

按照欧盟标准，白兰地要在橡木桶中储藏，如果橡木桶的容量在1000L以下，至少需要6个月，在1000L以上至少需要1年，对于原产地控制的白兰地至少需要2年。当白兰地储藏在橡木桶中时，橡木中的挥发酚等进入原白兰地中，为了使白兰地进行适度的氧化，萃取出的物质比例适宜，通常是先将原白兰地放入新木桶中，然后再移到比较旧的橡木桶中，使白兰地中的燥热辛辣感消失，变得柔和圆润。

在干邑中，已经鉴定出了数百种成分。白兰地的许多芳香都对应着一定的化学成分。这些成分之间、成分和添加物之间存在着复杂的作用，包括相互促进与协同作用、相互减弱和拮抗作用。

1. 陈酿过程中的反应

陈酿过程中，橡木和白兰地间的相互作用主要有：直接从橡木中萃取物质；在酒精的溶解过程中，橡木中的大分子物质（如木质素、纤维素、半纤维素等）的降解；橡木成分和原白兰地成分的反应；原白兰地成分间的反应；陈酿过程中，低沸点物质透过橡木桶的蒸发。

在其他不同阶段，还存在由于烘烤造成的化学成分的变化和新物质的形成，白兰地中可溶解成分的浓缩等。

陈酿过程时的化学反应主要有：氧化–还原反应（OR）；酯化作用（ER）；美拉德反应（Mailard，RM）；聚合作用和缩合作用（PP）。

在陈酿过程中，每种反应都会引起香气和口味的变化。氧化还原反应、酯化反应和美拉德反应影响醇香，颜色和澄清度取决于氧化还原反应、聚合和缩合反应及美拉德反应，口味通常与聚合和缩合反应有关。一些反应开始于氧化作用，一些氧化作用的催化剂是离子或重金属，如铜。陈酿过程中酒精的变化如图11-4所示。

白兰地的酒香，首先来源于原白兰地，其次，来源于橡木可萃取物。贮藏在橡木桶中的原白兰地，随着贮藏时间的延长，总酸、挥发酸和固定酸的含量增加。同时，酒精度和pH下降，高级醇保持相对稳定（除了在很旧的橡木桶中因蒸发造成的浓缩），脂肪酸也是如

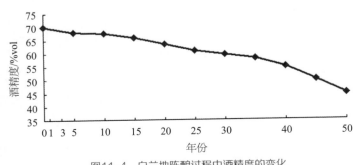

图11-4 白兰地陈酿过程中酒精度的变化

此。酯类，主要是乙酸乙酯，最高占总酯含量的80%以上，如果含量低，酒的口感很舒顺，如果含量太高，会降低陈酿酒的质量。总之，酯在陈酿过程中升高的幅度很小，上升幅度和蒸发量有关。酒精与氧化形成的乙醛反应形成缩醛，产生很浓郁的香气。缩醛的含量随着贮藏时间的延长而增加，丙酮、脂肪酸会产生哈喇味。

2. 影响萃取的主要因素

温度主要影响白兰地成分的萃取、浓缩、挥发和蒸发，而高湿度会使白兰地更加细腻。

从橡木中萃取的成分及其挥发与酒精度有关。研究显示（Puech，1984年）：55%vol的酒精最适合萃取干浸出物、木质素和总酚等物质。60%～70%vol的酒精最适合固定酸和芳香醛的萃取，同时，莨菪亭（Scopoletine）的含量也最高。相反，糖、矿物质和可溶性物质一般在低于50%vol的酒精中最易萃取。从感官上讲，陈酿到55%vol的白兰地最细腻，具有最持久的味感和最平衡的口感。

木桶的烘烤程度不同，对各类物质的提取也不同。表11-5显示了新白兰地中各类成分在不同烘烤强度橡木桶中的变化。其中，橡木来自于同一森林，采用同样的风干方式，相同的原白兰地。酒精、酯和酸占白兰地总量的95%，白兰地的成分构成显示其受橡木桶烘烤的影响较大。

表11-5 新白兰地中各类成分在不同烘烤强度橡木桶中的变化　　　　　　　　单位：%

成分	LT	MT	HT
酒精	89.80	88.10	88.00
酯	7.50	7.00	6.60
酸	1.20	1.20	1.20
酚	0.40	1.20	1.60
羰基化合物	0.30	1.00	1.00
呋喃	0.20	0.50	0.50
缩醛	0.30	0.30	0.30
降异戊二烯	0.05	0.08	0.06
内酯	0.01	0.02	0.02
其他	0.24	0.60	0.72

注：LT、MT、HT分别表示轻度、中度和重度烘烤，下同。

3. 可萃取成分的变化——大分子和单体

在陈酿过程中，白兰地的主要变化是橡木烘烤时大分子物质（如半纤维素、纤维素、木质素和单宁等）的降解和酒的成熟。

（1）纤维素和半纤维素的衍生　在白兰地中，有很大一部分是糖类，经过40年的陈酿，碳水化合物会达到500mg/L，葡萄糖、阿拉伯糖、木糖、甘露糖等是白兰地中的游离单糖。游离中性单糖的萃取随陈酿的进行而进行。在白兰地中，还发现有聚合度在7以内的寡聚糖、丰富的双糖和三糖。同时，经过酸的水解，游离单糖和总糖的比例在0.6。对于陈酿40年的白兰地，这一比例可以达到0.99。

（2）木质素　在含有乙醛、酚和相应酸的白兰地中，存在木质素的衍生物。其中，4%以上的木质素溶解在白兰地中，影响木质素降解的两个重要因素：一是橡木桶烘烤时的温度，再就是酒精，更确切地说是稀酒精在陈酿时的反应。

木质素降解主要是由于橡木桶的烘烤，其组成成分很快被酒精萃取。中度和重度烘烤产生5～10倍甚至更多的芳香醛、肉桂醛、松柏醛和丁香醛。当重度烘烤时，有利于含肉桂结构物质的降解，含量为每升几毫克。当酒精度为40%vol时，影响感官质量最主要的成分香兰素的感官阈值最低，为0.01mg/g。

（3）鞣酸单宁　原白兰地的陈酿，不论是在新桶或旧桶中进行，其单宁含量均有规律地上升。第1年为265mg/L，第12年会达到702mg/L。橡木中的单宁是鞣酸单宁，其中栎木鞣花素和栗木鞣花素的含量占鞣酸单宁的一半。在制作木桶时，重度烘烤过程中，鞣酸单宁部分降解形成鞣酸。通常用福林-丹尼斯（Folin-Denis）法测定的是酚酸而不是单宁。

白兰地在橡木桶中陈酿，第1年鞣酸单宁溶解于酒精中，并逐渐消失。其原因可能是：可溶解的鞣酸单宁水解成鞣酸；鞣酸单宁被氧化和聚合；鞣酸单宁以乙氧基形式进行结构重组。

（4）内酯　影响白兰地感官特性的主要橡木内酯是β-甲基-γ-内酯。如表11-6所示，总体上，在美国橡木桶中陈酿的白兰地，其β-甲基-γ-内酯的含量比在法国橡木桶中陈酿的白兰地中的含量要高。这是由美国橡木的结构造成的，其具有胡桃和可可味。

同一森林的不同橡木及不同的木板中，β-甲基-γ-内酯的含量不同。同时，制作木桶塑形时的烘烤也会影响到美国橡木的β-甲基-γ-内酯的含量。在塑形烘烤过程中，β-甲基-γ-内酯会或多或少地被破坏，这可以解释为什么中度烘烤时其含量要少一些，而重度烘烤的木桶，白兰地会渗透到木板更深处没有烧焦的橡木层以萃取其中的β-甲基-γ-内酯。

表11-6　不同种类和烘烤程度的橡木中β-甲基-γ-内酯含量（陈酿5年）

橡木种类	烘烤程度	酒精度/%vol	白兰地中的含量/（mg/L）
有柄橡木	LT	80.4	0.15
	MT	80.3	0.10
	HT	80.5	0.10
美国白橡	LT	76.3	2.80
	MT	76.1	1.80
	HT	76.1	2.50

（5）其他物质　橡木中的许多物质都可以溶解到稀酒精溶液中。一些物质能直接产生芳香，另一些物质能影响白兰地的芳香。其他成分，如脂肪酸、固醇等，在装瓶前的冷稳定和预过滤时会产生沉淀。

为了使酒中的风味物质更丰富，橡木浸提物可以降低某些不良酯类物质的挥发性，其中最显著的就是那些长链脂肪酸酯（从辛酸乙酯到棕榈酸乙酯）。这些物质会使年轻的白兰地产生酸败味、肥皂味和油脂味。

4. 氧化现象

白兰地成熟过程中，氧化现象占有很重要的地位。氧气溶解于白兰地中，与酒精作用形成过氧化物，作为一种氧化剂，可溶性氧化物使氧气更加稳定，形成比原始物质更稳定的氧化态。通过氧化作用，酒精部分转变为乙醛和乙酸，木质素产生芳香醛，特别是香草醛，氧化可以促使某些醛类物质转变为香气更加怡人的缩醛类物质。单宁收敛性的口感及苦味消失，给予陈年干邑白兰地老酒特征。

在白兰地陈酿过程中，氧的溶解度很重要，应该控制在6～14mg/L。通过对氧化还原电位的测定，不同条件下（pH、温度、酒精度）其反应不同。

表11-7显示了温度和酒精度对白兰地氧化还原电位的影响。在橡木桶成熟过程中，这些参数会发生变化，氧化还原电位变化在425～510mV，其变化幅度不如葡萄酒明显。在前3年的老熟过程中，氧化还原电位的变化与氧气的溶解度相似，对于5年以上的酒，氧气的溶解和氧化还原电位没有关系。

表11-7　温度和酒精度对白兰地氧化还原电位（Eh）的影响　　　　　　单位：mV

白兰地种类		温度		
		5℃	15℃	30℃
新蒸馏的白兰地	空气	503	491	495
	用氮气除空气	485	471	460
1963白兰地	空气	548	501	462
	用氮气除空气	380	375	385
		54%vol	27%vol	
1963白兰地	空气	495	520	
	用氮气除空气	371	380	

5. 陈酿特征

随着陈酿的进行，白兰地中的橡木成分，包括橡木的天然物质及烘烤产生的物质会越来越多。而且，提取物会以不同的方式进入，例如，在橡木桶烘烤时橡木产生的香兰素会进入陈酿的白兰地中，或者是在整个老熟过程中产生。用新桶贮藏白兰地时，这种成分很多。同时，每年1%～2%的蒸发也能对白兰地进行浓缩。

在此过程中，白兰地中的提取物和已存在的成分，随着酒龄的增加而不断变化。例如，和新白兰地相比，25年以上的白兰地酒精度、pH降低，一些大分子物质浓缩（表11-8）。

表11-8　陈酿过程中化学成分的变化

年份	5～10年	10～25年	25年以上
酒精度/%vol	72～60	60～50	50～40
pH	5.0～4.8	4.8～3.5	3.5～3.0
总酚物质	萃取	浓缩	浓缩

续表

年份	5~10年	10~25年	25年以上
鞣酸单宁	和乙醇结合	缺乏	缺乏
鞣酸	萃取	浓缩	浓缩
木质素	加热过程中产生的物质醇解	醇解	浓缩
木质素单体	加热过程中产生的物质醇解	醇解	浓缩
半纤维素	加热过程中产生的物质醇解	水解浓缩	水解浓缩

法国波尔多第二大学葡萄酒学院贝尔特朗德先生对著名的干邑产品进行分析，贮存期为1~25年干邑产品酚醛和酚酸的含量随贮存时间的增长而逐年增加（芥子醛除外）（表11-9）。

表11-9 陈酿过程干邑产品中酚醛、酚酸含量变化（1~25年）　　　单位：mg/L

酚醛类	变化范围	酚酸类	变化范围
香草醛	0.88~5.50	原儿茶酸	0.12~0.95
松柏醛	1.68~2.80	五倍子酸	2.86~35.2
丁香醛	1.44~9.10	羟基苯酚酸	0.02~0.32
香子兰酸	0.20~1.98	丁香酸	0.48~5.95

陈酿过程中，用于评价白兰地老熟状况的指标，主要为一些橡木化合物：

呋喃化合物：糠醛、5-甲基糠醛、5-羟甲基糠醛。

芳香醛：香草醛、丁香醛、丙烯醛、芥子醛。

芳香酸：香草酸、丁香酸、没食子酸。

染色（吸光度为420nm）。

单宁（吸光度在280nm）或根据福林-西奥卡特（Folin-Ciocalteu）比色法。

干浸出物。

一些干邑典型的陈酿指标如表11-10所示。

表11-10 一些干邑典型的陈酿指标　　　单位：mg/L

产品	糠醛/（mg/L）	香兰素/（mg/L）	干浸出物/（g/L）
VSOP	10~15	1~2	0.6~0.8
XO	12~20	2~5	0.8~2.0
Extra	15~25	4~10	>2.0
新桶（第一次用）人头马/轩尼诗型	25~35	1.0~2.0	1.5~2.0
新桶（第一次用）马爹利型	15~20	0.7~1.5	1.5~2.0
用10g/L的橡木片浸泡	25~30	1.5~5.0	1~2
橡木液（浓缩之前），100~200g/L	—	—	10~50

6. 蒸发

如果使用新桶，当酒入桶后，酒会渗透到桶板里，每350L的桶会消耗掉10~12L酒。通常用蒸发系数来表示白兰地每年的损失量。蒸发系数是指白兰地的损失量与上一年相比降低的百分比。

在法国，酒精的蒸发系数在1%~3%，但每年都不一样。

以下公式用于估测橡木桶中每年未被蒸发的白兰地的量。

$$V_n = V_o (1 - E)$$

式中　V_n——橡木桶中未被蒸发的量，L

V_o——最初的酒精量，L

E——蒸发系数，%

贮藏环境的温、湿度条件，直接影响到原白兰地的酒精含量变化。当空气相对湿度为70%时，原白兰地中，酒精的蒸发速度和水分的蒸发速度是平衡的，二者按相同的比例蒸发，原白兰地的酒精含量保持不变。在干热酒窖，原白兰地的蒸发系数更大，由于水的蒸发量较大，白兰地中的酒精含量会逐渐升高。相反，在潮湿和阴凉的酒窖里，原白兰地的蒸发系数较低，但由于酒精的蒸发速度高于水的蒸发速度，随着贮藏时间的延长，原白兰地的酒精含量降低。经过50年陈酿后，酒精度下降到40%vol。

白兰地的感官特征和下列物质密切相关：具有辛辣味的高级醇，其含量通常在65~100mg/L；尖锐刺激的醛类和缩醛类物质；具有椰子香气的橡木内酯；木质素降解所产生的香草和香甜气味的酚醛类物质；热降解产生的具有焦糖和烘烤味的呋喃和吡嗪类物质。过多的低挥发性物质，如乳酸乙酯和2-苯乙醇可能会导致香气过于沉闷，而过多的高挥发性组分则会使香气变得粗糙刺激。奶油味由双乙酰产生，甘草味由橙花叔醇产生，青草味主要由顺式-3-己烯-1-乙醇产生，梨和香蕉味由2-和3-甲基丁醇的乙酸酯产生，玫瑰花香由2-苯乙醇的乙酸酯产生，椴树味主要由芳樟醇产生。此外，经过橡木桶陈酿15~20年后的白兰地中典型的陈酿香味主要由甲基酮类物质产生，如2-庚酮、2-壬酮、2-十一酮和2-十三酮。这些物质可由长链脂肪酸经过β-氧化和脱羧反应生成，这些物质对蓝纹干酪的香气也非常重要。橡木木质素氧化产生的挥发性酚和内酯对陈酿香中的香料味有明显的贡献。

目前，干邑地区使用的传统标准桶是350L，表面积2.7m²，表面积/体积（m²/L）是0.0077；100L桶表面积1.25m²，表面积/体积（m²/L）是0.0125，和350L的百分比为162%；210L波本桶表面积2m²，表面积/体积（m²/L）是0.0095，和350L的百分比为123%；10t大桶，表面积28.4m²，表面积/体积（m²/L）是0.00284，和350L的百分比为37%。

三、白兰地酒窖

酒窖位置的选择对白兰地陈酿非常重要，其与葡萄酒酒窖的要求不完全相同。干热环境赋予白兰地强烈的乙醚味，很重的氧化感，而在一个很潮湿、温度在20℃以下的酒窖，酒的口味会很淡、很弱。理想的陈酿条件是气候温和，中等湿度，没有极端的温度。

白兰地的酒窖通常建在地下，也有建在地上的。地下酒窖，温度比较恒定，湿度比较大，而地上酒窖，温度波动较大，空气的相对湿度较低，理想的温度范围在12~18℃，空气相对湿度在70%~85%。温度变化对原白兰地有一定的影响，温度变化剧烈，原白兰地的蒸发量就大（每年6%，正常情况下为3%），酒中的一些化合物更容易挥发，从橡木中萃取的化合物数量大，浓度高。温度变化幅度大的酒窖贮藏的原白兰地橡木味过于突出，具更多收敛味，缺乏柔和、细腻、平衡和圆润的感官质量。相反，温度变化小的酒窖贮藏的原白兰地香气更加柔和细腻，橡木味和果香平衡较好。较高的湿度会使白兰地的口味更加柔和、雅致，有利于产品质量的提高。

酒窖理想的墙壁用石头砌成。如果采用混凝土结构，其墙厚度必须在30cm以上，而墙顶必须做隔离层并且防水，地面应铺一层水泥石板以阻隔地下的湿气。

表11-11列出了酒窖冬天和夏天理想的温度和湿度条件。对陈酿酒窖而言，并不需要保持酒窖温度和湿度完全恒定。实际上，在一个合理的范围内，温度和湿度的变化能促进白兰地的化学反应平衡。大桶陈酿有特殊的酒窖要求，具体见表11-12。

表11-11　酒窖理想的温度、湿度条件

项目	冬天	夏天
平均温度/℃	5	25
平均湿度/%	90	60

表11-12　大桶陈酿对酒窖温度、湿度的要求

温度	建议湿度	危险湿度	非常危险的湿度
10℃	72%~85%	64%~72%	<64%
15℃	73%~85%	66%~73%	<66%
30℃	75%~85%	68%~75%	<68%

最后，酒窖必须有严格规范的防火措施，必须安装救火设备，例如灭火器、抽水泵等。

白兰地酒窖及橡木桶陈酿见图11-5。

图11-5　白兰地酒窖及橡木桶陈酿

四、陈酿过程中的管理

对白兰地进行陈酿，是实现其优良品质的重要环节。葡萄发酵、蒸馏后获得原白兰地，只是奠定了优质白兰地的基础。而白兰地的颜色、香气和滋味则需要经过橡木桶的贮藏、陈酿才能获得。

首先，贮藏在橡木桶中的白兰地不能装得太满，要留出1%～1.5%的空隙。这样，一方面可以避免因温度变化引起体积膨胀造成酒的外溢损失，另一方面，上部空隙中空气的存在，可以加速酒的老熟。原白兰地贮藏期间，每年要添桶数次，可用同样的原白兰地按时添至自然消耗的量。虽然橡木桶陈酿对白兰地的酿造非常重要，但陈酿过程中新桶的使用却很少（通常不会超过6个月到1年），然后使用旧桶或新旧桶交替使用，这主要是为了避免过多的橡木单宁和香气物质浸入酒中。

白兰地贮藏期间，要经常对酒液进行观察，定期检查它的颜色、香气和口味的变化。并根据酒的质量变化采取相应的措施。

原白兰地在贮藏过程中，除了要确保酒的质量正常变化外，还要对酒进行稀释，即将原酒的酒精度从70%vol逐步降低到成品酒的40%vol。通常采用分步降度法，每次降低的度数为5%～10%vol，每次降度后贮藏的时间为6～18月，即在装瓶以前，准确地调整成品酒酒精度到标准值。

在贮藏过程中，要对原白兰地的质量变化进行跟踪，包括理化指标和感官品尝，在品尝时要特别注意酒的老熟情况，并依次对酒进行分级，分类贮藏，最终成为不同等级的白兰地产品。

在原白兰地的贮藏过程中，如果发现有不正常的现象，要立即采取措施，消除这些缺陷。如果颜色变得太深太暗，出现粗糙的橡木味，要对原白兰地进行下胶处理，然后再贮藏，并对橡木桶进行处理。

在贮藏过程中，要建立详细的原白兰地质量档案：编号、品种、产地、原酒质量状况、蒸馏时间、原白兰地的来源、质量水平、感官特征等。此外，还应包括：酒精度、相对密度、挥发酸、醛、酯、高级醇、糠醛、金属含量等。

五、橡木制品的使用

橡木对白兰地的颜色、香气、单宁和木质素、纤维素的香气衍生物有着至关重要的作用。橡木对颜色的影响显而易见：白兰地从蒸馏器蒸出来的时候几乎无色，但是在橡木桶中逐渐变成深琥珀色。不过，如果通过白兰地颜色越深来推断酒龄越长，是错误的。颜色深可能意味着更长时间的陈酿，但是橡木桶、橡木制品和焦糖也会有影响。一个用新橡木做的木桶比一个已经用了两、三年的法式红色圆桶（fûts roux）赋予的颜色更多。此外，橡木的来源，最重要的是它的纹理（细或粗），以及木桶在制作过程中加热的温度，都会有影响。利穆森产区（Limousin）的橡木制作的木桶，或者经过"烘烤"（高温加热）的橡木制成的木桶会赋予更多的颜色。

在陈酿过程中，橡木还会提供无数种香气，能让一个有经验的人用鼻子嗅出用了什么样的木桶以及白兰地的酒龄。木质素分解成香草味的化合物。利穆森产区的橡木有香草的味道，特朗赛（Troncais）的橡木有新鲜橡木的味道。在橡木桶制造过程中，将橡木加热至160℃产生香辛料的味道，至180℃产生焦糖和巧克力的味道，超过200℃产生咖啡和烟熏的味道。随着时间的推移，白兰地获得香辛料、香草醛、肉桂、丁香、肉豆蔻、可可、核桃、椰子、橡木、雪松和檀香的香味。年轻的白兰地不含有单宁，因为它们要在橡木中陈酿。快速提取会使它们起先呈酸味和涩感，但是随着时间的推移，会变得圆润。

优秀的调酒师可以用不同容器中的白兰地来调整颜色、香味和口感。他们通常只在新橡木桶里放几个月，然后转移到释放很少化合物的法式红桶中。正如厨师往菜肴中添加香料一样，调酒师可以通过加入橡木屑来调整颜色和口味。

橡木液的使用可以调整白兰地的颜色和单宁强度。使用橡木液及一些老年份的白兰地来稳定质量并实现所需的年份要求。橡木屑可以使一批批的产品标准化：调配许多白兰地（有时数百种）并不总能调配出看起来或者尝起来完全一样的产品。白兰地的世界非常令人吃惊，常常一些自然变化也不被白兰地饮用者所接受，他们会非常挑剔，他们希望自己喜爱的白兰地瓶与瓶之间的口感完全一致。

橡木中有许多化合物，对白兰地有着不同的影响。例如，橡木中含有22%的木质素，这是一种关键的物质，其与酒精接触，随着时间的推移，分解成香兰素和类似的芳香化合物，赋予白兰地香草味。粗纹理的利穆森橡木的木质素含量非常高，因此香兰素含量也很高。橡木还含有8%～15%的可溶性单宁，浸渍很快，最初给白兰地带来了苦涩的味道，但陈酿大约5年后就停止浸提。各种各样的反应逐渐降低了白兰地的涩味和苦味，使其变得更圆润，更有质感。其他的纤维素化合物分解成糖，赋予白兰地以醇厚的口感。

使用橡木制品辅助陈酿，对于中低档白兰地，也不失为一种经济有效的方法。如果处理过程中再辅以微氧处理，效果会更显著。具体方法为：原白兰地酒精度55%～60%vol，泡板量20块/t（橡木板规格为45cm×10cm×1cm），实际通氧量0.25mg/（L·月），进气压力0.65～0.85MPa，贮气压力0.5～15MPa，贮存8～12，具体时间根据实际品尝而定。这样贮存4～6月的酒，可达到木桶贮一年的效果。

橡木板和橡木片相比，因减少蒸发表面而保存更多的橡木和呋喃化合物。与橡木桶相比，橡木制品具有更均衡的完全提取，而橡木桶只能提3～4mm内的成分。

橡木板和氧气接触面小，而橡木片的接触面大，所以，氧气促进产生芳香醛（香草醛等）、挥发酚（愈创木酚、4-甲基愈创木酚等）的反应，后者会更多。不同橡木尺寸对主要芳香族化合物的影响见表11-13。

表11-13　不同橡木尺寸对主要芳香族化合物的影响　　　　　　单位：mg/L

芳香族化合物	橡木板		橡木片	
	美国橡木	法国橡木	美国橡木	法国橡木
糠醛	1539	963	372	437
5-甲基糠醛	237	148	38.4	36
5-羟甲基糠醛	122	100	20.7	22
香兰素	41.9	53.1	98.6	113
香草酮	2.3	3.63	8.63	8.88
丁香醛	85.8	102	229	213

注：文献来源为Fernandez de simon, et al., 2010。

橡木剂量<5g/L：增强芳香元素/陈酿感觉，特定香气的增加（烘烤、香草、椰子）近似于长时间在红桶或旧桶中陈酿。

橡木剂量为5～10g/L：橡木香气平衡，烘烤/焙烤的香气或果干/蜜饯香气，近似于短期倒桶陈酿的香气。

橡木剂量为10～20g/L：风格根据使用的产品（香草，干果，烤，烟熏等）而有所不同，近似于新桶的长期倒桶陈酿。

第五节　调配、处理与灌装

一、勾兑和调配

1. 勾兑的原则

勾兑是用不同类型（容器、年份、产地、品种等）的白兰地，按照感官质量平衡性和协调性的要求调配成品的过程。勾兑通常包括：

同一产地、同一年份白兰地的勾兑。

不同产地、同一年份白兰地的勾兑。

同一产地、不同年份白兰地的勾兑。

不同产地、不同年份白兰地的勾兑。

勾兑能协调并使各年份的白兰地更复杂。另外，消费者也希望每一年产品的感官特点能保持一致。

首先，必须遵守勾兑的原则，即勾兑产品的酒龄从最年轻的年龄算起。其次，勾兑是一项非常精细的工作，酿酒师必须要有一定的经验。最后，由于要求成品具有稳定的质量，而每年用来勾兑的白兰地原酒质量不同，同时，白兰地的质量也在不断变化。因此，勾兑时必须要有对标的产品，并了解装瓶后产品感官特征的变化。

酿酒师总是希望用一些数学公式来指导勾兑。但是，由于白兰地成分的复杂性及大量成分的不可知性，到目前为止，还没有这样的数学公式。对酿酒师而言，最原始而且最可靠的方法还是品评。将品评和指标相结合是酿酒师常采用的方法。利用计算机结合定性和定量分析可以快速地确定勾兑比例。

勾兑可以在陈酿的不同时期进行。其中，将年份相差太大的酒结合在一起比较困难。将3年和15年的酒勾兑是不可能的，它们的感官特征是两种完全对立的感觉。而且，新白兰地和15年酒龄的白兰地的感官特征是分离的。

这样，有经验的酿酒师会通过一种"感官桥"来进行勾兑，可以先用3年和5年的白兰地勾兑，10年和15年的白兰地勾兑，最后再将两者勾兑在一起。

例如：

成分A：3年白兰地A（3）。

成分B：5年白兰地B（5）。

成分C：10年白兰地C（10）。

成分D：15年白兰地D（15）。

第一次：勾兑：A（3）+B（5），陈酿6个月；勾兑：C（10）+D（15），陈酿6个月。

第二次：勾兑：[A（3）+B（5）]+[C（10）+D（15）]，陈酿6个月到1年。

用这种方法勾兑的白兰地感官特性和结构比较协调。当然，A、B、C和D四种酒的比例对终产品的质量和价格非常重要。

2. 白兰地的调配

调配是通过一定的工艺操作使装瓶产品获得最终的质量特征，其质量特征包括：

外观：颜色（色度、色调）、透明度、黏度等。

嗅闻：香气。

尝味：甜、酸、苦、咸等。

触觉：用鼻闻和口尝。

（1）**允许使用的添加物**　按照食品添加剂GB 2760—2014规定的白兰地中允许添加的成分很少。主要成分如下：经过蒸馏、软化或过滤的纯净水，糖或蔗糖，用蔗糖制作的焦糖，从橡木中提取的橡木液，允许使用橡木制品，橡木液未做规定。

通常要进行数次的加水，法国法律允许用加水来降低酒精度直到40%vol。

添加糖（和其他成分）以弥补白兰地中天然糖分的不足。由于半纤维素的降解，陈酿50年的白兰地中含有5g/L左右的戊糖。例如，法国一些高档干邑含10g/L左右的糖（木桶成分水解或人工添加）。

焦糖的添加没有剂量限制，但是2g/L的添加量会对颜色影响很大。

最后，橡木液的添加量要严格按规定加入。从橡木片中萃取橡木液，然后勾兑入白兰地中再进行陈酿，以保证成品酒的稳定性。

（2）**橡木液**　传统的橡木液可用于所有的白兰地，包括干邑、雅文邑等。用它来调整白兰地中的酚类成分，例如单宁，减轻购买新桶的压力。为了达到这一目的，传统方法是将与橡木桶同样产地的橡木片浸泡在蒸馏水中5～10h，在90～100℃条件下蒸馏。橡木片的浸泡液是水溶性的，通常加入25%的酒精，增加产品的稳定性。考虑到其未来的稳定性，最好在橡木桶陈酿过程中加入，同时也必须有最低酒龄的要求，也有在勾调或预勾调时使用，再就是不能在加工的最后环节加入。

无论如何，在白兰地中，获得橡木萃取物的最简单方法就是在容器中加入小橡木屑、橡木块或橡木片。橡木使用前需要经过物理、化学处理及热处理。

二、调配要点

一般情况下，新蒸出的原白兰地酒精度为70%vol，如果完全采用自然陈酿，要使其酒精度降至40%vol，至少需要半个世纪。从经济学角度考虑，这样长的储藏时间将使产品的成本很高，因此需要人为加水以降低白兰地的酒精度。

降低白兰地的酒精度，不能直接加水。因为这样会影响白兰地的质量。应先将少量白兰地用蒸馏水稀释，使其酒精度达到27%vol，储藏一段时间后，再将稀释后的白兰地加入高酒精度的白兰地中，但不能一下子将白兰地的酒精度降至需要点，而应逐渐降低，即稀释白兰地的加入应分次进行，使每次降低的酒精度为8%~9%vol，每次降低酒精度后，应进行过滤并储藏一段时间。

为了使白兰地柔和、醇厚，降低高酒精度带来的灼烧感和苦味，在装瓶以前还应加入糖浆，以提高白兰地的含糖量，糖浆一般是用40%vol的白兰地溶解30%的蔗糖而获得的。陈酿过程中半纤维素的水解也会导致某些糖的积累。干邑中糖的最大添加量为13g/L，欧盟白兰地糖的最大添加量为35g/L。我国食品添加剂标准是根据需要添加。

最后，如果白兰地的色度不够，还应加入糖色来人为地提高色度（从浅黄色到深棕色）。糖色的制备一般采用铜锅熬制。先在锅内放入10%的水，再加入糖，然后升温。开始时的升温应较为缓慢，以后逐渐加强。在化糖时应不停地搅拌，以免糖结在锅底。在这一过程中，糖逐渐溶解，其颜色逐渐变成棕褐色。当糖色达到要求时，立即停止加热，并放入热水（70~80℃），同时加强搅拌以溶解糖色。然后加热一分钟使糖色溶解，趁热过滤，装入包装容器中，待冷却后加入一定量的白兰地储藏备用。

糖浆、糖色的加入量各厂有所差异，而且各个酒厂都把它当作自己的秘密。

最后，橡木液的添加量要严格按规定加入。从橡木片中萃取橡木液，然后勾兑入白兰地中再进行陈酿，以保证成品酒的稳定性。

图11-6为白兰地调配过程图。

图11-6　白兰地调配过程

三、回贮与老熟处理

调配完成后的白兰地通常会重新放入木桶中再贮存一段时间，使各类原白兰地相互融合，提高白兰地的风味协调性及稳定性。

老熟处理在带有保温层的不锈钢罐中进行。采用蒸汽加热，加热过程中，不断搅拌，使酒液受热均匀，当达到50~55℃，停止加热，保温7d，后降温至35℃，出罐。

四、冷冻处理

白兰地进入调配工序后也就意味着产品主体已完成，但在灌装前，还必须进行稳定处理。白兰地中不稳定的因素主要是酒中存在一些高级不饱和脂肪酸乙酯，它们溶于乙醇，而不溶于水。当酒精稀释到45%vol以下时，这些高级脂肪酸乙酯会由于溶解度下降而使白兰地产生浑浊。可将白兰地在-18～-16℃，冷冻若干小时（96h）后过滤以除去不饱和脂肪酸乙酯。此外，酿造过程及调配用水会有微量金属离子（主要是钙离子），会使酒中的电荷中和，引起胶体沉淀，而且酒中含有的酸类物质，会与钙离子结合产生不溶性钙盐，因此，白兰地生产过程中添加的水，必须通过离子交换或净水机进行处理，严格控制酿造用金属离子尤其是钙离子浓度过高的水。

五、过滤

冷冻处理后趁冷采用板框过滤或膜过滤。

六、灌装

白兰地检测合格后即可装瓶。白兰地与葡萄酒不一样，一般不会在瓶中沉淀，装瓶以后就成为定型产品，只要密封、避光、低温保存，就可长期贮存。

第六节　白兰地质量评价

一、白兰地的感官特征

从本质上讲，白兰地的最终质量取决于陈酿之前原白兰地的质量。如果原白兰的质量不好，再长时间的陈酿也不会显著改善白兰地的质量。

干邑中的非酒精成分非常复杂和丰富，特别是带酒泥蒸馏的白兰地。

1. 感官质量的描述

描述陈年干邑感官质量的词汇多达500多种，对于新干邑有将近300种的描述术语。

随着陈酿时间的延长，干邑白兰地质量特征表现为：

水果、干果和坚果特征19种，包括李、梨、杏、桃、榛子、花生、杏仁、核桃、橙、樱桃、果酱、李子干、干果、荔枝、麝香葡萄、蜜饯、椰子、西番莲、可可果。

植物特征14种，包括牵牛、雏菊、玫瑰、葡萄花、野石竹、干花、蓝蝴蝶花、鸢尾、紫丁香、茉莉花、忍冬、风信子、橘子花、水仙花。

香料特征10种，包括甜椒（蔬菜和辣椒）、紫罗兰、丁香、胡椒、肉桂、咖喱、姜、藏红花、核桃、香脂。

橡木特征10种，包括橡木、香草、烟草、皮革、巧克力、乳香、松树、雪茄、檀香、桉树。

上述词汇是按照果香、植物香、香料香和橡木香对40年以上干邑的分类描述，在实际中经常使用到，从前到后依次出现在新酒到老酒中。

2. 不同阶段白兰地的感官特征

白兰地颜色的变化与提取的酚类物质的浓缩和缩合有关。陈酿时间越长，颜色越深。

0年——无色。

3年——浅黄。

5年——金黄。

10年——深金黄、琥珀色。

20年——深金黄、棕色。

30年——棕红。

50年——棕红、火红。

在白兰地中允许添加焦糖以调整酒的颜色。在陈酿过程中，白兰地发生了许多物理化学反应，这些反应彻底改变了白兰地的感官特征。

阶段（1）陈年 =（1）12～15年

在12～15年间出现如下特征：

波特酒、雪莉酒、马德拉酒的味道。

香兰素和橡木的强度达到最大。

植物特征：干花味，如干玫瑰、植物腐烂味。

水果和坚果香特征：榛子、核桃、花生、杏。

香料味特征：丁香、胡椒、肉桂。

阶段（2）陈年 =（1）+（2）（18～22年）

在18～22年间出现如下特征：

植物特征：茉莉、水仙、忍冬。

橡木特征：巧克力粉。

水果特征：干果、果酱。

香料特征：藏红花。

面包香味。

阶段（3）陈年 =（1）+（2）+（3）（30～40年）

在30～40年间出现如下特征：

非常老的波特橡木桶味。

树脂味：雪松。

烟草，雪茄盒味。

老的玫瑰香葡萄酒味。

香料特征：咖喱、肉豆蔻。

阶段（4）陈年＝（1）＋（2）＋（3）＋（4）（50～60年）

在50～60年间出现如下特征：

植物特征：紫罗兰、鸢尾、石竹。

水果特征：荔枝、西番莲。

橡木特征：桉树、檀香木。

3. 陈酿过程中白兰地感官特征的变化

第0年：用带酒泥，含丰富酵母、果胶和蛋白质的原酒蒸馏的新白兰地，具有以下感官特征：

外观：无色。

香气：淡乙醚，花香（椴树花、葡萄花、玫瑰、紫罗兰花、薰衣草），植物香（干草、干枝），果香（梨、杏、桃、苹果）。

滋味（稀释到40%vol）：淡的苦味（铜离子和有机酸），非常柔软，味持久，后味感觉到弱的香气。

第1年：蒸发和萃取开始进行，出现乙醚味，颜色变浅黄，如果采用利穆森橡木桶贮藏，则开始出现香草和橡木味。

第5年：颜色变深，由于挥发酚的出现，在挥发物中能感觉到香草和橡木味，新酒味减少，酒香和橡木香气开始结合。

第10年：酒液呈金黄色，新酒味消失，橡木味加强，白兰地结构更复杂，由于浓缩，酒的香气变浓。

第15年：酒液变成金黄、琥珀色，老酒的第一特征开始出现，此时应防止挥发，因为其间的挥发量可达30%。

第25年：陈酿白兰地的颜色为棕红色，老酒的第一和第二特征开始出现，橡木桶中的酒有一半挥发掉。

第40年：陈酿白兰地的颜色变为暗棕红色，陈年酒的第一、第二和第三特征开始出现。

陈酿干邑感官特征的变化见图11-7，以纵轴上方从左到右逆时针方向，用12个角度方位图表示从1年到40年的感官变化。

二、常用的质量评价指标

对不同等级的白兰地产品各项指标进行分析测定，其主要结果如下。

1. 酒精度

白兰地的酒精度一般为40%±0.5%vol，张裕白兰地的酒精度为38%～43%vol。

2. 色度

白兰地颜色一般为金黄色或者赤金黄色，可一定程度反映白兰地贮藏时间的长短和质量的好坏。高档白兰地的色度一般为0.5～0.8，而且酒龄越长，色度值越大。

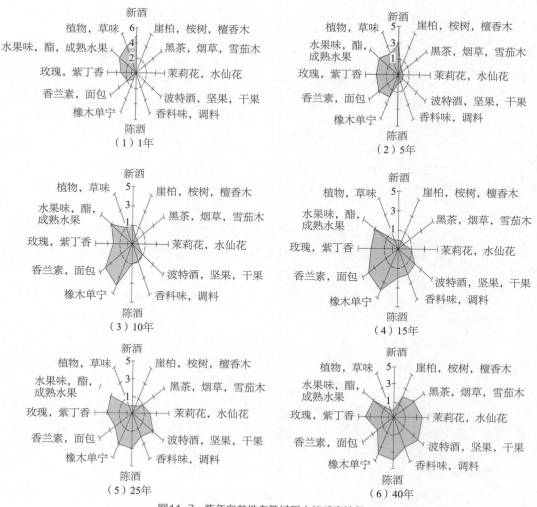

图11-7　陈年白兰地老熟过程中的感官特征

3. 总酸

白兰地中的酸主要来源于陈酿过程中醇的氧化和木桶的浸出物，可一定程度反映白兰地的陈酿时间。高档白兰地的总酸一般为0.3~0.6g/L，调配型白兰地的总酸为0.1~0.3g/L。酒龄与pH呈极显著负相关，1~3年的原白兰地，pH基本在4.30~4.40，4~7年的原白兰地，pH基本在3.70~3.90。

4. 总糖

白兰地中的糖主要源于橡木的水解及后期添加，可增加白兰地的甜味和回甜感。法国高档XO总糖含量大多为8~10g/L，国内白兰地总糖含量大多为1~5g/L。

5. 铜

白兰地中的铜，主要源于壶式蒸馏过程中的铜锅，目前白兰地国家标准中对铜的限量要求是6mg/L。实际中，高档白兰地中铜离子的含量均值显著高于低档白兰地，高档白兰地中铜离子含量通常为0.2~1mg/L，调配型白兰地中其含量为0~0.2mg/L。由于铜离子与白兰地品质有一定相关性，但对感官的影响较少，且无法通过添加等措施进行弥补。因此，可通过其含量判定白兰地的真假及质量高低。

6. 甲醇

白兰地中的甲醇主要源于酒精发酵过程，白兰地国家标准对其规定是不超过2g/L（以无水乙醇计）。高档白兰地中甲醇含量通常为300~600mg/L，调配型白兰地中甲醇含量为200~600mg/L（均以无水乙醇计）。

7. 乙酸乙酯

乙酸乙酯在白兰地中起到呈香的作用，高档白兰地中乙酸乙酯含量为250~700mg/L，调配型白兰地中乙酸乙酯含量为100~300mg/L。

8. 乙醛

酒精蒸馏过程中乙醛和乙缩醛很快被蒸馏出，其中乙缩醛的含量比蒸馏前增加较多。贮存过程中，乙缩醛含量增加幅度较明显，同时乙醛含量逐渐减少，最终乙醛和乙缩醛的含量会达到一个动态平衡。

高档白兰地中乙醛含量为50~150mg/L，调配型白兰地中乙醛含量为10~50mg/L。

9. 高级醇

异戊醇、异丁醇以及活性戊醇是白兰地中高级醇的主要组成物质，异戊醇是白兰地中含量最多的非酒精挥发物，不同等级白兰地异戊醇含量具有显著差异。高档白兰地的异戊醇含量为1.0~3.0g/L，调配型白兰地中异戊醇为50~300mg/L（均以无水乙醇计）。

异丁醇的含量仅次于异戊醇，高档白兰地中异丁醇含量为0.5~1.5g/L，调配型白兰地中异丁醇含量为50~300mg/L。

活性戊醇具有明显的等级特征。高档白兰地中活性戊醇含量为250~600mg/L，调配型白兰地中活性戊醇含量为20~150mg/L（均以无水乙醇计）。

正丙醇在高级醇中占比较小。高档白兰地中正丙醇含量为200~500mg/L，调配型白兰地中正丙醇含量为20~200mg/L。

10. 非酒精挥发物总量

非酒精挥发物总量是表征白兰地产品等级和区分白兰地优劣的一个重要指标。酒龄与非酒精挥发物呈显著的正相关关系。我国白兰地国家标准对白兰地中非酒精挥发物总量的下限进行了规定，其中XO级要求≥2.50g/L、VSOP≥2.00g/L、VO≥1.25g/L（以无水乙醇计）；不同等级白兰地之间非酒精挥发物总量存在显著差异，高档白兰地中其含量在3.0~6.5g/L，调配型白兰地中其含量在0.75~2.0g/L。欧盟标准中规定白兰地的非酒精挥发物总量≥1.25g/L（纯酒精）。

11. 酚类化合物

白兰地中的酚类化合物，主要来自橡木桶或橡木制品陈酿，另一个途径则是人为添加。

在使用橡木桶陈酿的白兰地产品中，酚类化合物含量由高到低分别是鞣花酸、没食子酸、丁香醛、香草醛、丁香酸和香草酸，且含量具有明显的等级特征，即产品等级越高，其含量越高。

高档白兰地中鞣花酸含量通常为7.5~20mg/L，含量与陈酿时间有关。

没食子酸含量与产品等级密切相关。酒龄与原儿茶酸、没食子酸呈极显著的正相关。没食子陈酿时间越长，含量越高，一般为3.0~5.0mg/L。

丁香醛含量和没食子酸类似，含量为3~10mg/L。

香草醛含量为3~10mg/L。

丁香酸、松柏醛和芥子醛在白兰地中含量较低。

酚类化合物的总量与产品等级相关，高档白兰地中酚类化合物含量为20~50mg/L，在XO产品中达50mg/L，而VSOP中仅为30mg/L，调配型白兰地中含量为5~20mg/L。

12. 风味成分

曾对张裕XO白兰地进行分析，共鉴定出302种挥发性成分，其中，醇类30种，酯类104种、醛酮类35种、酸类20种、苯同系物和衍生物24种、酚类物质14种、缩醛类14种、呋喃类16种、萜烯类22种、其他物质23种（赵玉平，李记明，2008，2009）。这充分说明白兰地风味成分的复杂性和多样性。

13. 矿物质成分

钙≤5mg/L，铁≤1mg/L，铅≤0.5mg/L。

14. 安全指标

除了符合GB 2757—2012《食品安全国家标准　蒸馏酒及其配制酒》的规定外，增加塑化剂的检测，参照国家卫计委发布的白酒产品中塑化剂风险评估结果，白兰地中应分别控制邻苯二甲酸二（2-乙基己基）酯（DEHP）和邻苯二甲酸二丁酯（DBP）的含量在5mg/L和1mg/L以下。参考国际上一些国家的标准，确定EC的限量标准为400μg/L（加拿大水果白兰地中EC的限量标准为400μg/L，法国、瑞士等是1400μg/L）。

第七节　白兰地的品尝

一、白兰地的香气

香气是一种可以被嗅觉感知的挥发性化合物。与品尝葡萄酒相比，鼻子对评价蒸馏酒更重要。白兰地的独特之处在于其香气的多样性，且其浓度随蒸馏而升高。葡萄品种是白兰地基础芳香基的主要因素。例如，干邑最基本的葡萄品种是白玉霓。白玉霓不是芳香型的，其酿造的白兰地香气不会太重，具有优雅的口感。每一种风土气息都与特定的香气联系在一起：干邑大香槟区花香微妙、迷人、强劲、优雅；小香槟区的果香边缘带有一丝紫罗兰和鸢尾的香味。

第一次发酵增加酯类香气。酵母（酿酒酵母）将糖转化为酒精，产生挥发性化合物，主要是醛类、高级醇、乙酸酯类、脂肪酸酯或高级醇酯，赋予新白兰地果香和花香。如果香气不是太浓，会产生其他有助于白兰地平衡的化合物。第二次发酵为苹果酸-乳酸发酵，将苹果酸变为口感柔和的乳酸。白兰地的特性取决于葡萄汁的类型。

两次蒸馏有助于保持葡萄的风味和葡萄酒的新鲜度，木桶赋予白兰地许多新的香气，然后，时间会对白兰地的香气和颜色发生作用。在成熟过程中，木桶会以每二十年或每三十年以4.54g/L的速度释放出一些特定物质。这个过程对花香和口感有很大的影响。干燥的环境可以促进白兰地特性的发展，而潮湿则可以使白兰地更圆润。

陈酿可以增加单宁的圆润香气。速度取决于原始的风土条件，例如，香槟和边沿区的干邑成熟较慢。白兰地的香气根本上取决于它的年龄。年轻的白兰地具有果香（杏、桃或梨的香气），花香（玫瑰、紫罗兰、雏菊）和木香（橡木和香草味）。在10~15年的白兰地中表现出杏仁、榛子、核桃、鸢尾、丁香、野生康乃馨的香气，如果酒龄更长，则是巧克力、乳香、皮革、生姜、肉桂或咖喱的香气。二十年后，白兰地会表现出肉豆蔻、樱桃、橙子、橙花、茉莉花、金银花和藏红花的香气。更长酒龄的白兰地，则会带来干果、檀香、雪松、肉豆蔻的香气，除此之外还有椰子和百香果的香气。深度陈酿的白兰地会表现出陈旧、灌木、蘑菇和核桃油的香气。那些香气会一直持续到品尝后的那一天，然而对于最好的干邑，大约可以持续一周。

二、白兰地香气盘（干邑）

干邑的香气可以制作成一个香气盘，这个香气盘可以被简单地描绘成一年四季的香气变化，与季节循环完全相符。

春天的香气：黄油、金银花、香橙花、紫罗兰；金合欢、山楂花、鸢尾、茉莉花、丁香；杏仁、藤蔓花、薄荷、玫瑰。

夏天的香气：野生康乃馨、橙子、莱姆花；杏、香蕉、柠檬、新鲜无花果、桃子、李子；干草、百香果、芒果、玫瑰花瓣、梨。

秋天的香气：杏脯、焦糖、蘑菇、巧克力、无花果干、苹果、麝香葡萄、藏红花；肉桂、丁香、姜、椰子、肉豆蔻、甘草、太妃糖、香草；雪茄盒、橡苔、林下灌木丛、烟草、松露。

冬天的香气：咖啡、皮革、烟熏、煎面包片、胡椒、香草；果脯、荔枝、榛子、核桃、西梅干；雪松、紫木、檀香、橙皮。

干邑香气轮见图11-8。

三、白兰地品尝

白兰地的品尝方式与葡萄酒不同，选择白兰地专用酒杯即郁金香形杯或小口大肚玻璃杯，有的为矮脚酒杯，有的则完全没有杯脚，饮用时直接用手托住底部即可。避免使用葡萄酒杯。300mL的容量杯就可以充分展现白兰地浓郁的香味，尤其是杯子上方的香气。以下是各种各样的白兰地杯，其中第一个最为常见。通常的品尝步骤如下：

看外观：举杯齐眉，观察酒的颜色和澄清度。好的白兰地应该澄清透亮，晶莹剔透。白兰地的颜色和色调通常能反映酒贮藏时间的长短和质量的好坏。颜色从年轻时的稻草黄色逐

图11-8 干邑香气轮

渐转至金黄或赤金黄色、琥珀甚至红褐色，应该庄重而不娇艳。如果白兰地颜色带有暗红色或瓦灰色，则是质量较差或铁污染的标志。

闻香气：先是"静置闻香"，鼻子靠近杯口，轻嗅即可，否则过于浓烈的气味会让人极不适应，感受杯子上方香气的强度和质量，确定浓缩和蒸馏的质量；接着继续静置嗅闻从酒杯颈部上升的香气，与酒杯上方的香气做比较，这些香气共同展现了白兰地的内在品质，依此能够评估产区的特点和陈酿状况。

然后，快速摇晃酒杯使酒氧化，这次感知到的是与圆润性和持久性相关的最容易挥发的成分，分析白兰地的香气及其持续性变化。白兰地的产区和酒龄决定了其果香、花香、橡木香和香料的味道以及陈酿香。随着时间的推移，你将会感受香气从细微到厚重的过程，感受到白兰地各类香气的持续变化。

尝口味：小啜一口，让酒液缓缓滑过整个口腔，以使味蕾最大限度地感受所有风味。几毫升就足够品尝出白兰地丰富的香味了。用唾液将它们湿润并将其在舌面旋转至口腔的后部，来回品尝。这次品尝到的通常是苦涩，为了让味蕾记住白兰地的酒精度并适应它；第二次品尝时，可以稍微喝多点，以使酒的风味更加浓郁。主要感受白兰地的冲击力、强度和圆润、醇厚感的甜度。在口腔的后部，来回品尝可以感受到：鼻子闻到的花香，优质白兰地的复杂性、强度、陈酿香及余味的持久性，即入口后覆盖口腔后显示出的全部香味。像这样持续几分钟的品尝，能够评价白兰地整体的平衡性、协调性和复杂性。当品尝与闻香一致时，预示着这是一瓶好的白兰地。

综合评价：根据外观、香气、口味的感觉，对酒做出综合评价。其主要包括：白兰地成分之间的平衡性，口感的强度、优雅性和持久性。通常，年轻的干邑以其新鲜和活泼而迷人，混合着令人愉快的梨、苹果和柑橘的香味，并带有椴树、马鞭草和葡萄藤花的香味，在封闭的紫罗兰和盛开的玫瑰之间若隐若现。较老的干邑似乎把我们带到了成熟的果园，装满了成熟的桃子和杏、茉莉花的篮子，铺满干草和一束束干花的土地。然后，它们的味道像是新鲜的黄油奶油蛋糕、焦糖和榛子以及撒着肉桂、丁香、姜和椰子的蛋糕。最老的干邑，在橡木桶中慢慢陈酿，呈现出非常复杂的颜色：淡淡的蜂蜜和蜡味，令人陶醉的茉莉花、水仙花和风信子的香味，浓烈的雪松和檀香的香味，甜芒果和蜜饯菠萝的香味。然后是陈酿本身香气的显现，让人想起黄褐色的波特酒，最重要的是丰富的水果蛋糕的香气。

图11-9　白兰地酒杯

白兰地酒杯见图11-9。

下面介绍几种典型的白兰地产品评语。

1. 张裕珍藏版五星白兰地

品种：混合品种　　蒸馏方式：塔式

产区：山东烟台　　橡木桶陈酿时间：3年

外观：琥珀色、晶莹、透亮；

香气：水果、杏脯、太妃糖、干果、甘草等香气；

口味：醇和、舒顺，口味均衡、留香中长；

综合质量：佳。

获奖荣誉：2018年CMB布鲁塞尔国际烈酒大赛金奖。

张裕珍藏版五星白兰地外观包装见图11-10。

图11-10　张裕珍藏版五星白兰地
外观包装

2. 张裕可雅桶藏6年VSOP

品种：白玉霓　　蒸馏方式：壶式两次蒸馏

产区：山东烟台　　橡木桶陈酿时间：6年

外观：金黄色，晶莹、透亮；

香气：花香、果脯、杏仁、甘草、榛子等；

口味：轻盈愉悦，丰富醇和、柔顺、持久，有活力；

综合质量：佳。

获奖荣誉：2021年旧金山世界烈酒大赛银奖。

张裕可雅桶藏6年VSOP外观包装见图11-11。

图11-11　张裕可雅桶藏6年
VSOP外观包装

3. 张裕可雅桶藏10年XO

品种：白玉霓　　　　蒸馏方式：壶式两次蒸馏

产区：山东烟台　　　橡木桶陈酿时间：10年

外观：赤金黄色、晶莹、透亮；

香气：花香、香草、梨味硬糖、茉莉丁香、黑巧克力等，醇香浓郁，富有层次感，浑然一体；

口味：圆润、平衡，醇厚、绵延持久；

综合质量：极佳。

获奖荣誉：2020年CMB布鲁塞尔国际烈酒大赛金奖。

张裕可雅桶藏10年XO外观包装见图11-12。

图11-12　张裕可雅桶藏10年
XO外观包装

4. 张裕可雅桶藏15年XO

品种：白玉霓　　　　蒸馏方式：壶式两次蒸馏

产区：山东烟台　　　橡木桶陈酿时间：15年

外观：赤金黄色，晶莹、剔透；

香气：香草、肉桂、茉莉花香、丁香、黑巧克力，陈酿醇香和怡人的橡木香，浓郁而富有层次感；

口味：醇和怡人，甘润而丝滑的质感，芳醇持久，回味悠长；

综合质量：极佳。

张裕可雅桶藏15年XO外观包装见图11-13。

图11-13　张裕可雅桶藏15年
XO外观包装

四、白兰地的饮用礼仪

1. 净饮

净饮指的是不加入任何配料直接饮用，将适量的白兰地倒入白兰地酒杯中，倒入量为杯容量的1/5～1/4。另外用水杯配一杯冰水。喝酒时用手掌握住白兰地酒杯，让手掌的温度缓缓加热杯中的白兰地，让其香味挥发，充满整个酒杯，边闻边喝，以充分享受饮用白兰地的无穷奥秘。冰水的作用是每喝完一口白兰地，可以喝一口冰水，清口，能使下一口白兰地的味道更加香醇，当然，也可不用冰水。

2. 兑饮

由于白兰地口感浓烈，适当兑水，或加点冰块、果汁等混合饮用可以降低白兰地的浓度，使其更加美味易饮。有些贮藏年限短的白兰地如果直接饮用，难免有酒精的刺口辣喉感，这时兑上矿泉水、冰块或热茶，既能使酒精度得到稀释，减轻刺激感，又能保持白兰地的风味不变。勾兑后的白兰地既是夏天午后的消暑饮料，又是丰盛晚宴上的品饮佳品。

常见的几种兑饮方法：

姜水白兰地：三大块冰＋白兰地＋适量姜水。

橙汁白兰地：三大块冰 + 1份白兰地 + 2份鲜橙汁。

加汽水白兰地：三大块冰 + 2份白兰地 + 1份柠檬汁 + 苏打（适当）。

漂浮白兰地：三大块冰 + 矿泉水 + 白兰地（缓缓倒入，使酒漂浮于水面上）。

3. 调制鸡尾酒

白兰地也可作为基酒来调制五彩缤纷的鸡尾酒，常见的如 Jack Rose、French Connection、Nikolaschka 等。

白兰地可以作为餐前的开胃酒，也可以作为餐后的消食酒来饮用。当然。在用餐时间之外，例如在酒吧，白兰地也是可选择的酒种。一些成功人士或老派绅士，都会点上1盎司（约28.4mL）白兰地，浅斟慢酌，彰显出尊贵和荣耀。

4. 白兰地的存放

白兰地和葡萄酒不同，它装瓶之后质量的变化就很小很慢了，基本上就是定型产品。贮存时注意保持低温、避光、勿震动、无异味、不渗漏。

打开的酒，可用瓶塞密封后在常温下保持1～2周，如果冷藏可放更长的时间。当然，如果要获得最佳的饮用效果，最好是打开后尽快饮完。

五、白兰地与保健

白兰地不同于其他酒类，似乎从它诞生之日起，就体现了一种高贵、优雅的气度，是地位、身份、荣耀的象征，是一种贵族生活的展示。喝白兰地不仅仅是为了感官上的享受，也是人与人之间一种重要的交际手段，喝这种饮料是一种表达尊敬和酬谢的方式，在亲朋好友的交往中，如果把一只上好的白兰地作为赠予对方的礼品，那更多地是显示出一种庄重，一份深深的情义。

白兰地是葡萄酒蒸馏、陈酿而成。白兰地中的单宁可以提高人体毛细血管的功能。当人体吸收过量酒精时，白兰地中的非酒精挥发物可使酒精排出体外。

白兰地中的非酒精挥发物还具有杀菌作用。研究表明，在白兰地酒厂工作的工作人员没有患结核病及其他细菌性传染病的，流感也很少蔓延。因此，在一些欧美国家里，医生们经常用白兰地来防治流感。

白兰地还具有镇定神经的作用，并能改善心理焦躁不安的状态，饮少量白兰地，能起到安神的作用。

白兰地对腰背疼痛及关节炎有镇疼的作用。

白兰地对心血管能起到良好的扩张作用，提高心血管的强度。法国心脏病专家常为心绞痛病人开一点白兰地。

白兰地还能促进钙、磷、镁、锌在体内较好地吸收。

常喝葡萄酒包括白兰地的人比一般人得阿尔茨海默病及其他型痴呆症的概率低。

白兰地是护肤美容佳品。国际上的化妆品专家研究表明，以白兰地作为添加剂的护肤化妆品具有特别的护肤效果。有些地方甚至有"白兰地浴"，用白兰地洗浴，能改善皮肤的血液循环，达到美容护肤的效果。

当然，白兰地毕竟是一种含酒精饮料，应该适时适量饮用，方能达到其丰富生活、愉悦身心、保健营养之效果。

六、白兰地轶事

白兰地在长期发展过程中，留下了许多传说和故事，这些故事又让白兰地显得更加浪漫、迷人，平添了许多神奇、瑰丽的色彩。

拿破仑一生驰骋疆场，足迹遍及欧洲，每次大战必携干邑白兰地以犒劳战功卓著的将士，于是在欧洲曾掀起"干邑"旋风，干邑白兰地于是被称为"英雄的酒"。英国著名文学家塞缪尔·约翰逊（Samuel Johnson）就曾说过："那些渴望成为英雄的人，就得饮用白兰地。"欧洲人更是毫不吝啬地夸赞"没有白兰地的餐宴，就像没有太阳的春天。"

英国首相丘吉尔也是一位白兰地的忠实拥趸，对干邑情有独钟。他每天早上都要喝一杯干邑白兰地，这个习惯保持了一生。对于丘吉尔来说。雪茄和白兰地是他生命中不可或缺的两大嗜好品。

20世纪50年代，法国欲向美国出口著名的干邑白兰地，而美国人却因为对白兰地缺乏了解，并不感兴趣，以至于销路一直无法打开。如何让美国人喝法国酒呢？最终法国人策划了一个绝妙的办法：法国人民为了表达对美国总统的友好感情，特选赠2桶极其名贵的已经陈酿了67年之久的干邑白兰地作为贺礼，并计划于艾森豪威尔总统67岁生日的时候献给他。艾森豪威尔生日那天，法国用专机将2桶白兰地运到华盛顿，并举办了隆重的献酒仪式。法国侍卫们抬着由著名艺术家精心装潢的2桶白兰地从机场出发经过华盛顿宽敞的大道走向白宫，数十万计的美国市民夹道观看，盛况空前。美国几乎所有的媒体都进行了报道。从此，法国白兰地在美国市场上战胜了所有竞争对手，成为美国最受欢迎的酒类。

香港小说家倪匡在一次拜访女作家琼瑶时，琼瑶问："我应该用什么好东西来招待你呢？"倪匡风趣地说："世界上最名贵的液体，以法国出产的最为著名。"琼瑶听了以后，恍然大悟，马上走进房间，把一瓶法国香水拿出来往空中一喷说："用你的鼻子嗅一嗅吧，这就是最贵的法国液体——香水。"倪匡哭笑不得："我说的是法国白兰地呀！"故有"女人的香水，男人的白兰地"之说。

第十二章

新产品开发
与质量管理体系建设

对葡萄酒企业而言，产品开发是公司发展的基础，也是企业持续发展的源泉。而质量安全体系建设则是企业生存的底线，也是现阶段保证食品质量安全的基本要求。质量管理体系则是保证各项标准、规范、工艺、操作流程得以实施的有效管理工具。

第一节　如何进行新产品开发

理念设计是新产品开发设计的基础，要考虑是否适合品牌定位，是否符合市场需求和潜在的消费潮流，是否与酒文化和自身的企业文化相适应。如一些企业推出的有机酒、生态酒系列产品，顺应了国际酒类市场发展趋势，又符合现代人崇尚自然、关注健康的消费理念，取得了较好的市场效果。

一、开发原则

1. 以客户需求为导向

充分收集市场信息，在对市场调研的基础上构思与筛选新产品开发方案，如老产品的主要缺陷、竞品的特点等。在产品开发方面，市场和技术部门之间的高效沟通非常重要，任何脱离市场的产品开发就是在闭门造车。

2. 既要适应市场，又要引导市场

这对仍处于消费初级阶段、消费者认知较少、产品类型繁多的葡萄酒更是如此。

3. 新产品一定要有营销卖点

新产品要充分体现差异化，有打动消费者的质量诉求等，例如新品类、新口味、新的质量等级表达等。

4. 在最大受益的原则下，开发新产品

不一定最优质的产品就有最大的收益，企业家眼中的好产品与消费者眼中的好产品是有区别的，只有在质量、价格、需求综合比较有优势的产品才是好产品。

5. 内外并修

既要重视内在质量的开发，更要重视外观质量创新，要用过目难忘的颜值吸引消费者，留下记忆点。

6. 要适合企业自身条件

新产品开发需要综合考虑企业的资源情况、生产条件、技术力量、资金与原材料供应渠道、质量控制要求、生产规模大小等因素。

二、开发流程

1. 提出需求

市场定位准确与否直接关系到产品开发的成败，产品的市场定位应充分与市场细分相结合，考虑不同层次不同类型的消费需求。尤其要注重市场调查和分析，以及对潜在消费需求的准确预测。

要充分了解用户需求，根据需求提出创意，并建立产品概念。产品创意的提出主要有以下3种途径：市场销售人员提出的创意、技术研发部门提出的创意、企业主要领导提出的创意。

2. 产品设计

产品设计要明确产品定位及产品卖点，突出产品的特点、个性与差异性；有创新的设计、开发管理理念。对葡萄酒企业而言，产品开发的类型主要包括：新品种（系）、新产地的选择；创新的酿酒工艺；新的产品风格；配方、配比的调整；产品升级；外观（商标、外箱、礼盒）的设计等。

（1）**品牌名称设计**　这里主要是指酒名设计。好的酒名应通俗易记，便于联想和流传，能较好地反映酒文化特征。1998年，中国古今酒名调查研究小组与北京图书馆专门进行了一次大规模的白酒名统计调查，从古至今白酒名数以万计，有据可查的即达2070余个，但真正酒民皆知的却不是很多。在酒名设计时，要打破传统思维定式，创新思路。例如近年出现的江小白、百年孤独、店小二、小角楼等均以独特的名称或具有一定的文化内涵走俏区域市场。

（2）**内在质量设计**　要明确客户群体、产品定位、产品风格、产品标准、生产工艺流程等。

科学合理的内在设计（类型、等级、风格特点等）是保证产品内在质量的关键。内在设计的对象主要是指酒的色、香、味、风格及典型性。由于消费者的口味趋向多元化，不再局限于原有的干型、甜型葡萄酒和白兰地等少数的几个类别，不再局限于单一的香气和口味。这就要求葡萄酒企业要多分析国外的葡萄酒、白兰地等的酿造工艺，通过比较研究不同区域消费者主流口味的嗜好，开发出一些适应市场需求的产品。

另外，要充分重视对酒评价语言的提炼，使其更好地烘托品牌的文化内涵。

（3）**外包装设计**　包括瓶型选择、封口方式（软木塞、螺旋盖）、商标设计（颜色、线条、纸张、LOGO、文字标注等）、礼盒、纸袋、外箱等。

包装是最早接触消费者视线的东西，如果说酒体如人，则包装如衣。好的包装是产品最好的广告，具有树立企业品牌形象和引导消费等作用。在内在产品同质化明显的情况下，包装设计时应充分进行创新思维，突出产品的个性化特征。

（4）**产品的价格体系设置**　产品定价是一项非常重要的工作。合理的定价对市场拓展往往能起到非常大的作用，也是产品使消费者乐于接受，进而喜爱的基础，作用仅次于内在质量对消费者的影响。所以，定价必须做深入细致的市场调研。可以说，合理的价格定位，是产品成功的开始。

3. 市场推广计划

市场推广就是选择合适的场所或媒体针对合适的人群开展形式多样的宣传告知，让这些人群产生好感，达成感性消费。

葡萄酒属于快速消费品，其新品上市推广的主要作用就是通过产品品鉴、广告、促销等形式手段，建立产品知名度乃至美誉度，引导消费者产生首次购买、重复购买。新品市场推广要想获得成功，必须建立严密的市场调查，根据市场调查分析报告制定出详细的新产品推广方案。

4. 产品销售

在新品上市之前，最好在不同类型的市场小批量试销，结合大数据，选择不同类型的客户，线上线下结合，请消费者和客户提出反馈和建议，针对市场的反应决定是否批量投入生产。

在试销的基础上，在目标市场全面展开营销推广，上市销售。

以宁夏张裕摩塞尔酒庄赤霞珠干白葡萄酒的产品开发为例：众所周知，赤霞珠是一个红葡萄品种，在全球广泛栽培，享有盛名，但都是以干红葡萄酒的类别出现。用赤霞珠红葡萄酿造一款干白葡萄酒，是一个非常新奇的想法和创意，是一个极好的创新产品，在市场上很容易让消费者记住，不易忘却。产品上市后，获得国内外业界的一致好评，不仅是因为品质好、口感佳，更是因为产品与营销创新的结合非常到位，产品销售持续增长。

第二节　生产过程中的质量控制

葡萄酒生产是一个从葡萄到葡萄酒乃至贮运全程质量控制的过程。生产企业应对产品生产的关键环节及控制点实施严格的质量指标控制。结合多年的生产实际，提出各环节监测和控制的主要指标如下。

一、葡萄原料

1. 对葡萄园进行分级、分类管理

根据葡萄园的风土条件和葡萄原料的质量状况，对葡萄园进行分级、分类管理。例如A级葡萄园，B级葡萄园，C级葡萄园，白兰地用葡萄园等。

2. 监测、分选葡萄原料

对葡萄原料监测理化指标、感官指标以及安全性指标（农残、甜味剂、重金属、赭曲霉毒素A等），并进行大田、葡萄接收现场及穗选粒选的三级分选。

3. 葡萄浆果成熟质量的分析

（1）分析项目　外观指标、理化指标、风味成分、感官质量等。

（2）评价步骤　随机选择果穗或果粒样品，进行视觉评价、物理指标评价、风味成分分析和感官品尝评价。

二、发酵过程

发酵过程包括发酵温度、相对密度、酒精度、残糖、挥发酸、二氧化硫、pH、酒石酸、苹果酸、乳酸、辅料安全性指标、感官品尝、循环方式与频次、浸渍时间等。

三、原酒质量

（1）对发酵结束后的原酒进行品尝分级。

（2）测定理化指标 酒精度、残糖、总酸、苹果酸/酒石酸、pH、挥发酸、总二氧化硫、游离二氧化硫、干浸出物、铁、铜、色度等。

（3）测定安全性指标 农残、甜味剂、塑化剂、甲醇、氨基甲酸乙酯、生物胺（BA）、重金属、赭曲霉毒素A等。

（4）根据感官评价分数、理化指标、安全性指标对原酒进行综合评价，实行分级管理和使用。例如把葡萄原酒分为A级、B级、C级、D级等，并确定其合理用途。

四、半成品质量

半成品的监测主要包括感官质量、理化指标、稳定性检测、安全性指标（农残、甜味剂、塑化剂、色素等）、主要处理工艺等。

五、成品质量

（1）感官质量评价 颜色、香气、口感、典型性、感官评分。

（2）理化指标 酒精度、残糖、总酸、挥发酸、总二氧化硫、游离二氧化硫、干浸出物、铁、铜、色度等符合内控标准要求。

（3）微生物指标 沙门菌、金黄色葡萄球菌：不得检出，酵母≤10个/750mL。

（4）溶解氧含量 灌装（装瓶）≤2.0mg/L。

（5）安全性指标 农残、甜味剂、塑化剂、色素等符合内控标准要求。

（6）软木塞TCA含量控制 成品聚合塞、1+1贴片软木塞和香槟塞的TCA含量≤4.0ng/L；微颗粒塞TCA≤1.5ng/L；天然塞TCA含量≤2.0ng/L（出口TCA含量≤1.5ng/L）；酒庄酒TCA含量≤1.5ng/L，聚合塞TCA含量≤3ng/L。

（7）瓶口内径尺寸的控制 瓶口内径3mm高度处控制在18~19mm，25.4mm处控制在17.9~20.32mm，44.5mm处控制在17.9~20.95mm。

六、其他

（1）酒窖的温度：12℃（冬春）~16℃（夏秋）；湿度：60%~80%；原酒的挥发酸≤0.6g/L；

游离二氧化硫为30～40mg/L等。

（2）关键环节溶解氧含量控制范围　贮藏、陈酿≤0.5mg/L，下胶及过滤≤1.5mg/L，冷冻及过滤≤2.0mg/L，调配≤1.0mg/L，除菌≤0.5mg/L，灌装（装瓶）≤2.0mg/L。

第三节　如何建立食品质量安全体系

按照《食品安全法》及各级政府监管的要求，食品质量安全体系主要包括安全性指标控制，生产设施（设备）、生产现场符合法律法规要求，所生产的产品能够实现全过程追溯。

一、安全性指标控制

1. 按照来源分类

（1）原料　农残，赭曲霉毒素A，不良添加剂，铅、砷、氰化物。

（2）微生物代谢物及发酵产物　氨基甲酸乙酯（EC）、生物胺、甲醇、杂醇油等。

（3）加工助剂和添加剂

①防腐剂类：山梨酸钾、苯甲酸钠、脱氢乙酸（钠）、二氧化硫、那他霉素、杀菌消毒剂。

②色素类：日落黄、柠檬黄、胭脂红、苋菜红、亮蓝、诱惑红、赤藓红、新红。

③甜味剂：糖精钠、安赛蜜、阿斯巴甜、纽甜、甜蜜素、三氯蔗糖等。

（4）其他　塑化剂、TCA、乙二醇等。

2. 主要安全性指标的影响因素

（1）氨基甲酸乙酯（Ethyl Carbamate，EC）　EC具有一定的遗传毒性和致癌性，是发酵食品和酒精饮料的伴随产物。国际癌症研究机构将EC列为2A类可能致癌物质名单。目前，不同国家对酒精饮料中EC的限量要求有各自的标准，具体情况见表12-1。

表12-1　不同国家对酒精饮料中EC的限量要求
单位：μg/L

国家	葡萄酒	加强葡萄酒	蒸馏酒	清酒	水果白兰地
加拿大	30	100	150	200	400
捷克	30	100	150	200	400
法国	nr	nr	150	nr	1000
德国	nr	nr	nr	nr	800
美国	15	60	nr	nr	nr
瑞士	nr	nr	nr	nr	1000

注：nr表示暂无规定。

①葡萄酒中EC的形成途径：尿素、瓜氨酸分别与乙醇反应。尿素的主要来源有原料本身所含，及在酒精发酵过程中，精氨酸被微生物降解产生尿素；葡萄汁中含有一定量的瓜氨酸，在酿造过程后期，精氨酸通过苹果酸-乳酸降解途径也会生成瓜氨酸。干白原酒中，尿素含量在0.3～62.2mg/L，平均值为2.5mg/L；瓜氨酸含量在0～204.4mg/L；精氨酸含量在55～1012mg/L。

因此，葡萄酒中EC的形成主要与尿素、瓜氨酸、精氨酸三种底物的含量密切相关。瓜氨酸与尿素均参与EC的合成。

一般情况下，红葡萄酒中的EC含量为10～20μg/L，白葡萄酒中的含量为10～25μg/L。但白葡萄酒中的含量更容易受外界温度的变化而升高。

②葡萄酒中EC生成的主要影响因素

葡萄原料（氮含量）：葡萄中的尿素含量越高，EC的含量会相应增加。

发酵辅料与发酵条件。

a. 酵母：酵母代谢精氨酸以及尿素的分泌具有菌株特异性，不同酵母精氨酸代谢能力存在显著差异，直接影响EC含量。

b. 发酵温度：发酵温度升高，EC生成量呈增加趋势。温度越高，发酵结束后葡萄酒中的EC含量也越高，比较20℃和28℃两个发酵温度，EC含量的增幅达到了14.51%。

c. 乳酸菌：葡萄酒乳酸菌降解精氨酸、分泌瓜氨酸具有菌株特异性。不同乳酸菌产EC能力存在显著差异，代谢精氨酸的能力越强，生成的尿素就越多，导致生成的EC就越多。

d. 酵母泥陈酿：酵母泥陈酿的葡萄酒中EC的含量会增加。

e. 尿素酶：尿素酶可以降低尿素的含量，从而降低EC的含量。

f. 发酵助剂的过量使用会增加EC含量。

储存与运输温度对EC含量影响非常大，随着储存温度的升高和时间的延长，酒中EC含量增长率明显上升。

5℃条件下，EC增长率较低，为8.73%～11.63%。

20℃条件下，EC增长率为11.13%～114.75%。

30℃条件下，EC增长率达到49.23%～290%。

40℃条件下，EC增长率最高，达到143.88%～339.88%。

③控制措施：严格控制葡萄的氮肥使用量，最大限度减少葡萄原料中的氮源（尤其是在葡萄生长中后期）；选择产EC较少的酵母，将发酵温度控制在较低的范围内，控制营养盐的使用，最大限度减少发酵醪中的氮素营养；控制贮藏贮温度不超过15℃。

④白兰地中的EC：白兰地的原酒发酵阶段、蒸馏阶段和陈酿阶段中皆可形成。发酵过程中主要是在微生物的作用下通过生物化学反应形成，蒸馏过程中主要在高温和金属离子等共同作用下通过化学反应形成，而陈酿阶段主要是在长时间的金属离子作用下通过物理化学反应形成。

白兰地原料酒中的EC只有少部分进入原白兰地，这是由于EC有较高的沸点，白兰地中接近80%的EC是在蒸馏阶段中形成的，白兰地原料酒中的尿素在高温作用下也可形成异氰酸和氰酸，在蒸馏锅中这两种物质可形成EC。而低pH和具有催化作用的金属离子的存在也有利于形成氨酸。

在陈酿阶段，白兰地中EC的形成主要通过两条途径，其一是EC前体物质通过金属离子的催化作用；其二是EC前体物质通过光化学途径，发生氧化，再与乙醇发生酯化形成EC。

（2）生物胺（Biogenic Amines，BA） 生物胺是一类低分子质量的含氮有机化合物，普遍存在于葡萄酒等发酵食品中，是致癌物质的前体。长期食用含高浓度BA的食品，会引起很多不良反应，如头疼、呼吸紊乱、心悸等。BA还与喝酒上头有关。

葡萄酒中主要的生物胺有：组胺、色胺、腐胺、精胺。其中，干白葡萄酒中总体水平较低，为0.05～0.53mg/L，平均0.285mg/L；干红葡萄酒为1.04～5.58mg/L，平均3.742mg/L（司合芸，李记明，2009）。组胺是研究最多、对人体影响最大的生物胺，主要影响因素有：

①葡萄原料

a. 氮含量：作为生长调节因子，若葡萄生长过程出现氮过量或者矿物质缺乏，生物胺的含量就会增加。

b. 品种差异：不同品种的葡萄中生物胺含量也不相同，比如在同等条件下，西拉葡萄酒中腐胺、亚精胺和精胺的浓度均高于歌海娜葡萄酒。

②发酵辅料与发酵条件

a. 酵母菌种类：使用不同酵母菌发酵，葡萄酒生物胺含量也不同。

b. 酵母接种量：接种量提高，生物胺总量也随之增加。

c. 果胶酶种类：不同果胶酶对BA的含量也有影响。

d. 发酵温度：温度越高，生物胺增加越迅速。

e. 乳酸菌：乳酸菌是发酵过程中影响BA含量的最重要因素。苹果酸-乳酸发酵（MLF）之后，组胺、酪胺和腐胺的含量都会增加，主要是乳酸菌中氨基酸脱羧酶的活性增强导致的。

f. pH：pH较高时，细菌繁殖较快，生物胺产生较多。

g. 酒泥接触：酵母可以通过自溶效应释放氨基酸，因此发酵结束后酒和酒泥接触时间过长也会导致葡萄酒中生物胺含量升高。

（3）甲醇及杂醇油 甲醇（Methanol）对血管有麻痹作用及有导致神经变性的作用，含量过高会引起失明。杂醇油（Fusel Oil）是指高级醇的混合物，主要包括异丁醇和异戊醇，是葡萄酒的呈香物质之一。适量的高级醇能够使葡萄酒中的果香更加优雅、和谐，酒体更加丰满；但含量过高则会影响葡萄酒的风味和口感，甚至人体健康；它能使人头痛、恶心、呕吐。

主要影响因素有：

①不同品种葡萄的总氮含量不同，氮含量不足会影响酵母合成代谢，产生较多的高级醇；葡萄果胶含量越大，甲醇含量就越高。

②酵母菌种及接种量不同，甲醇及杂醇油产量不同，发酵不完全会导致高级醇含量偏高。

③添加果胶酶，甲醇及杂醇油均会增加。

④发酵温度越高，加糖量越大，高级醇含量就越高；而与分次分批加糖相比，一次性加糖生成的杂醇油稍高。

⑤在贮存容器方面，采用橡木桶贮藏有利于葡萄酒中各类物质的聚合，有利于甲醇含量的降低。

对白兰地而言，去皮发酵、低温发酵、使用专用酵母能显著降低产品中的甲醇和杂醇油含量。

3．主要安全性指标的控制限量

（1）农药残留量

①中华人民共和国农业部第199号公告中，国家禁用农药和限制使用的40种农药，葡萄原料中不得检出。

②GB 2763—2021《食品安全国家标准　食品中农药最大残留限量》中规定的葡萄中限量使用的216种农药，需要经常监测和控制的有多菌灵、烯酰吗啉和甲基硫菌灵等14种农药。具体限量标准见GB 2763—2021标准规定。

（2）氨基甲酸乙酯（EC）　目前国际上加拿大和美国对此有控制标准。我们确立的葡萄酒中的内控标准为≤30μg/kg。

（3）生物胺，组胺≤10mg/L。

（4）甲醇　红葡萄酒≤400mg/L，白葡萄酒≤250mg/L。

（5）产品安全指标限量标准（内控）如表12-2所示。

表12-2　产品安全指标限量标准（内控）

指标安全等级	指标名称	控制产品	执行标准	指标限量
一级	农残	葡萄、葡萄酒	GB 2763—2021	详见国标文件
	铅	葡萄酒及其配制酒	GB 2762—2017	≤0.2mg/L
		蒸馏酒及其配制酒	GB 2762—2017	≤0.5mg/L
	氰化物	蒸馏酒及其配制酒	GB 2757—2012	≤8.0mg/L（100%乙醇）
	展青霉毒素	苹果酒	GB 2761—2017	≤50μg/kg
	赭曲霉毒素A	葡萄酒	GB 2761—2017	≤2.0μg/kg
二级	甲醇	葡萄酒	GB 15037—2006	白葡萄酒≤250mg/L 红葡萄酒≤400mg/L
		蒸馏酒及其配制酒	GB 2757—2012	≤2.0g/L（100%乙醇）
	塑化剂	葡萄酒	卫办监督函【2011】551号	DBP≤0.3mg/kg DEHP≤1.5mg/kg DINP≤9.0mg/kg
		白兰地	国卫健字【2016】267号	DBP≤1.0mg/kg DEHP≤5.0mg/kg DINP≤9.0mg/kg

指标安全等级	指标名称	控制产品	执行标准	指标限量
二级	氨基甲酸乙酯	葡萄酒	内控	≤30μg/kg
		白兰地		≤400μg/kg
	生物胺	葡萄酒	内控	组胺≤10mg/L
	TCA	聚合塞、香槟塞、1+1贴片软木塞	内控	4.0ng/L
		微颗粒塞		1.5ng/L
		国内市场天然塞		2.0ng/L
		出口产品天然塞		1.5ng/L
		新木桶		0.6ng/kg
		使用1年以上木桶		0.4ng/kg
		酒庄酒		1.5ng/L
		聚合塞葡萄酒		3ng/L
三级	山梨酸	葡萄酒	GB 15037—2006	≤200mg/L
	苯甲酸	葡萄酒	GB 15037—2006	≤50mg/L
		加气苹果酒	GB 2760—2014	≤0.8g/kg
	人工合成色素	葡萄酒	GB 15037—2006	不得检出
	二氧化硫	葡萄酒	GB 2760—2014	≤0.25g/L
		甜型葡萄酒		≤0.4g/L
	甜味剂（甜蜜素、糖精钠、安赛蜜、阿斯巴甜）	葡萄酒	GB 15037—2006	不得检出

备注：原料、辅料及添加剂的安全性指标执行其相关国家安全性标准。

二、生产条件及设施管理

企业生产场所的硬件要完全按照相关规范的要求合理布局。依据《中华人民共和国食品安全法》《生产许可证审核细则（葡萄酒及果酒）》《食品生产通用卫生规范》、GB 12696—2016《发酵酒及其配制酒生产卫生规范》和GB/T 23543—2009《葡萄酒企业良好生产规范》等法律法规的要求，厂房、设备等硬件应达到如下要求：

（1）厂房、设备整洁、干净。

（2）根据清洁程度的要求，对生产作业区合理划分，并采取有效的分离、分隔措施。

（3）所有封闭车间入口要有更衣室，应具备杀菌设施（如紫外灯）、斜顶更衣柜、挂衣架等设施，更衣柜要保证个人物品与工作服分开放置。更衣后有洗手消毒设施（非手动洗手池、洗手消毒液、干手机、洗手方法图、鞋底消毒池等），并能够正常使用。

（4）原辅料库材料存放有序，区域划分清晰，标识清楚，有清晰的出入库记录卡。食品添加剂仓库应隔离出单独区域存放，明显标示，分类贮存。

（5）人流、物流科学合理，不能相互交叉，原料、半成品、成品之间也要避免相互污染。

（6）设备应制定定期保养维护制度和记录，设备应定期清洁、消毒，有清洗消毒制度及记录。

（7）化验检测设备应定期校准、维护。

（8）车间应配备挡鼠板、鼠笼、灭蝇灯、可开窗户装纱窗等防虫、防鼠、防蝇（三防）设施，下水道应有水封地漏。车间通风口应有防治虫害入侵的网罩等设施。有虫害控制图，标明三防设施（需要编号）的位置，制定虫害控制措施，定期检查三防装置使用情况并记录。

（9）生产现场无虫害迹象，食品和原料上方的照明灯应有安全照明设施并采取防护措施。

三、产品质量追溯体系

建立食品质量安全追溯体系是《食品安全法》的要求，是各类监管部门检查的主要内容，是保障食品安全、降低安全风险的有效手段。建立以保障葡萄酒质量安全为核心的追溯体系，以实现从酿酒葡萄种植、葡萄酒生产、流通、消费全过程的产品信息可追溯。

建立葡萄酒全过程信息化追溯系统，对外可实现对市场问题的快速分析判断，便于及时采取措施妥善处理，提高应对市场风险的反应速度和能力；对内可进行问题原因的快速查找分析，及时明确责任，采取改进措施，提高产品质量和食品安全管理水平。

可追溯体系可以起到对食品安全"确责"与"召回"的作用，明确食品安全责任的归属，确定责任人；明确不合格产品的批次，实现产品快速、准确召回；通过"确责"与"召回"，最终实现对产品的"顺向可追踪、逆向可溯源、风险可管控、改进质量有依据、问题原因可查证、责任可追究"的质量安全管控体系，能够有效提高企业的风险应急处理能力，同时也有利于企业的品牌发展。

追溯系统具体来讲，可以将葡萄酒生产过程按照生产流程进行分解，梳理出原料基地管理、原辅料验收、发酵、贮存、陈酿、调配/贮存、冷冻与过滤、贮存/除菌过滤、灌装、包装和销售11个主要工序。首先，要做好每个工艺环节完整的操作记录（包括采用标准、工艺流程、操作规范、操作记录等）；其次，要按照批次产品能够实现完整追溯的要求，设计各工序的质量安全追溯记录，可赋予每个环节质量安全追溯号，通过质量安全追溯号将每个记录进行编码；每个记录应对应上一工序的质量安全追溯号（编码），以实现对生产环节的快速追溯。同时，建立电子版追溯台账，以每个经销商订单的每个产品编码为基本单元进行建档，由综合办公室→技术质量科→封装车间→酿造车间→葡萄基地逆向填写电子台账，可以快速找到各个工序的记录信息。

对于小企业或酒庄，可采用上述手工记录辅助信息化手段。而对于大型企业而言，应采用信息化手段建立此追溯系统。

四、质量安全责任落实

企业建立健全产品质量安全风险防控体系，应该从制度建设、生产过程管理、责任分工、奖惩机制等方面全面落实食品安全主体责任，生产全过程要做到安全监管无缝覆盖，确保每个关键环节的安全性指标合格率100%，明确各环节的责任人及工作要求，签订好各级质量安全责任状。

1. 各环节安全指标关键控制点的建立

根据产品特点，确定质量安全指标及其控制点，按规定取样进行安全性指标检测，并建立检测档案，同时使安全性指标具有追溯性。

2. 葡萄原料管理

由葡萄种植公司（部门）或原料供应方负责；应严格执行企业的原料控制办法，确保原料各项安全指标达标。

3. 原辅料接收管理

（1）采购原料、原酒必须进行安全性指标检验，任何一项安全性指标不合格的不能采购。

（2）采购原辅料（包装材料、辅料）：常规原辅料要根据采购情况每半年由供应商提供第三方安全性指标检验报告，当供应商更换或原供货方工艺、材料发生变化时必须提供第三方安全性指标检验报告，并取样抽验，确保原辅料的安全性指标100%合格，合格后方可接收。

（3）应规定原料验收环节、加工环节的直接责任人的职责和安全责任；确定加工辅料、食品添加剂及相关产品验收环节、使用环节的直接责任人的安全责任。

4. 生产过程管理

（1）各生产环节要严格按工艺文件进行操作，并做好相应记录。

（2）可在相应的生产加工场所安装清晰的监控装置，记录生产过程。派专人定期对记录的内容进行确认，并做好记录，发现异常立即报告并妥善处置。

（3）要对所有半成品和成品每批次都实行检测，发现问题立即处理，不允许进入下道工序。对于外源性的要查找原因，停止引入，各指标必须控制在合格范围。要确保各生产环节的安全性指标100%合格，确保成品合格。

（4）不添加标准不允许添加的物质，不超量、超范围使用各类食品添加剂。对需要添加辅料和添加剂的产品，必须有专人添加、专人监督，保证加量符合标准要求。

5. 出厂检验管理

出厂的每批产品，各项感官指标、理化指标和安全指标必须达标，外包装质量必须合格。各生产企业经理负总责，技术质量经理负具体领导责任，再根据生产过程要求，进一步明确各环节直接责任。

第四节 质量管理体系及认证

管理，就是通过计划、组织、指挥、协调与控制组织内以人为中心的资源及职能，以实现组织目标的活动。企业的质量管理就是围绕质量而进行的一系列有组织的活动，其核心内容包括三项：标准化、计量、认证认可等。

一、标准化工作

（1）标准是对重复性事物和概念所做的统一规定。它是以科学、技术和实践经验的综合成果为基础，经有关方面协商一致，由主管机构批准，以特定形式发布共同遵守的准则和依据。

标准是衡量产品质量和各项工作质量的尺度，是企业进行生产技术活动和经营管理工作的依据。标准分为四级，即国家标准、行业标准、地方标准以及企业标准。企业生产必须遵循国家、行业、地方的相关标准，同时还需要制定企业的各项技术标准或管理标准，比如原辅料检验标准、产品标准、工艺规程或标准等。标准一方面是衡量产品质量以及各项工作质量的尺度；另一方面，它又是企业进行生产、技术管理、质量管理工作的依据。

（2）标准化工作是指标准的制定、执行和管理工作，它是企业各项管理工作的基础，是实行科学管理的重要手段。它的本质是为了寻求各方面的良好效益（或效果）而采取的统一的手法、手段和原则。标准化是一个发展着的运动过程，包括制定、贯彻、修订、完善标准的全过程，这是一个不断循环和螺旋式上升的过程。

标准化工作包括技术标准、管理标准、工作标准，它是一个完整的标准化管理体系。其中，技术标准包括产品标准、基础标准、方法标准、安全卫生与环境保护标准；管理标准包括管理业务标准、质量管理标准、程序标准；工作标准包括专用工作标准、通用工作标准、工作程序等。

（3）企业标准化的基本任务就是通过制定和贯彻标准，使企业的生产、技术、经营活动合理化，实现企业规范管理、改进质量、提高效率、降低成本的目标。

标准化是质量管理的基础，质量管理是贯彻执行标准的保证。在企业中实行标准化，就是对产品的尺寸、质量、性能以至技术操作等各个方面，全部规定出标准，根据这些标准来组织生产技术和活动，把全体员工的行动都纳入执行标准的轨道上来，严格遵守和达到这个标准，并为提高和超过这个标准而努力。加强质量管理，必须自始至终都以标准化为工作依据，抓好标准化工作，如ISO9000、ISO14000等。

同时，标准化工作的贯彻实现一步也离不开质量管理，因为包括产品技术标准在内的各方面标准的贯彻，都必须通过全面质量管理来实现。如通过设计过程的质量管理，对图样、试样、工艺规程等进行标准化审查，使全部设计符合标准化要求；通过生产过程技术准备和制造过程的质量管理，根据制定的各项标准，对日常生产中的图样及样品等技术文件、材料、设备等方面的执行情况进行检查和改正，促使实现标准化的要求，不断巩固和扩大标准化的成果。因此，质量管理是标准化的保证。

（4）**葡萄酒相关标准**　在葡萄酒的标准层面上，我国有关部门先后出台了一系列标准。从1984年颁布第一个葡萄酒产品标准，即原轻工部的部颁标准QB 921—1984《葡萄酒及其试验方法》开始，陆续制定、修订了一系列标准、规范。初步建立齐了从原料到贮运的产品标准体系。目前，我国已经建立齐了比较完善的葡萄酒标准体系。我国现行葡萄酒标准体系包括63项标准，其中国家强制性标准9项，推荐性标准19项，其他类标准35项，见表12-3。

表12-3　我国葡萄酒行业相关标准（63项）

强制性国家标准（9个）
GB 2757—2012《食品安全国家标准　蒸馏酒及其配制酒》
GB 2758—2012《食品安全国家标准　发酵酒及其配制酒》
GB 2760—2014《食品安全国家标准　食品添加剂使用标准》
GB 2761—2017《食品安全国家标准　食品中真菌毒素限量》
GB 2762—2017《食品安全国家标准　食品中污染物限量》
GB 2763—2021《食品安全国家标准　食品中农药最大残留限量》
GB 12696—2016《发酵酒及其配制酒生产卫生规范》
GB 8951—2016《蒸馏酒及其配制酒生产卫生规范》
GB 7718—2016《食品安全国家标准　预包装食品标签通则》
推荐性国家标准（19个）
GB/T 15037—2006《葡萄酒》
GB/T 15038—2006《葡萄酒、果酒通用分析方法》（部分有效）
GB/T 5009.48—2003《蒸馏酒及其配制酒卫生标准的分析方法》（部分有效）
GB/T 5009.49—2008《发酵酒及其配制酒卫生标准的分析方法》
GB/T 11856—2008《白兰地》（部分有效）
GB/T 17204—2008《饮料酒分类》
GB/T 20820—2007《地理标志产品　通化山葡萄酒》
GB/T 18966—2008《地理标志产品　烟台葡萄酒》
GB/T 19049—2008《地理标志产品　昌黎葡萄酒》
GB/T 19265—2008《地理标志产品　沙城葡萄酒》
GB/T 19504—2008《地理标志产品　贺兰山东麓葡萄酒》
GB/T 23543—2009《葡萄酒企业良好生产规范》
GB/T 23777—2009《葡萄酒储藏柜》
GB/T 25393—2010《葡萄栽培和葡萄酒酿造设备　葡萄收获机　试验方法》
GB/T 25394—2010《葡萄栽培和葡萄酒酿造设备　果浆泵　试验方法》

続表

GB/T 25504—2010《冰葡萄酒》

GB/T 27586—2011《山葡萄酒》

GB/T 27588—2011《露酒》

GB/T 36759—2018《葡萄酒生产追溯实施指南》

行业标准（1个）

NY/T 274—2014《绿色食品　葡萄酒》

地方标准（11个）

DB65/T 2211—2005《葡萄酒酿造技术》

DB12/ 046.91—2011《产品单位产量综合能耗计算方法及限额　葡萄酒》

DB62/T 2294—2012《地理标志产品　河西走廊葡萄酒》

DB65/T 3780—2015《地理标志产品　吐鲁番葡萄酒》

DB54/T 0118—2017《地理标志产品　盐井葡萄酒（干型）》

DB65/T 3858—2016《和硕葡萄酒标准体系总则》

DB65/T 3859—2016《地理标志产品　和硕葡萄酒》

SZDB/Z 257—2017《跨境电子商务产品质量信息监测　进口葡萄酒》

DB37/T 3296—2018《葡萄酒制造行业企业安全生产风险分级管控体系实施指南》

DB37/T 3297—2018《葡萄酒制造行业企业生产安全事故隐患排查治理体系实施指南》

DB64/T 1553—2018《贺兰山东麓葡萄酒技术标准体系》

团体标准（16个）

T/CCAA 25—2016《食品安全管理体系　葡萄酒及果酒生产企业要求》

T/TSBL 001—2016《天山北麓葡萄酒》

T/HBJL 001—2017《桓仁冰葡萄酒发酵贮存技术规程》

T/HBJL 002—2017《桓仁冰葡萄酒除菌过滤技术规程》

T/HBJL 005—2018《桓仁冰葡萄酒灌装技术规程》

T/TPXT 0001—2017《脱醇山葡萄酒》

T/TPXT 0002—2017《低醇山葡萄酒》

T/TPXT 0003—2017《北冰红冰葡萄酒》

T/WHSPTYPTJCYXH WHPTCY0001—2018《乌海干白葡萄酒感官特征团体标准》

T/WHSPTYPTJCYXH WHPTCY0002—2018《乌海干红葡萄酒感官特征团体标准》

T/FSJZXH 001—2018《房山葡萄酒　建园规范》

T/FSJZXH 002—2018《房山葡萄酒　葡萄苗木》

T/FSJZXH 003—2018《房山葡萄酒　葡萄生产技术规范》

T/FSJZXH 004—2018《房山葡萄酒　酿造技术规范》

| T/CBJ 4101—2019《酿酒葡萄》 |
| T/CBJ 4102—2019《橡木桶》 |

| 其他标准（7个） |
| QB/T 1982—1994《山葡萄酒》（轻工业部） |
| BB/T 0018—2000《包装容器　葡萄酒瓶》（中国包装总公司） |
| SB/T 10711—2012《葡萄酒原酒流通技术规范》（商务部） |
| SB/T 10712—2012《葡萄酒运输、贮存技术规范》（商务部） |
| SB/T 11122—2015《进口葡萄酒相关术语翻译规范》（商务部） |
| SB/T 11196—2017《进口葡萄酒经营服务规范》（商务部） |
| RB/T 167—2018《有机葡萄酒加工技术规范》（国家认证认可监督管理委员会） |

二、计量和理化工作

计量就是标准化测量，是指一种标准的单位量对另一同类量的量值进行测定，以保证量值准确一致。

计量工作是关于测量和保证量值统一和准确的一项基础工作。企业从产品的设计、生产到检验出厂，每个环节都离不开计量工作。计量工作包括计量检测设备、器具的检定和定期校准；企业的相关试验、化验、分析等方面的计量技术；计量管理工作。

计量和理化工作（包括测试、化验、分析等工作）是保证化验分析、测试计量的量值准确和统一，确保技术标准的贯彻执行，保证零部件互换和产品质量的重要手段。

企业计量工作的基本任务是在保证量值统一的条件下，利用测试技术、标准技术文件以及各种组织管理措施等，通过提供具有一定准确度的各种数据信息，为企业的各项工作提供计量（包括测试、化验、分析等）保证。

加强计量理化工作，必须抓好的几个主要环节如下。

（1）正确合理地使用计量器具　对计量器具合理使用、正确操作、科学管理，是延长其使用寿命，保证量值准确和统一的关键。相反，就会加快磨损和损坏，影响量值准确，失去它的精度和灵敏度。

（2）严格执行计量器具的检定　企业所有的计量器具，都必须按照国家检定规程规定的检定项目和方式进行检定。

计量器具要合理存放，妥善保管，及时修理和报废，并逐步实现检测手段和计量技术的现代化。

三、认证认可

认证是由认证机构证明产品、服务、管理体系符合相关技术规范及其强制性要求或者标准的合格评定活动；认证是与产品、过程、体系或人员有关的第三方证明，具有公正性；认证是由国家批准的机构进行的，因此具有权威性。

1987年，国际标准化组织（ISO）推出了质量管理和质量保证国际标准（ISO9000族标准），后又陆续推出环境管理体系标准（ISO14000标准）和职业健康安全体系标准（ISO18000标准）等各类标准，标准及认证工作迅速在世界范围内推广。

认证是国际通行的规范市场和促进经济发展的主要手段，是国家从源头确保产品质量安全、规范市场行为、指导消费、保护环境、保障人民生命健康、保护国家利益和安全、促进对外贸易的重要屏障，同时也是大多数国家对涉及安全、卫生、环保等产品、服务和管理体系进行有效监管的重要手段。

认证有利于企业提高管理水平，实现可持续发展；有利于企业降低生产成本，提高经济效益；有利于企业提高产品质量，增强市场竞争力；有利于提高企业信誉度和产品知名度，赢得消费者认同；有利于获得国际"通行证"，减少贸易壁垒；有利于企业有效地避免产品责任，减少不必要的损失。

按认证的对象认证可分为产品认证和体系认证；按认证的作用可分为安全认证和合格认证。产品认证是指依据产品标准和相应技术要求，经认证机构确认并通过颁发认证证书和认证标志来证明某一产品符合相应标准和相应技术要求的活动。产品认证按作用分为两种：一种是安全性产品认证，它通过法律、行政法规或规章规定强制执行认证；另一种是合格认证，属自愿性认证，由企业自行决定。

体系认证是依据管理体系标准的要求，对组织管理体系的建立、运行及持续有效进行符合性审查，促进组织管理体系的改进和完善，对提高组织的管理水平起到良好的作用。体系认证都是自愿性的。目前，企业开展的体系认证主要有质量体系（ISO9000）认证、环境体系（ISO1400）认证、职业健康安全体系（ISO18000）认证、食品质量安全体系（ISO22000）认证、酒类产品质量等级认证等多项管理体系认证和产品质量认证等。

安全认证在我国实行强制性监督管理。凡属强制性认证范围的产品，企业必须取得认证资格，并在出厂合格的产品或其包装上使用认证机构发给的特定的认证标志。

酿酒师应在企业认证过程中制定工艺文件，加强关键重要工序管理，包括产品标准、工艺规程、作业指导书及质量管理文件；生产原辅料使用、生产人员管理以及生产关键过程的工艺参数控制等内容；建立完整规范的生产作业记录，为质量分析和相关认证提供有效依据。

四、岗位责任制

岗位责任制是企业中以文件形式明确规定各个职能部门和每个岗位员工的工作内容、职责、要求和奖惩规定，是质量管理的基础性工作，通过岗位责任制把质量管理的目标、人员、工作责任、薪酬、奖惩等落实到生产管理的全过程。

岗位责任制分两种，一是根据部门或人员岗位的主要工作任务制订，比如生产管理部门职责、技术质量管理部门职责、酿造车间人员岗位职责、灌装车间人员岗位职责等，主要规定部门或员工日常性的工作责任，一般用于部门和人员的工作分工管理；另一种则按专项管理要求制订部门或岗位人员的管理责任，比如质量责任制、安全责任制、环境责任制等，这样将有利于专项工作的落实和开展，使部门和员工知道在某项专业管理方面承担什么样的责任，从而有效地保证专项管理目标的实现。

岗位责任制的根本任务就是明确职责、落实责任，使部门和员工明确各自的工作内容、承担的责任和权限。实现组织内分工明确，做到事事有人做、事事有人管的良好工作秩序。

五、主要质量管理体系介绍

1. 全面质量管理

全面质量管理是组织以质量为中心，以全员参与为基础，目的在于通过让顾客满意和本组织所有成员及社会受益而达到长期成功的管理途径，是最基础、最核心的管理办法。全面质量管理应遵循下面的八大原则。

（1）**以顾客为关注焦点**　顾客是决定企业生存和发展的最重要的因素，服务于顾客并满足他们的需要应该成为企业存在的前提和决策的基础。

（2）**领导作用**　领导应当确立组织目标和方向，创造并保持适宜的内部环境，并带领全体员工一起去实现组织目标。

（3）**全员参与**　组织中每个人的工作质量都将不同程度地直接或间接影响产品质量或服务质量，只有他们的充分参与，才能为组织带来最大效益。

（4）**过程方法**　任何活动都是通过"过程"实现的，通过对过程的计划、测量、分析、控制和改进等活动，才能准确、及时向顾客提供满意的产品。

（5）**管理的系统方法**　质量职能分散在企业相关部门，为了从组织上、制度上保证企业长期稳定地生产出符合标准要求、满足顾客期望的产品，必须将这些分散在各个部门中的质量职能整合起来形成体系，这就需要运用管理的系统方法。

（6）**持续改进**　质量管理的目标是使组织的相关方满意，相关方的需要在不断提高，因此组织必须要持续改进才能持续获得相关方的支持。

（7）**基于事实的决策方法**　决策必须以事实为基础，需要广泛收集信息，用科学的方法处理和分析数据与信息，才能提高决策的有效性和正确性。

（8）**与供方互利的关系**　随着市场经济的深入，企业与供方之间的关系已经不再是短期的利用关系，而是相互依存的关系，需要建立长期的紧密合作关系，才能在激烈的市场竞争中取得成功。

2. ISO9000质量体系

将管理的系统方法应用到质量管理中，建立、实施并持续改进质量管理体系，是生产企业的一项十分重要的工作。质量管理体系通过制订质量方针、目标，明确质量职责，开展质量策划、质量监测等工作，使不同职能部门、人员围绕企业的质量目标开展工作，保证产品质量符合要求。

（1）质量管理体系是组织为实现质量方针和质量目标而建立的管理工作系统。有效性和效率是衡量质量管理体系能力的重要指标。质量管理体系有两大模式，即ISO9000族标准和卓越绩效管理模式。

（2）ISO9000族标准是由国际标准化组织（简称ISO）发布的关于质量管理体系的一组国际标准。制定这组标准的目的，是为各种类型和规模的组织实施并运行有效的质量管理体系提供帮助，并通过标准的宣传实施及认证活动，在世界范围内建立关于质量和质量体系的一定程度的共同认识，在国内和国际贸易中促进相互理解。ISO9001是ISO9000族标准中唯一一个用于认证的标准，它从保证顾客利益出发，提出了对组织质量管理体系的要求，其目标是保证产品质量，实现顾客满意。

（3）最新发布的是2017年7月1日开始实施的第五版标准，其核心为七个基本原则：以顾客为关注焦点，领导作用，全员积极参与，过程方法，改进，循证决策，关系管理，和全面质量管理理念一脉相承。

体系的核心思想是PDCA循环，即通过策划-实施-检查-处置四个模块对所有的过程进行闭环循环管理。

（4）**采用过程管理**　通过对组织实施生产的整个过程进行分析，确定质量管理体系所需要的过程及其在体系中的应用。采用PDCA循环（图12-1）及始终基于风险的思维（新增加）对过程和整个体系进行管理。新增过程分析和过程清单，将程序文件及相关三级文件在过程中进行管理。

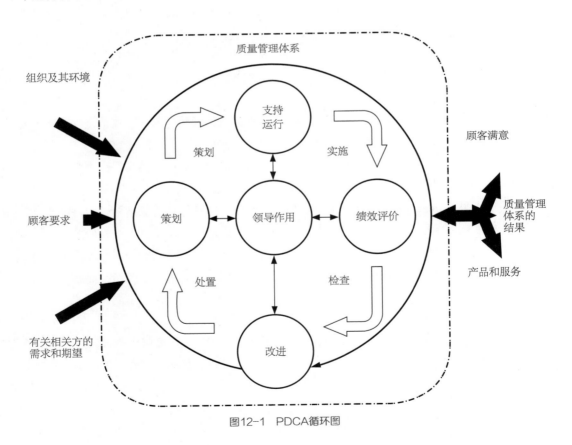

图12-1　PDCA循环图

在整个体系及过程的管理中增加了基于风险的思维，增加了风险和机遇管理，定期对风险和机遇进行识别，建立风险清单和机遇清单。

如我们可以根据公司的实际情况，将质量管理体系分成20个过程：采购管理过程、HACCP管理过程、产品质量控制过程、产品仓储和放行管理过程、不合格品管理过程、良好生产规范管理过程、卫生标准操作管理过程、产品标识和可追溯性管理过程、食品安全危害控制管理过程、营销管理过程、人力资源保障管理过程、设备管理过程、能源保障管理过程、应急预案管理过程、测量设备管理过程、食品防护计划管理过程、顾客投诉管理过程、产品设计和开发管理过程、体系基础管理过程、法律法规管理过程。

3. 环境管理体系

环境管理体系最新标准为GB/T 24001—2016《环境管理体系 要求及使用指南》。

（1）引入过程管理 将环境管理体系根据生产情况，划分为若干个过程，通过对强化过程的管理方法，实现整个体系工作的落实。

（2）强调领导的作用 明确列出了最高管理者在体系管理方面的领导作用和承诺：对环境管理体系的有效性负责；确保建立环境方针和环境目标，并确保其与组织的战略方向及所处的环境相一致；确保将环境管理体系要求融入组织的业务过程；确保可获得环境管理体系所需的资源；就有效环境管理的重要性和符合环境管理体系要求的重要性进行沟通；确保环境管理体系实现其预期结果；指导并支持员工对环境管理体系的有效性做出贡献；促进持续改进；支持其他相关管理人员在其职责范围内证实其领导作用。

（3）强调提升环境绩效 通过对可以度量、评价的参数进行控制、提升，来评价环境管理体系的效果。如环境目标的逐年提升，目标实现的过程中三废、节能降耗、固废排放量及分类情况等各项可测量数据的提升，均可作为环境绩效提升的评价依据。

（4）基于风险的思维 这一观点与新版质量管理体系相同，居安思危。在环境管理过程中，通过对公司内外部环境因素的分析，确定环境管理体系潜在的隐患和可能的紧急情况，并采取相应的应对措施。

与之相对的是机遇分析：在环境管理过程中，通过对公司内外部环境因素的分析，确定环境管理体系可能存在的有利因素、政策、法律法规等，并采取相应的措施，获取相关利益。

（5）其他 提出战略环境管理思维，通过对内外环境因素分析，指定长期的环境战略目标等；从做好污染预防扩展到保护环境；强调合规性义务；进一步强调企业在环境方面的合法、合规化。

4. HACCP体系

HACCP体系目前使用的依旧是GB/T 27341—2009《危害分析与关键控制点（HACCP）体系 食品生产企业通用要求》，简单说来，HACCP体系是防范、控制生产过程中食品安全危害的预防性体系，其核心是通过对整个生产环节进行食品安全危害性分析（危害识别、危害评估），确定显著危害，对显著危害指定控制措施，通过CCP（关键控制点）判断树，确定生产过程的关键控制点及限值，通过对关键控制点的控制、验证达到对食品安全危害的预防。HACCP的关键控制点确认的几大特征：①食品安全方面；②通过措施可控的；③是否为食品安全风险控制最后一步（即后续是否有相关控制和降低该方面食品安全危害的措施）等。

关键控制点的确立和控制是HACCP体系实施的核心。它不应该是由审核老师或是培训老师千篇一律地制定，一定是由了解生产工艺和企业实际食品安全控制情况的质量管理人员，运用HACCP原则和方法，对生产过程进行分析梳理，确定出真正的关键控制点。不同的行业、同一行业不同企业、同一企业不同分公司的关键控制点都极有可能是不一样的。例如，张裕公司对原料葡萄的食品安全指标控制主要通过三大步来控制：一是地块葡萄抽样检测农残；二是收购现场抽检农残并留样；三是发酵结束后，每罐原酒进行食品安全指标检测。检测合格后，不再进行农残等指标的检测。这三步都是对食品安全的控制，但只有第三步对每罐原酒安全指标检测是完全符合关键控制点的要求，可以作为张裕公司的一个关键控制点。上述工作如果在其他葡萄酒企业中无法做到，因此在其他企业可能就没有这个关键控制点。

5. 食品安全管理（ISO22000）体系

食品安全管理体系为食品安全体系，是在HACCP原则的基础上，引入质量管理体系的部分原则和方法。有形象比喻ISO22000相当于质量管理体系＋HACCP，虽然不太准确，但确有两者的影子。ISO22000体系使用范围要更广泛些，适用于各个行业，而HACCP体系，适用于食品及相关生产企业。

认可度区别：HACCP在全球范围认可度相对较高，在出口等方面拥有较高的认可度。出口备案企业采信范围中只包括HACCP，ISO22000只被部分采信。中国HACCP体系很早便被全球食品安全倡议（GFSI）组织（该组织被全球零售商普遍认同）认可，可以大大减少出口成本和效率。

ISO22000由于其前提方案内容欠缺，一直没有被全球食品安全倡议（GFSI）组织认可，基于此，食品安全认证基金会（Foundation for Food Safety Certification）在结合了ISO 22000:2005、PAS 220:2008（食品安全生产前提方案）及其他一些法规和客户要求后，推出了FSSC22000。2009年，FSSC22000体系标准被GFSI组织认可通过。

可以说FSSC22000是ISO22000的修订完善版，提升了其在国际上的被认可范围。FSSC22000的适用范围也缩小到了与HACCP相同，同为食品制造企业。

6. 酒类认证

酒类认证和欧盟有机认证同属产品认证，是针对某款或某种产品，运用相关的评价标准进行评价，评价结果只针对该产品有效。质量管理体系等其他认证体系属于对企业过程管理的认证。

酒类认证是在运用质量管理体系、HACCP管理体系原则及国家相关法规标准的基础上，结合酒类产品的特点，由中食联盟认证中心实施的一个产品认证，目前，张裕公司认证的产品为解百纳系列产品、干白系列产品、可雅系列产品。涉及的分公司包括葡萄酒公司、可雅公司、发酵中心。其优点在于审核人员专业性较强，对于酒类产品相关最新信息了解较为及时，并向企业及时传达。

7. 食品质量安全市场准入（SC）

"SC"（"生产"的汉语拼音首字母）是指食品生产许可证。食品质量安全市场准入制度就是为保证食品的质量安全，具备规定条件的生产者才允许进行生产经营活动、具备规定条件的食品才允许生产销售的监管制度。

食品质量安全市场准入制度包括3项以下具体制度。

（1）对食品生产企业实施食品生产许可证制度。对于具备基本生产条件、能够保证食品质量安全的企业，发放《食品生产许可证》，准予生产获证范围内的产品；凡不具备保证产品质量必备条件的企业不得从事食品生产加工。

（2）对企业生产的出厂产品实施强制检验。未经检验或检验不合格的食品不准出厂销售。对于不具备自检条件的生产企业强令实行委托检验。

（3）对实施食品生产许可证制度，检验合格的食品加贴市场准入标志，即SC标志。

8. 其他

卓越绩效模式是建立在大质量概念上的质量管理体系。它以结果为导向，关注组织经营管理系统的质量，致力于获得全面的良好经营绩效。我国在2001年启动了"全国质量管理奖"（2006年更名为"全国质量奖"）计划，其目的就是在全国范围内推广应用卓越绩效模式。2004年8月30日，国家质量总局和中国标准化委员会联合发布了GB/T 19580—2012《卓越绩效评价准则》和GB/Z 19579—2012《卓越绩效评价准则实施指南》，为组织通过全面、系统、科学的管理获得持续进步和卓越的经营绩效提供指导和工具。

酒类企业认证除了国家要求的强制性认证以外，根据自愿的原则可以选择开展质量体系认证、环境体系认证、食品安全体系认证（或HACCP认证）、绿色食品认证、有机食品认证、酒类产品质量等级认证等多项管理体系认证和产品质量认证。认证的最终目的是有效推进企业的相关质量管理活动，增强产品竞争力，实现企业的可持续发展。认证并不是越多越好，需要选择性地开展，否则会重复、交叉，给企业带来一定的负担。

第五节　如何进行技术改造

随着企业规模扩大，新工艺、新材料、新设备的不断使用，要想使企业生产能力不断扩大、产品质量持续提高，就必须适时进行技术改造。技术改造是企业发展壮大、产品质量持续提升的永恒话题。

一、遵循的原则

企业技术改造是一个系统性的工作，葡萄酒企业的技术改造工作一般要遵循合理规划、安全性、合法性、规范性、经济性、可持续性的原则。

1. 合理规划原则

要依据市场发展情况，将企业的中长期规划与年度发展计划结合，与当地政府规划和国家发展政策相适应，并充分考虑资源的合理利用与可持续发展。

2. 安全性原则

要绝对保证产品的食用安全性，工艺技术生产设施配置要满足生产安全性原则；要对选择厂地区域的地形、地貌、水文、气象、地震、自然因素进行考察评估。

3. 合法性、规范性原则

项目所涉及的立项、基础建设、资源利用、生产工艺及设施配套、能源与环保等诸多方面，都应与国家产业政策与法规相适应。生产环境、生产设施、生产管理必须遵循相关国家强制性规范，国际通行的管理体系应用、实施必须得到相关的审核与认证等。

4. 经济性原则

经济性原则主要体现在：大宗常规性生产用原料的就近采购；生产工艺简约高效；生产设施上下游配套合理等。

5. 可持续性原则

可持续性原则包括消费市场的可持续性和生产原料供给的可持续性。

二、改造的内容

1. 可行性论证

可行性论证，也称可行性分析，是对一个投资项目在决策前进行的一项综合性研究。可行性研究的任务，根据国家有关部门的规定："根据国民经济长期规划和地区规划、行业规划的要求，对建设项目在技术、工程和经济上是否合理可行进行全面分析论证，做出方案比较，提出评价，编制审批设计任务书等提供可靠的依据。"同时规定："凡利用外资项目、技术引进和设备进口项目、大型工业交通项目（包括重大技术改造项目）都要进行可行性研究。"

可行性研究论证属于投资前期所要进行的工作，可分为四个阶段：

鉴别投资阶段：考察项目本身具备的研究深度及应用前景。

初步选择阶段：对项目本身进行立题研究，并进行基础条件考察。

项目拟定阶段：根据初步考察，对项目及课题进行可行性研究，重点进行技术经济可行性分析。

评价和决定阶段：根据上述论证内容进行项目评估，确定正式立项，编写评价报告。

2. 技术工艺报告

技术工艺报告包括：生产工艺流程，技术工艺要点，工艺过程质控标准，半成品、成品质量标准与达到的质量等级水平，重点内容应对工艺流程与工艺难点及控制方法，以及所要达到的具体量化指标提出要求，为项目本身实施提供技术性依据。另外，还需要对技术先进性、有关知识产权进行评估。

3. 环境评估与环境保护方案

葡萄酒生产过程根据采取的工艺不同，相应地对环境造成的直接和间接影响有较大的差别。但不管对环境影响因素有多大，项目在论证过程中都必须按国家"三同时"原则，对环境影响进行评估，并要有切实可行的解决方案。

4. 经济效益和社会效益的预测

（1）直接经济效益　经济效益指标涉及产业化规模、基建、设备及固定资产投资额、流动资金，年产值、年利润，产品单价和总成本，投资回收期，收回投资后的年利润，上交国家的税利，对于技改工程项目所达到的产能效率，产品质量升级等所产生的直接效益。

（2）社会效益　包括可提供给社会的产品满足消费市场情况，产品给予大众健康的影响；新资源利用开发对当地产业化发展是否具有推动作用，对当地民众增收、生活水平改善情况，企业内部员工收入情况等；项目本身给社会创造的就业机会多少，资源的开发利用为国家解决了什么问题，产生多大的经济效益等。

三、改造方案的编制

1. 总论

（1）项目背景　项目的由来，目的意义及在国民经济中所处的地位。

（2）项目组成

（3）项目实施的有利条件

（4）项目的主要技术指标

2. 市场分析

（1）市场供应预测

①国内外市场供应现状。

②国内外市场供应预测。

（2）市场需求预测

①国内外市场需求现状。

②国内外市场需求预测。

（3）产品目标市场分析

（4）价格现状与预测

①国际市场销售价格。

②国内市场销售价格。

（5）市场竞争能力分析

①主要竞争对手情况。

②产品市场竞争优势及劣势。

③产品目标市场占有份额分析。

3. 建设规模及产品方案

（1）建设规模

（2）产品方案

4. 厂址条件

（1）地理位置

（2）占地面积

（3）**土地利用现状**　利用农田或荒坡。

（4）**建设条件**

①工程地质与水文条件。

②气候条件。

③土壤条件。

④水质条件。

⑤交通运输条件。

⑥其他条件：环境保护、市政设施配套、周围环境对项目生产和发展的影响。

5．**资源与能源研究**

（1）**葡萄资源研究**　包括葡萄原料、酵母、辅料（SO_2、果胶酶、膨润土等）及包装材料（酒瓶、木塞、胶帽、纸箱等）供应。

（2）**能源、水源供应状况研究**　燃料、电力及水源地消耗量及解决办法。

6．**工艺技术方案研究**

（1）**酿酒葡萄基地方案**　①基地规模；②栽培品种；③主要栽培技术；④葡萄园风土条件。

（2）**生产工艺**　①产品方案与产品标准；②工艺流程与规范；③工艺操作要点。

（3）**工艺设备的选择**　选择的原则和依据；主要设备一览表见表12-4。

（4）**生产车间的确定**　生产车间的组成。

表12-4　主要设备一览表

序号	设备名称及规格	数量	质量/kg	动力/kW	单价/万元	总价/万元	备注
1							
2							
3							
⋮							
n							

7．**工程设计方案**

（1）**设计范围**　如生产车间、辅助间、库房等、全厂平面（包括围墙、道路、厂区绿化等）。

（2）**设计方案**　确定厂房的建筑面积、层数、跨度、长度、高度及结构方案等。

（3）**主要建筑物、构筑物一览表**　列表说明其名称、建筑面积、建筑结构。

8．**总面积布置及运输**

（1）**总面积布置**　绘制总平面图。

（2）**物料运输**　确定厂内外运输形式，提出运输车辆类型及数量。

9. 环境保护与安全卫生

（1）**环境保护**　对项目建成后生产过程中的废液、废气、废渣、噪声等提出治理措施。

（2）**安全防护**　防水、防火、防电、防毒、防机械伤害等措施。

（3）**卫生**　项目设计执行的卫生标准及规范，如《发酵酒及配制酒卫生规范》（GB 12696—2016）、《蒸馏酒及其配制酒卫生规范》（GB 8951—2016）、《葡萄酒企业良好生产规范》（GB/T 23543—2009）等；生产经营中要遵守的卫生法则，如《中华人民共和国食品安全法》等。

10. 企业组织、劳动定员、人员培训

（1）**企业组织**　企业的机构设置及人员配备。

（2）**劳动定员**

①工作制度：年工作天数；日工作天数。

②劳动定员：各类人员的数量及所占比例。

（3）**人员培训**　①人员来源；②工种技术水平要求；③培训办法。

11. 投资成本估算

（1）**估算依据及说明**

①国家相关部门颁发的有关轻工业建设项目固定资产投资估算的有关规定，如国家发展和改革委员会颁发的《轻工业工程设计概算编制办法》（QB JS10—2005）等。

②固定资产投资估算范围：如建筑工程、设备工程、安装工程及其他费用。

③投资估算所采用的设备、材料价格依据；建筑安装工程估算指标；地区差价、价格上浮率等调整系数以及其他工程费用的计算依据。

④改、扩建项目要说明原有固定资产利用价值及拆除损失估计。

⑤如有改进技术及进口设备的项目，要说明价格来源，外汇换算率、税、费的计算内容和依据。

⑥其他。

（2）**总投资**　包括固定资产投资（其中含固定资产投资方向调节税、建设期价格变动引起的投资增加额、建设期借款利息、汇率变动部分等动态投资）和流动资金。

①总投资估算额：总投资估算额为＿＿＿万元（含外汇＿＿＿万美元）。

②工程投资构成分析：总投资构成分析表。

（3）**固定资产投资估算**　包括土建工程投资、设备投资及其他费用。

①土建工程投资估算：土建工程投资估算表。

②设备工程投资估算：设备工程投资估算表。

③其他工程费用：包括征地费用、投资前期工作费用（编制项目建议及可行性研究报告费用）、建设单位管理费、预备费、技术培训费等。

④固定资产投资总估算：固定资产投资总估算表。

⑤固定资产投资构成：固定资产投资构成表。

（4）**流动资金投资估算**　①流动资金估算依据；②流动资金估算表（表12-5）；③流动资金来源及筹措。

（5）投资指标分析　①每百元销售收入占用总投资；②每百元销售收入占用固定资产投资；③每百元销售收入占用流动资金；④单位产品的固定资产投资。

表12-5　流动资金估算表

序号	项目	储备天数	周转次数	流动资金估算额						备注
				投产期		生产期				
				1	2	3	4	5		
1	流动资金 [（1）+（2）+（3）+（4）+（5）]									
（1）	应收款									
（2）	存货									
①	原材料									
a.	葡萄									
b.	辅料（SO$_2$、果胶酶、酵母）									
c.	包装材料									
②	燃料、动力、水									
a.	煤									
b.	电									
c.	水									
③	备品、备件									
④	……									
（3）	生产资金									
①	在产品									
②	自制半成品									
（4）	成品资金									
（5）	现金及银行存款									
2	应付款									
3	需要流动资金 [（1）-（2）]									
4	流动资金增加额									
（1）	固定资产投资转入									
（2）	……									
5	流动资金合计									
6	流动资金来源									
（1）	自有资金									
（2）	固定资产投资转入									
（3）	流动资金借款									
（4）	特种借款									

续表

序号	项目	储备天数	周转次数	流动资金估算额					备注
				投产期		生产期			
				1	2	3	4	5	
7	流动资金借款利息								
（1）	流动资金借款								
（2）	特种借款								

注：（1）应收款＝销售收入/周转次数。

（2）原材料＝材料费/周转次数。

（3）燃料、动力、水＝燃料、动力、水费/周转次数。

（4）在产品＝（经营成本-管理费用）。

（5）成品资金＝经营成本/周转次数。

（6）自制半成品＝（年车间成本-年折旧费）×（半成品成本占车间成本的百分数）/周转次数。

（7）现金及银行存款＝（经营成本-原材料-燃料、动力、水）/周转次数。

（8）应付账款＝（原材料＋燃料、动力、水＋工资）/周转次数。

（9）周转次数＝360d/储备天数。

（10）储备天数是指每年需要的原材料资金或其他资金最少要储备多少天。例如葡萄的储备天数为一年一次，即要求将全年购买葡萄需要的资金一次性投入。

第十三章

走进中国
葡萄酒产区

第一节　中国葡萄酒产区划分

2019年年底，中国葡萄栽培面积达85.5万hm²（1282.5万亩），葡萄栽培面积已跃居世界第二位；酿酒葡萄总面积约100万亩，约占全国葡萄总面积的8%；葡萄酒产量96万t，葡萄酒产量居世界第10位，消费量居第5位。中国已经成为世界葡萄酒生产和消费大国。

酿酒葡萄品种以红葡萄品种为主，约占80%；白葡萄品种约占20%。赤霞珠栽培面积已超过40万亩，是中国第一主栽品种，其次是蛇龙珠、美乐、霞多丽、贵人香、雷司令、玫瑰香、品丽珠、西拉、黑品诺、马瑟兰、公酿一号、双优、威代尔、北冰红、白玉霓等。

我国葡萄酒产区主要分布于山东、新疆、宁夏、河北、甘肃、吉林等地，占全国总产量的80%以上；葡萄酒生产企业近千家，规模以上葡萄酒企业212家，张裕、长城、王朝和威龙四个品牌的产量占全国产量的50%以上。

一、葡萄酒产区划分标准

葡萄酒的质量主要来源于葡萄原料，而优质原料的获得则是品种、风土、栽培技术、标准规范完美结合的结果。

葡萄酒产区是指进行酿酒葡萄种植和葡萄酒生产，形成一定的产业规模和品牌效应，具备较为完整的产业链和人才队伍，在国内外有一定影响力的区域。

中国葡萄酒产区的形成既有自然的、历史的原因，也有现实的存在，及未来发展趋势的考虑，故提出如下划分标准。

1. 具备适宜酿酒葡萄种植的生态条件

产区的形成与风土条件，尤其是气候条件密切相关。因此，葡萄酒产区的划分应当以与酿酒葡萄的气候区划、葡萄品种区划等相关研究成果与实践经验为基础。同一个产区应处于一个大气候区内，气候相似或接近，无环境污染风险。

2. 具有稳定的主栽葡萄品种或品种群

当地主要的葡萄品种或品种群应当具备品质优势或成本优势，或者是当地的特色品种。同时，这些品种栽培已经有了一定的时间和稳定的表现。

3. 达到一定规模的葡萄种植面积，并形成适宜的种植模式

葡萄种植面积应能表现品种和产区特点，应达到一定的规模，如总体面积达到1万亩以上。

所确定的栽培模式能充分表现原料品种的质量与产量潜力，并有效降低葡萄生产成本。

4. 已有一定数量，具产区典型特色的产品，并形成了较为完善的葡萄酒酿造技术与质量标准体系，达到一定的管理水平

已经形成的酿造工艺质量标准体系能够充分发挥当地原料质量潜力并形成了相应的葡萄酒类型、工艺规范、产品标准等，具有相应的产区管理制度，如中长期发展规划、产区管理法规等。

5. 具有代表性的企业及葡萄酒品牌

应有一定数量、健康发展的生产企业，例如5～10家。有一定数量的国内外知名企业及品牌。

6. 具备一定的葡萄或葡萄酒生产历史和葡萄酒文化传承

7. 有一定的经济和社会效益

需要考虑葡萄种植面积及收入、原酒产量及收入，成品产量、产值、税收等。

需要考虑产区产生的社会效益，包括就业人数，以及在精准扶贫、美丽乡村建设、保护生态方面发挥的作用等。

8. 葡萄酒产区划分按照生态区划分、行政区命名，并尊重传统名称和国家地理标志保护产品认证

考虑生态因素时，同时保持行政区域边界的完整性（包括省、市、县）；另外，目前主要的酿酒品种为欧亚种葡萄，但欧美杂种、山葡萄及欧山杂种、刺葡萄、毛葡萄等也有一定的栽培，产区划分时也应考虑这些种群。

由于中国尚处于葡萄酒市场发育的初期，消费者对产区的概念了解很少，因此，现阶段产区的划分宜粗不宜细，应以消费者易于接受的大的生态区名称，结合行政区名称进行命名。比如一级产区以省为单位，二级产区以地市（或有影响力的县），更小的三级产区（小产区）根据葡萄酒市场的发展再适时推进。

二、气候指标

气候是主要的生态因素，也是产区划分的主要指标。气候指标中主要考虑活动积温、平均温度、温差等热量指标，降雨量、水热系数、干燥度等水热指标，无霜期等生长期指标。

1. 温度

葡萄是喜温植物，对于热量的要求很高。温度是影响葡萄果实品质最重要的气候指标，对葡萄的生长发育、产量和品质的形成起主要作用，影响葡萄物候期的长短、含糖量、含酸量等，并最终决定了葡萄区划和葡萄的酿造。

温度包括平均气温、昼夜温差、活动积温、有效积温、最热月平均温度、冬季最低温度等，其中，对酿酒葡萄而言，7～9月的日均温、有效积温及昼夜温差对果实的糖、酸、风味的影响更大。

（1）活动积温和有效积温 不同葡萄品种从萌芽到果实充分成熟所需≥10℃的活动积温是不同的。根据贺普超等研究，极早熟品种要求2100～2300℃，早熟品种2300～2700℃，中熟品种2700～3200℃，晚熟品种3200～3500℃，极晚熟品种＞3500℃（表13-1）。

表13-1　不同葡萄品种对生长期活动积温的需要量

类别	≥10℃的活动积温/℃	代表品种
极早熟	2100～2300	米勒、琼瑶浆、黑品诺、沙巴珍珠
早熟	2300～2700	黑品诺、长相思、赛美蓉、黑柯林斯、霞多丽、阿里哥特、白品诺

续表

类别	≥10℃的活动积温/℃	代表品种
中熟	2700~3200	玫瑰香、贵人香、西拉、歌海娜、白福儿、雷司令、赤霞珠、维欧尼、桑娇维赛
晚熟	3200~3500	白玫瑰香、大可满、白羽、晚红蜜、佳丽酿
极晚熟	>3500	龙眼、增芳德、内比奥罗

有效积温是最重要的热量指标，它对酿酒葡萄浆果和新梢的成熟以及果实含糖量有很大影响。一般认为≥10℃有效积温不超过2000℃，才能生产出优质干型葡萄酒，世界上优质干红葡萄酒产区的有效积温一般为1500~1800℃。

我国的酿酒葡萄品种主要种植在北方，且多数属于大陆性气候。根据积温将北方产区划分为：最凉区、凉爽区、中温区、暖温区、暖热区五类气候区。

（2）**最热月平均温度**　优质葡萄酒最热月平均温度以不超过24℃为宜。干白葡萄酒的最佳气候条件为较冷凉的地区，夏季暖和而不过热，最热月平均温度宜为20℃；干红葡萄酒的要求可以略高些，最热月平均温度（7月）宜<23℃，这样葡萄生长周期长，可以形成较高的糖度和适宜的酸度。但我国最热月温度18~20℃的地区大都生长期过短，且冬季严寒。因此，选择品种很重要。

采收前1~2个月的昼夜温差直接影响酿酒葡萄的含糖量和糖酸比。

（3）**冬季低温**　欧亚种葡萄在多年最冷月极端气温均值低于−15℃的地区必须埋土。−15℃等值线是我国欧亚种葡萄不埋土越冬北线，−17℃等值线是欧美杂交种葡萄不埋土越冬北线。极端最低气温−35℃作为欧亚种葡萄种植的极限值。

（4）**霜冻**　霜冻频繁是北方少雨地区发展酿酒葡萄的重要限制因素。例如，甘肃河西走廊、宁夏银川平原、新疆北疆等常常在葡萄萌芽后发生晚霜冻。

2. 降水量及其分布

降水量及其分布是影响葡萄品质的重要指标。降水量与空气湿度、云雾日数呈正相关，与日照时数呈负相关，并对气温产生影响。

葡萄具有强大的根系，是较为耐旱的植物，葡萄的生长需要一定的水分供应和合理的水分分布，适宜的土壤含水量和空气湿度有利于糖分的积累和浆果成熟。生长初期，芽眼萌发、新梢生长、幼果膨大期需要一定的水分；花期要求适当干燥；转色期后适度的水分胁迫能延缓葡萄的营养生长，利于积累糖、颜色和浆果的风味。

$$水热系数 K = 19 \times P/Et \, [\, P = 给定时间内的降水量（mm）$$

Et为给定时期≥10℃的活动积温] 用于反映水分与热量的关系，在一些地区可以反映与葡萄质量的关系。在大多数优质葡萄酒产区，葡萄成熟期$K<1.5$。但由于我国大部分酿酒产区属于雨热同季，热量充分，降雨量也多，使得一些区域的K值并不高。因此，在我国使用水热系数时，还应考虑成熟期的降雨量，成熟期$K<1.5$且采收前1个月降雨量不超过50mm，旬降雨量不超过20mm的产区或年份，葡萄可以获得优良的质量。在$K<0.5$且有灌溉条件下的区域，葡萄可以获得优良的品质。

火兴山等将干燥度（DI）作为产区划分的指标。将DI≥1作为欧亚种葡萄栽培的最低限，其中1≤DI≤1.6作为半湿润区；1.6<DI≤3.5为半旱区，DI>3.6为干旱区。实际上，干燥度和水热系数是从不同层面表现水分与热量的关系。

我国发展优质酿酒葡萄品种的主要限制因素不是温度，而是降雨量。对我国大多数葡萄酒产区，降水或者说成熟期的降水分布是选择品种、确定栽培方式的重要气候指标。

3. 日照时数及分布

葡萄是喜光植物，葡萄的产量和品质主要来源于光合作用，光照的质量由日照时数、光辐射和日光能系数决定，其质量的高低影响着葡萄浆果成熟过程中物质的积累。浆果成熟期（8～9月）光照是否充足对葡萄浆果的品质，尤其是对葡萄果实着色及酚类物质发育有重要影响。

一般地，日照时数与降水量呈负相关。在总的日照时数满足葡萄生长的情况下，成熟期的日照尤为重要。

在欧洲葡萄酒产区，生长期（4～10月）的日照时数不低于1250h是生产优质酿酒葡萄的低限指标。在我国的新疆干旱区，年降水量<200mm，年日照时数高于3000h；而在东部半湿润区，年降水量<600mm，年日照时数通常在2500h左右；东南部年降水量800～1000mm，年日照时数通常在2000h左右。所以应该选择生长期降水量少，且光照时间长的产区发展酿酒葡萄。

4. 无霜期

无霜期是指春天最后一次0℃出现到秋天第一次0℃出现的间隔时间。无霜期的长短决定种植什么品种及葡萄能否成熟。充足的无霜期是确保葡萄成熟和植株营养积累、安全越冬的重要条件。葡萄采收后在根、主干及其他多年生器官中进一步积累碳水化合物，这有利于葡萄安全越冬及次年结果。在我国北方地区，无霜期常常是栽培晚熟和极晚熟品种的重要限制因子。葡萄正常生长期至少需要150d左右，晚熟品种所需生长的天数更长。平均无霜期≥160d，且30年中无霜期小于150d的次数不超过3次是栽培的最低限。

无霜期小于160d的地区，其没有经济栽培酿酒葡萄所需的热量条件；无霜期在160～180d的地区，其热量条件基本能满足酿酒葡萄的生长，但有些地区有霜冻；无霜期在180～200d的地区，热量条件非常适合酿酒葡萄的生长；无霜期大于220d的地区，虽然其热量条件完全符合酿酒葡萄的生长所需，但由于夏季过于炎热，使酿酒葡萄的品质受到影响。

5. 其他

在北方地区，冰雹、大风、沙暴、冬季持续低温，也是影响葡萄栽培的重要气候因子。山区的海拔、地形、地势等对气候因素也有重要影响，进而影响到酿酒葡萄的栽培区域及质量。

三、地理指标

1. 土壤

土壤是仅次于气候对葡萄品质有重要作用的风土因素。葡萄是一种对土壤条件适应性较强的树种。与葡萄生长发育及品质相关的土壤因子主要有土壤类型、结构、化学组成、土层厚度、地下水位等。良好的气候条件可以使葡萄生长健壮，充分成熟，酿出的葡萄酒协调、平衡、酒体完整，但优质葡萄酒所具有的特殊风味和优雅风格全部来自土壤。

酿酒品种优良品质的表达，需要特定的土壤条件。一般来说，欧亚品种多喜欢钙质土壤，但在中性和偏碱性土壤上也能正常生长。例如，黑品诺，在冷凉的气候条件下和钙质丘陵山坡地，酿出的酒香气优雅，酒质细腻。

2. 地形、地势

地形、地势可以形成不同于大气候的微气候，如怀涿产区海拔在400～600m，黄土高原海拔在600～1000m，云南德钦海拔2500m以上均形成了独特的小气候。高海拔、向阳的山坡、山地条件、砾质土壤、良好的排水条件是半湿润区选择酿酒葡萄小产区的重要条件。

3. 海洋及湖泊

海洋、湖泊会对周边葡萄园的小气候产生湖光效应，减缓温度的变化，调节湿度，如山东胶东半岛靠海的葡萄园、辽宁桓仁桓龙湖周边的葡萄园。

4. 品种选择

选择品种时，应首先了解该区域的主要气候因素和其他生态指标，然后根据生态同源及气候相似原则选择品种。要考虑品种的成熟期、需热量、对冷热的耐受性、抗病性和生产方向。欧亚种葡萄原产于亚洲西部及地中海沿岸，该地区的气候特征是气候干燥、夏季降雨偏少，冬季温暖、降雨较多。我国的新疆、宁夏、甘肃、内蒙古等地干旱、半干旱有灌溉条件的地区均为欧亚种优良酿酒品种的适宜种植区。

四、中国葡萄酒产区分布

中国是典型的大陆性季风气候，冬春干旱，夏秋多雨，葡萄酒产区涵盖了干旱、半干旱、半湿润及冷凉区、中温区、暖温区、暖热区等，海拔100～3000m，无霜期150～220d，分布在北纬24°～47°和东经76°～132°的广大地区，亚气候类型复杂多样，可满足各种方向的葡萄酒生产，有生产优质葡萄酒的巨大潜力。

目前，我国已形成11个主要的各具特色的葡萄酒产区：新疆产区、甘肃产区、宁夏—内蒙古产区、陕西—山西产区、京津（天津、北京）产区、河北（昌黎、怀涿）产区、山东产区（胶东半岛、鲁西南）、东北产区、黄河故道产区、西南产区、其他特殊产区等。

需要说明的是，我国葡萄酒产区名称以行政名称为主，兼顾气候相似、地理位置接近、历史考量，同时便于酿酒师及消费者了解和认知。

如表13-2所示，各产区酿酒葡萄品种除了东北产区以山葡萄为主，南方特殊产区以刺葡萄和毛葡萄为主外，其余产区皆是以国际品种为主，且品种结构大致相同。红色葡萄品种占主导，而其中赤霞珠又为栽培最广的红葡萄品种，其次是美乐、蛇龙珠等；白色品种整体量少，主要是霞多丽、贵人香、雷司令。

表13-2　各产区主栽酿酒葡萄品种

产区	主要栽培品种	品种特点
新疆产区	赤霞珠、美乐、烟73、霞多丽、雷司令	
甘肃产区	黑品诺、赤霞珠、霞多丽、贵人香	
宁夏—内蒙古产区	赤霞珠、美乐、蛇龙珠、霞多丽、贵人香、雷司令	
陕西—山西产区	赤霞珠、美乐、蛇龙珠、霞多丽、白玉霓	
京津产区	赤霞珠、蛇龙珠、美乐、玫瑰香、马瑟兰、霞多丽、贵人香	大部分地区种植：抗性一般的欧洲葡萄
河北产区	赤霞珠、蛇龙珠、美乐、龙眼、霞多丽、贵人香	
山东产区	赤霞珠、蛇龙珠、美乐、小味尔多、品丽珠、霞多丽、贵人香、白玉霓、小芒森	
东北产区	山葡萄及其杂交种、威代尔	抗寒性极强的东亚种群
黄河故道产区	赤霞珠、美乐、佳丽酿、白羽、霞多丽	
西南高山产区	赤霞珠、美乐、玫瑰蜜、水晶葡萄	西南高山产区部分地区：抗性普遍较欧亚种强的欧美杂种
特殊产区	刺葡萄、毛葡萄	具有耐湿热的东亚种群

第二节　新疆产区

新疆位于中国西北部，亚欧大陆腹地，东经73°20′～96°25′，北纬34°15′～49°10′，在历史上是沟通东西方、闻名于世的"丝绸之路"的要冲。新疆种植葡萄的历史已经超过7000年，有文字记载的葡萄酒历史可以追溯到公元前138年，汉代使节张骞出使西域引进酿酒葡萄，先至新疆，再经甘肃河西走廊传至陕西长安（西安）及其他地区。新疆以出产大量的鲜食葡萄及葡萄干而闻名，同时也是中国生产酿酒葡萄最多的地区，是中国最大的葡萄酒生产基地。

新疆的地理特征是山脉与盆地相间排列，盆地被高山怀抱，俗喻"三山夹两盆"。北为阿尔泰山，南为昆仑山，天山横亘中部，把新疆分为南北两半，南部是塔里木盆地，北部是准噶尔盆地。习惯上称天山以南为南疆，以北为北疆。区内山脉融雪形成众多河流，绿洲分布于盆地边缘和河流流域，绿洲总面积约占全区总面积的5%，具有典型的绿洲生态特征。

新疆葡萄酒产区主要包括北疆天山北麓（石河子、玛纳斯、昌吉），南疆焉耆、和硕盆地，东部的吐鲁番、哈密以及西部的伊犁河谷。产区以温带大陆性气候为主，西、南部有少量的高原山地气候，由于天山能阻挡冷空气南侵，天山成为气候分界线。北疆属中温带，南疆属暖温带，伊犁河谷属于温带。新疆具有得天独厚的光热资源，有效积温高，昼夜温差大，日照充足，降雨稀少，并有天山雪水灌溉，是生产优质葡萄酒和特色葡萄酒的产区。

一、天山北麓产区

天山北麓产区包括石河子、昌吉、玛纳斯等，位于天山北麓中段，准噶尔盆地南缘，其地理位置在东经85°~86°30′，北纬43°30′~45°40′。其地势由东南向西北倾斜；从南到北分别为黄土丘陵、山前倾斜平原、洪冲积扇平原等地貌。其中石河子平均海拔450.8m。

1. 气候类型

气候类型为中温带干旱或半干旱区。

2. 气候特点

四季分明，热量丰富，日照充足，昼夜温差大，降雨少，天山雪水灌溉。

气温：年平均气温6.0~6.6℃，7月平均气温24.9℃，≥35℃的天数为14d，1月平均气温-16.1℃。7~9月平均最低和最高气温：7月为18℃/32℃，8月是15℃/31℃，9月是9℃/25℃。

年活动积温（≥10℃）：3200~4000℃（注：活动积温均为≥10℃，如无特别说明，后均同）。

年日照时数：2700~2800h，其中，生长季1900~2000h，全年辐射量为571.33kJ/cm²，全年日照百分率为63%。

年降水量：100~200mm（7~9月分别为22mm、19mm、16mm）。

无霜期：160~170d。

3. 土壤类型

土壤类型为砾土、沙壤土或壤土；有机质含量0.2%~0.8%，全氮1.3mg/g，速效磷5mg/g，速效钾1.3mg/g，pH7.0~8.2，土壤弱碱性，少氮磷，富钾钙和矿质元素，通透性好。

4. 主要葡萄品种及酒种特点

主要葡萄品种有赤霞珠、美乐、西拉、品丽珠、烟-73、晚红蜜，霞多丽、贵人香、雷司令、白诗南、白玉霓等。

适宜酿造干白葡萄酒、桃红葡萄酒、干红葡萄酒、甜葡萄酒等酒种。

干红葡萄酒：色深，具黑色浆果香气、带果脯香气、辛香，香气浓郁，单宁强劲，酒体厚重。

干白葡萄酒：热带水果、桃香气，口味圆润，柔顺，味短。

5. 主要企业

主要企业有张裕巴保男爵酒庄、中信国安葡萄酒业、纳兰河谷酒庄、新疆唐庭霞露酒庄等。

二、南疆产区

南疆主要包括焉耆、和硕、和田、喀什等，其中，以前两者为主。和硕与焉耆位于焉耆盆地北坡，种植葡萄的区域平均海拔1000~1100m，需要人工灌溉，为严重的埋土防寒区。

1. 气候类型

南疆产区为温带干旱或半干旱大陆性气候。

2．气候特点

四季分明，热量丰富，日照充足，昼夜温差大，干旱寒冷，天山雪水灌溉。

气温：年平均气温8.6℃，1月平均气温-11.4℃，7～9月平均最低和最高气温：7月是17℃/32℃，8月是13℃/29℃，9月是8℃/27℃。

年活动积温（≥10℃）：3500～3600℃。

年日照时数为2990h，全年辐射量为656.34kJ/cm²，全年日照百分率为67%。

年降水量：50～80mm（7～9月降雨量分别为2.9mm、18.1mm、1.9mm）。

无霜期：180d。

3．土壤类型

土壤类型为粗沙、细沙含砾石棕漠土。

4．主要葡萄品种及酒种特点

主要葡萄品种有赤霞珠、美乐、西拉、马瑟兰、马尔贝克、丹纳特、霞多丽、欧维尼。

适宜酿造干白葡萄酒、桃红葡萄酒、干红葡萄酒、甜葡萄酒等酒种。

干红葡萄酒：黑色浆果、香草、李子香气及少许辛香，单宁质感中等偏强，口感紧实。

干白葡萄酒：热带水果香气、柑橘、橙子等香气，口味柔顺。

5．主要企业

主要企业有乡都酒业、天塞酒庄、芳香庄园、国菲酒庄等。

三、伊犁产区

本区地处欧亚大陆中心、伊犁河谷盆地西端，其西部地势开阔，易受大西洋气候影响。平均海拔530～1000m。

1．气候类型

温带半荒漠大陆性气候区。

2．气候特点

热量丰富，温和湿润，日照充足，昼夜温差大，生长期长。冬季长，夏季炎热，降水量少，蒸发量大。

气温：年平均气温10.4℃，1月平均气温-10℃，7月平均气温23℃。7～9月平均最低和最高气温：7月是19℃/34℃，8月是15℃/30℃，9月是11℃/26℃。

年活动积温（≥10℃）：全年3500～4000℃。

年日照时数：2870h，全年辐射量561～586kJ/cm²，日照百分率55%～67%。

年降水量：417.6mm（7～10月份为60mm）。

无霜期：160～180d。

3．土壤类型

中部草滩农作区，沙砾土为主，pH7.5～7.8，偏碱性，土层厚度30～50cm，50cm以下为戈壁或板岩。

4．主要葡萄品种及酒种特点

主要葡萄品种有赤霞珠、品丽珠、美乐、霞多丽、贵人香。

适宜酿造干白葡萄酒、干红葡萄酒、甜葡萄酒、冰葡萄酒。

干红葡萄酒：黑色浆果、红色浆果香气，单宁细腻、紧致，酒体饱满，有活力。

干白葡萄酒：苹果、梨等白色水果香气，口味爽口，柔细。

5．主要企业

主要企业有新疆伊珠葡萄酒股份有限公司、新疆丝路葡萄庄园酒业。

四、东疆产区

东疆产区包括吐鲁番、鄯善、哈密等区域。

1．气候类型

气候类型为暖温带干旱大陆性荒漠气候。

2．气候特点

热量丰富，日照充足。秋季降温急，冬季风小雪稀，寒冷期短，夏季炎热干燥。昼夜温差极大，降雨稀少，靠坎儿井及雪水灌溉。其中，吐鲁番因四周高山环抱，增热迅速、散热慢，形成了日照长、气温高、昼夜温差大、降水少、风力强五大特点，素有"火州""风库"之称。

气温：年平均气温10～14℃；1月份平均气温−10.4℃；鄯善7～9月平均最低和最高气温：7月是25℃/40℃，8月是21℃/36℃，9月是15℃/31℃。

年活动积温：4500～5000℃。

年日照时数：3056h（哈密3358h），全年辐射量为629.55kJ/cm²，全年日照百分率为60%～70%。

年降水量：25～50mm（7～9月降雨量分别为2mm、3mm、2mm）。年蒸发量2837～3300mm。

无霜期：210～220d（哈密182d）。

3．土壤类型

土壤类型为戈壁沙土、粉沙土或砾石壤土、沙壤土或壤土；透水透气性强；漏水漏肥，盐碱严重。

4．主要葡萄品种及酒种

主要葡萄品种为佳美、白诗南、歌海娜、神索、晚红蜜、西拉；霞多丽、赛美蓉、白羽，无核白、喀什喀尔。

适宜生产浓甜型葡萄酒，干红葡萄酒及干白葡萄酒等。

干红葡萄酒：黑色浆果、果脯、焦糖等香气，单宁粗糙，具灼烧感。

干白葡萄酒：糖浆、荔枝等香气，口味圆润，味短。

5．主要企业

主要企业有新疆楼兰酒庄、新疆新雅葡萄酒业。

第三节　甘肃产区

甘肃位于北纬32°31′~42°57′，东经92°13′~108°46′，地形狭长，从东到西长1655km。甘肃是我国栽培葡萄最早的地区之一，早在2400年前，凉州（今武威）就有了葡萄。汉武帝建元年间，张骞出使西域，带回葡萄种子，并引入酿酒技术，从而使凉州成为中国葡萄酒的发祥地之一。甘肃现代葡萄酒酒业的发展始于1983年在黄羊河农场建立的甘肃武威葡萄酒厂（今甘肃莫高葡萄酒业有限责任公司）。

甘肃葡萄酒集中在河西走廊，东起武威，西到嘉峪关，绵延1000多千米，包括武威、张掖、嘉峪关、酒泉等。河西走廊位于祁连山以北，北山山地以南，西北起疏勒河下游，东南止于乌鞘岭，地处黄河之西。地貌复杂多样，山地、高原、沙漠、戈壁交错分布。

甘肃产区整体属于凉爽的大陆性气候，大致分三个气候区：北部温带干旱区，西部暖温带干旱区，南部高寒半干旱区。葡萄酒产区分为三个子产区，武威产区（黑品诺为其特色品种）、张掖产区、最西是具有戈壁型气候的嘉峪关产区。

1. 气候类型

温带干旱大陆性季风气候区。

2. 气候特点

甘肃产区位于中纬度地区的沙漠沿线，属葡萄栽培的最凉区和凉爽区，气候冷凉干燥，大气透明度高，光能资源丰富，昼夜温差极大，降雨稀少，祁连雪水灌溉。最大的自然灾害是当地称为的黑霜（不像正常白色的霜冻，黑霜是因为可能会一夜之间突然降温），4月中旬常有发生，冻伤冻死芽苞，失去产量。当地主要用烟熏来防霜冻。

气温：年平均气温8℃；7月平均气温21.9℃，1月平均气温−7.8℃。7~9月平均最低和最高气温：7月是18℃/30℃，8月是16℃/26℃，9月是12℃/24℃。

年活动积温：2800~3000℃。

年日照时数：2730~3030h，全年辐射量为561~578kJ/cm²，全年日照百分率为64%~68%。

年降水量：200mm，7~9月降雨量分别为29mm、38mm、26mm，年蒸发量2600~3100mm。

无霜期：170~180d。

3. 土壤类型

土壤类型以沙壤土和砾石土壤为主，好的葡萄园会有大石头帮助吸收热量。土壤结构疏松，土壤缺氮但富含钾，矿物质含量高，有机质含量约为0.8%左右，pH8左右，略偏高。

4. 主要葡萄品种及酒种

主要葡萄品种有黑品诺、美乐、赤霞珠、品丽珠；雷司令、霞多丽、贵人香、威代尔。

适宜酿造干红葡萄酒、干白葡萄酒、迟采甜葡萄酒。

红葡萄酒：具有红色及黑色浆果香气，单宁细致，酒体中等。

白葡萄酒：具有桃子和柑橘类香气，清新柔顺，酸度适中。

5. 主要企业

主要企业有莫高葡萄酒业、紫轩酒业、国风葡萄酒业、祁连葡萄酒业、敦煌市葡萄酒业等。

第四节　宁夏—内蒙古产区

宁夏位于北纬34°14′~39°23′，东经104°17′~107°39′。宁夏葡萄种植历史悠久。1000多年前，唐代诗人贯休就写下了"赤落葡萄叶，香微甘草花"的著名诗句，这是对唐代宁夏地区栽培葡萄的佐证。元代诗人马祖常在其五言诗《灵州》中写下了"葡萄怜美酒，苜蓿趁田居"的著名诗句，灵州即现在的银川和灵武地区，也说明了宁夏葡萄酒历史久远。

宁夏居西北内陆高原，全境海拔1000m以上，地势南高北低，落差将近1000m。地形复杂，山地迭起，盆地错落，大体可分为高原、台地、洪积-冲积平原和山地。黄河出青铜峡后冲刷出美丽富饶的银川平原。平原西侧为闻名遐迩的贺兰山，平原东侧为鄂尔多斯台地。贺兰山东麓产区就位于贺兰山与银川平原的过渡地区，是发展自流灌溉的理想区域。

宁夏酿酒葡萄种植区域包括银川、青铜峡、红寺堡、石嘴山、农垦系统等子产区。世界著名葡萄酒作家杰西丝·罗宾逊将宁夏贺兰山东麓葡萄酒产区和山东、河北产区一起，列入《世界葡萄酒地图》（第七版）。

内蒙古属于干旱、半干旱地区，从东至西可分为两大气候区：草原气候区和沙漠气候区。前者冬季长达半年之久，平均气温为-28℃左右，不适合种植葡萄。后者从阴山以西阿拉善沙漠高原至巴丹吉林沙漠，多风暴，夏季炎热，冬季寒凉，秋季气候温和，主要的葡萄种植区集中于内蒙古西南部贺兰山北麓的乌海地区，这里种植葡萄的历史有200多年，曾经以出产鲜食葡萄和葡萄干而闻名。

一、宁夏产区

宁夏产区处于贺兰山南段，山势较低且平缓，位于风口处，容易受到早晚霜的危害和风害。

1. 气候类型

气候类型为中温带大陆性干旱气候。

2. 气候特点

光能资源丰富，热量适中，干旱少雨，昼夜温差大（10~15℃），蒸发强烈，风大沙多等。由于海拔、纬度及贺兰山的遮挡的不同，形成了不同的小产区气候。

气温：年平均气温8.9℃。7月平均气温23.8℃，1月平均气温-7℃，7~9月昼夜平均温差分别为11.7℃、10.1℃、11.3℃；7、8、9月平均最低和最高气温：7月是20℃/32℃，8月是17℃/28℃，9月是13℃/26℃。

年活动积温：3400~3800℃。

年日照时数：2800~3000h。

年降水量：150~240mm（7~9月降雨量80.4mm），蒸发量800mm以上。

无霜期：160~185d。

3. 土壤类型

成土母质以冲积物为主，以淡灰钙土为主，含砾石、沙粒、沙土、壤土、沙砾结合型土质。有机质含量为0.4%~1.0%，有效氮10~20mg/kg，速效磷10~20mg/kg，速效钾50~200mg/kg，较贫瘠。pH8.5~9.0，呈碱性，多数区域地表以下30cm左右存在紧实的钙积层，葡萄根系难以深扎，根系分布面积广而浅。

4. 主要葡萄品种及酒种特点

主要葡萄品种有赤霞珠、蛇龙珠、美乐、西拉、黑品诺、马瑟兰、品丽珠、佳美；霞多丽、贵人香、雷司令、赛美蓉、白品诺。

适宜酿造干红葡萄酒、干白葡萄酒、起泡酒等。

红葡萄酒：具有黑李、甘草、李子、黑樱桃、胡椒、香料、红色水果等香气；口感醇厚柔顺，单宁细腻，酒体平衡。

白葡萄酒：具有梨、油桃、酸橙、洋槐花等香气，口感清新、富有活力。

5. 主要企业

主要企业有西夏王葡萄酒业、贺兰山葡萄酒业、张裕摩塞尔十五世酒庄、御马国际葡萄酒业、长城云漠酒庄、贺兰晴雪酒庄、志辉源石酒庄、巴格斯酒庄、迦南美地酒庄、夏桐酒庄、贺东庄园、类人首酒庄等。

二、内蒙古产区

乌海市位于内蒙古西南部，北纬39°67′，东经106°82′，地处大陆深处，平均海拔1150m。

1. 气候类型

气候类型为温带大陆性半干旱、半荒漠气候。

2. 气候特点

干燥少雨，光照充足，昼夜温差大。

气温：年平均气温9.6℃，1月份平均气温-8℃，7月份平均气温27℃。7、8、9月平均最低和最高气温：7月是21℃/34℃，8月是16℃/31℃，9月是12℃/28℃。

年活动积温：3000~3500℃。

年日照时数：3047~3227h，全年辐射量为653kJ/cm²，全年日照百分率69%~73%，4~9月占全年日照时数的55%~58%。

年降水量：全年160mm（7~9月分别为40mm、25mm、12mm），平均蒸发量3289mm。

无霜期：156~165d。

3. 土壤类型

土壤类型为沙壤土、壤土和砾石土，土层一般在0.4~1m；土壤pH6.8~8.0。

4. 主要葡萄品种及酒种特点

主要葡萄品种有赤霞珠、蛇龙珠、美乐、西拉、马瑟兰；霞多丽、贵人香、雷司令。

红葡萄酒：具有黑李子、黑樱桃、胡椒等香气；口感柔顺，单宁细腻。

白葡萄酒：香气细腻、优雅，具有梨、酸橙等香气；口感清新、富有活力。

5. 主要企业

主要企业有汉森酒业、沙恩·金沙臻堡酒庄、吉奥尼酒庄等。

第五节　陕西—山西产区

陕西位于东经105°29′～111°15′，北纬31°42′～39°35′。其地貌特点是南北高、中间低、西北高、东南低，以北山、秦岭为界，形成陕北黄土高原、关中平原和陕南秦巴山地三个各具特点的自然区。陕北黄土高原海拔800～1300m，约占全省总面积的45%，其北部为风沙区，南部是丘陵沟壑区，关中平原平均海拔520m，约占全省土地面积的19%，地势平坦，气候温和。秦岭山地则多山、丘陵、深沟。

陕西渭北旱塬是指陕西中部渭河冲积平原和陕北黄土高原之间的地区，位于东经106°40′～110°40′，北纬34°30′～35°50′。地跨渭南、咸阳、宝鸡、铜川、延安5个地市，东西长近400km，地势较为平坦，平均海拔500～1400m。

据考证，张骞当年从大宛国带回的是龙眼葡萄种子，即最早的欧亚种葡萄，经过在关中地区实生选育并开始种植，后从陕西东渡黄河到了山西，进而传至华北一带。至于《酉阳杂俎》（9世纪）、《本草纲目》（16世纪）等古书中谈到的圆者为"草龙珠"，长者为"马奶"，白者为"水晶"，黑者为"紫葡萄"等品种，均应是张骞从西域（包括新疆）带回的品种。可见1700多年前，陕西（还可能包括河南）民间已经栽种葡萄而且酿成美酒了。300多年前，葡萄栽培在陕西已较普遍，户县栽培的葡萄品种就有龙须、马乳等。而近代陕西的葡萄酒则始于1911年10月，南阳客商华国文和意大利传教士安森曼在陕西省丹凤县建立"美丽酿造公司"，即丹凤葡萄酒的前身，就是以丹凤盛产的龙眼葡萄为原料，采用意大利工艺酿造葡萄酒。

1950年，丹凤的茶房、陇县的神泉有少量栽培，面积有300多亩，产量300～350t，主要为龙眼，极少数牛奶。

1958年，在陕西泾阳口镇种植了一定面积的保加利亚粉红玫瑰（小白玫瑰），至今仍保留数百亩。

20世纪80年代，陕西丹凤发展了数千亩的北醇葡萄，同时从法国引进了15个优良品种，建立了200余亩品种实验基地，引进法国阿根廷先进的发酵设备。80年代中后期，丹凤葡萄酒的产量曾排名全国葡萄酒行业的前列。

目前，陕西酿酒葡萄种植和葡萄酒生产主要集中在泾阳、铜川、丹凤等地。陕西产区主要是指渭北旱塬及秦巴山区的上述区域。

山西的基本地貌为黄土残塬梁峁区，其自然特征是：黄土较厚、沟深坡陡、塬面破碎、水源缺乏、植被稀疏、气候干旱。塬与塬之间沟谷深达100m以上。

山西的葡萄酒可以追溯到唐朝诗人刘禹锡的诗句"自言我晋人，种此如种玉。酿之成美酒，令人饮不足。"山西葡萄产区主要集中于太原盆地，黄土高原的边缘地区，包括晋中的太谷县、临汾的乡宁县以及运城的夏县。

一、陕西产区

陕西产区包括铜川、泾阳、丹凤等，属于不埋土防寒的经济作物栽培区。随着台塬升高，海拔提高，温差加大，降水量减少。

1. 气候类型

气候类型为暖温带大陆性半干旱气候（其中丹凤属于暖温带半湿润气候区）。

2. 气候特点

光热充足，四季分明，春旱秋涝，生长期长，昼夜温差较大。

气温：年平均气温13℃（铜川8.9～12.3℃，丹凤12.9℃），7月平均气温27.8℃（铜川7月平均气温23.0℃，丹凤7月平均气温25.1℃），1月平均气温-0.7℃左右（铜川1月平均气温-2.9℃，丹凤-0.1℃）。

年活动积温：4000～4500℃。

年日照时数：2000～2400h，全年辐射量为526.6～534.1kJ/cm²，全年日照百分率为45.5%～53.5%。

年降水量：450～600mm（丹凤600～750mm）（7～9月降雨量275～340mm），随着海拔升高，降雨量减少。

无霜期：190～220d（丹凤240d）。

3. 土壤类型

土壤类型为黄绵土、黄棕壤、棕壤，土层深厚，土壤有机质含量0.5%～1.5%，有效氮10～25mg/kg，速效磷2～10mg/kg，速效钾30～120mg/kg。

4. 主要葡萄品种及酒种特点

主要葡萄品种有赤霞珠、美乐、蛇龙珠、烟-73、小味尔多、白玉霓、红玫瑰、媚丽、贵人香。

适宜酿造干红、干白葡萄酒。年份间葡萄酒质量差异比较大。

红葡萄酒：具有黑醋栗、樱桃、覆盆子等红色浆果香气及香料、蘑菇、松脂气味，酒体醇厚、协调。

白葡萄酒：具有苹果、柠檬、蜂蜜等香气，口感爽顺、适口。

丹凤等秦巴山地适于栽培抗病性强、生长期长的品种，如北醇、龙眼、佳丽酿等。

5. 主要企业

主要企业有张裕瑞那城堡酒庄、丹凤安森曼酒庄、丹凤葡萄酒厂、铜川凯威葡萄酒酿造公司等。

二、山西产区

山西产区主要包括太谷、夏县、乡宁等区域。葡萄大部分分布在山坡梯田上，属典型的黄土高原地貌特征，海拔多为900~1200m，相对干旱，属于光热丰富的偏冷凉地区。

1. 气候类型

气候类型为暖温带半干旱大陆性气候。

2. 气候特点

四季分明，气候温凉，光照充足。雨热同季，降雨主要集中在夏季和秋季，分布不均。

气温：年平均气温10~12℃；7月平均气温26℃，1月平均气温−2℃。7、8、9月平均最低和最高气温：太谷，7月是20℃/32℃，8月是18℃/29℃，9月是13℃/27℃。乡宁，7月是21℃/30℃，8月是18℃/27℃，9月是14℃/23℃。

年活动积温：3000~3500℃。

年日照时数：2400~2600h，全年辐射量为523~544kJ/cm^2，全年日照百分率为57%。

年降水量：450~650mm，7~9月降雨量分别为100~120mm、95~110mm、80~110mm。

无霜期：160~200d。

3. 土壤类型

土壤类型以黏土为主，部分壤土，含砾石。黄土层深厚，土质松软。

4. 主要葡萄品种及酒种特点

主要葡萄品种有赤霞珠、品丽珠、蛇龙珠、西拉、马瑟兰、美乐；龙眼、小芒森、霞多丽、雷司令、玫瑰香。

适宜酿造干红、干白葡萄酒。

红葡萄酒：具有黑醋栗、樱桃、覆盆子等红色小浆果香气，同时具有香料、烟熏、蘑菇、松脂气味，酒体醇厚、协调。

白葡萄酒：具有苹果、柠檬、蜂蜜等香气；口感爽顺、适口。

5. 主要企业

主要企业有怡园酒庄、戎子酒庄、格瑞特葡萄酒公司。

第六节　京津产区

北京位于北纬39°56′，东经116°20′。雄踞华北大平原的北段，北京的西、北和东北，群山环绕，东南是缓缓向渤海倾斜的大平原。北京地势西北高，东南低。平均海拔43.5m，平原海拔为20~60m，山地海拔1000~1500m。密云区海拔大多在66~80m，延庆区平均海拔500m。

北京酿造葡萄酒的历史可以追溯到100年前，是为举行弥撒祭礼用酒而建设了葡萄酒厂。目前，酿酒葡萄主要在西南部的房山、东北部的密云、西北部的延庆等地。

　　天津处于燕山山地向滨海平原的过渡地带，平均海拔3.5~1052m，总的地势是北高南低，北部山区属燕山山地，南部平原属华北平原的一部分，东南部濒临渤海湾，北部向东南部逐级下降。天津具有栽培葡萄的传统，生产的玫瑰香葡萄典型性强。中国改革开放之初建成的第一个中外合资企业天津王朝就是利用这里的玫瑰香酿造葡萄酒的。天津东北部蓟县的赤霞珠和东南部汉沽的玫瑰香均有典型风格。

一、北京产区

1. 气候类型
气候类型为暖温带半湿润、半干旱大陆性季风气候区。

2. 气候特点
四季分明，冬季寒冷干燥雨雪少，春季干旱风大日照多，夏季炎热雨集中，秋季凉爽风小光照足。气候温和，多丘陵山地，温差较大。

气温：年平均气温10.7℃，7月平均气温24.8℃，1月平均气温−5.7℃。7、8、9月平均最低和最高气温：7月是23℃/31℃，8月是21℃/30℃，9月是15℃/27℃。

年活动积温：3500~4000℃。

年日照时数：2619~2778h，全年辐射量为570.5kJ/cm²，全年日照百分率为63%。

年降水量：600~650mm，7~9月降雨量496.2mm。

无霜期：190~195d。

3. 土壤类型
土壤类型为壤土、沙土，富含石灰质和砾石。有机质含量0.5%~1.5%，有效氮50~150mg/kg，速效磷30~120mg/kg，速效钾150~300mg/kg。pH8.0~8.5，土壤弱碱性。

4. 主要葡萄品种和酒种特点
主要葡萄品种有赤霞珠、美乐、品丽珠；贵人香、霞多丽、长相思。

适合酿造干白葡萄酒、干红葡萄酒。

红葡萄酒：红色水果、胡椒、香草等香气；口味协调、酒体中等。

白葡萄酒：具有柠檬、青苹果等绿色水果香气，口味清新、爽口。

5. 主要企业
主要企业有张裕爱斐堡国际酒庄、北京龙徽酿酒有限公司、丰收葡萄酒有限公司、北京波龙堡葡萄酒业等。

二、天津产区

1. 气候类型
气候类型为暖温带大陆性半湿润气候。

2. 气候特点

四季分明，春季多风干旱，夏季炎热多雨，秋季冷暖适中，冬季干旱少雪。

气温：年平均气温11.5～13℃，7月平均气温25～26℃，1月平均气温-3℃。7、8、9月平均最低和最高气温：7月是24℃/33℃，8月是21℃/31℃，9月是16℃/28℃。

年活动积温：3700～4200℃。

年降水量：500～600mm（7～9月降雨量450mm）。7、8月份占全年降水量55%～60%。

年日照时数：2500～2700h，4～10月份日照时数1784.3h。全年辐射量为524.9kJ/cm²，全年日照百分率58%。

无霜期：190～245d。

3. 土壤类型

滨海为盐碱重黏土，中部为沙土、沙壤土，蓟县山区富含砾石壤土、沙壤土。土壤pH随海拔的升高而降低，平原（汉沽、北辰、宝坻）土壤呈碱性，山区（蓟县）土壤呈中性或弱酸性。

4. 主要葡萄品种和酒种特点

主要葡萄品种为赤霞珠、美乐、品丽珠；玫瑰香、贵人香、霞多丽、白玉霓。

适合酿造干红、干白葡萄酒及白兰地。

红葡萄酒：具红色水果、胡椒等香气；口味协调、柔顺。

白葡萄酒：具有柠檬、青苹果等黄色水果香气，口味清新、爽口。其中，玫瑰香葡萄酒果香浓郁，具典型的麝香风格。

5. 主要企业

主要企业为王朝葡萄酿酒有限公司、天津施格兰有限公司、大唐开元葡萄酿酒有限公司等。

第七节　河北产区

河北地处华北平原的东北部，位于北纬36°03′～42°40′，东经113°27′～119°50′。地处中纬度沿海与内陆交界地带，地势西北高，东南低，从西北到东南呈半环状逐级下降。高原、山地、丘陵、盆地平原类型齐全，复杂多样的地形为葡萄品种选择提供了条件。河北葡萄酒生产历史悠久，其中以怀涿盆地（宣化、涿鹿、怀来）和秦皇岛昌黎、卢龙为代表。

怀涿盆地又称为"沙城"，位于长城以北，北京的西北，北纬40°，东经115°，海拔792m，包括宣化、涿鹿、怀来。怀涿盆地有着800多年的葡萄种植历史。昌黎地处河北省东北部，位于北纬39°24′～40°37′，东临渤海，北依燕山，海拔50～350m，辖区包括卢龙、昌黎和抚宁三县。

一、秦皇岛产区

秦皇岛产区包括昌黎、卢龙、抚宁等。

1. 气候类型

气候类型为暖温带半湿润大陆性季风气候。

2. 气候特点

四季分明，干湿期明显，冬季寒冷干旱，雨雪稀少；春季冷暖多变，干旱多风；夏季炎热潮湿，雨量集中；秋季风和日丽，凉爽少雨。适合中晚熟酿酒葡萄栽培，需要埋土防寒。

气温：年平均气温12℃。1月平均气温−3℃，7月平均气温28℃，7、8、9月平均最低和最高气温：7月是23℃/31℃，8月是21℃/29℃，9月是16℃/27℃。

年活动积温：3900℃。

年日照时数：2600~2900h，生长季1800h，全年辐射量为530.3kJ/cm²，全年日照百分率63%。

年降水量：400~650mm，7~9月降雨量192mm、149mm、45mm。

无霜期180~190d。

3. 土壤类型

北部山区为褐土，粗沙含量大，东部滨海区为轻壤土。土壤中含砾石、沙质，属于中性或轻度盐碱地。

4. 主要葡萄品种和酒种特点

主要葡萄品种为赤霞珠、美乐、霞多丽。

适合酿造干红与干白葡萄酒。

干红葡萄酒：红色浆果、松柏、青草香气。

干白葡萄酒：绿色水果香气，柔顺、爽口。

5. 代表企业

主要企业有华夏长城酒庄、茅台葡萄酒公司、朗格斯酒庄等。

二、怀涿盆地

1. 气候类型

气候类型为温带半干旱半湿润大陆性气候。

2. 气候特点

多丘陵山地，光照充足，热量适中，夏季凉爽，秋季干燥，雨量偏少，昼夜温差大。

气温：年平均气温10~12℃。1月平均气温−5℃，7月平均气温25.5℃，7、8、9月平均最低和最高气温：7月是20℃/31℃，8月是18℃/29℃，9月是12℃/26℃。

年活动积温：3200~3500℃。

年日照时数：2800~3000h，全年辐射量为586kJ/cm²，全年日照百分率68%。

年降水量：300~450mm，7~9月降雨量分别为107mm、96mm、44mm。年蒸发量在

1400～2300mm。

无霜期：170d。

3．土壤类型

土壤类型以栗钙土为主，还有棕壤土、风沙土等。有机质0.786%，碱解氮55mg/kg，有效磷62.5mg/kg，速效钾130mg/kg。

4．主要葡萄品种及酒种特点

主要葡萄品种为赤霞珠、蛇龙珠、美乐、西拉、品丽珠、佳美；龙眼、霞多丽、白玉霓、雷司令、长相思、琼瑶浆。

红葡萄酒：成熟果香、黑色李子香气，单宁细腻，口感柔润、均衡。

白葡萄酒：具有淡雅花香、蜂蜜、矿物质气息和水果香气，口味清新，舒顺协调。

5．主要企业

主要企业有长城酒庄、容辰庄园、马丁酒庄、中法庄园等。

第八节　山东产区

山东位于北纬34°22′～38°23′，东经114°47′～122°43′。境域东临海洋，西接大陆，是我国自西向东三级地势阶梯中最低一级。全省地貌是中部高，四周低。西南地势平坦，东部缓丘起伏，形成了以山地丘陵为骨架，平原盆地交错其中的地形大势。山东产区包括胶东半岛、鲁西南产区。

胶东半岛为丘陵区，包括烟台、威海、青岛，三面环海。该区山丘基本由火成岩组成。大部分海拔在100～300m。酿酒葡萄主要分布在半岛的北部蓬莱、龙口、莱州、平度等地。其中，烟台是我国近代葡萄酒工业的发祥地，1892年爱国华侨张弼士先生在此创建了张裕酿酒公司，在烟台东山、西山购地近千亩，从欧洲引进优质葡萄120余种，生产葡萄酒和白兰地。其所生产的四款产品于1915年巴拿马太平洋万国博览会上获得金奖和最优等奖状。1992年因为张裕公司森，烟台被国际葡萄与葡萄酒组织授予"国际葡萄和葡萄酒城"称号。烟台也是我国最大的葡萄酒产区，产量占全国35%以上，收入和利税分别占50%、60%以上。

鲁西南包括济宁、菏泽、枣庄三市，其西部为平原，地势平坦，东部多低山丘陵，近年来也有少量酿酒葡萄栽培。

一、胶东半岛

1．气候类型

气候类型为暖温带半湿润大陆性季风气候。

2. 气候特点

受海洋的影响，与同纬度内陆相比，气候温和，雨量适中，夏无酷暑，冬无严寒，适合白葡萄及晚熟、极晚熟红色酿酒品种的栽培，处于葡萄埋土防寒的临界线上。

气温：年平均气温12～13℃。1月平均气温0℃，7月平均气温27℃，7、8、9月平均最低和最高气温：7月是24℃/30℃，8月是22℃/28℃，9月是19℃/27℃。

年活动积温：3800～4200℃。

年日照时数：2500～2900h，全年辐射量为721.1kJ/cm^2，全年日照百分率为59%。

年降水量：500～700mm，7～9月降雨量分别为181mm、162mm、89mm。

无霜期：全年190～210d。

3. 土壤类型

土壤类型分为棕壤土（约占70%）、褐土（约占10%）、潮土，富含沙砾。有机质含量1%左右，有效氮40～100mg/kg，速效磷20～40mg/kg，速效钾120～300mg/kg，pH5.8～6.5，呈弱酸性。

4. 主要葡萄品种及酒种特点

主要葡萄品种为赤霞珠、蛇龙珠、美乐、佳丽酿、小味尔多、玫瑰香；贵人香、霞多丽、小芒森、白玉霓、白佳丽酿、白羽、烟73、烟74等。

红葡萄浆果中酚类物质含量偏低，结构感中等或弱，适合酿造果香型、新鲜型中等酒体的葡萄酒，所酿造的红葡萄酒有红色水果（如红樱桃）、胡椒、青椒等香气；酒体柔顺，结构中等，单宁细腻，易饮。

白葡萄浆果生长期较长，风味物质含量丰富，适合酿造干白葡萄酒，所酿造的干白葡萄酒具有苹果、柠檬、椴树花、蜂蜜等香气；口感优雅、活泼，酸爽适口。

5. 主要企业

主要企业有张裕酿酒公司、威龙葡萄酒公司、长城酒庄、瀑拉谷酒庄、青岛华东葡萄酒庄园等。

二、鲁西、鲁中产区

1. 气候类型

气候类型为暖温带半湿润大陆性气候。

2. 气候特点

光、热资源充足，夏季多雨，冬季寒冷，春季易旱，秋季凉爽阴雨。春霜冻危害也较重。一般春、初夏偏旱，盛夏水涝灾害严重，特别是沿湖低洼地。

气温：年平均气温13.3～14.1℃，1月平均气温1℃，7月平均温度28.5℃，7、8、9月平均最低和最高气温：7月是25℃/32℃，8月是22℃/31℃，9月是18℃/28℃。

年活动积温：4400～4600℃。

年日照时数：2400～2600h，全年辐射量为724.03kJ/cm^2，全年日照百分率为58%。

年降水量：580～820mm，7～9月降雨量218mm、157mm、67mm。年降水日数72～83d，

四季降水很不均匀。

无霜期：200～210d。

3. 土壤类型

土壤类型以潮土为主，这一产区的葡萄酒生产仍处于探索期。

第九节　东北产区

东北产区是中国极具特色的产区之一，其生产山葡萄酒的历史可以追溯到1936年日本人兴建的吉林长白山葡萄酒厂及1938年建成的吉林通化葡萄酒厂。

东北产区包括吉林、辽宁、黑龙江三省，指北纬45°以南的长白山麓和东北平原。由于该地区气候冷凉，冬季严寒，无霜期短（120～160d），大多数欧亚种葡萄浆果不能充分成熟。而野生的山葡萄（*V. amurensis*）因抗寒力极强，已成为这里栽培的主要品种。该地区主要酿造以山葡萄为主的甜红葡萄酒。

1973—1996年，中国农科院特产所用山葡萄与欧亚种杂交，选育出了产量高、品质优的左山一、左山二、双优、双红、北冰红等品种，在生产中发挥了较大的作用。

近年来，东北地区的葡萄酒产业有了一定的发展，以吉林通化产区和辽宁桓仁为代表。

通化产区包括通化县、柳河县和集安市，位于吉林省东南部，产区地处长白山麓，境内河流丰富，属鸭绿江、松花江水系。其中，位于集安市的鸭绿江河谷产区发展较迅速。

桓仁县位于辽宁省东部，属长白山余脉，为低山丘陵区，境内有桓龙湖调节湿度，寒冷而不干燥，近年来冰葡萄酒得到了快速发展。

一、通化产区

1. 气候类型

气候类型为温带湿润、半湿润大陆性季风气候。

2. 气候特点

气候冷凉、生长期短，冬季严寒需重度埋土防寒，只能栽培早熟抗病的欧亚品种、山葡萄及其杂交种、欧美杂交种等。

气温：年平均气温5.5℃，1月平均气温-11.5～-14℃；7月平均气温22～24.5℃。7、8、9月平均最低和最高气温：7月是20℃/29℃，8月是18℃/27℃，9月是10℃/23℃。

年活动积温：2760.8℃。

年日照时数：2200～2388.9h，全年辐射量19255kJ/m²，全年日照百分率51%～60%。

年降水量：870mm左右，7、8、9月分别为209.4mm、199.6mm、66mm。

无霜期：全年130～160d。

3. 土壤类型

土壤类型多为黑钙土、褐土、沙土，土质松软。

4. 主要葡萄品种及酒种特点

主要葡萄品种有公酿一号、双红、双优、左优红、北冰红等山葡萄品种。

山葡萄酒：颜色深，具有野生植物、山参、烟熏等香气，单宁厚重，酸度高，爽口。

北冰红冰酒：深宝石红色，具浓郁悦人的蜂蜜和杏仁复合香气，果香突出，优雅，酒体平衡丰满，具冰葡萄酒独特风格。

5. 主要企业

主要企业有通化葡萄酒公司、通天酒业、长白山酒业集团等。

二、桓仁产区

1. 气候类型

气候类型为温带湿润/半湿润大陆性季风气候。

2. 气候特点

气候冷凉、生长期短，夏季高温、冬季严寒、春秋短促，只能栽培早熟抗病的欧亚品种、山葡萄及其杂交种、欧美杂交种等。冬季需重度埋土防寒。由于特殊的小气候（冬季−10℃以下的持续低温及桓龙湖的湿度调节作用，年平均湿度67.1%），这里，每年都能生产冰葡萄酒。

气温：年平均气温6.3℃，1月平均气温−10.5℃，7月平均气温25℃，7、8、9月平均最低和最高气温：7月是20℃/30℃，8月是18℃/27℃，9月是11℃/24℃。

年活动积温：2370℃左右。

年日照时数：2200～2347.2h，全年辐射量为527kJ/cm²，全年日照百分率为51%～60%。

年降水量：800mm左右，7、8、9月分别为223.1mm、213.4mm、70.7mm。

无霜期：140d左右。

3. 土壤类型

土壤类型以黑钙土、暗色草甸土为主。土壤含有砾石、矿粒，结构疏松。

4. 主要葡萄品种及酒种特点

主要葡萄品种有威代尔、北冰红、双优、双红等。

威代尔冰葡萄酒：具有浓郁的杏果、菠萝、蜂蜜及热带水果的复合香气，口味甜润，酸爽协调，余味悠长，风格典型独特。

5. 主要企业

主要企业有张裕黄金冰谷酒庄、五女山米兰酒业、龙域酒业、梅卡庄园、三合酒业、辽宁桓龙湖葡萄酒业。

东北其他产区主要企业还有辽宁朝阳亚洲红葡萄酒有限公司、黑龙江芬河帝堡国际酒庄等。

第十节　黄河故道产区

黄河故道是指1855年黄河在今河南兰考境内决口改道东流后，其原来南流的一段主河道（俗称明清故道）流经的区域。

黄河故道产区包括河南民权、安徽萧县、江苏连云港等地。20世纪50年代初为改变黄河故道的贫困面貌，国家大力发展果树业，种植了梨、苹果、葡萄等水果，后又投资建设葡萄酒厂。第一批建设的有萧县葡萄酒厂、连云港葡萄酒厂及民权葡萄酒厂。1956—1976年，先后在河南民权、民权农林场、仪封、黄泛区农场、兰考和郑州，安徽萧县、砀山、界首，江苏连云港、徐州、宿迁和丰县等地建设了13个酒厂。鼎盛时期，产量超过万吨。20世纪90年代，由于受主客观条件的影响，这里的葡萄酒产业开始下滑。如今，这一产区的葡萄酒企业多数已停产，产区已逐渐萎缩。

1. 气候类型

该产区属于暖温带半湿润大陆性气候。

2. 气候特点

热量充足，降雨量大，降水集中在夏、秋季，病害控制难度大，适宜于欧美杂交种及少部分欧亚种的栽培，冬季无须埋土防寒。

气温：年平均气温14～16℃，1月平均气温2.5℃，7月平均气温29℃，7、8、9月平均最低和最高气温：7月是25℃/33℃，8月是23℃/31℃，9月是18℃/27℃。

年活动积温：4000～5000℃。

年日照时数：2300～2600h，全年辐射量为494kJ/cm²，全年日照百分率为55%～60%。

年降水量：600～1000mm，7～9月分别为181mm、136mm、72mm。

无霜期：200～260d。

3. 土壤类型

土壤类型为黄潮土（90%）、盐碱土、风沙土；含沙大、含钙质多，且土层中多有黏土夹层，保水性差；有机质和氮、磷、钾含量低。

4. 主要葡萄品种及酒种特点

这里气候偏热，且降雨量集中在葡萄成熟季节，葡萄易旺长，病害严重，葡萄成熟质量差，适合种植欧美杂交种或抗病性强的欧亚品种。

近年来，一些葡萄酒企业引进赤霞珠等晚熟品种并改进栽培技术，以期改善酿酒葡萄的品质，提高葡萄酒质量。

主要种植品丽珠、赤霞珠、美乐、佳丽酿、北醇；贵人香、白羽、红玫瑰等品种。

本区生产的葡萄酒香气弱，口味淡，特点不典型。

5. 主要企业

主要企业以民权九鼎葡萄酒有限公司、兰考路易葡萄酿酒有限公司等为代表。

第十一节　西南产区

西南产区是指中国川、滇、藏交界的横断山脉地区，包括藏东南、滇西北、川西南，大致分布在东经94°～102°，北纬26°～34°的范围内。

西南高山地区地形地貌复杂，雪峰巍峨，峡谷幽深，峻岭逶迤，森林茂密，草原辽阔，湖泊星罗棋布，生物多样性复杂，是世界上生物多样性的典型地区，立体农业气候明显。

西南高山地区的葡萄主要种植在云南德钦、弥勒，四川的金川、小金、西昌、攀枝花等地。它是我国纬度最低、海拔最高、气候最多样化、土壤最红、葡萄酸度最高、红葡萄颜色最深、欧美杂种酿酒葡萄（玫瑰蜜）种植最多的一个特殊产区，该地区葡萄酒具有独特的产地特色。

弥勒属岩溶山原地貌，以山地高原为主，丘陵平台镶嵌其中，形成了面积较大的山中盆地。境内东西多山，中部低凹，地势北高南低，丘陵、山脉、平坝、谷地错落有致。

迪庆高原葡萄主要分布在云南迪庆州的德钦县，为云南省西北部横断山脉地段，青藏高原南缘的滇、川、藏三省（区）结合部。德钦县全景山高坡陡，狭长谷深，地形地貌复杂。所有的葡萄基地均位于河谷地带，海拔均在2000m左右，属于高海拔起伏山地的较低处，周围都是海拔3000m的高山。德钦葡萄种植历史悠久，1848年法国巴黎传教士罗启祯、肖法日即进入德钦传教。传教士在雪域高原传播福音的同时，也将法国的酿酒葡萄品种带到了香格里拉，140多年前在迪庆州的茨中教堂栽种的酿酒葡萄，至今仍枝繁叶茂，硕果累累。

四川攀枝花位于西南川滇交界处，金沙江与雅砻江汇合处，属侵蚀、剥蚀中山丘陵，山原峡谷地貌，具有山高谷深、盆地交错分布的特点。

小金县地处青藏高原东部边缘，地形狭长，地势东北高，西南低，属高山峡谷区，葡萄主要种植在斜坡上，光照好，利于排水。

甘孜阿坝产区地处青藏高原与四川盆地之间的过渡地带，地形地貌复杂，是世界自然生态最完整、气候垂直带谱分布最多的地区之一。

一、弥勒产区

1. 气候类型
气候类型为亚热带高原湿润型季风气候。

2. 气候特点
气候垂直分布，夏季无酷热，冬季无严寒，年温差小，日温差大。积温高，光照充足，紫外线强，适宜栽培欧美杂种及抗病强的欧亚种葡萄。

气温：年平均气温17.3℃，其中，1月平均气温12℃，7月平均气温23℃。7、8、9月平均最低和最高气温：7月是19℃/27℃，8月是19℃/28℃，9月是18℃/28℃。

年活动积温：3000～5000℃。

年日照时数：2100～2200h。全年辐射量为495.2～559.8kJ/cm^2，全年日照百分率为49%。

年降水量：500～800mm。

3. 土壤类型

土壤类型为红壤、棕壤，由砾岩和白云岩风化而成，土层深厚，通透性好，有机质和微量元素丰富。

4. 主要葡萄品种及酒种特点

主要葡萄品种有玫瑰蜜、美乐、赤霞珠、歌海娜；贵人香、霞多丽、水晶。

玫瑰蜜红葡萄酒：具花蜜香、植物香、麝香等，入口柔顺。

水晶白葡萄酒：具糖果类香气，口味顺畅。

5. 主要企业

主要企业有云南红酒庄。

二、迪庆产区

1. 气候类型

气候类型为冷凉河谷半湿润大陆性气候。

2. 气候特点

葡萄种植在德钦的金沙江、澜沧江河谷山坡地带。气候垂直分布，处于高海拔和低纬度并存的地带，在1900～2780m的河谷地带，积温相对较高，光照充足，昼夜温差大。

气温：年平均气温10.24℃，1月平均气温-3.2℃，7月平均气温13.5℃，7、8、9月平均最低和最高气温：7月是9℃/18℃，8月是10℃/20℃，9月是8℃/19℃。

年活动积温：3200℃。

年日照时数：2100～2300h，全年辐射量495.2～559.8kJ/cm^2，全年日照百分率为40%～49%。

年降水量：506mm，平均蒸发量1240.2mm，天旱时有充足的雪水灌溉。

3. 土壤类型

土壤类型多为砂岩类棕褐土，富含砾石，有机质含量在1.15%～6.5%。

4. 主要葡萄品种及酒种特点

主要葡萄品种有赤霞珠、美乐；贵人香、霞多丽等。

红葡萄酒：呈宝石红色，果香浓郁，口感醇厚圆润，风格独特。

白葡萄酒：浅禾秆黄色，清新优雅的果香，细腻圆润的口感滑润而个性十足。

5. 主要企业

主要企业有香格里拉酒业、太阳魂酒业。

三、攀枝花产区

1. 气候类型

气候类型为南亚热带至北温带的多种气候类型。

2. 气候特点

攀枝花地处攀西裂谷中南段，属侵蚀、剥蚀中山丘陵、山原峡谷地貌，具有山高谷深、盆地交错分布的特点，地势由西北向东南倾斜，山脉走向近于南北，是大雪山的南延部分。海拔最高点位于盐边县境内的柏林山穿洞子（4195.5m），最低点位于仁和区平地镇师庄（937m），相对高差3258.5m，一般相对高差1500~2000m。四季不分明，降雨量集中，昼夜温差大，小气候复杂多样。

气温：年平均气温19.2~20.3℃。1月平均气温13.3℃，7月平均气温26.4℃。7、8、9月平均最低和最高气温：7月是21.8℃/31℃，8月是20.8℃/30.6℃，9月是19.3℃/29℃。

年活动积温：5200℃以上。

年日照时数：2300~2700h，全年辐射量为222.10kJ/cm²，全年日照百分率为54%。

年降雨量：1000mm左右。

无霜期：300d以上。

3. 土壤类型

土壤类型以水稻土、赤红壤和黄棕壤为主，pH6.5~7.0，土质黏壤至砂壤，有机质含量高，矿物质元素含量丰富，土层深厚且质量状况好。

4. 主要葡萄品种与酒种特点

主要葡萄品种有玫瑰蜜、美乐、赤霞珠、法国野、北醇、烟73等。其中使用最多的就是玫瑰蜜这种酿酒葡萄，适合种植在高原产区，所酿葡萄酒呈宝石红色，具有特殊的玫瑰香气和蜂蜜香气。新酒具有花香，香气的浓郁度极强，酒质丰满。

5. 代表企业

代表企业有攀枝花攀西阳光酒业有限公司、康美诗葡萄酒厂。

四、阿坝、小金产区

阿坝、小金产区海拔1750~6250m，平均2600m左右。

1. 气候特点

冬季干旱，夏季多雨，光照充足。

气温：年平均气温为11~12℃，1月平均气温3.5℃，7月平均气温21℃。7、8、9月平均最低和最高气温：7月是15℃/27℃，8月是14℃/27℃，9月是12℃/24℃。

年活动积温：5200℃以上。

年日照时数：2100~2300h，全年辐射量为502~628kJ/cm²，全年日照百分率为54%。

年降水量：600~700mm。

无霜期：220d以上。

2. 土壤类型

土壤类型为砾质沙壤土，多为分布在河谷两岸的坡地，砾质丰富，土层深厚，透性强，排水性特别好，矿物质元素含量高。

3. 主要葡萄品种

主要葡萄品种有赤霞珠、美乐、黑品诺、西拉、雷司令等。

4. 代表企业

代表企业为九寨沟天然葡萄酒业等。

第十二节　其他产区

其他产区还有广西及湖南部分地区。

广西罗成地区位于广西北部，是"中国野生毛葡萄之乡"，当地自古民间就有用毛葡萄自酿红葡萄酒的习惯。罗成多山，且山区的土壤、光照、降雨等自然条件都非常适合野生毛葡萄的生长。罗成年平均气温为20.4℃，1月平均气温8.9℃；8月平均气温27.2℃；极端温度38.5℃。年降雨量1553.6mm，年日照时数1367.9h，无霜期303d。

湖南主要有刺葡萄，主要分布在罗宵山脉、武夷山脉、雪峰山脉和武陵山脉（湖南怀化）等地，生长于山坡、沟谷疏林或灌木丛中。该地属中亚热带季风气候区，地域差异和垂直差异明显，气候类型多样。年平均气温为16.4℃，1月份平均气温4.5℃，7月份平均气温28.42℃，全年日照时数1300～1520h，全年日照百分率28%～34%，年降水量1160～1450mm，无霜期287d。

这些产区目前主要是利用野生资源，仍处于酿酒试验阶段，离形成产区尚需时日。

第十四章

世界主要
葡萄酒产区

第一节　世界葡萄酒概况

据考古学者考证，人类首次酿酒大约是在1万年前，在土耳其（Turkey）、约旦（Jordan）等地都发现了新石器时代积存的大量葡萄种子。大约从公元前1100年起，也就是腓尼基人（Phoenician）和希腊人（Greek）殖民统治整个地中海（Mediterranean Sea）时期，源自中亚高加索（Caucasia）山脉的葡萄酒开始传到意大利（Italy）、法国（France）和西班牙（Spain），这些最后成为真正葡萄酒的原产地国家。欧洲人在这片神奇的土地上酿造了红葡萄酒、白葡萄酒、香槟（Champagne）、冰酒（Ice wine）及贵腐酒（Noble Wine或Botrytis）等享誉世界的顶级葡萄酒。现在，我们把这些拥有悠久酿酒历史的传统葡萄酒生产国称作"旧世界国家"，也就是现在欧洲版图内的葡萄酒产区。

旧世界国家主要包括位于欧洲的传统葡萄酒生产国，如法国、意大利、德国、西班牙、葡萄牙（Portugal），以及匈牙利（Hungary）、捷克（Czech）、斯洛伐克（Slovakia）等东欧国家。它们大多有十分适合酿酒葡萄种植的自然条件。冬暖夏凉、雨季集中于冬春而夏秋干燥的气候以及优良的土壤等自然条件，使这些国家在葡萄种植和酿造上占有先天的优势。从法国、意大利、西班牙三国葡萄酒年产量近乎占世界葡萄酒生产总量的60%，便可见一斑。

说到旧世界产区，不得不提及法国。法国拥有波尔多、勃艮第（Bergundy）、香槟地区等全球知名的十大著名产区。主要的葡萄品种有赤霞珠（Cabernet Sauvignon）、西拉（Syrah）、品丽珠（Cabernet Franc）、佳美（Gamay）、美乐（Merlot）、黑品诺（Pinot Noir）、霞多丽（Chardonnay）、长相思（Sauvignon Blanc）、琼瑶浆（Gewurztraminer）等。每个产区都有代表品种，所酿造的葡萄酒风格各异。除了法国，意大利、德国和西班牙也都具有各自享誉世界的顶级葡萄酒及酒庄。

在酿酒历史悠久而又注重传统的旧世界产区，它们崇尚传统，从葡萄品种的选择到葡萄的种植、采摘、压榨、发酵、调配到陈酿等各个环节，都严守详尽而牢不可破的规矩，尊崇着几百年乃至上千年的传统，甚至是家族传统。旧世界葡萄酒产区必须遵循政府的法规酿酒，每个葡萄园都有固定的葡萄产量，产区分级制度严苛，难以更改，用来酿造销售的葡萄酒只能是法定品种。正由于处处受法规的检验，旧世界葡萄酒才一直深受消费者肯定与喜爱。

工业革命以后，世界经济加速发展，迫使人们开始探索欧洲之外的广阔土地。这些探索活动在促进全球交流与融合之时，也为葡萄酒的发展开辟了另一番新天地。哥伦布发现新大陆之后，欧洲强国开始大肆进行殖民扩张。随着殖民扩张，欧洲新移民潮带着欧洲葡萄品种至南美洲，进而到达了如今的美国（America）、新西兰（New Zealand）等地。葡萄酒产区一直蔓延到我们所谓的"新世界国家"。

新世界国家以美国、澳大利亚（Australia）为代表，还有南非（South Africa）、智利（Chile）、阿根廷（Argentina）和新西兰等欧洲之外的葡萄酒新兴国家。著名的产区有美国加利福尼亚州（California），其精华区为纳帕谷（Napa Valley），该区所产的顶级赤霞珠红葡萄酒，在两度美法顶级酒盲品对决中打败法国顶级酒，让美国酒因此而声名大噪。还有凭借冰葡萄酒而闻名全球的加拿大（Canada）以及源自法国罗讷河谷（Rhone Valley）而在澳大利亚发扬光大的西拉葡萄酿造的澳大利亚葡萄酒等。

与旧世界产区相比，新世界产区生产国更富有创新和冒险精神，秉持着以市场为导向的目标。新世界酒庄是消费主义文化，大多轻松直白，果香在开瓶之际就浓郁奔放。其实，在很多细节上都可以感受到新世界葡萄酒的新意，甚至能够在新世界葡萄酒的酒瓶上看到漫画和三维标签。再比如，现在国际市场不仅有传统的玻璃瓶包装，还有新世界葡萄酒易拉罐包装和利乐包装。而对于精品葡萄酒，包装上的差别也开始有了一个新的趋势。以前一般都是使用传统的软木塞，而现在越来越多的酒商，尤其是新世界的酒商，开始采用螺旋塞。另外，采用有机种植是近年来新世界酒庄的一个趋势。

更为关键的是，新世界不仅仅新，它也一直在努力变化。从产业化的生产模式，到精耕细作的酒庄式经营，从模仿旧世界的酿造工艺，到开发因地制宜的发酵技术，这些变化也让越来越多的目光开始投向这些新兴葡萄酒产酒国。

当然，这并不意味着新世界产酒国是无规可循的。虽不像法国等欧洲国家从法律上对葡萄酒的等级进行划分，但新世界国家也有自己的分级制度。比如美国，其在借鉴原产地概念的基础上，根据本国葡萄酒发展的实际情况，制定了具有自身特点的美国葡萄酒产区（AVA）制度。AVA产区制度，成功保护和规范了葡萄酒生产。需要说明的是，虽然产业化在新世界也许是普遍存在的一个现象，但这并不代表全部。在一些著名的优质产区，各个酒庄对酿造工艺和质量标准的要求甚至比旧世界还要严格。比如在纳帕谷，采用人工采摘葡萄的酒庄就有很多，在第一时间筛除掉不好的葡萄，以保证酒的品质。

在葡萄酒品质方面，新世界葡萄品种可以自由混搭酿造，大多以市场口味为导向。新世界酒的风格更多的是突出创新和改革，在实践中改进，在继承中创新。近代酿造技术从原来单纯保护发酵过程的顺利进行，到现今以科技提升葡萄酒质量。消费者喜欢什么口味，就给他们什么口味的酒，并采用物美价廉的营销策略，抢占旧世界葡萄酒市场。因自然条件、人为因素等的差异，新旧世界各大产区的葡萄酒在酿酒观念以及葡萄酒的风格、口味上各有千秋，各具特色。但随着时间的推移，新旧世界的逐步融合，两者之间的界限已经越来越模糊了。新旧世界产区在各自的土地上以各自的方式共同为全世界消费者酿造着缤纷万千的美味葡萄酒。

一、葡萄种植面积

如表14-1和图14-1所示，2019年全球葡萄园面积约730多万hm²。这一统计包含了用于生产葡萄酒、鲜食葡萄和葡萄干的葡萄园以及定植尚未挂果的葡萄园。其中葡萄园面积前五位为西班牙（占13.1%）、中国（占11.6%）、法国（占10.7%）、意大利（占9.6%）、土耳其（占5.9%），其他国家占49.1%。

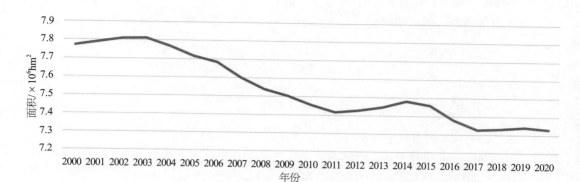

图14-1 2000—2020年全球葡萄园面积的变化曲线图（2021年OIV官方发布）

表14-1 2015—2019年全球前十葡萄种植国种植面积的演变 单位：X10⁴hm²

国家	2015年	2016年	2017年	2018年	2019年	2019年与2018年对比/%	2019年全球占比/%
西班牙	97.4	97.5	96.8	97.2	96.6	-0.6	13.1
中国	85.9	80.7	83.0	85.5	85.5	0.0	11.6
法国	78.5	78.6	78.8	79.2	79.4	0.3	10.7
意大利	68.5	69.3	69.9	70.1	70.8	1.0	9.6
土耳其	49.7	46.8	44.8	44.8	43.6	-2.7	5.9
美国	44.6	43.9	43.4	40.8	40.8	0.0	5.5
阿根廷	22.5	22.4	22.2	21.8	21.5	-1.4	2.9
智利	21.4	20.9	20.7	20.3	20.0	-1.5	2.7
葡萄牙	20.4	19.5	19.4	19.2	19.5	1.6	2.6
罗马尼亚	19.1	19.1	19.1	19.1	19.1	0.0	2.6

注：表中数据来自2019年OIV官方发布。

2018年全球葡萄产量7780万t，其中：酿酒葡萄占57%，鲜食葡萄占36%，制干葡萄占7%。

自2016年以来，由于中国、土耳其、伊朗、美国和葡萄牙等国葡萄园表面积的大幅减少，葡萄园的表面积似乎已经稳定下来。

北半球葡萄种植面积整体稳定。欧盟葡萄园连续5年稳定在320万hm²。其中，法国（79.4万hm²）、意大利（70.8万hm²）、葡萄牙（19.5万hm²）、保加利亚（6.7万hm²）较2018年出现增长，而西班牙（96.6万hm²）、匈牙利（6.9万hm²）、奥地利（4.8万hm²）较2018年略有下降。

在东亚，经过10年的显著扩张，中国的葡萄种植面积位居世界第二（85.5万hm²），紧随西班牙之后，增长似乎正在放缓。美国的葡萄种植面积自2014年一直在减少，2020年的种植面积约为40.5万hm²。南美洲连续四年出现下降趋势，唯一例外的是，秘鲁的葡萄种植面积较2018年增长了17%，达到了4.8万hm²。南非的葡萄种植面积稳定在12.8万hm²。2019年，澳大利亚葡萄种植面积稳定在14.6万hm²，新西兰葡萄种植面积增长了1.6%，达到了3.9万hm²，创历史新高。

二、葡萄酒产量

如图14-2所示，21世纪以来，全球葡萄酒产量稳定在2500万~2900万t，2018年天气情况有利于葡萄园，全球葡萄酒达到破纪录产量2923万t，相比创下60年来最低产量的2017年增加了17%。2019年全球葡萄酒产量为2630万t，同比2018年下降了10.54%。包括法国、意大利、西班牙在内的葡萄酒主产国产量均有不同程度下降。

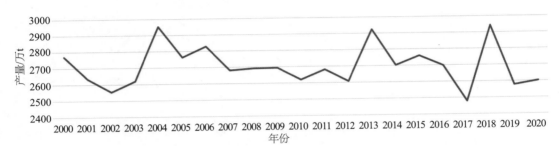

图14-2　2000—2020年世界葡萄酒产量变化曲线图（2021年OIV官方发布）

OIV表示，2019年全球葡萄酒产量的下降，主要归因于罕见的恶劣天气，尤其是在经受了寒冷多雨的春天以及极度炎热干燥的夏天的双重打击之后。

欧盟国家2019年葡萄酒产量1560万t，占据全球葡萄酒产量的60%，略低于2014—2016年平均水平。西班牙葡萄酒年产量降低24%，降幅最为明显，法国、意大利紧随其后，降幅均为15%。

美国葡萄酒产量估计为243万t，与2018年相比下降了2%。事实上，加利福尼亚州葡萄酒销售连续两年（2018—2019年）放缓，酒厂库存增加，一些葡萄种植者甚至放弃收割2019年部分葡萄园。

南半球2019年葡萄酒产量约为540万t，占据全球葡萄酒产量的20%，与2008—2018年平均产量持平。其中，阿根廷产量跌幅最重，下降10%，南非则逆势增长3%。澳大利亚葡萄酒产量连续第二年下降，2019年达到120万t（较2018年下降6%）。新西兰2019年葡萄酒产量为30万t，较2018年略有下降（下降1%），但总体上与过去5年的平均水平一致。

如表14-2所示，虽然葡萄酒总产量有变化，而世界各国排名并无变化。欧洲的主导地位不容置疑，意大利依然领先（475万t），其次是法国（421万t）和西班牙（335万t）。第四名是美国（243万t），第五名是阿根廷（130万t）。中国2019年葡萄酒产量下降10.8%，排名世界第十（83万t）。

表14-2　2015—2019年全球前十葡萄酒生产国的产量变化　　　　　　单位：万t

国家	2015年	2016年	2017年	2018年	2019年	2019年与2018年对比%	2019年全球占比%
意大利	500	509	425	548	475	-13.3	18.3
法国	470	454	364	492	421	-14.4	16.2
西班牙	377	397	325	449	335	-25.4	12.9
美国	217	237	233	248	243	-2.0	9.4
阿根廷	134	94	118	145	130	-10.0	5.0
澳大利亚	119	131	137	127	120	-5.5	4.6
智利	129	101	95	129	119	-7.8	4.6
南非	112	105	108	94	97	3.2	3.7
德国	88	89	75	103	90	-12.6	3.5
中国	133	132	116	93	83	-10.8	3.2

注：表中数据来自2019年OIV官方发布。

三、世界葡萄酒消费量及消费趋势

1. 世界葡萄酒消费量

如图14-3所示，2019年世界葡萄酒消费量估计为2440万t，与2018年相比基本持平。在21世纪初期，全球葡萄酒消费量显著增加，并在2007—2008年达到一个顶峰。2009年以后，消费量相对来说比较平稳。应该注意的是，"葡萄酒消费量"大部分时候很难被准确统计，只能是一个估计值。

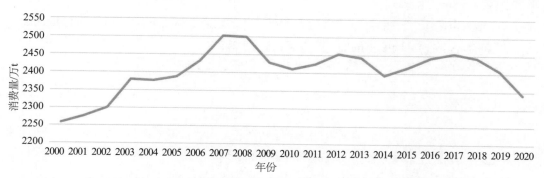

图14-3　2000—2020年世界葡萄酒消费量变化曲线图（2021年OIV官方发布）

如表14-3所示，2011—2019年，美国已连续九年来是全球最大葡萄酒消费市场，达到330万t。排名第二的是法国（265万t，较2018年下降了0.6%），紧随其后的是意大利（226万t，较2018年上升了0.9%），德国（204万t，较2018年增长了2%）。世界第五大葡萄酒消费国是中国，达到178万t，较2018年下降了3.3%。排名前五的消费大国总消费量，占了全球总消费量的48%。

表14-3　2015—2019年全球前十葡萄酒消费国的消费量变化　　　　　　单位：万t

国家	2015年	2016年	2017年	2018年	2019年	2019年与2018年对比%	2019年全球占比%
美国	309	313	315	324	330	1.8	13.0
法国	273	271	270	267	265	−0.6	11.0
意大利	214	224	226	224	226	0.9	9.0
德国	205	202	197	200	204	2.0	8.0
中国大陆	181	192	193	184	178	−3.3	7.0
英国	128	129	131	129	130	1.0	5.0
西班牙	98	99	105	109	111	2.3	5.0
俄罗斯	97	101	104	99	100	0.9	4.0
阿根廷	103	94	89	84	85	1.3	3.0
澳大利亚	55	54	59	60	59	−1.0	2.0

注：表中数据来自2019年OIV官方发布。

2018年全球人均葡萄酒消费量情况：葡萄牙62L、法国50L、意大利44L、瑞士（Switzerland）36L、比利时（Belgium）32L、澳大利亚30L、匈牙利29L、德国28L、罗马尼亚27L、西班牙27L、阿根廷25L、荷兰（Netherlands）25L、英国23L、加拿大16L、美国12L、南非11L、俄罗斯10L、日本（Japan）3L、巴西（Brazil）2L、中国大陆2L。

2. 世界葡萄酒的消费趋势

（1）传统市场　人均消费量自高位下降，如法国、意大利、西班牙、德国、阿根廷等。

（2）成熟市场　长期高增长趋势，人均消费量不变或下降，如美国、加拿大、澳大利亚、挪威（Norway）、瑞典（Sweden）等。

（3）增长市场　市场长期呈现增长趋势，人均消费量仍较低，如中国、巴西、墨西哥、日本、韩国（South Korea）等。

（4）新兴市场　增长明显，人均消费量很低，如墨西哥（Mexico）、尼日利亚（Nigeria）、纳米比亚（Namibia）、印度（India）、秘鲁（Peru）等。

四、世界葡萄酒贸易量

自21世纪初以来，国际葡萄酒贸易呈现不断增长与日趋活跃的态势。数据显示，全球葡萄酒贸易不仅往来越来越频繁，而且进出口葡萄酒的均价在上涨。

2019年世界葡萄酒贸易量达1052万t，较上年下降了约2.4%，其中：瓶装酒约占54%，散装酒（大于10L）约占33%，起泡酒约占9%，其他约占4%。

2019年，全球葡萄酒出口价值正走上2010年开始的持续增长道路，创下历史新高。全球葡萄酒贸易值近320亿欧元，较上年约增长2%，其中：瓶装酒占70%，起泡酒占20%，散装酒（大于10L）占9%，其他占2%。

从出口量来看，2019年西班牙是世界最大的葡萄酒出口国，出口量达209万t，占全球市场的19.4%；而2019年意大利是最大的出口国，出口量为216万t，占全球市场的20.5%。从出口额来看，法国是世界最大的葡萄酒出口国，出口额达98亿欧元，增长约5.0%。

全球出口量前五的国家：意大利、西班牙、法国、智利、澳大利亚。其中：西班牙、意大利、法国这3个国家占主导，共计出口葡萄酒571万t，占世界市场的54%。全球出口额前五的国家：法国、意大利、西班牙、澳大利亚、智利。其中：前三个国家占2019年葡萄酒出口总值的60%。

2019年葡萄酒进口量前五的国家：德国、英国、美国、法国、中国；2019年葡萄酒进口额前五的国家：美国、英国、德国、中国、加拿大，占全球进口总值的50%以上。其中德国、英国和美国进口量合计为404万t，占世界总量的38%。这三个国家占世界葡萄酒进口总值的39%，达到119亿欧元。中国连续第二年进口量大幅下降（−11%/2018），2019年达到61万t；从价值上看，这一趋势相似，与2018年相比，整体下降9.7%，达到21亿欧元。

德国、法国进口葡萄酒更多集中在低端产品上，法国进口酒中，很大一部分是来自西班牙的散装葡萄酒。美国、日本倾向于进口价格偏高的产品，而在全球范围内，中国进口葡萄酒均价较为平均。

五、世界葡萄酒产区分布

由于历史原因，全球葡萄酒的生产与消费主要集中在欧洲，特别是西欧，占了全球的三分之二，其中前三大葡萄酒生产国——意大利、法国、西班牙的产量超过全球的一半。20世纪90年代中期开始流行的全球性葡萄酒风潮，已经将葡萄酒扩展成全球性饮品。

葡萄酒产区主要集中在温带气候区。虽然新兴产区的面积越来越大，但欧洲仍拥有全球三分之二的葡萄园，依旧是全世界最重要的葡萄酒生产地。气候温和的环地中海区是欧洲葡萄园的主要集中地。

环地中海的法国东、西南部，意大利半岛、巴尔干半岛（Balkan Peninsula），葡萄园随处可见。而同属地中海沿岸的中东和北非，由于气候和宗教的影响，主要生产鲜食葡萄和葡萄干。法国北部及德国，由于气候寒冷，葡萄园受到限制，只在一些特殊产区，例如法国香槟、夏布利（Chablis），德国莱茵河（Rhine River）流域有葡萄园分布。中欧多山地，种植区多限于向阳的山坡，产量不大。东欧各国中，保加利亚（Bulgaria）、罗马尼亚、匈牙利是主要生产国。俄罗斯及乌克兰（Ukraine）的葡萄酒主要集中在黑海沿岸。

北美的葡萄园几乎全集中在美国的加利福尼亚州、纽约州（New York）以及西北部，墨西哥和加拿大也有比较零星的种植。

亚洲的葡萄酒生产以中国最为重要，主要种植区是新疆（Xinjiang）、宁夏（Ningxia）、甘肃（Gansu）、山东（Shandong）、东北（Dongbei）、河北（Hebei）等区域。另外，日本、土耳其、黎巴嫩（Lebanon）和印度也有少量葡萄酒生产。

南半球葡萄种植全部都是欧洲移民抵达之后才开始的，采用的都是欧亚种葡萄。在南美洲以安第斯山（Andes）两侧的智利和阿根廷为主。此外，乌拉圭（Uruguay）和巴西也产葡萄酒。除了地中海沿岸的北非产区外，非洲大陆的葡萄种植主要集中在南非西南部的西开普省（Western Cape）。在大洋洲以澳大利亚和新西兰为主，主要分布在澳大利亚东南、西澳大利亚等地及新西兰北岛和南岛。

第二节　法国

法国西邻大西洋，南接地中海，东面有阿尔卑斯山（Alps）的阻隔。整个国家多河流，多山谷，因此造就了无数多变的小气候和小环境。法国人根据几百年的种植和酿造经验，总结出每个地区最适合种植的葡萄品种以及最适合的酿造方法，酿造出了优质的葡萄酒。法国葡萄种植面积79.4万hm²，年产葡萄酒400多万t（2019年421万t，较2018年下降15%），葡萄种植面积、葡萄酒产量都位居世界前三名之列。

法国的葡萄酒历史可追溯至公元前600年左右，那时希腊人来到了现在的法国马赛（Marseille），并带来了葡萄植株和葡萄栽培技术。19世纪，法国的葡萄种植面积创历史新高。1855年，巴黎万国博览会对法国葡萄酒进行了著名的酒庄分级，将法国的美酒推向了世界。

法国酿造了世界上最多的顶级好酒，这是毫无争议的，法国人酿造出的每一种顶级葡萄酒都是全世界酿酒师的经典教科书，把葡萄与气候、土壤、种植、酿造、人文完美地融合在一起，酿造出让人难以言喻的美酒。

根据葡萄酒智情机构（Wine Intelligence）发布的报告*France Landscapes 2019*显示，2018年法国的葡萄酒消费量超过200万t，人均约56L，法国葡萄酒的消费量呈现下降趋势。

一、气候特点

法国南部为亚热带地中海气候；西部地区海拔相对较高，同时也受墨西哥湾暖流的影响，属温带海洋性气候；而东部地区的勃艮第、阿尔萨斯（Alsace）和香槟区更具大陆性气候特征，这为种类丰富、品质优良的法国葡萄酒创造了多样化气候条件。平均降水量从西北向东南由600mm递增至1000mm以上。1月平均气温北部1~7℃，南部6~8℃；7月平均气温北部16~18℃，南部21~24℃。

二、土壤特点

土壤类型多样，大部分产区以砾石、黏土为主，少数产区以石灰岩为主。

三、主要葡萄品种

根据种植面积大小，红葡萄品种排名前列的分别为：美乐（10万hm²）、歌海娜（9.8万hm²）、佳丽酿（9.5万hm²）、赤霞珠（5.5万hm²）、西拉（5.2万hm²）、品丽珠（3.6万hm²）、神索（3.2万hm²）、黑品诺（2.8万hm²）。

白葡萄品种排名前列的分别为：白玉霓（9万hm²）、霞多丽（3.5万hm²）、长相思（2.1万hm²）、赛美蓉（1.5万hm²）、勃艮第香瓜（1.2万hm²）、白诗南（1万hm²）。

四、葡萄酒等级法规

法国对本国葡萄酒有着严格的法律保护，实行原产地控制命名制度，即AOC制度。AOC是Appellation d'Origine Controlee的缩写，翻成中文为"原产地控制命名"。酒标表示为"Appellation + 产区名 + Controlee"。

法国于1935年开始实施AOC系统，以防范那些在酒名字上做投机的生产者，保障酿酒者和葡萄园达到一定的品质要求。这一保护制度将葡萄酒划分为四个等级：日常餐酒（VDT）、地区餐酒（VDP）、优良地区餐酒（VDQS）和法定产区葡萄酒（AOC）。法国"产地命名监督机构"对于酒的来源和质量类型为消费者提供了可靠的保证。这个制度不仅对于法国，甚至对于整个世界都有深远影响。

虽然AOC系统不能绝对保证酿酒者所酿造酒的品质，但是它可以控制整个种植酿造过程中的绝大部分因素。这种控制是通过AOC制度所要求的各环节标准的实施来完成的。这些严格的要求有以下七个方面。

1. 土壤限定

整个酒庄土壤面积中可作为葡萄种植的面积是基于几个世纪以来所种植及相关事件的记录，如土壤性质、土壤结构、海拔及坡度等。

2. 葡萄品种

品种的确定是基于由各自的地理位置以及历史数据，判断怎样的葡萄品种在怎样的土壤和气候条件下表现最完美。

3. 栽培规范

限定了对每公顷土地的种植株数、修剪技术和施肥措施。

4. 产量限制

因为高产会降低葡萄的质量，为保证品质，严格控制收成产量，对每个法定产区都设置了最高产量。在同一个地区内，更高一级的AOC要求比较低一级的AOC对于单位产量，收获时的葡萄含糖量要求会更高，因此一般来说质量也就更高一些。比如在波尔多，Appellation Haut-Medoc Controlee单位产量要求在每公顷5000L以下，而Appellation Pauillac Controlee的单位产量要求在每公顷4500L以下。

5. 酒精含量

所有的法定产区必须保证最低酒精含量标准，这意味着葡萄必须达到一定的成熟度（保证其一定的含糖量），有足够的呈香、呈味物质，尽管在一些区域允许酿造葡萄酒过程中给葡萄汁增加糖分（Chaptalize）以达到所要求的酒精度。

6. 酿造规范

每个法定产区基于酿出好酒的传统酿酒历史，并结合酿酒工艺，都有一套传统规则。

7. 官方品评

自1979年始，对申请AOC者品评其所有典型样酒。

满足上述七个条件的，才允许在酒标上使用AOC。

2009年8月，为了配合欧洲葡萄酒的级别标注形式，法国葡萄酒的级别进行了改革，新的等级制度在2011年1月1日起在瓶装产品上使用。新的等级制度如下：

（1）AOC葡萄酒（法定产区葡萄酒）变成AOP葡萄酒（Appellation d'Origine Protégée）

①最低级是大产区名AOP，酒瓶酒标标示如：Appellation + 波尔多产区 + Protégée。

②次低级是次产区名AOP，酒瓶酒标标示如：Appellation + Medoc产区 + Protégée。

③较高级是村庄名AOP，酒瓶酒标标示如：Appellation + Margaux村庄 + Protégée。

④最高级是城堡名AOP，酒瓶酒标标示如：Appellation + Chateau城堡 + Protégée。

（2）VDP葡萄酒（地区餐酒）变成IGP葡萄酒（Indication Géographique Protégée）

瓶装酒标示为：Indication + 产区 + Protégée。

（3）VDT葡萄酒（日常餐酒）变成VDF葡萄酒（VIN DE FRANCE）

属于无IG的葡萄酒，意思是酒标上没产区标示的葡萄酒（vin sans Indication Géographique）。

VDQS从2012年开始不复存在。

五、主要葡萄酒产区

法国有十大葡萄酒产区，分别是波尔多、勃艮第、香槟区、阿尔萨斯、罗讷河谷、普罗旺斯（Provence）、卢瓦尔河谷（Loire Valley）、西南产区（South West）、朗格多克−鲁西荣（Languedoc-Roussillon）、汝拉/萨瓦（Jura/Savoie）。每个产区在葡萄种植和葡萄酒酿造方面都有自己的特色。其中最著名的法国葡萄酒产区是波尔多、勃艮第和香槟区。波尔多以产浓郁型的红葡萄酒而著称，勃艮第则以产清淡优雅型红葡萄酒和清爽典雅型白葡萄酒著称，香槟区酿造世界闻名、优雅浪漫的起泡酒。

1. 波尔多

波尔多位于法国西南部，北纬45°线正好穿过波尔多北郊，有着得天独厚的气候与地理条件。西临大西洋，吉伦德河（Gironde，也称纪隆德）从境内缓缓流过，海洋性温带气候让产区的天气平静温和。全年降雨量900mm，很少有春霜或冰雹的威胁，适合葡萄种植。但与地中海沿岸其他红葡萄酒产区相比，波尔多的气候还是比较凉爽，如赤霞珠等晚熟品种只在少数地方能达到完全成熟。

贫瘠的沙砾土、黏土和石灰土构成了复杂多样的土壤结构，使波尔多能生产出丰富多样的葡萄酒。

波尔多被由南向北的吉伦德河一分为二，但他们并不习惯将其划分为东西岸，而是根据地理位置上的左右方向来划分，分为左岸和右岸。左岸主要由梅多克（Medoc）与格拉夫（Graves）两大产区构成，右岸主要有波美侯（Pomerol）和圣埃美隆（St Emilion）等。加伦河

（Garonne）与多尔多涅河（Dordogne）之间的产区则为"两海之间（Entre-Deux-Mers）"。

2.3万hm²的葡萄园全部位于波尔多市所在的吉伦德（Gironde）内，分属于57个不同的法定产区，多达1.25万家酒庄与400多家的酒商，每年出产68万t葡萄酒。

波尔多左岸的优质葡萄园都位于河岸附近，由砾石堆积而成的一些低矮小圆丘上，只占左岸的很小一部分面积。这些珍贵的砾石地，具有贫瘠、易扎根、储存热能、反射光线而且排水性好等诸多优点，是生产高级葡萄的绝佳土质。尤其对赤霞珠品种来讲，如果不种植在此类土地上就很难达到足够成熟度。左岸由北到南包括梅多克、格拉夫和苏玳（Sauternes），不同的优质园只是砾石大小和混合砂质的比例不同而已。

右岸离海较远，气候比左岸凉爽。地形复杂，最常见的是覆盖沙质黏土的石灰质平台，有崩塌的岩块所堆成的斜坡，另外也有硅质河沙和砾石组成的平地或低丘等。精华产区有圣埃美隆、波美侯和弗龙萨克（Fronsac），主要种植美乐和品丽珠。

两海之地是一大片呈波状的石灰质平台，在中央及北部覆盖了一层混合沙质与黏土的较肥沃土壤，主要生产干白葡萄酒和以美乐为主的简单红葡萄酒。西南部有较多陡峭的山坡，主要生产甜型的白葡萄酒以及较粗犷多单宁的红葡萄酒。

波尔多的葡萄品种众多且大多是国际知名品种。因为气候的原因，在波尔多大部分地区，单独用一个品种（无论是红葡萄还是白葡萄）很难酿成均衡协调的葡萄酒，所以当地酿酒师通常必须通过混合不同的品种，取长补短，调配出丰富完美的葡萄酒。波尔多有6个法定红葡萄品种，分别是美乐、赤霞珠、品丽珠、小味儿多（Petit Verdot）、佳美娜（Carmenere）和马尔贝克（Malbec）；7个法定白葡萄品种，包括长相思、赛美蓉、密斯卡岱（Muscadelle）、灰苏维翁（Sauvignon Gris）、鸽笼白（Colombard）、白美乐（Merlot Blanc）和白玉霓。其中红葡萄酒占6/7，白葡萄酒占1/7，美乐的面积远超赤霞珠。

因原品种已无法适应在全球变暖下越来越炎热的气候，尤其是大区酒的重要品种美乐葡萄。2019年波尔多地区的绝大多数生产商投票赞成增加波尔多的法定葡萄品种，暂定了4红3白共七个新品种纳入法定。其中红葡萄品种：国产多瑞加（Touriga National）、马瑟兰（Marselan）、艾琳娜（Arinarnoa）、卡斯泰（Castets）；白葡萄品种：阿尔巴利诺（Alvarinho/Albarino）、小芒森（Petit Manseng）、丽诺拉（Liliorila）。

新增7种葡萄的优点包括相对良好的天然抗性，如抗特定疾病（如灰腐病和霉菌），以及经证实的应对温暖条件的能力。种植者可以自2020年起在其葡萄园里种植不超过5%的新品种，并且在最终调配装瓶时新品种比例不超过10%。

但目前这些品种只能酿造Bordeaux AOC和Bordeaux Supérieur AOC的葡萄酒，品质更高的小产区如波亚克（Pauillac）、圣埃美隆等产区不受影响。此决定还需要法国国家原产地命名管理局（INAO）做最后批准。

波尔多的AOC葡萄酒产量占法国AOC葡萄酒产量的25%，其中87%为红葡萄酒，11%为干白葡萄酒，2%为甜白葡萄酒。

波尔多葡萄酒分级图如图14-4所示。

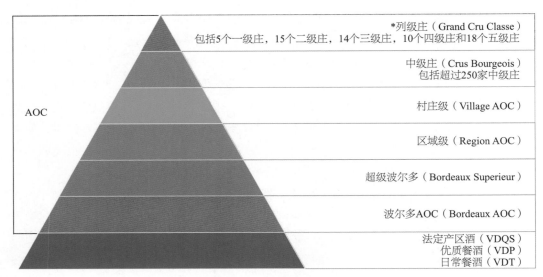

图14-4　波尔多葡萄酒分级图

波尔多产区内有57个AOC法定产区，大致可分为以下三个等级。

地方性法定产区：这等级是波尔多最普通的级别，种植面积最广，产量最高。生产各种葡萄酒，包括红葡萄酒、白葡萄酒、桃红葡萄酒、起泡酒。以波尔多（Bordeaux）最常见，干白葡萄酒则是Bordeaux Sec，品质较好一点的超级波尔多（Bordeaux Superieur），起泡酒Cremant de Bordeaux也属于这一等级。

地区性法定产区：风格更独特、酿酒水准更高的区域属于这一等级，如梅多克和上梅多克（Haut-Medoc），以及红、白葡萄酒皆有的格拉夫等。

村庄级法定产区：以生产顶级葡萄酒闻名的村庄命名，如格拉夫的佩萨克–雷奥良（Pessac-Leognan），上梅多克的玛歌（Margaux）和波亚克（Pauillac），产贵腐甜酒的苏玳和巴萨克（Barsac）以及右岸的波美侯（Pomerol）等二十几个村庄级AOC。

在波尔多除了产区分级，也有4个产区针对酒庄所做的分级。其中以1855年巴黎万国博览会所做的排名最著名。共选出78家酒价最贵的酒庄，其中红葡萄酒有57家酒庄，统称为列级酒庄（Grand Cru Classe），其中再细分为5个等级，排名一级的有4家，是最高等级。除了奥比昂（Chateau Haut-Brion）属于格拉夫外，其他都在梅多克。1973年木桐酒庄（Chateau Mouton Rothschild）升级为一级庄。因为酒庄的分合或荒废，目前总数为61家。

白葡萄酒有21家入选，全都是生产贵腐甜酒的酒庄，又分三个等级，排名最高的是优等一级（Premier Cru Superieur），仅有伊甘酒庄（Chateau d'Yquem）一家入选。之后是一级和二级，现在总数为27家。这份名单后来也成为苏玳与巴萨克列级酒庄名单。

除此之外，一些小产区也有自己的分级系统。梅多克从1932年开始有中级庄（Crus Bourgeois）的排名，但在2003年改革后才得到正式的认同，分为三个等级，包括最好的"Cru Bourgeois Exceptionnel""Cru Bourgeois Superieur"以及"Cru Bourgeois"，每10年重新评选一次。格拉夫也有列级酒庄，分为红葡萄酒与白葡萄酒两份名单，在1935年时评选出红葡萄酒的特等酒庄，白葡萄酒的部分则在1959年才完成。特等酒庄间没有再细分等级。圣埃美隆在1955年也建立列级酒庄制度，共分第一特等酒庄（Premier Grand Cru Classe）和特等酒庄（Grand Cru Classe）两种，前者等级最高，还细分成A和B两种。排名由委员会每隔10年依照酒的品质、价格等自然条件做排名的修正。除了列级酒庄之外，每年经过评审团两次品尝，品质优异的一般圣埃美隆红葡萄酒也可以用"Saint Emilion Grand Cru"的AOC名称销售。

这样，对不同小产区不同分级系统的酒比较时，最好用品尝的方法。

因为气候的原因，在波尔多的大部分地区，无论是黑色或白色葡萄，单独用一个品种都很难酿成均衡协调的酒，通常必须通过混合不同品种的特性，取长补短，方能调配出最丰富也最完美的酒来。

波尔多调配（Bordeaux Blend）是赤霞珠和美乐葡萄酒常见的红葡萄酒之外的另一种主流，主要都是以赤霞珠和美乐为主体，混合一些品丽珠，偶尔加些马尔贝克和小味尔多。在酿酒的理念上通过这五个品种的不同风味与特性，混合出绝佳的香气与均衡口感。白葡萄酒的调配则是赛美蓉和长相思相互混合。

近年来为了提高葡萄酒的品质，知名的波尔多酒庄除了推出被称为Grand Vin的酒庄酒（正牌），也常推出价格比较便宜、被称为Second Vin的副牌酒。副牌酒除了采用达不到正牌酒水准的酒来调配外，也采用比较年轻的葡萄树所生产的葡萄酿造的酒，较少采用新橡木桶陈酿，果香浓郁，口感比较柔和顺口，通常较早即可以饮用。

2. 勃艮第

勃艮第地处法国内陆的大陆性气候区，地理位置较波尔多偏北，所以气候较为寒冷，可以说已经接近红葡萄种植的北限，适合酿造单一品种葡萄酒。

主流的红白葡萄各仅有一种，红葡萄为黑品诺，白葡萄为霞多丽。非主流红葡萄品种如佳美，白葡萄品种如阿力高特（Aligote）、灰品诺（Pinot Gris）和白品诺（Pinot Blanc）等，都仅仅占非常少的种植面积（同时，在勃艮第有一个有意思的法律规定：作为白葡萄品种的灰品诺和白品诺只能加入红葡萄酒调配，既不能用来单独酿造白葡萄酒，也不能和霞多丽混合）。黑品诺是公认的脆弱娇贵、难以种植的品种，全世界也公认在勃艮第其才有最佳的表现。

全法国总数达400多种的AOC法定产区，有101个位于勃艮第，这上百个法定产区之间也有等级上的差别。在勃艮第，葡萄酒分成四个等级。分级的依据主要是按照葡萄园所在的位置和自然条件来区分，也有些跟历史有关，和波尔多按照酒庄来分级的标准不同。

地方性产区（Regionale）：最普通级别的葡萄酒，有22个法定产区，最常见的是直接标示"Bourgogne"的AOC，其他只要在标签上AOC的部分出现"Bourgogne"这个词，如上伯恩丘"Bourgogne Hautes Cotes de Beaune"就属于地方性等级。由于葡萄园的条件不是特别优异，生产的葡萄酒以清淡简单为特色，价格也便宜。

村庄级产区（Village）：共有46个产酒村庄被列为村庄级AOC，直接以村名命名，生产的规定和要求都比地方性AOC严格，在勃艮第有1/3的葡萄酒属于这个等级。

一级葡萄园（Premier Cru）：在村庄级AOC产区内，葡萄园的位置和条件有很大的差异，葡萄酒的品质和风味也不同，位于山坡上、条件最好的葡萄园有可能被列为一级葡萄园。目前，有500多个一级葡萄园，产量仅约占10%。属于这个等级的酒在酒标上，会在村庄名之后加上"Premier Cru"，也可以再加上葡萄园的名字。例如"Vosne-Romanee（村名）Premier Cru（一级葡萄园），Les Chaumes（葡萄园名称）"。

特级葡萄园（Grand Cru）：在勃艮第极少数品质优异的酒村中，最好的葡萄园通常位于山坡中段，生产着勃艮第顶尖的精彩好酒，这些非常稀有的特殊的葡萄园则被列为勃艮第最高等级的特级葡萄园，共有33块列级葡萄园，如蒙哈榭（Montrachet）、罗曼尼·康帝（Romanee-Conti）等顶尖名园。这些特级葡萄园各自成立独立的AOC，以葡萄园的名字命名，生产的要求更加严格，红葡萄酒每公顷产量不得超过3500L，仅占勃艮第产量的1.5%。

勃艮第拥有2.8万hm²的葡萄园，每年生产13万t的葡萄酒，五个知名子产区，从北到南依次包括夏布利、夜丘（Cote de Nuit）、伯恩丘（Cote de Beaune）、夏隆内丘（Cote Chalonnaise）和马贡（Maconnais）。

金丘（Cote d'Or）是勃艮第的核心产区，分为南、北两部分，北部为夜丘区，南部为伯恩丘区，勃艮第价格排名前20的酒庄都来自这两个产区的金丘地区，110km²的土地上有27个大小不等的村落，里面分布着375个Premiers Crus和32个Grands Crus葡萄园。

夏布利位于勃艮第最北端，是勃艮第独一无二的顶级白葡萄酒产区，气候最为寒冷，只产霞多丽白葡萄酒，多数不经橡木桶。这些葡萄酒普遍带有矿物质风味，酸度较高，比较清瘦，坚实而不粗糙，一般带有柑橘、梨和白花的香气。

3. 香槟区

香槟产区位于法国巴黎（Paris）的东北部100km，有3万hm²葡萄园，是法国最靠北的一个葡萄酒产区。

这里属寒冷的大陆性气候，已经超过了葡萄种植的临界条件，葡萄的甜度常常不够，不太适合用来酿造一般的葡萄酒；但正因为成熟度不高，保留了细致的香味和爽口的酸度，反而成为酿造起泡酒的最佳葡萄。

土壤成分以石灰质为主（包括白垩土、泥灰岩和石灰岩等），不仅有利于排水，还能赋予香槟一些特殊的矿物质风味。

霞多丽、黑品诺和莫尼耶皮诺（Pinot Meunier）是这里最主要的葡萄品种，它们的种植比例分别为38%、32%和30%。此外，白品诺、灰品诺、小美斯丽尔（Petit Meslier）和阿芭妮（Arbane）也是香槟的官方法定品种，但它们的种植面积不到葡萄园总面积的0.3%。

香槟产区有五个最为重要的子产区：马恩河谷（Vallee de la Marne）、兰斯山（Montagne de Reims）、白丘（Cote de Blancs）、塞扎纳丘（Cote de Sezanne）和巴尔丘（Cote des Bar），它们各自有着独特的风土条件，种植的葡萄品种和出产的葡萄酒风格也各不相同。根据葡萄园的风土条件和历史沿革，这些产区内有17个村庄被划分为"特级园（Grand Cru）"及44个村庄被划分为"一级园（Premier Cru）"，意味着这些村庄出产的葡萄品质更佳，酿造的香槟也更为优质。

法国一般产区分为酒商、酒庄和合作社。香槟区的分法更详细，通常通过酒标上的装瓶码来区分。"NM"是可买进葡萄的香槟酒商，"RM"是仅使用自家葡萄的酒庄，"CM"是酿酒合作社，"RC"是合作社成员，"MA"则是购买已装瓶的香槟再贴上自己的标签的酒商。香槟区99%的香槟都是白香槟，年产两亿多瓶，由白葡萄酿成的白葡萄酒标注"Blanc de Blancs"（酸度高，果香重，清新爽口）；由黑葡萄酿成的白葡萄酒标注"Blanc de Noirs"（口感比较强劲浓重）；粉红香槟"Champagne rose"，通常是在白葡萄酒中添加红葡萄酒而成，味道比较浓重。

4. 阿尔萨斯

阿尔萨斯位于法国的东北角，与德国相邻。产区形状狭长，分为南北两部分：上莱茵（Haut-Rhin）和下莱茵（Bas-Rhin）。产区西边是著名的孚日山脉（Vosges），东边则是莱茵河。这条曲折的莱茵河正好成了德法天然的国土分界线。

阿尔萨斯属于凉爽的大陆性气候，秋季漫长而干燥，这得益于孚日山脉挡住了西边吹来的富含雨水的风，但孚日山脉西侧的洛林（Lorraine）却成为全法最潮湿的地区，而阿尔萨斯则成了全法最干燥的地区。这里年均降雨量为500mm，夏季晴朗、炎热，秋季干燥、凉爽，年日照时数超过1800h。

阿尔萨斯气候寒凉，让这里的酒农更乐意将葡萄种植于陡峭的斜坡上，这样能更好地采光以及避开寒冷的气流。斜坡的坡度有时能达到40°，一般为东向或东南向，特别是位于北部的下莱茵省的葡萄园，往往由于气温偏低，葡萄不能充分成熟，种植在斜坡上就显得特别重要。

阿尔萨斯地区地质结构复杂，土壤类型十分丰富。依山坡高低大致可分为三大区段：陡峭的山坡高处土层通常较浅，以火成岩为主，有不少花岗岩、砂岩及页岩；往下到和缓的山坡中段土层较深，以沉积岩为主，大部分由石灰土、沙质土及黏土构成；坡底平原区则布满肥沃的冲积土，已不太适合种植葡萄。不同的土壤类型造就了不同的葡萄酒风格。

阿尔萨斯葡萄酒大多以单一葡萄品种酿造而成，但也有少数酒庄喜欢进行多品种调配。这里种植的最重要的葡萄品种包括：琼瑶浆、灰品诺、白品诺、麝香（Muscat）、西万尼（Sylvaner）等。雷司令（Riesling）是种植最广泛的葡萄品种，其种植面积占到20%。这里最好的雷司令葡萄酒为干型，酒体饱满，具有中等到中等偏高的酒精度、高酸度，散发着浓郁的燧石似的矿物质风味。

阿尔萨斯主要有三个法定产区，分别是阿尔萨斯（Alsace AOC）、阿尔萨斯特级园（Alsace Grand Cru AOC）、阿尔萨斯克雷芒（Cremantd Alsace）。其中最常见的是阿尔萨斯法定产区，可用以标示村庄及葡萄园名称。有些位处山坡、条件特别好的葡萄园，则被列为阿尔萨斯特级葡萄园（Alsace Grand Cru），目前有51个列级园，面积仅占4%左右。阿尔萨斯的独特之处在于会在酒标上标注葡萄品种，如果酒标上只标注了一个，说明该葡萄酒100%由该葡萄品种酿制而成。如果酒标上没有品种信息，那么，它就是由多个葡萄品种混酿而成。

在特殊年份，正常采收期过后，如果碰上干燥而日照充足，或是晨间多雾且多风的天气条件，有的酒庄便会选择保留一部分的葡萄在树上，用来生产特种白葡萄酒，如迟摘葡萄酒（Vendanges Tardives）、选粒贵腐葡萄酒（Selection de Grains Nobles，简称SGN）等。

5. 罗讷河谷

罗讷河谷地处法国东南部，位于里昂（Lyon）与普罗旺斯（Provence）之间。北起维埃纳（Vienne），南至阿维尼翁（Avignon）。罗讷产区沿隆河（Rhone River）的狭长地带自北向南呈条状分布，长约220km。产区面积辽阔，葡萄种植面积8万hm²，是仅次于波尔多的法国第二大AOC葡萄酒产区。年产量45000万瓶，占法国葡萄酒产量的14%；其中77%为红葡萄酒，8%为桃红葡萄酒，5%为干白葡萄酒。

因气候和土壤条件的不同，罗讷产区以瓦伦斯（Valence）为界，分成北部区域和南部区域。

（1）北罗讷河谷 北罗讷河谷葡萄种植面积仅有2000多公顷，是南部的三十分之一。但北罗讷河谷近年来声名鹊起，有世界知名的产区：罗第丘（Cote-Rote）和埃米塔日（Hermitage）。

该地区与勃艮第产区接壤，属寒冷的大陆性气候，阳光充足，秋季凉爽，由于干燥冷风的影响，葡萄成熟较快，冬季则十分寒冷。

土壤主要为富含矿物质的土壤，以花岗岩、板岩为主，很多葡萄种植在陡峭的梯田上。

北罗讷河谷生产以西拉为单一品种的红葡萄酒，而且葡萄园必须位于岸边陡峭的向阳坡或梯田上才能成熟。另有维欧尼（Viognier）、玛珊（Marsanne）、瑚珊（Roussanne）等白葡萄品种。

北罗讷河谷的西拉红葡萄酒以坚实高雅而闻名全球，酒颜色深黑，酒体饱满，单宁结实，充满果香（红色和黑色浆果，如覆盆子、蓝莓、黑莓）和花香（紫罗兰、木犀草）以及香料的气息（松露、胡椒、甘草、薄荷、皮革、咖啡），风格独特而复杂。

（2）南罗讷河谷 南罗讷河谷的葡萄酒产量占整个罗讷河谷总产量的95%，南罗讷河谷主要以红葡萄酒为主，白葡萄酒产量较小。其中最有名的产区是教皇新堡（Chateauneuf du Pape）。

南罗讷河谷地区属地中海气候，夏季漫长而温暖，阳光充足，并有寒冷干燥的风，可以有效降低法国南部的高温气候，在雨后快速吹干葡萄，防止果实腐烂，以及病虫害的传播。而冬季温和，降雨量较北罗讷河谷更少。

土壤种类多样，以河流的冲积土壤为主，还包含卵石、红色砂质黏土、砾岩等，葡萄园中布满鹅卵石是该地区一大特色。葡萄园多位于和缓的山坡地和布满鹅卵石的冲积平台上。

红葡萄品种主要为歌海娜、慕合怀特、佳丽酿和神索。由于气候更为温暖，秋天收获季节的高温保留了更多的糖分和更高的成熟度，但单一葡萄很难有均衡的表现，南罗讷河谷产区的葡萄酒都是由多种葡萄混合调配酿造的，甚至会采用20多种葡萄来酿造非常复杂浓郁的葡萄酒。白葡萄品种有白歌海娜（Grenache Blanc）、布布兰克（Bourboulenc）、白玉霓、玫瑰香等。

南罗讷河谷地区以歌海娜葡萄为主，混合其他品种酿成地中海风格的红葡萄酒，常被人们认为是法国南部炎热干燥气候区的典型代表，其酒精度高，酸度低，酒体刚劲厚实，并富于黑色水果味和浓重的香料气味，结构平衡。

罗讷河谷产区内17个主要的法定产区共分为3个等级，最低等级的是罗讷河谷"Cotes du Rhone"，属于大区级，占罗讷河谷产量的57%以上；更高一级是村庄级"Cotes du Rhone Villages"，共有95个村庄在此范围内，其中有17个条件最好的村庄可以在酒标上标注村庄名；最高等级为独立村庄级"Les Crus"，包括15个条件最好的独立村庄，其中北部8个、南部7个，各成立独立的法定产区，生产的葡萄酒多以村庄命名。

6. 普罗旺斯

普罗旺斯位于法国南部地中海和阿尔卑斯山脉之间，是法国最南端的葡萄酒产区之一。葡萄种植面积27300hm²，葡萄酒年产量约为1.6亿瓶（1.28亿L），其中80%是桃红葡萄酒、15%红葡萄酒、5%白葡萄酒，是法国主要的桃红葡萄酒产区，酿造的红葡萄酒和白葡萄酒也十分优质。

普罗旺斯一共有9个AOC产区，普罗旺斯丘（Cotes de Provence）是该区最大的AOC子产区，约出产整个普罗旺斯葡萄酒总量的75%，其中89%是桃红葡萄酒。而邦多勒（Bandol）和卡西斯（Cassis）子产区的葡萄酒也越来越令人瞩目。卡西斯的白葡萄酒则是世界上最有特色的白葡萄酒之一。

主要气候是地中海式气候，四季阳光普照，夏季尤为炎热干燥，年日照时间近3000h，早到的春天让葡萄园枝繁叶茂，而炎热的夏季使葡萄充分成熟。降水量全年可达600mm，主要分布在秋季和春季。来自阿尔卑斯山脉的强风，干燥寒冷，时时光顾普罗旺斯地区，有效地抑制了葡萄园的病虫害。

主要的地质构成分为两大类，一种是石灰石，一种是结晶性（花岗岩）土壤。西部和北部边界的丘陵和山地主要由石灰石和黏土构成，而东部则以花岗岩土壤为主，在一些地方还有火山岩土壤。总体而言，土壤较为贫瘠，有机质含量低，但砾石遍布，透水性强。这些正是上等葡萄园形成的绝佳条件。

普罗旺斯的法定葡萄品种有36种。酿造红葡萄酒的主要有歌海娜、神索、慕合怀特、佳丽酿、西拉、赤霞珠、堤布宏（Tibouren）。由于成熟度很高，酿出来的酒都带有浓郁的水果和香料的风味。堤布宏是普罗旺斯地区本地产的葡萄品种，主要用于酿造桃红葡萄酒。

主要的白葡萄品种有克莱尔特（Clairette）、侯尔（Rolle）、白玉霓、赛美蓉、长相思等，其中侯尔葡萄酿出的酒带有浓郁的香梨和柑橘香气，饱满的酒体却有细致入微的口感。

普罗旺斯桃红葡萄酒颜色清澈而明亮，从浅桃红色到比橙红或粉红更深的颜色，香气优雅浓郁，充满了红色水果（草莓、樱桃）、鲜花、辛香料和植物性香料的芬芳，口感圆润均衡，酸味怡人，结构完整。

普罗旺斯丘的红葡萄酒带有药草和黑醋栗的味道。邦多勒的红葡萄酒颜色深沉，辛烈香味中混杂着药草和浆果的味道。

卡西斯产区出产的玛珊和克莱尔特白葡萄酒十分有名，香气优雅，带有浓郁的柑橘类水果、桃子、蜂蜜和干药草风味。

7. 卢瓦尔河谷

卢瓦尔产区地处法国西部偏北，是法国第三大葡萄酒产区和最大的AOC级白葡萄酒产区。产区位于卢瓦尔河及其支流（Cher，Loir，Layon等）的两岸，长达1000km。葡萄种植面积7万hm²，法定产区数多达70个，平均年产葡萄酒40万t。从上游到大西洋沿岸共分为四个产区：南特区（Nantais）、安茹-索米尔（Anjou-Saumur）、都兰（Touraine）、中央区（Centre）[包括桑塞尔（Sancerre）和普伊-富美（Pouilly-Fume）]。

由于产区跨度较大，卢瓦尔河谷各产区的气候相差较大，距离大西洋的远近，影响了卢瓦尔河谷地各产区的气候。位于卢瓦尔河下游的南特和安茹属海洋性气候，春季凉爽多云，夏季温暖潮湿，秋季多大风天气，冬季寒冷潮湿，常年降雨量较多。索米尔和都兰则受到大陆性气候的影响，属于半海洋性气候，起伏的丘陵阻挡了来自大洋的气流，春天很早回暖，夏天也不会出现高温和干旱的情况。从都兰至中央区的边界，海洋的影响越来越弱，气候逐渐变成大陆性气候，较为寒冷干燥，气候与勃艮第相似，有时夏天还下冰雹。整体而言，卢瓦尔产区的气候并不具备酿造浓厚强劲型葡萄酒的先天条件。

卢瓦尔地区的土质极为复杂多变，南特：火山石、片麻岩、花岗岩；安茹：片岩、白垩岩、石灰石；索米尔与都兰：石灰华、白垩土/黏土、沙砾；中央区：硬质黏土。

葡萄品种呈现多元化，白品种以白诗南、长相思、密斯卡岱最具代表性；红品种以品丽珠最具代表性。

南特地区主要种植"勃艮第香瓜"；安茹、索米尔地区种植白诗南、品丽珠、果若（Grolleau/Groslot）；都兰地区种植长相思、佳美和果若；中央区种植长相思与黑品诺。

卢瓦尔河谷地主要分为4个产区：

（1）中央区　位于卢瓦尔河谷最东部。这个地区的名称来源，是因为其在行政上属于中心地区（Region du Centre）。它包含了2个卢瓦尔河谷最有名的地区——桑塞尔（Sancerre）和普伊-富美（Pouilly-Fume）。从地理和气候上来看，它与勃艮第产区更为相似，这里的气候为明显的大陆性气候，冬季寒冷，夏季炎热。冰雹是在夏季经常发生的一个问题。

①桑塞尔：桑塞尔葡萄园分布在15个村镇里，土壤为富含白垩质、排水性好的多石质土壤，其中很多地块与夏布利相似，富含海生物化石；沿河岸还有一些燧石葡萄园。桑塞尔的葡萄园主要分布在小山朝向东南和西南的斜坡上。这里的葡萄园面积较小，通常被分为细小的地块。

大多数桑塞尔葡萄酒都是白葡萄酒，高酸，是用长相思酿造而成，通常最好的地块都种植长相思。在桑塞尔葡萄酒中，有20%是用黑品诺酿制的红葡萄酒和桃红葡萄酒。所以这里出产的红葡萄酒和桃红葡萄酒的风格普遍较轻。

②普伊-富美：在卢瓦尔河的另一边，分布着一些与桑塞尔土壤类似的葡萄园。不过，这些葡萄园的土壤中具有更多的燧石，而且这里的斜坡总体上更为平缓。普伊-富美的葡萄酒与桑塞尔相似，但根据酿酒商风格和土壤的不同会有一些差异。

（2）都兰　在桑塞尔去往蜜斯卡德（Muscadet）的中途，都兰产区位于距离大西洋200km的位置，其气候介于海洋性和大陆性之间，这里春天很早就会回暖，夏天也不会出现高温和干旱。都兰的葡萄园共分为2个部分，西部为出产红葡萄酒的地区，包括希农（Chinon）和布尔格伊（Bourgueil）；东部是出产白葡萄酒的武弗雷（Vourvray）。都兰的红葡萄酒主要是采用赤霞珠、佳美和马尔贝克葡萄酿造。干白葡萄酒是采用长相思（很少一部分用白诗南）酿造，通常品种名称会显示在葡萄酒标签上，例如Sauvignon de Touraine 或者 Gamay de Touraine。

①武弗雷：武弗雷是采用白诗南酿造的白葡萄酒，包括酒体饱满的平静葡萄酒、半起泡（Petillant）葡萄酒和起泡葡萄酒，风格从干型到最好年份的甜型。如果葡萄园里的葡萄受到

贵腐菌的感染，采摘的时间就会比较晚。土壤富含海洋特色的白垩质石灰岩，非常多孔，可以促使葡萄藤的根系进一步发展；而良好的排水性可以为葡萄藤提供适宜的水分，而不会造成涝灾或使葡萄产生水肿。富含钙质的土壤可以帮助葡萄在成熟时保持自然的酸度。

②希农：希农产区生产的几乎全是红葡萄酒，虽然也有少量采用品丽珠酿造的桃红葡萄酒。这里也有少量的赤霞珠葡萄酒。希农最好的葡萄酒出产自以石灰岩土壤为主的斜坡上。

（3）安茹-索米尔　安茹-索米尔是卢瓦尔河谷的核心。其西部边缘连接蜜斯卡德的葡萄园，东部从索米尔镇延伸十多千米。安茹-索米尔是一个从大陆性气候向海洋性气候过渡的产区，比起东部地区（如都兰、桑塞尔等），这里的冬季更温暖、更潮湿，春天也来得较早一些，整个生长期也变得更长、更热；夏季温度常常超过30℃。这里是卢瓦尔河谷各子产区中产量最高的一个，它出产着比例相当的红、白、桃红葡萄酒。这里大部分高品质的葡萄酒都来自河流的南侧。

①索米尔：索米尔法定产区的葡萄园位于安茹的东部边界，围绕着索米尔镇分布。这里出产的白诗南葡萄酒，风格从干型到最好年份的甜型。当地最好的红葡萄酒——索米尔-香比尼（Saumur-Champigny）法定产区，是采用品丽珠酿造的。现代风格的葡萄酒果香清新而浓郁，口感柔顺。索米尔也是重要的起泡酒生产地。

②安茹：安茹法定产区生产的葡萄酒包括红、白和桃红葡萄酒。安茹种植的葡萄品种广泛，白诗南和品丽珠是这里最重要的葡萄品种。为了适应甜型和半甜型葡萄酒需求下降的市场情况，并同时满足消费者对优质干型葡萄酒的需求，近年来安茹出现了一种全新风格的安茹白葡萄酒（Anjou Blanc）。这种酒是采用白诗南酿造的，期间进行连续3次的手工采摘，最低潜在酒精度达13度，因此必须采用充分成熟的葡萄。这种葡萄酒会在新橡木桶中进行发酵和成熟，在一年后装瓶。许多人都认为这种葡萄酒是卢瓦尔河谷最好的白葡萄酒。果若只出现在安茹，在这里它可以有较高的产量，被用来生产基础的安茹桃红（Rose d'Anjou）或者起泡葡萄酒。桃红葡萄酒共分为3个等级，其中最好的是Carbernet d'Anjou AC。这种酒通常为半甜型，是采用品丽珠和赤霞珠多品种酿成的。Rose d'Anjou AC的甜度更低，主要是采用果若调配品丽珠和当地的葡萄品种酿制而成。最后一种Rose de Loire AC，通常为干型，其葡萄汁中含有至少30%的卡本内葡萄（Carbernet，这包括卡本内家族的3个品种，在这里通常为品丽珠）。

（4）南特　卢瓦尔河谷最东部地区分布着南特产区（Pays Nantais）葡萄园，它主要坐落在卢瓦尔河的南侧，并一直延伸到大西洋岸边。这里的气候是完全的海洋性气候。毗邻大西洋，意味着南特地区冬天短暂、温和，全年都有降雨，夏季温暖。

南特最主要的葡萄酒产区是"蜜斯卡德"法定产区，这里的葡萄园分布在城市南部的一系列缓坡上。更为著名的葡萄园位于南特南部和东部更小的产区——蜜斯卡德塞夫-缅因（Muscadet Sevre et Maine AC），而更精细的葡萄酒也是来自蜜斯卡德大德丘（Muscadet Cotes de Grandlieu AC）周围的Muscadet Lac de Grandlieu AC。这里的葡萄园土壤多样，大部分都是片岩和片麻岩，以及花岗岩和砂石，这种疏松的土壤具有良好的保热性和排水性。

所有来自蜜斯卡德的葡萄酒均为干型。一直以来，这里的葡萄酒都以朴素（Austerity）而闻名。最近，这里出现一种将葡萄酒酿成更柔顺、更具诱人风格的发展趋势。生产商通常会进行加糖，不过葡萄酒允许的最大酒精度为12%vol。

8. 西南产区

西南产区位于波尔多产区南侧，西邻大西洋，南隔比利牛斯山脉（Pyrenees Mountains），与西班牙接壤，是法国第五大葡萄酒产区。葡萄园面积超过3万hm²，其中16000hm²生产AOC酒，生产全法风味最多样的葡萄酒。

根据西南产区不同的风土以及葡萄酒特点将其分为四大子产区——贝尔热拉克和多尔多涅河（Bergerac & Dordogne River）、加仑河和塔恩河（Garonne & Tarn）、洛特河（Lot River）和比利牛斯产区（Pyrenees）。其中贝尔热拉克是西南产区最主要的葡萄酒产地，贝尔热拉克的蒙巴济亚克（Montbazillac）出产的贵腐甜酒，是法国最好的甜酒之一。

该产区大部分地区属于海洋性气候，夏季炎热，秋季温和且光照充足，冬季与春季凉爽多雨，为葡萄的生长创造了非常好的先天条件。东部内陆地区受大陆性气候的影响，冬季严寒，春季会受到寒冷的威胁。

西南产区地域辽阔，土壤变化多样，贝尔热拉克地区位于河流冲击层形成的平原和坡地上，底层以石灰质土壤为主，卡奥尔（Cahors）和加亚克（Gaillac）地区的葡萄多种植在沙砾土、黏土板岩上。依户雷基（Irouleguy）地区的土壤则是由红色砂岩、板岩和云母构成。

西南产区主要的葡萄品种和波尔多类似，主要的红葡萄品种如赤霞珠、品丽珠、美乐，在波尔多不受重视的马尔贝克，在这里也表现得很好，还有口感强劲粗涩的丹娜（Tannat）、色深如墨的芒森（Manseng），以及柔和芬芳的内格瑞特（Negrette）等。常见的主要白葡萄品种有长相思、赛美蓉、密斯卡岱；当地特色的白葡萄品种如莫扎克（Mauzac），清淡高酸，用于酿造高品质的起泡酒；还有酿造西南地区"甜酒之王"的小芒森，如朱朗松（Juranson）甜白葡萄酒。

这里的葡萄酒可分为两类，第一类产自类似波尔多的葡萄园，且采用相似的波尔多品种；第二类是采用波尔多地区外的品种酿造的单一品种葡萄酒，其风格十分多样。红葡萄酒酒体丰满，桃红葡萄酒美丽优雅，干白葡萄酒芳香馥郁，甜白葡萄酒甜润浓郁。非常有特色的是卡奥尔产区出产的红葡萄酒，酒液呈如墨水般的深黑色，个性十足，酒体健硕，香味馥郁，包括香料、咖啡、黑色水果的香气，有红葡萄酒中"黑酒"的美誉。

9. 朗格多克-鲁西荣

郎格多克-鲁西荣地处法国南部地中海沿岸，从罗讷河一直延伸到比利牛斯山，与西班牙接壤。葡萄总种植面积达16万hm²，全法国有三分之一葡萄园坐落在这个地区。年产量超过20亿瓶，其中不足25%为AOC，50%为地区餐酒，超过25%为一般餐酒。朗格多克-鲁西荣是法国生产地区餐酒的最大产区，年产量达70万t。

该地区是典型的地中海气候，夏季炎热干燥，阳光充足，高温少雨，年降雨量仅有400mm，冬季温和多雨，是全法国最炎热且最干燥的葡萄酒产区。

一般餐酒的葡萄园位于海岸边的平原地区，土壤以沙质、石灰质以及黏土土壤为主，但是传统葡萄园则位于干燥贫瘠的山坡上，各个法定产区的土壤千差万别：浑圆的鹅卵石、广阔的阶地、砂岩和泥灰岩、碳酸岩和页岩、黏土质土壤、砾石、沙质土壤、磨砾石等。

该地区有传统与流行混杂的葡萄品种。红葡萄品种：朗格多克的红葡萄品种占75%以上，其中种植面积最大的红葡萄品种为歌海娜、西拉和佳丽酿。另外，神索、慕合怀特、美乐、赤霞珠、拉多内佩鲁（Lladoner Pelut）等是部分地区重要的葡萄品种。

白葡萄品种：霞多丽和长相思种植最广泛，此外，维欧尼、白歌海娜（Grenache blanc）、白诗南、玛珊、瑚珊和马家婆（Macabeo）等也是常见的白葡萄品种。

朗格多克的红葡萄酒大多数是由多种葡萄混酿而成，其中佳丽酿与神索是常见的搭配，这样酿造的红葡萄酒有很大的发挥空间。

本区生产多种类型的葡萄酒，包括酒体中等至丰满不等的红葡萄酒，酒体较轻的干型桃红酒以及干白葡萄酒、甜红葡萄酒、甜白葡萄酒和起泡葡萄酒。混酿红葡萄酒通常颜色深，果香突出，酒体饱满，并带有突出的香料味；白葡萄酒未经橡木桶陈酿，口感新鲜活泼，具有清新的酸度和清淡的口感。

朗格多克和鲁西荣是分开的两个产区，因为地缘关系而被合成一个区，朗格多克的产区广阔多元，分属16个AOC法定产区，主要有朗格多克（Coteaux du Languedoc）、福杰尔（Faugeres）、圣西纽（Saint-Chinian）、密尔瓦（Minervois）、科比耶尔（Corbieres）、菲杜（Fitou）、利慕（Limoux）、玫瑰香甜酒区。鲁西荣是法国最重要的天然甜葡萄酒产区。

10. 汝拉和萨瓦

汝拉和萨瓦产区位于法国东部，靠近瑞士。因为这两个产区葡萄种植面积不大，再加上自然环境条件的影响，是法国最具特色的葡萄酒产区之一。

汝拉地区属于大陆性气候，少雨，冬季寒冷。萨瓦属于高原气候，气候寒冷，葡萄无法普遍种植。

土壤主要是石灰岩、黏土和泥灰岩。

本区采用的葡萄品种高达23种，其中有许多是本地独有的。主要白色品种有5种，包括来自瑞士的沙思拉（Chasselas）、霞多丽、瑚珊。本地原产的贾给尔（Jacquere）是萨瓦种植面积最广的品种，所产葡萄酒口味清淡，酒精含量低，常有燧石味。阿尔地斯（Altesse）产量少，酒精度高，口味重，香味浓郁，具久存的潜力。主要酿造单一品种（或混合霞多丽）的干白酒。汝拉区特有的三个品种分别是普萨（Poulsard/Ploussard）、特鲁索（Trousseau）和萨瓦涅（Savagnin）中，以萨瓦涅白葡萄最为著名，是酿造本区传奇特产"黄酒"的唯一葡萄品种。

主要红色品种有黑品诺、佳美、蒙得斯（Mondeuse），可以生产颜色深、口味浓厚、结构紧密、耐陈年的红葡萄酒。

萨瓦以生产白葡萄酒居多，主要出产适合年轻饮用的清淡白葡萄酒和红葡萄酒，大部分属单一品种葡萄酒。为保留葡萄酒的新鲜果香，装瓶通常较早，且常在瓶中留有些许二氧化碳，让酒味更清新。除了生产白葡萄酒和红葡萄酒，萨瓦还生产少量的桃红葡萄酒和起泡酒。地方性AOC有"萨瓦葡萄酒（Vin de Savoie）"及"萨瓦–鲁塞特（Roussetle de Savoie）"两种。

汝拉区的黄酒（Vin Jaune）和麦秆酒（Vin de Paille）极具特色。

黄酒的酿造源于法国夏龙堡（Chateau-Chalon）地区，采用非常成熟的萨瓦涅葡萄放入228L的老勃艮第橡木桶发酵，并储藏6年以上。期间不添桶，任由葡萄酒缓慢挥发和氧化。酒液表面会生成一层白色菌膜，主要作用是保护葡萄酒不被过度氧化而变质。6年后，桶里剩下的酒液大概只有60%，接下来这些黄酒会装入一种当地独有的，一种称为Clavelin的矮胖瓶子里面，容量620mL。装瓶后可保存数十年甚至百年不坏，开瓶后也可保存数周。该酒颜色金黄，香气独特，常带有核桃、蜂蜡、坚果等浓郁的香气，口感浓厚，且带有油滑的质感，余香非常持久，常久留不散。

麦秆葡萄酒是将完整无破损的葡萄置于麦秆堆上，或悬吊起来风干2～3个月。待自然风干使其失去水分，提升葡萄中的含糖量后，经过压榨和酿造之后得到一种高残余糖分并且酒精度高的甜白酒，通常经两年的橡木桶陈酿才会装瓶。该酒口感浓甜、有葡萄水果干、甘草与香料等多种香气。

在汝拉产区中，汝拉丘（Cotes du Jura）是最基本的产区。另有3个村庄级产区：北部的阿尔布瓦（Arbois）、沙隆堡（Chateau-Chiaion）和雷杜瓦（L'Etoile）。

第三节　意大利

意大利位于欧洲南部地中海地区，国土大部分在欧洲伸入地中海的亚平宁半岛（Apennines Peninsula）上，西北—东南走向，呈靴子状。阿尔卑斯山脉位于意大利北部，亚平宁山脉纵横半岛。全国大部分地区是山地和丘陵。

意大利葡萄种植面积70.8万hm²，葡萄酒年产量约为500万t（2019年产量475万t，较2018年下降13%），其中红葡萄酒约占2/3。相对于其他葡萄酒生产国，意大利葡萄品种多（超过300种，而法国只有不到40种）、产区多（仅保证法定DOCG产区就有73个）和酒庄数量大（超过40万家酒庄）。

一、气候特点

意大利的整体气候类型比较复杂，它狭长的地形从北到南长达1200km，跨越了10个纬度。北部气候属温带大陆性气候，冬季寒冷、夏季炎热。往南推进，从亚平宁半岛一直到意大利南端都属地中海气候，常年炎热干旱。因受山脉和海洋的影响，各地区微气候区别也很大。这种多变的天气和地形，为葡萄生长提供了良好的生态环境。

二、土壤特点

意大利纬度和海拔跨越幅度都非常大，使得其土壤构成千变万化。大部分的土壤是火山石、石灰石和坚硬的岩石。此外，也有大量的砾石质黏土。多样化的土壤为意大利种类繁多的葡萄品种提供了良好的栽培条件。

三、主要葡萄品种

种植的葡萄品种多达850多种，其中，意大利农业部认证的有300多种。越来越多的种植户选择种植本土葡萄品种，以期在被美乐、赤霞珠和霞多丽等国际葡萄品种主导的市场中占据一席之地。

著名的红葡萄品种有桑娇维赛（Sangiovese）、蒙特布查诺（Montepulciano）、巴贝拉（Barbera）、多姿桃（Dolcetto）、内比奥罗（Nebbiolo）、科维纳（Corvina）、艾格尼科（Aglianico）、黑珍珠（Nero d'Avola）。

白葡萄品种主要有特雷比奥罗（Trebbiano，白玉霓）、莫斯卡托（Moscato）、柯蒂斯（Cortese）、灰品诺等。

四、葡萄酒等级法规

意大利葡萄酒从低到高可分为四个等级，依次为VDT、IGT、DOC、DOCG。

1. 最低等级

Vino de Tavola，简称VDT，普通餐酒，也称为一般餐酒。

普通餐酒主要产自意大利的南部地带和西西里岛，这里属于炎热的地中海气候，葡萄成熟度非常高，因此，葡萄酒产量巨大，在品质上却表现一般。在标签上只能标示酒的颜色和商标，不允许标示品种、产地和年份等。

2. 第二等级

Indicazione Geografica Tipica，简称IGT，地区餐酒。

事实上，这个级别是1992年推出的。地区餐酒无论是在品质还是价格上都要高于普通餐酒。地区餐酒往往带有浓郁的地域特色，所以，需要了解更多的意大利区域葡萄特点，才能更好地在这个级别选择适合自己的葡萄酒。

这个级别的葡萄酒因为对葡萄品种没有特殊的限定，只要是酿酒葡萄都可以用来酿酒，无论是本土产的还是别国产的。目前已有100多个IGT产区。

很多意大利的新锐酿酒师利用非本土种植的葡萄酿造出了非常出色的葡萄酒，这些出色的葡萄酒无论是在品质上还是价格上都超越了高等级的葡萄酒，即便如此，它们也只能被列为IGT餐酒级别，因为采用了非本土葡萄品种。

这个级别最有代表性的区域是意大利的托斯卡纳大区，托斯卡纳葡萄的种植和酿酒工艺在意大利属于先驱。这里的超级托斯卡纳就是不属于意大利官方的等级制度，因为酿酒的主要葡萄不属于本土品种，如采用赤霞珠作为主要葡萄进行混酿，这样的做法违反了等级制度，所以不能被列入高等级级别。

3. 第三等级

Denominazione di Origine Controllata，简称DOC，法定产区葡萄酒，约略等于法国的AOC。

这个级别的葡萄酒对酿酒葡萄品种、最低酒精含量、酿造工艺和贮存方法都有严格的法律限定，甚至在味觉特征上都有一定的评判标准。基于这种高标准的限定，意大利DOC级别的葡萄酒品质相当卓越。目前已有330个DOC法定产区，有四分之一的意大利葡萄酒属于这个等级。

4. 最高等级

Denominazione di Origine Controllata e Garantita，简称 DOCG，优质法定产区葡萄酒。

DOCG是意大利最高等级的葡萄酒，葡萄产地、葡萄品种、种植方法、种植位置、酿造方法、葡萄酒最少产量等方面的要求都十分严格。此外，葡萄酒必须在产区内装瓶，且要经过农业部的审核。

想要成为DOCG，必须要在DOC的级别保持五年以上，而且对于葡萄酒的生产要求更加严格，严苛程度远远超越了DOC，最终还要通过评审委员会的品尝认可。因此，凡是这个级别的葡萄酒，基本都给自己佩戴了一个领结。

在意大利法定产区之间常会出现加上Classic的产区，通常是传统产区，有比较好的生产条件。另外，有许多意大利的法定产区属于Riserva等级的葡萄酒。这一等级的葡萄酒通常要经过较长的橡木桶陈酿和瓶贮才能上市。Superiore在意大利北部经常采用，代表较高的酒精浓度或者较高的等级。

五、主要葡萄酒产区

意大利的葡萄酒产区划分与行政划分（20个行政区）一致，这20个行政区可划分为西北、东北、中部和南部四个部分。其最优质的葡萄酒主要产自3大产区——西北部的皮埃蒙特（Piedmont），中部的托斯卡纳（Tuscany）和东北部的威尼托（Veneto）。

东北部产区包括威尼托、特伦迪诺–阿迪杰（Trentino-Alto Adige）和弗留利–威尼斯朱利亚（Friuli-Venezia Giulia）三个行政区。该地由阿尔卑斯山脉环绕，地中海性气候，夏季炎热干燥，冬季温和多雨。生产的葡萄酒种类繁多，包括红葡萄酒、白葡萄酒和起泡酒等。其中，威尼托为重要的生产区。

西北部产区冬天寒冷、夏季凉爽、秋季较长，年平均降雨量为850mm，共包括皮埃蒙特、瓦莱达奥斯塔（Valle d'Aosta）、利古里亚（Liguria）、伦巴第（Lombardy）和艾米利亚–罗马涅（Emilia-Romagna）五个行政区。该产区最著名的葡萄酒生产区为皮埃蒙特。皮埃蒙特出产的巴罗洛（Barolo）和巴巴莱斯科（Barbaresco）葡萄酒享誉全球。

中部产区位于意大利中部，亚平宁山脉将它划分为东西两面，两侧的地中海给葡萄品种带来了各种不同的风格。产区包括阿布鲁佐（Abruzzo）、莫里塞（Molise）、托斯卡纳、拉齐奥（Lazio）、马尔凯（Marche）和翁布里亚（Umbria）等六个行政区。托斯卡纳是意大利最为重要的产酒区，拥有意大利半数以上的著名酒庄。同时，也是DOCG葡萄酒数量最多的产区。

南部产区包括坎帕尼亚（Campagna）、普利亚（Puglia）、巴西利卡塔（Basilicata）、卡拉布里亚（Calabria）、西西里岛（Sicilia）和撒丁岛（Sardegna）等六个行政区。该产区大部分葡萄园分布在丘陵山坡上，加上特有的地中海气候，为该区的葡萄酒增添了许多独特的风味。

1. 皮埃蒙特

皮埃蒙特位于意大利西北部，坐落于波河河谷（Po River Valley），北靠阿尔卑斯山，南邻绵延的亚平宁山脉。皮埃蒙特是意大利高品质葡萄酒的主要产区，其DOC和DOCG酒的产量比重位居意大利20个大区之首，有着44个DOC产区和16个DOCG产区，大约有9000家葡萄酒生产企业，拥有约6万hm²葡萄园，年产量30万t左右，30%为白葡萄酒，70%为红葡萄酒。其特色是采用单一品种葡萄酿酒，类似法国的勃艮第。

皮埃蒙特尽管也生产著名的白葡萄酒，但是该区的声誉主要取决于红葡萄酒，其中有4个属于DOCG等级，最重要的两个子产区为巴罗洛和巴巴莱斯科，两者都是采用内比奥罗酿造，其以风格强劲、非常耐久存而享誉世界。

皮埃蒙特产区属大陆性气候，冬季寒冷多雾，最冷时达到−10℃至−12℃，同时伴随大量降雪，夏季干燥炎热，气温可达40℃，秋季漫长，葡萄成熟期昼夜温差大，这使得葡萄皮能聚集更多的风味物质，酿出的葡萄酒香味浓烈持久。年平均降水量在600~800mm，雨量最多依次是五月、四月和九月。

皮埃蒙特产区土壤类型多样，主要是多石的火山岩和黏土质泥灰土。葡萄园几乎都在绵延的山坡上，土壤结构良好。每块葡萄园由于朝向、地势和高度方面不同，都拥有独自的小气候。

皮埃蒙特酿酒葡萄种类很多，几乎都是本地品种，而且多用于酿造单一品种酒。重要的红葡萄品种包括内比奥罗、巴贝拉和多姿桃，主要的白葡萄品种为莫斯卡托、柯蒂斯。其中，内比奥罗是声誉最高的葡萄品种，内比奥罗葡萄酒颜色浅，浅如黑品诺，但酒体饱满，酸度、酒精度较高，单宁厚重，陈年潜力可达10~15年之久。年轻时带有精细的花香味和红色水果气息（如覆盆子、红醋栗、蓝莓、樱桃），陈酿后带有焦油、干果、甘草、紫罗兰和玫瑰等香气。区内两大最有名的葡萄酒巴罗洛和巴巴莱斯科都是用内比奥罗酿造的。

巴贝拉是皮埃蒙特种植面积最大的红葡萄品种，也是意大利第三大广泛种植的红葡萄品种。皮埃蒙特地区红葡萄酒总产量的一半是用巴贝拉酿造的，巴贝拉葡萄即使在成熟很充分时仍然有较高的酸度，而且几乎不含任何单宁。巴贝拉酿造的葡萄酒颜色深红，酒体轻盈，酸度高，单宁低，香味丰富多样，以红色和黑色浆果及药草味的香气为主，有樱桃、草莓、覆盆子、李子、黑莓和玫瑰的风味，不适合久存。巴贝拉大都不经过橡木桶陈酿，少数经过橡木桶陈酿的带有烤面包和香草风味。

多姿桃是一种早熟且低酸的红葡萄品种，该种葡萄本身含有非常高的花青素，在酿造过程中只需要短时间浸皮就可以得到足够的颜色。多姿桃酿造的葡萄酒，颜色暗红，口感柔顺而圆润，果味浓郁，充满黑莓、甘草、杏仁和柏油味，其高单宁低酸的特点让其并不以陈年潜力见长，比巴贝拉和内比奥罗陈酿的时间要短。

皮埃蒙特比较重要的白葡萄品种除了带有浓郁的花果香气、主要酿成Asti DOCG起泡酒的玫瑰香外，还有多酸味、带梨子香气的柯蒂斯葡萄，是Gavi DOCG产区所采用的唯一品种。阿内斯（Arneis）原用于柔化巴罗洛红葡萄酒，现在则多酿成多香气的干白葡萄酒。

2. 托斯卡纳

托斯卡纳产区位于意大利的中部，是意大利最著名的产区之一。北部为山区，东部和南部为丘陵地带，西部沿海和阿尔诺河（Arno River）流域为平原。年产葡萄酒25万t左右，全区划分为10个省。著名酒庄占全意大利名酒庄的一半还多，有"意大利的波尔多"之美誉。

托斯卡纳是意大利拥有DOCG数量第二多的大区，共有11种DOCG和34种DOC葡萄酒，以及属于IGT（地区餐酒）级别的"超级托斯卡纳"（由于没有采用本土葡萄品种或者其他原因，某些新颖的葡萄酒很少能归入DOCG或者DOC等级，大多只能以IGT或者VDT等级销售，但其品质和价格都超过大多数的DOCG葡萄酒，因此就被称为"超级托斯卡纳"），成了在传统意大利DOCG体制之外的顶级葡萄酒的代表，意大利四大酒庄有三家——西施佳雅（Sassicaia）、索拉雅（Solaia）和奥纳雅（Ornellaia）均为超级托斯卡纳。此外，托斯卡纳地区的碧安帝山迪庄园（Biondi Santi）以及花思蝶（Frescobald）均为世界级名庄。

托斯卡纳主要为地中海气候，春季平均气温15℃；夏季炎热干燥；平均气温可达27℃；秋季温和，平均气温16℃。降水集中在冬春两季（年均为700mm），其中冬季降水量在400mm以上。

托斯卡纳境内大多是连绵起伏的丘陵地，土壤多为碱性的石灰质土和砂质黏土。托斯卡纳有两种非常典型的土壤：一种为片岩土壤（Galestro），其岩石强度低，易碎，同时还含有黏土和石灰岩成分。这种土壤主要分布在经典基安帝（Chianti Classico）产区以北，非常适合桑娇维赛的生长。另一种为石灰岩土壤（Albarese），含有小粒的石子，也有巨大的石块，硬度高，养分低，甚至比片岩土壤还贫瘠，不过却是葡萄生长的优良土壤。这种土壤常见于经典基安帝以外的地区。这两种土壤都具有良好的排水性能。

桑娇维赛是托斯卡纳产区最主要的葡萄品种，也是意大利种植面积最大的红葡萄品种。除桑娇维赛外，卡内奥罗（Canaiolo）、玛尔维萨（Malvasia）等是较为常见的本土红葡萄品种，而国际红葡萄品种如赤霞珠、西拉、美乐等也在超级托斯卡纳葡萄酒中有广泛的应用。白葡萄品种中，特雷比奥罗（白玉霓）是最常见的本土品种，而霞多丽等国际品种也有栽培。

托斯卡纳偶尔会出现严寒天气，为了避免寒冷天气的破坏，该产区的桑娇维赛一般都种植在比较高的海拔上，远离平坦的海岸平原地区。

在酿造方面，为了使桑娇维赛的结构更加丰满，托斯卡纳产区采用多项葡萄栽培与酿造技术，如增加植株种植密度，降低每株葡萄的产量，培育更好的新品系，采用更合适的砧木，降低葡萄树栽培成本，采用小橡木桶，采用更合适的葡萄品种混酿以及控制不同的发酵温度和时间长度等。

DOCG产区对于葡萄来源、调配品种比例、橡木桶陈酿和瓶储时间等均以法律形式进行规范。如经典基安帝酿酒葡萄必须产自经典基安帝地区葡萄园的桑娇维赛，且比例要达到80%～100%，其他红葡萄品种不能超20%；而且从葡萄的种植、树龄、产量以及最低酒精度和酸度等都有一系列的规定。如葡萄树龄4年以上才能酿造葡萄酒，每公顷葡萄园必须不超过3250棵葡萄树，且每株葡萄树至多结果3kg，产量不能高于7.5t/hm²；残糖低于4g/L，最低酒精含量为12%vol（珍藏级为12.5%vol），最低酸度为4.5g/L。

托斯卡纳的经典基安帝、蒙塔希诺-布鲁奈罗（Brunello di Montalcino）和高贵蒙特普恰诺（Vino Nobile di Montepulciano）合称为托斯卡纳皇冠上的三朵"金花"。三个产区均以桑娇维赛为主要品种。

经典基安帝葡萄酒通常呈清澈透明的宝石红色，散发着紫罗兰和鸢尾花香以及典型的红色水果果香，酒体平衡，层次丰富，单宁涩味重，常有强劲紧实的口感，其单宁会随着陈酿时间慢慢变得柔顺可口。

蒙塔希诺–布鲁奈罗葡萄酒完全采用桑娇维赛酿造，陈酿期最少5年，珍藏级则为6年，酒体呈鲜艳的石榴色，明亮清澈，酒体非常强劲，单宁厚实有力，香气浓郁持久并复杂多变，带有浆果、香草、香料、蜜饯、烟草、药草、灌木和泥土等芬芳，同时余味持久。随着陈酿时间延长，会发展出无花果、烟草、咖啡和皮革味等复杂香气，口感也会更好。一般可保存10～30年，有些顶级蒙塔希诺–布鲁奈罗葡萄酒可保存更长时间。

高贵蒙特普恰诺是意大利口感最强劲、陈年潜力最佳的葡萄酒之一。一般酒体极为饱满，口感强劲，酸度和单宁很高，香气浓郁复杂，带有紫罗兰和红色浆果的香气，余味悠长。

3. 威尼托

威尼托产区因威尼斯而闻名，位于意大利东北部，坐落于阿尔卑斯山和亚得里亚海（Mare Adriatico）之间，其西北部是山区，东南部是平原，波河与阿迪杰河（Adige）流经全区。威尼托产区每年葡萄酒产量约为70万t，是意大利葡萄酒产量最大的产区，也是意大利最大的DOC级葡萄酒产区。其中白葡萄占55%，红葡萄占45%。

威尼托产区拥有14个DOCG和11个DOC产区，是全意大利DOC等级以上产量最高的产区。最重要的产区有瓦坡里切拉（Valpolicella）、巴多利诺（Bardolino）、索阿维（Soave）以及普洛塞克（Prosecco），主要处于威尼托产区西部维罗纳（Verona）城。

威尼托的气候由于受到北部山脉与东部海洋的调节，气候温和而稳定，夏天平均最高温度29.9℃，平均最低温度16.8℃；冬天平均最高温度9.3℃，平均最低温度–3.2℃，非常适合葡萄的生长。

该产区有1/2的面积为平原，土壤表层遍布淤沙，含有黏土和钙质岩屑。

威尼托拥有近50种的法定葡萄品种，既种植当地的特色品种，也种植一些国际流行的葡萄品种。科维纳、罗蒂内拉（Rodinella）和莫利纳拉（Molinara）是三大主要品种，且有70%的葡萄酒都是采用科维纳酿造。而其他常用的葡萄还有巴贝拉、桑娇维赛、格罗派洛（Rossignola）以及尼葛丽娜（Negrena）等，它们的酿造比例按产区法规最高不能超过15%。

瓦坡里切拉产区，出产著名的用干化葡萄酿造的葡萄酒：阿玛罗尼干红葡萄酒（Amarone DOCG）、利帕索干红葡萄酒（Valpolicella Ripasso DOC）。阿玛罗尼干红葡萄酒酒体丰满，风味强劲，酸度较高，充满干果气息，还带有甘草、烟草、巧克力和无花果的味道。同时，阿玛罗尼具有极强陈年潜力，一般可陈年10年以上。

巴多利诺产区则主要生产早饮型红葡萄酒，超级巴多利诺（Bardolino Superiore）是其DOCG酒款。一般具有浓郁黑色水果芬芳，伴有鲜花香气，口感圆润饱满，酸度和单宁均衡。

索阿维白葡萄酒是典型的意大利白葡萄酒，以威尼托最重要的白葡萄品种卡尔卡耐卡（Garganega）为主（比例在70%以上），该品种带有淡淡杏仁与白色花香，辅以强化酒体滋味与香气的特雷比奥罗葡萄。在各类索阿维酒中，一般均带有柠檬、梨子、桃子、青苹果、西柚的气息，清冽芬芳，大多呈干型，酒体较轻，口感清新爽净，与长相思和灰品诺类似，但却更为浓郁顺滑。

普洛塞克（Prosecco）起泡酒是世界三大起泡酒之一，采用罐式法酿造，其二次发酵是在不锈钢罐内发生而非酒瓶中进行，吐渣的步骤也省略了，只需将死酵母在不锈钢罐中过滤然后装瓶即可。该酒气泡细腻而持久，口感清淡柔和，具有苹果、洋梨、桃、槐花以及坚果的香气。

4. 西西里岛

西西里岛是地中海最大的岛屿，也是意大利的一个自治区，更是意大利葡萄酒产量最大的产区之一，葡萄园面积133518hm²，年产量高达80.73万t，其中2.1%为DOC级。该区葡萄园大多坐落于山坡高处，那里有着更凉爽的气候和更富饶的土壤。产区西部的火山活动并非那么地频繁和激烈，但同样影响着该区的土壤类型。在这些风土条件的综合作用下，该产区不仅是谷类、橄榄和柑橘类水果的生长地，更是葡萄种植的绝佳之地。该产区的葡萄酒主要产自西西里岛西部，产区内有1个DOCG产区［瑟拉索罗-维多利亚（Cerasuolo di Vittoria）］和21个DOC产区。

该产区属典型的地中海气候，气候炎热，多强风，常年阳光普照，雨量适中，适合葡萄的生长。

东北部有欧洲最高的活火山——埃特纳火山（Mount Etna），这座火山带来了富含矿物质的深色土壤，赋予埃特纳DOC级别葡萄酒鲜明的个性。葡萄园多为岩石土壤。

主要红葡萄品种以黑珍珠和马斯卡斯奈莱洛（Nerello Mascalese）最为有名。

黑珍珠是西西里岛一颗璀璨的明珠，它是该岛上最古老且种植最为广泛的本土葡萄品种之一。该品种生命力顽强，与西拉一样喜欢炎热的地中海气候，酿造的葡萄酒色泽深，夹杂着红色水果与黑色水果的香气，酒体较为饱满、结实，酸度适中。优质的黑珍珠葡萄酒还具有可观的陈年潜力。

在西西里岛，南部的诺托（Noto）是黑珍珠的主要产区。这里的土壤较为贫瘠，但富含化石，土壤的保水性能佳，所培育的黑珍珠能酿造出风格优雅、香气迷人且单宁甜美的红葡萄酒。

马斯卡斯奈莱洛也是西西里岛最重要的红葡萄品种之一，多种植于海拔较高的地区。它所酿造的葡萄酒颜色较浅，酸度清新，单宁柔和，展现红色水果、肉桂和甘草等香气，既能够在年轻时享用，亦可以陈年。品质不错的马斯卡斯奈莱洛经常能让人联想到勃艮第的黑品诺葡萄酒。西西里岛东部的埃特纳是马斯卡斯奈莱洛的经典产区。该产区内的埃特纳火山是世界上第二大火山，它造就了这里的火山岩土壤和丰富的地形及微气候，为葡萄种植带来了独特的自然条件。得益于这种环境，这里酿造的马斯卡斯奈莱洛经常会有微妙的矿物质香气。

白葡萄品种则有尹卓莉亚（Inzolia）、卡塔拉托（Catarratto）等，其中卡塔拉托用于酿造西部产量最大的白葡萄酒。这种葡萄大多被运送至意大利较凉爽的产酒区，用来增加葡萄酒的酒体，剩下的大部分用于酿造马沙拉（Marsala）甜酒。其中马沙拉甜酒更是西西里岛曾经的骄傲，它的酿造方法与众不同，除了添加烈酒，还添加新鲜或加热浓缩的葡萄汁。另外，西西里岛也生产玫瑰香甜酒和玛尔维萨甜酒。

第四节 西班牙

西班牙位于欧洲西南部，地处伊比利亚半岛（Iberian Peninsula），西班牙葡萄种植面积96.6万hm²，是全世界葡萄种植面积最大的国家。但由于严酷干燥的生产环境和比较粗放的种植方式，葡萄园的平均产量很低，年产葡萄酒约400万t（2019年产量335万t，较2018年下降25%），位于法国和意大利之后，排世界第三。西班牙主要以红葡萄酒为主，也有相当出色的白葡萄酒和起泡酒卡瓦（Cava），以及著名的雪莉酒。全国约有4000家葡萄酒企业，绝大部分的规模都较小，多为家族企业，很多酒庄通过联合成立农业合作社。

西班牙各地几乎都生产葡萄酒，目前按照行政区域可划分为17大产区，截至2011年，共有66个法定葡萄酒产区（DO）和两个DOCa产区［北部的里奥哈（Rioja）和东北部的普利奥拉（Priorat）］。比较重要的葡萄酒产区包括：北部的埃布罗河（Ebro River Valley）的里奥哈（La Rioja）和纳瓦拉（Navarra）；北部的杜埃罗河谷（Duero Valley）；西北部加利西亚（Galicia）的子产区下海湾（Rias Baixas）；东北部加泰罗尼亚（Catalunya）的佩内德斯（Penedes）和普里奥拉托（Priorat）；中南部的卡斯蒂利亚-拉曼恰（Castilla-La Mancha）、中西部的埃斯特雷马杜拉（Extremadura）；南部安达卢西亚（Andalucia）的赫雷斯（Jerez）产区。

其中，卡斯蒂利亚-拉曼恰是西班牙最大的葡萄酒产区，产量占西班牙全部产量的50%。埃斯特雷马杜拉和加泰罗尼亚自治区分别位居二、三名，三个自治区产量约占西班牙全部产量的70%。

一、气候特点

西班牙的气候变化多样，遍布各个角落的产区涵盖了几乎所有类型的气候：西北部的海洋性气候，冬季凉爽而不寒冷，夏季温暖而不炎热，全年雨量充沛；而东南部的地中海气候，冬季温暖，夏季炎热且干燥，降雨量较少；中部则为大陆性气候，冬季寒冷，夏季炎热干燥，年降雨量只有400mm，昼夜温差可达20℃。

二、土壤特点

西班牙的土壤同样也具有多样性的特点：里奥哈最好的土壤是石灰石质的黏土；杜埃罗河谷的土壤则是十分适合丹魄生长的白垩土和石灰石；地中海沿岸主要是以板岩为主，而西海岸则以花岗岩为主。

三、主要葡萄品种

西班牙种植的酿酒葡萄品种非常多，有600多个，但最常使用的有18～20种。主要红葡萄品种包括丹魄、歌海娜、门西亚（Mencia）、慕合怀特等；白葡萄品种包括艾伦、马家婆、帕雷拉达（Parellada）、夏雷罗（Xarel-Lo）、阿尔巴利诺、弗德乔（Verdejo）等。

四、葡萄酒等级法规

西班牙葡萄酒的分级（图14-5）由高到低顺序如下。

DOCa（Denomination de Origin Calificda）：这是西班牙葡萄酒的最高等级，严格规定产区和葡萄酒酿造，必须先成为DO产区10年以上才能申请，例如里奥哈产区。

DO（Denomination de Origin）：和法国的AOP（原AOC）相当，较严格的管制产区和葡萄酒质，全国有62%葡萄园有DO资格。

VDLT（Vino de la Tierra）：这一级别比日常餐酒稍微高一些，要标出葡萄的产区，但没有生产方面的规定，这一级别的酒通常有着明显的地域特点。酒标用Vino de la Tierra［产地］来标注，约等同于法国的Vin de Pays。

VC（Vino Comarcal）：可标示葡萄产区，但对酿造无限制。相当于法国的IGP（原Vin de Pays）。全西班牙共有21个大产区被官方定为VC。酒标用Vino Comarcal de［产地］来标注。

VDM（Vino de Mesa）：这是分级制度中最低的一级，常由不同产区的葡萄酒混合而成。相当于法国的VDF（原Vin de Table），也有一部分相当于意大利的IGT。这是使用非法定品种或者方法酿成的酒。

比如在里奥哈种植赤霞珠、美乐酿成的酒就有可能被标成Vino de Mesa de Navarra，这里面使用了产地名称，所以说也有点像IGT。

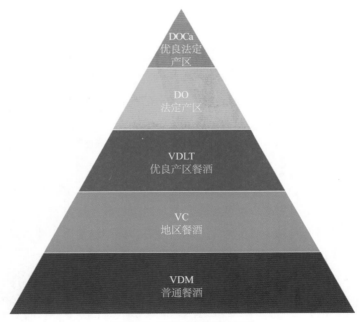

图14-5　西班牙葡萄酒等级图

五、主要葡萄酒产区

西班牙各地几乎都生产葡萄酒，主要产区包括里奥哈、杜埃罗河岸（Ribera del Duero）、加利西亚、佩内德斯、杰茨弗洛特洛（Jetsflotro），其中以里奥哈、安达卢西亚、加泰罗尼亚三地最为有名。靠近首都马德里的卡斯蒂利亚-拉曼恰出产的葡萄酒，几乎占西班牙所有产量的一半。

1. 里奥哈

里奥哈是西班牙最重要的葡萄酒产区。里奥哈葡萄种植总面积为6万多公顷（大约是波尔多的一半），其中，90%以上是红葡萄品种。年产葡萄酒近30万t，葡萄酒生产企业1200多家。

按照地理位置、土壤结构和气候条件的不同，沿着埃布罗河，里奥哈产区又可分为三个不同的子产区，所产酒的风格也有所差异，分别为上里奥哈（Rioja Alta）、下里奥哈（Rioja Baja）和里奥哈阿拉维萨（Rioja Alavesa）。一般来说上里奥哈和里奥哈阿拉维萨地区能够酿造出该产区最优质的葡萄酒。

里奥哈产区年平均降雨量略多于400mm，气候同时受大西洋和地中海的影响，随着地势从西到东逐渐降低，受地中海气候的影响逐渐增大，气候变得更加炎热干燥。不同子产区的气候差异非常大。里奥哈阿拉维萨区域受到显著的大西洋气候影响，较为凉爽湿润，以生产充沛果味的红葡萄酒闻名。上里奥哈位于里奥哈西面位置较高处，平均海拔400~500m，为大陆性气候，同时也受大西洋气候影响，春天暖和，秋季较长，气候温和，非常适合种植丹魄，葡萄成熟较慢，酒的风味比较优雅细致，是条件最好的产区。而下里奥哈地区的气候主要受地中海气候的影响，更为温暖和干燥，夏季常达35℃高温以上。适合种植晚熟的歌海娜，酿成的酒比较甜润，酒精度高，但比较不耐久藏。

里奥哈阿拉维萨区域土壤特征为富含白垩的黏土，种植条件多为梯田上的小片土地。上里奥哈区域土壤多为富含白垩或铁质的黏土或冲积土。而下里奥哈地区土壤特征为冲积土和富含铁质的黏土。近河区域的土壤为冲击土壤，较大地块的葡萄园地形最平坦，土层较深，有鹅卵石。

里奥哈是以出产红葡萄酒为主的产区，红葡萄酒产量占总量的85%，里奥哈最重要的葡萄品种是丹魄，占50%以上，此外，还有歌海娜（20%）、格拉西亚诺（Graciano，占0.3%）、马士罗（Mazuelo）、佳丽酿（占3%），这些葡萄品种主要用于混合调配葡萄酒。白葡萄则以本土的维尤拉（Viura，又名马家婆，占16%）、马尔瓦西（Malvasia）和白歌海娜最为常见。

受地理环境的影响，里奥哈葡萄树要抵抗强风及猛烈的阳光，主要使用高杯式（Gobelet）的整形法。种植密度也较低，每公顷2850~4000棵葡萄树，比法国的每公顷5000~6000棵要少。而且允许灌溉。为了达到理想的葡萄酒品质，认证产区的相关法规设置了葡萄产量的上限：红葡萄品种每公顷最高产量为6500kg，而白葡萄品种的每公顷最高产量则为9000kg。

里奥哈的红葡萄酒主要采用丹魄酿造，并辅以歌海娜、格拉西亚诺、马士罗品种进行调配，歌海娜可以提供酒精度和酒体；格拉西亚诺可以补充酸度、单宁和果香；马士罗补充颜色、单宁和酸度。但里奥哈葡萄酒对于各品种的调配比例没有要求。标明具体产区的葡萄酒，红葡萄酒最低酒精度11.5%vol，白葡萄酒为11%vol。葡萄酒的等级须印在酒瓶的标签上。

里奥哈葡萄酒一般在225L容量的橡木桶中进行陈酿，除了少数法国桶外，大多使用美国桶，让红酒产生较多的香草、焦糖和咖啡香味，也能较快带来陈酿风味。

根据陈酿时间分为四种。

新酒（Joven）：酒龄1～2年，未在木桶中陈酿；多果味，顺口好喝，不耐久存。

佳酿级（Crianza）：红葡萄酒酒龄至少两年以上，其中至少一年在橡木桶中陈酿；白葡萄酒的橡木桶陈酿期最少是六个月。

珍藏级（Reserva）：红葡萄酒在酒庄至少陈酿三年，其中至少一年在橡木桶中陈酿；白葡萄酒的陈酿期最少是两年，其中至少六个月在橡木桶中陈酿。

特别珍藏级（Gran Reserva）：红葡萄酒陈酿时间最短五年，其中至少两年在橡木桶中陈酿和两年瓶内贮存；白葡萄酒陈酿期最少是四年，其中至少一年在橡木桶中陈酿。

里奥哈产区相关的规定界定了酿酒区域、允许种植的葡萄品种、最大单位产量和许可的种植技术和贮藏工艺等。由来自酿酒师、管理部门的代表组成的产区管理委员会负责确保产区规定的实施，以保障各类里奥哈葡萄酒的品质水准。管理委员会在从葡萄酒的酿造到商品化的整个过程中都实施严格有效的质量管理流程以确保产区葡萄酒的产量稳定和高品质。因此，所有的里奥哈葡萄酒都必须经过品评和分析测试，以决定其是否真正符合DOC称号的要求。相关分析测试都由三个独立的专业组织在官方实验室进行，还包括由葡萄种植者和酒类专家进行产品的盲评。

里奥哈白葡萄酒主要由维尤拉葡萄酿造而成，年轻的白葡萄酒呈麦黄色，果香浓，有草本香气，极具品种特色。经橡木桶发酵的白葡萄酒略带金黄色，带有结合了水果和木质的奶油香，口感平衡，极具特色。

里奥哈桃红葡萄酒基本由歌海娜酿造而成，几乎都产自下里奥哈，酒液呈覆盆子粉红色，并很好地呈现了品种特点：果味浓，清新怡人。

里奥哈的红葡萄酒是西班牙最负盛名的葡萄酒。主要用丹魄酿造。用其酿造的葡萄酒呈红宝石色，香气复杂，充满浓郁的黑色水果的味道，包括黑莓、桑葚、李子和黑醋栗等风味，还带有泥土和草本植物的气息，在木桶中陈酿后，果香会变弱，但产生的皮革、巧克力、香草、桂皮、烤面包及烟熏等香气，使酒的香气更为复杂并富有层次，而在木桶中陈酿的珍藏级葡萄酒（尤其是特别珍藏级酒），口感极为柔和顺滑，余味悠长。

里奥哈阿拉维萨出产的年轻红葡萄酒，采用二氧化碳浸渍法发酵，带有浓烈的烧烤以及皮革和动物味。这些酒呈浓重的樱桃红色，有成熟水果的香气，适合在当年饮用。

2. 杜埃罗河岸

杜埃罗河岸产区位于西班牙北部伊比利亚半岛高原上，地处卡斯蒂利亚-莱昂（Castillay Leon）自治区境内，海拔750～850m，是西班牙地势最高的葡萄种植区之一。

杜埃罗河岸产区以高质量的丹魄为主的红葡萄酒闻名全球。西班牙最贵的10大葡萄酒，有一半来自于杜埃罗河岸产区。产区面积不大，共计有21000hm²，葡萄园多位于河岸3km以内的距离，年产葡萄酒6万t，有近300家酒厂。

杜埃罗河岸产区为大陆性气候，夏季短暂，且十分炎热，气温可达40℃，而冬季则非常寒冷（−18℃）。不过在葡萄生长的季节，昼夜温差很大，白天高温（可达35～40℃），夜间凉爽（常常在20℃以下），这有利于葡萄积累香气物质和酚类物质，并保留活泼的酸度。但是在春季容易发生晚霜的危害，葡萄萌芽较晚。年日照时数长达2400h，年平均降雨量在450～500mm，主要集中在冬季。

杜埃罗河岸产区土壤较松散，并不十分肥沃，多数土壤由砂质的石灰岩层和黏土层构成，石灰质成分比重非常高。地势最高的山坡，土壤中还含有少量的石膏等有益成分。

杜埃罗河岸种植的唯一的白葡萄品种是阿比洛（Albillo），用其酿造的酒主要供当地民众消费；红葡萄品种包括丹魄（占当地酿酒葡萄总量的81%）、歌海娜、赤霞珠、马尔贝克和美乐。

根据产区法规，所有的法定产区命名的红葡萄酒最少要含有75%的丹魄，用于调配的法定品种包括赤霞珠、美乐、马尔贝克和不多于5%的歌海娜或者阿比洛。阿比洛一般用来柔化红葡萄酒的酒体，或者生产非原产地命名（DO）供应当地市场的白葡萄酒。其风味中性不突出，发酵后的甘油成分高，可以增添葡萄酒的圆润感，所以有时会掺入丹魄中一起酿造，使口感更为柔和。而桃红葡萄酒，至少要含有50%的法定品种，一般常用歌海娜酿造，所有法定品种的产量不能超过7000kg/hm²。

杜埃罗河岸产区葡萄酒同里奥哈一样，也按照陈酿时间划分为不同级别。

杜埃罗河岸产区主要出产西班牙顶级的红葡萄酒，主要由丹魄酿造而成；通常都经过橡木桶陈酿。最典型特征是风味浓郁集中、酒体饱满优雅。葡萄酒呈深深的樱桃红色，带有非常成熟的果香、皮革及橡木味。在桶中成熟可使原本浓烈浑厚的红葡萄酒变得圆润，且更加优雅，结构雄厚强劲，层次复杂多变，余味持久。

杜埃罗河岸产区出产的桃红葡萄酒用歌海娜酿造，呈洋葱皮色，果香浓郁，极具风味，但有时酒精度偏高，酒体偏重。

3. 下海湾地区

下海湾产区位于西班牙西北沿海的加利西亚区，包括5个子产区，葡萄种植面积近4000hm²，葡萄酒厂家200个左右；产区以新鲜爽口的阿尔巴利诺白葡萄酒而享誉国际。

下海湾产区为海洋性气候，受海洋的影响，气温适中温和，夏季平均气温仅为24℃，冬天则温和怡人，降雨量丰富，年平均降雨量在1600mm左右，是西班牙降雨量最大的葡萄酒产区，是西班牙最潮湿同时也是最寒冷的葡萄种植区之一，出产西班牙最优质的白葡萄酒，它们通常带有清爽的酸味，果香干净透彻，简单易饮，适合年轻时饮用。

土壤为砂土，浅薄，略显酸性，主要的岩石类型为花岗岩。

下海湾产区所种植的葡萄和出产的葡萄酒在整个西班牙都是独一无二的，主要是白葡萄品种，其中阿尔巴利诺占到总种植面积的90%。其他白葡萄品种有：白罗雷拉（Loureira Blanc）、特雷萨杜拉（Treixadura）、白卡菲诺（Cafino Blanco）、特浓情（Torrontes）和格德约（Godello）；这一地区还种植了一些非常罕见的红葡萄品种，包括黑凯诺（Caino Tinto）、艾斯帕德罗（Espadeiro）、红罗雷拉（Loureira Tinta）、索松（Souson）、门西亚和布兰塞亚奥（Brancellao）。

产区的白葡萄酒带有标志性的阿尔巴利诺的品种特性，颜色从浅黄色至绿黄色不等，有草药气味和浓郁的花香，还伴有非常成熟的苹果、杏子、茴香和薄荷香，口感油滑，果味充盈，余味持久，十分出众。

产区的桃红葡萄酒产量较少，一般呈明亮的紫樱桃色，以红色浆果味和带有桉树气息的草药味出众，酸度较高。

4. 加泰罗尼亚

加泰罗尼亚位于西班牙伊比利亚半岛的东北部，北邻比利牛斯山脉，与法国接壤，东邻地中海，是西班牙主要的葡萄酒产区之一，年产葡萄酒24万t，包含佩内德斯、普里奥拉托、格雷海岸（Costers del Segre）等几个著名子产区。佩内德斯是加泰罗尼亚最大且最重要的葡萄酒法定产区（DO），普里奥拉托则是西班牙仅有的两个DOCa之一（另一个是里奥哈）。另外，加泰罗尼亚还是西班牙著名起泡葡萄酒卡瓦的最主要产区。

加泰罗尼亚是典型的地中海气候，常年气候温和湿润，夏季较炎热干燥，降水以冬季为主。从东向西渐渐受大陆性气候影响加剧。

大部分葡萄园位于巴塞罗那（Barcelona）的南部，东部靠海岸线的平原和西部的山脚下。土壤中富含石灰质，地势最高的地区土壤中含有白垩；表层土壤从低地地区松散多沙的土地逐渐过渡到高原地区的黏土，表层土壤中富含有利于葡萄生长的微量元素。

加泰罗尼亚主要的红葡萄品种是丹魄、歌海娜、慕合怀特、佳丽酿，波尔多红葡萄品种也占有非常重要的地位，包括赤霞珠、美乐、西拉等。

白葡萄品种主要有帕雷拉达、马家婆、夏雷罗，此外，还有霞多丽、雷司令、白诗南、琼瑶浆等。

加泰罗尼亚常常被区分为另类的西班牙葡萄酒产区，因为这里受到法国葡萄酒风格的影响比较大。其红葡萄酒的风格与法国鲁西荣产区的葡萄酒风格非常相似。其著名起泡酒卡瓦与法国香槟酒非常相似，采用香槟产区的传统方法酿造，但用的主要葡萄品种与香槟不同，主要是马家婆、帕雷拉达、夏雷罗，有时候也用霞多丽葡萄。

传统加泰罗尼亚葡萄酒是采用300L的美国桶和法国桶陈酿，很注重酿造特别珍藏级葡萄酒。现在越来越多的是采用法国225L的橡木桶，酿造新酒、佳酿级和珍藏级葡萄酒，而特别珍藏级的葡萄酒很少。

5. 卡斯蒂利亚-拉曼恰

卡斯蒂利亚-拉曼恰位于西班牙中部，产区的葡萄酒主要是较便宜的大众酒（包括用来酿造蒸馏酒的葡萄酒）。该产区是西班牙最大的葡萄酒产区，葡萄酒产量占西班牙葡萄酒总产量的50%，欧洲的17.6%，世界的7.6%。

拉曼恰地区的红葡萄酒是用红葡萄与一定比例的白葡萄混合酿造的，适合即时饮用，果味清淡，但当地的酒厂也开始生产年份更长的葡萄酒，其中用百分之百的森希贝尔（Cencibel，是丹魄在西班牙中南部产区的叫法）葡萄酿造的佳酿级酒颇受欢迎。

产区气候较为极端，为大陆性气候，季节温差较大，夏季温度高达40℃，冬季温度在-10~12℃，降雨量很少，年均为400mm左右，较为干旱。

葡萄种植在该地区地势较低的土地上，表层土壤十分肥沃，底层为石灰岩。葡萄园的海拔在500～700m。

白葡萄品种包括艾伦（比重最大）和马家婆；红葡萄品种主要有森希贝尔（红葡萄中比重最大）、歌海娜、莫拉维亚（Moravia）、赤霞珠、美乐和西拉。

产区绝大部分的白葡萄酒由艾伦酿造而成，清新怡人，果香浓郁，有时会带有热带水果（甜瓜、香蕉、菠萝）的香味，但口感偏淡。用马家婆酿造的白葡萄酒则更为浓烈均衡，果香味浓，清新爽口，口感怡人。

用森希贝尔酿造的年轻红葡萄酒带有浓重的樱桃红色，口感清新，果香怡人，带有覆盆子、蓝莓、桑葚的香气。用新橡木桶成熟的红葡萄酒带有香料、肉桂以及烟熏和烤肉香气，口感柔顺，极具风味。

第五节　德国

德国位于欧洲西部，是全世界最北部的葡萄酒产区（北纬47°～55°，东经6°～15°）。现有葡萄园面积10.3万hm²，2019年产葡萄酒90万t，较2018年下降了12%，其中白葡萄酒占65%，35%为红葡萄酒，出口量占其产量的四分之一。

一、气候特点

德国属于寒冷的大陆性气候，北部已经到达了葡萄所能成熟的极限，但由于受大西洋暖流影响，年平均气温可达9℃，葡萄生长期从4月持续到10月，甚至11月。大多数葡萄园集中在气温相对较暖的西南部，最好的葡萄园都位于南向的山坡上。加之莱茵河秋季浓雾对葡萄树起到一定的保暖作用，使得德国本应严苛的葡萄种植条件得到一定改善。即便如此，春季仍然容易遭受到霜害的影响，夏季也常出现暴雨和冰雹，而漫长干燥的秋天可以帮助葡萄缓慢地成熟，同时也有利于贵腐菌的形成。

二、土壤特点

德国摩泽尔-萨尔-鲁尔河（Mosel-Saar-Ruwer）是公认的德国最好的白葡萄酒产区之一。其土壤由特有的板岩、砾沙石及贝壳钙构成，河边陡峭斜坡的岩石，几乎让日照垂直照射在世界最陡峭的葡萄园上，板岩能吸收白天河流反射的太阳热量，并在寒冷的夜晚散发热量而达到对葡萄的保温效果，即使在冷飕飕寒风的气候条件下，葡萄也可以充分成熟。

莱茵高产区（Rheingau）葡萄园多朝南，可以尽情地享受日照以及宽阔的莱茵河面反射的阳光。产区内经常降雾，有助于贵腐菌的形成，因此好的年份可以酿造带有浆果或浆果干风味的高质量葡萄酒。产区内的土壤类型多样，包括白垩土、沙土和砾石以及各种类型的黏土、黄土、石英岩和板岩。

三、主要葡萄品种

德国种植的葡萄品种有100多个，常见的有20多种，由于气候太冷，德国葡萄酒多为白葡萄酒，最出色的品种是雷司令和米勒–图高（Mueller-Thurgau）。西万尼大多用于酿成多果香、多酸味的白葡萄酒，在偏南的产区有较好的表现。除外，南部产区还有琼瑶浆、白品诺等。

红葡萄品种主要是黑品诺，以产自南部巴登和北边的阿尔产区最著名，除了酿成清淡的干红酒，也常酿成甜味红酒或桃红酒，其他红葡萄品种还包括葡萄牙美人（Portugieser）和特罗灵格（Trollinger），大多种植于南部产区，酿造风味平淡的普通红酒。

四、葡萄酒等级法规

德国葡萄酒从低到高可分为日常餐酒（Deutscher Wein）、地区餐酒（Landwein）、优质葡萄酒（Qualitatswein bestimmter Anbaugebiete，简称QbA）和高级优质葡萄酒（Qualitaswein mit Pradikat，简称QmP，2007年更名为 Pradikatswein）。按照欧盟的GI标签管理规定，日常餐酒和地区餐酒属于地理标志保护标签（PGI）范畴。只要是酒精度在8.5%vol以上的葡萄酒都可以成为这个等级。

优质葡萄酒（QbA）必须采自德国特别的葡萄酒产区，即德国如莱茵高和巴登等13个葡萄种植产区（Gebiet）的葡萄酿造，生产规定也比前两个等级严格。该等级可以是干型、半干到半甜（一般在酒标上会有显示），允许往发酵前的葡萄汁里加糖。

高级优质葡萄酒是德国最高等级的葡萄酒，有严格的管控，必须经过品尝才可以上市。对于葡萄采摘成熟度的要求比QbA更高，不允许往发酵前的葡萄汁里加糖，酒的分级根据最低的发酵葡萄汁中的含糖量标准决定，含量越高，等级越高，共分成六个等级。装瓶后必须在酒标上说明属于哪一个等级。

1. 珍藏葡萄酒（Kabinett）

珍藏雷司令葡萄酒酒体最轻，是用糖分含量在148～188g/L的葡萄酿造而成。珍藏葡萄酒的类型有干型及半干型。

2. 晚采葡萄酒（Spatlese）

晚采葡萄的糖含量在172～209g/L。虽然晚采葡萄酒的酒瓶上也会看到"Trocken"（干型）的字样，但它的甜度通常来说会比珍藏葡萄酒高。此外，晚采葡萄酒的酒体更加饱满，带有柑橘、菠萝等水果的风味。

3. 精选葡萄酒（Auslese）

精选果实的糖含量一般在191～260g/L，人工采收，并在某种程度上受到贵腐菌侵染。精选葡萄酒也有干型的，但总体上的甜度比晚采葡萄酒更高，酒体也更加厚重。

4. 逐粒精选葡萄酒（Beerenauslese或BA）

用逐粒精选的葡萄酿造的雷司令产量不算高，这是因为这些葡萄必须要受到贵腐侵染，糖含量常在260g/L以上。有更浓郁的甜熟香气，只在特殊年份才有少量生产。市面上常见的逐粒精选葡萄酒多为半瓶装（375mL），可见其非常珍贵。

5. 逐粒精选葡萄干葡萄酒（Trockenbeerenauslese或TBA）

这是产量最低的一种葡萄酒，糖含量通常比逐粒精选葡萄酒要再高出30%左右，完全采用贵腐感染、水分蒸发萎缩而成的干葡萄酿成，该酒甜度非常高，香气浓郁、奔放且相当持久，口感浓厚、甜润，仅在非常特殊的年份少量生产。在市面上很难见到这种葡萄酒。

6. 冰葡萄酒（Eiswein）

在-7℃条件下葡萄在树上结冰后，通过人工采收并及时压榨便可用来酿造冰葡萄酒。

VDP是指德国名庄联盟（Verband Deutscher Qualitats-und Pradikatsweinguter），它囊括了德国顶级的酒庄，所产的葡萄酒品质十分卓越。VDP的建立最早就是为了控制干型雷司令和其他官方品种葡萄酒的品质，如今，VDP共有200多家酒庄，其入选要求远高于德国官方法定标准，带有VDP雄鹰标志的葡萄酒一般都品质优异。与勃艮第一样，VDP的葡萄酒可根据产地分为四个等级，从低到高依次为：

（1）Gutswein　大区级酒款，一般标有厂商、村庄或产区名。

（2）Ortswein　村庄级酒款，产自一个村庄最好的葡萄园，标有葡萄园名称和"VDP. Ortswein"。

（3）ErsteLage　一级葡萄园酒款，标有葡萄园名称和"VDP. ErsteLage"，葡萄园名称后还标有一个"1"加一串葡萄。

（4）Grosse Lage/Grosses Gewachs　特级葡萄园酒款，产自德国最好的葡萄园。该等级的干型葡萄酒一般在酒标上标示"Grosses Gewachs"。

五、主要葡萄酒产区

德国共有13个葡萄酒产区，著名产区主要集中在莱茵河及其支流摩泽尔河地区。摩泽尔、莱茵高、法尔兹（Pfalz）、莱茵黑森（Rheinhessen）是德国比较有名的四大葡萄酒产区。因纬度偏高，气候寒冷，主要的葡萄酒产区都集中在西南部气候较温和的区域。

其中摩泽尔、莱茵高和法尔兹是德国最重要的雷司令葡萄酒产区，这里出产的葡萄酒品质优异，在世界雷司令葡萄酒中独占鳌头。而莱茵黑森是德国最大的葡萄酒产区，出产的雷司令葡萄酒较少，较多见的是用米勒-图高和西万尼酿造而成的白葡萄酒，这里的葡萄酒生产更注重数量而非质量。

1. 摩泽尔

摩泽尔产区的葡萄酒产量位居德国13个产区中的第三位，但其国际知名度却领先于其他产区。该产区位于蜿蜒曲折的摩泽尔河的两岸，穿越汉斯塔克山（Hunstruck Hill）与埃菲尔山（Eifel Hill）之间的峡谷，北至与莱茵河交汇处，南到卢森堡（Luxembourg），拥有支流萨尔河和鲁尔河。

这里拥有葡萄园9533hm²，分为6大区域。所有的葡萄园几乎都位于陡峭的河岸上，有些葡萄园的坡度能达到70°，所以手工操作是这里唯一可行的办法，葡萄树必须独立引枝以适应如此陡峭的坡度，很多种植需要的设备只能通过顶部绞盘运送，因此葡萄园田间作业非常困难，工人短缺也是造成当地酒价高昂的原因之一。

这里由于地理位置偏北，气候相对凉爽，西部地区受大西洋的影响，气温变化不大，夏季均温不超过18℃。位于峭壁山坡上与河谷中的葡萄园有十分理想的温度和降雨量。最好的葡萄园一般位于山坡中段，可以避开高坡处的寒风以及低坡处常有的霜冻。春季和晚秋的威胁是霜冻，也为这里创造了酿造冰酒的条件。

摩泽尔根据河流流向，分为上、中、下摩泽尔区。在下摩泽尔河谷（Lower Mosel Valley）（北部区域），以黏土质板岩（Clayish Slate）和硬砂岩（Greywacke）为主；在中部摩泽尔河谷（Middle Mosel Valley），土壤主要以陡坡上的泥盆纪板岩（Devonian Slate）和平原地区的砂质土壤和多砾石土壤为主；在上摩泽尔河谷（Upper Mosel Valley），以介壳石灰岩（Shell-Limestone，一种白垩土）为主（南区，平行于卢森堡边界）。河谷内偶尔还会出现黄土（Loess）。

摩泽尔是被世界公认的德国最好的白葡萄酒产区之一。在此产区内，雷司令是声誉最高、品质最高的品种，目前种植比重为57%。这里产的雷司令白葡萄酒带着花香和矿石香气，有着少见的多酸、低酒精度的均衡，精巧优雅中有着强壮的酸味支撑着相当耐久的骨架。

另外，摩泽尔还种植了不少具有本土特色的白葡萄品种，如米勒-图高占比16%，该品种是德国在19世纪研发的种内杂交品种，容易受到腐烂和霜冻伤害，但其成熟时间比雷司令早，所以常被种植在那些不适合种植雷司令的区域，虽然品种酸度和风味都不及雷司令，但产量十分优秀。所酿葡萄酒有蜜桃、葡萄和类似麝香的芳香，简单易饮。艾伯灵（Elbling）是个十分冷门的品种，但在该产区的种植比例达到7%。这种葡萄酸度较高，常用于酿造起泡酒。

在摩泽尔产区中，尽管不同庄园所产的葡萄酒都各具其独特的个性，但它们也都具有共同的一些特点：颜色浅，香气馥郁，酒体轻盈，酸味清爽怡人。

2. 莱茵高

莱茵高位于德国黑塞（Hesse）州内，莱茵河畔。虽然它的面积仅占整个德国葡萄酒产区的3%，但在德国葡萄酒发展历史上，它做出了很多重要的创举，拥有大量蜚声世界的酿酒商，如约翰内斯堡酒庄（Schloss Johannisberg）。

其地理条件得天独厚，由南往北的莱茵河在这里绕了个L形小弯，这里地质条件也极其特殊，从东部平坦的土地到间有起伏，再到西部分布着大量山坡。葡萄园多位于河流右岸的山坡上，坐北朝南，可以尽情地享受日照以及宽阔的莱茵河面反射的阳光，使得这里比南部一些产区都要温暖，这里受到北部陶努斯山（Taunus）的保护，年降雨量约600mm。产区内经常降雾，有助于贵腐菌的形成，因此好的年份可以酿造带有浆果或浆果干风味的高质量葡萄酒。

产区内的土壤类型多样，斜坡上的土壤多以板岩、黄土、黏土为主。

莱茵高葡萄种植面积为3167hm²，白葡萄种植面积为84.4%，红葡萄种植面积为15.6%，其中，雷司令种植面积最大，约为78.2%，种植面积第二的葡萄品种为斯贝博贡德

（Spatburgunder）（德国对黑品诺的称呼）。

相比摩泽尔平衡、优雅的雷司令葡萄酒，莱茵高雷司令更为成熟、饱满，口感比较强劲，常带有香料味。而在莱茵高区域内，山坡葡萄园生产的葡萄酒更加精细，充满果香；平原地区会相对饱满成熟，而离岸1km区域内的葡萄酒则是酿造贵腐葡萄酒的黄金区域。

3. 法尔兹

法尔兹产区北靠莱茵黑森产区，西南毗邻法国。地理环境与南邻的阿尔萨斯产区类似。此产区的面积居德国葡萄酒产区第二，产量随着年份有波动，但经常位于第一位，也是一个生产大量廉价葡萄酒的产区。

得益于山脉的保护，法尔兹产区的气候十分接近于地中海气候，非常温暖，阳光充裕，少有晚霜和冬霜的危害。产区面积23394hm²，拥有两个大的葡萄种植区域以及300多个独立的种植园。

产区内最普遍的是壤土（Loam），并常常混合有黄土、白垩土（Chalk）、黏土（Clay）、有色砂岩（Colored sandstone）、沙土等。北部地区和兰道（Landau）地区为黄土和新红砂岩，十分容易升温。沿着莱茵兰（Rhineland）方向分布的地区为沙土和冲积土。

法尔兹是继摩泽尔产区之后，德国第二大雷司令葡萄产区。这里种植的白葡萄品种占比62.2%，红葡萄品种占比37.8%，其中雷司令种植比重为20.4%，生产出来的酒风味十分丰富、雅致；第二大种植品种为丹菲特（Dornfelder），占比13.2%，酿造出非常鲜美多汁的红葡萄酒，风格有点像法国博若莱葡萄酒，但有时也会使用橡木桶，用以酿造更为浓郁风格的葡萄酒；产区内还种植白葡萄品种米勒-图高（占比12.2%）、肯纳（Kerner）、西万尼和施埃博（Scheurebe），这些葡萄生产出来的酒温和怡人，香气浓郁，酒体丰满。

4. 莱茵黑森

作为德国最大的葡萄酒产区，有2.6万hm²的葡萄园。莱茵黑森酿造的葡萄酒种类远远多于德国其他地区，从普通的佐餐酒到起泡葡萄酒，种类齐全。这一产区的酒占据德国全部出口葡萄酒的50%。产区位于莱茵河最大的弯道处，东部和北部面临莱茵河，西部是那赫（Nahe）河，南部靠哈尔特山脉（Haardt Mountains）。

莱茵黑森产区内最主要的土壤类型为黄土、石灰石和壤土，通常混有沙子和砾石。这种土质与莱茵河的调节作用互相配合，在晚间的时候可以给葡萄藤提供足够的热量。莱茵黑森的年降雨量只有500mm，是德国境内最干燥的葡萄酒产区之一。

总的来说，莱茵黑森最好的葡萄酒都来自最靠近莱茵河的葡萄园。其中最有名的白葡萄酒产区是所谓的"莱茵梯田"，这块地方比整个莱茵高产区还要大。莱茵黑森产区中主要的红葡萄产区位于殷格翰（Ingelheim）附近。莱茵黑森产区种植量最大的葡萄品种是米勒-图高，而且它还是世界上西万尼种植面积最大的地区。莱茵黑森所产葡萄酒的普遍特点是口感柔和，香气四溢，酒体适中，酸味适中，易于入口。

莱茵黑森最有名的出口葡萄酒是圣母之乳（Liebfraumilch），167个村庄中近99%在酿造此酒。圣母之乳这个酒名来源于沃尔姆斯（Worms）的一座圣母教堂，同时它也是一座著名酒庄的名字。后来，它被用来指代德国多个产区所生产的半甜型葡萄酒。圣母之乳属于QbA级别，特点是酒精度低，简单顺口带有甜味，极其廉价。

第六节　葡萄牙

葡萄牙位于伊比利亚半岛的西部，作为老牌的旧世界产酒国，过去数十年内已成功地进行了葡萄酒产业的革新。葡萄牙素以加烈酒（波特酒和马德拉酒）和尖酸清淡的白葡萄酒闻名于世。近年来，该国的干红葡萄酒以成熟浓郁的风格逐渐吸引了越来越多国际酒业的目光。据2019年OIV统计数据，葡萄牙拥有葡萄园19.5万hm²，葡萄酒年产量67万t。

一、气候特点

葡萄牙西邻大西洋，东部则与西班牙接壤，东西宽度仅200km，但气候的变化却相当大，离海的远近及山脉的阻隔是影响葡萄牙各地气候的主要因素。沿岸地区为海洋性气候，普遍潮湿凉爽，气候相当温和，越往内陆气候越严酷，更加干燥，温差也更大，冬冷夏热，接近大陆性气候。南部产区因纬度比较低，所以天然比较炎热，接近地中海气候。波尔图（Oporto）南部山区的年降雨量可达2000mm，而某些内陆地区的年降雨量仅为500mm。

全境均适合生产葡萄酒，但气候却相当多变，得以生产出多种风格的葡萄酒。

二、土壤特点

北部多为高原、多山，平均海拔800～1000m，埃什特雷拉山脉（Serra da Estrela）的高峰海拔1993m，是葡萄牙大陆部分的高峰。

三、主要葡萄品种

该国最优质、最独特的红葡萄品种是多瑞加（Touriga Nacional）、丹魄、巴加（Baga）、卡斯特劳（Castelao）和特林加岱拉（Trincadeira）。多瑞加是酿造波特酒的最佳品种，皮厚果粒小，酿成的红葡萄酒颜色深黑，常有浓郁的甜熟浆果香，而且含有非常多的单宁，但是产量很少。除了波特酒，也酿造极端的浓重红葡萄酒。主要的白葡萄品种有阿瑞图（Arinto）、阿尔巴利诺、华帝露（Verdelho）和舍西亚尔（Sercial）等。

四、葡萄酒等级法规

葡萄牙是葡萄酒分级制度的发源地，葡萄牙人是最先进行葡萄酒分级的国家之一。他们在200年前开始使用名称体系，比法国还早。理由是名称体系会为消费者提供葡萄酒原产地的保证。这些名称包括葡萄品种、微气候、土壤和所用的酿酒技术。因此饮用一款标注有名称的葡萄酒就意味着在喝一款优质的葡萄酒。

（1）法定产区酒　DOC（Denomination de Origem Controlada）其实就相当于法国的AOC

或者意大利的DOC。全国有11个DOC产区，其葡萄酒总产量中约有15%符合DOC标准，而且不少是加强型葡萄酒（Fortified Wine）。这个级别的著名产区有杜罗河（Douro）、杜奥（Dao）、波特（Porto）、百拉达（Bairrada）、布斯拉斯（Bucelas）、绿酒（Vinho Verde）等。

（2）推荐产区酒　IPR（Indication of Regulated Provenance），全国有32个IPR产区。

（3）准法定产区酒　VQPRD（Vinhos de Qualidade Produzidos em Regioses Determinadas）相当于法国的VDQS。

（4）优质加强葡萄酒　VLQPRD（Vinhos Licorosos de Qualidade Produzidos em Regiao Determinadas）。

（5）优质起泡酒　VEQPRD（Vinhos Espumantes de Qualidade Produzidos em Regiao Determinadas）。

（6）优质半干起泡酒　VFQPRD（Vinhos Frisante de Qualidade Produzidos em Regiao Determinadas）。

（7）地区餐酒　Vinho Regional 与意大利的IGT类似，没有按照法定酿酒要求酿造的葡萄酒，但这个并不是低品质的象征。

（8）日常餐酒　Vinho de Masa。

（9）Selo de Garantia　有葡萄牙葡萄酒协会封条的葡萄酒，具有政府认定的品质。

五、主要葡萄酒产区

葡萄牙主要的葡萄酒产区包括绿酒法定产区、阿连特茹（Alentejo）、杜罗河、阿尔加维（Algarve）、亚速尔群岛（Azores）、杜奥和百拉达等14个产区。

1. 绿酒法定产区

绿酒法定产区位于葡萄牙西北部，是葡萄牙葡萄酒产量最大的产区。

这里的气候受大西洋海风影响较大，全年气温较为温和，降雨较丰沛，夏季有时会连续下几天的雨，所以此地湿度较大。

绿酒法定产区以出产酸度高、口感清爽的葡萄酒出名，虽然该酒直译为"绿酒"，但这里的"绿"所指的意思是"年轻"而非绿色，酿造绿酒的葡萄在没有完全成熟的时候就开始采摘，酿出来的酒呈淡绿色。

绿酒产区的葡萄酒略带酸味，酒精度较低，非常有助于消化。口感清淡鲜酸，香气芬芳迷人，舌尖可感受到些微的气泡，一般酒精度在10%vol之下。

白葡萄品种包括：阿尔巴利诺、洛雷罗（Loureiro）、塔佳迪拉（Trajadura）、阿维苏（Avesso）、阿瑞图；红葡萄品种包括：维毫（Vinhao）、伯拉卡（Borracal）等。

绿酒法定产区分为9个子产区，它们分别以河流或小镇的名字命名：蒙桑蒙加苏（Moncao）、利马（Lima）、巴斯图（Basto）、卡瓦杜（Cavado）、阿韦河（Ave）、阿玛兰特（Amarante）、白昂（Baiao）、索萨（Sousa）和派瓦（Paiva）。

2. 阿连特茹

阿连特茹位于葡萄牙东南部，夏季温度很高，部分产区纬度较低，气温较低，有些气候较为干燥温和。

该产区出产的白葡萄酒一般口感柔顺，略显尖酸，带有热带水果的芳香。这里出产的红葡萄酒酒体丰满，单宁丰沛，带有野生水果和红色水果的芳香。

白葡萄品种包括胡佩里奥（Roupeiro）、安桃娃（Antao Vaz）和阿瑞图；红葡萄品种包括特林加岱拉、阿拉哥斯（Aragonez）、卡斯特劳和紫北塞（Alicante Bouschet）。

阿连特茹产区内有八大DOC产区，包括波特雷格（Portalegre）、博拉（Borba）、雷东多（Redondo）、雷根格（Reguengos）以及维迪格拉（Vidigueira）等。

3. 杜罗河

杜罗河产区位于葡萄牙的东北部，是葡萄牙历史悠久且最为出名的产区。

这里气候非常干燥，该产区出产葡萄牙最具代表性的葡萄酒——波特酒。同样，在陡峭的页岩梯田里同样也生长着品种多样的酿酒葡萄，并用来酿造非加强型葡萄酒，品质优秀、口感厚重、结构复杂的红葡萄酒和白葡萄酒，其中许多葡萄酒价格不菲。

杜罗河法定产区的五个主要品种：国产多瑞加、弗兰克多瑞加（Touriga Franca）、罗丽红（Tinta Roriz）、红巴罗卡（Tinta Barroca）和猎狗（Tinta Cao），其中，罗丽红、国产多瑞加和红巴罗卡这三种葡萄品种的混酿通常称为"葡萄牙红葡萄酒混酿"。

4. 马德拉（Maderia）

马德拉产区位于离北非摩洛哥700km的大西洋上，虽属于炎热潮湿的亚热带气候，但由于大西洋海风的调节与岛上高海拔的地形，相当适合葡萄的生长，种植历史已有400余年。

岛上崇山峻岭，地势险恶，葡萄园大多挤在狭迫的梯田上。岛上出产的葡萄酒以Medeira为名，属于加烈酒，酿成的酒会放进一种称为"estufa"的加热酒槽储存一段时间，以30~50℃的高温成熟，酿成一种具有独特氧化风味的葡萄酒，如苹果、焦糖、肉桂和核桃等香气。

因为品种和酿造方法的不同，马德拉酒的种类也十分多样，从干型到甜型都有。普通的马德拉酒通常以红色品种黑莫乐（Tinta Negra Mole）为主酿造。优质马德拉酒通常采用单一品种酿造（85%以上）。四大传统品种马尔瓦西（Malmsey）、布尔（Baul）、华帝露、舍西亚尔用于酿成不同风格的高品质马德拉酒。用马尔瓦西酿成口味最甜的一种，甜润多香；布尔多酿成甜型，但稍微清爽，常带有烟熏味；华帝露是岛上种植面积最大的白葡萄，主要酿成半干和半甜的马德拉酒，除一般酒香外，还常带有烟熏和蜂蜜香气；舍西亚尔多种植于海拔较高的地方，多用来生产酸度高、带涩味的干型顶级马德拉酒。

第七节　英国

英国位于欧洲大陆西北面的大不列颠群岛（British Isles）。英国葡萄酒产区规模不大，目前葡萄种植面积约为2330hm²，但却是葡萄酒消费和贸易大国，2019年葡萄酒消费量约

130万t，位于全球第六位；作为全球第二大主要进口商，2019年葡萄酒进口量约135万t。

一、气候特点

英国为海洋性气候，常年温和多雨，在一些较为凉爽的年份，葡萄也比较难成熟。葡萄的种植主要集中在南部，这里的气候稍微暖和、干燥一些。因受到全球气候变暖的影响，英国的年平均气温逐渐上升，长期困扰英国酿酒师的葡萄成熟问题将成为过去。

二、土壤特点

英国葡萄种植区域主要集中在南部的丘陵地带，特别是英格兰（England）、威尔士（Wales）优良的白垩土质更适合酿造优质的起泡酒。肯特郡（Kent）到处是白垩土、砂岩和黏土。目前，英国最好的葡萄种植区分布在英格兰南海岸，从康沃尔郡（Cornwall）到肯特郡，它们的气候和土壤类型相近，可以种植出适应凉爽气候的葡萄品种。

三、主要葡萄品种

在英国种植的主要葡萄品种以酿造经典起泡葡萄酒的品种为主，主要是霞多丽（约518hm²，占比26.48%）、黑品诺（约483hm²，占比24.7%），以及莫尼耶皮诺（约124hm²，占比6.32%）。起泡葡萄酒和白葡萄酒占84%，红葡萄酒占16%。

当然，除了黑品诺、霞多丽和莫尼耶皮诺这3种用于酿造英国传统起泡酒的葡萄之外，还有一些在英国本地产量较大的葡萄品种。

1. 巴克斯（Bacchus）

巴克斯是在英国发展较好的一个葡萄品种，也是英国目前种植量第三大的葡萄品种。它是一种德国白葡萄品种，用西万尼、雷司令和米勒–图高杂交而成，芳香馥郁，低酸，含糖量高，常用于混酿。

2. 白谢瓦尔（Seyval Blanc）

白谢瓦尔源自法国，是一种颜色较浅的杂交（Seibel 5656 × Seibel 4986）葡萄品种。它在英国大量种植（2002年还是英国最广泛种植的品种），能在较冷的年份获得优良质量，并且具有有效的抗病性。这是一种很好的"全能型"葡萄品种，通常用于混合，适于橡木桶陈酿，可以用作生产静置葡萄酒和起泡葡萄酒。单一品种酿出的酒口感清爽，有着较为中性的风味。

3. 雷昌斯坦纳（Reichensteiner）

雷昌斯坦纳是英国最受欢迎的品种之一（2002年是继白谢瓦尔之后英国最广泛种植的品种），是一种德国杂交白葡萄品种，成熟早且成熟度较好，能够生产大量天然糖分含量较高的相对中性的葡萄。它的口味趋近平淡，经常用于混合酿造静置葡萄酒和起泡葡萄酒。

四、葡萄酒等级法规

1991年起，英格兰和威尔士葡萄酒允许采用欧洲优质葡萄酒分类：佐餐葡萄酒、优质葡萄酒和国家葡萄酒。但存在的问题是：许多葡萄酒是使用杂交品种酿造而成的，有时酒质很好却不能应用于优质葡萄酒分类。

五、主要葡萄酒产区

在英国大约有450个葡萄园，其中95%位于英格兰，剩余在威尔士。两地的葡萄酒中至少90%是起泡酒和白葡萄酒。

1. 萨塞克斯郡（Sussex）

萨塞克斯郡位于英格兰的东南角，分为东西萨塞克斯郡两部分，而这两个郡拥有越来越多的葡萄园，是整个不列颠群岛中阳光最充裕的地区之一，它受到降雨量的影响要远远小于岛屿上其他的葡萄酒产区。

萨塞克斯郡所种植的用来酿造起泡酒的优质葡萄主要得益于该地的白垩土壤，这与法国香槟区的土壤相同。萨塞克斯郡还有一点与法国相同的就是它的凉爽气候，这使葡萄能够较好地保留顶级起泡葡萄酒所需的酸度。这里的葡萄品种包括巴克斯和经典的香槟葡萄（霞多丽、黑品诺和莫尼耶皮诺），所有的这些葡萄品种都适合凉爽的气候。

2. 肯特郡

肯特郡位于萨塞克斯的东部，同萨塞克斯一样，它拥有相对温暖的气候（与英格兰其他地区相比）。最好的葡萄园朝南，以最大限度地延长葡萄藤上的阳光照射时间，跟周边产区一样，这里的主要土壤类型也是白垩土。

3. 萨里郡（Surrey）

萨里郡位于肯特郡和东萨塞克斯西部，也有由古代海洋化石遗迹组成的垩白土壤。英国最大的葡萄酒庄园丹比斯酒庄（Denbies Wine Estate）坐落于此。

第八节　奥地利

奥地利是世界主要葡萄酒生产国之一，葡萄园面积约为5万hm²，每年葡萄酒产量在20万t以上，2019年产量约为25万t。葡萄园多位于海拔200m处。在下奥地利（Nieder Osterreich），葡萄果农在海拔400m处种植葡萄。最高的葡萄种植地在施泰尔马克（Steiermark），海拔约560m。

一、气候特点

奥地利位于北纬47°~48°，属大陆性气候，夏冬温差较大，其葡萄种植区还受河流等地理因素的影响。多瑙河流域的产区拥有较温和的气候，而潘诺尼亚平原地区则十分温暖，有利于酿造优质的红葡萄酒。

东部年降雨量为400mm，施泰尔马克可达800mm或更多。影响葡萄产地的气候因素是多瑙河（Danube River），起到反射太阳光和避免温度大幅度波动的作用，同样，还有大诺伊齐德勒湖（Neusiedlersee），晚秋时节，用于浆果特选和干果粒选酒的葡萄在湖岸边渐渐成熟。

二、土壤特点

土壤结构的巨大差异塑造了奥地利葡萄酒的特性。如维也纳（Wien）、卡农图（Carnuntum）和布尔根兰（Burgenland）的土壤种类呈现多样化：从页岩到黏土、泥灰岩、黄土直至纯净的沙质土壤。施泰尔马克多为褐土、砾岩和火山土壤。

三、主要葡萄品种

奥地利主要生产单一品种葡萄酒，且以白葡萄酒为主。绿维特利纳（Grüner Veltliner）是奥地利种植面积最广泛的白葡萄品种，可以用来酿造多种葡萄酒。威尔士雷司令（Welschriesling）在奥地利多用来生产甜酒。此外，该国的白葡萄品种还包括霞多丽、琼瑶浆、米勒-图高和长相思等。

奥地利偏东部的葡萄园出产最优秀的红葡萄酒，酿酒葡萄品种主要包括茨威格（Zweigelt）、法国蓝（Blue French）、蓝佛朗克（Blaufränkisch）、黑品诺和葡萄牙人（Portugieser）。

四、葡萄酒等级法规

奥地利葡萄酒法律的基础是欧洲葡萄酒法，其主要内容为产地监督、每公顷产量限制、质量级别和国家质量监督。奥地利对用于生产地方酒、优质酒和特优酒的葡萄普遍规定最高产量为每公顷9000kg，产酒6750L。奥地利优质葡萄酒和特优葡萄酒须经双重国家检验。标签上的国家检验号和红白红色封条便表明了这一严密的监督和质量保证程序。

葡萄酒等级从低到高依次分为：日常餐酒（Tafelwein）、地区餐酒（Landwein）、优质葡萄酒（Qualitatswein）、高级优质葡萄酒（Pradikatsweine）。列入何种类别取决于葡萄汁的含糖量，单位用克洛斯特新堡比重（Klosterneuburger Mostwaage，简称KMW）表示。

1. 高级优质葡萄酒

高级优质葡萄酒是指有明显甜味的葡萄酒，涵盖了从晚采酒（Spatlese）到冰酒

（Eiswein）的等级。不允许加糖（Chaptalization）或葡萄汁来提高酒精度。

高级优质葡萄酒中又包含以下7种类型。

（1）晚采酒（Spatlese）＞19°KMW，通常没有贵腐葡萄。

（2）逐串精选酒（Auslese）＞21°KMW，葡萄部分受贵腐菌影响。

（3）逐粒精选酒（Beerenauslese，BA）＞25°KMW，葡萄很大部分受贵腐菌影响。

（4）冰酒（Eiswein）＞25°KMW，采用冰冻的葡萄酿造。

（5）稻草酒（Strohwein或Schilfwein）＞25°KMW，采用在稻草上晒干的葡萄酿造。

（6）奥斯伯赫酒（Ausbruch）＞27°KMW，与托卡伊的Aszu类似，通过将贵腐葡萄加到葡萄汁中酿造的甜酒。

（7）枯萄精选酒（Trockenbeerenauslese，TBA）＞30°KMW，葡萄完全受贵腐菌影响。

2．优质葡萄酒

优质葡萄酒是产自单一产区的干型酒，允许使用加糖来提高酒精度。葡萄最低含糖量＞15°KMW，酒精度＞9%，瓶颈或瓶帽上有象征奥地利国旗的红白条。

其中又包含了Kabinett级别（DAC酒称为Klassik），葡萄最低含糖量＞17°KMW，酒标上写有字母"K"，不允许使用加糖发酵。

3．地区餐酒

地区餐酒产量很小，产自特定产区。葡萄最低含糖量＞14°KMW，酒精度＜11.5%vol，残糖＜6g/L。

4．日常餐酒

日常餐酒产量很小，没有地理标识，几乎不出口。葡萄最低含糖量＞10.7°KMW，酒精度＞8.5%vol。

除了基于葡萄含糖量的法规，奥地利的DAC（Districtus Austriae Controllatus）体系才是真正类似于法国AOC的原产地保护体系。这个体系旨在反映各产区葡萄酒的代表性风格，奥地利19个葡萄酒产区可自由选择是否采用新的分级制度，截至2017年10月，已有10个产区加入DAC体系。只有产自该产区，用对应的法定葡萄品种，酿造的风格符合要求的葡萄酒，才能冠以相应的DAC之名。

五、主要葡萄酒产区

奥地利的葡萄酒产区多集中于该国东部，主要产区有联邦州下奥地利、布尔根兰、施泰尔马克和维也纳。

1．下奥地利

下奥地利位于奥地利的东北部，北接斯洛伐克（Slovak），拥有8个子产区（其中4个是DAC产区），是奥地利最大的葡萄酒生产和出口地区，生产全国60%的葡萄酒。该产区地势平坦，土壤肥沃，有一半以上种植绿维特利纳，生产清淡型白葡萄酒。

瓦豪（Wachau）是其中最知名的产区，位于该区西边的多瑙河畔，气候凉爽，昼夜温差大。葡萄成熟且保有酸味，以其干型的绿维特利纳酒和雷司令酒而闻名。

2. 布尔根兰

布尔根兰坐落于奥地利产区的东部，紧邻匈牙利，以生产高品质红葡萄酒和甜酒而闻名。这里也生产干型白葡萄酒，生产所用到的品种主要是白品诺（Pinot Blanc）、威尔士雷司令、绿维特利纳和霞多丽。

3. 施泰尔马克

施泰尔马克是奥地利最南端的葡萄酒产区，与斯洛文尼亚接壤。这里气候比奥地利大多数葡萄酒产区都要温暖，几乎是地中海气候，虽然有明确的大陆性气候影响。冬天仍然很冷，年降雨量很高。葡萄的生长季节足够长，使得葡萄能够在保持酸度的同时发展出复杂的风味。葡萄园分散在南面的向阳斜坡上，生产酒体轻盈、果香浓郁、酸高的干白葡萄酒。

4. 维也纳

维也纳是世界上唯一一个在市区范围内大量生产葡萄酒的首都，共有700hm²葡萄园，出产着浅龄、果香充沛、口感优雅的葡萄新酒（Heurige）。

第九节　匈牙利

匈牙利作为欧洲中部的内陆国家，自古以来就是葡萄酒生产大国，2019年葡萄种植面积6.9万hm²，葡萄酒产量约24万t。匈牙利地处中欧喀尔巴阡山（Carpathians）盆地，四周山脉环绕，著名的多瑙河从斯洛伐克南部流入匈牙利，把匈牙利分为东、西两部分。目前，匈牙利大约有12万hm²的葡萄园，酿造40%的红葡萄酒及60%的白葡萄酒。

一、气候特点

匈牙利为典型的大陆性气候，夏季酷热、冬季严寒。西部大湖巴拉通（Balaton）湖为欧洲最大湖泊，是该国重要的葡萄酒产区之一。巴拉通湖和新锡德尔湖（Neusiedl）有利于调节大陆性气候，它能使葡萄生长期变长并拥有较为温和的气候。匈牙利东部是喀尔巴阡山脉，它能够使葡萄园免遭冷风的侵袭，对当地的气候有着显著的影响。匈牙利秋季气候较为特殊，惯有的阴霾常笼罩天际，有利于酿造出可口的贵腐甜酒。

二、土壤特点

匈牙利葡萄酒产区土壤风格各异，如托卡伊（Tokaj）产区大部分的土壤都是由黏土构成；马特拉（Matraalja）产区位于火山群之中，周围是肥沃的火山灰和高低不平的山谷带；埃格尔（Eger）产区山坡上的土壤类型为黑色的流纹岩，下层土为中新世流纹岩、黏土、板岩和流纹岩等。

三、主要葡萄品种

匈牙利的主要葡萄品种为：福明特（Furmint）、哈斯莱威路（Harslevelu）、欧拉瑞兹琳（Olasz Rizling）、琳尼卡（Leanyka）、科尼耶鲁（Keknyelu）、伊尔塞奥利维（Irsay Oliver）、简尼特（Zenit）、卡达卡（Kadarka）、小公主（Kiralyleanyka）和泽达（Zeta）等。

四、葡萄酒等级法规

匈牙利葡萄酒分4级，包括日常餐酒（Asztali Bor）、地区餐酒（Tabor）、法定产区酒（Minosegi Bor）、高级法定产区酒（Kulenleges Minosegi Bor），其中前3级属于V.D.T餐酒级。

高级法定产区酒主要指"托卡伊（Tokaj）"葡萄酒，2007年欧盟规定只有匈牙利可以使用"托卡伊（Tokaj）"这个名字作商标。托卡伊是世界上最著名的贵腐葡萄酒之一，产地也是托卡伊，位于匈牙利东北部与斯洛伐克接壤的地方。

托卡伊葡萄酒的类型主要有以下几种。

1. 干白葡萄酒（Tokaj Wine）

托卡伊干白葡萄酒的葡萄没有经过贵腐菌的侵染，有多种风格：有些是果香新鲜、没有经过橡木桶陈酿、适合新鲜时消费的干白葡萄酒，有些是酒体集中、有陈酿潜力的干白葡萄酒，还有一些是经过新橡木桶陈酿的顶级白葡萄酒。

2. 绍莫罗得尼葡萄酒（Tokaji Szamorodni）

绍莫罗得尼葡萄酒是采用部分被贵腐菌侵染的葡萄串酿造而成的，根据贵腐菌侵染程度的不同，有可能被酿造成干型的，也有可能被酿造成甜型的。干型葡萄酒中会带有一些贵腐的风味。绍莫罗得尼葡萄酒必须在酒庄中存放两年以上的时间才能出售，其中必须至少有一年是在橡木桶中成熟，很多酒庄会选择存放更长的时间才出售。干型葡萄酒在橡木陈酿过程中往往并不装满，而是留有一定的空间让酒的表面生长酒花酵母（Flor yeast），得到的葡萄酒具有西班牙菲诺雪莉的风味。甜型葡萄酒不会生长酒花酵母，但往往具有比较明显的氧化风味，尽管现在有少数酒庄开始生产没有氧化味或只有轻微氧化味的甜型绍莫罗得尼葡萄酒。

3. 阿苏葡萄酒（Tokaji Aszu）

阿苏葡萄酒的酿造分为两个发酵阶段，第一阶段是先用健康的葡萄进行发酵，在发酵即将结束时，进入第二阶段，把完全被贵腐菌侵染的阿苏葡萄放在发酵液中浸渍36个小时。传统工艺中，是用未破碎的阿苏葡萄以防止浸渍出苦味物质。然后把混合物进行压榨，得到的葡萄酒至少要在橡木桶中陈酿三年以上的时间。Tokaji甜度的计量单位采用以20kg为一个单位的Puttonyos（当地采摘葡萄时所用的容器）来表示，即在137L装的基酒里加入多少阿苏（Aszu）葡萄。最少3个Puttonyos，最多6个Puttonyos，然后加入去年留下的基酒至137L，号码最高表示添加贵腐葡萄的比例越高，酒的浓度和甜度也越高，而完全采用贵腐葡萄酿造不添加干白葡萄酒的称为阿苏至宝（Aszu Eszencia）。

橡木桶陈酿时间也依Puttonyos的数字加上2年计算，6个Puttonyos需要8年成熟才能上市。Tokaji的口感依不同的Puttonyos而不同，但浓郁甜润中常保有很多的酸味，有很好的均衡感。

其葡萄酒换算成具体的糖度如下：

3 Puttonyos：60g/L。

4 Puttonyos：90g/L。

5 Puttonyos：120g/L。

6 Puttonyos：150g/L。

匈牙利的托卡伊行业协会从2014年起取消托卡伊葡萄酒的两个等级3筐（3 Puttonyos）和4筐（4 Puttonyos）。

4. 阿苏至宝葡萄酒

这种葡萄酒产量非常小，价格昂贵，而且只有在很好的年份才生产，其含糖量不得低于180g/L。

阿苏和阿苏至宝葡萄酒，通常都在橡木桶中陈酿3~6年的时间，具有明显的氧化风味。经典的托卡伊贵腐葡萄酒为深琥珀色，酸度非常高，香气集中馥郁，具有橘子酱、杏桃、蜂蜜等的香气。最好的葡萄酒更加复杂，还带有黑麦面包、烟熏、咖啡、焦糖等香气和风味。

5. 托卡伊至宝葡萄酒（Tokaji Eszencia）

这是一种极少出现的极品贵腐葡萄酒，也很少出售。托卡伊至宝葡萄酒是用完全被贵腐菌侵染的阿苏葡萄的自流汁液酿造的葡萄酒，由于糖度非常高，酵母菌极难发酵，往往需要好几年的时间才能完成发酵过程，即使发酵结束，其酒精度也很难超过5%vol。法定托卡伊至宝葡萄酒的最低含糖量不得低于450g/L，另外葡萄酒中也含有极高的酸度能与高糖平衡，其香气和风味极其复杂和集中，它可以保持自身新鲜的酒体长达一个世纪甚至更长的时间。

6. 现代风格的甜白葡萄酒

有些酒商也开始生产新鲜型的甜白葡萄酒，这些葡萄酒不属于阿苏葡萄酒的分类。这些葡萄酒不会在橡木桶中成熟很长的时间，出售时有比较新鲜的香气，有时也具有非常高的品质，其价格可以卖到与阿苏系列葡萄酒同样的价格水平甚至更贵。

五、主要葡萄酒产区

匈牙利共有6大葡萄酒产区，可细分为22个子产区，其中4个葡萄酒产区最为著名：托卡伊、马特拉、埃格尔、布克（Bukkalja）。东北部地区以生产优质葡萄酒而闻名，主要是得益于当地的土壤、地形和气候十分适合葡萄的种植。南部多瑙河左岸的平原是最大产区，拥有占全国一半面积的葡萄园，但质量不高。

在世界上享有盛誉的托卡伊可称为匈牙利产区最耀眼的明珠。托卡伊山麓6000hm²葡萄种植区域内良好的自然生态条件，使这里自16世纪中叶起就成为出产世界上最卓越的甜白葡萄酒"托卡伊阿苏"的产区，被称为匈牙利的"黄钻"。历史上该地曾拥有很多专供王室或极品珍藏的葡萄酒酒厂，托卡伊也因此而成为匈牙利葡萄酒贸易的中心。

巴拉顿（Balaton）湖畔是匈牙利重要的葡萄酒产区，以湖北面地势崎岖、多火成岩的巴达克索尼（Badacsony）最具特色，特别是当地的科尼耶鲁（Keknyelu）葡萄，可酿成白葡萄酒。红葡萄酒产区以气候最温暖的、位于南部的维拉尼（Villany）产区最有潜力，生产以卡法兰克斯（Kekfrankos）为主的红酒。

1. 托卡伊

托卡伊的传统产区位于一个海拔为457m的高原上，靠近喀尔巴阡山脉。这个地理位置由于受山体保护，拥有较为独特的气候，对葡萄的栽培较为有利。该产区冬季寒冷多风，春季凉爽干燥，夏季非常炎热，秋季通常降雨，还会有一个小阳春，因此，其葡萄的成熟期较为漫长。

该产区大部分的土壤都是由黏土构成，但是，靠近南部的大部分地区特别是托卡伊山麓还会有黄土。黏土和黄土组合的土壤种植出的葡萄可以酿造出酒体圆润、香气充足并且酸度较低的托卡伊葡萄酒。

托卡伊主要葡萄品种有福明特、哈斯莱威路和小粒白麝香。福明特是托卡伊混酿酒的主要品种，它皮薄，芳香四溢，还具有较高的酸度和含糖量。高酸度和高糖度使得该酒具有陈年的潜力，而独特的风味又让该酒在同类酒中显得极为与众不同。托卡伊奥苏（Tokay Ausu）葡萄酒酒味甜润醇美，琥珀色的酒液晶莹剔透，是匈牙利的"国酒"，也是匈牙利人最为珍视的民族品牌。

2. 埃格尔

另一个与托卡伊相呼应的是位于匈牙利北部被誉为"红宝石"的产区埃格尔，出产匈牙利最著名的红葡萄酒——"公牛血"辉煌埃格尔（Egri-Bikaver）。该酒是一种以多种葡萄混合酿造而成的红葡萄酒，是用优质葡萄酿制而成的，经过长时间的密封保存，其香味浓郁芬芳，色泽犹如鲜牛血。

传统的埃格尔公牛血葡萄酒的酿制原料必须至少包含以下13种葡萄原料中的3种，包括：卡达卡、卡法兰克斯、葡萄牙兰（Blauer Portugieser）、赤霞珠、品丽珠、美乐、黑梅（Menoire）、黑品诺、西拉、图兰（Turán）、碧波科达卡（Biborkadarka）、蓝布尔格尔（Blauburger）和茨威格。

2004年，埃格尔公牛血高端葡萄酒产品标准建立。它规定酿制原料中必须至少包含13种建议葡萄品种中的5种，每公顷葡萄田酿制出的葡萄酒的产量不得高于60L。还规定在葡萄酒成品面市前要经过长时间的窖藏，必须经过至少12个月的木桶窖藏和6个月的装瓶时间。同时，标准中对于葡萄酒成分、酿制工艺、最低酒精含量等均有要求。

第十节　瑞士

瑞士有着超过2000年的葡萄种植历史。早在中世纪时期，瑞士的葡萄种植和葡萄酒酿造就在修道院的推动下得以发展。现在，瑞士境内葡萄种植面积约为16000hm^2，每年能出产约11万t葡萄酒。

一、气候特点

瑞士处于适宜种植葡萄的北温带，但在高山的屏障营造了许多日照充足的河谷地形影响下，其气候类型十分多样，自西向东，由温和湿润的温带海洋性气候向冬寒夏热的温带大陆性气候过渡，局部还存在着高原山地寒冷气候。

二、土壤特点

瑞士全境以高原和山地为主，平均海拔约1350m，分为中南部的阿尔卑斯山脉（占总面积的60%）、西北部的汝拉山脉（Jura Mountains，占10%）以及中部高原（Swiss Plateau，占30%）三个地形区。山川、梯田和陡坡形成了瑞士葡萄园最显著的特点。

三、主要葡萄品种

目前，在瑞士出产的所有葡萄酒中，白葡萄酒占42%，红葡萄酒占58%。

1. 白葡萄品种

莎斯拉（Chasselas）是瑞士最为核心的白葡萄品种，覆盖着瑞士三分之一的葡萄园。然而，和世界上其他葡萄酒产区一样，莎斯拉也正逐渐被霞多丽和长相思等国际性葡萄品种替代。雷司令、灰品诺与琼瑶浆也常在瑞士靠近阿尔萨斯和德国的葡萄园内出现。而瑞士东北部的图高州（Thurgau）则偏好种植米勒-图高。

2. 红葡萄品种

在瑞士北部，黑品诺（当地称为"Blauburgunder"）种植最为广泛；其次是佳美，和其他产区一样，佳美被用来酿造酒体轻盈、果味充沛的日常餐酒。美乐、西拉在瑞士也表现较好。

四、葡萄酒等级法规

长期以来，瑞士缺乏一个全国统一的葡萄酒分级制度，瑞士为非欧盟成员国，没有执行欧盟的葡萄酒法规。长期以来，葡萄酒分级很大程度上取决于瑞士各葡萄酒产区的生产商采用什么酒标。瑞士的葡萄酒酒标通常标注有产区村庄的名称和葡萄品种。从20世纪90年代初开始，在瑞士的法语区开始使用AOC等级分类，而这些规定主要是由瑞士各州自行制定和实施。

五、主要葡萄酒产区

根据不同地区的葡萄酒风格和所使用的语言，瑞士的葡萄酒产区大致可以分为以下三类。

1. 法语区

法语区坐落在瑞士的西部和南部，瓦莱州（Valais）、沃州（Vaud）、日内瓦和纳沙尔泰（Neuchatel）等与法国相邻产区。

瓦莱州出产了瑞士一半左右的葡萄酒，是瑞士最大的葡萄酒产区，葡萄酒风格与法国罗讷河谷相似；这里出产的格拉西（Glacier）葡萄酒使用90%的瑞兹（Reze）和10%的其他品种酿造，经和雪莉酒类似的索雷拉系统熟化而成。瓦莱州南边的菲斯珀泰尔米嫩（Visperterminen）村极其陡峭的葡萄园海拔达到了1150m，是欧洲海拔最高的葡萄园。

沃州坐落在日内瓦湖北部，是瑞士的第二大葡萄酒产区，这里以莎斯拉为主要葡萄品种，辅以少量霞多丽和灰品诺，而这儿被称为"萨瓦吉涅（Salvagnin）"的葡萄酒则由黑品诺和佳美混酿而成。

2. 德语区

瑞士受德国文化和葡萄种植影响的产区有格劳宾登州（Graubunden）和沙尔豪森州（Schaffhausen）。在格劳宾登州，黑品诺葡萄酒风格多样，从勃艮第风格的干型到强劲甜润的甜型，应有尽有。位于瑞士北部的沙尔豪森州则像是德国巴登（Baden）产区的延伸，黑品诺和米勒-图高分别在红、白葡萄品种中占主导地位。

3. 意大利语区

提契诺州（Ticino）位于瑞士南部，与意大利接壤，南下便是著名的时尚之都米兰（Milan）。美乐于20世纪初被引入提契诺州，非常适应该产区的气候，种植十分成功，现已占据了当地90%的葡萄园。这里使用美乐酿出的葡萄酒酒体相对较轻，但如果葡萄园的气温较高，光照较强，酿造的酒经过新橡木桶成熟，也有着与波尔多红葡萄酒一样的细腻和均衡。海拔较高的葡萄园则种植黑品诺。

第十一节　斯洛文尼亚

斯洛文尼亚位于中欧南部，毗邻阿尔卑斯山，西抵意大利，西南通往亚得里亚海，东部和南部被克罗地亚（Croatia）包围，东北接匈牙利，北邻奥地利。斯洛文尼亚早在2400多年前便开始种植葡萄和酿酒，如今拥有21600hm²的葡萄园。

一、气候特点

斯洛文尼亚有欧洲中部大陆性气候、阿尔卑斯山地候和地中海气候三种气候，夏季平均气温为21℃，冬季平均气温为0℃。其沿海属地中海气候，内陆属温带大陆性气候，冬季寒冷干燥，夏季十分炎热。海洋和山地气候相互交替，非常适合葡萄生长。北边紧靠阿尔卑斯山脉，南面是地中海，多条河流在斯洛文尼亚境内交汇，形成非常独特的河谷小气候，造就了不同特色的葡萄酒风土。该国葡萄园面积为22300hm²，葡萄酒年产量在8万～9万t，其中有75%为白葡萄酒。

二、主要葡萄品种

波达维（Podravje）、波萨维（Posavje）和普利摩斯卡（Primorska）为斯洛文尼亚3个主要葡萄酒产区。

波达维产区主要种植白葡萄品种，如雷司令、琼瑶浆、米勒-图高、灰品诺、白品诺等，主要的红葡萄品种则为黑品诺。除了国际名种外，欧拉瑞兹琳（Olasz Rizling）（又称为威尔士雷司令）、福明特也是主要品种。

波萨维产区种植的葡萄品种主要为佳美、霞多丽、灰品诺、白品诺、黑品诺、雷司令、琼瑶浆、圣劳伦（Saint-Laurent）、蓝佛朗克和茨威格。

普利摩斯卡产区的主要葡萄品种有莱弗斯科（Refosco）、丽波拉（Ribolla）、弗留利（Friulano）以及赤霞珠、美乐、佳美娜、黑品诺、灰品诺、霞多丽和长相思等。

三、葡萄酒等级法规

斯洛文尼亚葡萄酒法规定，所有的葡萄酒在发售前，必须提交至有关部门进行化学成分分析。根据该国的葡萄酒分级制度，经检测合格的葡萄酒可归为日常餐酒（Namizno Vino）、地区餐酒（Dezelno Vino）、高级葡萄酒（Kakovostno Vino）和高级优质葡萄酒（Vrhunsko Vino）这四大类。

四、主要葡萄酒产区

斯洛文尼亚有3个主要葡萄酒产区，分别为东部的波达维、中南部的波萨维和西部的普利摩斯卡。

波达维位于斯洛文尼亚的东北部，是该国最大、最多产的葡萄酒产区，其葡萄种植面积是波萨维产区的两倍。波达维拥有7个子产区：拉德戈纳-卡佩拉（Radgona-Kapela）、柳托梅尔-奥尔莫什（Ljutomer-Ormoz）、阿罗泽（Haloze）、普雷克穆列（Prekmurje）、斯玛捷-维耶斯坦（Smarje-Virstanj）、马里博尔（Maribor）和中斯洛文尼亚戈里瑟（Srednje Slovenska Gorice）。

波萨维位于斯洛文尼亚的东南部，是斯洛文尼亚红葡萄酒产量多于白葡萄酒产量的唯一产区。该产区的葡萄酒总产量低，主要生产散装葡萄酒。波萨维可细分为3个子产区，分别是比泽斯科-布雷吉治（Bizeljsko-Brezice）、多伦斯卡（Dolenjska）和贝拉克拉伊纳（Bela Krajina）。

普利摩斯卡位于斯洛文尼亚西部，其斯洛文尼亚名为"Primorska"，意为沿海地区。普利摩斯卡是该国知名的葡萄酒产区，这里近几年出产的葡萄酒品质卓越，在国际上获得了广泛的认可。普利摩斯卡拥有4个子产区，包括戈里齐亚布尔达（Goriska Brda）、维帕瓦谷（Vipavska Dolina）、卡斯特（Karst）和科佩尔（Koper）。

第十二节　卢森堡

卢森堡是个内陆小国，葡萄酒酿造历史悠久，可追溯至古罗马时代。卢森堡的葡萄酒生产集中在东南部地区。东南部的摩泽尔河两岸分布着许多葡萄园，其中和德国边界接壤的葡萄园长达42km。

卢森堡的葡萄栽培面积为1237hm^2，葡萄酒年产量1.25万t左右，约80%以原酒形式出口，其中82%出口到比利时，9%出口到德国。

一、气候特点

卢森堡为海洋大陆过渡性气候，年平均气温9℃，年平均降水量835mm，降雨充足。

二、土壤特点

土壤类型多样，从泥灰土到白垩火山岩，再就是白垩土、黏土或板岩，底层土是石灰岩。地形从缓缓起伏的山地到多山地貌。

三、主要葡萄品种

卢森堡主要以白葡萄品种为主，米勒-图高约占29.0%；白欧泽华（Auxerrois Blanc）约占14.2%；灰品诺约占13.7%；雷司令约占12.8%；白品诺约占11.0%；艾伯灵约占9.5%等。黑品诺是仅有的红葡萄品种，约占6.8%。

四、葡萄酒特点

卢森堡主要生产干白葡萄酒和称为"Crémant"的起泡酒。此外，还有红葡萄酒、桃红葡萄酒以及极少的半甜和甜型酒。所生产的葡萄酒果味浓郁，口感平衡，极具品种特性。

五、葡萄酒等级法规

1. 卢森堡葡萄酒标签内容

所有的葡萄酒产地标注都是"Moselle Luxembourgeoise"。卢森堡葡萄酒最高的三个质量等级分别是：列级酒（Vin Classe）、一级酒庄酒（Premier Cru）和特级酒庄酒（Grand Premier Cru）。自1959年以来，这三个等级就是由卢森堡的一个葡萄酒官方委员会根据葡萄酒的品鉴评定后颁发的。该委员会对卢森堡的葡萄酒实行20分制分级：

葡萄酒评分低于12分，没有等级，标签上也不能有Appellation Controlee 的标记。

葡萄酒评分超过12.0分的葡萄酒，标签上可以有Appellation Controlee 的标记，装瓶前还可以再次进行评估。

评分在14.0～15.9分的葡萄酒，标签上除有Appellation Controlee 的标记外，还可以标注：Vin Classe。

评分超过16.0分的葡萄酒，标签上除有Appellation Controlee 的标记外，还可以标注：Premier Cru。

评分超过18.0分的葡萄酒，标签上除有Appellation Controlee 的标记外，还可以标注：Grand Premier Cru。

2. 起泡葡萄酒在卢森堡也有相关的标准

起泡葡萄酒也实行上述的评分分级，但它只允许使用本地的葡萄进行生产，否则它的标签上只允许标注"Cremant"。

3. 卢森堡对甜葡萄酒的三个分类

Vendanges Tardives 是晚采葡萄酒；Vin de Glace是冰葡萄酒；Vin de Paille是晾晒葡萄酒。以上三类甜葡萄酒要求糖度范围是95～130°Oechsle（°Oechsle就是1L水与1L果汁之间的密度差，即果汁密度在1095～1130g/L）。

六、主要葡萄酒产区

卢森堡摩泽尔（Moselle Luxembourgeoise）是卢森堡唯一的法定产区。所有的葡萄园都位于摩泽尔河左岸。摩泽尔河谷宽300～400m，侧面是绵延起伏的山丘。

葡萄种植起于与法国接壤的申根（Schengen），止于德国边境瓦瑟比利格（Wasserbillig），许多品酒师评价这里出产的葡萄酒是莱茵河支流最好的葡萄酒，以白葡萄酒为主。

第十三节　罗马尼亚

罗马尼亚是欧洲第五大葡萄酒生产国，是东欧最大的葡萄酒生产国，也是一个葡萄酒消费大国，只有很少的葡萄酒出口，因此在国际市场上罗马尼亚葡萄酒并不常见。罗马尼亚葡萄园种植面积19.1万hm²，略低于葡萄牙。2019年葡萄酒产量为49万t。

一、气候特点

罗马尼亚被喀尔巴阡山脉分成两个部分，西部和北部为大陆性气候，冬季短暂寒冷，夏季温暖，秋季漫长温和，葡萄成熟期很长。东部受地中海影响，冬季温和、夏季炎热。不同产区葡萄酒的生产不仅受天气的影响，更受地理条件的制约，包括海拔、山坡的朝向、坡度以及河流和湖泊的影响。

二、土壤特点

喀尔巴阡山附近的土壤多石，排水性好，但海岸地区则较多为沉积土和沙土。

三、主要葡萄品种

罗马尼亚的主要本土葡萄品种有口味清淡可口的黑姑娘（Feteasca Neagra）、香浓味美的黑巴贝萨卡（Babeasca Nergra）、白葡萄阿尔巴公主（Feteasca Alba）（具近似玫瑰香的浓香，口感多酸均衡）、瑞吉拉公主（Feteasca Regala）和黑塔马萨（Tamaioasa Neagra）等。这些品种在世界上是独一无二的，特色明显。另外，也种植霞多丽、贵人香（Italian Riesling）、长相思、灰品诺、赤霞珠、黑品诺等。

罗马尼亚葡萄酒通常果香突出，单宁柔顺。较寒冷的产区也生产一些便宜的干白葡萄酒。罗马尼亚还有一个很有意思的现象，本来适合种植红葡萄品种的地方却生产大量的白葡萄酒，这是因为罗马尼亚人更喜欢喝白葡萄酒，但是随着国际市场对红葡萄酒需求量的增加，罗马尼亚逐渐倾向于酿造更多的红葡萄酒。

四、葡萄酒等级法规

罗马尼亚拥有一套比较古老的法律，法律规定不允许以任何方式勾兑生产葡萄酒，这一法律保证了葡萄酒的纯正性。1998年，罗马尼亚根据其国情，施行了一项基于欧盟标准规定的葡萄种植和葡萄酒酿造的新法规。其分级用了产区分级的原产地地区命名制度（DOC）和以葡萄成熟度分级的原产地质量命名制度（DOCC）。DOC法定产区必须保证：该级别的葡萄酒由原产地种植的葡萄酿造而成，并且对该法定产区内的葡萄品种、种植数量等都有着严格的法律规定，酒精含量和其他品质因素也需满足DOC的各项标准。DOCC的分级制度则根据葡萄成熟度和含糖量的高低，依次分为DOCC CMI、DOCC CSB、DOCC CIB、DOCC CS、DOCC CT、DOCC CMD共6个等级。

五、主要葡萄酒产区

罗马尼亚现拥有7个葡萄酒产区 [特兰西瓦尼亚（Transylvania）、摩尔达维亚（Moldova）、蒙特尼亚/奥尔泰尼亚（Muntenia/Oltenia）、巴纳特（Banat）、克里萨纳（Crisana）、马拉穆列什（Maramures）、多布罗加（Dobrogea）]，40个葡萄种植园，160个葡萄栽培中心。罗马尼亚有4个主要的葡萄酒子产区：塔纳维（Tarnave）产区、科特纳里（Cotnari）产区、穆尔法特拉（Murfatlar）产区、亚卢马尔（Dealu Mare）产区。

（1）塔纳维产区　位于喀尔巴阡山附近锡比乌（Sibiu）的正北方向。这里由于地势较高，受河流影响，湿度较大，所以气候较凉爽，因此非常适宜出产白葡萄酒。这些酒果味浓郁，酸度适宜。

（2）科特纳里产区　位于雅西市（Lasi）西北部的山区，出产罗马尼亚最好的甜型葡萄酒。

（3）穆尔法特拉产区　是罗马尼亚非常重要的一个产区。这里年平均光照时间达300d。黑海使这里的空气较清新，湿度也足够大，这为该产区贵腐葡萄酒的出产创造了极有利的条件。该产区以甜葡萄酒而闻名，该产区生产的葡萄本身糖分很高，晾制成葡萄干后，所产葡萄酒就更甜。

（4）亚卢马尔产区　其名称在罗马尼亚语中的意思是"大山"。该产区分布在喀尔巴阡山脉次级产区400km²的范围内，是罗马尼亚葡萄树种植密度最大的产区。该产区是本国红葡萄酒的发源地，当地的土壤和气候给予葡萄酒特殊的味道。

第十四节　保加利亚

保加利亚位于欧洲巴尔干半岛东南部。北与罗马尼亚隔多瑙河相望，西与塞尔维亚、北马其顿相邻，南与希腊、土耳其接壤，东临黑海。

保加利亚各地都生产葡萄酒，大致以巴尔干山脉（Balkan Mountains）为界，在山脉以东的黑海沿岸，生产优质白葡萄酒；山脉的北侧和南侧，则盛产红葡萄酒。现葡萄种植面积约6.7万hm²，葡萄酒年产量约12万t。

一、气候特点

北部属大陆性气候，南部属地中海气候，冬冷夏热，气候极端。1月平均气温为−2~2℃，7月平均气温为23~25℃。年活动积温在3500~3700℃。年平均降水量平原地区为450mm，山区为1300mm。保加利亚起伏多山的特定地理环境使得冬天很少出现冰冻的天气，当地的土壤和气候非常适合葡萄的生长。半湿润的大陆性气候促使葡萄中糖类和酸性物质的积累，而这些物质为葡萄酒的酿造提供了非常好的基础。

二、土壤特点

土壤主要有酸性土壤、灰色腐殖质、碳酸盐土壤、肥沃的黑土土壤以及冲积层土壤。

三、主要葡萄品种

保加利亚种植相当多的国际葡萄名种，以出产粗犷浓郁的赤霞珠和美乐闻名。当地的红葡萄品种有颇具陈酿潜力的黑露迪（Mavrud）和梅尔尼克（Melnik），及风格清淡的皮米得（Pimid）和加姆泽（Gamza）（是卡达卡葡萄在保加利亚的叫法）等。

其中种植面积较大的葡萄品种有：赤霞珠和白羽（Rkatzeteli）分别占14%，美乐占12%，皮米得（Pimid）占11%，红米塞斯克（Red Misket）占8%等。

四、葡萄酒等级法规

保加利亚葡萄酒分以下5级。

1. 陈酿优质酒（Reservee Category）

陈酿优质酒在小橡木桶中陈酿，从中吸取香气物质，然后转入大桶中。它可以是D.G.O.或者是C.A.O.。

2. 法定产区原产地控制命名酒（Wines of Controlled Appellations of Origin，简称C.A.O.）

此类酒相当于法国的AOC（Appellation d'Origine Controlee），所用葡萄是由限定的葡萄园生产，这些葡萄园都有严格的葡萄产量和含糖量限制，所产葡萄酒约占优质葡萄酒总产量的2%。

3. 保证地理原产地酒（Wines of Declared Geographical Origin，简称D.G.O.）

此类酒采用精选自特定地理产区的葡萄酿造而成，这些原产地都是经过酿酒者申报声明的，这些葡萄酒占总产量的70%。

4. 地区餐酒（Regional Wines）

地区餐酒也称乡村葡萄酒（Country Wines），这些葡萄酒都具有酿酒葡萄品种的原产地特性。在酒标上可以标出两个品种的名称，相当于法国的地区餐酒（Vin de Pays）和德国的乡村餐饮酒（Landwein），这些葡萄酒占葡萄酒总产量的18%。

5. 日常餐酒（Wine without Declared Origin）

日常餐酒也称Table Wines，商标上没有原产地，却标有葡萄品种名和注册商标名称，这些葡萄酒占总产量的5%。

根据目前的法规，陈酿优质级葡萄酒主要是指在特定年份、用来自某个注册地区种植的葡萄所酿造的葡萄酒。其他范畴的葡萄酒一般属于佐餐葡萄酒，通常是由不同地区和不同年份的酒调配而成。根据政府新通过的法令对陈酿优质级葡萄酒生产地的规定，每瓶葡萄酒都有其独特的编码，以确保葡萄酒的质量。第一个数字代表了葡萄酒局（Wine Agency）已经宣布允许生产葡萄酒的9个区域；第二个数字代表保加利亚5个葡萄种植区域；剩下的数字则代表一批次中每瓶葡萄酒的号码。

五、主要葡萄酒产区

1. 北部地区（Danube River Plains）

北部也指多瑙河平原地区，35%的保加利亚葡萄园位于该地区。该地区春季短暂，气候温和潮湿，夏季炎热漫长，酿造出了许多优质的红、白葡萄酒。但是该地区绝大部分葡萄酒都是白葡萄酒，包括霞多丽、麝香和阿力高特以及本土的巴尔干葡萄品种等。红葡萄酒则主要是用当地的加姆泽以及赤霞珠和美乐酿造而成。

2. 东部地区（Black Sea Coasta）

东部地区也指黑海地区，涵盖了北端罗马尼亚与土耳其之间的黑海岸一线，属大陆性气候，夏季炎热，冬季寒冷。该地区拥有保加利亚葡萄园总量的1/4。葡萄酒主要是用白葡萄酿酒，几乎所有的知名白葡萄品种都能在这里找到，包括本土的塞斯克和迪蜜雅（Dimiat）品种。

3. 南部地区（Thracian Valley）

南部地区主要是指从巴尔干山脉到希腊边界之间的色雷斯谷（Tracian Valley），属于地中海气候，冬季温和，降水量丰沛，夏季炎热干燥少雨，阳光充足，特别适于赤霞珠和美乐的生长。最好的保加利亚本土葡萄品种——黑露迪在该地区有大量种植。

4. 亚巴尔干地区（Valley of the Roses）

该地区酿造的葡萄酒只占保加利亚葡萄酒产量很小的一部分。亚巴尔干地区海拔较高，气候较周围地区温和，冬季温暖，夏季凉爽。四季雨量均匀，但随着海拔的增加，雨量也有所增加。著名的松古尔拉雷塞斯克（Sungurlare Misket）和松古尔拉雷白兰地（Sungurlare Eau de Vie）都来自该地区，具有鲜明的地域特色。

5. 西南地区（Struma River Valley）

该地区属地中海气候，不受海拔影响，冬季温和，夏季高温，每个月的降雨量分布均匀。这里是梅尔尼克葡萄品种的主产地，用其酿造的红葡萄酒陈酿良好、香气浓郁、口感厚重。

第十五节　斯洛伐克

斯洛伐克位于中欧的东部地区。它北接波兰（Poland），东邻乌克兰，南部接壤匈牙利和奥地利，西北部与捷克相邻。现有葡萄种植面积2万多hm²，葡萄酒年产量约4万t。

一、气候特点

斯洛伐克的气候属于大陆性气候，夏季相对温暖，冬季寒冷、多云、潮湿。虽然斯洛伐克土地面积不大，但南方山地和北部平原的气候完全不同。

二、主要葡萄品种

斯洛伐克主要种植的葡萄品种有40种左右，其中最常见的品种有绿维特利纳、威尔士雷司令、米勒-图高、圣劳伦（St. Laurent）、白品诺、雷司令、赤霞珠等。

三、葡萄酒等级法规

1. 餐酒级（Vino bez zemepisneho oznacenia）

餐酒级不限葡萄品种，没有地理保护标志。

2. 斯洛伐克产地保护标志（Vino s chranenym zemepisnym oznacenim）

斯洛伐克产地保护标志要求原料是斯洛伐克葡萄品种注册表上的品种，原料最大产量不超过18000kg/hm^2，酒精度不低于8.5%vol，相当于法国的VDF。

3. 斯洛伐克原产地保护标志 [Vino s chranenym oznacenim povodu（Districtus Slovakia Controllatus，简称D.S.C）]

斯洛伐克原产地保护标志要求原料是斯洛伐克葡萄品种注册表上的品种，种植、生产和装瓶应在相同或相邻产区，相当于法国的AOP。

4. 优质葡萄酒（Akostne Vino）

优质葡萄酒要求酒精度不低于9.5%vol，原料是斯洛伐克葡萄品种注册表上的品种，葡萄酒符合特殊规定的质量要求。

四、主要葡萄酒产区

斯洛伐克的葡萄酒产区主要集中在斯洛伐克的南部，邻近匈牙利的温暖区域，分为六个葡萄酒产区：小喀尔巴阡（Malokarpatska）产区；南斯洛伐克（Juznoslovenska）产区；尼特拉（Nitrianska）产区；中央斯洛伐克（Stredoslovenska）产区；东斯洛伐克（Vychodoslovenska）产区；托卡伊（Tokajska）产区。

其中小喀尔巴阡产区是其最重要的产区，该产区的葡萄大多生长在小喀尔巴阡山南部海拔150～300m气候怡人的地方，由阿尔卑斯山雪水灌溉。所产白葡萄品种有绿维特利纳、米勒-图高、长相思等。

托卡伊产区与匈牙利托卡伊地区接壤，出产斯洛伐克最有名的葡萄酒托卡伊（包括贵腐、晚收、甜白等多种类型的甜葡萄酒，其中贵腐酒是世界三大顶级贵腐酒之一），采用传统方法酿造。

第十六节　希腊

希腊是世界上最古老的葡萄酒产区之一，葡萄园遍布希腊各地，现有葡萄种植面积约10.3万hm^2，2019年葡萄酒年产量20万t。

一、气候特点

希腊的葡萄园分布在北纬34°~42°，堪称世界上气候偏炎热的葡萄酒产区之一。该国大部分地区为地中海气候，冬季短暂，夏季炎热。南部地区时有旱灾，与岛屿上的葡萄园一样经常面临缺水困境，因此常常需要灌溉。山区的葡萄园则多为大陆性气候，较为凉爽，某些地方的葡萄甚至无法完全成熟。

二、土壤特点

希腊是一个多山的国家，仅有靠近海洋的平地、奥林匹斯山的一些山坡才适合种植葡萄。这些葡萄园的土壤类型十分多样，有黏土、壤土、片岩、泥灰岩、砂质黏土和白垩土。大陆地区的底层土一般为石灰岩，而岛上的底层土为火山岩。

三、主要葡萄品种

希腊拥有300多种土生土长的葡萄品种，酿造的葡萄酒口味独特。其中最为重要的4个品种如下。

1. 黑喜诺（Xinomavro）

黑喜诺是希腊最优秀的红葡萄品种，典型特征是高单宁和高酸度。黑喜诺葡萄酒非常具有陈年潜力，并代表希腊葡萄酒在国际舞台上大放异彩。

2. 阿斯提可（Assyrtiko）

阿斯提可是希腊最受欢迎的白葡萄品种之一。阿斯提可白葡萄酒风味凝练集中，清新爽口，带有矿物质风味和海盐的余味。

3. 玫瑰妃（Moschofilero）

玫瑰妃果皮呈粉紫色，用于酿造白葡萄酒。玫瑰妃葡萄酒酒香馥郁芬芳，带有玫瑰和紫罗兰的香气。

4. 阿吉提可（Agiorgitiko）

阿吉提可带有红色水果、酸樱桃和茴香的风味，一些阿吉提可葡萄酒在风格上与桑娇维赛相近。

另外，还有白品种荣迪思（Rhoditis），以及具有陈酿潜力的红品种琳慕诗（Liminio）等。

四、葡萄酒等级法规

在欧盟通过的新葡萄酒地理标志法案中，所有的葡萄酒被分为两类：标注地理产区（GI）和未标注地理产区（Epitrapezios Oinos）。其中，标注地理产区（GI）又被分为原产地命名保护（PDO）和地理标志保护（PGI）两个级别。在希腊，PDO和PGI这两个等级又各细分为多种不同类型的级别。

1. 原产地命名保护（PDO）

（1）OPE   全称Oeni Onomasias Proelefseos Elenhomeni或Appellation d'Origine Cotrolee，是指原产地命名保护，其中包括8个采用麝香葡萄和黑月桂（Mavrodaphne）酿造甜型葡萄酒的地区。

（2）OPAP   全称Oeni Onomasias Proelefseos Anoteras Poiotitas或Appellation d'Origine de Qualite Superieure，是指优质原产地命名保护。在希腊总共有25个OPAP，大多数都为干型葡萄酒，也适用于一些甜型和起泡葡萄酒。

2. 地理标志保护（PGI）

（1）TO   全称Topikos Oinos或Vin de Pays，是指地区餐酒，包括一些较大的地区，以及一些较小的地区。大多数葡萄酒的原料都不是希腊的本土葡萄品种，这类葡萄酒具有重要的商业意义。

（2）OKP   Oenoi Onomasias Kata Paradosi 或Appellation Traditionnelle，是指传统地区。适用于Retsina（一种松香味希腊葡萄酒），可以在任何地区生产。不过，通常这种葡萄酒都产自阿提卡（Attica）地区，所用的葡萄品种为洒瓦滴诺（Savatiano）和荣迪思，此酒的独特之处在于会将松树脂添加到年轻的葡萄酒中。

五、主要葡萄酒产区

该国的主要产区有爱琴海岛（Aegean Islands）、希腊中部（Central Greece）、伊庇鲁斯（Ipiros）、伊奥尼亚群岛（Ionian Islands）、马其顿（Macedonia）、伯罗奔尼撒（Peloponnese）、色萨利（Thessalia）和色雷斯（Thrace）。

希腊红葡萄酒主要分布在北部马其顿省的纳乌萨（Naoussa）地区。纳乌萨是希腊最古老的葡萄酒产区之一，并于1971年成为希腊第一个获得原产地命名保护的葡萄酒产区。

纳乌萨的葡萄园围绕着纳乌萨镇，集中在维米尔山脉（Vermion）最高的东坡。朝南和东南方向的斜坡往往拥有最好的光照条件，是最理想的葡萄园址。尽管希腊主要为温暖的地中海气候，但葡萄园多在地中海海岸线以上152～335m处，温度比较低。此外，虽然山脉阻挡了从巴尔干半岛（Balkan Peninsula）吹来的冷风，但是，同时来自爱琴海的冷空气在越过高山后形成相对干热的焚风。

纳乌萨种植的主要葡萄品种是黑喜诺，这种葡萄对马其顿省的所有葡萄酒产区都十分重要。根据法律规定，纳乌萨产区所有的葡萄酒都必须用100%的黑喜诺葡萄酿造。通常，一款黑喜诺酿成的纳乌萨葡萄酒，带有典型的黑橄榄、紫罗兰、番茄、烟草和野草莓风味。

第十七节　北马其顿

位于巴尔干半岛中部的马其顿共和国（2019年改名北马其顿共和国），与希腊马其顿省相邻，是一个四季分明的内陆国家，位于欧洲东南部的中心。北马其顿拥有33500hm²的葡萄种植园，葡萄酒的年产量约为15万t，其中红葡萄酒与白葡萄酒各占50%。

一、气候特点

北马其顿气候以温带大陆性气候为主，夏季干燥，冬季温和。大部分地区夏季最高气温达40℃，冬季最低气温达−30℃，西部受地中海气候影响，夏季平均气温27℃，全年平均气温为10℃。年均日照时间为215～220d，年降水量437～518mm。

北马其顿的山脉以西北走向为主，能够阻挡北方寒冷空气，加上其境内许多舒缓绵长的山坡，为葡萄种植提供了多样化的地貌和土壤条件，为不同品种葡萄的生长创造了有利条件。

二、土壤特点

北马其顿地形多样，红葡萄来自低海拔葡萄园，那里土壤丰富、沉重且充满黏性。而白葡萄则种植在高海拔地区的葡萄园，那里较轻的土壤为葡萄的生长提供了清新凉爽与和谐的环境。

纵贯北马其顿境内的瓦尔达尔河（Vadar River）河谷中、南部及南部泰克沃斯（Tikves）地区是葡萄等水果的主产区，多数葡萄酒厂遍布于此。

三、主要葡萄品种

红葡萄品种：韵丽（Vranec）是北马其顿独有的一种非常古老和重要的红葡萄品种，占50%，还有美乐、亚历山大（Alexandria）、赤霞珠、斯多娜（Stanushina）、克多帅（Kratoshija）等。韵丽和斯多娜是马其顿特色品种。韵丽酿造的干红葡萄酒（含高比例花青苷）呈艳丽的深红色，风味独特。

白葡萄品种：斯美德拉卡（Smederevka）（50%）、霞多丽、雷司令、白羽等。

四、葡萄酒等级法规

北马其顿的葡萄酒等级是VKGP（Wines with Controlled and Guaranteed Origin），其高于AOC（法定产区葡萄酒）和欧盟的AOP（欧盟2009年新法规原产地命名保护）。

WGO：最低等级的酒，允许在北马其顿全国生产，标注为"Wine of the Republic of Macedonia"。

WCO：标注WCO等级的葡萄酒必须产自北马其顿的16个葡萄酒产区。

WCGO：标注此等级的葡萄酒必须满足北马其顿农业部规定的生产标准（主要基于对亩产量的一些具体要求，但目前使用该标准的北马其顿葡萄酒厂很少）。

五、主要葡萄酒产区

北马其顿主要分为3个葡萄种植区16个葡萄酒产区。

1. 瓦德谷（Povardarie）（中部产区）

瓦德谷所产葡萄占全国葡萄产量的83%，该区夏季干燥、冬季温和，是典型的亚热带大陆性气候。地形多小山丘，土壤以灰钙土、洪积土、黄褐色土和黑土为主。

2. 佩拉岗尼亚-宝洛（Pelagonia-Polog）（西部产区）

佩拉岗尼亚-宝洛所产葡萄占全国葡萄产量的13%。

3. 普切雅-奥斯格维（Pchinya-Osogovo）（东部产区）

普切雅-奥斯格维所产葡萄占全国葡萄产量的4%。

第十八节　土耳其

土耳其是一个横跨欧亚两洲的国家，北邻黑海，南邻地中海，东南与叙利亚、伊拉克接壤，西邻爱琴海，与希腊以及保加利亚接壤，东部与格鲁吉亚、亚美尼亚、阿塞拜疆和伊朗接壤。

土耳其是一个葡萄种植大国，全国的葡萄种植面积超过40万hm^2，为世界第四大葡萄生产国。然而，这些葡萄中只有很小一部分被酿成葡萄酒，全国每年大约生产5.5万t葡萄酒。

一、气候特点

土耳其气候类型变化很大，沿马尔马拉海（Sea of Marmara）的色雷斯地区的葡萄酒有轻微的地中海气候，夏季炎热，冬季温和潮湿。这一地区包括比邻保加利亚西南部和希腊东北部的地区，这一地区的葡萄酒产量占土耳其近40%，所生产的葡萄酒优雅、平衡。

沿爱琴海岸的各个产区，出产全国葡萄酒产量的20%，这里有更明显的地中海气候，夏季干燥，冬季温和温暖。

土耳其的其余葡萄酒产区零星分布在整个土耳其东部和中部的安那托利亚（Anatolia）地区。该产区气候严酷，大部分葡萄园位于海拔近1250m以上的地带。冬天气温经常降到-25℃，而在夏天这里的阳光强烈，日照充足，每天最多有12小时的日照。

二、土壤特点

土耳其境内多为高原和山地，仅沿海有狭窄的平原。受其气候、地形地貌的影响，土耳其土壤类型多样，湿润地带的土壤主要有红色灰化土，土层较薄且发育不成熟，多为森林。在土耳其较为干燥的地区，即安纳托利亚的内陆和东南部，土壤主要是红色土壤和棕色土壤，多为钙质土。

三、主要葡萄品种

土耳其有600～1200种本土和国际葡萄品种，而目前只有60个品种被用于商业化种植。最常见的本土白葡萄品种有埃米尔（Emir）、娜琳希（Narince）和苏丹娜（Sultana）等；红葡萄品种则有宝佳斯科（Bogazkere）、奥古斯阁主（Okuzgozu）和卡莱斯（Kalecik Karasi）等。

近年来，国际流行品种的种植在不断增加，其中包括了赛美蓉、霞多丽、长相思、雷司令、佳美、神索、歌海娜、佳丽酿、黑品诺、西拉、赤霞珠和美乐等。

四、主要葡萄酒产区

土耳其葡萄酒产区被划分为七个产区。

（1）安纳托利亚东南部（South-East Anatolia）葡萄酒产区。

（2）安纳托利亚中东部（Mid-Eastern Anatolia）葡萄酒产区。

（3）安纳托利亚中北部（Mid-Northern Anatolia）葡萄酒产区。

（4）安纳托利亚中南部（Mid-Southern Anatolia）葡萄酒产区。

（5）地中海地区（Mediterranean）葡萄酒产区。

（6）爱琴海地区（Aegean）葡萄酒产区　土耳其沿爱琴海岸的伊兹密尔（Izmir）、恰纳卡莱（Canakkale）、马尼萨（Manisa）和代尼兹利（Denizli）等各产区生产的葡萄酒较为有名。

（7）马尔马拉（Marmara）葡萄酒产区。

第十九节　摩尔多瓦

摩尔多瓦是一个历史非常悠久的葡萄酒生产国，拥有5000多年的酿酒历史。摩尔多瓦是国际葡萄酒组织（OIV）的5个创始国之一（其余四国为：法国、西班牙、意大利、德国），是全球第十大葡萄酒生产国，葡萄种植面积为14万～15万hm²。酿酒用的葡萄种植面积占到五分之四以上，是独联体国家中葡萄种植面积最大、葡萄种植品种最多的国家，平均年产葡萄约60万t，其中酿酒葡萄约50万t。2019年葡萄酒产量15万t。

一、气候特点

属温带大陆性气候，气候温和，年日照时间为2000多小时，故有"阳光之国"的美誉。

二、土壤特点

境内平原和丘陵相间分布，中部为高地，土壤呈石灰岩和黏土特质，三分之二的土地为黑钙土，土壤肥沃，河流众多，山谷有斜坡。北部和中部属森林草原带，南部为草原。河流众多但大部分短小，德涅斯特河和普鲁特河为境内两大河流。地下水资源丰富，约有2200个天然泉。

三、主要葡萄品种

摩尔多瓦拥有世界上密度最高的葡萄园，葡萄品种非常多样，包括约67%的欧洲品种，如赤霞珠、美乐、黑品诺、霞多丽、长相思等世界主流葡萄品种都能在这里表现出优秀的品质，都具有独特的风味。还有15%的高加索品种、6%的国内品种和13%的非酿酒用葡萄。维欧利卡（Viorica）、黑拉拉（Rara Neagra）、黑姑娘、阿尔巴公主和瑞吉拉公主等本土葡萄品种近些年也在逐渐扩大种植面积。

四、葡萄酒等级法规

摩尔多瓦的葡萄酒与别的国家一样，也是有着法定产区到餐酒的等级。在摩尔多瓦有很多的葡萄园，每个葡萄园产出的葡萄酒在风味上也是不同的，这也是摩尔多瓦葡萄酒的魅力所在。在摩尔多瓦，酒标上的产区越小，生产的葡萄酒也就越名贵。

摩尔多瓦葡萄酒的特点就是品种、品牌一致性。在摩尔多瓦，不论哪家酒厂，同一品种都用同一工艺酿造，使不同品牌的酒有相似的风味。再就是其原料及产品质量都是有着同样的标准，每个厂家都严格遵守这个标准和规定。

五、主要葡萄酒产区

摩尔多瓦的国土面积只有中国海南省那么大，但大部分国土都适宜种植葡萄，共分为4个受保护的地理产区，分别是：瓦鲁特拉扬产区（Valul lui Traian）、斯特凡沃达产区（Stefan Voda）、科德鲁产区（Codru）和巴尔蒂产区（Balti）。

第二十节　乌克兰

　　乌克兰的葡萄栽培和酿酒历史悠久，公元前4世纪在乌克兰南海岸的克里米亚（Crimea），人们已经开始使用压榨机和发酵罐来生产葡萄酒。在北部的基辅（Kiev）和切尔尼戈夫（Chernigov），从11世纪开始已经有僧侣开发种植葡萄园和酿造葡萄酒。现有葡萄园种植面积约15万hm²，每年葡萄酒产量约20万t（2019年为21万t）。

　　克里米亚半岛位于克里米亚山与黑海水域的交汇处，丰饶的黑土，适宜的温带气候，酿造出全欧洲有名的红葡萄酒。该产区的马桑德拉（Massandra）葡萄酒厂享有良好的声誉，其出产的葡萄酒曾经是沙皇宫殿的御用品。它的陈年强化葡萄酒类似葡萄牙的马德拉酒和西班牙的雪莉酒。

　　乌克兰的起泡酒生产一直比较繁荣。大部分的起泡酒生产厂靠近大城市的郊区，比如基辅、利沃夫（Lviv）和敖德萨州（Odessa Oblasts）等。

一、风土特点

　　乌克兰的气候和地理条件比较适合葡萄种植，特别是南部大陆性气候，克里米亚半岛的环境有利于葡萄栽培。

　　受大西洋暖湿气流影响，大部分地区为温带大陆性气候，克里米亚半岛南部为亚热带气候。1月平均气温7.4℃，7月平均气温19.6℃。年降水量东南部为300mm，西北部为600～700mm，集中在6、7月份。

　　在乌克兰东部，有290d的无霜期，这有利于葡萄充分成熟，通过晚收风干增加葡萄的糖分，使酿成的强化型葡萄酒具有更好的风味。

二、葡萄品种特点

　　主要栽培的葡萄品种有：白羽、阿里高特、晚红蜜、雷司令、青索味浓（Sauvignon Vert）和琼瑶浆等。

三、主要葡萄酒产区

　　乌克兰的葡萄园主要集中在黑海沿岸，主要产区包括克里米亚（现已归属俄罗斯）、比萨拉比亚（Bessarabia）、喀尔巴阡山罗塞尼亚（Carpathian Ruthenia）和乌克兰南部的敖德萨州（Odessa Oblasts）、赫尔松（Kherson）、第聂伯罗彼得罗夫斯克（Dnipropetrovsk）。其中克里米亚拥有最大的可栽培葡萄面积（6.3万hm²），其他产区：敖德萨（5万hm²）、赫尔松（2万hm²）；尼古拉耶夫（Nikolayev，1.5万hm²）等。

第二十一节　格鲁吉亚

　　格鲁吉亚地处欧亚交接处，位于俄罗斯和土耳其之间，西滨黑海；山地和山前地带约占2/3，低地仅有13%，海拔约在1000m以上，属高加索山区。

　　格鲁吉亚被称为葡萄酒的故乡和发源地，是世界上最古老的葡萄酒生产国，拥有适宜葡萄生长的得天独厚的地理条件——气候适宜、土壤肥沃，现葡萄种植面积约为4.8万hm^2。近年来格鲁吉亚葡萄酒产量呈逐年增加趋势，2019年达到18万t。

一、气候特点

　　西部、东部气候特征各有不同，西部是湿润的亚热带海洋性气候，很潮湿，年降雨量为1000～4000mm。东部为干燥的亚热带气候，最干旱地区年降雨量为100mm。黑海赋予格鲁吉亚适中的气候和潮湿的空气，使得此地适于葡萄的生长。

二、土壤特点

　　土壤类型主要是山林土、山草土、山地黑土、腐殖质碳酸盐土、红土、黑栗色土和黄土等。

三、主要葡萄品种

　　格鲁吉亚葡萄种类有525个，其中437种被收藏，而只有30种被用作商业种植和酿酒，红葡萄品种如晚红蜜、乌萨赫鲁里（Usakhelouri）、莫图里（Mujuretuli）等，白葡萄品种如白羽（Rkatsiteli）等，所酿葡萄酒类型从半甜红葡萄酒到干红葡萄酒、起泡酒、白兰地等。

四、葡萄酒特点

　　格鲁吉亚半甜红葡萄酒颜色呈深宝石红色、果香丰富，有樱桃、红莓、红醋栗等香气，口感柔顺，层次分明，活泼持久；干红葡萄酒颜色呈深石榴红色，果香浓郁，香气丰富，酒体饱满充实，口感柔顺细腻，结构紧凑平衡；干白葡萄酒颜色是干草色，有柠檬香气，口感酸爽怡人，活泼持久；起泡葡萄酒采用罐式法酿造，分为半甜、半干、桃红、干型等。

五、葡萄酒等级法规

　　格鲁吉亚早在100多年前就有类似法国波尔多的法定产区制度，分为地区级和村庄级，东产区占80%，西产区占20%。目前为止，格鲁吉亚有18个葡萄酒产区获欧盟原产地命名保护。

六、主要葡萄酒产区

由于葡萄栽培差别明显，格鲁吉亚葡萄酿酒地区分为东部和西部，共6个区，东部有：卡赫基（Kakheti）、卡尔特里（Kartli）；西部有：伊梅列季（Imereti）、拉恰-列其呼米（Racha-Lechkhumi）、梅斯赫季（Meskheti）和黑海沿岸（Black Sea Coastal）。

第二十二节　俄罗斯

俄罗斯曾是世界上最大的葡萄酒生产国之一，不是在质量和知名度上，而是在产量上。近十多年来俄罗斯葡萄酒行业发展初见成效，葡萄园面积不断增加，发展到9.5万hm^2，葡萄酒年产量约50万t（2019年46万t），同时产品质量得到改进，特别是产品在包装样式和包装材料方面进步明显。

一、风土特点

俄罗斯位于欧亚大陆北部，地跨欧亚两大洲。以平原和高原为主，地势南高北低，西低东高。从北到南依次为极地荒漠、苔原、森林苔原、森林、森林草原、草原带和半荒漠带。

俄罗斯气候非常多样，从西到东大陆性气候逐渐加强，冬季严寒漫长；北冰洋沿岸属苔原气候（寒带气候或称极地气候），太平洋沿岸属温带季风气候。大部分地区处于北温带，气候多样，以温带大陆性气候为主，北极圈以北属于寒带气候。温差普遍较大，7月平均气温为11~27℃。年降水量平均为150~1000mm。西伯利亚地区纬度较高，气候寒冷，冬季漫长，但夏季日照时间长，气温和湿度适宜。

北高加索地区是俄罗斯的大多数葡萄园所在地，那里是典型的大陆地区。为了渡过严冬，很多葡萄种植者采用埋土的办法保护葡萄藤避免霜冻。

二、主要葡萄品种

俄罗斯栽培的酿酒葡萄超过100种，其中白羽葡萄占45%以上。其他主要品种包括白葡萄品种：阿里高特、克莱尔特、灰品诺、麝香、普拉维（Plavai）、雷司令、西万尼以及琼瑶浆；红葡萄品种：赤霞珠、塞佛尼卡本内（Cabernet Severny）、美乐、葡萄牙美人和晚红蜜等。

三、主要葡萄酒产区

俄罗斯主要的葡萄酒产区集中在俄罗斯联邦南部地区和北高加索地区，包括周围地区克拉斯诺达尔（Krasnodar）、斯塔夫罗波尔（Stavropol）和罗斯托夫（Rostov）。

克拉斯诺达尔地区葡萄酒产量占俄罗斯总产量85%，该地区有193~233d的无霜期。克拉斯诺达尔的葡萄酒产区与黑海相邻，这是它们适合葡萄栽培的重要气候因素。

斯塔夫罗波尔产区生产约13%的俄罗斯葡萄酒，那里有180~190d无霜期。

在罗斯托夫产区，那里的气候特点是夏季干热，冬天寒冷，葡萄收成比较低。

第二十三节　以色列

以色列的国土面积与新西兰相当，其北侧和东南侧分别与黎巴嫩（Lebanon）和叙利亚（Syria）相邻，西侧是地中海，西南侧为埃及（Egypt），东侧则隔约旦河和死海与约旦相望。目前以色列酿酒葡萄的种植面积大约为4000hm²。

一、气候特点

以色列拥有典型的地中海气候，这里主要为两个季节，即炎热湿润少雨的夏季（4~10月）和寒冷多雨的冬季（10月下旬至次年3月）。冬季平均降水量为500mm左右，有些地区的年降水量可达900mm。戈兰高地一些海拔较高的葡萄园冬季还会出现降雪。

果农们采用优化修剪、棚盖管理技术来增大葡萄园的庇荫面积，干燥季节会采用滴灌，用以保证葡萄的生长，生长期天气干燥，有助于潮湿天气下成活的葡萄树免于疾病的困扰，并能增加葡萄的酸度和产量。其葡萄采收常在较为凉爽的夜间进行。

二、土壤特点

以色列多数地区的土壤类型为石灰岩，带有泥灰岩及白云石。塔波尔山（Mount Tabor）附近的朱迪亚（Judea）和加利利（Galilee）的土壤为红色，而卡梅尔山（Mount Carmel）至奇科隆-雅科夫（Zikhron Ya'akov）的山脉地区，其土壤则呈灰色。戈兰高地和上下加利利的部分地区有火山活动和岩浆流动造成的玄武岩层，还有黏土和凝灰岩。内盖夫（Negev）地区为黄土和冲击沙土。

三、主要葡萄品种

在穆斯林统治时期，以色列所有的本土品种全部被毁，现今的葡萄品种主要是19世纪末期引进的法国品种。其种植最广泛的品种为赤霞珠、霞多丽、美乐和长相思。其他品种还包括品丽珠、琼瑶浆、白麝香（Muscat Canelli）、雷司令和西拉。

四、葡萄酒特点

以色列由于气候温暖，所产葡萄酒的糖分含量较高，因此如何使葡萄保持足够的酸度以平衡较高的糖分成为以色列葡萄酒产业最关心的问题。

海拔较高的葡萄园和沿海平原的葡萄园一般能够出产酸度稳定、口感平衡的葡萄酒。目前为止，赤霞珠品种酒是最具陈酿潜力的一种酒。美乐品种酒质地顺滑，单宁成熟，在葡萄酒市场上越来越受欢迎。霞多丽品种酒带有明显的风土气息。

五、主要葡萄酒产区

以色列共有5个葡萄酒产区：加利利、朱迪亚山（Judean Hills）、参孙（Samson）、海岸平原（Coastal Plain）和内盖夫。

加利利海拔较高，境内天气凉爽，昼夜温差大，土壤肥沃且排水性良好，是所有产区中最适合栽培葡萄的。而位于海法（Haifa）正南侧的雪伦（Sharon）平原，是以色列最大的葡萄种植区域，生产白葡萄酒、红葡萄酒和桃红葡萄酒。卡梅尔合作社与罗斯柴尔德（Rothschild）家族有关系，掌握了以色列3/4的葡萄栽培。

第二十四节　美国

美国作为新世界葡萄酒生产国，已有300年的产酒历史。近30年来奋起直追，成为世界第四大葡萄酒生产国，仅次于法国、意大利和西班牙。现葡萄种植面积达到40.8万hm²，葡萄酒年产量240多万t。美国葡萄酒非常多样化，从日常饮用的餐酒到足以和欧洲各国媲美的高级葡萄酒。

美国全国50个州都生产葡萄酒，大致可分为东北产区、南部产区、中西部产区和西北产区4大产区，其中90%的美国葡萄酒产自西北产区，主要产区为纳帕谷、索诺玛谷（Sonoma Valley）和俄罗斯河谷（Russian River valley）。位于加利福尼亚州北部的纳帕谷是美国所有地区中第一个跻身于葡萄酒世界的名产区，至今仍然保持领先的地位。

美国西北部的俄勒冈州和华盛顿州也同样非常适合种植葡萄，俄勒冈州的葡萄园大多位于西部邻近海岸的地区，产量虽小，但是因为自然条件独特，以生产黑品诺红葡萄酒闻名。威廉美特山谷（Willamette Valley）是该州最大、最出名的葡萄酒产地，占到该州葡萄酒总产量的70%，是美国葡萄种植业最集中的地区。这里栽种最广泛的葡萄品种是黑品诺，其次是灰品诺和霞多丽。

华盛顿的种植面积较大，有近2万hm²的葡萄园，大多位于干燥的东部内陆地带，以生产波尔多类型的葡萄酒为主。

葡萄东海岸的气候寒冷潮湿，唯有靠近大西洋和五大湖区的葡萄园有来自海洋或湖水的调节，比较温和，葡萄园大多位于靠近海岸或近湖的区域。东岸的葡萄酒产区以纽约州最为重要，也是美国葡萄酒业发展较早的地方，在17世纪中期就开始种植葡萄酿酒，现有1.2万多公顷葡萄园，但是附近的宾夕法尼亚州（Pennsylvania）以及密歇根州（Michigan）等也有4000多公顷葡萄园。葡萄品种以属美洲种葡萄的康科德（Concord）、卡托巴（Catawba）、德拉瓦尔（Delaware）以及欧美杂交品种黑巴科（Baco Noir）、威代尔（Vidal）和白谢瓦尔等品种为主，但是葡萄园的面积和重要性远不如西部。

纽约州的主要产区位于五指湖（Finger Lakes）、伊利湖（Lake Erie）、哈得孙河（Hudson River）以及长岛（Long Island），其中以长岛的酿酒水准最高，全部种植欧洲种葡萄。位于安大略湖南边的五指湖区是纽约州葡萄酒业的核心，但寒冷的大陆性气候让这里除了少数的雷司令之外，主要种植美洲种葡萄。

一、加利福尼亚州产区

加利福尼亚州位于美国西南部、太平洋东海岸的狭长地带，四周为山脉，中央为谷地，具有夏干、冬湿的独特气候，为优质葡萄的理想产区。

加利福尼亚州目前有超过1730km²的葡萄种植面积，葡萄园分布在多西诺县（Mendocino County）和河滨县（Riverside County）南端之间的区域。全加利福尼亚州的酒厂总数达到1100多家。

加利福尼亚州的7个主要葡萄品种为：赤霞珠、霞多丽、美乐、黑品诺、长相思、西拉和增芳德。

根据品种区域化和土壤气候条件，将加利福尼亚州划分为5个特色的葡萄产区，分别是：北海岸（North Coast）、中央海岸（Central Coast）、南海岸（South Coast）、中央山谷（Central Valley）和雅拉丘陵（Sierra Foothills）。其中北海岸、中央海岸和中央山谷包括了美国大部分知名的产地。

1. 北海岸

北海岸是加利福尼亚州最凉爽的地区之一，包括非常有名的纳帕谷、索诺玛、莱克县（Lake County）、门多西诺县（Mendocino County）。所生产的葡萄酒都可以称为"North Coast"。门多西诺县的葡萄酒产区主要位于南部，区内现有8个AVA产区；东部的莱克县更深处内陆，有1000多公顷的葡萄园，虽有"Lake County AVA"，但多混入"North Coast"。其中以纳帕和索诺玛最为有名。

（1）纳帕谷　纳帕谷是美国著名的酒谷、加利福尼亚州著名的葡萄酒产地。其南北长50km，东西仅宽3~8km，分布着1.6万hm²葡萄园和200多家酒厂。

狭长的纳帕谷有着变化多元的自然环境，南北狭长的谷地被东、西、北三面山脉环抱。仅有南边有与太平洋相连的圣巴勃罗湾（San Pablo Bay），在谷的最南边，气候寒凉到无法种植葡萄，越往北边受到冷空气的影响越小，气候也越炎热干燥。谷地周边的山区条件各不相同，让纳帕谷的葡萄酒风格更加丰富多变。

最南边的卡内罗斯（Carneros）过于寒冷，是纳帕少数以白葡萄和黑品诺闻名的地区。纳帕谷中段的奥克维尔（Oakville）与拉瑟福德（Rutherford）是精华产区，这里气候更炎热，昼夜温差大，出产的赤霞珠红葡萄酒不仅最为均衡，而且有全纳帕最强劲的红葡萄酒风格，有较佳的陈酿潜力，同时又有丰沛的果味及薄荷香草味。到了更北边的圣海伦娜镇（St.Helena），谷地变得越来越窄，生产的赤霞珠更为丰满圆润，也生产相对强劲的增芳德。

（2）索诺玛　介于纳帕谷和太平洋沿岸之间的索诺玛，地形和气候更加多变。许多条件殊异的自然环境使其生产出全加利福尼亚州种类和风格最多元的葡萄酒。索诺玛谷地出产的葡萄酒种类多样化，除了生产跟纳帕谷同样优质的赤霞珠红葡萄酒外，也生产全加利福尼亚州最精彩的增芳德和黑品诺红葡萄酒。

索诺玛约有24000hm²的葡萄园，相当分散地分布在15个AVA法定产区内，酒庄数大约500家，所产的葡萄酒几乎是整个纳帕谷葡萄酒的2倍。整个索诺玛产区地形从低雾覆盖的山谷到烈日暴晒的山坡入口。由于地形的多样，索诺玛每一个子法定葡萄种植区（AVA）生产着风格不同的葡萄酒，并且各有优势。

和纳帕一样，索诺玛南部靠近海湾，越往北海风越微弱，气候也越来越温暖，往北真正进入索诺玛谷后，气候变得较为温暖。与纳帕谷比，索诺玛谷更狭小，也略寒冷些，赤霞珠、美乐、黑品诺和霞多丽是最重要的品种，在更温暖的谷地北边，赤霞珠有相当丰富的表现，但仍保持均衡和优雅，是加利福尼亚州最优质的产区之一。

2. 中央海岸

中央海岸产区由旧金山湾区（San Franciso Bay）南部一直延伸到圣芭芭拉县（Santa Barbara）的圣伊内斯谷（Santa Ynez Valley）为止，南北跨越九个县。湾区内所有葡萄园都属于圣弗朗西斯科湾区AVA，酒厂多为小型酒庄。

蒙特利（Monterey）区内1.6万多公顷的葡萄园主要集中在赛丽娜（Salina）河谷，是加利福尼亚州中央海岸区最大的葡萄酒产地，适合种植霞多丽、黑品诺和西拉等品种，生产有着爽口酸味的葡萄酒，拥有8个AVA区，每个法定产区都有自己的特色。蒙特利东北面的圣贝尼托（San Benito）地形多起伏，气候较温暖，赤霞珠和增芳德都可成熟，已有6个AVA区，以中北部靠近蒙特利的哈兰山产区（Mount Harlan）最为著名。

3. 中央山谷

位于内陆的中央山谷是加利福尼亚州最广阔的葡萄酒产区，从萨克拉曼多河谷（Sacramento Valley）南部向圣华金河谷（San Joaquin Valley）绵延480km，分布着7万hm²的葡萄园，大多位于北边的圣华金河谷。这里大多是大规模工业化管理葡萄园，出产的酿酒葡萄占加利福尼亚州总量的75%。这里最大酒厂的嘉露酒庄（E. & J. Gallo Winery）年产量达9亿瓶，几乎占据大半的产量。

中央山谷产区以干燥炎热的气候为主，葡萄产量很高，不过在一些地区晚上凉爽，葡萄的天然酸度较高。这里的地质构造为下沉结构，其表层土壤为冲积沉积物。其中北边的洛蒂产区（Lodi）和克拉克伯格产区（Clarksburg）有着较凉爽的气候，较长的生长季，生产出了闻名的白诗南，酿造出浑厚紧实且均衡的红葡萄酒，其中增芳德、赤霞珠和西拉等品种均有很好的品质。

中央山谷北段往东边葡萄园位于厄尔多拉多（El. Dorado）和阿马多尔（Amador）两个县内400m以上的较高海拔地区，以火山灰和花岗岩组成的土质使得此地生产的增芳德显得更加狂野坚涩。

二、华盛顿州产区

在华盛顿州喀斯喀特（Cascade）山脉的西边，寒冷潮湿不适合种植葡萄，东边因为山地阻隔了来自太平洋的水汽，形成了非常干燥广阔的半沙漠区，拥有超过1万hm²的葡萄园，大部分位于沙质土地上，且在较避寒的向南坡地。

夏热冬寒的极端气候以及早晚巨大温差，使得这里出产的红葡萄酒较为浓郁，酒精度高、颜色深、香气奔放、口感厚重，完全不同于俄勒冈州的优雅风格，大多比加利福尼亚州葡萄酒多酸且均衡。

华盛顿州处于哥伦比亚（Colombia）盆地。这里有层次丰富的花岗岩、沙土和淤泥，还混有少量火山岩。该产区主要的葡萄品种包括霞多丽、雷司令、美乐、赤霞珠和西拉。

华盛顿州葡萄园主要分布在哥伦比亚谷（Columbia Valley）、亚基马谷（Yakima Valley）和沃拉沃拉谷（Walla Walla Valley）三个区。

其中，哥伦比亚谷的范围最大，是比较著名的一个"美国法定种植区"（AVA），当地大多是工业化生产的大型葡萄园，酒厂并不多。

亚基马谷AVA区内反而聚集了不少的酒厂，这一干燥的谷地是全美昼夜温差最大的产区，加上冬寒夏热的环境，让这里的葡萄酒常有非常深的颜色，很高的酸度，非常耐储。表现最好的是红葡萄酒，其中美乐最出色，酒的颜色深黑且口感丰富，保有大量的成熟单宁及均衡的酸味。

三、俄勒冈州产区

俄勒冈州位于美国东北部产区，有5000多公顷的葡萄园，区内大部分为小型酒庄，主要生产高品质的精品葡萄酒。葡萄园集中在喀斯喀特山脉西边河谷附近的山坡，虽与太平洋之间隔着海岸山脉，但山势不高且多有开口，仍受来自海洋的影响较多，气候温和多雨，非常适合种植喜好凉爽气候的黑品诺，被认为除勃艮第之外最好的黑品诺，较勃艮第的红葡萄酒更为柔和，顺口圆润，果香更充沛。再就是越来越多的佳美，常被酿成比法国博若莱新酒更加浓厚的风格。白品种则有均衡多酸的霞多丽，以及灰品诺、琼瑶浆、雷司令等。

北部邻近首府波特兰市（Portland）的威廉美特谷（Willamette Valley）是最著名也是最重要的葡萄酒产区。威廉美特河由南向北流经谷地，葡萄园大多位于朝东的左岸山坡以及波特兰市西边的丘陵地。谷地中部的红山（Red Hill）有非常适合黑品诺生长的红色火山黏土地，是谷地的精华区。威廉美特谷南部还有乌姆普夸河谷（Umpqua Valley）以及罗格河（Rogue River）两个产区，因位置偏南，有较温和的气候，特别是在罗格河，气候干热，是州内少数可种晚熟赤霞珠的地方。

该州被分成5个AVA产区，分别是伊利湖（Lake Erie）、圣乔治岛（St. George Island）、大河谷（Grand River Valley）、俄亥俄河谷（Ohio River Valley）、罗拉密山峰（Loramie Creek）。

四、葡萄酒等级法规

美国没有正式的葡萄酒分级制度，只有葡萄酒产地管制条例，即葡萄栽培区仅就葡萄来源做规范。

美国的酒精、烟草和火器管理局（BATF）于1983年颁布了葡萄酒产地管制条例（Approved Viticulture Area，也可称为American Viticulture Area，简称AVA）。该条例虽以法国的法定产区管制系统（AOC）为参考，但没有那么多限制，仅就葡萄的来源做规范，而且有许多AVA，只是以行政区为界，并非全部依据地理环境划分。条例只根据地理位置、自然条件、土壤类型及气候划分产区，对产区可栽种的葡萄品种、产量和酒的酿造方式没有限制，这也是与法国原产地控制条例最根本的区别。但有一个必要条件：瓶装葡萄酒至少85%来自该特定区域；同时标注品种的，至少75%是来自该品种；标注年份的，至少95%来自该年份。

目前美国有大大小小170余个AVA葡萄酒产区，其中有90多个是在加利福尼亚州。AVA的面积大小差别很大，常常是大包小，大产区里包含着几个中产区，中产区里又有小产区，最小的AVA可以是单一葡萄园或单一酒庄的所在地。AVA虽然不是品质的保证，但是有许多范围较小且有特殊自然条件的AVA产区，其所生产的葡萄酒也具有独特的风味和特色，仍具有参考价值。

第二十五节　加拿大

加拿大酿酒历史较为悠久，已有1000多年，每年葡萄酒产量约5万余吨。

一、气候特点

由于受到北极气候影响，使得加拿大属于严寒的葡萄酒产区。

加拿大夏季较为炎热且潮湿，冬季极为寒冷。所有的葡萄酒产区都靠近水源，这样可以调节改善寒冷的气候，有利于葡萄生长。

由于气候寒冷的关系，会影响到葡萄的生长，但是这样酷寒的气候，却也为加拿大的酿酒业带来一项新的契机。在德国、奥地利等地，要生产冰酒必须等到秋末寒冬，因此无法每年都生产冰酒。而在加拿大得天独厚的低温下，冰酒反而可以年年生产，品质也较其他地区为佳。加拿大素以"晚摘"和"冰酒"闻名，是全球最大的冰酒生产国。

二、主要葡萄品种

加拿大传统种植以原生耐寒冷的欧美杂交种为主，例如红葡萄品种黑巴可（Black Baco）、马雷夏尔-弗什（Marechal-Foch），白葡萄品种白赛瓦（Seyval Blanc）、威代尔。近年来当地酒农逐渐开始种植欧洲种葡萄，以品质来说，霞多丽与雷司令的表现不错，还种植黑品诺、赤霞珠、品丽珠等红葡萄品种。

三、葡萄酒等级法规

1988年是加拿大葡萄酒业最重要的一年，与美国签署了自由贸易协定。这不仅增强了该国酒农的竞争意识，而且对促进形成加拿大酒商质量联盟（Vintners Quality Alliance，简称VQA）也起到了推动作用。VQA是该国主要的葡萄酒命名管理组织。该组织的成员可以在其葡萄酒上标注"VQA"作为质量的保证。

VQA对葡萄酒的产地和品种有严格的法律规定。

（1）葡萄酒必须采用经典欧洲葡萄品种酿造，如霞多丽、灰品诺或雷司令，或者优良杂交品种。

（2）酒标上如注明葡萄品种，葡萄酒中必须至少含有85%该品种，且必须展现出该品种的主要特点。

（3）所有葡萄品种在收获时必须达到一个规定的最低自然糖度，不同的葡萄酒，包括甜酒和冰酒以及以葡萄园命名的酒或酒庄装瓶的酒，都有不同的糖度规定。

（4）酒庄装瓶的葡萄酒必须是100%由葡萄栽培区酒厂拥有或控制的葡萄酿造。

（5）如果使用葡萄园名称，葡萄园地点必须在法定产区内，且所有葡萄必须来自该葡萄园。

（6）葡萄酒还必须由独立的专家小组进行品评，只有达到标准的才能评为VQA级别，允许在瓶上印制VQA标志。此外，经过VQA品评小组认定，质量特别优秀的葡萄酒还可获得VQA金质奖章。

值得一提的是，该国允许酒商使用外国的葡萄汁进行酿酒，酒标标注"加拿大窖藏"。其中，英属哥伦比亚省酿酒所允许使用的进口葡萄汁含量可达100%，而安大略省则要求进口葡萄汁的含量最多不能超过70%。

除了VQA标志外，加拿大的原产地控制体系分为两个层次，第一层次是广义上的按省指定级别葡萄酒类（Provincial Designation Wines），例如安大略和哥伦比亚；第二层次是更为细分的类别，称为地区葡萄酒类（Areas Wines），这些葡萄酒产自公认的葡萄酒产区，例如阿卡纳甘谷（Okanagan）、弗夏泽山谷（Fraser）。

加拿大冰酒（Icewine）是一种独特且稀有的甜葡萄酒。"Icewine"已经是加拿大冰酒的专属名词，只有在VQA法定产区按规定酿造的冰酒才能称之为"Icewine"［类似法国的香槟（Champagne）规定］。

VQA对冰酒的定义是：利用在气温-8℃以下，在葡萄树上自然冰冻的葡萄酿造的葡萄酒。葡萄在被冻成固体状时才采摘压榨，在压榨过程中外界温度必须保持在-8℃以下，多余的水分因结成冰晶而被除去，只流出少量浓缩葡萄汁，这种葡萄汁被慢慢发酵并在7个月后装瓶。

四、主要葡萄酒产区

加拿大葡萄酒酿造业者在1988年制定了VQA，将加拿大产区分成以下四区：安大略省（Ontario）、英属哥伦比亚省（British Columbia）、魁北克省（Quebec）与新斯科舍（Nova Scotia），用来保障葡萄原产地葡萄酒地名的使用方式，明确地规范出以上四区的地理范围。

安大略省和英属哥伦比亚省是加拿大两个最大的葡萄酒产区，能够出产全国98%的优质葡萄酒，且是符合加拿大葡萄酒VQA标准的产区。

西岸的欧肯那根谷（Okanagan Valley）和东部的尼加拉瀑布（Niagara Falls）是加拿大的两个主要葡萄酒产地，除了驰名世界的冰酒外，各种红葡萄酒、白葡萄酒也深受世界各地人们的喜爱。

1. 安大略省

安大略省葡萄酒产量占全国总量约75%。省内拥有6000多公顷的葡萄园，葡萄生长期的气候与世界许多著名产区的气候十分相似。

在北美五大湖的调节下，该产区拥有十分温和的大陆性气候。

这里主要的土壤类型为黏土-壤土及冰川覆盖的河流和湖泊遗留下来的沉积物。

该产区种植有60多种传统的欧洲葡萄品种，主要的白葡萄品种是雷司令、霞多丽、琼瑶浆、长相思和品诺欧塞瓦（Pinot Auxerrois）。而主要的红葡萄品种则是黑品诺、佳美品诺、品丽珠、美乐和赤霞珠。

2. 英属哥伦比亚省

英属哥伦比亚省位于加拿大最西部。该省气候温和，依山傍水，全省有70%的面积是山区（海拔1000m以上）。由于山脉阻挡，除内陆山区较冷外，该省的整体平均温度比加拿大平均温度要高出许多。该省夏季比较干燥，降水量很少，葡萄的生长需要进行灌溉。

该省北部的土壤类型主要是冰川时代的石头、细沙、粉土和黏土，而南部主要是沙石和砾石。

该省拥有葡萄园约1047hm²，其中，红葡萄品种和白葡萄品种的种植面积相当。这里的葡萄品种多达60种。从种植面积看，种植最多的品种是美乐和灰品诺。其他还有欧塞瓦、巴库斯（Baccus）、霞多丽、恩瑞丰塞（Erenfelser）等。酒类生产拥有三种不同的类型：酒厂（Winery）、酒庄（Estate）和农场（Farms）。

第二十六节　智利

智利地处南美洲的西南部，西临太平洋，东倚安第斯山脉，北侧是广阔的沙漠，南侧为南极地区，是世界上地形最狭长的国家。由于优越的地理位置和气候条件，智利被称为世界上最适合酿造葡萄酒的国家。智利葡萄酒一向以性价比高，口感平易近人著称，而且也不乏顶级佳酿。

近二十年来，智利葡萄种植和葡萄酒生产量几乎翻倍，目前智利葡萄种植面积达20万hm²，75%为红葡萄品种。近五年葡萄酒产量在95万～129万t，2019年葡萄酒产量119万t。

智利大约有300家葡萄酒厂，近六成的葡萄酒来自7个品牌，即干露集团（Conchay Toro）、圣派德罗酒庄（Vina San Pedro）、蒙特斯酒厂（Montes）、埃米利亚纳（Emiliana）、翠岭酒庄（Veramonte）、拉博丝特酒庄（Casa Lapostolle）和桑塔丽塔酒庄（Santa Rita）。

一、气候特点

智利国土狭长，东西宽不超过180km，但南北则长达4200km，南北横跨38个纬度。因此，智利的气候复杂多样，各个产区的气候差异非常大。一般而言，距离太平洋越近的地方，气候就越凉爽潮湿，有海岸山脉屏障或离海岸较远的地带则较温暖干燥。按气候不同，全国的葡萄酒产区可以分成三个区域：北部是世界上最干燥的产区之一，多为高山和沙漠，年降雨量极少，昼夜温差达16.1℃，但来自太平洋的海风和晨雾遮挡了部分阳光，使原本炎热的产区变得凉爽，能够适合葡萄的生长，主要生产鲜食葡萄、葡萄干及皮斯科酒（Pisco）白兰地。中部集中了智利大多数的葡萄酒产区，属地中海气候，降雨多集中在冬季，春末至秋末有旱灾，昼夜温差大，日间温度在炎热季节可达30～40℃，沿河地区的夜间温度可降到10～18℃。南部降雨较丰富，平均温度较低，光照时长较短。

二、土壤特点

智利地理条件的差异造就了多样化的土地和土壤类型。主要土壤类型有黏土加砾石、花岗岩风化腐质土、黏土夹含有机物、沙性和黏土的土壤。

三、主要葡萄品种

智利有20多种葡萄品种，按照种植面积大小依次如下。

红葡萄品种：赤霞珠（4万hm²）、美乐（1.4万hm²）、佳美娜（9000hm²）、西拉（6000hm²）、黑品诺（1500hm²）、廷托雷拉（Tintorela）。派斯（Pais）在智利南部各地相当常见，主要用于酿造廉价红葡萄酒。

白葡萄品种：长相思（1.2万hm²）、霞多丽（1.1万hm²）。另外、雷司令、赛美蓉、玫瑰香、琼瑶浆也有一定的面积。

四、葡萄酒等级法规

智利并没有建立法定产区制度，只区分不同层级的地理区域标示，在四大产区内各有不同的分区，大多以河谷命名，如中央山谷（Central Valley）的迈坡谷（Maipo Valley），有些分区内还列出可标示在酒标上的小区域葡萄园，如迈坡谷的上普恩特（Puente Alto）。

智利的葡萄酒分级制度比较简单，类似于美国的葡萄酒法规，对产区、葡萄品种、葡萄栽培方法、酿酒方法等都没有具体要求。这些标示由酒庄自行标注，因此不同酒庄间没有太多可比性。不过对于有信誉、有声望的酒庄而言，标注级别越高，葡萄酒品质越好。其分级制度如下。

品种酒（Varietal）：酒标只列明葡萄品种名称，一般是比较基本的酒。

珍藏级（Reserva）：珍藏酒，葡萄酒经过橡木桶成熟，酒质与风味较品种酒丰富而质优。

极品珍藏级（Gran Reserva）：不仅经过橡木桶成熟，其酒质及储藏潜力也更好，很多酒庄都有这类酒。

家族珍藏级（Reserva de Familia）：基本上标示该酒庄中最好的葡萄酒。也可能用其他类似的模式来表达，比如蒙特斯酒庄（Montes）用欧法M（Alpha M）、富乐（Folly）等来命名最好的葡萄酒。

至尊限量级（Premium）：比家族珍藏级更好，但数量有限，如果没有达到标准的葡萄，酒厂就不会酿造Premium，另外，Reserva de Familia 和Premium的区别是酒存放在橡木桶中的时间不同，通常状况下，Premium级别的酒存放在新的法国橡木桶中的时间要超过18个月。

另外，智利法规规定：

如果酒标上标注葡萄品种，那么该葡萄品种的含量至少不低于75%。

如果酒标上标注年份，那么该酒中至少要有75%的葡萄来自于该年份。

如果酒标上标注产地，那么该酒中至少有75%的葡萄原料来自于该产区。

五、主要葡萄酒产区

智利共有四大葡萄酒产区，自北而南分别为中央山谷、阿空加瓜（Aconcagua）、科金博（Coquimbo）和南部产区（Southern Chilean），其中又以中央山谷产区最为重要。

2012年出台的新智利葡萄酒法规根据葡萄园距太平洋的距离新增了三个产区术语：Costa、Entre Cordilleras及Andes，其中"Costa"指的是太平洋沿岸地区，"Andes"指的是安第斯山脉地区，"Entre Cordilleras"则指的是位于距太平洋不远的山脉和安第斯山脉之间的地区。

1. 中央山谷产区

该产区由北至南绵延400km，葡萄园种植面积约9.6万hm²，是智利最大的葡萄酒产区。葡萄园位于海岸山脉和安第斯山脉间300km的谷地内，包括麦坡谷（1.1万hm²）、莫莱谷（3.1万hm²）、库里科谷（2万hm²）、卡恰布谷（1万hm²）、空加瓜谷（2.4万hm²）等五个子产区。

该产区属于典型的地中海气候，夏季炎热干燥，冬季温和多雨，昼夜温差较大，得益于来自安第斯山脉的冷风，而从南极地区吹来的秘鲁寒流也让本该炎热的海岸变得清凉。此外，根据靠近太平洋和安第斯山脉的距离不同，产区内部不同的地方有着不同的微气候，分别适合不同的葡萄品种生长。

产区内主要的土壤类型为黏土、沙砾和风化花岗岩，蕴含了丰富多样的矿物质。在地势较高的地方，土壤为沙砾和石头。

区内种植最多的是国际上流行的赤霞珠、美乐、西拉、霞多丽和长相思以及智利的标志性葡萄品种佳美娜。

麦坡谷是智利最著名的产区，出产享誉世界的高品质赤霞珠，其果香浓郁，口味复杂，单宁结构良好，回味悠长。莫莱谷为智利最大的葡萄酒产区，佳美娜为特色品种，酒体丰满，颜色浓厚，集美乐的香气和赤霞珠的结构于一体，常带有成熟的番茄般的风味，有时还会散发出浓郁而丰富的草本香。库里科谷为智利第三大产区，除生产高品质的赤霞珠外，也是智利最大的白葡萄产地，特别是长相思表现极为优异。卡恰布谷绝大多数的葡萄园都靠近安第斯山脉，这里著名的美乐和佳美娜葡萄酒，酒体丰满，果香四溢，口感微甜，带有巧克力和果冻的美味。空加瓜谷酿造的葡萄酒通常出现在全球最佳葡萄酒排行榜的前列，因其醇厚的赤霞珠、佳美娜、西拉和马尔贝克葡萄酒而倍受赞誉。

2. 阿空加瓜产区

阿空加瓜产区位于智利中部，葡萄园种植面积约4000多公顷，它是智利唯一一个种植白葡萄面积大于红葡萄的产区，最为著名的是长相思和霞多丽葡萄酒，包括三个重要的子产区，分别是阿空加瓜谷（1000hm²）、卡萨布兰卡谷（1400hm²）和圣安东尼奥–利达谷（1700hm²）。

阿空加瓜谷产区的气候类型为地中海气候，夏季十分炎热，冬天比较温暖。年降雨量为215mm，每年有250～300d为晴天。靠近海洋的圣安东尼奥和卡萨布兰卡谷产区，气候受到海洋寒流的强烈影响，使得产区的温度较低而湿度较高，年降雨量较阿空加瓜谷略微偏多，300～500mm。

产区东部的土壤类型主要是黏土和砂岩，而西部主要是花岗岩和黏土。

红、白葡萄品种比例：25%红葡萄、75%白葡萄，主要品种包括：长相思、黑品诺、霞多丽、西拉。

阿空加瓜谷产区生产受到国际认可的白葡萄酒，如长相思和霞多丽葡萄酒，典型特征是具有非常清新的柠檬香，清爽可口。出产的黑品诺葡萄酒也极为优质，带有辛辣气味。

　　3. 科金博产区

　　科金博产区位于智利北方的中部，是智利较为年轻的一个葡萄酒产区。葡萄种植面积1800hm²，包括三个重要的子产区，分别是艾尔奇谷（300hm²）、利马里谷（1500hm²）和峭帕谷（100hm²）。

　　该区属干旱与半干旱气候，夏季炎热而干燥，年平均气温15℃，降水稀少并集中于冬季，需要灌溉。产区生产的红葡萄酒主要由赤霞珠和西拉混酿而成，白葡萄酒则主要由长相思和霞多丽混酿而成。

　　利马里谷产区的霞多丽酿造的葡萄酒带有一种特殊的矿物质风味，充分反映出该产区的风土特色。西拉在利马里谷产区也生长良好。近海地区比较凉爽，生产的西拉葡萄酒十分美味可口。东部地区较为温暖，出产的西拉葡萄酒则更为丰满，果味也更加浓郁、突出。

　　4. 南部产区

　　南部产区由三个子产区构成，分别是伊塔塔谷（10000hm²）、比奥比奥谷（3500hm²）和马勒科谷（不足50hm²）。这里表现特别出色的葡萄品种较少，最主要的葡萄品种是派斯（Pais）和亚历山大麝香（Muscat of Alexandria），但该区较为冷凉，风土条件非常适合种植长相思、黑品诺、雷司令和霞多丽等需要较长成熟期的品种，可以酿造出酸甜美妙、口感鲜美的葡萄酒，具有较大发展潜力。

　　伊塔塔谷的气候类型为地中海气候，年降雨量为1100mm。由于产区中有两条河流伊塔塔和努布尔（Nuble），所以夏天比较凉爽、多风，冬天多雨。海拔较高的海岸线给这里由南至北的葡萄园都提供了温和的气候条件。产区的土壤主要是冲积土、黏土和沙砾，蕴含着丰富的矿物质。

　　比奥比奥谷的气候类型为温和的地中海气候，白天温暖，夜晚寒冷，因此这里的葡萄成熟期比较长。降雨量比较充足，年降雨量为1275mm，是智利年均降雨量最高的产区。但由于产区内风力强劲，所以空气并不怎么潮湿。这里还有着许多极端的天气，因此它的气候条件比智利北部其他的产区更为严酷。产区内的土壤主要是天然沙砾和石头，丰富的矿物质和有机河流的沉淀物使得这里的土壤十分肥沃，葡萄的产量也相当高。这些条件非常适合种植高贵的葡萄品种，包括长相思、黑品诺、雷司令和霞多丽。这些品种需要较长的成熟期，可以酿造出酸味美妙、口感鲜美的葡萄酒。

第二十七节　阿根廷

　　阿根廷位于南美洲东南部，东面是大西洋，南与南极洲隔海相望，西面与智利接壤，北面是玻利维亚（Bolivia）和巴拉圭（Paraguay）。阿根廷是世界第五大葡萄酒生产国。现有葡萄种植面积约22万hm²，葡萄酒产量约为130万t，约占全球葡萄酒产量的5.0%，但阿根廷葡萄酒出口量尚不足总产量的20%，是世界第九大葡萄酒出口国。

阿根廷的葡萄酒产区遍布全国，多集中在西部内陆安第斯山脉的山麓地区。从最北的萨尔塔省（Salta）到南边的黑河（Rio Negro）长达1600km区域内分布着大量的葡萄园。中西部的门多萨（Mendoza）和圣胡安（San Juan）两省生产了全国60%和30%的葡萄酒。

阿根廷有7个省份生产葡萄酒，门多萨是最主要的产酒省。除此之外，阿根廷还有诸如圣胡安和拉里奥哈（La Rioja）等优质葡萄酒产区。这些葡萄园海拔普遍较高，在700～1400m，不但气候温暖，而且光照充足，夜间温度普遍偏低。良好的生长环境使得当地种植的葡萄风味物质浓郁、多酚含量较高，所酿成的葡萄酒酒体优雅、果味十足。

一、气候特点

阿根廷北部属亚热带湿润气候，中部属亚热带和热带沙漠气候，南部为温带大陆性气候，大部分地区年平均温度在16～23℃。东北部降水丰沛，在1000mm左右，西北部和南部为250mm，夏季雨水较多。

二、土壤特点

阿根廷的土壤丰富多样，以冲积土为主，大多为较年轻的沉积土层，很多地区的土壤含沙量都很高。

三、主要葡萄品种

红葡萄品种：马尔贝克、赤霞珠、西拉、美乐、丹魄、桑娇维赛、黑品诺。

白葡萄品种：特浓情、霞多丽、佩德罗-希梅内斯（Pedro Ximenez，酿造甜酒）、白诗南、长相思、赛美蓉。

四、葡萄酒等级法规

阿根廷葡萄酒并没有像旧世界国家那样，有非常明确和鲜明的分级制度。不过，为了规范国内葡萄酒业的健康发展，阿根廷是南美洲唯一建立法定产区制度（DOC）的国家，但是自1992年以来，只核定4个法定产区，分别是门多萨的路冉得库约（Lujan de Cuyo）、圣拉斐尔（San Rafael）、迈普（Maipu）和位于拉里奥哈的法玛提纳山谷（Valle de Famatina），并没有受到特别重视。

能标注DOC字样的产区必须符合下面四个条件。

（1）必须全部使用划定的法定产区内生产的葡萄。

（2）每公顷不得种植超过5500株葡萄树。

（3）每公顷葡萄产量不得超过10000kg。

（4）葡萄酒必须在橡木桶中陈酿至少一年，并且必须在瓶中成熟至少一年。

五、主要葡萄酒产区

阿根廷有9大重要的葡萄酒产区，根据地理位置从北到南划分为：北部产区：卡塔马卡（Catamarca）、萨尔塔（Salta）、土库曼（Tucumán）；库约（Cuyo）产区：拉里奥哈、门多萨、圣胡安；巴塔哥尼亚（Patagonia）产区：拉潘帕（La Pampa）、内乌肯（Neuquén）、里奥内格罗（Río Negro）。

1. 门多萨产区

门多萨产区位于阿根廷的西部，西邻安第斯山脉，是阿根廷最大也是最重要的葡萄酒产区，其葡萄酒产量约占全国总产量的60%。

门多萨气候干燥，属于大陆性气候，以及半干旱的荒漠环境，夏季炎热干燥，昼夜温差较大，年降水量只有不到200mm。门多萨河上游（Alta del Rio Mendoza）以及舞苟谷（Valle de Uco）最靠近安第斯山脉，海拔较高，气候较凉爽，土地贫瘠多石，昼夜温差大，是门多萨的精华产区。

门多萨有两个因素很重要：一个是来自安第斯山上的冰融水，再就是高海拔使得葡萄在白天可以接收到充足的光照，而在夜晚，来自安第斯山脉的凉风使气温较白天明显降低。这样巨大的昼夜温差让葡萄缓慢生长，在充分成熟的同时，还能保持良好的酸度。

门多萨产区土壤丰富多样，基本为冲积土，产区的许多葡萄园都种植在平均海拔约900m的土地上。

门多萨河上游是阿根廷最传统的核心产区，阿根廷90%的酒厂几乎都位于这一区内。海拔在800~1200m，有3万hm²葡萄园，种植相当多的马尔贝克，也有最多的老树；赤霞珠种植的比例也相当高，路冉得库约和迈普两个子产区被认为是最精华区。舞苟谷的海拔更高，除了传统的马尔贝克和赛美蓉，赤霞珠和美乐也相当成功。特别是海拔达1400m的图蓬加托（Tupungato），是阿根廷最有潜力的新兴产区。

马尔贝克是门多萨产区标志性的葡萄品种，用其酿造的葡萄酒颜色深黑，带着浓郁的黑色水果香气和香料味，如黑莓、黑李子、丁香、胡椒等，酒体厚重，高单宁，非常适合在橡木桶中陈酿以得到更复杂的香气和口感。除了马尔贝克以外，还有赤霞珠、西拉和丹魄等红葡萄品种，以及霞多丽、赛美蓉、特浓情和维欧尼等白葡萄品种。

2. 圣胡安产区

圣胡安产区位于门多萨的北部，葡萄种植面积5万hm²，是阿根廷第二大葡萄酒产区。

圣胡安产区气候比门多萨更为干燥炎热，以半沙漠化气候为主，降雨稀少，缺乏优良的灌溉条件，气候比较不利于葡萄的栽培，因此酒厂不断地在海拔更高的地方开垦葡萄园，以酿造品质更高的葡萄酒。但因为有来自安第斯山脉的积雪融水以及流经产区的哈察尔（Jachal）河水，圣胡安产区葡萄园先天灌溉条件的不足被这两大水源所弥补。

圣胡安产区含有黏土和沙子的冲积土。

圣胡安产区主要葡萄品种有西拉、马尔贝克、赤霞珠、伯纳达（Bonarda）、霞多丽、特浓情。

圣胡安是佐餐白葡萄酒以及浓缩葡萄汁的生产中心之一，也是阿根廷白兰地和苦艾酒的主要原产地。另外，这里还出产一些雪莉酒风格的加强型酒和廉价的餐酒。

第二十八节　巴西

巴西作为南美洲面积最大的国家和南半球第五大葡萄酒产区，拥有将近9万hm²葡萄园，每年出产约30万t葡萄酒，但近年来每年产量波动较大，如2017年葡萄酒年产量36万t，2019年的年产量只有20万t。在巴西，只有很少一部分国土是位于适宜酿酒葡萄生长的纬度带上，所以该国90%左右的葡萄酒都产自最南端的南里奥格兰德州（Rio Grande do Sul）。

一、气候特点

巴西大部分地区属热带气候，南部部分地区为亚热带气候。亚马孙平原年平均气温25～28℃，南部地区年平均气温16～19℃。

南里奥格兰德州的降雨量相对较高，位于北部地区的高乔山谷葡萄种植区年降雨量约为1800mm，气候较为潮湿，所以葡萄果农需要使用特殊的整形方式来降低葡萄树感染真菌病害的风险。而坎帕尼亚（Campanha）地势较低，葡萄种植区的气候较之高乔山谷要干燥一些，年降雨量大概为850mm，但依然比世界上许多著名葡萄酒产区高出不少。

二、土壤特点

南里奥格兰德州北方是逐渐耸起的山脉，一直向北延伸至圣卡塔琳娜州（Santa Catarina），土壤主要为黏土，富含玄武岩，能长年为土壤固定住葡萄生长所需的水分；南方是平缓起伏的丘陵和平原，一直延伸到乌拉圭和阿根廷境内，这里的土壤为富含石灰岩和花岗岩的沙壤土，排水性良好。这些土壤虽然贫瘠，但却能抑制其他作物汲取养分和生长繁殖，从而孕育出优质的葡萄果实。

三、主要葡萄品种

巴西主要栽培的葡萄品种为：赤霞珠、美乐、品丽珠、丹娜、莫斯卡托、贵人香、霞多丽、赛美蓉等。

巴西葡萄酒的酒精度相对较低，清新柔和。起泡葡萄酒质量相对突出，起泡白葡萄酒的风格模仿了意大利苏打白葡萄酒（Spumante）。

四、葡萄酒等级法规

巴西85%的葡萄酒产自高乔山谷产区（Serra Gaucha），该区的葡萄园山谷（Vale dos Vinhedos）在2002年率先成为原产地命名保护产区（Geographical Indication），随后在2008年成为优质产区（Denomincacaode de Origem）。

起泡葡萄酒按要求需使用传统法酿造（Traditional Method），法定酿造品种是霞多丽、黑品诺以及贵人香。

五、主要葡萄酒产区

巴西葡萄酒产区主要分布在6个不同的地区：高乔山谷、坎帕尼亚、东南部山脉（Serra do Sudeste）、高山平原（Campos de Cima da Serra）、卡塔琳娜高原（Planalto Catarinense）和圣弗朗西斯科山谷（Vale do Sao Francisco）。

圣弗朗西斯科山谷四季如春，通过滴灌一年可采收两次，是热带新兴产区。

第二十九节　澳大利亚

澳大利亚位于南半球，三分之一的土地位于南回归线以北，南纬10.41°和43.39°。地势是西部高原、中部平原、东部山地。

澳大利亚是新世界产酒国的重要代表，葡萄种植面积达16.3万hm²，葡萄酒年产量达150万t，其中2/3用于出口，是世界第四大葡萄酒出口国。澳大利亚现有2700多家葡萄酒生产企业，大多数是小型的家族酒庄，奔富（Penfolds）酒庄、禾富（Wolf Blass）酒庄、奥兰多酒庄（Orlando Wines）、莎普酒庄（Seppeltsfield）、御兰堡酒庄（Yalumba）和彼德利蒙酒庄（Peter Lehmann）等知名酒庄所产的葡萄酒可占到全澳葡萄酒总产量的一半以上，且其高品质的葡萄酒在全世界都很有影响。

一、气候特点

澳大利亚跨两个气候带，可分为两个气候区。澳大利亚北面大片地区属于热带，而中心地区又过于炎热和干燥。而东南澳［包括南澳（South Australia）、维多利亚州（Victoria）、新南威尔士（New South Wales）］和西澳（Western Australia）是最适合生产优质葡萄酒的产区。

西澳、南澳、维多利亚州和塔斯马尼亚州（Tasmania）冬春两季降雨较多，夏季和初秋较为炎热，秋季来临较早。这些地区受海洋影响较大，特别是南澳，属于典型的地中海气候；而昆士兰州（Queensland）与新南威尔士州由于受热带气候影响，温度较高，湿度较大，全年降雨分布也较均衡。

总体而言，澳大利亚葡萄园多位于比较炎热干燥的环境中，但在海岸边与海拔较高的地区，也有一些葡萄园种植于较寒冷或多雨的区域。

二、土壤特点

澳大利亚幅员辽阔，各产区间的土质变化极大，甚至连产区内的土质也是变化多端，多为沙土、壤土和砾石土。

三、主要葡萄品种

澳大利亚最主要的葡萄品种包括西拉、赤霞珠、美乐、霞多丽、长相思、赛美蓉和雷司令等，其中以西拉和雷司令最为有名。除此之外，还有其他上百种葡萄品种，种类繁多。各葡萄品种的优质产区分布如下。

西拉：巴罗萨谷（Barossa Valley）、猎人谷（Hunter Valley）、迈克拉仑谷（McLaren Vale）、西维多利亚（Western Victoria）、西澳。

霞多丽：阿德莱德山区（Adelaide Hills）、猎人谷（Hunter Valley）。

赤霞珠：库拉瓦拉（Coonawarra）、玛格利特河（Margaret River）。

赛美蓉：猎人谷（Hunter Valley）。

雷司令：克来尔谷（Clare Valley）、伊顿谷（Eden Valley）。

在较炎热产区，歌海娜和慕合怀特葡萄也较常见，也多为高龄老树。

四、葡萄酒等级法规

从20世纪60年代开始，澳大利亚葡萄酒就开始采用地理标示（Geographical Indication，GI），虽然澳大利亚GI制度为官方制定，但并没有区分等级，其约束性及认定的严谨性都不及法国的AOC制度。唯一的限制就是，规定某款葡萄酒所采用的葡萄至少有85%来自该产区才能在酒标上标注该产区的名字。

澳大利亚葡萄酒产区分为三级，即大区（Zone）、产区（Region）和子产区（Sub-region），南澳在此基础上引入了优质地区（Super Zone）概念，目前只有阿德莱德地区被定义为优质地区。阿德莱德区域包括巴罗萨（Barossa）区域和福雷里卢（Fleurieu）区域。

严格说起来，澳大利亚GI制度并无直接法律权利保障，而是透过产地的注册及商标相关法规来限制以产地标示作为商标，以达间接保护产地标示的目的。

澳大利亚葡萄酒大致上分为以下三个等级。

1. 普通酒（Generic Wine）

Generic是指"一般的、普通的"意思，使用澳大利亚一般栽培的多种葡萄酿造而成的葡萄酒，就是一般消费用的低价佐餐酒，在酒标上的内容会有红/白葡萄酒或者甜型/干型等简单标示，而不标示葡萄品种、产地和年份。

2. 高级品种酒（Varietal Wine）

Varietal是指单一品种葡萄酒，以西拉、赤霞珠、霞多丽等单一品种葡萄酿造，具多样性且富有变化感的高级葡萄酒，以出口为主。根据澳大利亚的葡萄酒法规，凡使用一种葡萄达85%以上者，就能够标示该品种于酒标之上。

3. 高级混酿酒（Varietal Blend Wine）

混合两种以上高级品种所酿造的葡萄酒。假如使用两种葡萄达85%以上时，就可以将葡萄品种按含量的多少依次标示于酒标上。例如酒标上显示：西拉/赤霞珠，代表使用西拉和赤霞珠品种达85%以上，而且西拉的使用量多于赤霞珠。

五、主要葡萄酒产区

澳大利亚主要分为四大产区，分别是南澳、新南威尔士、维多利亚、西澳，各区产量比例约为8：4：2：1。其中，南澳是澳大利亚最重要的葡萄酒产区。新南威尔士为澳大利亚最早的葡萄种植区，澳大利亚的主要知名酒厂都集中在这里。维多利亚的葡萄酒则具有相当多的类型，其内陆产区以甜型的加强型葡萄酒闻名，东北部除了甜型酒外，也产酒色深浓、酒精度高、口味重的红葡萄酒。西澳产区则以位于珀斯（Perth）东北的天鹅谷（Swan Valley）最负盛名，以出产白葡萄酒而闻名，其内的玛格利特河知名度也在不断提升。

澳大利亚现在有60多个产区以及100多个地理标识名称。最重要的几个产区分别为：南澳的巴罗萨谷、库拉瓦拉、迈克拉仑谷、阿德莱德山、伊顿谷、河地（Riverland）；维多利亚州的路斯格兰（Rutherglen）、雅拉谷（Yarra Valley）；新南威尔士州的猎人谷、滨海沿岸（Riverina）；西澳的玛格利特河以及塔斯马尼亚州的泰玛谷（Tamar Valley）地区。

1. 南澳产区

南澳大利亚州位于澳大利亚中南部，西邻西澳，东北接昆士兰州，东邻新南威尔士州，东南接维多利亚州，北邻北领地。

南澳产区的葡萄酒产量占澳大利亚葡萄酒总产量的一半左右。葡萄园主要集中在该州东南部，南澳有16个子产区，包括巴罗萨谷、迈克拉仑谷、克莱尔谷、库纳瓦拉、阿德莱德山、伊顿谷、河地等。其中河地是澳大利亚葡萄酒产量最大的产区，所产葡萄占南澳地区总量的一半，占全国总量的1/4。不同子产区风土条件差异非常大，出产的葡萄酒各不相同，却都蜚声国际。澳大利亚最著名、最昂贵的葡萄酒几乎都产自南澳，比如奔富葛兰许（Penfolds Grange）、神恩山（Henschke Hill of Grace）和克拉伦敦山星光西拉（Clarendon Hills Astralis Syrah）。

（1）气候特点　南澳产区气候变化比较大，南部为地中海气候，北部为热带草原气候。譬如河地产区，地处内陆，属于热带草原性气候，气候炎热，降水稀少，昼夜温差大，年平均降水量少于150mm，而巴罗萨谷属于地中海气候，夏季炎热干燥，冬季温暖多雨，葡萄生长季的平均降水量约为220mm。整体上讲，南澳产区年平均降水量较低，而且主要集中在产区南部，常有干旱危害，需要灌溉。南澳产区1月最高平均气温达到29℃，7月最低平均气温为15℃。夏天，南澳某些内陆荒漠地区的白天最高气温甚至可以达到48℃。

（2）土壤特点　南澳产区的土壤类型十分多样。阿德莱德和河地地区的土壤包括砂质壤土和底层土为石灰岩–泥灰岩的红色土壤。巴罗萨谷为沙土、壤土和黏土，底层土为红棕壤土和黏土。库纳瓦拉地区为风化的石灰岩，底层土为石灰岩、钙质红土，是澳大利亚最为著名的土质。

（3）主要子产区　南澳各子产区风土条件差异非常大，种植的葡萄品种各不相同。

巴罗萨谷气候炎热干燥，西拉、歌海娜、慕合怀特和赤霞珠葡萄酒品质杰出，代表性品种是西拉。生产的西拉葡萄酒酒精度高，酒色深红，酒体醇厚，有强劲圆润的单宁，香气复杂奔放，带有覆盆子、黑莓和甘草等复杂的香气，并带有浓郁的巧克力风味。

伊顿谷位于巴罗萨谷东部的丘陵区，海拔550m，气候比巴罗萨谷平均温度低5℃，降雨量为150mm左右。伊顿谷最为出名的是雷司令。雷司令葡萄酒通常有浓郁的酸橙香气及花香，口感馥郁，陈年后可以产生果酱和烘烤的迷人风味。此外，伊顿谷的西拉、赤霞珠、美乐也极负盛名，其西拉葡萄酒均衡优雅，赤霞珠和美乐也具有高雅的风格。

克莱尔谷由于海拔较高，气候不至于过热，加上更接近大陆性气候，昼夜温差大，晚上凉爽，加上区内的石灰质土壤，让葡萄保有非常强的酸味。葡萄园多在海拔300～400m处，出产澳大利亚最好的雷司令葡萄酒，是"澳大利亚雷司令之乡"。该酒酒体适中，酸度高，新酒带有突出的柑橘类水果风味，经陈年后产生煤油和矿物质风味，并具有优异的陈年能力。同时，也出产赤霞珠和西拉，常比巴罗萨产区多一些风味变化和酸味，但口感同样非常浓厚，且颜色更深，常有更多的单宁和涩味。

阿德莱德山位于阿德莱德市的东边山区，因海拔高，气候凉爽，降雨量也多。东边海拔最高近600m，因过于寒冷，仅能酿造起泡酒。西拉和赤霞珠主要集中于海拔较低的东部。以出产顶级长相思、霞多丽和黑品诺单一品种酒及起泡酒闻名。

迈克拉仑谷位于阿德莱德市南边，居大海与山丘之间，因海洋的调节，气候比较温和。栽培的葡萄品种包括西拉、菲亚诺（Fiano，白品种）、丹魄、桑娇维赛、增芳德（Zinfandel）、多瑞加和巴贝拉。红葡萄酒带有成熟浆果和巧克力的香味，单宁柔软如丝绒。西拉是该地区的主要品种，用其酿造的葡萄酒充满覆盆子和黑橄榄的香气，口味浓厚，有着甜熟的单宁和细腻的口感变化，也耐久贮；赤霞珠则浓郁丰满，口感圆润、醇厚，果味浓郁，带有蓝莓气味等。

库纳瓦拉位于南澳的石灰岩海岸（Limestone Coast）地区，在南澳的最东南边，气候比较凉爽，葡萄园坐落于平坦的红土平原上，这里的红土称为Terra Rossa，排水性佳，底层则是白色石灰土。澳大利亚最好的赤霞珠葡萄酒就产于此地。除了赤霞珠外，库纳瓦拉还种植西拉、雷司令及美乐、马尔贝克和小味尔多等葡萄。库纳瓦拉赤霞珠葡萄酒具有强烈而又经典的果香，主要以黑醋栗果香为主，还有从胡椒、樱桃、桑葚到更成熟的黑醋栗和李子香气等，并拥有明显的薄荷风味，其口感极为平衡，单宁细腻，强劲坚实，且耐久贮。其北边的帕斯维（Padthway），也生产类似风格的红葡萄酒。白葡萄酒，如霞多丽、雷司令和长相思也很出名。

2. 新南威尔士产区

新南威尔士产区的葡萄酒产量在澳大利亚各州中位居第二，占整个澳大利亚产量的30%。新南威尔士州有14个子产区，其中以猎人谷、满吉（Mudgee）、奥兰治（Orange）、南部高地（Southern Highlands）以及滨海沿岸等较为有名。

新南威尔士州整体气候属温带型，气候较温和，不会特别寒冷或特别炎热，但该产区地域辽阔，有很多不同的微气候产区。新南威尔士州各个地方的降水量差异颇大，在西北部地区，降水量平均每年只有180mm。沿海地区较湿润，内陆地区白天酷热，夜晚寒冷。水旱灾害时有发生。

产区以黏土、砂石和壤土最为常见。在地势稍微低一点的猎人谷产区，土壤则以火山岩壤土为主，混杂着冲积沙层和淤泥；南部的唐巴兰姆巴（Tumbarumba）产区则以玄武岩和花岗岩为主；希托扑斯（Hilltops）产区则以花岗岩土壤为主，混杂着玄武岩和砾石。

主要葡萄品种有西拉、赛美蓉、霞多丽、白诗南、琼瑶浆、玛珊、华帝露、赤霞珠、美乐、黑品诺等。

猎人谷位置太偏北，过于炎热，降雨量虽不大，但集中在采收期，葡萄易腐烂，常需提前采收，这造就了赛美蓉独特的气质，其酸度较高，陈年后常会出现蜂蜜、干果、火药以及香料等非常迷人多变的陈酿香气，口感也变得柔顺，是澳大利亚风味最独特的白葡萄酒。猎人谷还是最早使用橡木桶来酿造单一品种的赛美蓉贵腐甜白葡萄酒的产区。滨海沿岸产区生产世界级赛美蓉贵腐甜白葡萄酒，采用法国橡木桶陈酿，呈金黄色，带有丰富浓郁的杏仁味道，余味绵长。

靠近内陆的满吉产区，气候更炎热干燥，主要生产红葡萄酒，以浓厚粗犷为特色。

3. 维多利亚产区

维多利亚州位于澳大利亚的东南沿海地区，西侧为南澳大利亚州，北侧为新南威尔士州，南侧是隔水相望的塔斯马尼亚。位处南方更为寒冷的气候以及起伏多变的地形地势，让维多利亚成为澳大利亚变化最多元的葡萄酒产区，并有着最多实践欧洲酿酒理念的小型酒庄，酿造出最类似欧洲风格的葡萄酒。

维多利亚产区拥有600多个酿酒厂，葡萄酒的产量在整个国家排第三位。

维多利亚产区按地理方位可分成6个葡萄酒大区：西北部、西部、中部、菲利普港区（Port Phillip）、东北部和面积较大的吉普史地（Gippsland）产区。

这些区域又分为20多个子产区，包括雅拉谷、墨累河岸（Murray Darling）等。在众多环境特异的产区中，以环绕着菲利普港区，气候寒冷的雅拉谷、吉朗（Geelong）、莫宁顿（Mornington）半岛、森伯里（Sunbury）和马斯顿山区（Macedon Ranges）等南部的寒冷产区最为特别，在这些产区主要生产清爽多酸的起泡酒、柔和精巧多果香的黑品诺红葡萄酒、均衡多酸少橡木味的霞多丽、产自凉爽气候更为多酸高雅的赤霞珠和西拉红葡萄酒，这些酒都有极精彩的表现，共同成为在南澳风格的阳光葡萄酒外，另一种更为均衡精致，更适合佐餐的欧洲葡萄酒风格。

该产区的气候极其多变，西北部是炎热的大陆性气候，而雅拉谷是温和的海岸气候。

该产区土壤种类十分广泛。东北部是红色的壤土；墨累河岸是砂质的冲积土；马迪朗地区是砾石土，混有石英和页岩，底层是黏土。

雅拉谷已成为澳大利亚公认的最凉爽的产区之一，适合酿酒的葡萄品种多样，以生产全澳大利亚最优秀的多果味黑品诺和高水准的均衡优雅风味霞多丽而闻名。此外，还有大量的赤霞珠、品丽珠、美乐以及西拉。该区也是澳大利亚最佳的起泡酒产区之一。

墨累河岸是维多利亚产区最大的子产区，葡萄种植面积2万hm²。霞多丽是该地区最主要的品种，其后是西拉、赤霞珠和美乐。

4. 西澳产区

西澳主要的葡萄酒产区都集中在西南角，包括：天鹅谷、玛格利特河、潘伯顿（Pemberton）、大南部地区（Great Southern）等子产区。1999—2009年，西澳的葡萄年加工量几乎翻了一倍，玛格利特河和大南部地区的葡萄年采收量也增长了两倍。这主要是由于近年来玛格利特河产区葡萄酒在国际上知名度大增，以及澳大利亚葡萄酒大厂介入西澳葡萄酒市场。现在西澳葡萄酒的产量已由不足澳大利亚葡萄酒总产量的1%增长至超过4%。

该产区气候非常多变。天鹅谷是世界上最炎热的产区之一，夏季炎热干燥，较为漫长，冬季湿润短暂。而玛格利特河产区属地中海气候，降雨量较大，海风有助于缓解夏季炎热的气候。下游大南部（Lower Great Southern）地区更为凉爽，夏季降雨量较低。海岸地区湿度较高，有利于形成贵腐菌。

该产区的土壤一般是冲积土、沙土、砾石土和黏质壤土，土层十分深厚，排水性好。西南海岸地区的表层土非常细腻，呈白灰色，称为"Tuart Sand"。玛格利特河部分地区的底层土是石灰岩，混有砾石。

主要品种为霞多丽、赤霞珠、美乐和西拉。

西澳最著名的葡萄酒产区当属玛格利特河子产区。该区的葡萄酒风格多样，有优雅含蓄的，也有果香充沛、强劲有力的，是澳大利亚最佳的赤霞珠产区之一。该区最主要的葡萄品种是赤霞珠，用它酿造的葡萄酒风味浓郁，拥有强劲的结构以及丰富紧致的单宁。另外，美乐也有较好的表现，西拉反而显得粗犷一些。产区的霞多丽也较出名，带有核果类水果香气，酸度较高。赛美蓉和长相思混酿酒口感活泼，带有草本芳香和清新的柠檬草风味。最南端大南部地区，除了湿凉的海岸区，大部分属于大陆性气候区，雷司令是最具代表性的品种，展现迷人的香气和爽口的酸味，已经接近南澳克莱尔谷的水准。

第三十节　新西兰

新西兰位于太平洋南部，介于南极洲和赤道之间，地处澳大利亚东南方1600km处，由南北两岛组成，四面环海，纬度较高，跨度较大，是世界上最靠南的产酒国。

新西兰葡萄酒的兴起是从20世纪80年代开始，现在酒厂数量已增至700多家，葡萄种植面积33400hm^2。年产葡萄酒30万t左右。

一、气候特点

新西兰大部分葡萄园分布在沿海地区，海洋性气候与吹向内陆的海风，加上年平均2200h的日照，可以让葡萄享有较长的成熟期。独特的自然条件让其葡萄酒拥有其他产地的葡萄酒难以比拟的独特风味，拥有干净纯美的水果香气、可口诱人的爽口酸味。

新西兰北岛（North Island）北端接近亚热带气候，较为炎热，温差在春夏季则有10℃以上。南岛（South Island）靠近极地，气温较低，四季分明，更像是大陆性气候。两岛葡萄采收期从每年的二月一直延续到六月才能全部完成。但过度充沛的雨水，是葡萄生长期最常遇到的主要问题之一，导致葡萄酒糖度较低或不能充分成熟。

二、土壤特点

土壤类型以砾石地为主，少数产区以石灰岩为主。

三、主要葡萄品种

虽然新西兰生产的红葡萄酒品质并不差，但其白葡萄酒还是占了全国产量的90%，主要品种包括长相思、黑品诺、霞多丽、雷司令、灰品诺以及少量的赛美蓉、琼瑶浆、维欧尼、美乐、赤霞珠和马尔贝克等。其中，长相思是新西兰最重要的品种，接近全国葡萄种植面积的80%。特别是马尔堡区（Marlborough）出产的长相思葡萄酒，在世界上享有盛誉。黑品诺是新西兰种植面积第二大的葡萄品种。

四、葡萄酒等级法规

新西兰虽然有几百年的葡萄种植历史，但和美国、澳大利亚一样，新西兰酒并没有分级制度，只有一个产区划分。

也就是说在新西兰酒标上是找不到等级信息的，一款酒的质量好坏只有喝过了才知道。如果在新西兰酒标上找到图14-6这个标志，一片黑白分明的银蕨叶子，就说明这瓶酒产自经过可持续发展认证的葡萄园。可持续发展是新西兰葡萄酒发展中非常重要的政策，大多数葡萄园都通过了这一条认证。

图14-6 新西兰葡萄酒可持续发展认证标志

五、主要葡萄酒产区

新西兰有8个主要产区，包括马尔堡、霍克斯湾（Hawkes）、奥克兰（Auckland）、中奥塔哥产区（Central Otago）等。其中，马尔堡是新西兰最大也是最主要的葡萄酒产区，每年的葡萄酒产量占新西兰葡萄酒总产量的80%。另外，新西兰葡萄酒95%以上采用螺旋盖封瓶。

马尔堡产区是新西兰日照最长的地区之一。这里气候凉爽干燥，光照充足，葡萄生长期长，成熟缓慢。该产区昼夜温差大，夏季白天的平均气温接近24℃，但是夜晚却非常凉爽，这有利于维持葡萄的酸度。

马尔堡产区位于新西兰南岛东北角，多数葡萄园的土壤肥力属于中低水平，表层是含有大量砂石的黏土，下层是易于排水的鹅卵石土层，这样的土壤结构能够降低葡萄藤蔓的生长活力。怀劳谷（Wairau Valley）和阿沃特雷谷（Awatere Valley）两个小产区便是这种土壤的典型代表。

马尔堡产区的葡萄酒具有清新诱人的果香，酸味清爽，带有草本植物的香气，其中以长相思葡萄酒最为有名。这里的长相思经常散发着新鲜浓郁的百香果、黑醋栗及青草香气，可口多酸且容易辨识，是新西兰最具代表性的酒种。

霍克斯湾气候非常温和，土质多变，从肥沃的冲击土质到沙砾土质都有，主要以赤霞珠和霞多丽出名。

第三十一节　南非

南非地处非洲大陆最南端，葡萄种植面积接近13万hm^2，每年葡萄酒产量100多万t，其中2019年97万t，它的主要葡萄酒产区分布在开普地区。

一、气候特点

南非气候炎热干燥，绝大部分地区都不适合种植葡萄，葡萄园大部分都集中在西开普省西部大西洋沿岸地区，这里受到南极本格拉洋流（Benguela Current）的影响，为典型的地中海气候。该区域内西部气候凉爽，有着理想的大规模种植优良葡萄品种的条件，形成了从海边向内陆不超过50km沿海的葡萄种植和酿酒区域。而位于内陆的产区非常炎热干燥，已接近沙漠区的气候，必须依靠人工灌溉，葡萄成熟得非常快，常缺乏酸度和细腻的风味，生产的葡萄大多制成葡萄干、浓缩汁、白兰地或廉价的葡萄酒。

葡萄园主要集中在山谷两侧和山麓的丘陵地区，使得葡萄种植能够获益于多山地形和不同地质所带来的多样的区域性气候。高低不平的地势以及山谷坡地的多样性，再加上两大洋交汇，尤其是大西洋上来自南极洲水域寒冷的本格拉洋流向北流经西海岸，减缓了夏季的酷热。白天，有海上吹来凉风，晚间则有富含湿气的微风和雾气。适度的光照也发挥了很大作用。这样，地形差异和区域性气候条件创造了葡萄品种和品质的多样性。

二、土壤特点

南非各葡萄酒产区拥有不同的土壤类型。在沿海地区，多是砂质岩和被侵蚀的花岗岩，在地势较低处则被页岩层层包围。靠内陆的区域则以页岩母质土和河流沉积土为主，且多为酸性土壤。

三、主要葡萄品种

南非白葡萄种植面积超过葡萄园总面积的一半，而且品种繁多，最为重要的白葡萄品种是白诗南，在当地称为斯丁（Steen），种植面积约占全国总量的20%，被用于酿成多样化的葡萄酒，包括干型、甜型、起泡葡萄酒或雪莉酒等。其次为长相思和霞多丽，二者共占15%左右。

南非主要的红葡萄品种是赤霞珠、美乐、品丽珠、西拉和皮诺塔吉（Pinotage），其中赤霞珠约占全国葡萄种植面积总量的13%。皮诺塔吉是南非的本土品种，由黑品诺和神索杂交而成，产量大，颜色深，香气很浓郁，但不够优雅细腻，有时酿成粗犷的红葡萄酒，有时酿成简单柔和有点像法国博若莱的新鲜淡色红葡萄酒。

四、葡萄酒等级法规

20世纪70年代起草的"Wine of Origins"产地分级制度（简称WO）划分了现在南非酒标上所标注的产区。部分分级制度还借鉴了法国的Appellation d'Origine Controlée（AOC）系统，WO制度的出台主要是希望通过酒标来更精确地告诉消费者酒产地和品质，因此除了产区上的制定参照了旧世界的做法之外，像法定许可的葡萄品种、葡萄架形、灌溉方式和产量等都没有被制定到这次的制度当中。

WO分级中的产区被分成4个等级：地理大区（Geographical Units）（如开普敦）、地域大区（Region）[如奥弗山（Overberg）]、地区（Pistrics）[如沃克湾（Walker Bay）]，最后才是小区域（Wards）[如埃尔金（Elgin）]。上述地理大区、地域大区、地区的划分主要还是根据行政意义上的界限，而真正参照葡萄酒产业数据和风土划分的区域则是最小的次区单位，平时我们谈论和选购南非葡萄酒的时候主要还是以地域大区和地区作为依据。

WO对葡萄品种有严格的要求，如采用单一品种命名的葡萄酒，必须至少含该品种75%，若要出口，则要达到85%。

五、主要葡萄酒产区

南非的葡萄园主要集中在西开普省，这个南非最重要的葡萄酒产区内又有四大重点子产区，分别是海岸产区（Coastal Region）、布里厄河谷（Breede River Valley）、克林克鲁（Klein Karoo）和奥勒芬兹河（Olifants River）。海岸产区的葡萄园非常集中，而且所出产的葡萄酒品质优异。

西南部的海岸产区葡萄园集中，有最精华的产酒区域，如帕尔（Paarl）、斯特兰德（Stellenbosch）和康斯坦提亚（Constantia）。马姆斯伯里（Malmesbury）就位于此区域。斯特兰德产区是南非酒业中心，紧邻福尔斯湾（False bay），气候凉爽，可以酿造出更加均衡的葡萄酒，是南非的最佳产区。其北边的帕尔产区因为较偏内陆，气候比较炎热干燥，除了生产红、白葡萄酒外，也生产加强型葡萄酒和雪莉酒。马姆斯伯里位于帕尔产区的北边，属于黑地（Swartland）产区，主要生产粗犷浓厚的红葡萄酒和加强型红葡萄酒。

靠近内陆的布里厄河谷是最大的产区，是南非产量最大的葡萄酒产区，气候更为干燥，靠河水灌溉葡萄园。主要分为布里厄河上游的伍斯特（Worcester）和下游的罗贝尔森（Robertson）。伍斯特是南非面积最大的葡萄酒产区，主要出产平价的葡萄酒和白兰地。罗贝尔森产区土壤多为石灰石土壤，受到海洋气流的影响，所出产的葡萄酒平衡性比伍斯特更佳。

比布里厄河谷更内陆的克林克鲁产区气候更为干热，以生产甜酒闻名，种植许多波特品种和玫瑰香。

西开普省西北边的奥勒芬兹河，则是一个产量大，以大型酿酒合作社为主的葡萄酒产区，靠近海岸区和海拔较高的区域有较好的潜力，生产均衡的葡萄酒。

除了四大产区之外，西部大西洋岸边的达岭（Darling）、印度洋岸的沃克湾以及东邻的奥弗山等产区，因为有凉爽的气候环境，可以酿造出南非少见的优雅风格，如黑品诺、雷司令、霞多丽都有不错的表现。

第三十二节　日本

日本葡萄的栽培据说始于公元718年的山梨县（Yamanashi-ken），当时那里开始栽培葡萄，而且可能用葡萄生产出了葡萄酒。有证据表明，日本的葡萄酒历史可以追溯到17世纪，但是规模相当小。第一个葡萄酒产区建立在富士山下，主要种植甲州（Koshu）葡萄和"zenkoji"（一种在中国被称为"龙眼"的品种）。目前，日本葡萄酒年生产量在10万t左右，在世界上排名第28位。日本的葡萄酒几乎完全内销，出口量很少。

一、气候特点

日本的气候寒冷，降雨量大，湿度高，栽培酿酒葡萄难度大，葡萄的品质普遍不高。

全日本有约200家葡萄酒庄，其中将近一半位于富士山脚下的山梨县。在这个群山环绕的盆地内，太平洋潮湿的水汽被阻隔在富士山另一边的海岸，此处为多雨的日本群岛中最干燥与阳光充足的地带，也是最适合葡萄种植的地区。

在盆地东北角，一处近山的冲积岩上，聚集着30多家日本最古老的葡萄园和酒庄，这便是日本名副其实的葡萄酒乡——甲州市（Koshu）的胜沼町（Katsunuma）。

二、主要葡萄品种

在日本广泛栽培的酿酒白葡萄品种有甲州（Koshu）、霞多丽、赛美蓉、长相思、雷司令、琼瑶浆、白品诺、科纳（Kerner）、尼亚加拉（Niagara）等。

甲州葡萄从高加索山经丝绸之路，渡海来到日本，经过1300年的漫长演化，果实皮厚，抵御霉菌能力颇强，成为最能适应日本潮湿气候的品种。该品种成熟的浆果粉得透亮，略带浅灰或浅紫，酒色接近纯白或泛着微黄。名气虽小，但身份不低微，它是唯一一款日本本土的酿酒葡萄品种。该品种多用不锈钢桶发酵后新鲜装瓶，清雅恬淡，芳香爽口，其最大的特色是酸度很高，酒精度却很低，在10.5%~12%vol，其颜色透明如泉水，飘着淡淡的柚子香，喝起来轻巧多酸，鲜美止渴。

红葡萄品种有美乐、赤霞珠、黑品诺、西拉、茨威格、特罗灵格和日本培育的贝利A麝香（Muscat Bailey-A）等。

贝利A麝香是由日本人将"贝利"葡萄与"玫瑰香"葡萄进行杂交嫁接得到的，后来这个品种在日本得到了广泛的栽培。贝利A麝香具有浓厚的果味，所以广泛地用于甜型酒的酿造。近年来，日本人还用贝利A麝香开发了一些可在橡木桶中陈酿的味道较干的葡萄酒。另外，赤霞珠、美乐也有种植。

三、葡萄酒等级法规

在原产地标示这个问题上，日本目前还没有全国范围内的关于葡萄酒命名的法定机构。不论使用哪国的原酒以及哪个品种的葡萄，只要是在日本国内发酵生产的葡萄酒统统都被标记为"日本酒"。因此，有一些日本市面销售的"日本葡萄酒"实际上使用了进口的酿酒原料。

日本国产葡萄酒原料可分为四类：

①使用国内生产的酿酒葡萄品种作为原料。

②使用国内生产的鲜食或鲜食与酿酒品种作为原料。

③使用国外进口的葡萄（原汁、鲜葡萄、浓缩葡萄汁等）为原料。

④进口散装葡萄原酒（主要为混合酒用的葡萄原酒）作混合葡萄酒原料。

2008年前，日本规定：使用进口原料，进口原料用量超过50%，标记为"使用进口葡萄酒及国产葡萄酒"；而不到50%的情况，则按照"使用国产葡萄酒及进口葡萄酒"标记。

近年来日本葡萄酒行业正走向成熟，由于品质的提高，获得了消费者新的认可并增加了销量，促使政府开始思考新的发展，建立真正的原产地命名制度，在酒标上注明葡萄产地。2018年出台葡萄酒新法规保护原产地命名，该规定于2018年10月底生效，规定只有100%日本产出的葡萄酿造的葡萄酒才能被称为日本葡萄酒。该规定还建立了一个新的地理标识制度，使用当地出产的葡萄85%以下的葡萄酒禁止标注该产区。此外，超过85%的单一品种酿造的葡萄酒必须写清楚葡萄品种。例如，所有标签上写了"山梨县"的葡萄酒，都必须由100%的山梨县本地种植的葡萄酿成，葡萄品种上也是如此，只有由100%甲州酿成的酒，才被标上甲州。

四、主要葡萄酒产区

除了山梨县，日本葡萄酒产区主要还包括北海道（Hokkaido）、山形县（Yamagata）、长野县（Nagano）等。

其中，日本葡萄酒的酿酒之乡——长野县，是出产葡萄酒质量最高的产区，位于本州岛中部，海拔较高，凉爽的夜晚以及温暖的气候十分适合培育霞多丽（Chardonnay）等勃艮第的葡萄品种。

位于山梨县东北部的甲州市，葡萄在此处长势很好。在胜沼町随处可见连绵的葡萄园。跟法国相比，这里的葡萄园很不一样，几乎都是藤架式栽培，葡萄藤像是粗壮的树，每棵距十米之远，种植的大多是一种名为甲州（Koshu）的粉红色葡萄。

山形县也位于本州岛，总占地面积约9300km²，目前该区域已经有12家酿酒厂。

北海道是日本最大的酿酒区域，北海道总面积高达83000km²，虽然这里目前有很多清酒和威士忌酿酒厂，但是该地的葡萄酒产业也在迅速发展。

附录一 感官分析词汇（英语、法语）

1. **外观分析**：Visual Examination（Examen Visuel）

色度Color intensity (Intensité)

种类State Type (Etat)

色调Shade (Nuance)

白葡萄酒White wine（Vin Blanc）

浅棕色Light brown tint (Reflets bruns léger)

浅绿色Light green tint (Reflets verts léger)

深棕色Deep brownish (Reflets brun intense)

深绿色Deep greenish (Reflets verts intense)

禾秆黄Staw yellow (Jaune Paille)

琥珀色Amber coloured (Ambré)

浅黄色Watery yellow (Jaune pale)

金黄色Golden yellow (Jaune doré)

绿禾秆黄色Green yellow (Jaune vert)

深金黄色Deep gold (Or soutcnu)

红葡萄酒Red wine（Vin）

浅棕色Slight brown (Brun léger)

覆盆子红Raspberry red (Rouge framboise)

浅紫色Slight violet (Violet léger)

洋葱皮红Onion skin colour (Pelure d'oignon)

紫色Purple (Pourpre)

玫瑰红Pinkish (Rosé)

宝石红Ruby (Rubis)

棕红色Deep brown (Brun intense)

浅红色Claret (Clairet)

紫红色Deep violet (Violct intense)

橙红色Salmon pink (Saumon)

起泡Sparkling（Effcrvsccncc）

起泡良好Good foam persistence (Bonne tenue mousse)

气泡少Low foam persistence (Faible tenue mousse)

气泡大Large bubbles (Bulles grossières)

气泡小Small bubles (Bulles fines)

澄清度Limpidity (Limpidité)

晶亮Brillant (Brillant)

澄清Clear (Limpide)

乳状Opalescent (Opalescent)

浑浊Cloudy (Trouble)

2. 香气分析：Olfactory Examination（Examen Olfactif）

总体强度Total intensity (Intensité globale)

植物气味Vegetal smell (Note végétale)

朝鲜蓟Artichoke (Artichaud)

芦笋Asparagus (Asperge)

椴树Oak wood (Bois de chêne)

蘑菇Mushroom (Champignon)

烟草Tabacco (Tabac)

茴香Fennel (Fenouil)

薄荷Mint (Menthe)

青苔Fern (Fougère)

橄榄Olive (Olive)

干草Hay (Foin sec)

甜椒Sweet pepper (Poivron vert)

青草Grass (Herbe)

小灌木Undegrowth (Sous-bois)

茶叶Tea (Thé)

松露Truffle (Truffe)

马鞭草Vervain (Verveine)

花香Floral smell (Note florale)

白色花White flower (Fleur blanche)

山楂花whitehorn (Aubépine)

蜂蜡Bee's wax (Cire d'abeille)

蔷薇花Wild rose (Eglantine)

玫瑰Rose (Rose)

金合欢Acacia (Acacia)

染料木Broom (Genêt)

老鹳草Geranium (Géranium)

茉莉花Jasmin (Jasmin)

百合花Lily (Lys)

鸢尾Iris (Iris)

接骨木Elder tree (Sureau)

椴树Lime tree (Tilleul)

牡丹Peony (Pivoine)

蜂蜜Honey (Miel)

果香Fruity smell (Note fruitée)

杏子Apricot (Abricot)

苦杏仁Bitter almond (Amande amère)

杏仁Fresh almond (Amande fraiche)

菠萝Pineapple (Amanas)

香蕉Banana (Banane)

黑茶藨子Black currant (Cassis)

樱桃Cherry (Cerise)

梨子Pear (Poire)

李子干Prunc (Pruneau)

栗子Chestnut (Châtaigne)

柠檬Lemon (Citron)

木瓜Quince (Coing)

无花果Fig (Figue sèche)

草莓Strawberry (Fraisc)

覆盆子Raspberry (Frambo ise)

荔枝Lichee (Litchis)

苹果Apple (Pomme)

葡萄Grape (Raisin)

橘子Mandarin orange (Mandarine)

芒果Mango (Manguc)

桑葚Blackberry (Mûre)

榛子Hazelnut (Noisettc)

胡桃Walnut (Noix)

柚子Grapefruit (Pamplemousse)

桃子peach (Pêche)

李子Plum (Prune)

香料Spicy smell (Note epicée)

桂皮Cinnamon (Cannelle)

香菜Coriander (Coriandre)

丁子香花蕾Clove (Girofle)

肉豆蔻Nutmeg (Muscade)

辣椒粉Paprika (Paprika)

红辣椒Red pepper (Piment de Cayenne)

香脂Balsamic smell (Note bulaumique)

樟脑Camphor (Camphre)

柏树Cypress tree (Cyprès)

桉树Eucalyptus (Eucalyptus)

香草Vanilla (Vanille)

刺柏Juniger-berry (Genièvre)

薰衣草Lavander (Lavande)

松树Pine-tree (Pin)

树脂Resin (Résine)

迷迭香Rosemary (Romarin)

百里香Thyme (Thym)

烧焦气味Empyreumatic smell (Note empyreumatique)

烤巴旦木Toasted almond (Amande grillée)

烤面包Toast (Pain Grillé)

奶油Buttcred brioche (Brioche)

柏油Tar (Goudron)

可可Cocoa (Cacao)

烧木头Burnt wood(Bois brûlé)

焦糖Toffee (Caramel)

烟熏Smoke (Fumée)

熏香Incense (Encens)

咖啡Coffee bean (Café)

甘草Liquorice (Réglisse)

烟草Soot (Suie)

动物气味Animal smell (Note animale)

猫尿Cat's pee (Pipi de chat)

马味Horse (Cheval)

腌货Salting (Salaison)

黄油Butter (Beure)

汗味Sweat (Sueur)

麝香Musk (Muse)

皮革Leacher (Cuir)

脂肪Venison (Venaison)

矿物质气味Mineral smell (Note minerale)

混凝土味Fresh concrete (Béton frais)

铅矿味Pencil lead (Mine de crayon)

锈味Rust (Rouille)

燧石Flint (Silex)

墨水Ink (Encre)

碳氢化合物Hydrocarbon (Hydrocarbures)

湿土味Earthy (Tcrre mouillée)

3. 口感分析：Gustatory Examination (Examen Gustatif)

酸度Acidity (Acidité)

微酸Solfened acidity (Acidité fondue)

平衡Balanced (Acidité normale)

酸涩Nervous (Nerveux)

肥硕和圆润Richness/Sweetness (Gras/Moelleux)

收敛性Astringincy (Astringence)

热感（酒精）Warmth(alcohol) (Chaleur)

苦味Bitterness (Amertume)

浓度Concentration (Concentration)

芳香的持续性Aromatic persistency (Persistance aromatique)

整体质量Overall quality (Qualité d'ensemble)

不和谐Anomaly (Anomalie)

和谐Balanced (Harmonicux)

平淡Light (léger)

浓郁Rich (Riche)

酒龄Age (Maturity)

最佳饮用期Drink now (A déguster)

待存放To keep (A attendre)

过头（已衰老）Decrepit/over the hill (Passé)

Armagnac Tasting Chart

Taster品尝员_____　　　Town城镇_____

Degree酒精度_____　　　Tasting date品尝日期_____

Armagnac雅文邑_____　　　Appellation原产地_____

Bottling Date装瓶日期_____　　　Location所在地_____

1. Visual Appearance外观

Color颜色

☐clear澄清的　　　☐pine松色　　　☐straw禾秆色

☐golden金色　　　☐amber琥珀色　　　☐chestnut深红棕色

☐mahogany红褐色

Highlights强度

☐green绿色　　　☐golden金色　　　☐amber琥珀色

☐red红色　　　☐mahogany红褐色

2. Primary Aromas一类香气

Intensity强度

☐reticent香气闭塞　　　☐forward香气早熟　　　☐intense香气浓郁

Herbal Aromas草本香气

☐fern蕨类　　　☐hay干草　　　☐mint薄荷

☐peppermint薄荷糖　　　☐tea茶

Floral Aromas花香

☐violet紫罗兰　　　☐iris鸢尾花　　　☐rose玫瑰花

☐geranium天竺葵　　　☐dried flowers干花　　　☐honey蜂蜜

Fruit Aromas水果香

☐ripe fruit成熟水果　　　☐apple苹果　　　☐pear梨

☐prune李子　　　☐quince木瓜　　　☐white peach白桃

☐banana香蕉　　　☐apricot杏　　　☐mango芒果

Preserved Fruits蜜饯类水果

☐orange peel橘皮　　　☐lemon peel柠檬皮　　　☐ginger姜

☐coconut椰子

Dried Fruits果干

☐prune李子干　　　☐fig无花果干　　　☐apple苹果干

Candied Aromas蜜饯香

☐nougat牛轧糖　　　☐butterscotch奶油硬糖　　　☐caramel黄油奶糖

☐toffee太妃糖　　　☐white chocolate白巧克力　　　☐dark chocolate黑巧克力

☐coconut cream椰奶

Wood橡木香

☐young oak新桶　　　☐old oak老桶　　　☐damp oak湿橡木

☐mushroom蘑菇　　　☐acacia金合欢　　　☐hickory山核桃

☐resin树脂　　　☐pine松树

Spices香料

☐vanilla香草　　　☐cinnamon肉桂　　　☐licorice甘草

☐mint薄荷　　　☐black pepper黑胡椒　　　☐white pepper白胡椒

Toasted Aromas烘烤类香气

☐toast烘烤的　　　☐coffee咖啡　　　☐toasted coconut烤椰子

☐tobacco烟草　　　☐leather皮革　　　☐truffles松露

3. Secondary Aromas二类香气

Rancio陈化味

☐almond杏仁味　　　☐walnut核桃

Relation with Primary Aromas与一类香气相关的

☐balanced平衡的　　　☐dominant主导的

4. Mouthfeel口感

Weight厚重感

☐delicate酒体轻盈　　　☐medium-bodied中等酒体　　　☐rich酒体丰满

Alcohol酒精

☐lacking缺乏酒精　　　☐well-integrated很好的酒精香　　　☐hot酒精味过烈

Tannin单宁

☐lacking oak缺少橡木香　　　☐well-integrated oak很好的橡木香

☐over-oaked橡木味过重

Perceived Sweetness感知到的甜味

☐natural自然的　　　☐artificial人工修饰的

Alcohol–Tannin–Fruit Balance酒精–单宁–果香的平衡性

1 2 3 4 5 6 7 8 9 10

5. Finish余味

Balance平衡性

□well-balanced非常平衡

□wood out of proportion（dry）木香突出

□alcohol out of proportion（hot）酒精突出

□fruit out of proportion（sweet）果香突出

Persistence持久性

□short短的　　　　　　　□moderate中等的　　　　　　□long余味长的

6. Overall Impressions总体评价

□unacceptable不可接受的　　□moderate中等的　　　　　□good好的

□very good非常好的　　　　□excellent卓越的

参考文献

［1］ 郭其昌. 新中国葡萄酒五十年［M］. 天津：天津人民出版社，1998.

［2］ 兰振民. 张裕公司志1892—1998［M］. 北京：人民日报出版社，1999.

［3］ 战吉宬，李德美. 酿酒葡萄品种学［M］. 北京：中国农业大学出版社，2010.

［4］ Jancis Robinson, Julia Harding, Jose Vouillamoz. Wine Grapes: A complete guide to 1368 vine varieties, including their origins and flavours[M]. New York: Penguin Books Ltd, 2012.

［5］ 宋文章，马永明. 葡萄品种［M］. 银川：宁夏人民出版社，2010.

［6］ 贺普超. 葡萄学［M］. 北京：中国农业出版社，1999.

［7］ Jancis Robinson, Julia Harding. Oxford companion to wine（fourth edition）[M]. New York: Oxford University Press. 2015.

［8］ Patrick Iland. Monitoring the winemaking process from grapes to wine: techniques and concepts（2nd edition）[M]. Adelaide Patrick Iland Wine Promotions Pty Ltd, 2012.

［9］ 李华，王华，袁春龙，等. 葡萄酒工艺学［M］. 北京：科学出版社，2007.

［10］ 裴广仁. 辽宁桓仁冰酒产区冰葡萄酒关键工艺研究[D]. 烟台：烟台大学，2010.

［11］ 杰克逊（Jackson,R.S.）著，段长青主译. 葡萄酒科学——原理与应用［M］. 北京：中国轻工业出版社，2017.

［12］ 烟台麒麟包装有限公司. 软木塞的生产选择与使用［M］. 北京：中国计量出版社，2005.

［13］ 李记明. 橡木桶——葡萄酒的摇篮［M］. 北京：中国轻工业出版社，2010.

［14］ R. J. Clarke, J. Bakker著，徐岩译. 葡萄酒风味化学［M］. 北京：中国轻工业出版社，2013.

［15］ 李华，王华，袁春龙，等. 葡萄酒化学［M］. 北京：科学出版社，2005.

［16］ 李华. 葡萄酒品尝学［M］. 北京：科学出版社，2010.

［17］ 杰克逊著. 王君碧等译，黄卫东等审校. 葡萄酒的品尝［M］. 北京：中国农业大学出版社，2009.

［18］ 李德美. 深度品鉴葡萄酒［M］. 北京：中国轻工业出版社，2012.

［19］ 简希斯·罗宾逊（Jancis Robinson）. 吕杨，吴岳宜译. 品酒：罗宾逊品酒练习册［M］. 上海：上海三联书店，2011.

［20］ 李华，王华. 中国葡萄酒［M］. 西安：西北农林科技大学出版社，2010.

［21］ 钱相宪. 朱燕译.葡萄酒入门宝典［M］. 北京：中国出版集团，2010.

［22］ 林裕森. 葡萄酒全书［M］. 北京：中信出版社，2010.

［23］ 法国蓝带厨艺学院. 实用葡萄酒宝典［M］. 北京：中国轻工业出版社，2012.

［24］ 王恭堂. 白兰地工艺学［M］. 北京：中国轻工业出版社，2002.

［25］ Nicholas Fist, Michel Guillard. Encyclopedia of cognac - Vineyards, stills and wine cellars[M]. Paris: Yvelinédition, 2017.

［26］ 休·约翰逊，杰西斯·罗宾逊. 世界葡萄酒地图（第七版）［M］. 北京：中信出版社，2014.

［27］ Christopher Foulkes. Larousse Encyclopedia of Wine[M]. Milan: Larousse Kingfisher Chambers, 1994.

［28］ P. Ribereau-Gayon, Y. Glories, A. Maujean, D. Dubourdieu. Handbook of Enology(Volume2): The Chemistry of Wine Stabilization and Treatments[M]. Chichester: John Wiley & Sons Inc, 2003.

［29］克里斯蒂亚·克莱克（Christian callec），崔延志，郭月，梁百吉，等译. 郭松泉主审. 葡萄酒百科全书［M］. 上海：上海科学技术出版社，2010.

［30］凯文·兹拉利（Kevin Zraly），王臻译. 世界葡萄酒全书（2010版）［M］. 海口：南海出版公司，2011.

［31］Charles Neal. Armagnac:The Definitive Guide To France's premier Brandy［M］. San Francisco: Flame Grape Press, 2012.

［32］红酒世界网：https://www.wine-world.com/

［33］葡萄酒资讯网：http://www.wines-info.com/

［34］葡萄酒网：https://www.putaojiu.com/

［35］快资讯：https://www.360kuai.com/

［36］酒书网：http://www.liquorsbook.com/

［37］中国葡萄酒信息网：http://www.winechina.com/

［38］中国产业信息网：http://www.chyxx.com/

［39］百度百科：https://baike.baidu.com/

［40］葡萄酒资讯网：http://www.wines-info.com/

［41］http://www.pediacognac.com/

［42］https://www.monrovia.com

［43］https://winefolly.com

［44］https://zh.wikipedia.org

［45］https://plantgrape.plantnet-project.org

［46］https://bubblyprofessor.com/

［47］https://ourfrenchoasis.com/

［48］https://www.domainedesclaires.fr/

［49］https://le-cognac.com/

［50］https://southafrica.co.za/

后 记

缘起

2012年6月28日，中国轻工业出版社唐是雯编审应邀参加张裕120年大庆，期间送我一本《实用葡萄酒宝典》，并希望我能"结合张裕的生产实际，写一本葡萄酒基础方面的书"，我应允了她的建议。后来由于身体原因，加之工作繁忙，写书的事也是断断续续。前两年偶然听说唐编已经退休，想到8年前的承诺尚未兑现，顿觉内疚，暗下决心，一定要早日完成此书（即《葡萄酒技术全书》）的编写。随着书稿的完成，自己与葡萄酒30多年的一幕幕不时浮现于眼前。

结缘葡萄与葡萄酒

我出生在秦岭山中的陕西丹凤县，可以说跟葡萄和葡萄酒有一定的缘分。早在1911年，意大利传教士安西曼、华国文师徒就在天赋神韵的丹凤龙驹寨创立了"美利葡萄酒公司"，后改名为丹凤葡萄酒厂，它也是我国最早的葡萄酒生产厂家之一。小时候，每逢假期，都会到山上采野生葡萄，卖给酒厂，换点书费，有时过年也能喝上一点"丹凤牌"甜葡萄酒。1981年，我考取了县城的丹凤中学，正好就在丹凤葡萄酒厂的旁边，校园里时常弥漫着葡萄酒的芳香，每年8、9月份果农交葡萄排起的长龙，逢年过节运输葡萄酒的车队，至今仍时常出现在我的脑海里。

1984年高考时，班主任动员大家可以报考发酵（那时没有酿酒）专业，将来报效家乡的葡萄酒事业。我也报考了无锡轻工业学院，但后来被第一批院校的西北农学院（现西北农林科技大学）果树专业录取。

1988年，我和同班同学程国利（后来也应聘到张裕公司，先后任葡萄办主任，张裕烟台、北京酒庄总经理，公司总农艺师等职）一起考上了本校贺普超教授的研究生，贺先生是我国最早留苏的研究生，取得博士学位后回国从事葡萄教学科研工作，是我国葡萄学的奠基人。开学后第一次去见贺先生，他说："你是丹凤人，就跟李华老师学葡萄酒吧，将来毕业了回家乡去酿酒。"李华教授是我国第一个留法的葡萄与葡萄酒博士，协助贺先生于1985年在西北农业大学（今西北农林科技大学）创办了中国第一个葡萄栽培与酿酒专业。在此专业基础上，李华教授于1994年创办了中国第一所葡萄酒学院，这样李华教授就成了我的硕士研究生指导老师。

1988—1991年三年研究生期间，我的论文题为《酿酒葡萄成熟特性及葡萄酒质量关系研究》，主要研究陕西丹凤、陕西杨凌、甘肃武威三个产区的15个法国引进葡萄品种成熟过程中的成分变化，葡萄成熟度与葡萄酒质量的差异及其影响因素。其间，无论是在丹凤葡萄酒厂、甘肃武威葡萄酒厂每周骑自行车去20多千米外的葡萄品种园采摘葡萄样品（1985年，丹凤酒厂从法国引进了15个优良酿酒品种，建立了200亩的品种园），还是几十种单品种酿酒试验，以及糖、酸、单宁、多酚、颜色指标的分析，都得自己动手，亲力亲为（时任丹凤酒厂技术科长王宏安给予了诸多协助）。研究生阶段，我还承担了《葡萄酒香味成分研究》的科研项目，并于1990年发表了《葡萄酒香味成分与感官质量》，这成了我后来在葡萄酒方面的一个研究方向。

如果说大学学的果树专业课程，夯实了我的葡萄学方面的基础，那么，研究生阶段全面接触并系统学习葡萄和葡萄酒知识，在实验室与酒厂开展的技术研究项目，则进一步提高了我的专业理论水平和实践能力，为以后从事葡萄与葡萄酒教学、科研、企业管理奠定了扎实的基础。

1991年研究生毕业，留校任教，承担了《葡萄酒工艺学》《葡萄酒品尝学》《葡萄酒化学》《葡萄酒分析》《饮料学概论》等课程，这些课程的教学工作，也进一步筑牢了我的专业理论基础。1994年，我考取了贺普超先生在职博士生，主要研究中国野生葡萄及其杂交后代葡萄与葡萄酒的风味物质遗传，同时担任葡萄酒学院葡萄酒工艺学研究室主任。1996年，考取中国食品工业协会国家级评酒委员，1997年获得农学博士学位，1998年被评为副教授。

在西北农业大学葡萄酒学院任教期间，除了紧张的教学工作外，我还利用校企合作的机会，带领学生到葡萄园和酒厂实习，进行实验和技术指导，先后指导和协助指导研究生、本科生及青年教师12名，为企业培养技术骨干10余名，主编与参编教材4本（门）。先后深入陕西丹凤、安康，四川，甘肃，宁夏，内蒙古，新疆，北京，山西等地的十余家酒厂，开展技术合作，推广新技术，开发新产品。这也为以后自己从事企业工作，奠定了良好的实践基础。

应聘张裕，追梦起航

1997年，在一次行业会议上，我认识了时任张裕总工程师王恭堂先生，其实我早已是王总工的忠实读者了。他发表的许多文章，都深深地吸引了我，尤其是科普类文章，把深奥的专业知识，诗情画意般地娓娓道来……与王总工有了几次接触后，他说到张裕公司想招聘高层次的专业技术人才的想法。1998年9月，我带领学生到青岛东尼公司、龙口威龙葡萄酒公司实习，其间（1998年9月19日），我到访张裕公司，时任董事长的孙利强先生（下文简称孙董事长）和王世良书记接见了我，并希望我能到张裕公司工作……此前，在中国农业大学园艺学院工作的张大鹏教授欲在该校创办葡萄酒学院（张大鹏教授曾留学法国蒙彼利埃大学，1989年获博士后回国），曾希望我到中国农业大学进行博士后研究……但和王总工有了几次接触，加之张裕方面的极力邀请，我认识到葡萄酒作为一个应用性专业，大企业、大平台应该是理论应用于实践的良好场所。张裕作为百年企业，有丰厚的文化底蕴，有广阔的发展前景，在此工作，应该能够发挥较好的作用。这里特别感激时任张裕董事长的孙利强先生等主要领导，给了我一个发挥作用的平台。

组建技术中心，建立创新体系，培养人才队伍

1999年3月10日，我正式到张裕公司工作，受聘张裕公司技术中心副主任。2001年8月，接替王恭堂先生担任张裕总工程师，负责公司的技术工作，2002年、2004年又分管质量与原料基地等工作。我初到张裕时，公司科研处只有两个人，公司决定由我负责组建技术中心，在内部选聘了5名本科学历以上的技术员，成立研究室（分为葡萄酒、白兰地、起泡酒、保健酒4个方向），将化验室划归技术中心，设立分析室，并建立公司级及二级工厂的技术研发体系。鉴于当时技术管理比较分散的情况，我便以产品感官品评为抓手，逐渐建立起了技术研发、内在质量管理、分析检测综合性的技术研发与管理平台，利用这一平台进行内部的各类产品感官品评尝鉴、内在质量把关、技术交流、成果分享及外部的产学研合作等。

2002年，张裕技术中心被国家五部委批准设立国家级企业技术中心，成为葡萄酒行业第一家国家认定的企业技术中心，2003年被国家人事部批准设立博士后科研工作站，2013年设立山东省葡萄酒微生物发酵技术重点实验室。如今张裕已经建成8个省级及以上技术创新平台，这些平台已经成为张裕公司技术研发、人才培养、国内外技术交流、产学研合作、企业形象展示的重要阵地。

2001—2003年，张裕江南大学发酵工程研究生班在公司开班，共31名工程技术人员参加了在职学习。其中，有3位同志（姜忠军、司合芸、王霞）通过了国家外语水平考试，经研究生论文答辩，获得江南大学发酵工程硕士学位。

2005年，张裕公司第一个博士后赵玉平进站，主要进行张裕白兰地风味成分的研究，该项目在我和江南大学徐岩教授的共同指导下，在张裕XO白兰地中分离鉴定出了302种香气成分，该成果在国际权威杂志*Journal of Food Science*、*Journal of Enology and Viticulture*上发表，向世界展示了中国白兰地的质量水平与研究实力。后来陆续有李红娟、程仕伟、宋建强、韩国民、许维娜、张珍珍等六位博士进站从事研究工作。20多年来，我在江南大学、烟台大学指导或合作指导硕士10名，博士2名（王立萍、王玉霞），他们均承担了张裕公司在生产中遇到的葡萄、葡萄酒、白兰地等相关技术课题，这些人后来都成了高校及企业的教学科研及技术骨干。

除了通过博士后、产学研合作进行技术研究外，公司每年都对生产中的技术问题确立科研题目，每年立项项目达40多项，并让每名技术人员都承担1项课题。通过这种形式，一方面解决了生产实际问题，另一方面也培养了广大技术人员的专业素养，提高了他们的专业水平与业务能力，这些研究成果两年汇编一次，成为公司重要的技术文件。

引进"酒庄"概念，创立"酒庄酒"生产新模式

20世纪90年代中期，干红葡萄酒由南向北在中国逐渐兴起。为了顺应市场发展的需要，孙董事长等主要领导多次率队到欧洲考察，决定在烟台建设葡萄酒庄。2000年9月25日，公司组织了行业中多位专家在张裕博物馆召开酒庄建设论证会，具体由我和国利负责。在酒庄项目中，我负责酒庄的可行性论证报告、工艺、产品标准及产品研发等工作，国利负责酒庄项目建设。在翻译"chateau"时，我查阅了大量的中外文献，最终将其译成"酒庄"，并对酒庄的定义、范围、功能做了明确解释，这是中国首次提出"酒庄"概念和酒庄酒的生产模

式。其后我主持开发了张裕卡斯特蛇龙珠干红葡萄酒，霞多丽干白葡萄酒、起泡酒、利口酒［波特（port）型］等系列产品，鼎盛时期产量超过4000t。张裕卡斯特酒庄是中国第一个专业化的葡萄酒庄，酒庄的建立以及酒庄酒在全国的推广，推动了中国葡萄酒行业的产品结构调整与产业升级，成为中国酒庄酒的引领者。如今，张裕已在国内建成烟台张裕卡斯特、北京爱斐堡、辽宁冰酒酒庄、新疆巴保男爵、宁夏摩塞尔十五世、陕西瑞那、烟台丁洛特和可雅白兰地等8家酒庄。2013年开始，张裕又分别在法国、西班牙、智利、澳大利亚收购4家酒庄和2家工厂，目前，张裕已完成了全球化的酒庄布局。

发现桓仁，创新"冰酒"生产技术体系，拓宽世界冰酒产区版图

2004年秋天，时任辽宁桓仁北甸子乡副乡长兼本溪龙域冰酒有限公司副经理的郑继成先生，到我的办公室，拿着两穗果实饱满、果粒紧凑、果穗中大的葡萄，说是加拿大引进的冰葡萄威代尔，希望能与张裕合作。为了解实情，我派烟台酒庄酿酒师吕文鉴、阮仕立去现场察看冰葡萄生长情况，并带回了冰葡萄汁进行分析及发酵实验。2006年正月，本溪龙域公司邹德本先生及北甸子乡周远斌书记来到张裕，再次表达了合作的愿望，周洪江总经理（现为公司董事长，下文简称周总）和我接待了他们。公司高层在品尝了冰酒样品后，决定投资冰酒项目。2006年5~6月，研究生毕业已到技术中心工作的张卫强去桓仁参与发酵工作。2006年9月6日，张裕与龙域公司在北京人民大会堂签约，成立张裕奥罗丝冰酒有限公司（即现在的辽宁张裕黄金冰谷冰酒酒庄有限公司），张裕控股并经营。冰酒在中国属于新的酒种，葡萄的栽培方式（需要埋土）、冷冻方式、酿造方式等，与加拿大有很大差异，为了从理论上解决上述问题，我指导的烟台大学研究生裴广仁，到辽宁冰酒公司与酿酒师张卫强一起研究了不同冷冻方式下，冰葡萄汁及冰酒质量的状况，优良酵母筛选及发酵技术、挥发酸控制、降酸工艺、稳定处理等技术。后又与江南大学联合攻关，分析冰酒的特征风味成分，建立了桓仁冰酒风味质量图谱。该项目于2017年获中国酒业协会科技进步二等奖。上述研究从理论上支持了我们在辽宁桓仁采用的冰葡萄酿造技术。在此期间，加拿大米兰先生作为外方酿酒师，为冰酒酿造技术体系的建立做出了重要的贡献。我们开发的冰葡萄酒在国际权威大赛上多次获得大奖，冰酒产品深受消费者的喜爱，这从实践上进一步支持了我们创立的冰酒生产技术的合理性和有效性。2007年春天，加拿大驻华商务参赞到访张裕，欲了解张裕冰酒的情况，我向他做了全面的介绍，对方十分满意。张裕进入桓仁开发冰酒产品，创新了冰葡萄种植及冰酒的生产方式，使中国人喝上了自己酿造的冰酒，打破了冰酒只能由加拿大、德国、奥地利三国生产的局面，拓宽了世界冰酒产区版图。在张裕的引领下，辽宁桓仁冰葡萄种植面积近万亩，建成酒庄13家，已成为世界有影响力的冰酒产区。

转战西北，发展原料基地、布局优质产区

2002年，张裕走出烟台，在陕西泾阳建成了张裕（泾阳）葡萄酿酒有限公司，以辐射西北与西南市场。

2006年，张裕进入宁夏，投资8000万元，在宁夏农垦建设了7600亩"自营型"酿酒葡萄基地，2008—2010年又在青铜峡发展"合同型"葡萄基地56000亩，闽宁镇发展18000亩，投入

扶持资金3000多万元，并积极推广"沟栽法""倾斜龙干整型""以糖计价"等质量控制技术。

2009年5月中旬，新疆石河子农牧局副局长朱振亚、天珠葡萄酒公司董事长奚基武到访烟台，探讨与张裕公司合作的模式，周总和我接待了新疆代表团一行。5月下旬，孙董事长率队赴石河子考察，7月双方签署协议，张裕控股收购并经营新疆天珠葡萄酒公司。张裕入疆后，除了原有的5万亩葡萄基地，又发展了7万亩葡萄基地，高峰时期，基地面积达到了12万亩。张裕进入之前，当地收购的葡萄平均糖度20度左右，发酵季节要添加大量的白砂糖。为了解决葡萄糖度偏低的问题，我们积极推行"以糖计价、高糖高价"等政策，并通过"价格导向、技术引领、组织保障"等综合措施推动兵团八师石河子酿酒葡萄质量的整体提升。用了3年时间，使当地（石河子、玛纳斯、昌吉等）酿酒葡萄的平均糖度提高到23～24度。2012年，我们又在新疆葡萄基地实施"以质论价、优质优价""分类管理、分类定价、分类加工、分级使用"，很好地实践了"好葡萄酒是种出来的"理念。

这么多年来，公司上下逐步认识到产区、风土、葡萄品种、原料质量等对产品质量的重要性，积极探索葡萄基地的建设与管理模式。先后在烟台、宁夏、新疆等优质产区及辽宁桓仁特色产区建立了"葡萄基地+原酒发酵中心+酒庄"模式，实现"农户、地方政府、企业"三方受益的多赢局面，完成在国内六大优质葡萄产区的布局，葡萄基地面积达到20万亩。作为这些项目的决策参与者及实施者，自己努力将所学理论用于指导实际工作，尽心竭力。

技术引领，产品开发，质量升级

1999年初到张裕，我带领相关技术人员开发了两种果汁葡萄酒（清爽葡萄酒：葡萄酒+草莓汁；葡萄酒+梨汁，后改名"万客乐"。2016年公司又开发了同品类的"小萄"产品），赢得了市场及消费者的喜爱。入职张裕以来，我先后主持和指导开发的酒庄酒、冰酒、解百纳、醉诗仙、白兰地等系列产品，取得了较好的效益，多项产品在国内外获奖。

我深深地认识到新产品的开发与质量提升离不了技术创新这一基础，带领技术团队围绕葡萄酒领域：葡萄新品种选育、葡萄成熟度的控制、优良本土酵母菌及乳酸菌筛选、红葡萄浸渍发酵技术、白葡萄木桶发酵技术、橡木桶适应性选择、橡木及微氧应用技术、葡萄酒风味成分分析、葡萄酒安全性指标分析、延长葡萄酒货架期技术、产区葡萄酒风味质量图谱等；白兰地领域：葡萄品种筛选、白兰地原酒发酵技术、酵母使用技术、橡木桶陈酿技术、橡木制品及微氧陈酿技术、白兰地风味分析及质量图谱建立等进行系统研究。先后主持完成葡萄酒、白兰地、冰葡萄酒技术项目30余项，其中，通过省级以上鉴定项目近20项，获国家、省、市技术奖20余项。发表论文213篇，出版专著3部，授权发明专利15项。

这些研究成果绝大多数已经应用于生产实际中，产生了巨大的经济效益和社会效益。所进行的葡萄酒、白兰地、冰葡萄酒风味成分的研究达到国际先进水平。主持完成的张裕葡萄基地管理系统、葡萄收购系统、葡萄酒发酵自动化控制系统、葡萄酒信息化管理系统、葡萄酒（白兰地）陈酿系统、葡萄酒综合质量分级系统等达到国内领先水平。

参编标准规范，推动行业转型升级

2001年，葡萄酒爱好者吴书仙女士，针对当时的葡萄酒生产情况，向张裕发来了9个质疑问题。《糖酒快讯》记者李焕锐先生就此问题到办公室对我进行了采访，发表了《吴书仙九问张裕，李记明从容答疑》，后又采访了行业的19位专家，连发两期专题，主要涉及半汁酒、玫瑰香干红葡萄酒、调色酒使用、"香槟"名称使用、年份酒、标签标注等问题。此事引起了行业的极大震动，并引发了大家的广泛讨论。应该说，站在消费者角度，在当时的历史条件下，提出疑问完全是可以理解的，此时的中国葡萄酒面临着大量的问题，亟须调整提升。2002年，时任中国酿酒工业协会葡萄酒分会秘书长的高美书先生安排我编写《中国葡萄酿酒技术规范》。我参阅了国际葡萄与葡萄酒组织（OIV）的《葡萄酿酒技术法典》，结合当时的生产工艺及食品添加剂标准编写了《中国葡萄酿酒技术规范》。该规范经协会组织专家组讨论后，2002年11月14日，以原国家经贸委文件形式发布，这是中国第一部与国际接轨的葡萄酒酿造工艺技术文件，2003年3月17日国家经贸委发布公告废止《半汁葡萄酒》行业标准。其后，作为主要成员，我先后参与《葡萄酒》《白兰地》《冰葡萄酒》《葡萄酒良好操作规范》等国家标准的制定、修订工作。2019年，主持制定了《酿酒葡萄》和《橡木桶》两个行业团体标准，充分体现了"技术推动标准，标准引领质量"的理念。这些标准的制定与实施，极大地推动了中国葡萄酒质量提升与产业转型升级。在多年的工作中，我致力于以产品为核心，从技术创新、质量标准、制度建立3个维度，在葡萄、技术、质量、酿酒师4个方面努力构建葡萄基地管理体系、葡萄质量评价体系、技术与产品研发体系、质量标准与控制体系、酿酒师队伍体系，力求形成围绕产品全链条的质量管理与控制体系，但是距离目标仍有较大的差距。近年来，我们又提出了质量"三标"战略［符合食品安全及质量指标的国家标准（国际）、对标国际知名品牌产品感官标准、满足区域消费者口味标准］，努力用国际标准引领中国酿造。

走出去，请进来，只为与世界同步

我从1999年11月第1次与酿酒师乔春出国到意大利参加SIMI展会、西班牙考察原酒至今，先后近20次赴法国、意大利、西班牙、葡萄牙、德国、比利时、摩尔多瓦、美国、加拿大、智利、阿根廷、澳大利亚、新西兰等国的主要葡萄酒产区，考察产区风土、葡萄品种、葡萄园管理技术及模式、葡萄酒发酵技术、白兰地蒸馏技术、橡木桶制作及陈酿技术、新设备新技术应用、软木塞制作、产品分级及产区等级制度，涵盖了生产、技术、质量全链条，从最初的感到什么都新鲜，到后来的习以为常。2015年，我随公司代表团到法国考察，在法国波尔多参观一个较大的葡萄酒庄时，庄主热情地给我们介绍葡萄园风土及酿造技术，并神秘地告诉我们，他开发了发酵温度、发酵循环喷淋等自动化控制技术，并申请了几项发明专利，说这在波尔多也是非常领先的。其实，早在2005年我们就在烟台张裕原酒发酵中心开发了更为先进的自动化控制系统。从1992年在北京龙徽与其法国酿酒师杜尼（2015年曾在法国南部一酒厂偶遇）进行技术交流，到2002年与张裕卡斯特法方酿酒师比舒尼一起工作，到世界酿酒大师约翰·萨尔维、世界侍酒师方克被聘任为张裕酿酒顾问，到与法国酿酒师托马斯、智利酿酒师爱德华、澳大利亚酿酒师凯文一起工作，到2015年9月下旬与外籍酿酒师摩塞尔、酿酒师樊玺等在宁夏张裕酒庄讨论确定当年7种白葡萄酿酒工艺、4种红葡萄酿酒工艺……2019年6月，我和酿酒师温春光在澳大利亚品尝了奔富Bin707 1985年份与1997年份的酒，发现前者具浓郁的橡木味和厚重的酒体，更趋向于旧世界酒的特点，而后者更倾向于目前澳大利亚酒的特点，说明了酒的质量特点是随着市场的变化而变化的。通过这些考察、交流，学习借鉴了国外先进的酿酒理念、酿造技术、工艺细节、管理模式，同时，也使自己能以全球视野、国际标准来思考葡萄酒产业的发展；也使我们在探索产区风土、挖掘产品特色、提升产品质量之路上，逐渐与国外先进企业同行，与世界同步。

商标之争与农残事件

解百纳是张裕公司1931年以"携（音解）海纳百川"之意创立的一个干红葡萄酒产品品牌，并于1937年注册，但后期由于疏于保护，而被泛化使用……2008年，围绕"解百纳商标之争"的三个焦点："解百纳是否是张裕长期使用的商标？是否是产品的通用名称？是否是葡萄品系名称？"作为小组成员，自己充分利用所学，广泛搜集资料信息，形成完整的证据链，最终"解百纳"商标以所有权归张裕，允许几家兄弟企业使用的"和谐"方式解决。通过此事，强化了企业对商标、知识产权及标准的认识，进一步加强对知识产权的保护。

2012年8月，有无良媒体无端炒作葡萄酒中含有农残，飞来横祸使自己大病一场，不得不住院手术治疗。2015年7月，葡萄酒中被检出微量甜蜜素（此事后来成为行业问题），为此事自己度过了多少个不眠之夜。我和质量部吕振荣部长多少次进京奔走于协会，向主管部门汇报，周总亲赴国家局局长办公室说明情况，最终以国家局出具文件而得以妥善解决。这次事件再次敲响了食品安全的警钟。随后，公司在原有的食品安全控制体系基础上，进一步完善了分析检测能力，加强了安全指标技术研究，增加了食品安全控制项目，强化了全链条控制力度，严格了考核与问责。我深深体会到，对食品企业而言，食品安全为"1"，其他都是"0"，食品安全管理，永远在路上。

酿酒师是酒厂的灵魂

"酿酒师是酒厂的灵魂"，这种灵魂作用主要体现在酿酒师是产品类型、产品质量、产品标准、产品工艺、工艺流程等环节的实施与控制者。"敬业、专业、创新、团结协作、国际化视野"是酿酒师具备的素质。

通过多年的努力，一大批专业技术人才苗壮成长。2020年6月，公司建立了总酿酒师、酒种酿酒师、品牌首席酿酒师、酿酒师、助理酿酒师、初级酿酒师构成的52名酿酒师团队。其中，有国家级酿酒师、品酒员24名，省级品酒员13名。

这么多年来，自己虽然身处领导职位，日常行政事务占用了不少时间，但我很清楚，自己首先是一位酿酒师，多年养成的严谨与专业习惯使我对于公司每年所有技术项目的确定、实施、总结、验收都要亲自把关；从不会缺席每一次品尝酒的机会，即使当时开会没赶上，事后也会补上，每年品尝过的各种酒样达数千种。仍然坚持到葡萄园，到葡萄收购现场，到工厂车间，到酒窖木桶旁，察看并跟技术人员和一线工人交流，发现问题及时解决或列入公司的技术研究项目。

不忘初心、砥砺前行，酿造中国风味

从农家子弟，到农学博士；从文弱书生，到大学副教授，再到领军企业的总酿酒师；从2001年被授予"山东省轻工行业拔尖人才"，到2006年被评为首届"中国酿酒大师"，再到2015年入选山东省泰山产业领军人才、2018年"中国食品大工匠"、2020年"中国酒业大国工匠"；从国家一级品酒师，到中国酒业协会葡萄酒技术委员会副主任；从国家科技奖评审专家，到"国际评酒员"；从烟台大学硕士生导师，到江南大学博士生导师；从"山东省优秀知识分子"到"山东省十大杰出工程师"；从"烟台市劳动模范"到"山东省劳动模范"；从三届烟台市"突出贡献专家"到烟台市"十佳创新人才"……要特别感恩这个时代，感谢一路同行的恩师、领导、同事；感激我的家人、亲戚、朋友及所有帮助过自己的人。一路走来，几多艰辛，几多不易，自己亲历并参与了张裕公司的发展壮大，也见证了中国葡萄酒产业从小到大；特别敬佩公司主要领导的高瞻远瞩及强大的引领作用。自己每一项荣誉的取得，都是公司领导支持及广大技术人员同心协力、共同奋斗的结果，自己只是其中的一个代表。这些也充分体现了张裕对知识的尊重、对技术的重视和对人才的培养。前有领航者，后有追随者，作为奔跑者唯有脚步不停，方能不辱使命。

我的工作经历也深深影响了我的女儿。女儿三四岁就跟着我进实验室，跟着玩，捏葡萄，为的是能喝点实验剩下的葡萄汁。高考时女儿报考了中国农业大学葡萄与葡萄酒工程学专业。大学4年，她承担两项国家级及市级大学生创新项目，课余时间大多是在实验室度过的，大学毕业申请到国家留学基金委公派澳大利亚攻读葡萄酒微生物博士学位。这么多年来，妻子为女儿倾注了心血，而我在孩子眼里，脑子里只有"一棵葡萄，一杯酒"。

"酿造中国风味"是我的微信名，也是我孜孜以求的理想和目标。"中国风味"包含着"中国特点、中国风土、中国工匠、中国文化"等。中国葡萄酒要想与进口酒同台竞技，产品质量是基础，产品质量则体现在"特色""适口性""性价比"等方面。围绕产品质量：一定要有正确的质量理念，要有良好的顶层设计，要有全员匠心精神；一定要着力建立完整的质量体系，包括：稳定的原料基地保证体系、完善的设备设施体系、先进的技术工艺体系、严格的质量控制体系、优秀的酿酒师团队、清晰明白的产品质量表达等。张裕作为中国葡萄酒行业的领军企业，有责任也有能力挖掘中国风土，酿造中国风味，传播中国文化，展现中国自信，为消费者提供丰富多彩的产品，让"中国风味"的葡萄酒走进万千寻常百姓家！

在本书即将付梓之际，应中国轻工业出版社唐是雯编审之约，原轻工业部潘蓓蕾副部长欣然为本书题词："传承匠人精神，谱就酒业华章"。这体现了老领导、老专家对行业的关注，也寄托了他们对我们这一代酿酒人的殷切期望。我们应该不忘初心，牢记使命，征途漫漫，唯有奋斗！

李记明

2021年5月28日于烟台

李记明简介

李记明，男，生于1966年4月，陕西丹凤人，中共党员。

博士，工程应用研究员，高级酿酒师，一级品酒师。

1984年考入西北农学院园艺系果树学专业（现西北农林科技大学）；1991年和1997年分别在该校取得硕士和农学博士学位；1991—1999年，在西北农林科技大学葡萄酒学院任教；1999年3月进入烟台张裕公司工作。现任张裕葡萄酿酒股份有限公司董事、副总经理、总酿酒师，主要从事葡萄、葡萄酒、白兰地的技术、质量和生产管理工作。

科研成果：

共取得省部级科技鉴定成果24项；

荣获各类科技成果奖励20余项，其中国家级1项，省部级15项；

申请国家发明专利19项，获授权15项；

主持开发的产品获得100余项国际大奖；

主持和参与制定国家及行业标准及规范7项；

发表学术论文210余篇，出版专（译）著3本。

先后荣获：

首届"中国酿酒大师"；

山东省泰山产业领军人才；

中国"食品大工匠–金箸奖"；

中国酒业"大国工匠"；

山东省劳动模范；

山东省优秀知识分子；

首届山东省"十大杰出工程师"；

山东省轻工行业拔尖人才；

烟台市有突出贡献中青年专家；

烟台市十佳创新人才。

兼任：

中国园艺学会葡萄与葡萄酒分会副理事长；

中国食品工业协会葡萄酒专家委员会副主任；

中国食品科学技术学会葡萄酒分会副理事长；

中国酒业协会葡萄酒技术委员会副主任；

全国酿酒标准化技术委员会副主任委员；

农业农村部葡萄与葡萄酒重点实验室学术委员；

山东省葡萄酒微生物发酵技术重点实验室主任；

江南大学生物工程学院发酵工程博士生导师；

烟台大学特聘教授，硕士生导师；

烟台葡萄酒产区技术委员会副主任；

国际葡萄酒组织特邀评委；

布鲁塞尔国际葡萄酒大赛、德国柏林葡萄酒大赛等评委；

国家科技奖评审专家。